W9-ACJ-095

Beilsteins Handbuch der Organischen Chemie

Beilsteins Handbuch der Organischen Chemie

Vierte Auflage

Gesamtregister

für das Hauptwerk und die Ergänzungswerke I, II, III und IV

Die Literatur bis 1959 umfassend

Herausgegeben vom
Beilstein-Institut für Literatur der Organischen Chemie
Frankfurt am Main

Sachregister für Band 6

Isocyclische Hydroxy-Verbindungen

A–E

Springer-Verlag Berlin Heidelberg New York 1982

Hinweis für Benutzer

Dieser Registerband enthält alle im Band 6 des Hauptwerks sowie der Ergänzungs-werke I, II, III und IV abgehandelten Verbindungen. Der Registerband — E III 6, 9. Teilband — der ausschliesslich die im Band 6 des E III beschriebenen Verbindungen enthält, wird deshalb aus dem Vertrieb genommen.

Note for Users

This index volume contains all compounds dealt with in Volume 6 of the Basic Series and in Volume 6 of the Supplementary Series E I, E II, E III and E IV. The subvolume E III 6/9, being an index dealing exclusively with those compounds described in Volume 6 of E III will be discontinued.

ISBN 3-540-11426-2 (in zwei Bänden) Springer-Verlag Berlin Heidelberg New York
ISBN 0-387-11426-2 (in two Volumes) Springer-Verlag New York Heidelberg Berlin

Satz, Druck und Bindearbeiten: Universitätsdruckerei H. Stürtz AG, 8700 Würzburg
2151/3130-543210

Verzeichnis der in systematischen Namen verwendeten Präfixe

Erläuterungen

B = Brückenpräfix (s. im Vorwort zum Sachregister).
L = Bezeichnung für einen Komplex-Liganden.
Z = Zusammengesetztes Substitutionspräfix, d. h. Präfix, dessen Vervielfachung durch die Affixe Bis-, Tris-, Tetrakis- usw. gekennzeichnet wird.

Namen in *Kursivschrift* werden im Beilstein-Handbuch nicht mehr verwendet. Für die Verwen= dung einzelner Präfixe gelten die folgenden Einschränkungen:

1 Nur unsubstituiert zu verwenden.
2 Nicht mit Kohlenstoff-Resten (d. h. Resten, deren freie Valenz sich an einem Kohlenstoff-Atom befindet) substituierbar.
3 Im acyclischen Teil nicht mit Kohlenstoff-Resten substituierbar.
4 Nur an Ringatomen substituierbar.
5 Am Kohlenstoff-Gerüst nicht mit acyclischen Kohlenstoff-Resten substituierbar.
6 Nur am (an den) Heteroatom(en) substituierbar.
7 Am (an den) Heteroatom(en) nicht substituierbar.
8 Nur an Heteroatomen zugelassen.
9 Nur an Kohlenstoff-Atomen zugelassen.

Index of the Prefixes Used in Systematic Nomenclature

Explanations

B = Bridge Prefix (see foreword to Subject Index).
L = Symbol for a ligand in a complex.
Z = Composed Substitutive Prefix; i. e., prefix, multiples of which are indicated by the addition of bis-, tris-, tetrakis- and so on.

Italics designate names which are no longer used in the Beilstein Handbook. The following numbers refer to restrictions imposed on the application of the prefix concerned:

1 No further substitution allowed, i. e., not to be used as the stem of a composed prefix.
2 No further substitution allowed by carbon radicals (i. e., by radicals whose free valency is located at a carbon atom).
3 No further substitution allowed in the acyclic fragment.
4 Further substitution allowed only in the cyclic fragment(s).
5 No further substitution by acyclic carbon radicals at skeletal carbon atoms.
6 No further substitution allowed except at the heteroatom(s).
7 No further substitution allowed except at carbon atoms.
8 Only allowed as a substituent at a heteroatom.
9 Only allowed as a substituent at a carbon atom.

Präfix/Prefix	Formel/Formula	Bemerkungen/ Remarks
Acetalyl	$= 2,2$-Diäthoxy-äthyl	
Acetamido	$=$ Acetylamino	
Acetamino	$=$ Acetylamino	
Acetato	$CH_3-CO-O^{\ominus}$	L
Acetatomercurio	$-Hg-O-CO-CH_3$	Z
Acetimidoyl . . . . s. a. 1-Imino-äthyl	$-\overset{1}{C}(\overset{2}{C}H_3)=NH$	Z, 8
Acetoacetyl	$-\overset{1}{C}O-\overset{2}{C}H_2-\overset{3}{C}O-\overset{4}{C}H_3$	Z
Acetoacetyloxy	$-O-CO-CH_2-CO-CH_3$	Z
Acetohydrazonoyl . . . . . . s. a. 1-Hydrazono-äthyl	$-C(CH_3)=N-NH_2$	Z, 8
Acetohydroximoyl . . . . . s. a. 1-Hydroxyimino-äthyl	$-C(CH_3)=N-OH$	Z, 7, 8
Acetonyl	$-CH_2-CO-CH_3$	1
Acetonyliden	$=CH-CO-CH_3$	1
Acetoxo	$=$ Acetato	
Acetoxy	$-O-CO-CH_3$	
Acetyl	$-\overset{1}{C}O-\overset{2}{C}H_3$	5
Acetylamino	$-NH-CO-CH_3$	Z
Acetylenyl	$=$ Äthinyl	
Acetylimino	$=N-CO-CH_3$	Z
Acetylmercapto	$-S-CO-CH_3$	Z, 9
Acetylperoxy	$-O-O-CO-CH_3$	Z
Acryloyl	$-CO-CH=CH_2$	
Adenosinyl z. B. Adenosin-3′-yl		
Adenylyl z. B. [5′]Adenylyl		
Adipoyl	$-CO-CH_2-CH_2-CH_2-CH_2-CO-$	
Äthandioyl	$=$ Oxalyl	
Äthandiyl	$-CH_2-CH_2-$	
Äthandiyldioxy	$-O-CH_2-CH_2-O-$	Z
Äthandiyliden	$=CH-CH=$	
Äthano	$-CH_2-CH_2-$	B
Äthanoyl	$=$ Acetyl	
Äthanselenenyl . . . . s. a. Äthylselanyl	$-Se-C_2H_5$	Z, 8
Äthanseleninyl	$-SeO-C_2H_5$	Z

Präfix/Prefix	Formel/Formula	Bemerkungen/Remarks
Äthanselenonyl	$-SeO_2-C_2H_5$	Z
Äthansulfenyl . . . . s. a. Äthylmercapto	$-S-C_2H_5$	Z, 8
Äthansulfinyl	$-SO-C_2H_5$	Z
Äthansulfonyl	$-SO_2-C_2H_5$	Z
Äthanthiolato	$C_2H_5-S^{\ominus}$	L
Äthantriyl z. B. Äthan-1,1,2-triyl	$-CH_2-CH{<}$	
Äthanylyliden	$-CH_2-CH=$	
Äthendiyl	$-CH=CH-$	
Ätheno	$-CH=CH-$	B
Äthensulfonyl	$-SO_2-CH=CH_2$	Z
Äthenyl	$=$ Vinyl	
Äthindiyl	$-C{\equiv}C-$	
Äthinsulfonyl	$-SO_2-C{\equiv}CH$	Z
Äthinyl	$-C{\equiv}CH$	
Äthinylen	$=$ Äthindiyl	
Äthoxalyl	$=$ Äthoxyoxalyl	
Äthoxo	$C_2H_5-O^{\ominus}$	L
Äthoxy	$-O-C_2H_5$	
Äthoxyarsinoyl	$-AsH(O)-OC_2H_5$	Z
Äthoxycarbimidoyl	$-C(OC_2H_5)=NH$	Z, 1
Äthoxycarbohydroximoyl . . .	$-C(OC_2H_5)=NOH$	Z, 1
Äthoxycarbonyl	$-CO-OC_2H_5$	Z
Äthoxycarbonylamino	$-NH-CO-OC_2H_5$	Z
Äthoxyoxalyl	$-CO-CO-OC_2H_5$	Z
Äthoxyphosphinoyl	$-PH(O)-OC_2H_5$	Z
Äthoxythiocarbonylmercapto . .	$-S-CS-OC_2H_5$	Z, 9
Äthyl	$-C_2H_5$	
Äthylamino	$-NH-C_2H_5$	Z
Äthylazo	$-N=N-C_2H_5$	Z
Äthyldisulfanyl	$-S-S-C_2H_5$	Z
Äthyldithio	$=$ Äthyldisulfanyl	
Äthylen	$=$ Äthandiyl	
Äthylendioxy	$=$ Äthandiyldioxy	
Äthylensulfonyl	$=$ Äthensulfonyl	
Äthyliden	$=CH-CH_3$ und $>CH-CH_3$	
Äthylidendioxy	$-O-CH(CH_3)-O-$	Z
Äthylidin (Äthylidyn)	$=$ Äthan-1,1,1-triyl	
Äthylimino	$=N-C_2H_5$	Z
Äthylmercapto . . . . s. a. Äthansulfenyl	$-S-C_2H_5$	Z, 9

Präfix/Prefix	Formel/Formula	Bemerkungen/ Remarks
Äthylmercaptocarbonyl	$-CO-S-C_2H_5$	Z
Äthylperoxy	$-O-O-C_2H_5$	Z
Äthylselanyl . . . . s. a. Äthanselenenyl	$-Se-C_2H_5$	Z, 9
Äthylsulfin	$=$ Äthansulfinyl	
Äthylsulfinyl	$=$ Äthansulfinyl	
Äthylsulfon	$=$ Äthansulfonyl	
Äthylsulfonyl	$=$ Äthansulfonyl	
Äthyltellanyl	$-Te-C_2H_5$	Z
Äthylthio	$=$ Äthylmercapto	
Äthylxanthogen	$=$ Äthoxythiocarbonylmercapto	
Alanin-*N*-yl	$-NH-CH(CH_3)-CO-OH$	
Alanyl	$-CO-CH(NH_2)-CH_3$	6
β-Alanyl	$-CO-CH_2-CH_2-NH_2$	6
Alloisoleucyl	$-CO-CH(NH_2)-CH(CH_3)-C_2H_5$ (*threo*)	6
Allophanoyl	$-\overset{1}{C}O-\overset{2}{N}H-\overset{3}{C}O-\overset{4}{N}H_2$	
Allothreonyl	$-CO-CH(NH_2)-CH(OH)-CH_3$ (*erythro*)	6
Allyl	$-CH_2-CH=CH_2$	
Allyliden	$=CH-CH=CH_2$	
Aluminio	$-Al^{2+}$	
Amidino	$=$ Carbamimidoyl	
Amido	NH_2	L
Amino	$-NH_2$	
Aminocarbonyl	$=$ Carbamoyl	
Aminoformyl	$=$ Carbamoyl	
Aminomercapto	$-S-NH_2$	Z
Aminomethyl	$-CH_2-NH_2$	Z
Aminooxalyl	$-CO-CO-NH_2$	Z
Aminooxy	$-O-NH_2$	Z
Ammin	NH_3	L
Ammonio	$-N\leqslant]^+$	
Amyl	$=$ Pentyl (oder Isopentyl)	
tert-*Amyl*	$=$ *tert*-Pentyl	
Angeloyl	$-CO-C\underset{CH_3}{\overset{\overset{\displaystyle H_3C}{\diagdown}C-H}{\big|}}$	1
Anilino	$-NH-C_6H_5$	
Anilinoformyl	$=$ Phenylcarbamoyl	
Anisidino z.B. *p*-Anisidino	$-NH-\!\!\left\langle\!\!\bigcirc\!\!\right\rangle\!\!-OCH_3$	6
Anisoyl	$=$ Methoxybenzoyl	

Präfix/Prefix	Formel/Formula	Bemerkungen/Remarks
Anisyl	= Methoxyphenyl oder Methoxybenzyl	
Anthracencarbonyl	$-CO-$ (structure)	Z
Anthrachinonyl	= 9,10-Dioxo-9,10-dihydro-anthryl	
Anthraniloyl	$-CO-$ (structure, H_2N)	6
Anthroyl	= Anthracencarbonyl	
Anthryl z. B. [2]Anthryl	(structure)	
Anthrylen	= Anthracendiyl	
Antipyryl	= 1,5-Dimethyl-3-oxo-2-phenyl- 2,3-dihydro-1*H*-pyrazol-4-yl	
Antimonio z. B. Antimonio(4+)	$-Sb^{4+}$	
Aqua	H_2O	L
Arachinoyl	= Eicosanoyl	
Arginyl	$-CO-CH(\overset{\alpha}{N}H_2)-[CH_2]_3-\overset{\delta}{N}H-C(\overset{\omega}{N}H_2)=\overset{\omega'}{N}H$	6
Arsa	bedeutet Austausch von CH gegen As	
Arsantriyl	$>As-$	
Arsenoso	$-AsO$	
Arsinico	= Hydroxyarsoryl	
Arsino	$-AsH_2$	
Arsinothioyl	= Thioarsinoyl	
Arsinoyl	$-AsH_2O$	
Arso	$-AsO_2$	
Arsonio	$-As\leqslant]^+$	
Arsono	$-AsO(OH)_2$	1
Arsonoso	= Hydroxyarsinoyl	
Arsoranyl	$-AsH_4$	
Arsoranyliden	$=AsH_3$	
Arsoryl	$-As(O)<$	
Asaryl	= 2,4,5-Trimethyl-benzyl	
Asparaginyl	$-CO-CH(\overset{2}{N}H_2)-CH_2-CO-\overset{4}{N}H_2$	6
Aspartoyl	$-CO-CH(NH_2)-CH_2-CO-$	6
α-Aspartyl	$-CO-CH(NH_2)-CH_2-COOH$	6
β-Aspartyl	$-CO-CH_2-CH(NH_2)-COOH$	6
Atropoyl	$-CO-C(C_6H_5)=CH_2$	1
Aza	bedeutet Austausch von CH gegen N	
Azaäthano	$-NH-CH_2-$	B
1-Aza-bicyclo[2.2.2]octyl	= Chinuclidinyl	
8-Aza-bicyclo[3.2.1]octyl	= Nortropanyl	
Azantriyl	$>N-$	
Azanylyliden	$=N-$	

Präfix/Prefix	Formel/Formula	Bemerkungen/ Remarks
Benzo[c]*pyranyl* (*2-Benzopyranyl*)	= Isochromenyl	
Benzo[a]*pyrenyl*	= Benzo[*def*]chrysenyl	
Benzoyl	$-CO-C_6H_5$	
Benzoylamino	$-NH-CO-C_6H_5$	Z
Benzoylmercapto	$-S-CO-C_6H_5$	Z, 9
Benzoyloxy	$-O-CO-C_6H_5$	Z
Benzyl	$-CH_2-C_6H_5$	3
Benzylamino	$-NH-CH_2-C_6H_5$	Z, 3
Benzyliden	$=CH-C_6H_5$ und $>CH-C_6H_5$	3
Benzylidendioxy	$-O-CH(C_6H_5)-O-$	Z, 4
Benzylidin (*Benzylidyn*)	= Phenylmethantriyl oder Phenylmethanylyliden	
Benzylmercapto	$-S-CH_2-C_6H_5$	Z, 3, 9
Benzyloxy	$-O-CH_2-C_6H_5$	Z, 3
Benzyloxycarbonyl	$-CO-O-CH_2-C_6H_5$	Z, 3
Bibenzylyl z. B. Bibenzyl-3-yl,		Z, 3
Bibenzyl-α-yl		
Bicyclo[2.2.1]*heptyl*	= Norbornyl	
Bicyclo[3.1.1]*heptyl*	= Norpinanyl	
Bicyclo[4.1.0]*heptyl*	= Norcaranyl	
Bicyclohexylyl z. B. Bicyclohexyl-4-yl		Z
Biimino	= Epidiimino	
Binaphthylyl z. B. [2,2′]Binaphthyl-6-yl		Z
Biphenylcarbonyl z. B. Biphenyl-4-carbonyl		Z
Biphenylyl z. B. Biphenyl-4-yl		Z
Biphenylylmethyl	= Phenylbenzyl	
Bismutino	$-BiH_2$	
Bismutio	$-Bi^{2+}$	
Biureylen	$-NH-CO-NH-NH-CO-NH-$	
Bora	bedeutet Austausch von CH gegen B	
Borantriyl	$>B-$	
Boranyl	= Boryl	
Bornanyl z. B. Bornan-3-yl		2

Präfix/Prefix	Formel/Formula	Bemerkungen/ Remarks
Bornyl	(Struktur) H$_3$C–⟨⟩–CH$_3$, CH$_3$ und Spiegelbild	2
Borono	= Dihydroxyboryl	
Boryl	–BH$_2$	
Brassidinoyl	= Docos-13*t*-enoyl	
Brom	–Br	
Bromo	Br$^\ominus$	L
Brosyl	= 4-Brom-benzolsulfonyl	
Butandioyl	= Succinyl	
Butandiyl	–CH$_2$–CH$_2$–CH$_2$–CH$_2$–	
Butano	–CH$_2$–CH$_2$–CH$_2$–CH$_2$–	B
Butanoyl	= Butyryl	
Butendioyl s. a. Fumaroyl und Maleoyl	–CO–CH=CH–CO–	
But-1-eno	–CH=CH–CH$_2$–CH$_2$–	B
But-2-eno	–CH$_2$–CH=CH–CH$_2$–	B
But-2-enoyl	= Crotonoyl	
But-3-enoyl	–CO–CH$_2$–CH=CH$_2$	
Butenyl z. B. But-2-enyl	–CH$_2$–CH=CH–CH$_3$	
Butoxy	–O–CH$_2$–CH$_2$–CH$_2$–CH$_3$	
sec-Butoxy	–O–CH(CH$_3$)–CH$_2$–CH$_3$	1
tert-Butoxy	–O–C(CH$_3$)$_3$	1
Butyl	–CH$_2$–CH$_2$–CH$_2$–CH$_3$	
sec-Butyl	–CH(CH$_3$)–CH$_2$–CH$_3$	1
tert-Butyl	–C(CH$_3$)$_3$	1
Butyliden	=CH–CH$_2$–CH$_2$–CH$_3$	
Butyloxy	= Butoxy	
Butyryl	–CO–CH$_2$–CH$_2$–CH$_3$	
Camphanyl	= Bornanyl	
Campheroyl	= 1,2,2-Trimethyl-cyclopentan-1,3-dicarbonyl	
Campheryl	= 2-Oxo-bornanyl	
Caprinoyl	= Decanoyl	
Caproyl	= Hexanoyl	
Capryloyl	= Octanoyl	
Caranyl z. B. Caran-4-yl	(Struktur) H$_3$C⁸ ¹ ² ³ CH$_3$¹⁰, H$_3$C⁷ ⁶ ⁴, H$_3$C⁹ ⁵	2
Carbäthoxy	= Äthoxycarbonyl	
Carbamido	= Ureido	
Carbamimidoyl	–C(NH$_2$)=NH	Z

Präfix/Prefix	Formel/Formula	Bemerkungen/ Remarks
Carbamimidoylamino	= Guanidino	
Carbamoyl	$-CO-NH_2$	
Carbamoylacetyl	= Malonamoyl	
Carbamoylamino	= Ureido	
2-Carbamoyl-benzoyl	= Phthalamoyl	
Carbamoylcarbamoyl	= Allophanoyl	
3-Carbamoyl-propionyl	= Succinamoyl	
Carbanilino	= Phenylcarbamoyl	
Carbaniloyl	= Phenylcarbamoyl	
Carbazido	= Carbonohydrazido	
Carbazono	$-\overset{1}{N}H-\overset{2}{N}H-\overset{3}{C}O-\overset{4}{N}=\overset{5}{N}H$	
Carbazoyl	$-\overset{1}{C}O-\overset{2}{N}H-\overset{3}{N}H_2$	
Carbimidoyl	$-C(=NH)-$	7
Carbobenzoxy	= Benzyloxycarbonyl	
Carbonato	$CO_3{}^{2\ominus}$	L
Carbonohydrazido	$-\overset{1}{N}H-\overset{2}{N}H-\overset{3}{C}O-\overset{4}{N}H-\overset{5}{N}H_2$	Z
Carbonyl	$-CO-$	
Carbonyldioxy	$-O-CO-O-$	Z
Carboxy	$-CO-OH$	1
Carboxyacetyl	$-CO-CH_2-CO-OH$	Z
Carboxyamino	$-NH-CO-OH$	Z
Carboxymercapto	$-S-CO-OH$	Z, 9
Carboxymethyl	$-CH_2-CO-OH$	Z
Carboxyoxy	$-O-CO-OH$	Z
Carvacryl	= 5-Isopropyl-2-methyl-phenyl	
Caryl	= Caranyl	
Cathyl	= Äthoxycarbonyloxy	
Cetyl	= Hexadecyl	
Chinaldyl	= [2]Chinolylmethyl	
Chinolinio		
Chinoliniumyl z. B. Chinolinium-4-yl		
Chinolyl (Chinolinyl) z. B. [3]Chinolyl oder 2*H*-[1]Chinolyl	bzw.	
Chlor	$-Cl$	
Chloramino	$-NH-Cl$	Z
Chlorarsinoyl	$-AsH(O)-Cl$	Z
Chlorcarbonyl	$-CO-Cl$	Z
Chlorformyl	= Chlorcarbonyl	

Präfix/Prefix	Formel/Formula	Bemerkungen/Remarks
Chlor-hydroxy-arsino	= Chlorarsinoyl	
Chlor-hydroxy-phosphino	=Chlorphosphinoyl	
Chlormercapto	–S–Cl	Z
Chlormethyl	–CH$_2$–Cl	Z
Chlormethyl-amino	–NH–CH$_2$Cl	Z
Chlor-methyl-amino	–N(Cl)–CH$_3$	Z
Chloro	Cl$^\ominus$	L
Chloromercurio	–HgCl	Z
Chlorosyl	–ClO	
Chloroxalyl	–CO–CO–Cl	Z
Chlorphosphinoyl	–PH(O)–Cl	Z
Chlorsulfinyl	–SO–Cl	Z
Chlorsulfonyl	–SO$_2$–Cl	Z
Chloryl	–ClO$_2$	
Cholesteryl	–(C$_{27}$H$_{45}$)	1
Chroma	bedeutet Austausch von CH$_2$ gegen Cr	
Chromanyl		
Chromenyl z. B. 2*H*-Chromen-3-yl		
Cinnamoyl	–CO–$\overset{\alpha}{C}$H=$\overset{\beta}{C}$H–C$_6$H$_5$	3
Cinnamyl	–$\overset{\alpha}{C}$H$_2$–$\overset{\beta}{C}$H=$\overset{\gamma}{C}$H–C$_6$H$_5$	3
Cinnamyliden	=CH–CH=CH–C$_6$H$_5$	3
Citraconoyl	= Methylmaleoyl	
Citronellyl	= 3,7-Dimethyl-oct-6-enyl	
Citryl	= Geranyl und Neryl	
Cresyl	= Hydroxy-methyl-phenyl oder Tolyl	
Crotonoyl	–CO–CH=CH–CH$_3$	
Crotyl	= But-2-enyl	
Cumarinyl	= 2-Oxo-2*H*-chromenyl	
Cumaronyl	= Benzofuranyl	
Cumenyl	= Isopropylphenyl	
Cuminyl	= 4-Isopropyl-benzyl	
Cyan	–CN	
Cyanato	–OCN	
Cyano	CN$^\ominus$	L
Cyclobutyl		
Cyclohexadienyl z. B. Cyclohexa-2,5-dienyl . .		
Cyclohexancarbonyl	–CO–	Z
Cyclohexandiyl z. B. Cyclohexan-1,2-diyl . . .		

Präfix/Prefix	Formel/Formula	Bemerkungen/Remarks
Cyclohexenyl z. B. Cyclohex-2-enyl		
Cyclohexyl		
Cyclohexylcarbonyl	= Cyclohexancarbonyl	
Cyclohexyliden		
Cyclopentano		B
Cyclopentyl		
Cymyl	= Isopropyl-methyl-phenyl	
Cystathionyl	$-CO-CH(NH_2)-CH_2-CH_2$ $\quad\quad\quad\quad\quad\quad\quad S$ $-CO-CH(NH_2)-CH_2$	6
Cysteinyl	$-CO-CH(NH_2)-CH_2-SH$	6
Cystein-*S*-yl	$-S-CH_2-CH(NH_2)-CO-OH$	6
Cysteyl	$-CO-CH(NH_2)-CH_2-SO_2-OH$	6
Cystyl	$-CO-CH(NH_2)-CH_2-S$ $-CO-CH(NH_2)-CH_2-S$	6
Cytidinyl z. B. Cytidin-5'-yl		
Dansyl	= 5-Dimethylamino-naphthalin-1-sulfonyl	
Decandioyl	$-CO-[CH_2]_8-CO-$	
Decanoyl	$-CO-[CH_2]_8-CH_3$	Z
Decyl	$-CH_2-[CH_2]_8-CH_3$	Z
6-Desoxy-galactosyl	= Fucosyl	
6-Desoxy-mannosyl	= Rhamnosyl	
Desyl	= α'-Oxo-bibenzyl-α-yl	
Deuterio	$-D$	
Diacetoxyjodanyl	$-I(O-CO-CH_3)_2$	Z
Diacetylamino	$-N(CO-CH_3)_2$	Z
Diäthoxyarsoryl	$-AsO(OC_2H_5)_2$	Z
Diäthoxyphosphoryl	$-PO(OC_2H_5)_2$	Z
Diäthoxythiophosphoryl	$-PS(OC_2H_5)_2$	Z
Diäthylamino	$-N(C_2H_5)_2$	Z
Diäthylaminomethyl	$-CH_2-N(C_2H_5)_2$	Z
Diarsanyl	$-AsH-AsH_2$	Z
Diarsinyl	= Diarsanyl	
Diazenyl	$-N=NH$	Z
Diazo	$\cdots N{\equiv}N$	Z
Diazoamino	= Triazen-1,3-diyl	

Präfix/Prefix	Formel/Formula	Bemerkungen/Remarks
Diazonio	$-N_2^+$	Z
Dibenz[a,c]*anthracenyl*	$=$ Benzo[b]triphenylenyl	
Dibenzo[...]*pyranyl*	$=$ Benzo[...]chromenyl	
Diboran(6)-yl	$-B_2H_5$	Z
Dichlorjod	$=$ Dichlorjodanyl	
Dichlorjodanyl	$-ICl_2$	Z
Dichlorphosphoryl	$-POCl_2$	Z
Diglycyl	$= N$-Glycyl-glycyl	
1,3-Dihydro-isobenzofuranyl	$=$ Phthalanyl	
Dihydroxyarsino	$=$ Hydroxyarsinoyl	
Dihydroxyphosphino	$=$ Hydroxyphosphinoyl	
Dimethylaminomethyl	$-CH_2-N(CH_3)_2$	Z
[1,3]Dioxapropano	$-O-CH_2-O-$	B
Dioxy	$=$ Peroxy	
Diphenoyl		
1,2-Diphenyl-äthyl	$=$ Bibenzyl-α-yl	
Diphenylmethyl	$=$ Benzhydryl	
1,2-Diphenyl-vinyl	$=$ Stilben-α-yl	
Diphosphanyl	$-PH-PH_2$	Z
Diphosphinyl	$=$ Diphosphanyl	
Diphosphoryl	$>\overset{1}{P}(O)-\overset{\mu}{O}-\overset{2}{P}(O)<$	
Diselandiyl	$-Se-Se-$	
Diselanyl	$-Se-SeH$	Z
Diselenido	$Se_2^{2\ominus}$	L
Disilanyl	$-SiH_2-SiH_3$	Z
Disulfandiyl s. a. Disulfido	$-S-S-$	
Disulfanyl	$-S-SH$	Z
Disulfido	$S_2^{2\ominus}$	L
Disulfuryl	$-SO_2-O-SO_2-$	
Dithio	$=$ Disulfandiyl	
Dithiocarboxy	$-CS-SH$	Z, 1
Dodecanoyl s. a. Lauroyl	$-CO-[CH_2]_{10}-CH_3$	
Duryl	$=$ 2,3,5,6-Tetramethyl-phenyl	
Elaidoyl	$-CO-[CH_2]_7-\overset{H}{\underset{H}{C}}-\overset{}{C}-[CH_2]_7-CH_3$	1
Epazino	$=N-N=$	B
Epazo	$-N=N-$	B

Präfix/Prefix	Formel/Formula	Bemerkungen/ Remarks
Epibornyl	H₃C—⬡CH₃ (CH₃) und Spiegelbild	2
Epidiimino	–NH–NH–	B
Epidioxido	–O–O–	B
Epidioxy	–O–O–	
Epidisulfido	–S–S–	B
Epidithio	= Disulfandiyl und Epidisulfido	
Epiisobornyl	H₃C—⬡CH₃ (CH₃) und Spiegelbild	2
Epimino	–NH–	B
Episelenido	–Se–	B
Episeleno	–Se–	
Episulfido	–S–	B
Episulfinyl	–S(O)–	
Episulfonyl	–SO₂–	
Epithio . . . . s. a. Sulfandiyl	–S–	
Epoxido	–O–	B
Epoxy	–O–	
Epoxyäthyl	= Oxiranyl	
Epoxymethano	= Oxaäthano	
Epoxymethanoxy	= [1,3]Dioxapropano	
Erucaoyl	= Docos-13c-enoyl	
Farnesyl	= 3,7,11-Trimethyl-dodeca-2,6,10-trienyl	
Flavanyl	= 2-Phenyl-chromanyl	
Flavenyl	= 2-Phenyl-chromenyl	
Fluor	–F	
Fluoro	F⊖	L
Formamido	= Formylamino	
Formamino	= Formylamino	
Formazano z. B. [5]Formazano	–⁵NH–⁴N=³CH–²N=¹NH	
Formazanyl	–C(N=¹NH)=N–⁵NH₂	
Formazyl	= 1,5-Diphenyl-formazanyl	
Formimidoyl . . . . s. a. Iminomethyl	–CH=NH	Z, 6, 8
Formohydrazonoyl	–CH=N–NH₂	Z, 1, 8
Formohydroximoyl	–CH=N–OH	Z, 1, 8
Formyl	–CHO	1
Fumaroyl	H C–CO– / –CO–C H	
Furancarbonyl z. B. Furan-2-carbonyl	–CO–⬠(O)	Z

Präfix/Prefix	Formel/Formula	Bemerkungen/Remarks
Furano	$=$ Furo[...]ätheno	
Furfuryl	$-\overset{\alpha}{C}H_2-$	3
Furfuryliden	$=CH-$	3
Furo[...]ätheno z. B. Furo[3,4]ätheno		B
Furo[...]propeno z. B. Furo[3,2]propeno	$-\overset{}{C}H_2$	B
Furoyl	$=$ Furancarbonyl	
Furyl z. B. [2]Furyl		
Galloyl		1
Gentisoyl	$=$ 2,5-Dihydroxy-benzoyl	
Geranyl		1
Germa	bedeutet Austausch von C gegen Ge	
Germanyl	$=$ Germyl	
Germyl	$-GeH_3$	9
Glucaryl z. B. D-Glucaryl	Formel I	
Glucityl z. B. D-Glucit-3-yl	Formel II	
Glucityliden z. B. D-Glucit-1-yliden	Formel III	
Glucofuranosyl z. B. D-Glucofuranosyl	Formel IV	
Gluconoyl z. B. D-Gluconoyl	Formel V	
Glucopyranosyl z. B. D-Glucopyranosyl . . .	Formel VI	
D-*Glucopyranuronosyl*	$=$ (5S)-5-Carboxy-D-xylopyranosyl	

Präfix/Prefix	Formel/Formula	Bemerkungen/Remarks
Glucoseyl z. B. D-Glucose-4-yl	Formel VII	
Glucosyl . . . . s. a. Glucofuranosyl und Glucopyranosyl	$-(C_6H_{11}O_5)$	
Glucuronoyl z. B. D-Glucopyranuronoyl . .	Formel VIII	
Glutaconoyl	= Pentendioyl	
Glutaminyl	$-CO-\overset{2}{C}H(NH_2)-CH_2-CH_2-CO-\overset{5}{N}H_2$	6
Glutamoyl	$-CO-CH(NH_2)-CH_2-CH_2-CO-$	6
α-Glutamyl	$-CO-CH(NH_2)-CH_2-CH_2-CO-OH$	6
γ-Glutamyl	$-CO-CH_2-CH_2-CH(NH_2)-CO-OH$	6
Glutarimido		1
Glutaryl	$-CO-CH_2-CH_2-CH_2-CO-$	
Glyceroyl	$-CO-CH(OH)-CH_2-OH$	1
Glyceryl	= Propan-1,2,3-triyl	
Glycidyl	= Oxiranylmethyl (2,3-Epoxy-propyl)	
Glycyl	$-CO-CH_2-NH_2$	Z, 6
Glykoloyl	$-CO-CH_2-OH$	1
Glyoxyloyl	$-CO-CHO$	5
Guanidino	$-NH-C(NH_2)=NH$	
Guanosinyl z. B. Guanosin-2'-yl		
Guanyl	= Carbamimidoyl	
Heptandioyl	$-CO-[CH_2]_5-CO-$	
Heptanoyl	$-CO-[CH_2]_5-CH_3$	
Heptyl	$-CH_2-[CH_2]_5-CH_3$	
Hexadecanoyl . . . . s. a. Palmitoyl	$-CO-[CH_2]_{14}-CH_3$	
Hexa-2,4-dienoyl . . . . . . s. a. Sorboyl	$-CO-CH=CH-CH=CH-CH_3$	
Hexahydrobenzoyl	= Cyclohexancarbonyl	

V   VI   VII   VIII

Präfix/Prefix	Formel/Formula	Bemerkungen/Remarks
Hexahydrobenzyl	= Cyclohexylmethyl	
Hexamethylen	= Hexandiyl	
Hexandioyl	= Adipoyl	
Hexandiyl	$-[CH_2]_6-$	
Hexanoyl	$-CO-[CH_2]_4-CH_3$	
Hexanthioyl	$-CS-[CH_2]_4-CH_3$	
Hexyl	$-CH_2-[CH_2]_4-CH_3$	
Hexyliden	$=CH-[CH_2]_4-CH_3$	
Hippuroyl	$-CO-CH_2-NH-CO-C_6H_5$	1
Histidyl	$-CO-\overset{\alpha}{CH}(NH_2)-CH_2-\underset{5\ 1}{\overset{3\ 2}{\underset{}{N\diagup NH}}}$	4, 6
Homocysteinyl	$-CO-CH(NH_2)-CH_2-CH_2-SH$	6
Homopiperonyl	= 2-Benzo[1,3]dioxol-5-yl-äthyl (3,4-Methylendioxy-phenäthyl)	
Homoseryl	$-CO-CH(NH_2)-CH_2-CH_2-OH$	6
Homoveratryl	= 3,4-Dimethoxy-phenäthyl	
Hydantoyl	$-\overset{1}{C}O-\overset{2}{C}H_2-\overset{3}{N}H-\overset{4}{C}O-\overset{5}{N}H_2$	
Hydracryloyl	= 3-Hydroxy-propionyl	
Hydratropoyl	= 2-Phenyl-propionyl	
Hydrazincarbonyl	= Carbazoyl	
Hydrazino	$-NH-NH_2$	
Hydrazo	$-NH-NH-$	
Hydrazono	$=N-NH_2$	
1-Hydrazono-äthyl s. a. Acetohydrazonoyl	$-C(CH_3)=N-NH_2$	Z, 9
Hydrido	H	L
Hydrindyl	= Indanyl	
Hydrocinnamoyl	= 3-Phenyl-propionyl	
Hydrocinnamyl	= 3-Phenyl-propyl	
Hydroperoxy	$-O-OH$	1
Hydroseleno	$-SeH$	1
Hydrotelluro	$-TeH$	1
Hydroxo	$OH^\ominus$	L, 1
Hydroxy	$-OH$	1
Hydroxyamino	$-NH-OH$	Z
Hydroxyarsoryl	$>As(O)-OH$	Z
Hydroxy-diphenyl-acetyl	= Benziloyl	
Hydroxyimino	$=N-OH$	Z
1-Hydroxyimino-äthyl s. a. Acetohydroximoyl	$-C(CH_3)=N-OH$	Z, 9
Hydroxylamino	= Hydroxyamino	
Hydroxymercapto	= Sulfeno	
Hydroxymethyl	$-CH_2-OH$	Z
Hydroxyoxalyl	$-CO-CO-OH$	Z

Präfix/Prefix	Formel/Formula	Bemerkungen/Remarks
Hydroxy-phenyl-acetyl	= Mandeloyl	
Hydroxyphosphinyl	= Phosphinoyl	
Hydroxyphosphoryl	$>$P(O)–OH	Z
Hygroyl	= 1-Methyl-prolyl	
Imido	NH	L
Imino . . . . s. a. Epimino	=NH und –NH–	
Iminoäthano	= [1]Azapropano	
1-Imino-äthyl . . . . s. a. Acetimidoyl	–C(CH$_3$)=NH	Z, 9
α-Imino-benzyl . . . . s. a. Benzimidoyl	–C(C$_6$H$_5$)=NH	Z, 9
Iminomethano	= Azaäthano	
Iminomethyl . . . . s. a. Formimidoyl	–CH=NH	Z, 9
Imonio	=N$<$]$^+$	
Inosinyl z. B. Inosin-5′-yl		
Inosinylyl z. B. [5′]Inosinylyl		
Isoamyl	= Isopentyl	
Isoasparaginyl	–CO–CH$_2$–$\overset{2}{C}$H($\overset{}{N}$H$_2$)–CO–$\overset{1}{N}$H$_2$	6
Isobornyl	und Spiegelbild	2
Isobutenyl	= 2-Methyl-propenyl	
Isobutoxy	–O–CH$_2$–CH(CH$_3$)$_2$	2
Isobutyl	–$\overset{\alpha}{C}$H$_2$–$\overset{\beta}{C}$H($\overset{\gamma,\gamma'}{C}H_3$)$_2$	2
Isobutyloxy	= Isobutoxy	
Isobutyryl	–CO–$\overset{\alpha}{C}$H($\overset{\beta,\beta'}{C}H_3$)$_2$	2
Isochinolinio		
Isochinoliniumyl z. B. Isochinolinium-6-yl . . .		
Isochinolyl (Isochinolinyl) z. B. [3]Isochinolyl oder . . . 1*H*-[2]Isochinolyl	bzw.	
Isochromanyl		
Isochromenyl z. B. 1*H*-Isochromen-6-yl . .		
Isocrotonoyl	= *cis*-Crotonoyl	

Präfix/Prefix	Formel/Formula	Bemerkungen/ Remarks
Isocumarinyl	$=$1-Oxo-1H-isochromenyl	
Isocyan	$-NC$	
Isocyanato	$-NCO$	
Isoflavanyl	$=$3-Phenyl-chromanyl	
Isoflavenyl	$=$3-Phenyl-chromenyl	
Isoglutaminyl	$-CO-CH_2-CH_2-CH(\overset{2}{N}H_2)-CO-\overset{1}{N}H_2$	6
Isohexyl	$-CH_2-CH_2-CH_2-CH(CH_3)_2$	1
Isoleucyl	$-CO-CH(NH_2)-CH(CH_3)-C_2H_5$ (*erythro*)	6
Isomenthyl	und Spiegelbild	2
Isonicotinoyl		
Isonipecotoyl	$=$Piperidin-4-carbonyl	
Isonitramino	$-N(O)=N-OH$ und Tautomere	
Isonitroso	$=$Hydroxyimino	
Isopentyl	$-CH_2-CH_2-CH(CH_3)_2$	1
Isophthaloyl		
Isopropenyl	$-C(CH_3)=CH_2$	1
Isopropoxy	$-O-CH(CH_3)_2$	2
Isopropyl	$-\overset{\alpha}{C}H(\overset{\beta,\beta'}{C}H_3)_2$	2
Isopropyliden	$=C(CH_3)_2$	2
Isopropyloxy	$=$Isopropoxy	
Isoselenocyanato	$-NCSe$	
Isosemicarbazido	$=$[Hydrazono-hydroxy-methyl]-amino oder N'-[Amino-hydroxy-methylen]-hydrazino	
Isothiocyanato	$-NCS$	
Isothioureido	$-NH-C(SH)=NH$	
Isoureido	$-NH-C(OH)=NH$	
Isovaleryl	$-CO-\overset{\alpha}{C}H_2-\overset{\beta}{C}H(\overset{\gamma,\gamma'}{C}H_3)_2$	2
Isovalyl	$-CO-C(NH_2)(CH_3)-CH_2-CH_3$	6
Itaconoyl	$=$Methylensuccinyl	
Jod	$-I$	
λ^3-Joda	bedeutet Austausch von CH gegen I	
Jodanyl z. B. λ^5-Jodanyl	$-I\lessequal$	
Jodo	$I^{\ominus}$	L
Jodonia	bedeutet Austausch von CH_2 gegen I^+	
Jodonio	$>I^+$	
Jodoso	$=$Jodosyl	
Jodosyl	$-IO$	
Jodoxy	$=$Jodyl	

Präfix/Prefix	Formel/Formula	Bemerkungen/Remarks
Jodyl	$-IO_2$	
Kakodyl	$=$ Dimethylarsino	
Keto	$=$ Oxo	
Kresyl	$=$ Hydroxy-methyl-phenyl oder Tolyl	
Lactoyl	$-CO-CH(OH)-CH_3$	1
Lävulinoyl	$-CO-CH_2-CH_2-CO-CH_3$	1
Lanthionyl	$-CO-CH(NH_2)-CH_2$ 　　　　　　　S $-CO-CH(NH_2)-CH_2$	6
Lauroyl s. a. Dodecanoyl	$-CO-[CH_2]_{10}-CH_3$	1
Lepidyl	$=$ [4]Chinolylmethyl	
Leucyl	$-CO-CH(NH_2)-CH_2-CH(CH_3)_2$	6
Lignoceroyl	$=$ Tetracosanoyl	
Linalyl	$H_2C=CH$ 　　$-\overset{|}{\underset{|}{C}}-CH_2-CH_2-CH=C\overset{CH_3}{\underset{CH_3}{}}$ 　H_3C	1
Linolenoyl	$-CO-[CH_2]_6-CH_2\ \underset{H\ \ \ H}{\overset{H\ \ \ H}{C=C}}\ CH_2\ \underset{H\ \ \ H}{\overset{}{C=C}}\ CH_2\ CH_2-CH_3$	1
Linoloyl	$-CO-[CH_2]_6-CH_2\ \underset{H\ \ \ H}{\overset{H\ \ \ H}{C=C}}\ CH_2\ \underset{H\ \ \ H}{\overset{}{C=C}}\ CH_2-[CH_2]_3-CH_3$	1
Lupinyl	$=$ Octahydrochinolizin-1-ylmethyl	
Lysyl	$-CO-CH(\overset{2}{N}H_2)-[CH_2]_4-\overset{6}{N}H_2$	6
Magnesio	$-Mg^+$	
Maleinimido	$O=\!\!\underset{}{\overset{|}{N}}\!\!=\!O$	1
Maleoyl	$\underset{-CO\quad CO-}{\overset{H\ \ \ H}{C=C}}$	
Malonamoyl	$-CO-CH_2-CO-NH_2$	Z
Malonyl	$-CO-CH_2-CO-$	
Maloyl	$-CO-CH(OH)-CH_2-CO-$	1
Mandeloyl	$-CO-CH(OH)-C_6H_5$	4
Menthanyl z. B. *p*-Menthan-2-yl	$H_3C-\overset{7}{}$... (Menthanyl-Struktur mit Nummerierung 1–10, CH_3-Gruppen 8, 9, 10)	2
Menthyl	H_3C-... $\overset{CH_3}{\underset{CH_3}{CH}}$　und Spiegelbild	2
Mercapto	$-SH$	
Mercurio	$-Hg^+$	

Präfix/Prefix	Formel/Formula	Bemerkungen/ Remarks
Mesaconoyl	= Methylfumaroyl	
Mesidino	= 2,4,6-Trimethyl-anilino	
Mesityl		1
Mesoxal	= Hydroxymesoxalyl	
Mesoxalyl	–CO–CO–CO–	
Mesyl	= Methansulfonyl	
Methacryloyl	$-CO-C(CH_3)=CH_2$	1
Methallyl	$-CH_2-C(CH_3)=CH_2$	1
Methandiyl	$-CH_2-$	
Methaniminomethano	= [2]Azapropano	
Methano	$-CH_2-$	B
Methanoxymethano	= [2]Oxapropano	
Methansulfenyl	$-S-CH_3$	Z, 8
s. a. Methylmercapto		
Methansulfinyl	$-SO-CH_3$	Z
Methansulfonyl	$-SO_2-CH_3$	Z
Methantetrayl	$>C<$	
Methanthiolato	$CH_3-S^{\ominus}$	L
Methantriyl	$>CH-$	
Methanylyliden	$=CH-$	
Metheno	$=CH-$	B
Methionyl	$-CO-CH(NH_2)-CH_2-CH_2-S-CH_3$	6
Methoxalyl	= Methoxyoxalyl	
Methoxy	$-O-CH_3$	
Methyl	$-CH_3$	
Methylbenzoyl	= Toluoyl	
α-*Methyl-benzyl*	= 1-Phenyl-äthyl	
Methylen	$=CH_2$	
s. a. Methandiyl		
α-*Methylen-benzyl*	= 1-Phenyl-vinyl	
Methylendioxy	$-O-CH_2-O-$	Z
N-Methyl-glycyl	$-CO-CH_2-NH-CH_3$	6
s. a. Sarkosyl		
Methylidin (*Methylidyn*)	= Methantriyl oder Methanylyliden	
Methylmercapto	$-S-CH_3$	Z, 9
s. a. Methansulfenyl		
Methylol	= Hydroxymethyl	
Methylselanyl	$-Se-CH_3$	Z, 9
Methylsulfin	= Methansulfinyl	
Methylsulfon	= Methansulfonyl	
Methyltellanyl	$-Te-CH_3$	Z

Präfix/Prefix	Formel/Formula	Bemerkungen/Remarks
Methylthio	= Methylmercapto	
Morpholino	–N⟩O	
Morpholinyl z. B. Morpholin-2-yl	HN⟩O	
Muconoyl	= Hexa-2,4-diendioyl	
Myristoyl . . . . s. a. Tetradecanoyl	–CO–[CH$_2$]$_{12}$–CH$_3$	1
Naphthaleno z. B. [2,3]Naphthaleno		B
Naphthalimido	= 1,3-Dioxo-1*H*,3*H*-benz[*de*]isochinolin-2-yl	
Naphthalinazo	= Naphthylazo	
Naphthalincarbonyl z. B. 2*H*-Naphthalin- 4a-carbonyl . . . . . . s. a. Naphthoyl	–CO	Z
Naphthalindiyl z. B. Naphthalin-1,2-diyl . . .		
Naphthaloyl	= Naphthalin-1,8-dicarbonyl	
Naphthionyl	= 4-Amino-naphthalin-1-sulfonyl	
Naphtho[...]*pyranyl*	= Benzo[...]chromenyl oder Benzo[...]isochromenyl	
Naphthoyl z. B. [1]Naphthoyl		
Naphthyl z. B. [2]Naphthyl oder 4*H*-[4a]Naphthyl	bzw.	
Naphthylen	= Naphthalindiyl	
Naphthyliden z. B. 1*H*-[2]Naphthyliden . . .		
Naphthyloxy	–O–(C$_{10}$H$_7$)	Z
Neoisomenthyl	H$_3$C—⟨⟩—CH‹CH$_3$/CH$_3$ und Spiegelbild	2
Neomenthyl	H$_3$C—⟨⟩···CH‹CH$_3$/CH$_3$ und Spiegelbild	2
Neopentyl	–CH$_2$–C(CH$_3$)$_3$	1
Neryl	–CH$_2$ CH$_2$–CH$_2$–CH=C‹CH$_3$/CH$_3$	1
Nicotinoyl	–CO–⟨N⟩	
Nipecotoyl	= Piperidin-3-carbonyl	
Nitramino	= Nitroamino	

Präfix/Prefix	Formel/Formula	Bemerkungen/ Remarks
Nitrato	$NO_3^{\ominus}$	L
Nitrido	N	L
Nitrilo	$>N-$	
Nitrimino	= Nitroimino	
Nitrito	$NO_2^{\ominus}$	L
Nitro	$-NO_2$	
aci-Nitro	=NO–OH	
Nitroamino	$-NH-NO_2$	Z
Nitroimino	$=N-NO_2$	Z
Nitrosimino	= Nitrosoimino	
Nitroso	–NO	
Nitrosoimino	=N–NO	Z
Nitrosyl	NO	L
Nitrosyloxy	–O–NO	Z
Nitryloxy	$-O-NO_2$	Z
Nonandioyl	$-CO-[CH_2]_7-CO-$	
Nonanoyl	$-CO-[CH_2]_7-CH_3$	
Nonyl	$-CH_2-[CH_2]_7-CH_3$	
Nopyl	= 2-[(1*S*)-6,6-Dimethyl-norpin-2-en-2-yl]-äthyl	
Norbornyl z. B. [2]Norbornyl		
Norcaranyl z. B. Norcaran-3-yl		
Norcaryl	= Norcaranyl	
Norleucyl	$-CO-CH(NH_2)-[CH_2]_3-CH_3$	6
Norpinanyl z. B. Norpinan-3-yl		
Nortropanyl z. B. Nortropan-3-yl		
Nortropyl	= Nortropanyl	
Norvalyl	$-CO-CH(NH_2)-CH_2-CH_2-CH_3$	6
Octadecanoyl . . . . s. a. Stearoyl	$-CO-[CH_2]_{16}-CH_3$	
Octandioyl	$-CO-[CH_2]_6-CO-$	
Octandiyl	$-[CH_2]_8-$	
Octanoyl	$-CO-[CH_2]_6-CH_3$	
Octyl	$-CH_2-[CH_2]_6-CH_3$	
Önanthoyl	= Heptanoyl	
Oleoyl		1

Präfix/Prefix	Formel/Formula	Bemerkungen/Remarks
Phenacyl	$-\overset{\alpha}{C}H_2-CO-C_6H_5$	3
Phenäthyl	$-\overset{\alpha}{C}H_2-\overset{\beta}{C}H_2-C_6H_5$	3
Phenäthyloxy	$-O-CH_2-CH_2-C_6H_5$	Z
Phenäthylphenyl	= Bibenzylyl	
Phenanthryl z. B. [2]Phenanthryl		
Phenetidino z. B. *p*-Phenetidino		6
Phenoxy	$-O-C_6H_5$	
Phenyl	$-C_6H_5$	
Phenylacetyl	$-CO-CH_2-C_6H_5$	Z
Phenylalanyl	$-CO-CH(NH_2)-CH_2-C_6H_5$	Z, 4, 6
Phenylanilino	= Biphenylylamino und Diphenylamino	
Phenylazo	$-N=N-C_6H_5$	Z
Phenylazobenzoyl	$-CO-C_6H_4-N=N-C_6H_5$	Z
Phenylazoxy . . . . z. B. Phenyl-*NNO*-azoxy . . .	$-(N_2O)-C_6H_5$ $-N(O)=N-C_6H_5$	Z
Phenylbenzoyl	= Biphenylcarbonyl	
Phenylcarbamoyl	$-CO-NH-C_6H_5$	Z
Phenyldisulfanyl	$-S-S-C_6H_5$	Z
Phenyldithio	= Phenyldisulfanyl	
Phenylen z. B. *o*-Phenylen . . . . . s.a. *o*-Benzeno		
Phenylhydrazino	= *N'*-Phenyl-hydrazino	
N'-Phenyl-hydrazino	$-NH-NH-C_6H_5$	Z
Phenylhydrazono	$=N-NH-C_6H_5$	Z
Phenylimino	$=N-C_6H_5$	Z
Phenylmercapto . . . . . . s. a. Benzolsulfenyl	$-S-C_6H_5$	Z, 9
Phenylmethansulfonyl	$-SO_2-CH_2-C_6H_5$	Z
Phenylmethantriyl	$\equiv C-C_6H_5$	Z
α-Phenyl-phenäthyl	= Bibenzyl-α-yl	
Phenylsulfamoyl	$-SO_2-NH-C_6H_5$	Z
Phenylsulfin	= Benzolsulfinyl	
Phenylsulfinyl	= Benzolsulfinyl	
Phenylsulfon	= Benzolsulfonyl	
Phenylsulfonyl	= Benzolsulfonyl	
Phenylthio	= Phenylmercapto	
Phospha	bedeutet Austausch von CH gegen P	
Phosphantriyl	$>P-$	
Phosphino	$-PH_2$	
Phosphinothioyl	= Thiophosphinoyl	

Präfix/Prefix	Formel/Formula	Bemerkungen/ Remarks
Phosphinoyl	$-PH_2O$	
Phosphinyl	$=$ Phosphinoyl	
Phospho	$-PO_2$	
Phosphonia	bedeutet Austausch von C gegen P^+	
Phosphonio	$-P\leqslant]^+$	
Phosphono	$-PO(OH)_2$	1
Phosphonooxy	$-O-PO(OH)_2$	Z, 1
Phosphoranyl	$-PH_4$	
Phosphoranyliden	$=PH_3$	
Phosphoroso	$-PO$	
Phosphoryl	$\geqslant P(O)-$	
Phthalamoyl		
Phthalanyl z. B. Phthalan-5-yl		
Phthalidyl		1
Phthalimido		1
Phthaloyl		
Phthalyl	$=$ Phthaloyl	
Phytyl		1
Picolyl	$=$ [...]Pyridylmethyl	
Picryl		1
Picrylamino	$=$ 2,4,6-Trinitro-anilino	
Pimeloyl	$=$ Heptandioyl	
Pinanyl z. B. Pinan-4-yl		2
Pipecoloyl	$=$ Piperidin-2-carbonyl	
Piperaziniumyl z. B. Piperazinium-4-yl		

Präfix/Prefix	Formel/Formula	Bemerkungen/Remarks
Piperazino	$-N\bigcirc NH$	
Piperidincarbonyl	$HN\bigcirc^{CO-}$	
Piperidiniumyl z. B. Piperidinium-1-yl	$R-\overset{\oplus}{N}\bigcirc$	
Piperidino	$-N\bigcirc$	
Piperidyl (Piperidinyl) z. B. [4]Piperidyl	$\bigcirc NH$	
Piperinoyl	$-CO-CH=CH-CH=CH-\bigcirc\!\!\!<^O_O$	1
Piperonoyl . . . . s. a. Piperonyloyl	= Benzo[1,3]dioxol-5-carbonyl (3,4-Methylendioxy-benzoyl)	
Piperonyl	$-CH_2-\bigcirc\!\!\!<^O_O$	1
Piperonyliden	$=CH-\bigcirc\!\!\!<^O_O$	1
Piperonyloyl	$-CO-\bigcirc\!\!\!<^O_O$	1
Pivaloyl	$-CO-C(CH_3)_3$	1
Plumbio(3+)	$-Pb^{3+}$	
Plumbyl	$-PbH_3$	9
Prolyl . . .	$-CO-\overset{1}{\underset{2\;\;3}{\bigcirc}}\overset{H}{\underset{4}{N}}^5$	
Propandioyl	= Malonyl	
Propandiyl	$-CH_2-CH_2-CH_2-$	
Propano	$-CH_2-CH_2-CH_2-$	B
Propansulfonyl z. B. Propan-2-sulfonyl . . .	$-SO_2-CH(CH_3)_2$	Z
Propargyl	= Prop-2-inyl	
Propeno	$-CH=CH-CH_2-$	B
Propenoyl	= Acryloyl	
Propenyl	$-CH=CH-CH_3$	
Prop-2-enyl	= Allyl	
Propinoyl	= Propioloyl	
Propinyl z. B. Prop-1-inyl	$-C\equiv C-CH_3$	
Propioloyl	$-CO-C\equiv CH$	
Propionyl	$-CO-CH_2-CH_3$	
Propionylamino	$-NH-CO-CH_2-CH_3$	Z
Propoxy	$-O-CH_2-CH_2-CH_3$	
Propyl	$-CH_2-CH_2-CH_3$	
Propylen	= Methyläthandiyl	
Propyliden	$=CH-CH_2-CH_3$	

Präfix/Prefix	Formel/Formula	Bemerkungen/Remarks
Propyloxy	= Propoxy	
Protocatechuoyl	= 3,4-Dihydroxy-benzoyl	
Pseudohexyl	= 2-Äthyl-butyl	
Pyrano[...]*benzopyranyl*	= Pyrano[...]chromenyl oder Pyrano[...]isochromenyl	
Pyridin-3-carbonyl	= Nicotinoyl	
Pyridin-4-carbonyl	= Isonicotinoyl	
Pyridinio		
Pyridiniumcarbonyl z. B. Pyridinium-3-carbonyl . .		
Pyridiniumyl z. B. Pyridinium-2-yl		
Pyridoxyl		
Pyridyl (Pyridinyl) z. B. [2]Pyridyl oder . . . . 2*H*-[1]Pyridyl	bzw.	
Pyroglutamyl		6
Pyrrolcarbonyl z. B. Pyrrol-2-carbonyl		Z
Pyrrolidin-2-carbonyl	= Prolyl	
Pyrrolidino		
Pyrrolidinyl . . . . z. B. Pyrrolidin-3-yl		
Pyrrolino	= Dihydropyrrolyl	
endo-*Pyrrolo*	= Pyrrolo[...]ätheno	
Pyrrolo[...]ätheno z. B. Pyrrolo[3,4]ätheno . . .		B
Pyrrolyl z. B. Pyrrol-3-yl		
Pyrroyl	= Pyrrolcarbonyl	
Pyrryl	= Pyrrolyl	
Pyruvoyl	–CO–CO–CH$_3$	5
Rhodan	= Thiocyanato	
Ricinoloyl	–CO–[CH$_2$]$_6$–CH$_2$ CH$_2$–CH CH$_2$–[CH$_2$]$_4$–CH$_3$	1
Salicyl		1

Präfix/Prefix	Formel/Formula	Bemerkungen/ Remarks
Salicyloyl	$-CO-$	1
Sarkosyl	$-CO-CH_2-NH-CH_3$	1
Sebacoyl	$=$ Decandioyl	
Selandiyl s. a. Episelenido und Episeleno	$-Se-$	
λ^4-Selanyl	$-Se\equiv$	
Selena	bedeutet Austausch von CH_2 gegen Se	
Seleneno	$-Se-OH$	1
Selenino	$-SeO-OH$	1
Seleninyl	$-Se(O)-$	
Seleno	bedeutet Austausch von O gegen Se	
Selenocyanato	$-SeCN$	Z
Selenonia	bedeutet Austausch von CH gegen Se^+	
Selenonio	$-Se<]^+$	
Selenono	$-SeO_2-OH$	
Selenonyl	$-SeO_2-$	
Selenoxo	$=Se$	
Selenyl	$=$ Hydroseleno	
Semicarbazido	$-\overset{1}{N}H-\overset{2}{N}H-\overset{3}{C}O-\overset{4}{N}H_2$	
Semicarbazono	$=N-NH-CO-NH_2$	
Seryl	$-CO-CH(NH_2)-CH_2-OH$	6
Sila	bedeutet Austausch von C gegen Si	
Siloxy	$=$ Silyloxy	
Silyl	$-SiH_3$	
Silyloxy	$-O-SiH_3$	Z
Sorboyl		1
Stannio(3+)	$-Sn^{3+}$	
Stannono	$=$ Hydroxo-oxo-stannio	
Stannyl	$-SnH_3$	9
Stearoloyl	$-CO-[CH_2]_7-C\equiv C-[CH_2]_7-CH_3$	1
Stearoyl s. a. Octadecanoyl	$-CO-[CH_2]_{16}-CH_3$	1
Stiba	bedeutet Austausch von CH gegen Sb	
Stibino s. a. Antimonio	$-SbH_2$	9
Stibono	$=$ Dihydroxo-oxo-antimonio	
Stilbenyl z. B. Stilben-α-yl		3

Präfix/Prefix	Formel/Formula	Bemerkungen/Remarks
Styryl	$-\overset{\alpha}{C}H=\overset{\beta}{C}H-C_6H_5$	3
Styrylphenyl	$=$ Stilbenyl	
Suberoyl	$=$ Octandioyl	
Succinamoyl	$-\overset{1}{C}O-\overset{2}{C}H_2-\overset{3}{C}H_2-\overset{4}{C}O-NH_2$	Z
Succinimido	$O=\!\!\!<\!\!\!\overset{\overset{|}{N}}{}\!\!\!>\!\!\!=O$	1
Succinyl	$-CO-CH_2-CH_2-CO-$	
Sulfamoyl	$-SO_2-NH_2$	
Sulfandiyl s. a. Episulfido und Epithio	$-S-$	
Sulfanilamino	$=$ Sulfanilylamino	
Sulfanilyl	$-SO_2-\langle\!\!\!\bigcirc\!\!\!\rangle-NH_2$	6
Sulfanilylamino	$-NH-SO_2-\langle\!\!\!\bigcirc\!\!\!\rangle-NH_2$	Z, 6
Sulfanyl z. B. λ^4-Sulfanyl	$-S\!\!<$	
Sulfato	$SO_4{}^{2\ominus}$	L
Sulfenamoyl	$=$ Aminomercapto	
Sulfeno	$-S-OH$	1
Sulfhydryl	$=$ Mercapto	
Sulfido	$S^{2\ominus}$	L
Sulfinamoyl	$-SO-NH_2$	
Sulfino	$-SO-OH$	1
Sulfinyl	$-S(O)-$	
Sulfito	$SO_3{}^{2\ominus}$	L
Sulfo	$-SO_2-OH$	1
Sulfoamino	$-NH-SO_2-OH$	Z
Sulfonato	$-SO_2O^{\ominus}$	
Sulfonio	$-S\!\!<]^+$	
Sulfonyl	$-SO_2-$	
Sulfuryl	$=$ Sulfonyl	
Tartaroyl	$-CO-CH(OH)-CH(OH)-CO-$ (*threo*)	6
Tartronoyl	$=$ Hydroxy-malonyl	
Tauryl	$-SO_2-CH_2-CH_2-NH_2$	6
λ^4-Tellanyl	$-Te\!\equiv$	
Tellura	bedeutet Austausch von CH_2 gegen Te	
Tellurino	$-TeO-OH$	
Tellurinyl	$-Te(O)-$	
Tellurio	$-Te\!\!<]^+$	
Telluro	bedeutet Austausch von O gegen Te	
Telluryl	$=$ Hydrotelluro	
Terephthaloyl	$-CO-\langle\!\!\!\bigcirc\!\!\!\rangle-CO-$	

Präfix/Prefix	Formel/Formula	Bemerkungen/Remarks
Terphenylyl z. B. *p*-Terphenyl-4-yl		
Tetradecanoyl s. a. Myristoyl	$-CO-[CH_2]_{12}-CH_3$	
Tetramethylen	$=$ Butandiyl	
Thenoyl	$=$ Thiophencarbonyl	
Thenyl	$=$ Thienylmethyl	
Thia	bedeutet Austausch von CH_2 gegen S	
Thienyl z. B. [2]Thienyl		
Thio (Substituent)	$=$ Sulfandiyl	
Thio	bedeutet Austausch von O gegen S	
Thioacetyl	$-CS-CH_3$	Z
Thioacetylmercapto	$-S-CS-CH_3$	Z, 9
Thiobenzoyl	$-CS-C_6H_5$	Z
Thiocarbamoyl	$-CS-NH_2$	Z
Thiocarbonyl	$-CS-$	Z
Thiocarboxy	$-COSH$	Z, 1
Thiocyanato	$-SCN$	Z
Thioformyl	$-CHS$	Z, 1
Thiohydroxo	$SH^{\ominus}$	L
Thiohydroxylamino	$=$ Mercaptoamino	
Thioisobutyryl	$-CS-CH(CH_3)_2$	Z
Thioisonicotinoyl		Z
Thionaphthenyl	$=$ Benzo[*b*]thiophenyl	
Thionia	bedeutet Austausch von CH gegen S^+	
Thionyl	$=$ Sulfinyl	
Thiophencarbonyl z. B. Thiophen-2-carbonyl		Z
Thiophenolato	$C_6H_5-S^{\ominus}$	L
Thiophosphinoyl	$-PH_2S$	Z
Thiophosphinyl	$=$ Thiophosphinoyl	
Thiophosphoryl	$-P(S)\!<$	
Thiosemicarbazono	$=N-NH-CS-NH_2$	Z
Thiosulfo	$-SO_2SH$	Z, 1
Thioureido	$-NH-CS-NH_2$	Z
Thioureylen	$-NH-CS-NH-$	
Thiovaleryl	$-CS-[CH_2]_3-CH_3$	Z
Thioxo	$=S$	
Thiuram	$=$ Thiocarbamoyl	
Threonyl	$-CO-CH(NH_2)-CH(OH)-CH_3$ (*threo*)	6

Präfix/Prefix	Formel/Formula	Bemerkungen/ Remarks
Thujanyl z. B. Thujan-3-yl		2
Thujyl	= Thujanyl	
Thymidinyl z. B. Thymidin-5′-yl		
Thymidylyl z. B. [3′]Thymidylyl		
Thymyl	= 2-Isopropyl-5-methyl-phenyl	
Thyronyl	$-CO-CH(NH_2)-CH_2-$ ⟨ring⟩ $-O-$ ⟨ring⟩ $-OH$	4, 6
Tigloyl		1
Tolubenzyl	= 4-Methyl-benzyl	
Toluidino z. B. *p*-Toluidino	$-NH-$ ⟨ring⟩ $-CH_3$	6
Toluolsulfonyl z. B. Toluol-4-sulfonyl	$-SO_2-$ ⟨ring⟩ $-CH_3$	Z
Toluol-α-sulfonyl	= Phenylmethansulfonyl	
Toluoyl z. B. *p*-Toluoyl	$-CO-$ ⟨ring⟩ $-CH_3$	1
Tolyl z. B. *p*-Tolyl	⟨ring⟩ $-CH_3$	1
Tosyl	= Toluol-4-sulfonyl	
Triazanyl	$-\overset{1}{N}H-\overset{2}{N}H-\overset{3}{N}H_2$	
Triazenyl z. B. Triaz-2-enyl	$-NH-N=NH$	
Tricyclo[2.2.1.0²,⁶]*heptyl*	= 2,6-Cyclo-norbornanyl	
Trihydroxydiphosphoryl	$-PO(OH)-O-PO(OH)_2$	Z
Trimethylacetyl	= Pivaloyl (2,2-Dimethyl-propionyl)	
Trimethylen	= Propandiyl	
2,4,6-Trinitro-phenyl	= Picryl	
Trinorbornyl	= Norbornyl	
Triphenylmethyl	= Trityl	
Triphosphoryl	$>\overset{1}{P}(O)-\overset{\mu}{O}-\overset{2}{P}(O)-\overset{\mu'}{O}-\overset{3}{P}(O)<$	
Trisulfandiyl	$-S_3-$	
Trithio	= Trisulfandiyl	
Tritio	$-T$	

Präfix/Prefix	Formel/Formula	Bemerkungen/Remarks
Trityl	$-C(C_6H_5)_3$	
Tropanyl z. B. Tropan-3-yl	(structure: H_3C-N bicyclic ring)	
Tropoyl	$-CO-CH(C_6H_5)-CH_2-OH$	1
Tropyl	$=$ Tropanyl	
Tryptophyl	$-CO-CH(NH_2)-CH_2-$ (indole structure, positions 1,2,3,4,5,6,7) NH	4, 6
Tyrosyl	$-CO-CH(NH_2)-CH_2-$ (phenyl) $-OH$	4,6
Ureido	$-NH-CO-NH_2$	
Ureidoacetyl	$=$ Hydantoyl	
Uretidinyl	$=$ [1,3]Diazetidinyl	
Ureylen	$-NH-CO-NH-$	
Uridinyl z. B. Uridin-3'-yl	(nucleoside structure: $HO-CH_2$ ribose-uracil, OH)	
Uridylyl z. B. [5']Uridylyl	(structure: $OP-O-CH_2$ / HO, ribose-uracil, HO OH)	
Valeryl	$-CO-[CH_2]_3-CH_3$	
Valyl	$-CO-CH(NH_2)-CH(CH_3)_2$	6
Vanilloyl	$-CO-$ (phenyl, $O-CH_3$) $-OH$	1
Vanillyl	$-CH_2-$ (phenyl, $O-CH_3$) $-OH$	1
Veratroyl	$-CO-$ (phenyl, $O-CH_3$) $-O-CH_3$	1
Veratryl	$-CH_2-$ (phenyl, $O-CH_3$) $-O-CH_3$	1
Vinyl	$-CH=CH_2$	
Vinylen	$=$ Äthendiyl	
Vinyliden	$=C=CH_2$	
Vinylsulfonyl	$=$ Äthensulfonyl	
Xanthosinyl z. B. Xanthosin-5'-yl	(nucleoside structure: $-CH_2$ ribose-xanthine, HO OH)	
Xanthyl	$=$ Xanthenyl	
Xenyl	$=$ Biphenylyl	
Xylidino	$=$ Dimethyl-anilino	
Xylyl	$=$ Dimethyl-phenyl	
Xylylen z. B. p-Xylylen	$-CH_2-$ (phenyl) $-CH_2-$	1

Sachregister

Das vorliegende Register enthält die Namen der jeweils im Band 6 des Haupt=
werks sowie der Ergänzungswerke I, II, III und IV abgehandelten Verbindungen
mit Ausnahme der Namen von Salzen, deren Kationen aus Metall-Ionen, Metall=
komplex-Ionen oder protonierten Basen bestehen, und von Additionsverbindungen.
Darüber hinaus sind diejenigen Verbindungen aus anderen Bänden erfasst, die
systematisch zu den im Band 6 abgehandelten isocyclischen Hydroxy-Verbindungen
gehören.

Die im Hauptwerk und in den Ergänzungswerken I, II und III verwendeten,
zum Teil nach veralteten Nomenklaturprinzipien gebildeten Rationalnamen sind
durch die heute im Ergänzungswerk IV gebrauchten, den IUPAC-Regeln entspre=
chenden Namen ersetzt worden. Zur Erleichterung der Auffindung solcher Verbin=
dungen, die in früheren Serien des Handbuchs andere Namen erhalten haben,
sind den Seitenzahlen, die sich auf das Hauptwerk und die Ergänzungswerke I,
II und III beziehen, kleine Buchstaben beigefügt, die die Stelle auf der betreffenden
Seite näher kennzeichnen, an der die Verbindung abgehandelt ist. So bedeutet
z.B. der Buchstabe a hinter einer Seitenzahl, dass die Verbindung im 1. Artikel
auf der angegebenen Seite abgehandelt ist; entsprechend verweist b auf den 2.,
c auf den 3. Artikel, usw.

Die im Register aufgeführten Namen („Registernamen") unterscheiden sich von
den im Text verwendeten Namen im allgemeinen dadurch, dass Substitutionspräfixe
und Hydrierungsgradpräfixe hinter den Stammnamen gesetzt („invertiert") sind,
und dass alle zur Konfigurationskennzeichnung dienenden genormten Präfixe und
Symbole (s. „Stereochemische Bezeichnungsweisen") weggelassen sind.

Der Registername enthält demnach die folgenden Bestandteile in der angegebenen
Reihenfolge:

1. den Register-Stammnamen (in Fettdruck); dieser setzt sich, sofern nicht ein
   Radikofunktionalname (s.u.) vorliegt, zusammen aus
   a) dem Stammvervielfachungsaffix (z.B. Bi in [1,2′]Binaphthyl),
   b) stammabwandelnden Präfixen [1],
   c) dem Namensstamm (z.B. Hex in Hexan; Pyrr in Pyrrol),

---

[1] Zu den stammabwandelnden Präfixen gehören:
Austauschpräfixe* (z.B. Oxa in 3,9-Dioxa-undecan; Thio in Thioessigsäure),
Gerüstabwandlungspräfixe (z.B. Cyclo in 2,5-Cyclo-benzocyclohepten; Bicyclo in Bicyclo=
[2.2.2]octan; Spiro in Spiro[4.5]decan; Seco in 5,6-Seco-cholestan-5-on; Iso in Isopentan),
Brückenpräfixe* (nur in Namen verwendet, deren Stamm ein Ringgerüst ohne Seitenkette
bezeichnet; z.B. Methano in 1,4-Methano-naphthalin; Epoxido in 4,7-Epoxido-inden [zum
Stammnamen gehörig im Gegensatz zu dem bedeutungsgleichen Substitutionspräfix Epoxy]),
Anellierungspräfixe (z.B. Benzo in Benzocyclohepten; Cyclopenta in Cyclopenta[a]phen=
anthren),
Erweiterungspräfixe (z.B. Homo in D-Homo-androst-5-en),
Subtraktionspräfixe (z.B. Nor in A-Nor-cholestan; Desoxy in 2-Desoxy-hexose).

d) Endungen (z.B. an, en, in zur Kennzeichnung des Sättigungszustandes von Kohlenstoff-Gerüsten; ol, in, olidin zur Kennzeichnung von Ringgrösse und Sättigungszustand bei Heterocyclen; ium, id zur Kennzeichnung der Ladung eines Ions),

e) dem Funktionssuffix zur Kennzeichnung der Hauptfunktion (z.B. -säure, -carbonsäure, -on, -ol),

f) Additionssuffixen (z.B. oxid in Äthylenoxid, Pyridin-1-oxid).

2. Substitutionspräfixe*, d.h. Präfixe, die den Ersatz von Wasserstoff-Atomen durch andere Atome oder Gruppen („Substituenten") kennzeichnen (z.B. Äthyl-chlor in 2-Äthyl-1-chlor-naphthalin; Epoxy in 1,4-Epoxy-p-menthan).

3. Hydrierungsgradpräfixe (z.B. Hydro in 1,2,3,4-Tetrahydro-naphthalin; Dehydro in 15,15′-Didehydro-β,β-carotin-4,4′-diol).

4. Funktionsabwandlungssuffixe (z.B. -oxim in Aceton-oxim; -methylester in Bern≠steinsäure-dimethylester; -anhydrid in Benzoesäure-anhydrid).

Beispiele:
Dibrom-chlor-methan wird registriert als **Methan,** Dibrom-chlor-;
meso-1,6-Diphenyl-hex-3-in-2,5-diol wird registriert als **Hex-3-in-2,5-diol,** 1,6-Diphenyl-;
4a,8a-Dimethyl-octahydro-naphthalin-2-on-semicarbazon wird registriert als
    Naphthalin-2-on, 4a,8a-Dimethyl-octahydro-, semicarbazon;
8-Hydroxy-4,5,6,7-tetramethyl-3a,4,7,7a-tetrahydro-4,7-äthano-inden-9-on wird registriert
    als **4,7-Äthano-inden-9-on,** 8-Hydroxy-4,5,6,7-tetramethyl-3a,4,7,7a-tetrahydro-.

Besondere Regelungen gelten für Radikofunktionalnamen, d.h. Namen, die aus einer oder mehreren Radikalbezeichnungen und der Bezeichnung einer Funktions≠klasse (z.B. Äther) oder eines Ions (z.B. Chlorid) zusammengesetzt sind:

a) Bei Radikofunktionalnamen von Verbindungen, deren (einzige) durch einen Funktionsklassen-Namen oder Ionen-Namen bezeichnete Funktionsgruppe mit nur einem (einwertigen) Radikal unmittelbar verknüpft ist, umfasst der Register-Stammname die Bezeichnung des Radikals und die Funktionsklassenbezeichnung (oder Ionenbezeichnung) in unveränderter Reihenfolge; ausgenommen von dieser Regelung sind jedoch Radikofunktionalnamen, die auf die Bezeichnung eines sub≠stituierbaren (d.h. Wasserstoff-Atome enthaltenden) Anions enden (s. unter c)). Präfixe, die eine Veränderung des Radikals ausdrücken, werden hinter den Stamm≠namen gesetzt [2].

Beispiele:
Äthylbromid, Phenyllithium und Butylamin werden unverändert registriert;
4′-Brom-3-chlor-benzhydrylchlorid wird registriert als **Benzhydrylchlorid,** 4′-Brom-3-chlor-;
1-Methyl-butylamin wird registriert als **Butylamin,** 1-Methyl-.

b) Bei Radikofunktionalnamen von Verbindungen mit einem mehrwertigen Radi≠kal, das unmittelbar mit den durch Funktionsklassen-Namen oder Ionen-Namen bezeichneten Funktionsgruppen verknüpft ist, umfasst der Register-Stammname

---

[2] Namen mit Präfixen, die eine Veränderung des als Anion bezeichneten Molekülteils ausdrücken sollen (z.B. Methyl-chloracetat), werden im Handbuch nicht mehr verwendet.

die Bezeichnung dieses Radikals und die (gegebenenfalls mit einem Vervielfa=
chungsaffix versehene) Funktionsklassenbezeichnung (oder Ionenbezeichnung),
nicht aber weitere im Namen enthaltene Radikalbezeichnungen, auch wenn sie
sich auf unmittelbar mit einer der Funktionsgruppen verknüpfte Radikale beziehen.

Beispiele:
Äthylendiamin und Äthylenchlorid werden unverändert registriert;
N,N-Diäthyl-äthylendiamin wird registriert als **Äthylendiamin,** N,N-Diäthyl-;
6-Methyl-1,2,3,4-tetrahydro-naphthalin-1,4-diyldiamin wird registriert als **Naphthalin-1,4-**
diyldiamin, 6-Methyl-1,2,3,4-tetrahydro-.

c) Bei Radikofunktionalnamen, deren (einzige) Funktionsgruppe mit mehreren
Radikalen unmittelbar verknüpft ist oder deren als Anion bezeichnete Funktions=
gruppe Wasserstoff-Atome enthält, besteht der Register-Stammname nur aus der
Funktionsklassenbezeichnung (oder Ionenbezeichnung); die Radikalbezeichnungen
werden dahinter angeordnet.

Beispiele:
Benzyl-methyl-amin wird registriert als **Amin,** Benzyl-methyl-;
Äthyl-trimethyl-ammonium wird registriert als **Ammonium,** Äthyl-trimethyl-;
Diphenyläther wird registriert als **Äther,** Diphenyl-;
[2-Äthyl-[1]naphthyl]-phenyl-keton-oxim wird registriert als **Keton,** [2-Äthyl-[1]naphthyl]-
phenyl-, oxim.

Nach der sog. Konjunktiv-Nomenklatur gebildete Namen (z.B. Cyclohexan=
methanol, 2,3-Naphthalindiessigsäure) werden im Handbuch nicht mehr verwendet.

Massgebend für die Anordnung von Verbindungsnamen sind in erster Linie
die nicht kursiv gesetzten Buchstaben des Register-Stammnamens; in zweiter Linie
werden die durch Kursivbuchstaben und/oder Ziffern repräsentierten Differenzie=
rungsmarken des Register-Stammnamens berücksichtigt; erst danach entscheiden
die nachgestellten Präfixe und zuletzt die Funktionsabwandlungssuffixe.

Beispiele:
o-**Phenylendiamin,** 3-Brom- erscheint unter dem Buchstaben P nach m-**Phenylendiamin,**
2,4,6-Trinitro-;
Cyclopenta[b]naphthalin, 1-Brom-1H- erscheint nach **Cyclopenta[a]naphthalin,**
3-Methyl-1H-;
Aceton, 1,3-Dibrom-, hydrazon erscheint nach **Aceton,** Chlor-, oxim.

Mit Ausnahme von deuterierten Verbindungen werden isotopen-markierte Prä=
parate im allgemeinen nicht ins Register aufgenommen. Sie werden im Artikel
der nicht markierten Verbindung erwähnt, wenn der Originalliteratur hinreichend
bedeutende Bildungsweisen zu entnehmen sind.

Von griechischen Zahlwörtern abgeleitete Namen oder Namensteile sind einheit=
lich mit c (nicht mit k) geschrieben.

Die Buchstaben i und j werden unterschieden. Die Umlaute ä, ö und ü gelten
hinsichtlich ihrer alphabetischen Einordnung als ae, oe bzw. ue.

---

* Verzeichnis der in systematischen Namen verwendeten Substitutionspräfixe, Austausch=
präfixe und Brückenpräfixe s.S. V – XXXVI.

Subject Index

The following index contains the names of compounds dealt with in Volume 6 of the Basic Series and the corresponding Supplementary Series I, II, III and IV, with the exception of salts whose cations are formed by metal ions, complex metal ions or protonated bases; addition compounds are likewise omitted. Those compounds furthermore which are covered by the scheme of Volume 6 are also here compiled from other Volumes.

The nomenclature used in the Basic Series and in Supplementary Series I, II and III, when based on trivial or unsystematic usage, has been corresponding replaced by the IUPAC nomenclature in use in Supplementary Series IV. To facilitate the location of such compounds which received different names in the earlier series of the Handbook, the page numbers of the original references in the Basic Series and the Supplementary Series I, II and III are suffixed with small letters, which indicate the position of the compound on the page in question. Thus letter "a" after a page number shows that the compound is dealt with in the first entry on the page; "b" and "c" refer to second and third entries respectively and so on.

The names used in the index (Index Names) are different from the systematic nomenclature used in the text only insofar as Substitution and Degree-of-Unsaturation Prefixes are placed after the name (inverted), and all configurational prefixes and symbols (see "Stereochemical Conventions") are omitted.

The Index Names are comprised of the following components in the order given:

1. the Index-Stem-Name (boldface type); this (insofar as a Radicofunctional name is not involved) is in turn made up of:
   a) the Parent-Multiplier (e.g. bi in [1,2′]Binaphthyl),
   b) Parent-Modifying Prefixes[1],
   c) the Parent-Stem (e.g. Hex in Hexan, Pyrr in Pyrrol),
   d) endings (e.g. an, en, in, defining the degree of unsaturation in the hydrocarbon entity; ol, in, olidin, referring to the ring size and degree of unsaturation of heterocycles; ium, id, indicating the charge of ions),

---

[1] Parent-Modifying Prefixes include the following:
Replacement Prefixes* (e.g. oxa in 3,9-Dioxa-undecan; thio in Thioessigsäure),
Skeleton Prefixes (e.g. cyclo in 2,5-Cyclo-benzocyclohepten; bicyclo in Bicyclo[2.2.2]octan; spiro in Spiro[4.5]decan; seco in 5,6-Seco-cholestan-5-on; iso in Isopentan),
Bridge Prefixes* (only used for names of which the Parent is a ring system without a side chain; e.g. methano in 1,4-Methano-naphthalin; epoxido in 4,7-Epoxido-inden [used here as part of the Stem-name in preference to the Substitutive Prefix epoxy]),
Fusion Prefixes (e.g. benzo in Benzocyclohepten, cyclopenta in Cyclopenta[a]phenanthren),
Incremental Prefixes (e.g. homo in D-Homo-androst-5-en),
Subtractive Prefixes (e.g. nor in A-Nor-cholestan; desoxy in 2-Desoxy-hexose).

e) the Functional-Suffix, indicating the main chemical function (e.g. -säure, -carbonsäure, -on, -ol),

f) the Additive-Suffix (e.g. oxid in Äthylenoxid, Pyridin-1-oxid).

2. Substitutive Prefixes*, i.e. prefixes which denote the substitution of Hydrogen atoms with other atoms or groups (substituents) (e.g. äthyl and chlor in 2-Äthyl-1-chlor-naphthalin; epoxy in 1,4-Epoxy-*p*-menthan).

3. Hydrogenation-Prefixes (e.g. hydro in 1,2,3,4-Tetrahydro-naphthalin; dehydro in 15,15'-Didehydro-β,β-carotin-4,4'-diol).

4. Function-Modifying Suffixes (e.g. -oxim in Aceton-oxim; -methylester in Bern≠ steinsäure-dimethylester; -anhydrid in Benzoesäure-anhydrid).

Examples:
Dibrom-chlor-methan is indexed under **Methan,** Dibrom-chlor-;
meso-1,6-Diphenyl-hex-3-in-2,5-diol is indexed under **Hex-3-in-2,5-diol,** 1,6-Diphenyl-;
4a,8a-Dimethyl-octahydro-naphthalin-2-on-semicarbazon is indexed under **Naphthalin-2-on,** 4a,8a-Dimethyl-octahydro-, semicarbazon;
5,6-Dihydroxy-hexahydro-4,7-ätheno-isobenzofuran-1,3-dion is indexed under **4,7-Ätheno-isobenzofuran-1,3-dion,** 5,6-Dihydroxy-hexahydro-.

Special rules are used for Radicofunctional Names (i.e. names comprised of one or more Radical Names and the name of either a class of compounds (e.g. Äther) or an ion (e.g. chlorid)):

a) For Radicofunctional names of compounds whose single functional group is described by a class name or ion, and is immediately connected to a single univalent radical, the Index-Stem-Name comprises the radical name followed by the functional name (or ion) in unaltered order; the only exception to this rule is found when the Radicofunctional Name would end with a Hydrogen-containing (i.e. substitutable) anion (see under c), below). Prefixes which modify the radical part of the name are placed after the Stem-Name[2].

Examples:
Äthylbromid, Phenyllithium and Butylamin are indexed unchanged.
4'-Brom-3-chlor-benzhydrylchlorid is indexed under **Benzhydrylchlorid,** 4'-Brom-3-chlor-;
1-Methyl-butylamin is indexed under **Butylamin,** 1-Methyl-.

b) For Radicofunctional names of compounds with a multivalent radical attached directly to a functional group described by a class name (or ion), the Index-Stem-Name is comprised of the name of the radical and the functional group (modified by a multiplier when applicable), but not those of other radicals contained in the molecule, even when they are attached to the functional group in question.

Examples:
Äthylendiamin and Äthylenchlorid are indexed unchanged,
N,N-Diäthyl-äthylendiamin is indexed under **Äthylendiamin,** *N,N*-Diäthyl-;
6-Methyl-1,2,3,4-tetrahydro-naphthalin-1,4-diyldiamin is indexed under **Naphthalin-1,4-diyldiamin,** 6-Methyl-1,2,3,4-tetrahydro-.

c) In the case of Radicofunctional names whose single functional group is directly bound to several different radicals, or whose functional group is an anion containing

---

[2] Names using prefixes which imply an alteration of the anionic component (e.g. Methyl≠ chloracetat) are no longer used in the Handbook.

exchangeable Hydrogen atoms, the Index-Stem-Name is comprised of the functional class name (or ion) alone; the names of the radicals are listed after the Stem Name.

Examples:
  Benzyl-methyl-amin is indexed under **Amin,** Benzyl-methyl-;
  Äthyl-trimethyl-ammonium is indexed under **Ammonium,** Äthyl-trimethyl-;
  Diphenyläther is indexed under **Äther-,** Diphenyl-;
  [2-Äthyl-[1]naphthyl]-phenyl-keton-oxim is indexed under **Keton,** [2-Äthyl-[1]naphthyl]-phenyl-, oxim.

Conjunctive names (e.g. Cyclohexanmethanol; 2,3-Naphthalindiessigsäure) are no longer in use in the Handbook.

The alphabetical listings follow the non-italic letters of the Stem-Name; the italic letters and/or modifying numbers of the Stem-Name then take precedence over prefixes. Function-Modifying Suffixes have the lowest priority.

Examples:
  o-**Phenylendiamin,** 3-Brom- appears under the letter P, after *m*-**Phenylendiamin,** 2,4,6-Trinitro-;
  Cyclopenta[*b*]naphthalin, 1-Brom-1*H*- appears after **Cyclopenta[*a*]naphthalin,** 3-Methyl-1*H*-;
  Aceton, 1,3-Dibrom-, hydrazon appears after **Aceton,** Chlor-, oxim.

With the exception of deuterated compounds, isotopically labeled substances are generally not listed in the index. They may be found in the articles describing the corresponding non-labeled compounds provided the original literature contains sufficiently important information on their method of preparation.

Names or parts of names derived from Greek numerals are written throughout with c (not k). The letters i and j are treated separately and the modified vowels ä, ö, and ü are treated as ae, oe, and ue respectively for the purposes of alphabetical ordering.

---

* For a list of the Substitutive, Replacement and Bridge Prefixes, see pages V – XXXVI.

A

Acenaphthen (Fortsetzung)
—, 1-Isopentyl- **6** III 3346 d
—, 3-Methansulfonyl- **6** IV 4624
—, 1-Methoxy- **6** III 3346 b
—, 3-Methoxy- **6** III 3347 c
—, 5-Methoxy- **6** III 3348 e, IV 4625
—, 1-[4-Methoxy-benzyliden]-6-nitro-
   6 III 3734 b
—, 5-Methoxy-4-nitro- **6** IV 4626
—, 1-Methoxy-1,2,2-triphenyl-
   6 III 3883 d
—, 3-Methylmercapto- **6** IV 4624
—, 5,5'-Oxy-di- **6** IV 4625
—, 5-Phenylmercapto- **6** IV 4626
—, 3,3'-Sulfonyl-di- **6** III 3347 e
—, 5-*p*-Tolylmercapto- **6** IV 4626
Acenaphthen-1,2-diol **6** 993 l, 994 c,
   III 5400 e, IV 6655
—, 1,2-Bis-[4-äthoxy-phenyl]- **6** III 6831 b
—, 1,2-Bis-biphenyl-2-yl- **6** III 6023 c
—, 1,2-Bis-biphenyl-4-yl- **6** III 6023 d
—, 1,2-Bis-[4-chlor-phenyl]- **6** III 5919 e
—, 1,2-Bis-[2,4-dimethyl-phenyl]-
   6 IV 7058
—, 1,2-Bis-[4-fluor-phenyl]- **6** III 5919 c
—, 1,2-Bis-[4-methoxy-phenyl]-
   6 III 6831 a
—, 5-Brom-1,2-dimethyl- **6** III 5451 b
—, 5-*tert*-Butyl-1,2-diphenyl- **6** IV 7057
—, 1,2-Diäthyl- **6** I 494 g, II 981 f,
   III 5485 a, IV 6745
—, 1,2-Diäthyl-5-brom- **6** III 5485 b
—, 1,2-Dibenzyl- **6** II 1036 f
—, 1,2-Diisobutyl- **6** II 986 a
—, 1,2-Diisopentyl- **6** II 986 d
—, 1,2-Dimesityl- **6** IV 7059
—, 3,8-Dimethoxy-1,2-bis-[4-methoxy-
   phenyl]- **6** 1207 f
—, 3,8-Dimethoxy-1,2-diphenyl-
   6 1182 f
—, 1,2-Dimethyl- **6** II 975 f, III 5450 c,
   IV 6707
—, 1,2-Di-[1]naphthyl- **6** III 6013 b,
   IV 7104
—, 1,2-Dipentyl- **6** IV 6798
—, 1,2-Diphenyl- **6** 1056 e, III 5917 e,
   IV 7051
—, 1,2-Dipropyl- **6** II 985 a
—, 1,2-Di-*m*-tolyl- **6** III 5930 c
—, 1,2-Di-*o*-tolyl- **6** II 1036 g,
   III 5930 a, IV 7055
—, 1,2-Di-*p*-tolyl- **6** III 5930 d,
   IV 7055

—, 3-Nitro- **6** III 5403 b
Acenaphthen-5,6-diol **6** III 5403 c
Acenaphthen-1-ol **6** II 628 d, III 3346 a,
   IV 4623
—, 2-Acetoxy- **6** 994 a, IV 6655
—, 2-Äthoxy-1,2-diphenyl- **6** IV 7052
—, 3-Äthyl- **6** III 3412 f
—, 2,2-Bis-[4-hydroxy-3-methyl-phenyl]-
   6 III 6623 e
—, 5-Brom- **6** IV 4623
—, 6-Brom- **6** IV 4623
—, 1-Butyl- **6** III 3443 d
—, 1-*sec*-Butyl- **6** III 3443 e
—, 1-[2-Chlor-phenyl]- **6** III 3634 d
—, 2,2-Diphenyl- **6** IV 5144
—, 2-Isopropoxy-1,2-diphenyl-
   6 IV 7052
—, 2-Methoxy-1,2-diphenyl- **6** IV 7051
—, 6-Methyl- **6** IV 4696
—, 2-Phenyl- **6** IV 5010
—, 1,2,2-Triphenyl- **6** III 3883 c,
   IV 5167
Acenaphthen-3-ol **6** III 3347 b
Acenaphthen-4-ol **6** III 3348 c
Acenaphthen-5-ol **6** I 324 j, III 3348 d,
   IV 4625
—, 4,4'-*sec*-Butyliden-bis- **6** IV 7058
—, 4-Chlor- **6** IV 4625
—, 6-Chlor- **6** II 628 e
—, 4,4'-Isobutyliden-bis- **6** IV 7058
—, 4,4'-Methandiyl-bis- **6** IV 7053
—, 4-Methyl- **6** IV 4696
—, 4-Nitro- **6** I 324 k
—, 4-Nitroso- s. unter *Acenaphthylen-
   4,5-dion, 1,2-Dihydro-, 4-oxim* in den
   Bänden 7 oder 8
Acenaphthen-3-thiol **6** III 3347 d
—, 5-Brom- **6** III 3347 g
—, 6-Brom- **6** III 3347 g
Acenaphthen-5-thiol **6** III 3348 g
Acenaphth[1,2-*c*][1,2,5]osmadioxol-8,8-dioxid
—, 6b,9a-Dihydro- **6** III 5402 b
—, 6b,9a-Dimethyl-6b,9a-dihydro-
   6 III 5451 a
—, 6b,9a,-Diphenyl-6b,9a-dihydro-
   6 III 5918 b
Acenaphthylen
—, 2-Acetoxy-5-methyl-1-phenyl-
   6 III 3734 c
—, 1-Acetoxy-2-phenyl- **6** IV 5082
—, 1,2-Bis-menthyloxyacetoxy-1,2,2a,3,4,⚐
   5-hexahydro- **6** III 5171 c

Acetaldehyd (Fortsetzung)

−, [4-Chlor-benzolsulfonyl]-,
 − diäthylacetal **6** III 1038 c
 − dimethylacetal **6** IV 1597
−, [2-Chlor-4-methyl-phenoxy]-
 6 IV 2136
 − diäthylacetal **6** IV 2136
 − hydrat **6** IV 2136
 − semicarbazon **6** IV 2136
−, [4-Chlor-2-methyl-phenoxy]-
 6 IV 1990
 − diäthylacetal **6** IV 1990
 − hydrat **6** IV 1990
 − semicarbazon **6** IV 1990
−, [2-Chlor-[1]naphthylmercapto]-,
 − dimethylacetal **6** IV 4246
−, [8-Chlor-[1]naphthylmercapto]-,
 − dimethylacetal **6** IV 4248
−, [2-Chlor-phenoxy]- **6** IV 793
 − diäthylacetal **6** IV 793
 − semicarbazon **6** IV 793
−, [3-Chlor-phenoxy]- **6** IV 814
 − diäthylacetal **6** IV 814
 − semicarbazon **6** IV 814
−, [4-Chlor-phenoxy]- **6** IV 837
 − diäthylacetal **6** IV 837
 − semicarbazon **6** IV 837
−, [2-Chlor-phenylmercapto]-,
 − dimethylacetal **6** IV 1573
−, [3-Chlor-phenylmercapto]-,
 − dimethylacetal **6** IV 1579
−, [4-Chlor-phenylmercapto]-
 6 IV 1597
 − diäthylacetal **6** III 1038 b
 − dimethylacetal **6** IV 1597
−, Cyclohexyloxy- **6** III 22 c
 − diäthylacetal **6** II 10 h, III 22 d
 − semicarbazon **6** III 22 e
−, Cyclopentyloxy-,
 − diäthylacetal **6** III 6 d
−, Dichlor-,
 − [äthyl-phenyl-acetal] **6** 150 c
−, [2,4-Dichlor-phenoxy]- **6** IV 901
 − diäthylacetal **6** IV 901
 − hydrat **6** IV 901
 − semicarbazon **6** IV 902
−, [3,4-Dimethoxy-phenylmercapto]-,
 − diäthylacetal **6** IV 7358
−, [2,3-Dimethyl-phenoxy]-,
 − diäthylacetal **6** 480 e
 − hydrat **6** 480 d
 − oxim **6** 480 f
 − semicarbazon **6** 480 g

−, [2,4-Dimethyl-phenoxy]-,
 − diäthylacetal **6** 487 f
 − hydrat **6** 487 e
 − oxim **6** 487 g
 − semicarbazon **6** 487 h
−, [2,5-Dimethyl-phenoxy]-,
 − diäthylacetal **6** 495 d
 − hydrat **6** 495 c
 − oxim **6** 495 e
 − semicarbazon **6** 495 f
−, [2,6-Dimethyl-phenoxy]-,
 − semicarbazon **6** IV 3117
−, [3,4-Dimethyl-phenoxy]-,
 − diäthylacetal **6** 481 d
 − hydrat **6** 481 c
 − oxim **6** 481 e
 − semicarbazon **6** 481 f
−, [3,5-Dimethyl-phenoxy]-,
 − diäthylacetal **6** 493 d
 − hydrat **6** 493 c
 − oxim **6** 493 e
−, [1,1-Dimethyl-2-phenyl-äthoxy]-,
 − diäthylacetal **6** III 1860 d
−, [2,4-Dinitro-phenylmercapto]-
 6 IV 1758
 − diäthylacetal **6** IV 1758
 − semicarbazon **6** IV 1758
−, [2-Hydroxy-phenoxy]- **6** 773 j, I 385 e
 − diäthylacetal **6** 773 k
−, [2-Hydroxy-phenylmercapto]-
 6 IV 5638
 − diäthyldithioacetal **6** IV 5638
−, [2-Isopropyl-5-methyl-phenoxy]-,
 − diäthylacetal **6** 537 e
−, [5-Isopropyl-2-methyl-phenoxy]-,
 − semicarbazon **6** 529 d
−, [4-Isopropyl-phenoxy]-,
 − diäthylacetal **6** 506 a
 − semicarbazon **6** 506 b
 − thiosemicarbazon **6** 506 c
−, Menthyloxy- **6** III 141 a
 − diäthylacetal **6** III 141 b
 − semicarbazon **6** III 141 c
−, Mesityloxy-,
 − semicarbazon **6** IV 3255
−, [4-Methoxy-benzyloxy]- **6** III 4549 b
 − diäthylacetal **6** III 4549 c
 − semicarbazon **6** III 4549 d
−, [3-Methoxy-4-methyl-phenylmercapto]-,
 − dimethylacetal **6** IV 5865
−, [2-Methoxy-phenoxy]- **6** II 783 e
 − diäthylacetal **6** II 783 f, III 4225 g
 − semicarbazon **6** II 783 g

Acetaldehyd (Fortsetzung)

—, Pyren-1-ylmercapto-,
   — dimethylacetal **6** IV 5005

—, [5,6,7,8-Tetrahydro-[2]naphthyl≤
mercapto]-,
   — diäthylacetal **6** IV 3859

—, [5,6,7,8-Tetrahydro-[2]naphthyloxy]-
6 II 538 a
   — diäthylacetal **6** II 538 b
   — semicarbazon **6** II 538 c

—, 1-[Toluol-4-sulfonyl]-,
   — oxim **6** IV 2196

—, 2-[Toluol-4-sulfonyl]- **6** III 1416 e,
IV 2191
   — diäthylacetal **6** III 1416 f
   — dimethylacetal **6** IV 2191
   — methylimin **6** IV 2191
   — semicarbazon **6** III 1416 g

—, *m*-Tolylmercapto- **6** IV 2083
   — diäthylacetal **6** IV 2083
   — dimethylacetal **6** IV 2083

—, *o*-Tolylmercapto- **6** IV 2023
   — diäthylacetal **6** IV 2023
   — dimethylacetal **6** IV 2023

—, *p*-Tolylmercapto- **6** IV 2190
   — diäthylacetal **6** III 1416 d,
IV 2190
   — dimethylacetal **6** IV 2190
   — di-*p*-tolyldithioacetal **6** II 397 g
   — semicarbazon **6** IV 2190

—, *m*-Tolyloxy- **6** IV 2046
   — diäthylacetal **6** 378 g, IV 2046
   — hydrat **6** 378 f
   — oxim **6** 378 h
   — semicarbazon **6** IV 2046
   — thiosemicarbazon **6** 378 i

—, *o*-Tolyloxy- **6** IV 1959
   — diäthylacetal **6** 354 k, IV 1959
   — hydrat **6** 354 j, IV 1959
   — oxim **6** 354 l
   — semicarbazon **6** 355 a, IV 1959

—, *p*-Tolyloxy- **6** 396 d, IV 2110
   — diäthylacetal **6** 396 f, IV 2110
   — hydrat **6** 396 e
   — oxim **6** 396 g
   — semicarbazon **6** 396 h, IV 2111

—, [2,4,5-Trichlor-phenoxy]- **6** IV 970
   — diäthylacetal **6** IV 971

—, [2,4,6-Trichlor-phenoxy]- **6** IV 1008
   — diäthylacetal **6** IV 1009

—, [2,4,5-Trimethyl-phenoxy]-,
   — diäthylacetal **6** 511 a

   — hydrat **6** 510 f
   — oxim **6** 511 b

Acetamid

am *C-Atom substituierte*
Derivate s. unter *Essigsäure*

—, *N,N*-Bis-[2]naphthyloxymethyl-
6 IV 4264

—, *N*-[4-Brom-benzyloxy]-*N*-[(4-brom-
benzyloxyimino)-methyl]- **6** 447 e

—, *N*-[4-Chlor-benzyloxy]-*N*-[(4-chlor-
benzyloxyimino)-methyl]- **6** 445 g

—, *N*-[(3,4-Dimethoxy-phenylmercapto)-
methyl]- **6** IV 7358

—, *N*-[2-(2,4-Dimethyl-phenoxy)-äthyl]-
6 488 k

—, *N*-[2-(2,4-Dinitro-phenylmercapto)-
äthyl]- **6** IV 1763

—, *N*-[2-(2,4-Dinitro-phenylmercapto)-
1,1-bis-hydroxymethyl-äthyl]- **6** IV 1764

—, *N*-[1-Methallyl-3-methyl-
1-phenoxymethyl-but-3-enyl]- **6** IV 682

—, *N*-[2-(4-Methyl-2,6-dinitro-
phenylmercapto)-äthyl]- **6** IV 2216

—, *N*-[2-Nitro-benzolsulfenyl]-
6 I 158 f

—, *N*-[4-Nitro-benzolsulfenyl]-
6 III 1078 d

—, *N*-[2-(4-Nitro-benzylmercapto)-äthyl]-
6 IV 2801

—, *N*-[5-(4-Nitro-phenoxy)-pentyl]-
6 IV 1309

—, *N*-[3-Nitro-toluol-4-sulfenyl]-
6 I 215 f

—, *N*-[2-Phenoxy-äthyl]- **6** 172 f

—, *N*-[4-Phenoxy-butyl]- **6** IV 679

Acetamidin

—, *N*-Acetyl-2-[4-äthoxy-benzolsulfonyl]-
N'-benzyloxy- **6** 863 l

—, 2-[4-Äthoxy-benzolsulfonyl]-
N-benzyloxy- **6** 863 k

—, 2-[2-Äthoxy-phenoxy]- **6** III 4236 f

—, 2-[2-Allyl-6-methoxy-phenoxy]-
6 III 5015 c

—, 2-[4-Allyl-2-methoxy-phenoxy]-
6 III 5030 a

—, 2-[2-Allyl-6-methoxy-phenoxy]-
N,N-dibutyl- **6** III 5015 e

—, *N*-Benzolsulfenyl- **6** IV 1564

—, 2-Benzolsulfonyl-*N*-benzyloxy-
6 443 j

—, *N*-Benzyloxy- **6** 442 f

—, *N*-Benzyloxy-2-[4-brom-benzolsulfonyl]-
6 443 l

Acetamidin (Fortsetzung)

—, 2-Benzyloxycarbonylamino-
6 IV 2318

—, N-Benzyloxy-2-[4-chlor-benzolsulfonyl]-
6 443 k

—, N-Benzyloxy-2-[4-jod-benzolsulfonyl]-
6 I 222 c

—, N-Benzyloxy-2-[2-methoxy-
benzolsulfonyl]- 6 795 c

—, N-Benzyloxy-2-[naphthalin-
1-sulfonyl]- 6 624 e

—, N-Benzyloxy-2-[naphthalin-
2-sulfonyl]- 6 662 i

—, 2-[2-Benzyloxy-phenoxy]- 6 III 4236 k

—, N-Benzyloxy-2-[toluol-4-sulfonyl]-
6 443 m

—, 2-[2-Benzyl-phenoxy]- 6 IV 4630

—, 2-[2-Benzyl-phenoxy]-N,N-dimethyl-
6 IV 4630

—, 2-Biphenyl-2-yloxy- 6 IV 4582

—, N-[Bis-benzyloxy-phosphoryl]-
6 IV 2582

—, 2-[2-(4-Chlor-benzyl)-phenoxy]-
6 IV 4638

—, 2-[4-Chlor-2-isopropyl-5-methyl-
phenoxy]- 6 IV 3345

—, 2-[4-Chlor-3-methyl-phenoxy]-
6 III 1317 j

—, 2-[4-Chlor-3-methyl-phenoxy]-
N,N-dimethyl- 6 III 1318 a

—, 2-[4-Chlor-phenoxy]- 6 IV 848

—, 2-[2-Cyclohexyl-phenoxy]-
6 IV 3901

—, N,N-Diäthyl-2-[2-allyl-6-methoxy-
phenoxy]- 6 III 5015 d

—, N,N-Diäthyl-2-[4-allyl-2-methoxy-
phenoxy]- 6 III 5030 b

—, N-[2-Diäthylamino-äthyl]-2-
[2-methoxy-phenoxy]- 6 III 4236 b

—, N,N-Diäthyl-2-[2-benzyl-phenoxy]-
6 IV 4630

—, N,N-Diäthyl-2-biphenyl-2-yloxy-
6 IV 4583

—, N,N-Diäthyl-2-[2-(4-chlor-benzyl)-
phenoxy]- 6 IV 4638

—, N,N-Diäthyl-2-[2-cyclohexyl-phenoxy]-
6 IV 3901

—, N,N-Diäthyl-2-[3,5-dimethyl-
phenoxy]- 6 IV 3147

—, N,N-Diäthyl-2-[2-isopropyl-5-methyl-
phenoxy]- 6 III 1903 c, IV 3340

—, N,N-Diäthyl-2-[2-methoxy-phenoxy]-
6 III 4235 c

—, N,N-Diäthyl-2-[3-methoxy-phenoxy]-
6 IV 5675

—, N,N-Diäthyl-2-phenoxy-
6 III 614 d

—, N,N-Diäthyl-2-[2-(1-phenyl-äthyl)-
phenoxy]- 6 IV 4710

—, N,N-Diallyl-2-[2-methoxy-phenoxy]-
6 III 4236 a

—, N,N-Dibutyl-2-[2-isopropyl-5-methyl-
phenoxy]- 6 III 1903 e

—, N,N-Dibutyl-2-[2-methoxy-phenoxy]-
6 III 4235 e

—, N,N-Dibutyl-2-[3-methoxy-phenoxy]-
6 II 4324 c

—, N,N-Dibutyl-2-[1]naphthyloxy-
6 III 2931 e

—, N,N-Dibutyl-2-phenoxy- 6 III 614 e

—, 2-[2,4-Dimethyl-phenoxy]-
6 IV 3130

—, 2-[2,5-Dimethyl-phenoxy]-
6 III 1773 e

—, 2-[3,4-Dimethyl-phenoxy]-
6 IV 3104

—, 2-[3,5-Dimethyl-phenoxy]-
6 IV 3147

—, N,N-Dimethyl-2-phenoxy-
6 III 614 c

—, 2-[2,5-Dimethyl-phenoxy]-
N,N-dimethyl- 6 III 1773 f

—, N,N-Dimethyl-2-m-tolyloxy-
6 III 1308 h

—, N,N-Dimethyl-2-o-tolyloxy-
6 III 1257 c

—, N,N-Dimethyl-2-p-tolyloxy-
6 III 1368 c

—, N-Diphenoxyphosphoryl- 6 IV 742

—, 2-[2-Hydroxy-phenoxy]- 6 III 4234 g

—, N-Isobutyl-2-[2-isopropyl-5-methyl-
phenoxy]- 6 IV 3340

—, N-Isopropyl-2-[2-isopropyl-5-methyl-
phenoxy]- 6 IV 3340

—, 2-[2-Isopropyl-5-methyl-phenoxy]-
6 III 1903 a, IV 3339

—, 2-[5-Isopropyl-2-methyl-phenoxy]-
6 III 1888 g

—, 2-[2-Isopropyl-5-methyl-phenoxy]-
N,N-dimethyl- 6 III 1903 b, IV 3339

—, 2-[5-Isopropyl-2-methyl-phenoxy]-
N,N-dimethyl- 6 III 1888 h

—, 2-[2-Isopropyl-5-methyl-phenoxy]-
N,N-dipropyl- 6 III 1903 d

—, 2-[2-Isopropyl-5-methyl-phenoxy]-
N-methyl- 6 IV 3339

—, 2-[2-Isopropyl-phenoxy]- 6 III 1809 f

Acetessigsäure (Fortsetzung)
- [1]naphthylester **6** IV 4222
- [2]naphthylester **6** IV 4283
- phenäthylester **6** III 1712 h
- [1-phenyl-äthylester] **6** III 1680 g
- [1-phenyl-allylester] **6** III 2419 b
- phenylester **6** III 635 a, IV 660
- [3-phenyl-propylester] **6** IV 3202
- stigmast-5-en-3-ylester **6** IV 4039
- stigmasterylester **6** IV 4172
- *m*-tolylester **6** IV 2053
- *o*-tolylester **6** IV 1967
- *p*-tolylester **6** III 1369 b,
  IV 2123
- [1-vinyl-cyclohexylester] **6** IV 222
- [1-vinyl-cyclopentylester]
  6 IV 210
-, 2-Acetimidoylcarbamimidoyl-
  4-phenoxy-,
  - äthylester **6** III 638 a
-, 2-[3-Äthoxy-phenylmercapto]-,
  - äthylester **6** 834 c
-, 2-Äthyl-,
  - menthylester **6** 40 f, I 26 l
-, 2-Amino-,
  - benzylester **6** IV 2558
-, 4-Amino-2-[benzylmercaptothiocarbonyl-
  amino]- **6** IV 2700
-, 2-Benzolsulfonyl-,
  - äthylester **6** IV 1550
-, 2-Benzolsulfonylmercapto-,
  - äthylester **6** 325 b, **11** 82 d
-, 2-Benzolsulfonyl-2-phenylmercapto-,
  - äthylester **6** IV 1550
-, 2-[α-Benzylmercapto-isopropyl]-,
  - äthylester **6** III 1597 a
-, 2-Benzyloxycarbonylamino-,
  - benzylester **6** IV 2558
-, 2,4-Bis-[2-chlor-phenoxy]-,
  - äthylester **6** IV 799
-, 2,4-Bis-[2,6-dibrom-4-methyl-
  phenoxy]-,
  - äthylester **6** IV 2146
-, 2,4-Bis-[2,4-dibrom-phenoxy]-,
  - äthylester **6** IV 1063
-, 2,4-Bis-[2,4-dichlor-phenoxy]-,
  - äthylester **6** IV 935
  - methylester **6** III 710 f
-, 2,4-Bis-[2]naphthyloxy-,
  - äthylester **6** I 314 c
-, 2,2-Bis-[3-phenoxy-propyl]-,
  - äthylester **6** III 637 e
-, 2,4-Bis-[2,4,6-trichlor-phenoxy]-,
  - äthylester **6** IV 1014

- *tert*-butylester **6** IV 1015
- isopropylester **6** IV 1015
- methylester **6** IV 1014
-, 2-Brom-,
  - menthylester **6** 40 d
-, 2-[4-Brom-benzolsulfonylmercapto]-,
  - äthylester **6** 335 a, **11** 83 e
-, 2-Chlor-,
  - benzylester **6** IV 2481
-, 4-Chlor-,
  - phenylester **6** III 635 b
-, 2-[2-Chlor-acetylamino]-,
  - benzylester **6** IV 2558
-, 2-[4-Chlor-benzolsulfonylmercapto]-,
  - äthylester **6** 330 c
-, 2-[4-Chlor-2-nitro-benzolsulfinyl]-,
  - äthylester **6** I 161 j
-, 2-[4-Chlor-2-nitro-phenylmercapto]-,
  - äthylester **6** I 161 i
-, 2-Chlor-2-[2-phenoxy-äthyl]-,
  - äthylester **6** III 636 e
-, 2-Cyan-4-phenoxy-,
  - äthylester **6** I 91 g
-, 2,2-Diäthyl-,
  - menthylester **6** 40 g, I 27 b,
    II 48 h
-, 2-[2,2-Dicyan-1-phenoxymethyl-äthyl]-,
  - äthylester **6** IV 662 d
-, 2-[2,4-Dimethyl-benzolsulfonyl≈
  mercapto]-,
  - äthylester **6** 492 h
-, 2-[2,4-Dinitro-phenylmercapto]-,
  - äthylester **6** IV 1763
-, 2,2-Diphenoxy-,
  - äthylester **6** III 635 c
-, 2,4-Diphenoxy-,
  - äthylester **6** I 91 d, III 637 d,
    IV 662
  - amid **6** IV 662
  - *tert*-butylester **6** IV 662
-, 2-[1-Imino-äthyl]-4-phenoxy-,
  - äthylester **6** II 161 i
-, 2-Isopropyl-,
  - menthylester **6** I 27 a
-, 2-[2-Isopropyl-5-methyl-phenoxy]-,
  - äthylester **6** IV 3341
-, 2-[4-Jod-benzolsulfonylmercapto]-,
  - äthylester **6** 336 j
-, 2-[4-Methoxy-benzolsulfonylmercapto]-,
  - äthylester **6** 864 c
-, 4-[3-Methoxy-phenoxy]-,
  - äthylester **6** II 818 c, III 4327 a
-, 2-Methyl-,
  - menthylester **6** I 26 k, II 48 g

Acetessigsäure (Fortsetzung)

—, 2-[2-Methyl-butyl]-,
　— menthylester **6** I 27 c
—, 2-[1-Methyl-heptyl]-,
　— menthylester **6** I 27 d
—, 2-Methyl-2-[2-phenoxy-äthyl]-,
　— äthylester **6** 170 j
—, 2-[Naphthalin-1-sulfonylmercapto]-,
　— äthylester **6** 625 c
—, 2-[Naphthalin-2-sulfonylmercapto]-,
　— äthylester **6** 663 f
—, 2-[2-Nitro-phenyldisulfanyl]-,
　— äthylester **6** IV 1675
—, 2-[4-Nitro-phenylmercapto]-,
　— äthylester **6** III 1075 k, IV 1714
—, 2-Pentachlorphenoxy-,
　— äthylester **6** IV 1035
—, 2-Phenoxy-,
　— äthylester **6** III 635 g
—, 4-Phenoxy-,
　— äthylester **6** II 161 h, III 636 a
—, 2-[2-Phenoxy-äthyl]-,
　— äthylester **6** III 636 d
—, 2-[4-Phenoxy-butyl]-,
　— äthylester **6** IV 661 d
—, 2-[5-Phenoxy-pentyl]-,
　— äthylester **6** III 637 a, IV 661 e
—, 2-[3-Phenoxy-propyl]-,
　— äthylester **6** III 636 h
—, 2-Phenylmercapto-,
　— äthylester **6** 322 c
—, 2-Phenylmethansulfonyl-,
　— äthylester **6** IV 2715
—, 2-Propyl-,
　— menthylester **6** I 26 m
—, 2-[Toluol-4-sulfonyl]-,
　— äthylester **6** 425 b
—, 2-[Toluol-2-sulfonylmercapto]-,
　— äthylester **6** 372 j
—, 2-[Toluol-4-sulfonylmercapto]-,
　— äthylester **6** 426 b
—, 2-[2-*p*-Tolyloxy-äthyl]-,
　— äthylester **6** II 381 h

Acetfluorescein 6 811, I 401,
18 51 Anm.

Acetimidsäure
　— amid s. *Acetamidin*
　— benzylester **6** IV 2264
　— bornylester **6** II 88 a
　— cyclohexylester **6** IV 36
　— [2,3-dibrom-3-phenyl-propylester]
　　6 IV 3205
　— [1]naphthylester **6** II 580 e
　— [2]naphthylester **6** II 601 a
　— [3-nitro-benzylester] **6** IV 2610

　— [4-nitro-benzylester] **6** IV 2613
　— phenylester **6** II 154 a, III 598 b
—, 2-[2-Allyl-6-methoxy-phenoxy]-,
　— äthylester **6** III 5015 a
—, 2-Amino-,
　— cyclohexylester **6** IV 51
—, 2-Benzolsulfonyl-,
　— äthylester **6** 316 f
—, 2-Benzolsulfonyl-2-methansulfonyl-
　N-methyl-,
　— äthylester **6** IV 1549
—, 2-Benzyloxycarbonylamino-,
　— äthylester **6** III 1496 f, IV 2318
　— cyclohexylester **6** IV 2318
—, 2-[2-Benzyl-phenoxy]-,
　— äthylester **6** IV 4629
—, 2-Bibenzyl-4-yloxy-,
　— äthylester **6** IV 4697
—, 2-Biphenyl-2-yloxy-,
　— äthylester **6** IV 4582
—, 2-Biphenyl-4-yloxy-,
　— äthylester **6** IV 4603
—, *N*-[Bis-(4-chlor-[1]naphthyloxy)-
　phosphoryl]-2,2,2-trichlor-,
　— [4-chlor-[1]naphthylester]
　　6 IV 4232
—, *N*-[Bis-(4-chlor-phenoxy)-phosphoryl]-
　2,2,2-trichlor-,
　— [4-chlor-phenylester] **6** IV 871
—, *N*-[Bis-[1]naphthyloxy-phosphoryl]-
　2,2,2-trichlor-,
　— [1]naphthylester **6** IV 4227
—, 2-Brom-,
　— phenylester **6** III 599 g
—, 2-Chlor-,
　— [2]naphthylester **6** II 601 c
　— phenylester **6** II 154 c, III 599 a
—, 2-[2-(4-Chlor-benzyl)-phenoxy]-,
　— äthylester **6** IV 4638
—, 2-[4-Chlor-2-isopropyl-5-methyl-
　phenoxy]-,
　— äthylester **6** IV 3345
—, 2-[4-Chlor-3-methyl-phenoxy]-,
　— äthylester **6** III 1317 h
—, *N*-[Cyan-thiocarbamoyl-methyl]-,
　— benzylester **6** IV 2264
—, 2-[2-Cyclohexyl-phenoxy]-,
　— äthylester **6** IV 3901
—, 2,2-Dichlor-,
　— phenylester **6** II 154 e
—, *N*-[2,2-Dicyan-1-methoxy-vinyl]-,
　— [2,4-dichlor-phenylester] **6** IV 904
　— phenylester **6** IV 613
—, 2-[2,5-Dimethyl-phenoxy]-,
　— äthylester **6** III 1773 c

Acetimidsäure (Fortsetzung)

−, 2-[3,5-Dimethyl-phenoxy]-,
  − äthylester 6 IV 3147
−, N-[1,1-Dinitro-äthoxy]-,
  − phenylester 6 IV 613
−, 2-Fluor-,
  − phenylester 6 III 598 e
−, 2-[2-Isopropyl-5-methyl-phenoxy]-,
  − äthylester 6 III 1902 g, IV 3339
−, 2-[5-Isopropyl-2-methyl-phenoxy]-,
  − äthylester 6 III 1888 e
−, 2-[2-Isopropyl-phenoxy]-,
  − äthylester 6 III 1809 d
−, 2-[5-Methoxy-[1]naphthyloxy]-,
  − äthylester 6 IV 6555
−, 2-[3-Methoxy-phenoxy]-,
  − äthylester 6 IV 5675
−, N-Methyl-,
  − phenylester 6 III 598 c
  − p-tolylester 6 III 1364 b
−, 2-[1]Naphthyloxy-,
  − äthylester 6 III 2931 b
−, 2-[2]Naphthyloxy-,
  − äthylester 6 IV 4275
−, N-[2-Nitro-benzolsulfenyl]-,
  − äthylester 6 IV 1676
−, N-[4-Nitro-benzolsulfenyl]-,
  − äthylester 6 IV 1717
−, 2-Phenoxy-,
  − äthylester 6 III 613 k
−, 2-[2-(1-Phenyl-äthyl)-phenoxy]-,
  − äthylester 6 IV 4709
−, 2-Stilben-4-yloxy-,
  − äthylester 6 IV 4856
−, 2-o-Tolylmercapto-,
  − äthylester 6 IV 2025
−, 2-m-Tolyloxy-,
  − äthylester 6 III 1308 e
−, 2-o-Tolyloxy-,
  − äthylester 6 III 1256 h
−, 2-p-Tolyloxy-,
  − äthylester 6 III 1367 h
−, 2,2,2-Trichlor-,
  − benzylester 6 IV 2265
  − cholestan-3-ylester 6 IV 3581
  − cholesterylester 6 IV 4006
  − menthylester 6 IV 154
  − [2]naphthylester 6 II 601 f
  − phenäthylester 6 IV 3073
  − [1-phenyl-äthylester] 6 IV 3037
  − phenylester 6 II 154 g
−, 2,2,2-Trichlor-N-diphenoxyphosphoryl-,
  − phenylester 6 IV 742

Acetoacetaldehyd
  − 1-diphenylacetal 6 IV 602 f
Acetoacetamid
−, N-[2-Phenylmercapto-äthyl]-
  6 IV 1552
Acetoacetonitril
−, 2-[1-Imino-äthyl]-4-phenoxy-
  6 II 162 a
−, 2-Methyl-2-[toluol-4-sulfonyl]-
  6 III 1428 f
−, 2-[Toluol-4-sulfonyl]- 6 III 1428 e
Acetohydroxamsäure
−, 2-[4-Chlor-2-methyl-phenoxy]-
  6 IV 1995
−, 2-[2-Chlor-phenoxy]- 6 IV 797
−, 2-[3-Chlor-phenoxy]- 6 IV 816
−, 2-[4-Chlor-phenoxy]- 6 IV 848
−, 2-[2,4-Dichlor-6-methyl-phenoxy]-
  6 IV 2003
−, 2-[2,4-Dichlor-5-nitro-phenoxy]-
  6 IV 1360
−, 2-[2,4-Dichlor-phenoxy]- 6 IV 921
−, 2-[2,5-Dichlor-phenoxy]- 6 IV 945
−, 2-[3,4-Dichlor-phenoxy]- 6 IV 954
−, 2-[2-Hydroxy-phenoxy]- 6 IV 5586
−, 2-[1]Naphthyloxy- 6 IV 4221
−, 2-[2]Naphthyloxy- 6 IV 4276
−, 2-[2-Nitro-phenoxy]- 6 IV 1262
−, 2-[3-Nitro-phenoxy]- 6 IV 1274
−, 2-[4-Nitro-phenoxy]- 6 IV 1304
−, 2-Pentachlorphenoxy- 6 IV 1034
−, 2-Phenoxy- 6 I 90 b
−, 2,2'-m-Phenylendioxy-di- 6 III 4324 h
−, 2-m-Tolyloxy- 6 IV 2051
−, 2-o-Tolyloxy- 6 IV 1965
−, 2-p-Tolyloxy- 6 IV 2120
−, 2-[2,4,5-Trichlor-phenoxy]- 6 IV 984
−, 2-[2,4,6-Trichlor-phenoxy]-
  6 IV 1012
Acetohydroximsäure
  − amid s. Acetamidoxim
  − bornylester 6 II 88 b
Aceton
  − [äthyl-phenäthyl-acetal]
    6 III 1708 g
  − [S-benzyl-isothiosemicarbazon]
    6 II 435 a
  − [O-benzyl-oxim] 6 440 d,
    III 1552 f, IV 2562
  − [bis-(3-acetoxy-phenyl)-acetal]
    6 816 g
  − [bis-(4-brom-phenyl)-dithioacetal]
    6 331 e

Acetonitril (Fortsetzung)

–, [2-Chlor-phenoxy]- **6** IV 796

–, [3-Chlor-phenoxy]- **6** IV 816

–, [4-Chlor-phenoxy]- **6** IV 848

–, Cyclohexyloxy- **6** II 12 a

–, [2-Cyclohexyl-phenoxy]- **6** IV 3901

–, Dibrom-[4-brom-benzolsulfonyl]-
   6 331 g

–, Dibrom-[4-chlor-benzolsulfonyl]-
   6 328 a

–, Dibrom-[4-jod-benzolsulfonyl]-
   6 335 g

–, Dibrom-[2-methoxy-benzolsulfonyl]-
   6 I 396 i

–, Dibrom-[naphthalin-1-sulfonyl]-
   6 I 309 i

–, Dibrom-[toluol-4-sulfonyl]-
   6 I 210 k, II 398 l

–, Dibrom-[2,4,5-trimethyl-benzolsulfonyl]-
   6 I 255 i

–, Dichlor-[4-chlor-benzolsulfonyl]-
   6 I 149 l

–, Dichlor-[4-jod-benzolsulfonyl]-
   6 I 153 j

–, Dichlor-[2-methoxy-benzolsulfonyl]-
   6 I 396 h

–, Dichlor-[naphthalin-1-sulfonyl]-
   6 I 309 h

–, [2,4-Dichlor-phenoxy]- **6** IV 921

–, Dichlor-[toluol-4-sulfonyl]-
   6 I 210 j

–, Dichlor-[2,4,5-trimethyl-benzolsulfonyl]-
   6 I 255 h

–, [2,4-Dimethyl-benzolsulfonyl]-
   6 492 e

–, [2,5-Dimethyl-phenoxy]- **6** III 1773 d

–, [3,5-Dimethyl-phenoxy]- **6** IV 3147

–, [2,4-Dinitro-benzolsulfonyl]-
   6 IV 1761

–, [2,4-Dinitro-phenylmercapto]-
   6 IV 1761

–, Diphenoxy- **6** IV 659

–, Diphenoxythiophosphorylmercapto-
   6 IV 760

–, Hydroxyimino-[4-jod-benzolsulfonyl]-
   6 335 i

–, Hydroxyimino-[4-methoxy-
   benzolsulfonyl]- **6** 863 a

–, Hydroxyimino-[naphthalin-2-sulfonyl]-
   6 662 a

–, Hydroxyimino-[toluol-4-sulfonyl]-
   6 422 a

–, [2-Isopropyl-5-methyl-phenoxy]-
   6 III 1902 h

–, [5-Isopropyl-2-methyl-phenoxy]-
   6 III 1888 f

–, [2-Isopropyl-phenoxy]- **6** III 1809 e

–, [4-Jod-benzolsulfonyl]- **6** 335 m

–, [4-Jod-benzolsulfonyl]-methoxyimino-
   6 335 j

–, [2-Methoxy-benzolsulfonyl]-
   6 795 a, I 396 j, II 797 m

–, [4-Methoxy-benzolsulfonyl]-
   6 863 g

–, [4-Methoxy-benzolsulfonyl]-
   methoxyimino- **6** 863 b

–, Methoxyimino-[toluol-4-sulfonyl]-
   6 422 b

–, [5-Methoxy-[1]naphthyloxy]-
   6 IV 6555

–, [2-Methoxy-phenoxy]- **6** III 4235 a

–, [3-Methoxy-phenoxy]- **6** III 4324 a

–, [4-Methoxy-phenoxy]- **6** III 4420 a

–, [Naphthalin-1-sulfonyl]- **6** 624 b,
   I 309 j, II 588 i

–, [Naphthalin-2-sulfonyl]- **6** 662 f,
   II 612 a

–, [1]Naphthyloxy- **6** III 2931 c,
   IV 4220

–, [2]Naphthyloxy- **6** 646 a, III 2986 g,
   IV 4276

–, [3-Nitro-benzolsulfonyl]- **6** II 309 e

–, [*N*-(4-Nitro-benzyloxycarbonyl)-
   glycyloxy]- **6** IV 2616

–, [*N*-(4-Nitro-benzyloxycarbonyl)-
   leucyloxy]- **6** IV 2618

–, [2-Nitro-phenylmercapto]-
   6 IV 1670

–, Pentachlorphenoxy- **6** IV 1034

–, Phenäthyloxy- **6** II 452 i

–, Phenoxy- **6** 162 g, II 158 d,
   III 614 a, IV 640

–, [2-Phenoxy-phenoxy]- **6** III 4236 h

–, [2-(1-Phenyl-äthyl)-phenoxy]-
   6 IV 4709

–, Phenylmercapto- **6** IV 1538

–, Stilben-4-yloxy- **6** IV 4856

–, [Toluol-2,4-disulfonyl]-di- **6** 874 a

–, [Toluol-2-sulfonyl]- **6** 372 f

–, [Toluol-3-sulfonyl]- **6** 389 a

–, [Toluol-4-sulfonyl]- **6** 423 i, II 399 c,
   III 1423 a

–, *o*-Tolylmercapto- **6** IV 2025

–, *m*-Tolyloxy- **6** 380 c, II 354 b,
   III 1308 f

–, *o*-Tolyloxy- **6** II 331 d, III 1257 a

Acetonitril (Fortsetzung)

—, *p*-Tolyloxy- **6** 399 c, II 380 k,
III 1368 a

—, [2,4,5-Trichlor-phenoxy]- **6** IV 984

—, [2,4,6-Trichlor-phenoxy]-
6 III 727 g, IV 1012

—, [2,4,5-Trimethyl-benzolsulfonyl]-
6 518 a

—, Trityloxy- **6** IV 5040

Acetophenonpinakon 6 1013 j, I 493 h,
II 979, III 5474 d

Acetylazid

—, Diphenoxy- **6** IV 660

—, Phenylmethansulfonyl- **6** II 436 h

Acetylbromid

—, Brom-bis-[4-brom-phenoxy]-
6 II 186 b

—, [1]Naphthyloxy- **6** II 580 j

Acetylchlorid

—, [4-Äthoxy-phenoxy]- **6** IV 5745

—, [2-Allyl-4-methoxy-phenoxy]-
6 IV 6336

—, [2-Allyl-6-methoxy-phenoxy]-
6 IV 6334

—, [9]Anthrylmercapto- **6** II 672 m

—, Benzolsulfonyl- **6** 315 c

—, Benzylmercapto- **6** II 436 b,
III 1610 e, IV 2702

—, Benzyloxy- **6** III 1532 e, IV 2470

—, Biphenyl-4-ylmercapto- **6** IV 4617

—, Bis-*p*-tolyloxy- **6** II 381 e

—, Bornyloxy- **6** III 310 e

—, [4-Brom-phenoxy]- **6** 201 c,
IV 1052

—, [4-*tert*-Butyl-phenoxy]- **6** IV 3306

—, [2-Chlor-4-methyl-phenoxy]-
6 IV 2136

—, [4-Chlor-2-methyl-phenoxy]-
6 IV 1993

—, [2-Chlor-phenoxy]- **6** II 172 j,
IV 796

—, [4-Chlor-phenoxy]- **6** II 177 h,
IV 846

—, Cyclohexylmercapto- **6** III 50 g

—, Cyclohexyloxy- **6** III 31 g

—, Cyclopentyloxy- **6** III 7 e

—, Decahydro[2]naphthyloxy-
6 III 275 a

—, [2,4-Dichlor-5-jod-phenoxy]-
6 III 783 e

—, [2,4-Dichlor-phenoxy]- **6** III 707 b,
IV 915

—, [2,5-Dichlor-phenoxy]- **6** IV 944

—, [2,6-Dichlor-phenoxy]- **6** IV 951

—, [2,4-Difluor-phenoxy]- **6** IV 779

—, [2,3-Dimethoxy-phenoxy]-
6 II 1067 c

—, [4,6-Dinitro-*m*-phenylendimercapto]-
bis- **6** IV 5711

—, [2,4-Di-*tert*-pentyl-phenoxy]-
6 IV 3527

—, Diphenoxy- **6** II 161 d, III 634 d

—, Fluoren-2,7-diyldimercapto-bis-
6 IV 6820

—, [4-Fluor-phenoxy]- **6** IV 777

—, [2-Isopropyl-5-methyl-phenoxy]-
6 IV 3339

—, Menthyloxy- **6** I 25 l, III 156 d

—, [2-Methoxy-phenoxy]- **6** IV 5586

—, [3-Methoxy-phenoxy]- **6** II 817 j

—, [4-Methoxy-phenoxy]- **6** IV 5745

—, [2-Methyl-6-nitro-phenoxy]-
6 II 339 c

—, [4-Methyl-2-nitro-phenoxy]-
6 II 389 e

—, [4-Methyl-3-nitro-phenoxy]-
6 II 388 a

—, [5-Methyl-2-nitro-phenoxy]-
6 II 360 h

—, Naphthalin-1,5-diyldimercapto-bis-
6 III 5277 c

—, Naphthalin-1,8-diyldimercapto-bis-
6 IV 6563

—, Naphthalin-2,6-diyldimercapto-bis-
6 IV 6568

—, [1]Naphthyloxy- **6** II 580 i,
III 2930 f

—, [2]Naphthyloxy- **6** III 2986 e

—, [1-Nitro-[2]naphthyloxy]- **6** 654 g

—, [4-Nitro-[1]naphthyloxy]- **6** III 2939 d

—, [2-Nitro-phenoxy]- **6** I 115 j,
II 211 f

—, [3-Nitro-phenoxy]- **6** II 215 g

—, [4-Nitro-phenoxy]- **6** I 120 j,
II 224 e

—, [2-Nitro-phenylmercapto]-
6 IV 1670

—, Phenäthylmercapto- **6** II 453 f,
IV 3090

—, Phenoxy- **6** 162 d, I 89 j, II 158 a,
III 613 c

—, *m*-Phenylendioxydi- **6** 818 b

—, *o*-Phenylendioxydi- **6** 779 c

—, *p*-Phenylendioxydi- **6** 847 i

—, Phenylmercapto- **6** 314 b, III 1014 b,
IV 1538

Acetylchlorid   (Fortsetzung)

—, Phenylmethansulfonyl- **6** II 436 e

—, [3-Phenyl-propylmercapto]-
6 II 476 i, IV 3207

—, *p*-Tolylmercapto- **6** III 1422 b,
IV 2198

—, *m*-Tolyloxy- **6** II 353 p

—, *o*-Tolyloxy- **6** II 331 b

—, *p*-Tolyloxy- **6** I 202 b, II 380 i,
IV 2119

—, [2,4,5-Trichlor-phenoxy]-
6 III 720 h, IV 980

—, [2,4,6-Trichlor-phenoxy]-
6 III 727 c, IV 1012

Acetylen

—, [1-Acetoxy-cyclopentyl]-[1-chlor-
cyclopentyl]- **6** IV 3448

—, Äthoxy-[1]naphthyl- **6** IV 4844

—, Äthoxy-phenyl- **6** IV 4064

—, [4-Äthoxy-phenyl]-[4-methoxy-phenyl]-
6 IV 6889

—, Benzolsulfonyl-phenyl- **6** IV 4065

—, Bis-[1-acetoxy-cyclohexyl]-
6 II 909 c, III 4742, IV 6076

—, Bis-[1-acetoxy-cyclopentyl]-
6 III 4727 e, IV 6059

—, Bis-[4-acetoxy-3,5-dichlor-phenyl]-
6 1032 a

—, Bis-[3-acetoxy-17-hydroxy-androst-
5-en-17-yl]- **6** III 6821

—, Bis-[1-acetoxy-4-methyl-cyclohexyl]-
6 III 4749 a

—, Bis-[4-acetoxy-phenyl]- **6** 1031 f,
IV 6889

—, Bis-[4-äthoxy-phenyl]- **6** 1031 e,
II 998 a, IV 6889

—, Bis-benzylmercapto- **6** I 227 d,
II 431 h

—, Bis-[2-brom-9-hydroxy-fluoren-9-yl]-
6 IV 7094

—, Bis-[4-butoxy-phenyl]- **6** IV 6889

—, Bis-[3,5-dichlor-4-hydroxy-phenyl]-
6 1031 g

—, Bis-[3,17-dihydroxy-androst-5-en-
17-yl]- **6** III 6820 b

—, Bis-[3,4-dimethoxy-phenyl]- **6** 1176 a

—, Bis-[1-hydroperoxy-cyclohexyl]-
6 IV 6077

—, Bis-[3-hydroxy-androsta-5,16-dien-
17-yl]- **6** IV 7038

—, Bis-[2-hydroxy-bornan-2-yl]-
6 I 468 b, III 5206 d

—, Bis-[1-hydroxy-cycloheptyl]-
6 I 455 c, IV 6086

—, Bis-[1-hydroxy-cyclohexyl]-
6 I 455 b, II 909 b, III 4741 h,
IV 6076

—, Bis-[1-hydroxy-cyclopentyl]-
6 III 4727 d, IV 6059

—, Bis-[2-hydroxy-decahydro-[2]naphthyl]-
6 III 5205 d

—, Bis-[2-hydroxy-3,3-dimethyl-
[2]norbornyl]- **6** III 5197 a

—, Bis-[9-hydroxy-fluoren-9-yl]-
6 III 5998 d

—, Bis-[2-hydroxy-*p*-mentha-6,8-dien-
2-yl]- **6** I 497 g

—, Bis-[3-hydroxy-*p*-menthan-3-yl]-
6 I 457 f

—, Bis-[1-hydroxy-4-methoxy-cyclohexyl]-
6 III 6675 a

—, Bis-[1-hydroxy-2-methyl-cyclohexyl]-
6 III 4748 c, IV 6086

—, Bis-[1-hydroxy-3-methyl-cyclohexyl]-
6 I 455 d, III 4748 d

—, Bis-[1-hydroxy-4-methyl-cyclohexyl]-
6 III 4748 e

—, Bis-[3-hydroxy-4-methyl-phenyl]-
6 IV 6901

—, Bis-[9-hydroxy-2-nitro-fluoren-9-yl]-
6 IV 7094

—, Bis-[2-hydroxy-[2]norbornyl]-
6 IV 6485

—, Bis-[2-hydroxy-phenyl]- **6** IV 6888

—, Bis-[4-hydroxy-phenyl]-
6 1031 c, IV 6888

—, Bis-[1-hydroxy-2,2,6,6-tetramethyl-
cyclohexyl]- **6** IV 6117

—, Bis-[1-hydroxy-3,5,5-trimethyl-
cyclohex-2-enyl]- **6** III 5193 c

—, Bis-[2-hydroxy-1,3,3-trimethyl-
[2]norbornyl]- **6** III 5206 c

—, Bis-[4-isopropoxy-phenyl]-
6 IV 6889

—, Bis-[6-methoxy-3,4-dihydro-
[1]naphthyl]- **6** III 5886 d, IV 7028

—, Bis-[6-methoxy-[1]naphthyl]-
6 III 5914 a

—, Bis-[2-methoxy-phenyl]- **6** III 5683 a,
IV 6888

—, Bis-[3-methoxy-phenyl]- **6** III 5683 b

—, Bis-[4-methoxy-phenyl]-
6 1031 d, II 997 g, IV 6889

—, Bis-[2-nitro-phenylmercapto]-
6 I 155 c

Acetylen (Fortsetzung)

–, Bis-phenylmethansulfonyl-
  6 II 431 i

–, Bis-[4-propoxy-phenyl]- 6 IV 6889

–, Bis-*p*-tolylmercapto- 6 II 397 c,
  IV 2180

–, Brom-phenoxy- 6 III 560 b

–, [1-Hydroxy-cyclohexyl]-[1-hydroxy-
  cyclopentyl]- 6 III 4733 g

–, [1-Hydroxy-cyclohexyl]-[1-hydroxy-
  4-methoxy-cyclohexyl]- 6 III 6380 e

–, [1-Hydroxy-cyclohexyl]-[1-hydroxy-
  2-methyl-cyclohexyl]- 6 III 4746 d,
  IV 6082

–, [1-Hydroxy-cyclohexyl]-[1-hydroxy-
  1,2,3,4-tetrahydro-[1]naphthyl]-
  6 III 5527 e

–, [4-Methoxy-cyclohex-1-enyl]-
  [2-methyl-cyclopent-1-enyl]- 6 III 2758 c

–, [5-Methoxy-2-nitro-phenyl]-phenyl-
  6 III 3551 a

–, Methoxy-phenyl- 6 IV 4064

–, [4-Methoxy-phenyl]-phenyl-
  6 III 3551 b, IV 4928

–, Phenoxy- 6 145 h, III 560 a,
  IV 565

–, Phenyl-phenylmercapto- 6 IV 4064

Acetylendicarbonsäure
  s. *Butindisäure*

Acetylisothiocyanat

–, Phenoxy- 6 162 f

Acordiol 6 III 4158 d

–, Methyl- 6 III 4161 c

Acrylaldehyd

– diphenyldithioacetal 6 IV 1512

–, 3-Benzylmercapto- 6 IV 2662

–, 2-Benzyloxy-3-hydroxy- 6 IV 2257

–, 2,3-Bis-phenylmercapto- 6 IV 1520

–, 3-[4-Chlor-phenoxy]- 6 IV 838

–, 3,3-Dichlor-,
  – [äthyl-cyclohexyl-acetal] 6 IV 33
  – dicyclohexylacetal 6 IV 33

–, 3,3-Dichlor-2-methyl-,
  – [bis-(4-chlor-phenyl)-dithioacetal]
    6 IV 1597
  – di-*p*-tolyldithioacetal 6 IV 2189

–, 3-[4-Nitro-phenoxy]- 6 IV 1297

–, 3-Pentachlorphenylmercapto-
  6 IV 1644

–, 3-Phenoxy- 6 IV 607

–, 3,3'-*p*-Phenylendioxy-di- 6 IV 5740

–, 3-Phenylmercapto- 6 IV 1518

Acrylonitril

–, 2-Äthoxymethyl-3-benzyloxy-
  6 IV 2478

–, 3-Äthoxy-2-[2]naphthyloxymethyl-
  6 IV 4282

–, 3-Äthoxy-2-phenoxymethyl-
  6 IV 656

–, 2-Benzylmercapto- 6 IV 2708

–, 3-Benzylmercapto- 6 IV 2708

–, 3-Benzyloxy-2-benzyloxymethyl-
  6 IV 2478

–, 3-[4-Chlor-benzolsulfinyl]-
  6 IV 1605

–, 3-[4-Chlor-benzolsulfonyl]-
  6 IV 1605

–, 3-[4-Chlor-phenylmercapto]-
  6 IV 1605

–, 2-Cyclohexylmercapto- 6 IV 79

–, 3-Imino-2-[toluol-4-sulfonyl]-
  6 III 1425 d

–, 2-[4-Methoxy-phenylmercapto]-
  6 IV 5817

Acryloylchlorid

–, 2-Methyl-3-phenoxy- 6 IV 654

–, 2-Methyl-3-*p*-tolylmercapto-
  6 IV 2202

Acryloylisocyanat

–, 2-Chlor- 6 IV 2285

Acrylsäure

  2-Methyl-acrylsäure-ester s. a. unter
  Methacrylsäure-ester

  – [2-allyl-phenylester] 6 IV 3809

  – benzhydrylester 6 IV 4656

  – benzylester 6 II 418 b, III 1481 f

  – [2-benzyloxy-äthylester]
    6 III 1469 g

  – [β-benzyloxy-isopropylamid]
    6 IV 2485

  – bicyclohexyl-4-ylester 6 III 339 c

  – [4-*tert*-butyl-phenylester]
    6 IV 3305

  – [2-chlor-phenylester] 6 IV 794

  – [4-chlor-phenylester] 6 IV 840

  – cinnamylester 6 III 2406 f

  – cyclohex-3-enylmethylester
    6 IV 208

  – cyclohexylester 6 III 25 e,
    IV 38

  – [4-cyclohexyl-phenylester]
    6 IV 3905

  – cyclopent-2-enylester 6 IV 193

  – cyclopentylester 6 III 6 h, IV 7

  – [2,4-dinitro-phenylester] 6 IV 1380

Adipinsäure (Fortsetzung)
—, 2-[2-Chlor-acetylamino]-3-oxo-,
  — 1-benzylester **6** IV 2559
—, 2,5-Dibrom-,
  — dibenzylester **6** II 418 g
  — di-[2]naphthylester **6** III 2984 c
  — diphenylester **6** III 606 c
—, 2-[2,4-Dichlor-phenoxy]- **6** IV 932
  — diäthylester **6** IV 932
—, 2,3-Dimethyl-,
  — bis-[4-nitro-benzylester]
    6 IV 2614
—, 2,5-Dimethyl-2-phenylmercapto-,
  — dimethylester **6** III 1024 c
—, 2,5-Dimethyl-2-*m*-tolylmercapto-,
  — dimethylester **6** III 1335 f
—, 2,5-Dimethyl-2-*p*-tolylmercapto-,
  — dimethylester **6** III 1426 b
—, 2-Hydroxyimino-3-oxo-,
  — 6-äthylester-1-benzylester
    6 IV 2482
—, 3-Methyl-,
  — bis-[2-cyclohexyl-äthylester]
    6 IV 119
  — bis-[4-isopropyl-benzylester]
    6 IV 3349
  — bis-[2-methyl-cyclohexylester]
    6 II 19 g
  — dibenzhydrylester **6** III 3370 b
  — diphenäthylester **6** IV 3074
—, 2-[4-Nitro-benzyloxycarbonylamino]-
    3-oxo-,
  — diäthylester **6** IV 2621
  — dibenzylester **6** IV 2621
—, 3-Oxo-,
  — 6-äthylester-1-benzylester
    6 IV 2481
—, 2-Phenoxy- **6** III 627 c
—, 2-[2-Phenoxy-äthyl]- **6** III 629 a
—, 2-[4-Phenoxy-butyl]- **6** IV 657
  — dimethylester **6** IV 657
—, 2-Phenylmercapto-,
  — dimethylester **6** III 1023 h
Adiponitril
—, 3-Benzylmercapto- **6** IV 2713
—, 3-Benzyloxy- **6** IV 2479
—, 3-Cyclohexyloxy- **6** IV 49
—, 3-Phenoxy- **6** IV 657
—, 2-Phenylmercapto- **6** III 1023 i
—, 3-Phenylmercapto- **6** IV 1548
Adonit
  s. *Ribit*

Adronol 6 II 8
Aegiceradienol 6 IV 4415
Äpfelsäure
  — bis-[4-nitro-benzylester]
    6 I 224 j, II 426 e, III 1571 c
  — 1(*oder* 4)-[4-nitro-benzylester]
    6 I 224 i
  —, O-Alkyl- s. *Bernsteinsäure,
    Alkyloxy-*
Äthan
  s. a. unter *Bibenzyl*
—, 1-Acetoxy-1-[4-acetoxy-3,5-dibrom-
    phenyl]- **6** 904 h
—, 1-Acetoxy-1-[2-acetoxy-3,5-dibrom-
    phenyl]-2-brom- **6** I 442 g
—, 1-Acetoxy-1-[4-acetoxy-3,5-dibrom-
    phenyl]-2-brom- **6** 905 b
—, 1-Acetoxy-1-[4-acetoxy-3,5-dibrom-
    phenyl]-2,2-dibrom- **6** 905 j
—, 2-Acetoxy-2-[2-acetoxy-5-methyl-
    phenyl]-1,1,1-trichlor- **6** III 4641 a
—, 1-Acetoxy-1-[4-acetoxy-phenyl]-
    6 III 4567 c
—, 1-Acetoxy-2-[4-acetoxy-phenyl]-
    6 I 443 i
—, 1-Acetoxy-2-[4-acetoxy-phenyl]-
    1,2-diphenyl- **6** 1046 d
—, 1-Acetoxy-1-[4-acetoxy-phenyl]-
    1-phenyl- **6** 1008 i
—, 2-Acetoxy-2-[4-acetoxy-phenyl]-
    1,1,1-trichlor- **6** III 4568 c
—, 1-Acetoxy-1-[4-acetoxy-
    2,3,5,6-tetrabrom-phenyl]-2,2-dibrom-
    6 906 f
—, 1-Acetoxy-1-[4-acetoxy-2,3,5-tribrom-
    phenyl]- **6** 904 l
—, 1-Acetoxy-1-[4-acetoxy-2,3,5-tribrom-
    phenyl]-2-brom- **6** 905 g
—, 1-Acetoxy-1-[4-acetoxy-2,3,5-tribrom-
    phenyl]-2,2-dibrom- **6** 906 b
—, 2-[2-Acetoxy-3-(1-acetoxy-
    2,2,2-trichlor-äthyl)-5-methyl-phenyl]-2-
    [2-acetoxy-5-methyl-phenyl]-1,1,1-trichlor-
    6 III 6547 c
—, 1-[2-Acetoxy-äthoxy]-2-[2,5-dichlor-
    phenoxy]- **6** IV 943
—, 1-[2-Acetoxy-äthoxy]-2-[2-(2,3-dichlor-
    phenoxy)-äthoxy]- **6** IV 883
—, 1-[2-Acetoxy-äthoxy]-2-[2-pentachlorphenoxy-
    äthoxy]- **6** III 733 e, IV 1028
—, 1-Acetoxy-2-äthoxy-1-phenyl-
    6 III 4576 c

Äthan (Fortsetzung)

—, 1-Acetoxy-1-[4-chlor-[1]naphthyl]-
6 III 3035 f

—, 1-Acetoxy-1-chlor-2-[4-nitro-
benzolsulfonyl]- 6 IV 1707

—, 1-Acetoxy-2-chlor-1-[2-nitro-phenyl]-
6 II 448 a

—, 1-Acetoxy-1-chlor-2-[4-nitro-
phenylmercapto]- 6 IV 1706

—, 1-Acetoxy-2-[2-chlor-phenoxy]-
6 IV 787

—, 1-Acetoxy-1-[4-chlor-phenyl]-
6 III 1683 b

—, 1-Acetoxy-2-chlor-1-phenyl-
6 III 1684 a

—, 1-Acetoxy-2-[4-chlor-phenyl]-
6 IV 3079

—, 2-Acetoxy-1-chlor-1-phenyl-
6 IV 3080

—, 1-Acetoxy-1-cyclohex-3-enyl-
6 IV 220

—, 2-Acetoxy-1-cyclohex-1-enyl-1-nitro-
6 III 221 b

—, 1-Acetoxy-1-cyclohexyl- 6 II 27 b,
III 87 d, IV 118

—, 1-Acetoxy-2-cyclohexyl- 6 IV 119

—, 1-[2-Acetoxy-cyclohexyl]-2-
[1,2-diacetoxy-cyclohexyl]- 6 III 6258 a

—, 1-Acetoxy-2-cyclooctatetraenyl-
6 IV 3831

—, 1-Acetoxy-1-cyclopentadienyliden-
6 IV 2805

—, 1-Acetoxy-2-cyclopent-2-enyl-
6 III 216 f

—, 1-Acetoxy-1-cyclopentyl- 6 IV 110

—, 1-Acetoxy-2-cyclopentyl- 6 IV 110

—, 1-Acetoxy-1-cyclopropyl-
6 II 5 b, III 10 a

—, 1-Acetoxy-2-cylohexyl- 6 I 12 j

—, 1-Acetoxy-2-[2-diäthylamino-äthoxy]-
1-phenyl- 6 III 4577 e

—, 1-Acetoxy-1,2-dibrom-2-[4-nitro-
phenylmercapto]- 6 IV 1706

—, 1-Acetoxy-1-[1,5-dichlor-[9]anthryl]-
6 II 679 f

—, 1-Acetoxy-2,2-dichlor-1,1-bis-[4-chlor-
phenyl]- 6 IV 4721

—, 1-Acetoxy-2,2-dichlor-1,1-bis-[4-chlor-
phenyl]-2-fluor- 6 IV 4721

—, 1-Acetoxy-2,2-dichlor-1-[4-chlor-
phenyl]- 6 III 1685 j

—, 1-Acetoxy-2,2-dichlor-1,1-diphenyl-
6 IV 4719 a

—, 1-Acetoxy-2,2-dichlor-1-[2-methoxy-
phenyl]- 6 903 f

—, 1-Acetoxy-1,2-dichlor-2-[4-nitro-
phenylmercapto]- 6 IV 1705

—, 1-Acetoxy-2-[2,4-dichlor-phenoxy]-
6 IV 891

—, 1-Acetoxy-1-[2,5-dichlor-phenyl]-
6 IV 3048

—, 1-Acetoxy-1-[3,4-dichlor-phenyl]-
6 III 1685 a, IV 3048

—, 2-[2-Acetoxy-3,5-dichlor-phenyl]-2-
[5-acetoxy-2,4-dichlor-phenyl]-
1,1,1-trichlor- 6 IV 6689

—, 2-[5-Acetoxy-2,4-dichlor-phenyl]-
1,1,1-trichlor-2-[3,5-dichlor-2-hydroxy-
phenyl]- 6 IV 6688

—, 1-Acetoxy-1,2-dicyclopentyliden-
2-phenyl- 6 IV 4822

—, 1-Acetoxy-1,2-dicyclopentyl-2-phenyl-
6 IV 4124

—, 1-Acetoxy-2,2-difluor-1,1-bis-[4-fluor-
phenyl]- 6 IV 4717

—, 1-Acetoxy-2,2-difluor-1,1-diphenyl-
6 IV 4716 a

—, 1-Acetoxy-2,2-difluor-1-phenyl-
6 IV 3043

—, 1-Acetoxy-1,1-dimesityl- 6 III 3464 f

—, 2-Acetoxy-1,1-dimesityl- 6 III 3465 a

—, 1-Acetoxy-1-[2,4-dimethoxy-phenyl]-
6 IV 7389

—, 1-Acetoxy-1-[2,5-dimethoxy-phenyl]-
6 IV 7390

—, 1-Acetoxy-1-[3,4-dimethoxy-phenyl]-
6 I 552 g

—, 1-Acetoxy-1-[2,5-dimethyl-cyclohex-
3-enyl]- 6 IV 257

—, 1-Acetoxy-1-[3,4-dimethyl-cyclohex-
3-enyl]- 6 IV 256

—, 1-Acetoxy-2-[2,2-dimethyl-6-methylen-
cyclohexyl]- 6 IV 296

—, 1-Acetoxy-2-[3,3-dimethyl-
[2]norbornyliden]- 6 I 64 e, III 397 d

—, 1-Acetoxy-1-[6,6-dimethyl-norpinan-
2-yl]- 6 III 330 c

—, 1-Acetoxy-2-[6,6-dimethyl-norpinan-
2-yl]- 6 III 331 a

—, 1-Acetoxy-2-[6,6-dimethyl-norpin-
2-en-2-yl]- 6 III 396 b, IV 399

—, 1-Acetoxy-2-[3,4-dimethyl-phenyl]-
6 IV 3357

—, 1-Acetoxy-2-[3,5-dimethyl-phenyl]-
6 I 268 e

Äthan (Fortsetzung)

—, 1-Acetoxy-1-[3,4-dimethyl-6-phenyl-
cyclohex-3-enyl]- **6** IV 4119

—, 1-Acetoxy-2-[2,4-dinitro-phenoxy]-
6 III 864 d

—, 1-Acetoxy-2-[2,4-dinitro-phenyl≈
mercapto]-1-[4-methoxy-phenyl]-
6 IV 7395

—, 1-Acetoxy-2-[2,4-dinitro-phenyl≈
mercapto]-1-phenyl- **6** IV 5946

—, 1-Acetoxy-2-diphenoxyphosphoryloxy-
6 IV 722

—, 2-Acetoxy-1,1-diphenyl- **6** IV 4724

—, 1-Acetoxy-2-diphenylmethansulfonyl-
6 III 3380 d

—, 1-Acetoxy-1,1-diphenyl-2,2,2-trifluor-
6 IV 4716 b

—, 1-Acetoxy-1-fluoren-9-yliden-
6 IV 4946

—, 1-Acetoxy-1-indan-2-yl- **6** 582 k

—, 1-Acetoxy-1-indan-1-yliden-
6 IV 4085

—, 1-Acetoxy-2-[4-isopropyl-cyclohexyl]-
6 IV 172

—, 1-Acetoxy-2-[7-isopropyl-1-methyl-
[3]phenanthryl]- **6** IV 4974

—, 1-Acetoxy-2-[5-isopropyl-[1]naphthyl]-
6 IV 4378

—, 1-Acetoxy-2-[4-isopropyl-phenyl]-
6 IV 3405

—, 1-Acetoxy-1-mesityl- **6** 551 a

—, 1-Acetoxy-2-mesityl-1,2-diphenyl-
6 III 3707 d

—, 1-Acetoxy-1-[2-methoxy-5-methyl-
phenyl]- **6** III 4640 e

—, 1-Acetoxy-1-[4-methoxy-2-methyl-
phenyl]- **6** III 4638 a

—, 1-Acetoxy-1-[4-methoxy-3-methyl-
phenyl]- **6** III 4641 e

—, 1-Acetoxy-1-[1-methoxy-[2]naphthyl]-
6 IV 6588

—, 1-Acetoxy-1-[6-methoxy-[2]naphthyl]-
6 IV 6588

—, 1-Acetoxy-1-[4-methoxy-phenoxy]-
6 IV 5738

—, 1-Acetoxy-2-[3-methoxy-phenoxy]-
6 III 4317 b

—, 1-Acetoxy-1-[2-methoxy-phenyl]-
6 IV 5929

—, 1-Acetoxy-1-[4-methoxy-phenyl]-
6 III 4567 b

—, 1-Acetoxy-2-methoxy-1-phenyl-
6 III 4576 a

—, 1-Acetoxy-2-[4-methoxy-phenyl]-
6 907 a, III 4571 d, IV 5937

—, 2-Acetoxy-1-methoxy-1-phenyl-
6 III 4576 b, IV 5941 c

—, 1-Acetoxy-1-[4-methoxy-phenyl]-
2,2-diphenyl- **6** IV 6979

—, 1-Acetoxy-1-[3-methyl-bicyclo≈
[2.2.2]oct-2-yl]- **6** IV 313

—, 1-Acetoxy-1-[6-methyl-cyclohex-
3-enyl]- **6** IV 237

—, 1-Acetoxy-1-[2-methyl-cyclohexyl]-
6 21 d

—, 1-Acetoxy-1-[4-methyl-cyclohexyl]-
6 III 114 e

—, 1-Acetoxy-2-[2-methyl-cyclohexyliden]-
6 IV 237

—, 1-Acetoxy-1-[2-methyl-cyclopentyl]-
6 19 f, III 103 a

—, 1-Acetoxy-1-[2-methyl-6-phenyl-
cyclohex-3-enyl]- **6** IV 4114

—, 1-Acetoxy-1-[4-methyl-6-phenyl-
cyclohex-3-enyl]- **6** IV 4114

—, 1-Acetoxy-1-[1]naphthyl- **6** I 321 b,
III 3035 c

—, 1-Acetoxy-1-[2]naphthyl- **6** III 3041 f

—, 1-Acetoxy-2-[1]naphthyl-
6 668 e, III 3037 b, IV 4347

—, 1-Acetoxy-1-[1]naphthyloxy-
6 IV 4217

—, 1-Acetoxy-1-[2]naphthyloxy-
6 IV 4265

—, 1-Acetoxy-2-[2-nitro-benzolsulfinyl]-
6 III 1059 i

—, 1-Acetoxy-2-nitro-1-[2-nitro-phenyl]-
6 477 j

—, 1-Acetoxy-2-nitro-1-[3-nitro-phenyl]-
6 III 1696 c

—, 1-Acetoxy-2-[2-nitro-phenoxy]-
6 III 802 h

—, 1-Acetoxy-2-[4-nitro-phenoxy]-
6 III 823 g

—, 1-Acetoxy-2-[3-(4-nitro-phenoxy)-
propan-1-sulfonyl]- **6** III 824 g

—, 1-Acetoxy-1-[3-nitro-phenyl]-
6 IV 3056

—, 1-Acetoxy-1-[4-nitro-phenyl]-
6 I 237 g, III 1695 a, IV 3056

—, 1-Acetoxy-2-[4-nitro-phenylmercapto]-
6 IV 1698

—, 1-Acetoxy-2-[2-nitro-phenylselanyl]-
1-phenyl- **6** IV 5947

—, 1-Acetoxy-1-norborn-5-en-2-yl-
6 IV 368

Äthan (Fortsetzung)

—, 1-Acetoxy-2-pentachlorphenoxy-
6 III 733 h

—, 1-Acetoxy-2-[2-pentachlorphenoxy-
äthoxy]- 6 III 733 f

—, 1-Acetoxy-1-pentachlorphenyl-
6 III 1689 c

—, 1-Acetoxy-1-pentamethylphenyl-
6 III 2044 f

—, 1-Acetoxy-2-phenäthyloxy-
6 III 1707 g

—, 1-Acetoxy-1-[2]phenanthryl-
6 IV 4954 a

—, 1-Acetoxy-1-[9]phenanthryl-
6 709 d, III 3577 a

—, 1-Acetoxy-1-[9]phenanthryl-
2,2-diphenyl- 6 III 3868 f

—, 1-Acetoxy-1-phenoxy- 6 III 586 d,
IV 599

—, 1-Acetoxy-2-phenoxy- 6 147 a,
III 571 f, IV 575

—, 1-Acetoxy-1-phenyl- 6 476 a, I 236 d,
II 446 d, III 1679, IV 3037

—, 1-Acetoxy-2-[1-phenyl-äthoxy]-
6 IV 3035

—, 1-Acetoxy-1-[3-phenyl-bicyclo≠
[2.2.2]oct-5-en-2-yl]- 6 IV 4384

—, 1-Acetoxy-1-[6-phenyl-cyclohex-
3-enyl]- 6 IV 4106

—, 1-[2-Acetoxy-phenyl]-1,2-dibrom-
1-phenyl- 6 684 h

—, 1-Acetoxy-2-phenyl-1,2-di-*p*-tolyl-
6 IV 5070

—, 1-Acetoxy-1-phenylmercapto-
6 IV 1509

—, 1-Acetoxy-2-phenylmercapto-
6 IV 1492

—, 1-Acetoxy-2-[3-phenyl-propoxy]-
6 III 1803 i

—, 1-Acetoxy-2-phenyl-1-[1,2,2,3-
tetramethyl-cyclopentyl]- 6 II 555 a

—, 1-Acetoxy-2-picryloxy- 6 III 971 a

—, 1-Acetoxy-2-[1,2,3,4-tetrahydro-
[1]naphthyl]- 6 III 2516 d

—, 2-Acetoxy-1,1,1,2-tetrakis-[4-methoxy-
phenyl]- 6 IV 7915

—, 2-Acetoxy-1,1,1,2-tetraphenyl-
6 732 k, III 3838 c

—, 1-Acetoxy-1-*p*-tolyl- 6 III 1826 e

—, 1-Acetoxy-2-*p*-tolyl- 6 IV 3244

—, 1-Acetoxy-1-*p*-tolyloxy- 6 IV 2110

—, 2-Acetoxy-1,1,1-tribrom-2-[2-chlor-
phenyl]- 6 III 1693 c

—, 2-Acetoxy-1,1,1-tribrom-2-[3-chlor-
phenyl]- 6 III 1693 g

—, 2-Acetoxy-1,1,1-tribrom-2-phenyl-
6 476 f, III 1692 h

—, 2-Acetoxy-1,1,1-tribrom-2-*p*-tolyl-
6 III 1828 f

—, 1-Acetoxy-2,2,2-trichlor-1,1-bis-
[4-chlor-phenyl]- 6 IV 4722

—, 1-Acetoxy-2,2,2-trichlor-1,1-bis-
[4-fluor-phenyl]- 6 IV 4720

—, 1-Acetoxy-2,2,2-trichlor-1,1-bis-
[4-nitro-phenyl]- 6 IV 4724

—, 2-Acetoxy-1,1,1-trichlor-2-[2-(3-chlor-
benzyl)-phenyl]- 6 IV 4768

—, 2-Acetoxy-1,1,1-trichlor-2-[4-chlor-
2-(3-chlor-benzyl)-phenyl]- 6 IV 4768

—, 2-Acetoxy-1,1,1-trichlor-2-[4-chlor-
3,5-dinitro-phenyl]- 6 IV 3061

—, 2-Acetoxy-1,1,1-trichlor-2-[2-chlor-
4-methyl-phenyl]- 6 IV 3243

—, 2-Acetoxy-1,1,1-trichlor-2-[2-chlor-
5-methyl-phenyl]- 6 IV 3239

—, 2-Acetoxy-1,1,1-trichlor-2-[3-chlor-
4-methyl-phenyl]- 6 IV 3243

—, 2-Acetoxy-1,1,1-trichlor-2-[4-chlor-
2-methyl-phenyl]- 6 IV 3234

—, 2-Acetoxy-1,1,1-trichlor-2-[4-chlor-
3-methyl-phenyl]- 6 IV 3239

—, 2-Acetoxy-1,1,1-trichlor-2-[4-chlor-
3-nitro-phenyl]- 6 IV 3059

—, 2-Acetoxy-1,1,1-trichlor-2-[2-chlor-
phenyl]- 6 III 1686 e

—, 2-Acetoxy-1,1,1-trichlor-2-[3-chlor-
phenyl]- 6 III 1687 d

—, 2-Acetoxy-1,1,1-trichlor-2-[4-chlor-
phenyl]- 6 III 1688 c, IV 3050

—, 2-Acetoxy-1,1,1-trichlor-2-cyclohexyl-
6 III 88 e

—, 2-Acetoxy-1,1,1-trichlor-2-[2,4-dichlor-
phenyl]- 6 IV 3052

—, 2-Acetoxy-1,1,1-trichlor-2-[2,5-dichlor-
phenyl]- 6 IV 3052

—, 2-Acetoxy-1,1,1-trichlor-2-[3,4-dichlor-
phenyl]- 6 IV 3052

—, 2-Acetoxy-1,1,1-trichlor-2-
[3,4-dimethoxy-phenyl]- 6 IV 7391

—, 2-Acetoxy-1,1,1-trichlor-2-
[2,5-dimethyl-phenyl]- 6 545 p

—, 2-Acetoxy-1,1,1-trichlor-2-[3,5-dinitro-
phenyl]- 6 IV 3061

—, 1-Acetoxy-2,2,2-trichlor-1,1-diphenyl-
6 IV 4719

Äthan (Fortsetzung)

—, 2-Acetoxy-1,1,1-trichlor-2-[4-fluor-3-methyl-phenyl]- **6** IV 3239

—, 2-Acetoxy-1,1,1-trichlor-2-[4-fluor-phenyl]- **6** IV 3050

—, 2-Acetoxy-1,1,1-trichlor-2-[2-methoxy-[1]naphthyl]- **6** IV 6587

—, 2-Acetoxy-1,1,1-trichlor-2-[2-methoxy-phenyl]- **6** 903 h, IV 5929

—, 2-Acetoxy-1,1,1-trichlor-2-[3-methoxy-phenyl]- **6** IV 5930

—, 2-Acetoxy-1,1,1-trichlor-2-[4-methoxy-phenyl]- **6** 904 d, IV 5932

—, 2-Acetoxy-1,1,1-trichlor-2-[4-nitro-benzolsulfinyl]- **6** IV 1705

—, 2-Acetoxy-1,1,1-trichlor-2-[3-nitro-phenyl]- **6** IV 3058

—, 2-Acetoxy-1,1,1-trichlor-2-[4-nitro-phenyl]- **6** IV 3058

—, 2-Acetoxy-1,1,1-trichlor-2-[4-nitro-phenylmercapto]- **6** IV 1705

—, 2-Acetoxy-1,1,1-trichlor-2-phenyl- **6** 476 d, III 1686 b, IV 3049

—, 2-Acetoxy-1,1,1-trichlor-2-phenylmercapto- **6** IV 1509

—, 2-Acetoxy-1,1,1-trichlor-2-phenylmethansulfonyl- **6** IV 2659

—, 2-Acetoxy-1,1,1-trichlor-2-*m*-tolyl- **6** IV 3238

—, 2-Acetoxy-1,1,1-trichlor-2-*o*-tolyl- **6** I 254 i, IV 3233

—, 2-Acetoxy-1,1,1-trichlor-2-*p*-tolyl- **6** 509 a, III 1827 h, IV 3243

—, 1-Acetoxy-2,2,2-trifluor-1,1-bis-[4-nitro-phenyl]- **6** IV 4724

—, 1-Acetoxy-2,2,2-trifluor-1,1-di-*p*-tolyl- **6** IV 4790 a

—, 1-Acetoxy-2-[2,2,3-trimethyl-cycloheptyliden]- **6** III 335 b

—, 1-Acetoxy-1-[2,6,6-trimethyl-cyclohex-1-enyl]- **6** I 55 g, IV 296

—, 1-Acetoxy-2-[2,6,6-trimethyl-cyclohex-2-enyl]- **6** IV 296

—, 1-Acetoxy-1-[2,3,3-trimethyl-cyclopent-1-enyl]- **6** 66 i

—, 1-Acetoxy-2-[2,2,3-trimethyl-cyclopent-3-enyl]- **6** IV 264

—, 1-Acetoxy-2-[2,3,3-trimethyl-cyclopent-1-enyl]- **6** 67 c

—, 1-Acetoxy-1-[2,4,5-trimethyl-phenyl]- **6** 551 c

—, 1-Acetoxy-1,1,2-triphenyl- **6** III 3680 e

—, 1-Acetoxy-1,2,2-triphenyl- **6** IV 5060

—, 2-Acetoxy-1,1,1-triphenyl- **6** I 355 a

—, 1-Acetylamino-2-[4-methyl-2,6-dinitro-phenylmercapto]- **6** IV 2216

—, 1-Acetylamino-2-[4-nitro-benzyl-mercapto]- **6** IV 2801

—, 1-Acetylmercapto-2-[4-nitro-phenoxy]- **6** IV 1291

—, 1-Acetylmercapto-2-phenoxy- **6** IV 581

—, 1-Acetylmercapto-1-phenyl- **6** III 1699 c

—, 1-Acetylmercapto-1,2,2-triphenyl- **6** IV 5060

—, 1-Acryloyloxy-2-benzyloxy- **6** III 1469 g

—, 1-Acryloyloxy-2-[4-*tert*-butyl-phenoxy]- **6** III 1868 a

—, 1-Acryloyloxy-2-[2,4-dichlor-phenoxy]- **6** IV 892

—, 1-Acryloyloxy-2-[6,6-dimethyl-norpinan-2-yl]- **6** IV 308

—, 1-Acryloyloxy-2-[2,4-di-*tert*-pentyl-phenoxy]- **6** III 2085 e

—, 1-Acryloyloxy-2-phenoxy- **6** III 572 c

—, 1-Acryloyloxy-2-[2-phenoxy-äthoxy]- **6** III 570 f

—, 1-Äthansulfinyl-2-*p*-tolylmercapto- **6** III 1406 h

—, 1-Äthansulfonyl-1-benzolsulfonyl- **6** 305 i

—, 1-Äthansulfonyl-2-benzylmercapto- **6** IV 2653

—, 1-Äthansulfonyl-2-phenylmercapto- **6** III 994 h, IV 1493

—, 1-Äthansulfonyl-2-[toluol-4-sulfonyl]- **6** III 1407 g

—, 1-Äthensulfonyl-2-[2-isopropyl-5-methyl-phenoxy]- **6** III 1900 e

—, 1-[1-Äthinyl-cyclohexyl]-1-äthoxy- **6** IV 349

—, 1-Äthoxy-2-[2-äthoxy-äthoxy]-1-phenoxy- **6** III 589 c

—, 1-[2-Äthoxy-äthoxy]-2-[2-(4-chlor-2-nitro-phenoxy)-äthoxy]- **6** IV 1349

—, 1-[2-Äthoxy-äthoxy]-2-[2-(2,5-dichlor-4-nitro-phenoxy)-äthoxy]- **6** IV 1360

—, 1-[2-Äthoxy-äthoxy]-2-[2-(2-nitro-phenoxy)-äthoxy]- **6** IV 1254

Äthan (Fortsetzung)

−, 2-Äthoxy-2-[4-äthoxy-phenoxy]-
1,1,1-trichlor- **6** IV 5739

−, 1-Äthoxy-1-äthylmercapto-2-phenoxy-
6 IV 603

−, 1-Äthoxy-2-benzolsulfinyl-
6 III 996 h

−, 1-Äthoxy-2-benzolsulfonyl-
6 IV 1494

−, 1-Äthoxy-2-benzolsulfonyl-1-phenyl-
6 IV 5945

−, 1-Äthoxy-1-benzylmercapto-
6 IV 2659

−, 1-Äthoxy-2-benzylmercapto-
6 II 430 d

−, 1-Äthoxy-1-benzyloxy- **6** III 1476 b,
IV 2253

−, 1-Äthoxy-2-benzyloxy- **6** III 1468 b,
IV 2241

−, 1-Äthoxy-1-[4-benzyloxy-phenyl]-
2-brom- **6** IV 5933

−, 1-Äthoxy-2-brom-1,1-diphenyl-
6 II 639 g

−, 1-Äthoxy-2-brom-2-nitro-1-[4-nitro-
phenyl]- **6** 478 b

−, 1-Äthoxy-2-[4-brom-2-nitro-phenoxy]-
6 III 843 f

−, 1-Äthoxy-2-brom-1-phenyl-
6 I 237 c, III 1690 c, IV 3054

−, 1-Äthoxy-2-brom-1-*m*-tolyl-
6 IV 3240

−, 1-Äthoxy-2-brom-1-*p*-tolyl-
6 IV 3244

−, 1-Äthoxy-1-butoxy-2-phenoxy-
6 IV 603

−, 1-Äthoxy-1-*tert*-butoxy-2-phenoxy-
6 IV 603

−, 1-Äthoxy-1-[4-*tert*-butyl-phenoxy]-
6 IV 3303

−, 2-Äthoxy-1-butyryloxy-1-phenyl-
6 III 4576 g

−, 1-Äthoxy-2-chlor-1-[4-methoxy-
phenyl]- **6** III 4567 d

−, 1-Äthoxy-2-[4-chlormethyl-2-methyl-
phenoxy]- **6** IV 3135

−, 1-Äthoxy-2-[4-chlormethyl-phenoxy]-
6 IV 2139

−, 1-Äthoxy-2-chlor-1-[1]naphthyl-
6 668 c

−, 1-Äthoxy-2-[2-chlor-4-nitro-phenoxy]-
6 III 840 b

−, 1-Äthoxy-2-[4-chlor-2-nitro-phenoxy]-
6 III 836 b

−, 1-Äthoxy-1-chlor-2-phenoxy-
6 IV 603

−, 1-Äthoxy-2-chlor-1-phenyl-
6 476 b, III 1683 d, IV 3046

−, 1-Äthoxy-1-cinnamyloxy- **6** III 2406 b

−, 1-Äthoxy-2-cyclohex-2-enyloxy-
6 IV 197

−, 1-Äthoxy-2-cyclohexyl- **6** I 12 i

−, 1-Äthoxy-1-cyclohexyloxy- **6** IV 31

−, 1-Äthoxy-1-cyclopropyl- **6** IV 20

−, 2-Äthoxy-1,1-dibrom-1-nitro-2-
[2-nitro-phenyl]- **6** 478 c

−, 2-Äthoxy-1,1-dibrom-1-nitro-2-
[3-nitro-phenyl]- **6** 478 e, II 448 c

−, 2-Äthoxy-1,1-dibrom-1-nitro-2-
[4-nitro-phenyl]- **6** 478 g

−, 1-Äthoxy-1,2-dibrom-2-[4-nitro-
phenylmercapto]- **6** IV 1706

−, 1-Äthoxy-2,2-dichlor-1,1-bis-[4-chlor-
phenyl]- **6** IV 4720

−, 1-Äthoxy-1,2-dichlor-2-phenoxy-
6 IV 602

−, 1-Äthoxy-2,2-dichlor-1-phenoxy-
6 150 c

−, 1-Äthoxy-2-[2,4-dichlor-phenoxy]-
6 IV 889

−, 1-Äthoxy-2-[3,4-dimethyl-6-nitro-
cyclohex-3-enyl]- **6** IV 257

−, 1-Äthoxy-2-[6,6-dimethyl-norpin-2-en-
2-yl]- **6** IV 398

−, 1-Äthoxy-2-[2,4-dimethyl-phenoxy]-
6 487 b

−, 1-[Äthoxy-dimethyl-silyl]-
2-benzylmercapto- **6** IV 2759

−, 1-Äthoxy-2-[2,4-dinitro-benzolsulfonyl]-
6 III 1097 i, IV 1751

−, 1-Äthoxy-2-[2,4-dinitro-phenyl≤
mercapto]- **6** III 1097 g, IV 1750

−, 1-Äthoxy-2-diphenylmethansulfonyl-
6 III 3380 c

−, 1-Äthoxy-2-[1,2,3,4,4a,9a-hexahydro-
1,4-methano-fluoren-2(*oder* 3)-yloxy]-
6 III 3059 g

−, 1-Äthoxy-2-[3a,4,5,6,7,7a-hexahydro-
4,7-methano-inden-5(*oder* 6)-yloxy]-
6 III 1932 b

−, 1-Äthoxy-2-jod-1-phenyl- **6** 477 b

−, 2-Äthoxy-1-lauroyloxy-1-phenyl-
6 III 4577 a

−, 1-Äthoxy-1-[4-methoxy-benzyloxy]-
6 III 4549 a

−, 1-Äthoxymethoxy-2-phenoxymethoxy-
6 III 585 a

Äthan (Fortsetzung)

—, 1-Äthylmercapto-2-[4-chlor-
2,5-dimethyl-phenylmercapto]-
6 III 1778 a

—, 2-Äthylmercapto-1-chlor-1-phenyl-
6 IV 3093

—, 1-Äthylmercapto-1-phenyl-
6 IV 3063

—, 1-Äthylmercapto-2-[toluol-4-sulfonyl]-
6 III 1407 f

—, 1-Äthylmercapto-2-*p*-tolylmercapto-
6 III 1406 g

—, 1-[2-Äthyl-phenoxy]-2-[2-chlor-
äthoxy]- 6 III 1657 c

—, 1-[2-Äthyl-phenoxy]-2-[2-thiocyanato-
äthoxy]- 6 III 1657 d

—, 1-[4-(1-Äthyl-2-phenyl-but-1-enyl)-
phenoxy]-2-diäthylamino- 6 III 3527 c

—, 1-[2-Äthyl-2-phenyl-butoxy]-
2-diäthylamino- 6 IV 3428

—, 1-[4-(1-Äthyl-3-phenyl-propenyl)-
phenoxy]-2-diäthylamino- 6 IV 4901

—, 1-[4-(1-Äthyl-3-phenyl-propyl)-
phenoxy]-2-diäthylamino- 6 IV 4800

—, 1-Allophanoyloxy-2-benzyloxy-
6 III 1470 b

—, 1-Allophanoyloxy-2-[4-*tert*-butyl-
phenyl]- 6 IV 3298

—, 1-Allophanoyloxy-2-[5,5-dimethyl-
cyclohex-1-enyl]- 6 IV 255

—, 1-Allophanoyloxy-2-[3,3-dimethyl-
cyclohexyliden]- 6 IV 256

—, 1-Allophanoyloxy-2-[2,2-dimethyl-
6-methylen-cyclohexyl]- 6 IV 296

—, 1-Allophanoyloxy-2-phenoxy-
6 III 573 b, IV 576

—, 1-Allophanoyloxy-1-phenyl-
6 I 236 f, IV 3038

—, 1-Allophanoyloxy-2-phenylmercapto-
6 IV 1492

—, 1-Allophanoyloxy-2-[3-phenyl-
propoxy]- 6 III 1803 l

—, 1-Allophanoyloxy-2-[2,2,3-trimethyl-
cycloheptyl]- 6 III 181 a

—, 1-Allophanoyloxy-2-[2,2,3-trimethyl-
cycloheptyliden]- 6 III 335 c

—, 1-Allophanoyloxy-2-[1,6,6-trimethyl-
cyclohex-2-enyl]- 6 IV 295

—, 1-Allophanoyloxy-2-[2,6,6-trimethyl-
cyclohex-2-enyl]- 6 IV 296

—, 1-[2-Allyl-4-chlor-phenoxy]-
2-vinyloxy- 6 IV 3814

—, 1-[2-Allyl-6-methoxy-phenoxy]-2-
[2-chlor-äthoxy]- 6 III 5014 c

—, 1-[2-Allyl-6-methoxy-phenoxy]-2-
[2-diäthylamino-äthoxy]- 6 III 5014 d

—, 1-[2-Allyl-6-methoxy-phenoxy]-2-
[2-diallylamino-äthoxy]- 6 III 5014 e

—, 1-[2-Allyloxy-äthoxy]-2-[4-*tert*-butyl-
phenyl]- 6 III 1867 b

—, 1-Allyloxy-2-brom-1-phenyl-
6 III 1691 b

—, 1-Allyloxy-2-[4-chlor-phenoxy]- 6 III 690 f

—, 1-Allyloxy-2-[3a,4,5,6,7,7a-hexahydro-
4,7-methano-inden-5(*oder* 6)-yloxy]-
6 III 1933 a

—, 1-Allyloxy-1-phenoxy- 6 IV 599

—, 1-Allyloxy-2-phenoxy- 6 III 568 e

—, 1-Allyloxy-2-*o*-tolyloxy- 6 III 1251 a

—, 1-Allyloxy-2-[2,4,6-trichlor-phenoxy]-
6 III 725 a

—, 1-[2-Allyl-phenoxy]-2-vinyloxy-
6 IV 3809

—, 1-[2-Amino-äthoxy]-2-[4-chlor-
benzylmercapto]- 6 IV 2775

—, 1-[2-Amino-äthylmercapto]-2-[2-nitro-
phenylmercapto]- 6 IV 1666

—, 1-Amino-2-benzylmercapto-
6 465 c, III 1620 c, IV 2717

—, 1-Amino-2-benzyloxy- 6 IV 2483

—, 1-Amino-2-[bis-(2-hydroxy-3-phenoxy-
propyl)-amino]- 6 IV 684

—, 1-Amino-2-[2-chlor-benzylmercapto]-
6 IV 2768

—, 1-Amino-2-[4-chlor-benzylmercapto]-
6 IV 2779

—, 1-Amino-2-pentachlorphenyl≉
mercapto- 6 IV 1646

—, 1-Amino-2-[1-phenyl-äthoxy]-
6 IV 3038

—, 1-Amino-2-*o*-tolyloxy- 6 I 172 i,
III 1258 e, IV 1967

—, 1-Benzhydrylmercapto-2-methyl≉
mercapto- 6 IV 4684

—, 1-[(2-Benzhydryloxy-äthyl)-dimethyl-
ammonio]-2-[diäthyl-methyl-ammonio]-
6 IV 4664

—, 1-[(2-Benzhydryloxy-äthyl)-methyl-
amino]-2-diäthylamino- 6 IV 4664

—, 1-[(4-Benzhydryloxy-butyl)-dimethyl-
ammonio]-2-[diäthyl-methyl-ammonio]-
6 IV 4666

—, 1-[(4-Benzhydryloxy-butyl)-dimethyl-
ammonio]-2-[dibutyl-methyl-ammonio]-
6 IV 4666

Äthan (Fortsetzung)

—, 1-Benzyloxy-1,2-dichlor- **6** IV 2253

—, 1-Benzyloxy-2,2-dimethoxy-
6 IV 2254

—, 1-Benzyloxy-2-formyloxy-
6 III 1469 c

—, 1-Benzyloxy-2-[3a,4,5,6,7,7a-
hexahydro-4,7-methano-inden-5(*oder*
6)-yloxy]- **6** III 1933 e

—, 1-[Benzyloxy-hydroxy-phosphoryloxy]-
2-myristoyloxy- **6** IV 2576

—, 1-[Benzyloxy-hydroxy-phosphoryloxy]-
2-palmitoyloxy- **6** IV 2576

—, 1-[Benzyloxy-hydroxy-phosphoryloxy]-
2-stearoyloxy- **6** IV 2576

—, 1-Benzyloxy-2-isobutyryloxy-
6 III 1469 f

—, 1-Benzyloxy-2-jod- **6** II 410 b,
III 1455 c

—, 1-Benzyloxy-2-lactoyloxy-
6 III 1470 e

—, 1-Benzyloxy-1-methacryloyloxy-
6 IV 2253

—, 1-Benzyloxy-2-methansulfonyloxy-
6 IV 2242

—, 1-Benzyloxy-2-nitro- **6** III 1455 d

—, 1-Benzyloxy-2-phenoxy- **6** III 1468 d

—, 1-[Benzyloxy-phenoxy-phosphoryloxy]-
2-docosanoyloxy- **6** IV 2576

—, 1-[Benzyloxy-phenoxy-phosphoryloxy]-
2-stearoyloxy- **6** IV 2576

—, 1-Benzyloxy-1-phenyl- **6** IV 3034

—, 1-[4-Benzyloxy-phenyl]-2-brom-
1-methoxy- **6** IV 5933

—, 1-Benzyloxy-2-[3-phenyl-propoxy]-
6 III 1803 f

—, 1-Benzyloxy-2-propoxy- **6** IV 2241

—, 2-Benzyloxy-1,1,1-tribrom-
6 III 1455 b

—, 1-Benzyloxy-2-trityloxy- **6** III 3653 d

—, 1-[2-(2-Benzyl-phenoxy)-äthoxy]-
2-[bis-(2-hydroxy-äthyl)-amino]-
6 III 3350 g

—, 1-[2-(4-Benzyl-phenoxy)-äthoxy]-2-
[4-(1,1,3,3-tetramethyl-butyl)-phenoxy]-
6 III 3359 g

—, 1-[2-Benzyl-phenoxy]-2-[2-chlor-
äthoxy]- **6** III 3350 c

—, 1-[4-Benzyl-phenoxy]-2-[2-chlor-
äthoxy]- **6** III 3359 e

—, 1-[2-Benzyl-phenoxy]-2-[2-(2-chlor-
äthoxy)-äthoxy]- **6** III 3350 d

—, 1-[4-Benzyl-phenoxy]-2-[2-(2-chlor-
äthoxy)-äthoxy]- **6** III 3359 f

—, 1-[2-Benzyl-phenoxy]-2-methyl‌
mercapto- **6** IV 4628

—, 2-Biphenyl-4-ylmercapto-
1,1-dimethoxy- **6** IV 4617

—, 1-Biphenyl-4-yl-1-methoxy-1-phenyl-
6 II 698 j

—, 1-Biphenyl-4-yl-2-oleoyloxy-
6 IV 4741

—, 1-[2-Biphenyl-2-yloxy-äthoxy]-1-
[2-chlor-äthoxy]- **6** III 3289 a

—, 1-[2-Biphenyl-4-yloxy-äthoxy]-2-
[2-chlor-äthoxy]- **6** III 3325 g

—, 1-[2-Biphenyl-2-yloxy-äthoxy]-2-
[2,4,6-trichlor-phenoxy]- **6** III 3288 e

—, 1-Biphenyl-2-yloxy-2-[5-*tert*-butyl-
biphenyl-2-yloxy]- **6** III 3438 a

—, 1-Biphenyl-2-yloxy-2-[2-butyl‌
mercapto-äthoxy]- **6** III 3288 f

—, 1-Biphenyl-2-yloxy-2-[4-*tert*-butyl-
phenoxy]- **6** III 3288 c

—, 1-Biphenyl-2-yloxy-2-[2-chlor-äthoxy]-
6 III 3287 g, IV 4581

—, 1-Biphenyl-4-yloxy-2-[2-chlor-äthoxy]-
6 III 3325 b

—, 1-Biphenyl-2-yloxy-2-[2-chlor-
allyloxy]- **6** III 3288 b

—, 1-Biphenyl-2-yloxy-2-crotonoyloxy-
6 III 3289 b

—, 1-Biphenyl-2-yloxy-2-diäthylamino-
6 IV 4584

—, 1-Biphenyl-4-yloxy-2-[2-jod-äthoxy]-
6 III 3325 c

—, 1-Biphenyl-4-yloxy-2-[2]naphthyloxy-
6 III 3325 e

—, 1-Biphenyl-3-yloxy-2-phenoxy-
6 III 3314 f

—, 1-Biphenyl-2-yloxy-2-[2-thiocyanato-
äthoxy]- **6** III 3288 h

—, 1-Biphenyl-2-yloxy-2-*p*-tolylmercapto-
6 III 3289 e

—, 1-Biphenyl-2-yloxy-2-vinyloxy-
6 III 3288 a

—, 1-Biphenyl-4-yloxy-2-vinyloxy-
6 III 3325 d

—, 1,2-Bis-[2-acetoxy-benzolsulfonyl]-
6 IV 5639

—, 1,2-Bis-[2-acetoxy-6-brom-4-chlor-
[1]naphthyl]- **6** IV 7028

—, 2,2-Bis-[2-acetoxy-3-brom-5-chlor-
phenyl]-1,1,1-trichlor- **6** IV 6688

Äthan (Fortsetzung)

—, 1-[Bis-benzyloxy-phosphoryloxy]-
2-myristoyloxy- **6** IV 2577

—, 1-[Bis-benzyloxy-phosphoryloxy]-
2-palmitoyloxy- **6** IV 2577

—, 1-[Bis-benzyloxy-phosphoryloxy]-
2-stearoyloxy- **6** IV 2577

—, 1,2-Bis-benzyloxythiocarbonyl-
mercapto- **6** IV 2469

—, 1,2-Bis-benzylselanyl- **6** I 233 b

—, 1,2-Bis-biphenyl-4-yl-1,2-diphenoxy-
1,2-diphenyl- **6** III 6027 b

—, 1,2-Bis-biphenyl-2-yloxy- **6** III 3288 d

—, 1,2-Bis-biphenyl-3-yloxy- **6** III 3314 g

—, 1,2-Bis-biphenyl-4-yloxy- **6** III 3325 f

—, 1,2-Bis-[biphenyl-2-yloxy-acetoxy]-
6 III 3291 d

—, 1,2-Bis-[bis-(2-hydroxy-3-phenoxy-
propyl)-amino]- **6** IV 684

—, 1,2-Bis-[bis-(2-phenoxy-äthyl)-amino]-
6 IV 668

—, 1,2-Bis-[4-bromacetoxy-phenoxy]-
6 846 d

—, 1,2-Bis-[4-brom-benzolsulfonyl]-
6 331 d, III 1050 c

—, 2,2-Bis-[3-brom-5-chlor-2-hydroxy-
phenyl]-1,1,1-trichlor- **6** IV 6687

—, 2,2-Bis-[5-brom-3-chlor-2-hydroxy-
phenyl]-1,1,1-trichlor- **6** IV 6688

—, 2,2-Bis-[3-brom-5-chlor-2-methoxy-
phenyl]-1,1,1-trichlor- **6** IV 6688

—, 2,2-Bis-[5-brom-3-chlor-2-methoxy-
phenyl]-1,1,1-trichlor- **6** IV 6688

—, 1,2-Bis-[2-brom-4,6-dimethyl-
phenoxy]- **6** 489 d

—, 2,2-Bis-[3-brom-4-hydroxy-
5-isopropyl-2-methyl-phenyl]-
1,1,1-trichlor- **6** III 5558 d

—, 1,1-Bis-[3-brom-4-hydroxy-5-methyl-
phenyl]- **6** III 5479 f

—, 1,1-Bis-[5-brom-4-hydroxy-2-methyl-
phenyl]- **6** III 5479

—, 1,2-Bis-[6-brom-2-hydroxy-
[1]naphthyl]- **6** I 520 d

—, 1,1-Bis-[3-brom-4-hydroxy-5-nitro-
phenyl]- **6** 1008 a

—, 1,2-Bis-[5-brom-2-methoxy-phenyl]-
1,1,2,2-tetraphenyl- **6** IV 7111

—, 2,2-Bis-[3-brom-4-methoxy-phenyl]-
1,1,1-trichlor- **6** III 5439 g

—, 1,2-Bis-[2-brommethyl-phenoxy]-
6 IV 2007

—, 1,2-Bis-[2-brom-4-methyl-phenoxy]-
6 406 b, III 1379 h, IV 2144

—, 1,2-Bis-[4-brommethyl-phenoxy]-
6 IV 2145

—, 1,2-Bis-[4-brom-3-methyl-phenoxy]-
6 III 1321 f, IV 2073

—, 1,2-Bis-[2-brom-phenoxy]- **6** 197 e

—, 1,2-Bis-[4-brom-phenoxy]-
6 III 745 c

—, 1,2-Bis-[(2-brom-phenoxy)-acetoxy]-
6 III 737 h

—, 1,2-Bis-[4-brom-phenylmercapto]-
6 III 1050 b

—, 2,2-Bis-[4-butoxy-phenyl]-
1,1,1-trichlor- **6** III 5437 d

—, 1,2-Bis-[5-*sec*-butyl-biphenyl-2-yloxy]-
6 III 3436 g

—, 1,2-Bis-[5-*tert*-butyl-biphenyl-2-yloxy]-
6 III 3438 b

—, 1,1-Bis-[3-*sec*-butyl-5-chlor-2-hydroxy-
phenyl]- **6** IV 6797

—, 1,2-Bis-[4-*tert*-butyl-2-chlor-phenoxy]-
6 III 1872 g

—, 1,1-Bis-[3-*tert*-butyl-2-hydroxy-
5-methyl-phenyl]- **6** IV 6804

—, 1,1-Bis-[5-*tert*-butyl-4-hydroxy-
2-methyl-phenyl]- **6** IV 6803

—, 1,1-Bis-[5-*tert*-butyl-4-hydroxy-
2-methyl-phenyl]-2-chlor- **6** IV 6803

—, 2,2-Bis-[5-*tert*-butyl-4-hydroxy-
2-methyl-phenyl]-1,1,1-trichlor-
6 IV 6804

—, 1,2-Bis-butylmercapto-1-phenyl-
6 IV 5946

—, 1,2-Bis-[4-*tert*-butyl-phenoxy]-
6 III 1866 h

—, 1,2-Bis-[(4-*tert*-butyl-phenoxy)-
acetoxy]- **6** III 1869 g

—, 1,2-Bis-[2-(4-*tert*-butyl-phenoxy)-
äthoxy]- **6** III 1867 d

—, 1,2-Bis-butyryloxy-1-phenyl-
6 III 4576 h

—, 2,2-Bis-[4-carbamoylmercapto-phenyl]-
1,1,1-trichlor- **6** III 5440 e

—, 1,2-Bis-[2-carboxymethoxy-
phenylmercapto]- **6** IV 5640

—, 1,2-Bis-carboxymethylmercapto-
1-phenyl- **6** III 4580 c

—, 1-{2-[Bis-(2-chlor-äthyl)-amino]-
äthoxy}-2-[4-(1,1,3,3-tetramethyl-butyl)-
phenoxy]- **6** IV 3486

—, 1,2-Bis-[4-chlor-benzolsulfonyl]-
6 327 e

Äthan   (Fortsetzung)

—, 1,2-Bis-[4-chlor-benzylmercapto]-
6 IV 2775

—, 1,2-Bis-[3-chlor-biphenyl-4-yloxy]-
6 III 3331 d

—, 1,1-Bis-[5-chlor-2-hydroxy-
3-isopropyl-phenyl]- 6 IV 6787

—, 1,1-Bis-[5-chlor-2-hydroxy-3-jod-
phenyl]- 6 IV 6688

—, 1,1-Bis-[5-chlor-2-hydroxy-3-nitro-
phenyl]- 6 IV 6688

—, 1,1-Bis-[5-chlor-2-hydroxy-phenyl]-
6 III 5434 d

—, 1,1-Bis-[5-chlor-2-methoxy-phenyl]-
6 IV 6686

—, 1,2-Bis-[(2-chlor-4-methyl-phenoxy)-
acetoxy]- 6 III 1375 d

—, 1-[2,4-Bis-chlormethyl-phenoxy]-2-
[2-chlor-äthoxy]- 6 III 1748 g

—, 1,2-Bis-[4-chlor-2-nitro-benzolselenenyl≠
mercapto]- 6 IV 1793

—, 1,2-Bis-[4-chlor-2-nitro-benzolsulfenyl≠
amino]- 6 III 1082 b

—, 1,2-Bis-[2-chlor-phenoxy]- 6 184 d

—, 1,2-Bis-[3-chlor-phenoxy]- 6 IV 813

—, 1,2-Bis-[4-chlor-phenoxy]- 6 IV 827

—, 1,2-Bis-[(2-chlor-phenoxy)-acetoxy]-
6 III 678 i

—, 1,2-Bis-[(4-chlor-phenoxy)-acetoxy]-
6 III 695 f

—, 1,2-Bis-[2-chlor-phenylmercapto]-
6 IV 1572

—, 1,2-Bis-[3-chlor-phenylmercapto]-
6 IV 1578

—, 1,2-Bis-[4-chlor-phenylmercapto]-
6 IV 1588

—, 1,1-Bis-cyclohexansulfonyl- 6 IV 75

—, 1,2-Bis-cyclohexansulfonyl- 6 IV 75

—, 1,2-Bis-cyclohexylmercapto- 6 IV 75

—, 1,2-Bis-[2-cyclohexyloxycarbonyl-
äthoxy]- 6 III 33 c

—, 1,2-Bis-cyclohexyloxy-1,2-dimethoxy-
6 IV 34

—, 1,2-Bis-cyclohexyloxythiocarbonyl≠
mercapto- 6 IV 7983

—, 1,2-Bis-[2-cyclohexyl-phenoxy]-
6 III 2495 a

—, 1,2-Bis-[4-cyclohexyl-phenoxy]-
6 III 2505 a

—, 1,1-Bis-[4,5-diäthoxy-2-brom-phenyl]-
6 IV 7756

—, 1,1-Bis-[4,5-diäthoxy-2-methyl-
phenyl]- 6 IV 7767

—, 1,1-Bis-[4,5-diäthoxy-2-nitro-phenyl]-
6 IV 7757

—, 1,1-Bis-[3,4-diäthoxy-phenyl]-
6 IV 7756

—, 1,2-Bis-[2-diäthylamino-äthoxy]-
1,1-diphenyl- 6 IV 6696

—, 1,1-Bis-[4-(2-diäthylamino-äthoxy)-
phenyl]- 6 IV 6690

—, 1,1-Bis-[3,5-dibrom-4-hydroxy-
2-methyl-phenyl]- 6 III 5479

—, 1,1-Bis-[2,3-dibrom-4-hydroxy-5-nitro-
phenyl]- 6 1008 b

—, 1,1-Bis-[2,5-dibrom-4-hydroxy-3-nitro-
phenyl]- 6 1008 b

—, 1,1-Bis-[3,5-dibrom-4-hydroxy-
phenyl]- 6 1007 d, III 5440 a

—, 1,1-Bis-[3,5-dibrom-4-hydroxy-
phenyl]-1-phenyl- 6 1046 i

—, 1,2-Bis-[2,4-dibrom-6-isopropyl-
3-methyl-phenoxy]- 6 541 e

—, 1,2-Bis-[3,5-dibrom-2-methoxy-
phenyl]-1,1,2,2-tetraphenyl- 6 IV 7111

—, 1,1-Bis-[3,5-dichlor-2-hydroxy-phenyl]-
6 IV 6686

—, 1,1-Bis-[3,5-dichlor-4-hydroxy-phenyl]-
6 IV 6691

—, 1,1-Bis-[3,5-dichlor-4-hydroxy-phenyl]-
1-phenyl- 6 IV 6980

—, 1,2-Bis-[2,4-dichlor-phenoxy]-
6 III 703 c, IV 890

—, 1,2-Bis-[2,5-dichlor-phenoxy]-
6 IV 942

—, 1,2-Bis-[2,6-dichlor-phenoxy]-
6 IV 949

—, 1,2-Bis-[2,5-dichlor-phenylmercapto]-
6 III 1043 f

—, 1,2-Bis-[3,17-dihydroxy-androstan-
17-yl]- 6 IV 7784

—, 1,1-Bis-[2,4-dihydroxy-phenyl]-
6 II 1130 b, III 6713 b, IV 7756

—, 1,1-Bis-[2,5-dihydroxy-phenyl]-
6 IV 7756

—, 1,2-Bis-[2,4-dihydroxy-phenyl]-
1,2-diphenyl- 6 II 1143 b

—, 1,2-Bis-[2-(2,3-dihydroxy-propoxy)-
phenoxy]- 6 IV 5579

—, 1,1-Bis-[4,5-dimethoxy-2-methyl-
phenyl]- 6 IV 7766

—, 1,2-Bis-[1,4-dimethoxy-[2]naphthyl]-
6 IV 7838

—, 1,1-Bis-[3,4-dimethoxy-phenyl]-
6 III 6714 b

Äthan (Fortsetzung)

−, 1,2-Bis-[2,4-dimethoxy-phenyl]-
1,1,2,2-tetraphenyl- **6** II 1022 d

−, 1,2-Bis-[2,5-dimethoxy-phenyl]-
1,1,2,2-tetraphenyl- **6** II 1022 e

−, 1,2-Bis-[3,4-dimethoxy-phenyl]-
1,1,2,2-tetraphenyl- **6** II 1023 a

−, 1,1-Bis-[4,5-dimethoxy-2-propyl-
phenyl]- **6** IV 7780

−, 1,2-Bis-[2,4-dimethyl-benzolsulfonyl]-
6 492 a

−, 1,2-Bis-[2,5-dimethyl-benzolsulfonyl]-
6 498 d

−, 1,2-Bis-[2,4-dimethyl-phenoxy]-
6 487 d

−, 1,2-Bis-[2,5-dimethyl-phenoxy]-
6 495 b

−, 1,2-Bis-[3,5-dimethyl-phenoxy]-
6 IV 3143

−, 1,2-Bis-[2,4-dinitro-benzolsulfenyloxy]-
6 IV 1767

−, 1,2-Bis-[2,4-dinitro-phenoxy]-
6 II 243 l, III 864 c, IV 1377

−, 1,2-Bis-[2,4-dinitro-phenyldisulfanyl]-
6 IV 1769

−, 1,2-Bis-[2,4-dinitro-phenylmercapto]-
6 III 1097 h, IV 1751

−, 1,2-Bis-diphenoxyboryloxy-
6 IV 769

−, 1,2-Bis-diphenoxyphosphinooxy-
6 IV 698

−, 1,2-Bis-[diphenoxyphosphoryl-
carbamoyloxy]- **6** IV 743

−, 1,2-Bis-[4-fluor-phenylmercapto]-
6 IV 1568

−, 1,2-Bis-formyloxy-1-phenyl-
6 907 e

−, 1,2-Bis-[1,2,3,4,4a,9a-hexahydro-
1,4-methano-fluoren-2(*oder* 3)-yloxy]-
6 III 3060 a

−, 1,2-Bis-[3a,4,5,6,7,7a-hexahydro-
4,7-methano-inden-5(*oder* 6)-ylmercapto]-
6 III 1949 b

−, 1,2-Bis-[3a,4,5,6,7,7a-hexahydro-
4,7-methano-inden-5(*oder* 6)-yloxy]-
6 III 1933 f

−, 1,2-Bis-[2-(3a,4,5,6,7,7a-hexahydro-
4,7-methano-inden-5(*oder* 6)-yloxy)-
äthoxy]- **6** III 1935 b

−, 1-{2-[Bis-(2-hydroxy-äthyl)-amino]-
äthoxy}-2-[4-(1,1,3,3-tetramethyl-butyl)-
phenoxy]- **6** III 2056 a

−, 1-[Bis-(2-hydroxy-äthyl)-amino]-
2-[2-(4-*tert*-butyl-phenoxy)-äthoxy]-
6 III 1868 d

−, 1-[Bis-(2-hydroxy-äthyl)-amino]-2-
[2-(2-cyclohexyl-phenoxy)-äthoxy]-
6 III 2495 e

−, 1-[Bis-(2-hydroxy-äthyl)-amino]-2-
[2-(4-cyclohexyl-phenoxy)-äthoxy]-
6 III 2506 c

−, 1-[Bis-(2-hydroxy-äthyl)-amino]-2-
[2-(3,5-dimethyl-phenoxy)-äthoxy]-
6 III 1757 e

−, 1-[Bis-(2-hydroxy-äthyl)-amino]-2-
[2-(2-isopropyl-5-methyl-phenoxy)-
äthoxy]- **6** III 1900 d

−, 1-[Bis-(2-hydroxy-äthyl)-amino]-2-
[2-(4-*tert*-pentyl-phenoxy)-äthoxy]-
6 III 1967 h

−, 1,2-Bis-[1-(2-hydroxy-äthyl)-
cyclohexyl]- **6** IV 5338

−, 1,2-Bis-(1-{2-[1-(2-hydroxy-äthyl)-
cyclohexyl]-äthyl}-cyclohexyl)- **6** IV 6151

−, 1,2-Bis-[1-(2-hydroxy-äthyl)-
cyclopentyl]- **6** IV 5335

−, 1,2-Bis-(1-{2-[1-(2-hydroxy-äthyl)-
cyclopentyl]-äthyl}-cyclopentyl)-
6 IV 6147

−, 1,2-Bis-[17-hydroxy-androsta-3,5-dien-
3-yloxy]- **6** III 5186 a

−, 1,2-Bis-[2-(α-hydroxy-benzhydryl)-
phenoxy]- **6** III 5784 b

−, 1,2-Bis-[2-hydroxy-bornan-2-yl]-
6 III 4788 f

−, 1,2-Bis-[1-hydroxy-cycloheptyl]-
6 IV 5333

−, 1,1-Bis-[4-hydroxy-cyclohexyl]-
6 II 761 c, IV 5325

−, 1,2-Bis-[1-hydroxy-cyclohexyl]-
6 III 4155 d, IV 5324

−, 1,2-Bis-[2-hydroxy-cyclohexyl]-
6 IV 5325

−, 1,2-Bis-[4-hydroxy-cyclohexyl]-
6 III 4156 b

−, 1,2-Bis-[2-hydroxy-cyclohexyl-
mercapto]- **6** IV 5204

−, 1,2-Bis-[1-hydroxy-cyclopentyl]-
6 III 4153 c, IV 5316

−, 1,1-Bis-[2-hydroxy-3,5-dimethyl-
phenyl]- **6** III 5525 d

−, 1,1-Bis-[4-hydroxy-3,5-dimethyl-
phenyl]- **6** III 5525 f

−, 1,2-Bis-[4-(α-hydroxy-4,4'-diphenyl-
benzhydryl)-phenyl]- **6** IV 7125

Äthan   (Fortsetzung)

—, 1,1-Bis-[2-hydroxy-3-isopropyl-
6-methyl-phenyl]- **6** IV 6798

—, 1,1-Bis-[4-hydroxy-5-isopropyl-
2-methyl-phenyl]- **6** 1021 a, IV 6797

—, 1,1-Bis-[4-hydroxy-5-isopropyl-
2-methyl-phenyl]-2,2-diphenyl-
6 1060 f

—, 1,1-Bis-[5-hydroxy-4-methoxy-
2-methyl-phenyl]- **6** IV 7766

—, 1,1-Bis-[4-hydroxy-3-methoxy-phenyl]-
6 III 6714 a

—, 1,1-Bis-[4-hydroxy-3-methyl-
cyclohexyl]- **6** IV 5334

—, 1,2-Bis-[2-hydroxy-2-methyl-
cyclohexyl]- **6** IV 5334

—, 1,2-Bis-[4-hydroxymethyl-2-methoxy-
phenoxy]- **6** IV 7383

—, 1,2-Bis-[2-hydroxy-5-methyl-3-
(1-methyl-cyclohexyl)-phenyl]-
6 IV 6938

—, 1,1-Bis-[2-hydroxy-5-methyl-phenyl]-
6 III 5479 g

—, 1,1-Bis-[4-hydroxy-2-methyl-phenyl]-
6 III 5478 f

—, 1,1-Bis-[4-hydroxy-3-methyl-phenyl]-
6 III 5479 c

—, 1,1-Bis-[4-hydroxy-3-methyl-phenyl]-
1-phenyl- **6** III 5811 a

—, 1,1-Bis-[2-hydroxy-5-methyl-3-(1,1,3,3-
tetramethyl-butyl)-phenyl]- **6** IV 6816

—, 1,1-Bis-[2-hydroxy-[1]naphthyl]-
6 II 1029 c, IV 7029

—, 1,1-Bis-[4-hydroxy-[1]naphthyl]-
6 1055 a, II 1029 e

—, 1,1-Bis-[6-hydroxy-[2]naphthyl]-
6 IV 7030

—, 1,2-Bis-[1-hydroxy-[2]naphthyl]-
6 III 5887 c

—, 1,2-Bis-[2-hydroxy-[1]naphthyl]-
6 I 520 b, III 5887 a

—, 1,2-Bis-[2-hydroxy-[1]naphthyl≠
mercapto]- **6** IV 6541

—, 1,2-Bis-[2-hydroxy-3-[2]naphthyloxy-
propoxy]- **6** IV 4263

—, 1,2-Bis-[3-hydroxy-[2]naphthyl]-
1,1,2,2-tetraphenyl- **6** II 724 b

—, 1,2-Bis-[3-hydroxy-phenoxy]-
6 II 815 k, III 4316 f

—, 1,2-Bis-[4-hydroxy-phenoxy]-
6 845 g, II 842 b

—, 1,2-Bis-[2-hydroxy-phenoxycarbonyl≠
amino]- **6** 775 m

—, 1,2-Bis-[2-hydroxy-3-phenoxy-
propylamino]- **6** IV 684

—, 1,1-Bis-[4-hydroxy-phenyl]-
6 1006 e, I 491 c, II 971 a, III 5435 g,
IV 6690

—, 1,2-Bis-[4-hydroxy-phenyl]-1,2-bis-
[4-oxo-cyclohexa-2,5-dienyliden]-
6 II 1144 d

—, 1,1-Bis-[4-hydroxy-phenyl]-
2,2-diphenyl- **6** 1058 b, III 5923 c

—, 1,2-Bis-[2-hydroxy-phenylmercapto]-
6 IV 5637

—, 1,2-Bis-[4-hydroxy-phenylmercapto]-
6 IV 5805

—, 1,1-Bis-[4-hydroxy-phenyl]-1-
[4-methoxy-phenyl]- **6** III 6589 d

—, 1,1-Bis-[4-hydroxy-phenyl]-2-
[4-methoxy-phenyl]- **6** IV 7620

—, 1,1-Bis-[4-hydroxy-phenyl]-1-phenyl-
6 1046 g, III 5793 f

—, 1,1-Bis-[4-hydroxy-phenyl]-2-phenyl-
6 III 5791 e, IV 6977

—, 1,2-Bis-[2-hydroxy-phenyl]-
1,1,2,2-tetraphenyl- **6** II 702 f

—, 1,2-Bis-[3-hydroxy-phenyl]-
1,1,2,2-tetraphenyl- **6** IV 7111

—, 1,1-Bis-[4-hydroxy-phenyl]-1-*p*-tolyl-
6 III 5804 f

—, 1,2-Bis-[2-isopropyl-5-methyl-
phenoxy]- **6** 536 n, II 498 d

—, 1,2-Bis-[2-jod-phenoxy]- **6** III 770 i

—, 1,2-Bis-lauroyloxy-1-phenyl-
6 IV 5941

—, 1,2-Bis-menthyloxythiocarbonyl≠
mercapto- **6** I 25 d

—, 1,2-Bis-methansulfinyl-1-phenyl-
6 III 4579 d

—, 1,2-Bis-[2-methoxy-benzolsulfonyl]-
6 794 a

—, 1,2-Bis-[4-methoxy-cyclohexa-
1,4-dienyl]- **6** IV 6474

—, 1,2-Bis-[2-methoxymethoxy-
4-propenyl-phenoxy]- **6** III 5007 a

—, 1,2-Bis-[2-methoxymethoxy-
5-propenyl-phenoxy]- **6** III 5007 b

—, 1,1-Bis-[2-methoxy-5-methyl-phenyl]-
6 III 5480 a, IV 6739

—, 1,1-Bis-[4-methoxy-[1]naphthyl]-
6 IV 7029

—, 1,2-Bis-[2-methoxy-[1]naphthyl]-
6 IV 7028

—, 1,2-Bis-[4-methoxy-[1]naphthyl]-
6 IV 7029

Äthan (Fortsetzung)

–, 1,2-Bis-[phenoxyacetyl-amino]-
6 IV 640

–, 1,2-Bis-[2-phenoxy-äthoxy]-
6 III 570 b

–, 1,2-Bis-[2-(2-phenoxy-äthoxy)-
phenoxy]- 6 II 782 f

–, 1,2-Bis-[4-(2-phenoxy-äthoxy)-
phenoxy]- 6 II 842 f

–, 1,2-Bis-[2-phenoxy-äthylamino]-
6 IV 667

–, 1,2-Bis-phenoxymethoxy-
6 III 585 b

–, 1,2-Bis-[2-(3-phenoxy-propoxy)-
phenoxy]- 6 II 782 l

–, 1,2-Bis-[4-(3-phenoxy-propoxy)-
phenoxy]- 6 II 843 b

–, 1,2-Bis-[3-phenoxy-propylamino]-
6 IV 677

–, 1,2-Bis-[1-phenyl-äthoxy]- 6 III 1678 b

–, 1-[2,4-Bis-(1-phenyl-äthyl)-phenoxy]-
2-[2-chlor-äthoxy]- 6 III 3705 f

–, 1,2-Bis-phenylmercapto- 6 301 b,
II 291 d, III 994 i, IV 1493

–, 1,2-Bis-phenylmethansulfinyl-
6 I 227 a, II 430 i

–, 1,1-Bis-phenylmethansulfonyl-
6 458 i, I 227 j

–, 1,2-Bis-phenylmethansulfonyl-
6 I 227 b, II 430 l, III 1588 e

–, 1,2-Bis-stilben-2-yloxy- 6 693 b

–, 1,1-Bis-[2,3,5,6-tetrabrom-4-hydroxy-
phenyl]- 6 1007 h

–, 1,2-Bis-[2,3,4,6-tetrabrom-phenoxy]-
6 II 196 g

–, 1,2-Bis-[2,3,4,6-tetrachlor-phenoxy]-
6 IV 1022

–, 1,2-Bis-[4-(1,1,3,3-tetramethyl-butyl)-
phenoxy]- 6 III 2053 c

–, 1,2-Bis-[2,5,5,8a-tetramethyl-
decahydro-[1]naphthyl]- s. *Onoceran*

–, 1,2-Bis-[toluol-4-sulfinyl]- 6 I 209 e,
II 396 d

–, 1,1-Bis-[toluol-4-sulfonyl]-
6 IV 2186

–, 1,2-Bis-[toluol-2-sulfonyl]- 6 371 h

–, 1,2-Bis-[toluol-4-sulfonyl]-
6 419 g, I 209 g, II 396 g, III 1408 d,
IV 2175

–, 1,2-Bis-[toluol-4-sulfonylmercapto]-
6 426 a

–, 1,2-Bis-[toluol-4-sulfonyl]-1-
p-tolylmercapto- 6 II 397 h

–, 1,2-Bis-*p*-tolylmercapto- 6 I 209 c,
II 396 b, III 1407 b, IV 2174

–, 1,2-Bis-[2-*p*-tolylmercapto-
äthylmercapto]- 6 III 1407 c

–, 1,2-Bis-*m*-tolyloxy- 6 377 l, III 1303 e

–, 1,2-Bis-*o*-tolyloxy- 6 353 m, III 1251 d

–, 1,2-Bis-*p*-tolyloxy- 6 395 a, III 1360 d

–, 1,1-Bis-[2,3,6-tribrom-4-hydroxy-
5-nitro-phenyl]- 6 1008 d

–, 1,1-Bis-[2,3,5-tribrom-4-hydroxy-
phenyl]- 6 1007 f

–, 1,2-Bis-[2,4,6-tribrom-phenoxy]-
6 II 194 e

–, 1,1-Bis-[2,3,5-trichlor-6-hydroxy-
phenyl]- 6 IV 6687

–, 1,2-Bis-[2,4,5-trichlor-phenoxy]-
6 IV 965

–, 1,2-Bis-[2,4,6-trichlor-phenoxy]-
6 III 725 b, IV 1007

–, 1,2-Bis-[(2,4,5-trichlor-phenoxy)-
acetoxy]- 6 III 720 f

–, 1,2-Bis-{[(2,4,5-trichlor-phenoxy)-methoxy-
thiophosphoryl]-amino}- 6 IV 997 d

–, 1,2-Bis-[2,4,5-trichlor-phenylmercapto]-
6 IV 1636

–, 1,2-Bis-[2,4,5-trimethyl-benzolsulfonyl]-
6 517 g

–, 1,2-Bis-[tris-cyclohexyloxy-silyloxy]-
6 IV 61

–, 1,2-Bis-trityloxy- 6 II 691 h,
III 3653 g

–, 1,2-Bis-[2-trityloxy-äthoxy]- 6 III 3655 b

–, 1-[4-Bornan-2-yl-phenyl]-2-[2-chlor-
äthoxy]- 6 III 2774 c

–, 1-[4-Bornan-2-yl-phenyl]-2-[2-
(2-chlor-äthoxy)-äthoxy]- 6 III 2774 c

–, 1-Bromacetoxy-2-[4-*tert*-butyl-
phenoxy]- 6 IV 3298

–, 1-Bromacetoxy-2-[4-chlor-phenyl]-
6 IV 3079

–, 1-Bromacetoxy-2-cyclohexyl-
6 IV 119

–, 1-Bromacetoxy-2-phenoxy- 6 IV 575

–, 2-Bromacetoxy-1,1,1-trichlor-2-
[2,4-dichlor-phenyl]- 6 IV 3052

–, 1-[2-Brom-äthoxy]-2-[2-brom-
cyclohexyloxy]- 6 IV 69

–, 1-[2-Brom-äthoxy]-2-*p*-tolyloxy-
6 IV 2103

–, 1-[2-(4-Brom-benzyl)-phenoxy]-
2-dimethylamino- 6 III 3356 g

–, 2-Brom-1,1-bis-[3,4-dimethoxy-
phenyl]- 6 III 6714 f

Äthan (Fortsetzung)

—, 2-Brom-1,1-bis-[4-methoxy-phenyl]-
6 II 971 e

—, 2-Brom-1-butoxy-1-phenyl-
6 III 1690 e, IV 3054

—, 2-Brom-1-carbamoyloxy-1-phenyl-
6 IV 3054

—, 2-Brom-2-chlor-1,1-bis-[4-chlor-
phenyl]-1-methoxy- 6 IV 4723

—, 1-[2-Brom-4-chlor-phenoxy]-2-[2-chlor-
äthoxy]- 6 III 749 h

—, 2-Brom-1-[4-chlor-phenyl]-1-methoxy-
6 III 1691 f

—, 1-[2-Brom-4,6-dichlor-phenoxy]-2-
[2-chlor-äthoxy]- 6 III 751 f

—, 1-[4-Brom-2,6-dichlor-phenoxy]-2-
[2-chlor-äthoxy]- 6 III 752 c

—, 1-[2-Brom-4,6-dichlor-phenoxy]-2-
[2-thiocyanato-äthoxy]- 6 III 751 g

—, 2-Brom-1,1-difluor-1-phenylmercapto-
6 IV 1523

—, 1-Brom-2-formyloxy-1-phenyl-
6 IV 3082

—, 2-Brom-1-isopentyloxy-1-phenyl-
6 III 1691 a

—, 2-[4-Brom-2-isopropyl-5-methyl-
phenoxy]-1-diäthylamino- 6 IV 3348

—, 1-Brom-2-mesityloxy- 6 IV 3254

—, 2-Brom-1-methoxy-1,1-diphenyl-
6 II 639 f

—, 2-Brom-1-methoxy-1-[4-methoxy-
phenyl]- 6 III 4568 d

—, 1-Brom-2-methoxy-1-nitro-2-[3-nitro-
phenyl]- 6 III 1696 e, IV 3061

—, 1-Brom-2-methoxy-1-nitro-2-[4-nitro-
phenyl]- 6 478 a

—, 1-Brom-2-methoxy-1-nitro-2-phenyl-
6 477 g, IV 3060

—, 2-Brom-1-methoxy-1-[4-nitro-phenyl]-
6 IV 3059

—, 1-Brom-2-methoxy-1-phenyl-
6 IV 3082

—, 2-Brom-1-methoxy-1-phenyl-
6 I 237 b, III 1690 b, IV 3054

—, 2-Brom-1-methoxy-1,1,2-triphenyl-
6 IV 5058

—, 2-Brom-1-[3-methyl-4-nitro-phenyl]-
1-nitryloxy- 6 IV 3240

—, 2-Brom-1-[5-methyl-2-nitro-phenyl]-
1-nitryloxy- 6 IV 3240

—, 1-[4-Brom-2-methyl-phenoxy]-2-
[2-chlor-äthoxy]- 6 III 1270 g

—, 2-Brom-1-[4-nitro-phenyl]-1-nitryloxy-
6 IV 3059

—, 1-Brom-1-phenoxy- 6 IV 599

—, 1-Brom-2-phenoxy- 6 142 b, I 81 b,
II 145 a, III 548 a, IV 556

—, 1-[4-Brom-phenoxy]-2-[2,2-dichlor-
propionyloxy]- 6 IV 1048

—, 1-[2-Brom-phenoxy]-2-thiocyanato-
6 IV 1039

—, 1-[4-Brom-phenoxy]-2-trityloxy-
6 III 3653 b

—, 1-[3-Brom-phenyl]-1-chlorcarbonyloxy-
6 IV 3053

—, 1-Brom-2-phenylmercapto-
6 II 288 a, III 980 a

—, 2-[2-Brom-phenylmercapto]-
1,1-dimethoxy- 6 IV 1647

—, 2-[4-Brom-phenylmercapto]-
1,1-dimethoxy- 6 IV 1653

—, 1-[2-Brom-phenyl]-2-methoxy-
6 IV 3082

—, 1-[(4-Brom-phenyl)-norborn-5-en-2-yl-
methoxy]-2-dimethylamino- 6 IV 4373

—, 1-[1-(4-Brom-phenyl)-1-phenyl-
äthoxy]-2-diäthylamino- 6 IV 4722

—, 1-[1-(3-Brom-phenyl)-1-phenyl-
äthoxy]-2-dimethylamino- 6 IV 4722

—, 1-[1-(4-Brom-phenyl)-1-phenyl-
äthoxy]-2-dimethylamino- 6 IV 4722

—, 2-Brom-1-phenyl-1-propoxy-
6 III 1690 d

—, 1-Brom-2-*m*-tolylmercapto- 6 II 365 d

—, 1-Brom-2-*p*-tolylmercapto- 6 IV 2156

—, 1-Brom-2-*m*-tolyloxy- 6 I 186 c,
III 1299 c, IV 2040

—, 1-Brom-2-*o*-tolyloxy- 6 352 c, II 329 c,
III 1246 c, IV 1944

—, 1-Brom-2-*p*-tolyloxy- 6 393 b,
II 376 b, III 1354 b, IV 2099

—, 1-[2-But-2-enyl-phenoxy]-2-vinyloxy-
6 IV 3834

—, 1-[2-Butoxy-äthoxy]-2-[1,2,3,4,4a,9a-
hexahydro-1,4-methano-fluoren-2(*oder*
3)-yloxy]- 6 III 3060 c

—, 1-[2-Butoxy-äthoxy]-2-[3a,4,5,6,7,7a-
hexahydro-4,7-methano-inden-5(*oder*
6)-ylmercapto]- 6 III 1949 a

—, 1-Butoxy-1-[4-*tert*-butyl-phenoxy]-
6 IV 3303

—, 1-*sec*-Butoxy-1-[4-*tert*-butyl-phenoxy]-
6 IV 3303

—, 1-Butoxy-2-[4-chlormethyl-2-methyl-
phenoxy]- 6 IV 3135

—, 1-Butoxy-2-[3-chlor-2-methyl-4-nitro-
phenoxy]- 6 III 1275 d

Äthan (Fortsetzung)

—, 1-Butoxy-2-[4-chlormethyl-phenoxy]-
6 IV 2139

—, 1-Butoxy-2-[4-chlor-2-nitro-phenoxy]-
6 III 836 c, IV 1349

—, 1-Butoxy-2-chlor-1-phenyl-
6 IV 3046

—, 1-*tert*-Butoxy-2-chlor-1-phenyl-
6 III 1683 e

—, 1-Butoxy-1-cyclohexyloxy-
6 III 21 g, IV 31

—, 1-Butoxy-1-decahydro[2]naphthyloxy-
6 IV 269

—, 1-Butoxy-2,2-dichlor-1,1-bis-[4-chlor-
phenyl]- 6 IV 4721

—, 1-Butoxy-1-[3,4-dimethyl-phenoxy]-
6 IV 3102

—, 1-Butoxy-2-[3a,4,5,6,7,7a-hexahydro-
4,7-methano-inden-5(*oder* 6)-yloxy]-
6 III 1932 d

—, 1-Butoxy-1-[2-methoxy-phenoxy]-
6 IV 5580

—, 1-*tert*-Butoxy-1-[2-methoxy-phenoxy]-
6 IV 5580

—, 1-Butoxy-1-[2]naphthyloxy-
6 III 2981 d

—, 1-Butoxy-2-[3-nitro-benzolsulfonyl]-
6 IV 1684

—, 1-Butoxy-2-[2-nitro-phenoxy]-
6 IV 1253

—, 1-Butoxy-1-phenoxy- 6 III 586 b,
IV 598

—, 1-Butoxy-2-phenoxy- 6 IV 572

—, 1-*sec*-Butoxy-1-phenoxy- 6 IV 598

—, 1-*tert*-Butoxy-1-phenoxy- 6 IV 598

—, 1-Butoxy-1-phenyl- 6 III 1677 b,
IV 3033

—, 1-Butoxy-2-[1-phenyl-äthoxy]-
6 IV 3034

—, 1-Butoxy-2-phenylmercapto-
6 IV 1492

—, 1-Butoxy-2-[1-phenyl-[2]norbornyloxy]-
6 III 2755 a

—, 1-Butoxy-1-*m*-tolyloxy- 6 III 1305 a

—, 1-Butoxy-1-*o*-tolyloxy- 6 III 1253 d

—, 1-Butoxy-1-*p*-tolyloxy- 6 III 1363 b

—, 1-Butoxy-2-*o*-tolyloxy- 6 IV 1948

—, 2-Butoxy-1,1,1-trichlor-2-[4-chlor-
phenoxy]- 6 IV 836

—, 2-Butoxy-1,1,1-trichlor-2-[4-chlor-
phenyl]- 6 IV 3050

—, 1-[4-*tert*-Butyl-2,6-bis-(1-phenyl-äthyl)-
phenoxy]-2-[2-chlor-äthoxy]- 6 III 3715 d

—, 1-[4-*tert*-Butyl-2-chlor-phenoxy]-2-
[2-chlor-äthoxy]- 6 III 1872 e

—, 1-[4-*tert*-Butyl-2-chlor-phenoxy]-
2-vinyloxy- 6 III 1872 f

—, 1-[4-*tert*-Butyl-2,6-dichlor-phenoxy]-
2-[2-chlor-äthoxy]- 6 III 1873 a

—, 1-[3-*tert*-Butyl-4-hydroxy-5-methyl-
phenyl]-1-[4-hydroxy-3-methyl-phenyl]-
6 IV 6787

—, 2-Butylmercapto-1-chlor-1-phenyl-
6 IV 3093

—, 1-*tert*-Butylmercapto-2-nitro-1-phenyl-
6 IV 3065

—, 1-Butylmercapto-1-phenyl-
6 IV 3063

—, 2-[4-*tert*-Butyl-phenoxy]-1-[4-
tert-butyl-phenoxymethoxy]- 6 IV 3303

—, 1-[4-*tert*-Butyl-phenoxy]-2-butyryloxy-
6 III 1867 g

—, 1-[4-*sec*-Butyl-phenoxy]-2-[2-chlor-
äthoxy]- 6 III 1853 e

—, 1-[4-*tert*-Butyl-phenoxy]-2-[2-chlor-
äthoxy]- 6 III 1866 f

—, 1-[4-*tert*-Butyl-phenoxy]-2-[2-(2-chlor-
äthoxy)-äthoxy]- 6 III 1867 a

—, 1-[4-*tert*-Butyl-phenoxy]-2-[2-chlor-
äthylmercapto]- 6 IV 3299

—, 1-[4-*tert*-Butyl-phenoxy]-2-[4-chlor-
benzylmercapto]- 6 IV 3299

—, 1-[4-*tert*-Butyl-phenoxy]-
2-crotonoyloxy- 6 III 1868 b

—, 1-[4-*tert*-Butyl-phenoxy]-2-
[2-diäthylamino-äthoxy]- 6 IV 3299

—, 1-[4-*tert*-Butyl-phenoxy]-2-isobutyryloxy-
6 III 1867 h

—, 1-[4-*tert*-Butyl-phenoxy]-1-isopentyloxy-
6 IV 3303

—, 1-[4-*tert*-Butyl-phenoxy]-1-isopropoxy-
6 IV 3303

—, 1-[4-*tert*-Butyl-phenoxy]-1-methoxy-
6 IV 3303

—, 1-[4-*tert*-Butyl-phenoxy]-1-phenoxy-
6 IV 3303

—, 1-[4-*tert*-Butyl-phenoxy]-
2-propionyloxy- 6 III 1867 f

—, 1-[4-*tert*-Butyl-phenoxy]-2-
[2-thiocyanato-äthoxy]- 6 III 1867 e

—, 1-[4-*tert*-Butyl-phenoxy]-2-trityloxy-
6 III 3653 f

—, 1-[4-Butyl-phenoxy]-2-vinyloxy-
6 IV 3270

—, 1-[4-*tert*-Butyl-phenoxy]-2-vinyloxy-
6 III 1866 g, IV 3298

Äthan (Fortsetzung)

—, 1-[5-*tert*-Butyl-3-(1-phenyl-äthyl)-
biphenyl-2-yloxy]-2-[2-chlor-äthoxy]-
6 III 3711 d

—, 1-[4-(1-Butyl-3-phenyl-propenyl)-
phenoxy]-2-diäthylamino- **6** IV 4914

—, 1-Butyryloxy-2-cyclopent-2-enyl-
6 III 216 h

—, 1-Butyryloxy-2-[2,4-dichlor-phenoxy]-
6 IV 891

—, 1-Butyryloxy-2-[6,6-dimethyl-norpin-
2-en-2-yl]- **6** III 397 a, IV 399

—, 1-Butyryloxy-2-pentachlorphenoxy-
6 III 734 a

—, 1-Butyryloxy-2-phenoxy-
6 III 571 h

—, 1-Butyryloxy-1-phenyl- **6** III 1680 d

—, 1-Butyryloxy-1-*p*-tolyl- **6** III 1827 a

—, 2-Butyryloxy-1,1,1-trichlor-2-[2-chlor-
phenyl]- **6** III 1687 b

—, 2-Butyryloxy-1,1,1-trichlor-2-[3-chlor-
phenyl]- **6** III 1687 f

—, 2-Butyryloxy-1,1,1-trichlor-2-[4-chlor-
phenyl]- **6** III 1688 f, IV 3051

—, 2-Butyryloxy-1,1,1-trichlor-
2-cyclohexyl- **6** III 88 g

—, 2-Butyryloxy-1,1,1-trichlor-2-*p*-tolyl-
6 III 1828 a

—, 1-Butyryloxy-2-[2,3,3-trimethyl-
cyclopent-1-enyl]- **6** 67 d

—, 1-Carbamoylmercapto-2-chlor-
1-phenyl- **6** IV 3064

—, 1-Carbamoyloxy-2-[2-chlor-4-methyl-
phenoxy]- **6** I 203 n

—, 1-Carbamoyloxy-2-[4-chlor-3-methyl-
phenoxy]- **6** I 188 d

—, 1-Carbamoyloxy-2-[2-chlor-phenoxy]-
6 I 99 c

—, 1-Carbamoyloxy-2-chlor-1-phenyl-
6 IV 3047

—, 2-Carbamoyloxy-1-chlor-1-phenyl-
6 IV 3080

—, 1-Carbamoyloxy-2-cyclopent-2-enyl-
6 III 217 b

—, 1-Carbamoyloxy-2-[6,6-dimethyl-
norpin-2-en-2-yl]- **6** III 397 c

—, 1-Carbamoyloxy-2-[2-methoxy-
phenoxy]- **6** I 385 a

—, 1-Carbamoyloxy-2-*m*-tolyloxy-
6 I 186 h

—, 1-Carbamoyloxy-2-*o*-tolyloxy-
6 I 171 g

—, 1-Carbamoyloxy-2-*p*-tolyloxy-
6 I 201 b

—, 1-Chloracetoxy-2-[2,4-dichlor-
phenoxy]- **6** IV 891

—, 2-Chloracetoxy-1,1-diphenyl-
6 IV 4725

—, 1-Chloracetoxy-2-[1-phenyl-äthoxy]-
6 IV 3035

—, 1-[1-(2-Chlor-äthoxy)-äthoxy]-2-
[4-chlor-phenoxy]- **6** III 691 d

—, 1-[2-(2-Chlor-äthoxy)-äthoxy]-2-
[2-chlor-phenoxy]- **6** III 677 c

—, 1-[2-(2-Chlor-äthoxy)-äthoxy]-2-
[4-chlor-phenoxy]- **6** III 690 h

—, 1-[2-(2-Chlor-äthoxy)-äthoxy]-2-[2-
(4-chlor-phenoxy)-äthoxy]- **6** III 691 b

—, 1-[2-(2-Chlor-äthoxy)-äthoxy]-2-
[4-cyclohexyl-phenoxy]- **6** III 2505 b

—, 1-[2-(2-Chlor-äthoxy)-äthoxy]-2-
[2,4-dichlor-phenoxy]- **6** III 703 d

—, 1-[2-(2-Chlor-äthoxy)-äthoxy]-2-
[2-isopropyl-5-methyl-phenoxy]-
6 III 1900 c

—, 1-[2-(2-Chlor-äthoxy)-äthoxy]-2-
[2-methoxy-phenoxy]- **6** III 4221 b

—, 1-[2-(2-Chlor-äthoxy)-äthoxy]-
2-[2]naphthyloxy- **6** III 2977 e

—, 1-[2-(2-Chlor-äthoxy)-äthoxy]-2-
[4-*tert*-pentyl-phenoxy]- **6** III 1967 e

—, 1-[2-(2-Chlor-äthoxy)-äthoxy]-2-
[2-phenoxy-äthoxy]- **6** III 570 a

—, 1-[2-(2-Chlor-äthoxy)-äthoxy]-2-
[4-(1,1,3,3-tetramethyl-butyl)-phenoxy]-
6 III 2054 b

—, 1-[2-(2-Chlor-äthoxy)-äthoxy]-2-
[2,4,6-trichlor-phenoxy]- **6** III 725 c

—, 1-[2-(2-Chlor-äthoxy)-äthoxy]-2-
[2-(2,4,6-trichlor-phenoxy)-äthoxy]-
6 III 725 f

—, 1-[2-Chlor-äthoxy]-2-[4-chlor-
benzylmercapto]- **6** IV 2775

—, 1-[2-Chlor-äthoxy]-2-[2-chlor-
4-chlormethyl-phenoxy]- **6** III 1377 d

—, 1-[2-Chlor-äthoxy]-2-[4-chlor-
3,5-dimethyl-phenoxy]- **6** IV 3152

—, 1-[2-Chlor-äthoxy]-2-[4-chlor-
2-isopropyl-5-methyl-phenoxy]-
6 IV 3344

Äthan (Fortsetzung)

—, 1-[2-Chlor-äthoxy]-2-[4-chlormethyl-
2-nitro-phenoxy]- **6** III 1388 b

—, 1-[2-Chlor-äthoxy]-2-[2-chlor-4-
tert-pentyl-phenoxy]- **6** IV 3387

—, 1-[2-Chlor-äthoxy]-2-[2-chlor-
phenoxy]- **6** III 677 b

—, 1-[2-Chlor-äthoxy]-2-[4-chlor-
phenoxy]- **6** III 690 c

—, 1-[2-Chlor-äthoxy]-2-[2-chlor-
4-(1,1,3,3-tetramethyl-butyl)-phenoxy]-
6 III 2057 d, IV 3488

—, 1-[2-Chlor-äthoxy]-2-[2-cyclohexyl-
phenoxy]- **6** III 2494 g

—, 1-[2-Chlor-äthoxy]-2-[4-cyclohexyl-
phenoxy]- **6** III 2504 g

—, 1-[2-Chlor-äthoxy]-2-[2,4-dibrom-
phenoxy]- **6** III 754 d

—, 1-[2-Chlor-äthoxy]-2-[2,4-dichlor-
6-methyl-phenoxy]- **6** III 1268 a

—, 1-[2-Chlor-äthoxy]-2-[2,6-dichlor-
4-*tert*-pentyl-phenoxy]- **6** IV 3387

—, 1-[2-Chlor-äthoxy]-2-[2,4-dichlor-
phenoxy]- **6** III 703 b

—, 1-[2-Chlor-äthoxy]-2-[3,5-dimethyl-
phenoxy]- **6** III 1757 d, IV 3143

—, 1-[2-Chlor-äthoxy]-2-[1,2,3,4,4a,9a-
hexahydro-1,4-methano-fluoren-2(*oder*
3)-yloxy]- **6** III 3059 h

—, 1-[2-Chlor-äthoxy]-2-[3a,4,5,6,7,7a-
hexahydro-4,7-methano-inden-5(*oder*
6)-yloxy]- **6** III 1932 c

—, 1-[2-Chlor-äthoxy]-2-[2-isopropyl-
5-methyl-phenoxy]- **6** III 1900 b

—, 1-[2-Chlor-äthoxy]-2-[5-isopropyl-
2-methyl-phenoxy]- **6** III 1887 h

—, 1-[2-Chlor-äthoxymethoxy]-2-[4-chlor-
phenoxy]- **6** III 691 c

—, 1-[2-Chlor-äthoxy]-2-[2-methyl-
4-(1,1,3,3-tetramethyl-butyl)-phenoxy]-
6 III 2070 a

—, 1-[2-Chlor-äthoxy]-2-[4-(1-methyl-
undecyl)-phenoxy]- **6** III 2092 c

—, 1-[2-Chlor-äthoxy]-2-[2]naphthyloxy-
6 III 2977 c

—, 1-[2-Chlor-äthoxy]-2-pentachlorphenoxy-
6 III 733 c

—, 1-[2-Chlor-äthoxy]-2-[4-*tert*-pentyl-
phenoxy]- **6** III 1967 c, IV 3383

—, 1-[2-Chlor-äthoxy]-1-phenoxy-
6 IV 598

—, 1-[2-Chlor-äthoxy]-2-phenoxy-
6 II 150 b, III 568 b

—, 1-[2-Chlor-äthoxy]-2-[2-phenoxy-
äthoxy]- **6** III 569 b

—, 1-[2-Chlor-äthoxy]-2-[1-phenyl-
[2]norbornyloxy]- **6** III 2755 a

—, 1-[2-Chlor-äthoxy]-2-[4-(1,1,3,3-
tetramethyl-butyl)-phenoxy]- **6** III 2053 b

—, 1-[2-Chlor-äthoxy]-2-*o*-tolyloxy-
6 III 1250 g, IV 1948

—, 1-[2-Chlor-äthoxy]-2-[3,4,5-trichlor-
biphenyl-2-yloxy]- **6** III 3304 a

—, 1-[2-Chlor-äthoxy]-2-[3,5,6-trichlor-
biphenyl-2-yloxy]- **6** III 3304 a

—, 1-[2-Chlor-äthoxy]-2-[2,4,5-trichlor-
phenoxy]- **6** III 718 b

—, 1-[2-Chlor-äthoxy]-2-[2,4,6-trichlor-
phenoxy]- **6** III 724 h

—, 1-[2-Chlor-äthoxy]-1-[2-(2,4,6-trichlor-
phenoxy)-äthoxy]- **6** III 725 h

—, 1-[2-Chlor-äthoxy]-2-[2,4,6-tris-
(1-phenyl-äthyl)-phenoxy]- **6** III 3845

—, 1-[2-Chlor-allyloxy]-2-[4-chlor-
phenoxy]- **6** III 690 g

—, 1-[2-Chlor-allyloxy]-2-*o*-tolyloxy-
6 III 1251 b

—, 2-[4-Chlor-benzolsulfonyl]-
1,1-dimethoxy- **6** IV 1597

—, 1-[2-Chlor-benzolsulfonyl]-2-methoxy-
6 III 1033 d

—, 1-[6-(4-Chlor-benzyl)-indan-5-yloxy]-
2-diäthylamino- **6** IV 4894

—, 1-[7-(4-Chlor-benzyl)-indan-4-yloxy]-
2-diäthylamino- **6** IV 4893

—, 1-[6-(4-Chlor-benzyl)-indan-5-yloxy]-
2-dimethylamino- **6** IV 4894

—, 1-[6-(4-Chlor-benzyl)-indan-5-yloxy]-
2-[isopropyl-methyl-amino]- **6** IV 4895

—, 1-[7-(4-Chlor-benzyl)-indan-4-yloxy]-
2-[isopropyl-methyl-amino]- **6** IV 4893

—, 1-[4-Chlor-benzylmercapto]-
2-thiocyanato- **6** IV 2776

—, 1-[2-(4-Chlor-benzyl)-4-methyl-
phenoxy]-2-diäthylamino- **6** IV 4733

—, 1-[2-Chlor-benzyloxy]-2-thiocyanato-
6 IV 2591

—, 1-[4-Chlor-benzyloxy]-2-thiocyanato-
6 IV 2595

—, 1-[2-(2-Chlor-benzyl)-phenoxy]-
2-dimethylamino- **6** III 3354 a

—, 1-[2-(3-Chlor-benzyl)-phenoxy]-
2-dimethylamino- **6** III 3354 c

—, 1-[2-(4-Chlor-benzyl)-phenoxy]-
2-dimethylamino- **6** III 3354 e

Äthan (Fortsetzung)

−, 1-[3-Chlor-biphenyl-4-yloxy]-2-
[2,4,6-trichlor-phenoxy]- **6** III 3331 c

−, 2-Chlor-1,1-bis-[4-chlor-phenyl]-
1-methoxy- **6** IV 4719

−, 2-Chlor-1,1-bis-[3,4-dimethoxy-
phenyl]- **6** III 6714 d

−, 2-Chlor-1,1-bis-[4-hydroxy-
5-isopropyl-2-methyl-phenyl]- **6** II 986 c

−, 2-Chlor-1,1-bis-[2-hydroxy-
[1]naphthyl]- **6** II 1029 d

−, 2-Chlor-1,1-bis-[2-methoxy-
[1]naphthyl]- **6** IV 7029

−, 2-Chlor-1,1-bis-[4-methoxy-
[1]naphthyl]- **6** IV 7029

−, 1-Chlorcarbonyloxy-1-[4-chlor-
phenyl]- **6** IV 3045

−, 1-Chlorcarbonyloxy-1-[4-fluor-
phenyl]- **6** IV 3043

−, 1-Chlorcarbonyloxy-1-*p*-tolyl-
6 IV 3243

−, 1-[4-Chlor-2-(4-chlor-benzyl)-
phenoxy]-2-dimethylamino- **6** III 3355 b

−, 1-Chlor-2-chlorcarbonyloxy-1-phenyl-
6 IV 3080

−, 1-Chlor-2-[2-chlor-cyclohexyldisulfanyl]-
1,1,2,2-tetrafluor- **6** IV 85

−, 1-Chlor-2-[2-chlor-cyclohexyl≠
mercapto]-1,1-difluor- **6** IV 83

−, 1-Chlor-2-[2-chlor-cyclohexyl≠
mercapto]-1,1,2,2-tetrafluor- **6** IV 84

−, 1-Chlor-2-chlormethylmercapto-
1-phenyl- **6** IV 3094

−, 1-Chlor-2-cyclohexylmercapto-
6 III 47 e

−, 1-Chlor-1-cyclohexyloxy- **6** IV 32

−, 1-Chlor-2-cyclohexyloxy- **6** IV 26

−, 1-Chlor-2-cyclopropyloxy-
6 III 3 d

−, 2-Chlor-1,1-difluor-1-phenoxy-
6 III 598 i, IV 613

−, 1-Chlor-1,1-difluor-2-phenylmercapto-
6 IV 1469

−, 2-Chlor-1,1-difluor-1-*m*-tolyloxy-
6 III 1306 b

−, 2-Chlor-1,1-difluor-1-*o*-tolyloxy-
6 III 1254 b

−, 2-Chlor-1,1-difluor-1-*p*-tolyloxy-
6,III 1364 d

−, 1-Chlor-2-dimethylcarbamoyloxy-
1-phenyl- **6** IV 3080

−, 1-Chlor-2-[2,4-dinitro-phenyl≠
mercapto]-1-[4-methoxy-phenyl]-
6 IV 5939

−, 2-Chlor-1-[2,4-dinitro-phenyl]-
1-nitryloxy- **6** IV 3060

−, 2-Chlor-1-[3,5-dinitro-phenyl]-
1-nitryloxy- **6** IV 3060

−, 1-[4-Chlor-5-hydroxy-2-(1,1,3,3-
tetramethyl-butyl)-phenoxy]-2-{2-
[(2-hydroxy-äthyl)-dimethyl-ammonio]-
äthoxy}- **6** III 4738 c

−, 2-Chlor-1-isopentyloxy-1-phenyl-
6 IV 3046

−, 1-Chlor-2-isopropylmercapto-
1-phenyl- **6** IV 3093

−, 1-Chlormethoxy-2-[1]naphthyl-
6 IV 4347

−, 2-Chlor-1-methoxy-1-[4-nitro-phenyl]-
6 IV 3057

−, 1-Chlormethoxy-2-[4-*tert*-pentyl-
phenoxy]- **6** IV 3384

−, 1-Chlor-2-methoxy-1-phenyl-
6 IV 3079

−, 2-Chlor-1-methoxy-1-phenyl-
6 IV 3046

−, 1-Chlormethoxy-2-*p*-tolyl-
6 IV 3244

−, 2-Chlor-1-methoxy-1,1,2-triphenyl-
6 III 3681 d

−, 1-Chlor-2-methylcarbamoyloxy-
1-phenyl- **6** IV 3080

−, 1-Chlor-2-methylmercapto-1-phenyl-
6 IV 3093

−, 1-[4-Chlormethyl-2-methyl-phenoxy]-
2-isobutoxy- **6** IV 3135

−, 1-[4-Chlormethyl-2-methyl-phenoxy]-
2-isopentyloxy- **6** IV 3135

−, 1-[4-Chlormethyl-2-methyl-phenoxy]-
2-methoxy- **6** IV 3135

−, 1-[4-Chlor-2-methyl-phenoxy]-2-
[2,2-dichlor-propionyloxy]- **6** IV 1988

−, 1-[4-Chlormethyl-phenoxy]-
2-isobutoxy- **6** IV 2139

−, 1-[4-Chlormethyl-phenoxy]-
2-isopentyloxy- **6** IV 2139

−, 1-[4-Chlormethyl-phenoxy]-
2-isopropoxy- **6** IV 2139

−, 1-[4-Chlormethyl-phenoxy]-
2-methoxy- **6** IV 2139

−, 1-[4-Chlormethyl-phenoxy]-2-propoxy-
6 IV 2139

−, 1-[4-Chlor-2-methyl-phenoxy]-
2-trichloracetoxy- **6** IV 1988

Äthan (Fortsetzung)

—, 2-Chlor-1-phenyl-1-trichlormethansulfenyl≠
oxy- **6** IV 3047

—, 1-Chlor-1-phenyl-2-trichlormethyl≠
mercapto- **6** IV 3095

—, 1-Chlor-1-phenyl-2-vinylmercapto-
6 IV 3094

—, 1-[2-Chlor-4-(1,1,3,3-tetramethyl-
butyl)-phenoxy]-2-[2-dimethylamino-
äthoxy]- **6** IV 3488

—, 1-Chlor-2-o-tolylmercapto-
6 IV 2016

—, 1-Chlor-2-p-tolylmercapto-
6 II 394 a, III 1394 d, IV 2156

—, 1-Chlor-2-m-tolyloxy- **6** III 1299 b,
IV 2040

—, 1-Chlor-2-o-tolyloxy- **6** II 329 b,
III 1246 b, IV 1944

—, 1-Chlor-2-p-tolyloxy- **6** III 1354 a,
IV 2099

—, 1-[2-Chlor-1,1,2-trifluor-äthoxy]-
2-phenoxy- **6** IV 575

—, 2-Chlor-1,1,2-trifluor-1-phenoxy-
6 IV 614

—, 2-Chlor-1,1,2-trifluor-1-phenyl≠
mercapto- **6** IV 1523

—, 2-Chlor-1,1,2-trifluor-1-m-tolyloxy-
6 IV 2047

—, 2-Chlor-1,1,2-trifluor-1-o-tolyloxy-
6 IV 1960

—, 2-Chlor-1,1,2-trifluor-1-p-tolyloxy-
6 IV 2112

—, 1-[1-Chlor-vinylmercapto]-
2-[2]naphthyloxy- **6** III 2979 b

—, 1-[2-Chlor-vinylmercapto]-
2-[2]naphthyloxy- **6** III 2979 b

—, 1-Crotonoyloxy-2-[2-methoxy-
phenoxy]- **6** III 4222 a

—, 1-Cyclohex-1-enyl-1-methoxy-
6 III 220 f

—, 1-[2-Cyclohexyl-äthoxy]-2-[(2-hydroxy-
äthyl)-methyl-amino]- **6** III 89 b

—, 2-Cyclohexyl-1,1-bis-[4-hydroxy-
phenyl]- **6** IV 6875

—, 1-Cyclohexyliden-2-[5-methoxy-
2-methylen-cyclohexyliden]- **6** IV 3957

—, 1-Cyclohexyl-1-methoxy- **6** III 87 c

—, 1-Cyclohexyl-1-methylmercaptothiocarbonyl≠
oxy- **6** IV 118

—, 1-Cyclohexyl-1-nitrosyloxy-
6 III 88 c

—, 1-Cyclohexyloxy-2-isopentyloxy-
6 III 20 b

—, 1-Cyclohexyloxy-1-methacryloyloxy-
6 IV 31

—, 1-Cyclohexyloxy-1-[2]naphthyloxy-
6 IV 4265

—, 1-Cyclohexyloxy-1-phenäthyloxy-
6 III 1708 e

—, 1-Cyclohexyloxy-1,1,2,2-tetrafluor-
6 III 23 a

—, 1-Cyclohexyloxy-2-vinylmercapto-
6 IV 29

—, 1-[2-Cyclohexyl-phenoxy]-2-[2-jod-
äthoxy]- **6** III 2494 h

—, 1-[2-Cyclohexyl-phenoxy]-2-
[2-phenoxy-äthoxy]- **6** III 2495 b

—, 1-[2-Cyclohexyl-phenoxy]-2-
[2-thiocyanato-äthoxy]- **6** III 2495 c

—, 1-[2-Cyclohexyl-phenoxy]-2-vinyloxy-
6 III 2494 i

—, 1-Cyclohexyl-1-trichlorsilyloxy-
6 IV 118

—, 1-Cyclohexyl-1-vinyloxy- **6** IV 118

—, 1-Cyclohexyl-2-vinyloxy- **6** IV 119

—, 1-Cyclopent-2-enyl-2-formyloxy-
6 III 216 e

—, 1-Cyclopent-2-enyl-2-hexanoyloxy-
6 III 216 j

—, 1-Cyclopent-2-enyl-2-isovaleryloxy-
6 III 216 i

—, 1-Cyclopent-2-enyl-2-propionyloxy-
6 III 216 g

—, 1-Cyclopropyl-1-methoxy- **6** IV 20

—, 1,2-Diacetoxy-1-[1-acetoxy-
cyclohexyl]- **6** IV 7313

—, 1,2-Diacetoxy-1-[1-acetoxy-decahydro-
[1]naphthyl]- **6** IV 7319

—, 1,2-Diacetoxy-1-[3-acetoxy-
[2]naphthyl]- **6** IV 7542

—, 1,2-Diacetoxy-1,2-bis-[2,3-dimethyl-
[1]naphthyl]- **6** III 5891 e

—, 1,2-Diacetoxy-1-[4-brom-[1]naphthyl]-
6 III 5315 b

—, 1,2-Diacetoxy-1-cyclohex-1-enyl-
6 IV 5281

—, 1,2-Diacetoxy-1-[5,6-dimethoxy-
[1]phenanthryl]- **6** 1177 f

—, 1,2-Diacetoxy-1-[3,4-dimethoxy-
phenyl]- **6** III 6664 b

—, 1,2-Diacetoxy-1,1-diphenyl-
6 1009 c, I 492 d, II 972 f, III 5441 d

—, 1,2-Diacetoxy-1-[4-methoxy-
[1]naphthyl]- **6** III 6515 b

—, 1,2-Diacetoxy-1-[4-methoxy-phenyl]-
6 IV 7395

Äthan (Fortsetzung)

—, 1,1-Diacetoxy-2-[2-nitro-phenylselanyl]-
6 IV 1786

—, 1,2-Diacetoxy-1-phenyl- 6 907 f,
III 4576 e

—, 1,2-Diacetoxy-1-phenyl-2-[10-phenyl-
[9]anthryl]- 6 IV 7081

—, 1,2-Diacetoxy-1-[1,2,2,3-tetramethyl-
cyclopentyl]- 6 II 757 b

—, 1,2-Diacetoxy-1,1,2-triphenyl-
6 1046 f

—, 1,1-Diäthoxy-2-[2-äthyl-phenoxy]-
6 471 c

—, 1,1-Diäthoxy-2-[4-äthyl-phenoxy]-
6 472 g

—, 1,1-Diäthoxy-2-[4-allyl-2-methoxy-
phenoxy]- 6 II 924 g

—, 1,1-Diäthoxy-2-benzylmercapto-
6 I 228 d, III 1596 b

—, 1,1-Diäthoxy-2-benzyloxy-
6 III 1476 f, IV 2254

—, 1,1-Diäthoxy-2-[4-brom-phenyl-
mercapto]- 6 IV 1653

—, 1,1-Diäthoxy-2-[4-tert-butyl-phenoxy]-
6 II 489 h

—, 1,1-Diäthoxy-2-[4-chlor-benzolsulfonyl]-
6 III 1038 c

—, 1,1-Diäthoxy-2-[2-chlor-4-methyl-
phenoxy]- 6 IV 2136

—, 1,1-Diäthoxy-2-[4-chlor-2-methyl-
phenoxy]- 6 IV 1990

—, 1,1-Diäthoxy-2-[2-chlor-phenoxy]-
6 IV 793

—, 1,1-Diäthoxy-2-[3-chlor-phenoxy]-
6 IV 814

—, 1,1-Diäthoxy-2-[4-chlor-phenoxy]-
6 IV 837

—, 1,2-Diäthoxy-1-[4-chlor-phenyl]-
6 I 444 i

—, 1,1-Diäthoxy-2-[4-chlor-phenyl-
mercapto]- 6 III 1038 b

—, 1,1-Diäthoxy-2-cyclohexyloxy-
6 II 10 h, III 22 d

—, 1,1-Diäthoxy-2-cyclopentyloxy-
6 III 6 d

—, 1,1-Diäthoxy-2-[2,4-dichlor-phenoxy]-
6 IV 901

—, 1,1-Diäthoxy-2-[2,3-dimethyl-
phenoxy]- 6 480 e

—, 1,1-Diäthoxy-2-[2,4-dimethyl-
phenoxy]- 6 487 f

—, 1,1-Diäthoxy-2-[2,5-dimethyl-
phenoxy]- 6 495 d

—, 1,1-Diäthoxy-2-[3,4-dimethyl-
phenoxy]- 6 481 d

—, 1,1-Diäthoxy-2-[3,5-dimethyl-
phenoxy]- 6 493 d

—, 1,1-Diäthoxy-2-[1,1-dimethyl-
2-phenyl-äthoxy]- 6 III 1860 d

—, 1,1-Diäthoxy-2-[2,4-dinitro-
phenylmercapto]- 6 IV 1758

—, 1,1-Diäthoxy-2-[2-isopropyl-5-methyl-
phenoxy]- 6 537 e

—, 1,1-Diäthoxy-2-[4-isopropyl-phenoxy]-
6 506 a

—, 1,1-Diäthoxy-2-menthyloxy-
6 III 141 b

—, 1,1-Diäthoxy-2-[2-methoxy-phenoxy]-
6 II 783 f, III 4225 g

—, 1,1-Diäthoxy-2-[4-methoxy-phenoxy]-
6 846 b, II 843 h

—, 1,1-Diäthoxy-2-[4-methoxy-
phenylmercapto]- 6 IV 5813

—, 1,1-Diäthoxy-2-[2-methoxy-
4-propenyl-phenoxy]- 6 II 924 g

—, 1,1-Diäthoxy-2-[2-methyl-cyclohexyloxy]-
6 III 64 a

—, 1,1-Diäthoxy-2-[3-methyl-cyclohexyloxy]-
6 III 70 g

—, 1,1-Diäthoxy-2-[4-methyl-cyclohexyloxy]-
6 III 74 e

—, 1,1-Diäthoxy-2-[1-methyl-1-phenyl-
äthoxy]- 6 III 1814 c

—, 1,1-Diäthoxy-2-[1]naphthylmercapto-
6 IV 4243

—, 1,1-Diäthoxy-2-[2]naphthylmercapto-
6 IV 4316

—, 1,1-Diäthoxy-2-[1]naphthyloxy-
6 608 b

—, 1,1-Diäthoxy-2-[2]naphthyloxy-
6 643 f, IV 4266

—, 1,1-Diäthoxy-2-[4-nitro-benzolsulfonyl]-
6 III 1074 a, IV 1707

—, 1,1-Diäthoxy-2-[4-nitro-phenyl-
mercapto]- 6 III 1073 i, IV 1706

—, 1,1-Diäthoxy-2-pentachlorphenoxy-
6 IV 1030

—, 1,1-Diäthoxy-2-phenäthyloxy-
6 III 1708 j

—, 1,1-Diäthoxy-2-phenoxy-
6 151 c, II 152 l, III 589 a, IV 603

—, 1,2-Diäthoxy-1-phenyl- 6 I 444 h,
II 888 a

—, 1,1-Diäthoxy-2-[1-phenyl-äthoxy]-
6 III 1678 d

Äthan (Fortsetzung)

−, 1-Diäthylamino-2-[4-(3-phenyl-pentyl)-phenoxy]- **6** IV 4800

−, 1-Diäthylamino-2-[4-(3-phenyl-propyl)-phenoxy]- **6** IV 4748

−, 1-Diäthylamino-2-[4-(3-phenyl-1-propyl-propenyl)-phenoxy]- **6** IV 4907

−, 1-Diäthylamino-2-[phenyl-(5,6,7,8-tetrahydro-[2]naphthyl)-methoxy]- **6** IV 4904

−, 1-Diäthylamino-2-[phenyl-(5,6,7,8-tetrahydro-[2]naphthyl)-methylmercapto]- **6** IV 4905

−, 1-[(N,N-Diäthyl-glycyl)-methyl-amino]-2-[3-methoxy-phenoxy]- **6** IV 5679

−, 1-[Diäthyl-methyl-ammonio]-2-[(4-dicyclohexylmethoxy-butyl)-dimethyl-ammonio]- **6** IV 323

−, 1-[Diäthyl-methyl-ammonio]-2-{[4-(2,2′-dimethyl-benzhydryloxy)-butyl]-dimethyl-ammonio}- **6** IV 4771

−, 1-[Diäthyl-methyl-ammonio]-2-{[4-(4,4′-dimethyl-benzhydryloxy)-butyl]-dimethyl-ammonio}- **6** IV 4774

−, 1,2-Dibrom-1,2-bis-[1-hydroxy-cyclohexyl]- **6** III 4156 a

−, 1,1-Dibrom-2,2-bis-[2-methoxy-5-methyl-phenyl]- **6** II 980 h

−, 1,1-Dibrom-2,2-bis-[4-methoxy-phenyl]- **6** II 971 g

−, 1,2-Dibrom-1,2-bis-[2-nitro-phenylmercapto]- **6** I 155 d

−, 1,2-Dibrom-1,2-bis-[4-nitro-phenylmercapto]- **6** I 159 k

−, 1,2-Dibrom-1,2-bis-p-tolylmercapto- **6** II 397 e

−, 1,2-Dibrom-1-decahydro-[2]naphthyloxy- **6** IV 269

−, 1,2-Dibrom-1,1-diphenoxy- **6** III 599 e

−, 1,2-Dibrom-1,2-diphenoxy- **6** IV 602

−, 1,1-Dibrom-2-methoxy-1-nitro-2-[3-nitro-phenyl]- **6** 478 d, II 448 b

−, 1,1-Dibrom-2-methoxy-1-nitro-2-[4-nitro-phenyl]- **6** 478 f, II 448 d

−, 1,1-Dibrom-2-methoxy-1-nitro-2-phenyl- **6** 477 h

−, 1,2-Dibrom-2-[4-methoxy-phenyl]-1,1-diphenyl- **6** II 696 f

−, 1,2-Dibrom-1-[4-methoxy-phenyl]-1-phenyl- **6** I 329 i

−, 1,2-Dibrom-1-phenoxy- **6** III 586 h

−, 1,2-Dibrom-1-phenylmercapto- **6** IV 1497

−, 1-[2,4-Dichlor-benzylmercapto]-2-thiocyanato- **6** IV 2783

−, 1-[3,4-Dichlor-benzylmercapto]-2-thiocyanato- **6** IV 2786

−, 1-[2-(2,4-Dichlor-benzyl)-phenoxy]-2-dimethylamino- **6** III 3355 d

−, 1,1-Dichlor-2,2-bis-[5-chlor-2-hydroxy-phenyl]- **6** IV 6686

−, 1,1-Dichlor-2,2-bis-[5-chlor-2-methoxy-phenyl]- **6** IV 6686

−, 2,2-Dichlor-1,1-bis-[4-chlor-phenyl]-1-formyloxy- **6** IV 4721

−, 2,2-Dichlor-1,1-bis-[4-chlor-phenyl]-1-methoxy- **6** IV 4720

−, 2,2-Dichlor-1,1-bis-[4-chlor-phenyl]-1-propoxy- **6** IV 4721

−, 2,2-Dichlor-1,1-bis-[4-chlor-phenyl]-1-trichloracetoxy- **6** IV 4721

−, 1,2-Dichlor-1,2-bis-cyclohexyloxy- **6** IV 34

−, 1,1-Dichlor-2,2-bis-[2,4-dichlor-5-hydroxy-phenyl]- **6** IV 6689

−, 1,1-Dichlor-2,2-bis-[3,5-dichlor-2-hydroxy-phenyl]- **6** IV 6687

−, 1,1-Dichlor-2,2-bis-[2,4-dichlor-5-methoxy-phenyl]- **6** IV 6689

−, 1,1-Dichlor-2,2-bis-[3,5-dichlor-2-methoxy-phenyl]- **6** IV 6687

−, 1,1-Dichlor-2,2-bis-[3,4-dimethoxy-phenyl]- **6** 1172 d

−, 1,1-Dichlor-2,2-bis-[2-methoxy-5-nitro-phenyl]- **6** III 5435 c

−, 1,1-Dichlor-2,2-bis-[4-methoxy-phenyl]- **6** 1006 g, I 491 d, III 5436 b, IV 6690

−, 1,2-Dichlor-1,2-bis-p-tolylmercapto- **6** II 397 d

−, 1-[2,2-Dichlor-butyryloxy]-2-[3,4-dichlor-phenoxy]- **6** IV 953

−, 1-[2,2-Dichlor-butyryloxy]-2-[2,4,5-trichlor-phenoxy]- **6** IV 966

−, 2,2-Dichlor-1-chloracetoxy-1,1-bis-[4-chlor-phenyl]- **6** IV 4721

−, 2,2-Dichlor-1,1-difluor-1-phenoxy- **6** III 599 b, IV 614

−, 1,2-Dichlor-1,2-difluor-1-phenyl-mercapto- **6** IV 1523

−, 2,2-Dichlor-1,1-difluor-1-m-tolyloxy- **6** III 1306 c

Äthan (Fortsetzung)

—, 1,1-Dimethoxy-2-[toluol-4-sulfonyl]-
6 IV 2191

—, 1,1-Dimethoxy-2-*m*-tolylmercapto-
6 IV 2083

—, 1,1-Dimethoxy-2-*o*-tolylmercapto-
6 IV 2023

—, 1,1-Dimethoxy-2-*p*-tolylmercapto-
6 IV 2190

—, 1,2-Dimethoxy-1,1,2-triphenyl-
6 IV 6979

—, 1-[2-Dimethylamino-äthoxy]-2-
[2-methoxy-phenoxy]- 6 IV 5573

—, 1-[2-Dimethylamino-äthoxy]-2-
[4-(1,1,3,3-tetramethyl-butyl)-phenoxy]-
6 III 2055 e

—, 1-Dimethylamino-2-[2-(6,6-dimethyl-
norpin-2-en-2-yl)-äthoxy]- 6 IV 399

—, 1-Dimethylamino-2-[4-(1,3-diphenyl-
propenyl)-phenoxy]- 6 IV 5098

—, 1-Dimethylamino-2-[4-(1,3-diphenyl-
propyl)-phenoxy]- 6 IV 5065

—, 1-Dimethylamino-2-[1-(3-fluor-
phenyl)-1-phenyl-äthoxy]- 6 IV 4715

—, 1-Dimethylamino-2-[1-(4-fluor-
phenyl)-1-phenyl-äthoxy]- 6 IV 4715

—, 1-Dimethylamino-2-[2-(4-isopropyl-
benzyl)-phenoxy]- 6 III 3434 g,
IV 4792

—, 1-Dimethylamino-2-[1-(3-jod-phenyl)-
1-phenyl-äthoxy]- 6 IV 4723

—, 1-Dimethylamino-2-[1-(4-jod-phenyl)-
1-phenyl-äthoxy]- 6 IV 4724

—, 1-Dimethylamino-2-[1-(3-methoxy-
phenyl)-1-phenyl-äthoxy]- 6 IV 6694 c

—, 1-Dimethylamino-2-[1-(4-methoxy-
phenyl)-1-phenyl-äthoxy]- 6 IV 6694 g

—, 1-Dimethylamino-2-[1-
(3-methylmercapto-phenyl)-1-phenyl-
äthoxy]- 6 IV 6694 e

—, 1-Dimethylamino-2-phenoxyacetoxy-
6 IV 637

—, 1-Dimethylamino-1-[2-(1-phenyl-
äthyl)-phenoxy]- 6 III 3394 d

—, 1-Dimethylamino-2-[1-phenyl-
propoxy]- 6 IV 3186

—, 1-Dimethylamino-2-[4-(3-phenyl-
propyl)-phenoxy]- 6 IV 4748

—, 1-Dimethylamino-2-[phenyl-(5,6,7,8-
tetrahydro-[2]naphthyl)-methoxy]-
6 IV 4904

—, 1-Dimethylamino-2-[phenyl-(5,6,7,8-
tetrahydro-[2]naphthyl)-methylmercapto]-
6 IV 4904

—, 1-Dimethylamino-2-[2-tetradecyl-
phenoxy]- 6 IV 3549

—, 1-[2,5-Dimethyl-cyclopent-1-enyl]-2-
[6-methoxy-[1]naphthyl]- 6 III 3536 a

—, 1-[6,6-Dimethyl-norpin-2-en-2-yl]-
2-formyloxy- 6 IV 398

—, 1-[6,6-Dimethyl-norpin-2-en-2-yl]-
2-hexanoyloxy- 6 III 397 b

—, 1-[6,6-Dimethyl-norpin-2-en-2-yl]-
2-methoxy- 6 IV 398

—, 1-[6,6-Dimethyl-norpin-2-en-2-yl]-
2-propionyloxy- 6 III 396 c

—, 1-[2,4-Dimethyl-phenoxy]-2-methoxy-
6 487 a

—, 1-[2,4-Dimethyl-phenoxy]-2-phenoxy-
6 487 c

—, 1-[2,5-Dimethyl-phenoxy]-2-vinyloxy-
6 IV 3166

—, 1-[2,4-Dinitro-benzolsulfonyl]-
2-methoxy- 6 IV 1751

—, 1-[2,4-Dinitro-benzolsulfonyl]-
2-phenoxy- 6 IV 1752

—, 1-[2,4-Dinitro-benzolsulfonyl]-2-
[2-phenoxy-äthoxy]- 6 IV 1752

—, 1-[2,4-Dinitro-phenoxy]-2-[2,4-dinitro-
phenylmercapto]- 6 IV 1750

—, 1-[2,4-Dinitro-phenoxy]-2-methoxy-
6 IV 1377

—, 1-[2,4-Dinitro-phenoxy]-2-[2-nitro-
phenoxy]- 6 III 864 b

—, 1-[2,4-Dinitro-phenoxy]-2-nitryloxy-
6 III 864 e, IV 1378

—, 2-[2,4-Dinitro-phenylmercapto]-
1-formyloxy-1-phenyl- 6 IV 5946

—, 1-[2,4-Dinitro-phenylmercapto]-
2-methoxy- 6 IV 1750

—, 1-[2,4-Dinitro-phenylmercapto]-
2-methylmercapto- 6 IV 1751

—, 1-[2,4-Dinitro-phenylmercapto]-
2-phenoxy- 6 IV 1750

—, 1-[2,4-Dinitro-phenylmercapto]-2-
[2-phenoxy-äthoxy]- 6 IV 1751

—, 1-[2,4-Dinitro-phenylmercapto]-
2-ureido- 6 IV 1764

—, 1-[2,4-Dinitro-phenyl]-2-nitro-
1-nitryloxy- 6 III 1696 g

—, 1,2-Diphenoxy- 6 146 d, II 150 c,
III 568 f, IV 573

—, 1,2-Diphenoxy-1,2-bis-sulfooxy-
6 IV 602

Äthan (Fortsetzung)

—, 1,2-Diphenoxy-1-phenyl- **6** IV 5940

—, 1-Diphenoxyphosphoryloxy-
2-docosanoyloxy- **6** IV 722

—, 1-Diphenoxyphosphoryloxy-
2-myristoyloxy- **6** IV 722

—, 1-Diphenoxyphosphoryloxy-
2-palmitoyloxy- **6** IV 722

—, 1-Diphenoxyphosphoryloxy-
2-stearoyloxy- **6** IV 722

—, 1,2-Diphenoxy-1,1,2,2-tetraphenyl-
6 I 522 f, II 1034 c, III 5925 e,
IV 7054

—, 1,2-Diphenyl- s. a. *Bibenzyl*

—, 1,1-Diphenyl-1,2-bis-[2-triäthyl=
ammonio-äthoxy]- **6** IV 6696

—, 1,1-Diphenyl-1-propionyloxy-
2,2,2-trifluor- **6** IV 4716 b

—, 1,1-Diphenyl-1-[2,4,5-trimethoxy-
phenyl]- **6** II 1110 d

—, 1,2-Diphenyl-1-[2,4,5-trimethoxy-
phenyl]- **6** II 1109 e

—, 1-Docosanoyloxy-2-[hydroxy-
phenoxy-phosphoryloxy]- **6** IV 721

—, 1-Docosanoyloxy-2-trityloxy-
6 IV 5021

—, 1-[Dodecan-1-sulfonyl]-2-[toluol-
4-sulfonyl]- **6** III 1407 h

—, 1-Dodecyloxy-1-pentachlorphenoxy-
6 III 734 j

—, 1-[4-Dodecyl-phenoxy]-2-vinyloxy-
6 IV 3535

—, 1-[2-(4-Fluor-benzyl)-phenoxy]-
2-dimethylamino- **6** III 3352 e

—, 1-Fluor-2-phenoxy- **6** III 547 a,
IV 556

—, 1-Formyloxy-1-inden-1-yl-
6 I 301 e

—, 1-Formyloxy-2-[4-methoxy-phenyl]-
6 IV 5937

—, 1-Formyloxy-1-[1]naphthyl-
6 III 3035 b

—, 1-Formyloxy-1-[2]naphthyl-
6 III 3041 d

—, 1-Formyloxy-2-pentachlorphenoxy-
6 III 733 g

—, 1-Formyloxy-1-phenyl- **6** III 1678 e

—, 1-Formyloxy-2-[3-phenyl-propoxy]-
6 III 1803 h

—, 1-Formyloxy-2-[2,3,3-trimethyl-
cyclopent-1-enyl]- **6** 67 b

—, 1-Formyloxy-1,2,2-triphenyl-
6 IV 5059

—, 1-Glykoloyloxy-2-phenoxy-
6 III 573 d

—, 1-[1,2,3,4,4a,9a-Hexahydro-
1,4-methano-fluoren-2(*oder* 3)-yloxy]-
2-phenoxy- **6** III 3059 i

—, 1-[1,2,3,4,4a,9a-Hexahydro-
1,4-methano-fluoren-2(*oder* 3)-yloxy]-2-
[2-thiocyanato-äthoxy]- **6** III 3060 d

—, 1-[3a,4,5,6,7,7a-Hexahydro-
4,7-methano-inden-5(*oder* 6)-yloxy]-2-
[2-methoxy-äthoxy]- **6** III 1934 b

—, 1-[3a,4,5,6,7,7a-Hexahydro-
4,7-methano-inden-5(*oder* 6)-yloxy]-
2-pentachlorphenoxy- **6** III 1933 d

—, 1-[3a,4,5,6,7,7a-Hexahydro-
4,7-methano-inden-5(*oder* 6)-yloxy]-
2-phenoxy- **6** III 1933 b

—, 1-[3a,4,5,6,7,7a-Hexahydro-
4,7-methano-inden-5(*oder* 6)-yloxy]-2-
[2-thiocyanato-äthoxy]- **6** III 1936 a

—, Hexakis-[4-methoxy-3-methyl-phenyl]-
6 II 1113 a

—, Hexakis-[2-methoxy-phenyl]-
6 II 1112 k, III 6990 c

—, Hexakis-[3-methoxy-phenyl]-
6 III 6990 d, IV 7958

—, 1-Hexanoyloxy-2-methoxy-1-phenyl-
6 III 4576 i

—, 1-Hexanoyloxy-2-[4-methoxy-phenyl]-
6 IV 5938

—, 1-Hydrazino-2-phenoxy- **6** I 93 b

—, 1-[(2-Hydroxy-äthyl)-methyl-amino]-
2-[1-phenyl-äthoxy]- **6** IV 3039

—, 1-[4-Hydroxy-cyclohexyl]-1-
[4-hydroxy-phenyl]- **6** II 930 g

—, 1-[4-Hydroxy-3-methyl-phenyl]-
1,2,2-tris-[4-hydroxy-phenyl]- **6** IV 7846

—, 1-[Hydroxy-phenoxy-phosphoryloxy]-
2-stearoyloxy- **6** IV 721

—, 1-Isobutoxy-2-phenoxy- **6** IV 572

—, 1-Isobutoxy-2-*o*-tolyloxy- **6** IV 1948

—, 1-[4-Isobutyl-phenoxy]-2-vinyloxy-
6 IV 3288

—, 1-Isobutyryloxy-2-phenoxy-
6 III 572 a

—, 1-Isobutyryloxy-2-[3-phenyl-propoxy]-
6 III 1803 k

—, 1-Isobutyryloxy-1-*p*-tolyl- **6** III 1827 b

—, 1-Isobutyryloxy-2-*o*-tolyloxy-
6 III 1251 h

—, 1-Isobutyryloxy-2-*p*-tolyloxy-
6 III 1361 c

Äthan   (Fortsetzung)

—, 1-Methylmercapto-2-phenoxy-
6 III 575 f

—, 1-Methylmercapto-1-phenyl-
6 IV 3062

—, 1-Methylmercapto-1-phenylmercapto-
6 III 1004 d

—, 1-Methylmercapto-2-phenylmercapto-
6 III 994 g, IV 1492

—, 1-Methylmercapto-2-*p*-tolyl-
6 IV 3244

—, 1-Myristoyloxy-2-trityloxy-
6 IV 5020

—, 1-[Naphthalin-2-sulfonyl]-2-[toluol-
4-sulfonyl]- 6 III 3011 a

—, 1-[2]Naphthylmercapto-2-nitro-
1-phenyl- 6 IV 4314

—, 1-[2]Naphthylmercapto-2-
p-tolylmercapto- 6 III 3010 d

—, 1-[1]Naphthylmethylmercapto-
2-thiocyanato- 6 IV 4337

—, 1-[[2]Naphthyloxy-acetoxy]-
2-phenoxyacetoxy- 6 III 2986 c

—, 1-[2-[2]Naphthyloxy-äthoxy]-2-
[4-(1,1,3,3-tetramethyl-butyl)-phenoxy]-
6 III 2978 a

—, 1-[2]Naphthyloxy-1-phenoxy-
6 IV 4265

—, 1-[1]Naphthyloxy-2-sulfooxy-
6 IV 4215 e

—, 1-[2]Naphthyloxy-2-vinyloxy-
6 IV 4261

—, 2-Nitro-1,1-bis-[4-propoxy-phenyl]-
6 IV 6692

—, 2-Nitro-1-[2-nitro-phenyl]-1-nitryloxy-
6 III 1696 a

—, 2-Nitro-1-[2-nitro-phenyl]-
1-phenylmercapto- 6 IV 3066

—, 2-Nitro-1-[4-nitro-phenyl]-
1-phenylmercapto- 6 IV 3066

—, 2-Nitro-1-[4-nitro-phenyl]-1-[toluol-
4-sulfonyl]- 6 IV 3067

—, 2-Nitro-1-[4-nitro-phenyl]-1-
o-tolylmercapto- 6 IV 3066

—, 2-Nitro-1-[4-nitro-phenyl]-1-
p-tolylmercapto- 6 IV 3066

—, 1-[2-Nitro-phenoxy]-[4-nitro-phenoxy]-
6 III 823 d

—, 1-[2-Nitro-phenoxy]-2-phenoxy-
6 III 802 f

—, 1-[4-Nitro-phenoxy]-2-phenoxy-
6 III 823 c, IV 1290

—, 1-[4-Nitro-phenoxy]-2-[2,4,6-trichlor-
phenoxy]- 6 IV 1290

—, 1-[4-Nitro-phenyl]-1,2-bis-thiocyanato-
6 908 b

—, 1-[4-Nitro-phenylmercapto]-
2-phenylmercapto- 6 III 1073 a

—, 1-[4-Nitro-phenyl]-1-nitryloxy-
6 III 1695 b, IV 3056

—, 2-Nitro-1-phenyl-1-phenylmercapto-
6 IV 3065

—, 2-Nitro-1-phenyl-1-phenylmethansulfonyl-
6 IV 3066

—, 2-Nitro-1-phenyl-1-[toluol-4-sulfonyl]-
6 IV 3065

—, 2-Nitro-1-phenyl-1-*o*-tolylmercapto-
6 IV 3065

—, 2-Nitro-1-phenyl-1-*p*-tolylmercapto-
6 IV 3065

—, 1-Nitrosyloxy-1-phenyl- 6 I 235 j,
III 1681 c, IV 3040

—, 1-Nitryloxy-1-phenyl- 6 III 1681 f,
IV 3040

—, 1-Nitryloxy-2-picryl- 6 I 239 c

—, 1-Nitryloxy-2-picryloxy-
6 III 971 b, IV 1460

—, 1-[Norborn-5-en-2-sulfonyl]-
2-phenylmercapto- 6 IV 1493

—, 1-[2]Norbornyloxy-2-[2-thiocyanato-
äthoxy]- 6 III 218 f

—, 1-[4-Octadecyl-phenoxy]-2-vinyloxy-
6 IV 3566

—, 1-Oleoyloxy-2-phenoxy- 6 IV 575

—, 1-Palmitoyloxy-2-*p*-tolylmercapto-
6 III 1406 e

—, 1-Palmitoyloxy-2-trityloxy-
6 IV 5020

—, 1-Pentachlorphenoxy-2-phenäthyl-
mercapto- 6 IV 3086

—, 1-Pentachlorphenoxy-2-propionyloxy-
6 III 733 i

—, 1-Pentachlorphenoxy-2-[2,4,6-trichlor-
phenoxy]- 6 IV 1028

—, 1-Pentyloxy-2-phenäthylmercapto-
6 IV 3086

—, 1-Phenäthylmercapto-2-phenoxy-
6 IV 3086

—, 1-Phenäthyloxy-1-phenoxy-
6 IV 3072

—, 1-[2-Phenoxy-äthoxy]-2-[4-(1,1,3,3-
tetramethyl-butyl)-phenoxy]- 6 III 2054 c

—, 1-[2-Phenoxy-äthoxy]-2-trityloxy-
6 III 3654 c

Äthan (Fortsetzung)

—, 1-[2-Phenoxy-äthoxy]-2-[2-trityloxy-
äthoxy]- **6** III 3655 a

—, 1-Phenoxy-1,1-diphenyl- **6** IV 4714

—, 2-Phenoxy-1,1-diphenyl- **6** III 3397 e

—, Phenoxy-pentaphenyl- **6** III 3888 b

—, 1-Phenoxy-1-phenyl- **6** IV 3033

—, 1-Phenoxy-2-phenylmercapto-
6 IV 1492

—, 1-Phenoxy-2-picryloxy- **6** IV 1460

· —, 1-Phenoxy-2-propionyloxy-
6 III 571 g

—, 1-Phenoxy-1-propoxy- **6** IV 598

—, 1-Phenoxy-2-propoxy- **6** IV 572

—, 1-Phenoxy-2-thiocyanato- **6** IV 581

—, 1-Phenoxy-2-[2-thiocyanato-äthoxy]-
6 III 571 c

—, 1-Phenoxy-2-*p*-tolyloxy- **6** 394 m

—, 1-Phenoxy-1-triäthylsilyloxy-
6 IV 600

—, 1-Phenoxy-2-trichlormethansulfenyloxy-
6 IV 579

—, 1-Phenoxy-2-[*β,β,β*-trichlor-*β'*-nitro-
isopropoxy]- **6** IV 572

—, 1-Phenoxy-2-[2,4,6-trichlor-phenoxy]-
6 IV 1006

—, 1-Phenoxy-2-trityloxy- **6** III 3653 a

—, 1-Phenoxy-2-vinyloxy- **6** IV 572

—, 1-[1-Phenyl-äthoxy]-2-propionyloxy-
6 IV 3035

—, 1-Phenyl-1,2-bis-phenylmercapto-
6 III 4579 f

—, 1-Phenyl-1,2-bis-propionyloxy-
6 III 4576 f

—, 1-Phenyl-1,2-bis-thiocyanato-
6 908 a, II 888 b, III 4580 b

—, 1-Phenyl-1,2-bis-[toluol-4-sulfonyl]-
6 III 4579 h

—, 1-Phenylmercapto-2-[toluol-
4-sulfonyl]- **6** III 1408 a

—, 1-Phenylmercapto-2-triäthoxysilyl-
6 IV 1560

—, 1-[1-Phenyl-[2]norbornyloxy]-2-
[2-thiocyanato-äthoxy]- **6** III 2755 a

—, 1-Phenyl-1-phenylmercapto-
6 IV 3063

—, 1-Phenyl-1-phenylmethansulfonyl-
6 IV 3063

—, 1-Phenyl-1-picryloxy- **6** IV 3033

—, 1-Phenyl-1-propionyloxy- **6** III 1680 c

—, 1-[3-Phenyl-propoxy]-2-propionyloxy-
6 III 1803 j

—, 1-[3-Phenyl-propoxy]-2-propoxy-
6 III 1803 e

—, 1-[3-Phenyl-propoxy]-2-trityloxy-
6 III 3653 e

—, 1-Phenyl-2-thiocyanato- **6** IV 3089

—, 1-Phenyl-2-[toluol-4-sulfonyl]-1-
p-tolylmercapto- **6** III 4579 g

—, 1-Phenyl-1-*p*-tolyloxy- **6** IV 3033

—, 1-Phenyl-1-vinyloxy- **6** III 1677 c

—, 1-Propionyloxy-2-trityloxy-
6 IV 5020

—, 1-Stearoyloxy-2-trityloxy- **6** III 3656 a,
IV 5021

—, 1,1,1,2-Tetrabrom-2-phenoxy-
6 150 e

—, 1,1,2,2-Tetrabrom-1-phenoxy-
6 154 d

—, 1,1,1,2-Tetrachlor-2-cyclohexyloxy-
6 III 22 b

—, 1,1,2,2-Tetrachlor-1-phenoxy-
6 IV 614

—, 1-[2,3,4,6-Tetrachlor-phenoxy]-
2-[2,4,6-trichlor-phenoxy]- **6** IV 1022

—, 1,1,1,2-Tetrachlor-2-phenylmercapto-
6 IV 1509

—, 1,1,2,2-Tetrachlor-1-phenylmercapto-
6 III 1009 e

—, 1,1,1,2-Tetrachlor-2-phenyl-
methansulfonyl- **6** IV 2660

—, 1,1,2,2-Tetrafluor-1-phenoxy-
6 III 598 f

—, 1,1,2,2-Tetrafluor-1-phenylmercapto-
6 IV 1523

—, 1,1,2,2-Tetrakis-[4-acetoxy-
3,5-dimethyl-phenyl]- **6** IV 7852

—, 1,1,2,2-Tetrakis-[4-acetoxy-phenyl]-
6 1183 b, IV 7844

—, 1,1,2,2-Tetrakis-[4-äthoxy-phenyl]-
6 1183 a, IV 7844

—, 1,1,2,2-Tetrakis-[5-*tert*-butyl-
4-hydroxy-2-methyl-phenyl]- **6** IV 7853

—, 1,1,2,2-Tetrakis-[2,4-diacetoxy-
phenyl]- **6** III 7005 d

—, 1,1,2,2-Tetrakis-[2,4-dihydroxy-
phenyl]- **6** III 7005 c

—, 1,1,2,2-Tetrakis-[3,4-dimethoxy-
phenyl]- **6** I 597 h

—, 1,1,2,2-Tetrakis-[4-hydroxy-
3,5-dimethyl-phenyl]- **6** IV 7851

—, 1,1,2,2-Tetrakis-[4-hydroxy-3-methyl-
phenyl]- **6** IV 7849

Äthan   (Fortsetzung)

—, 1,1,2,2-Tetrakis-[4-hydroxy-3-nitro-
phenyl]- **6** IV 7844

—, 1,1,2,2-Tetrakis-[4-hydroxy-phenyl]-
6 1182 h, IV 7844

—, 1,1,2,2-Tetrakis-[4-methoxy-
3,5-dimethyl-phenyl]- **6** IV 7852

—, 1,1,2,2-Tetrakis-[4-methoxy-3-methyl-
phenyl]- **6** IV 7849

—, 1,1,1,2-Tetrakis-[4-methoxy-phenyl]-
6 IV 7845

—, 1,1,2,2-Tetrakis-[4-methoxy-phenyl]-
6 III 6832 d, IV 7844

—, 1,1,2,2-Tetrakis-[2-methoxy-phenyl]-
1,2-diphenyl- **6** III 6862 a

—, 1,1,2,2-Tetrakis-[2-nitro-phenyl≠
mercapto]- **6** I 155 e

—, 1,1,2,2-Tetrakis-phenylmethansulfonyl-
6 II 432 e

—, 1-[4-(1,1,3,3-Tetramethyl-butyl)-
phenoxy]-2-vinyloxy- **6** IV 3485

—, 1,1,2,2-Tetraphenyl-1,2-bis-
[3,4,5-trimethoxy-phenyl]- **6** IV 7958

—, 1-[2-Thiocyanato-äthoxy]-2-
[2,4,6-trichlor-phenoxy]- **6** III 725 g

—, 1-Thiocyanato-2-*m*-tolyloxy-
6 IV 2043

—, 1-Thiocyanato-2-*o*-tolyloxy-
6 IV 1949

—, 1-Thiocyanato-2-*p*-tolyloxy-
6 IV 2105

—, 1-Thiocyanato-2-[2-*o*-tolyloxy-äthoxy]-
6 III 1251 e

—, 1-Thiocyanato-2-[2-*p*-tolyloxy-äthoxy]-
6 IV 2104

—, 1-[Toluol-4-sulfinyl]-1-[toluol-
4-sulfonyl]- **6** III 1414 e

—, 1-[Toluol-4-sulfinyl]-2-[toluol-
4-sulfonyl]- **6** I 209 f

—, 1-[Toluol-4-sulfinyl]-2-*p*-tolyl≠
mercapto- **6** I 209 d, III 1407 d

—, 1-[Toluol-4-sulfonyl]-2-*p*-tolyl≠
mercapto- **6** II 396 f, III 1408 c

—, 1-[Toluol-4-sulfonyl]-1-
[2,4,6-trimethoxy-phenyl]- **6** IV 7697

—, 1-*p*-Tolyloxy-2-trityloxy- **6** III 3653 c

—, 1-*p*-Tolyloxy-2-vinyloxy- **6** IV 2103

—, 1-*p*-Tolyl-1-valeryloxy- **6** III 1827 c

—, 1,1,1-Tribrom-2,2-bis-[3,4-dimethoxy-
phenyl]- **6** III 6714 g

—, 1,1,1-Tribrom-2,2-bis-[2-methoxy-
5-methyl-phenyl]- **6** II 980 j

—, 1,1,1-Tribrom-2,2-bis-[4-methoxy-
3-nitro-phenyl]- **6** IV 6692

—, 1,1,1-Tribrom-2,2-bis-[4-methoxy-
phenyl]- **6** II 971 i

—, 1,1,1-Tribrom-2-butyryloxy-2-[2-chlor-
phenyl]- **6** III 1693 e

—, 1,1,1-Tribrom-2-butyryloxy-2-[3-chlor-
phenyl]- **6** III 1693 i

—, 1,1,1-Tribrom-2-butyryloxy-2-phenyl-
6 III 1693 a

—, 1,1,1-Tribrom-2-butyryloxy-2-*p*-tolyl-
6 III 1828 h

—, 1,1,1-Tribrom-2-[2-chlor-phenyl]-
1-propionyloxy- **6** III 1693 d

—, 1,1,1-Tribrom-2-[3-chlor-phenyl]-
2-propionyloxy- **6** III 1693 h

—, 1,1,2-Tribrom-1-phenoxy-
6 III 599 f

—, 1,1,2-Tribrom-2-phenoxy- **6** 150 d

—, 1,1,1-Tribrom-2-phenyl-
2-propionyloxy- **6** III 1692 i

—, 1,1,1-Tribrom-2-propionyloxy-2-
p-tolyl- **6** III 1828 g

—, 1-Trichloracetoxy-2-[2,4,5-trichlor-
phenoxy]- **6** IV 965

—, 1,1,1-Trichlor-2,2-bis-[4-carboxy≠
methoxy-phenyl]- **6** III 5439 b

—, 1,1,1-Trichlor-2,2-bis-[4-chloracetoxy-
phenyl]- **6** IV 6691

—, 1,1,1-Trichlor-2,2-bis-[5-chlor-
2-hydroxy-phenyl]- **6** IV 6686

—, 1,1,1-Trichlor-2,2-bis-[3-chlor-
4-methoxy-phenyl]- **6** III 5439 e

—, 1,1,1-Trichlor-2,2-bis-[4-chlor-
3-methoxy-phenyl]- **6** III 5439 e

—, 1,1,1-Trichlor-2,2-bis-[5-chlor-
2-methoxy-phenyl]- **6** III 5434 e

—, 1,1,1-Trichlor-2,2-bis-[4-chlor-phenyl]-
2-propionyloxy- **6** IV 4722

—, 1,1,1-Trichlor-2,2-bis-[2,5-diäthoxy-
phenyl]- **6** III 6713 e

—, 1,1,1-Trichlor-2,2-bis-[3,5-dibrom-
4-hydroxy-phenyl]- **6** IV 6692

—, 1,1,1-Trichlor-2,2-bis-[2,4-dichlor-
5-hydroxy-phenyl]- **6** IV 6689

—, 1,1,1-Trichlor-2,2-bis-[2,5-dichlor-
4-hydroxy-phenyl]- **6** IV 6691

—, 1,1,1-Trichlor-2,2-bis-[3,5-dichlor-
2-hydroxy-phenyl]- **6** III 5435 a

—, 1,1,1-Trichlor-2,2-bis-[3,5-dichlor-
4-hydroxy-phenyl]- **6** IV 6692

—, 1,1,1-Trichlor-2,2-bis-[2,4-dichlor-
5-methoxy-phenyl]- **6** IV 6690

Äthan (Fortsetzung)

—, 1,1,1-Trichlor-2,2-bis-[2,5-dichlor-4-methoxy-phenyl]- **6** IV 6692

—, 1,1,1-Trichlor-2,2-bis-[3,5-dichlor-2-methoxy-phenyl]- **6** IV 6687

—, 1,1,1-Trichlor-2,2-bis-[2,4-dimethoxy-3-nitro-phenyl]- **6** 1172 b

—, 1,1,1-Trichlor-2,2-bis-[2,5-dimethoxy-phenyl]- **6** 1172 c, III 6713 d, IV 7756

—, 1,1,1-Trichlor-2,2-bis-[3,4-dimethoxy-phenyl]- **6** 1172 e, III 6714 e, IV 7756

—, 1,1,1-Trichlor-2,2-bis-{4,5-dimethoxy-2-[2,2,2-trichlor-1-(3,4-dimethoxy-phenyl)-äthyl]-phenyl}- **6** IV 7975

—, 1,1,1-Trichlor-2,2-bis-[4-(2,4-dinitro-phenoxy)-phenyl]- **6** III 5438 c

—, 1,1,1-Trichlor-2,2-bis-[4-hexadecyloxy-phenyl]- **6** III 5438 a

—, 1,1,1-Trichlor-2,2-bis-[4-hydroxy-2,5-dimethyl-phenyl]- **6** 1018 e

—, 1,1,1-Trichlor-2,2-bis-[4-hydroxy-3,5-dimethyl-phenyl]- **6** II 984 h

—, 1,1,1-Trichlor-2,2-bis-[4-hydroxy-3,5-dinitro-phenyl]- **6** 1008 f, IV 6693

—, 1,1,1-Trichlor-2,2-bis-[4-hydroxy-2-isopropyl-5-methyl-phenyl]- **6** III 5559 e

—, 1,1,1-Trichlor-2,2-bis-[4-hydroxy-5-isopropyl-2-methyl-phenyl]- **6** 1021 d, III 5558 d

—, 1,1,1-Trichlor-2,2-bis-[4-hydroxy-2-methoxy-phenyl]- **6** III 6713 c

—, 1,1,1-Trichlor-2,2-bis-[4-hydroxy-3-methoxy-phenyl]- **6** II 1130 c

—, 1,1,1-Trichlor-2,2-bis-[2-hydroxy-3-methoxy-5-(1,1,3,3-tetramethyl-butyl)-phenyl]- **6** III 6751 e

—, 1,1,1-Trichlor-2,2-bis-[4-hydroxy-2-methyl-phenyl]- **6** III 5479 a

—, 1,1,1-Trichlor-2,2-bis-[4-hydroxy-3-methyl-phenyl]- **6** III 5479 d

—, 1,1,1-Trichlor-2,2-bis-[2-hydroxy-3-methyl-5-(1,1,3,3-tetramethyl-butyl)-phenyl]- **6** III 5571 c

—, 1,1,1-Trichlor-2,2-bis-[2-hydroxy-5-nitro-phenyl]- **6** III 5435 d

—, 1,1,1-Trichlor-2,2-bis-[4-hydroxy-3-nitro-phenyl]- **6** 1007 j, III 5440 b

—, 1,1,1-Trichlor-2,2-bis-[4-hydroxy-phenyl]- **6** 1006 i, I 491 f, II 971 b, III 5436 c

—, 1,1,1-Trichlor-2,2-bis-[2-hydroxy-5-(1,1,3,3-tetramethyl-butyl)-phenyl]-2-phenyl- **6** III 5828 d

—, 1,1,1-Trichlor-2,2-bis-[4-isobutoxy-phenyl]- **6** III 5437 e

—, 1,1,1-Trichlor-2,2-bis-[2-isopropyl-4-methoxy-5-methyl-phenyl]- **6** III 5559 f

—, 1,1,1-Trichlor-2,2-bis-[5-isopropyl-2-methyl-4-propoxy-phenyl]- **6** III 5559 b

—, 1,1,1-Trichlor-2,2-bis-[5-isopropyl-2-methyl-4-tetradecyloxy-phenyl]- **6** III 5559 c

—, 1,1,1-Trichlor-2,2-bis-[4-methansulfonyl-phenyl]- **6** IV 6693

—, 1,1,1-Trichlor-2,2-bis-[4-(2-methoxy-äthoxy)-phenyl]- **6** III 5438 f

—, 1,1,1-Trichlor-2,2-bis-[4-methoxy-carbonylmethoxy-phenyl]- **6** III 5439 c

—, 1,1,1-Trichlor-2,2-bis-[4-methoxy-2,6-dimethyl-phenyl]- **6** III 5525 c

—, 1,1,1-Trichlor-2,2-bis-[4-methoxy-3,5-dinitro-phenyl]- **6** IV 6693

—, 1,1,1-Trichlor-2,2-bis-[4-methoxy-5-isopropyl-2-methyl-phenyl]- **6** III 5558 e

—, 1,1,1-Trichlor-2,2-bis-[2-methoxy-5-methyl-phenyl]- **6** II 980 f, III 5480 c

—, 1,1,1-Trichlor-2,2-bis-[4-methoxy-3-methyl-phenyl]- **6** III 5479 e

—, 1,1,1-Trichlor-2,2-bis-[2-methoxy-[1]naphthyl]- **6** IV 7029

—, 1,1,1-Trichlor-2,2-bis-[4-methoxy-[1]naphthyl]- **6** IV 7029

—, 1,1,1-Trichlor-2,2-bis-[4-methoxy-3-nitro-phenyl]- **6** III 5440 c, IV 6692

—, 1,1,1-Trichlor-2,2-bis-[4-methoxy-phenyl]- **6** 1007 a, I 491 g, II 971 c, III 5436 e, IV 6691

—, 1,1,1-Trichlor-2,2-bis-[5-methoxy-1,2,3,4-tetrahydro-[x]naphthyl]- **6** IV 6934

—, 1,1,1-Trichlor-2,2-bis-[4-methoxy-2,3,5,6-tetranitro-phenyl]- **6** IV 6693

—, 1,1,1-Trichlor-2,2-bis-[4-methyl-mercapto-phenyl]- **6** III 5440 d, IV 6693

—, 1,1,1-Trichlor-2,2-bis-[4-(4-nitro-benzyloxy)-phenyl]- **6** III 5438 e

—, 1,1,1-Trichlor-2,2-bis-[(3-nitro-phenylmercaptocarbonyl)-amino]- **6** III 1067 b

—, 1,1,1-Trichlor-2,2-bis-[(4-nitro-phenylmercaptocarbonyl)-amino]- **6** III 1075 a

—, 1,1,1-Trichlor-2,2-bis-[4-nonanoyloxy-phenyl]- **6** III 5439 a

—, 1,1,1-Trichlor-2,2-bis-[4-pentyloxy-phenyl]- **6** III 5437 f

—, 1,1,1-Trichlor-2,2-bis-[phenyl-mercaptocarbonyl-amino]- **6** III 1010 b

Äthan (Fortsetzung)

—, 1,1,1-Trichlor-2,2-bis-[4-propoxy-phenyl]- **6** III 5437 c

—, 1,1,1-Trichlor-2,2-bis-[4-thiocyanatoacetoxy-phenyl]- **6** IV 6691

—, 1,1,1-Trichlor-2,2-bis-[4-thiocyanato-phenyl]- **6** III 5440 f

—, 1,1,1-Trichlor-2,2-bis-*m*-tolyl≠mercaptocarbonylamino- **6** III 1334 e

—, 1,1,1-Trichlor-2,2-bis-*o*-tolyl≠mercaptocarbonylamino- **6** III 1281 e

—, 1,1,1-Trichlor-2,2-bis-*p*-tolyl≠mercaptocarbonylamino- **6** III 1421 b

—, 1,1,1-Trichlor-2,2-bis-[3,5,6-trichlor-2-hydroxy-phenyl]- **6** IV 6687

—, 1,1,1-Trichlor-2,2-bis-[4-trichlorvinyloxy-phenyl]- **6** III 5438 g

—, 1,1,1-Trichlor-2-chloracetoxy-2-[4-chlor-phenyl]- **6** IV 3050

—, 1,1,1-Trichlor-2-[2-chlor-äthoxy]-2-[4-chlor-phenoxy]- **6** IV 836

—, 1,1,1-Trichlor-2-[2-chlor-äthoxy]-2-[2,4-dichlor-phenoxy]- **6** IV 901

—, 1,1,1-Trichlor-2-[2-chlor-äthoxy]-2-[2]naphthyloxy- **6** IV 4266

—, 1,1,1-Trichlor-2-[2-chlor-äthoxy]-2-phenoxy- **6** IV 600

—, 1,1,1-Trichlor-2-[4-chlor-3,5-dinitro-phenyl]-2-nitryloxy- **6** IV 3061

—, 1,1,1-Trichlor-2-[4-chlor-phenoxy]-2-hexyloxy- **6** IV 836

—, 1,1,1-Trichlor-2-[4-chlor-phenoxy]-2-octyloxy- **6** IV 836

—, 1,1,1-Trichlor-2-[4-chlor-phenyl]-2-hexanoyloxy- **6** IV 3051

—, 1,1,1-Trichlor-2-[4-chlor-phenyl]-2-isobutyryloxy- **6** IV 3051

—, 1,1,1-Trichlor-2-[4-chlor-phenyl]-2-isovaleryloxy- **6** IV 3051

—, 1,1,1-Trichlor-2-[4-chlor-phenyl]-2-lauroyloxy- **6** IV 3051

—, 1,1,1-Trichlor-2-[4-chlor-phenyl]-2-methoxy- **6** III 1688 a, IV 3050

—, 1,1,1-Trichlor-2-[4-chlor-phenyl]-2-octanoyloxy- **6** IV 3051

—, 1,1,1-Trichlor-2-[4-chlor-phenyl]-2-octyloxy- **6** IV 3050

—, 1,1,1-Trichlor-2-[4-chlor-phenyl]-2-palmitoyloxy- **6** IV 3051

—, 1,1,1-Trichlor-2-[4-chlor-phenyl]-2-pivaloyloxy- **6** IV 3051

—, 1,1,1-Trichlor-2-[2-chlor-phenyl]-2-propionyloxy- **6** III 1687 a

—, 1,1,1-Trichlor-2-[3-chlor-phenyl]-2-propionyloxy- **6** III 1687 e

—, 1,1,1-Trichlor-2-[4-chlor-phenyl]-2-propionyloxy- **6** III 1688 e, IV 3051

—, 1,1,1-Trichlor-2-[4-chlor-phenyl]-2-trichloracetoxy- **6** III 1688 d

—, 1,1,1-Trichlor-2-[4-chlor-phenyl]-2-valeryloxy- **6** IV 3051

—, 1,1,1-Trichlor-2-cyclohexyl-2-propionyloxy- **6** III 88 f

—, 1,1,1-Trichlor-2-[3,5-dinitro-phenyl]-2-nitryloxy- **6** IV 3061

—, 1,1,1-Trichlor-2-[2-methoxy-3,5-dinitro-phenyl]-2-[4-methoxy-3,5-dinitro-phenyl]- **6** III 5435 f

—, 1,1,1-Trichlor-2-methoxy-2-[4-methoxy-phenyl]- **6** III 4568 a

—, 1,1,1-Trichlor-2-[2-methoxy-3-nitro-phenyl]-2-[4-methoxy-3-nitro-phenyl]- **6** IV 6689

—, 1,1,1-Trichlor-2-[2-methoxy-phenyl]-2-[4-methoxy-phenyl]- **6** III 5435 e

—, 1,1,1-Trichlor-2-methylmercaptocarbonyl≠amino-2-phenylmercaptocarbonylamino- **6** IV 1527

—, 1,1,1-Trichlor-2-[4-nitro-phenyl]-2-nitryloxy- **6** IV 3058

—, 1,1,2-Trichlor-1-phenoxy- **6** IV 614

—, 1-[2,4,5-Trichlor-phenoxy]-2-[2,4,6-trichlor-phenoxy]- **6** IV 1007

—, 1-[2,4,5-Trichlor-phenoxy]-2-[2,2,3-trichlor-propionyloxy]- **6** IV 966

—, 1,1,1-Trichlor-2-phenyl-2-propionyloxy- **6** III 1686 c, IV 3049

—, 1,1,1-Trichlor-2-propionyloxy-2-*p*-tolyl- **6** III 1827 i

—, 1,1,2-Trichlor-1-*o*-tolyloxy- **6** IV 1960

—, 1-Tridecanoyloxy-2-trityloxy- **6** III 3655 d

—, 1-Trifluoracetoxy-1-phenyl- **6** IV 3037

—, 1,1,1-Trifluor-2,2-bis-[4-methoxy-phenyl]- **6** IV 6690

—, 1,1,1-Trifluor-2-phenylmercapto- **6** IV 1469

—, 1,1,2-Triphenoxy- **6** IV 603

—, 1,1,1-Tris-benzolsulfonyl- **6** IV 1524

—, 1,1,2-Tris-benzolsulfonyl- **6** 306 k

—, 1,1,2-Tris-benzylmercapto- **6** II 432 f, IV 2661

—, 1,1,2-Tris-[2,5-diacetoxy-phenyl]- **6** 1206 b

—, 1,1,2-Tris-[2,5-dihydroxy-phenyl]- **6** 1206 a

Äthan (Fortsetzung)

—, 1,1,2-Tris-[4-hydroxy-phenyl]-
    6 IV 7620

—, 1,1,2-Tris-[4-methoxy-phenyl]-
    6 IV 7620

—, 1,1,1-Tris-[4-methoxy-phenyl]-2-nitro-
    6 IV 7623

—, 1,1,2-Tris-[4-methoxy-phenyl]-
    1-phenyl- **6** IV 7662

—, 1,1,2-Tris-[4-methoxy-phenyl]-
    2-phenyl- **6** IV 7662

—, 1,1,2-Tris-phenylmercapto- **6** 306 j

—, 1,1,1-Tris-phenylmethansulfonyl-
    6 460 e

—, 1,1,2-Tris-phenylmethansulfonyl-
    6 II 432 i

—, 1,1,2-Tris-[toluol-4-sulfonyl]- **6** II 397 i

—, 1,1,2-Tris-*p*-tolylmercapto- **6** II 397 g

Äthan-1,1-diol

—, 2-[4-Äthyl-phenoxy]- **6** 472 f

—, 2-[2-Chlor-4-methyl-phenoxy]-
    6 IV 2136

—, 2-[4-Chlor-2-methyl-phenoxy]-
    6 IV 1990

—, 2-[2,4-Dichlor-phenoxy]- **6** IV 901

—, 2-[2,3-Dimethyl-phenoxy]- **6** 480 d

—, 2-[2,4-Dimethyl-phenoxy]- **6** 487 e

—, 2-[2,5-Dimethyl-phenoxy]- **6** 495 c

—, 2-[3,4-Dimethyl-phenoxy]- **6** 481 c

—, 2-[3,5-Dimethyl-phenoxy]- **6** 493 c

—, 2-[4-Methoxy-phenoxy]- **6** 846 a

—, 2-[1]Naphthyloxy- **6** 608 a

—, 2-[2]Naphthyloxy- **6** 643 e

—, 2-*m*-Tolyloxy- **6** 378 f

—, 2-*o*-Tolyloxy- **6** 354 j, IV 1959

—, 2-*p*-Tolyloxy- **6** 396 e

—, 2-[2,4,5-Trimethyl-phenoxy]-
    6 510 f

Äthan-1,2-diol

  s. a. *Bibenzyl-α,α'-diol*

—, [1-Acetoxy-cyclohexyl]- **6** IV 7312

—, [1-Acetoxy-2-methyl-cyclohexyl]-
    6 IV 7314

—, 1-Biphenyl-2-yl-1,2-bis-[4-methoxy-
    phenyl]- **6** III 6835 a

—, 1-Biphenyl-2-yl-1-phenyl- **6** IV 6980

—, 1,1-Bis-[4-äthoxy-phenyl]-2,2-diphenyl-
    6 III 6834 a

—, 1,2-Bis-[4-äthoxy-phenyl]-1,2-diphenyl-
    6 III 6834 c

—, 1,2-Bis-[4-äthoxy-phenyl]-1,2-di-
    p-tolyl- **6** III 6839 c

—, 1,2-Bis-[2-äthyl-phenyl]-1,2-diphenyl-
    6 III 5940 b

—, 1,2-Bis-[4-äthyl-phenyl]-1,2-diphenyl-
    6 III 5940 c

—, 1,2-Bis-[4-äthyl-phenyl]-1,2-di-*p*-tolyl-
    6 III 5944 d

—, 1,2-Bis-[2-benzyl-phenyl]-1,2-diphenyl-
    6 II 1055 f

—, 1,2-Bis-bibenzyl-2-yl-1,2-diphenyl-
    6 III 6033 b

—, 1,2-Bis-biphenyl-4-yl-1,2-bis-[3-brom-
    phenyl]- **6** II 1054 g

—, 1,2-Bis-biphenyl-4-yl-1,2-bis-[4-brom-
    phenyl]- **6** II 1055 a

—, 1,2-Bis-biphenyl-4-yl-1,2-bis-[3-chlor-
    phenyl]- **6** III 6027 c

—, 1,2-Bis-biphenyl-4-yl-1,2-bis-[4-chlor-
    phenyl]- **6** III 6028 a

—, 1,2-Bis-biphenyl-4-yl-1,2-bis-
    [3-methoxy-phenyl]- **6** III 6862 c

—, 1,2-Bis-biphenyl-4-yl-1,2-bis-
    [4-methoxy-phenyl]- **6** III 6863 a

—, 1,2-Bis-biphenyl-4-yl-1,2-di-
    [2]naphthyl- **6** III 6049 a

—, 1,1-Bis-biphenyl-4-yl-2,2-diphenyl-
    6 III 6028 b

—, 1,2-Bis-biphenyl-2-yl-1,2-diphenyl-
    6 III 6026 a

—, 1,2-Bis-biphenyl-3-yl-1,2-diphenyl-
    6 III 6026 c

—, 1,2-Bis-biphenyl-4-yl-1,2-diphenyl-
    6 II 1054 f, III 6026 d,
    IV 7111

—, 1,1-Bis-biphenyl-4-yl-2,2-di-*m*-tolyl-
    6 III 6030 e

—, 1,2-Bis-biphenyl-4-yl-1,2-di-*m*-tolyl-
    6 III 6030 c

—, 1,2-Bis-biphenyl-4-yl-1,2-di-*o*-tolyl-
    6 III 6030 b

—, 1,2-Bis-biphenyl-4-yl-1,2-di-*p*-tolyl-
    6 III 6030 d

—, 1,2-Bis-[3-brom-phenyl]-1,2-bis-
    [4-brom-phenyl]- **6** II 1036 b

—, 1,2-Bis-[4-brom-phenyl]-1,2-bis-
    [4-chlor-phenyl]- **6** II 1035 i

—, 1,2-Bis-[2-brom-phenyl]-1,2-diphenyl-
    6 I 523 g, II 1035 f, III 5929 a

—, 1,2-Bis-[3-brom-phenyl]-1,2-diphenyl-
    6 I 523 h, II 1035 g, III 5929 b

—, 1,2-Bis-[4-brom-phenyl]-1,2-diphenyl-
    6 I 524 a, II 1035 h, III 5929 c

—, 1,2-Bis-[4-butoxy-phenyl]-
    1,2-diphenyl- **6** IV 7845

—, 1,2-Bis-[2-chlor-phenyl]-1,2-bis-
    [4-chlor-phenyl]- **6** III 5928 d

Äthan-1,2-diol (Fortsetzung)

−, 1,2-Bis-[4-chlor-phenyl]-1,2-bis-
[4-methoxy-phenyl]- **6** III 6834 d

−, 1,1-Bis-[4-chlor-phenyl]-2,2-diphenyl-
6 III 5928 b

−, 1,2-Bis-[2-chlor-phenyl]-1,2-diphenyl-
6 I 523 b, II 1035 a, III 5927 c

−, 1,2-Bis-[3-chlor-phenyl]-1,2-diphenyl-
6 I 523 c, II 1035 b, III 5928 a

−, 1,2-Bis-[4-chlor-phenyl]-1,2-diphenyl-
6 1058 e, I 523 d, II 1035 c, III 5928 c

−, 1,2-Bis-[2-chlor-phenyl]-1,2-di-*p*-tolyl-
6 I 525 g, II 1038 e

−, 1,2-Bis-[3-chlor-phenyl]-1,2-di-*p*-tolyl-
6 III 5936 a

−, 1,2-Bis-[4-chlor-phenyl]-1,2-di-*p*-tolyl-
6 I 525 h, II 1038 f, III 5936 b

−, 1,2-Bis-[2,4-dimethoxy-phenyl]-
1,2-diphenyl- **6** III 6983 b

−, 1,2-Bis-[2,5-dimethoxy-phenyl]-
1,2-diphenyl- **6** 1207 g

−, 1,2-Bis-[2,3-dimethyl-[1]naphthyl]-
6 III 5891 c

−, 1,2-Bis-[2,4-dimethyl-phenyl]-
1,2-diphenyl- **6** 1060 b

−, 1,1-Bis-[4-fluor-phenyl]-2,2-diphenyl-
6 III 5926 e

−, 1,2-Bis-[2-fluor-phenyl]-1,2-diphenyl-
6 III 5926 c

−, 1,2-Bis-[3-fluor-phenyl]-1,2-diphenyl-
6 III 5926 d

−, 1,2-Bis-[4-fluor-phenyl]-1,2-diphenyl-
6 I 523 a, III 5927 a

−, 1,2-Bis-[4-isopentyloxy-phenyl]-
1,2-diphenyl- **6** IV 7845

−, 1,2-Bis-[4-isopropyl-phenyl]-
1,2-diphenyl- **6** III 5944 b

−, 1,2-Bis-[4-jod-phenyl]-1,2-diphenyl-
6 I 524 b, II 1036 d

−, 1,2-Bis-[4'-methoxy-biphenyl-4-yl]-
1,2-diphenyl- **6** IV 7873

−, 1,2-Bis-[4-methoxy-cyclohexa-
1,4-dienyl]- **6** IV 7727

−, 1,1-Bis-[2-methoxy-phenyl]-
6 III 6715 a

−, 1,1-Bis-[4-methoxy-phenyl]-
6 III 6715 b

−, 1,2-Bis-[4-methoxy-phenyl]-1,2-di-
[1]naphthyl- **6** III 6860 a

−, 1,2-Bis-[4-methoxy-phenyl]-1,2-di-
[2]naphthyl- **6** III 6860 b

−, 1,1-Bis-[4-methoxy-phenyl]-
2,2-diphenyl- **6** III 6833 d

−, 1,2-Bis-[2-methoxy-phenyl]-
1,2-diphenyl- **6** III 6833 a

−, 1,2-Bis-[3-methoxy-phenyl]-
1,2-diphenyl- **6** III 6833 c

−, 1,2-Bis-[4-methoxy-phenyl]-
1,2-diphenyl- **6** I 583 c, II 1143 c,
III 6834 b

−, 1,1-Bis-[4-methoxy-phenyl]-2,2-di-
m-tolyl- **6** III 6837 c

−, 1,1-Bis-[4-methoxy-phenyl]-2,2-di-
p-tolyl- **6** III 6838 c

−, 1,2-Bis-[3-methoxy-phenyl]-1,2-di-
m-tolyl- **6** III 6838 a

−, 1,2-Bis-[3-methoxy-phenyl]-1,2-di-
p-tolyl- **6** III 6839 a

−, 1,2-Bis-[4-methoxy-phenyl]-1,2-di-
m-tolyl- **6** III 6838 b

−, 1,2-Bis-[4-methoxy-phenyl]-1,2-di-
p-tolyl- **6** III 6839 b

−, 1,2-Bis-[4-methoxy-phenyl]-1-phenyl-
6 I 582 h, II 1140 c

−, 1,2-Bis-[4-methylmercapto-phenyl]-
1,2-diphenyl- **6** III 6834 e

−, 1,2-Bis-[octahydro-[4a]naphthyl]-
6 IV 6117

−, 1,2-Bis-[4-pentyloxy-phenyl]-
1,2-diphenyl- **6** IV 7845

−, [4-Brom-[1]naphthyl]- **6** III 5315 a

−, [4-Brom-phenyl]- **6** 907 g,
III 4577 f, IV 5942

−, 1-[4-Brom-phenyl]-1-[4-chlor-phenyl]-
6 IV 6697

−, [4-Chlor-phenyl]- **6** IV 5942

−, 1-[4-Chlor-phenyl]-1-phenyl-
6 IV 6696

−, 1-[4-Chlor-phenyl]-1-*p*-tolyl-
6 III 5463 d

−, Cyclohex-1-enyl- **6** IV 5281

−, Cyclohexyl- **6** II 751 g, III 4096 e,
IV 5232

−, 1-Cyclohexyl-1,2-diphenyl-
6 II 997 c, III 5662 e

−, 1-Cyclohexyl-1-phenyl- **6** IV 6381

−, 1-Cyclohexyl-2-phenyl- **6** IV 6380

−, Cyclopentyl- **6** IV 5222

−, Cyclopropyl- **6** II 743 e

−, 1-Cyclopropyl-1-phenyl- **6** IV 6362

−, 1,2-Diamino-1,2-bis-[2-hydroxy-
phenoxy]- **6** III 4231 b

−, 1,2-Diamino-1,2-bis-[2-methoxy-
phenoxy]- **6** III 4231 e

−, 1,2-Dicyclobutyl-1,2-diphenyl- **6** 1039 h

−, 1,1-Dicyclohexyl- **6** III 4157 b

Äthan-1,2-diol   (Fortsetzung)

−, 1,2-Dicyclohexyl- **6** III 4156 d

−, 1,2-Dicyclohexyl-1,2-diphenyl-
   6 II 1008 a, III 5743 b

−, 1,2-Dicyclohexyl-1-phenyl-
   6 II 935 d

−, 1,2-Di-cyclopent-1-enyl- **6** III 4727 f

−, 1,2-Dicyclopentyl- **6** III 4153 e

−, 1,2-Dicyclopropyl-1,2-bis-[4-methoxy-
phenyl]- **6** IV 7816

−, [5,6-Dihydroxy-3-(4-hydroxy-phenyl)-
indan-1-yl]- **6** IV 7907

−, 1,2-Dimesityl-1,2-diphenyl-
   6 III 5945 a

−, [5,6-Dimethoxy-[1]phenanthryl]-
   6 1177 e

−, [3,4-Dimethoxy-phenyl]-
   6 III 6662 e

−, 2-[2,5-Dimethyl-phenyl]-1,1-diphenyl-
   6 IV 6989

−, 1,2-Di-[2]naphthyl- **6** III 5887 e

−, 1,2-Di-[1]naphthyl-1,2-diphenyl-
   6 I 532 c, II 1053 c, III 6014 b

−, 1,2-Di-[2]naphthyl-1,2-diphenyl-
   6 II 1053 d

−, 1,2-Di-[1]naphthyl-1,2-di-*p*-tolyl-
   6 III 6015

−, 1,2-Di-[9]phenanthryl- **6** IV 7097

−, 1,1-Diphenyl- **6** 1008 k, I 492 c,
   II 972 d, III 5441 a, IV 6695

−, 1,2-Diphenyl- s. a. *Bibenzyl-α,α′-diol*

−, 1,2-Diphenyl-1,2-bis-[4-propoxy-
phenyl]- **6** IV 7844

−, 1,1-Diphenyl-2,2-di-*m*-tolyl-
   6 III 5935 a

−, 1,1-Diphenyl-2,2-di-*p*-tolyl-
   6 III 5935 c

−, 1,2-Diphenyl-1,2-di-*m*-tolyl-
   6 I 525 e, II 1038 c, III 5935 b

−, 1,2-Diphenyl-1,2-di-*o*-tolyl-
   6 I 525 d, II 1038 b, III 5934 d

−, 1,2-Diphenyl-1,2-di-*p*-tolyl-
   6 1060 a, I 525 f, II 1038 d, III 5935 d

−, 1,1-Diphenyl-2-*m*-tolyl- **6** IV 6986

−, 1,1-Diphenyl-2-*o*-tolyl- **6** III 5804 d,
   IV 6986

−, 1,1-Diphenyl-2-*p*-tolyl- **6** IV 6986

−, 1,2-Diphenyl-1-*m*-tolyl- **6** III 5802 e,
   IV 6985

−, 1,2-Diphenyl-1-*o*-tolyl- **6** III 5802 b,
   IV 6985

−, 1,2-Diphenyl-1-*p*-tolyl-
   6 1048 a, III 5803 d, IV 6986

−, 1,1-Di-*p*-tolyl- **6** III 5480 h

−, 1,2-Di-*o*-tolyl-1,2-di-*p*-tolyl-
   6 II 1039 b, III 5940 d

−, [2-Hydroxy-bornan-3-yl]- **6** IV 7319

−, [1-Hydroxy-cyclohexyl]- **6** III 6252 c,
   IV 7312

−, [1-Hydroxy-cyclopentyl]- **6** IV 7312

−, [1-Hydroxy-decahydro-[1]naphthyl]-
   6 IV 7318

−, [1-Hydroxy-2-methyl-cyclohexyl]-
   6 IV 7314

−, [3-Hydroxy-[2]naphthyl]- **6** IV 7541

−, 2-[4-Hydroxy-phenyl]-1,1-diphenyl-
   6 III 6589 c

−, [5-Isopropyl-3,8-dimethyl-azulen-
1-yl]- **6** IV 6606

−, [7-Isopropyl-2,4-dimethyl-azulen-
1-yl]- **6** IV 6606

−, [4-Methoxy-[1]naphthyl]-
   6 III 6515 a

−, [4-Methoxy-phenyl]- **6** III 6333 e,
   IV 7394

−, 1-[4-Methoxy-phenyl]-1,2-diphenyl-
   6 II 1110 b, III 6588 d, IV 7622

−, 2-[2-Methoxy-phenyl]-1,1-diphenyl-
   6 IV 7622

−, 2-[3-Methoxy-phenyl]-1,1-diphenyl-
   6 IV 7623

−, 2-[4-Methoxy-phenyl]-1,1-diphenyl-
   6 II 1110 c, IV 7623

−, 1-[2-Methoxy-phenyl]-1-phenyl-
   6 II 1100 c

−, 1-[4-Methoxy-phenyl]-1-phenyl-
   6 IV 7571

−, [3-Methyl-cyclohexyl]- **6** II 753 a

−, [1]Naphthyl- **6** III 5314 e

−, 1-[1]Naphthyl-1,2-diphenyl-
   6 1056 b, II 1032 g

−, 2-[1]Naphthyl-1,1-diphenyl-
   6 II 1032 f

−, 1-[1]Naphthyl-2-phenyl-
   6 III 5757 c

−, 1-[10-Phenäthyl-[9]anthryl]-2-phenyl-
   6 IV 7084

−, [3]Phenanthryl- **6** IV 6907

−, Phenyl- **6** 907 b, I 444 f,
   II 887 g, III 4572 e, IV 5939

−, 1-Phenyl-1,2-di-*p*-tolyl- **6** IV 6989

−, 2-Phenyl-1,1-di-*m*-tolyl- **6** III 5810 e

−, 2-Phenyl-1,1-di-*o*-tolyl- **6** III 5810 c

−, 2-Phenyl-1,1-di-*p*-tolyl- **6** II 1021 a,
   III 5810 f, IV 6989

9,10-Äthano-anthracen   (Fortsetzung)

–, 11,12-Bis-hydroxymethyl-
9,10-dihydro- **6** III 5725 d,
IV 6926

–, 11,12-Bis-[toluol-4-sulfonyl]-
9,10-dihydro- **6** IV 6909

–, 11-Chlor-12-[toluol-4-sulfonyl]-
9,10-dihydro- **6** IV 4958

–, 11-Chlor-12-*p*-tolylmercapto-
9,10-dihydro- **6** IV 4957

–, 9,10-Dimethyl-2,3,6,7-tetrakis-
propionyloxy-9,10-dihydro-
6 III 6789 d

–, 1,2,3,5,6,7-Hexaacetoxy-9,10-dimethyl-
9,10-dihydro- **6** III 6970 c

–, 1,2,3,6,7,8-Hexaacetoxy-9,10-dimethyl-
9,10-dihydro- **6** III 6970 c

–, 11-Mesityloxymethyl-9,10-dihydro-
6 IV 4963

–, 11,12-Sulfinyldioxy-9,10-dihydro-
6 IV 6909

–, 2,3,6,7-Tetraacetoxy-9,10-dimethyl-
9,10-dihydro- **6** III 6789 c

9,10-Äthano-anthracen-11,12-diol

–, 9,10-Dihydro-
6 IV 6908

9,10-Äthano-anthracen-1,2,3,5,6,7-hexaol

–, 9,10-Dimethyl-9,10-dihydro-
6 III 6970 b

9,10-Äthano-anthracen-1,2,3,6,7,8-hexaol

–, 9,10-Dimethyl-9,10-dihydro-
6 III 6970 b

9,10-Äthano-anthracen-9-ol

–, 9,10-Dihydro- **6** IV 4957

9,10-Äthano-anthracen-11-ol

–, 9,10-Dihydro-
6 III 3579 b

9,10-Äthano-anthracen-2,3,6,7-tetraol

–, 9,10-Dimethyl-9,10-dihydro-
6 III 6789 b

1,4-Äthano-azulen

–, Decahydro- s. *1,8-Cyclo-heptalen,
Dodecahydro-*

3,6-Äthano-cyclobutabenzen-4-ol

–, Octahydro- **6** III 394 c

3,8-Äthano-cyclobuta[*b*]naphthalin

–, 4,7-Dimethoxy-1,2,2a,3,8,8a-
hexahydro- **6** III 5325 c

3,8-Äthano-cyclobuta[*b*]naphthalin-4,7-diol

–, 1,2,2a,3,8,8a-Hexahydro- **6** III 5325 b,
IV 6600

3,8-Äthano-cyclobuta[*b*]naphthalin-4,7-dion

–, 1,2,2a,3,3a,7a,8,8a-Octahydro-
6 IV 6600

Äthanol

s.a. *Phenäthylalkohol*

–, 1-Acenaphthen-3-yl- **6** III 3412 g,
IV 4746

–, 1-Acenaphthen-5-yl- **6** IV 4747

–, 2-Acenaphthen-1-yl- **6** IV 4746

–, 2-Acenaphthen-3-yl- **6** III 3413 a

–, 2-Acenaphthen-5-yl- **6** III 3413 b,
IV 4747

–, 1-Acenaphthen-5-yl-1,2-diphenyl-
6 IV 5149

–, 1-Acenaphthen-1-yl-1-phenyl-
6 III 3690 b

–, 1-Acenaphthen-3-yl-2-phenyl-
6 III 3690 a

–, 1-Acenaphthen-5-yl-1-phenyl-
6 IV 5064

–, 1-Acenaphthen-5-yl-2-phenyl-
6 IV 5064

–, 1-[4-(1-Acetoxy-äthyl)-phenyl]-
6 IV 6024

–, 1-[1-Acetoxy-cyclohexyl]-2-brom-
6 IV 5231

–, 1-[1-Acetoxy-cyclohexyl]-2-chlor-
6 IV 5230

–, 2-[1-Acetoxy-cyclohexyl]-2-chlor-
6 IV 5232

–, 2-Acetoxy-1-cyclohexyl-1,2-diphenyl-
6 II 997 d

–, 1-[1-Acetoxy-cyclopentyl]-2-brom-
6 IV 5222

–, 1-[1-Acetoxy-decahydro-[1]naphthyl]-
2-brom- **6** IV 5316

–, 2-Acetoxy-1,2-dicyclohexyl- **6** III 4157 a

–, 2-Acetoxy-2,2-diphenyl- **6** III 5441 c

–, 2-Acetoxy-1-[1-hydroxy-cyclohexyl]-
6 IV 7313

–, 2-Acetoxy-2-[1-hydroxy-cyclohexyl]-
6 IV 7313

–, 1-[4-Acetoxy-3-methoxy-phenyl]-
2,2,2-trichlor- **6** II 1085 c

–, 2-[2-Acetoxymethyl-phenoxy]-
6 III 4539 f

–, 1-[2-Acetoxy-5-methyl-phenyl]-
2,2,2-trichlor- **6** III 4640 h

–, 1-[4-Acetoxy-phenyl]- **6** 904 b,
III 4567 a, IV 5931

–, 2-Acetoxy-1-phenyl- **6** III 4575 e,
IV 5941

–, 2-Acetoxy-2-phenyl-1,1-di-*o*-tolyl-
6 III 5810 d

–, 2-Acetoxy-2-phenyl-1,1-di-*p*-tolyl-
6 II 1021 b

Äthanol (Fortsetzung)

—, 1-[4-Acetoxy-phenyl]-2,2,2-trichlor-
6 II 887 a

—, 2-Acetoxy-1,1,2-triphenyl- 6 I 513 i,
IV 6979

—, 2-Acetylmercapto-1,1,2-triphenyl-
6 IV 6980

—, 2-Äthansulfinyl-1-phenyl- 6 III 4578 c

—, 2-[1-Äthinyl-cyclohexyloxy]-
6 IV 348

—, 2-[2-(1-Äthinyl-cyclohexyloxy)-
äthoxy]- 6 IV 348

—, 1-[1-Äthinyl-cyclohexyloxy]-
2,2,2-trichlor- 6 III 372 a

—, 2-Äthoxy-1,1-bis-[4-chlor-phenyl]-
6 IV 6696

—, 1-[4-Äthoxycarbonyloxy-3-methoxy-
phenyl]-2-nitro- 6 I 553 a

—, 1-[4-Äthoxycarbonyloxy-phenyl]-
2-nitro- 6 I 443 c, III 4569 a

—, 2-Äthoxy-1-cyclohexyl- 6 II 751 h

—, 2-Äthoxy-1-cyclopropyl-1-phenyl-
6 IV 6362

—, 2-[2-Äthoxy-4,5-dibrom-phenoxy]-
6 IV 5623

—, 2-[2-Äthoxy-4,5-dichlor-phenoxy]-
6 IV 5618

—, 2-Äthoxy-1,1-dicyclohexyl-
6 II 761 d

—, 2-Äthoxy-1-[3,4-dimethoxy-phenyl]-
6 IV 7698

—, 2-Äthoxy-1,1-diphenyl-
6 1009 a, IV 6695

—, 1-[2-Äthoxy-5-fluor-phenyl]-
6 III 4564 a

—, 1-[3-Äthoxy-4-hydroxy-phenyl]-
2,2,2-trichlor- 6 III 6331 c

—, 2-[4-Äthoxy-[1]naphthyl]- 6 III 5314 a

—, 2-[4-Äthoxy-[1]naphthyl]-2-phenyl-
6 IV 6951

—, 2-[2-Äthoxy-phenoxy]- 6 IV 5573

—, 1-[4-Äthoxy-phenyl]- 6 904 a,
III 4565 g

—, 2-Äthoxy-1-phenyl- 6 907 d, I 444 g,
II 887 i, III 4574 c

—, 1-[4-Äthoxy-phenyl]-1,2-bis-
[4-methoxy-phenyl]- 6 III 6810 c

—, 2-[4-Äthoxy-phenyl]-1,1-bis-
[4-methoxy-phenyl]- 6 III 6810 d

—, 2-[4-Äthoxy-phenyl]-1,1-bis-
[4-propoxy-phenyl]- 6 III 6811 a

—, 1-[4-Äthoxy-phenyl]-1,2-diphenyl-
6 II 1016 c, III 5792 c

—, 2-[4-Äthoxy-phenyl]-1,1-diphenyl-
6 III 5792 g

—, 2-[4-Äthoxy-phenyl]-1-[4-methoxy-
phenyl]-1-phenyl- 6 III 6588 a

—, 1-[4-Äthoxy-phenyl]-2-nitro-
6 IV 5933

—, 1-[4-Äthoxy-phenyl]-2-phenyl-1-
[4-propoxy-phenyl]- 6 III 6586 c

—, 2-[4-Äthoxy-phenyl]-1-phenyl-1-
[4-propoxy-phenyl]- 6 III 6588 c

—, 1-[4-Äthoxy-phenyl]-2,2,2-trichlor-
6 III 4568 b, IV 5932

—, 2-Äthoxy-1,1,2,2-tetraphenyl-
6 III 5925 c

—, 2-Äthoxy-1,1,2-triphenyl- 6 III 5793 d

—, 2-{Äthyl-[2-(2-äthyl-phenoxy)-äthyl]-
amino}- 6 IV 3013

—, 2-{Äthyl-[2-(4-allyl-2-methoxy-
phenoxy)-äthyl]-amino}- 6 IV 6340

—, 2-[Äthyl-(2-benzhydryloxy-äthyl)-
amino]- 6 IV 4662

—, 2-{Äthyl-[2-(2-benzyl-phenoxy)-äthyl]-
amino}- 6 IV 4633

—, 2-{Äthyl-[2-(4-chlor-phenoxy)-äthyl]-
amino}- 6 IV 860

—, 1-[4-Äthyl-3,5-dihydroxy-2-methyl-
phenyl]- 6 III 6368 d

—, 2-{Äthyl-[2-(3,4-dimethyl-phenoxy)-
äthyl]-amino}- 6 IV 3105

—, 1-[5-Äthyl-2,4-dimethyl-phenyl]-1-
[2,4-dimethyl-phenyl]- 6 IV 4829

—, 1-[9-Äthyl-fluoren-9-yl]- 6 IV 4907

—, 2-{[2-Äthyl-hexyl]-[2-(2-benzyl-
phenoxy)-äthyl]-amino}- 6 IV 4633

—, 1-[4-(2-Äthyl-hexyl)-phenyl]-
6 III 2084 g

—, 2-[4-Äthyl-3-hydroxy-phenoxy]-
6 III 4556 a

—, 2-{Äthyl-[2-(2-isopropyl-phenoxy)-
äthyl]-amino}- 6 IV 3212

—, 2-Äthylmercapto-2-cyclohexyliden-
6 IV 5281

—, 2-Äthylmercapto-2-cyclopentyliden-
6 IV 5278

—, 2-Äthylmercapto-1,1-diphenyl-
6 III 5442 a

—, 2-Äthylmercapto-1-[4-methoxy-
phenyl]- 6 III 6334 a

—, 2-Äthylmercapto-1-phenyl-
6 III 4578 b

—, 2-Äthylmercapto-1-p-tolyl-
6 III 4643 b

Äthanol (Fortsetzung)

−, 2-{Äthyl-[2-(2-methoxy-phenoxy)-
äthyl]-amino}- **6** IV 5591

−, 2-{Äthyl-[2-(4-methoxy-phenoxy)-
äthyl]-amino}- **6** IV 5755

−, 1-[4-(1-Äthyl-1-methyl-pentyl)-phenyl]-
6 III 2084 g

−, 2-[3-Äthyl-5-methyl-phenoxy]-
6 IV 3236

−, 1-[5-Äthyl-2-methyl-phenyl]-1-*p*-tolyl-
6 III 3456 c

−, 2-[Äthyl-(2-[1]naphthyloxy-äthyl)-
amino]- **6** IV 4223

−, 2-[Äthyl-(2-[2]naphthyloxy-äthyl)-
amino]- **6** IV 4284

−, 2-{Äthyl-[2-(4-nitro-phenoxy)-äthyl]-
amino}- **6** IV 1308

−, 2-[2-Äthyl-phenoxy]- **6** IV 3012

−, 2-[3-Äthyl-phenoxy]- **6** IV 3017

−, 2-[Äthyl-(2-phenoxy-äthyl)-amino]-
6 IV 665

−, 2-[2-(2-Äthyl-phenoxy)-äthylamino]-
6 IV 3013

−, 2-[Äthyl-(*β*-phenoxy-isopropyl)-
amino]- **6** IV 671

−, 2-[Äthyl-(3-phenoxy-propyl)-amino]-
6 IV 677

−, 1-[2-Äthyl-phenyl]- **6** IV 3351

−, 1-[3-Äthyl-phenyl]- **6** III 1914 c

−, 1-[4-Äthyl-phenyl]- **6** 545 j,
III 1914 e, IV 3354

−, 2-[Äthyl-(2-phenylmercapto-äthyl)-
amino]- **6** IV 1552

−, 2-[4-Äthyl-phenyl]-2-phenyl-
6 IV 4789

−, 1-[4-Äthyl-phenyl]-2,2,2-trichlor-
6 III 1915 a

−, 2-[7-Äthyl-1,2,3,4-tetrahydro-
[1]naphthyl]- **6** IV 3950

−, 2-{Äthyl-[2-(2-*o*-tolyloxy-äthoxy)-
äthyl]-amino}- **6** IV 1949

−, 2-[Äthyl-(2-*o*-tolyloxy-äthyl)-amino]-
6 IV 1968

−, 2-[Äthyl-(2-*p*-tolyloxy-äthyl)-amino]-
6 IV 2123

−, 2-[4-Allyl-2-methoxy-phenoxy]-
6 I 463 f, III 5028 d

−, 2-[2-(2-Allyl-6-methoxy-phenoxy)-
äthylamino]- **6** III 5016 h

−, 1-[3-Allyl-4-methoxy-phenyl]-
6 IV 6361

−, 2-Allyloxy-1,1-bis-[4-chlor-phenyl]-
6 IV 6697

−, 2-Allyloxy-1-phenyl- **6** III 4575 a

−, 2-[Allyl-(*β*-phenoxy-isopropyl)-amino]-
6 IV 672

−, 1-[1]Anthryl- **6** IV 4950

−, 1-[2]Anthryl- **6** IV 4951

−, 1-[9]Anthryl- **6** III 3573 b, IV 4951

−, 2-[2]Anthryl- **6** IV 4951

−, 2-[9]Anthryl- **6** III 3573 d, IV 4951

−, 2-[1]Anthryloxy- **6** II 669 c

−, 2-Azido-1-[4-brom-phenyl]- **6** IV 3061

−, 1-Benz[*a*]anthracen-7-yl- **6** III 3747 d

−, 2-Benz[*a*]anthracen-7-yl- **6** III 3747 e,
IV 5097

−, 2-Benzhydrylmercapto- **6** IV 4684

−, 2-Benzhydryloxy- **6** IV 4652

−, 2-[2-Benzhydryloxy-äthoxy]-
6 IV 4653

−, 2-[(2-Benzhydryloxy-äthyl)-methyl-
amino]- **6** IV 4661

−, 1-Benzo[*def*]chrysen-1-yl- **6** III 3816 a,
IV 5134

−, 1-Benzo[*def*]chrysen-6-yl- **6** III 3816 b

−, 1-Benzolsulfonyl- **6** II 292 e

−, 2-Benzolsulfonyl- **6** 301 c, III 997 c,
IV 1494

−, 2-[2-Benzolsulfonyl-äthylmercapto]-
6 III 997 f

−, 1-[5-Benzolsulfonyl-4-hydroxy-
[1]naphthyl]-1-phenyl- **6** IV 7613

−, 1-[5-Benzolsulfonyl-4-methoxy-
[1]naphthyl]-1-phenyl- **6** IV 7613

−, 1-[4-Benzolsulfonyl-phenyl]-
6 IV 5934

−, 2-Benzolsulfonyl-1-phenyl-
6 IV 5944

−, 2-{[2-(2-Benzyl-4-chlor-phenoxy)-
äthyl]-isopropyl-amino}- **6** IV 4637

−, 1-[2-Benzyl-4-chlor-phenyl]-
2,2,2-trichlor- **6** IV 4768

−, 2-Benzylmercapto- **6** II 430 c,
III 1587 a, IV 2652

−, 2-[2-Benzylmercapto-äthylamino]-
6 IV 2718

−, 2-[4-Benzylmercapto-phenoxy]-
6 IV 5805

−, 2-Benzylmercapto-1-phenyl-
6 IV 5945

−, 2-Benzyloxy- **6** II 413 a, III 1468 a,
IV 2241

−, 2-[2-Benzyloxy-äthoxy]- **6** II 413 c

−, 2-[2-(2-Benzyloxy-äthoxy)-äthoxy]-
6 IV 2242

Äthanol (Fortsetzung)

—, 1-[2,5-Bis-trifluormethyl-phenyl]-
6 IV 3357

—, 1-[3,4-Bis-trifluormethyl-phenyl]-
6 IV 3356

—, 1-[3,5-Bis-trifluormethyl-phenyl]-
6 IV 3359

—, 2-Bornan-2-yl- 6 III 342 g

—, 1-Bornan-2-yl-2,2,2-trichlor-
6 78 d, 81 m, 85 j, 88 a

—, 1-Bornyl- 6 IV 320

—, 1-Bornyloxy-2,2,2-tribrom-
6 78 e, 82 a, 85 k

—, 1-Bornyloxy-2,2,2-trichlor-
6 78 d, 81 m, 85 j

—, 1-Bornyl-1-phenyl- 6 IV 4125

—, 2-[5-Brom-acenaphthen-1-yl]-
6 IV 4746

—, 2-[2-Brom-äthoxy]-1,1-diphenyl-
6 IV 6695

—, 1-[4-(1-Brom-äthyl)-phenyl]-
6 545 k

—, 2-[10-Brom-[9]anthryl]- 6 III 3573 e,
IV 4951

—, 2-[4-Brom-benzolsulfonyl]-
6 331 c

—, 2-[4-Brom-benzyloxy]-
6 III 1562 d

—, 2-[3-Brom-biphenyl-4-yloxy]-
6 III 3334 b

—, 2-Brom-1-[2-brom-4,5-dihydroxy-
phenyl]- 6 1114 h

—, 2-Brom-1-[3-brom-4-methyl-phenyl]-
6 III 1828 c

—, 2-Brom-1-[4-brom-[1]naphthyl]-
6 III 3036 e

—, 2-Brom-1-[7-brom-[1]naphthyl]-
6 III 3036 f

—, 2-[2-Brom-4-butoxy-phenoxy]-
6 IV 5781

—, 2-Brom-2-chlor-1,1-bis-[4-chlor-
phenyl]- 6 IV 4723

—, 2-Brom-1-[4-chlor-[1]naphthyl]-
6 III 3036 c

—, 2-Brom-1-[7-chlor-[1]naphthyl]-
6 III 3036 d

—, 2-[2-Brom-4-chlor-phenoxy]-
6 IV 1058

—, 2-Brom-1-[4-chlor-phenyl]-
6 III 1691 e, IV 3055

—, 2-Brom-1-[4-chlor-phenyl]-
1,2-diphenyl- 6 IV 5058

—, 2-Brom-2-[4-chlor-phenyl]-
1,1-diphenyl- 6 IV 5058

—, 1-[4-Brom-cyclohexa-1,4-dienyl]-
6 IV 353

—, 2-Brom-1-cyclohexyl-2-nitro-
6 IV 118

—, 2-Brom-1-[3,5-dibrom-4-hydroxy-
phenyl]- 6 904 m

—, 2-Brom-1-[3,5-dibrom-phenyl]-
6 III 1692 f

—, 2-Brom-1-[2,4-dichlor-3-methyl-
phenyl]- 6 III 1824 c

—, 2-Brom-1-[3,4-dichlor-2-methyl-
phenyl]- 6 III 1819 i

—, 2-Brom-1-[2,4-dichlor-phenyl]-
6 III 1691 g

—, 2-Brom-1-[2,5-dichlor-phenyl]-
6 III 1691 h

—, 2-Brom-1-[2,6-dichlor-phenyl]-
6 III 1692 a

—, 2-Brom-1-[3,4-dichlor-phenyl]-
6 III 1692 b

—, 2-Brom-1-[3,4-dihydroxy-phenyl]-
6 1114 f, II 1085 d

—, 2-Brom-1-[3,4-dimethoxy-phenyl]-
6 1114 g, I 552 h

—, 2-[2-Brom-7,7-dimethyl-[1]norbornyl]-
6 IV 310

—, 2-Brom-1,1-diphenyl- 6 IV 4722

—, 2-Brom-2-fluor-1-phenyl- 6 IV 3054

—, 1-[2-Brom-3-hydroxy-4-methoxy-
phenyl]- 6 IV 7392

—, 2-Brom-1-mesityl- 6 IV 3412

—, 2-[3-Brom-4-methoxy-benzyloxy]-
6 IV 5918

—, 2-Brom-1-[4-methoxy-phenyl]-
6 IV 5933

—, 1-[2-Brom-5-methyl-phenyl]-
6 IV 3239

—, 1-[4-Brom-3-methyl-phenyl]-
6 IV 3239

—, 1-[4-Brom-3-methyl-phenyl]-
2,2,2-trichlor- 6 IV 3240

—, 2-[6-Brom-[2]naphthyloxy]-
6 IV 4303

—, 2-Brom-1-[2-nitro-phenyl]-
6 IV 3059

—, 2-Brom-1-[3-nitro-phenyl]-
6 IV 3059

—, 2-Brom-1-[4-nitro-phenyl]-
6 IV 3059

—, 2-[4-Brom-phenoxy]- 6 II 185 i,
III 745 b, IV 1048

Äthanol (Fortsetzung)

—, 1-[2-Brom-phenyl]- **6** III 1689 e,
IV 3053

—, 1-[3-Brom-phenyl]- **6** III 1689 f,
IV 3053

—, 1-[4-Brom-phenyl]- **6** II 447 d,
III 1689 g, IV 3053

—, 2-Brom-1-phenyl- **6** II 447 e,
III 1690 a, IV 3053

—, 2-[4-Brom-phenyl]-1,1-bis-[4-chlor-
phenyl]- **6** IV 5058

—, 1-[4-Brom-phenyl]-2-chlor-
6 III 1691 d, IV 3055

—, 1-[4-Brom-phenyl]-1-[3,5-dibrom-
4-hydroxy-phenyl]- **6** 1008 j

—, 2-[4-Brom-phenyl]-1,1-diphenyl-
6 III 3681 g

—, 1-[4-Brom-phenyl]-2-nitro-
6 IV 3059

—, 1-[3-Brom-phenyl]-1-phenyl-
6 IV 4722

—, 1-[4-Brom-phenyl]-1-phenyl-
6 III 3397 a

—, 1-[2-Brom-phenyl]-2,2,2-trichlor-
6 III 1692 c

—, 1-[4-Brom-phenyl]-2,2,2-trichlor-
6 II 447 f, IV 3055

—, 2-Brom-1-[2,3,5-tribrom-4-hydroxy-
phenyl]- **6** 905 c

—, 1-[2-Brom-4-trifluormethyl-phenyl]-
6 III 1828 b

—, 2-Brom-1,1,2-triphenyl- **6** IV 5057

—, 2-[1-But-3-en-1-inyl-cyclohexyloxy]-
6 III 1842 c

—, 2-[2-(1-But-3-en-1-inyl-cyclohexyloxy)-
äthoxy]- **6** III 1842 d

—, 2-[1-But-3-en-1-inyl-4-methyl-
cyclohexyloxy]- **6** III 1973 h

—, 2-Butoxy-1,1-bis-[4-chlor-phenyl]-
6 IV 6696

—, 2-[4-Butoxy-2-chlor-phenoxy]-
6 IV 5768

—, 2-[2-Butoxy-4,5-dichlor-phenoxy]-
6 IV 5618

—, 1-[3-Butoxy-4-hydroxy-phenyl]-
2,2,2-trichlor- **6** III 6331 d

—, 1-[4-sec-Butoxymethyl-phenyl]-
6 III 4642 d

—, 2-[3-Butoxy-phenoxy]- **6** IV 5669

—, 2-Butoxy-1-phenyl- **6** III 4574 e

—, 1-[4-Butoxy-phenyl]-1,2-diphenyl-
6 II 1016 e

—, 1-[4-Butoxy-phenyl]-2,2,2-trichlor-
6 IV 5932

—, 2-[4-tert-Butyl-2-chlor-phenoxy]-
6 III 1872 d

—, 1-[4-tert-Butyl-2,6-dimethyl-phenyl]-
6 IV 3498

—, 2-sec-Butylidenaminooxy-1-phenyl-
6 IV 5942

—, 1-[2-(sec-Butylmercapto-methyl)-
phenyl]- **6** IV 5995

—, 2-[4-tert-Butyl-2-methyl-phenoxy]-
6 III 1981 c

—, 2-[2-tert-Butyl-phenoxy]- **6** III 1861 d

—, 2-[4-tert-Butyl-phenoxy]- **6** III 1866 e

—, 2-[2-(4-tert-Butyl-phenoxy)-
äthylmercapto]- **6** IV 3300

—, 2-[β-(2-sec-Butyl-phenoxy)-
isopropylamino]- **6** IV 3278

—, 2-[β-(4-sec-Butyl-phenoxy)-
isopropylamino]- **6** IV 3281

—, 2-[β-(4-tert-Butyl-phenoxy)-
isopropylamino]- **6** IV 3308

—, 1-[3-sec-Butyl-phenyl]- **6** III 2011 h

—, 1-[3-tert-Butyl-phenyl]- **6** III 2012 g

—, 1-[4-Butyl-phenyl]- **6** III 2011 g,
IV 3432

—, 1-[4-sec-Butyl-phenyl]- **6** IV 3433

—, 1-[4-tert-Butyl-phenyl]- **6** III 2013 b,
IV 3434

—, 1-[4-tert-Butyl-phenyl]-2-nitro-
6 IV 3434

—, 1-[4-tert-Butyl-phenyl]-1-phenyl-
6 IV 4819

—, 2-[4-tert-Butyl-phenyl]-2-phenyl-
6 IV 4819

—, 2-Carbamoyloxy-1-phenyl-
6 IV 5941

—, 2-[2-Chlor-äthoxy]-1,1-diphenyl-
6 IV 6695

—, 2-[5-(2-Chlor-äthoxy)-[2]norbornyl-
methoxy]- **6** III 4132 d

—, 2-[6-(2-Chlor-äthoxy)-[2]norbornyl-
methoxy]- **6** III 4132 d

—, 2-[2-Chlor-benzolsulfonyl]-
6 IV 1572

—, 2-[4-Chlor-benzolsulfonyl]-
6 327 d, IV 1589

—, 2-[2-Chlor-benzylmercapto]-
6 IV 2768

—, 2-[2-(2-Chlor-benzylmercapto)-
äthylmercapto]- **6** IV 2768

—, 2-[2-(4-Chlor-benzylmercapto)-
äthylmercapto]- **6** IV 2775

Äthanol (Fortsetzung)

—, 2-[4-(4-Chlor-benzylmercapto)-
  phenoxy]- **6** IV 5805

—, 2-[2-Chlor-benzyloxy]- **6** III 1555 b

—, 2-[4-Chlor-benzyloxy]- **6** IV 2594

—, 2-({2-[2-(4-Chlor-benzyl)-phenoxy]-
  äthyl}-isopropyl-amino)- **6** IV 4639

—, 1-[4'-Chlor-biphenyl-4-yl]-
  6 III 3405 e

—, 2-[3-Chlor-biphenyl-2-yloxy]-
  6 III 3299 b

—, 2-[5-Chlor-biphenyl-2-yloxy]-
  6 III 3300 c

—, 2-Chlor-1,1-bis-[4-chlor-phenyl]-
  6 IV 4719

—, 2-Chlor-1,1-bis-[4-chlor-phenyl]-
  2,2-difluor- **6** IV 4720

—, 2-Chlor-1,1-bis-[4-chlor-phenyl]-
  2-fluor- **6** IV 4720

—, 1-[4-Chlor-2,5-bis-trifluormethyl-
  phenyl]- **6** IV 3357

—, 1-[4-Chlor-3,5-bis-trifluormethyl-
  phenyl]- **6** IV 3359

—, 2-[5-Chlor-2-(2-chlor-äthoxy)-
  benzyloxy]- **6** IV 5900

—, 2-[1-Chlor-4-(α-chlor-isopropyl)-
  cyclohexyl]- **6** III 178 g

—, 2-Chlor-1-[4-chlor-[1]naphthyl]-
  6 III 3035 i

—, 2-Chlor-1-[5-chlor-[1]naphthyl]-
  6 III 3035 j

—, 2-Chlor-1-[6-chlor-[1]naphthyl]-
  6 III 3036 a

—, 2-Chlor-1-[7-chlor-[1]naphthyl]-
  6 III 3036 b

—, 2-Chlor-1-[4-chlor-phenyl]-
  6 I 236 h, III 1685 c, IV 3048

—, 2-Chlor-1-[4-chlor-phenyl]-2,2-difluor-
  6 IV 3049

—, 2-Chlor-1-[4-chlor-phenyl]-1-phenyl-
  6 IV 4718

—, 1-[4-Chlor-cyclohexa-1,4-dienyl]-
  6 IV 353

—, 1-[4-Chlor-cyclohex-3-enyl]-
  6 IV 220

—, 2-Chlor-1-cyclohexyl- **6** IV 118

—, 2-Chlor-1-cyclohexyl-2-nitro-
  6 IV 118

—, 2-[4-Chlor-2-cyclohexyl-phenoxy]-
  6 III 2498 b

—, 2-Chlor-2,2-difluor-1,1-diphenyl-
  6 IV 4718

—, 2-Chlor-2,2-difluor-1-phenyl-
  6 IV 3047

—, 2-Chlor-1-[2,4-difluor-phenyl]-
  2,2-difluor- **6** IV 3048

—, 2-Chlor-1-[3,4-dihydroxy-phenyl]-
  6 1114 e, II 1084 i

—, 1-[2-Chlor-3,4-dimethoxy-phenyl]-
  2-nitro- **6** IV 7392

—, 2-[2-Chlor-7,7-dimethyl-[1]norbornyl]-
  6 IV 309

—, 2-[4-Chlor-2,6-dimethyl-phenoxy]-
  6 IV 3122

—, 2-[4-Chlor-3,5-dimethyl-phenoxy]-
  6 IV 3152

—, 1-[2-Chlor-3,4-dimethyl-phenyl]-
  6 IV 3356

—, 1-[2-Chlor-3,5-dimethyl-phenyl]-
  6 IV 3359

—, 1-[4-Chlor-2,5-dimethyl-phenyl]-
  6 IV 3357

—, 2-[5-Chlor-2,4-dinitro-phenoxy]-
  6 III 870 g

—, 2-Chlor-1-[2,4-dinitro-phenyl]-
  6 IV 3060

—, 2-Chlor-1-[3,5-dinitro-phenyl]-
  6 IV 3060

—, 2-Chlor-1,1-diphenyl- **6** 685 c,
  III 3396 e, IV 4718

—, 2-Chlor-2-fluor-1-[4-fluor-phenyl]-
  6 IV 3047

—, 2-Chlor-2-fluor-1-phenyl- **6** IV 3047

—, 2-Chlor-1-[4-hydroxy-5-isopropyl-
  2-methyl-phenyl]- **6** II 906 g

—, 1-[2-Chlor-4-hydroxy-5-methoxy-
  phenyl]- **6** IV 7391

—, 1-[5-Chlor-2-hydroxy-3-methyl-
  phenyl]- **6** IV 5996

—, 2-Chlor-1-[4-hydroxy-phenyl]-
  6 II 886 g

—, 2-[2-Chlor-4-isopentyloxy-phenoxy]-
  6 IV 5768

—, 2-[4-Chlor-2-isopropyl-5-methyl-
  phenoxy]- **6** IV 3344

—, 2-[4-Chlor-5-isopropyl-2-methyl-
  phenoxy]- **6** IV 3334

—, 2-Chlor-1-[4-methoxy-[1]naphthyl]-
  6 III 5313 c

—, 2-Chlor-1-[7-methoxy-
  1,2,3,4-tetrahydro-[9]phenanthryl]-
  6 III 5484 e

—, 2-[2-Chlor-4-methyl-phenoxy]-
  6 I 203 m

Äthanol (Fortsetzung)

–, 2-[2-Chlor-5-methyl-phenoxy]-
6 IV 2063

–, 2-[4-Chlor-2-methyl-phenoxy]-
6 IV 1988

–, 2-[4-Chlor-3-methyl-phenoxy]-
6 I 188 c, IV 2064

–, 2-[2-(4-Chlor-2-methyl-phenoxy)-
äthoxy]- 6 IV 1988

–, 1-[2-Chlor-5-methyl-phenyl]-
6 IV 3238

–, 1-[4-Chlor-3-methyl-phenyl]-
6 IV 3238

–, 1-[4-Chlor-[1]naphthyl]- 6 III 3035 e,
IV 4347

–, 1-[6-Chlor-[2]naphthyl]- 6 III 3042 b

–, 1-[7-Chlor-[1]naphthyl]- 6 III 3035 g

–, 2-Chlor-1-[1]naphthyl- 6 IV 4347

–, 2-[5-Chlor-[1]naphthyl]- 6 III 3037 c

–, 2-[7-Chlor-[1]naphthyl]- 6 III 3037 d

–, 2-[8-Chlor-[1]naphthyl]- 6 IV 4347

–, 2-[2-Chlor-5-nitro-benzolsulfonyl]-
6 IV 1729

–, 2-[4-Chlor-3-nitro-benzolsulfonyl]-
6 IV 1728

–, 2-[2-Chlor-4-nitro-phenoxy]-
6 III 840 a

–, 2-Chlor-1-[2-nitro-phenyl]-
6 II 447 j

–, 2-Chlor-1-[3-nitro-phenyl]-
6 IV 3056

–, 2-Chlor-1-[4-nitro-phenyl]-
6 IV 3057

–, 2-[2-Chlor-phenoxy]- 6 I 99 b,
II 172 b, IV 787

–, 2-[3-Chlor-phenoxy]- 6 I 100 b,
III 682 d, IV 812

–, 2-[4-Chlor-phenoxy]- 6 I 101 f,
III 690 b, IV 826

–, 2-[2-(4-Chlor-phenoxy)-äthylamino]-
6 IV 860

–, 2-[β-(2-Chlor-phenoxy)-isopropyl‌-
amino]- 6 IV 801

–, 2-[β-(4-Chlor-phenoxy)-isopropyl‌-
amino]- 6 IV 862

–, 2-[4-(4-Chlor-phenoxy)-phenoxy]-
6 IV 5730

–, 1-[2-Chlor-phenyl]- 6 II 446 f,
III 1682 d, IV 3044

–, 1-[3-Chlor-phenyl]- 6 III 1682 g,
IV 3044

–, 1-[4-Chlor-phenyl]- 6 I 236 f,
III 1682 h, IV 3045

–, 2-Chlor-1-phenyl- 6 I 236 g, II 446 g,
III 1683 c, IV 3045

–, 2-[4-Chlor-phenyl]-1,1-bis-[4-jod-
phenyl]- 6 III 3682 a

–, 2-[4-Chlor-phenyl]-1,1-bis-[4-methoxy-
phenyl]- 6 III 6587 a

–, 1-[2-Chlor-phenyl]-1-[4-chlor-phenyl]-
6 IV 4718

–, 1-[4-Chlor-phenyl]-1,2-diphenyl-
6 III 3681 a

–, 1-[4-Chlor-phenyl]-2,2-diphenyl-
6 IV 5060

–, 2-[4-Chlor-phenyl]-1,1-diphenyl-
6 III 3681 b

–, 1-[4-Chlor-phenyl]-2-fluor-
6 IV 3047

–, 1-[4-Chlor-phenyl]-2-mercapto-
6 IV 5946

–, 2-[4-Chlor-phenylmercapto]-
6 III 1037 a, IV 1588

–, 1-[4-Chlor-phenyl]-2-nitro-
6 III 1695 d

–, 1-[3-Chlor-phenyl]-1-phenyl-
6 IV 4717

–, 1-[4-Chlor-phenyl]-1-phenyl-
6 IV 4717

–, 1-[4-Chlor-phenyl]-2,2,2-trifluor-
6 IV 3047

–, 1-[4-Chlor-phenyl]-1,2,2-triphenyl-
6 III 3837 b

–, 2-[2-Chlor-4-propoxy-phenoxy]-
6 IV 5768

–, 2-Chlor-1-p-tolyl- 6 I 255 d

–, 1-[4-Chlor-2-trifluormethyl-phenyl]-
6 IV 3233

–, 1-[4-Chlor-3-trifluormethyl-phenyl]-
6 IV 3238

–, 2-Chlor-1-[3,4,5-trihydroxy-phenyl]-
6 II 1123 a

–, 2-Chlor-1,1,2-triphenyl- 6 III 3681 c

–, 2-Cholestan-3-yl- 6 IV 3610

–, 2-Cholestan-3-yl-1,1-diphenyl-
6 IV 5081

–, 2-Cholestan-3-yliden- 6 IV 4043

–, 2-Cholest-5-en-3-yl- 6 IV 4043

–, 2-Cholesteryl- 6 IV 4042

–, 2-Cholesteryl-1,1-diphenyl-
6 IV 5113

–, 1-Chrysen-6-yl- 6 IV 5098

–, 1-Cyclobutyl- 6 9 c, III 57 e

–, 1-Cyclobutyl-1-phenyl- 6 IV 3916

–, 2-Cyclohepta-2,4,6-trienyl-
6 IV 3176

Äthanol (Fortsetzung)

–, 1-[3,4-Diacetoxy-phenyl]-2-nitro-
6 II 1085 f

–, 1-[2,3-Diäthoxy-phenyl]-2-nitro-
6 III 6329 c

–, 1-[3,4-Diäthoxy-phenyl]-2-nitro-
6 IV 7392

–, 2-[2-Diäthylamino-äthoxy]-
1,1-diphenyl- 6 IV 6696

–, 2-[2-Diäthylamino-äthoxy]-1-phenyl-
6 III 4577 d

–, 1-[4-(2-Diäthylamino-äthoxy)-phenyl]-
1-fluoren-9-yl- 6 IV 7010

–, 2-[2-Diäthylamino-äthylmercapto]-
1,1-diphenyl- 6 IV 6697

–, 2-[2-Diäthylamino-äthylmercapto]-
1-phenyl- 6 III 4578 g

–, 2-[3-(2-Diäthylamino-äthylmercapto)-
propoxy]-1-phenyl- 6 III 4575 d

–, 1-[4-(3-Diäthylamino-propoxy)-
phenyl]-1,2-diphenyl- 6 IV 6978

–, 2-[3-Diäthylamino-propylmercapto]-
1-phenyl- 6 III 4579 a

–, 1-[3,5-Diäthyl-phenyl]- 6 III 2023 b

–, 2-[6,7-Diäthyl-1,2,3,4-tetrahydro-
[1]naphthyl]- 6 IV 3968

–, 1,2-Di-[9]anthryl- 6 IV 5166

–, 2-[4,5-Dibrom-2-butoxy-phenoxy]-
6 IV 5623

–, 2,2-Dibrom-1-[3,5-dibrom-4-hydroxy-
phenyl]- 6 905 h

–, 1-[3,5-Dibrom-4-hydroxy-phenyl]-
6 904 e

–, 2-[4,5-Dibrom-2-isopentyloxy-
phenoxy]- 6 IV 5623

–, 2-[4,5-Dibrom-2-methoxy-phenoxy]-
6 IV 5623

–, 2-[2,4-Dibrom-phenoxy]- 6 IV 1062

–, 2-[Dibrom-phenyl-λ^4-selanyl]-
6 III 1109 a

–, 2-[4,5-Dibrom-2-propoxy-phenoxy]-
6 IV 5623

–, 2,2-Dibrom-1-[2,3,5,6-tetrabrom-
4-hydroxy-phenyl]- 6 906 c

–, 2,2-Dibrom-1-[2,3,5-tribrom-
4-hydroxy-phenyl]- 6 905 k

–, 2-[3,5-Di-*tert*-butyl-biphenyl-2-yloxy]-
6 III 3466 a

–, 2-[2,4-Di-*tert*-butyl-6-chlor-phenoxy]-
6 III 2063 e

–, 2-[2,4-Di-*tert*-butyl-6-methyl-
phenoxy]- 6 III 2073 d

–, 2-[2,4-Di-*tert*-butyl-phenoxy]-
6 III 2063 a, IV 3494

–, 2-[2,5-Dichlor-benzolsulfonyl]-
6 IV 1620

–, 2-[3,4-Dichlor-benzolsulfonyl]-
6 IV 1627

–, 2-[3,5-Dichlor-benzolsulfonyl]-
6 IV 1632

–, 2-[3,4-Dichlor-benzyloxy]-
6 IV 2598

–, 2-[3,5-Dichlor-biphenyl-2-yloxy]-
6 III 3302 e

–, 2,2-Dichlor-1,1-bis-[4-chlor-phenyl]-
6 IV 4720

–, 2,2-Dichlor-1,1-bis-[4-chlor-phenyl]-
2-fluor- 6 IV 4721

–, 2,2-Dichlor-1-[2-chlor-phenyl]-
6 III 1685 h

–, 2,2-Dichlor-1-[4-chlor-phenyl]-
6 III 1685 i

–, 2,2-Dichlor-1-[4-chlor-phenyl]-2-fluor-
6 IV 3049

–, 2-[2,6-Dichlor-3,5-dimethyl-phenoxy]-
6 IV 3157

–, 1-[2,3-Dichlor-4,5-dimethyl-phenyl]-
6 IV 3356

–, 2,2-Dichlor-1,1-diphenyl- 6 III 3396 g

–, 2,2-Dichlor-1,1-di-*p*-tolyl- 6 IV 4790

–, 2,2-Dichlor-2-fluor-1,1-diphenyl-
6 IV 4719

–, 2-[4,5-Dichlor-2-isopentyloxy-
phenoxy]- 6 IV 5618

–, 2-[2,4-Dichlor-5-jod-phenoxy]-
6 IV 1081

–, 2-[4,5-Dichlor-2-methoxy-phenoxy]-
6 IV 5618

–, 2-[2,4-Dichlor-5-methyl-phenoxy]-
6 IV 2069

–, 2-[2,4-Dichlor-6-methyl-phenoxy]-
6 IV 2001

–, 1-[5,8-Dichlor-[1]naphthyl]-
6 III 3035 h

–, 2-[2,4-Dichlor-5-nitro-phenoxy]-
6 IV 1359

–, 2-[2,4-Dichlor-phenoxy]-
6 III 703 a, IV 889

–, 2-[2,5-Dichlor-phenoxy]- 6 IV 942

–, 2-[3,4-Dichlor-phenoxy]- 6 IV 953

–, 2-[2-(2,4-Dichlor-phenoxy)-äthoxy]-
6 IV 890

–, 2-[2-(2,5-Dichlor-phenoxy)-äthoxy]-
6 IV 942

–, 1-[2,3-Dichlor-phenyl]- 6 III 1684 b

Äthanol (Fortsetzung)

—, 1-[2,4-Dichlor-phenyl]- **6** II 446 h,
III 1684 c, IV 3048

—, 1-[2,5-Dichlor-phenyl]- **6** III 1684 e,
IV 3048

—, 1-[2,6-Dichlor-phenyl]- **6** III 1684 f

—, 1-[3,4-Dichlor-phenyl]- **6** III 1684 g,
IV 3048

—, 1-[3,5-Dichlor-phenyl]- **6** III 1685 b

—, 2,2-Dichlor-1-phenyl- **6** II 447 a,
III 1685 e, IV 3049

—, 2-[2,4-Dichlor-phenylmercapto]-
6 IV 1613

—, 2-[2,5-Dichlor-phenylmercapto]-
6 III 1043 e

—, 2-[3,4-Dichlor-phenylmercapto]-
6 IV 1627

—, 2-[3,5-Dichlor-phenylmercapto]-
6 IV 1632

—, 2-[4,5-Dichlor-2-propoxy-phenoxy]-
6 IV 5618

—, 1-[3,4-Dichlor-5-trifluormethyl-
phenyl]- **6** IV 3238

—, 1,1-Dicyclohexyl- **6** II 98 i, IV 327

—, 1,2-Dicyclohexyl- **6** II 98 h,
III 351 c

—, 1,1-Di-cyclopent-2-enyl- **6** IV 3448

—, 1,2-Dicyclopentyliden-2-phenyl-
6 IV 4821

—, 1,2-Dicyclopentyl-2-phenyl-
6 IV 4124

—, 1,1-Dicyclopropyl- **6** IV 227

—, 1,2-Dicyclopropyl- **6** I 36 d

—, 2,2-Difluor-1,1-bis-[4-fluor-phenyl]-
6 IV 4716

—, 2,2-Difluor-1,1-diphenyl- **6** IV 4715

—, 1-[2,4-Difluor-phenyl]- **6** IV 3043

—, 1-[2,5-Difluor-phenyl]- **6** IV 3043

—, 2,2-Difluor-1-phenyl- **6** IV 3043

—, 1-[2,4-Difluor-phenyl]-2,2-difluor-
6 IV 3044

—, 1-[2,5-Difluor-phenyl]-2,2-difluor-
6 IV 3044

—, 1-[9,10-Dihydro-[9]anthryl]-
6 III 3519 c

—, 2-[9,10-Dihydro-[9]anthryl]-
6 IV 4897

—, 1-[9,10-Dihydro-[9]anthryl]-1-phenyl-
6 IV 5104

—, 2-[4,5-Dihydro-benz[*k*]acephenanthryl≠
en-7-yl]- **6** IV 5125

—, 2-[5,8-Dihydro-[1]naphthyloxy]-
6 IV 4078

—, 1-[2′,5′-Dihydroxy-biphenyl-4-yl]-
6 IV 7575

—, 2-[2,4-Dihydroxy-3,5-dinitro-
phenoxy]- **6** I 543 d

—, 1-[2,5-Dihydroxy-phenyl]-
6 III 6329 d

—, 1-[3,4-Dihydroxy-phenyl]- **6** IV 7390

—, 1-[3,4-Dihydroxy-phenyl]-2-fluor-
6 IV 7391

—, 1-[3,4-Dihydroxy-phenyl]-2-methoxy-
6 III 6662 d

—, 1-[2,5-Dihydroxy-phenyl]-2-nitro-
6 I 552 d

—, 1-[3,4-Dihydroxy-phenyl]-2-nitro-
6 III 6332 b

—, 2,2-Dimesityl- **6** III 3464 g

—, 1-[2,5-Dimethoxy-3,6-dimethyl-
phenyl]- **6** III 6362 e

—, 1-[2,3-Dimethoxy-phenyl]-
6 I 552 c, III 6328 g, IV 7388

—, 1-[2,4-Dimethoxy-phenyl]-
6 IV 7389

—, 1-[2,5-Dimethoxy-phenyl]-
6 IV 7389

—, 1-[2,6-Dimethoxy-phenyl]-
6 III 6330 d

—, 1-[3,4-Dimethoxy-phenyl]-
6 I 552 e, IV 7390

—, 1-[2,5-Dimethoxy-phenyl]-
1,2-diphenyl- **6** 1146 g, III 6585 c

—, 1-[3,4-Dimethoxy-phenyl]-2-[4-
(1-hydroxy-äthyl)-2-methoxy-phenoxy]-
6 III 6663 d, IV 7698

—, 2-[3-(3,4-Dimethoxy-phenyl)-
2-hydroxymethyl-5,6-dimethoxy-indan-
1-yl]- **6** IV 7946

—, 1-[3,4-Dimethoxy-phenyl]-2-methoxy-
6 III 6663 b

—, 1-[3,4-Dimethoxy-phenyl]-2-
[2-methoxy-4-propyl-phenoxy]-
6 III 6663 c

—, 1-[3,4-Dimethoxy-phenyl]-
2-methylmercapto- **6** III 6664 c

—, 1-[2,3-Dimethoxy-phenyl]-2-nitro-
6 III 6329 a

—, 1-[3,4-Dimethoxy-phenyl]-2-nitro-
6 III 6332 c

—, 1-[2,5-Dimethoxy-phenyl]-1-phenyl-
6 1137 g

—, 1-[3,4-Dimethoxy-phenyl]-
2-phenylmercapto- **6** IV 7699

—, 2-[2-Dimethylamino-äthoxy]-
1,1-diphenyl- **6** IV 6695

Äthanol (Fortsetzung)

—, 2-[2,5-Dimethyl-benzolsulfonyl]-
6 498 c

—, 1-[2,5-Dimethyl-cyclohex-3-enyl]-
6 IV 257

—, 1-[3,4-Dimethyl-cyclohex-3-enyl]-
6 IV 256

—, 2-[5,5-Dimethyl-cyclohex-1-enyl]-
6 IV 255

—, 2-[3,3-Dimethyl-cyclohexyliden]-
6 IV 255

—, 2-[2,3-Dimethyl-2,6-cyclo-norbornan-
3-yl]- 6 102 b, III 397 f

—, 1-[2,3-Dimethyl-cyclopentyl]-
6 III 120 a

—, 1-[2,4-Dimethyl-cyclopentyl]-
6 23 e

—, 1-[3,4-Dimethyl-cyclopentyl]-
6 23 d

—, 1-[8,8-Dimethyl-decahydro-
[2]naphthyl]- 6 IV 328

—, 2-[2,2-Dimethyl-6-methylen-
cyclohexyl]- 6 IV 296

—, 2-[2,2-Dimethyl-3-methylen-
cyclopentyl]- 6 IV 264

—, 1-[2,2-Dimethyl-3-(2-methyl-prop⸗
enyl)-cyclopropyl]- 6 IV 301

—, 2-[2,5-Dimethyl-[1]naphthyl]-
6 IV 4370

—, 2-[3,4-Dimethyl-[1]naphthyl]-
6 III 3058 a

—, 1-[2,2-Dimethyl-3-nitro-cyclopropyl]-
6 III 82 f

—, 2-[3,3-Dimethyl-[2]norbornyl]-
6 IV 310

—, 2-[7,7-Dimethyl-[1]norbornyl]-
6 IV 309

—, 2-[3,3-Dimethyl-[2]norbornyliden]-
6 I 64 b, III 397 d

—, 2-[3,3-Dimethyl-[2]norbornyliden]-
1,1-diphenyl- 6 III 3623 b

—, 1-[3,3-Dimethyl-[2]norbornyl]-
2-phenyl- 6 III 2777 b

—, 1-[6,6-Dimethyl-norpinan-2-yl]-
6 III 330 a

—, 2-[6,6-Dimethyl-norpinan-2-yl]-
6 III 330 e, IV 308

—, 2-[6,6-Dimethyl-norpinan-2-yl]-
1,1-diphenyl- 6 IV 4977

—, 2-[6,6-Dimethyl-norpinan-2-yliden]-
6 IV 399

—, 1-[6,6-Dimethyl-norpin-2-en-2-yl]-
6 III 395 e

—, 2-[6,6-Dimethyl-norpin-2-en-2-yl]-
6 III 396 a, IV 398

—, 2-[6,6-Dimethyl-norpin-2-en-2-yl]-
1,1-diphenyl- 6 IV 5003

—, 2-[6,6-Dimethyl-norpin-2-en-2-yl]-
1-phenyl- 6 IV 4386

—, 1-[1,4-Dimethyl-octahydro-
1,4-methano-cyclobutabenzen-2-yl]-
7 III 653 c

—, 2-[2,4-Dimethyl-phenoxy]-
6 I 241 g, IV 3128

—, 2-[2,5-Dimethyl-phenoxy]-
6 I 245 c

—, 2-[3,4-Dimethyl-phenoxy]-
6 I 240 d, III 1728 d, IV 3101

—, 2-[3,5-Dimethyl-phenoxy]-
6 IV 3143

—, 1-[2,2-Dimethyl-3-phenoxy-
cyclopropyl]- 6 IV 5226

—, 1-[2,2-Dimethyl-3-phenoxy-
cyclopropyl]-1-phenyl- 6 IV 6377

—, 2-[β-(3,4-Dimethyl-phenoxy)-
isopropylamino]- 6 IV 3105

—, 2-[3,5-Dimethyl-phenoxy]-1,1,2-tris-
[3,5-dimethyl-phenyl]- 6 III 5822 e

—, 1-[2,4-Dimethyl-phenyl]- 6 546 a,
I 268 c, III 1917 b, IV 3358

—, 1-[2,5-Dimethyl-phenyl]-
6 545 n, III 1916 c

—, 1-[2,6-Dimethyl-phenyl]- 6 IV 3356

—, 1-[3,4-Dimethyl-phenyl]-
6 545 l, III 1915 f, IV 3356

—, 1-[3,5-Dimethyl-phenyl]- 6 II 503 g,
III 1918 b

—, 2-[1-(3,4-Dimethyl-phenyl)-butoxy]-
6 III 2015 g

—, 1-[3,4-Dimethyl-6-phenyl-cyclohex-
3-enyl]- 6 IV 4119

—, 1-[2,5-Dimethyl-phenyl]-1-
[3,4-dimethyl-phenyl]- 6 IV 4820

—, 2-[2,4-Dimethyl-phenyl]-1,1-diphenyl-
6 III 3702 b

—, 1-[3,4-Dimethyl-phenyl]-2-methoxy-
6 I 452 d

—, 2-[3,4-Dimethyl-phenyl]-2-phenyl-
6 IV 4789

—, 2-[1,2-Dimethyl-1,2,3,4-tetrahydro-
[1]naphthyl]- 6 IV 3950

—, 2-[1,4-Dimethyl-5,6,7,8-tetrahydro-
[2]naphthyl]- 6 III 2556 d

—, 2-[2,5-Dimethyl-1,2,3,4-tetrahydro-
[1]naphthyl]- 6 IV 3950

Äthanol (Fortsetzung)

—, 2-[4,7-Dimethyl-1,2,3,4-tetrahydro-[1]naphthyl]- **6** IV 3952

—, 2-[5,6-Dimethyl-1,2,3,4-tetrahydro-[1]naphthyl]- **6** III 2556 e

—, 2-[6,7-Dimethyl-1,2,3,4-tetrahydro-[1]naphthyl]- **6** IV 3952

—, 1-[1,5-Dimethyl-tricyclo[3.3.1.0^{2,7}]non-8-yl]- **7** III 653 c

—, 1,1-Di-[1]naphthyl- **6** III 3794 a

—, 1,1-Di-[1]naphthyl-2-phenyl- **6** IV 5162

—, 2-[2,4-Dinitro-benzolsulfonyl]-1-phenyl- **6** IV 3094

—, 2,2-Dinitro-1,1-diphenyl- **6** II 640 c

—, 2-[2,4-Dinitro-phenoxy]- **6** II 243 k, III 864 a, IV 1377

—, 2-[2,4-Dinitro-phenyldisulfanyl]- **6** IV 1769

—, 2-[2,4-Dinitro-phenylmercapto]- **6** II 315 l, III 1097 f, IV 1750

—, 2-[2,4-Dinitro-phenylmercapto]-1-phenyl- **6** IV 5944

—, 1-[2,4-Dinitro-phenyl]-2-nitro- **6** III 1696 f

—, 2-[2',4'-Dinitro-stilben-4-yloxy]- **6** IV 4862

—, 2-[2,4-Di-*tert*-pentyl-phenoxy]- **6** III 2085 c

—, 1,1-Di-[9]phenanthryl- **6** III 3883 f

—, 1,1-Diphenyl- **6** 685 b, I 330 a, II 639 c, III 3395 b, IV 4713

—, 1,2-Diphenyl- s. a. *Bibenzyl-α-ol*

—, 2,2-Diphenyl- **6** II 640 d, III 3397 c, IV 4724

—, 1,2-Diphenyl-1,2-di-*p*-tolyl- **6** III 3843 c

—, 2,2-Diphenyl-1,1-di-*p*-tolyl- **6** III 3843 b

—, 2-Diphenylmethansulfonyl- **6** III 3380 b

—, 1-[1,4-Diphenyl-[2]naphthyl]- **6** IV 5136

—, 1,1-Diphenyl-2-[10-phenyl-[9]anthryl]- **6** IV 5175

—, 1,1-Diphenyl-2-[4-propoxy-phenyl]- **6** III 5792 h

—, 1,2-Diphenyl-1-[4-propoxy-phenyl]- **6** II 1016 d, III 5792 d

—, 1,1-Diphenyl-2-*p*-tolyl- **6** I 356 d, IV 5066

—, 1,2-Diphenyl-1-*p*-tolyl- **6** III 3694 b, IV 5066

—, 2,2-Diphenyl-1-*p*-tolyl- **6** IV 5066

—, 1,1-Diphenyl-2-[5,6,7-trimethoxy-[1]naphthyl]- **6** III 6829 d

—, 1,1-Diphenyl-2-[6,7,8-trimethoxy-[1]naphthyl]- **6** III 6730

—, 1,1-Diphenyl-2-[2,4,5-trimethoxy-phenyl]- **6** III 6811 b

—, 2,2-Di-*p*-tolyl- **6** IV 4790

—, 2-Dodecylmercapto-1-phenyl- **6** III 4578 e

—, 1-[4-Dodecyl-phenyl]- **6** IV 3551

—, 2-({2-[2-(4-Fluor-benzyl)-phenoxy]-äthyl}-isopropyl-amino)- **6** IV 4636

—, 1-[2'-Fluor-biphenyl-4-yl]- **6** III 3405 d

—, 1-[4-Fluor-cyclohexa-1,4-dienyl]- **6** IV 353

—, 2-Fluor-1,1-diphenyl- **6** IV 4715

—, 1-Fluoren-2-yl- **6** III 3513 b, IV 4881

—, 1-Fluoren-9-yl- **6** I 337 f, IV 4881

—, 2-Fluoren-9-yl- **6** II 665 b, IV 4881

—, 2-Fluoren-9-yl-1,1-diphenyl- **6** II 732 a, III 3853 c

—, 2-Fluoren-9-yliden-1,1,2-triphenyl- **6** III 3898 d

—, 2-Fluoren-9-yl-1-[1]naphthyl- **6** IV 5147

—, 2-Fluoren-9-yl-1-[2]naphthyl- **6** IV 5148

—, 1-Fluoren-2-yl-2-[4-nitro-phenyl]- **6** III 3755 d

—, 1-Fluoren-9-yl-1-phenyl- **6** IV 5102

—, 2-Fluoren-9-yl-1-phenyl- **6** IV 5102

—, 1-[4-Fluor-2-methyl-phenyl]- **6** IV 3233

—, 2-[β-(2-Fluor-phenoxy)-isopropyl-amino]- **6** IV 772

—, 2-[β-(3-Fluor-phenoxy)-isopropyl-amino]- **6** IV 773

—, 2-[β-(4-Fluor-phenoxy)-isopropyl-amino]- **6** IV 778

—, 1-[2-Fluor-phenyl]- **6** III 1682 a, IV 3042

—, 1-[3-Fluor-phenyl]- **6** III 1682 b, IV 3042

—, 1-[4-Fluor-phenyl]- **6** III 1682 c, IV 3042

—, 2-Fluor-1-phenyl- **6** IV 3043

—, 1-[4-Fluor-phenyl]-1,2-bis-[4-methoxy-phenyl]- **6** IV 7622

Äthanol (Fortsetzung)

—, 2-[3-Hydroxymethyl-2,2,3-trimethyl-
cyclopentyl]- **6** II 756 d

—, 1-[4-Hydroxy-5-(naphthalin-
1-sulfonyl)-[1]naphthyl]-1-[1]naphthyl-
6 IV 7657

—, 2-[2-Hydroxy-[1]naphthyl]-
6 IV 6587

—, 2-[1-Hydroxy-[2]naphthyl]-
2,2-diphenyl- **6** IV 7043

—, 2-[2-Hydroxy-[1]naphthyl]-
1,2-diphenyl- **6** IV 7042

—, 2-[2-Hydroxy-[1]naphthyl]-
2,2-diphenyl- **6** IV 7042

—, 2-[2-Hydroxy-[1]naphthyl]-2-mesityl-
6 IV 6960

—, 2-[2-Hydroxy-[1]naphthyl]-2-
[4-methoxy-phenyl]- **6** IV 7613

—, 2-[2-Hydroxy-[1]naphthyl]-2-phenyl-
6 IV 6951

—, 2-[4-Hydroxy-[1]naphthyl]-2-phenyl-
6 IV 6951

—, 2-[2-Hydroxy-phenoxy]- **6** II 782 b,
III 4220 e

—, 2-[3-Hydroxy-phenoxy]- **6** III 4316 a,
IV 5669

—, 2-[4-Hydroxy-phenoxy]- **6** III 4404 d

—, 1-[3-Hydroxy-phenyl]- **6** 903 i,
I 443 a, IV 5929

—, 1-[4-Hydroxy-phenyl]- **6** III 4565 a,
IV 5930

—, 2-[2-Hydroxy-2-phenyl-cyclohexyl]-
1,1-diphenyl- **6** IV 7013

—, 1-[4-Hydroxy-phenyl]-1,2-diphenyl-
6 III 5792 a

—, 2-[4-Hydroxy-phenyl]-1,2-diphenyl-
6 1046 c

—, 2-[4-Hydroxy-phenyl]-2-[4-methoxy-
phenyl]- **6** IV 7571

—, 1-[3-Hydroxy-phenyl]-2-nitro-
6 III 4564 g

—, 1-[4-Hydroxy-phenyl]-2-nitro-
6 III 4568 e

—, 1-[4-Hydroxy-phenyl]-1-phenyl-
6 1008 h

—, 2-[2-Hydroxy-phenyl]-2-phenyl-
6 IV 6694

—, 2-[4-Hydroxy-phenyl]-2-phenyl-
6 IV 6694

—, 1-Indan-1-yl- **6** I 294 b

—, 1-Indan-2-yl- **6** 582 j

—, 1-Indan-5-yl- **6** III 2483 c

—, 2-Indan-1-yl- **6** I 294 c, II 547 a

—, 2-Indan-4-yl- **6** III 2483 b,
IV 3893

—, 2-Indan-5-ylmercapto- **6** IV 3831

—, 1-Inden-1-yl- **6** I 301 d

—, 2-Inden-3-yl- **6** IV 4085

—, 1-Inden-1-yl-1-phenyl- **6** I 345 d

—, 1-Isobornyl-1-phenyl- **6** IV 4125

—, 2-[2-(4-Isobutyl-phenoxy)-äthoxy]-
6 III 1859 b

—, 2-[3-Isopentyloxy-cyclohex-1-enyl]-
6 II 757 f

—, 2-[5-Isopentyloxy-cyclohex-1-enyl]-
6 II 757 f

—, 2-[3-Isopentyloxy-cyclohexyl]-
6 II 751 f

—, 2-[4-Isopropenyl-cyclohex-1-enyl]-
6 III 394 f

—, 1-[3-Isopropenyl-cyclopentyl]-
6 67 e, III 261 a, IV 261

—, 1-[7-Isopropenyl-4-methyl-azulen-
1-yl]- **6** IV 4797

—, 2-[5-Isopropenyl-2-methyl-cyclohex-
1-enyl]- **6** IV 402

—, 2-[5-Isopropenyl-[1]naphthyl]-
6 IV 4775

—, 2-[4-Isopropenyl-phenoxy]-
6 IV 3821

—, 2-[5-Isopropyl-biphenyl-2-yloxy]-
6 III 3425 f

—, 2-[4-Isopropyl-cyclohex-1-enyl]-
7 IV 225

—, 2-[4-Isopropyl-cyclohexyl]- **6** IV 172

—, 1-[3-Isopropyl-cyclopentyl]-
6 I 31 b, III 173 b

—, 2-Isopropylidenaminooxy-1-phenyl-
6 IV 5941

—, 1-[3-Isopropyl-1-methyl-cyclopentyl]-
6 I 33 a

—, 2-[2-Isopropyl-5-methyl-cyclopentyl]-
1,1-diphenyl- **6** IV 4923

—, 1-[7-Isopropyl-1-methyl-
[2]phenanthryl]- **6** III 3595 d

—, 1-[7-Isopropyl-1-methyl-
[3]phenanthryl]- **6** III 3596 a

—, 2-[7-Isopropyl-1-methyl-
[3]phenanthryl]- **6** IV 4974

—, 2-[2-Isopropyl-5-methyl-phenoxy]-
6 I 265 d, III 1900 a, IV 3336

—, 2-[5-Isopropyl-2-methyl-phenoxy]-
6 I 262 f, III 1887 g, IV 3331

—, 2-[2-(2-Isopropyl-5-methyl-phenoxy)-
äthylamino]- **6** III 1904 g

Äthanol (Fortsetzung)

−, 2-{[2-(2-Methoxy-phenoxy)-äthyl]-[2-
o-tolyloxy-äthyl]-amino}- **6** IV 5591

−, 2-[β-(2-Methoxy-phenoxy)-isopropyl=
amino]- **6** IV 5594

−, 2-[β-(4-Methoxy-phenoxy)-
isopropylamino]- **6** IV 5757

−, 1-[2-Methoxy-phenyl]- **6** 903 d,
II 886 c, III 4563 c, IV 5928

−, 1-[3-Methoxy-phenyl]- **6** 903 j,
II 886 d, III 4564 f, IV 5929

−, 1-[4-Methoxy-phenyl]- **6** 903 k,
II 886 f, III 4565 b, IV 5930

−, 2-Methoxy-1-phenyl- **6** 907 c,
III 4573 b, IV 5940

−, 2-Methoxy-1-[1-phenyl-cyclohexyl]-
6 IV 6381

−, 2-Methoxy-1-[1-phenyl-cyclopropyl]-
6 IV 6362

−, 1-[4-Methoxy-phenyl]-1,2-diphenyl-
6 II 1016 b, III 5792 b

−, 1-[4-Methoxy-phenyl]-2,2-diphenyl-
6 II 1016 f, III 5793 a, IV 6979

−, 2-[4-Methoxy-phenyl]-1,1-diphenyl-
6 III 5792 f, IV 6978

−, 2-[4-Methoxy-phenylmercapto]-
6 III 4454 d

−, 1-[2-Methoxy-phenyl]-1-[4-methoxy-
phenyl]- **6** III 6535 c

−, 1-[2-Methoxy-phenyl]-2-nitro-
6 III 4564 c

−, 1-[3-Methoxy-phenyl]-2-nitro-
6 II 886 e

−, 1-[4-Methoxy-phenyl]-2-nitro-
6 906 g, III 4568 f, IV 5933

−, 1-[4-Methoxy-phenyl]-2-phenoxy-
6 IV 7394

−, 1-[2-Methoxy-phenyl]-1-phenyl-
6 1008 g, III 5440 g

−, 1-[3-Methoxy-phenyl]-1-phenyl-
6 IV 6694

−, 1-[4-Methoxy-phenyl]-1-phenyl-
6 II 972 b, IV 6694

−, 2-[2-Methoxy-phenyl]-2-phenyl-
6 II 972 c

−, 1-[4-Methoxy-phenyl]-1-phenyl-2-
[4-propoxy-phenyl]- **6** III 6588 b

−, 1-[4-Methoxy-phenyl]-1,2,2-triphenyl-
6 III 5923 d

−, 2-[2-Methoxy-4-propenyl-phenoxy]-
6 II 919 b, III 5005 a

−, 2-[2-Methoxy-4-propyl-phenoxy]-
6 II 893 a

−, 2-[5-Methoxy-1,2,3,4-tetrahydro-
[1]naphthyl]- **6** III 5059 e

−, 2-[6-Methoxy-1,2,3,4-tetrahydro-
[1]naphthyl]- **6** III 5059 f

−, 2-[7-Methoxy-1,2,3,4-tetrahydro-
[1]naphthyl]- **6** III 5060 a

−, 2-Methoxy-1,1,2,2-tetraphenyl-
6 III 5925 a

−, 2-Methoxy-1,1,2-triphenyl-
6 I 513 e

−, 2-Methoxy-1,2,2-triphenyl-
6 IV 6979

−, 2-[8-Methyl-acenaphthen-3-yl]-
6 IV 4778

−, 2-[4-Methyl-benz[a]anthracen-7-yl]-
6 IV 5103

−, 2-[12-Methyl-benz[a]anthracen-7-yl]-
6 IV 5104

−, 1-[3-Methyl-bicyclo[2.2.2]oct-5-en-
2-yl]- **6** IV 400

−, 1-[3-Methyl-bicyclo[2.2.2]oct-2-yl]-
6 IV 312

−, 1-[4-Methyl-cyclohexa-1,4-dienyl]-
6 IV 367

−, 1-[5-Methyl-cyclohexa-1,4-dienyl]-
6 IV 367

−, 1-[6-Methyl-cyclohexa-1,4-dienyl]-
6 IV 366

−, 1-[1-Methyl-cyclohex-3-enyl]-
6 IV 236

−, 1-[2-Methyl-cyclohex-1-enyl]-
6 50 e, III 229 d

−, 1-[2-Methyl-cyclohex-3-enyl]-
6 IV 237

−, 1-[4-Methyl-cyclohex-3-enyl]-
6 50 f, I 36 f, III 229 h

−, 1-[6-Methyl-cyclohex-3-enyl]-
6 IV 237

−, 1-[1-Methyl-cyclohexyl]- **6** II 35 e,
IV 133

−, 1-[2-Methyl-cyclohexyl]- **6** 21 c,
II 35 f

−, 1-[3-Methyl-cyclohexyl]- **6** II 36 b

−, 1-[4-Methyl-cyclohexyl]-
6 I 15 k, II 36 f, III 114 d

−, 2-[1-Methyl-cyclohexyl]-
6 III 113 b, IV 133

−, 2-[2-Methyl-cyclohexyl]- **6** II 35 g

−, 2-[3-Methyl-cyclohexyl]- **6** II 36 c,
III 114 a

−, 2-[4-Methyl-cyclohexyl]- **6** II 36 g,
III 114 f

Äthanol (Fortsetzung)

—, 2-[3-Methyl-cyclohexyliden]-
6 III 229 g

—, 1-[2-Methyl-cyclohexyl]-2-phenyl-
6 III 2561 c

—, 1-[1-Methyl-cyclopentyl]- 6 I 14 b

—, 1-[2-Methyl-cyclopentyl]-
6 19 e, I 14 c, III 102 d

—, 1-[9-Methyl-fluoren-9-yl]- 6 IV 4898

—, 2-[9-Methyl-fluoren-9-yl]- 6 IV 4898

—, 2-[2-Methyl-2,3,5,6,7,8-hexahydro-
1H-cyclopenta[b]naphthalin-5-yl]-
6 IV 4121

—, 2-Methylmercapto-1,1-diphenyl-
6 III 5441 e

—, 1-[2-Methylmercapto-[1]naphthyl]-
2-picryl- 6 IV 6951

—, 1-[4-Methylmercapto-phenyl]-
6 IV 5934

—, 2-Methylmercapto-1-phenyl-
6 III 4577 g, IV 5943

—, 1-[4-Methylmercapto-phenyl]-
1,2-diphenyl- 6 III 5792 e

—, 1-[3-Methylmercapto-phenyl]-
1-phenyl- 6 IV 6694

—, 2-Methylmercapto-1-p-tolyl-
6 III 4642 g

—, 1-[1-Methyl-4-(4-methyl-pent-3-enyl)-
cyclohex-3-enyl]- 6 IV 416

—, 2-[1-Methyl-[2]naphthyl]- 6 IV 4358

—, 2-[2-Methyl-[1]naphthyl]- 6 IV 4358

—, 2-[4-Methyl-[1]naphthyl]- 6 III 3050 e

—, 2-[5-Methyl-[1]naphthyl]- 6 IV 4359

—, 2-[7-Methyl-[1]naphthyl]- 6 III 3050 f

—, 2-[8-Methyl-[1]naphthyl]- 6 IV 4360

—, 2-[2-Methyl-5-nitro-benzolsulfonyl]-
6 IV 2033

—, 2-[4-Methyl-3-nitro-benzolsulfonyl]-
6 IV 2212

—, 2-[2-Methyl-5-nitro-phenoxy]-
6 IV 2010

—, 2-[4-Methyl-2-nitro-phenoxy]-
6 II 389 a

—, 1-[4-Methyl-3-nitro-phenyl]-
6 IV 3244

—, 1-[2-Methyl-2-nitro-3-phenyl-
cyclopropyl]- 6 IV 3917

—, 2-[3-Methyl-4-nitroso-phenoxy]-
6 II 359 e

—, 2-[10-Methyl-[9]phenanthryl]-
6 IV 4962

—, 2-[Methyl-(β-phenoxy-isopropyl)-
amino]- 6 IV 671

—, 2-{Methyl-[2-(1-phenyl-äthoxy)-äthyl]-
amino}- 6 IV 3039

—, 1-[2-Methyl-6-phenyl-cyclohex-3-enyl]-
6 IV 4113

—, 1-[4-Methyl-6-phenyl-cyclohex-3-enyl]-
6 IV 4114

—, 2-[2-Methyl-propan-2-sulfinyl]-
1-phenyl- 6 IV 5944

—, 2-[3-Methyl-1,2,3,4-tetrahydro-
[1]naphthyl]- 6 III 2538 e

—, 2-[5-Methyl-1,2,3,4-tetrahydro-
[1]naphthyl]- 6 III 2539 e, IV 3938

—, 2-[7-Methyl-1,2,3,4-tetrahydro-
[1]naphthyl]- 6 III 2539 f, IV 3938

—, 2-[Naphthalin-1-sulfonyl]-
6 623 g, III 2945 f

—, 2-[Naphthalin-2-sulfonyl]-
6 659 k, III 3010 e, IV 4314

—, 1-[1]Naphthyl- 6 I 321 a, II 619 e,
III 3034 b, IV 4346

—, 1-[2]Naphthyl- 6 III 3041 a,
IV 4348

—, 2-[1]Naphthyl- 6 668 d, II 619 j,
III 3037 a, IV 4347

—, 2-[2]Naphthyl- 6 III 3042 d,
IV 4349

—, 2-[2-[2]Naphthyl-äthoxy]- 6 IV 4349

—, 1-[1]Naphthyl-1,2-diphenyl-
6 730 c

—, 2-[1]Naphthyl-1,1-diphenyl-
6 IV 5135

—, 2-[2]Naphthyl-1,1-diphenyl-
6 IV 5135

—, 2-[2]Naphthylmercapto- 6 III 3010 c

—, 2-[2]Naphthylmercapto-1-phenyl-
6 IV 5945

—, 2-[1]Naphthylmethoxy- 6 IV 4333

—, 2-[2]Naphthylmethylmercapto-
6 IV 4341

—, 2-[1]Naphthyloxy- 6 I 307 c,
II 579 h, III 2927 a, IV 4215

—, 2-[2]Naphthyloxy- 6 I 313 f, II 600 d,
III 2977 a, IV 4261

—, 2-[β-[1]Naphthyloxy-isopropylamino]-
6 IV 4223

—, 2-[2]Naphthyloxy-1-[4-nitro-phenyl]-
6 IV 5943

—, 2-[1]Naphthyloxy-1-phenyl-
6 IV 5940

—, 2-[2]Naphthyloxy-1-phenyl-
6 IV 5941

—, 1-[1]Naphthyl-2-phenyl- 6 III 3613 f

—, 2-[1]Naphthyl-2-phenyl- 6 IV 4995

Äthanol (Fortsetzung)

—, 2-Phenyl-2-*m*-tolyl- **6** IV 4766

—, 2-Phenyl-2-*o*-tolyl- **6** IV 4764

—, 2-Phenyl-2-*p*-tolyl- **6** II 646 g,
IV 4767

—, 1-Phenyl-2-[2,2,3-trimethyl-cyclopent-
3-enyl]- **6** III 2771 b

—, 2-Picrylmercapto- **6** IV 1775

—, 2-Picryloxy- **6** III 970 g

—, 2-[2-Picryloxy-äthylamino]-
6 III 972 g

—, 2-[3-Propoxy-phenoxy]- **6** IV 5669

—, 2-[4-Propoxy-phenoxy]- **6** IV 5730

—, 1-Pyren-1-yl- **6** III 3635 g, IV 5012

—, 1-Stilben-4-yl- **6** IV 4885

—, 2-[2-Stilben-4-yloxy-äthylamino]-
6 IV 4858

—, 1-*o*-Terphenyl-4-yl- **6** III 3688 c

—, 2-Terphenylyl- s. *Phenäthylalkohol,
Biphenylyl-*

—, 2-[2,3,5,6-Tetrabrom-benzolsulfonyl]-
6 IV 1658

—, 1-[2,3,4,5-Tetrabrom-phenyl]-
6 III 1694 b

—, 2-[2,3,5,6-Tetrachlor-benzolsulfonyl]-
6 IV 1642

—, 2-[2,3,5,6-Tetrachlor-4-hydroxy-
phenylmercapto]- **6** IV 5832

—, 2-[2,3,5,6-Tetrachlor-4-methoxy-
phenylmercapto]- **6** IV 5832

—, 2-[2,3,5,6-Tetrachlor-4-methyl-
benzolsulfonyl]- **6** IV 2210

—, 2-[2,3,4,6-Tetrachlor-phenoxy]-
6 III 730 e

—, 2-[2-(2,3,4,5-Tetrachlor-phenoxy)-
äthoxy]- **6** IV 1020

—, 1-[4-Tetradecyl-phenyl]- **6** IV 3563

—, 1-[5,6,7,8-Tetrahydro-[1]anthryl]-
6 III 3441 d

—, 1-[5,6,7,8-Tetrahydro-[2]anthryl]-
6 III 3441 e

—, 1-[1,2,3,4-Tetrahydro-[2]naphthyl]-
6 III 2517 e

—, 1-[5,6,7,8-Tetrahydro-[2]naphthyl]-
6 III 2517 a

—, 2-[1,2,3,4-Tetrahydro-[1]naphthyl]-
6 II 549 f, III 2516 c

—, 2-[1,2,3,4-Tetrahydro-[2]naphthyl]-
6 III 2517 f

—, 2-[5,6,7,8-Tetrahydro-[1]naphthyl]-
6 II 549 g, III 2515 d, IV 3918

—, 2-[5,6,7,8-Tetrahydro-[2]naphthyl]-
6 III 2517 b

—, 2-[1,2,3,4-Tetrahydro-[2]naphthyloxy]-
6 III 2461 d

—, 2-[1,4,5,8-Tetrahydro-[2]naphthyloxy]-
6 IV 3864

—, 2-[5,6,7,8-Tetrahydro-[1]naphthyloxy]-
6 IV 3852

—, 2-[1,2,3,4-Tetrahydro-[1]phenanthryl]-
6 III 3442 b

—, 2-[1,2,3,4-Tetrahydro-[4]phenanthryl]-
6 III 3442 c

—, 1,2,2,2-Tetrakis-[4-methoxy-phenyl]-
6 III 6919 d, IV 7915

—, 2-[2,3,4,7-Tetramethoxy-fluoren-9-yl]-
6 IV 7906

—, 2-[4-(1,1,3,3-Tetramethyl-butyl)-
phenoxy]- **6** III 2053 a

—, 2-{2-[4-(1,1,3,3-Tetramethyl-butyl)-
phenoxy]-äthoxy}- **6** III 2054 a

—, 1-[1,2,2,3-Tetramethyl-cyclopentyl]-
6 I 33 b, II 56 a

—, 1-[2,3,4,5-Tetramethyl-phenyl]-
6 IV 3446

—, 1-[2,3,4,6-Tetramethyl-phenyl]-
6 552 j

—, 1-[2,3,5,6-Tetramethyl-phenyl]-
6 IV 3447

—, 1,1,2,2-Tetraphenyl- **6** 732 i, I 364 d,
II 726 a, III 3837 a, IV 5148

—, 1,2,2,2-Tetraphenyl- **6** 732 j, I 364 e,
II 726 b, III 3838 b, IV 5148

—, 1,2,2,2-Tetra-*p*-tolyl- **6** III 3844 e

—, 2-[Toluol-4-sulfinyl]- **6** II 396 c

—, 2-[Toluol-2-sulfonyl]- **6** 371 g

—, 2-[Toluol-4-sulfonyl]- **6** 419 d,
II 396 e, III 1407 e, IV 2175

—, 1-*m*-Tolyl- **6** I 254 m, II 478 j,
III 1823 g

—, 1-*o*-Tolyl- **6** II 477 k, III 1819 f,
IV 3233

—, 1-*p*-Tolyl- **6** 508 j, I 255 c, II 479 e,
III 1826 d, IV 3242

—, 2-*p*-Tolyl- **6** IV 3244

—, 1-*p*-Tolylmercapto- **6** IV 2186

—, 2-*o*-Tolylmercapto- **6** IV 2020

—, 2-*p*-Tolylmercapto- **6** II 396 a,
IV 2174

—, 2-*m*-Tolyloxy- **6** I 186 g, II 352 c,
III 1303 d, IV 2043

—, 2-*o*-Tolyloxy- **6** I 171 f, II 329 h,
III 1250 f, IV 1947

—, 2-*p*-Tolyloxy- **6** I 201 a, III 1360 c,
IV 2103

—, 2-[2-*o*-Tolyloxy-äthoxy]- **6** IV 1948

Äthanol (Fortsetzung)

—, 2-[2-*m*-Tolyloxy-äthylamino]-
6 III 1311 a

—, 2-[2-*o*-Tolyloxy-äthylamino]-
6 III 1259 a, IV 1968

—, 2-[2-*p*-Tolyloxy-äthylamino]-
6 III 1369 h

—, 2-[β-*m*-Tolyloxy-isopropylamino]-
6 IV 2055

—, 2-[β-*o*-Tolyloxy-isopropylamino]-
6 IV 1971

—, 2-[β-*p*-Tolyloxy-isopropylamino]-
6 IV 2125

—, 1-[2,4,5-Triäthyl-phenyl]- 6 555 b

—, 2,2,2-Tribrom-1-[2-chlor-phenyl]-
6 III 1693 b

—, 2,2,2-Tribrom-1-[3-chlor-phenyl]-
6 III 1693 f

—, 2,2,2-Tribrom-1-[4-chlor-phenyl]-
6 III 1694 a

—, 1-[2,3,5-Tribrom-4-hydroxy-phenyl]-
6 904 i

—, 2,2,2-Tribrom-1-isobornyloxy-
6 88 b, 89 h

—, 2-[2,4,6-Tribrom-phenoxy]-
6 I 108 b, III 763 a

—, 1-[2,4,6-Tribrom-phenyl]- 6 III 1692 d

—, 1-[3,4,5-Tribrom-phenyl]- 6 III 1692 e

—, 2,2,2-Tribrom-1-phenyl-
6 476 e, III 1692 g

—, 2,2,2-Tribrom-1-*p*-tolyl- 6 III 1828 e

—, 2-[2,3,4-Trichlor-benzolsulfonyl]-
6 IV 1634

—, 2-[2,3,5-Trichlor-benzolsulfonyl]-
6 IV 1634

—, 2-[2,4,5-Trichlor-benzolsulfonyl]-
6 IV 1636

—, 2-[3,4,5-Trichlor-benzolsulfonyl]-
6 IV 1641

—, 2-[4-(2,4,5-Trichlor-benzolsulfonyl)-
phenoxy]- 6 IV 5805

—, 2,2,2-Trichlor-1,1-bis-[4-chlor-phenyl]-
6 IV 4722

—, 2,2,2-Trichlor-1,1-bis-[4-fluor-phenyl]-
6 IV 4720

—, 2,2,2-Trichlor-1-[2-(3-chlor-benzyl)-
phenyl]- 6 IV 4768

—, 2,2,2-Trichlor-1-[4-chlor-2-(3-chlor-
benzyl)-phenyl]- 6 IV 4768

—, 2,2,2-Trichlor-1-[4-chlor-3,5-dinitro-
phenyl]- 6 IV 3061

—, 2,2,2-Trichlor-1-[3-chlor-4-hydroxy-
phenyl]- 6 IV 5932

—, 2,2,2-Trichlor-1-[3-chlor-4-methoxy-
phenyl]- 6 IV 5933

—, 2,2,2-Trichlor-1-[2-chlor-4-methyl-
phenyl]- 6 IV 3243

—, 2,2,2-Trichlor-1-[2-chlor-5-methyl-
phenyl]- 6 IV 3239

—, 2,2,2-Trichlor-1-[3-chlor-4-methyl-
phenyl]- 6 IV 3243

—, 2,2,2-Trichlor-1-[4-chlor-2-methyl-
phenyl]- 6 IV 3233

—, 2,2,2-Trichlor-1-[4-chlor-3-methyl-
phenyl]- 6 IV 3239

—, 2,2,2-Trichlor-1-[4-chlor-3-nitro-
phenyl]- 6 IV 3058

—, 2,2,2-Trichlor-1-[2-chlor-phenyl]-
6 III 1686 d, IV 3050

—, 2,2,2-Trichlor-1-[3-chlor-phenyl]-
6 III 1687 c, IV 3050

—, 2,2,2-Trichlor-1-[4-chlor-phenyl]-
6 III 1687 g, IV 3050

—, 2,2,2-Trichlor-1-cinnamyloxy-
6 571 c

—, 2,2,2-Trichlor-1-cyclohex-1-enyl-
6 IV 220

—, 2,2,2-Trichlor-1-cyclohexyl-
6 II 27 f, III 88 d

—, 2,2,2-Trichlor-1-cyclohexyloxy-
6 III 22 a

—, 2,2,2-Trichlor-1-[4-cyclohexyl-phenyl]-
6 III 2548 e

—, 2,2,2-Trichlor-1-[2,4-dichlor-phenyl]-
6 IV 3052

—, 2,2,2-Trichlor-1-[2,5-dichlor-phenyl]-
6 IV 3052

—, 2,2,2-Trichlor-1-[3,4-dichlor-phenyl]-
6 III 1689 d, IV 3052

—, 2,2,2-Trichlor-1-[2,4-dihydroxy-
phenyl]- 6 II 1084 g, III 6329 g

—, 2,2,2-Trichlor-1-[3,4-dihydroxy-
phenyl]- 6 II 1085 a

—, 2,2,2-Trichlor-1-[2,4-dimethoxy-
phenyl]- 6 IV 7389

—, 2,2,2-Trichlor-1-[2,5-dimethoxy-
phenyl]- 6 III 6330 c

—, 2,2,2-Trichlor-1-[3,4-dimethoxy-
phenyl]- 6 IV 7391

—, 2,2,2-Trichlor-1-[2,5-dimethyl-phenyl]-
6 545 o

—, 2,2,2-Trichlor-1-[3,4-dimethyl-phenyl]-
6 II 502 e

—, 2,2,2-Trichlor-1-[3,5-dinitro-phenyl]-
6 IV 3061

Äthanol (Fortsetzung)

—, 2,2,2-Trichlor-1,1-diphenyl-
6 IV 4719

—, 2,2,2-Trichlor-1-[4-fluor-3-methyl-
phenyl]- 6 IV 3239

—, 2,2,2-Trichlor-1-[4-hydroxy-
3,5-dimethoxy-phenyl]- 6 II 1123 b

—, 2,2,2-Trichlor-1-[4-hydroxy-
3-methoxy-phenyl]- 6 II 1085 b,
III 6331 a, IV 7391

—, 2,2,2-Trichlor-1-[2-hydroxy-5-methyl-
phenyl]- 6 II 897 b, III 4640 f

—, 2,2,2-Trichlor-1-[4-hydroxy-phenyl]-
6 II 886 h, III 4567 f, IV 5932

—, 2,2,2-Trichlor-1-isobornyloxy-
6 88 a

—, 2,2,2-Trichlor-1-[5-isopropyl-2-methyl-
cyclohex-1-enyl]- 7 IV 226

—, 2,2,2-Trichlor-1-[2-isopropyl-5-methyl-
phenoxy]- 6 537 d

—, 2,2,2-Trichlor-1-mesityl- 6 IV 3412

—, 2,2,2-Trichlor-1-[4-methoxy-2-methyl-
phenyl]- 6 III 4638 b

—, 2,2,2-Trichlor-1-[2-methoxy-
[1]naphthyl]- 6 IV 6587

—, 2,2,2-Trichlor-1-[4-methoxy-
[1]naphthyl]- 6 IV 6587

—, 2,2,2-Trichlor-1-[4-methoxy-3-nitro-
phenyl]- 6 IV 5934

—, 2,2,2-Trichlor-1-[2-methoxy-phenyl]-
6 903 g, III 4564 b

—, 2,2,2-Trichlor-1-[3-methoxy-phenyl]-
6 IV 5930

—, 2,2,2-Trichlor-1-[4-methoxy-phenyl]-
6 904 c, II 886 i, III 4567 g, IV 5932

—, 2,2,2-Trichlor-1-[2-methyl-cyclohex-
1-enyl]- 6 IV 133

—, 2,2,2-Trichlor-1-[2-methyl-cyclohexyl]-
6 IV 133

—, 2,2,2-Trichlor-1-[4-methyl-
cyclohexyloxy]- 6 III 74 c

—, 2,2,2-Trichlor-1-[2-methylen-
cyclohexyl]- 6 IV 133

—, 2,2,2-Trichlor-1-[1]naphthyl-
6 II 619 h, IV 4347

—, 2,2,2-Trichlor-1-[2]naphthyl-
6 IV 4349

—, 2,2,2-Trichlor-1-[3-nitro-phenyl]-
6 IV 3058

—, 2,2,2-Trichlor-1-[4-nitro-phenyl]-
6 IV 3058

—, 2,2,2-Trichlor-1-[4-nitro-phenyl≈
mercapto]- 6 IV 1705

—, 2,2,2-Trichlor-1-phenoxy-
6 III 586 f

—, 2-[2,4,5-Trichlor-phenoxy]- 6 IV 964

—, 2-[2,4,6-Trichlor-phenoxy]-
6 I 104 c, III 724 g

—, 2-[2-(2,3,6-Trichlor-phenoxy)-äthoxy]-
6 IV 962

—, 2-[2-(2,4,5-Trichlor-phenoxy)-äthoxy]-
6 IV 965

—, 2,2,2-Trichlor-1-[4-phenoxy-phenyl]-
6 IV 5932

—, 1-[2,3,4-Trichlor-phenyl]- 6 IV 3049

—, 1-[2,3,6-Trichlor-phenyl]- 6 III 1685 f

—, 1-[2,4,5-Trichlor-phenyl]- 6 IV 3049

—, 1-[2,4,6-Trichlor-phenyl]- 6 III 1685 g

—, 2,2,2-Trichlor-1-phenyl- 6 476 c,
I 237 a, II 447 b, III 1686 a, IV 3049

—, 1-[2,4,6-Trichlor-phenylmercapto]-
6 III 1046 b

—, 2,2,2-Trichlor-1-phenylmercapto-
6 305 d, III 1004 c

—, 2,2,2-Trichlor-1-[5,6,7,8-tetrahydro-
[2]naphthyl]- 6 IV 3918

—, 2,2,2-Trichlor-1-*m*-tolyl- 6 IV 3238

—, 2,2,2-Trichlor-1-*o*-tolyl- 6 I 254 h,
III 1819 h, IV 3233

—, 2,2,2-Trichlor-1-*p*-tolyl- 6 508 k,
I 255 e, II 479 f, III 1827 g, IV 3243

—, 2,2,2-Trichlor-1-*p*-tolyloxy-
6 396 c, III 1363 c

—, 2,2,2-Trichlor-1-[3,3,5-trimethyl-
cyclohexyloxy]- 6 III 115 d

—, 1-[2,4,6-Tricyclohexyl-phenyl]-
6 IV 4398

—, 1-[3-Trideuteriomethyl-phenyl]-
6 IV 3238

—, 2,2,2-Trifluor-1,1-bis-[4-fluor-phenyl]-
6 IV 4717

—, 2,2,2-Trifluor-1,1-bis-[4-methoxy-
phenyl]- 6 IV 7571

—, 2,2,2-Trifluor-1,1-bis-[4-nitro-phenyl]-
6 IV 4724

—, 2,2,2-Trifluor-1,1-diphenyl-
6 III 3396 d, IV 4716

—, 2,2,2-Trifluor-1,1-di-*p*-tolyl-
6 IV 4790

—, 2,2,2-Trifluor-1-[4-methoxy-phenyl]-
6 IV 5931

—, 2-[β-(2-Trifluormethyl-phenoxy)-
isopropylamino]- 6 IV 1984

—, 2-[β-(3-Trifluormethyl-phenoxy)-
isopropylamino]- 6 IV 2062

Äthanselenol

—, 1-Phenyl- **6** IV 3067

Äthansulfinsäure

—, 2-Benzyloxycarbonylamino-
6 IV 2428

—, 2-[2-Nitro-phenoxy]- **6** III 804 i

Äthansulfonat

—, 2-[4-Phenyljodonio-phenoxy]-
6 IV 1079 c

Äthansulfonsäure

  — [4-chlor-phenylester] **6** IV 864

  — phenylester **6** 176 b, II 163 h,
    IV 690

  — *p*-tolylester **6** IV 2127

—, 1-Amino-2-benzylmercapto-
6 IV 2661

—, 1-Benzolsulfonyl- **6** III 1005 b

—, 2-Benzolsulfonyl- **6** III 1025 a

—, 2-Benzyloxy- **6** IV 2483

—, 2-Benzyloxycarbonylamino-
6 III 1523 d

—, 2-Benzyloxycarbonylamino-
2-carbazoyl- **6** IV 2429

—, 2-[2-(2-Benzyl-phenoxy)-äthoxy]-
6 III 3350 f

—, 2-[2-Biphenyl-2-yloxy-äthoxy]-
6 III 3289 c

—, 2-[2-Biphenyl-4-yloxy-äthoxy]-
6 III 3326 b

—, 1,2-Bis-[4-*sec*-butyl-cyclohexyloxy=
carbonyl]- **6** III 124 b

—, 1,2-Bis-[4-*tert*-butyl-cyclohexyloxy=
carbonyl]- **6** III 127 e

—, 1,2-Bis-[3,5-dimethyl-cyclohexyloxy=
carbonyl]- **6** III 96 d

—, 1,2-Bis-[3,3,5-trimethyl-cyclohexyloxy=
carbonyl]- **6** III 116 g

—, 2-[Butyl-cyclohexyloxycarbonyl-
amino]- **6** III 29 i

—, 2-[2-(4-*tert*-Butyl-phenoxy)-äthoxy]-
6 III 1868 c

—, 2-[2-Chlor-phenoxy]-1-hydroxy-
6 IV 793

—, 2-[4-Chlor-phenoxy]-1-hydroxy-
6 IV 837

—, 2-[2-(2-Cyclohexyl-phenoxy)-äthoxy]-
6 III 2495 d

—, 2-[2-(4-Cyclohexyl-phenoxy)-äthoxy]-
6 III 2506 b

—, 2-{[2-(4-Cyclohexyl-phenoxy)-
äthoxycarbonyl]-methyl-amino}-
6 III 2506 a

—, 2-[2,4-Dichlor-phenoxy]- **6** IV 936

—, 2-[2,4-Dichlor-phenoxy]-1-hydroxy-
6 IV 902

—, 2-[4-Dodecyl-phenoxy]- **6** III 2091 e

—, 2,2'-[2-(4-Dodecyl-phenoxy)-
äthylimino]-bis- **6** III 2091 h

—, 1-Hydroxy-2-[2,4,5-trichlor-phenoxy]-
6 IV 971

—, 2-[4-Jod-phenoxy]- **6** IV 1079

—, 2-[Naphthalin-2-sulfonyl]-
6 III 3013 a

—, 2-[2-[2]Naphthyloxy-äthoxy]-
6 III 2978 g

—, 2-Phenoxy- **6** IV 662

  — amid **6** IV 662

—, 1-Phenylmercapto- **6** III 1004 b

—, 2-Phenylmercapto- **6** III 1024 g

  — amid **6** IV 1550

—, 1-Sulfamoyl-,

  — phenylester **6** III 652 g

—, 2-[Toluol-4-sulfinyl]- **6** III 1429 b

—, 2-[Toluol-4-sulfonyl]- **6** III 1429 c

—, 2-*p*-Tolylmercapto- **6** III 1429 a

Äthansulfonylchlorid

—, 2-Benzyloxycarbonylamino-
6 IV 2428

—, 2-[2,4-Dichlor-phenoxy]- **6** IV 936

—, 2-Phenoxy- **6** IV 662

Äthan-1,1,2,2-tetracarbonsäure

  — tetrabenzylester **6** IV 2276

—, Bis-benzyloxycarbonylamino-,

  — tetraäthylester **6** IV 2463

—, Bis-[4-nitro-phenoxy]-,

  — tetraäthylester **6** 235 i

  — tetramethylester **6** 235 h

Äthanthiol

—, 1,1-Bis-[4-methoxy-phenyl]-
2,2-diphenyl- **6** III 6623 a

—, 2-[4-*tert*-Butyl-phenoxy]- **6** IV 3299

—, 2-Cyclohex-3-enyl- **6** IV 221

—, 1-Cyclohexyl- **6** II 27 d

—, 2-Cyclohexyl- **6** III 89 c

—, 2-Cyclohexyloxy- **6** IV 28

—, 2-[2-(4-Cyclohexyl-phenoxy)-äthoxy]-
6 III 2505 c

—, 2-[2-(2,4-Di-*tert*-pentyl-phenoxy)-
äthoxy]- **6** III 2085 d

—, 1,2-Diphenyl- s. *Bibenzyl-α-thiol*

—, 2-[2-(4-Isopropyl-phenoxy)-äthoxy]-
6 III 1812 a

—, 2-{2-[4-(5-Methyl-hexyl)-phenoxy]-
äthoxy}- **6** III 2029 e

—, 1-[1]Naphthyl- **6** II 619 i

Äthen (Fortsetzung)

—, 1-Äthoxy-1-chlor-2-phenoxy-
6 IV 606

—, 1-[4-Äthoxy-3-chlor-phenyl]-
1,2-diphenyl- **6** III 3740 e

—, 1-Äthoxy-2-cyclohex-1-enyl-
6 IV 353

—, 1-Äthoxy-2-cyclopent-1-enyl-
6 IV 341

—, 1-Äthoxy-2,2-dichlor-1-phenoxy-
6 III 587 e

—, 2-Äthoxy-1,1-dimesityl- **6** III 3539 e

—, 2-Äthoxy-1,1-diphenyl- **6** 696 d,
I 336 f, II 659 h, IV 4864

—, 2-Äthoxy-1,1-di-*p*-tolyl- **6** 700 d,
II 666 d

—, 2-Äthoxy-1-mesityl-1-phenyl-
6 III 3521 d

—, 1-[6-Äthoxy-[2]naphthyl]-1-
[4-methoxy-phenyl]- **6** III 5778 c

—, 1-Äthoxy-2-[4-nitro-phenylmercapto]-
6 IV 1700

—, 1-Äthoxy-2-phenoxy- **6** IV 587

—, 2-[4-Äthoxy-phenyl]-1,1-bis-
[4-propoxy-phenyl]- **6** III 6607 e

—, 1-[4-Äthoxy-phenyl]-1-brom-2,2-bis-
[4-methoxy-phenyl]- **6** III 6608 e

—, 1-[4-Äthoxy-phenyl]-2-brom-1,2-bis-
[4-methoxy-phenyl]- **6** III 6608 d

—, 1-[4-Äthoxy-phenyl]-1-brom-2,2-bis-
[4-propoxy-phenyl]- **6** III 6609 a

—, 1-[4-Äthoxy-phenyl]-1-brom-
2,2-diphenyl- **6** III 3743 b

—, 1-[4-Äthoxy-phenyl]-2-brom-
1,2-diphenyl- **6** I 358 e, III 3741 f

—, 1-[4-Äthoxy-phenyl]-2-brom-1-
[4-methoxy-phenyl]- **6** IV 6831

—, 1-[4-Äthoxy-phenyl]-1-brom-2-
[4-methoxy-phenyl]-2-phenyl- **6** III 5844 d

—, 1-[4-Äthoxy-phenyl]-2-brom-1-
[3-methoxy-phenyl]-2-phenyl- **6** IV 7004

—, 1-[4-Äthoxy-phenyl]-1-brom-2-phenyl-
2-[4-propoxy-phenyl]- **6** III 5844 g

—, 1-[4-Äthoxy-phenyl]-2-brom-2-phenyl-
1-[4-propoxy-phenyl]- **6** III 5842 f

—, 1-[4-Äthoxy-phenyl]-1-chlor-2,2-bis-
[4-methoxy-phenyl]- **6** III 6608 b

—, 1-[4-Äthoxy-phenyl]-2-cyclohexyl-
1,2-diphenyl- **6** III 3797 c

—, 1-[4-Äthoxy-phenyl]-1-cyclohexyl-2-
[4-methoxy-phenyl]- **6** III 5732 a

—, 1-[4-Äthoxy-phenyl]-1-cyclohexyl-
2-phenyl- **6** III 3595 a

—, 2-[4-Äthoxy-phenyl]-1-cyclohexyl-
1-phenyl- **6** III 3595 c

—, 1-[4-Äthoxy-phenyl]-1-cyclopentyl-
2-[4-methoxy-phenyl]- **6** III 5727 d

—, 1-[4-Äthoxy-phenyl]-1-cyclopentyl-
2-phenyl- **6** III 3592 f

—, 2-[4-Äthoxy-phenyl]-1-cyclopentyl-
1-phenyl- **6** III 3593 b

—, 1-[4-Äthoxy-phenyl]-1,2-diphenyl-
6 I 358 d, II 705 d, IV 5091

—, 1-Äthoxy-2-phenylmercapto-
6 IV 1497

—, 1-[4-Äthoxy-phenyl]-1-[4-methoxy-
phenyl]- **6** IV 6829

—, 1-[4-Äthoxy-phenyl]-1-[3-methoxy-
phenyl]-2-phenyl- **6** IV 7004

—, 1-[4-Äthoxy-phenyl]-1-phenyl-
6 I 336 e, IV 4864

—, 1-Äthoxy-1-*p*-tolylmercapto-
6 IV 2188

—, 1-Äthoxy-2-*p*-tolylmercapto-
6 IV 2178

—, 1-Äthoxy-2-[2,6,6-trimethyl-cyclohexa-
1,3-dienyl]- **6** IV 3410

—, 1-Äthoxy-2-[2,6,6-trimethyl-cyclohex-
1-enyl]- **6** IV 396

—, Äthoxy-triphenyl- **6** II 706 a, IV 5093

—, 1-Äthylmercapto-2-benzylmercapto-
6 IV 2655

—, 1-Äthylmercapto-2-[4-chlor-
phenylmercapto]- **6** IV 1589

—, 1-Äthylmercapto-2-tritylmercapto-
6 IV 5050

—, 1-Amino-2-[4-nitro-benzolsulfonyl]-
6 IV 1707

—, 1-Azido-2-[toluol-4-sulfonyl]-
6 IV 2161

—, 1-Benzolsulfinyl-2-benzolsulfonyl-
6 IV 1500

—, 1-Benzolsulfinyl-2-chlor- **6** IV 1477

—, 1-Benzolsulfinyl-2-[4-nitro-
phenylmercapto]- **6** IV 1700

—, 1-Benzolsulfonyl-1-brom- **6** IV 1512

—, 1-Benzolsulfonyl-2-brom- **6** IV 1477

—, 1-Benzolsulfonyl-1-brom-
2-phenylmercapto- **6** IV 1518

—, 1-Benzolsulfonyl-2-[butan-1-sulfonyl]-
6 IV 1499

—, 1-Benzolsulfonyl-2-chlor- **6** IV 1477

—, 2-Benzolsulfonyl-1-chlor-1-[2-methyl-
propan-2-sulfonyl]- **6** IV 1517

—, 1-Benzolsulfonyl-1-chlor-
2-phenylmercapto- **6** IV 1517

Äthen (Fortsetzung)

—, 1-Benzolsulfonyl-1,2-dibrom-
6 IV 1512

—, 1-Benzolsulfonyl-1,2-dichlor-
6 IV 1512

—, 1-Benzolsulfonyl-2-hydroxyamino-
6 IV 1515

—, 1-Benzolsulfonyl-1-methansulfonyl-
2-methylimino- 6 IV 1514

—, 1-Benzolsulfonyl-2-[2-methyl-propan-
2-sulfonyl]- 6 IV 1499

—, 1-Benzolsulfonyl-2-[4-nitro-
benzolsulfonyl]- 6 IV 1703

—, 1-Benzolsulfonyl-2-[4-nitro-
phenylmercapto]- 6 IV 1700

—, 1-Benzolsulfonyl-2-phenylmercapto-
6 IV 1499

—, 1-Benzylmercapto-1,2-dichlor-
6 IV 2660

—, 1-Benzylmercapto-2-phenyl-
methansulfonyl- 6 II 431 f

—, 2-[4-Benzyloxy-phenyl]-1,1-bis-
[4-methoxy-phenyl]- 6 IV 7650

—, 1-[4-Benzyloxy-phenyl]-1-brom-
2,2-bis-[4-methoxy-phenyl]- 6 IV 7651

—, 1-Biphenyl-4-yl-2-brom-1-[4-methoxy-
phenyl]-2-phenyl- 6 III 3848 b

—, 1-Biphenyl-4-yl-1-[4-methoxy-phenyl]-
6 IV 5094

—, 1-Biphenyl-4-yl-1-[4-methoxy-phenyl]-
2-phenyl- 6 III 3848 a

—, 1-Biphenyl-4-yloxy-1,2-dichlor-
6 IV 4602

—, 1,2-Bis-[1-acetoxy-cyclohexyl]-
6 III 4176 c

—, 1,2-Bis-[1-acetoxy-cyclopentyl]-
6 III 4175 b

—, 1,1-Bis-[2-acetoxy-3,5-dichlor-phenyl]-
2-chlor- 6 IV 6827

—, 1,1-Bis-[5-acetoxy-2,4-dichlor-phenyl]-
2-chlor- 6 IV 6828

—, 1,1-Bis-[2-acetoxy-3,5-dichlor-phenyl]-
2,2-dichlor- 6 IV 6827

—, 1,1-Bis-[5-acetoxy-2,4-dichlor-phenyl]-
2,2-dichlor- 6 IV 6828

—, 1,2-Bis-[4-acetoxy-3-methoxy-
[1]naphthyl]- 6 IV 7841

—, 1,2-Bis-[4-acetoxy-3-methoxy-phenyl]-
1,2-bis-[2,4-diacetoxy-phenyl]- 6 II 1170 b

—, 1,1-Bis-[4-acetoxy-phenyl]-2-brom-
2-phenyl- 6 III 5843 a

—, 1,1-Bis-[4-acetoxy-phenyl]-2,2-dichlor-
6 IV 6830

—, 1,1-Bis-[4-acetoxy-phenyl]-2-phenyl-
6 III 5841 e

—, 1,1-Bis-[4-äthansulfonyl-phenyl]-
6 IV 6832

—, 1,1-Bis-[4-äthansulfonyl-phenyl]-
2-phenyl- 6 IV 7007

—, 1,1-Bis-[4-(2-äthoxy-äthoxy)-phenyl]-
2,2-dichlor- 6 III 5589 h

—, 1,1-Bis-[4-äthoxy-3-chlor-phenyl]-
2,2-dichlor- 6 III 5589 i

—, 1,1-Bis-[4-äthoxy-3,5-dinitro-phenyl]-
2,2-dichlor- 6 IV 6832

—, 1,1-Bis-[4-äthoxy-3-fluor-phenyl]-
2-brom-2-phenyl- 6 IV 7006

—, 1,1-Bis-[4-äthoxy-3-fluor-phenyl]-
2-chlor-2-phenyl- 6 IV 7005

—, 1,1-Bis-[4-äthoxy-3-fluor-phenyl]-
2-phenyl- 6 IV 7005

—, 1,1-Bis-[4-äthoxy-5-isopropyl-
2-methyl-phenyl]-2,2-dichlor- 6 III 5670 d

—, 1,1-Bis-[4-äthoxy-3-methyl-phenyl]-
6 III 5606 b

—, 1,1-Bis-[2-äthoxy-5-methyl-phenyl]-
2,2-dichlor- 6 III 5606 d

—, 1,1-Bis-[4-äthoxy-3-methyl-phenyl]-
2,2-dichlor- 6 III 5606 c

—, 1,1-Bis-[4-äthoxy-[1]naphthyl]-
6 IV 7041

—, 1,2-Bis-[2-äthoxy-[1]naphthyl]-
6 III 5902 e

—, 1,2-Bis-[4-äthoxy-[x]naphthyl]-
6 IV 7041

—, 1,2-Bis-[2-äthoxy-[1]naphthyl]-1,2-di-
[9]phenanthryl- 6 III 6055 a

—, 1,1-Bis-[4-äthoxy-phenyl]-
6 1026 g, II 990 a, III 5588 a,
IV 6829

—, 1,1-Bis-[4-äthoxy-phenyl]-2-brom-
6 II 990 f, III 5590 a, IV 6831

—, 1,1-Bis-[4-äthoxy-phenyl]-2-brom-2-
[4-brom-phenyl]- 6 IV 7007

—, 1,1-Bis-[4-äthoxy-phenyl]-2-brom-2-
[4-chlor-phenyl]- 6 III 5843 c

—, 1,1-Bis-[4-äthoxy-phenyl]-2-brom-2-
[4-methoxy-phenyl]- 6 III 6608 f

—, 1,1-Bis-[4-äthoxy-phenyl]-2-brom-
2-phenyl- 6 III 5842 e, IV 7006

—, 1,1-Bis-[4-äthoxy-phenyl]-2-[4-brom-
phenyl]- 6 IV 7006

—, 1,1-Bis-[4-äthoxy-phenyl]-2-chlor-
6 1026 i, I 499 g, IV 6830

—, 1,1-Bis-[4-äthoxy-phenyl]-2-chlor-
2-phenyl- 6 III 5841 i

Äthen (Fortsetzung)

—, 1,1-Bis-[4-äthoxy-phenyl]-2-[4-chlor-
phenyl]- **6** III 5841 h

—, 1,1-Bis-[4-äthoxy-phenyl]-2,2-dibrom-
6 II 990 h, III 5590 c

—, 1,1-Bis-[4-äthoxy-phenyl]-2,2-dichlor-
6 1026 k, I 499 i, II 990 d, III 5589 c,
IV 6830

—, 1,1-Bis-[4-äthoxy-phenyl]-2-[4-nitro-
phenyl]- **6** IV 7007

—, 1,1-Bis-[4-äthoxy-phenyl]-2-phenyl-
6 III 5840 e, IV 7005

—, 1,1-Bis-äthylmercapto-2-benzolsulfonyl-
2-chlor- **6** IV 1514

—, 1,1-Bis-[4-äthylmercapto-phenyl]-
6 IV 6832

—, 1,1-Bis-[4-äthylmercapto-phenyl]-
2-brom- **6** IV 6832

—, 1,1-Bis-[4-äthylmercapto-phenyl]-
2-brom-2-phenyl- **6** IV 7007

—, 1,1-Bis-[4-allyloxy-phenyl]-2,2-dichlor-
6 III 5589 g

—, 1,1-Bis-[4-allyloxy-phenyl]-2-
[4-methoxy-phenyl]- **6** IV 7650

—, 1,1-Bis-[4-allyloxy-phenyl]-2-phenyl-
6 III 5841 c

—, 1,2-Bis-benzolsulfinyl- **6** IV 1498

—, 1,2-Bis-benzolsulfonyl- **6** IV 1500

—, 1,2-Bis-benzolsulfonyl-1-chlor-
6 IV 1517

—, 1,2-Bis-benzylmercapto- **6** I 227 e,
II 431 e

—, 1,1-Bis-[4-benzyloxy-phenyl]-
6 IV 6829

—, 1,1-Bis-[4-benzyloxy-phenyl]-2-brom-
6 IV 6831

—, 1,1-Bis-[4-benzyloxy-phenyl]-2-brom-
2-[4-methoxy-phenyl]- **6** IV 7651

—, 1,1-Bis-[4-benzyloxy-phenyl]-2-chlor-
6 IV 6830

—, 1,1-Bis-[4-benzyloxy-phenyl]-2-chlor-
2-[4-methoxy-phenyl]- **6** IV 7651

—, 1,1-Bis-[4-benzyloxy-phenyl]-2-
[4-methoxy-phenyl]- **6** IV 7650

—, 1,1-Bis-[4-benzyloxy-phenyl]-2-phenyl-
6 III 5841 d

—, 1,1-Bis-[3-brom-4-methoxy-phenyl]-
6 III 5590 b

—, 1,1-Bis-[3-brom-4-methoxy-phenyl]-
2-phenyl- **6** III 5843 d

—, 1,1-Bis-[4-brom-phenyl]-2-[4-methoxy-
phenyl]- **6** IV 5093

—, 1,2-Bis-[4-brom-phenyl]-1-[4-methoxy-
phenyl]- **6** IV 5092

—, 1,1-Bis-[4-butoxy-phenyl]-
6 III 5588 b, IV 6829

—, 1,1-Bis-[4-butoxy-phenyl]-2,2-dichlor-
6 III 5589 e

—, 1,2-Bis-[4-chlor-benzolsulfinyl]-
6 IV 1590

—, 1,2-Bis-[2-chlor-benzolsulfonyl]-
6 IV 1572

—, 1,2-Bis-[3-chlor-benzolsulfonyl]-
6 IV 1578

—, 1,2-Bis-[4-chlor-benzolsulfonyl]-
6 IV 1592

—, 1,2-Bis-[4-chlor-benzylmercapto]-
6 IV 2777

—, 1,1-Bis-[3-chlor-4-methoxy-phenyl]-
2-phenyl- **6** III 5842 b

—, 1,2-Bis-[2-chlor-phenylmercapto]-
6 IV 1572

—, 1,2-Bis-[4-chlor-phenylmercapto]-
6 IV 1589

—, 1,2-Bis-[3,4-diacetoxy-[1]naphthyl]-
6 IV 7841

—, 1,2-Bis-[2,4-diacetoxy-phenyl]-
1,2-diphenyl- **6** II 1144 c

—, 1,2-Bis-[2,4-diäthoxy-3-äthyl-phenyl]-
1,2-diphenyl- **6** II 1146 a

—, 1,1-Bis-diäthylamino-2-phenoxy-
6 III 593 b

—, 1,2-Bis-[2,4-dihydroxy-phenyl]-1,2-bis-
[4-hydroxy-3-methoxy-phenyl]-
6 II 1170 a

—, 1,2-Bis-[2,4-dihydroxy-phenyl]-
1,2-diphenyl- **6** II 1144 b

—, 1,1-Bis-[3,4-dimethoxy-phenyl]-
6 III 6757 b

—, 1,1-Bis-[2,4-dimethoxy-phenyl]-2-
[2-nitro-phenylselanyl]-
6 IV 7905

—, 1,1-Bis-[3,4-dimethoxy-phenyl]-2-
[2-nitro-phenylselanyl]- **6** IV 7906

—, 1,2-Bis-[2,4-dinitro-phenylmercapto]-
19 IV 1598

—, 1,1-Bis-[3-fluor-4-methoxy-phenyl]-
2-phenyl- **6** IV 7005

—, 1,1-Bis-[4-fluor-phenyl]-2-[4-methoxy-
phenyl]- **6** IV 5092

—, 1,2-Bis-[4-fluor-phenyl]-1-[4-methoxy-
phenyl]- **6** IV 5091

—, 1,2-Bis-[2-hydroxy-bornan-2-yl]-
6 III 5110 d

Äthen (Fortsetzung)

−, 1,2-Bis-[1-hydroxy-cycloheptyl]-
6 IV 5552

−, 1,2-Bis-[1-hydroxy-cyclopentyl]-
6 III 4174 e

−, 1,2-Bis-[2-hydroxy-[1]naphthyl]-
6 III 5902 b

−, 1,1-Bis-[4-hydroxy-phenyl]-2-
[4-methoxy-phenyl]- 6 IV 7649

−, 1,1-Bis-[4-hydroxy-phenyl]-2-phenyl-
6 III 5840 c

−, 1,2-Bis-[4-hydroxy-phenyl]-1-phenyl-
6 III 5844 a

−, 1,1-Bis-[4-isopropoxy-phenyl]-
6 IV 6829

−, 1,1-Bis-[4-isopropoxy-phenyl]-
2-phenyl- 6 III 5841 b

−, 1,1-Bis-[3-isopropyl-6-methoxy-
2-methyl-phenyl]- 6 IV 6881

−, 1,2-Bis-methansulfonyloxy-1-phenyl-
2-[10-phenyläthinyl-[9]anthryl]-
6 IV 7100

−, 1,2-Bis-[4-methoxy-benzolsulfinyl]-
6 IV 5807

−, 1,2-Bis-[2-methoxy-benzolsulfonyl]-
6 IV 5637

−, 1,2-Bis-[4-methoxy-benzolsulfonyl]-
6 IV 5808

−, 1,1-Bis-[4-methoxy-2-methyl-phenyl]-
6 IV 6844

−, 1,1-Bis-[4-methoxy-3-methyl-phenyl]-
6 III 5606 a

−, 1,1-Bis-[4-methoxy-2-methyl-phenyl]-
2-phenyl- 6 IV 7011

−, 1,1-Bis-[2-methoxy-[1]naphthyl]-
6 IV 7041

−, 1,1-Bis-[4-methoxy-[1]naphthyl]-
6 IV 7041

−, 1,2-Bis-[2-methoxy-[1]naphthyl]-
6 III 5902 c, IV 7041

−, 1,2-Bis-[4-methoxy-[1]naphthyl]-
6 IV 7041

−, 1,2-Bis-[2-methoxy-[1]phenanthryl]-
6 III 6008 d

−, 1,1-Bis-[2-methoxy-phenyl]-
6 III 5586 c, IV 6827

−, 1,1-Bis-[3-methoxy-phenyl]-
6 III 5587 a

−, 1,1-Bis-[4-methoxy-phenyl]-
6 1026 f, II 989 d, III 5587 d,
IV 6828

−, 1,1-Bis-[4-methoxy-phenyl]-
2,2-diphenyl- 6 I 526 e, II 1040 c,
III 5951 c

−, 1,2-Bis-[4-methoxy-phenyl]-
1,2-diphenyl- 6 II 1040 b, III 5951 d,
IV 7063

−, 1,2-Bis-[2-methoxy-phenylmercapto]-
6 IV 5637

−, 1,2-Bis-[4-methoxy-phenylmercapto]-
6 IV 5807

−, 1,2-Bis-[4-methoxy-phenyl]-1-
[4-methylmercapto-phenyl]- 6 III 6609 b

−, 1,1-Bis-[4-methoxy-phenyl]-2-nitro-
6 III 5590 e

−, 1,1-Bis-[4-methoxy-phenyl]-2-[4-nitro-
phenyl]- 6 III 5843 e

−, 1,1-Bis-[4-methoxy-phenyl]-2-[2-nitro-
phenylselanyl]- 6 IV 7593

−, 1,1-Bis-[4-methoxy-phenyl]-2-phenyl-
6 I 518 d, II 1024 c, III 5840 d,
IV 7004

−, 1,2-Bis-[4-methoxy-phenyl]-1-phenyl-
6 III 5844 b, IV 7007

−, 1,1-Bis-[4-methoxy-phenyl]-2-*p*-tolyl-
6 III 5847 e

−, 1,1-Bis-[4-methylmercapto-phenyl]-
6 III 5590 h, IV 6832

−, 1,1-Bis-[4-methylmercapto-phenyl]-
2-phenyl- 6 III 5843 f

−, 1,2-Bis-[2-methyl-propan-2-sulfonyl]-
1-phenoxy- 6 IV 607

−, 1,2-Bis-[2-methyl-propan-2-sulfonyl]-
1-phenylmercapto- 6 IV 1518

−, 1,2-Bis-[4-nitro-benzolsulfinyl]-
6 IV 1702

−, 1,2-Bis-[3-nitro-benzolsulfonyl]-
6 IV 1685

−, 1,2-Bis-[4-nitro-benzolsulfonyl]-
6 IV 1704

−, 1,2-Bis-[2-nitro-phenylmercapto]-
6 I 155 b

−, 1,2-Bis-[3-nitro-phenylmercapto]-
6 IV 1684

−, 1,2-Bis-[4-nitro-phenylmercapto]-
6 I 159 j, IV 1700

−, 1,1-Bis-[4-phenoxy-phenyl]-
6 III 5589 a

−, 1,2-Bis-phenylmercapto- 6 III 1001 d,
IV 1498

−, 1,2-Bis-phenylmethansulfonyl-
6 II 431 g

−, 1,1-Bis-[4-propoxy-phenyl]-
6 IV 6829

Äthen (Fortsetzung)

—, 1-Brom-2-[4-methoxy-phenyl]-2-
[4-phenoxy-phenyl]-1-phenyl-
6 IV 7006

—, 2-Brom-1-[2-methoxy-phenyl]-
1-phenyl- **6** 695 b

—, 2-Brom-1-[4-methoxy-phenyl]-
1-phenyl- **6** 696 b, II 659 g, IV 4864

—, 1-Brom-2-[4-methoxy-phenyl]-
2-phenyl-1-[4-propoxy-phenyl]-
6 III 5844 f

—, 1-Brom-2-[4-methoxy-phenyl]-
1-phenyl-2-*m*-terphenyl-4-yl-
6 IV 5172

—, 1-Brom-2-[4-methylmercapto-phenyl]-
1,2-diphenyl- **6** III 3742 g

—, 2-Brom-1-[3-methyl-4-methyl≠
mercapto-phenyl]-1,2-diphenyl-
6 IV 5100

—, 1-Brom-1-phenoxy- **6** III 587 b

—, 1-Brom-2-phenoxy- **6** 144 f, III 555 d,
IV 562

—, 1-[3-Brom-phenyl]-1,2-bis-[4-methoxy-
phenyl]- **6** IV 7008

—, 1-[4-Brom-phenyl]-1,2-bis-[4-methoxy-
phenyl]- **6** IV 7008

—, 2-[2-Brom-phenyl]-1,1-bis-[4-methoxy-
phenyl]- **6** IV 7005

—, 2-[3-Brom-phenyl]-1,1-bis-[4-methoxy-
phenyl]- **6** IV 7006

—, 2-[4-Brom-phenyl]-1,1-bis-[4-methoxy-
phenyl]- **6** IV 7006

—, 1-Brom-1-phenyl-2,2-bis-[4-propoxy-
phenyl]- **6** III 5842 g

—, 2-[4-Brom-phenyl]-1-[4-chlor-phenyl]-
1-[4-methoxy-phenyl]- **6** IV 5091

—, 1-Brom-2-phenylmercapto-
6 IV 1476

—, 1-Brom-2-phenylselanyl- **6** IV 1779

—, 1-Brom-2-*o*-tolylmercapto-
6 IV 2017

—, 1-Brom-2-*p*-tolylmercapto-
6 IV 2160

—, 1-Brom-2-*o*-tolyloxy- **6** IV 1945

—, Brom-tris-[4-methoxy-phenyl]-
6 III 6608 c, IV 7651 d

—, 1-[4-Butoxy-phenyl]-1,2-diphenyl-
6 II 705 f

—, 1-Butylmercapto-2-phenylmercapto-
6 IV 1498

—, 1-*tert*-Butylmercapto-2-phenyl≠
mercapto- **6** IV 1498

—, 1-Butyryloxy-1-cyclohexyl- **6** IV 223

—, 1-[4-Chlor-benzolsulfinyl]-2-[4-chlor-
phenylmercapto]- **6** IV 1590

—, 1-[2-Chlor-benzolsulfonyl]-2-[2-chlor-
phenylmercapto]- **6** IV 1572

—, 1-[4-Chlor-benzolsulfonyl]-2-[4-chlor-
phenylmercapto]- **6** IV 1592

—, 1-[4-Chlor-benzolsulfonyl]-2-methoxy-
6 IV 1591

—, 1-[4-Chlor-benzolsulfonyl]-
2-phenylmercapto- **6** IV 1591

—, 2-Chlor-1,1-bis-[2,4-dichlor-5-hydroxy-
phenyl]- **6** IV 6828

—, 2-Chlor-1,1-bis-[3,5-dichlor-2-hydroxy-
phenyl]- **6** IV 6827

—, 2-Chlor-1,1-bis-[2,4-dichlor-
5-methoxy-phenyl]- **6** IV 6828

—, 2-Chlor-1,1-bis-[3,5-dichlor-
2-methoxy-phenyl]- **6** IV 6827

—, 2-Chlor-1,1-bis-[3,4-dimethoxy-
phenyl]- **6** 1175 c

—, 1-Chlor-2,2-bis-[3-fluor-4-methoxy-
phenyl]-1-phenyl- **6** IV 7005

—, 1-Chlor-2,2-bis-[4-hydroxy-phenyl]-
1-[4-methoxy-phenyl]- **6** IV 7650

—, 1-Chlor-2,2-bis-[4-isopropoxy-phenyl]-
1-phenyl- **6** III 5842 a

—, 2-Chlor-1,1-bis-[4-methoxy-phenyl]-
6 1026 h, I 499 f, II 990 b, III 5589 b,
IV 6830

—, 1-Chlor-1,2-bis-[toluol-2-sulfonyl]-
6 IV 2024

—, 1-Chlor-1,2-bis-[toluol-4-sulfonyl]-
6 IV 2193

—, 1-Chlor-1,2-bis-*p*-tolylmercapto-
6 IV 2193

—, 1-Chlor-1-[4-chlor-phenyl]-2,2-bis-
[3-fluor-4-methoxy-phenyl]- **6** IV 7005

—, 1-Chlor-1,2-difluor-2-phenoxy-
6 IV 601

—, 1-Chlor-1,2-diphenoxy- **6** IV 607

—, 1-Chlor-2-[3-fluor-4-methoxy-phenyl]-
1,2-diphenyl- **6** IV 5091

—, 2-Chlor-1-fluor-1-phenoxy-
6 III 587 c

—, 1-Chlor-2-fluor-2-*o*-tolyloxy-
6 III 1253 e

—, 2-Chlor-1-fluor-1-*m*-tolyloxy-
6 III 1305 b

—, 2-Chlor-1-fluor-1-*p*-tolyloxy-
6 III 1363 d

—, 1-Chlor-1-[4-methoxy-phenyl]-
2,2-diphenyl- **6** IV 5093

Äthen (Fortsetzung)

−, 1-[3-Chlor-4-methoxy-phenyl]-1,2-diphenyl- **6** III 3740 d

−, 1-Chlor-2-methoxy-1-phenylmercapto- **6** III 1005 h

−, 2-Chlor-1-[2-methoxy-phenyl]-1-phenyl- **6** 694 g, II 659 e

−, 2-Chlor-1-[4-methoxy-phenyl]-1-phenyl- **6** 695 g, 696 a

−, 1-[3-Chlor-4-methylmercapto-phenyl]-1,2-diphenyl- **6** IV 5092

−, 1-Chlor-1-[2-methyl-propan-2-sulfonyl]-2-phenoxy- **6** IV 607

−, 1-Chlor-1-[2-methyl-propan-2-sulfonyl]-2-phenylmercapto- **6** IV 1517

−, 1-Chlor-1-[2-methyl-propan-2-sulfonyl]-2-[toluol-4-sulfonyl]- **6** IV 2192

−, 1-Chlor-1-[2-methyl-propan-2-sulfonyl]-2-*p*-tolylmercapto- **6** IV 2192

−, 1-Chlor-1-phenoxy- **6** III 587 a

−, 2-[4-Chlor-phenyl]-1,1-bis-[3-fluor-4-methoxy-phenyl]- **6** IV 7005

−, 2-[4-Chlor-phenyl]-1,1-bis-[4-methoxy-phenyl]- **6** III 5841 g

−, 1-Chlor-1-phenyl-2,2-bis-[4-propoxy-phenyl]- **6** III 5841 j

−, 2-[4-Chlor-phenyl]-1-[3,4-dimethoxy-phenyl]-1-phenyl- **6** IV 7003

−, 1-Chlor-2-phenylmercapto- **6** IV 1476

−, 1-[4-Chlor-phenyl]-1-[4-methoxy-phenyl]- **6** III 3503 c

−, 1-Chlor-2-[toluol-2-sulfinyl]- **6** IV 2017

−, 1-Chlor-2-[toluol-2-sulfonyl]- **6** IV 2017

−, 1-Chlor-2-[toluol-4-sulfonyl]- **6** IV 2160

−, 1-Chlor-1-[toluol-2-sulfonyl]-2-*o*-tolylmercapto- **6** IV 2024

−, 1-Chlor-1-[toluol-4-sulfonyl]-2-*p*-tolylmercapto- **6** IV 2193

−, 1-Chlor-2-*o*-tolylmercapto- **6** IV 2016

−, 1-Chlor-2-*p*-tolylmercapto- **6** IV 2160

−, Chlor-tris-[4-methoxy-phenyl]- **6** III 6608 a, IV 7650 j

−, 1-Cyclohex-1-enyl-1-methoxy- **6** IV 353

−, 1-Cyclohex-1-enyl-2-[4-methoxy-phenyl]-1-nitro- **6** IV 4364

−, 1-Cyclohexyl-1,2-bis-[4-hydroxy-phenyl]- **6** III 5731 f

−, 1-Cyclohexyl-1,2-bis-[4-methoxy-phenyl]- **6** III 5731 g

−, 1-Cyclohexyl-2-[4-methoxy-phenyl]-1,2-diphenyl- **6** III 3797 b

−, 1-Cyclohexyl-1-[4-methoxy-phenyl]-2-phenyl- **6** III 3594 e

−, 1-Cyclohexyl-2-[4-methoxy-phenyl]-1-phenyl- **6** III 3595 b

−, Cyclohexyloxy- **6** III 18 g, IV 27

−, 1-Cyclohexyl-1-propionyloxy- **6** IV 223

−, 1-Cyclopent-1-enyl-1-methoxy- **6** IV 341

−, 1-Cyclopentyl-1,2-bis-[4-methoxy-phenyl]- **6** III 5727 c

−, 1-Cyclopentyl-1-[4-methoxy-phenyl]-2-phenyl- **6** III 3592 e

−, 1-Cyclopentyl-2-[4-methoxy-phenyl]-1-phenyl- **6** III 3593 a

−, Cyclopropyloxy- **6** III 3 f

−, 1,2-Diacetoxy-1,2-bis-[2-methyl-[2]naphthyl]- **6** III 5908 a

−, 1,1-Diäthoxy-2,2-diphenoxy- **6** II 152 j

−, 1,1-Dibrom-2,2-bis-[3-brom-4-methoxy-phenyl]- **6** II 990 i, III 5590 d

−, 1,1-Dibrom-2,2-bis-[3,4-dimethoxy-phenyl]- **6** IV 7788

−, 1,1-Dibrom-2,2-bis-[4-methoxy-phenyl]- **6** II 990 g

−, 1,2-Dibrom-1,2-bis-[2-nitro-phenylmercapto]- **6** I 155 f

−, 1,2-Dibrom-1,2-bis-*p*-tolylmercapto- **6** II 397 f

−, 1,2-Dibrom-1,2-diphenoxy- **6** IV 603

−, 1,1-Dibrom-2-[4-methoxy-phenyl]-2-phenyl- **6** III 3503 d

−, 1,1-Dibrom-2-phenoxy- **6** III 556 a

−, 1,2-Dibrom-1-phenoxy- **6** III 587 g

−, 1,2-Dibrom-1-phenylmercapto- **6** IV 1511

−, 1,1-Dichlor-2,2-bis-[5-chlor-2-methoxy-phenyl]- **6** IV 6827

−, 1,2-Dichlor-1,2-bis-[4-chlor-phenylmercapto]- **6** IV 1597

−, 1,1-Dichlor-2,2-bis-[2,4-diacetoxy-phenyl]- **6** I 577 i

−, 1,1-Dichlor-2,2-bis-[3,5-dibrom-4-hydroxy-phenyl]- **6** IV 6831

Äthen (Fortsetzung)

—, 1,1-Dichlor-2,2-bis-{2-[2,2-dichlor-1-(3,4-dimethoxy-phenyl)-vinyl]-4,5-dimethoxy-phenyl}- **6** IV 7976

—, 1,1-Dichlor-2,2-bis-[2,4-dichlor-5-hydroxy-phenyl]- **6** IV 6828

—, 1,1-Dichlor-2,2-bis-[3,5-dichlor-2-hydroxy-phenyl]- **6** IV 6827

—, 1,1-Dichlor-2,2-bis-[2,4-dichlor-5-methoxy-phenyl]- **6** IV 6828

—, 1,1-Dichlor-2,2-bis-[3,5-dichlor-2-methoxy-phenyl]- **6** IV 6827

—, 1,1-Dichlor-2,2-bis-[2,4-dihydroxy-phenyl]- **6** I 577 h

—, 1,1-Dichlor-2,2-bis-[2,5-dimethoxy-phenyl]- **6** III 6757 a

—, 1,1-Dichlor-2,2-bis-[3,4-dimethoxy-phenyl]- **6** III 6757 c

—, 1,1-Dichlor-2,2-bis-[4-hydroxy-3,5-dinitro-phenyl]- **6** IV 6831

—, 1,1-Dichlor-2,2-bis-[2-hydroxy-5-nitro-phenyl]- **6** III 5586 e

—, 1,1-Dichlor-2,2-bis-[4-hydroxy-3-nitro-phenyl]- **6** III 5590 f

—, 1,1-Dichlor-2,2-bis-[4-hydroxy-phenyl]- **6** IV 6830

—, 1,1-Dichlor-2,2-bis-[2-isopropyl-4-methoxy-5-methyl-phenyl]- **6** III 5671 a

—, 1,1-Dichlor-2,2-bis-[5-isopropyl-4-methoxy-2-methyl-phenyl]- **6** III 5670 c

—, 1,1-Dichlor-2,2-bis-[5-isopropyl-2-methyl-4-propoxy-phenyl]- **6** III 5670 e

—, 1,1-Dichlor-2,2-bis-[4-methansulfonyl-phenyl]- **6** IV 6832

—, 1,1-Dichlor-2,2-bis-[4-methoxy-3,5-dinitro-phenyl]- **6** IV 6831

—, 1,1-Dichlor-2,2-bis-[2-methoxy-5-methyl-phenyl]- **6** IV 6844

—, 1,1-Dichlor-2,2-bis-[4-methoxy-2-methyl-phenyl]- **6** III 5605 d

—, 1,1-Dichlor-2,2-bis-[4-methoxy-[1]naphthyl]- **6** IV 7041

—, 1,1-Dichlor-2,2-bis-[4-methoxy-3-nitro-phenyl]- **6** III 5590 g

—, 1,1-Dichlor-2,2-bis-[4-methoxy-phenyl]- **6** 1026 j, I 499 h, II 990 c

—, 1,1-Dichlor-2,2-bis-[4-methyl≠mercapto-phenyl]- **6** IV 6832

—, 1,1-Dichlor-2,2-bis-[4-pentyloxy-phenyl]- **6** III 5589 f

—, 1,2-Dichlor-1,2-bis-phenylmercapto- **6** III 1006 c

—, 1,1-Dichlor-2,2-bis-[4-propionyloxy-phenyl]- **6** IV 6831

—, 1,1-Dichlor-2,2-bis-[4-propoxy-phenyl]- **6** III 5589 d, IV 6830

—, 1,2-Dichlor-1,2-bis-[toluol-4-sulfonyl]- **6** IV 2190

—, 1,2-Dichlor-1,2-bis-*p*-tolylmercapto- **6** IV 2189

—, 1,2-Dichlor-1-cyclohexyloxy- **6** IV 33

—, 1,2-Dichlor-1-[3,4-dichlor-benzylmercapto]- **6** IV 2786

—, 1,1-Dichlor-2-fluor-2-phenoxy- **6** III 587 f, IV 601

—, 1,1-Dichlor-2-methoxy-2-phenoxy- **6** III 587 d

—, 1,2-Dichlor-1-phenoxy- **6** IV 601

—, 1,2-Dichlor-1-phenylmercapto- **6** III 1005 h, IV 1511

—, 1,2-Dichlor-1-phenylmethansulfinyl- **6** IV 2660

—, 1,2-Dichlor-1-phenylmethansulfonyl- **6** IV 2660

—, 1,2-Dichlor-1-[toluol-4-sulfinyl]- **6** IV 2188

—, 1,2-Dichlor-1-[toluol-2-sulfonyl]- **6** IV 2023

—, 1,2-Dichlor-1-[toluol-4-sulfonyl]- **6** IV 2189

—, 1,2-Dichlor-1-*o*-tolylmercapto- **6** IV 2023

—, 1,2-Dichlor-1-*p*-tolylmercapto- **6** IV 2188

—, 1,2-Dichlor-1-*o*-tolyloxy- **6** IV 1959

—, 1,1-Difluor-2,2-bis-[4-methoxy-phenyl]- **6** IV 6829

—, 1,2-Dijod-1-phenoxy- **6** III 588 b

—, 1,1-Dimesityl-2-methoxy- **6** III 3539 d

—, 1-[2,5-Dimethoxy-phenyl]-1,2-diphenyl- **6** 1049 h, III 5839 f

—, 1-[3,4-Dimethoxy-phenyl]-1,2-diphenyl- **6** IV 7003

—, 1-[3,4-Dimethoxy-phenyl]-1-[4-methoxy-phenyl]- **6** III 6554 a

—, 1-[3,4-Dimethoxy-phenyl]-1-[2-methoxy-phenyl]-2-phenyl- **6** IV 7649

—, 1-[2,5-Dimethoxy-phenyl]-1-phenyl- **6** 1026 e

—, 1-[3,4-Dimethoxy-phenyl]-1-phenyl- **6** III 5586 g

—, 1,1-Diphenoxy- **6** III 586 i

Äthen   (Fortsetzung)

−, 1,2-Diphenoxy- **6** III 581 a,
IV 587

−, 1,2-Diphenyl- s. a. *Stilben*

−, 1,2-Diphenyl-1-[4-propoxy-phenyl]-
6 II 705 e

−, 1,1-Diphenyl-2-*p*-tolylmercapto-
6 IV 4865

−, 1,1-Diphenyl-2-[2,4,5-trimethoxy-
phenyl]- **6** III 6609 c

−, 1-[3-Fluor-4-methoxy-phenyl]-
1,2-diphenyl- **6** IV 5091

−, 1-[4-Fluor-phenyl]-1,2-bis-[4-methoxy-
phenyl]- **6** IV 7007

−, 2-[4-Fluor-phenyl]-1,1-bis-[4-methoxy-
phenyl]- **6** IV 7005

−, 1-Hydrazino-2-[4-nitro-benzolsulfonyl]-
6 IV 1707

−, 1,2-[1-Hydroxy-cyclohexyl]-
6 III 4176 b

−, 1-Isopropoxy-2-phenylmercapto-
6 IV 1498

−, 1-[5-Isopropyl-4-methoxy-2-methyl-
phenyl]-1,2-diphenyl- **6** IV 5106

−, 2-Jod-1-[2-methoxy-phenyl]-1-phenyl-
6 695 e

−, Jod-tris-[4-methoxy-phenyl]-
6 IV 7652

−, 1-Mesityl-2-methoxy-1-phenyl-
6 III 3521 c

−, 1-Mesityl-1-methoxy-2-[toluol-
4-sulfonyl]- **6** III 5051 d

−, 2-Methansulfonyl-1,1-diphenyl-
6 IV 4865

−, 1-[2-Methoxy-benzolsulfonyl]-2-
[2-methoxy-phenylmercapto]- **6** IV 5637

−, 1-[4-Methoxy-benzolsulfonyl]-2-
[4-methoxy-phenylmercapto]- **6** IV 5808

−, 1-[2-Methoxy-4-methyl-phenyl]-
1,2-diphenyl- **6** IV 5101

−, 1-[6-Methoxy-[2]naphthyl]-1-
[4-methoxy-phenyl]- **6** III 5778 b

−, 1-Methoxy-2-[4-nitro-benzolsulfonyl]-
6 IV 1702

−, 1-Methoxy-2-[1-phenyl-cyclohexyl]-
6 IV 4106

−, 1-[4-Methoxy-phenyl]-1,2-diphenyl-
6 II 705 c, III 3740 b, IV 5091

−, 2-[4-Methoxy-phenyl]-1,1-diphenyl-
6 I 358 e, II 705 g

−, 1-[2-Methoxy-phenyl]-1-[4-methoxy-
phenyl]- **6** III 5586 f

−, 1-[3-Methoxy-phenyl]-1-[4-methoxy-
phenyl]- **6** III 5587 c

−, 1-[3-Methoxy-phenyl]-1-[4-methoxy-
phenyl]-2-phenyl- **6** IV 7004

−, 1-[4-Methoxy-phenyl]-1-[1]naphthyl-
2-phenyl- **6** III 3830 e

−, 1-[4-Methoxy-phenyl]-1-[4-phenoxy-
phenyl]-2-phenyl- **6** IV 7005

−, 1-[2-Methoxy-phenyl]-1-phenyl-
6 694 e, III 3502 c

−, 1-[3-Methoxy-phenyl]-1-phenyl-
6 III 3502 d

−, 1-[4-Methoxy-phenyl]-1-phenyl-
6 695 f, I 336 d, II 659 f, III 3503 b,
IV 4864

−, 1-[4-Methoxy-phenyl]-2-phenyl-
m-terphenyl-4-yl- **6** IV 5172

−, 1-[4-Methoxy-phenyl]-1-[5,6,7,8-
tetrahydro-[2]naphthyl]- **6** IV 4965

−, 1-[4-Methoxy-phenyl]-1-*p*-tolyl-
6 IV 4876

−, [4-Methoxy-phenyl]-triphenyl-
6 III 3847 d

−, 1-Methoxy-2-[toluol-4-sulfonyl]-
6 IV 2179

−, Methoxy-triphenyl- **6** IV 5093

−, 1-[4-Methylmercapto-phenyl]-
1,2-diphenyl- **6** IV 5092

−, Methylmercapto-triphenyl- **6** III 3743 e

−, 1-[3-Methyl-4-methylmercapto-
phenyl]-1,2-diphenyl- **6** IV 5100

−, 1-[4-Nitro-benzolsulfinyl]-2-[4-nitro-
phenylmercapto]- **6** IV 1701

−, 1-[4-Nitro-benzolsulfinyl]-
2-phenylmercapto- **6** IV 1701

−, 1-[3-Nitro-benzolsulfonyl]-2-[3-nitro-
phenylmercapto]- **6** IV 1684

−, 1-[4-Nitro-benzolsulfonyl]-2-[4-nitro-
phenylmercapto]- **6** IV 1703

−, 1-[4-Nitro-benzolsulfonyl]-
2-phenylmercapto- **6** IV 1703

−, Phenoxy- **6** I 82 p, II 146 h,
III 555 c, IV 561

−, 2-Phenoxy-1,1-diphenyl- **6** III 3503 e

−, 2-Phenoxy-1,1-di-*p*-tolyl- **6** 700 e

−, Phenyl- s. a. *Styrol*

−, 2-Phenyl-1,1-bis-[4-propionyloxy-
phenyl]- **6** III 5841 f

−, 2-Phenyl-1,1-bis-[4-propoxy-phenyl]-
6 III 5841 a

−, 1-Phenylmercapto-2-[toluol-
4-sulfonyl]- **6** IV 2179

Äthen (Fortsetzung)

—, Tetrakis-[4-äthoxy-3-chlor-phenyl]-
6 1184 f

—, Tetrakis-[4-äthoxy-3-methyl-phenyl]-
6 1185 f, II 1146 c

—, Tetrakis-[4-äthoxy-phenyl]-
6 1184 c, II 1144 f

—, Tetrakis-[3-chlor-4-methoxy-phenyl]-
6 1184 e

—, Tetrakis-[3,5-dibrom-4-hydroxy-
phenyl]- 6 IV 7854

—, Tetrakis-[3,5-dibrom-4-methoxy-
phenyl]- 6 IV 7854

—, Tetrakis-[4-hydroxy-phenyl]-
6 1184 g, II 1144 d, III 6843 b,
IV 7854

—, Tetrakis-[4-methoxy-3-methyl-phenyl]-
6 1185 e, II 1146 b

—, Tetrakis-[4-methoxy-phenyl]-
6 1184 b, I 583 f, II 1144 e, III 6843 c,
IV 7854

—, Tetrakis-[4-methylmercapto-phenyl]-
6 III 6843 d

—, Tetrakis-[4-propoxy-phenyl]-
6 1184 d

—, Tetrakis-*p*-tolylmercapto- 6 IV 2190

—, Tetraphenoxy- 6 III 588 f, IV 602

—, 1-[Toluol-4-sulfinyl]-2-[toluol-
4-sulfonyl]- 6 II 397 a

—, 1-[Toluol-2-sulfonyl]-2-*o*-tolyl≠
mercapto- 6 IV 2020

—, 1-[Toluol-4-sulfonyl]-2-*p*-tolyl≠
mercapto- 6 II 396 i, IV 2180

—, Tribrom-phenoxy- 6 150 i, III 588 a

—, Trichlor-phenoxy- 6 150 g, IV 601

—, Trijod-phenoxy- 6 III 588 c

—, Triphenyl-propoxy- 6 IV 5093

—, Tris-[4-acetoxy-phenyl]- 6 IV 7650

—, Tris-[4-acetoxy-phenyl]-brom-
6 IV 7651

—, Tris-[4-äthoxy-phenyl]- 6 III 6607 d,
IV 7650 a

—, Tris-[4-äthoxy-phenyl]-brom-
6 III 6608 g

—, Tris-[4-äthoxy-phenyl]-chlor-
6 IV 7651

—, Tris-[4-benzyloxy-phenyl]-
6 IV 7650

—, Tris-[4-benzyloxy-phenyl]-brom-
6 IV 7651

—, Tris-[3-fluor-4-methoxy-phenyl]-
6 IV 7650

—, Tris-[4-hydroxy-phenyl]- 6 III 6607 b,
IV 7649 d

—, Tris-[4-methoxy-phenyl]- 6 III 6607 c,
IV 7649 f

—, Tris-[4-propionyloxy-phenyl]-
6 IV 7650

—, Tris-[toluol-4-sulfonyl]- 6 IV 2194

—, Tris-*p*-tolylmercapto- 6 IV 2193

Äthendiyl-bis-thiocyanat

—, Phenyl- 6 II 916 h

1,4-Ätheno-anthracen

—, 9,10-Diacetoxy-1,2,3,4-tetrahydro-
6 II 1005 f

9,10-Ätheno-anthracen

—, 9-Methoxy-9,10-dihydro- 6 IV 4987

—, 11-[Toluol-4-sulfonyl]-9,10-dihydro-
6 IV 4987

1,4-Ätheno-anthracen-9,10-diol

—, 2-Isopropenyl-11-methyl-
1,2,3,4-tetrahydro- 6 IV 6960 a

—, 6-Methyl-1,2,3,4-tetrahydro-
6 IV 6913 d

—, 1,2,3,4-Tetrahydro- 6 III 5704 a

—, 1,2,2,12-Tetramethyl-
1,2,3,4-tetrahydro- 6 III 5736 b

—, 1,2,3,3-Tetramethyl-1,2,3,4-tetrahydro-
6 III 5737 a

—, 1,3,3,11-Tetramethyl-
1,2,3,4-tetrahydro- 6 III 5737 b

9,10-Ätheno-anthracen-1,4-diol

—, 5,6,7,8,8a,9,10,10a-Octahydro-
6 IV 6745

1,4-Ätheno-anthracen-9,10-dion

—, 6-Chlor-5,8-dihydroxy-1,2,3,4,4a,9a-
hexahydro- 6 III 6786 a

—, 5,8-Dihydroxy-1,2,3,4,4a,9a-
hexahydro- 6 III 6785 c

—, 5,8-Dihydroxy-2-methyl-1,2,3,4,4a,9a-
hexahydro- 6 III 6786 d

—, 1,2,3,4,4a,9a-Hexahydro-
6 II 1005 e, III 5704 b

—, 2-Isopropenyl-11-methyl-1,2,3,4,4a,9a-
hexahydro- 6 IV 6960 a

—, 6-Methyl-1,2,3,4,4a,9a-hexahydro-
6 IV 6913 e

—, 1,2,2,12-Tetramethyl-1,2,3,4,4a,9a-
hexahydro- 6 III 5736 b

—, 1,2,3,3-Tetramethyl-1,2,3,4,4a,9a-
hexahydro- 6 III 5737 a

—, 1,3,3,11-Tetramethyl-1,2,3,4,4a,9a-
hexahydro- 6 III 5737 b

9,10-Ätheno-anthracen-9-ol

—, 9,10-Dihydro- 6 IV 4987

Äther (Fortsetzung)

—, Äthyl-[1-benzyl-heptyl]- **6** III 2046 f

—, Äthyl-[2-benzyl-heptyl]- **6** III 2047 f

—, Äthyl-[10-benzyliden-1,4-dichlor-
9,10-dihydro-[9]anthryl]- **6** II 716 h

—, Äthyl-[10-benzyliden-1,5-dichlor-
9,10-dihydro-[9]anthryl]- **6** II 717 c

—, Äthyl-[10-benzyliden-1,4-dimethyl-
9,10-dihydro-[9]anthryl]- **6** III 3795 f

—, [4-Äthyl-benzyl]-phenyl- **6** IV 3242

—, Äthyl-bibenzyl-α-yl- **6** I 329 e,
IV 4701

—, Äthyl-[1-bibenzyl-4-yl-2-brom-äthyl]-
6 III 3432 a

—, Äthyl-bicyclohexyl-2-yl- **6** III 337 e

—, Äthyl-bicyclohexyl-4-yl- **6** III 339 b

—, Äthyl-[9,9′]bifluorenyl-9-yl-
6 I 366 b

—, Äthyl-biphenyl-2-yl- **6** 672 d,
III 3284 b, IV 4580

—, Äthyl-biphenyl-3-yl- **6** 674 a,
III 3313 a

—, Äthyl-biphenyl-4-yl- **6** III 3322 a,
IV 4600

—, Äthyl-[9-biphenyl-4-yl-fluoren-9-yl]-
6 733 i

—, [4′-Äthyl-biphenyl-4-yl]-methyl- **6** IV 4740

—, [5-Äthyl-biphenyl-2-yl]-methyl-
6 III 3405 a

—, [6-Äthyl-biphenyl-3-yl]-methyl-
6 IV 4739

—, Äthyl-[biphenyl-4-yl-[1]naphthyl-
phenyl-methyl]- **6** III 3878 f

—, Äthyl-[2,2-bis-(4-chlor-phenyl)-
cyclopropylmethyl]- **6** IV 4889

—, Äthyl-born-2-en-2-yl- **6** II 104 f

—, Äthyl-bornyl- **6** 78 b, III 300 d,
IV 282

—, Äthyl-[2-(5-brom-acenaphthen-1-yl)-
äthyl]- **6** IV 4746

—, Äthyl-[4-(2-brom-äthyl)-[1]naphthyl]-
6 III 3033 c

—, Äthyl-[2-brom-benzyl]- **6** III 1559 k

—, Äthyl-[3-brom-benzyl]- **6** 446 e

—, Äthyl-[4-brom-benzyl]- **6** 446 g,
I 222 j, III 1561 a

—, Äthyl-[4-(α-brom-benzyl)-[1]naphthyl]-
6 IV 4988

—, Äthyl-[3-brom-biphenyl-4-yl]-
6 IV 4609

—, Äthyl-[4′-brom-biphenyl-4-yl]-
6 IV 4610

—, Äthyl-[5-brom-biphenyl-2-yl]-
6 IV 4590

—, Äthyl-[5-brom-biphenyl-3-yl]-
6 II 624 e

—, Äthyl-[2-brom-1-(3-brom-phenyl)-
propyl]- **6** IV 3188

—, Äthyl-[6-brom-1-chlor-[2]naphthyl]-
6 652 a, IV 4304

—, Äthyl-[2-brom-1-(2-chlor-phenyl)-
2-nitro-butyl]- **6** IV 3274

—, Äthyl-[2-brom-1-(2-chlor-phenyl)-
2-nitro-propyl]- **6** IV 3190

—, Äthyl-[2-brom-cyclohexyl]-
6 II 13 f

—, Äthyl-[2-brom-4′,4″-dichlor-trityl]-
6 I 352 a

—, Äthyl-[4-brom-4′,4″-dichlor-trityl]-
6 I 352 c

—, Äthyl-[2-brom-1,1-diphenyl-äthyl]-
6 II 639 g

—, Äthyl-[2-brom-1,3-diphenyl-inden-
1-yl]- **6** II 714 d

—, Äthyl-[1-(1-brom-hexyl)-3-phenyl-but-
2-enyl]- **6** IV 3963

—, Äthyl-[2-brom-indan-1-yl]- **6** III 2426 b

—, Äthyl-[2-brommethyl-benzyl]- **6** II 457 e

—, Äthyl-[3-brommethyl-benzyl]- **6** II 466 a

—, Äthyl-[4-brommethyl-benzyl]- **6** II 469 d

—, Äthyl-[2-brom-4-methyl-cyclopentyl]-
6 IV 91

—, Äthyl-[6-brom-1-methyl-[2]naphthyl]-
6 666 f

—, Äthyl-[1-brommethyl-2-phenyl-äthyl]-
6 II 474 m

—, Äthyl-[1-brommethyl-3-phenyl-but-
2-enyl]- **6** IV 3874

—, Äthyl-[1-brommethyl-3-phenyl-prop-
2-inyl]- **6** III 2739 b

—, Äthyl-[1-brom-[2]naphthyl]-
6 651 a, II 605 b, III 2995 a,
IV 4301

—, Äthyl-[3-brom-[2]naphthyl]-
6 IV 4302

—, Äthyl-[4-brom-[1]naphthyl]-
6 613 k, IV 4234

—, Äthyl-[6-brom-[2]naphthyl]-
6 651 g, III 2997 b, IV 4302

—, Äthyl-[4-brom-[1]naphthylmethyl]-
6 II 617 f

—, [5-Äthyl-1-brom-[2]naphthyl]-methyl-
6 IV 4346

—, Äthyl-[3-brom-5-nitro-biphenyl-2-yl]-
6 IV 4592

Äther (Fortsetzung)

—, Äthyl-[2-chlor-5-methyl-cyclohex-2-enyl]- **6** III 215 a

—, Äthyl-[1-chlor-6-(1-methyl-cyclohexyl)-[2]naphthyl]- **6** IV 4813

—, Äthyl-[9-chlormethyl-10,10-dipropyl-9,10-dihydro-[9]anthryl]- **6** IV 4922

—, Äthyl-[2-chlormethyl-4-nitro-[1]naphthyl]- **6** IV 4339

—, Äthyl-[1-chlormethyl-2-phenyl-äthyl]-**6** 503 d, III 1798 d

—, Äthyl-[1-chlormethyl-3-phenyl-but-2-enyl]- **6** IV 3874

—, Äthyl-[1-chlormethyl-3-phenyl-prop-2-inyl]- **6** II 559 b

—, Äthyl-[1-chlor-[2]naphthyl]-**6** 649 a, IV 4290

—, Äthyl-[2-chlor-[1]naphthyl]-**6** IV 4230

—, Äthyl-[2-chlor-1-[1]naphthyl-äthyl]-**6** 668 c

—, Äthyl-[2-chlor-4-nitro-benzyl]-**6** 453 c

—, Äthyl-[2-chlor-6-nitro-benzyl]-**6** 453 a

—, Äthyl-[3-chlor-4′-nitro-biphenyl-4-yl]-**6** IV 4615

—, Äthyl-[2-chlor-2-nitro-1-phenyl-propyl]- **6** IV 3189

—, Äthyl-[2′-chlor-α′-nitro-stilben-2-yl]-**6** IV 4854

—, Äthyl-[2-chlor-1-phenyl-äthyl]-**6** 476 b, III 1683 d, IV 3046

—, Äthyl-[3-chlor-1-phenyl-allyl]-**6** I 283 i

—, Äthyl-[3-chlor-5-phenyl-pent-3-enyl]-**6** IV 3873

—, Äthyl-[3-chlor-1-phenyl-propyl]-**6** II 471 h

—, Äthyl-[1-(4-chlor-phenyl)-vinyl]-**6** III 2391 a

—, Äthyl-[2-chlor-1-phenyl-vinyl]-**6** III 2391 b

—, Äthyl-[4-(3-chlor-propyl)-benzyl]-**6** IV 3323

—, [1-Äthyl-2-chlor-propyl]-cyclohexyl-**6** IV 27

—, Äthyl-[2-chlor-3,3,4,4-tetrafluor-cyclobut-1-enyl]- **6** IV 191

—, [10-Äthyl-1-chlor-5,6,7,8-tetrahydro-[2]phenanthryl]-methyl- **6** III 3442 f

—, Äthyl-[2-chlor-trityl]- **6** I 351 e

—, Äthyl-cholan-24-yl- **6** IV 3568

—, Äthyl-cholestan-3-yl- **6** IV 3579

—, Äthyl-cinnamyl- **6** 571 a, I 281 d, II 527 a, III 2404 b

—, Äthyl-cyclohept-1-enyl- **6** 49 b

—, Äthyl-cyclohept-2-enyl- **6** 49 d

—, Äthyl-cyclohex-1-enyl- **6** III 204 g, IV 194

—, Äthyl-cyclohex-2-enyl- **6** 48 h, I 35 i, II 60 d, III 206 b, IV 196

—, Äthyl-cyclohex-3-enyl- **6** II 61 b

—, Äthyl-[2-cyclohex-1-enyl-1-methyl-äthyl]- **6** IV 234

—, Äthyl-[3-cyclohex-1-enyl-1-methyl-allyl]- **6** IV 370

—, Äthyl-[1-cyclohex-1-enyl-[2]naphthyl]-**6** IV 4889

—, Äthyl-[3-cyclohex-1-enyl-[2]naphthyl]-**6** IV 4891

—, Äthyl-[6-cyclohex-1-enyl-[2]naphthyl]-**6** IV 4891

—, Äthyl-[2-cyclohex-1-enyl-vinyl]-**6** IV 353

—, Äthyl-cyclohexyl- **6** 6 b, II 9 b, III 17 b, IV 26

—, Äthyl-[2-cyclohexyl-äthyl]- **6** I 12 i

—, Äthyl-[4-cyclohexyl-benzyl]-**6** III 2533 e

—, [3-Äthyl-cyclohexyl]-isopentyl-**6** II 26 e

—, [1-Äthyl-cyclohexyl]-methyl-**6** III 84 e

—, Äthyl-[1-cyclohexyl-1-methyl-äthyl]-**6** III 112 e

—, Äthyl-[4-cyclohexyl-trityl]-**6** III 3763 c

—, Äthyl-cyclooctatetraenyl- **6** IV 3771

—, Äthyl-cyclooctyl- **6** IV 113

—, [17-Äthyl-15*H*-cyclopenta≠[*a*]phenanthren-11-yl]-methyl- **6** III 3679 f

—, Äthyl-cyclopent-1-enyl- **6** IV 192

—, Äthyl-cyclopent-2-enyl- **6** IV 193

—, Äthyl-[2-cyclopent-1-enyl-1-methyl-äthyl]- **6** IV 226

—, Äthyl-[2-cyclopent-1-enyl-vinyl]-**6** IV 341

—, Äthyl-cyclopentyl- **6** 5 b, II 3 f, III 6 a

—, [5-Äthyl-6-cyclopentyl-7,8-dihydro-[2]naphthyl]-methyl- **6** III 3067 e

—, Äthyl-cyclopropyl- **6** III 3 c

—, Äthyl-[1-cyclopropyl-äthyl]- **6** IV 20

—, Äthyl-cyclopropylmethyl-**6** I 3 c, IV 4

Äther (Fortsetzung)

—, Äthyl-[3a,4,4a,5,6,7,8,8a,9,9a-decahydro-1*H*-4,9;5,8-dimethano-cyclopenta[*b*]naphthalin-6(*oder* 7)-yl]- **6** III 2768 a

—, Äthyl-decahydro[1]naphthyl- **6** II 73 a

—, Äthyl-decahydro[2]naphthyl- **6** 68 a, III 271 b

—, Äthyl-[α-deuterio-benzyl]- **6** IV 2230

—, Äthyl-[5*H*-dibenzo[*a,d*]cyclohepten-5-yl]- **6** IV 4943

—, Äthyl-[4,4'-dibrom-benzhydryl]- **6** 681 a

—, Äthyl-[3,4'-dibrom-biphenyl-4-yl]- **6** IV 4610

—, Äthyl-[3,5-dibrom-biphenyl-4-yl]- **6** IV 4610

—, Äthyl-[2,3-dibrom-1-brommethyl-3-phenyl-allyl]- **6** III 2435 e

—, Äthyl-[5,6-dibrom-cholestan-3-yl]- **6** III 2152 a

—, Äthyl-[2,3-dibrom-cyclohexyl]- **6** 7 f, II 14 b, III 45 a

—, Äthyl-[2,3-dibrom-3-(4-isopropyl-phenyl)-1-methyl-propyl]- **6** III 2525 b

—, Äthyl-[2,3-dibrom-1-methyl-3-phenyl-propyl]- **6** III 1851 b

—, Äthyl-[2,3-dibrom-1-methyl-3-*p*-tolyl-propyl]- **6** III 1974 h

—, Äthyl-[1,6-dibrom-[2]naphthyl]- **6** 652 e, I 315 g, IV 4305

—, Äthyl-[4,6-dibrom-[2]naphthyl]- **6** II 606 f

—, Äthyl-[2,2-dibrom-2-nitro-1-(2-nitro-phenyl)-äthyl]- **6** 478 c

—, Äthyl-[2,2-dibrom-2-nitro-1-(3-nitro-phenyl)-äthyl]- **6** 478 e, II 448 c

—, Äthyl-[2,2-dibrom-2-nitro-1-(4-nitro-phenyl)-äthyl]- **6** 478 g

—, Äthyl-[2,3-dibrom-3-phenyl-propyl]- **6** I 253 d, III 1806 b

—, Äthyl-[3,5-di-*tert*-butyl-biphenyl-2-yl]- **6** III 3465 d

—, Äthyl-[1,5-dichlor-[9]anthryl]- **6** II 671 h

—, Äthyl-[1,5-dichlor-[9]anthrylmethyl]- **6** II 678 g

—, Äthyl-[(1,4-dichlor-[9]anthryl)-phenyl-methyl]- **6** II 715 g

—, Äthyl-[(1,5-dichlor-[9]anthryl)-phenyl-methyl]- **6** II 716 a

—, Äthyl-[4,4'-dichlor-benzhydryl]- **6** III 3377 g

—, Äthyl-[3,4-dichlor-benzyl]- **6** IV 2598

—, Äthyl-[2,2-dichlor-1,1-bis-(4-chlor-phenyl)-äthyl]- **6** IV 4720

—, Äthyl-[1,5-dichlor-10-(4-chlor-benzyliden)-9,10-dihydro-[9]anthryl]- **6** II 718 a

—, Äthyl-[2,2-dichlor-cyclopropyl]- **6** IV 3

—, Äthyl-[4-dichlormethylen-cyclohex-2-enyl]- **6** III 370 b

—, Äthyl-[3,3-dichlor-1-[1]naphthyl-allyl]- **6** IV 4694

—, Äthyl-[1,5-dichlor-10-nitro-9-phenyl-9,10-dihydro-[9]anthryl]- **6** II 706 d

—, Äthyl-[3,3-dichlor-1-phenyl-allyl]- **6** IV 3819

—, Äthyl-[1,5-dichlor-10-phenyl-[9]anthryl]- **6** II 711 d

—, Äthyl-[1,5-dichlor-10-phenyl-[9]anthrylmethyl]- **6** II 718 f

—, Äthyl-[(1,5-dichlor-10-phenyl-[9]anthryl)-phenyl-methyl]- **6** II 735 c

—, Äthyl-[3,3-dichlor-1-*p*-tolyl-allyl]- **6** IV 3847

—, Äthyl-[4,4'-dicyclohexyl-trityl]- **6** III 3798 c

—, Äthyl-[α,α-dideuterio-benzyl]- **6** IV 2230

—, Äthyl-[4,4-difluor-2-phenyl-cyclobut-1-enyl]- **6** IV 4076

—, Äthyl-[9,10-dihydro-9,10-äthano-anthracen-9-yl]- **6** IV 4957

—, Äthyl-[9,10-dihydro-[2]anthryl]- **6** 697 a

—, Äthyl-[(9,10-dihydro-[9]anthryl)-phenyl-methyl]- **6** IV 5102

—, Äthyl-[5,6-dihydro-4*H*-benz[*de*]anthracen-7-yl]- **6** III 3613 c

—, Äthyl-[1,4-dihydro-[2]naphthyl]- **6** IV 4078

—, [5-Äthyl-7,8-dihydro-[2]naphthyl]-methyl- **6** IV 4092

—, Äthyl-[2,2-dimesityl-vinyl]- **6** III 3539 e

—, [3-Äthyl-5,6-dimethoxy-2-methyl-phenyl]-[4-äthyl-2-methoxy-5-methyl-phenyl]- **6** III 6352 f

—, Äthyl-[(2,4-dimethyl-[9]anthryl)-phenyl-methyl]- **6** III 3795 d

Äther　(Fortsetzung)

—, Äthyl-[4,8-dimethyl-azulen-6-yl]-
6 IV 4344

—, Äthyl-[2,2'-dimethyl-benzhydryl]-
6 IV 4770

—, Äthyl-[2,4-dimethyl-benzyl]-
6 I 256 d

—, [1-Äthyl-1,3-dimethyl-but-2-enyl]-
phenäthyl- 6 IV 3070

—, Äthyl-[4,5-dimethyl-cyclohex-2-enyl]-
6 IV 224

—, Äthyl-[7,7-dimethyl-2,6-cyclo-
norbornan-1-ylmethyl]- 6 II 105 f

—, [5-Äthyl-3,4-dimethyl-7,8-dihydro-
[1]naphthyl]-methyl- 6 IV 4108

—, [8-Äthyl-2,4-dimethyl-5,6-dihydro-
[1]naphthyl]-methyl- 6 IV 4108

—, [8-Äthyl-3,4-dimethyl-5,6-dihydro-
[2]naphthyl]-methyl- 6 IV 4107

—, [8-Äthyl-4,7-dimethyl-5,6-dihydro-
[2]phenanthryl]-methyl- 6 IV 4911

—, Äthyl-[1,4-dimethyl-[2]naphthyl]-
6 669 c

—, [7-Äthyl-1,4-dimethyl-[2]naphthyl]-
methyl- 6 II 621 d

—, Äthyl-[4-(3,7-dimethyl-nona-
2,4,6,8-tetraenyliden)-3,5,5-trimethyl-
cyclohex-2-enyl]- 6 III 3077 a

—, Äthyl-[2,3-dimethyl-[2]norbornyl]-
6 IV 244

—, Äthyl-[2-(3,3-dimethyl-[2]norbornyl≠
iden)-äthyl]- 6 I 64 c

—, [8-Äthyl-1,7-dimethyl-[4]phenanthryl]-
methyl- 6 IV 4969

—, [8-Äthyl-4,7-dimethyl-[1]phenanthryl]-
methyl- 6 IV 4968

—, [8-Äthyl-4,7-dimethyl-[2]phenanthryl]-
methyl- 6 IV 4968

—, Äthyl-[2,2-dimethyl-1-phenyl-propyl]-
6 IV 3391

—, [6-(1-Äthyl-2,2-dimethyl-propyl)-
[2]naphthyl]-methyl- 6 IV 4386

—, [5-Äthyl-3,4-dimethyl-
5,6,7,8-tetrahydro-[1]naphthyl]-methyl-
6 IV 3951

—, [8-Äthyl-2,4-dimethyl-
5,6,7,8-tetrahydro-[1]naphthyl]-methyl-
6 IV 3951

—, [8-Äthyl-3,4-dimethyl-
5,6,7,8-tetrahydro-[1]naphthyl]-methyl-
6 IV 3950

—, [8-Äthyl-7,7-dimethyl-
5,6,7,8-tetrahydro-[2]phenanthryl]-methyl-
6 III 3459 c

—, Äthyl-[1,4-dimethyl-
2,3,5,7-tetraphenyl-norborn-2-en-7-yl]-
6 IV 5166

—, Äthyl-[4,8-dimethyl-10-
(2,6,6-trimethyl-cyclohex-1-enyl)-deca-
3,5,7,9-tetraenyl]- 6 III 2802 a

—, Äthyl-[4,8-dimethyl-10-
(2,6,6-trimethyl-cyclohex-1-enyl)-deca-
3,7,9-trien-5-inyl]- 6 III 3077 c

—, Äthyl-[2,2'-dimethyl-trityl]-
6 III 3695 c

—, Äthyl-[di-[1]naphthyl-methyl]-
6 728 d, I 360 c, III 3789 b

—, Äthyl-[3,5-dinitro-biphenyl-2-yl]-
6 III 3309 c

—, Äthyl-[2,4-dinitro-1,3-diphenyl-butyl]-
6 689 a

—, Äthyl-[1,6-dinitro-[2]naphthyl]-
6 656 b, III 3005 g

—, Äthyl-[1,8-dinitro-[2]naphthyl]-
6 656 d, II 610 c, III 3005 i

—, Äthyl-[2,4-dinitro-[1]naphthyl]-
6 619 b, II 587 a, IV 4241

—, Äthyl-[4,5-dinitro-[1]naphthyl]-
6 619 e, III 2942 c

—, Äthyl-[4,8-dinitro-[1]naphthyl]-
6 619 g

—, Äthyl-[5,8-dinitro-[2]naphthyl]-
6 656 e, III 3006 b

—, Äthyl-[9,10-dinitro-[2]phenanthryl]-
6 II 674 h

—, Äthyl-[1,3-diphenyl-allyl]- 6 III 3508 d

—, Äthyl-[4-(4,4'-diphenyl-benzhydryl)-
[1]naphthyl]- 6 III 3903 a

—, Äthyl-[2,3-diphenyl-
1*H*,1'*H*-[1,1']biindenyl-1-yl]- 6 IV 5168

—, Äthyl-[4,4-diphenyl-butyl]-
6 IV 4785

—, Äthyl-[2,2-diphenyl-cyclopropylmethyl]-
6 IV 4889

—, Äthyl-[10,10-diphenyl-9,10-dihydro-
[9]anthryl]- 6 734 e, II 729 h

—, Äthyl-[3,3-diphenyl-indan-1-yl]-
6 III 3753 g

—, Äthyl-[1,1-diphenyl-propyl]-
6 687 f

—, Äthyl-[3,3-diphenyl-propyl]-
6 IV 4760

—, Äthyl-[1,1-diphenyl-3-*p*-tolyl-prop-
2-inyl]- 6 III 3792 d

Äther (Fortsetzung)

—, Äthyl-[4,4'-diphenyl-trityl]- **6** III 3884 d

—, Äthyl-[2,2-diphenyl-vinyl]-
6 696 d, I 336 f, II 659 h, IV 4864

—, Äthyl-[2,2-di-*p*-tolyl-vinyl]-
6 700 d, II 666 d

—, Äthyl-epibornyl- **6** II 91 h

—, Äthyl-[4-fluor-benzyl]- **6** IV 2589

—, Äthyl-[4'-fluor-biphenyl-4-yl]-
6 IV 4608

—, Äthyl-[4'-fluor-3,2'-dinitro-biphenyl-
4-yl]- **6** III 3340 e

—, Äthyl-fluoren-9-yl- **6** II 655 e,
III 3490 c, IV 4851

—, Äthyl-[2-fluoren-9-yl-äthyl]-
6 IV 4882

—, Äthyl-[fluoren-2-yl-diphenyl-methyl]-
6 III 3849 f

—, Äthyl-[9-(fluoren-9-yliden-phenyl-
methyl)-fluoren-9-yl]- **6** IV 5176

—, Äthyl-[fluoren-2-yl-phenyl-methyl]-
6 III 3745 a

—, Äthyl-[1,4,5,6,7,7-hexachlor-norborn-
5-en-2-yl]- **6** IV 344

—, Äthyl-[1,2,3,4,9,9-hexachlor-
1,4,4a,5,6,7,8,8a-octahydro-1,4-methano-
naphthalin-5-yl]- **6** IV 3414

—, [9b-Äthyl-2,3,3a,4,5,9b-hexahydro-
1*H*-cyclopenta[*a*]naphthalin-8-yl]-methyl-
6 IV 4117

—, Äthyl-[1,2,3,4,4a,9a-hexahydro-
1,4-methano-fluoren-2(*oder* 3)-yl]-
6 III 3058 d

—, Äthyl-[3a,4,5,6,7,7a-hexahydro-
4,7-methano-inden-1-yl]- **6** III 1922 c

—, Äthyl-[3a,4,5,6,7,7a-hexahydro-
4,7-methano-inden-5(*oder* 6)-yl]-
6 III 1924 b

—, Äthyl-[3,4,4a,5,6,7-hexahydro-
[2]naphthyl]- **6** IV 3365

—, Äthyl-[3,4,5,6,7,8-hexahydro-
[2]naphthyl]- **6** IV 3365

—, Äthyl-[2,4,6,2',4',6'-hexamethyl-
benzhydryl]- **6** IV 4826

—, [2-Äthyl-hexyl]-[1,2,3,4,4a,9a-
hexahydro-1,4-methano-fluoren-2(*oder*
3)-yl]- **6** III 3059 a

—, [8-Äthyliden-7-methyl-
5,6,7,8-tetrahydro-[2]phenanthryl]-methyl-
6 III 3525 e

—, Äthyl-indan-1-yl- **6** I 286 c,
III 2424 b

—, Äthyl-indan-5-yl- **6** 575 d

—, Äthyl-indeno[2,1-*a*]inden-5-yl-
6 III 3626 b

—, Äthyl-inden-2-yl- **6** IV 4069

—, Äthyl-isobornyl- **6** 89 b, III 300 e

—, [4-Äthyl-1-isobutyl-octyl]-[3a,4,5,6,7,
7a-hexahydro-4,7-methano-inden-5(*oder*
6)-yl]- **6** III 1927 a

—, Äthyl-[4-isopropyl-benzyl]- **6** 544 a

—, Äthyl-[1-isopropyl-cyclopropyl]-
6 II 15 h

—, Äthyl-[7-isopropyl-1-methyl-
4,9-dinitro-[3]phenanthryl]- **6** III 3588 f

—, Äthyl-[7-isopropyl-1-methyl-9-nitro-
[3]phenanthryl]- **6** III 3588 b

—, Äthyl-[2-isopropyl-8-methyl-
[9]phenanthryl]- **6** IV 4967

—, Äthyl-[7-isopropyl-1-methyl-
[3]phenanthryl]- **6** III 3585 b

—, Äthyl-[7-isopropyl-1-methyl-
[9]phenanthryl]- **6** IV 4967

—, Äthyl-[7-isopropyl-1-methyl-
[2]phenanthrylmethyl]- **6** IV 4972

—, [7-Äthyl-1-isopropyl-4-methyl-
5,6,7,8-tetrahydro-[2]naphthyl]-methyl-
6 III 2568 e

—, Äthyl-[3-(4-isopropyl-phenyl)-
1-methyl-allyl]- **6** III 2525 b

—, Äthyl-[3-(4-isopropyl-phenyl)-
2-methyl-propyl]- **6** III 2036 d

—, Äthyl-[5-jod-biphenyl-2-yl]-
6 IV 4590

—, Äthyl-[4-(4-jod-butyl)-
5,6,7,8-tetrahydro-[1]naphthyl]-
6 III 2553 b

—, Äthyl-[2-jod-cyclohexyl]-
6 7 i, II 14 e

—, Äthyl-[1-jod-[2]naphthyl]- **6** IV 4305

—, Äthyl-[4-jod-[1]naphthyl]-
6 II 583 i, IV 4236

—, Äthyl-[5-jod-[2]naphthyl]- **6** IV 4306

—, Äthyl-[3-jod-5-nitro-biphenyl-2-yl]-
6 IV 4592

—, Äthyl-[4-jod-2-nitro-[1]naphthyl]-
6 617 b

—, Äthyl-[2-jod-1-phenyl-äthyl]-
6 477 b

—, Äthyl-*p*-mentha-1,4(8)-dien-3-yl-
6 III 379 e

—, Äthyl-*p*-mentha-2,4(8)-dien-3-yl-
6 97 b

—, Äthyl-*p*-menth-1-en-8-yl- **6** III 249 d

—, Äthyl-*p*-menth-2-en-3-yl- **6** 60 f

—, Äthyl-*p*-menth-3-en-3-yl- **6** 60 f

Äther   (Fortsetzung)

−, Äthyl-*p*-menth-8-en-3-yl- **6** 65 c

−, Äthyl-menthyl- **6** 31 c, III 140 d

−, Äthyl-[2-mesityl-2-phenyl-vinyl]-
  6 III 3521 d

−, Äthyl-[10-methyl-[9]anthrylmethyl]-
  6 IV 4953

−, [2-Äthyl-8-methyl-azulen-4-yl]-methyl-
  6 III 3047 b

−, [7-Äthyl-12-methyl-benz[*a*]anthracen-
  5-yl]-methyl- **6** IV 5103

−, Äthyl-[12-methyl-benz[*a*]anthracen-
  7-ylmethyl]- **6** III 3749 c, IV 5097

−, Äthyl-[4-methyl-benzhydryl]-
  6 IV 4736

−, Äthyl-[2-methyl-benzyl]- **6** 484 h

−, Äthyl-[3-methyl-benzyl]-
  6 494 b, III 1768 g

−, Äthyl-[4-methyl-benzyl]- **6** 498 i,
  III 1779 c

−, Äthyl-[2-methyl-cyclohex-2-enyl]-
  6 III 210 e

−, Äthyl-[5-methyl-cyclohex-2-enyl]-
  6 49 h, III 214 c

−, Äthyl-[2-methyl-cyclohexyl]-
  6 12 b, II 18 a, III 63 b

−, Äthyl-[3-methyl-cyclohexyl]-
  6 III 70 c

−, Äthyl-[1-(4-methyl-cyclohexyl)-äthyl]-
  6 I 16 a

−, Äthyl-[6-(1-methyl-cyclohexyl)-
  [2]naphthyl]- **6** IV 4813

−, Äthyl-[14-methyl-dibenz≠
  [*a,h*]anthracen-7-ylmethyl]- **6** III 3831 c

−, [3-Äthyl-2-methyl-2,3-dihydro-
  1*H*-cyclopenta[*a*]naphthalin-7-yl]-methyl-
  6 IV 4799

−, [5-Äthyl-4-methyl-7,8-dihydro-
  [1]naphthyl]-methyl- **6** IV 4101

−, [7-Äthyl-8-methyl-5,6-dihydro-
  [2]phenanthryl]-methyl- **6** IV 4906

−, [8-Äthyl-7-methyl-5,6-dihydro-
  [2]phenanthryl]-methyl- **6** IV 4906

−, Äthyl-[10-methyl-9,10-diphenyl-
  9,10-dihydro-[9]anthryl]- **6** III 3853 b

−, [4-Äthyl-4-methyl-1,1-diphenyl-hex-
  2-inyl]-methyl- **6** III 3597 a

−, Äthyl-[1-methyl-2,2-diphenyl-vinyl]-
  6 III 3510 c

−, Äthyl-[1-methylen-3-phenyl-prop-
  2-inyl]- **6** III 2912 a

−, Äthyl-[9-methyl-fluoren-9-yl]-
  6 II 661 e, III 3507 a

−, [2-Äthyl-7-methyl-indan-4-yl]-methyl-
  6 III 2520 f

−, Äthyl-[2-methyl-3-methylen-
  [2]norbornyl]- **6** IV 369

−, Äthyl-[1-methyl-[2]naphthyl]-
  6 665 c, III 3020 b, IV 4329

−, Äthyl-[6-methyl-[2]naphthyl]-
  6 III 3029 b

−, Äthyl-[1-methyl-3-[1]naphthyl-allyl]-
  6 III 3409 i

−, Äthyl-[1-methyl-3-[2]naphthyl-allyl]-
  6 III 3409 i

−, Äthyl-[4-methyl-[1]naphthylmethyl]-
  6 IV 4352

−, [6-Äthyl-1-methyl-[2]naphthyl]-methyl-
  6 IV 4359

−, Äthyl-[4-methyl-α'-nitro-bibenzyl-
  α-yl]- **6** II 645 e

−, Äthyl-[1-methyl-2-(4-nitro-phenyl)-
  vinyl]- **6** III 2401 c

−, Äthyl-[10-methyl-1,2,3,4,5,6,7,8-
  octahydro-[9]anthrylmethyl]- **6** III 2775 a

−, Äthyl-[4-methyl-phenäthyl]-
  6 III 1829 a

−, [2-Äthyl-8-methyl-[3]phenanthryl]-
  methyl- **6** IV 4962

−, [7-Äthyl-8-methyl-[2]phenanthryl]-
  methyl- **6** IV 4961

−, [8-Äthyl-7-methyl-[2]phenanthryl]-
  methyl- **6** III 3581 a, IV 4962

−, Äthyl-[2-methyl-1-[2]phenanthryl-
  propyl]- **6** III 3583 a

−, Äthyl-[1-methyl-1-phenyl-äthyl]-
  6 III 1814 a, IV 3220

−, Äthyl-[1-methyl-2-phenyl-äthyl]-
  6 I 251 b, II 473 a, 474 f, III 1798 a

−, Äthyl-[1-methyl-3-phenyl-allyl]-
  6 III 2434 a, IV 3833

−, [3-Äthyl-5-methyl-phenyl]-[2-brom-
  äthyl]- **6** IV 3236

−, Äthyl-[1-methyl-1-phenyl-butyl]-
  6 I 269 c

−, Äthyl-[1-methyl-3-phenyl-propenyl]-
  6 IV 3836

−, Äthyl-[2-methyl-1-phenyl-propenyl]-
  6 IV 3841

−, Äthyl-[1-methyl-3-phenyl-prop-2-inyl]-
  6 III 2738 g

−, Äthyl-[1-methyl-3-phenyl-propyl]-
  6 III 1850 b

−, Äthyl-[2-methyl-2-phenyl-propyl]-
  6 II 490 b

Äther (Fortsetzung)

—, Äthyl-[2-methyl-4'-phenyl-trityl]-
6 II 727 k

—, Äthyl-[1-methyl-2-phenyl-vinyl]-
6 III 2400 f

—, [6-(1-Äthyl-1-methyl-propyl)-
[2]naphthyl]-methyl- 6 IV 4383

—, Äthyl-[2-methyl-styryl]- 6 I 285 k

—, Äthyl-[1-methyl-5,6,7,8-tetrahydro-
[2]naphthyl]- 6 III 2480 a

—, [1-Äthyl-4-methyl-5,6,7,8-tetrahydro-
[2]naphthyl]-methyl- 6 III 2539 d

—, [4-Äthyl-1-methyl-5,6,7,8-tetrahydro-
[2]naphthyl]-methyl- 6 III 2539 b

—, Äthyl-[1-methyl-3-p-tolyl-allyl]-
6 III 2473 e

—, Äthyl-[2-methyl-2-p-tolyl-propyl]-
6 IV 3403

—, Äthyl-[2-methyl-4-(2,6,6-trimethyl-
cyclohexa-1,3-dienyl)-buta-1,3-dienyl]-
6 IV 3944

—, Äthyl-[1-methyl-3-(2,6,6-trimethyl-
cyclohex-2-enyl)-allyl]- 6 III 402 e

—, Äthyl-[2-methyl-4-(2,6,6-trimethyl-
cyclohex-1-enyl)-buta-1,3-dienyl]-
6 IV 3497

—, Äthyl-[1-methyl-3-(2,2,6-trimethyl-
cyclohexyl)-propyl]- 6 III 187 b

—, Äthyl-[2-methyl-trityl]- 6 II 697 c

—, Äthyl-[4-methyl-3-vinyl-cyclohex-
3-enyl]- 6 IV 366

—, Äthyl-[1]naphthyl- 6 606 b, I 306 b,
II 578 b, III 2924 a, IV 4212

—, Äthyl-[2]naphthyl- 6 641 a, I 312 b,
II 598 b, III 2972 a, IV 4257

—, Äthyl-[1]naphthyläthinyl- 6 IV 4844

—, Äthyl-[1-[1]naphthyl-äthyl]-
6 III 3034 f

—, Äthyl-[1-[2]naphthyl-äthyl]-
6 IV 4349

—, Äthyl-[1-[1]naphthyl-2,3-diphenyl-
inden-1-yl]- 6 III 3894 a

—, Äthyl-[[1]naphthyl-diphenyl-methyl]-
6 I 363 a, II 721 d

—, Äthyl-[[2]naphthyl-diphenyl-methyl]-
6 II 723 a

—, Äthyl-[3-[2]naphthyl-1,1-diphenyl-
prop-2-inyl]- 6 III 3846 c

—, Äthyl-[1-[1]naphthyl-heptyl]-
6 III 3067 b

—, Äthyl-[1]naphthylmethyl- 6 III 3024 d,
IV 4332

—, [1-Äthyl-[2]naphthyl]-methyl-
6 IV 4345

—, Äthyl-[2]naphthylmethyl- 6 II 618 h

—, [2-Äthyl-[1]naphthyl]-methyl-
6 III 3039 a, IV 4348

—, [3-Äthyl-[2]naphthyl]-methyl-
6 III 3039 e

—, [4-Äthyl-[1]naphthyl]-methyl-
6 IV 4345

—, [5-Äthyl-[2]naphthyl]-methyl-
6 III 3033 e, IV 4346

—, [6-Äthyl-[2]naphthyl]-methyl-
6 III 3040 d

—, [7-Äthyl-[2]naphthyl]-methyl-
6 III 3040 e

—, Äthyl-[[1]naphthyl-phenyl-methyl]-
6 IV 4989

—, Äthyl-[[1]naphthyl-phenyl-p-tolyl-
methyl]- 6 III 3822 a

—, Äthyl-[1-[1]naphthyl-vinyl]-
6 675 d

—, Äthyl-neomenthyl- 6 III 140 e

—, Äthyl-[2-nitro-benzyl]- 6 448 b

—, Äthyl-[3-nitro-benzyl]- 6 449 i

—, Äthyl-[4-nitro-benzyl]- 6 450 e

—, Äthyl-[α'-nitro-bibenzyl-α-yl]-
6 684 d, I 329 h, IV 4705

—, Äthyl-[5'-nitro-[1,1']binaphthyl-4-yl]-
6 II 712 h

—, Äthyl-[2'-nitro-biphenyl-4-yl]-
6 IV 4612

—, Äthyl-[3-nitro-biphenyl-4-yl]-
6 IV 4612

—, Äthyl-[4'-nitro-biphenyl-4-yl]-
6 IV 4614

—, Äthyl-[5-nitro-biphenyl-2-yl]-
6 672 h, IV 4591

—, Äthyl-[10-nitro-9,10-dihydro-
[9]anthryl]- 6 697 e

—, Äthyl-[2-nitro-1,1-diphenyl-äthyl]-
6 685 e

—, Äthyl-[2-nitro-1,1-diphenyl-propyl]-
6 688 a

—, Äthyl-[2-nitro-1,1-di-p-tolyl-äthyl]-
6 II 648 i

—, Äthyl-[1-nitro-[2]naphthyl]-
6 653 f, I 315 k, II 608 e, III 3003 b,
IV 4307

—, Äthyl-[2-nitro-[1]naphthyl]-
6 615 c, III 2938 d, IV 4236

—, Äthyl-[4-nitro-[1]naphthyl]-
6 616 b, II 584 h, III 2938 g,
IV 4238

Äther (Fortsetzung)

—, Äthyl-[5-nitro-[2]naphthyl]- **6** 654 j

—, Äthyl-[6-nitro-[2]naphthyl]- **6** 654 l

—, Äthyl-[8-nitro-[2]naphthyl]-
      6 655 b

—, Äthyl-[2-nitro-phenäthyl]-
      6 III 1714 f

—, Äthyl-[4-nitro-phenäthyl]-
      6 III 1714 h

—, Äthyl-[9-nitro-[3]phenanthryl]-
      6 706 d, III 3559 g

—, Äthyl-[2-nitro-1-phenyl-äthyl]-
      6 477 f

—, Äthyl-[4-nitro-5-phenyl-cyclohex-
      1-enyl]- **6** IV 4091

—, Äthyl-[2-nitro-1-phenyl-vinyl]-
      6 564 a

—, Äthyl-[6-nitro-pyren-1-yl]-
      6 III 3627 d

—, Äthyl-[8-nitro-pyren-1-yl]-
      6 III 3627 d

—, Äthyl-[4'-nitro-stilben-4-yl]-
      6 IV 4861

—, Äthyl-[α'-nitro-stilben-4-yl]-
      6 IV 4861

—, Äthyl-[2-(2-nitro-vinyl)-phenyl]-
      6 IV 3773

—, Äthyl-[1,2,3,4,5,6,7,8-octahydro-
      [9]phenanthryl]- **6** III 2762 a

—, Äthyl-[2,3,4,5,6-pentachlor-benzyl]-
      6 III 1559 d

—, Äthyl-[1,3,4,10,10-pentachlor-
      1,4,4a,5,8,8a-hexahydro-1,4;5,8-
      dimethano-naphthalin-2-yl]- **6** IV 4094

—, Äthyl-[1,3,4,7,7-pentachlor-norborna-
      2,5-dien-2-yl]- **6** IV 2805

—, Äthyl-[2,3,4,5,6-pentachlor-phenäthyl]-
      6 IV 3082

—, Äthyl-[1-pentachlorphenyl-äthyl]-
      6 III 1689 b

—, Äthyl-[2,3,4,5,6-pentachlor-styryl]-
      6 IV 3784

—, Äthyl-[2,3,3,4,4-pentafluor-cyclobut-
      1-enyl]- **6** IV 191

—, Äthyl-[1,2,3,5,6-pentaphenyl-inden-
      1-yl]- **6** III 3913 d

—, Äthyl-[5-*tert*-pentyl-biphenyl-2-yl]-
      6 III 3451 e

—, Äthyl-phenäthyl- **6** II 450 a,
      III 1706 b, IV 3070

—, Äthyl-[2-phenäthyl-benzhydryl]-
      6 III 3697 b

—, Äthyl-[2]phenanthryl- **6** 705 a,
      II 674 f

—, Äthyl-[3]phenanthryl- **6** 705 h

—, Äthyl-[[1]phenanthryl-diphenyl-
      methyl]- **6** III 3863 d

—, Äthyl-[[2]phenanthryl-diphenyl-
      methyl]- **6** III 3864 a

—, Äthyl-[[3]phenanthryl-diphenyl-
      methyl]- **6** III 3864 e

—, Äthyl-[[9]phenanthryl-diphenyl-
      methyl]- **6** III 3865 d

—, Äthyl-[9-[9]phenanthryl-fluoren-9-yl]-
      6 III 3873 e

—, [1-Äthyl-[2]phenanthryl]-methyl-
      6 III 3575 g, IV 4953

—, [8-Äthyl-[2]phenanthryl]-methyl-
      6 IV 4953

—, [8-Äthyl-[3]phenanthryl]-methyl-
      6 III 3576 a, IV 4953

—, Äthyl-phenyl- s. *Phenetol*

—, Äthyl-phenyläthinyl- **6** IV 4064

—, Äthyl-[1-phenyl-äthyl]- **6** 475 g,
      I 236 a, II 446 b, III 1676, IV 3032

—, Äthyl-[1-phenyl-allyl]- **6** 572 c,
      I 283 g, III 2418 b

—, Äthyl-[2-phenyl-allyl]- **6** III 2421 b

—, [4-Äthyl-phenyl]-allyl- **6** IV 3021

—, [1-Äthyl-3-phenyl-allyl]-methyl-
      6 III 2465 c

—, Äthyl-[4-(4-phenyl-benzhydryl)-
      [1]naphthyl]- **6** III 3877 e

—, [2-Äthyl-phenyl]-benzyl- **6** III 1657 b,
      IV 3012

—, Äthyl-[3-phenyl-benzyl]- **6** 682 d

—, [3-Äthyl-phenyl]-benzyl- **6** III 1662 c

—, [4-Äthyl-phenyl]-benzyl- **6** III 1666 a,
      IV 3021

—, [3-Äthyl-phenyl]-[2-brom-äthyl]-
      6 IV 3017

—, [4-Äthyl-phenyl]-[2-brom-äthyl]-
      6 IV 3021

—, [4-Äthyl-phenyl]-[3-brom-propyl]-
      6 IV 3021

—, Äthyl-[1-phenyl-but-1-enyl]-
      6 IV 3833

—, Äthyl-[3-phenyl-but-2-enyl]-
      6 IV 3839

—, Äthyl-[4-phenyl-but-2-enyl]-
      6 IV 3837

—, Äthyl-[4-phenyl-butyl]- **6** III 1851 d

—, [4-Äthyl-phenyl]-*sec*-butyl-
      6 IV 3021

Äther (Fortsetzung)

—, [2-Äthyl-phenyl]-[2-chlor-äthyl]-
   6 IV 3012

—, Äthyl-[2-phenyl-cyclohexyl]-
   6 III 2511 c

—, Äthyl-[3-phenyl-cyclohexyl]-
   6 III 2512 e

—, Äthyl-[1-phenyl-3,4-dihydro-
   [2]naphthyl]- 6 IV 4948

—, Äthyl-[9-phenyl-fluoren-9-yl]-
   6 725 f, I 357 e, III 3732 e, IV 5086

—, Äthyl-[1-phenyl-hept-1-enyl]-
   6 IV 3926

—, Äthyl-[1-phenyl-hept-2-inyl]-
   6 III 2749 a

—, Äthyl-[1-phenyl-heptyl]- 6 III 2027 f

—, [4-Äthyl-phenyl]-[3a,4,5,6,7,7a-
   hexahydro-4,7-methano-inden-5(*oder*
   6)-yl]- 6 III 1931 a

—, [4-Äthyl-phenyl]-isopropyl-
   6 IV 3021

—, Äthyl-[1-phenyl-[2]naphthyl]-
   6 IV 4982

—, Äthyl-[3-phenyl-[2]naphthyl]-
   6 IV 4985

—, Äthyl-[4-phenyl-[1]naphthyl]-
   6 IV 4983

—, Äthyl-[6-phenyl-[2]naphthyl]-
   6 IV 4986

—, [2-Äthyl-phenyl]-phenyl- 6 III 1665 c

—, [4-Äthyl-phenyl]-phenyl- 6 III 1665 c

—, Äthyl-[1-phenyl-propenyl]-
   6 III 2400 c

—, Äthyl-[1-phenyl-prop-2-inyl]-
   6 II 558 f, III 2737 b, IV 4066

—, [1-Äthyl-3-phenyl-prop-2-inyl]-butyl-
   6 IV 4079

—, [1-Äthyl-3-phenyl-prop-2-inyl]-methyl-
   6 III 2741 e

—, Äthyl-[1-phenyl-propyl]- 6 II 471 a,
   III 1794 b

—, Äthyl-[3-phenyl-propyl]- 6 503 h,
   II 475 b, IV 3199

—, [1-Äthyl-3-phenyl-propyl]-methyl-
   6 III 1954 b

—, [3-Äthyl-phenyl]-[3-trifluormethyl-
   phenyl]- 6 III 1662 b

—, Äthyl-[3-phenyl-trityl]- 6 III 3833 a

—, Äthyl-[4-phenyl-trityl]- 6 III 3834 c

—, Äthyl-[1-phenyl-vinyl]- 6 563 c,
   I 279 c, II 521 g, III 2390 a, IV 3780

—, [1-(4-Äthyl-phenyl)-vinyl]-methyl-
   6 IV 3848

—, Äthyl-pinan-3-yl- 6 III 283 d

—, Äthyl-pin-2-en-10-yl- 6 99 e, IV 384

—, Äthyl-[4-propenyl-[1]naphthyl]-
   6 682 h

—, [2-(1-Äthyl-propenyl)-phenyl]-benzyl-
   6 582 c

—, [1-Äthyl-propyl]-[4-brom-phenyl]-
   6 IV 1046

—, Äthyl-[4-propyl-cyclohexyl]- 6 III 107 b

—, Äthyl-[3-propyl-cyclopent-1-enyl]-
   6 IV 226

—, Äthyl-[3-propyl-cyclopentyl]- 6 IV 126

—, Äthyl-[2-propyl-[1]naphthyl]-
   6 III 3048 g

—, Äthyl-[4-propyl-[1]naphthyl]-
   6 III 3048 a

—, Äthyl-[4-propyl-5,6,7,8-tetrahydro-
   [1]naphthyl]- 6 III 2536 e

—, Äthyl-pyren-1-yl- 6 III 3627 d

—, Äthyl-styryl- 6 564 d, I 279 g,
   II 522 a, III 2391 e

—, Äthyl-[$\Delta^{1(oder\ 2)}$-tetradecahydro-
   4,11;5,10;6,9-trimethano-cyclopent=
   [*b*]anthracen-7-yl]- 6 III 3467 b

—, Äthyl-[1,2,3,4-tetrahydro-[1]naphthyl]-
   6 II 541 d

—, Äthyl-[1,2,3,4-tetrahydro-[2]naphthyl]-
   6 III 2461 b

—, Äthyl-[5,6,7,8-tetrahydro-[1]naphthyl]-
   6 579 a, III 2451 b

—, Äthyl-[5,6,7,8-tetrahydro-[2]naphthyl]-
   6 II 537 b, III 2455 a

—, Äthyl-[5,6,7,8-tetrahydro-
   [2]naphthylmethyl]- 6 III 2481 g

—, [5-Äthyl-5,6,7,8-tetrahydro-
   [2]naphthyl]-methyl- 6 IV 3918

—, [6-Äthyl-5,6,7,8-tetrahydro-
   [2]naphthyl]-methyl- 6 III 2517 d

—, [8-Äthyl-5,6,7,8-tetrahydro-
   [1]naphthyl]-methyl- 6 IV 3918

—, [1-Äthyl-5,6,7,8-tetrahydro-
   [2]phenanthryl]-methyl- 6 III 3441 f

—, [10-Äthyl-5,6,7,8-tetrahydro-
   [2]phenanthryl]-methyl- 6 III 3442 e

—, Äthyl-[2,3,5,6-tetramethyl-benzyl]-
   6 IV 3413

—, Äthyl-[2,6,6,9-tetramethyl-bicyclo=
   [3.3.1]nonan-2-yl]- 6 IV 325

—, Äthyl-[5,5,8,8-tetramethyl-1-nitro-
   5,6,7,8-tetrahydro-[2]naphthyl]-
   6 III 2557 a

Äther (Fortsetzung)

—, Allyl-[2-cyclohexyl-phenyl]-
  17 IV 536

—, Allyl-cyclopent-2-enyl- **6** IV 193

—, Allyl-[4-deuterio-2,6-dimethyl-phenyl]-
  6 III 1737 d

—, Allyl-[2,6-diallyl-phenyl]- **6** I 301 i,
  II 561 d, IV 4088

—, Allyl-[2,4-dibrom-6-methyl-phenyl]-
  6 III 1271 d

—, Allyl-[2,4-dibrom-phenyl]-
  6 II 189 c, III 754 b

—, Allyl-[2,6-dibrom-phenyl]-
  6 III 756 d

—, Allyl-[3,5-dibrom-phenyl]-
  6 III 756 i

—, Allyl-[2,4-di-*tert*-butyl-6-methyl-
  phenyl]- **6** IV 3511

—, Allyl-[2,4-dichlor-phenyl]-
  6 III 702 c

—, Allyl-[2,6-dichlor-phenyl]-
  6 III 713 c

—, Allyl-[2,4-dichlor-6-(1-phenyl-äthyl)-
  phenyl]- **6** IV 4710 e

—, [2-Allyl-4,6-dichlor-phenyl]-benzyl-
  6 IV 3815

—, [2-Allyl-4,6-dichlor-phenyl]-[2-chlor-
  benzyl]- **6** IV 3815

—, [2-Allyl-4,6-dichlor-phenyl]-propyl-
  6 IV 3815

—, Allyl-[2,4-dichlor-6-propenyl-phenyl]-
  6 II 522 g

—, Allyl-[2,6-diisobutyl-phenyl]-
  6 IV 3492

—, Allyl-[2,4-dijod-phenyl]- **6** 210 e

—, Allyl-[2,6-dijod-phenyl]- **6** 211 d

—, Allyl-[2,6-dimethallyl-phenyl]-
  6 IV 4104

—, Allyl-[1,2-dimethyl-fluoren-3-yl]-
  6 III 3514 a

—, Allyl-[1,4-dimethyl-fluoren-3-yl]-
  6 III 3514 d

—, Allyl-[4,7-dimethyl-indan-5-yl]-
  6 III 2483 g

—, Allyl-[2,4-dimethyl-phenyl]-
  6 II 459 b, IV 3127

—, Allyl-[2,5-dimethyl-phenyl]-
  6 III 1772 b

—, Allyl-[2,6-dimethyl-phenyl]-
  6 III 1737 c, IV 3114

—, Allyl-[3,4-dimethyl-phenyl]-
  6 III 1727 c

—, Allyl-[3,5-dimethyl-phenyl]-
  6 I 244 c, II 463 b

—, Allyl-[2,4-dimethyl-6-propenyl-
  phenyl]- **6** II 546 a, IV 3882

—, Allyl-[2,4-dimethyl-6-propyl-phenyl]-
  6 II 508 g, III 1988 e

—, Allyl-[2,4-dinitro-phenyl]-
  6 255 c, II 242 c, III 860 c, IV 1374

—, Allyl-fluoren-2-yl- **6** III 3487 c

—, Allyl-fluoren-9-yl- **6** III 3490 d

—, Allyl-[1,2,3,4,4a,9a-hexahydro-
  1,4-methano-fluoren-2(*oder* 3)-yl]-
  6 III 3059 c

—, Allyl-[3a,4,5,6,7,7a-hexahydro-
  4,7-methano-inden-5(*oder* 6)-yl]-
  6 III 1927 b

—, Allyl-indan-4-yl- **6** IV 3827

—, Allyl-[2-isopropyl-4,5-dimethyl-
  phenyl]- **6** IV 3407

—, Allyl-[7-isopropyl-1-methyl-
  [9]phenanthryl]- **6** III 3591 c

—, Allyl-[2-isopropyl-5-methyl-phenyl]-
  6 II 498 c, III 1899 f

—, Allyl-[4-isopropyl-3-methyl-phenyl]-
  6 IV 3326

—, Allyl-[5-isopropyl-2-methyl-phenyl]-
  6 II 494 a

—, Allyl-[2-jod-phenyl]- **6** III 770 d

—, Allyl-[3-jod-phenyl]- **6** III 773 e

—, Allyl-[4-jod-phenyl]- **6** III 777 b

—, Allyl-*p*-menth-1-en-8-yl- **6** III 250 e

—, Allyl-menthyl- **6** 31 f

—, Allyl-mesityl- **6** IV 3255

—, Allyl-[2-methallyl-phenyl]-
  6 IV 3842

—, [2-Allyl-6-methallyl-phenyl]-methallyl-
  6 IV 4098

—, Allyl-[2-methyl-benzyl]- **6** III 1734 b

—, Allyl-[2-methyl-cyclohexyl]-
  6 II 19 d

—, Allyl-[3-methyl-cyclohexyl]- **6** 13 a

—, Allyl-[4-methyl-cyclohexyl]-
  6 II 24 b

—, Allyl-[4-methyl-2,6-dipropyl-phenyl]-
  6 III 2041 e

—, Allyl-[6-methyl-indan-5-yl]-
  6 III 2464 a

—, Allyl-[2-methyl-6-nitro-phenyl]-
  6 365 e

—, Allyl-[2-methyl-phenäthyl]- **6** III 1820 a

—, Allyl-[1-methyl-3-phenyl-allyl]-
  6 IV 3834

Äther (Fortsetzung)

—, [2-Allyl-4-methyl-phenyl]-propyl-
6 IV 3845

—, [2-Allyl-6-methyl-phenyl]-propyl-
6 IV 3844

—, Allyl-[4-methyl-2-propyl-phenyl]-
6 III 1878 i

—, Allyl-[1]naphthyl- 6 III 2925 g,
IV 4214

—, Allyl-[2]naphthyl- 6 I 313 b,
III 2974 h, IV 4259

—, [1-Allyl-[2]naphthyl]-methyl-
6 IV 4694

—, [2-Allyl-[1]naphthyl]-methyl-
6 IV 4695

—, Allyl-[2-nitro-phenyl]- 6 I 114 c,
II 210 b, IV 1252

—, Allyl-[3-nitro-phenyl]- 6 II 214 d,
IV 1271

—, Allyl-[4-nitro-phenyl]- 6 232 e,
I 119 c, II 222 a, III 820 k, IV 1286

—, Allyl-norborn-5-en-2-ylmethyl-
6 III 374 b

—, Allyl-pentabromphenyl- 6 III 768 a

—, Allyl-pentachlorphenyl- 6 III 733 a

—, Allyl-[4-*tert*-pentyl-phenyl]-
6 IV 3383

—, Allyl-phenäthyl- 6 IV 3070

—, Allyl-[2]phenanthryl- 6 III 3558 b

—, Allyl-[3]phenanthryl- 6 III 3559 a

—, Allyl-phenyl- 6 144 i, I 83 a,
II 146 i, III 556 c, IV 562

—, Allyl-[2-(1-phenyl-allyl)-phenyl]-
6 IV 4875

—, [2-Allyl-phenyl]-[2-brom-äthyl]-
6 III 2412 b, IV 3807

—, [2-Allyl-phenyl]-butyl- 6 IV 3808

—, [2-Allyl-phenyl]-[2-chlor-allyl]-
6 IV 3808

—, [2-Allyl-phenyl]-[3-chlor-allyl]-
6 IV 3808

—, [2-Allyl-phenyl]-[3-chlor-propyl]-
6 IV 3808

—, [2-Allyl-phenyl]-isopropyl-
6 III 2412 c

—, [2-Allyl-phenyl]-methallyl-
6 IV 3808

—, Allyl-[1-phenyl-[2]norbornyl]-
6 III 2754 f

—, [2-Allyl-phenyl]-pentyl- 6 IV 3808

—, [2-Allyl-phenyl]-propyl- 6 IV 3808

—, Allyl-[1-phenyl-vinyl]- 6 III 2390 e

—, Allyl-picryl- 6 II 281 d, IV 1458

—, Allyl-[2-propenyl-phenyl]- 6 IV 3794

—, Allyl-[3-propyl-phenyl]- 6 III 1787 d

—, Allyl-[3-propyl-5,6,7,8-tetrahydro-
[2]naphthyl]- 6 III 2537 e

—, Allyl-[2,3,4,6-tetrachlor-phenyl]-
6 III 730 d

—, Allyl-[5,6,7,8-tetrahydro-[1]naphthyl]-
6 III 2452 c, IV 3852

—, Allyl-[5,6,7,8-tetrahydro-[2]naphthyl]-
6 II 537 d, III 2455 f, IV 3855

—, Allyl-[4-(1,1,3,3-tetramethyl-butyl)-
phenyl]- 6 IV 3485

—, Allyl-*m*-tolyl- 6 I 186 d, IV 2041

—, Allyl-*o*-tolyl- 6 I 171 c, II 329 f,
IV 1946

—, Allyl-*p*-tolyl- 6 394 a, I 200 a,
II 377 b, III 1356 d, IV 2101

—, Allyl-[2,4,6-tribrom-phenyl]-
6 205 d, II 194 d, III 762 h

—, Allyl-[3,4,5-trichlor-biphenyl-2-yl]-
6 III 3303 h

—, Allyl-[3,5,6-trichlor-biphenyl-2-yl]-
6 III 3303 h

—, Allyl-[2,4,6-trichlor-phenyl]-
6 III 724 f

—, Allyl-[3-trifluormethyl-phenyl]-
6 IV 2061

—, Allyl-[2,4,6-trijod-phenyl]- 6 212 d

—, Allyl-[2,3,5-trimethyl-phenyl]-
6 III 1833 b

—, Allyl-trityl- 6 II 690 f

—, Allyl-[4-vinyl-phenyl]- 6 IV 3776

—, [2]Anthryl-dodecyl- 6 III 3552 c

—, [1]Anthryl-methyl- 6 702 d,
III 3551 d

—, [2]Anthryl-methyl- 6 703 a,
IV 4929

—, [9]Anthryl-methyl- 6 II 670 a,
IV 4930

—, [[9]Anthryl-phenyl-methyl]-methyl-
6 III 3786 c

—, [9]Anthryl-vinyl- 6 IV 4931

—, [9-Azido-fluoren-2-yl]-methyl-
6 IV 4848

—, [2-Azido-phenyl]-phenyl- 6 IV 1461

—, Azulen-1-yl-methyl- 6 IV 4206

—, Azulen-4-yl-methyl- 6 IV 4208

—, Azulen-5-yl-methyl- 6 IV 4208

—, Benz[*a*]anthracen-7-yl-benzyl-
6 III 3727 c

—, Benz[*a*]anthracen-1-yl-methyl-
6 IV 5083

Äther (Fortsetzung)

−, Benz[*a*]anthracen-2-yl-methyl-
  6 III 3725 c

−, Benz[*a*]anthracen-4-yl-methyl-
  6 III 3726 a

−, Benz[*a*]anthracen-5-yl-methyl-
  6 II 704 b, III 3726 d

−, Benz[*a*]anthracen-7-yl-methyl-
  6 III 3727 b

−, Benz[*a*]anthracen-8-yl-methyl-
  6 IV 5083

−, Benz[*a*]anthracen-12-yl-methyl-
  6 IV 5083

−, Benz[*a*]azulen-7-yl-methyl-
  6 IV 4928

−, Benzhydryl-[4-benzhydryl-
  2,5-dimethyl-phenyl]- **6** II 700 g

−, Benzhydryl-benzyl- **6** III 3368 g

−, Benzhydryl-[2-brom-äthyl]-
  6 III 3368 a

−, Benzhydryl-[3-brom-propyl]-
  6 IV 4651

−, Benzhydryl-butyl- **6** I 326 c, II 633 a,
  III 3368 b

−, Benzhydryl-*tert*-butyl- **6** IV 4651

−, Benzhydryl-[1-*tert*-butyl-3,3-diphenyl-
  propenyl]- **6** 701 f

−, Benzhydryl-[2-chlor-äthyl]-
  6 IV 4650

−, Benzhydryl-[4-chlor-3-methyl-phenyl]-
  6 II 633 g

−, Benzhydryl-[2,4-dichlor-5-methyl-
  phenyl]- **6** II 633 h

−, Benzhydryl-[3,4-dimethyl-phenyl]-
  6 II 634 a

−, Benzhydryl-[4,4′-dinitro-benzhydryl]-
  6 IV 4681

−, Benzhydryl-[2,4-dinitro-phenyl]-
  6 IV 4652

−, [1-Benzhydryliden-3-phenyl-inden-
  2-yl]-phenyl- **6** III 3874 c

−, [1-Benzhydryliden-3-phenyl-inden-
  2-yl]-*p*-tolyl- **6** III 3874 d

−, Benzhydryl-isopentyl- **6** 679 c,
  I 326 d

−, Benzhydryl-[2-isopropyl-5-methyl-
  phenyl]- **6** II 634 b

−, Benzhydryl-[2-jod-äthyl]- **6** IV 4651

−, Benzhydryl-menthyl- **6** III 3368 d

−, Benzhydryl-methyl- **6** 679 a, II 632 a,
  III 3367 a, IV 4650

−, Benzhydryl-[1-methyl-heptyl]-
  6 III 3368 c

−, Benzhydryl-[2]naphthyl- **6** II 634 c

−, [3-Benzhydryl-[2]naphthyl]-benzyl-
  6 II 722 g

−, [(8-Benzhydryl-[1]naphthyl)-diphenyl-
  methyl]-methyl- **6** III 3905 b

−, [3-Benzhydryl-[2]naphthyl]-methyl-
  6 II 722 f

−, [4-Benzhydryl-[1]naphthyl]-methyl-
  6 III 3816 d

−, Benzhydryl-[*β*-nitro-isobutyl]-
  6 IV 4651

−, Benzhydryl-[2-nitro-phenyl]-
  6 II 633 c

−, Benzhydryl-[3-nitro-phenyl]-
  6 II 633 d

−, Benzhydryl-[4-nitro-phenyl]-
  6 II 633 e, IV 4652

−, Benzhydryl-pentachlorphenyl-
  6 IV 4652

−, Benzhydryl-phenyl- **6** II 633 b,
  III 3368 e, IV 4651

−, [4-Benzhydryl-phenyl]-benzyl-
  6 II 685 a

−, [4-Benzhydryl-phenyl]-[2,2-dichlor-
  vinyl]- **6** IV 5014

−, [4-Benzhydryl-phenyl]-phenyl-
  6 II 684 j, III 3638 d

−, Benzhydryl-propyl- **6** I 326 b

−, [1-Benzhydryl-propyl]-[1-phenyl-
  äthyl]- **6** IV 4785

−, Benzhydryl-*m*-tolyl- **6** II 633 f

−, Benzhydryl-*o*-tolyl- **6** III 3368 f

−, Benzhydryl-*p*-tolyl- **6** II 633 i

−, Benzhydryl-trityl- **6** III 3652 b

−, [2-Benzhydryl-trityl]-methyl-
  6 III 3889 a

−, Benzhydryl-vinyl- **6** IV 4651

−, Benzo[*def*]chrysen-1-yl-methyl-
  6 III 3808 f

−, Benzo[*def*]chrysen-3-yl-methyl-
  6 III 3809 b

−, Benzo[*def*]chrysen-6-yl-methyl-
  6 III 3810 b

−, Benzo[*def*]chrysen-7-yl-methyl-
  6 III 3811 d

−, Benzo[*j*]fluoranthen-1-yl-methyl-
  6 III 3808 c

−, [7*H*-Benzo[*c*]fluoren-5-yl]-methyl-
  6 III 3630 b

−, [11*H*-Benzo[*a*]fluoren-4-yl]-methyl-
  6 IV 5007

−, [11*H*-Benzo[*a*]fluoren-5-yl]-methyl-
  6 IV 5007

Äther (Fortsetzung)

—, [11*H*-Benzo[*b*]fluoren-3-yl]-methyl-
6 III 3629 c

—, [11*H*-Benzo[*b*]fluoren-10-yl]-methyl-
6 III 3629 e

—, Benzo[*c*]phenanthren-2-yl-methyl-
6 IV 5084

—, Benzo[*c*]phenanthren-3-yl-methyl-
6 III 3728 f

—, Benzyl-[10-benzyl-[9]anthryl]-
6 IV 5121

—, Benzyl-[2-benzyl-4-chlor-phenyl]-
6 III 3353 c

—, Benzyl-[10-benzyl-2,3-dichlor-
[9]anthryl]- 6 III 3786 a

—, Benzyl-[10-benzyl-2,3-dichlor-
6,7-dimethyl-[9]anthryl]- 6 III 3796 a

—, Benzyl-[4-benzyl-2,6-dimethyl-phenyl]-
6 IV 4773

—, Benzyl-[2-benzyl-4-isopropyl-3-methyl-
phenyl]- 6 IV 4809

—, Benzyl-[4-benzyl-2-isopropyl-5-methyl-
phenyl]- 6 IV 4809

—, Benzyl-[2-benzyl-3-methyl-phenyl]-
6 III 3399 d

—, Benzyl-[2-benzyl-4-methyl-phenyl]-
6 IV 4732

—, Benzyl-[4-benzyl-[1]naphthyl]-
6 IV 4988

—, Benzyl-[2-benzyl-phenyl]-
6 II 629 b, III 3350 b

—, Benzyl-[4-benzyl-phenyl]-
6 II 630 c, III 3359 b

—, Benzyl-biphenyl-2-yl- 6 III 3287 b

—, Benzyl-biphenyl-3-yl- 6 III 3314 c

—, Benzyl-biphenyl-4-yl- 6 III 3324 c,
IV 4602

—, Benzyl-[1-biphenyl-4-yl-1,2-diphenyl-
äthyl]- 6 II 727 f

—, [4'-Benzyl-biphenyl-4-yl]-methyl-
6 IV 5053

—, [5-Benzyl-biphenyl-2-yl]-methyl-
6 IV 5053

—, Benzyl-[2,4-bis-trifluormethyl-phenyl]-
6 III 1747 h

—, Benzyl-bornyl- 6 432 c

—, Benzyl-[4-(α-brom-benzhydryl)-
phenyl]- 6 II 685 g

—, Benzyl-[4-brom-benzyl]- 6 IV 2602

—, Benzyl-[4-brom-butyl]- 6 IV 2231

—, Benzyl-[2-brom-4-*tert*-butyl-phenyl]-
6 III 1873 d, IV 3313

—, Benzyl-[β-brom-β'-chlor-isopropyl]-
6 IV 2231

—, Benzyl-[4-brom-3,5-dimethyl-phenyl]-
6 IV 3159

—, Benzyl-[2-brom-indan-1-yl]-
6 III 2426 c

—, Benzyl-[2-brom-4-isopentyl-phenyl]-
6 IV 3379

—, Benzyl-[4-brom-2-isopropyl-5-methyl-
phenyl]- 6 III 1909 e

—, Benzyl-brommethyl- 6 III 1475 e

—, Benzyl-[4-brom-2-methyl-6-nitro-
phenyl]- 6 434 b

—, Benzyl-[2-brom-4-methyl-phenyl]-
6 III 1466 c

—, Benzyl-[4-brom-2-methyl-phenyl]-
6 III 1465 d

—, [2-Benzyl-4-brom-6-methyl-phenyl]-
[4-nitro-benzyl]- 6 IV 4729

—, [4-Benzyl-2-brom-6-methyl-phenyl]-
[4-nitro-benzyl]- 6 IV 4731

—, Benzyl-[3-brom-1-methyl-propyl]-
6 IV 2232

—, Benzyl-[1-brom-[2]naphthyl]-
6 IV 4301

—, Benzyl-[2-brom-4-nitro-phenyl]-
6 433 g

—, Benzyl-[2-brom-5-nitro-phenyl]-
6 IV 2239

—, Benzyl-[4-brom-2-nitro-phenyl]-
6 433 f

—, Benzyl-[2-brom-4-*tert*-pentyl-phenyl]-
6 III 1969 c

—, Benzyl-[2-brom-phenyl]- 6 432 j,
III 1462 c

—, Benzyl-[4-brom-phenyl]- 6 432 k,
II 412 a, III 1462 d, IV 2237

—, Benzyl-[3-brom-propyl]- 6 III 1456 b

—, Benzyl-but-1-en-3-inyl- 6 IV 2235

—, Benzyl-but-2-inyl- 6 III 1460 b

—, Benzyl-butyl- 6 II 410 f, III 1456 d,
IV 2231

—, Benzyl-*sec*-butyl- 6 III 1456 e,
IV 2231

—, Benzyl-*tert*-butyl- 6 III 1457 d

—, Benzyl-[4-*tert*-butyl-benzyl]-
6 IV 3402

—, Benzyl-[6-*tert*-butyl-1-chlor-
[2]naphthyl]- 6 IV 4368

—, Benzyl-[1-butyl-1,3-dimethyl-but-
2-enyl]- 6 IV 2233

—, Benzyl-[4-*tert*-butyl-2-methyl-phenyl]-
6 III 1980 d

Äther (Fortsetzung)

—, Benzyl-[4-*tert*-butyl-2-nitro-phenyl]-
   6 III 1874 g

—, Benzyl-[4-*tert*-butyl-phenyl]-
   6 III 1866 c

—, Benzyl-[2-chlor-äthyl]- **6** II 410 a,
   III 1455 a, IV 2230

—, Benzyl-[3-chlor-allyl]- **6** III 1459 b

—, Benzyl-[3-(α-chlor-benzhydryl)-
   [2]naphthyl]- **6** II 722 j

—, Benzyl-[2-(α-chlor-benzhydryl)-
   phenyl]- **6** II 683 c

—, Benzyl-[4-(α-chlor-benzhydryl)-
   phenyl]- **6** II 685 d

—, Benzyl-[2-chlor-benzyl]- **6** IV 2591

—, Benzyl-[3-chlor-benzyl]- **6** IV 2593

—, Benzyl-[4-chlor-benzyl]- **6** IV 2594

—, Benzyl-[5-chlor-biphenyl-2-yl]-
   6 III 3300 a

—, [4'-Benzyl-3-chlor-biphenyl-4-yl]-
   methyl- **6** IV 5054

—, Benzyl-[3-chlor-but-2-enyl]-
   6 III 1459 c

—, Benzyl-[4-chlor-butyl]- **6** II 410 g,
   IV 2231

—, Benzyl-[2-chlor-4-dichlorjodanyl-
   phenyl]- **6** III 1463 h

—, Benzyl-[2-chlor-5-dichlorjodanyl-
   phenyl]- **6** III 1463 f

—, Benzyl-[4-chlor-2-dichlorjodanyl-
   phenyl]- **6** III 1463 d

—, Benzyl-[4-chlor-3,5-dimethyl-2-nitro-
   phenyl]- **6** III 1766 b, IV 3161

—, Benzyl-[4-chlor-3,5-dimethyl-phenyl]-
   6 III 1759 e

—, Benzyl-[6-chlor-hexyl]- **6** III 1458 a

—, Benzyl-[γ-chlor-isobutyl]- **6** III 1457 c

—, Benzyl-[4-chlor-2-isopropyl-5-methyl-
   phenyl]- **6** III 1906 c, IV 3344

—, Benzyl-[2-chlor-4-jod-phenyl]-
   6 III 1463 g

—, Benzyl-[2-chlor-5-jod-phenyl]-
   6 III 1463 e

—, Benzyl-[4-chlor-2-jod-phenyl]-
   6 III 1463 c

—, Benzyl-chlormethyl- **6** II 414 i,
   III 1475 d, IV 2252

—, Benzyl-[1-chlormethyl-3-methyl-penta-
   2,4-dienyl]- **6** IV 2234

—, Benzyl-[2-chlor-4-methyl-phenyl]-
   6 III 1466 b

—, Benzyl-[4-chlormethyl-phenyl]-
   6 IV 2240

—, Benzyl-[4-chlor-2-methyl-phenyl]-
   6 IV 2239

—, Benzyl-[2-chlor-[1]naphthyl]-
   6 IV 4231

—, Benzyl-[4-chlor-[1]naphthyl]-
   6 IV 4231

—, Benzyl-[4-chlor-2-nitro-phenyl]-
   6 433 e, II 412 f

—, Benzyl-[5-chlor-2-nitro-phenyl]-
   6 III 1464 f

—, Benzyl-[15-chlor-pentadec-5-inyl]-
   6 IV 2234

—, Benzyl-[5-chlor-pentyl]- **6** IV 2232

—, Benzyl-[2-chlor-phenyl]- **6** II 411 e,
   III 1461 c

—, Benzyl-[3-chlor-phenyl]- **6** II 411 f,
   III 1461 d

—, Benzyl-[4-chlor-phenyl]- **6** 432 f,
   II 411 g, III 1461 e, IV 2237

—, [2-Benzyl-4-chlor-phenyl]-[2-chlor-
   äthyl]- **6** IV 4636

—, Benzyl-[2-chlor-propyl]- **6** III 1456 a

—, Benzyl-[3-chlor-propyl]- **6** II 410 d,
   IV 2230

—, Benzyl-[2-chlor-1,1,2-trifluor-äthyl]-
   6 IV 2265

—, Benzyl-cinnamyl- **6** III 2405 e

—, Benzyl-cyclohex-3-enyl- **6** IV 2234

—, Benzyl-cyclohexyl- **6** II 410 k,
   IV 2233

—, Benzyl-[2-cyclohexyl-4,6-dinitro-
   phenyl]- **6** III 2500 d

—, Benzyl-[2-cyclohexyl-phenyl]-
   6 III 2494 c

—, Benzyl-[4-cyclohexyl-phenyl]-
   6 III 2504 d

—, Benzyl-cyclopentyl- **6** II 410 j

—, Benzyl-decyl- **6** IV 2232

—, Benzyl-[2-(13*H*-dibenzo[*a,i*]fluoren-
   13-yl)-phenyl]- **6** II 736 b

—, Benzyl-[2,6-dibenzyl-phenyl]-
   6 II 698 f

—, Benzyl-[4-(1,2-dibrom-äthyl)-phenyl]-
   6 IV 3026

—, Benzyl-[5,6-dibrom-cholestan-3-yl]-
   6 III 2152 b

—, Benzyl-[β,β'-dibrom-isopropyl]-
   6 IV 2231

—, Benzyl-[2,4-dibrom-6-nitro-phenyl]-
   6 433 h

—, Benzyl-[2,6-dibrom-4-nitro-phenyl]-
   6 433 i

Äther (Fortsetzung)

—, [10-Benzyliden-1,4-dimethyl-
9,10-dihydro-[9]anthryl]-methyl-
6 III 3795 e

—, [10-Benzyliden-2,4-dimethyl-
9,10-dihydro-[9]anthryl]-methyl-
6 III 3795 b

—, [6-Benzyl-indan-5-yl]-methyl-
6 IV 4894

—, [7-Benzyl-indan-4-yl]-methyl-
6 IV 4892

—, Benzyl-isobutyl- **6** 431 d, II 410 h,
III 1457 b

—, Benzyl-isopentyl- **6** 431 f, I 219 d,
II 410 i, III 1457 g

—, Benzyl-isopropenyl- **6** 431 g

—, Benzyl-isopropyl- **6** II 410 e,
III 1456 c

—, Benzyl-[2-isopropyl-4,5-dimethyl-
phenyl]- **6** IV 3407

—, Benzyl-[2-isopropyl-5-methyl-phenyl]-
6 536 m, III 1899 k, IV 3336

—, Benzyl-[4-isopropyl-3-methyl-phenyl]-
6 IV 3326

—, [2-Benzyl-4-isopropyl-3-methyl-
phenyl]-[2-chlor-benzyl]- **6** IV 4809

—, Benzyl-[2-isopropyl-phenyl]-
6 III 1809 a

—, Benzyl-[4-isopropyl-phenyl]-
6 III 1811 e

—, Benzyl-[2-jod-äthyl]- **6** II 410 b,
III 1455 c

—, Benzyl-[4-(α-jod-benzhydryl)-phenyl]-
6 II 685 k

—, Benzyl-[2-jod-1-methyl-propyl]-
6 III 1457 a

—, Benzyl-[1-jod-[2]naphthyl]-
6 IV 4306

—, Benzyl-[2-jod-phenyl]- **6** III 1462 f

—, Benzyl-[3-jod-phenyl]- **6** III 1462 h,
IV 2238

—, Benzyl-[4-jod-phenyl]- **6** III 1463 a,
IV 2238

—, Benzyl-menthyl- **6** 432 b, II 411 c

—, Benzyl-methallyl- **6** III 1459 e

—, Benzyl-methyl- **6** 431 a, I 219 a,
II 409 a, III 1453, IV 2229

—, Benzyl-[2-methyl-benzyl]- **6** IV 3110

—, Benzyl-[3-methyl-benzyl]- **6** IV 3162

—, Benzyl-[4-methyl-benzyl]- **6** IV 3172

—, Benzyl-[1-methyl-but-2-enyl]-
6 III 1459 f

—, Benzyl-[1-methyl-butyl]- **6** III 1457 f

—, Benzyl-[2-methyl-butyl]- **6** 431 e

—, Benzyl-[3-(4-methyl-cyclohex-3-enyl)-
but-3-enyl]- **6** IV 2235

—, Benzyl-[3-methyl-cyclohexyl]-
6 II 410 l

—, Benzyl-[4-methyl-cyclohexyl]-
6 II 411 a

—, Benzyl-[4-methyl-2,6-dinitro-phenyl]-
6 434 g

—, Benzyl-[1-methyl-heptyl]- **6** III 1458 d

—, Benzyl-[2-methyl-3-nitro-phenyl]-
6 III 1465 e, IV 2239

—, Benzyl-[2-methyl-5-nitro-phenyl]-
6 III 1465 f

—, Benzyl-[2-methyl-6-nitro-phenyl]-
6 434 a

—, Benzyl-[3-methyl-2-nitro-phenyl]-
6 III 1465 h

—, Benzyl-[3-methyl-4-nitro-phenyl]-
6 III 1465 i

—, Benzyl-[4-methyl-2-nitro-phenyl]-
6 434 f, III 1466 d

—, Benzyl-[4-methyl-3-nitro-phenyl]-
6 III 1466 e

—, Benzyl-[4a-methyl-1,2,3,4,4a,5,8,8a-
octahydro-[2]naphthyl]- **6** IV 2236

—, Benzyl-[1-methyl-2-phenyl-äthyl]-
6 IV 3193

—, [2-Benzyl-4-methyl-phenyl]-
[2,4-dinitro-phenyl]- **6** IV 4732

—, [2-Benzyl-6-methyl-phenyl]-
[2,4-dinitro-phenyl]- **6** IV 4728

—, Benzyl-[1-methyl-1-phenyl-propyl]-
6 IV 3283

—, Benzyl-[1-methyl-propenyl]-
6 III 1459 d

—, Benzyl-[1-methyl-prop-2-inyl]-
6 IV 2233

—, Benzyl-[1]naphthyl- **6** II 579 f,
III 2926 c, IV 4215

—, Benzyl-[2]naphthyl- **6** 642 e, I 313 d,
II 599 h, III 2975 g, IV 4260

—, Benzyl-[1]naphthylmethyl-
6 III 3025 b

—, [1-Benzyl-[2]naphthyl]-methyl-
6 III 3607 b, IV 4988

—, [4-Benzyl-[1]naphthyl]-methyl-
6 II 681 a, III 3607 e, IV 4988

—, [7-Benzyl-[2]naphthyl]-methyl-
6 III 3609 b

—, Benzyl-neopentyl- **6** IV 2232

—, Benzyl-[2-nitro-äthyl]- **6** III 1455 d

Äther (Fortsetzung)

—, Benzyl-[1,2,2,3-tetrachlor-butyl]-
6 IV 2253

—, Benzyl-[5,6,7,8-tetrahydro-[1]naphthyl]-
6 IV 3852

—, Benzyl-[5,6,7,8-tetrahydro-[2]naphthyl]-
6 IV 3855

—, Benzyl-[5,6,7,8-tetrahydro-
[2]naphthylmethyl]- 6 III 2482 b

—, [7-Benzyl-5,6,7,8-tetrahydro-
[2]naphthyl]-methyl- 6 III 3524 c

—, Benzyl-[4-(1,1,3,3-tetramethyl-butyl)-
phenyl]- 6 III 2052 e, IV 3485

—, Benzyl-*m*-tolyl- 6 434 c, II 412 i,
III 1465 g

—, Benzyl-*o*-tolyl- 6 433 m, II 412 h,
III 1465 c, IV 2239

—, Benzyl-*p*-tolyl- 6 434 e, II 412 j,
III 1466 a, IV 2240

—, Benzyl-[2,2,2-tribrom-äthyl]-
6 III 1455 b

—, Benzyl-[2,4,6-tribrom-phenyl]-
6 432 m, II 412 b, IV 2238

—, Benzyl-[2,4,6-trichlor-3-jod-phenyl]-
6 III 1464 a

—, Benzyl-[2,4,5-trichlor-phenyl]-
6 IV 2237

—, Benzyl-[2,4,6-trichlor-phenyl]-
6 432 h

—, Benzyl-[2,4,6-trijod-3-methyl-phenyl]-
6 434 d

—, Benzyl-[2,4,6-trijod-phenyl]-
6 433 b, III 1464 b

—, Benzyl-[2,4,5-trimethyl-phenyl]-
6 510 e

—, Benzyl-[4,8,12-trimethyl-trideca-
3,5,7,11-tetraenyl]- 6 III 1467

—, Benzyl-[1,1,2-triphenyl-inden-3-yl]-
6 III 3861 a

—, Benzyl-trityl- 6 I 350 e, III 3649 d,
IV 5018

—, Benzyl-vinyl- 6 III 1458 h,
IV 2233

—, Benzyl-[4-vinyl-phenyl]- 6 IV 3776

—, Bibenzyl-2-yl-[2,4-dinitro-phenyl]-
6 III 3387 d

—, Bibenzyl-2-yl-methyl- 6 682 j,
IV 4697

—, Bibenzyl-4-yl-methyl- 6 683 c,
I 329 b, III 3388 c, IV 4697

—, Bibenzyl-α-yl-vinyl- 6 IV 4701

—, Bicyclohexyl-2-yl-hexadecyl-
6 III 337 f

—, Bicyclohexyl-2-yl-[3a,4,5,6,7,7a-
hexahydro-4,7-methano-inden-5(*oder*
6)-yl]- 6 III 1929 a

—, Bicyclohexyl-2-yl-methyl-
6 III 337 d

—, Bicyclohexyl-4-yl-methyl-
6 III 339 a

—, Bicyclohexyl-4-yl-[1]naphthyl-
6 III 2925 h

—, [9,9′]Bifluorenyl-9-yl-phenyl-
6 III 3860 b

—, [1,1′]Binaphthyl-2-yl-methyl-
6 IV 5117

—, [1,1′]Binaphthyl-4-yl-methyl-
6 IV 5118

—, [1,2′]Binaphthyl-4-yl-methyl-
6 IV 5118

—, [1,2′]Binaphthyl-6′-yl-methyl-
6 IV 5118

—, Biphenylen-1-yl-methyl- 6 IV 4844

—, Biphenylen-2-yl-methyl- 6 IV 4844

—, Biphenyl-2-yl-biphenyl-4-yl-
6 III 3324 e

—, Biphenyl-2-yl-[2-brom-äthyl]-
6 III 3285 a

—, Biphenyl-3-yl-[2-brom-äthyl]-
6 III 3313 c

—, Biphenyl-4-yl-[2-brom-äthyl]-
6 III 3322 c

—, Biphenyl-2-yl-[3-brom-propyl]-
6 III 3285 d

—, Biphenyl-3-yl-[3-brom-propyl]-
6 III 3313 d

—, Biphenyl-2-yl-butyl- 6 III 3285 g

—, Biphenyl-3-yl-butyl- 6 III 3313 e

—, Biphenyl-3-yl-*sec*-butyl- 6 III 3313 f

—, Biphenyl-3-yl-*tert*-butyl- 6 III 3313 g

—, Biphenyl-4-yl-butyl- 6 III 3322 f,
IV 4601

—, Biphenyl-2-yl-[2-chlor-äthyl]-
6 III 3284 c

—, Biphenyl-3-yl-[2-chlor-äthyl]-
6 III 3313 b

—, Biphenyl-4-yl-[2-chlor-äthyl]-
6 III 3322 b, IV 4600

—, Biphenyl-2-yl-[2-chlor-allyl]-
6 III 3286 c

—, Biphenyl-4-yl-[2-chlor-allyl]-
6 III 3323 b

—, Biphenyl-2-yl-[4-chlor-benzyl]-
6 III 3287 c

—, Biphenyl-2-yl-[γ-chlor-isobutyl]-
6 III 3285 h

Äther   (Fortsetzung)

—, Biphenyl-2-yl-[β-chlor-isopropyl]-
  6 III 3285 f
—, Biphenyl-2-yl-[3-chlor-propyl]-
  6 III 3285 c
—, Biphenyl-4-yl-[2-chlor-propyl]-
  6 IV 4601
—, Biphenyl-4-yl-[3,3-dichlor-2-methyl-
  allyl]- **6** IV 4601
—, Biphenyl-2-yl-[4,5-dichlor-2-nitro-
  phenyl]- **6** III 3287 a
—, Biphenyl-4-yl-[1,2-dichlor-vinyl]-
  6 IV 4602
—, Biphenyl-2-yl-[2,4-dinitro-phenyl]-
  6 IV 4581
—, Biphenyl-3-yl-[2,4-dinitro-phenyl]-
  6 III 3314 a
—, Biphenyl-4-yl-[2,4-dinitro-phenyl]-
  6 III 3323 h, IV 4601
—, Biphenyl-2-yl-hexadecyl- **6** III 3286 a
—, Biphenyl-4-yl-hexadecyl- **6** III 3322 g
—, Biphenyl-4-yl-[3a,4,5,6,7,7a-
  hexahydro-1,4-methano-inden-5(*oder*
  6)-yl]- **6** III 3324 d
—, Biphenyl-3-yl-hexyl- **6** III 3313 i
—, Biphenyl-3-yl-isopentyl- **6** III 3313 h
—, Biphenyl-2-yl-isopropyl- **6** III 3285 e
—, Biphenyl-4-yl-isopropyl- **6** III 3322 e,
  IV 4601
—, Biphenyl-2-yl-methallyl- **6** III 3286 d
—, Biphenyl-3-yl-methallyl- **6** III 3313 k
—, Biphenyl-4-yl-methallyl- **6** III 3323 c
—, Biphenyl-2-yl-methyl- **6** 672 c,
  I 324 a, II 623 b, III 3284 a,
  IV 4580
—, Biphenyl-3-yl-methyl- **6** III 3312,
  IV 4598
—, Biphenyl-4-yl-methyl- **6** 674 c,
  II 625 a, III 3321, IV 4600
—, [Biphenyl-4-yl-[1]naphthyl-phenyl-
  methyl]-isopentyl- **6** III 3879 c
—, [Biphenyl-4-yl-[1]naphthyl-phenyl-
  methyl]-methyl- **6** II 736 f, III 3878 e
—, [Biphenyl-4-yl-[1]naphthyl-phenyl-
  methyl]-[2-methyl-butyl]- **6** III 3874 b
—, [Biphenyl-4-yl-[1]naphthyl-*p*-tolyl-
  methyl]-methyl- **6** II 737 c
—, Biphenyl-4-yl-[4-nitro-benzyl]-
  6 IV 4602
—, Biphenyl-2-yl-[2-nitro-phenyl]-
  6 III 3286 f, IV 4581
—, Biphenyl-2-yl-[4-nitro-phenyl]-
  6 III 3286 g, IV 4581

—, Biphenyl-4-yl-[2-nitro-phenyl]-
  6 III 3323 f
—, Biphenyl-4-yl-[4-nitro-phenyl]-
  6 III 3323 g
—, Biphenyl-4-yl-norborn-5-en-
  2-ylmethyl- **6** III 3323 d
—, Biphenyl-4-yl-pentyl- **6** IV 4601
—, Biphenyl-2-yl-phenäthyl- **6** III 3287 d
—, Biphenyl-2-yl-phenyl- **6** III 3286 e,
  IV 4581
—, Biphenyl-3-yl-phenyl- **6** III 3313 l
—, Biphenyl-4-yl-phenyl- **6** III 3323 e,
  IV 4601
—, [1-Biphenyl-4-yl-1-phenyl-äthyl]-
  methyl- **6** II 698 j
—, Biphenyl-3-yl-picryl- **6** III 3314 b
—, Biphenyl-4-yl-picryl- **6** III 3324 a
—, Biphenyl-2-yl-propyl- **6** III 3285 b,
  IV 4581
—, Biphenyl-4-yl-propyl- **6** III 3322 d,
  IV 4601
—, Biphenyl-3-yl-[1,1,3,3-tetramethyl-
  butyl]- **6** III 3313 j
—, Biphenyl-4-yl-*m*-tolyl- **6** IV 4601
—, Biphenyl-4-yl-*o*-tolyl- **6** III 3324 b
—, Biphenyl-4-yl-*p*-tolyl- **6** IV 4602
—, Bis-[4-acetoxy-3-brom-2,5-dimethyl-
  benzyl]- **6** 933 h
—, Bis-[2-acetoxy-5-*tert*-butyl-3-methyl-
  benzyl]- **6** III 4726 b
—, Bis-[3-acetoxy-cholestan-24-yl]-
  6 III 4817 d
—, Bis-[2-acetoxy-cyclohexyl]- **6** 740 e
—, Bis-[2-acetoxy-3-cyclohexyl-5-methyl-
  benzyl]- **6** III 5066 c
—, Bis-[4-acetoxy-2,5-dibrom-
  3,6-dimethyl-benzyl]- **6** 936 h
—, Bis-[4-acetoxy-2,6-dibrom-
  3,5-dimethyl-benzyl]- **6** 942 b
—, Bis-[4-acetoxy-3-(2,3-dibrom-propyl)-
  phenyl]- **6** IV 5976
—, Bis-[2-acetoxy-3,5-dichlor-benzyl]-
  6 III 4541 d
—, Bis-[2-acetoxy-3,5-dimethyl-benzyl]-
  6 III 4655 b
—, Bis-[3-acetoxy-ergostan-24-yl]-
  6 III 4821 b
—, Bis-[2-acetoxy-5-methyl-phenyl]-
  6 I 432 e, II 867 a, III 6595 d
—, Bis-[3-acetoxy-stigmastan-24-yl]-
  6 III 4828 b
—, Bis-[4-acetoxy-2,3,5,6-tetramethyl-
  phenyl]- **6** IV 6030

Äther (Fortsetzung)

—, Bis-[4-acetoxy-trityl]- **6** I 511 e

—, Bis-[4-acetylmercapto-phenyl]-
6 III 4462 e

—, Bis-[4-äthoxycarbonyloxy-trityl]-
6 I 512 b

—, Bis-[2-äthoxy-phenyl]- **6** III 4223 d

—, Bis-[3-äthoxy-phenyl]- **6** II 816 j

—, Bis-[2-äthyl-1-benzyl-hex-2-enyl]-
6 IV 3954

—, Bis-[4-äthyl-2,5-dimethoxy-
3,6-dimethyl-benzyl]- **6** III 6372 a

—, Bis-[(7-äthyl-indan-4-yl)-[1]naphthyl-
methyl]- **6** III 3706 a

—, Bis-[4-äthylmercapto-phenyl]-
6 III 4458 e

—, Bis-[4-äthyl-phenyl]- **6** III 1666 b,
IV 3022

—, Bis-[1-äthyl-3-phenyl-allyl]-
6 III 2465 d

—, [1,1-Bis-(4-äthyl-phenyl)-2,2-dichlor-
äthyl]-methyl- **6** IV 4820

—, Bis-[2-äthyl-1-phenyl-hex-2-enyl]-
6 IV 3943

—, Bis-[2-äthyl-1-phenyl-hexyl]-
6 IV 3476

—, Bis-[1-äthyl-3-phenyl-propyl]-
6 III 1954 c

—, Bis-[2-allyl-3-hydroxy-4-methoxy-
benzyl]- **6** IV 7479

—, Bis-[3-allyl-4-hydroxy-phenyl]-
6 III 5020 c

—, Bis-[4-allyl-2-methoxy-phenyl]-
6 965 g

—, Bis-[4-allyloxy-phenyl]- **6** III 4409 d

—, Bis-[1-[9]anthryl-äthyl]- **6** III 3573 c

—, Bis-[3-benzhydryl-5-hydroxy-phenyl]-
6 1042 d

—, Bis-benzhydryloxymethyl-
6 IV 4654

—, Bis-[4-benzhydryl-phenyl]-
6 II 685 b

—, Bis-[11*H*-benzo[*b*]fluoren-11-yl]-
6 I 348 c

—, Bis-[2-benzolsulfonyl-äthyl]-
6 301 d

—, Bis-[3-benzolsulfonyl-phenyl]-
6 834 b

—, Bis-[3-benzolsulfonyl-propyl]-
6 303 b

—, Bis-[(10-benzyl-[9]anthryl)-phenyl-
methyl]- **6** 735 i

—, Bis-benzyloxymethyl- **6** IV 2252

—, Bis-[4-benzyl-phenyl]- **6** III 3359 d

—, Bis-bibenzyl-α-yl- **6** III 3390 c

—, Bis-biphenyl-2-yl- **6** III 3287 e

—, Bis-biphenyl-3-yl- **6** III 3314 d

—, Bis-biphenyl-4-yl- **6** III 3324 f

—, [Bis-biphenyl-4-yl-cyclohexyl-methyl]-
methyl- **6** III 3856 d

—, Bis-[1-(3,4-bis-benzyloxy-phenyl)-
2-brom-propyl]- **6** III 6344 a

—, Bis-[2,2-bis-(4-chlor-phenyl)-
1,1-dimethyl-äthyl]- **6** IV 4786

—, Bis-[bis-(4-hydroxy-[1]naphthyl)-
phenyl-methyl]- **6** 1150 c

—, Bis-[3,5-bis-trifluormethyl-phenyl]-
6 IV 3151

—, Bis-[4-(α-brom-benzhydryl)-phenyl]-
6 II 685 h

—, Bis-[2-brom-benzyl]- **6** IV 2601

—, Bis-[4-brom-benzyl]- **6** 447 a

—, Bis-[2-brom-1-(3-brom-4-methyl-
phenyl)-äthyl]- **6** III 1828 d

—, Bis-[2-brom-cyclohexyl]- **6** III 43 b

—, Bis-[2-brom-1,3-diphenyl-propenyl]-
6 II 662 e

—, Bis-[3-brom-4-hydroxy-2,5-dimethyl-
benzyl]- **6** 933 f

—, Bis-[3-brom-2-hydroxy-5-methyl-
benzyl]- **6** III 4599 f

—, Bis-[5-brom-6-hydroxy-[2]naphthyl]-
6 III 5289 d

—, Bis-[5-brom-2-hydroxy-phenyl]-
6 III 4256 d

—, Bis-[3-brom-4-methoxy-2,5-dimethyl-
benzyl]- **6** III 4652 d

—, Bis-[3-brom-2-methoxy-5-methyl-
benzyl]- **6** III 4600 a

—, [9,10-Bis-brommethyl-[2]anthryl]-
methyl- **6** IV 4952

—, Bis-[2-brom-4-methyl-phenyl]-
6 I 204 f, IV 2144

—, Bis-[4-brommethyl-phenyl]-
6 IV 2145

—, Bis-[4-brom-2-methyl-phenyl]-
6 I 176 f

—, Bis-[4-brom-3-methyl-phenyl]-
6 I 190 e

—, Bis-[6-brom-[2]naphthyl]- **6** 651 i

—, Bis-[4-brom-2-nitro-phenyl]-
6 II 233 c

—, Bis-[2-brom-2-nitro-1-phenyl-propyl]-
6 IV 3190

—, Bis-[4-brom-phenoxymethyl]-
6 IV 1050

Äther   (Fortsetzung)

—, Bis-[1-cyclohex-1-enyl-äthyl]-
  6 IV 219
—, Bis-[3-cyclohex-1-enyl-1-methyl-allyl]-
  6 IV 371
—, Bis-[2-cyclohexyl-äthyl]- **6** III 89 a
—, Bis-[3-cyclohexyl-2-hydroxy-5-methyl-
  benzyl]- **6** III 5066 b
—, Bis-[5-cyclohexyl-2-hydroxy-3-methyl-
  benzyl]- **6** III 5067 a
—, Bis-[cyclohexyl-(2-methoxy-
  [1]naphthyl)-methyl]- **6** IV 6756
—, Bis-[2-(1-cyclohexyloxycarbonyl-
  äthoxycarbonyloxy)-äthyl]- **6** IV 47
—, Bis-cyclohexyloxycarbonylmethyl-
  6 III 32 a
—, Bis-[3-cyclohexyl-propyl]-
  6 III 109 h
—, Bis-[1-cyclopent-1-enyl-äthyl]-
  6 IV 209
—, Bis-[cyclopropyl-diphenyl-methyl]-
  6 III 3517 d
—, Bis-decahydro[2]naphthyl-
  6 III 272 c
—, Bis-[4-(α-dehydro-benzhydryl)-phenyl]-
  6 IV 5014
—, Bis-[5,9b-diacetoxy-4-chlor-
  9b*H*-cyclopenta[*a*]naphthalin-2-yl]-
  6 1138 e
—, Bis-[3,4-diacetoxy-[1]naphthyl]-
  6 III 6504 g
—, Bis-{4-[(2-diäthylamino-äthoxy)-
  methyl]-phenyl}- **6** IV 5916
—, Bis-[5*H*-dibenzo[*a*,*d*]cyclohepten-5-yl]-
  6 IV 4943
—, Bis-[4-(1,2-dibrom-äthyl)-phenyl]-
  6 III 1669 g
—, Bis-[4,4′-dibrom-benzhydryl]- **6** 681 b
—, Bis-[5,6-dibrom-cholestan-3-yl]-
  6 III 2152 c
—, Bis-[2,3-dibrom-1,3-diphenyl-propyl]-
  6 II 644 c
—, Bis-[2,5-dibrom-4-hydroxy-
  3,6-dimethyl-benzyl]- **6** 935 d, II 897 e
—, Bis-[2,6-dibrom-4-hydroxy-
  3,5-dimethyl-benzyl]- **6** 941 a
—, Bis-[3,5-dibrom-2-hydroxy-phenyl]-
  6 III 4257 i
—, Bis-[2,6-dibrom-4-methoxy-
  3,5-dimethyl-benzyl]- **6** 941 b
—, Bis-[2,4-dibrom-phenyl]- **6** I 106 j
—, Bis-[5,6-dibrom-stigmastan-3-yl]-
  6 III 2177 c

—, Bis-[4,4′-di-*tert*-butyl-benzhydryl]-
  6 IV 4832
—, Bis-[1,5-dichlor-[9]anthrylmethyl]-
  6 II 679 a
—, Bis-[4,4′-dichlor-benzhydryl]-
  6 III 3377 h
—, Bis-[3,5-dichlor-2-hydroxy-
  benzhydryl]- **6** IV 6668
—, Bis-[3,5-dichlor-2-hydroxy-benzyl]-
  6 III 4540 d
—, Bis-[3,5-dichlor-4-hydroxy-benzyl]-
  6 IV 5918
—, Bis-[1-(3,5-dichlor-2-hydroxy-phenyl)-
  äthyl]- **6** IV 5929
—, Bis-[2,4-dichlor-phenyl]-
  6 III 702 h, IV 889
—, Bis-[1-(2,4-dichlor-phenyl)-äthyl]-
  6 III 1684 d
—, Bis-[4-(1,2-dichlor-vinyl)-phenyl]-
  6 I 278 f
—, Bis-[(9,10-dihydro-[9]anthryl)-phenyl-
  methyl]- **6** IV 5102
—, Bis-[10,11-dihydro-5*H*-dibenzo⸗
  [*a*,*d*]cyclohepten-5-yl]- **6** IV 4879
—, Bis-[4b,5-dihydro-indeno[2,1-*a*]inden-
  5-yl]- **6** III 3606 b
—, Bis-[5,6-dihydroxy-cholestan-3-yl]-
  6 III 2629
—, Bis-[3,4-dihydroxy-[1]naphthyl]-
  6 III 6504 e
—, Bis-[2,4-dimethoxy-benzhydryl]-
  6 IV 7565
—, Bis-[4,4′-dimethoxy-benzhydryl]-
  6 IV 7567
—, Bis-[1-(2,3-dimethoxy-phenyl)-äthyl]-
  6 IV 7388
—, Bis-[2-(2,4-dimethoxy-phenyl)-äthyl]-
  6 IV 7389
—, Bis-[3-(3,4-dimethoxy-phenyl)-propyl]-
  6 III 6347 d
—, Bis-[2,2′-dimethyl-benzhydryl]-
  6 III 3421 e, IV 4771
—, Bis-[2,4′-dimethyl-benzhydryl]-
  6 IV 4772
—, Bis-[4,4′-dimethyl-benzhydryl]-
  6 III 3423 a, IV 4773
—, Bis-[2,4-dimethyl-benzyl]- **6** IV 3250
—, Bis-[2,4-dimethyl-benzyloxymethyl]-
  6 IV 3250
—, Bis-[3,5-dimethyl-2,4-dinitro-phenyl]-
  6 II 465 f
—, Bis-[2-(3,3-dimethyl-[2]norbornyliden)-
  äthyl]- **6** I 64 d

Äther   (Fortsetzung)

–, Bis-[2-hydroxy-3-phenoxy-propyl]-
6 I 86 c

–, Bis-[2-hydroxy-phenyl]- 6 773 d,
III 4223 a

–, Bis-[3-hydroxy-phenyl]-
6 III 4319 a

–, Bis-[4-hydroxy-phenyl]- 6 845 i,
III 4408 b

–, Bis-[3-hydroxy-stigmastan-24-yl]-
6 III 4828 a

–, Bis-[4-hydroxy-2,3,5,6-tetramethyl-
phenyl]- 6 IV 6030

–, Bis-[12-hydroxy-6,11,12-triphenyl-
5,12-dihydro-naphthacen-5-yl]-
6 IV 7110

–, Bis-[1-isobutyl-3-isopropyl-5-methyl-
cyclohexyl]- 6 IV 184

–, Bis-[4-isopropenyl-phenyl]-
6 IV 3821

–, Bis-[4-isopropyl-benzyl]- 6 544 b

–, Bis-[5-isopropyl-3,8-dimethyl-azulen-
1-yl]- 6 IV 7986

–, Bis-[4-isopropyl-4'-methoxy-
benzhydryl]- 6 III 5481 c

–, Bis-[5-isopropyl-4-methoxy-2-methyl-
benzyl]- 6 III 4709 e

–, Bis-[5-isopropyl-2-methyl-phenyl]-
6 I 262 e

–, Bis-[4-jodmethyl-phenyl]- 6 IV 2147

–, Bis-[2-jod-4-nitro-phenyl]-
6 IV 1367

–, Bis-[2-jod-phenyl]- 6 III 770 g

–, Bis-[4-jod-phenyl]- 6 II 199 e,
III 777 g

–, Bis-menthyloxymethyl- 6 32 a

–, Bis-[4-mercapto-phenyl]- 6 III 4455 g

–, Bis-[1-mesityl-äthyl]- 6 III 1991 c

–, Bis-[2-mesityl-2-phenyl-vinyl]-
6 III 3521 e

–, Bis-[4-methansulfonyl-2-nitro-phenyl]-
6 IV 5836

–, Bis-[4-methansulfonyl-phenyl]-
6 IV 5810

–, Bis-[2-methoxy-benzhydryl]-
6 III 5416 b, IV 6668

–, Bis-[4-methoxy-benzhydryl]-
6 I 489 d, III 5418 f

–, Bis-[4-(α-methoxy-benzhydryl)-
phenyl]- 6 II 1014 b

–, Bis-[4-methoxy-benzyl]- 6 I 440 f,
III 4548 h, IV 5914

–, Bis-[4-methoxy-bibenzyl-α-yl]-
6 III 5428 d

–, Bis-[4-methoxycarbonylmethoxy-
phenyl]- 6 IV 5746

–, Bis-[2-methoxy-3,5-dimethyl-benzyl]-
6 III 4654 d

–, Bis-[4-methoxy-4'-methyl-benzhydryl]-
6 III 5443 d

–, Bis-[4-methoxy-3-methyl-benzyl]-
6 III 4598 c

–, Bis-[2-methoxy-5-nitro-phenyl]-
6 III 4268 c

–, Bis-[4-methoxy-3-(2-nitro-vinyl)-
benzyl]- 6 III 5033 b

–, Bis-[2-(2-methoxy-phenoxy)-äthyl]-
6 III 4221 d

–, Bis-[4-(4-methoxy-phenoxy)-phenyl]-
6 III 4410 f

–, Bis-[2-methoxy-phenyl]- 6 773 e,
III 4223 b

–, Bis-[3-methoxy-phenyl]- 6 II 816 h,
III 4319 b, IV 5670

–, Bis-[4-methoxy-phenyl]- 6 III 4408 d,
IV 5734

–, Bis-[1-(2-methoxy-phenyl)-äthyl]-
6 III 4563 d, IV 5928

–, Bis-[1-(4-methoxy-phenyl)-äthyl]-
6 III 4566 e

–, Bis-[1-(4-methoxy-phenyl)-1-methyl-
äthyl]- 6 930 a

–, Bis-[1-(4-methoxy-phenyl)-2-methyl-
propyl]- 6 III 4668 c

–, Bis-[(2-methoxy-phenyl)-[1]naphthyl-
methyl]- 6 III 5752 c

–, Bis-[(4-methoxy-phenyl)-[1]naphthyl-
methyl]- 6 III 5753 f

–, Bis-[1-(4-methoxy-phenyl)-propyl]-
6 926 c, III 4624 d

–, Bis-[2-methoxy-5-propenyl-phenyl]-
6 III 5005 c

–, Bis-[2-methoxy-5-propyl-benzyl]-
6 III 4672 h

–, Bis-[4-methoxy-styryl]- 6 IV 6319

–, Bis-[4-methoxy-2,3,5,6-tetramethyl-
phenyl]- 6 IV 6030

–, Bis-[4-methoxy-trityl]- 6 I 511 c

–, Bis-[12-methyl-benz[a]anthracen-5-yl]-
6 IV 5089

–, Bis-[4-methyl-benzhydryl]-
6 I 330 f, III 3403 d

–, Bis-[2-methyl-benzyl]- 6 I 241 a,
IV 3110

–, Bis-[3-methyl-benzyl]- 6 II 465 i

Äther   (Fortsetzung)

—, Bis-[2,3,4,5,6-pentamethyl-benzyl]-
  6 553 a, IV 3448

—, Bis-[4-pentaphenyläthyl-phenyl]-
  6 III 3888 b

—, Bis-[1-phenäthyl-but-2-inyl]-
  6 IV 4086

—, Bis-[1-[3]phenanthryl-äthyl]-
  6 IV 4954

—, Bis-[2-phenoxy-äthoxycarbonylmethyl]-
  6 IV 576

—, Bis-[2-(2-phenoxy-äthoxycarbonyloxy)-
  äthyl]- **6** III 573 a

—, Bis-[2-phenoxy-äthyl]- **6** I 84 c,
  II 150 d, IV 573

—, Bis-[2-(2-phenoxy-äthylmercapto)-
  äthyl]- **6** III 576 a, IV 581

—, Bis-[4-phenoxy-benzhydryl]-
  6 III 5418 g

—, Bis-phenoxycarbonylmethyl-
  6 I 90 d, IV 642

—, Bis-[2-phenoxycarbonyloxy-äthyl]-
  6 III 608 a

—, Bis-[7-phenoxy-heptyl]- **6** III 579 h

—, Bis-[6-phenoxy-hexyl]- **6** III 579 d

—, Bis-[2-phenoxymethoxy-äthyl]-
  6 III 584 e

—, Bis-phenoxymethyl- **6** IV 596

—, Bis-{4-[4-(4-phenoxy-phenoxy)-
  phenoxy]-phenyl}- **6** III 4411 b

—, Bis-[4-(4-phenoxy-phenoxy)-phenyl]-
  6 III 4410 g, IV 5735

—, Bis-[4-phenoxy-phenyl]- **6** 845 j,
  II 843 f, III 4409 g, IV 5734

—, Bis-[1-(4-phenoxy-phenyl)-äthyl]-
  6 III 4566 g

—, Bis-[2-(1-phenyl-äthoxy)-äthyl]-
  6 IV 3035

—, Bis-[1-phenyl-äthyl]- **6** II 445 a,
  446 c, III 1677 d, IV 3034

—, Bis-[1-phenyl-allyl]- **6** III 2418 c

—, Bis-[1-phenyl-butyl]- **6** I 257 g,
  II 486 b

—, Bis-[9-phenyl-fluoren-9-yl]-
  6 I 357 f, IV 5087

—, Bis-[2-phenylmercapto-äthyl]-
  6 II 291 c, III 994 c

—, Bis-[2-phenylmercaptocarbonyloxy-
  äthyl]- **6** IV 1526

—, Bis-[3-phenylmethansulfonyl-propyl]-
  6 III 1590 f

—, Bis-[2-(1-phenyl-[2]norbornyloxy)-
  äthyl]- **6** III 2755 a

—, Bis-[1-phenyl-pentyl]- **6** II 504 d

—, Bis-[1-phenyl-pentyloxymethyl]-
  6 IV 3371

—, Bis-[1-phenyl-prop-2-inyl]-
  6 IV 4066

—, Bis-[1-phenyl-propoxymethyl]-
  6 IV 3184

—, Bis-[1-phenyl-propyl]- **6** II 471 b,
  IV 3184

—, Bis-[3-phenyl-propyl]- **6** 504 b,
  III 1803 a

—, Bis-[1-prop-1-inyl-cyclopentyl]-
  6 IV 355

—, Bis-[3a,4,7,7a-tetrahydro-4,7-methano-
  inden-1-yl]- **6** IV 3869

—, Bis-[1,2,3,4-tetrahydro-[1]naphthyl]-
  6 III 2457 b

—, Bis-[5,6,7,8-tetrahydro-[2]naphthyl]-
  6 III 2455 g

—, Bis-[2,3,5,6-tetramethyl-benzhydryl]-
  6 III 3448 c

—, Bis-[2,4,2′,4′-tetramethyl-benzhydryl]-
  6 III 3448 f

—, Bis-[2,6,2′,6′-tetramethyl-benzhydryl]-
  6 III 3449 c

—, Bis-[3,5,3′,5′-tetramethyl-benzhydryl]-
  6 III 3449 e

—, Bis-{2-[4-(1,1,3,3-tetramethyl-butyl)-
  phenoxy]-äthyl}- **6** III 2054 d

—, Bis-[1-(2,3,5,6-tetramethyl-phenyl)-
  äthyl]- **6** IV 3447

—, Bis-[2-(toluol-4-sulfonyl)-äthyl]- **6** 419 e

—, Bis-[3-(toluol-4-sulfonyl)-propyl]-
  6 420 a

—, Bis-[2-o-tolyloxy-äthyl]- **6** IV 1948

—, Bis-[2-p-tolyloxy-äthyl]- **6** IV 2103

—, Bis-[4-p-tolyloxy-butyl]- **6** IV 2106

—, Bis-m-tolyloxycarbonylmethyl-
  6 I 187 f

—, Bis-o-tolyloxycarbonylmethyl-
  6 I 172 h

—, Bis-p-tolyloxycarbonylmethyl-
  6 I 202 d

—, Bis-o-tolyloxymethyl- **6** IV 1958

—, Bis-p-tolyloxymethyl- **6** IV 2109

—, Bis-[4-(4-p-tolyloxy-phenoxy)-phenyl]-
  6 IV 5735

—, Bis-[4-p-tolyloxy-phenyl]- **6** IV 5734

—, Bis-[6,11,12-triacetoxy-dibenzo≠
  [b,h]biphenylen-5-yl]- **6** III 6829 a

—, Bis-[2-(2,4,6-trichlor-phenoxy)-äthyl]-
  6 III 725 e

Äther (Fortsetzung)

—, Bis-[3-trifluormethyl-phenyl]-
6 IV 2061

—, [3,5-Bis-trifluormethyl-phenyl]-butyl-
6 IV 3151

—, [2,4-Bis-trifluormethyl-phenyl]-
cyclohexyl- 6 IV 3133

—, [2,4-Bis-trifluormethyl-phenyl]-
isopropyl- 6 III 1747 e, IV 3133

—, [2,4-Bis-trifluormethyl-phenyl]-octyl-
6 III 1747 f

—, [2,4-Bis-trifluormethyl-phenyl]-phenyl-
6 III 1747 g, IV 3133

—, [2,4-Bis-trifluormethyl-phenyl]-propyl-
6 III 1747 d, IV 3133

—, [2,4-Bis-trifluormethyl-phenyl]-
trifluormethyl- 6 IV 3133

—, [3,5-Bis-trifluormethyl-phenyl]-
[3-trifluormethyl-phenyl]- 6 IV 3151

—, Bis-[4,4′,4″-triisopropyl-trityl]-
6 IV 5080

—, Bis-[2,4,5-trimethoxy-benzhydryl]-
6 1167 a

—, Bis-[2,4,6-trimethoxy-benzhydryl]-
6 IV 7749

—, Bis-[2,3,4-trimethoxy-benzyl]-
6 IV 7694

—, Bis-[2,4,5-trimethoxy-4′-methyl-
benzhydryl]- 6 1173 a

—, Bis-[1-(2,4,5-trimethoxy-phenyl)-
äthyl]- 6 1159 f

—, Bis-[2,4,6-trimethyl-benzhydryl]-
6 690 b, III 3435 d

—, Bis-[2,4,5-trimethyl-benzyl]-
6 IV 3365

—, Bis-[2,4,6-trimethyl-benzyl]-
6 I 268 h, IV 3362

—, Bis-[1,3,3-trimethyl-[2]norbornyl]-
6 III 289 d

—, Bis-[1,3,3-triphenyl-allyl]-
6 II 707 b

—, Bis-[2-trityloxy-äthyl]- 6 III 3654 d

—, Bis-[3-trityloxy-2,2-bis-trityloxymethyl-
propyl]- 6 III 3662 c

—, Bis-[β-trityloxy-isopropyl]-
6 IV 5021

—, Bis-[2-trityloxy-propyl]- 6 IV 5021

—, [4-Bornan-2-yl-phenyl]-[2-chlor-äthyl]-
6 III 2774 c

—, Bornyl-[2,4-dinitro-phenyl]-
6 IV 1375

—, Bornyl-[3a,4,5,6,7,7a-hexahydro-
4,7-methano-inden-5(oder 6)-yl]-
6 III 1928 d

—, Bornyl-isobornyl- 6 IV 282

—, Bornyl-methyl- 6 78 a, I 49 a, 50 j,
III 300 a, IV 282

—, Bornyl-[3-methyl-2,4,6-trinitro-
phenyl]- 6 II 365 b

—, Bornyl-picryl- 6 II 282 a

—, Bornyl-trityl- 6 III 3648 c

—, [2-(5-Brom-acenaphthen-1-yl)-äthyl]-
[4-chlor-benzyl]- 6 IV 4746

—, [2-(5-Brom-acenaphthen-1-yl)-äthyl]-
trityl- 6 IV 5019

—, [5-Brom-acenaphthen-1-yl]-methyl-
6 III 3346 f

—, [3-Bromacetoxy-propyl]-[3-phenoxy-
propyl]- 6 IV 585

—, Bromäthinyl-phenyl- 6 III 560 b

—, [4′-(2-Brom-äthyl)-biphenyl-4-yl]-
methyl- 6 IV 4740

—, [2-Brom-äthyl]-[2-brom-cyclohexyl]-
6 IV 69

—, [2-Brom-äthyl]-[2-brom-4,6-dimethyl-
phenyl]- 6 489 c

—, [2-Brom-äthyl]-[4-brom-5-isopropyl-
2-methyl-phenyl]- 6 III 1891 f

—, [2-Brom-äthyl]-[2-brom-4-methyl-
phenyl]- 6 406 a

—, [2-Brom-äthyl]-[2-brom-phenyl]-
6 197 d, II 184 a, IV 1038

—, [2-Brom-äthyl]-[3-brom-phenyl]-
6 IV 1043

—, [2-Brom-äthyl]-[4-brom-phenyl]-
6 I 105 e, II 185 c, III 742 c,
IV 1045

—, [2-Brom-äthyl]-[5-tert-butyl-biphenyl-
2-yl]- 6 III 3437 e

—, [2-Brom-äthyl]-[4-tert-butyl-2-chlor-
phenyl]- 6 III 1872 a

—, [2-Brom-äthyl]-[4-tert-butyl-2-methyl-
phenyl]- 6 III 1980 b

—, [2-Brom-äthyl]-[3-chlor-biphenyl-2-yl]-
6 III 3298 b, IV 4586

—, [2-Brom-äthyl]-[4-chlor-2-isopropyl-
5-methyl-phenyl]- 6 III 1906 b

—, [2-Brom-äthyl]-[4-chlormethyl-
2-methyl-phenyl]- 6 IV 3134

—, [2-Brom-äthyl]-[4-chlormethyl-2-nitro-
phenyl]- 6 IV 2151

—, [2-Brom-äthyl]-[4-chlormethyl-phenyl]-
6 IV 2137

Äther (Fortsetzung)

—, [2-Brom-äthyl]-[4-chlor-2-methyl-
phenyl]- **6** IV 1987

—, [2-Brom-äthyl]-[2-chlor-phenyl]-
6 184 c, IV 785

—, [2-Brom-äthyl]-[3-chlor-phenyl]-
6 IV 811

—, [2-Brom-äthyl]-[4-chlor-phenyl]-
6 IV 823

—, [3-(2-Brom-äthyl)-cyclohexyl]-
isopentyl- **6** II 26 f

—, [2-Brom-äthyl]-[4-cyclohexyl-2-methyl-
phenyl]- **6** III 2531 a

—, [2-Brom-äthyl]-[2-cyclohexyl-phenyl]-
6 III 2493 d

—, [2-Brom-äthyl]-[4-cyclohexyl-phenyl]-
6 III 2503 c

—, [2-Brom-äthyl]-[2,6-diallyl-phenyl]-
6 III 2746 f

—, [2-Brom-äthyl]-[2,4-dibrom-
6-cyclohexyl-phenyl]- **6** IV 3903

—, [2-Brom-äthyl]-[4-dichlorjodanyl-
phenyl]- **6** III 776 d

—, [2-Brom-äthyl]-[2,4-dichlor-phenyl]-
6 IV 886

—, [2-Brom-äthyl]-[2,5-dichlor-phenyl]-
6 IV 942

—, [2-Brom-äthyl]-[2,3-dimethyl-phenyl]-
6 IV 3097

—, [2-Brom-äthyl]-[2,4-dimethyl-phenyl]-
6 486 d, IV 3127

—, [2-Brom-äthyl]-[2,5-dimethyl-phenyl]-
6 IV 3165

—, [2-Brom-äthyl]-[2,6-dimethyl-phenyl]-
6 IV 3114

—, [2-Brom-äthyl]-[3,4-dimethyl-phenyl]-
6 III 1727 b, IV 3101

—, [2-Brom-äthyl]-[3,5-dimethyl-phenyl]-
6 IV 3142

—, [2-Brom-äthyl]-fluoren-2-yl-
6 IV 4846

—, [2-Brom-äthyl]-[4-fluor-phenyl]-
6 IV 774

—, [2-Brom-äthyl]-[3a,4,5,6,7,7a-
hexahydro-4,7-methano-inden-5(*oder*
6)-yl]- **6** III 1924 d

—, [2-Brom-äthyl]-[2-isopropyl-5-methyl-
phenyl]- **6** III 1898 d

—, [2-Brom-äthyl]-[5-isopropyl-2-methyl-
phenyl]- **6** III 1887 b

—, [2-Brom-äthyl]-[2-isopropyl-phenyl]-
6 IV 3211

—, [2-Brom-äthyl]-[2-jod-phenyl]-
6 III 769 d, IV 1071

—, [2-Brom-äthyl]-[4-jod-phenyl]-
6 III 776 b, IV 1077

—, [2-Brom-äthyl]-mesityl- **6** IV 3254

—, [2-Brom-äthyl]-[1]naphthyl-
6 I 307 a, IV 4212

—, [2-Brom-äthyl]-[2]naphthyl-
6 641 b, I 313 a, II 599 b

—, [4-(2-Brom-äthyl)-[1]naphthyl]-methyl-
6 III 3033 b

—, [5-(2-Brom-äthyl)-[1]naphthyl]-methyl-
6 III 3033 d, IV 4345

—, [5-(2-Brom-äthyl)-[2]naphthyl]-methyl-
6 III 3033 g

—, [8-(2-Brom-äthyl)-[2]naphthyl]-methyl-
6 III 3034 a

—, [2-Brom-äthyl]-[2-nitro-phenyl]-
6 218 b

—, [2-Brom-äthyl]-[3-nitro-phenyl]-
6 224 c, IV 1271

—, [2-Brom-äthyl]-[4-nitro-phenyl]-
6 232 a, II 221 b, IV 1284

—, [2-Brom-äthyl]-[4'-nitro-stilben-4-yl]-
6 IV 4861

—, [2-Brom-äthyl]-pentachlorphenyl-
6 III 732 c, IV 1027

—, [1-Brom-äthyl]-phenyl- **6** IV 599

—, [2-Brom-äthyl]-phenyl- **6** 142 b,
I 81 b, II 145 a, III 548 a, IV 556

—, [1-(1-Brom-äthyl)-3-phenyl-prop-
2-inyl]-methyl- **6** III 2742 c

—, [1-(2-Brom-äthyl)-3-phenyl-prop-
2-inyl]-methyl- **6** III 2742 d

—, [2-Brom-äthyl]-[3-phenyl-propyl]-
6 III 1802 b

—, [2-Brom-äthyl]-stilben-4-yl-
6 IV 4856

—, [2-Brom-äthyl]-[2,3,5,6-tetrabrom-
4-methyl-phenyl]- **6** I 205 c

—, [2-Brom-äthyl]-[2,3,4,6-tetrachlor-
phenyl]- **6** III 730 c

—, [5-(2-Brom-äthyl)-5,6,7,8-tetrahydro-
[2]naphthyl]-methyl- **6** III 2516 a

—, [8-(2-Brom-äthyl)-5,6,7,8-tetrahydro-
[2]naphthyl]-methyl- **6** III 2516 b

—, [2-Brom-äthyl]-[4-(1,1,3,3-tetramethyl-
butyl)-phenyl]- **6** IV 3485

—, [2-Brom-äthyl]-*m*-tolyl- **6** I 186 c,
III 1299 c, IV 2040

—, [2-Brom-äthyl]-*o*-tolyl- **6** 352 c,
II 329 c, III 1246 c, IV 1944

Äther (Fortsetzung)

—, [2-Brom-äthyl]-*p*-tolyl- **6** 393 b,
II 376 b, III 1354 b, IV 2099

—, [2-Brom-äthyl]-[2,3,6-tribrom-
4-methyl-phenyl]- **6** I 204 j

—, [2-Brom-äthyl]-[2,4,6-tribrom-phenyl]-
6 III 762 b

—, [2-Brom-äthyl]-[2,4,5-trichlor-phenyl]-
6 IV 963

—, [2-Brom-äthyl]-[2,4,6-trichlor-phenyl]-
6 I 104 b, III 723 d, IV 1005

—, [2-Brom-allyl]-[4-brom-phenyl]-
6 II 185 e

—, [2-Brom-allyl]-phenyl- **6** 145 a, I 83 b,
II 147 a, III 557 c

—, [3-Brom-allyl]-phenyl- **6** III 557 b

—, [2-Brom-allyl]-*p*-tolyl- **6** I 200 b

—, [10-Brom-[9]anthryl]-methyl-
6 II 672 f, IV 4932

—, [4-Brom-benzyl]-[2-brom-4-*tert*-butyl-
phenyl]- **6** III 1873 f

—, [4-Brom-benzyl]-[2-brom-4-methyl-
phenyl]- **6** III 1562 c

—, [4-Brom-benzyl]-[4-brom-2-methyl-
phenyl]- **6** III 1562 b

—, [2-Brom-benzyl]-[2-brom-phenyl]- **6** 446 a

—, [2-Brom-benzyl]-[4-brom-phenyl]- **6** 446 b

—, [4-Brom-benzyl]-[2-brom-phenyl]- **6** 446 h

—, [4-Brom-benzyl]-[4-brom-phenyl]-
6 446 i, II 423 i

—, [2-Brom-benzyl]-*tert*-butyl- **6** IV 2600

—, [4-Brom-benzyl]-*sec*-butyl-
6 III 1561 c

—, [4-Brom-benzyl]-[4-*tert*-butyl-2-nitro-
phenyl]- **6** III 1874 h

—, [4-Brom-benzyl]-[2-chlor-äthyl]-
6 III 1561 b

—, [4-Brom-benzyl]-[4-chlor-3,5-dimethyl-
2-nitro-phenyl]- **6** III 1766 c

—, [4-Brom-benzyl]-[4-chlor-2-isopropyl-
5-methyl-phenyl]- **6** III 1906 e

—, [3-Brom-benzyl]-[4-chlor-phenyl]-
6 III 1560 c

—, [4-Brom-benzyl]-[2-chlor-phenyl]-
6 III 1561 g

—, [4-Brom-benzyl]-[4-chlor-phenyl]-
6 III 1561 h

—, [2-Brom-benzyl]-[2,4-dibrom-phenyl]-
6 446 c, III 1559 m

—, [3-Brom-benzyl]-[2,4-dibrom-phenyl]-
6 III 1560 d

—, [4-Brom-benzyl]-[2,4-dibrom-phenyl]-
6 446 j, II 423 j, III 1561 k

—, [4-Brom-benzyl]-[2,4-dichlor-
3,5-dimethyl-phenyl]- **6** III 1761 d

—, [4-Brom-benzyl]-[2,5-dichlor-phenyl]-
6 III 1561 i

—, [4-Brom-benzyl]-[2-fluor-phenyl]-
6 III 1561 e

—, [4-Brom-benzyl]-[4-fluor-phenyl]-
6 III 1561 f

—, [2-Brom-benzyl]-methyl- **6** II 423 e,
III 1559 j, IV 2600

—, [3-Brom-benzyl]-methyl- **6** IV 2601

—, [4-Brom-benzyl]-methyl- **6** II 423 h,
III 1560 f

—, [2-Brom-benzyl]-phenyl- **6** III 1559 l,
IV 2600

—, [3-Brom-benzyl]-phenyl- **6** III 1560 b,
IV 2601

—, [4-Brom-benzyl]-phenyl- **6** III 1561 d

—, [4-(α-Brom-benzyl)-phenyl]-phenyl-
6 IV 4647

—, [4-Brom-benzyl]-picryl- **6** III 1562 a

—, [2-Brom-benzyl]-*o*-tolyl- **6** IV 2600

—, [2-Brom-benzyl]-*p*-tolyl- **6** IV 2601

—, [3-Brom-benzyl]-*o*-tolyl- **6** IV 2601

—, [3-Brom-benzyl]-*p*-tolyl- **6** IV 2601

—, [4-Brom-benzyl]-*o*-tolyl- **6** IV 2602

—, [4-Brom-benzyl]-*p*-tolyl- **6** IV 2602

—, [α'-Brom-bibenzyl-α-yl]-methyl-
6 II 638 f, III 3392 c

—, [2'-Brom-biphenyl-4-yl]-methyl-
6 IV 4610

—, [3-Brom-biphenyl-4-yl]-methyl-
6 III 3334 a

—, [3'-Brom-biphenyl-4-yl]-methyl-
6 IV 4610

—, [4'-Brom-biphenyl-2-yl]-methyl-
6 III 3305 f

—, [4'-Brom-biphenyl-4-yl]-methyl-
6 III 3335 a, IV 4609

—, [4-Brom-but-2-enyl]-phenyl-
6 III 557 g

—, [4-Brom-but-2-inyl]-phenyl-
6 IV 566

—, [3-Brom-5-*tert*-butyl-biphenyl-2-yl]-
methyl- **6** III 3439 f

—, [4-Brom-butyl]-[4-chlor-phenyl]-
6 IV 825

—, [2-Brom-5-*tert*-butyl-3-methyl-benzyl]-
methyl- **6** IV 3443

—, [4-Brom-butyl]-[4-nitro-phenyl]-
6 IV 1285

—, [2-Brom-butyl]-phenyl- **6** III 551 c

Äther (Fortsetzung)

—, [3-Brom-butyl]-phenyl-
6 I 82 b, III 551 d

—, [4-Brom-butyl]-phenyl- 6 II 146 a,
IV 558

—, [4-Brom-2-*sec*-butyl-phenyl]-*sec*-butyl-
6 IV 3279

—, [2-Brom-4-*tert*-butyl-phenyl]-[4-chlor-
benzyl]- 6 III 1873 e

—, [2-Brom-4-*tert*-butyl-phenyl]-
[2,6-dichlor-benzyl]- 6 IV 3314

—, [2-Brom-4-*tert*-butyl-phenyl]-
[4-methyl-benzyl]- 6 III 1873 i

—, [2-Brom-4-*tert*-butyl-phenyl]-[2-nitro-
benzyl]- 6 IV 3314

—, [2-Brom-4-*tert*-butyl-phenyl]-[3-nitro-
benzyl]- 6 III 1873 g

—, [2-Brom-4-*tert*-butyl-phenyl]-[4-nitro-
benzyl]- 6 III 1873 h, IV 3314

—, [4-Brom-butyl]-[2,4,6-trichlor-phenyl]-
6 III 724 c

—, [1-(1-Brom-2-chlor-äthyl)-3-phenyl-
prop-2-inyl]-methyl- 6 III 2742 e

—, [α'-Brom-α-chlor-bibenzyl-4-yl]-
methyl- 6 III 3389 c

—, [2-Brom-2-chlor-1,1-bis-(4-chlor-
phenyl)-äthyl]-methyl- 6 IV 4723

—, [1-Brom-6-chlormethyl-[2]naphthyl]-
methyl- 6 III 3029 d

—, [6-Brom-1-chlormethyl-[2]naphthyl]-
methyl- 6 III 3021 a

—, [2-Brom-4-chlormethyl-phenyl]-butyl-
6 III 1381 b

—, [4-Brom-2-chlor-[1]naphthyl]-methyl-
6 IV 4235

—, [6-Brom-1-chlor-[2]naphthyl]-methyl-
6 651 n, IV 4304

—, [8-Brom-1-chlor-[2]naphthyl]-methyl-
6 IV 4304

—, [6-Brom-1-chlor-[2]naphthyl]-propyl-
6 652 b

—, [4-Brom-2-chlor-5-nitro-phenyl]-
[2,4-dinitro-phenyl]- 6 III 863 c

—, [2-Brom-1-(4-chlor-phenyl)-äthyl]-
methyl- 6 III 1691 f

—, [3-Brom-4-chlor-phenyl]-[4-brom-
phenyl]- 6 III 750 f

—, [4-Brom-2-chlor-phenyl]-[2,4-dinitro-
phenyl]- 6 III 861 d

—, [2-Brom-1-(2-chlor-phenyl)-2-nitro-
butyl]-methyl- 6 IV 3274

—, [2-Brom-1-(4-chlor-phenyl)-2-nitro-
butyl]-methyl- 6 IV 3275

—, [2-Brom-1-(4-chlor-phenyl)-2-nitro-
pentyl]-methyl- 6 IV 3371

—, [2-Brom-1-(2-chlor-phenyl)-2-nitro-
propyl]-methyl- 6 IV 3190

—, [2-Brom-1-(4-chlor-phenyl)-2-nitro-
propyl]-methyl- 6 IV 3190

—, [3-Brom-4-chlor-phenyl]-phenyl-
6 III 750 e

—, [(1-Brom-cyclobutyl)-diphenyl-
methyl]-methyl- 6 I 338 f

—, [4-Brom-cyclohex-2-enyl]-phenyl-
6 IV 567

—, [3-Brom-cyclohexyl]-isopentyl-
6 III 44 f

—, [4-Brom-cyclohexyl]-isopentyl-
6 III 44 g

—, [2-Brom-cyclohexyl]-methyl-
6 II 13 e, III 43 a

—, [2-Brom-cyclohexyl]-propyl-
6 II 13 g

—, [10-Brom-decyl]-cyclohexyl-
6 III 18 b

—, [10-Brom-decyl]-[2]naphthyl-
6 IV 4259

—, [10-Brom-decyl]-phenyl- 6 III 554 g

—, [10-Brom-1,8-dichlor-[9]anthryl]-
methyl- 6 III 3556 a

—, [10-Brom-2,3-dichlor-[9]anthryl]-
methyl- 6 III 3556 b

—, [2-Brom-4,6-dichlor-phenyl]-
[2,4-dinitro-phenyl]- 6 III 861 e

—, [2-Brom-1-(2,4-dichlor-phenyl)-
2-nitro-butyl]-methyl- 6 IV 3275

—, [2-Brom-1-(2,4-dichlor-phenyl)-
2-nitro-propyl]-methyl- 6 IV 3190

—, [2-Brom-1-(3,4-dichlor-phenyl)-
2-nitro-propyl]-methyl- 6 IV 3191

—, [10-Brom-9,10-dihydro-[9]phenanthryl]-
methyl- 6 III 3505 d

—, [3-Brom-4,6-dimethoxy-2-pentyl-
phenyl]-[2,4-dibrom-5-methoxy-3-methyl-
phenyl]- 6 III 6365 a

—, [10-Brom-2,3-dimethyl-[9]anthryl]-
methyl- 6 III 3575 c

—, [4-Brom-3,5-dimethyl-phenyl]-butyl-
6 IV 3158

—, [4-Brom-3,5-dimethyl-phenyl]-
isobutyl- 6 IV 3158

—, [4-Brom-3,5-dimethyl-phenyl]-
isopentyl- 6 IV 3159

—, [4-Brom-3,5-dimethyl-phenyl]-
isopropyl- 6 IV 3158

Äther (Fortsetzung)

—, [4-Brom-3,5-dimethyl-phenyl]-pentyl-
6 IV 3159

—, [4-Brom-3,5-dimethyl-phenyl]-propyl-
6 IV 3158

—, [4'-Brom-3,2'-dinitro-biphenyl-4-yl]-
phenyl- 6 II 627 h

—, [2-Brom-1,1-diphenyl-äthyl]-methyl-
6 II 639 f

—, [2-Brom-9,9-diphenyl-fluoren-1-yl]-
methyl- 6 III 3847 b

—, [4-Brom-9,9-diphenyl-fluoren-1-yl]-
methyl- 6 III 3847 b

—, [2-Brom-1,3-diphenyl-indan-1-yl]-
methyl- 6 II 708 d

—, [2-Brom-3,4-diphenyl-[1]naphthyl]-
methyl- 6 III 3814 b

—, [4-(1-Brom-2,2-diphenyl-vinyl)-
phenyl]-propyl- 6 III 3743 c

—, [9-Brom-fluoren-2-yl]-methyl-
6 IV 4847

—, [7-Brom-heptyl]-phenyl- 6 III 553 h

—, [6-Brom-hexyl]-[3-chlor-[2]naphthyl]-
6 IV 4292

—, [6-Brom-hexyl]-[4-chlor-phenyl]-
6 IV 825

—, [6-Brom-hexyl]-[2]naphthyl-
6 IV 4259

—, [6-Brom-hexyl]-phenyl- 6 III 553 e,
IV 560

—, [4-Brom-2-hexyl-phenyl]-cyclohexyl-
6 IV 3415

—, [6-Brom-hexyl]-[2,4,5-trichlor-phenyl]-
6 IV 964

—, [2-Brom-indan-1-yl]-methyl-
6 II 531 b, III 2426 a

—, [4-Brom-indan-1-yl]-methyl-
6 IV 3826

—, [4-Brom-indan-5-yl]-methyl-
6 IV 3830

—, [7-Brom-indan-4-yl]-methyl-
6 III 2428 e, IV 3829

—, [7-Brom-indan-5-yl]-methyl-
6 IV 3830

—, [2-Brom-4-isopentyl-phenyl]-[2-nitro-
benzyl]- 6 IV 3379

—, [2-Brom-4-isopentyl-phenyl]-[4-nitro-
benzyl]- 6 IV 3379

—, [9-Brom-7-isopropyl-1-methyl-
[3]phenanthryl]-methyl- 6 III 3587 a

—, [10-Brom-7-isopropyl-1-methyl-
[3]phenanthryl]-methyl- 6 III 3587 a

—, [4-Brom-2-isopropyl-5-methyl-phenyl]-
[4-chlor-benzyl]- 6 III 1909 f

—, [4-Brom-2-isopropyl-5-methyl-phenyl]-
[2-nitro-benzyl]- 6 III 1909 g

—, [β-Brom-isopropyl]-phenyl-
6 IV 558

—, [4-Brom-2-isopropyl-phenyl]-
isopropyl- 6 IV 3213

—, [3-(3-Brom-1-isopropyl-propyl)-
phenyl]-methyl- 6 IV 3426

—, [α-Brom-isopropyl]-[2,4,6-tribrom-
phenyl]- 6 II 194 k

—, [9-Brom-p-mentha-6,8-dien-2-yl]-
methyl- 6 97 d

—, [2-Brom-1-mesityl-3,3-diphenyl-
propenyl]-methyl- 6 III 3762 c

—, [2-Brommethyl-benzyl]-methyl-
6 IV 3111

—, [2-Brommethyl-benzyl]-phenyl-
6 II 457 f

—, [4-Brommethyl-benzyl]-phenyl-
6 II 469 e

—, [4'-Brommethyl-biphenyl-4-yl]-methyl-
6 IV 4692

—, [4-Brom-1-methyl-butyl]-[4-chlor-
2-methyl-phenyl]- 6 IV 1988

—, [5-Brom-4-methyl-cyclohex-3-enyl]-
methyl- 6 IV 203

—, Brommethyl-[2,4-dichlor-phenyl]-
6 IV 897

—, [4-Brom-8-methyl-5,6-dihydro-
[1]naphthyl]-methyl- 6 IV 4084

—, [4-Brom-3-methyl-2,6-dinitro-phenyl]-
phenyl- 6 IV 2078

—, [6-Brom-3-methyl-2,4-dinitro-phenyl]-
phenyl- 6 IV 2078

—, [9-Brommethyl-fluoren-9-yl]-
isopropyl- 6 IV 4870

—, [1-Brom-6-methyl-[2]naphthyl]-methyl-
6 III 3029 c

—, [4-Brommethyl-[1]naphthyl]-methyl-
6 II 616 f

—, [4-Brom-7-methyl-[1]naphthyl]-methyl-
6 III 3030 c

—, [5-Brommethyl-[1]naphthyl]-methyl-
6 II 616 i

—, [6-Brom-1-methyl-[2]naphthyl]-methyl-
6 666 e

—, [4-Brom-2-methyl-6-nitro-phenyl]-
phenyl- 6 III 1275 i

—, [4-Brommethyl-2-nitro-phenyl]-propyl-
6 II 390 g

Äther (Fortsetzung)

—, [1-Brom-4b-methyl-4b,5,6,7,8,8a,9,10-octahydro-[4]phenanthryl]-methyl- **6** IV 4116

—, [4-Brom-8-methyl-[3]phenanthryl]-methyl- **6** III 3567 d

—, [1-Brommethyl-2-phenyl-äthyl]-methyl- **6** II 474 l, III 1798 g

—, [2-Brom-4-methyl-phenyl]-[2-brom-5-methyl-phenyl]- **6** IV 2144

—, [2-Brom-4-methyl-phenyl]-[2-brom-phenyl]- **6** III 1379 d

—, [2-Brom-5-methyl-phenyl]-[2-brom-phenyl]- **6** IV 2072

—, [2-Brom-4-methyl-phenyl]-butyl- **6** III 1379 c, IV 2144

—, [3-Brommethyl-phenyl]-butyl- **6** IV 2073

—, [4-Brom-2-methyl-phenyl]-[4-tert-butyl-benzyl]- **6** III 1985 b

—, [2-Brom-4-methyl-phenyl]-[2-chlor-benzyl]- **6** III 1555 a, IV 2591

—, [2-Brom-4-methyl-phenyl]-[4-chlor-benzyl]- **6** III 1557 b

—, [4-Brom-2-methyl-phenyl]-[2-chlor-benzyl]- **6** III 1554 j, IV 2591

—, [4-Brom-2-methyl-phenyl]-[3-chlor-benzyl]- **6** III 1555 h

—, [4-Brom-2-methyl-phenyl]-[4-chlor-benzyl]- **6** III 1556 k

—, [2-Brom-4-methyl-phenyl]-[3-fluor-benzyl]- **6** III 1553 h

—, [4-Brom-2-methyl-phenyl]-[3-fluor-benzyl]- **6** III 1553 g

—, [2-Brom-4-methyl-phenyl]-isobutyl- **6** IV 2144

—, [2-Brom-4-methyl-phenyl]-isopropyl- **6** IV 2144

—, [4-Brom-2-methyl-phenyl]-isopropyl- **6** III 1270 c

—, [3-Brom-2-methyl-phenyl]-methyl- **6** IV 2006

—, [2-Brom-4-methyl-phenyl]-[2-methyl-benzyl]- **6** IV 3110

—, [2-Brom-4-methyl-phenyl]-[4-methyl-benzyl]- **6** III 1780 f

—, [4-Brom-2-methyl-phenyl]-[2-methyl-benzyl]- **6** IV 3110

—, [4-Brom-2-methyl-phenyl]-[4-methyl-benzyl]- **6** III 1780 d

—, [2-Brom-5-methyl-phenyl]-[4-methyl-2-nitro-phenyl]- **6** IV 2149

—, [2-Brom-4-methyl-phenyl]-[2-nitro-benzyl]- **6** III 1564 h, IV 2609

—, [2-Brom-4-methyl-phenyl]-[3-nitro-benzyl]- **6** III 1566 c

—, [2-Brom-4-methyl-phenyl]-[4-nitro-benzyl]- **6** III 1568 g

—, [4-Brom-2-methyl-phenyl]-[2-nitro-benzyl]- **6** III 1564 g, IV 2609

—, [4-Brom-2-methyl-phenyl]-[3-nitro-benzyl]- **6** III 1566 b

—, [4-Brom-2-methyl-phenyl]-[4-nitro-benzyl]- **6** III 1568 e, IV 2612

—, [2-Brom-4-methyl-phenyl]-[2-nitro-phenyl]- **6** III 1379 e

—, [2-Brom-4-methyl-phenyl]-[3-nitro-phenyl]- **6** III 1379 f

—, [2-Brom-4-methyl-phenyl]-[4-nitro-phenyl]- **6** III 1379 g

—, [2-Brom-5-methyl-phenyl]-[2-nitro-phenyl]- **6** IV 2072

—, [3-Brom-4-methyl-phenyl]-[2-nitro-phenyl]- **6** IV 2143

—, [3-Brom-4-methyl-phenyl]-[3-nitro-phenyl]- **6** III 1378 a

—, [4-Brom-2-methyl-phenyl]-[3-nitro-phenyl]- **6** III 1270 e

—, [4-Brom-2-methyl-phenyl]-[4-nitro-phenyl]- **6** III 1270 f

—, [4-Brom-3-methyl-phenyl]-[3-nitro-phenyl]- **6** III 1321 d

—, [4-Brom-3-methyl-phenyl]-[4-nitro-phenyl]- **6** III 1321 e

—, [4-Brom-2-methyl-phenyl]-pentyl- **6** III 1270 d

—, [2-Brommethyl-phenyl]-phenyl- **6** IV 2006

—, [4-Brommethyl-phenyl]-phenyl- **6** III 1380 e, IV 2145

—, [3-Brom-5-methyl-phenyl]-picryl- **6** II 257 h

—, [2-Brom-4-methyl-phenyl]-propyl- **6** III 1379 b, IV 2144

—, [4-Brom-2-methyl-phenyl]-propyl- **6** III 1270 b

—, [2-Brom-4-methyl-phenyl]-p-tolyl- **6** I 204 e

—, [4-Brom-2-methyl-phenyl]-o-tolyl- **6** I 176 e

—, [4-Brom-3-methyl-phenyl]-m-tolyl- **6** I 190 d

—, [4-Brom-2-methyl-phenyl]-trityl- **6** III 3649 b

Äther (Fortsetzung)

—, [1-Brom-[2]naphthyl]-butyl-
6 III 2995 b

—, [4-Brom-[1]naphthyl]-butyl-
6 IV 4234

—, [6-Brom-[2]naphthyl]-butyl-
6 IV 4303

—, [4-Brom-[1]naphthyl]-hexyl-
6 IV 4235

—, [1-Brom-[2]naphthyl]-methyl-
6 650 i, II 605 a, III 2994 f, IV 4301

—, [2-Brom-[1]naphthyl]-methyl-
6 IV 4234

—, [3-Brom-[2]naphthyl]-methyl-
6 II 605 d, III 2996 a

—, [4-Brom-[1]naphthyl]-methyl-
6 II 582 h, III 2935 d, IV 4234

—, [4-Brom-[2]naphthyl]-methyl-
6 III 2996 d

—, [5-Brom-[1]naphthyl]-methyl-
6 II 583 a, III 2936 f

—, [5-Brom-[2]naphthyl]-methyl-
6 III 2996 g, IV 4302

—, [6-Brom-[2]naphthyl]-methyl-
6 651 f, II 605 g, III 2997 a, IV 4302

—, [8-Brom-[2]naphthyl]-methyl-
6 IV 4304

—, [1-Brom-[2]naphthylmethyl]-methyl-
6 IV 4340

—, [1-Brom-[2]naphthyl]-pentyl-
6 III 2995 c

—, [4-Brom-[1]naphthyl]-pentyl-
6 IV 4235

—, [6-Brom-[2]naphthyl]-pentyl-
6 IV 4303

—, [1-Brom-[2]naphthyl]-propyl-
6 651 b

—, [4-Brom-[1]naphthyl]-propyl-
6 IV 4234

—, [6-Brom-[2]naphthyl]-propyl-
6 651 h, IV 4303

—, [α′-Brom-α′-nitro-bibenzyl-α-yl]-
methyl- 6 III 3393 b

—, [β-Brom-4-nitro-cinnamyl]-trityl-
6 IV 5019

—, [10-Brom-10-nitro-9,10-dihydro-
[9]anthryl]-methyl- 6 698 g

—, [7-Brom-5-nitro-indan-4-yl]-methyl-
6 III 2428 g

—, [3-Brom-1-nitro-[2]naphthyl]-methyl-
6 IV 4311

—, [4-Brom-2-nitro-[1]naphthyl]-methyl-
6 616 h

—, [6-Brom-1-nitro-[2]naphthyl]-methyl-
6 I 316 h

—, [2-Brom-2-nitro-1-(3-nitro-phenyl)-
äthyl]-methyl- 6 III 1696 e, IV 3061 g

—, [2-Brom-2-nitro-1-(4-nitro-phenyl)-
äthyl]-methyl- 6 478 a

—, [2-Brom-2-nitro-1-phenyl-äthyl]-
methyl- 6 477 g, IV 3060 a

—, [4-Brom-2-nitro-phenyl]-[4-brom-
phenyl]- 6 II 233 b, III 843 c

—, [5-Brom-2-nitro-phenyl]-[4-brom-
phenyl]- 6 III 844 g

—, [2-Brom-2-nitro-1-phenyl-butyl]-
methyl- 6 IV 3274

—, [2-Brom-4-nitro-phenyl]-[2-chlor-
4-nitro-phenyl]- 6 III 845 j

—, [4-Brom-2-nitro-phenyl]-[4-chlor-
2-nitro-phenyl]- 6 III 843 e

—, [4-Brom-2-nitro-phenyl]-[4-chlor-
phenyl]- 6 II 233 a, III 843 b

—, [4-Brom-2-nitro-phenyl]-[2,4-dibrom-
phenyl]- 6 III 843 d

—, [4-Brom-2-nitro-phenyl]-[2,4-dimethyl-
5-nitro-phenyl]- 6 III 1750 f

—, [4-Brom-2-nitro-phenyl]-[2,4-dimethyl-
phenyl]- 6 III 1745 d

—, [2-Brom-4-nitro-phenyl]-[2,4-dinitro-
phenyl]- 6 III 863 b

—, [4-Brom-2-nitro-phenyl]-[2,4-dinitro-
phenyl]- 6 II 243 i, III 863 a

—, [4-Brom-2-nitro-phenyl]-[4-methyl-
2,3-dinitro-phenyl]- 6 III 1389 e

—, [2-Brom-4-nitro-phenyl]-[2-nitro-
phenyl]- 6 III 845 i

—, [4-Brom-2-nitro-phenyl]-phenyl-
6 III 843 a, IV 1363

—, [5-Brom-2-nitro-phenyl]-phenyl-
6 III 844 f

—, [4-Brom-2-nitro-phenyl]-picryl-
6 291 f

—, [2-Brom-2-nitro-1-phenyl-propyl]-
methyl- 6 IV 3190

—, [4-Brom-2-nitro-phenyl]-p-tolyl-
6 III 1359 b

—, [α′-Brom-4′-nitro-stilben-4-yl]-methyl-
6 II 658 h

—, [1-Brom-3-nitro-5,6,7,8-tetrahydro-
[2]naphthyl]-methyl- 6 II 539 f

—, [9-Brom-nonyl]-phenyl- 6 III 554 e

—, [7-Brom-norborn-5-en-2-yl]-methyl-
6 IV 346

—, [10-Brom-1,2,3,4,5,6,7,8-octahydro-
[9]phenanthryl]-methyl- 6 III 2762 b

Äther (Fortsetzung)

−, [8-Brom-octyl]-[2]naphthyl-
6 IV 4259

−, [8-Brom-octyl]-phenyl- 6 III 554 b

−, [5-Brom-pentyl]-[1-chlor-[2]naphthyl]-
6 IV 4290

−, [5-Brom-pentyl]-[3-chlor-[2]naphthyl]-
6 IV 4292

−, [5-Brom-pentyl]-[8-chlor-[2]naphthyl]-
6 IV 4295

−, [5-Brom-pentyl]-[2-chlor-phenyl]-
6 IV 786

−, [5-Brom-pentyl]-[4-chlor-phenyl]-
6 IV 825

−, [5-Brom-pentyl]-cyclohexyl- 6 IV 27

−, [5-Brom-pentyl]-[3,4-dichlor-
[2]naphthyl]- 6 IV 4299

−, [5-Brom-pentyl]-[2,4-dichlor-phenyl]-
6 III 702 a, IV 887

−, [5-Brom-pentyl]-[2-isopropyl-5-methyl-
phenyl]- 6 536 g

−, [5-Brom-pentyl]-menthyl- 6 31 e

−, [5-Brom-pentyl]-[2]naphthyl-
6 IV 4259

−, [5-Brom-pentyl]-[4-nitro-phenyl]-
6 IV 1285

−, [4-Brom-pentyl]-phenyl- 6 II 146 e

−, [5-Brom-pentyl]-phenyl-
6 143 h, III 553 b, IV 559

−, [2-Brom-4-*tert*-pentyl-phenyl]-[4-chlor-
benzyl]- 6 III 1969 d

−, [2-Brom-4-*tert*-pentyl-phenyl]-
[4-methyl-benzyl]- 6 III 1969 h

−, [2-Brom-4-*tert*-pentyl-phenyl]-[2-nitro-
benzyl]- 6 III 1969 e

−, [2-Brom-4-*tert*-pentyl-phenyl]-[3-nitro-
benzyl]- 6 III 1969 f

−, [2-Brom-4-*tert*-pentyl-phenyl]-[4-nitro-
benzyl]- 6 III 1969 g

−, [5-Brom-pentyl]-[2,4,5-trichlor-
phenyl]- 6 IV 964

−, [5-Brom-pentyl]-[2,4,6-trichlor-
phenyl]- 6 III 724 d

−, [*β*-Brom-phenäthyl]-methyl-
6 IV 3082

−, [2-Brom-phenäthyl]-methyl-
6 IV 3082

−, [2-Brom-1-phenyl-äthyl]-butyl-
6 III 1690 e, IV 3054

−, [2-Brom-1-phenyl-äthyl]-isopentyl-
6 III 1691 a

−, [2-Brom-1-phenyl-äthyl]-methyl-
6 I 237 b, III 1690 b, IV 3054

−, [2-Brom-1-phenyl-äthyl]-propyl-
6 III 1690 d

−, [2-Brom-phenyl]-[3-brom-propyl]-
6 IV 1038

−, [4-Brom-phenyl]-[3-brom-propyl]-
6 III 743 b, IV 1045

−, [2-Brom-phenyl]-butyl- 6 IV 1038

−, [2-Brom-phenyl]-*sec*-butyl-
6 IV 1039

−, [4-Brom-phenyl]-butyl- 6 IV 1046

−, [4-Brom-phenyl]-*sec*-butyl-
6 IV 1046

−, [4-Brom-phenyl]-[2-chlor-äthyl]-
6 III 742 b

−, [4-Brom-phenyl]-[3-chlor-allyl]-
6 III 744 a

−, [2-Brom-phenyl]-[4-chlor-benzyl]-
6 III 1556 h

−, [4-Brom-phenyl]-[2-chlor-benzyl]-
6 IV 2590

−, [4-Brom-phenyl]-[4-chlor-benzyl]-
6 III 1556 i

−, [4-Brom-phenyl]-[4-chlor-butyl]-
6 IV 1046

−, [4-Brom-phenyl]-[*γ*-chlor-isobutyl]-
6 III 743 f

−, [4-Brom-phenyl]-[*β*-chlor-isopropyl]-
6 III 743 d

−, [4-Brom-phenyl]-chlormethyl-
6 IV 1050

−, [4-Brom-phenyl]-[4-chlor-2-nitro-
phenyl]- 6 II 227 f, III 835 e

−, [2-Brom-phenyl]-[2-chlor-phenyl]-
6 III 737 c

−, [4-Brom-phenyl]-[4-chlor-phenyl]-
6 III 744 c

−, [4-Brom-phenyl]-[2-chlor-propyl]-
6 III 743 d

−, [4-Brom-phenyl]-[3-chlor-propyl]-
6 IV 1045

−, [4-Brom-phenyl]-[2-chlor-
1,1,2-trifluor-äthyl]- 6 IV 1051

−, [2-Brom-phenyl]-cyclohexyl-
6 IV 1039

−, [4-Brom-phenyl]-cyclohexyl-
6 IV 1047

−, [4-Brom-phenyl]-[2,4-dibrom-phenyl]-
6 IV 1062

−, [4-Brom-phenyl]-[2,3-dibrom-propyl]-
6 IV 1045

−, [2-Brom-phenyl]-[3,3-dichlor-2-methyl-
allyl]- 6 IV 1047

Äther   (Fortsetzung)

—, [3-Brom-propyl]-fluoren-2-yl-
    6 IV 4846

—, [3-Brom-propyl]-[1,2,3,4,4a,9a-
    hexahydro-1,4-methano-fluoren-2(*oder*
    3)-yl]- **6** III 3058 f

—, [3-Brom-propyl]-[2-isopropyl-
    5-methyl-phenyl]- **6** 536 e

—, [3-Brom-propyl]-[2-isopropyl-phenyl]-
    6 IV 3211

—, [3-Brom-propyl]-[2-jod-phenyl]-
    6 III 769 f, IV 1071

—, [2-(2-Brom-propyl)-4-methyl-phenyl]-
    propyl- **6** IV 3322

—, [2-(2-Brom-propyl)-6-methyl-phenyl]-
    propyl- **6** IV 3321

—, [3-Brom-propyl]-[2]naphthyl-
    6 IV 4258

—, [3-Brom-propyl]-[2-nitro-phenyl]-
    6 IV 1250

—, [3-Brom-propyl]-[3-nitro-phenyl]-
    6 II 214 c, IV 1271

—, [3-Brom-propyl]-[4-nitro-phenyl]-
    6 IV 1284

—, [3-Brom-propyl]-phenyl- **6** 142 f,
    II 145 d, III 549 c, IV 557

—, [2-Brom-4-propyl-phenyl]-[2-nitro-
    benzyl]- **6** III 1790 g, IV 3182

—, [2-Brom-4-propyl-phenyl]-[3-nitro-
    benzyl]- **6** III 1790 h

—, [2-Brom-4-propyl-phenyl]-[4-nitro-
    benzyl]- **6** III 1790 i, IV 3182

—, [2-(2-Brom-propyl)-phenyl]-propyl-
    6 IV 3178

—, [3-Brom-propyl]-*m*-tolyl- **6** IV 2040

—, [3-Brom-propyl]-*o*-tolyl- **6** II 329 d

—, [3-Brom-propyl]-*p*-tolyl- **6** IV 2100

—, [3-Brom-propyl]-[2,4,5-trichlor-
    phenyl]- **6** IV 964

—, [α-Brom-stilben-4-yl]-methyl- **6** II 658 a

—, [2-Brom-stilben-4-yl]-methyl-
    6 693 j

—, [3-Brom-stilben-4-yl]-methyl-
    6 693 j

—, [4'-Brom-stilben-2-yl]-methyl-
    6 III 3495 d

—, [5-Brom-stilben-2-yl]-methyl-
    6 III 3495 c

—, [4-(α'-Brom-stilben-α-yl)-phenyl]-
    propyl- **6** III 3742 c

—, [β-Brom-styryl]-methyl- **6** III 2392 b

—, [6-Brom-1-styryl-[2]naphthyl]-methyl-
    6 IV 5010

—, [2-Brom-1,2,3,4-tetrahydro-
    [1]naphthyl]-isopentyl- **6** II 542 c

—, [1-Brom-5,6,7,8-tetrahydro-
    [2]naphthyl]-methyl- **6** III 2456 f, IV 3857

—, [2-Brom-1,2,3,4-tetrahydro-
    [1]naphthyl]-methyl- **6** II 542 a

—, [3-Brom-1,2,3,4-tetrahydro-
    [2]naphthyl]-methyl- **6** II 543 d

—, [6-Brom-1,1,3-trimethyl-indan-5-yl]-
    methyl- **6** III 2521 e

—, [1-(3-Brom-2,4,6-trimethyl-phenyl)-
    2-mesityl-propenyl]-methyl- **6** III 3542 d

—, [6-Brom-1-(2,4,6-trinitro-styryl)-
    [2]naphthyl]-methyl- **6** IV 5010

—, [2-Brom-1,1,2-triphenyl-äthyl]-methyl-
    6 IV 5058

—, [3-Brom-1,2,2-triphenyl-indan-1-yl]-
    methyl- **6** IV 5156

—, [2-Brom-1,1,3-triphenyl-propyl]-
    methyl- **6** II 699 g

—, [1-Brom-vinyl]-phenyl- **6** III 587 b

—, [2-Brom-vinyl]-phenyl- **6** 144 f,
    III 555 d, IV 562

—, [2-Brom-vinyl]-*o*-tolyl- **6** IV 1945

—, Buta-1,3-dienyl-cyclohexyl-
    6 III 19 g, IV 28

—, Buta-2,3-dienyl-phenyl- **6** III 560 f

—, But-1-en-3-inyl-cyclohexyl- **6** IV 28

—, But-1-en-3-inyl-decahydro[2]naphthyl-
    6 IV 268

—, But-1-en-3-inyl-phenyl- **6** III 562 a

—, But-2-enyl-[4-*sec*-butyl-2-(1-methyl-
    allyl)-phenyl]- **6** IV 3944

—, But-2-enyl-[4-*sec*-butyl-phenyl]-
    6 IV 3280

—, But-2-enyl-cinnamyl- **6** IV 3800

—, But-2-enyl-[2,4-dichlor-phenyl]-
    6 III 702 d

—, But-2-enyl-[2,6-dimethyl-phenyl]-
    6 IV 3114

—, But-2-enyl-[2,4-dimethyl-6-propenyl-
    phenyl]- **6** IV 3883

—, But-2-enyl-[4-methyl-2-(1-methyl-
    allyl)-phenyl]- **6** IV 3879

—, But-2-enyl-[1]naphthyl- **6** II 579 c

—, But-2-enyl-[4-nitro-phenyl]-
    6 III 820 l

—, But-2-enyl-phenyl- **6** II 147 d,
    III 557 d, IV 564

—, But-3-enyl-phenyl- **6** I 83 c,
    IV 564

—, But-2-enyl-*m*-tolyl- **6** IV 2041

—, But-2-enyl-*o*-tolyl- **6** IV 1946

Äther (Fortsetzung)

Äther (Fortsetzung)

—, Butyl-[2-methyl-5-nitro-phenyl]-
6 IV 2010

—, Butyl-[4-methyl-2-nitro-phenyl]-
6 III 1386 b

—, [3-*tert*-Butyl-5-methyl-phenäthyl]-
methyl- 6 IV 3468

—, Butyl-[1-methyl-1-phenyl-äthyl]-
6 III 1814 b, IV 3220

—, Butyl-[1-methyl-2-phenyl-äthyl]-
6 II 473 c, IV 3192

—, Butyl-[1-methyl-3-phenyl-allyl]-
6 IV 3834

—, [2-*tert*-Butyl-4-methyl-phenyl]-
[2-chlor-äthyl]- 6 IV 3397

—, [4-*tert*-Butyl-2-methyl-phenyl]-
[4-chlor-benzyl]- 6 III 1981 a

—, [2-*tert*-Butyl-5-methyl-phenyl]-
isopropyl- 6 IV 3401

—, [4-*tert*-Butyl-2-methyl-phenyl]-
phenäthyl- 6 III 1981 b

—, Butyl-[1]naphthyl- 6 III 2924 d,
IV 4213

—, Butyl-[2]naphthyl- 6 III 2973 c,
IV 4258

—, *sec*-Butyl-[1]naphthyl- 6 III 2925 a,
IV 4213

—, *sec*-Butyl-[2]naphthyl- 6 III 2973 d

—, *tert*-Butyl-[1]naphthyl- 6 IV 4213

—, Butyl-[1]naphthylmethyl- 6 III 3024 e,
IV 4332

—, *sec*-Butyl-[1]naphthylmethyl-
6 IV 4333

—, *tert*-Butyl-[1]naphthylmethyl- 6 IV 4333

—, [6-Butyl-[2]naphthyl]-methyl-
6 III 3055 g

—, [6-*tert*-Butyl-[2]naphthyl]-methyl-
6 IV 4367

—, Butyl-[1-nitro-[2]naphthyl]-
6 III 3003 c, IV 4307

—, Butyl-[4-nitro-[1]naphthyl]-
6 IV 4238

—, Butyl-[2-nitro-phenyl]- 6 III 800 c,
IV 1250

—, Butyl-[3-nitro-phenyl]- 6 III 809 d

—, Butyl-[4-nitro-phenyl]- 6 II 221 d,
III 819 e, IV 1285

—, *tert*-Butyl-[4-nitro-phenyl]-
6 IV 1285

—, Butyl-[2-nitro-4-propenyl-phenyl]-
6 IV 3797

—, Butyl-[4-(2-nitro-propenyl)-phenyl]-
6 IV 3797

—, Butyl-[α'-nitro-stilben-4-yl]-
6 IV 4862

—, Butyl-norborn-5-en-2-yl-
6 III 371 a

—, Butyl-[2]norbornyl- 6 III 218 d

—, Butyl-[1,2,3,4,4a,5,8,8a-octahydro-
1,4;5,8-dimethano-naphthalin-2-yl]-
6 IV 3923

—, *tert*-Butyl-[4.4]paracyclophan-1-yl-
6 IV 4919

—, Butyl-pentabromphenyl- 6 III 767 f

—, *sec*-Butyl-pentabromphenyl-
6 III 767 g

—, Butyl-[2,3,4,5,6-pentachlor-benzyl]-
6 III 1559 f

—, Butyl-pentachlorphenyl-
6 196 a, IV 1027

—, *tert*-Butyl-[4-*tert*-pentyl-phenyl]-
6 III 1966 b

—, Butyl-phenäthyl- 6 IV 3070

—, Butyl-phenyl- 6 143 c, I 82 a,
II 145 f, III 550 c, IV 558

—, *sec*-Butyl-phenyl- 6 II 146 c,
III 551 e, IV 558

—, *tert*-Butyl-phenyl- 6 III 552 d,
IV 559

—, Butyl-[1-phenyl-äthyl]- 6 III 1677 b,
IV 3033

—, Butyl-[2-(1-phenyl-äthyl)-phenyl]-
6 IV 4708 c

—, Butyl-[4-(1-phenyl-äthyl)-phenyl]-
6 IV 4711

—, Butyl-[4-phenyl-but-2-enyl]-
6 IV 3837

—, [4-*tert*-Butyl-phenyl]-[2-chlor-äthyl]-
6 III 1865 b

—, [4-*tert*-Butyl-phenyl]-[2-chlor-allyl]-
6 III 1865 i

—, [4-*tert*-Butyl-phenyl]-[4-chlor-butyl]-
6 IV 3297

—, [4-*tert*-Butyl-phenyl]-[γ-chlor-isobutyl]-
6 III 1865 g

—, [2-*sec*-Butyl-phenyl]-[2-chlor-propyl]-
6 IV 3277

—, [4-*sec*-Butyl-phenyl]-[2-chlor-propyl]-
6 IV 3280

—, [4-*tert*-Butyl-phenyl]-[2-chlor-propyl]-
6 IV 3297

—, [4-*tert*-Butyl-phenyl]-[3-chlor-propyl]-
6 IV 3297

—, [4-*tert*-Butyl-phenyl]-[1,1-dideuterio-
äthyl]- 6 IV 3297

Äther (Fortsetzung)

—, [4-*tert*-Butyl-phenyl]-[2,4-dinitro-
phenyl]- **6** IV 3298

—, [4-*tert*-Butyl-phenyl]-[3a,4,5,6,7,7a-
hexahydro-4,7-methano-inden-5(*oder*
6)-yl]- **6** III 1931 d

—, [4-*tert*-Butyl-phenyl]-isobutyl-
6 524 f, III 1865 f

—, [4-*tert*-Butyl-phenyl]-isopropyl-
6 III 1865 d

—, [4-*tert*-Butyl-phenyl]-[4-nitro-benzyl]-
6 III 1866 d

—, [4-*tert*-Butyl-phenyl]-norborn-5-en-
2-ylmethyl- **6** III 1865 j

—, Butyl-[5-phenyl-pent-3-enyl]-
6 III 2467 b

—, [2-*sec*-Butyl-phenyl]-phenyl-
6 III 1852 c

—, [2-*tert*-Butyl-phenyl]-phenyl-
6 III 1861 c

—, [4-*sec*-Butyl-phenyl]-phenyl- **6** III 1853 d

—, [4-*tert*-Butyl-phenyl]-phenyl-
6 III 1866 a

—, Butyl-[1-phenyl-prop-2-inyl]-
6 IV 4066

—, Butyl-[3-phenyl-propyl]- **6** III 1802 d,
IV 3199

—, [4-*tert*-Butyl-phenyl]-propyl-
6 III 1865 c

—, [4-*tert*-Butyl-phenyl]-*p*-tolyl-
6 III 1866 b

—, Butyl-[1-phenyl-vinyl]- **6** III 2390 c,
IV 3780

—, *sec*-Butyl-[1-phenyl-vinyl]-
6 IV 3780

—, [4-*tert*-Butyl-phenyl]-vinyl-
6 IV 3298

—, Butyl-picryl- **6** IV 1457

—, Butyl-pin-2-en-10-yl- **6** IV 384

—, [6-(1-*tert*-Butyl-propenyl)-[2]naphthyl]-
methyl- **6** IV 4812

—, Butyl-[4-propyl-cyclohexyl]-
6 III 107 d

—, Butyl-[2-propyl-[1]naphthyl]-
6 III 3048 h

—, Butyl-[4-stilben-α-yl-phenyl]- **6** II 705 f

—, Butyl-styryl- **6** IV 3783

—, Butyl-[5,6,7,8-tetrahydro-[1]naphthyl]-
6 IV 3852

—, *tert*-Butyl-[1,2,3,4-tetrahydro-
[1]naphthyl]- **6** IV 3859

—, *tert*-Butyl-[4-(1,1,3,3-tetramethyl-
butyl)-phenyl]- **6** IV 3485

—, Butyl-*m*-tolyl- **6** 377 a, III 1300 a,
IV 2040

—, Butyl-*o*-tolyl- **6** 353 a, III 1247 a

—, Butyl-*p*-tolyl- **6** 393 e, III 1354 e

—, *sec*-Butyl-*m*-tolyl- **6** III 1300 b

—, *sec*-Butyl-*p*-tolyl- **6** III 1354 f

—, *tert*-Butyl-*m*-tolyl- **6** IV 2041

—, *tert*-Butyl-*o*-tolyl- **6** IV 1945

—, *tert*-Butyl-*p*-tolyl- **6** III 1355 c,
IV 2100

—, *sec*-Butyl-[2,4,6-tribrom-phenyl]-
6 III 762 f

—, Butyl-[3,4,5-trichlor-biphenyl-2-yl]-
6 III 3303 g

—, Butyl-[3,5,6-trichlor-biphenyl-2-yl]-
6 III 3303 g

—, Butyl-[2,2,2-trichlor-1-[4-chlor-
phenyl]-äthyl]- **6** IV 3050 f

—, Butyl-[3-trifluormethyl-phenyl]-
6 IV 2060

—, Butyl-[2,4,6-trijod-phenyl]-
6 III 789 d

—, *sec*-Butyl-[2,4,6-trijod-phenyl]-
6 IV 1085

—, Butyl-[2,6,6-trimethyl-9-methylen-
bicyclo[3.3.1]nonan-2-yl]- **6** IV 411

—, Butyl-trityl- **6** II 690 d, III 3646 e

—, *sec*-Butyl-trityl- **6** III 3647 a

—, *sec*-Butyl-[4-vinyl-benzyl]-
6 III 2423 b

—, Butyl-[2-vinyl-phenyl]- **6** IV 3771

—, Butyl-[4-vinyl-phenyl]- **6** IV 3776

—, [2-Carboxymethoxy-3,5-dichlor-
4-methoxy-6-methyl-phenyl]-
[3-carboxymethoxy-2,4-dichlor-5-methyl-
phenyl]- **6** IV 7373

—, [4-Chlor-acenaphthen-5-yl]-methyl-
6 IV 4626

—, [2-(2-Chlor-äthoxy)-äthyl]-[2-(4-nitro-
phenyl)-äthyl]- **6** III 823 f

—, [2-(2-Chlor-äthoxy)-äthyl]-
[2-pentachlorphenoxy-äthyl]-
6 III 733 d

—, [2-(2-Chlor-äthoxy)-äthyl]-[2-
p-tolyloxy-äthyl]- **6** III 1360 e

—, [2-(2-Chlor-äthyl)-benzyl]-methyl-
6 III 1819 e

—, [4-(2-Chlor-äthyl)-benzyl]-phenyl-
6 IV 3242

—, [2-Chlor-äthyl]-[4-(2-chlor-äthyl)-
benzyl]- **6** IV 3242

—, [2-Chlor-äthyl]-[2-chlor-benzhydryl]-
6 IV 4673

Äther (Fortsetzung)

—, [2-Chlor-äthyl]-[1]naphthyl-
   6 II 579 a, IV 4212

—, [2-Chlor-äthyl]-[2]naphthyl-
   6 II 599 a

—, [2-Chlor-äthyl]-[1]naphthylmethyl-
   6 IV 4332

—, [5-(2-Chlor-äthyl)-[2]naphthyl]-methyl-
   6 III 3033 f

—, [2-Chlor-äthyl]-[4-nitro-benzyl]-
   6 IV 2611

—, [2-Chlor-äthyl]-[1-nitro-[2]naphthyl]-
   6 II 608 f

—, [2-Chlor-äthyl]-[2-nitro-phenyl]-
   6 IV 1250

—, [2-Chlor-äthyl]-[3-nitro-phenyl]-
   6 IV 1271

—, [2-Chlor-äthyl]-[4-nitro-phenyl]-
   6 III 819 a, IV 1284

—, [2-Chlor-äthyl]-[2]norbornyl-
   6 III 218 c

—, [2-Chlor-äthyl]-[2,3,4,5,6-pentachlor-
   benzyl]- **6** IV 2599

—, [2-Chlor-äthyl]-[2-pentyl-phenyl]-
   6 IV 3368

—, [1-Chlor-äthyl]-phenyl- **6** III 586 e,
   IV 599

—, [2-Chlor-äthyl]-phenyl- **6** 142 a,
   I 81 a, II 144, III 547 b, IV 556

—, [2-Chlor-äthyl]-[1-phenyl-äthyl]-
   6 IV 3032

—, [2-Chlor-äthyl]-[2-phenylmercapto-
   äthyl]- **6** II 291 b, III 994 a

—, [2-Chlor-äthyl]-[1-phenyl-[2]norbornyl]-
   6 III 2754 f

—, [1-(2-Chlor-äthyl)-3-phenyl-prop-
   2-inyl]-methyl- **6** III 2742 b

—, [2-Chlor-äthyl]-[3-phenyl-propyl]-
   6 III 1802 a

—, [2-Chlor-äthyl]-[4-(1,1,3,3-tetramethyl-
   butyl)-phenyl]- **6** IV 3484

—, [2-Chlor-äthyl]-*m*-tolyl- **6** III 1299 b,
   IV 2040

—, [2-Chlor-äthyl]-*o*-tolyl- **6** II 329 b,
   III 1246 b, IV 1944

—, [2-Chlor-äthyl]-*p*-tolyl- **6** III 1354 a,
   IV 2099

—, [2-Chlor-äthyl]-[2-*p*-tolylmercapto-
   äthyl]- **6** III 1406 c

—, [2-Chlor-äthyl]-[2,4,5-trichlor-phenyl]-
   6 III 723 c, IV 963

—, [2-Chlor-äthyl]-trityl- **6** III 3646 a

—, [2-Chlor-allyl]-[4-chlor-phenyl]-
   6 IV 826

—, [2-Chlor-allyl]-[4-cyclohexyl-phenyl]-
   6 III 2504 a

—, [2-Chlor-allyl]-[3a,4,4a,5,6,7,8,8a,9,9a-
   decahydro-1*H*-4,9;5,8-dimethano-
   cyclopenta[*b*]naphthalin-6(*oder* 7)-yl]-
   6 III 2768 d

—, [2-Chlor-allyl]-[2,6-diallyl-phenyl]-
   6 IV 4088

—, [3-Chlor-allyl]-[2,6-diallyl-phenyl]-
   6 IV 4088

—, [2-Chlor-allyl]-[2,4-dichlor-phenyl]-
   6 IV 888

—, [2-Chlor-allyl]-[3a,4,5,6,7,7a-
   hexahydro-4,7-methano-inden-5(*oder*
   6)-yl]- **6** III 1927 c

—, [3-Chlor-allyl]-[2-isopropyl-5-methyl-
   phenyl]- **6** III 1899 g

—, [3-Chlor-allyl]-[5-isopropyl-2-methyl-
   phenyl]- **6** III 1887 e

—, [3-Chlor-allyl]-[4-isopropyl-phenyl]-
   6 III 1811 c

—, [3-Chlor-allyl]-[2]naphthyl-
   6 III 2974 i

—, [3-Chlor-allyl]-pentachlorphenyl-
   6 IV 1027

—, [3-Chlor-allyl]-phenäthyl- **6** III 1707 a

—, [2-Chlor-allyl]-phenyl- **6** III 557 a

—, [3-Chlor-allyl]-phenyl- **6** III 556 d

—, [3-Chlor-allyl]-[3-phenyl-propyl]-
   6 III 1802 g

—, [3-Chlor-allyl]-*m*-tolyl- **6** III 1302 a

—, [3-Chlor-allyl]-*o*-tolyl- **6** III 1248 d

—, [3-Chlor-allyl]-*p*-tolyl- **6** III 1356 e

—, [4-Chlor-[9]anthryl]-methyl-
   6 III 3555 c

—, [10-Chlor-[9]anthryl]-methyl-
   6 II 671 e, IV 4932

—, [(1-Chlor-[9]anthryl)-phenyl-methyl]-
   methyl- **6** II 714 h

—, [(4-Chlor-[9]anthryl)-phenyl-methyl]-
   methyl- **6** II 715 c

—, [2-Chlor-benzhydryl]-[4-chlor-butyl]-
   6 IV 4673

—, [2-Chlor-benzhydryl]-[6-chlor-hexyl]-
   6 IV 4673

—, [2-Chlor-benzhydryl]-[3-chlor-propyl]-
   6 IV 4673

—, [3-(α-Chlor-benzhydryl)-[2]naphthyl]-
   methyl- **6** II 722 i

—, [4-(α-Chlor-benzhydryl)-[1]naphthyl]-
   methyl- **6** III 3817 b

Äther (Fortsetzung)

—, [6-Chlor-benzo[*def*]chrysen-1-yl]-
methyl- **6** IV 5132

—, [4-Chlor-benzyl]-[4-chlor-2-isopropyl-
5-methyl-phenyl]- **6** III 1906 d

—, [2-Chlor-benzyl]-[4-chlor-2-nitro-
phenyl]- **6** 444 e

—, [2-Chlor-benzyl]-[5-chlor-pentyl]-
6 IV 2590

—, [2-Chlor-benzyl]-[4-chlor-phenyl]-
6 III 1554 h, IV 2590

—, [3-Chlor-benzyl]-[4-chlor-phenyl]-
6 III 1555 f

—, [4-Chlor-benzyl]-[2-chlor-phenyl]-
6 III 1556 d

—, [4-Chlor-benzyl]-[4-chlor-phenyl]-
6 II 423 c, III 1556 e

—, [2-Chlor-benzyl]-[3-chlor-propyl]-
6 IV 2590

—, [4-Chlor-benzyl]-[2-cyclohexyl-phenyl]-
6 III 2494 d

—, [2-Chlor-benzyl]-[2,4-dichlor-
3,5-dimethyl-phenyl]- **6** III 1761 a,
IV 3157

—, [3-Chlor-benzyl]-[2,4-dichlor-
3,5-dimethyl-phenyl]- **6** III 1761 b

—, [4-Chlor-benzyl]-[2,4-dichlor-
3,5-dimethyl-phenyl]- **6** III 1761 c

—, [2-Chlor-benzyl]-[2,4-dichlor-phenyl]-
6 III 1554 i

—, [3-Chlor-benzyl]-[2,4-dichlor-phenyl]-
6 III 1555 g

—, [4-Chlor-benzyl]-[2,4-dichlor-phenyl]-
6 III 1556 f

—, [4-Chlor-benzyl]-[2-dodecyl-
6-isopropyl-3-methyl-phenyl]- **6** IV 3564

—, [4-Chlor-benzyl]-[4-fluor-phenyl]-
6 III 1556 c

—, [4-Chlor-benzyl]-[2-heptyl-3-isopropyl-
6-methyl-phenyl]- **6** IV 3532

—, [4-Chlor-benzyl]-[2-heptyl-6-isopropyl-
3-methyl-phenyl]- **6** IV 3532

—, [4-Chlor-benzyl]-[2-hexyl-6-isopropyl-
3-methyl-phenyl]- **6** IV 3528

—, [4-Chlor-benzyl]-[3-isopropyl-
6-methyl-2-octyl-phenyl]- **6** IV 3538

—, [4-Chlor-benzyl]-[6-isopropyl-
3-methyl-2-octyl-phenyl]- **6** IV 3538

—, [4-Chlor-benzyl]-[3-isopropyl-
6-methyl-2-pentyl-phenyl]- **6** IV 3509

—, [4-Chlor-benzyl]-[6-isopropyl-
3-methyl-2-pentyl-phenyl]- **6** IV 3509

—, [2-Chlor-benzyl]-[4-isopropyl-
3-methyl-phenyl]- **6** IV 3326

—, [4-Chlor-benzyl]-[3-isopropyl-
6-methyl-2-propyl-phenyl]- **6** IV 3469

—, [4-Chlor-benzyl]-[6-isopropyl-
3-methyl-2-propyl-phenyl]- **6** IV 3468

—, [4-Chlor-benzyl]-[6-isopropyl-
3-methyl-2-tetradecyl-phenyl]- **6** IV 3567

—, [2-Chlor-benzyl]-methyl- **6** III 1554 e

—, [4-Chlor-benzyl]-methyl- **6** IV 2594

—, [3-Chlor-benzyl]-[3-methyl-benzyl]-
6 IV 3162

—, [3-Chlor-benzyl]-[4-methyl-benzyl]-
6 IV 3172

—, [4-Chlor-benzyl]-[4-methyl-benzyl]-
6 IV 3172

—, [2-Chlor-benzyl]-[4-methyl-2-nitro-
phenyl]- **6** 444 f

—, [4-Chlor-benzyl]-[4-methyl-2-nitro-
phenyl]- **6** 445 b

—, [2-Chlor-benzyl]-[2-nitro-phenyl]- **6** 444 d

—, [4-Chlor-benzyl]-[2-nitro-phenyl]- **6** 445 a

—, [4-Chlor-benzyl]-[4-nitro-phenyl]-
6 III 1556 j

—, [4-Chlor-benzyl]-pentachlorphenyl-
6 III 1556 g

—, [2-Chlor-benzyl]-phenyl- **6** III 1554 g

—, [3-Chlor-benzyl]-phenyl- **6** III 1555 e

—, [4-Chlor-benzyl]-phenyl- **6** III 1556 b

—, [4-(α-Chlor-benzyl)-phenyl]-phenyl-
6 II 630 f, III 3362 a

—, [2-Chlor-benzyl]-*o*-tolyl- **6** IV 2590

—, [2-Chlor-benzyl]-*p*-tolyl- **6** IV 2591

—, [3-Chlor-benzyl]-*o*-tolyl- **6** IV 2593

—, [3-Chlor-benzyl]-*p*-tolyl- **6** IV 2593

—, [4-Chlor-benzyl]-*o*-tolyl- **6** IV 2594

—, [4-Chlor-benzyl]-*p*-tolyl- **6** III 1557 a

—, [2-Chlor-benzyl]-[2,4,5-trichlor-
phenyl]- **6** IV 2590

—, [4-Chlor-benzyl]-trityl- **6** IV 5018

—, [4-Chlor-benzyl]-vinyl- **6** IV 2594

—, [α'-Chlor-bibenzyl-α-yl]-methyl-
6 II 638 e

—, [3-Chlor-biphenyl-4-yl]-[3,3-dichlor-
2-methyl-allyl]- **6** IV 4608

—, [3-Chlor-biphenyl-4-yl]-[2,4-dinitro-
phenyl]- **6** III 3331 b

—, [5-Chlor-biphenyl-2-yl]-[3a,4,5,6,7,7a-
hexahydro-4,7-methano-inden-5(*oder*
6)-yl]- **6** III 3300 b

—, [4'-Chlor-biphenyl-4-yl]-isopropyl-
6 IV 4609

Äther (Fortsetzung)

—, [3-Chlor-biphenyl-2-yl]-methallyl-
  6 III 3299 a

—, [2'-Chlor-biphenyl-2-yl]-methyl-
  6 III 3301 f

—, [3-Chlor-biphenyl-4-yl]-methyl-
  6 III 3331 a

—, [3'-Chlor-biphenyl-4-yl]-methyl-
  6 IV 4608

—, [4'-Chlor-biphenyl-2-yl]-methyl-
  6 IV 4589

—, [4'-Chlor-biphenyl-4-yl]-methyl-
  6 IV 4609

—, [2-Chlor-1,1-bis-(4-chlor-phenyl)-
  äthyl]-methyl- **6** IV 4719

—, [3-Chlor-1,3-bis-(4-chlor-phenyl)-allyl]-
  methyl- **6** I 337 a

—, [3-Chlor-1,5-bis-(4-chlor-phenyl)-
  penta-2,4-dienyl]-methyl- **6** I 344 g

—, [3-Chlor-but-2-enyl]-[4-chlormethyl-
  phenyl]- **6** IV 2138

—, [3-Chlor-but-2-enyl]-phenyl-
  6 557 e

—, [4-Chlor-but-2-enyl]-phenyl-
  6 III 557 f, IV 564

—, [4-(3-Chlor-but-2-enyl)-phenyl]-
  phenyl- **6** IV 3835

—, [3-Chlor-but-2-enyl]-m-tolyl-
  6 IV 2041

—, [4-Chlor-but-2-enyl]-o-tolyl-
  6 IV 1946

—, [2-Chlor-but-3-enyl]-trityl-
  6 IV 5017

—, [4-Chlor-but-2-inyl]-o-tolyl-
  6 IV 1946

—, [4-(4-Chlor-butyl)-benzyl]-phenyl-
  6 IV 3392

—, [4-Chlor-butyl]-[4-chlor-2-chlormethyl-
  phenyl]- **6** IV 2005

—, [4-Chlor-butyl]-[2-chlormethyl-
  4-methyl-phenyl]- **6** IV 3136

—, [2-Chlor-butyl]-[4-chlor-phenyl]-
  6 III 688 f

—, [4-Chlor-butyl]-[2-chlor-phenyl]-
  6 IV 786

—, [4-Chlor-butyl]-[3-chlor-phenyl]-
  6 IV 812

—, [4-Chlor-butyl]-[4-chlor-phenyl]-
  6 IV 825

—, [Chlor-*tert*-butyl]-[1,2,3,4,4a,9a-
  hexahydro-1,4-methano-fluoren-2(*oder*
  3)-yl]- **6** III 3058 h

—, [Chlor-*tert*-butyl]-[3a,4,5,6,7,7a-
  hexahydro-4,7-methano-inden-5(*oder*
  6)-yl]- **6** III 1926 a

—, [2-Chlor-butyl]-phenyl- **6** III 551 a

—, [4-Chlor-butyl]-phenyl- **6** 143 d,
  II 145 g, III 551 b, IV 558

—, [Chlor-*tert*-butyl]-phenyl-
  6 III 552 e

—, [4-Chlor-butyl]-[1-phenyl-äthyl]-
  6 IV 3033

—, [4-Chlor-butyl]-m-tolyl- **6** IV 2040

—, [4-Chlor-butyl]-o-tolyl- **6** IV 1945

—, [4-Chlor-butyl]-p-tolyl- **6** IV 2100

—, [4-Chlor-2-(4-chlor-benzyl)-phenyl]-
  [1,2-dichlor-vinyl]- **6** IV 4639

—, [4-Chlor-2-chlormethyl-phenyl]-
  [3-chlor-propyl]- **6** IV 2005

—, {2-Chlor-4-[4-(3-chlor-propyl)-benzyl]-
  phenyl}-isopropyl- **6** IV 4792

—, {2-Chlor-4-[4-(3-chlor-propyl)-benzyl]-
  phenyl}-propyl- **6** IV 4791

—, [5-Chlor-cholestan-3-yl]-methyl-
  6 III 2145 a

—, [γ-Chlor-cinnamyl]-methyl-
  6 I 281 f

—, [2-Chlor-cyclohex-2-enyl]-methyl-
  6 III 208 b

—, [4-Chlor-cyclohexyl]-chlormethyl-
  6 II 13 b

—, [2-Chlor-cyclohexyl]-cyclohexyl-
  6 III 41 b

—, [2-Chlor-cyclohexyl]-methyl-
  6 III 41 a

—, [2-Chlor-cyclohexylmethyl]-hexadecyl-
  6 III 78 c

—, [2-Chlor-cyclohexylmethyl]-methyl-
  6 III 78 b, IV 108

—, [2-Chlor-cyclohexylmethyl]-pentyl-
  6 IV 108

—, [2-Chlor-cyclohexylmethyl]-propyl-
  6 IV 108

—, [4-Chlor-2-cyclohexyl-phenyl]-
  [1,2-dichlor-vinyl]- **6** IV 3902

—, [(2-Chlor-cyclohexyl)-phenyl-methyl]-
  methyl- **6** III 2528 d

—, [2-Chlor-4-dichlorjodanyl-phenyl]-
  [2,3-dibrom-propyl]- **6** III 781 g

—, [2-Chlor-4-dichlorjodanyl-phenyl]-
  [2,3-dichlor-propyl]- **6** III 781 f

—, [2-Chlor-1,1-difluor-äthyl]-phenyl-
  6 III 598 i, IV 613

—, [2-Chlor-1,1-difluor-äthyl]-m-tolyl-
  6 III 1306 b

Äther (Fortsetzung)

—, [2-Chlor-1,1-difluor-äthyl]-*o*-tolyl-
6 III 1254 b

—, [2-Chlor-1,1-difluor-äthyl]-*p*-tolyl-
6 III 1364 d

—, [2-Chlor-1,1-difluor-äthyl]-
[3-trifluormethyl-phenyl]- **6** III 1314 e

—, [Chlor-difluor-methyl]-[4-chlor-
phenyl]- **6** IV 842

—, [Chlor-difluor-methyl]-[2,4-dichlor-
phenyl]- **6** IV 906

—, [Chlor-difluor-methyl]-phenyl-
6 IV 629

—, [2-Chlor-1,2-difluor-vinyl]-phenyl-
6 IV 601

—, [4-Chlor-3,5-dimethyl-2-nitro-phenyl]-
hexyl- **6** III 1766 a

—, [4-Chlor-3,5-dimethyl-2-nitro-phenyl]-
propyl- **6** III 1765 h

—, [3-Chlor-2,3-dimethyl-1-phenyl-butyl]-
methyl- **6** III 2002 g

—, [4-Chlor-3,5-dimethyl-phenyl]-
chlormethyl- **6** IV 3154

—, [3-Chlor-2,4-dimethyl-phenyl]-
[2,4-dimethyl-phenyl]- **6** IV 3127

—, [5-Chlor-2,4-dimethyl-phenyl]-
[2,4-dimethyl-phenyl]- **6** IV 3127

—, [2-Chlor-3,4-dimethyl-phenyl]-[2-nitro-
phenyl]- **6** III 1729 c

—, [2-Chlor-4,5-dimethyl-phenyl]-[2-nitro-
phenyl]- **6** III 1729 e

—, [4-Chlor-2,5-dimethyl-phenyl]-[2-nitro-
phenyl]- **6** III 1774 a

—, [4-Chlor-3,5-dimethyl-phenyl]-[2-nitro-
phenyl]- **6** III 1759 d

—, [4-Chlor-3,5-dimethyl-phenyl]-[4-nitro-
phenyl]- **6** IV 3152

—, [8-Chlor-1,7-dimethyl-9-
(2,6,6-trimethyl-cyclohex-1-enyl)-nona-
2,6-dien-4-inyl]-methyl- **6** III 2784 c

—, [4′-Chlor-3,2′-dinitro-biphenyl-4-yl]-
phenyl- **6** II 627 g

—, [5-Chlor-2,4-dinitro-phenyl]-
chlormethyl- **6** IV 1385

—, [4-Chlor-2,5-dinitro-phenyl]-
[2,4-dichlor-5-nitro-phenyl]- **6** II 248 b

—, [5-Chlor-2,4-dinitro-phenyl]-phenyl-
6 I 128 g

—, [1-Chlor-9,10-diphenyl-[2]anthryl]-
methyl- **6** IV 5159

—, [2-Chlor-9,10-diphenyl-[1]anthryl]-
methyl- **6** IV 5158

—, [3-Chlor-9,10-diphenyl-[1]anthryl]-
methyl- **6** IV 5158

—, [4-Chlor-9,10-diphenyl-[1]anthryl]-
methyl- **6** III 3859 a

—, [5-Chlor-1,9-diphenyl-nona-
2,4,6,8-tetraenyl]-methyl- **6** I 355 h,
II 699 d

—, [3-Chlor-1,5-diphenyl-penta-
2,4-dienyl]-methyl- **6** I 343 d, II 679 g

—, [5-Chlor-1,5-diphenyl-penta-
2,4-dienyl]-methyl- **6** I 343 b

—, [3-Chlor-1,3-diphenyl-propyl]-methyl-
6 III 3414 d

—, [2-Chlor-fluoren-3-yl]-methyl-
6 IV 4850

—, [6-Chlor-fluoren-3-yl]-methyl-
6 III 3488 i

—, [7-Chlor-fluoren-3-yl]-methyl-
6 III 3489 a

—, [9-Chlor-fluoren-2-yl]-methyl-
6 IV 4847

—, [2-Chlor-1-fluor-vinyl]-phenyl-
6 III 587 c

—, [2-Chlor-1-fluor-vinyl]-*m*-tolyl-
6 III 1305 b

—, [2-Chlor-1-fluor-vinyl]-*o*-tolyl-
6 III 1253 e

—, [2-Chlor-1-fluor-vinyl]-[3-trifluormethyl-
phenyl]- **6** III 1314 d

—, [3-Chlor-hexa-2,4-dienyl]-phenyl-
6 IV 567

—, [2-Chlor-3,3,4,4,5,5-hexafluor-cyclopent-
1-enyl]-methyl- **6** IV 192

—, [3-Chlor-4′-hexyl-biphenyl-4-yl]-
methyl- **6** IV 4821

—, [6-Chlor-hexyl]-phenyl- **6** 144 a

—, [4-Chlor-3-hydroxy-2,5-dimethyl-
phenyl]-[2-hydroxy-4-methoxy-
3,6-dimethyl-phenyl]- **6** IV 7399

—, [3-Chlor-6-hydroxy-4-methoxy-
5-methyl-2-(1-methyl-propenyl)-phenyl]-
[2,4-dichlor-3-hydroxy-5-methyl-phenyl]-
6 IV 7481

—, [4-Chlor-indan-1-yl]-methyl-
6 IV 3825

—, [10-Chlor-indeno[2,1-*a*]inden-5-yl]-
methyl- **6** II 682 b, III 3626 c

—, [3-Chlor-inden-6-yl]-methyl-
6 IV 4069

—, [γ-Chlor-isobutyl]-[4-chlor-phenyl]-
6 III 689 a

—, [γ-Chlor-isobutyl]-cyclohexyl-
6 III 18 a

Äther (Fortsetzung)

–, [γ-Chlor-isobutyl]-[2-cyclohexyl-
phenyl]- **6** III 2493 g

–, [γ-Chlor-isobutyl]-[2]naphthyl-
6 III 2973 f

–, [γ-Chlor-isobutyl]-phenyl-
6 III 552 c

–, [γ-Chlor-isobutyl]-*o*-tolyl- **6** III 1247 c

–, [3-Chlor-4'-isopentyl-biphenyl-4-yl]-
methyl- **6** IV 4812

–, [β-Chlor-isopropyl]-[4-chlor-phenyl]-
6 III 688 d

–, [α-Chlor-isopropyl]-cyclohexyl-
6 IV 32

–, [β-Chlor-isopropyl]-[2,4-dichlor-
phenyl]- **6** III 701 i

–, [4-Chlor-2-isopropyl-5-methyl-phenyl]-
[5-isopropyl-2-methyl-benzyl]- **6** IV 3408

–, [4-Chlor-2-isopropyl-5-methyl-phenyl]-
[4-methyl-benzyl]- **6** III 1907 c

–, [4-Chlor-2-isopropyl-5-methyl-phenyl]-
[2-nitro-benzyl]- **6** III 1907 a

–, [4-Chlor-2-isopropyl-5-methyl-phenyl]-
[4-nitro-benzyl]- **6** III 1907 b

–, [α-Chlor-isopropyl]-phenyl-
6 IV 600

–, [β-Chlor-isopropyl]-phenyl-
6 III 550 a

–, [α-Chlor-isopropyl]-*m*-tolyl-
6 IV 2046

–, [β-Chlor-isopropyl]-[2,4,6-trichlor-
phenyl]- **6** III 724 a

–, [4-Chlor-3-jod-phenyl]-[4-chlor-
phenyl]- **6** III 780 c

–, [2-Chlor-4-jod-phenyl]-[2,3-dibrom-
propyl]- **6** III 781 e

–, [4-Chlor-2-jod-phenyl]-[2,3-dibrom-
propyl]- **6** III 779 d

–, [2-Chlor-4-jod-phenyl]-[2,3-dichlor-
propyl]- **6** III 781 d

–, [4-Chlor-2-jod-phenyl]-phenyl-
6 III 779 e

–, [4-Chlor-3-jod-phenyl]-phenyl-
6 III 780 b

–, [4-Chlor-3-methoxy-2,5-diphenyl-
phenyl]-[2,4-dimethoxy-3,6-dimethyl-
phenyl]- **6** IV 7399

–, [2-Chlormethyl-benzyl]-methyl-
6 IV 3111

–, [3-Chlormethyl-benzyl]-methyl-
6 IV 3163

–, [4-Chlormethyl-benzyl]-methyl-
6 III 1782 e

–, [2-Chlormethyl-benzyl]-phenyl-
6 IV 3111

–, [3-Chlormethyl-benzyl]-phenyl-
6 IV 3163

–, [4'-Chlormethyl-biphenyl-4-yl]-methyl-
6 IV 4692

–, Chlormethyl-[2-chlor-4-methyl-
phenyl]- **6** IV 2135

–, Chlormethyl-[3-chlor-4-methyl-
phenyl]- **6** IV 2134

–, Chlormethyl-[4-chlor-2-methyl-
phenyl]- **6** IV 1989

–, Chlormethyl-[4-chlor-3-methyl-
phenyl]- **6** IV 2065

–, Chlormethyl-[1-chlor-[2]naphthyl]-
6 IV 4290

–, Chlormethyl-[4-chlor-2-nitro-phenyl]-
6 IV 1349

–, Chlormethyl-[4-chlor-3-nitro-phenyl]-
6 IV 1352

–, Chlormethyl-[5-chlor-2-nitro-phenyl]-
6 IV 1351

–, Chlormethyl-[2-chlor-phenyl]-
6 IV 790

–, Chlormethyl-[3-chlor-phenyl]-
6 IV 813

–, Chlormethyl-[4-chlor-phenyl]-
6 IV 834

–, [2-Chlor-4-methyl-cyclohex-2-enyl]-
methyl- **6** III 212 c

–, Chlormethyl-cyclohexyl- **6** II 10 g

–, [1-Chlor-6-(1-methyl-cyclohexyl)-
[2]naphthyl]-methyl- **6** IV 4813

–, Chlormethyl-[2,4-dichlor-6-methyl-
phenyl]- **6** IV 2002

–, Chlormethyl-[2,4-dichlor-phenyl]-
6 IV 897

–, Chlormethyl-[2,5-dichlor-phenyl]-
6 IV 943

–, Chlormethyl-[2,6-dichlor-phenyl]-
6 IV 950

–, Chlormethyl-[3,4-dichlor-phenyl]-
6 IV 953

–, Chlormethyl-[3,5-dichlor-phenyl]-
6 IV 957

–, [5-Chlormethyl-2,3-dimethoxy-phenyl]-
[4-chlormethyl-2-methoxy-phenyl]-
6 IV 7377

–, [4-Chlor-3-methyl-2,6-dinitro-phenyl]-
phenyl- **6** IV 2077

–, [6-Chlor-3-methyl-2,4-dinitro-phenyl]-
phenyl- **6** IV 2078

–, [1-Chlormethyl-hexyl]-phenyl-
6 III 553 i

Äther (Fortsetzung)

−, Chlormethyl-[3-(4-isopropyl-phenyl)-2-methyl-propyl]- **6** III 2036 h

−, Chlormethyl-menthyl- **6** 32 b, I 21 b

−, Chlormethyl-[4-methyl-phenäthyl]- **6** IV 3244

−, [2-Chlormethyl-4-methyl-phenyl]-heptyl- **6** IV 3136

−, [2-Chlormethyl-4-methyl-phenyl]-isopentyl- **6** IV 3136

−, [4-Chlormethyl-2-methyl-phenyl]-isopentyl- **6** IV 3135

−, [2-Chlormethyl-4-methyl-phenyl]-isopropyl- **6** IV 3136

−, [4-Chlormethyl-2-methyl-phenyl]-isopropyl- **6** IV 3134

−, [2-Chlormethyl-4-methyl-phenyl]-propyl- **6** IV 3136

−, [4-Chlormethyl-2-methyl-phenyl]-propyl- **6** IV 3134

−, Chlormethyl-[1-methyl-3-(2,2,6-trimethyl-cyclohexyl)-propyl]- **6** III 187 f

−, Chlormethyl-[1]naphthyl- **6** IV 4216

−, Chlormethyl-[2]naphthyl- **6** IV 4264

−, Chlormethyl-[2-[1]naphthyl-äthyl]- **6** IV 4347

−, [1-Chlormethyl-[2]naphthyl]-methyl- **6** I 320 b, III 3020 d

−, [5-Chlormethyl-[2]naphthyl]-methyl- **6** III 3023 c

−, Chlormethyl-[3-nitro-benzyl]- **6** III 1566 d

−, [2-Chlormethyl-4-nitro-[1]naphthyl]-methyl- **6** IV 4338

−, Chlormethyl-[2-nitro-phenyl]- **6** IV 1256

−, Chlormethyl-[4-nitro-phenyl]- **6** IV 1296

−, [4-Chlormethyl-2-nitro-phenyl]-dodecyl- **6** IV 2151

−, [3-Chlormethyl-α′-nitro-stilben-4-yl]-methyl- **6** III 3509 d

−, [1-Chlor-4b-methyl-4b,5,6,7,8,8a,9,10-octahydro-[4]phenanthryl]-methyl- **6** IV 4116

−, Chlormethyl-pentachlorphenyl- **6** IV 1030

−, Chlormethyl-phenäthyl- **6** II 450 n, IV 3072

−, [2-Chlormethyl-phenäthyl]-methyl- **6** IV 3234

−, Chlormethyl-phenyl- **6** III 585 i, IV 596

−, [2-Chlormethyl-phenyl]-[2-chlor-propyl]- **6** IV 2000

−, [4-Chlor-2-methyl-phenyl]-[2,6-dichlor-benzyl]- **6** IV 2597

−, [4-Chlor-3-methyl-phenyl]-[2,4-dinitro-phenyl]- **6** III 1317 a

−, [2-Chlormethyl-phenyl]-dodecyl- **6** IV 2000

−, [2-Chlormethyl-phenyl]-hexadecyl- **6** IV 2001

−, [4-Chlormethyl-phenyl]-isobutyl- **6** IV 2138

−, [4-Chlormethyl-phenyl]-isopentyl- **6** IV 2138

−, [4-Chlormethyl-phenyl]-isopropyl- **6** III 1376 b, IV 2137

−, [4-Chlor-3-methyl-phenyl]-isopropyl- **6** III 1316 b

−, [4-Chlor-3-methyl-phenyl]-methallyl- **6** IV 2064

−, [2-Chlor-4-methyl-phenyl]-[4-nitro-benzyl]- **6** III 1568 f

−, [4-Chlor-2-methyl-phenyl]-[2-nitro-benzyl]- **6** IV 2608

−, [2-Chlor-4-methyl-phenyl]-[2-nitro-phenyl]- **6** III 1375 a

−, [3-Chlor-4-methyl-phenyl]-[2-nitro-phenyl]- **6** IV 2134

−, [4-Chlor-2-methyl-phenyl]-[2-nitro-phenyl]- **6** III 1265 a

−, [4-Chlor-2-methyl-phenyl]-[3-nitro-phenyl]- **6** III 1265 b

−, [4-Chlor-2-methyl-phenyl]-[4-nitro-phenyl]- **6** III 1265 c

−, [4-Chlor-3-methyl-phenyl]-[3-nitro-phenyl]- **6** III 1316 c

−, [4-Chlor-3-methyl-phenyl]-[4-nitro-phenyl]- **6** III 1316 d

−, [4-Chlormethyl-phenyl]-[4-nitro-phenyl]- **6** IV 2138

−, [2-Chlormethyl-phenyl]-octadecyl- **6** IV 2001

−, [4-Chlormethyl-phenyl]-pentyl- **6** IV 2138

−, [3-Chlor-4-methyl-phenyl]-phenyl- **6** IV 2134

−, [4-Chlormethyl-phenyl]-phenyl- **6** III 1376 d

−, [2-Chlor-4-methyl-phenyl]-propyl- **6** III 1374 h

Äther (Fortsetzung)

—, Chlormethyl-[3-phenyl-propyl]-
6 II 476 b

—, [4-Chlormethyl-phenyl]-propyl-
6 IV 2137

—, [2-Chlor-4-methyl-phenyl]-*p*-tolyl-
6 I 203 k, IV 2135

—, [3-Chlor-4-methyl-phenyl]-*p*-tolyl-
6 IV 2134

—, [4-Chlor-2-methyl-phenyl]-*o*-tolyl-
6 I 174 c

—, [4-Chlor-3-methyl-phenyl]-*m*-tolyl-
6 I 188 a

—, [4-Chlor-2-methyl-phenyl]-vinyl-
6 IV 1988

—, [1-Chlormethyl-propyl]-[4-chlor-
phenyl]- 6 III 688 f

—, [2-Chlor-1-methyl-propyl]-[2-chlor-
phenyl]- 6 III 676 e

—, [2-Chlor-1-methyl-propyl]-[4-chlor-
phenyl]- 6 III 688 g

—, Chlormethyl-[4-propyl-cyclohexyl]-
6 III 107 f

—, [1-Chlormethyl-propyl]-phenyl-
6 III 551 a

—, [2-Chlor-1-methyl-propyl]-phenyl-
6 III 552 a

—, Chlormethyl-[4-(1,1,3,3-tetramethyl-
butyl)-phenyl]- 6 IV 3486

—, Chlormethyl-*p*-tolyl- 6 IV 2109

—, Chlormethyl-[2,3,4-trichlor-phenyl]-
6 IV 960

—, Chlormethyl-[2,4,5-trichlor-phenyl]-
6 IV 969

—, Chlormethyl-[2,4,6-trichlor-phenyl]-
6 IV 1008

—, [1-(6-Chlor-[2]naphthyl)-äthyl]-methyl-
6 III 3042 c

—, [1-Chlor-[2]naphthyl]-[3-chlor-propyl]-
6 IV 4290

—, [3-Chlor-[2]naphthyl]-[3-chlor-propyl]-
6 IV 4292

—, [8-Chlor-[2]naphthyl]-[3-chlor-propyl]-
6 IV 4295

—, [4-Chlor-[1]naphthyl]-[1,2-dichlor-
vinyl]- 6 IV 4232

—, [4-Chlor-[1]naphthyl]-[2,4-dinitro-
phenyl]- 6 IV 4231

—, [1-Chlor-[2]naphthyl]-methyl-
6 648 k, I 315 b, II 603 g, IV 4290

—, [2-Chlor-[1]naphthyl]-methyl-
6 IV 4230

—, [3-Chlor-[1]naphthyl]-methyl-
6 II 581 k

—, [3-Chlor-[2]naphthyl]-methyl-
6 III 2992 b

—, [4-Chlor-[1]naphthyl]-methyl-
6 IV 4231

—, [4-Chlor-[2]naphthyl]-methyl-
6 III 2992 d

—, [8-Chlor-[2]naphthyl]-methyl-
6 IV 4295

—, [2-Chlor-[1]naphthyl]-[4-nitro-benzyl]-
6 IV 4231

—, [4-Chlor-[1]naphthyl]-[4-nitro-benzyl]-
6 IV 4232

—, [1-Chlor-[2]naphthyl]-pentyl-
6 III 2991 b

—, [4-(Chlor-[1]naphthyl-phenyl-methyl)-
[1]naphthyl]-methyl- 6 III 3866 b

—, [2-Chlor-[1]naphthyl]-propyl-
6 IV 4230

—, [2-Chlor-4-nitro-benzyl]-methyl-
6 453 b

—, [3-Chlor-4'-nitro-biphenyl-4-yl]-
isopropyl- 6 IV 4615

—, [3-Chlor-4'-nitro-biphenyl-4-yl]-
methyl- 6 IV 4614

—, [3-Chlor-4'-nitro-biphenyl-4-yl]-
propyl- 6 IV 4615

—, [1-Chlor-6-nitro-[2]naphthyl]-methyl-
6 IV 4311

—, [1-Chlor-8-nitro-[2]naphthyl]-methyl-
6 IV 4311

—, [2-Chlor-3-nitro-[1]naphthyl]-methyl-
6 IV 4239

—, [6-Chlor-1-nitro-[2]naphthyl]-methyl-
6 IV 4310

—, [2-(4-Chlor-2-nitro-phenoxy)-äthyl]-
[2-methoxy-äthyl]- 6 IV 1349

—, [2-Chlor-2-nitro-1-phenyl-butyl]-
methyl- 6 IV 3274

—, [2-Chlor-4-nitro-phenyl]-[2-chlor-
phenyl]- 6 IV 1354

—, [2-Chlor-4-nitro-phenyl]-[4-chlor-
phenyl]- 6 IV 1354

—, [4-Chlor-2-nitro-phenyl]-[2-chlor-
phenyl]- 6 IV 1348

—, [4-Chlor-2-nitro-phenyl]-[4-chlor-
phenyl]- 6 II 227 d, III 835 d,
IV 1348

—, [4-Chlor-2-nitro-phenyl]-[2,3-dibrom-
propyl]- 6 II 227 a

—, [4-Chlor-2-nitro-phenyl]-[2,4-dichlor-
5-nitro-phenyl]- 6 II 231 a

Äther (Fortsetzung)

–, [4-Chlor-2-nitro-phenyl]-[4,5-dichlor-2-nitro-phenyl]- **6** II 230 f

–, [2-Chlor-4-nitro-phenyl]-[2,5-dichlor-phenyl]- **6** IV 1354

–, [4-Chlor-2-nitro-phenyl]-[2,4-dichlor-phenyl]- **6** II 227 e, IV 1348

–, [5-Chlor-2-nitro-phenyl]-[2,5-dichlor-phenyl]- **6** II 228 e

–, [4-Chlor-2-nitro-phenyl]-[2,4-dimethyl-3,5-dinitro-phenyl]- **6** III 1751 b

–, [4-Chlor-2-nitro-phenyl]-[2,4-dimethyl-5-nitro-phenyl]- **6** III 1750 e

–, [4-Chlor-2-nitro-phenyl]-[2,4-dimethyl-phenyl]- **6** III 1745 c

–, [2-Chlor-4-nitro-phenyl]-[2,4-dinitro-phenyl]- **6** III 862 h

–, [4-Chlor-2-nitro-phenyl]-[2,4-dinitro-phenyl]- **6** II 243 g, III 862 g

–, [3-Chlor-4-nitro-phenyl]-isopropyl- **6** III 840 g

–, [4-Chlor-2-nitro-phenyl]-[4-methyl-2-nitro-phenyl]- **6** III 1387 a

–, [5-Chlor-2-nitro-phenyl]-[2]naphthyl- **6** II 599 g

–, [2-Chlor-4-nitro-phenyl]-[2-nitro-phenyl]- **6** III 839 g

–, [2-Chlor-4-nitro-phenyl]-phenyl- **6** III 839 f, IV 1354

–, [4-Chlor-2-nitro-phenyl]-phenyl- **6** II 227 c, III 835 c

–, [4-Chlor-3-nitro-phenyl]-phenyl- **6** III 838 c

–, [5-Chlor-2-nitro-phenyl]-phenyl- **6** II 228 c

–, [2-Chlor-2-nitro-1-phenyl-propyl]-methyl- **6** IV 3189

–, [4-Chlor-2-nitro-phenyl]-*p*-tolyl- **6** III 1359 a

–, [2-Chlor-4-nitro-phenyl]-[2,4,5-trichlor-phenyl]- **6** IV 1354

–, [2-Chlor-4-nitro-phenyl]-[2,4,6-trichlor-phenyl]- **6** IV 1354

–, [4-Chlor-2-nitro-phenyl]-[2,4,5-trichlor-phenyl]- **6** IV 1348

–, [α-Chlor-α-nitroso-bibenzyl-4-yl]-methyl- **6** IV 4700

–, [2'-Chlor-α'-nitro-stilben-2-yl]-methyl- **6** IV 4854

–, [7-Chlor-[2]norbornyl]-methyl- **6** IV 215

–, [15-Chlor-pentadec-5-inyl]-phenyl- **6** IV 567

–, [2-Chlor-1,1,3,3,3-pentafluor-propyl]-[1]naphthyl- **6** III 2929 c

–, [2-Chlor-1,1,3,3,3-pentafluor-propyl]-phenyl- **6** III 600 b

–, [3-Chlor-pent-4-enyl]-cyclohexyl- **6** III 19 c

–, [5-Chlor-pent-3-enyl]-cyclohexyl- **6** III 19 d

–, [5-Chlor-pentyl]-phenyl- **6** 143 g, IV 559

–, [3-Chlor-4'-phenäthyl-biphenyl-4-yl]-methyl- **6** IV 5063

–, [β-Chlor-phenäthyl]-methyl- **6** IV 3079

–, [4-Chlor-[3]phenanthryl]-methyl- **6** IV 4935

–, [9-Chlor-[3]phenanthryl]-methyl- **6** IV 4935

–, [2-Chlor-1-phenyl-äthyl]-isopentyl- **6** IV 3046

–, [2-Chlor-1-phenyl-äthyl]-methyl- **6** IV 3046

–, [2-Chlor-1-phenyl-äthyl]-propyl- **6** IV 3046

–, [3-Chlor-1-phenyl-allyl]-methyl- **6** I 283 h

–, [4-Chlor-phenyl]-[5-chlor-2-nitro-phenyl]- **6** II 228 d

–, [2-Chlor-phenyl]-[4-chlor-phenyl]- **6** IV 826

–, [2-Chlor-phenyl]-[2-chlor-propyl]- **6** IV 785

–, [4-Chlor-phenyl]-[2-chlor-propyl]- **6** III 688 d, IV 824

–, [4-Chlor-phenyl]-[3-chlor-propyl]- **6** IV 824

–, [3-(4-Chlor-phenyl)-1-(4-chlor-styryl)-allyl]-methyl- **6** I 345 c

–, [2-Chlor-phenyl]-[2-chlor-1,1,2-trifluor-äthyl]- **6** IV 794

–, [4-Chlor-phenyl]-[2-chlor-1,1,2-trifluor-äthyl]- **6** IV 839

–, [2-Chlor-phenyl]-cyclohexyl- **6** III 676 h, IV 787

–, {4-[2-(4-Chlor-phenyl)-cyclopropyl]-phenyl}-phenyl- **6** IV 4877

–, [2-Chlor-phenyl]-[1,2-dichlor-äthyl]- **6** IV 792

–, [4-Chlor-phenyl]-[1,2-dichlor-äthyl]- **6** IV 836

–, [4-Chlor-phenyl]-[3,3-dichlor-allyl]- **6** IV 826

Äther (Fortsetzung)

−, [(4-Chlor-phenyl)-(1,5-dichlor-
[9]anthryl)-methyl]-methyl- **6** II 716 c

−, [4-Chlor-phenyl]-[2,4-dichlor-benzyl]-
6 III 1558 a

−, [4-Chlor-phenyl]-[2,6-dichlor-benzyl]-
6 IV 2597

−, [4-Chlor-phenyl]-[3,4-dichlor-benzyl]-
6 III 1558 e

−, [4-Chlor-phenyl]-dichlormethyl-
6 IV 839

−, [2-Chlor-phenyl]-[3,3-dichlor-2-methyl-
allyl]- **6** IV 786

−, [4-Chlor-phenyl]-[3,3-dichlor-2-methyl-
allyl]- **6** IV 826

−, [4-Chlor-phenyl]-[4,5-dichlor-2-nitro-
phenyl]- **6** II 230 d

−, [2-Chlor-phenyl]-[2,4-dichlor-phenyl]-
6 IV 889

−, [4-Chlor-phenyl]-[2,4-dichlor-phenyl]-
6 II 178 f, III 702 g, IV 889

−, [4-Chlor-phenyl]-[3,4-dichlor-phenyl]-
6 III 715 e

−, [4-Chlor-phenyl]-[1,2-dichlor-vinyl]-
6 IV 837

−, [4-Chlor-phenyl]-[2,2-dichlor-vinyl]-
6 IV 825

−, [4-Chlor-phenyl]-[2,6-dijod-4-nitro-
phenyl]- **6** IV 1368

−, [4-Chlor-phenyl]-[2,4-dimethyl-benzyl]-
6 III 1834 h

−, [4-Chlor-phenyl]-[3,4-dimethyl-benzyl]-
6 III 1835 d

−, [2-Chlor-phenyl]-[2,4-dinitro-phenyl]-
6 III 860 f, IV 1375

−, [3-Chlor-phenyl]-[2,4-dinitro-phenyl]-
6 III 860 g, IV 1375

−, [4-Chlor-phenyl]-[2,4-dinitro-phenyl]-
6 II 242 e, III 860 h, IV 1375

−, [4-Chlor-phenyl]-[2-fluor-äthyl]-
6 IV 823

−, [2-Chlor-phenyl]-[4-fluor-benzyl]-
6 III 1553 i

−, [4-Chlor-phenyl]-[3-fluor-benzyl]-
6 III 1553 e

−, [4-Chlor-phenyl]-[4-fluor-benzyl]-
6 III 1554 a

−, [4-Chlor-phenyl]-fluoren-9-yl-
6 III 3490 f

−, [9-Chlor-9-phenyl-fluoren-3-yl]-
methyl- **6** II 704 d, III 3732 c

−, [4-Chlor-phenyl]-heptadecyl-
6 III 689 g

−, [4-Chlor-phenyl]-heptyl- **6** III 689 d

−, [4-Chlor-phenyl]-hexadecyl- **6** III 689 f

−, [2-Chlor-phenyl]-[3a,4,5,6,7,7a-
hexahydro-4,7-methano-inden-5(*oder*
6)-yl]- **6** III 1929 d

−, [4-Chlor-phenyl]-[3a,4,5,6,7,7a-
hexahydro-4,7-methano-inden-5(*oder*
6)-yl]- **6** III 1929 e

−, [2-Chlor-phenyl]-hexyl- **6** IV 786

−, [4-Chlor-phenyl]-hexyl- **6** III 689 c

−, [4-Chlor-phenyl]-isobutyl-
6 II 176 e

−, [2-Chlor-phenyl]-isopropyl-
6 III 676 c

−, [4-Chlor-phenyl]-isopropyl-
6 II 176 c, III 688 c, IV 824

−, [4-Chlor-phenyl]-[4-isopropyl-benzyl]-
6 III 1912 a

−, [2-Chlor-phenyl]-[2-jod-äthyl]-
6 IV 785

−, [4-Chlor-phenyl]-[2-jod-äthyl]-
6 IV 824

−, [3-Chlor-phenyl]-[2-jod-4-nitro-
phenyl]- **6** IV 1367

−, [2-Chlor-phenyl]-[2-jod-phenyl]-
6 III 770 f

−, [4-Chlor-phenyl]-[4-jod-phenyl]-
6 III 777 d

−, [2-Chlor-phenyl]-methallyl-
6 IV 786

−, [3-Chlor-phenyl]-methallyl-
6 IV 812

−, [4-Chlor-phenyl]-methallyl-
6 III 689 k

−, [2-Chlor-phenyl]-[3-methyl-benzyl]-
6 III 1768 h

−, [2-Chlor-phenyl]-[4-methyl-benzyl]-
6 III 1779 f

−, [4-Chlor-phenyl]-[4-methyl-benzyl]-
6 III 1779 g

−, [3-Chlor-phenyl]-[1-methylen-allyl]-
6 III 682 b

−, [4-Chlor-phenyl]-[2-methyl-4-nitro-
phenyl]- **6** IV 2011

−, [4-Chlor-phenyl]-[4-methyl-2-nitro-
phenyl]- **6** III 1386 d

−, [2-Chlor-phenyl]-[2-methyl-propenyl]-
6 IV 786

−, [3-Chlor-phenyl]-[2-methyl-propenyl]-
6 IV 812

−, [4-Chlor-phenyl]-[2-methyl-propenyl]-
6 IV 826

Äther (Fortsetzung)

—, [2-Chlor-phenyl]-[2-nitro-benzyl]-
6 III 1564 c

—, [2-Chlor-phenyl]-[4-nitro-benzyl]-
6 II 425 c, III 1567 f

—, [4-Chlor-phenyl]-[2-nitro-benzyl]-
6 III 1564 d, IV 2608

—, [4-Chlor-phenyl]-[3-nitro-benzyl]-
6 II 424 i, III 1565 e

—, [4-Chlor-phenyl]-[4-nitro-benzyl]-
6 II 425 d, III 1567 g, IV 2612

—, [2-Chlor-phenyl]-[2-nitro-phenyl]-
6 II 210 d, III 801 e, IV 1253

—, [2-Chlor-phenyl]-[3-nitro-phenyl]-
6 IV 1271

—, [2-Chlor-phenyl]-[4-nitro-phenyl]-
6 IV 1288

—, [3-Chlor-phenyl]-[2-nitro-phenyl]-
6 II 210 e, IV 1253

—, [3-Chlor-phenyl]-[3-nitro-phenyl]-
6 IV 1272

—, [3-Chlor-phenyl]-[4-nitro-phenyl]-
6 IV 1288

—, [4-Chlor-phenyl]-[2-nitro-phenyl]-
6 II 210 f, III 801 f, IV 1253

—, [4-Chlor-phenyl]-[3-nitro-phenyl]-
6 II 214 f, IV 1272

—, [4-Chlor-phenyl]-[4-nitro-phenyl]-
6 II 222 c, III 821 b, IV 1288

—, [2-Chlor-phenyl]-norborn-5-en-
2-ylmethyl- 6 III 676 i

—, [4-Chlor-phenyl]-octadecyl-
6 IV 825

—, [4-Chlor-phenyl]-pentadecyl-
6 III 689 e

—, [3-Chlor-5-phenyl-pent-3-enyl]-
isopentyl- 6 IV 3873

—, [3-Chlor-5-phenyl-pent-3-enyl]-methyl-
6 IV 3873

—, [5-Chlor-1-phenyl-pent-3-enyl]-methyl-
6 III 2467 e

—, [2-Chlor-phenyl]-pentyl- 6 III 676 f

—, [4-Chlor-phenyl]-pentyl- 6 III 689 b

—, [2-Chlor-phenyl]-phenyl-
6 III 677 a, IV 787

—, [3-Chlor-phenyl]-phenyl-
6 III 682 c, IV 812

—, [4-Chlor-phenyl]-phenyl- 6 I 101 d,
III 689 l, IV 826

—, [4-Chlor-phenyl]-[1-phenyl-äthyl]-
6 IV 3033

—, [2-Chlor-phenyl]-[1-phenyl-vinyl]-
6 II 521 j

—, [4-Chlor-phenyl]-picryl- 6 IV 1459

—, [2-Chlor-phenyl]-propyl-
6 III 676 b

—, [4-Chlor-phenyl]-propyl- 6 II 176 b,
III 688 b, IV 824

—, [3-Chlor-1-phenyl-propyl]-isobutyl-
6 II 471 j

—, [3-Chlor-1-phenyl-propyl]-isopentyl-
6 II 472 a

—, [3-Chlor-1-phenyl-propyl]-methyl-
6 I 250 j, II 471 g, III 1795 f,
IV 3187

—, [3-Chlor-1-phenyl-propyl]-propyl-
6 II 471 i

—, [4-Chlor-phenyl]-[1,2,2,2-tetrachlor-
äthyl]- 6 III 692 f

—, [4-Chlor-phenyl]-*m*-tolyl- 6 IV 2042

—, [4-Chlor-phenyl]-*p*-tolyl- 6 III 1358 a,
IV 2102

—, [2-Chlor-phenyl]-[1,2,2-trichlor-äthyl]-
6 IV 792

—, [2-Chlor-phenyl]-trichlormethyl-
6 IV 795

—, [4-Chlor-phenyl]-trichlormethyl-
6 IV 842

—, [3-Chlor-5-phenyl-1-trichlormethyl-
pent-4-enyl]-methyl- 6 IV 3895

—, [4-Chlor-phenyl]-trichlorvinyl-
6 IV 837

—, [2-Chlor-phenyl]-trifluormethyl-
6 IV 794

—, [4-Chlor-phenyl]-trifluormethyl-
6 IV 842

—, [4-Chlor-phenyl]-[3-trifluormethyl-
phenyl]- 6 III 1314 c

—, [2-Chlor-phenyl]-vinyl- 6 IV 786

—, [3-Chlor-phenyl]-vinyl- 6 IV 812

—, [4-Chlor-phenyl]-vinyl- 6 III 689 h,
IV 825

—, [1-(4-Chlor-phenyl)-vinyl]-methyl-
6 III 2390 g

—, {4-[4-(3-Chlor-propyl)-benzyl]-
2-methyl-phenyl}-propyl- 6 IV 4808

—, {4-[4-(3-Chlor-propyl)-benzyl]-
[1]naphthyl}-methyl- 6 IV 5001

—, [4-(3-Chlor-propyl)-benzyl]-phenyl-
6 IV 3324

—, {4-[4-(3-Chlor-propyl)-benzyl]-
phenyl}-phenyl- 6 IV 4791

—, {4-[4-(3-Chlor-propyl)-benzyl]-
phenyl}-propyl- 6 IV 4791

—, [3-Chlor-4'-propyl-biphenyl-4-yl]-
methyl- 6 IV 4774

Äther (Fortsetzung)

—, [2-Chlor-propyl]-[4-cyclohexyl-phenyl]-
6 IV 3905

—, [3-Chlor-propyl]-[2,4-di-*tert*-butyl-
phenyl]- 6 III 2062 d

—, [3-Chlor-propyl]-[3,4-dichlor-
[2]naphthyl]- 6 IV 4298

—, [2-Chlor-propyl]-[2,4-dichlor-phenyl]-
6 III 701 i

—, [3-Chlor-propyl]-[2,4-dichlor-phenyl]-
6 III 701 e

—, [2-Chlor-propyl]-[3,4-dimethyl-
phenyl]- 6 IV 3101

—, [3-Chlor-propyl]-[2,6-dimethyl-
phenyl]- 6 IV 3114

—, [3-Chlor-propyl]-[2,4-dimethyl-
6-propenyl-phenyl]- 6 IV 3882

—, [2-Chlor-propyl]-[2-fluor-phenyl]-
6 IV 771

—, [2-Chlor-propyl]-[3-fluor-phenyl]-
6 IV 772

—, [2-Chlor-propyl]-[4-fluor-phenyl]-
6 IV 774

—, [3-Chlor-propyl]-[4-fluor-phenyl]-
6 IV 774

—, [3-Chlor-propyl]-[3a,4,5,6,7,7a-
hexahydro-4,7-methano-inden-5(*oder*
6)-yl]- 6 III 1924 e

—, [2-Chlor-propyl]-[2-isopropyl-
5-methyl-phenyl]- 6 IV 3335

—, [2-Chlor-propyl]-[2-isopropyl-phenyl]-
6 IV 3211

—, [2-Chlor-propyl]-[1]naphthyl-
6 IV 4213

—, [3-Chlor-propyl]-[1]naphthyl-
6 II 579 b, IV 4213

—, [3-Chlor-propyl]-[2]naphthyl-
6 II 599 c, IV 4258

—, [6-(1-Chlor-propyl)-[2]naphthyl]-
methyl- 6 IV 4356

—, [3-Chlor-propyl]-[4-nitro-phenyl]-
6 III 819 c, IV 1284

—, [3-Chlor-propyl]-[norborn-5-en-2-yl-
phenyl-methyl]- 6 IV 4371

—, [2-Chlor-propyl]-phenyl- 6 IV 557

—, [3-Chlor-propyl]-phenyl- 6 142 d,
II 145 c, III 549 a, IV 557

—, [2-Chlor-propyl]-*m*-tolyl- 6 IV 2040

—, [2-Chlor-propyl]-*o*-tolyl- 6 IV 1945

—, [2-Chlor-propyl]-*p*-tolyl- 6 IV 2100

—, [3-Chlor-propyl]-*p*-tolyl-
6 393 d, IV 2100

—, [2-Chlor-propyl]-[2,4,6-trichlor-
phenyl]- 6 III 724 a

—, [2-Chlor-propyl]-[2-trifluormethyl-
phenyl]- 6 IV 1984

—, [2-Chlor-propyl]-[3-trifluormethyl-
phenyl]- 6 IV 2060

—, [α-Chlor-stilben-4-yl]-methyl-
6 IV 4860

—, [2'-Chlor-stilben-2-yl]-methyl-
6 III 3495 a

—, [2'-Chlor-stilben-4-yl]-methyl-
6 III 3499 a

—, [3'-Chlor-stilben-4-yl]-methyl-
6 III 3499 b

—, [4'-Chlor-stilben-2-yl]-methyl-
6 III 3495 b

—, [4'-Chlor-stilben-4-yl]-methyl-
6 693 i, III 3499 d

—, [2-Chlor-1,1,3,3-tetrafluor-allyl]-
phenyl- 6 IV 619

—, [2-Chlor-3,3,4,4-tetrafluor-cyclo⹀
but-1-enyl]-methyl- 6 IV 191

—, [2-Chlor-3,3,4,4-tetrafluor-cyclo⹀
but-1-enyl]-propyl- 6 IV 192

—, [2-Chlor-1,3,3,3-tetrafluor-propenyl]-
[1]naphthyl- 6 III 2927 h

—, [2-Chlor-1,3,3,3-tetrafluor-propenyl]-
phenyl- 6 III 588 d

—, [4-Chlor-5,6,7,8-tetrahydro-
[1]naphthyl]-methyl- 6 IV 3853

—, [1-Chlor-5,6,7,8-tetrahydro-
[2]phenanthryl]-methyl- 6 III 3411 c

—, [3-Chlor-5-*p*-tolyl-pent-3-enyl]-methyl-
6 IV 3898

—, [2-Chlor-1,1,2-trifluor-äthyl]-
[2,4-dichlor-phenyl]- 6 IV 904

—, [2-Chlor-1,1,2-trifluor-äthyl]-
[2,4-dimethyl-phenyl]- 6 IV 3128

—, [2-Chlor-1,1,2-trifluor-äthyl]-
[2,5-dimethyl-phenyl]- 6 IV 3166

—, [2-Chlor-1,1,2-trifluor-äthyl]-
[3,4-dimethyl-phenyl]- 6 IV 3102

—, [2-Chlor-1,1,2-trifluor-äthyl]-
[3,5-dimethyl-phenyl]- 6 IV 3145

—, [2-Chlor-1,1,2-trifluor-äthyl]-[2-fluor-
phenyl]- 6 IV 771

—, [2-Chlor-1,1,2-trifluor-äthyl]-[3-fluor-
phenyl]- 6 IV 773

—, [2-Chlor-1,1,2-trifluor-äthyl]-[4-fluor-
phenyl]- 6 IV 776

—, [2-Chlor-1,1,2-trifluor-äthyl]-
[2]naphthyl- 6 IV 4268

Äther (Fortsetzung)

—, [2-Chlor-1,1,2-trifluor-äthyl]-[2-nitro-phenyl]- **6** IV 1256

—, [2-Chlor-1,1,2-trifluor-äthyl]-[3-nitro-phenyl]- **6** IV 1273

—, [2-Chlor-1,1,2-trifluor-äthyl]-[4-nitro-phenyl]- **6** IV 1298

—, [2-Chlor-1,1,2-trifluor-äthyl]-phenyl- **6** IV 614

—, [2-Chlor-1,1,2-trifluor-äthyl]-*m*-tolyl- **6** IV 2047

—, [2-Chlor-1,1,2-trifluor-äthyl]-*o*-tolyl- **6** IV 1960

—, [2-Chlor-1,1,2-trifluor-äthyl]-*p*-tolyl- **6** IV 2112

—, [2-Chlor-1,1,2-trifluor-äthyl]-[2,4,6-tribrom-phenyl]- **6** IV 1068

—, [2-Chlor-1,1,2-trifluor-äthyl]-[2,4,6-trichlor-phenyl]- **6** IV 1009

—, [2-Chlor-1,1,2-trifluor-äthyl]-[2,4,5-trimethyl-phenyl]- **6** IV 3247

—, [6-Chlor-9-trifluormethyl-fluoren-3-yl]-methyl- **6** IV 4869

—, [2-Chlor-5-trifluormethyl-phenyl]-[4-nitro-benzyl]- **6** IV 2612

—, [4-Chlor-3-trifluormethyl-phenyl]-[4-nitro-benzyl]- **6** IV 2612

—, [2-Chlor-1,1,2-triphenyl-äthyl]-methyl- **6** III 3681 d

—, [1-Chlor-vinyl]-phenyl- **6** III 587 a

—, Cholan-24-yl-methyl- **6** IV 3568

—, Cholestan-3-yl-methyl- **6** III 2137, IV 3578

—, Cholestan-6-yl-methyl- **6** IV 3596

—, Cholest-4-en-6-yl-methyl- **6** IV 3998

—, Cholest-4-en-7-yl-methyl- **6** IV 4000

—, Cholest-5-en-4-yl-methyl- **6** IV 4020

—, Cholest-8-en-3-yl-methyl- **6** IV 4023

—, Cholesteryl-[2]naphthyl- **6** IV 4260

—, Chrysen-1-yl-methyl- **6** III 3729 a, IV 5084

—, Chrysen-2-yl-methyl- **6** III 3729 d, IV 5085

—, Chrysen-3-yl-methyl- **6** III 3729 g, IV 5085

—, Chrysen-4-yl-methyl- **6** III 3729 j, IV 5085

—, Chrysen-5-yl-methyl- **6** III 3730 c, IV 5085

—, Chrysen-6-yl-methyl- **6** III 3730 f, IV 5085

—, Cinnamyl-[13-cyclopent-2-enyl-tridecyl]- **6** III 2405 b

—, Cinnamyl-[2,4-dinitro-phenyl]- **6** IV 3801

—, Cinnamyl-heptyl- **6** III 2404 e

—, Cinnamyl-[3a,4,5,6,7,7a-hexahydro-4,7-methano-inden-5(*oder* 6)-yl]- **6** III 2405 f

—, Cinnamyl-isopropenyl- **6** III 2404 g

—, Cinnamyl-methyl- **6** I 281 c, III 2403, IV 3800

—, Cinnamyl-octadec-9-enyl- **6** III 2405 a

—, Cinnamyl-phenäthyl- **6** IV 3801

—, Cinnamyl-phenyl- **6** II 527 c, III 2405 c, IV 3800

—, Cinnamyl-[2-(1-phenyl-allyl)-phenyl]- **6** IV 4875

—, Cinnamyl-propyl- **6** III 2404 c

—, Cinnamyl-*p*-tolyl- **6** II 527 d

—, [3,5-Cyclo-cholestan-6-yl]-methyl- **6** IV 4027

—, Cyclohepta-2,4,6-trienyl-methyl- **6** IV 1939

—, Cycloheptyl-phenyl- **6** II 148 b

—, Cyclohexa-1,3-dienyl-methyl- **6** III 367 a, IV 338

—, Cyclohexa-1,4-dienyl-methyl- **6** III 367 b, IV 338

—, [1-Cyclohex-1-enyl-äthyl]-methyl- **6** III 220 f

—, Cyclohex-3-enyl-cyclohexyl- **6** III 209 b

—, Cyclohex-2-enyl-[2,6-dijod-4-methyl-phenyl]- **6** IV 2148

—, [9-Cyclohex-1-enyl-3,7-dimethyl-nona-2,6-dien-4,8-diinyl]-methyl- **6** III 3443 f

—, Cyclohex-1-enyl-hexyl- **6** III 204 i

—, Cyclohex-1-enyl-methyl- **6** II 59 f, III 204 f, IV 194

—, Cyclohex-2-enyl-methyl- **6** 48 g, III 206 a, IV 196

—, Cyclohex-3-enyl-methyl- **6** IV 200

—, Cyclohex-1-enylmethyl-hexadecyl- **6** III 211 d

—, Cyclohex-1-enylmethyl-methyl- **6** III 211 c, IV 204

—, Cyclohex-3-enylmethyl-methyl- **6** III 215 c

—, [4-Cyclohex-1-enyl-[1]naphthyl]-methyl- **6** IV 4890

—, [6-Cyclohex-1-enyl-[2]naphthyl]-methyl- **6** IV 4891

—, Cyclohex-2-enyl-[4-nitro-phenyl]- **6** IV 1287

—, Cyclohex-2-enyl-phenyl- **6** III 561 d

—, Cyclohex-3-enyl-phenyl- **6** III 561 e

Äther (Fortsetzung)

—, [1-Cyclohex-1-enyl-propyl]-methyl-
6 III 226 g

—, [1-Cyclohex-1-enyl-vinyl]-methyl-
6 IV 353

—, [1-Cyclohexyl-äthyl]-methyl-
6 III 87 c

—, [1-Cyclohexyl-äthyl]-vinyl- 6 IV 118

—, [2-Cyclohexyl-äthyl]-vinyl- 6 IV 119

—, [4-Cyclohexyl-benzyl]-[2-cyclohexyl-
phenyl]- 6 III 2533 f

—, [4-Cyclohexyl-benzyl]-[4-cyclohexyl-
phenyl]- 6 III 2534 a

—, [4-Cyclohexyl-but-2-inyl]-methyl-
6 III 378 g

—, [4-Cyclohexyl-cyclohexa-1,4-dienyl]-
methyl- 6 IV 3448

—, Cyclohexyl-[4-cyclohexyl-butyl]-
6 III 123 i

—, Cyclohexyl-[4-cyclohexyl-2-methyl-
phenyl]- 6 III 2530 d

—, Cyclohexyl-[6-cyclohexyl-[2]naphthyl]-
6 IV 4798

—, Cyclohexyl-[3-cyclohexyl-propyl]-
6 III 109 g

—, Cyclohexyl-[1,2-dichlor-vinyl]-
6 IV 33

—, Cyclohexyl-[2,2-dicyclohexyl-äthyl]-
6 III 351 e

—, [1-Cyclohexyl-1-(3,3-dimethyl-but-
1-inyl)-4,4-dimethyl-pent-2-inyl]-methyl-
6 III 2574 e

—, [4-Cyclohexyl-1,1-dimethyl-but-2-inyl]-
methyl- 6 III 398 b

—, Cyclohexyl-[3,5-dimethyl-2-nitro-
phenyl]- 6 IV 3160

—, Cyclohexyl-[1,3-dimethyl-1-propyl-
but-2-enyl]- 6 IV 28

—, [2-Cyclohexyl-4,6-dinitro-phenyl]-
propyl- 6 III 2500 c

—, [Cyclohexyl-diphenyl-methyl]-methyl-
6 II 668 e

—, Cyclohexyl-dodecyl- 6 III 18 c

—, Cyclohexyl-dotriacontyl- 6 III 18 e

—, Cyclohexyl-hept-1-enyl- 6 IV 28

—, Cyclohexyl-hexadecyl- 6 III 18 d

—, Cyclohexyl-[1,2,3,4,4a,9a-hexahydro-
1,4-methano-fluoren-2(oder 3)-yl]-
6 III 3059 d

—, Cyclohexyl-[3a,4,5,6,7,7a-hexahydro-
4,7-methano-inden-5(oder 6)-yl]-
6 III 1927 d

—, Cyclohexyl-hexatriacontyl-
6 III 18 f

—, Cyclohexyl-hexyl- 6 II 10 a

—, [3-(2-Cyclohexyliden-äthyliden)-
4-methylen-cyclohexyl]-methyl-
6 IV 3957

—, Cyclohexyl-isobutyl- 6 II 9 f

—, Cyclohexyl-[3-isocyanato-propyl]-
6 III 35 a

—, Cyclohexyl-isopentyl- 6 II 9 g

—, Cyclohexyl-isopropenyl- 6 IV 27

—, Cyclohexyl-isopropyl- 6 II 9 d

—, Cyclohexyl-[5-isopropyl-2-methyl-
phenyl]- 6 II 494 b

—, Cyclohexyl-methallyl- 6 III 19 b

—, Cyclohexyl-methyl- 6 6 a, I 6 a,
II 9 a, III 17 a, IV 26

—, Cyclohexyl-[4-methyl-benzyl]-
6 IV 3172

—, [4-Cyclohexyl-1-methyl-but-2-inyl]-
methyl- 6 III 394 e

—, Cyclohexyl-[1-methyl-pentyl]-
6 IV 27

—, [3-Cyclohexyl-1-methyl-propyl]-
methyl- 6 III 123 d

—, Cyclohexylmethyl-[β,β,β-trichlor-
β'-nitro-isopropyl]- 6 IV 106

—, Cyclohexylmethyl-vinyl- 6 IV 107

—, Cyclohexyl-[2]naphthyl- 6 III 2975 c

—, Cyclohexyl-[1]naphthylmethyl-
6 IV 4333

—, Cyclohexyl-[4-nitro-phenyl]-
6 IV 1287

—, Cyclohexyl-norborn-5-en-2-yl-
6 IV 343

—, Cyclohexyl-[1,2,3,4,4a,5,8,8a-
octahydro-1,4;5,8-dimethano-naphthalin-
2-yl]- 6 IV 3923

—, Cyclohexyl-phenyl- 6 145 e, I 83 f,
II 148 a, III 559 a, IV 565

—, Cyclohexyl-[4-phenyl-benzyl]-
6 IV 4693

—, [2-Cyclohexyl-phenyl]-[2,4-dinitro-
phenyl]- 6 IV 3900

—, [4-Cyclohexyl-phenyl]-[2,4-dinitro-
phenyl]- 6 IV 3905

—, [9-(4-Cyclohexyl-phenyl)-fluoren-9-yl]-
methyl- 6 III 3797 a

—, [2-Cyclohexyl-phenyl]-hexadecyl-
6 III 2494 a

—, [4-Cyclohexyl-phenyl]-hexadecyl-
6 III 2503 e

Äther (Fortsetzung)

—, [2,3-Dibrom-propyl]-[4-jod-phenyl]-
6 III 776 f

—, [2,3-Dibrom-propyl]-[4-nitro-phenyl]-
6 IV 1285

—, [2,3-Dibrom-propyl]-pentabromphenyl-
6 III 767 d

—, [2,3-Dibrom-propyl]-pentachlorphenyl-
6 III 732 d

—, [2,3-Dibrom-propyl]-picryl-
6 II 281 b

—, [2,3-Dibrom-propyl]-[2,3,4,5-
tetrabrom-phenyl]- 6 III 766 c

—, [2,3-Dibrom-propyl]-*p*-tolyl-
6 IV 2100

—, [2,3-Dibrom-propyl]-[2,4,6-tribrom-
phenyl]- 6 II 194 b, III 762 d

—, [2,3-Dibrom-propyl]-[2,4,6-trichlor-
phenyl]- 6 III 724 b

—, [α,α'-Dibrom-stilben-4-yl]-methyl-
6 II 658 b

—, [6,7-Dibrom-5,6,7,8-tetrahydro-
[2]naphthyl]-methyl- 6 IV 3857

—, [1,2-Dibrom-vinyl]-phenyl-
6 III 587 g

—, [2,2-Dibrom-vinyl]-phenyl-
6 III 556 a

—, [2,4-Di-*tert*-butyl-6-methyl-benzyl]-
methyl- 6 IV 3530

—, [1,2-Dichlor-äthyl]-[2,4-dichlor-
phenyl]- 6 IV 900

—, [3,3-Dichlor-allyl]-[2,4-dichlor-
[1]naphthyl]- 6 IV 4233

—, [3,3-Dichlor-allyl]-[1]naphthyl-
6 IV 4214

—, [3,3-Dichlor-allyl]-phenyl- 6 IV 563

—, [1,5-Dichlor-[9]anthryl]-isopentyl-
6 II 671 k

—, [1,4-Dichlor-[9]anthryl]-methyl-
6 III 3555 f

—, [1,5-Dichlor-[9]anthryl]-methyl-
6 II 671 g

—, [1,8-Dichlor-[9]anthryl]-methyl-
6 III 3555 g

—, [2,3-Dichlor-[9]anthryl]-methyl-
6 III 3555 h

—, [4,5-Dichlor-[9]anthryl]-methyl-
6 III 3555 j

—, [1,5-Dichlor-[9]anthrylmethyl]-methyl-
6 II 678 f

—, [4,5-Dichlor-[9]anthrylmethyl]-methyl-
6 III 3564 f

—, [1,5-Dichlor-[9]anthryl]-phenyl-
6 II 671 l

—, [(1,4-Dichlor-[9]anthryl)-phenyl-
methyl]-methyl- 6 II 715 f

—, [(1,5-Dichlor-[9]anthryl)-phenyl-
methyl]-methyl- 6 II 715 j

—, [(4,5-Dichlor-[9]anthryl)-phenyl-
methyl]-methyl- 6 III 3786 d

—, [1,5-Dichlor-[9]anthryl]-propyl-
6 II 671 i

—, [1,5-Dichlor-[9]anthryl]-*m*-tolyl-
6 II 671 n

—, [1,5-Dichlor-[9]anthryl]-*o*-tolyl-
6 II 671 m

—, [1,5-Dichlor-[9]anthryl]-*p*-tolyl-
6 II 672 a

—, [4,4'-Dichlor-benzhydryl]-methyl-
6 III 3377 f

—, [4-(4,4'-Dichlor-benzhydryl)-phenyl]-
[2,2-dichlor-vinyl]- 6 IV 5014

—, [2,4-Dichlor-benzyl]-[2,4-dichlor-
phenyl]- 6 III 1558 b

—, [2,6-Dichlor-benzyl]-[2,4-dichlor-
phenyl]- 6 IV 2597

—, [2,4-Dichlor-benzyl]-methyl-
6 IV 2597

—, [2,4-Dichlor-benzyl]-phenyl-
6 III 1557 i

—, [α,α'-Dichlor-bibenzyl-4-yl]-methyl-
6 II 637 c, III 3389 a

—, [3,5-Dichlor-biphenyl-4-yl]-
[2,4-dinitro-phenyl]- 6 III 3332 g

—, [3,5-Dichlor-biphenyl-2-yl]-methyl-
6 III 3302 d

—, [3,5-Dichlor-biphenyl-4-yl]-methyl-
6 III 3332 f

—, [4,5-Dichlor-biphenyl-2-yl]-methyl-
6 III 3303 a

—, [4,5-Dichlor-biphenyl-2-yl]-phenyl-
6 III 3303 b

—, [2,2-Dichlor-1,1-bis-(4-chlor-phenyl)-
äthyl]-methyl- 6 IV 4720

—, [2,2-Dichlor-1,1-bis-(4-chlor-phenyl)-
äthyl]-propyl- 6 IV 4721

—, [1,2-Dichlor-but-1-enyl]-phenyl-
6 IV 601

—, [1,5-Dichlor-10-(4-chlor-benzyliden)-
9,10-dihydro-[9]anthryl]-methyl-
6 II 717 e

—, [2,2-Dichlor-1,1-difluor-äthyl]-phenyl-
6 III 599 b, IV 614

—, [2,2-Dichlor-1,1-difluor-äthyl]-*m*-tolyl-
6 III 1306 c

Äther (Fortsetzung)

—, [2,2-Dichlor-1,1-difluor-äthyl]-*o*-tolyl-
6 III 1254 c

—, [2,2-Dichlor-1,1-difluor-äthyl]-*p*-tolyl-
6 III 1364 e

—, [2,2-Dichlor-1,1-difluor-äthyl]-
[3-trifluormethyl-phenyl]- 6 III 1314 f

—, [3,8-Dichlor-1,2-dihydro-cyclopent≈
[*a*]inden-1-yl]-methyl- 6 IV 4622

—, [3,8-Dichlor-1,2-dihydro-cyclopent≈
[*a*]inden-2-yl]-methyl- 6 IV 4622

—, [2,4-Dichlor-3,5-dimethyl-phenyl]-
[3-fluor-benzyl]- 6 III 1760 k

—, [2,4-Dichlor-3,5-dimethyl-phenyl]-
[2-methyl-benzyl]- 6 IV 3157

—, [2,4-Dichlor-3,5-dimethyl-phenyl]-
[4-methyl-benzyl]- 6 III 1780 i

—, [2,4-Dichlor-3,5-dimethyl-phenyl]-
[2-nitro-benzyl]- 6 IV 3157

—, [2,4-Dichlor-3,5-dimethyl-phenyl]-
[3-nitro-benzyl]- 6 III 1761 e

—, [2,4-Dichlor-3,5-dimethyl-phenyl]-
[4-nitro-benzyl]- 6 III 1761 f

—, [2,4-Dichlor-3,5-dimethyl-phenyl]-
octyl- 6 III 1760 i

—, [2,4-Dichlor-3,5-dimethyl-phenyl]-
propyl- 6 III 1760 h

—, [3,5-Dichlor-2,4-dinitro-phenyl]-
phenyl- 6 II 249 a

—, [9,10-Dichlor-9,10-diphenyl-
9,10-dihydro-[1]anthryl]-methyl-
6 IV 5154

—, [9,10-Dichlor-9,10-diphenyl-
9,10-dihydro-[2]anthryl]-methyl-
6 IV 5154

—, [Dichlor-fluor-methyl]-phenyl-
6 IV 629

—, [2,2-Dichlor-1-fluor-vinyl]-phenyl-
6 III 587 f, IV 601

—, [3,5-Dichlor-2-hydroxy-4-methoxy-
6-methyl-phenyl]-[2,4-dichlor-3-hydroxy-
5-methyl-phenyl]- 6 III 6314 e

—, [β,β′-Dichlor-isopropyl]-[3a,4,5,6,7,7a-
hexahydro-4,7-methano-inden-5(*oder*
6)-yl]- 6 III 1925 b

—, [β,β′-Dichlor-isopropyl]-phenyl-
6 III 550 b

—, [β,β′-Dichlor-isopropyl]-trityl- 6 II 690 c

—, [2-Dichlorjodanyl-phenyl]-[2,3-dichlor-
propyl]- 6 III 769 h

—, [4-Dichlorjodanyl-phenyl]-[2,3-dichlor-
propyl]- 6 III 776 h

—, [4-Dichlorjodanyl-phenyl]-[2,4-dinitro-
phenyl]- 6 255 f

—, [4-Dichlorjodanyl-phenyl]-[2-nitro-
phenyl]- 6 III 802 c

—, [4-Dichlorjodanyl-phenyl]-[4-nitro-
phenyl]- 6 II 222 g

—, [2-Dichlorjodanyl-phenyl]-phenyl-
6 III 770 h

—, [4-Dichlorjodanyl-phenyl]-phenyl-
6 II 199 f, III 778 a

—, [4-Dichlorjodanyl-phenyl]-picryl-
6 291 c

—, [4-Dichlorjodanyl-phenyl]-propyl-
6 III 776 g

—, [2,4-Dichlor-3-methoxy-5-methyl-
phenyl]-[2,4-dimethoxy-6-methyl-phenyl]-
6 IV 7373

—, [3,3-Dichlor-2-methyl-allyl]-
[2,4-dichlor-phenyl]- 6 IV 888

—, [3,3-Dichlor-2-methyl-allyl]-[4-nitro-
phenyl]- 6 IV 1287

—, [3,3-Dichlor-2-methyl-allyl]-
pentachlorphenyl- 6 IV 1028

—, [3,3-Dichlor-1-methyl-allyl]-phenyl-
6 IV 564

—, [3,3-Dichlor-2-methyl-allyl]-phenyl-
6 IV 564

—, [3,3-Dichlor-1-methyl-allyl]-*p*-tolyl-
6 IV 2101

—, [3,3-Dichlor-2-methyl-allyl]-*o*-tolyl-
6 IV 1946

—, [3,3-Dichlor-2-methyl-allyl]-*p*-tolyl-
6 IV 2101

—, [4′-Dichlormethyl-biphenyl-4-yl]-
methyl- 6 IV 4692

—, Dichlormethyl-[2,4-dichlor-phenyl]-
6 IV 903

—, [4,5-Dichlor-10-methylen-
9,10-dihydro-[9]anthryl]-methyl-
6 III 3565 a

—, [1-Dichlormethylen-5-phenyl-penta-
2,4-dienyl]-methyl- 6 IV 4343

—, [2,5-Dichlor-4-methyl-phenyl]-[2-nitro-
phenyl]- 6 IV 2140

—, [1,3-Dichlor-[2]naphthyl]-methyl-
6 IV 4296

—, [1,4-Dichlor-[2]naphthyl]-methyl-
6 IV 4297

—, [1,6-Dichlor-[2]naphthyl]-methyl-
6 IV 4298

—, [1,8-Dichlor-[2]naphthyl]-methyl-
6 IV 4298

Äther (Fortsetzung)

—, [2,4-Dichlor-[1]naphthyl]-methyl-
6 II 582 d

—, [4,8-Dichlor-[2]naphthyl]-methyl-
6 II 604 e

—, [5,8-Dichlor-[2]naphthyl]-methyl-
6 III 2994 c

—, [α,α′-Dichlor-6-nitro-bibenzyl-3-yl]-
methyl- 6 III 3388 a

—, [4,5-Dichlor-2-nitro-phenyl]-
[2,4-dichlor-phenyl]- 6 II 230 e

—, [2,4-Dichlor-5-nitro-phenyl]-
[2,4-dinitro-phenyl]- 6 II 243 h

—, [4,5-Dichlor-2-nitro-phenyl]-phenyl-
6 II 230 c, III 841 b

—, [2,2″-Dichlor-5′-nitro-*m*-terphenyl-
2′-yl]-methyl- 6 III 3632 d

—, [3,3″-Dichlor-5′-nitro-*m*-terphenyl-
2′-yl]-methyl- 6 III 3632 f

—, [4,4″-Dichlor-5′-nitro-*m*-terphenyl-
2′-yl]-methyl- 6 III 3632 h

—, [4-(1,1-Dichlor-octadecyl)-phenyl]-
phenyl- 6 III 2120 e

—, [1,2-Dichlor-octahydro-4,7-methano-
inden-5-yl]-methyl- 6 III 392 d

—, [2,3-Dichlor-octahydro-4,7-methano-
inden-5-yl]-methyl- 6 III 392 d

—, [5,5-Dichlor-pent-4-enyl]-phenyl-
6 IV 565

—, [2,4-Dichlor-[3]phenanthryl]-methyl-
6 IV 4935

—, [4,9-Dichlor-[3]phenanthryl]-methyl-
6 IV 4936

—, [1,5-Dichlor-10-phenyl-[9]anthrylmethyl]-
methyl- 6 II 718 e

—, [2,4-Dichlor-phenyl]-[2,3-dichlor-
propyl]- 6 III 701 f

—, [2,4-Dichlor-phenyl]-[1,2-dichlor-
vinyl]- 6 IV 901

—, [2,5-Dichlor-phenyl]-[1,2-dichlor-
vinyl]- 6 IV 943

—, [3,4-Dichlor-phenyl]-[1,2-dichlor-
vinyl]- 6 IV 954

—, [2,4-Dichlor-phenyl]-[2,4-dinitro-
phenyl]- 6 II 242 f, III 860 i, IV 1375

—, [2,6-Dichlor-phenyl]-[2,4-dinitro-
phenyl]- 6 IV 1375

—, [2,4-Dichlor-phenyl]-dodecyl-
6 IV 887

—, [2,5-Dichlor-phenyl]-[3-fluor-benzyl]-
6 III 1553 f

—, [2,5-Dichlor-phenyl]-[4-fluor-benzyl]-
6 III 1554 b

—, [2,4-Dichlor-phenyl]-hexadecyl-
6 IV 888

—, [2,4-Dichlor-phenyl]-[3a,4,5,6,7,7a-
hexahydro-4,7-methano-inden-5(*oder*
6)-yl]- 6 III 1930 a

—, [2,4-Dichlor-phenyl]-isobornyl-
6 III 702 f

—, [2,4-Dichlor-phenyl]-isobutyl-
6 IV 887

—, [2,4-Dichlor-phenyl]-isopentyl-
6 I 103 c, IV 887

—, [2,4-Dichlor-phenyl]-isopropyl-
6 III 701 h, IV 886

—, [2,4-Dichlor-phenyl]-[2-jod-äthyl]-
6 IV 886

—, [2,4-Dichlor-phenyl]-jodmethyl-
6 IV 897

—, [2,4-Dichlor-phenyl]-methallyl-
6 IV 888

—, [2,4-Dichlor-phenyl]-[4-methyl-benzyl]-
6 III 1780 a

—, [2,5-Dichlor-phenyl]-[4-methyl-benzyl]-
6 III 1780 b

—, [2,4-Dichlor-phenyl]-[2-methyl-
propenyl]- 6 IV 888

—, [2,3-Dichlor-phenyl]-[4-nitro-benzyl]-
6 451 a

—, [2,4-Dichlor-phenyl]-[2-nitro-benzyl]-
6 IV 2608

—, [2,4-Dichlor-phenyl]-[2-nitro-phenyl]-
6 IV 1253

—, [2,4-Dichlor-phenyl]-[4-nitro-phenyl]-
6 III 821 c, IV 1288

—, [2,5-Dichlor-phenyl]-[4-nitro-phenyl]-
6 IV 1289

—, [2,6-Dichlor-phenyl]-[4-nitro-phenyl]-
6 IV 1289

—, [2,4-Dichlor-phenyl]-octadecyl-
6 IV 888

—, [2,4-Dichlor-phenyl]-octyl- 6 IV 887

—, [2,4-Dichlor-phenyl]-pentyl-
6 IV 887

—, [2,4-Dichlor-phenyl]-[9]phenanthryl=
methyl- 6 III 3570 a

—, [3,4-Dichlor-phenyl]-phenyl-
6 III 715 d

—, [2,4-Dichlor-phenyl]-picryl-
6 IV 1459

—, [2,4-Dichlor-phenyl]-prop-2-inyl-
6 III 702 e

—, [2,4-Dichlor-phenyl]-propyl-
6 III 701 d, IV 886

Äther (Fortsetzung)

Äther (Fortsetzung)

−, [7,8-Dihydro-[1]naphthyl]-methyl-
6 IV 4076

−, [7,8-Dihydro-[2]naphthyl]-methyl-
6 III 2740 d

−, [9,10-Dihydro-[2]phenanthryl]-methyl-
6 III 3505 a

−, Di-indan-1-yl- 6 I 286 d, III 2424 c

−, Diisobornyl- 6 89 g, III 301 a

−, [2,4-Diisopropyl-5-methyl-phenyl]-
isopropyl- 6 III 2042 d

−, [2,4-Diisopropyl-6-methyl-phenyl]-
isopropyl- 6 III 2042 h

−, [2,6-Diisopropyl-4-methyl-phenyl]-
isopropyl- 6 III 2043 a

−, [3,8-Diisopropyl-[2]naphthyl]-methyl-
6 II 621 g

−, [4,7-Diisopropyl-[2]naphthyl]-methyl-
6 II 621 g

−, [2,4-Diisopropyl-phenyl]-isopropyl-
6 III 2015 a

−, [3,4-Diisopropyl-phenyl]-isopropyl-
6 III 2014 d

−, [6,2′-Dijod-biphenyl-2-yl]-methyl-
6 IV 4590

−, [2,6-Dijod-4-methyl-phenyl]-
[2,4-dinitro-phenyl]- 6 IV 2148

−, [2,6-Dijod-4-nitro-phenyl]-phenyl-
6 IV 1368

−, [2,4-Dijod-phenyl]-isopropyl-
6 210 d

−, [2,6-Dijod-phenyl]-isopropyl- 6 211 c

−, [2,4-Dijod-phenyl]-phenyl- 6 III 786 e

−, [3,4-Dijod-phenyl]-phenyl-
6 III 786 j

−, [2,4-Dijod-phenyl]-propyl- 6 210 c

−, [2,6-Dijod-phenyl]-propyl- 6 211 b

−, [1,2-Dijod-vinyl]-phenyl- 6 III 588 b

−, Di-p-menth-1-en-7-yl- 6 III 245 d

−, Di-p-menth-8-en-3-yl- 6 II 71 h,
III 258 a; vgl. 1 I 387 a

−, [9,10-Dimesityl-[1]phenanthryl]-
methyl- 6 IV 5163

−, [1,2-Dimesityl-propenyl]-methyl-
6 III 3542 b

−, [1,2-Dimesityl-propyl]-methyl-
6 IV 4830

−, [2,2-Dimesityl-vinyl]-methyl-
6 III 3539 d

−, [2,4-Dimethoxy-3,6-dimethyl-phenyl]-
[3-methoxy-2,5-dimethyl-phenyl]-
6 III 6339 h

−, [2,4-Dimethoxy-3-methyl-phenyl]-
[3-methoxy-2,5-dimethyl-phenyl]-
6 III 6316 c

−, [2,3-Dimethoxy-4-methyl-phenyl]-
[2-methoxy-5-methyl-phenyl]- 6 IV 7373

−, [2,3-Dimethoxy-5-methyl-phenyl]-
[2-methoxy-4-methyl-phenyl]- 6 III 6321 g

−, [2,4-Dimethoxy-6-methyl-phenyl]-
[3-methoxy-5-methyl-phenyl]- 6 III 6314 b

−, [2,4-Dimethoxy-6-methyl-phenyl]-
[2-methoxy-phenyl]- 6 III 6313 g

−, [2,5-Dimethoxy-3-methyl-phenyl]-
[3-methoxy-phenyl]- 6 III 6314 a

−, [2,5-Dimethoxy-4-methyl-phenyl]-
[3-methoxy-phenyl]- 6 III 6317 c

−, [4,5-Dimethoxy-2-methyl-phenyl]-
[3-methoxy-phenyl]- 6 III 6317 b

−, [2,3-Dimethoxy-5-methyl-phenyl]-
p-tolyl- 6 IV 7377

−, [2,3-Dimethoxy-5-(2-nitro-vinyl)-
phenyl]-[2-methoxy-4-(2-nitro-vinyl)-
phenyl]- 6 IV 7476

−, [2,4-Dimethoxy-6-pentyl-phenyl]-
[3-methoxy-5-methyl-phenyl]- 6 III 6364 e

−, [2,4-Dimethoxy-6-pentyl-phenyl]-
[3-methoxy-5-pentyl-phenyl]- 6 III 6364 f

−, [2,4-Dimethoxy-phenyl]-
[3,5-dimethoxy-phenyl]- 6 IV 7367

−, [2,5-Dimethoxy-phenyl]-
[3,5-dimethoxy-phenyl]- 6 IV 7367

−, [3,4-Dimethoxy-phenyl]-
[3,5-dimethoxy-phenyl]- 6 IV 7367

−, [3,4-Dimethoxy-phenyl]-[2-methoxy-
5-nitro-phenyl]- 6 III 6280 g

−, [2,3-Dimethoxy-phenyl]-[2-methoxy-
phenyl]- 6 III 6268 d

−, [2,5-Dimethoxy-phenyl]-[2-methoxy-
phenyl]- 6 III 6280 f

−, [2,5-Dimethoxy-phenyl]-[3-methoxy-
phenyl]- 6 III 6280 i

−, [4′,5′-Dimethoxy-2′-vinyl-stilben-4-yl]-
[4,4′,5′-trimethoxy-2′-vinyl-stilben-3-yl]-
6 II 1136 a

−, [1,3-Dimethyl-[9]anthryl]-methyl-
6 III 3574 b

−, [2,3-Dimethyl-[9]anthryl]-methyl-
6 III 3574 h

−, [2,4-Dimethyl-[9]anthryl]-methyl-
6 III 3574 d

−, [9,10-Dimethyl-[1]anthryl]-methyl-
6 IV 4952

−, [9,10-Dimethyl-[2]anthryl]-methyl-
6 III 3575 e

Äther (Fortsetzung)

—, [(2,4-Dimethyl-[9]anthryl)-phenyl-
methyl]-methyl- **6** III 3795 c

—, [1,4-Dimethyl-[9]anthryl]-vinyl-
6 IV 4952

—, [4,8-Dimethyl-azulen-6-yl]-methyl-
6 IV 4344

—, [7,12-Dimethyl-benz[*a*]anthracen-2-yl]-
methyl- **6** III 3748 d, IV 5097

—, [7,12-Dimethyl-benz[*a*]anthracen-5-yl]-
methyl- **6** III 3749 a, IV 5097

—, [7,12-Dimethyl-benz[*a*]anthracen-
10-yl]-methyl- **6** IV 5097

—, [8,11-Dimethyl-benzo[*c*]phenanthren-
2-yl]-methyl- **6** IV 5098

—, [2,2'-Dimethyl-biphenyl-4-yl]-methyl-
6 III 3406 b

—, [2,3'-Dimethyl-biphenyl-4-yl]-methyl-
6 III 3407 b

—, [2,4'-Dimethyl-biphenyl-4-yl]-methyl-
6 III 3408 d

—, [3',4'-Dimethyl-biphenyl-4-yl]-methyl-
6 IV 4742

—, [3,2'-Dimethyl-biphenyl-4-yl]-methyl-
6 III 3407 g

—, [3,3'-Dimethyl-biphenyl-4-yl]-methyl-
6 III 3408 g

—, [3,4'-Dimethyl-biphenyl-4-yl]-methyl-
6 III 3409 c

—, [5,2'-Dimethyl-biphenyl-2-yl]-methyl-
6 III 3408 a

—, [5,3'-Dimethyl-biphenyl-2-yl]-methyl-
6 III 3408 j

—, [5,4'-Dimethyl-biphenyl-2-yl]-methyl-
6 III 3409 f

—, [1,1-Dimethyl-but-2-inyl]-phenyl-
6 III 561 c

—, [1,1-Dimethyl-butyl]-phenyl-
6 IV 560

—, [4,5-Dimethyl-cyclohexa-1,4-dienyl]-
methyl- **6** III 373 b

—, [3,17-Dimethyl-15*H*-cyclopenta≠
[*a*]phenanthren-11-yl]-methyl- **6** III 3680 a

—, {5-[2-(2,5-Dimethyl-cyclopent-1-enyl)-
äthyl]-[2]naphthyl}-methyl- **6** III 3536 a

—, [9,10-Dimethyl-5,8-dihydro-
[1]anthryl]-methyl- **6** IV 4897

—, [3,17-Dimethyl-16,17-dihydro-
15*H*-cyclopenta[*a*]phenanthren-11-yl]-
methyl- **6** III 3619 f

—, [17,17-Dimethyl-16,17-dihydro-
15*H*-cyclopenta[*a*]phenanthren-3-yl]-
methyl- **6** III 3620 a

—, [5,7-Dimethyl-1,2-dihydro-cyclopent≠
[*cd*]azulen-2-yl]-methyl- **6** IV 4745

—, [4,8-Dimethyl-5,6-dihydro-[2]naphthyl]-
methyl- **6** III 2748 c

—, [5,8-Dimethyl-5,6-dihydro-[2]naphthyl]-
methyl- **6** IV 4092

—, [7,8-Dimethyl-5,6-dihydro-
[2]phenanthryl]-methyl- **6** IV 4897

—, [7,8-Dimethyl-9,10-dihydro-
[7]phenanthryl]-methyl- **6** III 3519 f

—, [2,4-Dimethyl-3,5-dinitro-phenyl]-
[2,4-dinitro-phenyl]- **6** III 1751 c

—, [2,2-Dimethyl-1,1-diphenyl-propyl]-
methyl- **6** III 3446 c

—, [8,11-Dimethyl-5,6,6a,7,8,12b-
hexahydro-benzo[*c*]phenanthren-2-yl]-
methyl- **6** IV 4975

—, [14,17-Dimethyl-12,13,14,15,16,17-
hexahydro-11*H*-cyclopenta[*a*]phenanthren-
3-yl]-methyl- **6** III 3538 a

—, [14,17-Dimethyl-12,13,14,15,16,17-
hexahydro-11*H*-cyclopenta[*a*]phenanthren-
6-yl]-methyl- **6** III 3538 b

—, [17,17-Dimethyl-12,13,14,15,16,17-
hexahydro-11*H*-cyclopenta[*a*]phenanthren-
3-yl]-methyl- **6** III 3538 c

—, [5,5-Dimethyl-1,4,5,6,7,8-hexahydro-
[2]naphthyl]-methyl- **6** IV 3450

—, [7,8-Dimethyl-4b,5,6,8a,9,10-
hexahydro-[2]phenanthryl]-methyl-
6 III 3066 c

—, [4-(1,5-Dimethyl-hex-4-enyl)-
cyclohexa-1,4-dienyl]-methyl- **6** IV 3477

—, [4,7-Dimethyl-indan-5-yl]-methyl-
6 III 2483 f

—, [5,5-Dimethyl-6-methylen-
[2]norbornyl]-methyl- **6** III 390 b

—, [1,4-Dimethyl-[2]naphthyl]-methyl-
6 669 b, II 620 e

—, [1,5-Dimethyl-[2]naphthyl]-methyl-
6 III 3044 c

—, [1,7-Dimethyl-[2]naphthyl]-methyl-
6 IV 4353

—, [2,4-Dimethyl-[1]naphthyl]-methyl-
6 IV 4351

—, [3,5-Dimethyl-[2]naphthyl]-methyl-
6 IV 4353

—, [3,7-Dimethyl-[1]naphthyl]-methyl-
6 III 3046 b

—, [3,7-Dimethyl-[2]naphthyl]-methyl-
6 III 3045 h

—, [3,8-Dimethyl-[2]naphthyl]-methyl-
6 III 3044 g

Äther   (Fortsetzung)

—, [4,8-Dimethyl-[1]naphthyl]-methyl-
  6 IV 4352

—, [4,8-Dimethyl-[2]naphthyl]-methyl-
  6 III 3044 e

—, [5,8-Dimethyl-[1]naphthyl]-methyl-
  6 III 3043 e

—, [5,8-Dimethyl-[2]naphthyl]-methyl-
  6 IV 4351

—, [7,8-Dimethyl-[2]naphthyl]-methyl-
  6 IV 4350

—, [1,4-Dimethyl-[2]naphthyl]-picryl-
  6 669 d

—, [2,4-Dimethyl-5-nitro-phenyl]-
  [2,4-dinitro-phenyl]- **6** III 1750 g

—, [3,4-Dimethyl-2-nitro-phenyl]-
  [2,4-dinitro-phenyl]- **6** III 1731 b

—, [4-(3,7-Dimethyl-nona-
  2,4,6,8-tetraenyliden)-3,5,5-trimethyl-
  cyclohex-2-enyl]-methyl- **6** IV 4395

—, [1,7-Dimethyl-[2]norbornyl]-methyl-
  6 52 c

—, [3,7-Dimethyl-octa-2,6-dienyl]-
  [3a,4,5,6,7,7a-hexahydro-4,7-methano-
  inden-5(*oder* 6)-yl]- **6** III 1928 c

—, [3,7-Dimethyl-oct-6-enyl]-[3a,4,5,6,7,⁼
  7a-hexahydro-4,7-methano-inden-5(*oder*
  6)-yl]- **6** III 1927 e

—, [1,1-Dimethyl-pent-4-en-1-inyl]-
  phenyl- **6** III 562 c

—, [1,1-Dimethyl-pent-4-en-2-inyl]-*p*-tolyl-
  6 III 1357 b

—, [1,7-Dimethyl-[9]phenanthryl]-methyl-
  6 III 3578 a, IV 4956

—, [6,7-Dimethyl-[3]phenanthryl]-methyl-
  6 III 3578 b

—, [7,8-Dimethyl-[2]phenanthryl]-methyl-
  6 III 3577 e

—, [9,10-Dimethyl-[3]phenanthryl]-
  methyl- **6** IV 4956

—, [1,1-Dimethyl-2-phenyl-äthyl]-methyl-
  6 IV 3291

—, [2,3-Dimethyl-10-phenyl-[9]anthryl]-
  methyl- **6** III 3793 e

—, [2,4-Dimethyl-phenyl]-[2,4-dinitro-
  phenyl]- **6** III 1745 e, IV 3127

—, [3,4-Dimethyl-phenyl]-[2,4-dinitro-
  phenyl]- **6** IV 3101

—, [3,5-Dimethyl-phenyl]-[2,4-dinitro-
  phenyl]- **6** IV 3143

—, [3,5-Dimethyl-phenyl]-[3a,4,5,6,7,7a-
  hexahydro-4,7-methano-inden-5(*oder*
  6)-yl]- **6** III 1931 c

—, [1,1-Dimethyl-3-phenyl-inden-6-yl]-
  methyl- **6** III 3579 g

—, [2,4-Dimethyl-phenyl]-isobornyl-
  6 III 1744 c

—, [3,5-Dimethyl-phenyl]-isobornyl-
  6 III 1757 a

—, [3,5-Dimethyl-phenyl]-isopropyl-
  6 I 244 b

—, [2,4-Dimethyl-phenyl]-methallyl-
  6 III 1744 b

—, [2,5-Dimethyl-phenyl]-methallyl-
  6 III 1772 c

—, [3,4-Dimethyl-phenyl]-methallyl-
  6 III 1728 a

—, [1-(2,4-Dimethyl-phenyl)-1-methyl-
  äthyl]-methyl- **6** III 1990 b

—, [2,6-Dimethyl-phenyl]-[1-methyl-allyl]-
  6 IV 3114

—, [2,6-Dimethyl-phenyl]-[1-methyl-but-
  2-enyl]- **6** IV 3115

—, [(2,4-Dimethyl-phenyl)-[1]naphthyl-
  phenyl-methyl]-methyl- **6** II 723 h

—, [2,4-Dimethyl-phenyl]-[4-nitro-benzyl]-
  6 IV 3128

—, [2,4-Dimethyl-phenyl]-[2-nitro-phenyl]-
  6 III 1745 b

—, [2,5-Dimethyl-phenyl]-[2-nitro-phenyl]-
  6 III 1772 d, IV 3165

—, [3,4-Dimethyl-phenyl]-[4-nitro-phenyl]-
  6 IV 3101

—, [3,5-Dimethyl-phenyl]-[2-nitro-phenyl]-
  6 III 1757 b

—, [2,6-Dimethyl-phenyl]-pent-2-enyl-
  6 IV 3115

—, [3,5-Dimethyl-phenyl]-pentyl-
  6 IV 3143

—, [2,4-Dimethyl-phenyl]-phenyl-
  6 III 1745 a, IV 3127

—, [3,4-Dimethyl-phenyl]-phenyl-
  6 I 240 c, III 1728 b

—, [2,6-Dimethyl-phenyl]-[1-phenyl-
  äthyl]- **6** IV 3115

—, [2,4-Dimethyl-phenyl]-[1-phenyl-vinyl]-
  6 563 i

—, [1,1-Dimethyl-3-phenyl-prop-2-inyl]-
  methyl- **6** III 2743 d

—, [2,2-Dimethyl-1-phenyl-propyl]-
  methyl- **6** III 1972 b

—, [2,4-Dimethyl-phenyl]-[3-trifluormethyl-
  phenyl]- **6** III 1745 f

—, [3,5-Dimethyl-phenyl]-vinyl-
  6 IV 3143

Äther (Fortsetzung)

—, [4,11-Dimethyl-picen-3-yl]-methyl-
6 III 3831 e

—, [1,1-Dimethyl-prop-2-inyl]-phenyl-
6 IV 567

—, [17,17-Dimethyl-12,15,16,17-
tetrahydro-11*H*-cyclopenta[*a*]phenanthren-
3-yl]-methyl- 6 III 3594 c

—, [1,3-Dimethyl-5,6,7,8-tetrahydro-
[2]naphthyl]-methyl- 6 III 2518 e,
IV 3919

—, [1,4-Dimethyl-5,6,7,8-tetrahydro-
[2]naphthyl]-methyl- 6 III 2519 c,
IV 3920

—, [2,4-Dimethyl-5,6,7,8-tetrahydro-
[1]naphthyl]-methyl- 6 III 2518 f,
IV 3920

—, [3,4-Dimethyl-5,6,7,8-tetrahydro-
[1]naphthyl]-methyl- 6 IV 3919

—, [3,4-Dimethyl-5,6,7,8-tetrahydro-
[2]naphthyl]-methyl- 6 III 2518 b

—, [3,5-Dimethyl-5,6,7,8-tetrahydro-
[2]naphthyl]-methyl- 6 IV 3921

—, [3,8-Dimethyl-5,6,7,8-tetrahydro-
[2]naphthyl]-methyl- 6 III 2519 e

—, [4,8-Dimethyl-5,6,7,8-tetrahydro-
[1]naphthyl]-methyl- 6 IV 3921

—, [5,5-Dimethyl-5,6,7,8-tetrahydro-
[2]naphthyl]-methyl- 6 IV 3919

—, [5,8-Dimethyl-5,6,7,8-tetrahydro-
[2]naphthyl]-methyl- 6 IV 3920

—, [1,1-Dimethyl-1,2,3,4-tetrahydro-
[9]phenanthryl]-methyl- 6 IV 4799

—, [7,8-Dimethyl-5,6,7,8-tetrahydro-
[2]phenanthryl]-methyl- 6 III 3443 a

—, [8,8-Dimethyl-5,6,7,8-tetrahydro-
[2]phenanthryl]-methyl- 6 IV 4798

—, [1,4-Dimethyl-2,3,5,7-tetraphenyl-
norborn-2-en-7-yl]-methyl- 6 IV 5166

—, [3,7-Dimethyl-9-(2,6,6-trimethyl-
cyclohex-2-enyliden)-nona-2,7-dien-5-inyl]-
methyl- 6 IV 4392

—, [3,7-Dimethyl-9-(2,6,6-trimethyl-
cyclohex-2-enyliden)-nona-3,7-dien-5-inyl]-
methyl- 6 IV 4392

—, [3,7-Dimethyl-9-(2,6,6-trimethyl-
cyclohex-1-enyliden)-nona-
2,4,5,7-tetraenyl]-methyl- 6 IV 4395

—, [3,7-Dimethyl-9-(2,6,6-trimethyl-
cyclohex-2-enyliden)-nona-2,4,7-trienyl]-
methyl- 6 IV 4132

—, [3,7-Dimethyl-9-(2,6,6-trimethyl-
cyclohex-2-enyliden)-nona-2,5,7-trienyl]-
methyl- 6 III 2786 c

—, [3,7-Dimethyl-9-(2,6,6-trimethyl-
cyclohex-2-enyliden)-nona-3,5,7-trienyl]-
methyl- 6 III 2785 c, IV 4131

—, [1,7-Dimethyl-9-(2,6,6-trimethyl-
cyclohex-1-enyl)-nona-2,4,6,8-tetraenyl]-
methyl- 6 III 2785 a

—, [1,7-Dimethyl-9-(2,6,6-trimethyl-
cyclohex-2-enyl)-nona-2,6,8-trien-4-inyl]-
methyl- 6 III 3073 c

—, [1,3a-Dimethyl-3-vinyl-3a,4,5,6,7,7a-
hexahydro-inden-6-yl]-methyl-
6 IV 3471

—, Di-[1]naphthyl- 6 607 e, III 2926 f,
IV 4215

—, Di-[2]naphthyl- 6 642 g, I 313 e,
II 600 c, III 2976 h, IV 4260

—, [Di-[1]naphthyl-methyl]-methyl-
6 III 3789 b

—, [Di-[1]naphthyl-methyl]-phenyl-
6 I 360 d

—, [2,4-Dinitro-benzyl]-[4-nitro-phenyl]-
6 II 426 k

—, [2,4-Dinitro-benzyl]-picryl-
6 III 1572 b

—, [2,2'-Dinitro-biphenyl-4-yl]-methyl-
6 IV 4615

—, [3,4'-Dinitro-biphenyl-4-yl]-methyl-
6 II 627 e

—, [3,5-Dinitro-biphenyl-2-yl]-methyl-
6 673 a, III 3309 b

—, [3,5-Dinitro-biphenyl-4-yl]-methyl-
6 II 627 c

—, [4,6-Dinitro-biphenyl-3-yl]-methyl-
6 IV 4599

—, [5,4'-Dinitro-biphenyl-2-yl]-methyl-
6 673 c

—, [6,2'-Dinitro-biphenyl-2-yl]-methyl-
6 IV 4593

—, [2,4-Dinitro-1,3-diphenyl-butyl]-
methyl- 6 688 k

—, [4-(2,7-Dinitro-fluoren-9-ylidenmethyl)-
phenyl]-propyl- 6 IV 5116

—, [4,6-Dinitro-indan-5-yl]-methyl-
6 II 532 c

—, [1,6-Dinitro-[2]naphthyl]-methyl-
6 656 a, I 316 k

—, [1,8-Dinitro-[2]naphthyl]-methyl-
6 I 316 l

—, [2,4-Dinitro-[1]naphthyl]-methyl-
6 619 a, III 2942 a, IV 4241

Äther (Fortsetzung)

−, [4,5-Dinitro-[1]naphthyl]-methyl-
6 619 d

−, [2,4-Dinitro-[1]naphthyl]-phenyl-
6 II 587 b

−, [2,4-Dinitro-phenyl]-dodecyl-
6 IV 1374

−, [2,4-Dinitro-phenyl]-[2-fluor-äthyl]-
6 IV 1373

−, [2,4-Dinitro-phenyl]-heptyl-
6 III 860 b

−, [2,4-Dinitro-phenyl]-hexadecyl-
6 IV 1374

−, [2,4-Dinitro-phenyl]-hexyl-
6 III 860 a, IV 1374

−, [2,4-Dinitro-phenyl]-isobutyl-
6 III 859 d, IV 1374

−, [2,4-Dinitro-phenyl]-isopentyl-
6 255 b, IV 1374

−, [2,4-Dinitro-phenyl]-isopropyl-
6 III 859 b, IV 1373

−, [2,4-Dinitro-phenyl]-[2-isopropyl-
5-methyl-phenyl]- 6 III 1899 j, IV 3336

−, [2,4-Dinitro-phenyl]-[5-isopropyl-
2-methyl-phenyl]- 6 III 1887 f

−, [2,4-Dinitro-phenyl]-[4-jodosyl-
phenyl]- 6 255 f

−, [2,4-Dinitro-phenyl]-[2-jod-phenyl]-
6 III 862 b, IV 1376

−, [2,4-Dinitro-phenyl]-[4-jod-phenyl]-
6 255 e, III 862 c

−, [2,4-Dinitro-phenyl]-[4-jodyl-phenyl]-
6 255 g

−, [2,4-Dinitro-phenyl]-menthyl-
6 III 860 d

−, [2,4-Dinitro-phenyl]-[4-methyl-
2,3-dinitro-phenyl]- 6 III 1389 f

−, [2,4-Dinitro-phenyl]-[4-methyl-
2,6-dinitro-phenyl]- 6 III 1390 f

−, [2,4-Dinitro-phenyl]-[4-methyl-2-nitro-
phenyl]- 6 III 1387 b

−, [2,4-Dinitro-phenyl]-[1]naphthyl-
6 III 2926 a, IV 4214

−, [2,4-Dinitro-phenyl]-[2]naphthyl-
6 642 c, III 2975 f, IV 4260

−, [2,4-Dinitro-phenyl]-[2-nitro-benzyl]-
6 III 1564 f

−, [2,4-Dinitro-phenyl]-[3-nitro-benzyl]-
6 IV 2610

−, [2,4-Dinitro-phenyl]-[4-nitro-benzyl]-
6 451 d, II 425 j, III 1568 d,
IV 2612

−, [2,6-Dinitro-phenyl]-[4-nitro-benzyl]-
6 451 e

−, [2,4-Dinitro-phenyl]-[2′-nitro-biphenyl-
2-yl]- 6 IV 4591

−, [2,4-Dinitro-phenyl]-[2-nitro-biphenyl-
3-yl]- 6 IV 4599

−, [2,4-Dinitro-phenyl]-[4-nitro-biphenyl-
3-yl]- 6 III 3317 c

−, [2,4-Dinitro-phenyl]-[4′-nitro-biphenyl-
4-yl]- 6 IV 4614

−, [2,4-Dinitro-phenyl]-[2-nitro-phenyl]-
6 255 i, II 243 d, III 862 d, IV 1377

−, [2,4-Dinitro-phenyl]-[3-nitro-phenyl]-
6 I 126 d, II 243 e, III 862 e,
IV 1377

−, [2,4-Dinitro-phenyl]-[4-nitro-phenyl]-
6 255 j, I 126 e, II 243 f, III 862 f,
IV 1377

−, [2,4-Dinitro-phenyl]-octadecyl-
6 IV 1374

−, [2,4-Dinitro-phenyl]-pentyl-
6 III 859 e

−, [5-(2,4-Dinitro-phenyl)-pentyl]-
[4-nitro-phenyl]- 6 IV 3373

−, [2,4-Dinitro-phenyl]-phenäthyl-
6 IV 3071

−, [2,4-Dinitro-phenyl]-phenyl-
6 255 d, I 126 c, II 242 d, III 860 e,
IV 1375

−, [2,6-Dinitro-phenyl]-phenyl-
6 I 127 i, II 245 d

−, [3,4-Dinitro-phenyl]-phenyl-
6 I 127 l

−, [2,4-Dinitro-phenyl]-[1-phenyl-äthyl]-
6 IV 3033

−, [2,4-Dinitro-phenyl]-[3-phenyl-propyl]-
6 IV 3200

−, [2,4-Dinitro-phenyl]-picryl-
6 291 g, II 282 d, III 970 e, IV 1460

−, [3,4-Dinitro-phenyl]-picryl-
6 I 141 a, II 282 e

−, [2,3-Dinitro-phenyl]-propyl-
6 III 854 h

−, [2,4-Dinitro-phenyl]-propyl-
6 255 a, III 859 a, IV 1373

−, [2,6-Dinitro-phenyl]-propyl-
6 III 868 c

−, [2,4-Dinitro-phenyl]-[4-(1,1,3,3-
tetramethyl-butyl)-phenyl]- 6 IV 3485

−, [2,4-Dinitro-phenyl]-*m*-tolyl-
6 III 1303 a, IV 2042

−, [2,4-Dinitro-phenyl]-*o*-tolyl-
6 III 1250 d, IV 1947

Äther (Fortsetzung)

—, [1,2-Diphenyl-3-*p*-tolyl-inden-1-yl]-
methyl- **6** III 3868 a

—, [1,1-Diphenyl-3-*p*-tolyl-prop-2-inyl]-
methyl- **6** III 3792 c

—, [4,4′-Diphenyl-trityl]-methyl-
6 III 3884 c

—, [2,2-Diphenyl-vinyl]-phenyl-
6 III 3503 e

—, Dipicryl- **6** III 970 f

—, Diretinyl- **6** III 2795 b

—, Disalicyl- **6** II 879 e, III 4539 b,
IV 5899 a

—, Di-stigmasta-5,22-dien-3-yl-
6 IV 4171

—, Di-stigmast-5-en-3-yl- **6** III 2701 b

—, Distigmasteryl- **6** IV 4171

—, Di-*m*-tolyl- **6** 377 k, I 186 f,
II 352 b, III 1303 c, IV 2043

—, Di-*o*-tolyl- **6** 353 l, I 171 e,
III 1250 e, IV 1947

—, Di-*p*-tolyl- **6** 394 j, I 200 k,
II 377 e, III 1360 b, IV 2103

—, [2,2-Di-*p*-tolyl-vinyl]-phenyl-
6 700 e

—, Ditrityl- **6** I 350 g, II 691 e

—, Diveratryl- **6** IV 7383

—, [6,2′-Divinyl-biphenyl-3-yl]-methyl-
6 IV 4948

—, Docosyl-phenyl- **6** IV 561

—, Dodecahydrofluoren-2-yl-methyl-
6 IV 413

—, Dodecyl-[4-fluor-2-methyl-phenyl]-
6 IV 1983

—, Dodecyl-[4-fluor-phenyl]- **6** IV 774

—, Dodecyl-[1,2,3,4,4a,9a-hexahydro-
1,4-methano-fluoren-2(*oder* 3)-yl]-
6 III 3059 b

—, Dodecyl-[3a,4,5,6,7,7a-hexahydro-
4,7-methano-inden-5(*oder* 6)-yl]-
6 III 1926 f

—, Dodecyl-[1]naphthyl- **6** III 2925 e,
IV 4214

—, Dodecyl-[2]naphthyl- **6** III 2974 c

—, Dodecyl-[2-nitro-phenyl]-
6 III 801 c, IV 1252

—, Dodecyl-[3-nitro-phenyl]-
6 III 809 e

—, Dodecyl-[4-nitro-phenyl]-
6 III 820 g, IV 1286

—, Dodecyl-[3-pentadecyl-phenyl]-
6 IV 3556

—, Dodecyl-phenyl- **6** III 554 h,
IV 561

—, Dodecyl-[1,2,3,4-tetrahydro-
[2]naphthyl]- **6** III 2461 c

—, Dodecyl-[5,6,7,8-tetrahydro-
[1]naphthyl]- **6** III 2452 b

—, Dodecyl-*p*-tolyl- **6** III 1355 i

—, Dodecyl-[2,4,6-trijod-3-methyl-
phenyl]- **6** III 1325 c

—, Dodecyl-[2,4,6-trijod-phenyl]-
6 III 789 h

—, [2-Fluor-äthyl]-[4-fluor-phenyl]-
6 IV 774

—, [2-Fluor-äthyl]-[2]naphthyl-
6 III 2972 b, IV 4258

—, [2-Fluor-äthyl]-phenyl- **6** III 547 a,
IV 556

—, Fluoranthen-1-yl-methyl- **6** IV 5004

—, Fluoranthen-2-yl-methyl- **6** IV 5005

—, Fluoranthen-5-yl-methyl- **6** IV 5005

—, Fluoranthen-7-yl-methyl- **6** IV 5005

—, Fluoranthen-8-yl-methyl- **6** IV 5005

—, [4′-Fluor-biphenyl-4-yl]-methyl-
6 IV 4608

—, [4-Fluor-butyl]-[2]naphthyl-
6 IV 4259

—, [Fluoren-2-yl-diphenyl-methyl]-
methyl- **6** III 3849 e

—, Fluoren-9-ylidenmethyl-methyl-
6 II 677 f, III 3562 h, IV 4939

—, [9-(Fluoren-9-yliden-phenyl-methyl)-
fluoren-9-yl]-methyl- **6** IV 5176

—, [Fluoren-9-yliden-phenyl-methyl]-
isopropyl- **6** IV 5116

—, Fluoren-1-yl-methyl- **6** IV 4845

—, Fluoren-2-yl-methyl- **6** 691 g,
II 655 b, III 3487 b, IV 4846

—, Fluoren-3-yl-methyl- **6** IV 4849

—, Fluoren-9-yl-methyl- **6** II 655 d,
III 3490 b, IV 4851

—, Fluoren-1-ylmethyl-methyl-
6 III 3506 b

—, Fluoren-9-yl-[4-nitro-phenyl]-
6 III 3490 h

—, Fluoren-2-yl-phenyl- **6** III 3487 d

—, Fluoren-9-yl-phenyl- **6** III 3490 e

—, [Fluoren-2-yl-phenyl-methyl]-methyl-
6 III 3744 e

—, [Fluoren-2-yl-phenyl-methyl]-propyl-
6 III 3745 b

—, Fluoren-9-yl-*p*-tolyl- **6** III 3491 a

—, [4-Fluor-2-methyl-phenyl]-hexadecyl-
6 IV 1984

Äther (Fortsetzung)

—, [1,1,2,3,3,3-Hexafluor-propyl]-phenyl-
6 IV 615

—, [1,2,3,3a,4,5-Hexahydro-benzo≠
[def]chrysen-6-yl]-methyl-
6 III 3691 c

—, [6a,7,8,9,10,10a-Hexahydro-chrysen-
2-yl]-methyl- 6 IV 4970

—, [7,8,9,10,11,12-Hexahydro-chrysen-
2-yl]-methyl- 6 IV 4969

—, [7,8,9,10,11,12-Hexahydro-chrysen-
6-yl]-methyl- 6 III 3592 a

—, [2,3,6,7,8,9-Hexahydro-
1H-cyclopenta[a]naphthalin-5-yl]-methyl-
6 IV 4102

—, [7,8,14,15,16,17-Hexahydro-
6H-cyclopenta[a]phenanthren-3-yl]-methyl-
6 III 3526 d

—, [12,13,14,15,16,17-Hexahydro-
11H-cyclopenta[a]phenanthren-6-yl]-
methyl- 6 III 3526 c

—, [1,2,3,4,4a,9a-Hexahydro-
1,4-methano-fluoren-2(oder 3)-yl]-methyl-
6 III 3058 c

—, [1,2,3,4,4a,9a-Hexahydro-
1,4-methano-fluoren-2(oder 3)-yl]-[β-nitro-
isobutyl]- 6 III 3058 g

—, [3a,4,5,6,7,7a-Hexahydro-
4,7-methano-inden-5(oder 6)-yl]-isobutyl-
6 III 1925 f

—, [3a,4,5,6,7,7a-Hexahydro-
4,7-methano-inden-1-yl]-isopentyl-
6 III 1922 d

—, [3a,4,5,6,7,7a-Hexahydro-
4,7-methano-inden-5(oder 6)-yl]-isopentyl-
6 III 1926 b

—, [3a,4,5,6,7,7a-Hexahydro-
4,7-methano-inden-5(oder 6)-yl]-isopropyl-
6 III 1925 a

—, [3a,4,5,6,7,7a-Hexahydro-
4,7-methano-inden-5(oder 6)-yl]-menthyl-
6 III 1927 f

—, [3a,4,5,6,7,7a-Hexahydro-
4,7-methano-inden-1-yl]-methyl-
6 III 1922 b

—, [3a,4,5,6,7,7a-Hexahydro-
4,7-methano-inden-5(oder 6)-yl]-methyl-
6 III 1924 a

—, [3a,4,5,6,7,7a-Hexahydro-
4,7-methano-inden-5(oder 6)-yl]-[1-methyl-
heptyl]- 6 III 1926 e

—, [3a,4,5,6,7,7a-Hexahydro-
4,7-methano-inden-5(oder 6)-yl]-
[1]naphthyl- 6 III 2926 e

—, [3a,4,5,6,7,7a-Hexahydro-
4,7-methano-inden-5(oder 6)-yl]-[2-nitro-
butyl]- 6 III 1925 d

—, [3a,4,5,6,7,7a-Hexahydro-
4,7-methano-inden-5(oder 6)-yl]-[β-nitro-
isobutyl]- 6 III 1925 g

—, [3a,4,5,6,7,7a-Hexahydro-
4,7-methano-inden-5(oder 6)-yl]-norborn-
5-en-2-ylmethyl- 6 III 1929 b

—, [3a,4,5,6,7,7a-Hexahydro-
4,7-methano-inden-5(oder 6)-yl]-octadec-
9-enyl- 6 III 1928 b

—, [3a,4,5,6,7,7a-Hexahydro-
4,7-methano-inden-5(oder 6)-yl]-octyl-
6 III 1926 d

—, [3a,4,5,6,7,7a-Hexahydro-
4,7-methano-inden-5(oder 6)-yl]-[4-
tert-pentyl-cyclohexyl]- 6 III 1928 a

—, [3a,4,5,6,7,7a-Hexahydro-
4,7-methano-inden-5(oder 6)-yl]-[4-
tert-pentyl-phenyl]- 6 III 1967 a

—, [3a,4,5,6,7,7a-Hexahydro-
4,7-methano-inden-5(oder 6)-yl]-
phenäthyl- 6 III 1931 b

—, [3a,4,5,6,7,7a-Hexahydro-
4,7-methano-inden-5-yl]-phenyl-
6 III 1929 c, IV 3365

—, [3a,4,5,6,7,7a-Hexahydro-
4,7-methano-inden-6-yl]-phenyl-
6 III 1929 c, IV 3365

—, [3a,4,5,6,7,7a-Hexahydro-
4,7-methano-inden-5(oder 6)-yl]-m-tolyl-
6 III 1930 f

—, [3a,4,5,6,7,7a-Hexahydro-
4,7-methano-inden-5(oder 6)-yl]-o-tolyl-
6 III 1930 d

—, [3a,4,5,6,7,7a-Hexahydro-
4,7-methano-inden-5(oder 6)-yl]-
[2,4,5-trichlor-phenyl]- 6 III 1930 b

—, [1,4,5,6,7,8-Hexahydro-[2]naphthyl]-
methyl- 6 III 1921 f, IV 3365

—, [2,3,4,5,6,2′-Hexamethyl-benzhydryl]-
methyl- 6 IV 4825

—, [2,3,4,5,6,4′-Hexamethyl-benzhydryl]-
methyl- 6 IV 4826

—, [2,4,6,2′,4′,6′-Hexamethyl-benzhydryl]-
methyl- 6 III 3461 c, IV 4826

—, Hex-2-enyl-phenyl- 6 III 558 d

—, Hex-4-enyl-phenyl- 6 145 d

—, Hex-5-enyl-phenyl- 6 I 83 e

Äther (Fortsetzung)

−, Hex-2-enyl-*o*-tolyl- **6** III 1248 g

−, Hex-2-enyl-*p*-tolyl- **6** III 1356 g

−, Hex-3-enyl-trityl- **6** IV 5018

−, Hex-1-inyl-phenyl- **6** III 561 b

−, [6-Hexyl-1,4-dihydro-[2]naphthyl]-methyl- **6** IV 4119

−, Hexyl-[1-methyl-1-phenyl-äthyl]-**6** IV 3221

−, Hexyl-[1-methyl-2-phenyl-äthyl]-**6** II 473 e

−, Hexyl-[1]naphthyl- **6** IV 4213

−, [6-Hexyl-[2]naphthyl]-methyl-**6** IV 4383

−, Hexyl-[2-nitro-phenyl]- **6** III 801 b, IV 1251

−, Hexyl-[4-nitro-phenyl]- **6** III 820 a

−, Hexyl-phenyl- **6** I 82 j, II 146 g, III 553 d, IV 560

−, Hexyl-picryl- **6** IV 1458

−, Hexyl-*m*-tolyl- **6** III 1301 b

−, Hexyl-*o*-tolyl- **6** III 1247 f

−, Hexyl-*p*-tolyl- **6** III 1355 f

−, Hexyl-[2,4,6-trijod-phenyl]- **6** III 789 g

−, Hexyl-[2-vinyl-phenyl]- **6** IV 3772

−, Hexyl-[4-vinyl-phenyl]- **6** IV 3776

−, [1-(α-Hydroxy-benzhydryl)-propyl]-[2-hydroxy-1-methyl-2,2-diphenyl-äthyl]-**6** II 980 c

−, [α-Hydroxy-bibenzyl-4-yl]-[α-hydroxy-4-methoxy-bibenzyl-3-yl]- **6** IV 7570

−, [2-Hydroxy-3,5-dimethyl-benzyl]-[2-methoxy-3,5-dimethyl-benzyl]-**6** III 4654 c

−, [2-Hydroxy-3,5-dimethyl-phenyl]-[2-hydroxy-phenyl]- **6** III 4591 f

−, [2-Hydroxy-4,5-dimethyl-phenyl]-[2-hydroxy-phenyl]- **6** III 4585 a

−, [3-Hydroxy-2,5-dimethyl-phenyl]-[2-hydroxy-phenyl]- **6** III 4606 f

−, [3-Hydroxy-2,5-dimethyl-phenyl]-[3-hydroxy-phenyl]- **6** III 4607 b

−, [3-Hydroxy-2,5-dimethyl-phenyl]-[4-hydroxy-phenyl]- **6** III 4607 d

−, [2-Hydroxy-3,5-dinitro-phenyl]-[2-hydroxy-phenyl]- **6** 791 f

−, [2-Hydroxy-4,6-dinitro-phenyl]-[2-hydroxy-phenyl]- **6** 791 f

−, [2-Hydroxy-2,2-diphenyl-äthyl]-[2-hydroxy-1-methyl-2,2-diphenyl-äthyl]- **6** III 5458 c

−, [β-Hydroxy-isobutyl]-[2-hydroxy-2-methyl-1-phenyl-propyl]- **6** III 4669 c

−, [5-Hydroxymethyl-2,3-dimethoxy-phenyl]-[4-hydroxymethyl-2-methoxy-phenyl]- **6** IV 7696

−, [2-Hydroxy-5-methyl-phenyl]-[2-hydroxy-phenyl]- **6** III 4518 b

−, [3-Hydroxy-5-methyl-phenyl]-[2-hydroxy-phenyl]- **6** III 4533 e

−, [3-Hydroxy-5-methyl-phenyl]-[3-hydroxy-phenyl]- **6** III 4533 g

−, [3-Hydroxy-5-methyl-phenyl]-[4-hydroxy-phenyl]- **6** III 4534 b

−, [2-Hydroxy-phenyl]-[3-hydroxy-phenyl]- **6** III 4318 f, IV 5670

−, Indan-1-yl-methyl- **6** I 286 b, III 2424 a

−, Indan-2-yl-methyl- **6** IV 3826

−, Indan-4-yl-methyl- **6** 575 a, III 2428 a, IV 3827

−, Indan-5-yl-methyl- **6** 575 c, III 2429 a, IV 3829

−, Indan-1-yl-phenyl- **6** II 530 f

−, Indeno[2,1-*a*]inden-5-yl-methyl-**6** III 3626 a

−, [9-Inden-1-yl-fluoren-9-yl]-methyl-**6** I 362 c

−, Inden-5-yl-methyl- **6** II 558 g, III 2738 a

−, Inden-6-yl-methyl- **6** II 558 g, III 2738 a, IV 4069

−, Isobornyl-methyl- **6** 89 e, II 89, 91 c, III 300 b

−, Isobornyl-[4-nitro-benzyl]-**6** III 1567 b

−, Isobornyl-[4-*tert*-pentyl-phenyl]-**6** III 1966 c

−, Isobornyl-phenyl- **6** III 561 f

−, Isobornyl-*o*-tolyl- **6** III 1249 f

−, Isobornyl-*p*-tolyl- **6** III 1357 a

−, Isobutyl-[2-isopropyl-5-methyl-phenyl]- **6** III 1899 c

−, Isobutyl-*p*-menth-1-en-8-yl-**6** III 250 b

−, Isobutyl-[1-methyl-1-phenyl-äthyl]-**6** IV 3220

−, Isobutyl-[1-methyl-3-(2,2,6-trimethyl-cyclohexyl)-propyl]- **6** III 187 e

−, Isobutyl-[1]naphthyl- **6** III 2925 b

−, Isobutyl-[2]naphthyl- **6** 641 e, III 2973 e

−, Isobutyl-[1]naphthylmethyl-**6** IV 4333

−, Isobutyl-[10-nitro-9,10-dihydro-[9]anthryl]- **6** 698 b

Äther (Fortsetzung)

—, Isobutyl-[1-nitro-[2]naphthyl]- **6** I 316 b

—, Isobutyl-[2-nitro-phenyl]- **6** 218 c

—, Isobutyl-[4-nitro-phenyl]-
    6 232 c, II 221 e

—, Isobutyl-pentabromphenyl-
    6 III 767 h

—, Isobutyl-phenyl- **6** 143 f, II 146 d,
    III 552 b, IV 559

—, Isobutyl-picryl- **6** 290 d, IV 1457

—, Isobutyl-pin-2-en-10-yl- **6** IV 384

—, [2-Isobutyl-6-propyl-phenyl]-methallyl-
    6 IV 3464

—, Isobutyl-styryl- **6** 564 f

—, Isobutyl-[5,6,7,8-tetrahydro-
    [2]naphthyl]- **6** III 2455 d

—, Isobutyl-*m*-tolyl- **6** III 1300 c

—, Isobutyl-*o*-tolyl- **6** III 1247 b

—, Isobutyl-*p*-tolyl- **6** III 1355 b

—, Isobutyl-[2,4,6-tribrom-phenyl]-
    6 III 762 g

—, Isobutyl-[2,4,6-trijod-phenyl]- **6** III 789 e

—, Isobutyl-[2,6,6-trimethyl-9-methylen-
    bicyclo[3.3.1]nonan-2-yl]- **6** IV 411

—, Isobutyl-trityl- **6** III 3647 b

—, [6-Isohexyl-[2]naphthyl]-methyl-
    6 III 3065 f

—, [4-Isohexyl-phenyl]-vinyl- **6** IV 3421

—, Isopentyl-[2-isopropyl-4,5-dimethyl-
    phenyl]- **6** IV 3407

—, Isopentyl-[2-isopropyl-5-methyl-
    phenyl]- **6** 536 i, III 1899 d

—, Isopentyl-[2-jod-1-phenyl-äthyl]-
    6 477 c

—, Isopentyl-*p*-menth-1-en-8-yl-
    6 III 250 d

—, Isopentyl-[2-methyl-benzyl]-
    6 484 i

—, Isopentyl-[1]naphthyl- **6** 607 b,
    III 2925 d

—, Isopentyl-[2]naphthyl- **6** 642 a,
    III 2974 a, IV 4259

—, Isopentyl-[1]naphthylmethyl-
    6 IV 4333

—, Isopentyl-[1-nitro-[2]naphthyl]-
    6 IV 4308

—, Isopentyl-[4-nitro-[1]naphthyl]-
    6 IV 4238

—, Isopentyl-[2-nitro-phenyl]-
    6 IV 1251

—, Isopentyl-[4-nitro-phenyl]-
    6 232 d, II 221 f

—, Isopentyl-pentabromphenyl-
    6 III 767 i

—, Isopentyl-phenyl- **6** 143 k, I 82 i,
    II 146 f, III 553 c, IV 560

—, Isopentyl-[1-phenyl-vinyl]-
    6 563 d, III 2390 d

—, Isopentyl-picryl- **6** 290 e, II 281 c,
    IV 1458

—, Isopentyl-[4-propyl-phenyl]-
    6 III 1789 b

—, Isopentyl-*m*-tolyl- **6** III 1301 a

—, Isopentyl-*o*-tolyl- **6** II 329 e,
    III 1247 e, IV 1945

—, Isopentyl-*p*-tolyl- **6** II 376 c,
    III 1355 e

—, Isopentyl-[2,4,6-trimethyl-benzyl]-
    6 IV 3362

—, Isopentyl-[2,4,5-trimethyl-phenyl]-
    6 510 d

—, Isopentyl-trityl- **6** III 3647 c

—, Isopentyl-[2-vinyl-phenyl]-
    6 IV 3772

—, Isopentyl-[4-vinyl-phenyl]-
    6 IV 3776

—, Isopropenyl-[2-isopropenyl-phenyl]-
    6 IV 3821

—, [3-Isopropenyl-[2]naphthyl]-methyl-
    6 IV 4695

—, Isopropenyl-phenyl- **6** 144 h,
    II 147 c, III 556 b, IV 562

—, [8-Isopropenyl-5,6,7,8-tetrahydro-
    [2]naphthyl]-methyl- **6** IV 4101

—, Isopropenyl-*m*-tolyl- **6** III 1301 g,
    IV 2041

—, Isopropenyl-*o*-tolyl- **6** III 1248 c

—, Isopropenyl-*p*-tolyl- **6** III 1356 c

—, [5-Isopropyl-biphenyl-2-yl]-methyl-
    6 III 3425 d

—, [4-Isopropyl-cyclohexa-1,4-dienyl]-
    methyl- **6** IV 364

—, [5-Isopropyl-cyclohexa-1,4-dienyl]-
    methyl- **6** III 376 c

—, [2-Isopropyl-cyclohexyl]-methyl-
    6 IV 132

—, [17-Isopropyl-16,17-dihydro-
    15*H*-cyclopenta[*a*]phenanthren-3-yl]-
    methyl- **6** III 3621 b

—, [3-Isopropyl-5,6-dihydro-[2]naphthyl]-
    methyl- **6** IV 4101

—, [5-Isopropyl-3,8-dimethyl-7,8-dihydro-
    [1]naphthyl]-methyl- **6** IV 4114

—, [5-Isopropyl-3,8-dimethyl-7,8-dihydro-
    [2]naphthyl]-methyl- **6** IV 4114

Äther (Fortsetzung)

—, [2-Isopropyl-4,7-dimethyl-indan-5-yl]-
methyl- **6** IV 3953

—, [1-Isopropyl-4,7-dimethyl-[2]naphthyl]-
methyl- **6** IV 4379

—, [5-Isopropyl-3,8-dimethyl-[1]naphthyl]-
methyl- **6** IV 4380

—, [5-Isopropyl-3,8-dimethyl-[2]naphthyl]-
methyl- **6** IV 4379

—, [1-Isopropyl-4,7-dimethyl-
5,6,7,8-tetrahydro-[2]naphthyl]-methyl-
6 IV 3961

—, [1-Isopropyl-8,8-dimethyl-
5,6,7,8-tetrahydro-[2]phenanthryl]-methyl-
6 IV 4827

—, [8-Isopropyl-1,4,5,6,7,8-hexahydro-
[2]naphthyl]-methyl- **6** IV 3470

—, Isopropyl-[2-isopropyl-4-methyl-
phenyl]- **6** III 1883 a

—, Isopropyl-[2-isopropyl-5-methyl-
phenyl]- **6** III 1899 a

—, Isopropyl-[4-isopropyl-2-methyl-
phenyl]- **6** III 1884 c

—, Isopropyl-[4-isopropyl-3-methyl-
phenyl]- **6** III 1881 b

—, Isopropyl-[2-isopropyl-phenyl]-
6 III 1808 c

—, [2-Isopropyl-4-jod-5-methyl-phenyl]-
picryl- **6** 542 b

—, [5-Isopropyl-2-methyl-benzyl]-
pentachlorphenyl- **6** IV 3408

—, [5-Isopropyl-6-methyl-bibenzyl-2-yl]-
methyl- **6** IV 4816

—, Isopropyl-[3-methyl-cyclohexyl]-
6 III 70 e

—, [8-Isopropyl-5-methyl-7,8-dihydro-
[2]naphthyl]-methyl- **6** IV 4107

—, [7-Isopropyl-1-methyl-4,9-dinitro-
[3]phenanthryl]-methyl- **6** III 3588 e

—, [8-Isopropyl-5-methyl-1,4,5,6,7,8-
hexahydro-[2]naphthyl]-methyl-
6 IV 3500

—, Isopropyl-[2-methyl-[1]naphthyl]-
6 III 3027 b

—, [1-Isopropyl-4-methyl-[2]naphthyl]-
methyl- **6** IV 4369

—, [6-Isopropyl-4-methyl-[2]naphthyl]-
methyl- **6** III 3057 f

—, Isopropyl-[2-methyl-4-nitro-
[1]naphthyl]- **6** III 3027 e

—, [7-Isopropyl-1-methyl-4-nitro-
[3]phenanthryl]-methyl- **6** III 3587 d,
IV 4966

—, [7-Isopropyl-1-methyl-9-nitro-
[3]phenanthryl]-methyl- **6** III 3588 a,
IV 4966

—, Isopropyl-[4-methyl-2-nitro-phenyl]-
6 III 1386 a

—, [2-Isopropyl-5-methyl-4-nitro-phenyl]-
methyl- **6** IV 3348

—, [1-Isopropyl-8-methyl-[2]phenanthryl]-
methyl- **6** IV 4968

—, [2-Isopropyl-8-methyl-[3]phenanthryl]-
methyl- **6** III 3590 a

—, [7-Isopropyl-1-methyl-[2]phenanthryl]-
methyl- **6** III 3583 e

—, [7-Isopropyl-1-methyl-[3]phenanthryl]-
methyl- **6** III 3585 a

—, [7-Isopropyl-1-methyl-[9]phenanthryl]-
methyl- **6** III 3591 b

—, [7-Isopropyl-1-methyl-[2]phenanthryl⪕
methyl]-methyl- **6** IV 4972

—, Isopropyl-[3-methyl-2-phenyl-inden-
6-yl]- **6** IV 4950

—, [2-Isopropyl-5-methyl-phenyl]-
methallyl- **6** III 1899 h

—, [2-Isopropyl-5-methyl-phenyl]-
[2-methyl-butyl]- **6** 536 h

—, [5-Isopropyl-2-methyl-phenyl]-
[2-methyl-butyl]- **6** 529 c

—, [2-Isopropyl-5-methyl-phenyl]-[4-nitro-
benzyl]- **6** I 265 c

—, [2-Isopropyl-5-methyl-phenyl]-octyl-
6 536 k

—, [2-Isopropyl-5-methyl-phenyl]-phenyl-
6 536 l, I 265 b, III 1899 i

—, [5-Isopropyl-2-methyl-phenyl]-phenyl-
6 I 262 c

—, [2-Isopropyl-5-methyl-phenyl]-
[1-phenyl-vinyl]- **6** 563 j

—, [2-Isopropyl-5-methyl-phenyl]-propyl-
6 536 d, III 1898 e

—, [4-Isopropyl-3-methyl-phenyl]-propyl-
6 IV 3326

—, [5-Isopropyl-2-methyl-phenyl]-propyl-
6 III 1887 c

—, [2-Isopropyl-5-methyl-phenyl]-
tetradecyl- **6** III 1899 e

—, [5-Isopropyl-2-methyl-phenyl]-*p*-tolyl-
6 I 262 d

—, [2-Isopropyl-5-methyl-phenyl]-vinyl-
6 IV 3336

—, [5-Isopropyl-2-methyl-phenyl]-vinyl-
6 II 493 c, IV 3331

Äther (Fortsetzung)

–, [1-Isopropyl-4-methyl-
5,6,7,8-tetrahydro-[2]naphthyl]-methyl-
6 III 2555 d, IV 3949

–, [8-Isopropyl-5-methyl-
5,6,7,8-tetrahydro-[2]naphthyl]-methyl-
6 IV 3949

–, Isopropyl-[1-methyl-3-(2,2,6-trimethyl-
cyclohexyl)-propyl]- **6** III 187 d

–, Isopropyl-[1]naphthyl- **6** III 2924 c,
IV 4213

–, Isopropyl-[2]naphthyl- **6** 641 d,
III 2973 b, IV 4258

–, Isopropyl-[1]naphthylmethyl-
6 IV 4332

–, [2-Isopropyl-[1]naphthyl]-methyl-
6 III 3050 a

–, [3-Isopropyl-[2]naphthyl]-methyl-
6 IV 4357

–, [6-Isopropyl-[2]naphthyl]-methyl-
6 IV 4358

–, [7-Isopropyl-[1]naphthyl]-methyl-
6 III 3050 c

–, Isopropyl-[α'-nitro-bibenzyl-α-yl]-
6 IV 4705

–, Isopropyl-[2'-nitro-biphenyl-4-yl]-
6 IV 4613

–, Isopropyl-[4'-nitro-biphenyl-4-yl]-
6 IV 4614

–, Isopropyl-[1-nitro-[2]naphthyl]-
6 I 316 a

–, Isopropyl-[4-nitro-[1]naphthyl]-
6 III 2939 a

–, Isopropyl-[2-nitro-phenyl]-
6 IV 1250

–, Isopropyl-[3-nitro-phenyl]-
6 III 809 c

–, Isopropyl-[4-nitro-phenyl]-
6 III 819 d, IV 1285

–, Isopropyl-pentabromphenyl-
6 III 767 e

–, Isopropyl-[1,3,4,10,10-pentachlor-
1,4,4a,5,8,8a-hexahydro-1,4;5,8-
dimethano-naphthalin-2-yl]- **6** IV 4095

–, Isopropyl-[1,3,4,7,7-pentachlor-
norborna-2,5-dien-2-yl]- **6** IV 2806

–, Isopropyl-pentachlorphenyl-
6 III 732 e, IV 1027

–, [2-Isopropyl-[3]phenanthryl]-methyl-
6 IV 4961

–, Isopropyl-phenyl- **6** 143 b, II 145 e,
III 549 e, IV 557

–, Isopropyl-[1-phenyl-äthyl]-
6 III 1677 a, IV 3032

–, [3-(4-Isopropyl-phenyl)-2-methyl-
propyl]-methyl- **6** III 2036 c

–, [3-(4-Isopropyl-phenyl)-2-methyl-
propyl]-pentyl- **6** III 2036 g

–, [3-(4-Isopropyl-phenyl)-2-methyl-
propyl]-propyl- **6** III 2036 e

–, [2-Isopropyl-phenyl]-phenyl-
6 III 1808 d

–, [4-Isopropyl-phenyl]-phenyl-
6 III 1811 d

–, [2-Isopropyl-phenyl]-[2-thiocyanato-
äthyl]- **6** IV 3211

–, [2-Isopropyl-phenyl]-[3-thiocyanato-
propyl]- **6** IV 3212

–, Isopropyl-picryl- **6** IV 1457

–, Isopropyl-pin-2-en-10-yl- **6** IV 384

–, Isopropyl-stilben-4-yl- **6** III 3498 b

–, [4'-Isopropyl-stilben-4-yl]-methyl- **6** 701 b

–, Isopropyl-[5,6,7,8-tetrahydro-
[2]naphthyl]- **6** III 2455 c

–, [8-Isopropyl-5,6,7,8-tetrahydro-
[2]naphthyl]-methyl- **6** IV 3938

–, Isopropyl-*m*-tolyl- **6** III 1299 e,
IV 2040

–, Isopropyl-*o*-tolyl- **6** III 1246 e

–, Isopropyl-*p*-tolyl- **6** III 1354 d,
IV 2100

–, Isopropyl-[2,4,6-tribrom-phenyl]-
6 II 194 c, III 762 e

–, Isopropyl-[2-trifluormethyl-phenyl]-
6 III 1263 g, IV 1984

–, Isopropyl-[3-trifluormethyl-phenyl]-
6 IV 2060

–, Isopropyl-[4-trifluormethyl-phenyl]-
6 III 1374 c, IV 2134

–, Isopropyl-[2,4,6-triisopropyl-phenyl]-
6 III 2075 a, IV 3514

–, Isopropyl-[2,6,6-trimethyl-9-methylen-
bicyclo[3.3.1]nonan-2-yl]- **6** IV 411

–, Isopropyl-trityl- **6** II 690 b,
III 3646 d, IV 5017

–, [2-(2-Jod-äthoxy)-äthyl]-[2-*p*-tolyloxy-
äthyl]- **6** III 1361 a

–, [5-(2-Jod-äthyl)-[2]naphthyl]-methyl-
6 IV 4346

–, [2-Jod-äthyl]-phenyl- **6** I 81 c,
III 548 b, IV 556

–, [2-Jod-äthyl]-[3-phenyl-propyl]-
6 III 1802 c

–, [2-Jod-äthyl]-picryl- **6** 290 b

–, [2-Jod-äthyl]-*o*-tolyl- **6** IV 1945

Äther (Fortsetzung)

—, [2-Jod-äthyl]-[2,4,5-trichlor-phenyl]-
6 IV 964

—, [2-Jod-benzyl]-[2-jod-phenyl]-
6 II 424 d

—, [2'-Jod-biphenyl-2-yl]-methyl-
6 III 3306 f, IV 4590

—, [4'-Jod-biphenyl-2-yl]-methyl-
6 III 3306 g

—, [4'-Jod-biphenyl-4-yl]-methyl-
6 III 3338 b

—, [6-Jod-biphenyl-3-yl]-methyl-
6 IV 4598

—, [2'-Jod-biphenyl-2-yl]-phenyl-
6 IV 4590

—, [4-Jod-butyl]-phenyl- 6 143 e, I 82 d,
II 146 b, IV 558

—, [2-Jod-cyclohexyl]-methyl-
6 7 h, II 14 d, III 45 c, IV 71

—, [2-Jod-cyclopentyl]-methyl- 6 IV 15

—, [2-Jod-1,1-dimethyl-2-phenyl-äthyl]-
methyl- 6 III 1860 e

—, [4-Jod-2,6-dimethyl-phenyl]-methyl-
6 IV 3123

—, [2-Jod-4,5-dinitro-phenyl]-phenyl-
6 IV 1387

—, [9-Jod-fluoren-2-yl]-methyl-
6 IV 4847

—, [5-Jod-hexyl]-phenyl- 6 I 82 n

—, [6-Jod-hexyl]-phenyl- 6 144 b, I 82 o

—, [2-Jodmethyl-benzyl]-methyl-
6 IV 3111

—, [4'-Jodmethyl-biphenyl-4-yl]-methyl-
6 IV 4693

—, [2-Jod-5-methyl-cyclohexyl]-methyl-
6 IV 104

—, [2-Jod-4-methyl-phenyl]-[4-methyl-
2,6-dinitro-phenyl]- 6 IV 2152

—, [1-Jod-[2]naphthyl]-methyl-
6 III 3001 f, IV 4305

—, [2-Jod-[1]naphthyl]-methyl-
6 III 2937 e, IV 4235

—, [3-Jod-[2]naphthyl]-methyl-
6 II 608 b, III 3002 a, IV 4306

—, [4-Jod-[1]naphthyl]-methyl-
6 IV 4235

—, [4-Jod-[2]naphthyl]-methyl-
6 III 3002 c

—, [5-Jod-[1]naphthyl]-methyl-
6 II 584 b, III 2937 g

—, [5-Jod-[2]naphthyl]-methyl-
6 III 3002 e, IV 4306

—, [8-Jod-[2]naphthyl]-methyl-
6 III 3002 f, IV 4306

—, [2-Jod-4-nitro-phenyl]-octyl-
6 IV 1367

—, [2-Jod-4-nitro-phenyl]-phenyl-
6 III 852 h

—, [4-Jod-3-nitro-phenyl]-phenyl-
6 III 852 a

—, [2'-Jod-4'-nitro-stilben-4-yl]-methyl-
6 II 658 i

—, [8-Jod-octyl]-phenyl- 6 IV 561

—, [5-Jod-pentyl]-phenyl- 6 143 i, I 82 g,
IV 560

—, [2-Jod-1-phenyl-äthyl]-methyl-
6 477 a, I 237 e, III 1694 e, IV 3055

—, [4-Jod-phenyl]-fluoren-9-yl-
6 III 3490 g

—, [2-Jod-phenyl]-[4-jod-phenyl]-
6 III 777 e

—, [3-Jod-phenyl]-[4-jod-phenyl]-
6 III 777 f

—, [2-Jod-phenyl]-[4-nitro-phenyl]-
6 III 822 a

—, [3-Jod-phenyl]-[4-nitro-phenyl]-
6 IV 1289

—, [4-Jod-phenyl]-[2-nitro-phenyl]-
6 III 802 b

—, [4-Jod-phenyl]-[4-nitro-phenyl]-
6 II 222 f, III 822 b, IV 1289

—, [2-Jod-phenyl]-octyl- 6 IV 1071

—, [4-Jod-phenyl]-pentadecyl-
6 III 776 j

—, [2-Jod-phenyl]-pentyl- 6 III 770 c

—, [2-Jod-phenyl]-phenyl- 6 III 770 e

—, [3-Jod-phenyl]-phenyl- 6 III 773 f

—, [4-Jod-phenyl]-phenyl- 6 II 199 c,
III 777 c

—, [4-Jod-phenyl]-picryl- 6 291 b

—, [2-Jod-phenyl]-propyl- 6 III 769 e

—, [4-Jod-phenyl]-propyl- 6 III 776 e

—, [2-Jod-phenyl]-p-tolyl- 6 III 1358 c

—, [4-Jod-phenyl]-vinyl- 6 IV 1077

—, [3-Jod-propyl]-phenyl- 6 143 a,
I 81 e, III 549 d

—, [3-Jod-propyl]-p-tolyl- 6 IV 2100

—, [2-Jod-1,2,3,4-tetrahydro-[1]naphthyl]-
methyl- 6 II 543 b

—, p-Mentha-3,6-dien-3-yl-methyl-
6 III 379 b

—, p-Mentha-6,8-dien-2-yl-methyl-
6 97 c

—, p-Menthan-4-yl-methyl- 6 III 168 a

Äther (Fortsetzung)

—, [4-*p*-Menthan-4-yl-phenyl]-phenyl-
6 I 298 b

—, *p*-Menth-1-en-8-yl-methyl-
6 60 b, II 69 b, III 249 a, IV 252

—, *p*-Menth-6-en-2-yl-methyl- 6 IV 251

—, *p*-Menth-1-en-8-yl-pentyl-
6 III 250 c

—, *p*-Menth-1-en-8-yl-propyl-
6 III 249 f

—, Menthyl-methyl- 6 31 b, I 21 a,
III 140 c, IV 152

—, Menthyl-phenyl- 6 I 83 i, III 559 f

—, Menthyl-propyl- 6 31 d

—, Menthyl-[2,4,6-trinitro-phenyl]-
6 III 970 a

—, Menthyl-trityl- 6 I 350 c, III 3648 a

—, Menthyl-vinyl- 6 IV 152

—, [1-Mesityl-äthyl]-methyl- 6 IV 3411

—, Mesityl-[1-phenyl-äthyl]- 6 IV 3255

—, [2-Mesityl-1-phenyl-vinyl]-methyl-
6 III 3521 c

—, Methallyl-[2-methallyl-4-methyl-
phenyl]- 6 III 2475 c

—, Methallyl-[2-methallyl-5-methyl-
phenyl]- 6 III 2476 a

—, Methallyl-[2-methallyl-6-methyl-
phenyl]- 6 III 2474 g

—, Methallyl-[2-methallyl-phenyl]-
6 III 2444 d

—, Methallyl-[2]naphthyl- 6 III 2975 a

—, Methallyl-[3-nitro-phenyl]-
6 IV 1271

—, Methallyl-[4-nitro-phenyl]-
6 III 820 m

—, Methallyl-phenyl- 6 III 557 h,
IV 564

—, [2-Methallyl-phenyl]-propyl-
6 IV 3842

—, Methallyl-[2,2,3,3-tetrafluor-1-methyl-
cyclobutylmethyl]- 6 III 57 f

—, Methallyl-*m*-tolyl- 6 III 1302 b

—, Methallyl-*o*-tolyl- 6 III 1248 e

—, Methallyl-*p*-tolyl- 6 III 1356 f

—, Methallyl-[3-trifluormethyl-phenyl]-
6 IV 2061

—, [1-Methansulfonyl-[2]naphthyl]-
[2-methoxy-[1]naphthyl]- 6 I 470 c,
III 5248 e

—, [2-Methoxy-äthyl]-[2-(3-nitro-
benzyloxy)-äthyl]- 6 IV 2610

—, [2-Methoxy-äthyl]-[2-(2-nitro-
phenoxy)-äthyl]- 6 IV 1254

—, [3-Methoxy-benzyl]-[2-methoxy-
4-nitro-phenyl]- 6 II 882 a

—, [3-Methoxy-benzyl]-[2-methoxy-
5-nitro-phenyl]- 6 II 882 b

—, [4-Methoxy-benzyl]-[2-methoxy-
4-nitro-phenyl]- 6 II 883 c

—, [4-Methoxy-benzyl]-[2-methoxy-
5-nitro-phenyl]- 6 II 883 d

—, [3-Methoxy-benzyl]-[2-methoxy-
phenyl]- 6 II 881 j

—, [4-Methoxy-benzyl]-[2-methoxy-
phenyl]- 6 II 883 b, III 4548 g

—, [2-Methoxy-3,5-dimethyl-phenyl]-
[2-methoxy-phenyl]- 6 III 4591 g

—, [2-Methoxy-4,5-dimethyl-phenyl]-
[2-methoxy-phenyl]- 6 III 4585 b

—, [3-Methoxy-2,5-dimethyl-phenyl]-
[2-methoxy-phenyl]- 6 III 4607 a

—, [3-Methoxy-2,5-dimethyl-phenyl]-
[3-methoxy-phenyl]- 6 III 4607 c

—, [3-Methoxy-2,5-dimethyl-phenyl]-
[4-methoxy-phenyl]- 6 III 4607 e

—, [2-Methoxy-3,5-dinitro-phenyl]-
[2-methoxy-phenyl]- 6 791 g

—, [2-Methoxy-4,6-dinitro-phenyl]-
[2-methoxy-phenyl]- 6 791 g

—, [2-Methoxy-5-methyl-phenyl]-
[2-methoxy-4-nitro-phenyl]- 6 IV 5879

—, [2-Methoxy-5-methyl-phenyl]-
[2-methoxy-phenyl]- 6 III 4518 c

—, [3-Methoxy-5-methyl-phenyl]-
[2-methoxy-phenyl]- 6 III 4533 f

—, [3-Methoxy-5-methyl-phenyl]-
[3-methoxy-phenyl]- 6 III 4534 a

—, [3-Methoxy-5-methyl-phenyl]-
[4-methoxy-phenyl]- 6 III 4534 c

—, [4-Methoxy-3-methyl-phenyl]-
[2-methyl-4-*o*-tolyloxy-phenyl]-
6 III 4501 a

—, [2-Methoxy-[1]naphthyl]-
[1-methylmercapto-[2]naphthyl]-
6 III 5248 c

—, [2-Methoxy-6-nitro-4-(2-nitro-vinyl)-
phenyl]-[2-methoxy-phenyl]- 6 IV 6318

—, [2-Methoxy-4-nitro-phenyl]-
[2-methoxy-phenyl]- 6 IV 5628

—, [2-Methoxy-4-(2-nitro-vinyl)-phenyl]-
[2-methoxy-phenyl]- 6 IV 6317

—, [1-(4-Methoxy-phenyl)-äthyl]-
[1-methyl-2,2-diphenyl-äthyl]- 6 IV 5931

—, [3-Methoxy-phenyl]-[2-methoxy-
6-nitro-phenyl]- 6 IV 5670

Äther (Fortsetzung)

—, [2-Methoxy-phenyl]-[3-methoxy-
phenyl]- **6** II 816 g, III 4318 g,
IV 5670

—, [2-Methoxy-phenyl]-[4-methoxy-
phenyl]- **6** III 4407 i, IV 5734

—, [3-Methoxy-phenyl]-[4-methoxy-
phenyl]- **6** II 843 e, III 4408 a,
IV 5734

—, [4-Methoxy-phenyl]-[4-phenoxy-
phenyl]- **6** III 4409 f

—, [4-Methoxy-stilben-3-yl]-stilben-4-yl-
6 IV 6822

—, [1-Methyl-allyl]-phenyl- **6** IV 563

—, [10-Methyl-[9]anthrylmethyl]-propyl-
6 IV 4953

—, [4-Methyl-benzhydryl]-phenyl-
6 IV 4736

—, [4-Methyl-benzyl]-[2-methyl-5-nitro-
phenyl]- **6** III 1780 e

—, [4-Methyl-benzyl]-[4-methyl-2-nitro-
phenyl]- **6** III 1780 g

—, [2-Methyl-benzyl]-[2]naphthyl-
6 III 2976 b

—, [3-Methyl-benzyl]-[2]naphthyl-
6 III 2976 c

—, [4-Methyl-benzyl]-[2]naphthyl-
6 III 2976 d

—, [3-Methyl-benzyl]-phenyl- **6** IV 3162

—, [4-Methyl-benzyl]-[4-phenyl-benzyl]-
6 IV 4693

—, [4-Methyl-benzyl]-trityl- **6** IV 5018

—, [1-Methyl-but-2-enyl]-[2-(1-methyl-
but-2-enyl)-phenyl]- **6** IV 3874

—, [1-Methyl-but-2-enyl]-phenyl-
6 II 147 f, III 558 c, IV 565

—, [3-Methyl-but-2-enyl]-phenyl-
6 II 147 h

—, [3-Methyl-but-2-enyl]-[4-propenyl-
phenyl]- **6** III 2398 b

—, [2-Methyl-butyl]-phenyl- **6** 143 j

—, [1-Methyl-butyl]-*m*-tolyl- **6** III 1300 d

—, [1-Methyl-butyl]-*o*-tolyl- **6** III 1247 d

—, [1-Methyl-butyl]-*p*-tolyl- **6** III 1355 d

—, [2-Methyl-butyl]-*m*-tolyl- **6** 377 b

—, [2-Methyl-butyl]-*o*-tolyl- **6** 353 b

—, [2-Methyl-butyl]-*p*-tolyl- **6** 393 f

—, [1-Methyl-butyl]-[2,4,6-trijod-phenyl]-
6 IV 1085

—, [2-Methyl-cyclohexyl]-pentyl-
6 12 c

—, [3-Methyl-cyclohexyl]-phenyl-
6 II 148 c

—, [3-Methyl-cyclohexyl]-propyl-
6 III 70 d

—, [2-Methyl-4,6-dinitro-phenyl]-[4-nitro-
benzyl]- **6** 451 g

—, [4-Methyl-2,6-dinitro-phenyl]-[4-nitro-
benzyl]- **6** 451 j

—, [4-Methyl-2,6-dinitro-phenyl]-[4-nitro-
phenyl]- **6** III 1390 e

—, [2-Methyl-4,6-dinitro-phenyl]-phenyl-
6 II 341 e

—, [4-Methyl-2,6-dinitro-phenyl]-phenyl-
6 III 1390 d

—, [4-Methyl-2,6-dinitro-phenyl]-picryl-
6 III 1391 a

—, [4-Methyl-2,6-dinitro-phenyl]-*p*-tolyl-
6 II 392 b, III 1391 b, IV 2152

—, [1-Methyl-2,2-diphenyl-äthyl]-
[1-phenyl-äthyl]- **6** IV 4759

—, [1-Methylen-allyl]-cyclohexyl- **6** III 20 a

—, [1-Methylen-allyl]-phenyl- **6** III 561 a

—, [1-Methylen-allyl]-*m*-tolyl-
6 III 1302 d

—, [1-Methyl-heptyl]-[2-nitro-phenyl]-
6 IV 1251

—, [1-Methyl-heptyl]-[4-nitro-phenyl]-
6 IV 1286

—, [1-Methyl-heptyl]-norborn-5-en-
2-ylmethyl- **6** III 374 a

—, [1-Methyl-heptyl]-phenyl-
6 III 554 c

—, [1-Methyl-heptyl]-[2,4,6-trijod-phenyl]-
6 IV 1085

—, [1-Methyl-heptyl]-trityl- **6** III 3647 e

—, [2-Methylmercapto-äthyl]-[2-phenoxy-
äthyl]- **6** IV 574

—, Methyl-[2-(1-methyl-allyl)-[1]naphthyl]-
6 II 641 g

—, Methyl-[2-methyl-[9]anthryl]-
6 II 677 h

—, Methyl-[10-methyl-[9]anthryl]-
6 I 342 b, II 678 b, IV 4944

—, Methyl-[10-methyl-[9]anthrylmethyl]-
6 IV 4952

—, Methyl-[1-methyl-benz[*a*]anthracen-
5-yl]- **6** III 3734 d

—, Methyl-[7-methyl-benz[*a*]anthracen-
5-yl]- **6** III 3736 b, III 3735 d

—, Methyl-[7-methyl-benz[*a*]anthracen-
9-yl]- **6** IV 5088

—, Methyl-[7-methyl-benz[*a*]anthracen-
12-yl]- **6** III 3736 c

—, Methyl-[12-methyl-benz[*a*]anthracen-
5-yl]- **6** III 3738 e, IV 5089

Äther (Fortsetzung)

—, Methyl-[12-methyl-benz[a]anthracen-
7-ylmethyl]- **6** III 3749 b, IV 5097

—, Methyl-[4-methyl-benzhydryl]-
6 IV 4736

—, Methyl-[4-(4-methyl-benzhydryl)-
[1]naphthyl]- **6** III 3821 c

—, Methyl-[8-methyl-benzo≠
[c]phenanthren-2-yl]- **6** IV 5090

—, Methyl-[2-methyl-benzyl]-
6 484 g, III 1734 a, IV 3110

—, Methyl-[4-methyl-benzyl]-
6 III 1779 b, IV 3172

—, Methyl-[2-methyl-bibenzyl-4-yl]-
6 III 3417 e

—, Methyl-[4-methyl-bibenzyl-2-yl]-
6 IV 4755

—, Methyl-[4-methyl-bibenzyl-3-yl]-
6 IV 4755

—, Methyl-[2-methyl-biphenyl-4-yl]-
6 III 3382 d

—, Methyl-[2′-methyl-biphenyl-4-yl]-
6 III 3382 f

—, Methyl-[3-methyl-biphenyl-4-yl]-
6 III 3383 e

—, Methyl-[3′-methyl-biphenyl-4-yl]-
6 III 3384 c, IV 4692

—, Methyl-[4′-methyl-biphenyl-4-yl]-
6 III 3384 e, IV 4692

—, Methyl-[5-methyl-biphenyl-2-yl]-
6 III 3384 a

—, Methyl-[3-methyl-cholanthren-8-yl]-
6 III 3791 a

—, Methyl-[3-methyl-cholanthren-9-yl]-
6 III 3791 d

—, Methyl-[3-methyl-cholanthren-11-yl]-
6 III 3791 f

—, Methyl-[14-methyl-cholest-7-en-3-yl]-
6 IV 4036

—, Methyl-[1-methyl-chrysen-3-yl]-
6 III 3739 d

—, Methyl-[7-methyl-chrysen-2-yl]-
6 IV 5090

—, Methyl-[2-methyl-cyclohexa-
1,3-dienyl]- **6** III 369 a

—, Methyl-[2-methyl-cyclohexa-
1,4-dienyl]- **6** III 368 b

—, Methyl-[2-methyl-cyclohexa-
1,5-dienyl]- **6** III 367 c

—, Methyl-[3-methyl-cyclohexa-
1,3-dienyl]- **6** III 369 b

—, Methyl-[4-methyl-cyclohexa-
1,3-dienyl]- **6** III 368 a

—, Methyl-[4-methyl-cyclohexa-
1,4-dienyl]- **6** III 368 c

—, Methyl-[5-methyl-cyclohexa-
1,4-dienyl]- **6** III 368 d

—, Methyl-[6-methyl-cyclohexa-
1,4-dienyl]- **6** III 369 c

—, Methyl-[3-methyl-cyclohex-1-enyl]-
6 III 211 f

—, Methyl-[4-methyl-cyclohex-1-enyl]-
6 III 213 h

—, Methyl-[4-methyl-cyclohex-3-enyl]-
6 IV 203

—, Methyl-[5-methyl-cyclohex-
1-enylmethyl]- **6** III 223 c

—, Methyl-[1-methyl-cyclohexyl]-
6 III 59 c

—, Methyl-[2-methyl-cyclohexyl]-
6 12 a

—, Methyl-[3-methyl-cyclohexyl]-
6 II 22 a, III 70 a

—, Methyl-[4-methyl-cyclohexyl]-
6 II 24 a, III 74 a

—, Methyl-[6-(1-methyl-cyclohexyl)-
[2]naphthyl]- **6** IV 4812

—, Methyl-[4-(2-methyl-cyclopent-
1-enyläthinyl)-cyclohex-3-enyl]- **6** III 2758 c

—, Methyl-{5-[2-(2-methyl-cyclopent-
1-enyl)-äthyl]-[2]naphthyl}- **6** III 3531 b

—, Methyl-[6-(2-methyl-cyclopent-1-enyl)-
[2]naphthyl]- **6** III 3518 d, IV 4891

—, Methyl-[1-methyl-cyclopentyl]-
6 III 54 b

—, Methyl-[6-(2-methyl-cyclopentyl)-
[2]naphthyl]- **6** III 3441 b

—, Methyl-[10-methyl-1,4-dihydro-
[9]anthryl]- **6** IV 4880

—, Methyl-[10-methyl-7,8-dihydro-
cyclohepta[de]naphthalin-3-yl]-
6 III 3514 g

—, Methyl-[15-methyl-16,17-dihydro-
15H-cyclopenta[a]phenanthren-3-yl]-
6 III 3616 d, IV 4999

—, Methyl-[16-methyl-16,17-dihydro-
15H-cyclopenta[a]phenanthren-3-yl]-
6 III 3616 f

—, Methyl-[17-methyl-16,17-dihydro-
15H-cyclopenta[a]phenanthren-3-yl]-
6 III 3617 a, IV 4999

—, Methyl-[17-methyl-16,17-dihydro-
15H-cyclopenta[a]phenanthren-6-yl]-
6 III 3617 b

—, Methyl-[5-methyl-7,8-dihydro-
[1]naphthyl]- **6** IV 4083

Äther (Fortsetzung)

—, Methyl-[5-methyl-7,8-dihydro-
[2]naphthyl]- **6** III 2744 e, IV 4084

—, Methyl-[8-methyl-5,6-dihydro-
[2]naphthyl]- **6** III 2744 f, IV 4084

—, Methyl-[1-methyl-3,4-dihydro-
[9]phenanthryl]- **6** IV 4880

—, Methyl-[5'-methyl-2',4'-dinitro-stilben-
4-yl]- **6** III 3509 e

—, Methyl-[1-methyl-1,2-diphenyl-äthyl]-
6 IV 4752

—, Methyl-[4-methyl-9,10-diphenyl-
[1]anthryl]- **6** IV 5160

—, Methyl-[4-methyl-9,10-diphenyl-
[9]anthryl]- **6** III 3863 a

—, Methyl-[10-methyl-9,10-diphenyl-
9,10-dihydro-[9]anthryl]- **6** III 3853 a

—, Methyl-[2-methyl-1,3-diphenyl-inden-
1-yl]- **6** III 3793 a

—, Methyl-[2-methyl-1,1-diphenyl-pentyl]-
6 III 3455 g

—, Methyl-[2-methyl-1,1-diphenyl-
propyl]- **6** II 648 f

—, Methyl-[1-methyl-5,6,6a,7,7a,8,9,10,≠
11,11a,12,12a-dodecahydro-benz≠
[a]anthracen-4-yl]- **6** III 3072 d

—, Methyl-[3-methylen-cyclohex-1-enyl]-
6 III 369 d

—, Methyl-[5-methylen-
5,6,7,8-tetrahydro-[2]naphthyl]-
6 III 2745 a

—, Methyl-[6-methyl-fluoren-3-yl]-
6 III 3506 g

—, Methyl-[8-methyl-fluoren-2-yl]-
6 IV 4867

—, Methyl-[9-methyl-fluoren-9-yl]-
6 II 661 d

—, Methyl-[2-(9-methyl-fluoren-9-yl)-
äthyl]- **6** IV 4898

—, Methyl-[5-methyl-1,2,6,7,8,8a-
hexahydro-acenaphthylen-4-yl]-
6 III 2755 d

—, Methyl-[8-methyl-5,6,6a,7,8,12b-
hexahydro-benzo[c]phenanthren-2-yl]-
6 IV 4973

—, Methyl-[14-methyl-12,13,14,15,16,17-
hexahydro-11H-cyclopenta[a]phenanthren-
3-yl]- **6** III 3533 c

—, Methyl-[14-methyl-12,13,14,15,16,17-
hexahydro-11H-cyclopenta[a]phenanthren-
4-yl]- **6** III 3533 d

—, Methyl-[14-methyl-12,13,14,15,16,17-
hexahydro-11H-cyclopenta[a]phenanthren-
6-yl]- **6** III 3534 a

—, Methyl-[6-(2-methyl-1-methylen-allyl)-
[2]naphthyl]- **6** IV 4877

—, Methyl-[9-methyl-10-methylen-
9,10-dihydro-[9]anthryl]- **6** 709 b

—, Methyl-[2-methyl-3-methylen-
[2]norbornyl]- **6** IV 368

—, Methyl-{1-methyl-5-[2-(7-methyl-
[1]naphthyl)-äthyl]-[2]naphthyl}-
6 III 3796 e

—, Methyl-{1-methyl-5-[2-(7-methyl-
1,2,3,4-tetrahydro-[1]naphthyl)-äthyl]-
7,8-dihydro-[2]naphthyl}- **6** III 3623 c

—, Methyl-[1-methyl-[2]naphthyl]-
6 665 b, I 320 a, III 3020 a, IV 4329

—, Methyl-[2-methyl-[1]naphthyl]-
6 III 3027 a, IV 4338

—, Methyl-[3-methyl-[2]naphthyl]-
6 IV 4339

—, Methyl-[4-methyl-[1]naphthyl]-
6 III 3022 c, IV 4331

—, Methyl-[5-methyl-[1]naphthyl]-
6 IV 4331

—, Methyl-[5-methyl-[2]naphthyl]-
6 III 3023 b, IV 4331

—, Methyl-[6-methyl-[2]naphthyl]-
6 II 618 d, III 3029 a

—, Methyl-[7-methyl-[1]naphthyl]-
6 III 3030 a

—, Methyl-[7-methyl-[2]naphthyl]-
6 III 3029 f

—, Methyl-[8-methyl-[2]naphthyl]-
6 III 3024 a, IV 4331

—, Methyl-[1-methyl-1-[1]naphthyl-äthyl]-
6 III 3049 e

—, Methyl-[4-methyl-[1]naphthylmethyl]-
6 IV 4351

—, Methyl-[3-methyl-α'-nitro-bibenzyl-
α-yl]- **6** II 645 b

—, Methyl-[4-methyl-α'-nitro-bibenzyl-
α-yl]- **6** II 645 d

—, Methyl-[2'-methyl-6'-nitro-biphenyl-
2-yl]- **6** IV 4690

—, Methyl-[2-methyl-4-nitro-[1]naphthyl]-
6 III 3027 d

—, Methyl-[4b-methyl-4b,5,6,7,8,8a,9,10-
octahydro-[3]phenanthryl]- **6** IV 4116

—, Methyl-[4b-methyl-4b,5,6,7,8,8a,9,10-
octahydro-[4]phenanthryl]- **6** IV 4116

—, Methyl-[4-(4-methyl-pent-3-enyl)-
[1]naphthyl]- **6** IV 4797

Äther (Fortsetzung)

—, Methyl-[2-methyl-phenäthyl]-
6 IV 3234

—, Methyl-[1-methyl-[2]phenanthryl]-
6 III 3565 c

—, Methyl-[1-methyl-[3]phenanthryl]-
6 III 3565 e

—, Methyl-[1-methyl-[4]phenanthryl]-
6 III 3565 g

—, Methyl-[1-methyl-[9]phenanthryl]-
6 IV 4945

—, Methyl-[2-methyl-[1]phenanthryl]-
6 III 3568 f

—, Methyl-[3-methyl-[2]phenanthryl]-
6 III 3569 d

—, Methyl-[7-methyl-[2]phenanthryl]-
6 III 3569 b

—, Methyl-[8-methyl-[1]phenanthryl]-
6 III 3568 a

—, Methyl-[8-methyl-[2]phenanthryl]-
6 III 3567 f

—, Methyl-[8-methyl-[3]phenanthryl]-
6 III 3566 c

—, Methyl-[8-methyl-[4]phenanthryl]-
6 III 3566 a

—, Methyl-[10-methyl-[3]phenanthryl]-
6 IV 4946

—, Methyl-[1-methyl-1-phenyl-äthyl]-
6 II 477 f, III 1813 e, IV 3220

—, Methyl-[1-methyl-2-phenyl-äthyl]-
6 II 472 i, IV 3192

—, Methyl-[1-(1-methyl-1-phenyl-äthyl)-
inden-1-ylmethyl]- 6 III 3593 d

—, Methyl-[3-(1-methyl-1-phenyl-äthyl)-
inden-1-ylmethyl]- 6 III 3593 d

—, Methyl-[1-methyl-3-phenyl-allyl]-
6 III 2433, IV 3833

—, Methyl-[12-methyl-7-phenyl-benz⁼
[a]anthracen-5-yl]- 6 IV 5154

—, Methyl-[2-methyl-4-phenyl-buta-
1,3-dienyl]- 6 IV 4081

—, Methyl-[2-methyl-4-phenyl-but-1-en-
3-inyl]- 6 III 3019 a

—, Methyl-[3-methyl-2-phenyl-inden-6-yl]-
6 IV 4950

—, Methyl-[1-methyl-1-phenyl-pent-4-en-
2-inyl]- 6 III 3031 f

—, Methyl-[3-methyl-5-phenyl-pent-
3-enyl]- 6 IV 3896

—, Methyl-[1-methyl-1-phenyl-pentyl]-
6 III 1996 a

—, Methyl-[1-methyl-1-phenyl-prop-
2-inyl]- 6 IV 4073

—, Methyl-[1-methyl-3-phenyl-prop-
2-inyl]- 6 III 2738 f

—, Methyl-[1-methyl-1-phenyl-propyl]-
6 III 1854 f, IV 3283

—, Methyl-[6-(1-methyl-2-phenyl-vinyl)-
[2]naphthyl]- 6 IV 5056

—, Methyl-[6-(2-methyl-propenyl)-
[2]naphthyl]- 6 IV 4744

—, Methyl-[1-methyl-6-propyl-
[2]naphthyl]- 6 IV 4369

—, Methyl-[3-methyl-stilben-2-yl]-
6 IV 4874

—, Methyl-[4'-methyl-stilben-4-yl]-
6 IV 4874

—, Methyl-[13-methyl-12,13,16,17-
tetrahydro-11H-cyclopenta[a]phenanthren-
3-yl]- 6 IV 4970

—, Methyl-[1-methyl-1,2,3,4-tetrahydro-
[2]naphthyl]- 6 IV 3889

—, Methyl-[1-methyl-5,6,7,8-tetrahydro-
[2]naphthyl]- 6 III 2479 f, IV 3886

—, Methyl-[2-methyl-5,6,7,8-tetrahydro-
[1]naphthyl]- 6 IV 3890

—, Methyl-[3-methyl-5,6,7,8-tetrahydro-
[1]naphthyl]- 6 IV 3890

—, Methyl-[3-methyl-5,6,7,8-tetrahydro-
[2]naphthyl]- 6 III 2481 d, IV 3890

—, Methyl-[4-methyl-5,6,7,8-tetrahydro-
[1]naphthyl]- 6 IV 3888

—, Methyl-[4-methyl-5,6,7,8-tetrahydro-
[2]naphthyl]- 6 IV 3888

—, Methyl-[5-methyl-5,6,7,8-tetrahydro-
[2]naphthyl]- 6 IV 3889

—, Methyl-[6-methyl-5,6,7,8-tetrahydro-
[2]naphthyl]- 6 III 2482 f

—, Methyl-[7-methyl-5,6,7,8-tetrahydro-
[2]naphthyl]- 6 III 2482 g

—, Methyl-[8-methyl-5,6,7,8-tetrahydro-
[1]naphthyl]- 6 IV 3890

—, Methyl-[8-methyl-5,6,7,8-tetrahydro-
[2]naphthyl]- 6 III 2480 g

—, Methyl-[1-methyl-1,2,3,4-tetrahydro-
[9]phenanthryl]- 6 IV 4776

—, Methyl-[1-methyl-5,6,7,8-tetrahydro-
[2]phenanthryl]- 6 III 3427 b

—, Methyl-[1-methyl-2-(toluol-4-sulfonyl)-
vinyl]- 6 III 1410 c

—, Methyl-[7-methyl-4-p-tolyl-
[1]naphthyl]- 6 IV 4996

—, Methyl-[1-methyl-1-p-tolyl-propyl]-
6 I 270 h

—, Methyl-[1-methyl-1-(1,3,4-trimethyl-
cyclohex-3-enyl)-äthyl]- 6 III 336 f

Äther (Fortsetzung)

—, Methyl-[1-methyl-3-(2,6,6-trimethyl-cyclohex-2-enyl)-allyl]- **6** III 402 d

—, Methyl-[4-methyl-6-(2,2,6-trimethyl-cyclohexyl)-hexyl]- **6** III 195 a

—, Methyl-[1-methyl-3-(2,2,6-trimethyl-cyclohexyl)-propyl]- **6** III 187 a

—, Methyl-[4-methyl-3-vinyl-cyclohex-3-enyl]- **6** IV 366

—, Methyl-[1]naphthyl- **6** 606 a, I 306 a, II 578 a, III 2922, IV 4211

—, Methyl-[2]naphthyl- **6** 640, I 312 a, II 598 a, III 2969 b, IV 4257

—, Methyl-[1-[1]naphthyl-äthyl]- **6** III 3034 e, IV 4346

—, Methyl-[1-[2]naphthyl-äthyl]- **6** IV 4348

—, Methyl-[[1]naphthyl-diphenyl-methyl]- **6** II 721 c, III 3818 a

—, Methyl-[3-[2]naphthyl-1,1-diphenyl-prop-2-inyl]- **6** III 3846 b

—, Methyl-[[1]naphthyl-di-*p*-tolyl-methyl]- **6** II 723 i

—, Methyl-[1]naphthylmethyl- **6** III 3024 c, IV 4332

—, Methyl-[4-[1]naphthyl-3-nitro-phenyl]- **6** IV 4985

—, Methyl-[4-([1]naphthyl-phenyl-methyl)-[1]naphthyl]- **6** III 3866 a

—, Methyl-[[1]naphthyl-phenyl-*p*-tolyl-methyl]- **6** II 723 f, III 3821 d, IV 5135

—, Methyl-[2-[1]naphthyl-propenyl]- **6** III 3386 e

—, [1-Methyl-[2]naphthyl]-trityl- **6** I 350 f

—, Methyl-neomenthyl- **6** IV 152

—, Methyl-[4-nitro-acenaphthen-5-yl]- **6** IV 4626

—, Methyl-[10-nitro-[9]anthryl]- **6** 704 b

—, Methyl-[2-nitro-benzyl]- **6** 448 a

—, Methyl-[3-nitro-benzyl]- **6** IV 2609

—, Methyl-[4-nitro-benzyl]- **6** 450 d, II 425 a

—, Methyl-[α'-nitro-bibenzyl-α-yl]- **6** 684 b, I 329 f, III 3392 g, IV 4705

—, Methyl-[2'-nitro-biphenyl-2-yl]- **6** III 3307 f, IV 4591

—, Methyl-[2-nitro-biphenyl-3-yl]- **6** IV 4598

—, Methyl-[2-nitro-biphenyl-4-yl]- **6** IV 4612

—, Methyl-[2'-nitro-biphenyl-4-yl]- **6** IV 4612

—, Methyl-[3-nitro-biphenyl-2-yl]- **6** III 3307 b

—, Methyl-[3'-nitro-biphenyl-2-yl]- **6** III 3307 h

—, Methyl-[3-nitro-biphenyl-4-yl]- **6** II 626 b

—, Methyl-[3'-nitro-biphenyl-4-yl]- **6** IV 4613

—, Methyl-[4'-nitro-biphenyl-2-yl]- **6** III 3308 b

—, Methyl-[4'-nitro-biphenyl-4-yl]- **6** II 626 d, IV 4614

—, Methyl-[5-nitro-biphenyl-2-yl]- **6** 672 g, I 324 e

—, Methyl-[6-nitro-cyclohex-1-enyl]- **6** II 60 b

—, Methyl-[2-nitro-cyclohexyl]- **6** IV 71

—, Methyl-[10-nitro-9,10-dihydro-[9]anthryl]- **6** 697 d, II 660 g

—, Methyl-[2-nitro-1,1-diphenyl-äthyl]- **6** II 640 b, IV 4724

—, Methyl-[2-nitro-3,4-diphenyl-[1]naphthyl]- **6** III 3814 d

—, Methyl-[2-nitro-1,3-diphenyl-propyl]- **6** IV 4749

—, Methyl-[2-nitro-fluoren-3-yl]- **6** IV 4850

—, Methyl-[3-nitro-fluoren-2-yl]- **6** III 3488 b, IV 4847

—, Methyl-[7-nitro-fluoren-2-yl]- **6** III 3488 d, IV 4847

—, Methyl-[4-nitro-indan-5-yl]- **6** III 2430 c

—, Methyl-[6-nitro-indan-5-yl]- **6** III 2430 e

—, Methyl-[2-nitro-inden-1-yl]- **6** IV 4068

—, Methyl-[2-nitro-inden-3-yl]- **6** IV 4069

—, Methyl-[1-nitro-[2]naphthyl]- **6** 653 e, I 315 j, II 608 d, III 3003 a, IV 4307

—, Methyl-[2-nitro-[1]naphthyl]- **6** 615 b, III 2938 c, IV 4236

—, Methyl-[3-nitro-[1]naphthyl]- **6** IV 4237

—, Methyl-[3-nitro-[2]naphthyl]- **6** IV 4308

—, Methyl-[4-nitro-[1]naphthyl]- **6** 616 a, I 308 i, III 2938 f, IV 4237

Äther (Fortsetzung)

—, Methyl-[4-nitro-[2]naphthyl]-
6 I 316 d, IV 4308

—, Methyl-[5-nitro-[1]naphthyl]-
6 616 e, I 308 j, III 2939 f

—, Methyl-[5-nitro-[2]naphthyl]-
6 III 3004 b, IV 4308

—, Methyl-[6-nitro-[2]naphthyl]-
6 I 316 e, III 3004 c

—, Methyl-[8-nitro-[2]naphthyl]-
6 I 316 f, IV 4310

—, Methyl-[3-nitro-1-(α-nitro-benzyl)-
3-phenyl-allyl]- 6 III 3515 a

—, Methyl-[4-nitro-phenäthyl]-
6 IV 3083

—, Methyl-[9-nitro-[3]phenanthryl]-
6 706 c, III 3559 f

—, Methyl-[2-nitro-1-[3]phenanthryl-
äthyl]- 6 III 3576 e

—, Methyl-[2-nitro-1-[9]phenanthryl-
äthyl]- 6 III 3577 b

—, Methyl-[2-nitro-1-phenyl-äthyl]-
6 477 e, I 237 i, II 447 i

—, Methyl-[1-(2-nitro-phenyl)-
[2]naphthyl]- 6 IV 4982

—, Methyl-[1-nitro-6-phenyl-[2]naphthyl]-
6 III 3605 b

—, Methyl-[1-nitro-7-phenyl-[2]naphthyl]-
6 III 3605 e

—, Methyl-[4-(2-nitro-phenyl)-
[1]naphthyl]- 6 IV 4983

—, Methyl-[5-(2-nitro-phenyl)-
[2]naphthyl]- 6 IV 4983

—, Methyl-[5-(4-nitro-phenyl)-
[1]naphthyl]- 6 IV 4983

—, [4-Methyl-2-nitro-phenyl]-[4-nitro-
benzyl]- 6 451 i

—, [2-Methyl-4-nitro-phenyl]-[3-nitro-
phenyl]- 6 III 1274 f

—, [2-Methyl-4-nitro-phenyl]-[4-nitro-
phenyl]- 6 III 1274 g

—, [3-Methyl-4-nitro-phenyl]-[3-nitro-
phenyl]- 6 III 1327 d

—, [3-Methyl-4-nitro-phenyl]-[4-nitro-
phenyl]- 6 III 1327 e

—, [4-Methyl-2-nitro-phenyl]-[2-nitro-
phenyl]- 6 III 1386 g

—, [4-Methyl-2-nitro-phenyl]-[3-nitro-
phenyl]- 6 III 1386 h

—, [4-Methyl-2-nitro-phenyl]-[4-nitro-
phenyl]- 6 394 g, III 1386 i

—, [2-Methyl-5-nitro-phenyl]-pentyl-
6 IV 2010

—, [4-Methyl-2-nitro-phenyl]-phenyl-
6 III 1386 c

—, [5-Methyl-2-nitro-phenyl]-phenyl-
6 II 360 c

—, Methyl-[2-nitro-1-phenyl-propyl]-
6 III 1796 e, IV 3189

—, [2-Methyl-5-nitro-phenyl]-propyl-
6 III 1274 c, IV 2010

—, [2-Methyl-6-nitro-phenyl]-propyl-
6 365 d

—, [3-Methyl-4-nitro-phenyl]-propyl-
6 IV 2076

—, Methyl-[3-(4-nitro-phenyl)-propyl]-
6 IV 3206

—, [4-Methyl-2-nitro-phenyl]-propyl-
6 III 1385 c

—, [2-Methyl-4-nitro-phenyl]-o-tolyl-
6 I 178 f

—, [3-Methyl-4-nitro-phenyl]-m-tolyl-
6 I 192 a

—, [4-Methyl-2-nitro-phenyl]-p-tolyl-
6 II 388 e

—, [4-Methyl-3-nitro-phenyl]-p-tolyl-
6 II 387 g

—, Methyl-[1-(4-nitro-phenyl)-vinyl]-
6 IV 3782

—, Methyl-[6-nitro-pyren-1-yl]-
6 III 3627 c

—, Methyl-[8-nitro-pyren-1-yl]-
6 III 3627 c

—, Methyl-[1-nitroso-[2]naphthyl]-
6 III 3002 g, IV 4307

—, Methyl-[2-nitroso-[1]naphthyl]-
6 III 2938 a, IV 4236

—, Methyl-[4-nitroso-[1]naphthyl]-
6 614 e, IV 4236

—, Methyl-[α'-nitro-stilben-α-yl]-
6 II 659 d, III 3502 b

—, Methyl-[α'-nitro-stilben-2-yl]-
6 III 3496 c

—, Methyl-[α'-nitro-stilben-3-yl]-
6 III 3497 e

—, Methyl-[α-nitro-stilben-4-yl]-
6 II 658 g

—, Methyl-[α'-nitro-stilben-4-yl]-
6 694 a, III 3500 b

—, Methyl-[2'-nitro-stilben-2-yl]-
6 III 3495 e

—, Methyl-[2-nitro-stilben-4-yl]-
6 III 3499 e

—, Methyl-[2'-nitro-stilben-4-yl]-
6 I 335 e

Äther (Fortsetzung)

−, Methyl-[3′-nitro-stilben-2-yl]-
6 III 3495 f

−, Methyl-[3′-nitro-stilben-4-yl]-
6 III 3499 f

−, Methyl-[4′-nitro-stilben-2-yl]-
6 I 335 a, III 3496 b, IV 4853

−, Methyl-[4′-nitro-stilben-3-yl]-
6 I 335 b

−, Methyl-[4′-nitro-stilben-4-yl]-
6 693 m, I 335 g, II 658 e, III 3500 a,
IV 4860

−, Methyl-[6-nitro-stilben-3-yl]-
6 III 3497 c

−, Methyl-[5-(2-nitro-styryl)-[2]naphthyl]-
6 IV 5010

−, Methyl-[5′-nitro-*m*-terphenyl-2′-yl]-
6 711 i

−, Methyl-[3-nitro-5,6,7,8-tetrahydro-
[2]naphthyl]- 6 III 2456 i

−, Methyl-[2-nitro-1-*o*-tolyl-äthyl]-
6 IV 3234

−, Methyl-[4-nitro-trityl]- 6 III 3673 b

−, Methyl-[1-(2-nitro-vinyl)-[2]naphthyl]-
6 III 3345 d

−, Methyl-norborn-5-en-2-yl- 6 IV 343

−, Methyl-norborn-5-en-2-ylmethyl-
6 IV 357

−, Methyl-[2]norbornyl- 6 III 218 b,
IV 213

−, Methyl-[6-octadecyl-[2]naphthyl]-
6 III 3086 b

−, Methyl-[4b,5,6,8,9,10b,11,12-
octahydro-chrysen-2-yl]- 6 III 3532 b

−, Methyl-[4,5,6,6a,7,8,9,10-octahydro-
cyclohepta[*de*]naphthalin-1-yl]-
6 IV 4110

−, Methyl-[1,2,3,4,5,6,7,8-octahydro-
[9]phenanthryl]- 6 III 2761 f

−, Methyl-[4b,5,6,7,8,8a,9,10-octahydro-
[3]phenanthryl]- 6 III 2760 c, IV 4109

−, Methyl-[5,6,7,8,9,10,11,12-octahydro-
triphenylen-1-yl]- 6 III 3532 c

−, Methyl-[5,6,7,8,9,10,11,12-octahydro-
triphenylen-2-yl]- 6 III 3532 d

−, Methyl-[2,3,4,5,6,2′,4′,6′-octamethyl-
benzhydryl]- 6 IV 4832

−, Methyl-[2,3,4,5,6-pentachlor-benzyl]-
6 III 1559 c, IV 2599

−, Methyl-[2,3,4,5,6-pentachlor-styryl]-
6 IV 3784

−, Methyl-[pentafluor-cyclobut-1-enyl]-
6 IV 191

−, Methyl-[2,3,4,5,6-pentamethyl-
benzhydryl]- 6 IV 4821

−, Methyl-[2,3,4,5,6-pentamethyl-benzyl]-
6 IV 3447

−, Methyl-[1,1,2,3,3-pentamethyl-indan-
5-yl]- 6 IV 3953

−, Methyl-[1,1,3,3,6-pentamethyl-indan-
4-yl]- 6 IV 3953

−, Methyl-[pentaphenyl-cyclopenta-
2,4-dienyl]- 6 IV 5177

−, [3-Methyl-pent-2-en-4-inyl]-phenyl-
6 III 562 b

−, [4-Methyl-pent-4-en-2-inyl]-trityl-
6 III 3648 d

−, [1-Methyl-pent-3-enyl]-phenyl-
6 145 c

−, [4-Methyl-pent-3-enyl]-phenyl-
6 II 147 j

−, Methyl-[5-pentyl-biphenyl-2-yl]-
6 III 3450 e

−, [1-Methyl-pentyl]-phenyl- 6 IV 560

−, Methyl-perylen-1-yl- 6 III 3808 c

−, Methyl-phenäthyl- 6 479 a, I 238 a,
II 449, III 1706 a, IV 3069

−, Methyl-[2-phenäthyl-benzhydryl]-
6 III 3697 a

−, Methyl-[5-phenäthyl-7,8-dihydro-
[2]naphthyl]- 6 III 3582 b, IV 4965

−, Methyl-[5-phenäthyl-[2]naphthyl]-
6 IV 4994

−, Methyl-[1-phenäthyl-prop-2-inyl]-
6 IV 4080

−, Methyl-[5-phenäthyl-
5,6,7,8-tetrahydro-[2]naphthyl]-
6 IV 4910

−, Methyl-[1]phenanthryl- 6 704 d,
II 674 c, III 3557 d

−, Methyl-[2]phenanthryl- 6 704 f,
III 3558 a, IV 4934

−, Methyl-[3]phenanthryl- 6 705 g,
II 675 a, III 3558 f, IV 4935

−, Methyl-[4]phenanthryl- 6 706 f,
III 3560 a, IV 4937

−, Methyl-[9]phenanthryl- 6 707 a,
III 3561 a, IV 4937

−, Methyl-[[1]phenanthryl-diphenyl-
methyl]- 6 III 3863 c

−, Methyl-[[2]phenanthryl-diphenyl-
methyl]- 6 III 3863 g

−, Methyl-[[3]phenanthryl-diphenyl-
methyl]- 6 III 3864 d

−, Methyl-[[9]phenanthryl-diphenyl-
methyl]- 6 III 3865 c

Äther (Fortsetzung)

—, Methyl-[9-[9]phenanthryl-fluoren-9-yl]-
6 III 3873 d

—, Methyl-phenyl- s. *Anisol*

—, Methyl-phenyläthinyl- 6 IV 4064

—, Methyl-[10-phenyläthinyl-[9]anthryl]-
6 IV 5138

—, Methyl-[1-phenyl-äthyl]- 6 II 446 a,
III 1675, IV 3031

—, Methyl-[2-(1-phenyl-äthyl)-
benzhydryl]- 6 III 3697 e

—, [3-Methyl-1-(1-phenyl-äthyliden)-
inden-2-yl]-phenyl- 6 IV 4996

—, Methyl-[4-(1-phenyl-äthyl)-
[1]naphthyl]- 6 IV 4995

—, Methyl-[6-(1-phenyl-äthyl)-
[2]naphthyl]- 6 IV 4995

—, [1-Methyl-2-phenyl-äthyl]-nonyl-
6 II 473 h

—, [1-Methyl-2-phenyl-äthyl]-octyl-
6 II 473 g

—, [1-Methyl-2-phenyl-äthyl]-pentyl-
6 II 473 d

—, [1-Methyl-1-phenyl-äthyl]-phenyl-
6 IV 3221

—, [1-Methyl-2-phenyl-äthyl]-phenyl-
6 II 474 a, III 1798 b

—, [1-Methyl-1-phenyl-äthyl]-propyl-
6 IV 3220

—, [1-Methyl-2-phenyl-äthyl]-propyl-
6 II 473 b

—, Methyl-[1-phenyl-allyl]- 6 III 2418 a,
IV 3819

—, [1-Methyl-3-phenyl-allyl]-propyl-
6 IV 3833

—, Methyl-[9-phenyl-[2]anthryl]-
6 III 3778 d

—, Methyl-[10-phenyl-[1]anthryl]-
6 III 3779 b

—, Methyl-[10-phenyl-[2]anthryl]-
6 III 3779 a

—, Methyl-[10-phenyl-[9]anthryl]-
6 II 711 b, III 3779 c

—, Methyl-[2-phenyl-benzhydryl]-
6 III 3677 b

—, Methyl-[4-phenyl-benzhydryl]-
6 III 3678 a, IV 5054

—, Methyl-[4-(4-phenyl-benzhydryl)-
[1]naphthyl]- 6 III 3877 d

—, Methyl-[3-phenyl-benzyl]- 6 682 c

—, Methyl-[10-phenylbutadiinyl-
[9]anthryl]- 6 IV 5157

—, Methyl-[4-phenyl-but-2-enyl]-
6 IV 3837

—, Methyl-[4-phenyl-butyl]- 6 I 258 d

—, Methyl-[1-(4-phenyl-butyl)-vinyl]-
6 II 547 b

—, Methyl-[1-phenyl-cyclohexyl]-
6 III 2510 e

—, Methyl-[2-phenyl-cyclohexyl]-
6 III 2511 b, IV 3910

—, Methyl-[4-phenyl-cyclohexylmethyl]-
6 III 2534 g

—, Methyl-[2-(1-phenyl-cyclohexyl)-vinyl]-
6 IV 4106

—, Methyl-[1-phenyl-cyclopentyl]-
6 III 2479 a

—, Methyl-[5-phenyl-7,8-dihydro-
[1]naphthyl]- 6 IV 4948

—, Methyl-[5-phenyl-7,8-dihydro-
[2]naphthyl]- 6 III 3571 d

—, Methyl-[6-phenyl-7,8-dihydro-
[1]naphthyl]- 6 IV 4949

—, Methyl-[7-phenyl-5,6-dihydro-
[1]naphthyl]- 6 IV 4949

—, Methyl-[8-phenyl-5,6-dihydro-
[2]naphthyl]- 6 III 3571 e

—, Methyl-[8-phenyl-5,8-dihydro-
[1]naphthyl]- 6 IV 4949

—, Methyl-[3-phenyl-1,1-di-*p*-tolyl-prop-
2-inyl]- 6 III 3795 a

—, Methyl-[9-phenyl-fluoren-9-yl]-
6 725 e, II 704 f, IV 5086

—, Methyl-[6-phenyl-hex-3-enyl]-
6 IV 3895

—, Methyl-[6-phenyl-hexyl]- 6 I 271 d

—, Methyl-[3-phenyl-inden-6-yl]-
6 IV 4942

—, Methyl-[1-phenyl-[2]naphthyl]-
6 IV 4982

—, Methyl-[2-phenyl-[1]naphthyl]-
6 IV 4985

—, Methyl-[4-phenyl-[1]naphthyl]-
6 IV 4982

—, Methyl-[5-phenyl-[1]naphthyl]-
6 IV 4983

—, Methyl-[5-phenyl-[2]naphthyl]-
6 III 3603 b

—, Methyl-[6-phenyl-[1]naphthyl]-
6 IV 4985

—, Methyl-[6-phenyl-[2]naphthyl]-
6 III 3605 a, IV 4985

—, Methyl-[7-phenyl-[1]naphthyl]-
6 IV 4986

Äther (Fortsetzung)

−, Methyl-[7-phenyl-[2]naphthyl]-
6 III 3605 d

−, Methyl-[8-phenyl-[1]naphthyl]-
6 IV 4983

−, Methyl-[8-phenyl-[2]naphthyl]-
6 III 3603 c

−, Methyl-[1-phenyl-[2]norbornyl]-
6 III 2754 f

−, Methyl-[5-phenyl-penta-2,4-dienyl]-
6 III 2742 h

−, Methyl-[3-phenyl-pent-4-enyl]-
6 III 2472 b

−, Methyl-[5-phenyl-pent-3-enyl]-
6 III 2467 a

−, Methyl-[1-phenyl-pentyl]- 6 IV 3371

−, Methyl-[5-phenyl-pentyl]- 6 III 1954 h

−, Methyl-[10-phenyl-[9]phenanthryl]-
6 III 3780 d

−, Methyl-[phenyl-(10-phenyl-[9]anthryl)-
methyl]- 6 III 3862 b

−, Methyl-[1-phenyl-propenyl]-
6 III 2400 b

−, Methyl-[1-phenyl-prop-2-inyl]- 6 IV 4066

−, Methyl-[3-phenyl-prop-2-inyl]-
6 I 299 f, III 2736 e

−, Methyl-[1-phenyl-propyl]-
6 I 250 g, IV 3184

−, Methyl-[2-phenyl-propyl]-
6 III 1817 a

−, Methyl-[3-phenyl-propyl]-
6 I 252 i

−, Methyl-[4'-phenyl-stilben-2-yl]-
6 III 3744 a

−, Methyl-[4-phenyl-trityl]- 6 III 3834 b

−, Methyl-[1-phenyl-vinyl]- 6 563 b,
I 279 b, II 521 f, III 2389 d, IV 3780

−, Methyl-pinan-10-yl- 6 III 286 d

−, Methyl-pin-2-en-10-yl- 6 IV 384

−, Methyl-[3-propenyl-biphenyl-2-yl]-
6 II 664 d

−, Methyl-[4'-propenyl-biphenyl-4-yl]-
6 III 3511 d

−, Methyl-[2-propenyl-[1]naphthyl]-
6 IV 4694

−, Methyl-[4-propenyl-[1]naphthyl]-
6 682 g, III 3384 f

−, Methyl-[6-propenyl-[2]naphthyl]-
6 III 3385 f, IV 4695

−, [2-Methyl-propenyl]-[4-nitro-phenyl]-
6 IV 1287

−, [2-Methyl-propenyl]-pentachlorphenyl-
6 IV 1027

−, [2-Methyl-propenyl]-phenyl-
6 IV 564

−, [2-Methyl-propenyl]-p-tolyl-
6 IV 2101

−, Methyl-[7-propyl-benz[a]anthracen-
5-yl]- 6 III 3756 c

−, Methyl-[5-propyl-biphenyl-2-yl]-
6 III 3423 g

−, Methyl-[3-propyl-cyclohexyl]-
6 I 15 a

−, Methyl-[4-propyl-cyclohexyl]-
6 I 15 a, III 107 a

−, Methyl-[2-propyl-[1]naphthyl]-
6 III 3048 f

−, Methyl-[6-propyl-[2]naphthyl]-
6 III 3049 b

−, Methyl-[9-(4-propyl-phenyl)-fluoren-
9-yl]- 6 III 3760 b

−, Methyl-[2-propyl-5,6,7,8-tetrahydro-
[1]naphthyl]- 6 III 2537 b

−, Methyl-[3-propyl-5,6,7,8-tetrahydro-
[2]naphthyl]- 6 III 2537 d

−, Methyl-pyren-1-yl- 6 III 3627 c

−, Methyl-pyren-2-yl- 6 III 3628 d

−, Methyl-pyren-4-yl- 6 III 3628 g,
IV 5006

−, Methyl-[spiro[cyclohexan-1,1'-indan]-
5'-yl]- 6 III 2758 f

−, Methyl-stilben-2-yl- 6 693 a, II 656 j,
III 3494 e, IV 4853

−, Methyl-stilben-3-yl- 6 III 3497 a,
IV 4855

−, Methyl-stilben-4-yl- 6 693 g, I 335 d,
II 657 h, III 3497 g, IV 4855

−, Methyl-stilben-4-ylmethyl-
6 III 3510 b

−, Methyl-styryl- 6 564 c, I 279 f,
II 521 k, III 2391 d, IV 3783

−, Methyl-[5-styryl-[2]naphthyl]- 6 IV 5010

−, Methyl-[3'-styryl-stilben-4-yl]-
6 IV 5122

−, Methyl-[4'-styryl-stilben-4-yl]-
6 IV 5123

−, Methyl-[4'-(4-styryl-styryl)-stilben-
4-yl]- 6 IV 5165

−, Methyl-m-terphenyl-2'-yl- 6 III 3631 e

−, Methyl-m-terphenyl-4'-yl- 6 III 3633 a

−, Methyl-o-terphenyl-3'-yl- 6 IV 5008

−, Methyl-o-terphenyl-4'-yl- 6 IV 5008

−, Methyl-p-terphenyl-2-yl- 6 III 3633 d,
IV 5009

−, Methyl-p-terphenyl-2'-yl- 6 IV 5009

−, Methyl-p-terphenyl-4-yl- 6 III 3634 b

Äther (Fortsetzung)

—, Methyl-[1,3,4,6-tetrabrom-[2]naphthyl]-
6 II 607 f

—, Methyl-[1-(1,2,2,2-tetrachlor-äthyl)-
[2]naphthyl]- 6 IV 4345

—, Methyl-[4-(1,2,2,2-tetrachlor-äthyl)-
[1]naphthyl]- 6 IV 4345

—, Methyl-[α,α,α',α'-tetrachlor-bibenzyl-
4-yl]- 6 III 3389 b

—, Methyl-[2,2,3,3-tetrafluor-cyclobutyl]-
6 III 4 d, IV 4

—, Methyl-[1,2,3,4-tetrahydro-[9]anthryl]-
6 II 642 c

—, Methyl-[8,9,10,11-tetrahydro-
benz[a]anthracen-8-yl]- 6 III 3615 d

—, Methyl-[1,2,3,4-tetrahydro-chrysen-
4-yl]- 6 III 3616 b

—, Methyl-[5,6,11,12-tetrahydro-chrysen-
1-yl]- 6 IV 4998

—, Methyl-[5,6,11,12-tetrahydro-chrysen-
2-yl]- 6 III 3615 g

—, Methyl-[7,8,9,10-tetrahydro-chrysen-
2-yl]- 6 IV 4998

—, Methyl-[7,15,16,17-tetrahydro-
6H-cyclopenta[a]phenanthren-3-yl]-
6 III 3581 b

—, Methyl-[2,3,3a,6-tetrahydro-inden-
4-yl]- 6 IV 3264

—, Methyl-[1,2,3,4-tetrahydro-
[1]naphthyl]- 6 IV 3859

—, Methyl-[1,2,3,4-tetrahydro-
[2]naphthyl]- 6 III 2461 a, IV 3862

—, Methyl-[1,4,5,8-tetrahydro-
[2]naphthyl]- 6 IV 3864

—, Methyl-[5,6,7,8-tetrahydro-
[1]naphthyl]- 6 III 2451 a, IV 3851

—, Methyl-[5,6,7,8-tetrahydro-
[2]naphthyl]- 6 II 537 a, III 2454,
IV 3855

—, Methyl-[5,6,7,8-tetrahydro-
[2]naphthylmethyl]- 6 III 2481 f

—, Methyl-[5,6,7,8-tetrahydro-
[1]phenanthryl]- 6 III 3410 d

—, Methyl-[5,6,7,8-tetrahydro-
[2]phenanthryl]- 6 III 3410 f

—, Methyl-[5,6,7,8-tetrahydro-
[3]phenanthryl]- 6 III 3411 d

—, Methyl-[7,8,9,12-tetramethyl-
benz[a]anthracen-5-yl]- 6 III 3760 d

—, Methyl-[2,4,6,2'-tetramethyl-
benzhydryl]- 6 IV 4811

—, Methyl-[1-(2,3,5,6-tetramethyl-
phenyl)-äthyl]- 6 IV 3447

—, Methyl-[6,7,9,9-tetramethyl-4b,5,8,8a-
tetrahydro-fluoren-4-yl]- 6 III 3068 c

—, Methyl-[3,4,9,10-tetraphenyl-
[1]anthryl]- 6 III 3913 b

—, Methyl-[2,2,4,4-tetraphenyl-but-
3-enyl]- 6 II 732 b

—, Methyl-[1,1,4,4-tetraphenyl-butyl]-
6 III 3842 d

—, Methyl-[2,2,4,4-tetraphenyl-butyl]-
6 II 728 h

—, Methyl-[1,2,3,5-tetraphenyl-
cyclopenta-2,4-dienyl]- 6 III 3876 b

—, Methyl-[1,2,3,4-tetraphenyl-5-p-tolyl-
cyclopenta-2,4-dienyl]- 6 IV 5178

—, Methyl-[1,2,3,5-tetraphenyl-4-p-tolyl-
cyclopenta-2,4-dienyl]- 6 IV 5178

—, Methyl-[2,3,4,5-tetraphenyl-1-p-tolyl-
cyclopenta-2,4-dienyl]- 6 IV 5178

—, Methyl-thujan-3-yl- 6 69 a

—, Methyl-[2-(toluol-4-sulfonyl)-1-(toluol-
4-sulfonylmethyl)-vinyl]- 6 III 1412 c

—, Methyl-[1-o-tolyl-äthyl]- 6 IV 3233

—, Methyl-[1-p-tolyl-äthyl]- 6 IV 3242

—, Methyl-[4-p-tolyl-trityl]- 6 II 727 h

—, Methyl-[1-p-tolyl-vinyl]- 6 IV 3823

—, Methyl-[5,α,α'-tribrom-bibenzyl-2-yl]-
6 III 3387 g

—, Methyl-[3,5,4'-tribrom-biphenyl-2-yl]-
6 II 624 b

—, Methyl-[3,5,4-tribrom-biphenyl-4-yl]-
6 III 3337 f

—, Methyl-[2,4,4-tribrom-2,4-dinitro-
1,3-diphenyl-butyl]- 6 689 c

—, Methyl-[1,4,6-tribrom-[2]naphthyl]-
6 II 607 b, III 3000 f

—, Methyl-[3,4,5-trichlor-biphenyl-2-yl]-
6 III 3303 e

—, Methyl-[3,5,6-trichlor-biphenyl-2-yl]-
6 III 3303 e

—, Methyl-[2,2,2-trichlor-1-(4-chlor-
phenyl)-äthyl]- 6 III 1688 a, IV 3050 e

—, Methyl-[2,4,5-trichlor-3,3-difluor-
cyclopenta-1,4-dienyl]- 6 IV 338

—, Methyl-[2,4,9-trichlor-[3]phenanthryl]-
6 IV 4936

—, Methyl-[2,4,x-trichlor-[3]phenanthryl]-
6 IV 4936

—, Methyl-[3,4,10-trimethyl-
[9]anthrylmethyl]- 6 III 3582 c

—, Methyl-[7,8,12-trimethyl-benz≈
[a]anthracen-5-yl]- 6 III 3756 e

—, Methyl-[2,4,6-trimethyl-benzyl]-
6 III 1919 e, IV 3362

Äther (Fortsetzung)

—, [3-Methyl-5-(2,6,6-trimethyl-cyclohex-2-enyliden)-pent-3-enyl]-trityl- **6** IV 5019

—, [1-Methyl-3-(2,2,6-trimethyl-cyclohexyl)-propyl]-propyl- **6** III 187 c

—, Methyl-[4,5,5-trimethyl-2,6-cyclo-nornornan-3-yl]- **6** I 63 c, III 394 b

—, Methyl-[3,5,8-trimethyl-5,6-dihydro-[2]naphthyl]- **6** IV 4102

—, Methyl-[4,5,8-trimethyl-7,8-dihydro-[1]naphthyl]- **6** IV 4101

—, Methyl-[1,9,9-trimethyl-fluoren-4-yl]- **6** III 3520 b

—, Methyl-[2,6,6-trimethyl-9-methylen-bicyclo[3.3.1]nonan-2-yl]- **6** IV 411

—, Methyl-[1,2,9-trimethyl-10-methylen-9,10-dihydro-[9]anthryl]- **6** III 3582 d

—, Methyl-[1,4,7-trimethyl-[2]naphthyl]- **6** IV 4361

—, Methyl-[1,5,6-trimethyl-[2]naphthyl]- **6** III 3051 c

—, Methyl-[1,7,8-trimethyl-[2]naphthyl]- **6** III 3052 f

—, Methyl-[2,7,8-trimethyl-[1]naphthyl]- **6** III 3052 e

—, Methyl-[3,4,6-trimethyl-[1]naphthyl]- **6** III 3052 b, IV 4361

—, Methyl-[3,4,6-trimethyl-[2]naphthyl]- **6** III 3052 a

—, Methyl-[3,4,8-trimethyl-[2]naphthyl]- **6** III 3051 a

—, Methyl-[3,5,6-trimethyl-[1]naphthyl]- **6** III 3052 c

—, Methyl-[3,5,6-trimethyl-[2]naphthyl]- **6** III 3052 d

—, Methyl-[3,5,8-trimethyl-[2]naphthyl]- **6** IV 4362

—, Methyl-[4,5,8-trimethyl-[1]naphthyl]- **6** IV 4361

—, Methyl-[2,3,3-trimethyl-[2]norbornyl]- **6** II 92 c, IV 288

—, Methyl-[1,2,8-trimethyl-[3]phenanthryl]- **6** IV 4962

—, Methyl-[4-(1,2,2-trimethyl-propyl)-phenyl]- **6** IV 3428

—, Methyl-[1,4,7-trimethyl-5,6,7,8-tetrahydro-[2]naphthyl]- **6** IV 3940

—, Methyl-[3,4,6-trimethyl-5,6,7,8-tetrahydro-[1]naphthyl]- **6** IV 3939

—, Methyl-[2,2′,2″-trimethyl-trityl]- **6** IV 5071

—, Methyl-[2,4,6-trinitro-benzyl]- **6** III 1572 e

—, Methyl-[3,5,4′-trinitro-biphenyl-2-yl]- **6** 673 e, III 3309 d

—, Methyl-[5,2′,4′-trinitro-biphenyl-2-yl]- **6** 673 g

—, Methyl-[1,5,8-trinitro-[2]naphthyl]- **6** 664 i

—, Methyl-[1,6,8-trinitro-[2]naphthyl]- **6** 656 f, II 610 e

—, Methyl-[2,4,5-trinitro-[1]naphthyl]- **6** 620 a, I 309 b, II 587 e

—, Methyl-[2,5,8-trinitro-[1]naphthyl]- **6** 664 i

—, Methyl-[4,5,7-trinitro-[1]naphthyl]- **6** 620 f

—, Methyl-[4,6,8-trinitro-[1]naphthyl]- **6** 620 f

—, Methyl-[2′,4′,6′-trinitro-stilben-2-yl]- **6** IV 4854

—, Methyl-[2′,4′,6′-trinitro-stilben-4-yl]- **6** I 336 c, II 659 c

—, Methyl-[1,2,2-triphenyl-acenaphthen-1-yl]- **6** III 3883 d

—, Methyl-[1,1,2-triphenyl-äthyl]- **6** II 696 h, III 3680 d, IV 5057

—, Methyl-[1,2,2-triphenyl-äthyl]- **6** IV 5059

—, Methyl-[2,2,2-triphenyl-äthyl]- **6** II 697 a, III 3683 b

—, Methyl-[1,1,3-triphenyl-allyl]- **6** II 707 d, III 3751 c

—, Methyl-[1,2,3-triphenyl-allyl]- **6** III 3753 a, IV 5100

—, Methyl-[1,3,3-triphenyl-allyl]- **6** II 707 a, III 3750 e

—, Methyl-[2,3,3-triphenyl-allyl]- **6** III 3753 d

—, Methyl-[1,2,3-triphenyl-cycloprop-2-enyl]- **6** IV 5120

—, Methyl-[9,10,10-triphenyl-9,10-dihydro-[9]anthryl]- **6** 738 c

—, Methyl-triphenylen-1-yl- **6** III 3731 f

—, Methyl-triphenylen-2-yl- **6** III 3732 a

—, Methyl-[1,2,2-triphenyl-indan-1-yl]- **6** III 3851 g

—, Methyl-[1,3,3-triphenyl-indan-1-yl]- **6** III 3851 e

—, Methyl-[1,1,2-triphenyl-inden-3-yl]- **6** III 3860 e

—, Methyl-[1,2,3-triphenyl-inden-1-yl]- **6** 735 d, II 734 f, III 3861 c

Äther   (Fortsetzung)

—, [3-Nitro-phenyl]-picryl- **6** I 140 c,
  II 282 c, IV 1460

—, [4-Nitro-phenyl]-picryl- **6** 291 e,
  IV 1460

—, [2-Nitro-phenyl]-prop-2-inyl-
  6 IV 1252

—, [4-Nitro-phenyl]-prop-2-inyl-
  6 IV 1287

—, [2-Nitro-phenyl]-propyl-
  6 III 800 b, IV 1250

—, [3-Nitro-phenyl]-propyl- **6** III 809 b

—, [4-Nitro-phenyl]-propyl- **6** 232 b,
  II 221 c, III 819 b, IV 1284

—, [2-Nitro-phenyl]-tetradecyl-
  6 IV 1252

—, [4-Nitro-phenyl]-tetradecyl-
  6 III 820 h, IV 1286

—, [2-Nitro-phenyl]-*m*-tolyl-
  6 377 f, III 1302 f, IV 2042

—, [2-Nitro-phenyl]-*o*-tolyl- **6** 353 f,
  III 1250 a, IV 1946

—, [2-Nitro-phenyl]-*p*-tolyl- **6** 394 c,
  I 200 d, II 377 d, III 1358 d,
  IV 2102

—, [3-Nitro-phenyl]-*m*-tolyl- **6** III 1302 g,
  IV 2042

—, [3-Nitro-phenyl]-*o*-tolyl- **6** III 1250 b,
  IV 1947

—, [3-Nitro-phenyl]-*p*-tolyl- **6** III 1358 e,
  IV 2102

—, [4-Nitro-phenyl]-*m*-tolyl-
  6 377 h, III 1302 h, IV 2042

—, [4-Nitro-phenyl]-*o*-tolyl- **6** 353 i,
  III 1250 c, IV 1947

—, [4-Nitro-phenyl]-*p*-tolyl- **6** 394 f,
  III 1358 f, IV 2102

—, [4-Nitro-phenyl]-[2,4,5-trichlor-
  phenyl]- **6** IV 1289

—, [4-Nitro-phenyl]-[2,4,6-trichlor-
  phenyl]- **6** IV 1289

—, [2-Nitro-phenyl]-tridecyl- **6** IV 1252

—, [2-Nitro-phenyl]-[2,4,5-trimethyl-
  phenyl]- **6** III 1832 a

—, [2-Nitro-phenyl]-undecyl- **6** IV 1251

—, [4-Nitro-phenyl]-undecyl-
  6 III 820 f

—, [2-Nitro-phenyl]-veratryl- **6** IV 7383

—, [4-Nitro-phenyl]-vinyl- **6** IV 1286

—, [2-Nitro-4-propenyl-phenyl]-propyl-
  6 IV 3797

—, [3-Nitro-propyl]-phenyl- **6** I 81 f

—, [α'-Nitro-stilben-4-yl]-propyl-
  6 IV 4862

—, [2-(2-Nitro-vinyl)-phenyl]-phenyl-
  6 IV 3773

—, [4-(2-Nitro-vinyl)-phenyl]-phenyl-
  6 III 2388 b

—, Nonadecyl-phenyl- **6** III 555 b

—, Non-7-enyl-phenyl- **6** 145 g

—, Nonyl-phenyl- **6** IV 561

—, Nonyl-[2-vinyl-phenyl]- **6** IV 3772

—, Norborn-5-en-2-ylmethyl-phenyl-
  6 III 562 d

—, Norborn-5-en-2-ylmethyl-[4-(1,1,3,3-
  tetramethyl-butyl)-phenyl]- **6** III 2052 c

—, Norborn-5-en-2-ylmethyl-
  [2,4,5-trichlor-phenyl]- **6** III 718 a

—, Norborn-5-en-2-yl-phenyl- **6** IV 567

—, Octadecyl-phenyl- **6** IV 561

—, Octadecyl-*p*-tolyl- **6** IV 2100

—, [β*H*-Octafluor-isobutyl]-phenyl-
  6 IV 616

—, [1,2,3,4,4a,5,8,8a-Octahydro-1,4;5,8-
  dimethano-naphthalin-2-yl]-phenyl-
  6 IV 3923

—, [Octahydro-4,7-methano-inden-5-yl]-
  phenyl- **6** IV 568

—, [1,2,3,4,5,6,7,8-Octahydro-[1]naphthyl]-
  vinyl- **6** IV 380

—, Oct-6-enyl-phenyl- **6** 145 f

—, Oct-7-enyl-phenyl- **6** I 83 h

—, Octyl-phenyl- **6** 144 d, III 554 a,
  IV 560

—, Octyl-*m*-tolyl- **6** 377 d

—, Octyl-*o*-tolyl- **6** 353 d

—, Octyl-*p*-tolyl- **6** 393 h

—, Octyl-[2,2,2-trichlor-1-(4-chlor-
  phenyl)-äthyl]- **6** IV 3050 g

—, Pentabromphenyl-propyl-
  6 I 108 m, III 767 c

—, [2,3,4,5,6-Pentachlor-benzyl]-
  pentachlorphenyl- **6** III 1559 g

—, [2,3,4,5,6-Pentachlor-benzyl]-propyl-
  6 III 1559 e, IV 2600

—, Pentachlorphenyl-picryl- **6** IV 1459

—, Pentachlorphenyl-prop-2-inyl-
  6 IV 1028

—, Pentachlorphenyl-propyl- **6** 195 c

—, Pentachlorphenyl-[2,4,5-trichlor-
  3-isopropyl-6-methyl-benzyl]- **6** IV 3408

—, Pentachlorphenyl-trichlormethyl-
  6 IV 1033

—, Pentachlorphenyl-trityl- **6** IV 5018

—, Pentachlorphenyl-vinyl- **6** IV 1027

Äther (Fortsetzung)

—, Pentafluorallyl-phenyl- **6** IV 619

—, [Pentafluor-cyclobut-1-enyl]-phenyl-
6 IV 566

—, Pentaphenyläthyl-phenyl- **6** III 3888 b

—, Pent-2-enyl-phenyl- **6** III 558 b

—, Pent-3-enyl-phenyl- **6** 145 b, II 147 g

—, Pent-4-enyl-phenyl- **6** I 83 d

—, Pent-2-enyl-*o*-tolyl- **6** III 1248 f

—, Pent-4-inyl-phenyl- **6** IV 566

—, Pentyl-phenyl- **6** I 82 e, III 552 f

—, *tert*-Pentyl-phenyl- **6** IV 560

—, *tert*-Pentyl-*m*-tolyl- **6** IV 2041

—, Pentyl-[2,4,6-trijod-phenyl]-
6 III 789 f

—, Phenäthyl-phenyl- **6** 479 b, II 450 c,
IV 3070

—, Phenäthyl-[1-phenyl-äthyl]-
6 IV 3071

—, Phenäthyl-propyl- **6** II 450 b

—, Phenäthyl-[5,6,7,8-tetrahydro-
[2]naphthylmethyl]- **6** III 2482 c

—, Phenäthyl-[β,β,β-trichlor-β'-nitro-
isopropyl]- **6** IV 3070

—, Phenäthyl-[2,4,6-trijod-phenyl]-
6 III 1707 b

—, Phenäthyl-trityl- **6** III 3649 e

—, Phenäthyl-vinyl- **6** IV 3070

—, [9]Phenanthryl-[1-[9]phenanthryl-
äthyl]- **6** IV 4955

—, [9]Phenanthryl-phenyl- **6** IV 4937

—, [2-Phenoxy-äthyl]-[2-(2,4,6-trichlor-
phenoxy)-äthyl]- **6** III 725 d

—, [2-(1-Phenyl-äthyl)-phenyl]-propyl-
6 IV 4708 b

—, [4-(1-Phenyl-äthyl)-phenyl]-propyl-
6 IV 4711

—, [1-Phenyl-äthyl]-[1-phenyl-vinyl]-
6 IV 3781

—, [1-Phenyl-äthyl]-picryl- **6** IV 3033

—, [1-Phenyl-äthyl]-*p*-tolyl- **6** IV 3033

—, [1-Phenyl-äthyl]-vinyl- **6** III 1677 c

—, [4-Phenyl-but-2-enyl]-propyl-
6 IV 3837

—, [4-Phenyl-butyl]-[β,β,β-trichlor-
β'-nitro-isopropyl]- **6** IV 3276

—, Phenyl-[1-phenyl-äthyl]- **6** IV 3033

—, Phenyl-[2-phenyl-allyl]- **6** IV 3822

—, Phenyl-[4-phenyl-but-2-enyl]-
6 IV 3837

—, Phenyl-[1-phenyl-butyl]- **6** III 1847 a

—, Phenyl-[4-phenyl-butyl]- **6** III 1851 e

—, Phenyl-[5-phenyl-pentyl]- **6** I 268 l

—, Phenyl-[3-phenyl-propyl]- **6** 504 a,
I 252 j, II 475 c, III 1802 h

—, Phenyl-[1-phenyl-vinyl]- **6** 563 e,
II 521 i

—, Phenyl-picryl- **6** 291 a, III 970 b,
IV 1458

—, Phenyl-propadienyl- **6** IV 566

—, Phenyl-propenyl- **6** II 147 b,
IV 562

—, Phenyl-prop-1-inyl- **6** IV 566

—, Phenyl-prop-2-inyl- **6** 145 i, II 148 d,
III 560 c, IV 566

—, [3-Phenyl-prop-2-inyl]-propyl-
6 I 299 g

—, Phenyl-propyl- **6** 142 c, I 81 d,
II 145 b, III 548 c, IV 556

—, Phenyl-[1-propyl-but-2-enyl]-
6 III 559 c

—, [3-Phenyl-propyl]-[β,β,β-trichlor-
β'-nitro-isopropyl]- **6** IV 3199

—, [3-Phenyl-propyl]-[2,4,6-trijod-phenyl]-
6 III 1802 i

—, [3-Phenyl-propyl]-trityl- **6** III 3649 f

—, [2-Phenyl-propyl]-vinyl- **6** IV 3230

—, [3-Phenyl-propyl]-vinyl- **6** III 1802 f,
IV 3199

—, Phenyl-styryl- **6** 564 g

—, Phenyl-*m*-terphenyl-2'-yl- **6** III 3632 a

—, Phenyl-[1,1,2,2-tetrabrom-äthyl]- **6** 154 d

—, Phenyl-[1,2,2,2-tetrabrom-äthyl]- **6** 150 e

—, Phenyl-[1,1,2,2-tetrachlor-äthyl]-
6 IV 614

—, Phenyl-[1,2,3,3-tetrachlor-propenyl]-
6 IV 601

—, Phenyl-[1,3,3,3-tetrachlor-propyl]-
6 IV 600

—, Phenyl-[1,1,2,2-tetrafluor-äthyl]-
6 III 598 f

—, Phenyl-[5,6,7,8-tetrahydro-
[2]naphthylmethyl]- **6** III 2482 a

—, Phenyl-[1,1,3,3-tetramethyl-butyl]-
6 III 554 d

—, Phenyl-[4-(1,1,3,3-tetramethyl-butyl)-
phenyl]- **6** III 2052 d

—, Phenyl-*m*-tolyl- **6** 377 e, I 186 e,
III 1302 e, IV 2041

—, Phenyl-*o*-tolyl- **6** 353 e, I 171 d,
II 329 g, III 1249 g, IV 1946

—, Phenyl-*p*-tolyl- **6** 394 b, I 200 c,
II 377 c, III 1357 c, IV 2101

—, Phenyl-[1,1,2-tribrom-äthyl]-
6 III 599 f

Äther (Fortsetzung)

—, Phenyl-[1,2,2-tribrom-äthyl]-
6 150 d

—, Phenyl-tribromvinyl- 6 150 i,
III 588 a

—, Phenyl-[1,1,2-trichlor-äthyl]-
6 IV 614

—, Phenyl-[1,3,3-trichlor-allyl]-
6 IV 601

—, Phenyl-[2,4,6-trichlor-benzyl]-
6 III 1558 g

—, Phenyl-trichlormethyl- 6 IV 629

—, Phenyl-[5,5,5-trichlor-pentyl]- 6 III 553 a

—, Phenyl-trichlorvinyl- 6 150 g,
IV 601

—, Phenyl-trideuteriomethyl- 6 IV 553

—, Phenyl-trifluormethyl- 6 IV 629

—, Phenyl-[3-trifluormethyl-phenyl]-
6 III 1314 b, IV 2061

—, Phenyl-trijodvinyl- 6 III 588 c

—, Phenyl-[1,1,3-trimethyl-but-2-enyl]-
6 III 559 d

—, Phenyl-[2-(2,2,3-trimethyl-cyclopent-
3-enyl)-äthyl]- 6 145 j

—, Phenyl-[2,4,6-trimethyl-3-nitro-
phenyl]- 6 IV 3260

—, Phenyl-[1,6,8-trinitro-[2]naphthyl]-
6 II 610 g

—, Phenyl-[2,4,5-trinitro-phenyl]-
6 I 129 i

—, Phenyl-[4,4',4''-trinitro-trityl]-
6 IV 5048

—, Phenyl-[6,11,12-triphenyl-naphthacen-
5-yl]- 6 IV 5181

—, Phenyl-[triphenyl-prop-2-inyl]-
6 III 3782 e

—, Phenyl-[1,1,2-triphenyl-propyl]-
6 IV 5065

—, Phenyl-trityl- 6 716 d, I 350 d,
II 690 h, III 3648 e

—, Phenyl-vinyl- 6 I 82 p, II 146 h,
III 555 c, IV 561

—, Phenyl-[4-vinyl-phenyl]- 6 III 2387 a

—, [1-Phenyl-vinyl]-propyl- 6 II 521 h,
III 2390 b

—, [1-Phenyl-vinyl]-m-tolyl- 6 563 g

—, [1-Phenyl-vinyl]-o-tolyl- 6 563 f

—, [1-Phenyl-vinyl]-p-tolyl- 6 563 h

—, Picryl-prop-2-inyl- 6 IV 1458

—, Picryl-propyl- 6 290 c, IV 1457

—, Picryl-m-tolyl- 6 IV 2042

—, Picryl-o-tolyl- 6 IV 1947

—, Picryl-p-tolyl- 6 III 1359 d,
IV 2102

—, Picryl-[2,4,6-tribrom-phenyl]-
6 IV 1459

—, Picryl-[2,4,6-trichlor-phenyl]-
6 IV 1459

—, Picryl-[1,3,3-trimethyl-[2]norbornyl]-
6 II 281 e

—, Picryl-[1,6,8-trinitro-[2]naphthyl]-
6 IV 4312

—, Picryl-[2,4,5-trinitro-phenyl]-
6 I 141 b, II 282 f

—, Prop-2-inyl-p-tolyl- 6 IV 2101

—, Prop-2-inyl-[2,4,6-tribrom-phenyl]-
6 III 762 i

—, Prop-2-inyl-trityl- 6 III 3648 b

—, [1-Propyl-but-2-enyl]-o-tolyl-
6 III 1249 d

—, Propyl-[10-propyl-[9]anthryl]-
6 709 e

—, Propyl-[4-propyl-cyclohexyl]-
6 III 107 c

—, Propyl-[4-stilben-α-yl-phenyl]- 6 II 705 e

—, Propyl-styryl- 6 564 e, II 522 b

—, Propyl-[5,6,7,8-tetrahydro-[1]naphthyl]-
6 III 2452 a, IV 3852

—, Propyl-[5,6,7,8-tetrahydro-[2]naphthyl]-
6 III 2455 b, IV 3855

—, Propyl-m-tolyl- 6 376 c, III 1299 d,
IV 2040

—, Propyl-o-tolyl- 6 352 d, III 1246 d

—, Propyl-p-tolyl- 6 393 c, III 1354 c

—, Propyl-[2,4,6-tribrom-phenyl]-
6 205 c, III 762 c

—, Propyl-[2,4,6-trijod-phenyl]-
6 212 c, III 789 c

—, Propyl-[2,6,6-trimethyl-9-methylen-
bicyclo[3.3.1]nonan-2-yl]- 6 IV 411

—, Propyl-[triphenyl-prop-2-inyl]-
6 II 713 c

—, Propyl-triphenylvinyl- 6 IV 5093

—, Propyl-trityl- 6 716 c, II 690 a,
III 3646 c

—, Propyl-[2-vinyl-phenyl]- 6 IV 3771

—, Propyl-[4-vinyl-phenyl]- 6 IV 3776

—, Styryl-p-tolyl- 6 564 h

—, [1,2,2,2-Tetrachlor-äthyl]-
[2,4,5-trichlor-phenyl]- 6 III 719 d

—, [2,3,4,5-Tetrachlor-6-hydroxy-phenyl]-
[2,5-dichlor-3,4-dihydroxy-6-methoxy-
phenyl]- 6 I 570 g

—, [5,6,7,8-Tetrahydro-[2]naphthyl]-vinyl-
6 II 537 c, III 2455 e

Äther (Fortsetzung)

—, [1,1,3,3-Tetramethyl-butyl]-*m*-tolyl-
6 III 1301 d

—, [1,1,3,3-Tetramethyl-butyl]-*o*-tolyl-
6 III 1247 h

—, [1,1,3,3-Tetramethyl-butyl]-*p*-tolyl-
6 III 1355 h

—, *m*-Tolyl-*o*-tolyl- 6 III 1303 b

—, *m*-Tolyl-*p*-tolyl- 6 III 1360 a,
IV 2103

—, *o*-Tolyl-*p*-tolyl- 6 III 1359 e,
IV 2102

—, *o*-Tolyl-[1,1,2-trichlor-äthyl]-
6 IV 1960

—, *m*-Tolyl-[3-trifluormethyl-phenyl]-
6 IV 2061

—, *m*-Tolyl-trityl- 6 II 691 c

—, *o*-Tolyl-trityl- 6 II 691 b, III 3649 a

—, *p*-Tolyl-trityl- 6 II 691 d, III 3649 c

—, *m*-Tolyl-vinyl- 6 III 1301 f,
IV 2041

—, *o*-Tolyl-vinyl- 6 III 1248 b,
IV 1945

—, *p*-Tolyl-vinyl- 6 II 377 a, III 1356 b,
IV 2101

—, [2,4,6-Tribrom-phenyl]-trityl-
6 II 691 a

—, [2,4,6-Trichlor-benzyl]-[2,4,6-trichlor-
phenyl]- 6 III 1558 h

—, Trichlormethyl-[2,4,6-trichlor-phenyl]-
6 IV 1010

—, [2,4,5-Trichlor-phenyl]-vinyl-
6 IV 964

—, [2,4,6-Trichlor-phenyl]-vinyl-
6 III 724 e, IV 1006

—, [4,4′,4″-Trinitro-trityl]-vinyl-
6 IV 5048

—, [4,4,4-Triphenyl-but-2-inyl]-trityl-
6 III 3792 e

—, [4,4,4-Triphenyl-butyl]-trityl-
6 III 3702 d

—, [2,4,6-Triphenyl-phenyl]-trityl-
6 IV 5142

—, Trityl-[4-trityl-phenyl]- 6 IV 5146

Äthin

s. *Acetylen*

Äthoxyl

—, 1-Methyl-1-phenyl- 6 IV 3220

Äthylamin

—, 2-Benzhydryloxy- 6 III 3371 e,
IV 4658

—, 2-Benzolsulfinyl- 6 III 1025 h

—, 2-Benzolsulfonyl- 6 I 148 c,
III 1026 b

—, 2-[4-Benzolsulfonyl-phenoxy]-
6 IV 5818

—, 2-Benzylmercapto- 6 465 c,
III 1620 c, IV 2717

—, 2-Benzyloxy- 6 IV 2483

—, 2-Biphenyl-4-ylmercapto- 6 III 3343 a

—, 2-Biphenyl-2-yloxy- 6 III 3291 i

—, 2,2-Bis-benzyloxy- 6 IV 2488

—, 2-[2-(4-*tert*-Butyl-phenoxy)-
äthylmercapto]- 6 IV 3300

—, 2-[4-Chlor-benzolsulfonyl]-
6 III 1039 h

—, 2-[2-Chlor-benzylmercapto]-
6 IV 2768

—, 2-[4-Chlor-benzylmercapto]-
6 IV 2779

—, 2-[2-(4-Chlor-benzylmercapto)-
äthoxy]- 6 IV 2775

—, 2-[4-Chlor-2-methyl-phenoxy]-
6 III 1267 d, IV 1999

—, 2-[4-Chlor-phenoxy]- 6 III 697 d

—, 2-[4-Chlor-phenylmercapto]-
6 III 1039 f, IV 1606

—, 2-Cyclohexylmercapto- 6 IV 81

—, 2-[2,4-Dichlor-phenoxy]-
6 III 710 g, IV 936

—, 2-[2,5-Dichlor-phenoxy]- 6 IV 947

—, 2-[3,4-Dimethoxy-phenylmercapto]-
6 III 6297 c

—, 1,1-Dimethyl-2-phenoxy- 6 IV 680

—, 2-[2,4-Dimethyl-phenoxy]-
6 488 j, III 1746 g

—, 2-[3,4-Dimethyl-phenoxy]-
6 III 1729 b

—, 2-[2,5-Dimethyl-phenoxy]-
1,1-dimethyl- 6 IV 3168

—, 2-[2,6-Dimethyl-phenoxy]-
1,1-dimethyl- 6 IV 3119

—, 1,1-Dimethyl-2-phenoxymethoxy-
6 III 585 g

—, 1,1-Dimethyl-2-phenylmercapto-
6 IV 1553

—, 1,1-Dimethyl-2-*o*-tolyloxy-
6 IV 1972

—, 1,1-Dimethyl-2-*p*-tolyloxy-
6 IV 2125

—, 2-[2,4-Dinitro-phenylmercapto]-
6 III 1100 e

—, 2-[4-Dodecyl-phenoxy]- 6 III 2091 f

—, 2-[4-Fluoren-9-ylmethyl-phenoxy]-
6 IV 5095

Äthylhydroperoxid (Fortsetzung)

—, 1-[4-*tert*-Butyl-phenyl]-1-phenyl-
6 IV 4819

—, O-Deuterio-1-methyl-1-phenyl-
6 IV 3224

—, 1-[3,5-Diisopropyl-phenyl]-1-methyl-
6 IV 3515

—, 1,1-Diphenyl- 6 III 3396 b,
IV 4715

—, 1-[4-Isopropyl-phenyl]-1-methyl-
6 IV 3439

—, 1-[4-Isopropyl-phenyl]-1-phenyl-
6 IV 4807

—, 1-Methyl-1-[2]naphthyl- 6 IV 4358

—, 1-Methyl-2-[2]naphthylmercapto-
1-phenyl- 6 IV 5993

—, 1-Methyl-1-[4-nitro-phenyl]-
6 IV 3228

—, 1-Methyl-1-phenyl- 6 III 1814 e,
IV 3221

—, 1-Methyl-1-[4-pivaloyloxy-phenyl]-
6 IV 5991

—, 1-Methyl-1-*o*-tolyl- 6 IV 3328

—, 1-Methyl-1-*p*-tolyl- 6 IV 3350

—, 1-[2]Naphthyl- 6 IV 4349

—, 1-Phenyl- 6 III 1681 a, IV 3039

—, 1-Phenyl-1-*p*-tolyl- 6 IV 4767

Äthylium

—, 1,1-Bis-[3,4-dimethoxy-phenyl]-
6 III 6757 b

Äthylquecksilber(1+)
6 III 537, 675, 687, 723, 736,
741, 761, 789, 798, 816,
1068, 1906 a, 2921, 3298, 3321,
4305, 5390, IV 760, 1465

—, 2-Acetoxy-2-phenoxy- 6 IV 689

—, 2-[2-(4-Brom-phenoxy)-äthoxy]-
6 III 745 d

—, 2,2-Diphenoxy- 6 IV 689

—, 2-[2-(2-Hydroxy-phenoxy)-äthoxy]-
6 III 4221 a

—, 2-[2-(4-Hydroxy-phenoxy)-äthoxy]-
6 III 4405 b

—, 2-[2-(4-Nitro-phenoxy)-äthoxy]-
6 III 823 h

—, 2-Pentachlorphenoxy- 6 IV 1035

—, 2-[2-Phenoxy-äthoxy]- 6 III 574 g

—, 2-{2-[2-(2-Phenoxy-äthoxy)-äthoxy]-
äthoxy}- 6 III 570 c

—, 2-[2,3,4,6-Tetrachlor-phenoxy]- 6 IV 1023

—, 2-[2-*p*-Tolyloxy-äthoxy]- 6 III 1361 d

—, 2-[2,4,6-Trichlor-phenoxy]-
6 IV 1015

Äthylthiocyanat

—, 2-[4-Äthyl-2-brom-phenoxy]-
6 III 1668 g

—, 2-[2-(2-Äthyl-phenoxy)-äthoxy]-
6 III 1657 d

—, 2-Benzolsulfonyl- 6 III 997 h

—, 2-Biphenyl-2-yloxy- 6 III 3290 a

—, 2-Biphenyl-3-yloxy- 6 III 3314 h

—, 2-Biphenyl-4-yloxy- 6 III 3326 c

—, 2-[2-Biphenyl-2-yloxy-äthoxy]-
6 III 3288 h

—, 2-[4-Brom-5-isopropyl-2-methyl-
phenoxy]- 6 III 1891 g

—, 2-[2-Brom-phenoxy]- 6 IV 1039 h

—, 2-[4-Brom-phenoxy]- 6 III 746 a

—, 2-[5-*tert*-Butyl-biphenyl-2-yloxy]-
6 III 3438 c

—, 2-[4-*tert*-Butyl-2-chlor-phenoxy]-
6 III 1872 h

—, 2-[4-*tert*-Butyl-2-methyl-phenoxy]-
6 III 1981 d

—, 2-[4-*tert*-Butyl-phenoxy]- 6 III 1868 e

—, 2-[2-(4-*tert*-Butyl-phenoxy)-äthoxy]-
6 III 1867 e

—, 2-[4-Chlor-benzylmercapto]-
6 IV 2776

—, 2-[4-(4-Chlor-benzylmercapto)-
phenoxy]- 6 IV 5805

—, 2-[2-Chlor-benzyloxy]- 6 IV 2591

—, 2-[4-Chlor-benzyloxy]- 6 IV 2595

—, 2-[3-Chlor-biphenyl-2-yloxy]-
6 III 3299 c

—, 2-[2-Chlor-phenoxy]- 6 IV 789 a

—, 2-[3-Chlor-phenoxy]-
6 IV 813 b

—, 2-[4-Chlor-phenoxy]- 6 III 691 f,
IV 828 f

—, 2-[3-(4-Chlor-phenyl)-propylmercapto]-
6 IV 3210

—, 2-[4-Cyclohexyl-2-methyl-phenoxy]-
6 III 2531 a

—, 2-[2-Cyclohexyl-phenoxy]-
6 III 2495 f

—, 2-[2-(2-Cyclohexyl-phenoxy)-äthoxy]-
6 III 2495 c

—, 2-[2,4-Dichlor-benzylmercapto]-
6 IV 2783

—, 2-[3,4-Dichlor-benzylmercapto]-
6 IV 2786

—, 2-[2,5-Dichlor-phenylmercapto]-
6 IV 1620 c

Äthylthiocyanat   (Fortsetzung)

—, 2-[1,2,3,4,4a,9a-Hexahydro-
1,4-methano-fluoren-2(*oder* 3)-yloxy]-
6 III 3060 e

—, 2-[2-(1,2,3,4,4a,9-Hexahydro-
1,4-methano-fluoren-2(*oder* 3)-yloxy)-
äthoxy]- **6** III 3060 d

—, 2-[3a,4,5,6,7,7a-Hexahydro-
4,7-methano-inden-5(*oder* 6)-yloxy]-
6 III 1936 b

—, 2-[2-(3a,4,5,6,7,7a-Hexahydro-
4,7-methano-inden-5(*oder* 6)-yloxy)-
äthoxy]- **6** III 1936 a

—, 2-[2-(5-Isopropyl-biphenyl-2-yloxy)-
äthoxy]- **6** III 3425 g

—, 2-[2-Isopropyl-5-methyl-phenoxy]-
6 III 1900 g

—, 2-[5-Isopropyl-2-methyl-phenoxy]-
6 III 1888 a

—, 2-[2-(5-Isopropyl-2-methyl-phenoxy)-
äthoxy]- **6** III 1887 i

—, 2-[2-Isopropyl-phenoxy]- **6** IV 3211

—, 2-[4-Methoxy-3-nitro-benzyloxy]-
6 IV 5919

—, 2-[4-Methoxy-phenoxy]- **6** IV 5729

—, 1-Methyl-2-phenyl- **6** III 1800 b

—, 2-[1]Naphthylmethylmercapto-
6 IV 4337

—, 2-[2-Nitro-phenylmercapto]-1-phenyl-
6 III 4580 a

—, 2-[2]Norbornyloxy- **6** III 218 g

—, 2-[2-[2]Norbornyloxy-äthoxy]-
6 III 218 f

—, 2-Phenoxy- **6** IV 581 e

—, 2-[2-Phenoxy-äthoxy]- **6** III 571 c

—, 2-[5-Phenoxymethyl-[2]norbornyloxy]-
6 III 4132 d

—, 2-[6-Phenoxymethyl-[2]norbornyloxy]-
6 III 4132 d

—, 1-Phenyl- **6** 478 j

—, 2-Phenylmercapto- **6** III 996 d

—, 2-[1-Phenyl-[2]norbornyloxy]-
6 III 2755 a

—, 2-[2-(1-Phenyl-[2]norbornyloxy)-
äthoxy]- **6** III 2755 a

—, 2-[3-Phenyl-propylmercapto]-
6 IV 3207

—, 2-*m*-Tolyloxy- **6** IV 2043

—, 2-*o*-Tolyloxy- **6** IV 1949

—, 2-*p*-Tolyloxy- **6** IV 2105

—, 2-[2-*o*-Tolyloxy-äthoxy]- **6** III 1251 e

—, 2-[2-*p*-Tolyloxy-äthoxy]- **6** IV 2104

—, 2-[2,4,6-Trichlor-phenoxy]-
6 III 726 a

—, 2-[5-(2,4,5-Trichlor-phenoxymethyl)-
[2]norbornyloxy]- **6** III 4132 d

—, 2-[6-(2,4,5-Trichlor-phenoxymethyl)-
[2]norbornyloxy]- **6** III 4132 d

Ätiocalciferol **6** IV 4128

Agarol **6** IV 419

—, Dihydro- **6** III 358 b, IV 333

Agarospirol **6** IV 419

Agathalin

—, Hydroxy- **6** III 3051 b

Agathen

—, Dihydroxy-dihydro- **6** III 4185 a

—, Dihydroxy-tetrahydro- **6** III 4166 b

Agnosterin **6** III 3134 c, IV 4417

—, *O*-Acetyl- **6** III 3135 b, IV 4417

—, *O*-Acetyl-*β*-dihydro- **6** III 3135 b

—, *O*-Bromacetyl- **6** III 3135 c

—, Dihydro- **6** III 2877 d, IV 4186

—, *β*-Dihydro- **6** III 3135 b

Agrimonol **6** IV 7764

Alanin

— benzylester **6** IV 2501

— [*N'*-benzyloxycarbonyl-hydrazid]
6 IV 2466

— cyclohexylester **6** IV 52

— [5-(4-nitro-phenoxy)-pentylamid]
6 IV 1311

— [4-nitro-phenylester] **6** IV 1314

— phenäthylester **6** IV 3076

— phenylester **6** III 647 e

—, *N*-Acetyl-3-benzolsulfonyl- **6** 323 b

—, *N*-Acetyl-*N*-[2-benzylmercapto-äthyl]-
6 III 1620 h

—, *N*-Acetyl-3-[4-brom-benzolsulfonyl]-
6 334 e

—, *N*-Acetyl-3-[4-chlor-benzolsulfonyl]-
6 329 g, III 1040 h

— äthylester **6** 329 h

—, *N*-Acetyl-3-[4-jod-benzolsulfonyl]-
6 336 g

—, *N*-Acetyl-3-[toluol-4-sulfonyl]-,

— äthylester **6** IV 2205 c

—, *N*-Äthansulfonyl-,

— phenylester **6** III 647 h

—, *N*-Äthoxycarbonyl-,

— phenylester **6** III 647 f

—, Alanyl→glycyl→-,

— benzylester **6** IV 2502 b

—, 3-Benzolsulfinyl- **6** IV 1558 e

—, 3-Benzolsulfonyl- **6** IV 1558 f

Alanin

−, *N*-[*N*^{2}-Benzyloxycarbonyl-glutaminyl]-,
  (Fortsetzung)
  − äthylester **6** IV 2417
  − benzylester **6** IV 2510
−, *N*^{2}-Benzyloxycarbonyl-glutaminyl→⇌
  glutaminyl→- **6** IV 2418 e
−, *N*,*N*′-[*N*-Benzyloxycarbonyl-
  glutamoyl]-bis-,
  − dibenzylester **6** IV 2510
−, *N*-[*N*-Benzyloxycarbonyl-α-glutamyl]-
  6 IV 2404
  − äthylester **6** IV 2404
  − benzylester **6** IV 2509
−, *N*-[*N*-Benzyloxycarbonyl-γ-glutamyl]-
  6 IV 2412
  − äthylester **6** IV 2412
  − benzylester **6** IV 2510
−, *N*-[*N*-Benzyloxycarbonyl-glycyl]-
  6 III 1491 a, IV 2298
  − äthylester **6** III 1491 c, IV 2299
  − amid **6** IV 2299
  − benzylester **6** IV 2502
  − hydrazid **6** III 1491 h, IV 2302
−, *N*-Benzyloxycarbonyl-glycyl→alanyl→-
  6 IV 2302 a
  − äthylester **6** IV 2302 c
−, *N*-Benzyloxycarbonyl-glycyl→alanyl→⇌
  glycyl→-,
  − benzylester **6** IV 2502 d
  − hydrazid **6** IV 2301 d
−, *N*-Benzyloxycarbonyl-glycyl→glycyl→-
  6 III 1489 d, IV 2296 a
  − methylester **6** IV 2296 b
−, *N*-Benzyloxycarbonyl-glycyl→glycyl→⇌
  alanyl→glycyl→glycyl→- **6** IV 2296
  − methylester **6** IV 2296
−, *N*-Benzyloxycarbonyl-glycyl→valyl→-
  6 IV 2305 a
−, *N*-[*N*-Benzyloxycarbonyl-isoleucyl]-,
  − benzylester **6** IV 2508
−, *N*-[*N*-Benzyloxycarbonyl-leucyl]-
  6 III 1504 g, IV 2366
  − amid **6** III 1505 c
  − methylester **6** III 1505 a
−, *N*-[*N*-Benzyloxycarbonyl-*O*-methyl-
  α-glutamyl]- **6** IV 2407
−, *N*-Benzyloxycarbonyl-*O*-methyl-
  α-glutamyl→glutaminyl→- **6** IV 2408 b
−, *N*-[*N*^{α}-Benzyloxycarbonyl-*N*^{ω}-nitro-
  arginyl]- **6** IV 2443
  − benzylester **6** IV 2507

  − methylester **6** IV 2443
−, *N*-[*N*-Benzyloxycarbonyl-seryl]-
  6 III 1506 h, IV 2380
  − äthylester **6** IV 2381
  − hydrazid **6** IV 2382
  − methylester **6** III 1507 a
−, *N*-Benzyloxycarbonyl-seryl→glycyl→-
  6 IV 2378 e
  − äthylester **6** IV 2378 f
  − benzylester **6** IV 2502 f
  − hydrazid **6** IV 2379 c
−, *N*-Benzyloxycarbonyl-seryl→glycyl→⇌
  alanyl→glycyl→-,
  − benzylester **6** IV 2502
  − hydrazid **6** IV 2379
−, *N*-Benzyloxycarbonyl-3-sulfamoyl-,
  − amid **6** IV 2429
  − benzylester **6** IV 2560 d
−, *N*-Benzyloxycarbonyl-3-sulfo-,
  − hydrazid **6** IV 2429
−, *N*-[*N*-Benzyloxycarbonyl-threonyl]-,
  − benzylester **6** IV 2512
−, *N*-[*N*-Benzyloxycarbonyl-valyl]- **6** IV 2347
  − äthylester **6** IV 2347
−, *N*-[2-Benzyloxyimino-butyryl]- **6** IV 2565
−, *N*-[2-Benzyloxyimino-4-methyl-
  valeryl]- **6** IV 2566
−, *N*-[2-Benzyloxyimino-propionyl]-
  6 IV 2564
−, 3-Benzylselanyl- **6** III 1652 c
−, *N*-[2,6-Bis-benzyloxycarbonylamino-
  5-hydroxy-hexanoyl]-,
  − amid **6** IV 2461
−, *N*,*N*′-[*N*,*N*′-Bis-benzyloxycarbonyl-
  cystyl]-bis- **6** IV 2387
  − diäthylester **6** IV 2388
−, *N*-[*N*^{2},*N*^{6}-Bis-benzyloxycarbonyl-
  5-hydroxy-lysyl]-,
  − amid **6** IV 2461
−, *N*-[*N*^{2},*N*^{6}-Bis-benzyloxycarbonyl-
  lysyl]- **6** IV 2450
  − äthylester **6** IV 2451
  − benzylester **6** IV 2507
−, *N*-[Bis-benzyloxy-phosphoryl]-,
  − amid **6** IV 2584
  − benzylester **6** IV 2584
  − methylester **6** IV 2584
−, 3-[4-Brom-benzolsulfonyl]- **6** 334 d
−, *N*-Carbamoyl-3-[4-chlor-benzolsulfonyl]-
  6 329 i
−, 3-[4-Chlor-benzolsulfonyl]- **6** 329 f, IV 1608 a

β-Alanin

−, N,N-Diäthyl-, (Fortsetzung)
　− [1-phenyl-butylester] 6 III 1847 h
　− phenylester 6 IV 685
　− [1-p-tolyl-butylester] 6 III 1974 f
−, N,N-Dibutyl-,
　− [4-nitro-phenylester] 6 IV 1314
　− phenylester 6 IV 685
−, N,N-Diisopentyl-,
　− [4-nitro-phenylester] 6 IV 1314
−, N,N-Dimethyl-,
　− benzhydrylester 6 IV 4669
　− [1-benzyl-2-phenyl-äthylester]
　　6 IV 4750
　− [2-biphenyl-4-yl-1-methyl-
　　äthylester] 6 IV 4775
　− fluoren-9-ylester 6 IV 4851
　− [methyl-(β-phenoxy-isopropyl)-
　　amid] 6 IV 676
　− [3-methyl-1-phenyl-butylester]
　　6 III 1961 g
　− [norborn-5-en-2-yl-phenyl-
　　methylester] 6 IV 4372
−, N,N-Dipentyl-,
　− [4-nitro-phenylester] 6 IV 1314
−, N,N-Dipropyl-,
　− [4-nitro-phenylester] 6 IV 1314
　− phenylester 6 IV 685
−, N-Glykoloyl-,
　− [4-nitro-benzylester] 6 IV 2626
−, N-Methyl-N-[β-phenoxy-isopropyl]-,
　− äthylester 6 IV 675
　− [β-benzyloxy-isopropylamid]
　　6 IV 2485
　− [β-hydroxy-isopropylamid] 6 IV 675
　− methylester 6 IV 675
−, N-[2-Nitro-benzolsulfenyl]-
　　6 IV 1679
−, N-Pantoyl-,
　− benzylester 6 III 1542 d
　− [2-benzylmercapto-äthylamid]
　　6 IV 2720
　− menthylester 6 IV 161
　− [2-phenylmercapto-äthylamid]
　　6 IV 1552
−, N-Phenylmercaptocarbonyl-
　　6 IV 1530
　− äthylester 6 IV 1530
−, N-[(2,4,5-Trichlor-phenoxy)-acetyl]-
　　6 IV 981

Alantoglykol

−, Isotetrahydro- 6 III 4159 b, IV 5330
−, Tetrahydro- 6 III 4159 c, IV 5330

Alanylchlorid

−, N-Benzyloxycarbonyl- 6 III 1498 b
−, N-Phenylmercaptocarbonyl-
　　6 IV 1529
−, N-p-Tolylmercaptocarbonyl-
　　6 IV 2197

β-Alanylchlorid

−, N-Benzyloxycarbonyl- 6 III 1500 g

α-Alban 6 II 569 c

Albicaulol 6 IV 422

Alkorcin 6 II 904 d

Allarsäure

−, Tetra-O-acetyl-,
　− dimenthylester 6 III 162 a

Allen

−, 1,1-Bis-[4-methoxy-phenyl]-
　3,3-diphenyl- 6 II 1045 f, IV 7079
−, 1-[2,4-Dimethoxy-phenyl]-1-
　[4-methoxy-phenyl]-3,3-diphenyl-
　　6 II 1117 a
−, Phenoxy- 6 IV 566
−, Tetrakis-[4-methoxy-phenyl]-
　　6 III 6851 a

Allo-β-amyrin

−, O-Acetyl- 6 III 2897 b

Alloarnidendiol 6 III 5226 b; vgl. IV 6527 d

Alloarnidiol 6 III 5226 b; vgl. IV 6527 d

−, O,O′-Diacetyl- 6 III 5226 b; vgl.
　IV 6527 d
−, O,O′-Diformyl- 6 III 5226 b; vgl.
　IV 6527 d

Alloaromadendrandiol 6 III 4180 a,
　IV 5548

Alloaromadendrenglykol 6 III 4180 a

Allobetulenol

−, O,O′-Bis-[4-brom-benzoyl]-
　　6 II 943 d, 9 III 1408 b
−, O,O′-Dibenzoyl- 6 II 943 c,
　　9 III 618 c

Allobetulin 6 II 939 d, 17 IV 1528

−, O-Acetyl- 6 II 939 f, 17 IV 1529
−, O-Benzoyl- 6 II 940 a; vgl.
　17 IV 1528 d
−, O-[4-Brom-benzoyl]- 6 II 940 b;
　vgl. 17 IV 1528 d
−, O-[2-Carboxy-benzoyl]- 6 II 940 e;
　vgl. 17 IV 1528 d
−, O-[3-Carboxy-propionyl]-
　　6 II 940 d; vgl. 17 IV 1528 d
−, O-Formyl- 6 II 939 e, 17 IV 1529
−, O-[4-Methoxy-benzoyl]- 6 II 940 f;
　vgl. 17 IV 1528 d

Allobetulin (Fortsetzung)
–, *O*-[3-Nitro-benzoyl]- **6** II 940 c; vgl. **17** IV 1528 d
Allobetulon **6** II 941 e, **17** IV 5180
– oxim **6** II 941 f, **17** IV 5180
– phenylhydrazon **6** II 941 g; vgl. **17** IV 5180 a
–, Dibrom- **6** II 942 a; vgl. **17** IV 5180 a
Allocholesterin **6** III 2604
Allocyclogeraniol **6** IV 255
–, α-Methyl- **6** IV 294
Allocystathionin
–, *N*,*N'*-Bis-benzyloxycarbonyl- **6** III 1511 c
Allodehydrocholesterin **6** III 2818 a
Allodehydroepicholesterin **6** III 2818 b
Alloergosterin **6** III 3096 a
Allohimachalol **6** IV 421
Alloisoleucin
– benzylester **6** IV 2525
–, *N*-Benzyloxycarbonyl- **6** IV 2370
–, *N*-[N^{α},N^{δ},N^{ω}-Tris-benzyloxycarbonyl-arginyl]-,
– benzylester **6** IV 2526
α-Allolupeol **6** II 572 d, III 2902
–, *O*-Acetyl- **6** II 572 f
–, *O*-Formyl- **6** II 572 e
β-Allolupeol **6** II 572 g, III 2902
–, *O*-Acetyl- **6** II 572 i
–, *O*-Formyl- **6** II 572 h
γ-Allolupeol **6** III 2893 b
Allomethylit
s. *1-Desoxy-allit*
Allophansäure
– [1-äthinyl-cyclohexylester] **6** II 100 e, IV 350
– [1-äthinyl-cyclopentylester] **6** IV 340
– [1-äthinyl-3,3-dimethyl-cyclohexylester] **6** IV 377
– [4-äthoxy-3-methoxy-benzylester] **6** I 551 e
– [2-äthoxy-phenylester] **6** III 4234 c
– [1-äthyl-cyclopentylester] **6** II 25 a
– [2-äthyl-3-phenyl-allylester] **6** III 2469 d
– [1-äthyl-1-phenyl-propylester] **6** IV 3381
– [4-allyl-2-methoxy-phenylester] **6** 966 h
– benzhydrylester **6** IV 4657
– [2-benzyl-butylester] **6** III 1959 f, IV 3377
– [2-benzyl-decylester] **6** III 2090 a
– [2-benzyl-1,3-diphenyl-propylester] **6** III 3700 b
– [2-benzyl-dodecylester] **6** III 2096 e
– benzylester **6** 437 j, I 221 d, II 419 l, III 1487 a, IV 2285
– [2-benzyl-heptylester] **6** III 2047 m
– [2-benzyl-hexylester] **6** III 2028 f
– [2-benzyliden-undec-10-enylester] **6** III 2778 f
– [3-benzylmercapto-propylester] **6** IV 2654
– [2-benzyl-nonylester] **6** III 2084 e
– [2-benzyl-octylester] **6** III 2067 f
– [2-benzyloxy-äthylester] **6** III 1470 b
– [3-benzyloxy-1-methyl-propylester] **6** III 1472 a
– [3-benzyloxy-propylester] **6** III 1471 f, IV 2244
– [2-benzyl-5-phenyl-pentylester] **6** III 3453 d
– [2-benzyl-3-phenyl-propylester] **6** III 3429 c
– [2-benzyl-undec-10-enylester] **6** III 2572 e
– [2-benzyl-undecylester] **6** III 2092 g
– bicycloheptyl-2-ylester **6** II 98 g
– bornylester **6** III 308 f
– [1-butyl-cyclopentylester] **6** II 37 b
– [2-(4-*tert*-butyl-phenoxy)-äthylester] **6** IV 3298
– [2-butyl-3-phenyl-allylester] **6** III 2523 f

Allophansäure (Fortsetzung)

- [9,10-seco-cholesta-5(10),7-dien-3-ylester] **6** III 2602 c
- [9,10-seco-cholesta-5,7,10(19)-trien-3-ylester] **6** III 2813
- [9,10-seco-ergostan-3-ylester] **6** III 431 b
- [9,10-seco-ergosta-5,7,10(19),22-tetraen-3-ylester] **6** III 3095 a
- [9,10-seco-ergosta-5(10),7,22-trien-3-ylester] **6** III 2832 a
- stigmasterylester **6** IV 4172
- [3,5,3',5'-tetramethyl-bicyclohexyl-2-ylester] **6** I 59 i
- [1,2,6,6-tetramethyl-cyclohex-2-enylmethylester] **6** IV 297
- [2,4,4,5-tetramethyl-cyclohex-1-enylmethylester] **6** IV 299
- [2,4,4,6-tetramethyl-cyclohex-2-enylmethylester] **6** IV 299
- [2,5,6,6-tetramethyl-cyclohex-1-enylmethylester] **6** IV 298
- [2,5,6,6-tetramethyl-cyclohex-2-enylmethylester] **6** IV 298
- [2,2,4,4-tetramethyl-cyclohexyl-methylester] **6** IV 173
- [3,4a,8,8-tetramethyl-decahydro-[2]naphthylmethylester] **6** IV 333
- [3,4a,8,8-tetramethyl-1,4,4a,5,6,7,8,8a-octahydro-[2]naphthylmethylester] **6** IV 425
- [2,3,5,6-tetramethyl-4-phytyloxy-phenylester] **6** III 4690 a
- [2,3,5,6-tetramethyl-4-(3,7,11,15-tetramethyl-hexadecyloxy)-phenylester] **6** III 4689 f
- *m*-tolylester **6** II 353 l
- *o*-tolylester **6** I 172 e
- *p*-tolylester **6** I 201 m, II 380 e, IV 2117
- [2-*p*-tolyl-propylester] **6** III 1913 b
- [1,4,4-trimethyl-cyclohex-2-enylmethylester] **6** IV 261
- [1,6,6-trimethyl-cyclohex-2-enylmethylester] **6** IV 257
- [2,2,4-trimethyl-cyclohex-3-enylmethylester] **6** IV 259
- [2,4,4-trimethyl-cyclohex-1-enylmethylester] **6** IV 259
- [2,6,6-trimethyl-cyclohex-2-enylmethylester] **6** IV 258
- [4,4,6-trimethyl-cyclohex-1-enylmethylester] **6** IV 260
- [4,6,6-trimethyl-cyclohex-3-enylmethylester] **6** IV 258
- [2,2,4-trimethyl-cyclohexylmethyl-ester] **6** IV 165
- [2,6,6-trimethyl-9-methylen-bicyclo[3.3.1]non-2-ylester] **6** IV 411
- [1,2,2-trimethyl-6-methylen-cyclohexylmethylester] **6** IV 297
- [2,2,3-trimethyl-6-methylen-cyclohexylmethylester] **6** IV 298
- [2,4,4-trimethyl-6-methylen-cyclohexylmethylester] **6** IV 299
- [3,4,5-trimethyl-2-methylen-cyclohexylmethylester] **6** IV 300
- [4a,8,8-trimethyl-3-methylen-decahydro-[2]naphthylmethylester] **6** IV 425 b
- [2,3,6-trimethyl-4-nonadecyloxy-phenylester] **6** III 4649 c
- [2,3,6-trimethyl-4-octadecyloxy-phenylester] **6** III 4649 b
- [2,4,5-trimethyl-phenylester] **6** II 482 g
- [2,8,8-trimethyl-spiro[5.5]undec-2-enylmethylester] **6** IV 419

−, 4-Acetyl-,
- benzylester **6** IV 2285

−, 4-[2-Äthyl-2-brom-butyryl]-,
- [2-methoxy-phenylester] **6** III 4233 e

Allopregnandiol 6 III 4783 a

Allopregnan-3,17-diol 6 III 4776 c

Allopregnan-3,20-diol 6 III 4781 b

Allopregnan-3,21-diol 6 III 4786 c

Allopregnan-3-ol 6 III 2112 c

Allopregnan-20-ol 6 III 2113 f

Allopregnan-21-ol 6 III 2115 a

Allopregnan-3,11,17,20,21-pentaol 6 III 6886 d

Allopregnan-3,11,20,21-tetraol 6 III 6678 a

Allopregnan-3,17,20,21-tetraol 6 III 6679

Allopregnan-3,6,20-triol 6 III 6397 a

Allopregnan-3,11,20-triol 6 III 6397 d

Allopregnan-3,16,17-triol 6 III 6398 e

Allopregnan-3,16,20-triol 6 III 6400 c

Allopregnan-3,17,20-triol 6 III 6405 b

Allopregnan-3,20,21-triol 6 III 6409 b

Allosan 6 557 r

Allositosterin 6 III 2695 c

Allostigmasterol 6 III 2854 b

Allothreonin

−, *O*-Benzyl- **6** IV 2556

−, *N*-Benzyloxycarbonyl- **6** IV 2388

- benzylester **6** IV 2557

- benzyloxyamid **6** IV 2567

Allothreonin   (Fortsetzung)

—, *N*-[*N*-Benzyloxycarbonyl-alanyl]-
6 IV 2333

—, *N*-Benzyloxycarbonyl-*O*-carbamoyl-,
— benzylester 6 IV 2557

—, *N*-Benzyloxycarbonyl-*O*-methansulfonyl-,
— benzyloxyamid 6 IV 2567

—, *N*-[*N*-Benzyloxycarbonyl-norleucyl]-
6 IV 2353

Alloxanthin 6 IV 7044

Allozimtalkohol 6 II 528 c, III 2401 d

Allyl

—, 1,1-Bis-[4-methoxy-phenyl]-
3,3-diphenyl- 6 II 1044 e

—, 1-[2,4-Dimethoxy-phenyl]-1-
[4-methoxy-phenyl]-3,3-diphenyl-
6 II 1116 d

Allylalkohol

—, 3-Acetylmercapto-1-phenyl-
6 IV 6340

—, 2-Äthoxy-1,1-diphenyl- 6 IV 6838

—, 3-Äthoxy-1,1,3-triphenyl-
6 I 518 f

—, 2-Äthyl-1,3-diphenyl- 6 IV 4901

—, 2-Äthyl-3-phenyl- 6 III 2469 c

—, 3-Benzolsulfonyl- 6 III 1001 f

—, 3-Benzolsulfonyl-1,1-diphenyl-
6 III 5600 e

—, 3-Benzolsulfonyl-1,1,3-triphenyl-
6 III 5847 a

—, 1,1-Bis-[4-acetoxy-phenyl]-3-
[2-hydroxy-phenyl]- 6 II 1141 c

—, 1,1-Bis-[4-brom-phenyl]-3,3-diphenyl-
6 III 3851 c

—, 1,3-Bis-[4-chlor-phenyl]- 6 IV 4872

—, 1,1-Bis-[4-chlor-phenyl]-3,3-diphenyl-
6 III 3851 b

—, 1,1-Bis-[3,5-dibrom-4-hydroxy-
phenyl]-3-[2-hydroxy-phenyl]-
6 II 1141 d

—, 1,1-Bis-[4-methoxy-phenyl]-
3,3-diphenyl- 6 II 1116 b

—, 1,1-Bis-[4-methoxy-phenyl]-3-phenyl-
6 II 1113 b

—, 3-Brom-1,3-bis-[4-methoxy-phenyl]-
6 I 562 a

—, 2-Brom-3-[4-brom-phenyl]-
1-[2]naphthyl- 6 IV 5056

—, 3-Brom-2-[3,5-dibrom-2-hydroxy-
4-methyl-phenyl]- 6 I 465 g, II 926 a

—, 3-Brom-2-[3,5-dibrom-2-hydroxy-
phenyl]- 6 I 464 e, II 924 i

—, 1-[4-Brom-phenyl]-3-phenyl-
6 III 3508 e

—, 2-Butyl-3-phenyl- 6 III 2523 e

—, 3-Chlor-1,3-bis-[4-chlor-phenyl]-
6 I 336 h

—, 3-Chlor-1,3-bis-[4-methoxy-phenyl]-
6 I 561 h

—, 3-Chlor-1,1-bis-[4-methoxy-phenyl]-
3-phenyl- 6 IV 7653

—, 1-[4-Chlor-phenyl]- 6 II 530 b

—, 3-[4-Chlor-phenyl]-2,3-diphenyl-
6 IV 5100

—, 3-[4-Chlor-phenyl]-1,1,2,3-tetraphenyl-
6 IV 5172

—, 1-[1-Cinnamyliden-inden-3-yl]-
3-phenyl- 6 734 g, II 731 a

—, 1-Cyclohept-1-enyl- 6 IV 370

—, 1-Cyclohex-1-enyl- 6 IV 364

—, 1-Cyclohexyl- 6 II 62 f, III 227 c

—, 3-Cyclohexyl- 6 IV 235

—, 1-Cyclohexyl-3-[1-hydroxy-
cyclohexyl]- 6 IV 5545

—, 1-Cyclohexyl-1-phenyl- 6 IV 4112

—, 1-Cyclooct-1-enyl- 6 IV 391

—, 1-Cyclopent-1-enyl- 6 IV 356

—, 3-Cyclopentyl- 6 IV 227

—, 2-Decyl-3-phenyl- 6 III 2574 b

—, 3,3-Dibrom-2-[3,5-dibrom-2-hydroxy-
4-methyl-phenyl]- 6 I 466 b

—, 3,3-Dibrom-2-[3,5-dibrom-2-hydroxy-
phenyl]- 6 I 464 h

—, 2,3-Dibrom-1,1-diphenyl- 6 IV 4876

—, 2,3-Dibrom-1,1,3-triphenyl- 6 I 359 a

—, 3,3-Dichlor-1-[4-chlor-phenyl]-
6 IV 3820

—, 3,3-Dichlor-1-[4-methoxy-phenyl]-
6 IV 6340

—, 2,3-Dichlor-1-phenyl- 6 IV 3819

—, 3,3-Dichlor-1-phenyl- 6 IV 3819

—, 1-[2,4-Dihydroxy-phenyl]-
1,3-diphenyl- 6 III 6609 d

—, 1-[2,4-Dimethoxy-phenyl]-1-
[4-methoxy-phenyl]-3,3-diphenyl-
6 II 1145 a

—, 1-[6,6-Dimethyl-norpinan-2-yl]-
6 IV 405

—, 1-[2,4-Dimethyl-phenyl]- 6 III 2477 c

—, 1,3-Di-[1]naphthyl-1,3-diphenyl-
6 III 3903 d

—, 1,3-Diphenyl- 6 II 662 f, III 3508 a,
IV 4872

—, 2,3-Diphenyl- 6 IV 4873

—, 3,3-Diphenyl- 6 II 663 f, IV 4875

Allylalkohol (Fortsetzung)

—, 3,3-Diphenyl-1,1-di-*p*-tolyl-
6 III 3856 b

—, 2-Heptyl-3-phenyl- 6 III 2565 c

—, 2-Hexyl-3-phenyl- 6 III 2558 f

—, 3-[2-Hydroxymethyl-3,3-dimethyl-
cyclopropyl]-2-methyl- 6 IV 5296

—, 3-[1-Hydroxy-[2]naphthyl]-
6 IV 6676

—, 3-[2-Hydroxy-[1]naphthyl]-
6 IV 6675

—, 3-[2-Hydroxy-phenyl]-1,1-bis-
[4-hydroxy-phenyl]- 6 II 1141 a

—, 3-[2-Hydroxy-phenyl]-1,1-diphenyl-
6 II 1024 h

—, 1-[2-Isopropyl-4-methoxy-5-methyl-
phenyl]-3-phenyl- 6 II 996 h

—, 3-[4-Isopropyl-phenyl]-2-methyl-
6 III 2525 c, IV 3929

—, 1-[4-Methoxy-phenyl]- 6 III 5032 c

—, 3-[2-Methoxy-phenyl]-1,1-bis-
[4-methoxy-phenyl]- 6 II 1141 b

—, 1-[4-Methoxy-phenyl]-3-phenyl-
6 III 5598 e

—, 2-[4-Methyl-cyclohex-3-enyl]-
6 IV 376

—, 2-Methyl-1,1-diphenyl- 6 IV 4887

—, 2-Methyl-1,3-diphenyl- 6 IV 4884

—, 2-Methyl-3,3-diphenyl- 6 II 666 b,
IV 4887

—, 2-Methyl-3-[4-nitro-phenyl]-
6 IV 3842

—, 2-Methyl-1-phenyl- 6 III 2445 b,
IV 3843

—, 2-Methyl-3-phenyl- 6 III 2443 e

—, 2-Methyl-1,1,3,3-tetraphenyl-
6 III 3854 a

—, 2-Methyl-3-*p*-tolyl- 6 III 2475 g

—, 3-[Naphthalin-1-sulfonyl]-
6 III 2945 g

—, 3-[Naphthalin-2-sulfonyl]-
6 III 3011 c

—, 1-[1]Naphthyl- 6 III 3385 e

—, 1-[2]Naphthyl- 6 III 3386 d

—, 3-[1]Naphthyl- 6 III 3385 a

—, 3-[2]Naphthyl- 6 III 3386 a

—, 1-[1]Naphthyl-1,3-diphenyl-3-*p*-tolyl-
6 III 3890 c

—, 3-[1]Naphthyl-1,3-diphenyl-1-*p*-tolyl-
6 III 3890 b

—, 1-[1]Naphthyl-3-pentadeuteriophenyl-
1,3-diphenyl- 6 III 3887 a

—, 3-[1]Naphthyl-1-pentadeuteriophenyl-
1,3-diphenyl- 6 III 3886 e

—, 1-[1]Naphthyl-3-phenyl- 6 IV 5055

—, 1-[2]Naphthyl-3-phenyl- 6 IV 5056

—, 3-[1]Naphthyl-1-phenyl- 6 IV 5055

—, 3-[2]Naphthyl-1-phenyl- 6 IV 5056

—, 1-[1]Naphthyl-1,3,3-triphenyl-
6 III 3886 f

—, 3-[1]Naphthyl-1,1,3-triphenyl-
6 III 3886 d

—, 1-[4-Nitro-phenyl]-3-phenyl-
6 IV 4872

—, 3-[4-Nitro-phenyl]-1-phenyl-
6 IV 4872

—, 2-Nonyl-3-phenyl- 6 III 2572 b

—, 2-Octyl-3-phenyl- 6 III 2569 c

—, Pentaphenyl- 6 I 368 f, III 3895 a

—, 2-Pentyl-3-phenyl- 6 III 2542 a

—, 1-Phenyl- 6 572 b, I 283 f, II 529 h,
III 2417 c, IV 3818

—, 2-Phenyl- 6 IV 3822

—, 3-Phenyl- s. a. *Zimtalkohol*

—, 3-Phenylmethansulfonyl- 6 III 1591 b

—, 1-Phenyl-1-*p*-tolyl- 6 IV 4887

—, 3-Phenyl-1-*p*-tolyl- 6 II 665 f

—, 1,1,2,3-Tetraphenyl- 6 IV 5155

—, 1,1,3,3-Tetraphenyl- 6 734 f, I 365 e,
II 730 f, IV 5155

—, 1,2,3,3-Tetraphenyl- 6 IV 5155

—, 3-[Toluol-4-sulfonyl]- 6 III 1410 e

—, 1-*m*-Tolyl- 6 II 535 a

—, 1-*o*-Tolyl- 6 III 2445 g

—, 1-*p*-Tolyl- 6 II 535 d, III 2447 h

—, 2,3,3-Trichlor-1-phenyl- 6 IV 3820

—, 3-[2,6,6-Trimethyl-cyclohex-1-enyl]-
6 IV 402

—, 3-[2,6,6-Trimethyl-cyclohex-2-enyl]-
6 IV 402

—, 1,1,3-Triphenyl- 6 II 707 c,
III 3751 b, IV 5099

—, 1,2,3-Triphenyl- 6 III 3752 d,
IV 5099

—, 1,3,3-Triphenyl- 6 II 706 h,
IV 5099

—, 2,3,3-Triphenyl- 6 III 3753 c,
IV 5100

Allylium

s. *Trimethinium*

Allylmercaptan

s. *Prop-2-en-1-thiol*

Alnulin 6 III 2899 b

Alnusan

s. D:B-*Friedo-oleanan*

Amidophosphorsäure (Fortsetzung)

−, Äthoxycarbonyl-,
- − bis-[4-brom-phenylester] **6** IV 1054
- − bis-[2-chlor-phenylester] **6** IV 808
- − diphenylester **6** IV 742
- − di-*p*-tolylester **6** IV 2131

−, [(Äthoxycarbonylmethyl-carbamoyl)-
methyl]-,
- − bis-[4-nitro-benzylester] **6** IV 2631

−, Äthoxythiocarbonyl-,
- − diphenylester **6** IV 744

−, Äthyl-,
- − dibenzylester **6** IV 2582
- − diphenylester **6** I 95 k

−, Äthylcarbamimidoyl-,
- − diphenylester **6** IV 743

−, [Äthylmercapto-amino-methylen]-,
- − dibenzylester **6** IV 2583
- − diphenylester **6** IV 745

−, [*N*-Allyl-*N*-methyl-carbamimidoyl]-,
- − diphenylester **6** III 662 a

−, [2-Amino-äthyl]-,
- − monophenylester **6** IV 740
- − mono-*p*-tolylester **6** IV 2131

−, [1-Amino-äthyliden]-,
- − dibenzylester **6** IV 2582
- − diphenylester **6** IV 742

−, [Amino-methoxy-methylen]-,
- − dibenzylester **6** IV 2582
- − diphenylester **6** IV 743

−, Aminomethylen-,
- − dibenzylester **6** IV 2582

−, [Amino-methylmercapto-methylen]-,
- − bis-[4-nitro-benzylester]
  6 IV 2630
- − dibenzylester **6** IV 2583
- − diphenylester **6** IV 745

−, Benzyloxycarbonyl-,
- − bis-[4-brom-phenylester] **6** IV 2463
- − diphenylester **6** IV 2463

−, [1-Benzyloxycarbonyl-äthyl]-,
- − dibenzylester **6** IV 2584

−, Benzyloxycarbonylmethyl-,
- − dibenzylester **6** IV 2583

−, Bis-[2-chlor-äthyl]-,
- − monophenylester **6** IV 739

−, [Butan-1-sulfonyl]-,
- − diphenylester **6** IV 746

−, Butoxycarbonyl-,
- − bis-[4-brom-phenylester] **6** IV 1055
- − diphenylester **6** IV 742

−, Butyl-,
- − dibenzylester **6** IV 2582

−, diphenylester **6** IV 740

−, *tert*-Butyl-,
- − diphenylester **6** IV 741

−, Butylcarbamimidoyl-,
- − bis-[4-nitro-benzylester]
  6 IV 2630

−, Carbamimidoyl-,
- − bis-[4-nitro-benzylester]
  6 IV 2629
- − dibenzylester **6** IV 2583
- − diphenylester **6** III 661 i,
  IV 743

−, Carbamoyl-,
- − diphenylester **6** IV 743

−, [1-Carbamoyl-äthyl]-,
- − dibenzylester **6** IV 2584

−, Carbamoylmethyl-,
- − dibenzylester **6** IV 2583

−, Carbonyl- s. *Isocyanatophosphorsäure*

−, {[2-(4-Chlor-phenylmercapto)-äthyl]-
thiocarbamoyl}-,
- − diäthylester **6** IV 1606

−, Cyan-,
- − bis-[4-nitro-benzylester]
  6 IV 2629
- − diphenylester **6** III 661 h,
  IV 743

−, Cyclohexyloxycarbonyl-,
- − dimethylester **6** IV 44

−, Diäthyl-,
- − bis-[4-jod-benzylester] **6** IV 2607
- − diphenylester **6** 180 i, IV 740

−, Diäthylsulfamoyl-,
- − bis-[2-chlor-phenylester] **6** IV 808
- − bis-[4-chlor-phenylester] **6** IV 872
- − bis-[2-nitro-phenylester]
  6 IV 1267
- − bis-[4-nitro-phenylester]
  6 IV 1333
- − di-[1]naphthylester **6** IV 4227
- − diphenylester **6** IV 747

−, Dibutyl-,
- − bis-pentachlorphenylester
  6 IV 1035
- − diphenylester **6** III 661 g,
  IV 741

−, Di-*sec*-butyl-,
- − diphenylester **6** IV 741

−, Diisobutyl-,
- − diphenylester **6** 180 j, IV 741

−, Dimethyl-,
- − äthylester-[4-chlor-phenylester]
  6 IV 871

Amidophosphorsäure

—, Dimethyl-,   (Fortsetzung)
  — äthylester-[2-nitro-phenylester]
    6 III 805 f
  — äthylester-[4-nitro-phenylester]
    6 III 831 f
  — äthylester-phenylester **6** IV 740
  — diphenylester **6** IV 740
  — di-o-tolylester **6** IV 1980
—, [N,N-Dimethyl-carbamimidoyl]-,
  — dibenzylester **6** IV 2583
  — diphenylester **6** IV 743
—, Dimethylsulfamoyl-,
  — bis-[2-chlor-phenylester]
    6 IV 808
  — bis-[4-chlor-phenylester]
    6 IV 872
  — bis-[2-nitro-phenylester]
    6 IV 1267
  — bis-[4-nitro-phenylester]
    6 IV 1332
  — di-[1]naphthylester **6** IV 4227
  — diphenylester **6** IV 746
—, N,N'-[2,5-Dioxa-adipoyl]-bis-,
  — tetraphenylester **6** IV 743
—, Dipropyl-,
  — diphenylester **6** IV 740
—, Dodecyl-,
  — diphenylester **6** IV 741
—, [2-Hydroxy-1-methoxycarbonyl-äthyl]-,
  — dibenzylester **6** IV 2584
—, [2-Hydroxy-1-methoxycarbonyl-
  propyl]-,
  — dibenzylester **6** IV 2585
—, Isobutoxycarbonyl-,
  — diphenylester **6** IV 742
—, Isobutyl-,
  — diphenylester **6** I 96 a, IV 741
—, Isopropoxycarbonyl-,
  — bis-[4-brom-phenylester] **6** IV 1055
  — diphenylester **6** IV 742
—, Isopropoxythiocarbonyl-,
  — diphenylester **6** IV 744
—, Methansulfonyl-,
  — bis-[4-chlor-phenylester] **6** IV 871
  — diphenylester **6** IV 746
—, Methoxycarbonyl-,
  — bis-[4-brom-phenylester] **6** IV 1054
  — bis-[2-chlor-phenylester] **6** IV 807
  — bis-[4-methoxy-phenylester]
    6 IV 5762
  — diphenylester **6** IV 742
  — di-o-tolylester **6** IV 1980

  — di-p-tolylester **6** IV 2131
—, [1-Methoxycarbonyl-äthyl]-,
  — dibenzylester **6** IV 2584
—, Methoxycarbonylmethyl-,
  — bis-[4-nitro-benzylester]
    6 IV 2630
  — dibenzylester **6** IV 2583
  — diphenylester **6** IV 746
  — mono-[4-nitro-benzylester]
    6 IV 2629
—, [1-Methoxycarbonyl-2-methyl-propyl]-,
  — dibenzylester **6** IV 2584
—, Methoxythiocarbonyl-,
  — diphenylester **6** IV 744
—, Methyl-,
  — bis-[4-chlor-phenylester]
    6 IV 871
  — [4-tert-butyl-2-chlor-phenylester]-
    methylester **6** IV 3312
  — diphenylester **6** III 661 f
—, Methylcarbamimidoyl-,
  — dibenzylester **6** IV 2583
  — diphenylester **6** IV 743
—, Methylmercaptothiocarbonyl-,
  — diphenylester **6** IV 745
—, [2-Phenylmercapto-äthyl]-,
  — diäthylester **6** IV 1552
—, [Propan-2-sulfonyl]-,
  — diphenylester **6** IV 746
—, Propyl-,
  — diphenylester **6** I 95 l
—, N,N'-Sulfonyl-bis-,
  — tetrakis-[4-chlor-phenylester]
    6 IV 872
  — tetrakis-[4-nitro-phenylester]
    6 IV 1333
  — tetra-[1]naphthylester **6** IV 4228
  — tetra-[2]naphthylester **6** IV 4287
  — tetraphenylester **6** IV 747
  — tetra-m-tolylester **6** IV 2058
  — tetra-o-tolylester **6** IV 1980
  — tetra-p-tolylester **6** IV 2131
—, Tetrachloräthyliden-,
  — diphenylester **6** IV 742
—, [2,2,3,3-Tetrafluor-propionyl]-,
  — bis-[4-chlor-phenylester]
    6 I 871
—, [1,1,3,3-Tetramethyl-butyl]-,
  — diphenylester **6** IV 741
—, Thiocarbamoyl-,
  — diphenylester **6** III 662 b,
    IV 745

Amidophosphorsäure (Fortsetzung)

–, Thiocarbonyl- s.
   Isothiocyanatophosphorsäure

–, Trichloracetyl-,
   – bis-[4-chlor-[1]naphthylester]
      6 IV 4232
   – bis-[4-chlor-phenylester]
      6 IV 871
   – bis-[2-nitro-phenylester]
      6 IV 1266
   – bis-[4-nitro-phenylester]
      6 IV 1332
   – di-[1]naphthylester 6 IV 4227
   – diphenylester 6 IV 741

–, [2,2,2-Trichlor-1-(4-chlor-
   [1]naphthyloxy)-äthyliden]-,
   – bis-[4-chlor-[1]naphthylester]
      6 IV 4232

–, [2,2,2-Trichlor-1-(4-chlor-phenoxy)-
   äthyliden]-,
   – bis-[4-chlor-phenylester]
      6 IV 871

–, [2,2,2-Trichlor-1-[1]naphthyloxy-
   äthyliden]-,
   – di-[1]naphthylester 6 IV 4227

–, [2,2,2-Trichlor-1-phenoxy-äthyliden]-,
   – diphenylester 6 IV 742

–, Trichlorphosphoranyliden-,
   – diphenylester 6 IV 748

–, Trimethylsilyl-,
   – diphenylester 6 IV 748

Amidophosphorylchlorid

–, [4-Brom-phenoxycarbonyl]-
   6 IV 1052 b

–, [2-Chlor-phenoxycarbonyl]-
   6 IV 795 h

–, [4-Chlor-phenoxycarbonyl]-
   6 IV 844

–, Cyclohexyloxycarbonyl- 6 IV 44

–, [Dichlor-[1]naphthyloxy-acetyl]-
   6 IV 4218

–, [Dichlor-[2]naphthyloxy-acetyl]-
   6 IV 4270

–, [Dichlor-phenoxy-acetyl]- 6 IV 623

–, [Dichlor-*m*-tolyloxy-acetyl]-
   6 IV 2049

–, [Dichlor-*o*-tolyloxy-acetyl]-
   6 IV 1962

–, [Dichlor-*p*-tolyloxy-acetyl]-
   6 IV 2114

–, [4-Methoxy-phenoxycarbonyl]-
   6 IV 5744 b

–, Phenoxycarbonyl- 6 IV 633

Amidoschwefelsäure

   – [3,4-dimethyl-phenylester]
      6 IV 3105

–, Äthoxycarbonyl-,
   – [4-nitro-phenylester] 6 IV 1316

–, Butoxycarbonyl-,
   – [4-nitro-phenylester] 6 IV 1316

–, [4-Chlor-phenoxycarbonyl]-,
   – [4-chlor-phenylester] 6 IV 865

–, Diäthyl-,
   – [4-chlor-phenylester] 6 IV 865

–, Dimethyl-,
   – [4-chlor-2-methyl-phenylester]
      6 IV 1999
   – [4-chlor-phenylester] 6 IV 865
   – [2,4-dichlor-phenylester] 6 IV 937
   – [1]naphthylester 6 IV 4225
   – [4-nitro-phenylester] 6 IV 1316
   – phenylester 6 IV 691
   – *o*-tolylester 6 IV 1976
   – *p*-tolylester 6 IV 2127
   – [2,4,6-trichlor-phenylester]
      6 IV 1015

–, Methoxycarbonyl-,
   – [4-chlor-phenylester] 6 IV 865
   – [4-nitro-phenylester] 6 IV 1316
   – phenylester 6 IV 692
   – [2,4,6-trichlor-phenylester]
      6 IV 1015

–, Phenoxycarbonyl- 3 III 145 d

Amidoschwefligsäure

–, Benzyloxy- 6 443 o

Amidoselenophosphorsäure

   – *O,O'*-diphenylester 6 I 97 g

Amidothiophosphorsäure

   – *O*-äthylester-*O'*-[4-brom-
      phenylester] 6 IV 1056
   – *O*-äthylester-*O'*-[4-chlor-
      phenylester] 6 IV 876
   – *O*-äthylester-*O'*-[2,4-dichlor-
      phenylester] 6 IV 941
   – *O*-äthylester-*O'*-[4-methoxy-
      phenylester] 6 IV 5762
   – *O*-äthylester-*O'*-[2,4,5-trichlor-
      phenylester] 6 IV 997
   – *O*-äthylester-*O'*-[2,4,6-trichlor-
      phenylester] 6 IV 1018
   – *O*-biphenyl-2-ylester-
      O'-methylester 6 IV 4586
   – *O*-biphenyl-3-ylester-
      O'-methylester 6 IV 4598
   – *O,O'*-bis-[4-chlor-phenylester]
      6 188 j, I 102 j

Amidothiophosphorsäure (Fortsetzung)

- *O,O'*-bis-[2-methoxy-phenylester]
  6 IV 5604
- *O,O'*-bis-[4-methoxy-phenylester]
  6 IV 5763
- *O*-[2-brom-4-*tert*-butyl-phenylester]-
  O'-methylester **6** IV 3315
- *O*-[4-brom-phenylester]-*O'*-
  [2,4,5-trichlor-phenylester] **6** IV 1056
- *O*-[4-*tert*-butyl-2-chlor-phenylester]-
  O'-methylester **6** IV 3313
- *O*-butylester-*O'*-[4-methoxy-
  phenylester] **6** IV 5763
- *O-sec*-butylester-*O'*-[2,4,5-trichlor-
  phenylester] **6** IV 999
- *O-tert*-butylester-*O'*-[2,4,5-trichlor-
  phenylester] **6** IV 999
- *O*-[4-chlor-2-cyclohexyl-
  phenylester]-*O'*-methylester
  6 IV 3902
- *O*-[2-chlor-4-nitro-phenylester]-
  O'-methylester **6** IV 1357
- *O*-[4-chlor-phenylester]-
  O'-methylester **6** IV 875
- *O*-[4-chlor-phenylester]-*O'*-
  [2,4,5-trichlor-phenylester] **6** IV 1000
- *O*-cyclohexylester-*O'*-[2,4,5-trichlor-
  phenylester] **6** IV 1000
- *O*-[2-cyclohexyl-phenylester]-
  O'-methylester **6** IV 3901
- *O*-[2,5-dichlor-phenylester]-
  O'-methylester **6** IV 948
- *O,O'*-di-[2]naphthylester
  6 648 d
- *O,O'*-diphenylester **6** 181 f, I 97 a
- *O,O'*-di-*m*-tolylester **6** III 1313 a
- *O,O'*-di-*p*-tolylester **6** 402 c,
  II 382 i
- *O*-dodecylester-*O'*-[2,4,5-trichlor-
  phenylester] **6** IV 1000
- *O*-isopropylester-*O'*-[3-methoxy-
  phenylester] **6** IV 5681
- *O*-isopropylester-*O'*-[2,3,4,6-
  tetrachlor-phenylester] **6** IV 1024
- *O*-isopropylester-*O'*-[2,4,5-trichlor-
  phenylester] **6** IV 999
- *O*-[2-methoxy-phenylester]-
  O'-methylester **6** IV 5604
- *O*-methylester-*O'*-[2,4,5-trichlor-
  phenylester] **6** IV 996
- *O*-methylester-*O'*-[2,4,6-trichlor-
  phenylester] **6** IV 1018
- *O*-phenylester **6** 181 e, I 96 k

−, *N,N'*-Äthandiyl-bis-,
- 1,2-bis-*O*-[4-chlor-phenylester]-
  1,2-di-*O*-methylester **6** IV 876
- 1,2-bis-*O*-[2,4-dichlor-phenylester]-
  1,2-di-*O*-methylester **6** IV 941
- 1,2-di-*O*-methylester-1,2-bis-*O*-
  [2,4,5-trichlor-phenylester] **6** IV 997
−, Äthoxythiocarbonyl-,
- *O,O'*-diphenylester **6** IV 757
−, Äthyl-,
- *O*-äthylester-*O'*-[4-brom-
  phenylester] **6** IV 1056
- *O*-äthylester-*O'*-[4-chlor-
  phenylester] **6** IV 876
- *O*-äthylester-*O'*-[4-nitro-
  phenylester] **6** IV 1344
- *O*-äthylester-*O'*-pentachlorphenyl≠
  ester **6** IV 1036
- *O*-äthylester-*O'*-[2,4,5-trichlor-
  phenylester] **6** IV 998
- *O*-äthylester-*O'*-[2,4,6-trichlor-
  phenylester] **6** IV 1019
- *O,O'*-bis-[4-chlor-phenylester]
  6 IV 877
- *O,O'*-bis-pentachlorphenylester
  6 IV 1037
- *O,O'*-bis-[2,3,4,6-tetrachlor-
  phenylester] **6** IV 1024
- *O*-[2-brom-4-*tert*-butyl-phenylester]-
  O'-methylester **6** IV 3315
- *O*-[4-brom-2,6-dichlor-phenylester]-
  O'-methylester **6** IV 1060
- *O*-[4-brom-phenylester]-
  O'-methylester **6** IV 1055
- *O*-[4-*tert*-butyl-2-chlor-phenylester]-
  O'-methylester **6** IV 3313
- *O-sec*-butylester-*O'*-[4-nitro-
  phenylester] **6** IV 1345
- *O*-butylester-*O'*-[2,4,5-trichlor-
  phenylester] **6** IV 999
- *O*-[4-chlor-phenylester]-
  O'-methylester **6** IV 875
- *O*-cyclohexylester-*O'*-[2,4,5-trichlor-
  phenylester] **6** IV 1000
- *O*-[2,4-dibrom-phenylester]-
  O'-methylester **6** IV 1064
- *O*-[2,4-dichlor-phenylester]-
  O'-methylester **6** IV 941
- *O*-[3,4-dichlor-phenylester]-
  O'-methylester **6** IV 956
- *O*-[2,6-dicyclohexyl-4-methyl-
  phenylester]-*O'*-methylester
  6 IV 4127

Amidothiophosphorsäure

–, Äthyl-, (Fortsetzung)

- *O*-dodecylester-*O'*-[2,4,5-trichlor-phenylester] **6** IV 1000
- *O*-[4-methoxy-phenylester]-*O'*-methylester **6** IV 5762
- *O*-methylester-*O'*-pentachlorphenyl≠ester **6** IV 1036
- *O*-methylester-*O'*-[2,3,4,6-tetrachlor-phenylester] **6** IV 1024
- *O*-methylester-*O'*-[2,4,6-tribrom-phenylester] **6** IV 1069
- *O*-methylester-*O'*-[2,4,5-trichlor-phenylester] **6** IV 997
- *O*-methylester-*O'*-[2,4,6-trichlor-phenylester] **6** IV 1018

–, Butyl-,

- *O*-äthylester-*O'*-[4-chlor-phenylester] **6** IV 876
- *O*-äthylester-*O'*-[4-methoxy-phenylester] **6** IV 5763
- *O*-äthylester-*O'*-[2,4,5-trichlor-phenylester] **6** IV 998
- *O*-äthylester-*O'*-[2,4,6-trichlor-phenylester] **6** IV 1019
- *O*-methylester-*O'*-[4-nitro-phenylester] **6** IV 1344
- *O*-methylester-*O'*-[2,4,5-trichlor-phenylester] **6** IV 997

–, Diäthyl-,

- *O*-äthylester-*O'*-[2-methoxy-phenylester] **6** IV 5604
- *O*-äthylester-*O'*-[4-methoxy-phenylester] **6** IV 5763
- *O*-äthylester-*O'*-[4-nitro-phenylester] **6** IV 1344
- *O*-äthylester-*O'*-phenylester **6** IV 757
- *O,O'*-bis-[2-allyl-phenylester] **6** IV 3810
- *O,O'*-bis-[4-chlor-phenylester] **6** IV 877
- *O,O'*-diphenylester **6** 181 g
- *O*-[4-methoxy-phenylester]-*O'*-methylester **6** IV 5762
- *O*-methylester-*O'*-[4-nitro-phenylester] **6** IV 1343
- *O*-methylester-*O'*-[2,3,4,6-tetrachlor-phenylester] **6** IV 1024

–, Dibutyl-,

- *O*-äthylester-*O'*-[2,4,5-trichlor-phenylester] **6** IV 998

–, Dimethyl-,

- *O*-äthylester-*O'*-[4-brom-phenylester] **6** IV 1056
- *O*-äthylester-*O'*-[4-chlor-phenylester] **6** IV 876
- *O*-äthylester-*O'*-[4-nitro-phenylester] **6** IV 1344
- *O*-äthylester-*S*-[*p*-tolylmercapto-methylester] **6** IV 2183
- *O*-äthylester-*O'*-[2,4,5-trichlor-phenylester] **6** IV 998
- *O*-allylester-*O'*-[4-nitro-phenylester] **6** IV 1345
- *O,O'*-bis-[2-allyl-phenylester] **6** IV 3810
- *O,O'*-bis-[4-chlor-phenylester] **6** IV 877
- *O,O'*-bis-[2,4,5-trichlor-phenylester] **6** IV 1000

–, Dodecyl-,

- *O*-äthylester-*O'*-[2,4,5-trichlor-phenylester] **6** IV 999

–, Isopropyl-,

- *O*-äthylester-*O'*-[4-chlor-phenylester] **6** IV 876
- *O*-äthylester-*O'*-[2,4-dinitro-phenylester] **6** IV 1383
- *O*-äthylester-*O'*-[2-nitro-phenylester] **6** IV 1268
- *O*-äthylester-*O'*-[4-nitro-phenylester] **6** IV 1345
- *O*-äthylester-*O'*-pentachlorphenyl≠ester **6** IV 1036
- *O*-äthylester-*O'*-[2,4,5-trichlor-phenylester] **6** IV 998
- *O*-äthylester-*O'*-[2,4,6-trichlor-phenylester] **6** IV 1019
- *O,O'*-bis-[2-allyl-phenylester] **6** IV 3810
- *O,O'*-bis-[4-brom-2,6-dichlor-phenylester] **6** IV 1060
- *O,O'*-bis-[4-chlor-phenylester] **6** IV 877
- *O*-[3,4-dichlor-phenylester]-*O'*-methylester **6** IV 957
- *O*-methylester-*O'*-[2,4,6-trichlor-phenylester] **6** IV 1018

–, Methoxythiocarbonyl-,

- *O,O'*-diphenylester **6** IV 757

–, Methyl-,

- *O*-äthylester-*O'*-[4-chlor-phenylester] **6** IV 876

Amin (Fortsetzung)

—, [2-(1-Äthyl-1-phenyl-pentyloxy)-äthyl]-dimethyl- **6** IV 3457

—, [2-(2-Äthyl-2-phenyl-pentyloxy)-äthyl]-dimethyl- **6** IV 3461

—, [2-(1-Äthyl-1-phenyl-propoxy)-äthyl]-dimethyl- **6** IV 3382

—, Allyl-[2-(2-allyl-6-methoxy-phenoxy)-äthyl]- **6** III 5016 f

—, Allyl-[2-benzhydryloxy-äthyl]- **6** IV 4661

—, Allyl-[2-biphenyl-2-yloxy-äthyl]-[2-brom-propyl]- **6** III 3294 e

—, Allyl-[2-biphenyl-2-yloxy-äthyl]-[2-chlor-äthyl]- **6** III 3294 d

—, Allyl-bis-[2-(2-allyl-6-methoxy-phenoxy)-äthyl]- **6** III 5016 i

—, Allyl-bis-[2-(4-methoxy-phenoxy)-äthyl]- **6** III 4425 d

—, Allyl-bis-[2-phenoxy-äthyl]- **6** III 641 g

—, Allyl-[2-chlor-äthyl]-[β-phenoxy-isopropyl]- **6** IV 671

—, Allyl-[2-(2-isopropyl-5-methyl-phenoxy)-äthyl]- **6** III 1904 e

—, Allyl-[2-(3-methoxy-phenoxy)-äthyl]- **6** III 4328 a

—, Allyl-[2-(4-methoxy-phenoxy)-äthyl]- **6** III 4424 g

—, [2-(2-Allyl-6-methoxy-phenoxy)-äthyl]-[2-chlor-äthyl]- **6** III 5015 g

—, [2-(2-Allyl-6-methoxy-phenoxy)-äthyl]-dibutyl- **6** III 5016 d

—, [2-(2-Allyl-6-methoxy-phenoxy)-äthyl]-diisobutyl- **6** III 5016 e

—, [2-(2-Allyl-6-methoxy-phenoxy)-äthyl]-diisopropyl- **6** III 5016 c

—, [2-(2-Allyl-6-methoxy-phenoxy)-äthyl]-dimethyl- **6** II 920 d

—, [2-(2-Allyl-6-methoxy-phenoxy)-äthyl]-dipropyl- **6** III 5016 b

—, [2-(2-Allyl-6-methoxy-4-propenyl-phenoxy)-äthyl]-dimethyl- **6** III 5166 d

—, [2-(1-Allyl-[2]naphthyloxy)-äthyl]-dimethyl- **6** III 3385 d

—, [2-(2-Allyl-[1]naphthyloxy)-äthyl]-dimethyl- **6** III 3386 c

—, Allyl-[2-phenoxy-äthyl]- **6** III 641 c

—, [9]Anthryldisulfanyl-dimethyl- **6** II 674 a

—, [2-Benzhydrylmercapto-äthyl]-dimethyl- **6** IV 4686

—, [2-(2-Benzhydryloxy-äthoxy)-äthyl]-dimethyl- **6** IV 4653

—, [2-Benzhydryloxy-äthyl]-butyl- **6** IV 4660

—, [2-Benzhydryloxy-äthyl]-*sec*-butyl- **6** IV 4661

—, [2-Benzhydryloxy-äthyl]-dibutyl- **6** IV 4660

—, [2-Benzhydryloxy-äthyl]-dimethyl- **6** III 3371 f, IV 4658

—, [2-Benzhydryloxy-äthyl]-isobutyl- **6** IV 4661

—, [2-Benzhydryloxy-äthyl]-isopropyl- **6** IV 4660

—, [2-Benzhydryloxy-äthyl]-methyl- **6** IV 4658

—, [2-Benzhydryloxy-äthyl]-methyl-[2-phenylacetoxy-äthyl]- **6** IV 4662

—, [2-Benzhydryloxy-äthyl]-propyl- **6** IV 4660

—, [4-Benzhydryloxy-butyl]-dibutyl- **6** IV 4666

—, [2-Benzhydryloxy-butyl]-dimethyl- **6** III 3374 d

—, [4-Benzhydryloxy-butyl]-dipropyl- **6** IV 4666

—, [4-Benzhydryloxy-butyl]-methyl- **6** IV 4665

—, [6-Benzhydryloxy-hexyl]-dimethyl- **6** IV 4667

—, [3-Benzhydryloxy-propyl]-dibutyl- **6** III 3374 a

—, [2-Benzhydryloxy-propyl]-dimethyl- **6** III 3374 b

—, [3-Benzhydryloxy-propyl]-dimethyl- **6** III 3373 f, IV 4664

—, [2-(2-Benzhydryl-phenoxy)-äthyl]-dimethyl- **6** III 3636 e

—, Benzo[1,3,2]dioxaborol-2-yl-dibutyl- **6** IV 5612

—, Benzo[1,3,2]dioxarsol-2-yl-dimethyl- **6** IV 5606

—, [2-Benzolsulfonyl-äthyliden]-methyl- **6** IV 1515

—, [2-Benzolsulfonyl-2-chlor-äthyliden]-methyl- **6** IV 1513

—, [2-Benzolsulfonyl-2-chlor-vinyl]-methyl- **6** IV 1513

—, [2-(4-Benzolsulfonyl-phenoxy)-äthyl]-dimethyl- **6** IV 5818

—, [2-Benzolsulfonyl-vinyl]-methyl- **6** IV 1515

—, [2-(2-Benzyl-4-brom-phenoxy)-äthyl]-dimethyl- **6** III 3356 c

Amin (Fortsetzung)

—, [2-(2-Benzyl-phenoxy)-äthyl]-[2-chlor-
but-3-enyl]-isopropyl- **6** IV 4633

—, [2-(2-Benzyl-phenoxy)-äthyl]-[2-chlor-
propyl]-isopropyl- **6** IV 4632

—, [2-(2-Benzyl-phenoxy)-äthyl]-dimethyl-
6 III 3351 e, IV 4630

—, [2-(4-Benzyl-phenoxy)-äthyl]-dimethyl-
6 III 3360 j

—, [2-(2-Benzyl-phenoxy)-äthyl]-
isopropyl- **6** III 3351 g

—, [2-(2-Benzyl-phenoxy)-äthyl]-methyl-
6 III 3351 d

—, [3-(2-Benzyl-phenoxy)-2,2-dimethyl-
propyl]-dimethyl- **6** IV 4635

—, [β-(2-Benzyl-phenoxy)-isopropyl]-
dimethyl- **6** III 3351 h, IV 4635

—, [3-(2-Benzyl-phenoxy)-propyl]-dibutyl-
6 III 3351 j

—, [3-(4-Benzyl-phenoxy)-propyl]-dibutyl-
6 III 3360 k

—, [2-(2-Benzyl-phenoxy)-propyl]-
dimethyl- **6** III 3352 a

—, [3-(2-Benzyl-phenoxy)-propyl]-
dimethyl- **6** III 3351 i

—, [2-(1-Benzyl-2-phenyl-äthoxy)-äthyl]-
dimethyl- **6** IV 4749

—, [3-(2-Benzyl-2-phenyl-cyclohexyloxy)-
propyl]-dimethyl- **6** IV 4915

—, [2-Bibenzyl-4-yloxy-äthyl]-bis-[2-chlor-
äthyl]- **6** IV 4698

—, [2-Bibenzyl-4-yloxy-äthyl]-bis-
[2-hydroxy-äthyl]- **6** IV 4699

—, [2-Bibenzyl-4-yloxy-äthyl]-dibutyl-
6 IV 4698

—, [2-Bibenzyl-α-yloxy-äthyl]-dimethyl-
6 III 3391 b, IV 4702

—, [2-Bibenzyl-4-yloxy-äthyl]-dimethyl-
6 IV 4698

—, [2-Bibenzyl-4-yloxy-propyl]-dimethyl-
6 IV 4699

—, [3-Bibenzyl-4-yloxy-propyl]-dimethyl-
6 IV 4699

—, [2-(2-Biphenyl-2-yloxy-äthoxy)-äthyl]-
bis-[2-hydroxy-äthyl]- **6** III 3289 d

—, [2-Biphenyl-2-yloxy-äthyl]-[2-brom-
äthyl]-isobutyl- **6** III 3293 j

—, [2-Biphenyl-2-yloxy-äthyl]-[2-brom-
propyl]-propyl- **6** III 3293 e

—, [2-Biphenyl-2-yloxy-äthyl]-butyl-
[2-chlor-äthyl]- **6** III 3293 g

—, [2-Biphenyl-2-yloxy-äthyl]-*sec*-butyl-
[2-chlor-äthyl]- **6** III 3293 h

—, [2-Biphenyl-2-yloxy-äthyl]-[2-chlor-
äthyl]-hexyl- **6** III 3294 c

—, [2-Biphenyl-2-yloxy-äthyl]-[2-chlor-
äthyl]-isobutyl- **6** III 3293 i

—, [2-Biphenyl-2-yloxy-äthyl]-[2-chlor-
äthyl]-isopropyl- **6** III 3293 f

—, [2-Biphenyl-2-yloxy-äthyl]-[2-chlor-
äthyl]-methyl- **6** III 3292 d

—, [2-Biphenyl-2-yloxy-äthyl]-[2-chlor-
äthyl]-pentyl- **6** III 3294 b

—, [2-Biphenyl-2-yloxy-äthyl]-[2-chlor-
äthyl]-propyl- **6** III 3293 b

—, [2-Biphenyl-3-yloxy-äthyl]-diäthyl-
6 III 3315 d

—, [2-Biphenyl-2-yloxy-äthyl]-dimethyl-
6 III 3292 b

—, [2-Biphenyl-4-yloxy-äthyl]-dimethyl-
6 III 3328 h

—, [2-Biphenyl-2-yloxy-äthyl]-dipropyl-
6 III 3293 d

—, [2-Biphenyl-2-yloxy-äthyl]-methyl-
6 III 3292 a

—, [2-Biphenyl-2-yloxy-äthyl]-pentyl-
6 III 3294 a

—, [3-Biphenyl-2-yloxy-propyl]-dimethyl-
6 III 3294 g

—, Bis-[(3-äthoxycarbonylmethoxy-
phenoxy)-acetyl]- **6** 818 c

—, Bis-[2-(2-äthoxy-phenoxy)-äthyl]-
6 III 4238 f

—, {2-[β,β′-Bis-(4-äthoxy-phenoxy)-
isopropoxy]-äthyl}-dimethyl- **6** IV 5736

—, (2-{2-[2,4-Bis-(1-äthyl-propyl)-6-chlor-
phenoxy]-äthoxy}-äthyl)-dimethyl-
6 IV 3526

—, Bis-benzolsulfenyl- **6** II 296 f

—, Bis-[2-benzolsulfonyl-äthyl]-
6 322 f

—, Bis-[2-benzolsulfonyl-äthyl]-methyl-
6 322 g

—, Bis-[benzolsulfonyl-methyl]-
6 IV 1508

—, Bis-[benzolsulfonyl-methyl]-methyl-
6 IV 1508

—, Bis-benzylmercaptocarbonyl-
6 460 h, III 1599 d

—, Bis-[2-benzyloxy-äthyl]-methyl-
6 IV 2484

—, [β,β′-Bis-benzyloxy-isopropyl]-
dimethyl- **6** IV 2487

—, Bis-[2-(2-benzyloxy-phenoxy)-äthyl]-
methyl- **6** III 4239 e

Amin (Fortsetzung)

—, Bis-[3-(4-brom-phenoxy)-2-hydroxy-
propyl]- **6** IV 1054

—, [2-(4,4'-Bis-butylmercapto-
benzhydrylmercapto)-äthyl]-dimethyl-
6 IV 7568

—, Bis-carboxymethyl-[2-(4-dodecyl-
phenoxy)-äthyl]- **6** III 2091 g

—, Bis-[2-chlor-äthyl]-[2-cyclohexyloxy-
äthyl]- **6** IV 50

—, Bis-[2-chlor-äthyl]-[2-stilben-4-yloxy-
äthyl]- **6** IV 4857

—, Bis-[2-chlor-äthyl]-(2-{2-[4-(1,1,3,3-
tetramethyl-butyl)-phenoxy]-äthoxy}-
äthyl)- **6** IV 3486

—, Bis-[2-(4-chlor-benzylmercapto)-äthyl]-
6 IV 2780

—, Bis-[3-(4-chlor-benzylmercapto)-
2-hydroxy-propyl]- **6** IV 2780

—, Bis-[1-chlor-naphthalin-2-sulfenyl]-
6 I 319 c

—, Bis-[1-chlor-naphthalin-2-sulfenyl]-
methyl- **6** I 319 d

—, [Bis-(4-chlor-[1]naphthyloxy)-
phosphoryl]-trichloracetyl- **6** IV 4232

—, Bis-[4-chlor-2-nitro-benzolsulfenyl]-
6 I 162 h, III 1082 c

—, Bis-[3-(2-chlor-phenoxy)-2-hydroxy-
propyl]- **6** IV 803

—, Bis-[3-(4-chlor-phenoxy)-2-hydroxy-
propyl]- **6** IV 863

—, [Bis-(4-chlor-phenoxy)-phosphoryl]-
diphenoxythiophosphoryl- **6** IV 872

—, Bis-cyclohexyloxymethyl-methyl-
6 III 21 f

—, Bis-[2-(2,4-dichlor-phenoxy)-äthyl]-
6 III 712 d

—, Bis-diphenoxyphosphoryl- **6** IV 747

—, [2-(4,4'-Bis-hexylmercapto-
benzhydrylmercapto)-äthyl]-dimethyl-
6 IV 7568

—, Bis-[2-hydroxy-äthyl]-{2-[2-
(2-isopropyl-5-methyl-phenoxy)-äthoxy]-
äthyl}- **6** III 1900 d

—, Bis-[2-hydroxy-äthyl]-[2-(2-methoxy-
phenoxy)-äthyl]- **6** IV 5591

—, Bis-[2-hydroxy-äthyl]-[2-
(2-[2]naphthyloxy-äthoxy)-äthyl]-
6 III 2979 a

—, Bis-[2-hydroxy-äthyl]-[2-
[1]naphthyloxy-äthyl]- **6** IV 4223

—, Bis-[2-hydroxy-äthyl]-[2-
[2]naphthyloxy-äthyl]- **6** IV 4284

—, Bis-[2-hydroxy-äthyl]-[2-(4-nitro-
phenoxy)-äthyl]- **6** IV 1308

—, Bis-[2-hydroxy-äthyl]-[2-(4'-nitro-
stilben-4-yloxy)-äthyl]- **6** IV 4861

—, Bis-[2-hydroxy-äthyl]-{2-[2-(4-
tert-pentyl-phenoxy)-äthoxy]-äthyl}-
6 III 1967 h

—, Bis-[2-hydroxy-äthyl]-[2-phenoxy-
äthyl]- **6** IV 665

—, Bis-[2-hydroxy-äthyl]-[2-stilben-
4-yloxy-äthyl]- **6** IV 4858

—, Bis-[2-hydroxy-äthyl]-(2-{2-[4-(1,1,3,3-
tetramethyl-butyl)-phenoxy]-äthoxy}-
äthyl)- **6** III 2056 a

—, Bis-[2-hydroxy-äthyl]-[2-*o*-tolyloxy-
äthyl]- **6** IV 1968

—, Bis-[2-hydroxy-3-(4-jod-phenoxy)-
propyl]- **6** IV 1079

—, Bis-[2-hydroxy-3-(2-methoxy-
phenoxy)-propyl]- **6** IV 5596

—, Bis-[2-hydroxy-3-(4-nitro-phenoxy)-
propyl]- **6** IV 1312

—, Bis-[2-hydroxy-3-phenoxy-propyl]-
6 I 92 j

—, Bis-[2-hydroxy-3-phenoxy-propyl]-
propyl- **6** IV 683

—, Bis-[2-hydroxy-3-*o*-tolyloxy-propyl]-
6 358 a

—, Bis-[2-methoxycarbonyl-äthyl]-
[3-phenoxy-propyl]- **6** IV 677

—, Bis-[2-(2-methoxy-phenoxy)-äthyl]-
6 III 4238 e

—, Bis-[2-(3-methoxy-phenoxy)-äthyl]-
6 III 4328 c

—, Bis-[2-(4-methoxy-phenoxy)-äthyl]-
6 III 4425 b

—, Bis-[2-(4-methoxy-phenoxy)-äthyl]-
methyl- **6** III 4425 c

—, Bis-[[1]naphthylmercapto-methyl]-
6 III 2945 h

—, Bis-[[2]naphthylmercapto-methyl]-
6 III 3011 d

—, Bis-[2-[2]naphthyloxy-äthyl]-
6 II 603 a

—, Bis-[1]naphthyloxymethyl-
6 III 2927 g

—, Bis-[2]naphthyloxymethyl-
6 IV 4264

—, [Bis-[1]naphthyloxy-phosphoryl]-
trichloracetyl- **6** IV 4227

—, Bis-[2-nitro-benzolsulfenyl]-
6 I 158 g, II 308 e

Amin (Fortsetzung)

—, Bis-[4-nitro-benzolsulfenyl]-
6 I 161 c

—, Bis-[2-(3-nitro-benzolsulfonyl)-äthyl]-
6 339 b

—, Bis-[2-(2-nitro-phenoxy)-äthyl]-
6 222 c

—, [Bis-(4-nitro-phenoxy)-phosphoryl]-
diphenoxythiophosphoryl- 6 IV 1333

—, [Bis-(2-nitro-phenoxy)-phosphoryl]-
trichloracetyl- 6 IV 1266

—, [Bis-(4-nitro-phenoxy)-phosphoryl]-
trichloracetyl- 6 IV 1332

—, Bis-[3-nitro-toluol-4-sulfenyl]-
6 I 215 g

—, Bis-[2-phenoxy-äthyl]- 6 172 e

—, Bis-[4-phenoxy-butyl]- 6 II 163 a

—, Bis-[4-phenoxy-butyryl]- 6 II 159 b

—, Bis-[β-phenoxy-isopropyl]- 6 IV 672

—, Bis-[3-phenoxy-propyl]- 6 173 b,
III 643 j

—, [2-(4,4'-Bis-propylmercapto-
benzhydrylmercapto)-äthyl]-dimethyl-
6 IV 7568

—, Bis-[toluol-4-sulfenyl]- 6 IV 2208

—, Bis-[2-(toluol-4-sulfonyl)-äthyl]-
6 425 d, III 1430 b

—, [2,4-Bis-(toluol-4-sulfonyl)-buta-
1,3-dienyl]-butyl- 6 IV 2195

—, [2,4-Bis-(toluol-4-sulfonyl)-but-
3-enyliden]-butyl- 6 IV 2195

—, Bis-[toluol-4-sulfonylmethyl]-
6 IV 2184, 11 12

—, [2-(β,β'-Bis-o-tolylmercapto-
isopropoxy)-äthyl]-dimethyl- 6 IV 2022

—, Bis-[2-m-tolyloxy-äthyl]- 6 III 1311 b

—, Bis-[2-o-tolyloxy-äthyl]- 6 III 1259 b,
IV 1968

—, Bis-[2-p-tolyloxy-äthyl]- 6 400 g,
III 1369 i

—, [2-(β,β'-Bis-o-tolyloxy-isopropoxy)-
äthyl]-dimethyl- 6 IV 1955

—, [2-(β,β'-Bis-p-tolyloxy-isopropoxy)-
äthyl]-dimethyl- 6 IV 2107

—, Bis-triphenoxysilyl- 6 IV 767

—, [2-Bornyloxy-äthyl]-dimethyl-
6 IV 284

—, [2-(4-Brom-benzhydryloxy)-äthyl]-
dimethyl- 6 IV 4677

—, {2-[2-(4-Brom-benzyl)-phenoxy]-
äthyl}-dimethyl- 6 III 3356 g

—, [2-(3-Brom-4'-butylmercapto-
benzhydrylmercapto)-äthyl]-dimethyl-
6 IV 6673

—, [2-(4-Brom-2,6-diisopropyl-phenoxy)-
äthyl]-dimethyl- 6 IV 3438

—, [3-(4-Brom-2,6-diisopropyl-phenoxy)-
propyl]-dimethyl- 6 IV 3438

—, [2-(5-Brom-2-isopropoxy-benzyloxy)-
äthyl]-dibutyl- 6 IV 5902

—, [2-(4-Brom-2-isopropyl-5-methyl-
phenoxy)-äthyl]-dimethyl- 6 IV 3347

—, [2-(5-Brom-2-methoxy-benzyloxy)-
äthyl]-dibutyl- 6 IV 5901

—, [2-(5-Brom-2-methoxy-benzyloxy)-
äthyl]-dimethyl- 6 IV 5901

—, {2-[2-Brom-4-methyl-6-(1-methyl-
butyl)-phenoxy]-äthyl}-dimethyl- 6 IV 3429

—, [2-(3-Brom-phenoxy)-äthyl]-methyl-
6 IV 1043

—, {2-[(4-Brom-phenyl)-norborn-5-en-
2-yl-methoxy]-äthyl}-dimethyl- 6 IV 4373

—, {2-[1-(3-Brom-phenyl)-1-phenyl-
äthoxy]-äthyl}-dimethyl- 6 IV 4722

—, {2-[1-(4-Brom-phenyl)-1-phenyl-
äthoxy]-äthyl}-dimethyl- 6 IV 4722

—, {2-[4-(Butan-1-sulfonyl)-benzhydryl≥
mercapto]-äthyl}-dimethyl- 6 IV 6672

—, [Butan-1-sulfonyl]-triphenoxy≥
phosphoranyliden- 6 IV 750

—, [3-(3-Butoxy-phenoxy)-2,2-dimethyl-
propyl]-dimethyl- 6 III 4330 f

—, Butyl-bis-[2-hydroxy-3-phenoxy-
propyl]- 6 IV 683

—, Butyl-bis-[toluol-4-sulfonylmethyl]-
6 IV 2185

—, [2-(2-Butylmercapto-benzhydryl≥
mercapto)-äthyl]-dimethyl- 6 IV 6668

—, [2-(3-Butylmercapto-benzhydryl≥
mercapto)-äthyl]-dimethyl- 6 IV 6669

—, [2-(4-Butylmercapto-benzhydryl≥
mercapto)-äthyl]-dimethyl- 6 IV 6672

—, [2-(4-Butylmercapto-benzhydryl≥
mercapto)-propyl]-dimethyl- 6 IV 6673

—, [2-(4-Butylmercapto-benzhydryloxy)-
äthyl]-dimethyl- 6 IV 6671

—, [2-(2-tert-Butyl-6-methyl-phenoxy)-
äthyl]-diisopropyl- 6 IV 3397

—, [2-(2-tert-Butyl-6-methyl-phenoxy)-
äthyl]-dimethyl- 6 IV 3397

—, [2-(4-tert-Butyl-2-methyl-phenoxy)-
äthyl]-dimethyl- 6 IV 3399

—, {2-[2-(4-tert-Butyl-phenoxy)-äthoxy]-
äthyl}-bis-[2-hydroxy-äthyl]- 6 III 1868 d

Amin (Fortsetzung)

—, Butyl-[4-phenoxy-butyl]- **6** IV 679

—, Butyl-[β-phenoxy-isopropyl]-
6 IV 671

—, Butyl-[3-phenoxy-propyl]-
6 III 643 d

—, [2-(2-Butyl-2-phenyl-hexyloxy)-äthyl]-
dimethyl- **6** IV 3524

—, [2-(1-Butyl-1-phenyl-pentyloxy)-äthyl]-
dimethyl- **6** IV 3504

—, Butyl-[3-(1,2,3,4-tetrahydro-
[2]naphthyloxy)-propyl]- **6** IV 3863

—, Butyl-[2-(2,4,5-trichlor-phenoxy)-
äthyl]- **6** III 721 g

—, [2-Chlor-äthyl]-bis-[2-(2-chlor-
phenoxy)-äthyl]- **6** IV 801

—, [2-Chlor-äthyl]-bis-[2-(4-chlor-
phenoxy)-äthyl]- **6** IV 860

—, [2-Chlor-äthyl]-bis-[2-(2,5-dimethyl-
phenoxy)-äthyl]- **6** IV 3167

—, [2-Chlor-äthyl]-bis-[2-(3,5-dimethyl-
phenoxy)-äthyl]- **6** IV 3148

—, [2-Chlor-äthyl]-bis-[2-(2-isopropyl-
5-methyl-phenoxy)-äthyl]- **6** IV 3342

—, [2-Chlor-äthyl]-bis-[2-(2-methoxy-
phenoxy)-äthyl]- **6** IV 5591

—, [2-Chlor-äthyl]-bis-[2-phenoxy-äthyl]-
6 IV 665

—, [2-Chlor-äthyl]-bis-[2-*m*-tolyloxy-
äthyl]- **6** IV 2053

—, [2-Chlor-äthyl]-bis-[2-*o*-tolyloxy-äthyl]-
6 IV 1968

—, [2-Chlor-äthyl]-bis-[2-*p*-tolyloxy-äthyl]-
6 IV 2124

—, [2-Chlor-äthyl]-{2-[2-(4-chlor-benzyl)-
phenoxy]-äthyl}-isopropyl- **6** IV 4638

—, [2-Chlor-äthyl]-{2-[2-(4-fluor-benzyl)-
phenoxy]-äthyl}-isopropyl- **6** IV 4636

—, [2-Chlor-äthyl]-[2-(2-methoxy-
phenoxy)-äthyl]-[2-*o*-tolyloxy-äthyl]-
6 IV 5591

—, [2-Chlor-äthyl]-methyl-[β-phenoxy-
isopropyl]- **6** IV 670

—, [2-Chlor-äthyl]-[2-phenoxy-äthyl]-
[β-phenoxy-isopropyl]- **6** IV 671

—, [2-Chlor-äthyl]-[β-phenoxy-isopropyl]-
6 IV 670

—, [2-Chlor-äthyl]-[2-*o*-tolyloxy-äthyl]-
6 IV 1967

—, {2-[2-(3-Chlor-allyl)-6-methoxy-
phenoxy]-äthyl}-methyl- **6** III 5018 d

—, [2-(4-Chlor-benzhydrylmercapto)-
äthyl]-dimethyl- **6** IV 4688

—, [2-(4-Chlor-benzhydryloxy)-äthyl]-
dimethyl- **6** IV 4674

—, [γ-(3-Chlor-benzhydryloxy)-isobutyl]-
diisopropyl- **6** III 3376 d

—, {2-[6-(4-Chlor-benzyl)-indan-5-yloxy]-
äthyl}-dimethyl- **6** IV 4894

—, {2-[6-(4-Chlor-benzyl)-indan-5-yloxy]-
äthyl}-isopropyl-methyl- **6** IV 4895

—, {2-[7-(4-Chlor-benzyl)-indan-4-yloxy]-
äthyl}-isopropyl-methyl- **6** IV 4893

—, {3-[6-(2-Chlor-benzyl)-indan-5-yloxy]-
propyl}-dimethyl- **6** IV 4894

—, {3-[6-(4-Chlor-benzyl)-indan-5-yloxy]-
propyl}-dimethyl- **6** IV 4895

—, {3-[7-(2-Chlor-benzyl)-indan-4-yloxy]-
propyl}-dimethyl- **6** IV 4892

—, {3-[7-(4-Chlor-benzyl)-indan-4-yloxy]-
propyl}-dimethyl- **6** IV 4893

—, [1-(2-Chlor-benzyloxymethyl)-propyl]-
dimethyl- **6** IV 2592

—, [1-(4-Chlor-benzyloxymethyl)-propyl]-
dimethyl- **6** IV 2596

—, {2-[2-(2-Chlor-benzyl)-phenoxy]-
äthyl}-dimethyl- **6** III 3354 a

—, {2-[2-(3-Chlor-benzyl)-phenoxy]-
äthyl}-dimethyl- **6** III 3354 c

—, {2-[2-(4-Chlor-benzyl)-phenoxy]-
äthyl}-dimethyl- **6** III 3354 e

—, [2-(3-Chlor-biphenyl-2-yloxy)-äthyl]-
dimethyl- **6** IV 4587

—, {2-[4-Chlor-2-(4-chlor-benzyl)-
phenoxy]-äthyl}-dimethyl- **6** III 3355 b

—, [2-(4-Chlor-2,6-diisopropyl-phenoxy)-
äthyl]-dimethyl- **6** IV 3437

—, [3-(4-Chlor-2,6-diisopropyl-phenoxy)-
propyl]-dimethyl- **6** IV 3437

—, [2-(2-Chlor-4,6-dijod-phenoxy)-äthyl]-
dimethyl- **6** III 787 h

—, [2-(4-Chlor-2-isopropyl-5-methyl-
phenoxy)-äthyl]-dimethyl- **6** IV 3346

—, [2-(2-Chlormethyl-phenoxy)-äthyl]-
dimethyl- **6** IV 2001

—, {2-[2-(2-Chlor-4-*tert*-pentyl-phenoxy)-
äthoxy]-äthyl}-dimethyl- **6** IV 3387

—, [2-(4-Chlor-phenoxy)-äthyl]-bis-
[2-hydroxy-äthyl]- **6** IV 860

—, [2-(2-Chlor-phenoxy)-äthyl]-methyl-
6 IV 799

—, [2-(3-Chlor-phenoxy)-äthyl]-methyl-
6 IV 818

—, [β-(4-Chlor-phenoxy)-isopropyl]-
dimethyl- **6** IV 861

Amin　(Fortsetzung)

—, [β-(4-Chlor-phenoxy)-isopropyl]-
　　isopropyl- **6** IV 861
—, [β-(4-Chlor-phenoxy)-isopropyl]-
　　methyl- **6** IV 861
—, [2-(4-Chlor-phenoxymethoxy)-äthyl]-
　　dimethyl- **6** IV 833
—, [2-Chlor-3-phenylmercapto-propyl]-
　　dimethyl- **6** IV 1553
—, [2-(4-Chlor-phenylmercapto)-propyl]-
　　dimethyl- **6** IV 1606
—, [3-(2-Chlor-phenylmercapto)-propyl]-
　　dimethyl- **6** IV 1575
—, [3-(4-Chlor-phenylmercapto)-propyl]-
　　dimethyl- **6** IV 1606
—, {2-[1-(3-Chlor-phenyl)-1-phenyl-
　　äthoxy]-äthyl}-dimethyl- **6** IV 4717
—, {2-[1-(4-Chlor-phenyl)-1-phenyl-
　　äthoxy]-äthyl}-dimethyl- **6** IV 4717
—, {2-[1-(4-Chlor-phenyl)-1-phenyl-
　　propoxy]-äthyl}-dimethyl- **6** IV 4758
—, [2-Chlor-propyl]-bis-[2-o-tolyloxy-
　　äthyl]- **6** IV 1968
—, (2-{2-[2-Chlor-4-(1,1,3,3-tetramethyl-
　　butyl)-phenoxy]-äthoxy}-äthyl)-dimethyl-
　　6 IV 3488
—, [2-(2-Cinnamyl-phenoxy)-äthyl]-
　　dimethyl- **6** III 3507 g
—, [2-(4-Cyclohexylmercapto-
　　benzhydrylmercapto)-äthyl]-dimethyl-
　　6 IV 6673
—, [2-(2-Cyclohexylmethyl-cyclohexyloxy)-
　　äthyl]-dimethyl- **6** III 346 a
—, [2-Cyclohexyloxy-äthyl]-dimethyl-
　　6 IV 50
—, Cyclohexyloxymethyl-dimethyl-
　　6 III 21 e
—, [3-Cyclohexyloxy-propyl]-dimethyl-
　　6 IV 51
—, {2-[2-(2-Cyclohexyl-phenoxy)-äthoxy]-
　　äthyl}-bis-[2-hydroxy-äthyl]- **6** III 2495 e
—, {2-[2-(4-Cyclohexyl-phenoxy)-äthoxy]-
　　äthyl}-bis-[2-hydroxy-äthyl]- **6** III 2506 c
—, [2-(Cyclohexyl-phenyl-methoxy)-
　　äthyl]-dimethyl- **6** III 2527 g, IV 3933
—, [2-Cyclooctylmethoxy-äthyl]-dimethyl-
　　6 IV 129
—, [2-(Cyclooctyl-phenyl-methoxy)-äthyl]-
　　dimethyl- **6** IV 3956
—, [2-(2-Decyl-phenoxy)-äthyl]-dimethyl-
　　6 IV 3522
—, [2-(4-Decyl-phenoxy)-äthyl]-dimethyl-
　　6 IV 3523

—, Diacetyl-[5-(4-nitro-phenoxy)-pentyl]-
　　6 IV 1309
—, Diäthoxyphosphoryl-diphenoxy⁼
　　phosphoryl- **6** IV 747
—, Diäthoxyphosphoryl-diphenoxy⁼
　　thiophosphoryl- **6** IV 758
—, Diäthyl-{2-[4-(1-äthyl-but-1-enyl)-
　　phenoxy]-äthyl}- **6** IV 3896
—, Diäthyl-{2-[4-(1-äthyl-butyl)-phenoxy]-
　　äthyl}- **6** IV 3421
—, Diäthyl-[2-(β-äthylmercapto-β'-
　　o-tolyloxy-isopropoxy)-äthyl]- **6** IV 1956
—, Diäthyl-{2-[4-(1-äthyl-2-phenyl-but-
　　1-enyl)-phenoxy]-äthyl}- **6** III 3527 c
—, Diäthyl-[2-(2-äthyl-2-phenyl-butoxy)-
　　äthyl]- **6** IV 3428
—, Diäthyl-[2-(2-äthyl-2-phenyl-
　　hexyloxy)-äthyl]- **6** IV 3479
—, Diäthyl-[2-(2-äthyl-2-phenyl-
　　pentyloxy)-äthyl]- **6** IV 3461
—, Diäthyl-{2-[4-(1-äthyl-3-phenyl-
　　propenyl)-phenoxy]-äthyl}- **6** IV 4901
—, Diäthyl-{2-[4-(1-äthyl-3-phenyl-
　　propyl)-phenoxy]-äthyl}- **6** IV 4800
—, Diäthyl-[2-(2-allyl-4-benzyl-phenoxy)-
　　äthyl]- **6** IV 4888
—, Diäthyl-[2-(2-allyl-6-benzyl-phenoxy)-
　　äthyl]- **6** IV 4887
—, Diäthyl-[2-(3-allyl-biphenyl-2-yloxy)-
　　äthyl]- **6** III 3510 g
—, Diäthyl-[2-(3-allyl-biphenyl-4-yloxy)-
　　äthyl]- **6** III 3511 c
—, Diäthyl-[2-(5-allyl-2-but-3-enyloxy-
　　phenoxy)-äthyl]- **6** IV 6340
—, Diäthyl-[2-(2-allyl-4-chlor-phenoxy)-
　　äthyl]- **6** IV 3814
—, Diäthyl-[2-(2-allyl-5-chlor-phenoxy)-
　　äthyl]- **6** IV 3813
—, Diäthyl-[2-(2-allyl-6-chlor-phenoxy)-
　　äthyl]- **6** IV 3813
—, Diäthyl-[2-(4-allyl-2,6-dimethoxy-
　　phenoxy)-äthyl]- **6** III 6445 a
—, Diäthyl-{2-[2-(2-allyl-6-methoxy-
　　phenoxy)-äthoxy]-äthyl}- **6** III 5014 d
—, Diäthyl-[2-(2-allyl-4-methoxy-
　　phenoxy)-äthyl]- **6** III 5020 f
—, Diäthyl-[2-(2-allyl-5-methoxy-
　　phenoxy)-äthyl]- **6** III 5019 c
—, Diäthyl-[2-(2-allyl-6-methoxy-
　　phenoxy)-äthyl]- **6** II 920 e, III 5016 a
—, Diäthyl-[2-(3-allyl-2-methoxy-
　　phenoxy)-äthyl]- **6** IV 6335

Amin (Fortsetzung)

−, Diäthyl-[2-(4-allyl-2-methoxy-
phenoxy)-äthyl]- **6** I 464 a, II 924 c,
III 5030 e

−, Diäthyl-[3-(2-allyl-6-methoxy-
phenoxy)-2-allyloxy-propyl]- **6** III 5018 a

−, Diäthyl-[3-(2-allyl-6-methoxy-
phenoxy)-2-methoxy-propyl]- **6** III 5017 g

−, Diäthyl-[2-(2-allyl-6-methoxy-
phenoxy)-2-methyl-butyl]- **6** III 5017 e

−, Diäthyl-[3-(2-allyl-6-methoxy-
phenoxy)-propyl]- **6** IV 6335

−, Diäthyl-[2-(2-allyl-6-methoxy-
4-propenyl-phenoxy)-äthyl]- **6** III 5166 e

−, Diäthyl-[2-(2-allyl-6-methoxy-
4-propyl-phenoxy)-äthyl]- **6** III 5056 d

−, Diäthyl-[2-(1-allyl-[2]naphthyloxy)-
äthyl]- **6** II 637 a

−, Diäthyl-[2-(2-allyl-4-nitro-phenoxy)-
äthyl]- **6** IV 3817

−, Diäthyl-[2-(2-allyl-6-nitro-phenoxy)-
äthyl]- **6** IV 3817

−, Diäthyl-[2-(2-allyloxy-5-brom-
benzyloxy)-äthyl]- **6** IV 5902

−, Diäthyl-[2-(2-allyl-phenoxy)-äthyl]-
6 III 2412 g

−, Diäthyl-[2-(1-allyl-5,6,7,8-tetrahydro-
[2]naphthyloxy)-äthyl]- **6** IV 4100

−, Diäthyl-[2-(2-allyl-5,6,7,8-tetrahydro-
[1]naphthyloxy)-äthyl]- **6** IV 4100

−, Diäthyl-[2-(4-[9]anthrylmethyl-
phenoxy)-äthyl]- **6** IV 5121

−, Diäthyl-[2-[9]anthryloxy-äthyl]-
6 III 3554 b

−, Diäthyl-[2-benzhydrylmercapto-äthyl]-
6 III 3381 f, IV 4686

−, Diäthyl-[2-benzhydryloxy-äthyl]-
6 III 3372 b, IV 4660

−, Diäthyl-[4-benzhydryloxy-but-2-enyl]-
6 IV 4667

−, Diäthyl-[4-benzhydryloxy-butyl]-
6 IV 4665

−, Diäthyl-[3-benzhydryloxy-
2,2-dimethyl-propyl]- **6** III 3374 e

−, Diäthyl-[3-benzhydryloxy-propyl]-
6 III 3373 g, IV 4664

−, Diäthyl-benzo[1,3,2]dioxaborol-2-yl-
6 IV 5612

−, Diäthyl-benzo[1,3,2]dioxarsol-2-yl-
6 IV 5606

−, Diäthyl-[2-(4-benzolsulfonyl-phenoxy)-
äthyl]- **6** IV 5818

−, Diäthyl-[2-(1-benzyl-butoxy)-äthyl]-
6 III 1953 d

−, Diäthyl-[2-(2-benzyl-4-chlor-phenoxy)-
äthyl]- **6** IV 4637

−, Diäthyl-[2-(1-benzyl-cyclohexyloxy)-
äthyl]- **6** IV 3931

−, Diäthyl-[2-(4-benzyl-cyclohexyloxy)-
äthyl]- **6** IV 3932

−, Diäthyl-[2-(4-benzyl-2-isopropyl-
5-methyl-phenoxy)-äthyl]- **6** IV 4809

−, Diäthyl-[2-benzylmercapto-äthyl]-
6 IV 2718

−, Diäthyl-[2-benzyloxy-äthyl]-
6 II 421 k, III 1539 d, IV 2483

−, Diäthyl-[4-benzyloxy-but-2-inyl]-
6 IV 2487

−, Diäthyl-[4-benzyloxy-butyl]-
6 IV 2486

−, Diäthyl-[2-(1-benzyloxy-1,1-diphenyl-
äthoxy)-äthyl]- **6** IV 6696

−, Diäthyl-benzyloxymethyl- **6** IV 2252

−, Diäthyl-[2-(2-benzyloxy-phenoxy)-
äthyl]- **6** III 4239 d, IV 5592

−, Diäthyl-[2-(3-benzyloxy-phenoxy)-
äthyl]- **6** III 4329 e

−, Diäthyl-[2-(4-benzyloxy-phenoxy)-
äthyl]- **6** IV 5756

−, Diäthyl-[3-benzyloxy-propyl]-
6 IV 2486

−, Diäthyl-[2-(2-benzyl-phenoxy)-äthyl]-
6 III 3351 f, IV 4631

−, Diäthyl-[2-(4-benzyl-phenoxy)-äthyl]-
6 IV 4643

−, Diäthyl-[2-bibenzyl-α-yloxy-äthyl]-
6 III 3391 c, IV 4702

−, Diäthyl-[2-bibenzyl-4-yloxy-äthyl]-
6 III 3388 h, IV 4698

−, Diäthyl-[2-bibenzyl-4-yloxy-propyl]-
6 IV 4699

−, Diäthyl-[3-bibenzyl-4-yloxy-propyl]-
6 IV 4699

−, Diäthyl-[3-(4-bibenzyl-α-yl-phenoxy)-
propyl]- **6** IV 5057

−, Diäthyl-[2-bicyclohexyl-1-ylmethoxy-
äthyl]- **6** IV 323

−, Diäthyl-[2-(2-biphenyl-4-yloxy-
äthoxy)-propyl]- **6** IV 4602

−, Diäthyl-[2-biphenyl-2-yloxy-äthyl]-
6 III 3292 e, IV 4584

−, Diäthyl-[2-biphenyl-4-yloxy-äthyl]-
6 III 3329 b, IV 4605

−, Diäthyl-[3-biphenyl-2-yloxy-propyl]-
6 III 3294 h, IV 4585

Amin (Fortsetzung)

–, Diäthyl-{2-[4-(4-chlor-phenyl≠ mercapto)-phenoxy]-äthyl}- **6** III 4465 a

–, Diäthyl-{2-[(4-chlor-phenyl)-norborn-5-en-2-yl-methoxy]-äthyl}- **6** IV 4372

–, Diäthyl-{2-[1-(4-chlor-phenyl)-1-phenyl-äthoxy]-äthyl}- **6** IV 4718

–, Diäthyl-[2-cinnamylmercapto-äthyl]- **6** III 2410 f

–, Diäthyl-[2-cinnamyloxy-äthyl]- **6** IV 3802

–, Diäthyl-cinnamyloxymethyl- **6** IV 3801

–, Diäthyl-[2-(4-cinnamyl-phenoxy)-äthyl]- **6** IV 4871

–, Diäthyl-[2-(1-cycloheptyl-butoxy)-äthyl]- **6** III 174 h

–, Diäthyl-[2-(cycloheptyl-phenyl-methoxy)-äthyl]- **6** III 2544 b

–, Diäthyl-[2-cyclohex-2-enyloxy-äthyl]- **6** IV 197

–, Diäthyl-[2-(1-cyclohexyl-butoxy)-äthyl]- **6** III 123 a

–, Diäthyl-[2-(cyclohexyl-cyclopentyl-methoxy)-äthyl]- **6** III 339 d

–, Diäthyl-[2-cyclohexylmercapto-äthyl]- **6** IV 81

–, Diäthyl-{2-[cyclohexyl-(2-methoxy-phenyl)-methoxy]-äthyl}- **6** III 5063 d

–, Diäthyl-[2-(1-cyclohexylmethyl-butoxy)-äthyl]- **6** III 175 e

–, Diäthyl-[2-cyclohexyloxy-äthyl]- **6** IV 50

–, Diäthyl-[10-cyclohexyloxy-decyl]- **6** III 35 b

–, Diäthyl-cyclohexyloxymethyl- **6** IV 31

–, Diäthyl-[2-(3-cyclohexyloxy-phenoxy)-äthyl]- **6** III 4329 c

–, Diäthyl-[3-(4-cyclohexyl-phenoxy)-propyl]- **6** IV 3906

–, Diäthyl-[2-(2-cyclohexyl-1-phenyl-äthoxy)-äthyl]- **6** III 2545 d

–, Diäthyl-[2-(cyclohexyl-phenyl-methoxy)-äthyl]- **6** III 2528 a

–, Diäthyl-[2-cyclooctylmethoxy-äthyl]- **6** IV 129

–, Diäthyl-[2-(cyclooctyl-phenyl-methoxy)-äthyl]- **6** IV 3956

–, Diäthyl-[2-(1-cyclopentyl-butoxy)-äthyl]- **6** III 117 g

–, Diäthyl-[2-(cyclopentyl-phenyl-methoxy)-äthyl]- **6** III 2514 a

–, Diäthyl-[2-(2,3-diäthoxy-phenoxy)-äthyl]- **6** III 6271 e

–, Diäthyl-[2-(2,6-diäthoxy-phenoxy)-äthyl]- **6** III 6271 f

–, Diäthyl-[2-(2,3-diallyl-6-but-3-enyloxy-phenoxy)-äthyl]- **6** IV 6465

–, Diäthyl-[2-(2,4-diallyl-6-methoxy-phenoxy)-äthyl]- **6** II 933 d

–, Diäthyl-[2-(2,6-diallyl-4-methoxy-phenoxy)-äthyl]- **6** IV 6466

–, Diäthyl-[2-(2,6-diallyl-phenoxy)-äthyl]- **6** III 2746 g

–, Diäthyl-[2-(2,4-dibenzyl-6-isopropyl-3-methyl-phenoxy)-äthyl]- **6** IV 5077

–, Diäthyl-[2-(3,5-dibrom-2-methoxy-benzyloxy)-äthyl]- **6** IV 5904

–, Diäthyl-[2-(1,6-dibrom-[2]naphthyloxy)-äthyl]- **6** III 2999 a

–, Diäthyl-[(2,5-dibrom-phenylmercapto)-methyl]- **6** IV 1657

–, Diäthyl-[3-(2,4-dichlor-benzyl≠ mercapto)-propyl]- **6** IV 2784

–, Diäthyl-[3-(3,4-dichlor-benzyl≠ mercapto)-propyl]- **6** IV 2786

–, Diäthyl-[2-(3,5-dichlor-biphenyl-2-yloxy)-äthyl]- **6** IV 4589

–, Diäthyl-[2-(2,6-dichlor-4-hexyl-phenoxy)-äthyl]- **6** IV 3417

–, Diäthyl-[2-(3,5-dichlor-2-methoxy-benzyloxy)-äthyl]- **6** IV 5901

–, Diäthyl-[2-(2,4-dichlor-6-methyl-phenoxy)-äthyl]- **6** IV 2003

–, Diäthyl-[2-(2,6-dichlor-4-methyl-phenoxy)-äthyl]- **6** IV 2142

–, Diäthyl-[2-(1,3-dichlor-[2]naphthyloxy)-äthyl]- **6** III 2993 c

–, Diäthyl-[2-(2,4-dichlor-[1]naphthyloxy)-äthyl]- **6** III 2934 i

–, Diäthyl-[2-(2,4-dichlor-phenoxy)-äthyl]- **6** III 711 e

–, Diäthyl-[2-(1,2-dicyclohexyl-äthoxy)-äthyl]- **6** III 351 d

–, Diäthyl-[2-dicyclohexylmethoxy-äthyl]- **6** III 346 e

–, Diäthyl-[2-(9,10-dihydro-[9]anthryloxy)-äthyl]- **6** IV 4866

–, Diäthyl-{2-[4-(3,4-dihydro-2*H*-[1]naphthylidenmethyl)-phenoxy]-äthyl}- **6** IV 4959

–, Diäthyl-[2-(2,6-diisopropyl-phenoxy)-äthyl]- **6** IV 3436

–, Diäthyl-[2-(3,5-dijod-biphenyl-4-yloxy)-äthyl]- **6** III 3338 g

–, Diäthyl-[2-(2,4-dijod-6-methyl-phenoxy)-äthyl]- **6** III 1273 a

Amin (Fortsetzung)

—, Diäthyl-[2-(2,6-dijod-4-methyl-
phenoxy)-äthyl]- **6** III 1383 h

—, Diäthyl-[2-(4,4'-dimethoxy-
benzhydryloxy)-äthyl]- **6** IV 7567

—, Diäthyl-[3-(2,6-dimethoxy-phenoxy)-
propyl]- **6** IV 7333

—, Diäthyl-[2-(2,4'-dimethyl-benzhydryloxy)-
äthyl]- **6** IV 4772

—, Diäthyl-[2-(3,4-dimethyl-benzhydryloxy)-
äthyl]- **6** III 3421 g

—, Diäthyl-[2-(2,4-dimethyl-phenoxy)-
äthyl]- **6** III 1746 h

—, Diäthyl-[2-(2,6-dimethyl-phenoxy)-
äthyl]- **6** IV 3119

—, Diäthyl-[2-(3,5-dimethyl-phenoxy)-
äthyl]- **6** III 1758 h

—, Diäthyl-{2-[1-(3,4-dimethyl-phenyl)-
butoxy]-äthyl}- **6** III 2016 b

—, Diäthyl-{2-[1-(3,4-dimethyl-phenyl)-
pentyloxy]-äthyl}- **6** III 2038 g

—, Diäthyl-{2-[4-(1,2-dimethyl-3-phenyl-
propenyl)-phenoxy]-äthyl}- **6** IV 4901

—, Diäthyl-{2-[4-(1,2-dimethyl-3-phenyl-
propyl)-phenoxy]-äthyl}- **6** IV 4802

—, Diäthyl-[2-(2,4-dinitro-phenyl≤
mercapto)-äthyl]- **6** III 1100 f

—, Diäthyl-[4-(2,4-dinitro-phenyl≤
mercapto)-butyl]- **6** IV 1764

—, Diäthyl-[3-(2,4-dinitro-phenyl≤
mercapto)-propyl]- **6** III 1100 g

—, Diäthyl-[2-(di-norborn-5-en-2-yl-
methoxy)-äthyl]- **6** IV 4117

—, Diäthyl-[3-(di-norborn-5-en-2-yl-
methoxy)-propyl]- **6** IV 4117

—, Diäthyl-[2-(β,β'-diphenoxy-
isopropoxy)-äthyl]- **6** IV 592

—, Diäthyl-[2-(1,1-diphenyl-äthoxy)-
äthyl]- **6** III 3396 a

—, Diäthyl-[2-(2,2-diphenyl-butoxy)-
äthyl]- **6** IV 4787

—, Diäthyl-[2-(2,2-diphenyl-hexyloxy)-
äthyl]- **6** IV 4817

—, Diäthyl-[2-diphenylmethansulfonyl-
äthyl]- **6** IV 4686

—, Diäthyl-[3-diphenylmethansulfonyl-
propyl]- **6** IV 4687

—, Diäthyl-[2-(2,2-diphenyl-pentyloxy)-
äthyl]- **6** IV 4805

—, Diäthyl-{2-[4-(1,3-diphenyl-propenyl)-
phenoxy]-äthyl}- **6** IV 5098

—, Diäthyl-{3-[4-(1,3-diphenyl-propenyl)-
phenoxy]-propyl}- **6** IV 5098

—, Diäthyl-[2-(1,1-diphenyl-propoxy)-
äthyl]- **6** III 3418 b

—, Diäthyl-[2-(2,2-diphenyl-propoxy)-
äthyl]- **6** IV 4763

—, Diäthyl-{2-[4-(1,3-diphenyl-propyl)-
phenoxy]-äthyl}- **6** IV 5065

—, Diäthyl-{3-[4-(1,3-diphenyl-propyl)-
phenoxy]-propyl}- **6** IV 5065

—, Diäthyl-[2-(2,2-diphenyl-vinyloxy)-
äthyl]- **6** IV 4865

—, Diäthyl-[2-(3-dodecyloxy-phenoxy)-
äthyl]- **6** III 4329 a

—, Diäthyl-{2-[4-(1-fluoren-9-yliden-
äthyl)-phenoxy]-äthyl}- **6** IV 5122

—, Diäthyl-[2-(3-fluoren-9-ylidenmethyl-
phenoxy)-äthyl]- **6** IV 5115

—, Diäthyl-[2-(4-fluoren-9-ylidenmethyl-
phenoxy)-äthyl]- **6** IV 5115

—, Diäthyl-[3-(4-fluoren-9-ylidenmethyl-
phenoxy)-propyl]- **6** IV 5116

—, Diäthyl-[2-(4-fluoren-9-ylmethyl-
phenoxy)-äthyl]- **6** IV 5095

—, Diäthyl-[2-fluoren-2-yloxy-äthyl]-
6 IV 4846

—, Diäthyl-[2-fluoren-9-yloxy-äthyl]-
6 III 3491 d, IV 4851

—, Diäthyl-[4-fluoren-9-yloxy-butyl]-
6 IV 4851

—, Diäthyl-[3-fluoren-9-yloxy-propyl]-
6 III 3491 f

—, Diäthyl-[2-(4-hexyl-phenoxy)-äthyl]-
6 IV 3417

—, Diäthyl-[2-indan-5-ylmethoxy-äthyl]-
6 IV 3868

—, Diäthyl-[2-indan-4-yloxy-äthyl]-
6 IV 3828

—, Diäthyl-[2-indan-5-yloxy-äthyl]-
6 IV 3830

—, Diäthyl-[2-(4-inden-1-ylidenmethyl-
phenoxy)-äthyl]- **6** IV 4986

—, Diäthyl-{2-[2-(4-isopropyl-benzyl)-
phenoxy]-äthyl}- **6** IV 4792

—, Diäthyl-[2-(2-isopropyl-5-methyl-
phenoxy)-äthyl]- **6** I 266 b, III 1904 b,
IV 3341

—, Diäthyl-[2-(5-isopropyl-2-methyl-
phenoxy)-äthyl]- **6** III 1889 c

—, Diäthyl-{2-[4-(1-isopropyl-3-methyl-
2-phenyl-but-1-enyl)-phenoxy]-äthyl}-
6 III 3539 a

—, Diäthyl-[mesitylmercapto-methyl]-
6 IV 3262

Amin (Fortsetzung)

—, Diäthyl-{2-[4-(1-methyl-2-phenyl-vinyl)-phenoxy]-äthyl}- **6** IV 4873

—, Diäthyl-{3-[4-(1-methyl-2-phenyl-vinyl)-phenoxy]-propyl}- **6** IV 4873

—, Diäthyl-[2-(3-methyl-1-*o*-tolyl-butoxy)-äthyl]- **6** III 2007 h

—, Diäthyl-[2-(1-[1]naphthyl-butoxy)-äthyl]- **6** III 3055 b

—, Diäthyl-[2-[1]naphthylmercapto-äthyl]- **6** II 589 a

—, Diäthyl-[2-[1]naphthyloxy-äthyl]- **6** III 2932 a, IV 4223

—, Diäthyl-[2-[2]naphthyloxy-äthyl]- **6** I 314 d, III 2987 f, IV 4283

—, Diäthyl-[β-[1]naphthyloxy-isopropyl]- **6** IV 4223

—, Diäthyl-[2-[1]naphthyloxy-propyl]- **6** IV 4223

—, Diäthyl-[3-[1]naphthyloxy-propyl]- **6** IV 4224

—, Diäthyl-[3-[2]naphthyloxy-propyl]- **6** IV 4284

—, Diäthyl-[2-([1]naphthyl-phenyl-methoxy)-äthyl]- **6** IV 4990

—, Diäthyl-[2-(4-nitro-benzolsulfonyl)-äthyl]- **6** III 1076 d, IV 1714

—, Diäthyl-{2-[4-(4-nitro-benzolsulfonyl)-phenoxy]-äthyl}- **6** IV 5818

—, Diäthyl-[3-(4-nitro-benzolsulfonyl)-propyl]- **6** III 1076 f

—, Diäthyl-[2-(2-nitro-phenoxy)-äthyl]- **6** IV 1263

—, Diäthyl-[2-(4-nitro-phenoxy)-äthyl]- **6** III 829 k, IV 1307

—, Diäthyl-{2-[3-(4-nitro-phenoxy)-propan-1-sulfonyl]-äthyl}- **6** III 824 h

—, Diäthyl-[3-(4-nitro-phenoxy)-propyl]- **6** IV 1308

—, Diäthyl-[2-(4-nitro-phenylmercapto)-äthyl]- **6** III 1076 b, IV 1714

—, Diäthyl-[3-(4-nitro-phenylmercapto)-propyl]- **6** III 1076 e

—, Diäthyl-[2-(4'-nitro-stilben-4-yloxy)-äthyl]- **6** IV 4861

—, Diäthyl-[2-(norborn-5-en-2-yl-phenyl-methoxy)-äthyl]- **6** IV 4372

—, Diäthyl-[3-(norborn-5-en-2-yl-phenyl-methoxy)-propyl]- **6** IV 4372

—, Diäthyl-[2-(norborn-5-en-2-yl-*m*-tolyl-methoxy)-äthyl]- **6** IV 4380

—, Diäthyl-[2-([2]norbornyl-phenyl-methoxy)-äthyl]- **6** IV 4108

—, Diäthyl-[2-(3-octylmercapto-phenoxy)-äthyl]- **6** III 4365 h

—, Diäthyl-[2-(2-octyloxy-phenoxy)-äthyl]- **6** III 4239 a

—, Diäthyl-[2-(3-octyloxy-phenoxy)-äthyl]- **6** III 4328 g

—, Diäthyl-[2-(4-octyloxy-phenoxy)-äthyl]- **6** III 4425 e, IV 5756

—, Diäthyl-[2-(3-octyloxy-phenyl=mercapto)-äthyl]- **6** III 4365 i

—, Diäthyl-[2-pentachlorphenoxy-äthyl]- **6** III 735 a

—, Diäthyl-[2-(4-*tert*-pentyl-phenoxy)-äthyl]- **6** III 1968 e

—, Diäthyl-[2-(1-phenäthyl-butoxy)-äthyl]- **6** III 1995 a

—, Diäthyl-{2-[4-(1-phenäthyl-butyl)-phenoxy]-äthyl}- **6** IV 4815

—, Diäthyl-{2-[4-(1-phenäthyl-pentyl)-phenoxy]-äthyl}- **6** IV 4823

—, Diäthyl-[2-[1]phenanthryloxy-äthyl]- **6** III 3557 g

—, Diäthyl-[2-[2]phenanthryloxy-äthyl]- **6** III 3558 d

—, Diäthyl-[2-[3]phenanthryloxy-äthyl]- **6** III 3559 c

—, Diäthyl-[2-[4]phenanthryloxy-äthyl]- **6** III 3560 c

—, Diäthyl-[2-[9]phenanthryloxy-äthyl]- **6** III 3561 d

—, Diäthyl-[2-(2-phenoxy-äthoxy)-äthyl]- **6** IV 578

—, Diäthyl-[2-phenoxy-äthoxymethyl]- **6** IV 574

—, Diäthyl-[2-phenoxy-äthyl]- **6** III 640 b, IV 664

—, [2-(2,6-Diäthyl-phenoxy)-äthyl]-dimethyl- **6** IV 3352

—, Diäthyl-[4-phenoxy-but-2-enyl]- **6** IV 681

—, Diäthyl-[4-phenoxy-but-2-inyl]- **6** IV 681

—, Diäthyl-[4-phenoxy-butyl]- **6** II 162 k, IV 679

—, Diäthyl-[3-phenoxy-decyl]- **6** III 646 a

—, Diäthyl-[7-phenoxy-heptyl]- **6** IV 681

—, Diäthyl-[6-phenoxy-hexyl]- **6** IV 680

—, Diäthyl-[2-(β-phenoxy-isopropoxy)-äthyl]- **6** IV 584

—, Diäthyl-[β-phenoxy-isopropyl]- **6** IV 670

Amin (Fortsetzung)

—, Diäthyl-[2-*m*-tolylmercapto-äthyl]-
  6 II 366 d

—, Diäthyl-[2-*o*-tolylmercapto-äthyl]-
  6 III 1282 g, IV 2026

—, Diäthyl-[2-*p*-tolylmercapto-äthyl]-
  6 IV 2204

—, Diäthyl-[*m*-tolylmercapto-methyl]-
  6 IV 2083

—, Diäthyl-[*o*-tolylmercapto-methyl]-
  6 IV 2022

—, Diäthyl-[*p*-tolylmercapto-methyl]-
  6 IV 2181

—, Diäthyl-[2-(4-*p*-tolylmercapto-
  phenoxy)-äthyl]- **6** III 4465 b

—, Diäthyl-[3-*m*-tolylmercapto-propyl]-
  6 IV 2084

—, Diäthyl-[3-*o*-tolylmercapto-propyl]-
  6 IV 2026

—, Diäthyl-[3-*p*-tolylmercapto-propyl]-
  6 IV 2204

—, Diäthyl-[2-(2-*p*-tolyloxy-äthoxy)-
  äthyl]- **6** IV 2104

—, Diäthyl-[2-*m*-tolyloxy-äthyl]-
  6 III 1310 h

—, Diäthyl-[2-*o*-tolyloxy-äthyl]-
  6 III 1258 g, IV 1967

—, Diäthyl-[2-*p*-tolyloxy-äthyl]-
  6 III 1369 f, IV 2123

—, Diäthyl-[4-*o*-tolyloxy-but-2-inyl]-
  6 IV 1972

—, Diäthyl-[β-*m*-tolyloxy-isopropyl]-
  6 IV 2054

—, Diäthyl-[β-*o*-tolyloxy-isopropyl]-
  6 IV 1971

—, Diäthyl-[β-*p*-tolyloxy-isopropyl]-
  6 IV 2124

—, Diäthyl-[2-*m*-tolyloxy-propyl]-
  6 IV 2054

—, Diäthyl-[2-*o*-tolyloxy-propyl]-
  6 IV 1971

—, Diäthyl-[2-*p*-tolyloxy-propyl]-
  6 IV 2124

—, Diäthyl-[2-(2,4,6-tribrom-phenoxy)-
  äthyl]- **6** III 764 f

—, Diäthyl-[2-(2,4,6-trichlor-benzolsulfinyl)-
  äthyl]- **6** IV 1640

—, Diäthyl-[2-(2,4,6-trichlor-benzolsulfonyl)-
  äthyl]- **6** IV 1640

—, Diäthyl-[2-(2,3,4-trichlor-phenoxy)-
  äthyl]- **6** III 716 e

—, Diäthyl-[2-(2,3,5-trichlor-phenoxy)-
  äthyl]- **6** III 716 g

—, Diäthyl-[2-(2,3,6-trichlor-phenoxy)-
  äthyl]- **6** III 717 c

—, Diäthyl-[2-(2,4,5-trichlor-phenoxy)-
  äthyl]- **6** III 721 f

—, Diäthyl-[2-(2,4,6-trichlor-phenoxy)-
  äthyl]- **6** III 728 b

—, Diäthyl-[2-(3,4,5-trichlor-phenoxy)-
  äthyl]- **6** III 729 b

—, Diäthyl-[4-(2,4,6-trichlor-phenoxy)-
  butyl]- **6** III 728 f

—, Diäthyl-[2,4,5-trichlor-phenoxymethyl]-
  6 III 719 c

—, Diäthyl-[8-(2,4,6-trichlor-phenoxy)-
  octyl]- **6** III 728 h

—, Diäthyl-[5-(2,4,6-trichlor-phenoxy)-
  pentyl]- **6** III 728 g

—, Diäthyl-[3-(2,4,5-trichlor-phenoxy)-
  propyl]- **6** III 721 i

—, Diäthyl-[3-(2,4,6-trichlor-phenoxy)-
  propyl]- **6** III 728 e

—, Diäthyl-[2-(2,4,6-trichlor-phenyl-
  mercapto)-äthyl]- **6** IV 1640

—, Diäthyl-[2-(2,2,2-trifluor-1,1-diphenyl-
  äthoxy)-äthyl]- **6** IV 4716

—, Diäthyl-[3-(2,2,2-trifluor-1,1-diphenyl-
  äthoxy)-propyl]- **6** IV 4716

—, Diäthyl-[2-(2,4,6-trijod-3,5-dimethyl-
  phenoxy)-äthyl]- **6** III 1764 d

—, Diäthyl-[2-(2,4,6-trijod-3-methyl-
  phenoxy)-äthyl]- **6** III 1325 d

—, Diäthyl-[2-(2,4,6-trijod-phenoxy)-
  äthyl]- **6** III 790 i

—, Diäthyl-[3-(2,4,6-trijod-phenoxy)-
  butyl]- **6** III 791 c

—, Diäthyl-[3-(2,4,6-trijod-phenoxy)-
  pentyl]- **6** III 791 d

—, Diäthyl-[3-(2,4,6-trijod-phenoxy)-
  propyl]- **6** III 791 b

—, Diäthyl-[2-(3′,4′,5′-trimethoxy-
  bibenzyl-4-yloxy)-äthyl]- **6** IV 7752

—, Diäthyl-[2-(3′,4′,5′-trimethoxy-stilben-
  4-yloxy)-äthyl]- **6** IV 7786

—, Diäthyl-[2-(2,4,6-trimethyl-
  benzylmercapto)-äthyl]- **6** IV 3363

—, Diäthyl-[2-(2,4,6-trimethyl-benzyloxy)-
  äthyl]- **6** IV 3362

—, Diäthyl-[2-trityloxy-äthyl]-
  6 III 3668 c, IV 5041

—, Diäthyl-[4-trityloxy-but-2-enyl]-
  6 IV 5041

—, Diallyl-{2-[2-(2-allyl-6-methoxy-
  phenoxy)-äthoxy]-äthyl}- **6** III 5014 e

Amin (Fortsetzung)

—, Dimethyl-[2-(4-nitro-phenylmercapto)-
äthyl]- **6** III 1076 a, IV 1714

—, Dimethyl-[2-(norborn-5-en-2-yl-
phenyl-methoxy)-äthyl]- **6** IV 4371

—, Dimethyl-[2-(norborn-5-en-2-yl-
m-tolyl-methoxy)-äthyl]- **6** IV 4380

—, Dimethyl-[2-([2]norbornyl-phenyl-
methoxy)-äthyl]- **6** IV 4108

—, Dimethyl-[2-(4-octylmercapto-
benzhydrylmercapto)-äthyl]- **6** IV 6673

—, Dimethyl-[2-(2-octyl-phenoxy)-äthyl]-
6 IV 3472

—, Dimethyl-[2-(4-octyl-phenoxy)-äthyl]-
6 IV 3474

—, Dimethyl-[2-(2-phenoxy-äthoxy)-
äthyl]- **6** IV 578

—, {2-[2-(3,5-Dimethyl-phenoxy)-äthoxy]-
äthyl}-bis-[2-hydroxy-äthyl]- **6** III 1757 e

—, Dimethyl-[2-phenoxy-äthyl]-
6 172 d, III 639 e, IV 663

—, [2-(2,6-Dimethyl-phenoxy)-äthyl]-
dimethyl- **6** IV 3119

—, Dimethyl-[4-phenoxy-butyl]-
6 I 92 b, III 644 e

—, Dimethyl-[10-phenoxy-decyl]-
6 III 645 i

—, Dimethyl-[7-phenoxy-heptyl]-
6 III 645 e

—, Dimethyl-[6-phenoxy-hexyl]- **6** III 645 c

—, Dimethyl-[β-phenoxy-isopropyl]-
6 IV 669

—, Dimethyl-[9-phenoxy-nonyl]-
6 III 645 h

—, Dimethyl-[8-phenoxy-octyl]-
6 III 645 f

—, Dimethyl-[5-phenoxy-pentyl]-
6 I 92 d, III 644 i

—, Dimethyl-[2-(2-phenoxy-phenoxy)-
äthyl]- **6** IV 5592

—, Dimethyl-[2-(4-phenoxy-phenoxy)-
äthyl]- **6** IV 5756

—, Dimethyl-[2-phenoxy-propyl]-
6 III 644 a

—, Dimethyl-[3-phenoxy-propyl]-
6 173 a, I 91 l, III 642 e

—, [3-(2,6-Dimethyl-phenoxy)-propyl]-
propyl- **6** IV 3119

—, Dimethyl-[2-(1-phenyl-äthoxy)-äthyl]-
6 IV 3038

—, Dimethyl-{2-[2-(1-phenyl-äthyl)-
phenoxy]-äthyl}- **6** III 3394 d

—, Dimethyl-[2-(4-phenyl-benzhydryloxy)-
äthyl]- **6** IV 5054

—, Dimethyl-[2-(2-phenyl-benzyloxy)-
äthyl]- **6** IV 4691

—, Dimethyl-[2-(1-phenyl-butoxy)-äthyl]-
6 IV 3272

—, [2-(1,3-Dimethyl-1-phenyl-butoxy)-
äthyl]-dimethyl- **6** IV 3425

—, Dimethyl-[2-(1-phenyl-cyclohexyloxy)-
äthyl]- **6** IV 3908

—, Dimethyl-[2-(2-phenyl-cyclohexyloxy)-
äthyl]- **6** IV 3911

—, Dimethyl-[6-(2-phenyl-cyclohexyloxy)-
hexyl]- **6** IV 3912

—, Dimethyl-[β-(2-phenyl-cyclohexyloxy)-
isopropyl]- **6** IV 3912

—, Dimethyl-[3-(2-phenyl-cyclohexyloxy)-
propyl]- **6** IV 3912

—, Dimethyl-[2-(1-phenyl-heptyloxy)-
äthyl]- **6** IV 3455

—, Dimethyl-[2-(1-phenyl-hexyloxy)-
äthyl]- **6** IV 3418

—, Dimethyl-[2-(1-phenyl-indan-1-yloxy)-
äthyl]- **6** IV 4877

—, Dimethyl-[2-(3-phenyl-indan-1-yloxy)-
äthyl]- **6** IV 4878

—, Dimethyl-[2-phenylmercapto-äthyl]-
6 IV 1551

—, Dimethyl-[2-(4-phenylmercapto-
benzhydrylmercapto)-äthyl]- **6** IV 6673

—, Dimethyl-[phenylmercapto-methyl]-
6 IV 1504

—, Dimethyl-[2-(2-phenylmercapto-
phenoxy)-äthyl]- **6** IV 5641

—, Dimethyl-[2-(4-phenylmercapto-
phenoxy)-äthyl]- **6** IV 5818

—, Dimethyl-[2-(β-phenylmercapto-β'-
o-tolyloxy-isopropoxy)-äthyl]- **6** IV 1956

—, Dimethyl-[2-(1-phenyl-pentyloxy)-
äthyl]- **6** IV 3371

—, Dimethyl-[2-(1-phenyl-propoxy)-
äthyl]- **6** IV 3186

—, [2-(1,2-Dimethyl-1-phenyl-propoxy)-
äthyl]-dimethyl- **6** IV 3389

—, Dimethyl-[2-(1-phenyl-1-propyl-
butoxy)-äthyl]- **6** IV 3460

—, Dimethyl-[3-(2-phenyl-2-propyl-
cyclohexyloxy)-propyl]- **6** IV 3958

—, Dimethyl-[2-(1-phenyl-1-propyl-
hexyloxy)-äthyl]- **6** IV 3503

—, Dimethyl-[2-(2-phenyl-2-propyl-
hexyloxy)-äthyl]- **6** IV 3504

Amin (Fortsetzung)

—, Dimethyl-[2-(1-phenyl-1-propyl-
pentyloxy)-äthyl]- **6** IV 3478

—, Dimethyl-[2-(2-phenyl-2-propyl-
pentyloxy)-äthyl]- **6** IV 3480

—, Dimethyl-{2-[4-(3-phenyl-propyl)-
phenoxy]-äthyl}- **6** IV 4748

—, Dimethyl-{2-[phenyl-(5,6,7,8-
tetrahydro-[2]naphthyl)-methoxy]-äthyl}-
6 IV 4904

—, Dimethyl-{2-[phenyl-(5,6,7,8-
tetrahydro-[2]naphthyl)-methylmercapto]-
äthyl}- **6** IV 4904

—, Dimethyl-[2-(1-phenyl-
1,2,3,4-tetrahydro-[1]naphthyloxy)-äthyl]-
6 IV 4890

—, Dimethyl-[2-(1-phenyl-1-*m*-tolyl-
äthoxy)-äthyl]- **6** IV 4766

—, Dimethyl-[2-(1-phenyl-1-*p*-tolyl-
äthoxy)-äthyl]- **6** IV 4766

—, Dimethyl-[2-stilben-4-yloxy-äthyl]-
6 IV 4857

—, Dimethyl-[2-stilben-4-yloxy-propyl]-
6 IV 4859

—, Dimethyl-[3-stilben-4-yloxy-propyl]-
6 IV 4858

—, Dimethyl-[2-(2-tetradecyl-phenoxy)-
äthyl]- **6** IV 3549

—, Dimethyl-[2-(4-tetradecyl-phenoxy)-
äthyl]- **6** IV 3550

—, Dimethyl-[2-(1,2,3,4-tetrahydro-
[1]naphthyloxy)-äthyl]- **6** IV 3860

—, Dimethyl-[2-(1,2,3,4-tetrahydro-
[2]naphthyloxy)-äthyl]- **6** IV 3863

—, Dimethyl-[6-(1,2,3,4-tetrahydro-
[2]naphthyloxy)-hexyl]- **6** IV 3863

—, Dimethyl-[2-(2,6,2',6'-tetramethyl-
benzhydryloxy)-äthyl]- **6** IV 4812

—, Dimethyl-(2-{2-[4-(1,1,3,3-tetramethyl-
butyl)-phenoxy]-äthoxy}-äthyl)-
6 III 2055 e

—, Dimethyl-(2-{β-[4-(1,1,3,3-tetramethyl-
butyl)-phenoxy]-isopropoxy}-propyl)-
6 III 2056 e

—, Dimethyl-{2-[4-(toluol-4-sulfonyl)-
phenoxy]-äthyl}- **6** IV 5819

—, Dimethyl-[*p*-tolylmercapto-methyl]-
6 IV 2181

—, Dimethyl-[5-*p*-tolylmercapto-pent-
2-inyl]- **6** III 1431 a

—, Dimethyl-[2-(2-*p*-tolyloxy-äthoxy)-
äthyl]- **6** IV 2104

—, Dimethyl-[2-*p*-tolyloxy-äthyl]-
6 IV 2123

—, Dimethyl-[β-*m*-tolyloxy-isopropyl]-
6 IV 2054

—, Dimethyl-[β-*o*-tolyloxy-isopropyl]-
6 IV 1970

—, Dimethyl-[β-*p*-tolyloxy-isopropyl]-
6 IV 2124

—, Dimethyl-[2-*m*-tolyloxy-propyl]-
6 IV 2054

—, Dimethyl-[2-*o*-tolyloxy-propyl]-
6 IV 1970

—, Dimethyl-[2-*p*-tolyloxy-propyl]-
6 IV 2124

—, Dimethyl-[2-(2,4,6-tribrom-phenoxy)-
äthyl]- **6** III 764 e

—, Dimethyl-[2-(2,4,5-trichlor-phenoxy)-
äthyl]- **6** III 721 e

—, Dimethyl-[2-(2,4,6-trichlor-phenoxy)-
äthyl]- **6** I 104 d, III 728 a

—, Dimethyl-[3,3,3-trichlor-2-(3-phenyl-
propoxy)-propyl]- **6** IV 3202

—, Dimethyl-[2-(2,2,2-trifluor-
1,1-diphenyl-äthoxy)-äthyl]- **6** IV 4716

—, Dimethyl-[2-(2,4,6-trijod-phenoxy)-
äthyl]- **6** 6 III 790 h

—, Dimethyl-[2-triphenylvinyloxy-äthyl]-
6 IV 5094

—, Dimethyl-[2-trityloxy-äthyl]-
6 IV 5041

—, Dioctyl-[2-(2,4,6-trichlor-phenoxy)-
äthyl]- **6** III 728 d

—, [2-(β,β'-Diphenoxy-isopropoxy)-äthyl]-
diisopropyl- **6** IV 592

—, [2-(β,β'-Diphenoxy-isopropoxy)-äthyl]-
dimethyl- **6** IV 592

—, Diphenoxyphosphoryl-diphenoxy‌
thiophosphoryl- **6** IV 758

—, Diphenoxyphosphoryl-phosphono-
6 IV 747

—, Diphenoxyphosphoryl-triphenoxy‌
phosphoranyliden- **6** IV 750

—, Diphenoxyphosphoryl-[tris-(4-nitro-
phenoxy)-phosphoranyliden]- **6** IV 1334

—, Diphenoxythiophosphoryl-
triphenoxyphosphoranyliden- **6** IV 758

—, Diphenoxythiophosphoryl-[tris-
(4-chlor-phenoxy)-phosphoranyliden]-
6 IV 873

—, Diphenoxythiophosphoryl-[tris-
(4-nitro-phenoxy)-phosphoranyliden]-
6 IV 1334

Amin (Fortsetzung)

—, [2-(1,1-Diphenyl-äthoxy)-äthyl]-
dimethyl- **6** IV 4714

—, [2-(2,2-Diphenyl-äthoxy)-äthyl]-
dimethyl- **6** IV 4725

—, [2-(1,1-Diphenyl-butoxy)-äthyl]-
dimethyl- **6** IV 4783

—, [2-(2,2-Diphenyl-butoxy)-äthyl]-
dimethyl- **6** IV 4786

—, [2-(2,2-Diphenyl-hexyloxy)-äthyl]-
dimethyl- **6** IV 4817

—, [2-Diphenylmethansulfonyl-äthyl]-
dimethyl- **6** III 3381 g, IV 4686

—, [2-Diphenylmethansulfonyl-äthyl]-
isopropyl- **6** IV 4686

—, [3-Diphenylmethansulfonyl-propyl]-
dimethyl- **6** IV 4686

—, [2-(2,2-Diphenyl-pentyloxy)-äthyl]-
dimethyl- **6** IV 4805

—, {2-[4-(1,3-Diphenyl-propenyl)-
phenoxy]-äthyl}-dimethyl- **6** IV 5098

—, {3-[4-(1,3-Diphenyl-propenyl)-
phenoxy]-propyl}-dipropyl- **6** IV 5098

—, [2-(1,1-Diphenyl-propoxy)-äthyl]-
dimethyl- **6** IV 4758

—, [2-(2,2-Diphenyl-propoxy)-äthyl]-
dimethyl- **6** IV 4763

—, [2-(3,3-Diphenyl-propoxy)-äthyl]-
dimethyl- **6** IV 4760

—, {2-[4-(1,3-Diphenyl-propyl)-phenoxy]-
äthyl}-dimethyl- **6** IV 5065

—, [2-(3-Dodecyloxy-phenoxy)-äthyl]-
dimethyl- **6** III 4328 i

—, [2-(4-Dodecyloxy-phenoxy)-äthyl]-
dimethyl- **6** IV 5756

—, [2-(4-Dodecyl-phenoxy)-äthyl]-bis-
[2-sulfo-äthyl]- **6** III 2091 h

—, [2-(2-Dodecyl-phenoxy)-äthyl]-
dimethyl- **6** IV 3535

—, [2-(4-Dodecyl-phenoxy)-äthyl]-
dimethyl- **6** IV 3535

—, {2-[2-(4-Fluor-benzyl)-phenoxy]-
äthyl}-dimethyl- **6** III 3352 e

—, [2-(4-Fluoren-9-ylidenmethyl-
phenoxy)-äthyl]-dimethyl- **6** IV 5115

—, [3-(4-Fluoren-9-ylidenmethyl-
phenoxy)-propyl]-dimethyl- **6** IV 5116

—, [2-(4-Fluoren-9-ylmethyl-phenoxy)-
äthyl]-dimethyl- **6** IV 5095

—, [3-(4-Fluoren-9-ylmethyl-phenoxy)-
propyl]-dimethyl- **6** IV 5096

—, [2-Fluoren-2-yloxy-äthyl]-dimethyl-
6 IV 4846

—, [2-Fluoren-9-yloxy-äthyl]-dimethyl-
6 IV 4851

—, [3-Fluoren-2-yloxy-propyl]-dimethyl-
6 IV 4846

—, {2-[1-(3-Fluor-phenyl)-1-phenyl-
äthoxy]-äthyl}-dimethyl- **6** IV 4715

—, {2-[1-(4-Fluor-phenyl)-1-phenyl-
äthoxy]-äthyl}-dimethyl- **6** IV 4715

—, [2-(4-Hexylmercapto-benzhydryl-
mercapto)-äthyl]-dimethyl- **6** IV 6672

—, [3-(3-Hexyloxy-phenoxy)-propyl]-
dimethyl- **6** III 4330 e

—, [2-Indan-1-yloxy-äthyl]-dimethyl-
6 IV 3825

—, [2-Indan-4-yloxy-äthyl]-dimethyl-
6 IV 3827

—, [2-Indan-4-yloxy-äthyl]-isopropyl-
methyl- **6** IV 3828

—, [2-Indan-5-yloxy-äthyl]-isopropyl-
methyl- **6** IV 3830

—, [2-Indan-4-yloxy-propyl]-dimethyl-
6 IV 3828

—, [2-Indan-5-yloxy-propyl]-dimethyl-
6 IV 3830

—, [3-Indan-4-yloxy-propyl]-dimethyl-
6 IV 3828

—, [3-Indan-5-yloxy-propyl]-dimethyl-
6 IV 3830

—, Isobutyl-[3-phenoxy-propyl]-
6 III 643 f

—, Isobutyl-[2-(2-p-tolyloxy-äthoxy)-
äthyl]- **6** IV 2105

—, {2-[2-(4-Isopropyl-benzyl)-phenoxy]-
äthyl}-dimethyl- **6** III 3434 g,
IV 4792

—, [2-(4-Isopropylmercapto-benzhydryl-
mercapto)-äthyl]-dimethyl-
6 IV 6672

—, Isopropyl-[β-mesityloxy-isopropyl]-
6 IV 3257

—, Isopropyl-[β-mesityloxy-isopropyl]-
methyl- **6** IV 3257

—, [2-(2-Isopropyl-4-methoxy-5-methyl-
phenoxy)-äthyl]-dimethyl- **6** IV 6021

—, Isopropyl-[β-(2-methoxy-phenoxy)-
isopropyl]- **6** IV 5594

—, Isopropyl-[β-(2-methoxy-phenoxy)-
isopropyl]-methyl- **6** IV 5594

—, [2-(2-Isopropyl-5-methyl-phenoxy)-
äthyl]-dimethyl- **6** III 1903 h,
IV 3341

—, [2-(5-Isopropyl-2-methyl-phenoxy)-
äthyl]-dimethyl- **6** III 1889 b

Amin (Fortsetzung)

—, [2-(1-Isopropyl-2-methyl-1-phenyl-
propoxy)-äthyl]-dimethyl- **6** IV 3462

—, Isopropyl-[β-phenoxy-isopropyl]- **6** IV 670

—, [2-(1-Isopropyl-1-phenyl-butoxy)-
äthyl]-dimethyl- **6** IV 3460

—, [1-(1-Isopropyl-1-phenyl-pentyloxy)-
äthyl]-dimethyl- **6** IV 3478

—, [2-(1-Isopropyl-1-phenyl-propoxy)-
äthyl]-dimethyl- **6** IV 3426

—, [2-(4-Jod-benzhydryloxy)-äthyl]-
dimethyl- **6** IV 4677

—, {2-[1-(3-Jod-phenyl)-1-phenyl-äthoxy]-
äthyl}-dimethyl- **6** IV 4723

—, {2-[1-(4-Jod-phenyl)-1-phenyl-äthoxy]-
äthyl}-dimethyl- **6** IV 4724

—, [2-(4-p-Menthan-4-yl-phenoxy)-
äthyl]-dimethyl- **6** IV 3966

—, [2-Menthyloxy-äthyl]-dimethyl- **6** IV 160

—, Methansulfonyl-triphenoxy⹀
phosphoranyliden- **6** IV 749

—, [2-(4-Methoxy-benzhydryloxy)-äthyl]-
dimethyl- **6** IV 6670

—, {2-[2-(4-Methoxy-benzyl)-phenoxy]-
äthyl}-dimethyl- **6** III 5410 d

—, [2-(2-Methoxymethoxy-4-propenyl-
phenoxy)-äthyl]-methyl- **6** III 5010 e

—, [2-(4-Methoxy-4'-methyl-benzhydryloxy)-
äthyl]-dimethyl- **6** IV 6700

—, [2-(3-Methoxy-[4]phenanthryloxy)-
äthyl]-dimethyl- **6** 1035 e

—, {2-[2-(2-Methoxy-phenoxy)-äthoxy]-
äthyl}-dimethyl- **6** IV 5573

—, [2-(3-Methoxy-phenoxy)-äthyl]-
dimethyl- **6** III 4327 e

—, [2-(4-Methoxy-phenoxy)-äthyl]-
dimethyl- **6** III 4424 d

—, [2-(3-Methoxy-phenoxy)-äthyl]-
methyl- **6** III 4327 d

—, [2-(4-Methoxy-phenoxy)-äthyl]-
methyl- **6** III 4424 c

—, [β-(2-Methoxy-phenoxy)-isopropyl]-
dimethyl- **6** IV 5593

—, [β-(2-Methoxy-phenoxy)-isopropyl]-
methyl- **6** IV 5593

—, [β-(3-Methoxy-phenoxy)-isopropyl]-
methyl- **6** IV 5680

—, [5-(2-Methoxy-phenoxy)-pentyl]-
dimethyl- **6** 781 c

—, [2-(2-Methoxy-phenylmercapto)-
propyl]-dimethyl- **6** IV 5641

—, [2-(4-Methoxy-phenylmercapto)-
propyl]-dimethyl- **6** IV 5820

—, [3-(2-Methoxy-phenylmercapto)-
propyl]-dimethyl- **6** IV 5641

—, [3-(4-Methoxy-phenylmercapto)-
propyl]-dimethyl- **6** IV 5819

—, {2-[(4-Methoxy-phenyl)-norborn-5-en-
2-yl-methoxy]-äthyl}-dimethyl-
6 IV 6599

—, {2-[1-(3-Methoxy-phenyl)-1-phenyl-
äthoxy]-äthyl}-dimethyl- **6** IV 6694

—, {2-[1-(4-Methoxy-phenyl)-1-phenyl-
äthoxy]-äthyl}-dimethyl- **6** IV 6694

—, [2-(2-Methoxy-4-propenyl-phenoxy)-
äthyl]-dimethyl- **6** III 5010 b

—, Methyl-bis-naphthalin-2-sulfonylmethyl-
6 IV 4315

—, Methyl-bis-[2-nitro-benzolsulfenyl]-
6 I 158 h

—, Methyl-bis-[4-nitro-benzolsulfenyl]-
6 I 161 d

—, Methyl-bis-[3-nitro-toluol-4-sulfenyl]-
6 I 215 h

—, Methyl-bis-[2-phenoxy-äthyl]-
6 III 641 f

—, Methyl-bis-[3-phenoxy-propyl]-
6 III 643 k

—, Methyl-bis-[toluol-4-sulfonylmethyl]-
6 IV 2185

—, Methyl-bis-[p-tolylmercapto-methyl]-
6 IV 2182

—, Methyl-[2-methyl-4-phenoxy-1-propyl-
butyl]- **6** III 645 g

—, Methyl-[2-methyl-4-phenoxy-1-propyl-
butyliden]- **6** III 593 a

—, Methyl-[2-(naphthalin-2-sulfonyl)-
äthyliden]- **6** IV 4316

—, Methyl-[2-(naphthalin-2-sulfonyl)-
vinyl]- **6** IV 4316

—, Methyl-[2-phenoxy-äthyl]-
6 III 639 d, IV 663

—, Methyl-[β-phenoxy-isopropyl]-
6 IV 669

—, Methyl-[2-phenoxy-propyl]-
6 IV 678

—, Methyl-[3-phenoxy-propyl]-
6 III 642 d

—, Methyl-[2-phenylmercapto-äthyl]-
6 II 293 k, III 1025 d

—, Methyl-[2-(toluol-4-sulfonyl)-
äthyliden]- **6** IV 2191

—, Methyl-[2-(toluol-4-sulfonyl)-vinyl]-
6 IV 2191

—, Nitroso-bis-[4-phenoxy-butyl]-
6 II 163 c

Amin (Fortsetzung)

−, Nitroso-bis-[3-phenoxy-propyl]-
6 173 g

−, [2-Nitryloxy-äthyl]-[β-phenoxy-
isopropyl]- 6 IV 671

−, Pentyl-[2-(2-p-tolyloxy-äthoxy)-äthyl]-
6 IV 2105

−, [2-(2-Phenoxy-äthoxy)-äthyl]-[1,1,3,3-
tetramethyl-butyl]- 6 IV 578

−, [2-Phenoxy-äthyl]-[1,1,3,3-tetramethyl-
butyl]- 6 IV 664

−, [3-Phenoxy-propyl]-dipropyl- 6 III 643 c

−, [3-Phenoxy-propyl]-propyl-
6 III 643 b

−, [Propan-2-sulfonyl]-triphenoxy≠
phosphoranyliden- 6 IV 749

−, Trichloracetyl-triphenoxyphosphoranyl≠
iden- 6 IV 749

−, Trichloracetyl-[tris-(4-chlor-
[1]naphthyloxy)-phosphoranyliden]-
6 IV 4232

−, Trichloracetyl-[tris-[1]naphthyloxy-
phosphoranyliden]- 6 IV 4228

−, Tris-[benzylmercapto-methyl]-
6 III 1594 e

−, Tris-[(4-brom-phenylmercapto)-
methyl]- 6 III 1051 b

−, Tris-cyclohexyloxycarbonylmethyl-
6 IV 52

−, Tris-[(2,5-dimethyl-phenylmercapto)-
methyl]- 6 III 1777 e

−, Tris-[2-hydroxy-3-o-tolyloxy-propyl]-
6 358 b

−, Tris-[(4-nitro-phenylmercapto)-
methyl]- 6 III 1073 h

−, Tris-[2-phenylmercapto-äthyl]-
6 III 1025 f

−, Tris-[phenylmercapto-methyl]-
6 III 1002 e

−, Tris-[2-(toluol-4-sulfonyl)-äthyl]-
6 III 1430 c

−, Tris-[p-tolylmercapto-methyl]-
6 III 1412 f

Aminoxid

−, [2-(2-Benzyl-phenoxy)-äthyl]-dimethyl-
6 IV 4630

−, Diäthyl-[2-(2-benzyl-phenoxy)-äthyl]-
6 IV 4631

−, Diäthyl-[2-(4-fluoren-9-ylidenmethyl-
phenoxy)-äthyl]- 6 IV 5115

−, Tris-[2-hydroxy-3-o-tolyloxy-propyl]-
6 358 c

Ammonium

−, [2-Acetoxy-äthyl]-[2-benzhydryloxy-
äthyl]-dimethyl- 6 IV 4662

−, [2-(4-Acetoxy-2-isopropyl-5-methyl-
phenoxy)-äthyl]-trimethyl- 6 IV 6021

−, [4-Acetoxy-3-methyl-[1]naphthyloxy≠
carbonylmethyl]-trimethyl- 6 III 5307 c

−, [2-(4-Acetoxy-phenoxy)-äthyl]-
trimethyl- 6 III 4426 c

−, 2-[4-Äthoxy-benzyloxy]-hexa-
N-methyl-N,N'-propandiyl-di-
6 IV 5916

−, [2-(4-Äthoxy-2-benzyl-phenoxy)-
äthyl]-trimethyl- 6 IV 6657

−, [1-Äthoxycarbonyl-äthyl]-
[2-benzhydryloxy-äthyl]-dimethyl-
6 III 3373 e

−, Äthoxycarbonylmethyl-
[2-benzhydryloxy-äthyl]-dimethyl-
6 III 3372 d

−, Äthoxycarbonylmethyl-[3-(7-benzyl-
indan-4-yloxy)-propyl]-dimethyl-
6 IV 4892

−, Äthoxycarbonylmethyl-[2-(2-benzyl-
phenoxy)-äthyl]-dimethyl- 6 IV 4634

−, Äthoxycarbonylmethyl-{3-[6-(2-chlor-
benzyl)-indan-5-yloxy]-propyl}-dimethyl-
6 IV 4894

−, Äthoxycarbonylmethyl-{3-[6-(4-chlor-
benzyl)-indan-5-yloxy]-propyl}-dimethyl-
6 IV 4895

−, Äthoxycarbonylmethyl-{3-[7-(2-chlor-
benzyl)-indan-4-yloxy]-propyl-}-dimethyl-
6 IV 4892

−, Äthoxycarbonylmethyl-{3-[7-(4-chlor-
benzyl)-indan-4-yloxy]-propyl}-dimethyl-
6 IV 4893

−, [2-(3-Äthoxycarbonyl-propionyloxy)-
äthyl]-[2-benzhydryloxy-äthyl]-dimethyl-
6 IV 4662

−, [2-(2-Äthoxy-cyclohexyloxy)-äthyl]-
triäthyl- 6 IV 5199

−, Äthyl-[2-(2-benzyl-phenoxy)-äthyl]-
dimethyl- 6 IV 4631

−, Äthyl-[2-bibenzyl-4-yloxy-äthyl]-
dibutyl- 6 IV 4698

−, Äthyl-[2-bibenzyl-4-yloxy-äthyl]-
dimethyl- 6 IV 4698

−, Äthyl-[2-bibenzyl-4-yloxy-propyl]-
dimethyl- 6 IV 4699

−, Äthyl-[3-bibenzyl-4-yloxy-propyl]-
dimethyl- 6 IV 4699

Ammonium (Fortsetzung)

—, Äthyl-[2-biphenyl-2-yloxy-äthyl]-dimethyl- **6** IV 4584

—, Äthyl-[2-biphenyl-4-yloxy-äthyl]-dimethyl- **6** IV 4605

—, Äthyl-bis-[2-hydroxy-äthyl]-[2-(2-methoxy-phenoxy)-äthyl]- **6** IV 5591

—, Äthyl-bis-[2-hydroxy-äthyl]-[2-[1]naphthyloxy-äthyl]- **6** IV 4223

—, Äthyl-bis-[2-hydroxy-äthyl]-[2-[2]naphthyloxy-äthyl]- **6** IV 4284

—, Äthyl-bis-[2-hydroxy-äthyl]-[2-phenoxy-äthyl]- **6** IV 666

—, Äthyl-bis-[2-hydroxy-äthyl]-[2-stilben-4-yloxy-äthyl]- **6** IV 4858

—, Äthyl-bis-[2-hydroxy-äthyl]-[2-o-tolyloxy-äthyl]- **6** IV 1969

—, Äthyl-carboxymethyl-menthyloxycarbonylmethyl-methyl-,
    — betain **6** III 164 g

—, Äthyl-[2-(3-chlor-biphenyl-2-yloxy)-äthyl]-dimethyl- **6** IV 4587

—, Äthyl-[2-(4-chlor-2-isopropyl-5-methyl-phenoxy)-äthyl]-dimethyl- **6** IV 3347

—, Äthyl-[2-(2-chlor-phenoxy)-äthyl]-dimethyl- **6** IV 799

—, Äthyl-[2-(4-chlor-phenoxy)-äthyl]-dimethyl- **6** IV 859

—, Äthyl-[2-(4-chlor-phenoxymethoxy)-äthyl]-dimethyl- **6** IV 834

—, Äthyl-[2-(3-cyclohexyloxycarbonyl-propionylamino)-äthyl]-dimethyl- **6** IV 41

—, Äthyl-dibutyl-[2-stilben-4-yloxy-äthyl]- **6** IV 4858

—, Äthyl-[2-(2,4-dichlor-phenoxy)-äthyl]-dimethyl- **6** III 711 d

—, Äthyl-dimethyl-[2-(2-methyl-2-phenyl-propoxy)-äthyl]- **6** IV 3319

—, Äthyl-dimethyl-[2-(3-phenoxycarbonyl-propionylamino)-äthyl]- **6** IV 626

—, Äthyl-dimethyl-[2-stilben-4-yloxy-äthyl]- **6** IV 4857

—, Äthyl-dimethyl-[2-stilben-4-yloxy-propyl]- **6** IV 4859

—, Äthyl-dimethyl-[3-stilben-4-yloxy-propyl]- **6** IV 4858

—, Äthyl-[2-(β,β'-diphenoxy-isopropoxy)-äthyl]-dimethyl- **6** IV 592

—, Äthyl-[2-(2,2-diphenyl-hexyloxy)-äthyl]-dimethyl- **6** IV 4817

—, Äthyl-[2,2-diphenyl-hexyloxycarbonylmethyl]-dimethyl- **6** IV 4818

—, Äthyl-[2-(2,2-diphenyl-pentyloxy)-äthyl]-dimethyl- **6** IV 4805

—, Äthyl-[2-(2,2-diphenyl-propoxy)-äthyl]-dimethyl- **6** IV 4763

—, Äthyl-[2,2-diphenyl-propoxycarbonylmethyl]-dimethyl- **6** IV 4764

—, [2-Äthyl-hexyloxycarbonylmethyl]-[2-benzhydryloxy-äthyl]-dimethyl- **6** III 3373 c

—, Äthyl-[2-(2-hydroxy-2,2-diphenyl-äthoxy)-äthyl]-dimethyl- **6** IV 6695

—, Äthyl-[2-(4-hydroxy-phenoxy)-äthyl]-dimethyl- **6** IV 5754

—, Äthyl-[2-hydroxy-3-phenoxy-propyl]-dimethyl- **6** I 92 h

—, Äthyl-[2-(2-isopropyl-5-methyl-phenoxy)-äthyl]-dimethyl- **6** IV 3341

—, [2-Äthyl-2-phenyl-butoxycarbonylmethyl]-trimethyl- **6** IV 3428

—, [2-Äthyl-2-phenyl-hexyloxycarbonylmethyl]-trimethyl- **6** IV 3479

—, [2-Äthyl-2-phenyl-pentyloxycarbonylmethyl]-trimethyl- **6** IV 3461

—, Allyl-[3-(7-benzyl-indan-4-yloxy)-propyl]-dimethyl- **6** IV 4892

—, Allyl-{3-[6-(2-chlor-benzyl)-indan-5-yloxy]-propyl}-dimethyl- **6** IV 4894

—, Allyl-{3-[6-(4-chlor-benzyl)-indan-5-yloxy]-propyl}-dimethyl- **6** IV 4895

—, Allyl-{3-[7-(2-chlor-benzyl)-indan-4-yloxy]-propyl}-dimethyl- **6** IV 4892

—, [2-(4-Allyl-2-methoxy-phenoxy)-äthyl]-trimethyl- **6** III 5030 d

—, [3-(2-Allyl-phenoxy)-propyl]-trimethyl- **6** IV 3810

—, [2-Benzhydryloxy-äthyl]-benzyloxycarbonylmethyl-dimethyl- **6** III 3373 d

—, [2-Benzhydryloxy-äthyl]-butoxycarbonylmethyl-dimethyl- **6** III 3373 b

—, [2-Benzhydryloxy-äthyl]-decyl-dimethyl- **6** IV 4661

—, [2-Benzhydryloxy-äthyl]-dimethyl-nonyl- **6** IV 4661

—, [2-Benzhydryloxy-äthyl]-dimethyl-octyl- **6** IV 4661

—, [2-Benzhydryloxy-äthyl]-dodecyl-dimethyl- **6** IV 4661

—, [2-Benzhydryloxy-äthyl]-[2-hydroxy-äthyl]-dimethyl- **6** IV 4662

—, [2-Benzhydryloxy-äthyl]-isopropoxycarbonylmethyl-dimethyl- **6** III 3373 a

Ammonium (Fortsetzung)

–, [2-Benzhydryloxy-äthyl]-methoxy≠carbonylmethyl-dimethyl- **6** III 3372 c

–, [2-Benzhydryloxy-äthyl]-methoxy-dimethyl- **6** IV 4670

–, [2-Benzhydryloxy-äthyl]-trimethyl-**6** III 3372 a, IV 4660

–, N-[4-Benzhydryloxy-butyl]-N',N'-dibutyl-N,N,N'-trimethyl-N,N'-äthandiyl-di- **6** IV 4666

–, [2-Benzhydryloxycarbonyl-äthyl]-trimethyl- **6** IV 4669

–, Benzhydryloxycarbonylmethyl-trimethyl- **6** IV 4668

–, [6-Benzhydryloxy-hexyl]-trimethyl-**6** IV 4667

–, [3-Benzhydryloxy-propyl]-trimethyl-**6** IV 4664

–, [2-(2-Benzyl-4-brom-phenoxy)-äthyl]-trimethyl- **6** IV 4640

–, [2-(2-Benzyl-4-chlor-phenoxy)-äthyl]-dimethyl-octyl- **6** IV 4637

–, [2-(2-Benzyl-4-chlor-phenoxy)-äthyl]-trimethyl- **6** IV 4637

–, [2-(2-Benzyl-4-fluor-phenoxy)-äthyl]-trimethyl- **6** IV 4635

–, [2-(7-Benzyl-indan-4-yloxy)-äthyl]-isopropyl-dimethyl- **6** IV 4892

–, [3-(7-Benzyl-indan-4-yloxy)-propyl]-trimethyl- **6** IV 4892

–, [2-Benzylmercapto-äthyl]-dodecyl-dimethyl- **6** IV 2718

–, [2-Benzylmercapto-äthyl]-hexadecyl-dimethyl- **6** IV 2718

–, [Benzylmercapto-methyl]-trimethyl-**6** IV 2658

–, [3-Benzylmercapto-propyl]-trimethyl-**6** IV 2720

–, [2-(2-Benzyl-4-methyl-phenoxy)-äthyl]-trimethyl- **6** IV 4732

–, [2-Benzyloxy-äthyl]-dodecyl-dimethyl-**6** III 1539 e

–, [2-Benzyloxy-äthyl]-hexadecyl-dimethyl- **6** III 1539 f

–, [4-Benzyloxy-but-2-inyl]-trimethyl-**6** IV 2487

–, [4-Benzyloxy-butyl]-trimethyl-**6** IV 2486

–, [3-Benzyloxycarbonyl-allyl]-trimethyl-**6** IV 2526

–, [2-(N-Benzyloxycarbonyl-α-glutamyloxy)-äthyl]-trimethyl-**6** IV 2403

–, Benzyloxycarbonylmethyl-trimethyl-**6** II 422 b, III 1540 e

–, Benzyloxycarbonylmethyl-tris-[2-hydroxy-äthyl]- **6** III 1541 b

–, Benzyloxymethyl-[2,2-dimethyl-3-oxo-propyl]-dimethyl- **6** III 1475 g

–, [1-Benzyloxymethyl-propyl]-trimethyl-**6** IV 2486

–, {2-[(β-Benzyloxy-β'-palmitoyloxy-isopropoxy)-phenoxy-phosphoryloxy]-äthyl}-trimethyl- **6** IV 2251

–, [4-Benzyloxy-pent-2-inyl]-trimethyl-**6** IV 2487

–, [4-Benzyloxy-pentyl]-trimethyl-**6** IV 2487

–, [2-Benzyloxy-propyl]-trimethyl-**6** III 1540 b

–, [2-(2-Benzyl-phenoxy)-äthyl]-dimethyl-octadecyl- **6** IV 4632

–, [2-(2-Benzyl-phenoxy)-äthyl]-trimethyl- **6** IV 4631

–, [2-(4-Benzyl-phenoxy)-äthyl]-trimethyl- **6** IV 4643

–, [3-(2-Benzyl-phenoxy)-2,2-dimethyl-propyl]-trimethyl- **6** IV 4635

–, [β-(2-Benzyl-phenoxy)-isopropyl]-trimethyl- **6** IV 4635

–, [3-(2-Benzyl-phenoxy)-propyl]-trimethyl- **6** IV 4635

–, [2-(1-Benzyl-2-phenyl-äthoxy)-äthyl]-trimethyl- **6** IV 4750

–, [2-Bibenzyl-4-yloxy-äthyl]-dibutyl-methyl- **6** IV 4698

–, [2-Bibenzyl-4-yloxy-äthyl]-trimethyl-**6** IV 4698

–, [2-Bibenzyl-4-yloxy-propyl]-trimethyl-**6** IV 4699

–, [3-Bibenzyl-4-yloxy-propyl]-trimethyl-**6** IV 4699

–, [2-Biphenyl-2-yloxy-äthyl]-butyl-dimethyl- **6** IV 4584

–, [2-Biphenyl-4-yloxy-äthyl]-butyl-dimethyl- **6** IV 4605

–, [2-Biphenyl-2-yloxy-äthyl]-decyl-dimethyl- **6** IV 4585

–, [2-Biphenyl-4-yloxy-äthyl]-decyl-dimethyl- **6** IV 4606

–, [2-Biphenyl-2-yloxy-äthyl]-dimethyl-octadecyl- **6** IV 4585

–, [2-Biphenyl-2-yloxy-äthyl]-dimethyl-octyl- **6** IV 4585

–, [2-Biphenyl-4-yloxy-äthyl]-dimethyl-octyl- **6** IV 4606

Ammonium (Fortsetzung)

—, [2-Biphenyl-2-yloxy-äthyl]-dimethyl-pentyl- **6** IV 4584

—, [2-Biphenyl-4-yloxy-äthyl]-dimethyl-pentyl- **6** IV 4605

—, [2-Biphenyl-2-yloxy-äthyl]-dimethyl-propyl- **6** IV 4584

—, [2-Biphenyl-4-yloxy-äthyl]-dimethyl-propyl- **6** IV 4605

—, [2-Biphenyl-2-yloxy-äthyl]-dimethyl-tetradecyl- **6** IV 4585

—, [2-Biphenyl-4-yloxy-äthyl]-dimethyl-tetradecyl- **6** IV 4606

—, [2-Biphenyl-2-yloxy-äthyl]-dodecyl-dimethyl- **6** IV 4585

—, [2-Biphenyl-4-yloxy-äthyl]-dodecyl-dimethyl- **6** IV 4606

—, [2-Biphenyl-2-yloxy-äthyl]-heptyl-dimethyl- **6** IV 4584

—, [2-Biphenyl-4-yloxy-äthyl]-heptyl-dimethyl- **6** IV 4606

—, [2-Biphenyl-2-yloxy-äthyl]-hexadecyl-dimethyl- **6** IV 4585

—, [2-Biphenyl-4-yloxy-äthyl]-hexadecyl-dimethyl- **6** IV 4606

—, [2-Biphenyl-2-yloxy-äthyl]-hexyl-dimethyl- **6** IV 4584

—, [2-Biphenyl-4-yloxy-äthyl]-hexyl-dimethyl- **6** IV 4605

—, [2-Biphenyl-2-yloxy-äthyl]-trimethyl-**6** IV 4583

—, [2-Biphenyl-4-yloxy-äthyl]-trimethyl-**6** IV 4605

—, N,N'-Bis-[benzylmercapto-methyl]-N,N'-didodecyl-N,N'-dimethyl-N,N'-äthandiyl-di- **6** III 1595 a

—, [2,2-Bis-benzyloxy-äthyl]-trimethyl-**6** IV 2488

—, [β,β'-Bis-benzyloxy-isopropyl]-trimethyl- **6** IV 2488

—, Bis-[3-(4-chlor-2-isopropyl-5-methyl-phenoxy)-propyl]-dimethyl- **6** III 1908 c

—, {2-[(2,3-Bis-decanoyloxy-propoxy)-phenoxy-phosphoryloxy]-äthyl}-trimethyl-**6** IV 732

—, {2-[(2,3-Bis-hexanoyloxy-propoxy)-phenoxy-phosphoryloxy]-äthyl}-trimethyl-**6** IV 731

—, Bis-[2-hydroxy-äthyl]-[2-(2-methoxy-phenoxy)-äthyl]-methyl- **6** IV 5591

—, Bis-[2-hydroxy-äthyl]-methyl-[2-[1]naphthyloxy-äthyl]- **6** IV 4223

—, Bis-[2-hydroxy-äthyl]-methyl-[2-[2]naphthyloxy-äthyl]- **6** IV 4284

—, Bis-[2-hydroxy-äthyl]-methyl-[2-(4-nitro-phenoxy)-äthyl]- **6** IV 1308

—, Bis-[2-hydroxy-äthyl]-methyl-[2-phenoxy-äthyl]- **6** IV 666

—, Bis-[2-hydroxy-äthyl]-methyl-[2-o-tolyloxy-äthyl]- **6** IV 1969

—, Bis-menthyloxycarbonylmethyl-dimethyl- **6** III 164 f

—, {2-[(2,3-Bis-myristoyloxy-propoxy)-phenoxy-phosphoryloxy]-äthyl}-trimethyl-**6** IV 732

—, {2-[(2,3-Bis-octanoyloxy-propoxy)-phenoxy-phosphoryloxy]-äthyl}-trimethyl-**6** IV 731

—, {2-[(2,3-Bis-palmitoyloxy-propoxy)-phenoxy-phosphoryloxy]-äthyl}-trimethyl-**6** IV 732

—, {2-[(2,3-Bis-stearoyloxy-propoxy)-phenoxy-phosphoryloxy]-äthyl}-trimethyl-**6** IV 733

—, [2-(β,β'-Bis-o-tolyloxy-isopropoxy)-äthyl]-trimethyl- **6** IV 1955

—, [2-(2-Brom-benzylmercapto)-äthyl]-dodecyl-dimethyl- **6** IV 2790

—, [2-(4-Brom-benzylmercapto)-äthyl]-dodecyl-dimethyl- **6** IV 2793

—, [2-(2-Brom-benzylmercapto)-äthyl]-hexadecyl-dimethyl- **6** IV 2790

—, [2-(4-Brom-benzylmercapto)-äthyl]-hexadecyl-dimethyl- **6** IV 2793

—, [2-(4-Brom-benzyloxy)-äthyl]-dodecyl-dimethyl- **6** III 1562 g

—, [2-(4-Brom-2-isopropyl-5-methyl-phenoxy)-äthyl]-trimethyl- **6** IV 3348

—, [2-(6-Brom-[2]naphthyloxycarbonyloxy)-äthyl]-trimethyl- **6** IV 4303

—, [2-(3-Brom-phenoxy)-äthyl]-trimethyl-**6** IV 1043

—, [2-(4-Brom-phenoxy)-äthyl]-trimethyl-**6** II 186 f, IV 1053

—, [2-(4-Brom-phenylmercapto)-äthyl]-dodecyl-dimethyl- **6** IV 1655

—, [2-(4-Brom-phenylmercapto)-äthyl]-hexadecyl-dimethyl- **6** IV 1655

—, 2-[4-Butoxy-benzyloxy]-hexa-N-methyl-N,N'-propandiyl-di-**6** IV 5917

—, Butoxymethyl-[2-(3-dodecyloxy-phenoxy)-äthyl]-dimethyl- **6** III 4329 b

—, [2-(3-Butoxy-phenoxy)-äthyl]-trimethyl- **6** III 4328 e

Ammonium   (Fortsetzung)

—, [2-(4-Chlor-2-isopropyl-5-methyl-
phenoxy)-äthyl]-dimethyl-octyl-
6 IV 3347

—, [2-(4-Chlor-2-isopropyl-5-methyl-
phenoxy)-äthyl]-dimethyl-pentyl-
6 IV 3347

—, [2-(4-Chlor-2-isopropyl-5-methyl-
phenoxy)-äthyl]-dimethyl-propyl-
6 IV 3347

—, [2-(4-Chlor-2-isopropyl-5-methyl-
phenoxy)-äthyl]-dimethyl-tetradecyl-
6 IV 3347

—, [2-(4-Chlor-2-isopropyl-5-methyl-
phenoxy)-äthyl]-dodecyl-dimethyl-
6 IV 3347

—, [2-(4-Chlor-2-isopropyl-5-methyl-
phenoxy)-äthyl]-heptyl-dimethyl-
6 IV 3347

—, [2-(4-Chlor-2-isopropyl-5-methyl-
phenoxy)-äthyl]-hexadecyl-dimethyl-
6 IV 3347

—, [2-(4-Chlor-2-isopropyl-5-methyl-
phenoxy)-äthyl]-hexyl-dimethyl-
6 IV 3347

—, [2-(4-Chlor-2-isopropyl-5-methyl-
phenoxy)-äthyl]-trimethyl- 6 III 1907 h,
IV 3346

—, [3-(4-Chlor-2-isopropyl-5-methyl-
phenoxy)-propyl]-trimethyl- 6 III 1908 b

—, [4-Chlor-2-nitro-phenoxymethyl]-
dimethyl-octyl- 6 IV 1350

—, [2-(4-Chlor-phenoxy)-äthyl]-bis-
[2-hydroxy-äthyl]-methyl- 6 IV 861

—, [2-(2-Chlor-phenoxy)-äthyl]-decyl-
dimethyl- 6 IV 800

—, [2-(4-Chlor-phenoxy)-äthyl]-decyl-
dimethyl- 6 IV 860

—, [2-(2-Chlor-phenoxy)-äthyl]-dimethyl-
octadecyl- 6 IV 800

—, [2-(4-Chlor-phenoxy)-äthyl]-dimethyl-
octadecyl- 6 IV 860

—, [2-(2-Chlor-phenoxy)-äthyl]-dimethyl-
octyl- 6 IV 800

—, [2-(4-Chlor-phenoxy)-äthyl]-dimethyl-
octyl- 6 IV 860

—, [2-(2-Chlor-phenoxy)-äthyl]-dimethyl-
pentyl- 6 IV 800

—, [2-(4-Chlor-phenoxy)-äthyl]-dimethyl-
pentyl- 6 IV 859

—, [2-(2-Chlor-phenoxy)-äthyl]-dimethyl-
propyl- 6 IV 799

—, [2-(4-Chlor-phenoxy)-äthyl]-dimethyl-
propyl- 6 IV 859

—, [2-(2-Chlor-phenoxy)-äthyl]-dimethyl-
tetradecyl- 6 IV 800

—, [2-(4-Chlor-phenoxy)-äthyl]-dimethyl-
tetradecyl- 6 IV 860

—, [2-(2-Chlor-phenoxy)-äthyl]-dodecyl-
dimethyl- 6 IV 800

—, [2-(4-Chlor-phenoxy)-äthyl]-dodecyl-
dimethyl- 6 IV 860

—, [2-(2-Chlor-phenoxy)-äthyl]-heptyl-
dimethyl- 6 IV 800

—, [2-(4-Chlor-phenoxy)-äthyl]-heptyl-
dimethyl- 6 IV 859

—, [2-(2-Chlor-phenoxy)-äthyl]-hexadecyl-
dimethyl- 6 IV 800

—, [2-(4-Chlor-phenoxy)-äthyl]-hexadecyl-
dimethyl- 6 IV 860

—, [2-(2-Chlor-phenoxy)-äthyl]-hexyl-
dimethyl- 6 IV 800

—, [2-(4-Chlor-phenoxy)-äthyl]-hexyl-
dimethyl- 6 IV 859

—, [2-(2-Chlor-phenoxy)-äthyl]-trimethyl-
6 IV 799

—, [2-(3-Chlor-phenoxy)-äthyl]-trimethyl-
6 IV 819

—, [2-(4-Chlor-phenoxy)-äthyl]-trimethyl-
6 IV 858

—, [(4-Chlor-phenylmercapto)-methyl]-
decyl-dimethyl- 6 IV 1594

—, [(4-Chlor-phenylmercapto)-methyl]-
dimethyl-octyl- 6 IV 1594

—, Cholestan-3-yloxycarbonylmethyl-
trimethyl- 6 III 2142 e

—, Cholesteryloxycarbonylmethyl-
trimethyl- 6 III 2655 c, IV 4013

—, [2-Cholesteryloxycarbonyloxy-äthyl]-
trimethyl- 6 IV 4009

—, [2-(Cholesteryloxy-hydroxy-
phosphoryloxy)-äthyl]-trimethyl-
6 IV 4016

    — betain 6 IV 4016

—, Cyclohexyloxycarbonylmethyl-
trimethyl- 6 IV 52

—, [2-(3-Cyclohexyloxycarbonyl-
propionylamino)-äthyl]-trimethyl-
6 IV 41

—, [2-(3-Cyclohexyloxycarbonyl-
propionyloxy)-äthyl]-trimethyl- 6 IV 40

—, Decyl-[2,4-dichlor-phenoxymethyl]-
dimethyl- 6 IV 898

—, Decyl-[(2,4-dichlor-phenylmercapto)-
methyl]-dimethyl- 6 IV 1614

Ammonium (Fortsetzung)

—, Decyl-[(2,5-dichlor-phenylmercapto)-methyl]-dimethyl- **6** IV 1621

—, Decyl-dimethyl-[2-phenoxy-äthyl]-**6** IV 665

—, Decyl-[2-(2-hydroxy-phenoxy)-äthyl]-dimethyl- **6** IV 5590

—, Decyl-[2-(3-hydroxy-phenoxy)-äthyl]-dimethyl- **6** IV 5679

—, Decyl-[2-(4-hydroxy-phenoxy)-äthyl]-dimethyl- **6** IV 5755

—, Decyl-[2-(2-isopropyl-5-methyl-phenoxy)-äthyl]-dimethyl- **6** IV 3342

—, Diäthyl-{2-[4-(1-äthyl-2-phenyl-but-1-enyl)-phenoxy]-äthyl}-methyl-**6** III 3527 c

—, Diäthyl-allyl-[2-(3-octyloxy-phenoxy)-äthyl]- **6** III 4328 h

—, Diäthyl-[2-[9]anthryloxy-äthyl]-methyl-**6** III 3554 c

—, N,N-Diäthyl-N′-[2-benzhydryloxy-äthyl]-N,N′,N′-trimethyl-N,N′-äthandiyl-di- **6** IV 4664

—, Diäthyl-[4-benzhydryloxy-butyl]-methyl- **6** IV 4665

—, N,N-Diäthyl-N′-[4-benzhydryloxy-butyl]-N,N′,N′-trimethyl-N,N′-äthandiyl-di- **6** IV 4666

—, Diäthyl-benzhydryloxycarbonylmethyl-methyl- **6** IV 4669

—, Diäthyl-[3-benzhydryloxy-2-hydroxy-propyl]-methyl- **6** IV 4668

—, N,N-Diäthyl-N′-[3-benzhydryloxy-propyl]-N,N′,N′-trimethyl-N,N′-äthandiyl-di- **6** IV 4665

—, Diäthyl-[2-(2-benzyl-4-chlor-phenoxy)-äthyl]-methyl- **6** IV 4637

—, Diäthyl-benzyloxycarbonylmethyl-dodecyl- **6** III 1541 a

—, Diäthyl-benzyloxycarbonylmethyl-methyl- **6** IV 2489

—, Diäthyl-[2-(2-benzyl-phenoxy)-äthyl]-methyl- **6** IV 4631

—, Diäthyl-[2-bibenzyl-4-yloxy-äthyl]-methyl- **6** IV 4698

—, Diäthyl-[2-bibenzyl-4-yloxy-propyl]-methyl- **6** IV 4700

—, Diäthyl-[3-bibenzyl-4-yloxy-propyl]-methyl- **6** IV 4699

—, Diäthyl-[2-biphenyl-4-yloxyacetoxy-äthyl]-methyl- **6** IV 4603

—, Diäthyl-[2-biphenyl-2-yloxy-äthyl]-methyl- **6** III 3293 a, IV 4584

—, Diäthyl-[2-biphenyl-4-yloxy-äthyl]-methyl- **6** IV 4605

—, Diäthyl-bis-[3-phenoxy-propyl]-**6** II 162 e

—, Diäthyl-bornyloxycarbonylmethyl-methyl- **6** 81 i

—, Diäthyl-[2-(4-brom-2-isopropyl-5-methyl-phenoxy)-äthyl]-methyl-**6** IV 3348

—, Diäthyl-[2-(4-brom-[1]naphthyloxy)-äthyl]-dodecyl- **6** III 2936 c

—, Diäthyl-[2-(4-brom-[1]naphthyloxy)-äthyl]-hexyl- **6** III 2936 a

—, Diäthyl-[2-(4-brom-[1]naphthyloxy)-äthyl]-octadecyl- **6** III 2936 d

—, Diäthyl-[2-(4-brom-[1]naphthyloxy)-äthyl]-octyl- **6** III 2936 b

—, Diäthyl-[2-butyl-2-phenyl-hexyloxy-carbonylmethyl]-methyl- **6** IV 3524

—, Diäthyl-[2-(4-chlor-2-isopropyl-5-methyl-phenoxy)-äthyl]-dodecyl-**6** III 1908 a

—, Diäthyl-[2-(4-chlor-[1]naphthyloxy)-äthyl]-dodecyl- **6** III 2934 b

—, Diäthyl-{2-[(4-chlor-phenyl)-norborn-5-en-2-yl-methoxy]-äthyl}-methyl-**6** IV 4373

—, Diäthyl-[2-cholesteryloxycarbonyloxy-äthyl]-methyl- **6** IV 4009

—, Diäthyl-[2-(3-cyclohexyloxycarbonyl-propionylamino)-äthyl]-methyl- **6** IV 41

—, Diäthyl-{2-[(2,4-dichlor-phenoxy)-acetoxy]-äthyl}-methyl- **6** IV 915

—, N,N-Diäthyl-N′-[4-dicyclohexylmethoxy-butyl]-N,N′,N′-trimethyl-N,N′-äthandiyl-di-**6** IV 323

—, N,N-Diäthyl-N′-[4-(2,2′-dimethyl-benzhydryloxy)-butyl]-N,N′,N′-trimethyl-N,N′-äthandiyl-di- **6** IV 4771

—, N,N-Diäthyl-N′-[4-(4,4′-dimethyl-benzhydryloxy)-butyl]-N,N′,N′-trimethyl-N,N′-äthandiyl-di- **6** IV 4774

—, Diäthyl-[2,2-diphenyl-äthoxycarbonyl-methyl]-methyl- **6** IV 4725

—, Diäthyl-[2-(2,2-diphenyl-butoxy)-äthyl]-methyl- **6** IV 4787

—, Diäthyl-[2,2-diphenyl-butoxycarbonyl-methyl]-methyl- **6** IV 4787

—, Diäthyl-[2-(2,2-diphenyl-hexyloxy)-äthyl]-methyl- **6** IV 4817

—, Diäthyl-[2,2-diphenyl-hexyloxycarbonyl-methyl]-methyl- **6** IV 4818

Ammonium (Fortsetzung)

—, Diäthyl-[2-(2,2-diphenyl-pentyloxy)-
äthyl]-methyl- **6** IV 4806

—, Diäthyl-[2-(2,2-diphenyl-propoxy)-
äthyl]-methyl- **6** IV 4763

—, Diäthyl-[2,2-diphenyl-propoxycarbonyl≠
methyl]-methyl- **6** IV 4764

—, Diäthyl-dodecyl-[2-(2-isopropyl-
5-methyl-phenoxy)-äthyl]- **6** III 1904 d

—, Diäthyl-dodecyloxymethyl-[2-
(3-methoxy-phenoxy)-äthyl]- **6** III 4328 d

—, Diäthyl-dodecyl-phenoxycarbonyl≠
methyl- **6** III 647 b

—, Diäthyl-[2-(4-fluoren-9-ylidenmethyl-
phenoxy)-äthyl]-methyl- **6** IV 5115

—, Diäthyl-{2-[(4-fluor-phenoxy)-
acetoxy]-äthyl}-methyl- **6** IV 777

—, Diäthyl-[2-hydroxy-äthyl]-[2-
(2-phenyl-cyclohexyloxy)-äthyl]-
6 IV 3911

—, Diäthyl-[2-(2'-hydroxy-biphenyl-
2-yloxy)-äthyl]-methyl- **6** III 5376 f

—, Diäthyl-[2-hydroxy-3-o-tolyloxy-
propyl]-methyl- **6** IV 1973

—, Diäthyl-[2-indan-4-yloxy-äthyl]-
methyl- **6** IV 3828

—, Diäthyl-[2-(2-isopropyl-5-methyl-
phenoxy)-äthyl]-methyl- **6** III 1904 c,
IV 3341

—, Diäthyl-{2-[4-(1-isopropyl-3-methyl-
2-phenyl-but-1-enyl)-phenoxy]-äthyl}-
methyl- **6** III 3539 a

—, Diäthyl-menthyloxycarbonylmethyl-
methyl- **6** 41 e, III 164 b

—, Diäthyl-[methyl-bis-o-tolyloxy-
phosphoranyliden]- **6** IV 1979

—, Diäthyl-[methyl-diphenoxy-
phosphoranyliden]- **6** IV 707

—, Diäthyl-methyl-[2-methyl-2-phenyl-
pentyloxycarbonylmethyl]- **6** IV 3425

—, Diäthyl-methyl-{2-[4-(1-methyl-
2-phenyl-propenyl)-phenoxy]-äthyl}-
6 III 3516

—, Diäthyl-methyl-[2-(2-methyl-2-phenyl-
propoxy)-äthyl]- **6** IV 3319

—, Diäthyl-methyl-[2-methyl-2-phenyl-
propoxycarbonylmethyl]- **6** IV 3320

—, Diäthyl-methyl-[2-[2]naphthyloxy≠
acetoxy-äthyl]- **6** IV 4275

—, Diäthyl-methyl-[2-[1]naphthyloxy-
äthyl]- **6** IV 4223

—, Diäthyl-methyl-[2-[2]naphthyloxy-
äthyl]- **6** IV 4284

—, Diäthyl-methyl-[2-(4-nitro-
benzolsulfonyl)-äthyl]- **6** IV 1714

—, Diäthyl-methyl-[2-(norborn-5-en-2-yl-
phenyl-methoxy)-äthyl]- **6** IV 4372

—, Diäthyl-methyl-[2-(octahydro-
4,7-methano-inden-5-yloxycarbonyl)-
äthyl]- **6** IV 389

—, Diäthyl-methyl-phenäthyloxycarbonyl≠
methyl- **6** IV 3076

—, Diäthyl-methyl-[2-phenoxy-äthyl]-
6 III 640 c

—, Diäthyl-methyl-[2-(3-phenoxycarbonyl-
propionylamino)-äthyl]- **6** IV 626

—, Diäthyl-methyl-[2-(4-phenyl-
cyclohexyloxy)-äthyl]- **6** IV 3915

—, Diäthyl-methyl-[2-phenyl-2-propyl-
hexyloxycarbonylmethyl]- **6** IV 3505

—, Diäthyl-methyl-[2-(2-phenyl-2-propyl-
pentyloxy)-äthyl]- **6** IV 3480

—, Diäthyl-methyl-[2-phenyl-2-propyl-
pentyloxycarbonylmethyl]- **6** IV 3481

—, Diäthyl-methyl-[2-stilben-4-yloxy-
äthyl]- **6** III 3498 e, IV 4857

—, Diäthyl-methyl-[2-stilben-4-yloxy-
propyl]- **6** IV 4859

—, Diäthyl-methyl-[3-stilben-4-yloxy-
propyl]- **6** IV 4859

—, Diäthyl-methyl-[2-(2,4,6-trichlor-
phenoxy)-äthyl]- **6** III 728 c

—, Diäthyl-triphenoxyphosphoranyliden-
6 IV 749

—, [2-(3,5-Dibrom-phenoxy)-äthyl]-
trimethyl- **6** IV 1065

—, Dibutyl-methyl-[2-stilben-4-yloxy-
äthyl]- **6** IV 4857

—, [2-(2,4-Dichlor-phenoxy)-äthyl]-
dimethyl-propyl- **6** III 711 g

—, [2-(2,4-Dichlor-phenoxy)-äthyl]-
dodecyl-dimethyl- **6** III 712 c

—, [2-(2,4-Dichlor-phenoxy)-äthyl]-heptyl-
dimethyl- **6** III 712 b

—, [2-(2,4-Dichlor-phenoxy)-äthyl]-hexyl-
dimethyl- **6** III 712 a

—, [2-(2,4-Dichlor-phenoxy)-äthyl]-
trimethyl- **6** III 711 c, IV 936

—, [2,4-Dichlor-phenoxymethyl]-
dimethyl-octadecyl- **6** IV 898

—, [2,4-Dichlor-phenoxymethyl]-
dimethyl-octyl- **6** IV 898

—, [(2,4-Dichlor-phenylmercapto)-
methyl]-dimethyl-octyl- **6** IV 1614

—, [(2,5-Dichlor-phenylmercapto)-
methyl]-dimethyl-octyl- **6** IV 1620

Ammonium (Fortsetzung)

−, [2-(10,11-Dihydro-5*H*-dibenzo⹀
[*a,d*]cyclohepten-5-yloxy)-äthyl]-trimethyl-
6 IV 4879

−, {2-[2-(2,3-Dihydroxy-propoxy)-
phenoxy]-äthyl}-trimethyl- **6** IV 5592

−, {2-[4-(2,3-Dihydroxy-propoxy)-
phenoxy]-äthyl}-trimethyl- **6** IV 5756

−, [2-(3,6-Dimethoxy-[4]phenanthryloxy)-
äthyl]-trimethyl- **6** 1142 a

−, Dimethyl-[methyl-bis-*o*-tolyloxy-
phosphoranyliden]- **6** IV 1978

−, Dimethyl-[methyl-diphenoxy-
phosphoranyliden]- **6** IV 707

−, Dimethyl-octadecyl-[2-phenoxy-äthyl]-
6 IV 665

−, Dimethyl-octyl-[2-phenoxy-äthyl]-
6 III 640 e, IV 664

−, Dimethyl-octyl-[4-(1,1,3,3-tetramethyl-
butyl)-phenoxymethyl]- **6** IV 3486

−, Dimethyl-pentyl-[2-phenoxy-äthyl]-
6 IV 664

−, Dimethyl-[2-phenoxy-äthyl]-tetradecyl-
6 IV 665

−, [2-(2,3-Dimethyl-phenoxy)-äthyl]-
trimethyl- **6** IV 3097

−, [2-(2,4-Dimethyl-phenoxy)-äthyl]-
trimethyl- **6** IV 3130

−, [2-(2,5-Dimethyl-phenoxy)-äthyl]-
trimethyl- **6** IV 3167

−, [2-(2,6-Dimethyl-phenoxy)-äthyl]-
trimethyl- **6** IV 3119

−, [2-(3,4-Dimethyl-phenoxy)-äthyl]-
trimethyl- **6** IV 3104

−, [2-(3,5-Dimethyl-phenoxy)-äthyl]-
trimethyl- **6** IV 3148

−, [3-(2,6-Dimethyl-phenoxy)-propyl]-
trimethyl- **6** IV 3119

−, [3-(2,4-Dimethyl-6-propenyl-phenoxy)-
propyl]-trimethyl- **6** IV 3883

−, [2-(*β,β′*-Diphenoxy-isopropoxy)-äthyl]-
diisopropyl-methyl- **6** IV 593

−, [2-Diphenoxyphosphoryloxy-äthyl]-
trimethyl- **6** III 660 b, IV 731

−, [2-(1,1-Diphenyl-äthoxy)-äthyl]-
trimethyl- **6** IV 4714

−, [2-(2,2-Diphenyl-butoxy)-äthyl]-
trimethyl- **6** IV 4786

−, [2,2-Diphenyl-butoxycarbonylmethyl]-
trimethyl- **6** IV 4787

−, [2-(2,2-Diphenyl-hexyloxy)-äthyl]-
trimethyl- **6** IV 4817

−, [2,2-Diphenyl-hexyloxycarbonylmethyl]-
trimethyl- **6** IV 4818

−, [2-(2,2-Diphenyl-pentyloxy)-äthyl]-
trimethyl- **6** IV 4805

−, [2,2-Diphenyl-pentyloxycarbonylmethyl]-
trimethyl- **6** IV 4806

−, [2-(2,2-Diphenyl-propoxy)-äthyl]-
trimethyl- **6** IV 4763

−, [2,2-Diphenyl-propoxycarbonylmethyl]-
trimethyl- **6** IV 4763

−, [4-Dodecyl-benzyloxy]-trimethyl-
6 IV 3542

−, Dodecyl-dimethyl-[2-(norborn-5-en-
2-yl-phenyl-methoxycarbonyl)-äthyl]-
6 IV 4372

−, Dodecyl-dimethyl-[2-phenoxy-äthyl]-
6 III 641 a, IV 665

−, Dodecyl-dimethyl-[2-phenylmercapto-
äthyl]- **6** IV 1551

−, Dodecyl-[2-(2-hydroxy-phenoxy)-
äthyl]-dimethyl- **6** IV 5590

−, Dodecyl-[2-(3-hydroxy-phenoxy)-
äthyl]-dimethyl- **6** IV 5679

−, Dodecyl-[2-(4-hydroxy-phenoxy)-
äthyl]-dimethyl- **6** IV 5755

−, Dodecyl-[2-hydroxy-3-phenoxy-
propyl]-dimethyl- **6** III 646 d

−, Dodecyl-[2-(2-isopropyl-5-methyl-
phenoxy)-äthyl]-dimethyl- **6** IV 3342

−, Ergosteryloxycarbonylmethyl-
trimethyl- **6** IV 4410

−, {2-[2-(4-Fluor-benzyl)-phenoxy]-
äthyl}-trimethyl- **6** IV 4635

−, [2-Fluoren-9-yloxy-äthyl]-trimethyl-
6 IV 4851

−, Heptyl-dimethyl-[2-phenoxy-äthyl]-
6 IV 664

−, Heptyl-[2-(2-hydroxy-phenoxy)-äthyl]-
dimethyl- **6** IV 5590

−, Heptyl-[2-(3-hydroxy-phenoxy)-äthyl]-
dimethyl- **6** IV 5679

−, Heptyl-[2-(4-hydroxy-phenoxy)-äthyl]-
dimethyl- **6** IV 5755

−, Heptyl-[2-(2-isopropyl-5-methyl-
phenoxy)-äthyl]-dimethyl- **6** IV 3342

−, Hexadecyl-dimethyl-[2-phenoxy-äthyl]-
6 III 641 b, IV 665

−, Hexadecyl-dimethyl-[2-phenyl⹀
mercapto-äthyl]- **6** IV 1551

−, Hexadecyl-[2-(2-hydroxy-phenoxy)-
äthyl]-dimethyl- **6** IV 5590

−, Hexadecyl-[2-(3-hydroxy-phenoxy)-
äthyl]-dimethyl- **6** IV 5679

Ammonium (Fortsetzung)

—, *p*-Menth-1-en-8-yloxycarbonylmethyl-
trimethyl- **6** III 252 b

—, Menthyloxycarbonylmethyl-trimethyl-
6 III 163 d

—, [2-Mesityloxy-äthyl]-trimethyl-
6 IV 3256

—, [3-Mesityloxy-propyl]-trimethyl-
6 IV 3259

—, [2-(4-Methoxy-benzhydryloxy)-äthyl]-
trimethyl- **6** III 5419 c

—, 2-[4-Methoxy-benzyloxy]-hexa-
N-methyl-*N*,*N*′-propandiyl-di-
6 IV 5916

—, [2-(3-Methoxy-[4]phenanthryloxy)-
äthyl]-trimethyl- **6** 1035 f

—, {2-[2-(2-Methoxy-phenoxy)-äthoxy]-
äthyl}-trimethyl- **6** IV 5573

—, [2-(2-Methoxy-phenoxy)-äthyl]-
trimethyl- **6** III 4238 c

—, [2-(4-Methoxy-phenoxy)-äthyl]-
trimethyl- **6** III 4424 e

—, [*β*-(2-Methoxy-phenoxy)-isopropyl]-
trimethyl- **6** IV 5593

—, [4-Methoxy-phenoxymethyl]-trimethyl-
6 IV 5737

—, [2-(Methoxy-phenoxy-phosphoryloxy)-
äthyl]-trimethyl- **6** IV 730

—, [2-(2-Methoxy-4-propenyl-phenoxy)-
äthyl]-trimethyl- **6** III 5010 c

—, *N*,*N*,*N*,*N*′-Tetraäthyl-*N*′-
[4-benzhydryloxy-butyl]-*N*′-methyl-
N,*N*′-äthandiyl-di- **6** IV 4667

—, *N*,*N*,*N*′,*N*′-Tetraäthyl-*N*,*N*′-bis-[2-
(2-benzyl-phenoxy)-äthyl]-*N*,*N*′-butandiyl-
di- **6** IV 4634

—, *N*,*N*,*N*′,*N*′-Tetraäthyl-*N*,*N*′-bis-[2-
(2-benzyl-phenoxy)-äthyl]-*N*,*N*′-decandiyl-
di- **6** IV 4634

—, *N*,*N*,*N*′,*N*′-Tetraäthyl-*N*,*N*′-bis-[2-
(2-benzyl-phenoxy)-äthyl]-*N*,*N*′-hexandiyl-
di- **6** IV 4634

—, *N*,*N*,*N*′,*N*′-Tetraäthyl-*N*,*N*′-bis-[2-
(2-benzyl-phenoxy)-äthyl]-
N,*N*′-pentandiyl-di- **6** IV 4634

—, *N*,*N*,*N*′,*N*′-Tetramethyl-*N*,*N*′-bis-
[2-phenoxy-äthyl]-*N*,*N*′-hexandiyl-di-
6 IV 668

—, *N*,*N*,*N*′,*N*′-Tetramethyl-*N*,*N*′-bis-
[3-phenoxy-propyl]-*N*,*N*′-hexandiyl-di-
6 IV 678

—, Triäthyl-[2-benzhydryloxy-äthyl]-
6 IV 4660

—, Triäthyl-[2-benzhydryloxycarbonyl-
äthyl]- **6** IV 4669

—, Triäthyl-benzhydryloxycarbonylmethyl-
6 IV 4669

—, Triäthyl-[2-(2-benzyl-4-chlor-
phenoxy)-äthyl]- **6** IV 4637

—, Triäthyl-[2-(1-benzyl-cyclohexyloxy)-
äthyl]- **6** IV 3931

—, Triäthyl-[2-(4-benzyl-cyclohexyloxy)-
äthyl]- **6** IV 3932

—, Triäthyl-[2-benzyloxy-äthyl]-
6 II 421 l, IV 2483

—, Triäthyl-benzyloxycarbonylmethyl-
6 III 1540 i, IV 2489

—, Triäthyl-[2-(2-benzyl-phenoxy)-äthyl]-
6 IV 4632

—, Triäthyl-[2-(1-benzyl-2-phenyl-
äthoxycarbonyl)-äthyl]- **6** IV 4750

—, Triäthyl-[2-bibenzyl-4-yloxy-äthyl]-
6 IV 4698

—, Triäthyl-[2-bibenzyl-4-yloxy-propyl]-
6 IV 4700

—, Triäthyl-[3-bibenzyl-4-yloxy-propyl]-
6 IV 4699

—, Triäthyl-[2-biphenyl-2-yloxy-äthyl]-
6 IV 4584

—, Triäthyl-[2-(4′-chlor-bibenzyl-4-yloxy)-
äthyl]- **6** IV 4700

—, Triäthyl-[4-chlor-3-methyl-
phenoxymethyl]- **6** IV 2065

—, Triäthyl-[2-(4-chlor-phenoxy)-äthyl]-
6 IV 859

—, Triäthyl-[2-chlor-phenoxymethyl]-
6 IV 791

—, Triäthyl-[(4-chlor-phenylmercapto)-
methyl]- **6** IV 1594

—, Triäthyl-[2-(4-cinnamyl-phenoxy)-
äthyl]- **6** IV 4871

—, Triäthyl-[2-cyclohex-2-enyloxy-äthyl]-
6 IV 197

—, Triäthyl-[2-cyclohexylmercapto-äthyl]-
6 IV 81

—, Triäthyl-[2-cyclohexylmethoxy-äthyl]-
6 IV 107

—, Triäthyl-[2-cyclohexyloxy-äthyl]-
6 IV 51

—, Triäthyl-[2-(3-cyclohexyloxycarbonyl-
propionylamino)-äthyl]- **6** IV 41

—, Triäthyl-[2-(3-cyclohexyloxycarbonyl-
propionyloxy)-äthyl]- **6** IV 40

—, Triäthyl-[2-(2,4-dichlor-phenoxy)-
äthyl]- **6** III 711 f

Ammonium (Fortsetzung)

—, Triäthyl-[2,4-dichlor-phenoxymethyl]-
6 IV 898

—, Triäthyl-[2-(2,6-dimethyl-phenoxy)-
äthyl]- 6 IV 3119

—, Triäthyl-diphenoxymethyl- 6 IV 611

—, Triäthyl-[2-(2,2-diphenyl-butoxy)-
äthyl]- 6 IV 4787

—, Triäthyl-[2,2-diphenyl-butoxycarbonyl≠
methyl]- 6 IV 4787

—, Triäthyl-[2,2-diphenyl-hexyloxy≠
carbonylmethyl]- 6 IV 4818

—, Triäthyl-[2-(2,2-diphenyl-propoxy)-
äthyl]- 6 IV 4763

—, Triäthyl-[2,2-diphenyl-propoxycarbonyl≠
methyl]- 6 IV 4764

—, Triäthyl-[2-(4'-hydroxy-bibenzyl-
4-yloxy)-äthyl]- 6 IV 6680

—, Triäthyl-[2-(2-hydroxy-cyclohexyloxy)-
äthyl]- 6 IV 5198

—, Triäthyl-[2-hydroxy-3-(2-methoxy-
phenoxy)-propyl]- 6 IV 5595

—, Triäthyl-[2-hydroxy-3-(2-nitro-
phenoxy)-propyl]- 6 IV 1264

—, Triäthyl-[2-hydroxy-3-(3-nitro-
phenoxy)-propyl]- 6 IV 1276

—, Triäthyl-[2-hydroxy-3-(4-nitro-
phenoxy)-propyl]- 6 IV 1312

—, Triäthyl-[2-hydroxy-3-phenoxy-
propyl]- 6 IV 682

—, Triäthyl-[2-hydroxy-3-o-tolyloxy-
propyl]- 6 IV 1973

—, Triäthyl-[2-hydroxy-3-p-tolyloxy-
propyl]- 6 IV 2126

—, Triäthyl-[2-(2-methoxy-cyclohexyloxy)-
äthyl]- 6 IV 5198

—, Triäthyl-{2-[2-(2-methoxy-phenoxy)-
äthoxy]-äthyl}- 6 IV 5573

—, Triäthyl-[2-(2-methyl-2-phenyl-
butoxy)-äthyl]- 6 IV 3388

—, Triäthyl-[2-(2-methyl-2-phenyl-
pentyloxy)-äthyl]- 6 IV 3424

—, Triäthyl-[2-(2-methyl-2-phenyl-
propoxy)-äthyl]- 6 IV 3320

—, Triäthyl-[2-methyl-2-phenyl-
propoxycarbonylmethyl]- 6 IV 3320

—, Triäthyl-{2-[4-(1-methyl-3-phenyl-
propyl)-phenoxy]-äthyl}- 6 IV 4779

—, Triäthyl-[2]naphthyloxymethyl-
6 IV 4264

—, Triäthyl-{2-[4-(4-nitro-benzolsulfonyl)-
phenoxy]-äthyl}- 6 IV 5818

—, Triäthyl-[2-(4'-nitro-stilben-4-yloxy)-
äthyl]- 6 IV 4861

—, Triäthyl-[2-(norborn-5-en-2-yl-phenyl-
methoxy)-äthyl]- 6 IV 4372

—, Triäthyl-[2-phenoxyacetoxy-äthyl]-
6 IV 637

—, Triäthyl-[2-(2-phenoxy-äthoxy)-äthyl]-
6 IV 578

—, Triäthyl-[2-phenoxy-äthyl]-
6 III 640 d

—, Triäthyl-[4-phenoxy-butyl]-
6 IV 679

—, Triäthyl-[2-(3-phenoxycarbonyl-
propionylamino)-äthyl]- 6 IV 626

—, Triäthyl-[2-(3-phenoxycarbonyl-
propionyloxy)-äthyl]- 6 IV 625

—, Triäthyl-[7-phenoxy-heptyl]-
6 IV 681

—, Triäthyl-[6-phenoxy-hexyl]-
6 IV 680

—, Triäthyl-[8-phenoxy-octyl]- 6 IV 681

—, Triäthyl-[5-phenoxy-pentyl]-
6 IV 680

—, Triäthyl-[3-phenoxy-propyl]-
6 III 643 a

—, Triäthyl-[2-(1-phenyl-butoxy)-äthyl]-
6 III 1847 g

—, Triäthyl-[2-(1-phenyl-cyclohexyloxy)-
äthyl]- 6 IV 3908

—, Triäthyl-[2-(2-phenyl-cyclohexyloxy)-
äthyl]- 6 IV 3911

—, Triäthyl-[2-(4-phenyl-cyclohexyloxy)-
äthyl]- 6 IV 3915

—, Triäthyl-[phenylmercapto-methyl]-
6 IV 1505

—, Triäthyl-[2-phenyl-2-propyl-
hexyloxycarbonylmethyl]- 6 IV 3505

—, Triäthyl-{2-[4-(3-phenyl-propyl)-
phenoxy]-äthyl}- 6 IV 4748

—, Triäthyl-[2-stilben-4-yloxy-äthyl]-
6 IV 4857

—, Triäthyl-[2-stilben-4-yloxy-propyl]-
6 IV 4860

—, Triäthyl-[3-stilben-4-yloxy-propyl]-
6 IV 4859

—, Triäthyl-[2-(1,2,3,4-tetrahydro-
[2]naphthyloxy)-äthyl]- 6 IV 3863

—, Triäthyl-[2-(5,6,7,8-tetrahydro-
[2]naphthyloxy)-äthyl]- 6 IV 3856

—, Triäthyl-[2-m-tolyloxy-äthyl]-
6 III 1310 i

—, Triäthyl-[2-o-tolyloxy-äthyl]-
6 III 1258 h

Ammonium (Fortsetzung)

—, Triäthyl-[2-*p*-tolyloxy-äthyl]-
6 III 1369 g, IV 2123

—, Triäthyl-[β-*m*-tolyloxy-isopropyl]-
6 IV 2054

—, Triäthyl-[β-*o*-tolyloxy-isopropyl]-
6 IV 1971

—, Triäthyl-[β-*p*-tolyloxy-isopropyl]-
6 IV 2124

—, Triäthyl-[2-*m*-tolyloxy-propyl]-
6 IV 2054

—, Triäthyl-[2-*o*-tolyloxy-propyl]-
6 IV 1971

—, Triäthyl-[2-*p*-tolyloxy-propyl]-
6 IV 2124

—, Triäthyl-[2-(3′,4′,5′-trimethoxy-
bibenzyl-4-yloxy)-äthyl]- 6 IV 7752

—, Triäthyl-[2-(3′,4′,5′-trimethoxy-stilben-
4-yloxy)-äthyl]- 6 IV 7786

—, Trimethyl-[2-(2-methyl-2-phenyl-
butoxy)-äthyl]- 6 IV 3388

—, Trimethyl-[2-methyl-2-phenyl-
hexyloxycarbonylmethyl]- 6 IV 3459

—, Trimethyl-[2-methyl-2-phenyl-
pentyloxycarbonylmethyl]- 6 IV 3424

—, Trimethyl-[2-(2-methyl-2-phenyl-
propoxy)-äthyl]- 6 IV 3319

—, Trimethyl-[2-methyl-2-phenyl-
propoxycarbonylmethyl]- 6 IV 3320

—, Trimethyl-[2-[1]naphthyloxy-äthyl]-
6 IV 4223

—, Trimethyl-[2-[2]naphthyloxy-äthyl]-
6 IV 4283

—, Trimethyl-[2-[1]naphthyloxy-allyl]-
6 III 2932 b

—, Trimethyl-[2]naphthyloxycarbonyl-
6 I 314 a

—, Trimethyl-[2-[2]naphthyloxycarbonyloxy-
äthyl]- 6 IV 4272

—, Trimethyl-[5-(4-nitro-phenoxy)-
pentyl]- 6 IV 1309

—, Trimethyl-[2-(4-nitro-phenylmercapto)-
äthyl]- 6 IV 1714

—, Trimethyl-[2-(norborn-5-en-2-yl-
phenyl-methoxy)-äthyl]- 6 IV 4372

—, Trimethyl-[2-(norborn-5-en-2-yl-
phenyl-methoxycarbonyl)-äthyl]-
6 IV 4372

—, Trimethyl-[2-([2]norbornyl-phenyl-
methoxy)-äthyl]- 6 IV 4108

—, Trimethyl-{2-[(2-palmitoyloxy-
äthoxy)-phenoxy-phosphoryloxy]-äthyl}-
6 IV 731

—, Trimethyl-[2-phenoxyacetoxy-äthyl]-
6 IV 637

—, Trimethyl-[2-(2-phenoxy-äthoxy)-
äthyl]- 6 IV 578

—, Trimethyl-[2-phenoxy-äthyl]-
6 III 640 a

—, Trimethyl-[2-phenoxy-allyl]-
6 III 646 c

—, Trimethyl-[4-phenoxy-butyl]-
6 I 92 c, II 162 j, III 644 f

—, Trimethyl-phenoxycarbonyl-
6 I 88 k

—, Trimethyl-phenoxycarbonylmethyl-
6 III 646 i, IV 685

—, Trimethyl-[2-(3-phenoxycarbonyl-
propionylamino)-äthyl]- 6 IV 625

—, Trimethyl-[2-(3-phenoxycarbonyl-
propionyloxy)-äthyl]- 6 IV 625

—, Trimethyl-[β-phenoxy-isopropyl]-
6 IV 670

—, Trimethyl-[5-phenoxy-pentyl]-
6 I 92 e

—, Trimethyl-[2-phenoxy-propyl]-
6 III 644 b, IV 678

—, Trimethyl-[3-phenoxy-propyl]-
6 I 91 m, III 642 f

—, Trimethyl-{2-[phenoxy-(2-stearoyloxy-
äthoxy)-phosphoryloxy]-äthyl}-
6 IV 731

—, Trimethyl-[2-(1-phenyl-äthoxy)-äthyl]-
6 IV 3039

—, Trimethyl-[2-(1-phenyl-indan-1-yloxy)-
äthyl]- 6 IV 4877

—, Trimethyl-[2-(3-phenyl-indan-1-yloxy)-
äthyl]- 6 IV 4878

—, Trimethyl-[phenylmercapto-methyl]-
6 IV 1504

—, Trimethyl-[2-(2-phenylmercapto-
phenoxy)-äthyl]- 6 IV 5641

—, Trimethyl-[phenylmethansulfonyl-
methyl]- 6 IV 2659

—, Trimethyl-[(3-phenyl-propoxycarbonyl)-
methyl]- 6 III 1805 g

—, Trimethyl-[2-phenyl-2-propyl-
hexyloxycarbonylmethyl]- 6 IV 3505

—, Trimethyl-{2-[5-phenyl-
6,7,8,9-tetrahydro-5*H*-benzocyclohepten-
5-yloxy]-äthyl}- 6 IV 4903

—, Trimethyl-[2-(1-phenyl-
1,2,3,4-tetrahydro-[1]naphthyloxy)-äthyl]-
6 IV 4890

Androsta-2,9(11)-dien

—, 17-Acetoxy- **6** IV 4128

Androsta-2,16-dien

—, 3,17-Diacetoxy- **6** IV 6491

Androsta-3,5-dien

—, 17-Acetoxy- **6** III 2783 d

—, 17-Acetoxy-3-äthoxy- **6** IV 6491

—, 17-Acetoxy-3-benzylmercapto-
  6 III 5188 c

—, 3-Acetoxy-17-butyryloxy- **6** III 5187 c

—, 17-Acetoxy-3-butyryloxy- **6** III 5187 b

—, 17-Acetoxy-4-chlor-3-propionyloxy-
  6 IV 6492

—, 3-Acetoxy-17-isobutyryloxy-
  6 III 5187 e

—, 3-Acetoxy-17-propionyloxy- **6** III 5186 e

—, 17-Acetoxy-3-propionyloxy- **6** III 5186 d

—, 3-Äthoxy-17-propionyloxy-
  6 III 5186 c, IV 6492

—, 3-Äthoxy-17-valeryloxy- **6** IV 6492

—, 3-Benzyloxy-17-propionyloxy-
  6 IV 6492

—, 3,17-Bis-butyryloxy- **6** IV 6492

—, 3,17-Bis-propionyloxy- **6** III 5187 a,
  IV 6492

—, 3-Brom-17-[2-brom-propionyloxy]-
  6 IV 4128

—, 3-Butyryloxy-17-propionyloxy-
  6 III 5187 d

—, 3-Chlor-17-[2-chlor-propionyloxy]-
  6 IV 4128

—, 3,17-Diacetoxy- **6** III 5186 b,
  IV 6491

—, 3,17-Diacetoxy-4-chlor- **6** IV 6492

—, 3,17-Diacetoxy-4-chlor-17-methyl-
  6 IV 6504

—, 3,17-Diacetoxy-17-methyl-
  6 IV 6504

—, 17-Isobutyryloxy-3-propionyloxy-
  6 III 5187 f

Androsta-5,7-dien

—, 3-Acetoxy- **6** IV 4129

—, 3,17-Diacetoxy- **6** III 5189 b,
  IV 6493

Androsta-5,14-dien

—, 3,17-Diacetoxy- **6** IV 6494

Androsta-5,16-dien

—, 3-Acetoxy-17-acetylmercapto-
  6 IV 6495

—, 17-Acetoxy-3-formyloxy- **6** IV 6494

—, 3-Acetoxy-17-methansulfonyl-
  6 IV 6495

—, 3-Acetoxy-17-methyl- **6** IV 4141

—, 3,17-Diacetoxy- **6** IV 6494

Androsta-7,9(11)-dien

—, 3,17-Diacetoxy- **6** IV 6495

Androsta-8,14-dien

—, 3,17-Diacetoxy- **6** IV 6496

Androsta-1,4-dien-3,17-diol 6 III 5184 c

Androsta-3,5-dien-11,17-diol

—, 3-Benzyloxy- **6** IV 7517

Androsta-4,6-dien-3,17-diol 6 IV 6493

Androsta-5,7-dien-3,17-diol 6 III 5189 a,
  IV 6493

Androsta-5,14-dien-3,17-diol 6 IV 6493

Androsta-7,9(11)-dien-3,17-diol 6 IV 6495

Androsta-8,14-dien-3,17-diol 6 IV 6496

Androsta-3,5-dien-17-ol 6 III 2783 c

—, 3,3'-Äthandiyldioxy-bis- **6** III 5186 a

—, 3-Äthoxy- **6** III 5185 a, IV 6491

—, 3-Äthoxy-16-methyl- **6** IV 6504

—, 3-Benzylmercapto- **6** III 5188 a,
  IV 6493

—, 3-Benzyloxy- **6** III 5185 c, IV 6491

—, 3-Benzyloxy-17-methyl- **6** IV 6504

—, 3-Brom- **6** IV 4128

—, 3-Chlor- **6** IV 4128

—, 3-Cyclohexyloxy- **6** III 5185 b, IV 6491

—, 3-[2-Hydroxy-äthylmercapto]-
  6 III 5188 b

—, 3-Methyl- **6** IV 4140

Androsta-5,7-dien-3-ol 6 III 2784 a,
  IV 4129

Androsta-5,7-dien-17-ol

—, 3-[4-Methyl-valeryloxy]- **6** IV 6493

Androsta-5,9(11)-dien-17-ol 6 IV 4128

Androsta-5,16-dien-3-ol 6 IV 4129

—, 17,17'-Äthindiyl-bis- **6** IV 7038

—, 17-Methansulfinyl- **6** IV 6494

—, 17-Methansulfonyl- **6** IV 6495

—, 17-Methyl- **6** III 2800 d

—, 17-Methylmercapto- **6** IV 6494

—, 17-[Propan-1-sulfonyl]- **6** IV 6495

—, 17-Propylmercapto- **6** IV 6495

Androstan

—, 3-Acetoxy- **6** IV 3544

—, 11-Acetoxy- **6** IV 3545

—, 17-Acetoxy- **6** III 2101 b,
  IV 3546

—, 3-Acetoxy-17-acetoxymethyl-
  6 III 4770 a, IV 6108

—, 3-Acetoxy-17-acetoxymethyl-
  17-methyl- **6** III 4787 d

—, 17-Acetoxy-16-brom- **6** IV 3547

—, 17-Acetoxy-16-brom-3-methoxy-
  6 IV 6103

Androstan (Fortsetzung)

—, 17-Acetoxy-3-formyloxy- **6** IV 6098

—, 3-Acetoxy-17-hydroxymethyl-
  6 III 4769 e

—, 16-Acetoxy-17-methansulfonyloxy-
  6 IV 6104

—, 3-Acetoxy-14-methyl- **6** IV 3553

—, 3-Acetoxy-17-methyl- **6** IV 3554

—, 17-Äthinyl- s. *Pregn-20-in*

—, 17-Allyl- s. *21,24-Dinor-chol-22-en*

—, 3,17-Bis-äthoxycarbonyloxy-
  6 IV 6099

—, 3,17-Bis-[3-carboxy-propionyloxy]-
  6 III 4764 e

—, 3,17-Bis-formyloxy- **6** III 4761 a

—, 3,17-Bis-propionyloxy- **6** III 4763 c

—, 3,16-Diacetoxy- **6** IV 6095

—, 3,17-Diacetoxy- **6** III 4762 b,
  IV 6098

—, 6,17-Diacetoxy- **6** IV 6104

—, 11,17-Diacetoxy- **6** IV 6104

—, 1,3-Diacetoxy-17-acetoxymethyl-
  6 IV 7443

—, 3,17-Diacetoxy-1,5-bis-acetyl≈
  mercapto- **6** IV 7709

—, 3,16-Diacetoxy-17-brom- **6** IV 6095

—, 3,17-Diacetoxy-2-brom- **6** IV 6101

—, 3,17-Diacetoxy-4-brom- **6** IV 6101

—, 3,17-Diacetoxy-16-brom- **6** IV 6103

—, 3,17-Diacetoxy-16-brom-15-methoxy-
  6 IV 7438

—, 3,17-Diacetoxy-4-chlor- **6** IV 6099

—, 3,17-Diacetoxy-7-chlor- **6** IV 6099

—, 3,17-Diacetoxy-15,16-dibrom-
  6 IV 6104

—, 3,16-Diacetoxy-17-methansulfonyloxy-
  6 IV 7440

—, 3,17-Diacetoxy-7-methansulfonyloxy-
  6 IV 7436

—, 3,17-Diacetoxy-14-methyl-
  6 IV 6107

—, 3,17-Diacetoxy-7-methylen-
  6 IV 6413

—, 3,17-Diacetoxy-7-[propan-
  1-sulfonyloxy]- **6** IV 7436

—, 17-Hydroxymethyl- s. *Methanol,
  Androstan-17-yl-*

—, 17-Propionyloxy- **6** III 2101 c

—, 17-Propyl- s. *21,24-Dinor-cholan*

—, 3,5,17,19-Tetraacetoxy-
  6 IV 7710

—, 2,3,17-Triacetoxy- **6** III 6385 f,
  IV 7434

—, 3,4,17-Triacetoxy- **6** III 6386 c,
  IV 7434

—, 3,6,17-Triacetoxy- **6** IV 7435, 7436

—, 3,7,17-Triacetoxy- **6** IV 7436

—, 3,12,17-Triacetoxy- **6** III 6389 b

—, 3,16,17-Triacetoxy- **6** III 6390 b,
  IV 7438, 7439

—, 3,7,11-Triacetoxy-4,4,14-trimethyl-
  6 IV 7460

—, 3-Trideuterioacetoxy- **6** IV 3545

—, 17-Trideuterioacetoxy- **6** IV 3547

—, 3,16,17-Tris-chloracetoxy- **6** III 6390 e

Androstan-1,3-diol

—, 17-Acetoxymethyl- **6** IV 7443

—, 17-Hydroxymethyl- **6** IV 7442

Androstan-3,5-diol

—, 17-Acetoxy- **6** IV 7435

—, 17-Acetoxy-17-methyl- **6** IV 7443

Androstan-3,12-diol 6 III 4756 d

Androstan-3,14-diol

—, 17-Hydroxymethyl- **6** IV 7444

Androstan-3,16-diol 6 IV 6094

Androstan-3,17-diol 6 III 4757, IV 6095

—, 17,17′-Äthandiyl-bis- **6** IV 7784

—, 2-Brom- **6** IV 6100

—, 16-Brom- **6** IV 6102

—, 11,12-Dideuterio- **6** IV 6095

—, 1,5-Dimercapto- **6** IV 7709

—, 3,17-Dimethyl- **6** III 4787 a, IV 6116

—, 4,4-Dimethyl- **6** IV 6116

—, 16-Methoxy- **6** IV 7439

—, 3-Methyl- **6** IV 6106

—, 17-Methyl- **6** III 4768 c, IV 6108

—, 3-Trichlormethyl- **6** IV 6107

—, 4,4,17-Trimethyl- **6** IV 6119

Androstan-5,6-diol

—, 3,17-Bis-propionyloxy- **6** IV 7709

Androstan-5,14-diol

—, 3-Acetoxy-17-acetoxymethyl-
  6 IV 7710

Androstan-5,17-diol 6 III 4764 f

—, 3-Acetoxy- **6** III 6386 d

—, 3-Acetoxy-17-methyl- **6** IV 7443

Androstan-6,17-diol 6 IV 6104

—, 3-Acetoxy- **6** III 6387 a, IV 7436

Androstan-11,17-diol 6 IV 6104

—, 3-Acetoxy- **6** III 6388 b

—, 3-Acetoxy-11,17-dimethyl- **6** IV 7458

—, 17-Methyl- **6** IV 6108

Androstan-12,17-diol

—, 3-Acetoxy- **6** III 6388 e

Androstan-16,17-diol

—, 3-Methoxy- **6** IV 7438

Androst-5-en-16-ol (Fortsetzung)

—, 3,17-Diacetoxy-16-[1-hydroxy-
1-methyl-propyl]- **6** III 5209 b ·

—, 3-Methoxy- **6** IV 6395

Androst-5-en-17-ol 6 III 2579 e

—, 3-Acetoxy- **6** III 5082 c, IV 6396

—, 3-Acetoxy-16-brom- **6** IV 6398

—, 3-Acetoxy-6,17-dimethyl- **6** IV 6422

—, 3-Acetoxy-17-methyl- **6** III 5094,
IV 6414

—, 3-Acetoxy-4,4,17-trimethyl-
6 IV 6425

—, 16-Brom-3-formyloxy- **6** IV 6398

—, 3-Chlor- **6** III 2580 b, IV 3979

—, 3-Cyclohex-1-enyloxy- **6** IV 6396

—, 3,16-Diacetoxy- **6** III 6458 b

—, 3,3′-Diacetoxy-17,17′-äthindiyl-bis-
6 III 6821

—, 3,4-Diacetoxy-17-methyl- **6** III 6459 d

—, 3-Fluor- **6** IV 3979

—, 3-Formyloxy- **6** III 5082 b, IV 6396

—, 3-Methoxy- **6** IV 6396

—, 3-Methoxy-17-methyl- **6** IV 6414

—, 17-Methyl-3-sulfooxy- **6** IV 6415

—, 3-[4-Methyl-valeryloxy]- **6** IV 6398

—, 3-Sulfooxy- **6** IV 6398

—, 3-Trityloxy- **6** III 5081 b, IV 6396

Androst-6-en-3-ol

—, 17-Acetoxy- **6** IV 6402

Androst-8(14)-en-17-ol

—, 3-Acetoxy- **6** IV 6403

Androst-9(11)-en-17-ol 6 IV 3980

Androst-14-en-17-ol

—, 3-Acetoxy- **6** IV 6404

Androst-15-en-17-ol

—, 3-Acetoxy-16-brom- **6** IV 6404

Androst-16-en-3-ol 6 III 2581, IV 3980

Androst-4-en-3,6,17-triol 6 III 6455 a

Androst-4-en-3,17,19-triol 6 IV 7489

Androst-5-en-1,3,17-triol 6 IV 7490

—, 17-Methyl- **6** IV 7491

Androst-5-en-3,4,17-triol 6 III 6455 b

—, 17-Methyl- **6** III 6459 b

Androst-5-en-3,7,17-triol 6 III 6456 a

Androst-5-en-3,11,17-triol

—, 17-Methyl- **6** IV 7491

Androst-5-en-3,16,17-triol 6 III 6456 c,
IV 7490

—, 16-Methyl- **6** IV 7491

Androsteron

—, Dihydro- **6** III 4759 b

Anethol 6 IV 3796

—, Dihydro- **6** I 249 d, II 470 a

o-**Anethol 6** II 522 e

Anethol-dibromid 6 500 i, I 249 h, II 470 d,
III 1791 d, IV 3183

Anethol-dichlorid 6 500 g, III 1790 e

α-**Anetholglykol 6** 1123 e, III 6348 b

β-**Anetholglykol 6** 1123 f, III 6348 a

Anethol-nitrolpiperidid 6 III 2397, **20** 44

Anethol-nitrosochlorid 6 569, II 525, III 2397

Anethol-pseudonitrosit 6 569, III 2397,
III 2397, IV 3183

Angelicasäure

— benzylester **6** IV 2268

Angelicin 6 III 2697

Anhydrid

—, [*N*-Benzylmercaptocarbonyl-glycin]-
essigsäure- **6** III 1599 f

—, [*N*-Benzyloxy-acetimidsäure]-
essigsäure- **6** IV 2563 e

—, [*N*-Benzyloxycarbonyl-glycin]-
essigsäure- **6** IV 2288

—, [*N*-Benzyloxy-formimidsäure]-
essigsäure- **6** 442 a

—, [(2,3-Dichlor-phenoxy)-essigsäure]-
essigsäure- **6** IV 914

—, [(2,4-Dichlor-phenoxy)-essigsäure]-
essigsäure- **6** IV 914

—, [2,4-Dinitro-benzolselenensäure]-
essigsäure- **6** III 1122 f, IV 1797

—, [2,4-Dinitro-benzolsulfensäure]-
essigsäure- **6** IV 1767

—, Essigsäure-[malonsäure-monophenyl≠
ester]- **6** III 605 g

—, Essigsäure-[2-nitro-benzolselenensäure]
6 III 1117 a

—, Essigsäure-[4-nitro-benzolselenensäure]
6 III 1121 b

—, Essigsäure-[2-nitro-benzolsulfensäure]-
6 IV 1671

—, Essigsäure-[4-nitro-benzolsulfensäure]-
6 IV 1716

—, Essigsäure-[tetra-*O*-acetyl-6,6-bis-
benzylmercapto-6-desoxy-mannonsäure]-
6 IV 2717

—, Salpetersäure-[2,3,4,5-tetrabrom-
6-nitro-hepta-2,4-diensäure]- **6** 363 a,
II 337 a

Anhydrodiacetylisopurpurogallon 6 1077,
10 I 290 b

Anhydrodiacetylpurpurogallon 6 1077,
18 I 354 f

Anhydrograyanotoxin-III 6 III 6946

Anhydroleucotylin 6 III 5237 c

—, *O,O′*-Diacetyl- **6** III 5238 a

Anisol (Fortsetzung)

—, 2-Benzyl-4-brom-6-isopropyl-3-methyl- **6** IV 4810

—, 2-Benzyl-4-chlor-6-isopropyl-3-methyl- **6** IV 4810

—, 2-[3-Benzyl-3-chlor-4-phenyl-butyl]- **6** I 356 i

—, 4-Benzyl-3,5-dimethyl- **6** IV 4770

—, 4-[1-Benzyliden-inden-3-ylmethyl]- **6** I 363 b

—, 4-[1-Benzyliden-3-phenyl-inden-2-yl]- **6** III 3874 e

—, 4-[3-Benzyl-inden-1-ylidenmethyl]- **6** 730 b, I 363 e

—, 2-Benzyl-6-isopropyl-3,4-dimethyl- **6** IV 4820

—, 2-Benzyl-4-isopropyl-3-methyl- **6** IV 4809

—, 2-Benzyl-6-isopropyl-3-methyl- **6** IV 4810

—, 4-Benzyl-2-isopropyl-5-methyl- **6** IV 4809

—, 2-Benzyl-5-methyl- **6** IV 4734

—, 4-Benzyl-3-methyl- **6** II 640 e, III 3399 a, IV 4726

—, 2-[3-Benzyl-4-phenyl-but-3-enyl]- **6** I 359 e

—, 4-[2-Benzyl-3-phenyl-propenyl]- **6** III 3758 c

—, 4-[1-Benzyl-2-phenyl-vinyl]- **6** III 3752 b

—, 2-Benzyl-3,4,5-trimethyl- **6** IV 4793

—, 4-Benzyl-2,3,5-trimethyl- **6** IV 4794

—, 4-[4-Biphenyl-3-yl-α'-brom-stilben-α-yl]- **6** IV 5172

—, 4-Biphenyl-4-ylmethyl- **6** IV 5053

—, 4-[4-Biphenyl-3-yl-stilben-α-yl]- **6** IV 5172

—, 4-[1-Biphenyl-4-yl-vinyl]- **6** IV 5094

—, 4-[2,2-Bis-(4-brom-phenyl)-vinyl]- **6** IV 5093

—, 2,4-Bis-chlormethyl- **6** III 1748 e, IV 3136

—, 2,4-Bis-chlormethyl-3,5-dimethyl- **6** IV 3360

—, 4-[2,2-Bis-(4-fluor-phenyl)-vinyl]- **6** IV 5092

—, 2,4-Bis-[2-nitro-vinyl]- **6** IV 4076

—, 2,4-Bis-trifluormethyl- **6** III 1747 b, IV 3133

—, 2,5-Bis-trifluormethyl- **6** III 1773 h, IV 3169

—, 2,6-Bis-trifluormethyl- **6** III 1738 g, IV 3121

—, 3,5-Bis-trifluormethyl- **6** III 1758 j, IV 3151

—, 4-Born-2-en-2-yl- **6** II 621 h

—, 2-Brom- **6** 197 b, II 183 c, III 736, IV 1037

—, 3-Brom- **6** 198 f, II 184 c, III 738 f, IV 1043

—, 4-Brom- **6** 199 a, I 105 c, II 185 a, III 741, IV 1044

—, 4-Bromäthinyl- **6** II 558 c

—, 2-[2-Brom-äthyl]- **6** III 1658 h, IV 3014

—, 3-[2-Brom-äthyl]- **6** III 1662 h, IV 3019

—, 4-[1-Brom-äthyl]- **6** IV 3025

—, 4-[2-Brom-äthyl]- **6** II 444 e, III 1668 i, IV 3025

—, 2-[2-Brom-äthyl]-4-tert-butyl- **6** III 2012 f

—, 4-[2-Brom-äthyl]-2-tert-butyl-5-methyl- **6** III 2041 a

—, 3-[2-Brom-äthyl]-4-chlor- **6** IV 3019

—, 4-[2-Brom-äthyl]-2-chlor- **6** III 1669 b

—, 4-[2-Brom-äthyl]-2,5-dimethyl- **6** II 502 h

—, 4-[2-Brom-äthyl]-2-fluor- **6** III 1669 a

—, 3-[2-Brom-äthyl]-2-isopropyl- **6** IV 3404

—, 4-[2-Brom-äthyl]-2-isopropyl-5-methyl- **6** III 2022 b

—, 2-[2-Brom-äthyl]-4-methyl- **6** III 1822 a

—, 4-[2-Brom-allyl]- **6** II 529 g

—, 2-[α-Brom-benzhydryl]- **6** II 683 d

—, 4-[α-Brom-benzhydryl]- **6** II 685 f

—, 4-[α-Brom-benzhydryl]-2-methyl- **6** III 3684 f

—, 4-[1-Brom-2,2-bis-(4-brom-phenyl)-vinyl]- **6** IV 5093

—, 5-Brom-2,4-bis-chlormethyl- **6** IV 3137

—, 2-Brom-4-[2-brom-äthyl]- **6** II 444 f

—, 4-Brom-2-[2-brom-äthyl]- **6** II 443 c

—, 4-Brom-3-[2-brom-äthyl]- **6** II 443 i, IV 3019

—, 4-[Brom-(1-brom-inden-3-yl)-methyl]- **6** I 342 f

—, 2-Brom-4-brommethyl- **6** III 1382 b

—, 2-Brom-4-[2-brom-propenyl]- **6** 570 b

—, 4-Brom-2-[2-brom-propyl]- **6** IV 3179

Anisol (Fortsetzung)

—, 2-Brom-4-[α'-brom-stilben-α-yl]-
  6 III 3742 f

—, 2-Brom-4-[2-brom-vinyl]- **6** II 521 a

—, 4-Brom-3-[2-brom-vinyl]- **6** III 2385 c

—, 3-[3-Brom-but-3-enyl]- **6** IV 3837

—, 2-Brom-4-*sec*-butyl- **6** IV 3282

—, 2-Brom-4-*tert*-butyl- **6** III 1873 c,
  IV 3313

—, 4-Brom-2-butyl- **6** III 1844 b

—, 4-[3-Brom-butyl]- **6** IV 3271

—, 5-Brom-2-*tert*-butyl- **6** IV 3293

—, 2-[4-Brom-butyl]-4-chlor-3,5-dimethyl-
  6 IV 3440

—, 3-Brom-4-*tert*-butyl-2,6-dinitro-
  6 IV 3316

—, 3-Brom-6-*tert*-butyl-2,4-dinitro-
  6 IV 3294

—, 4-Brom-2-*tert*-butyl-5-methyl-
  6 III 1983 b

—, 2-Brom-3-chlor- **6** II 187 b,
  III 749 e

—, 2-Brom-4-chlor- **6** II 187 c, III 749 g,
  IV 1058

—, 3-Brom-2-chlor- **6** IV 1058

—, 3-Brom-4-chlor- **6** III 750 d,
  IV 1058

—, 3-Brom-5-chlor- **6** II 187 e

—, 4-Brom-2-chlor- **6** II 187 h,
  III 751 a, IV 1059

—, 4-Brom-3-chlor- **6** IV 1059

—, 5-Brom-2-chlor- **6** III 750 h

—, 4-[2-Brom-1-chlor-äthyl]- **6** 472 k

—, 4-Brom-2-[α-chlor-benzhydryl]-
  6 IV 5012

—, 5-Brom-3-chlor-2,4-dinitro-
  6 II 250 g

—, 4-Brom-2-chlor-6-jod- **6** II 201 g

—, 2-Brom-4-chlormethyl- **6** III 1381 a

—, 3-Brom-4-chlormethyl- **6** IV 2146

—, 4-Brom-2-chlormethyl- **6** 360 i,
  III 1271 a

—, 4-Brom-3-chlormethyl- **6** III 1322 e

—, 4-Brom-2-chlormethyl-6-methyl-
  6 III 1739 c

—, 2-Brom-4-chlor-6-nitro- **6** III 847 a

—, 4-[4-Brom-4'-chlor-stilben-α-yl]-
  6 IV 5091

—, 3-Brom-5-chlor-2,4,6-trijod-
  6 II 205 c

—, 3-Brom-5-chlor-2,4,6-trinitro-
  6 II 283 h

—, 2-Brom-4-cyclohexyl- **6** IV 3906

—, 2-[1-Brom-cyclohexyl]-4-methyl-
  6 III 2531 c

—, 2-[2-Brom-cyclohexyl]-4-methyl-
  6 III 2531 c

—, 2-Brom-4-[2,2-dibrom-1-dibrommethyl-
  vinyl]-6-methyl- **6** I 189 e

—, 2-Brom-4-[1,2-dibrom-propyl]-
  6 501 c, III 1792 a

—, 2-Brom-4-[2,3-dibrom-propyl]-
  6 501 d

—, 2-Brom-4,6-dichlor- **6** II 187 j,
  III 751 e

—, 3-Brom-2,6-dichlor- **6** III 751 i

—, 4-Brom-2,6-dichlor- **6** II 188 a

—, 2-Brom-4,6-dichlor-3,5-dinitro- **6** II 250 i

—, 4-Brom-2,6-dichlor-3,5-dinitro- **6** II 251 b

—, 3-Brom-4,6-dichlor-2-methyl-
  6 II 334 d

—, 4-Brom-2-[1,2-dichlor-vinyl]- **6** I 277 e

—, 4-Brom-2,6-diisopropyl- **6** IV 3438

—, 4-Brom-2,6-dijod- **6** II 202 o

—, 2-Brom-3,4-dimethyl- **6** IV 3106

—, 2-Brom-4,5-dimethyl- **6** III 1730 c,
  IV 3106

—, 2-Brom-4,6-dimethyl- **6** II 460 i,
  III 1749 a, IV 3137

—, 4-Brom-2,3-dimethyl- **6** III 1724 d

—, 4-Brom-2,6-dimethyl- **6** III 1739 a,
  IV 3122

—, 4-Brom-3,5-dimethyl- **6** II 464 g,
  IV 3158

—, 3-[3-Brom-1,2-dimethyl-propyl]-
  2-methyl- **6** III 2011 b

—, 2-Brom-4,6-dinitro- **6** 262 a, II 250 b,
  III 871 g

—, 4-Brom-2,6-dinitro- **6** 262 c, II 250 e,
  III 872 b

—, 5-Brom-2,4-dinitro- **6** 261 e,
  IV 1387

—, 4-[Brom-dinitro-methyl]- **6** 416 a

—, 4-[1-Brom-2,2-diphenyl-vinyl]-
  6 III 3743 a

—, 2-Brom-3-fluor- **6** III 748 h

—, 2-Brom-4-fluor- **6** IV 1057

—, 2-Brom-5-fluor- **6** III 749 a

—, 4-Brom-2-fluor- **6** III 749 b,
  IV 1057

—, 4-Brom-3-fluor- **6** III 749 c

—, 2-Brom-3-fluor-4,6-dimethyl-
  6 III 1749 f

—, 4-[2-Brom-fluoren-9-ylidenmethyl]-
  6 IV 5116

—, 3-[7-Brom-heptyl]- **6** III 2026 e

Anisol (Fortsetzung)

—, 3-[α-Brom-isobutyl]- **6** IV 3288

—, 4-[γ-Brom-isobutyl]- **6** III 1859 d

—, 4-[γ-Brom-isobutyl]-2,3-dimethyl-
6 III 2018 a

—, 2-Brom-4-isopropyl- **6** IV 3217

—, 4-Brom-2-isopropyl- **6** 505 a

—, 4-Brom-2-isopropyl-5-methyl-
6 540 j, I 267 d, III 1909 d

—, 4-Brom-5-isopropyl-2-methyl-
6 531 i

—, 4-Brom-2-isopropyl-6-nitro-
6 III 1809 l

—, 3-[3-Brom-1-isopropyl-propyl]-
6 IV 3426

—, 2-Brom-4-jod- **6** 209 l

—, 2-Brom-6-jod- **6** III 784 j

—, 3-Brom-5-jod- **6** II 201 d

—, 4-Brom-2-jod- **6** 209 j, IV 1082

—, 5-Brom-2-jod- **6** III 784 i

—, 2-Brom-4-jodmethyl- **6** III 1383 f

—, 2-Brommethyl- **6** I 176 g, II 334 a,
III 1270 l, IV 2006

—, 2-Brom-3-methyl- **6** II 357 d,
III 1320 d, IV 2071

—, 2-Brom-4-methyl- **6** 405 g, III 1378 f,
IV 2143

—, 2-Brom-5-methyl- **6** III 1320 f,
IV 2072

—, 2-Brom-6-methyl- **6** IV 2005

—, 3-Brommethyl- **6** I 191 a, II 357 j,
III 1322 c, IV 2073

—, 3-Brom-2-methyl- **6** IV 2006

—, 3-Brom-4-methyl- **6** II 384 c,
III 1377 g, IV 2143

—, 3-Brom-5-methyl- **6** II 357 g,
III 1321 a, IV 2072

—, 4-Brommethyl- **6** I 204 g, II 384 g,
III 1380 d, IV 2145

—, 4-Brom-2-methyl- **6** II 333 j,
III 1269 d, IV 2006

—, 4-Brom-3-methyl- **6** I 190 c,
III 1321 c, IV 2072

—, 5-Brom-2-methyl- **6** IV 2005

—, 4-Brom-2-[4-methyl-benzyl]-
6 III 3403 b

—, 3-Brommethyl-4-chlor- **6** IV 2074

—, 4-Brommethyl-2-chlor- **6** III 1381 c

—, 4-Brommethyl-2,6-dichlor-
6 IV 2146

—, 4-Brommethyl-2-fluor- **6** III 1380 f,
IV 2146

—, 4-[2-Brommethyl-1-methyl-butyl]-
6 IV 3425

—, 2-Brommethyl-4-nitro- **6** III 1276 b

—, 2-Brom-4-methyl-3-nitro- **6** III 1388 d

—, 2-Brom-4-methyl-5-nitro- **6** III 1388 g

—, 2-Brom-5-methyl-4-nitro- **6** III 1329 b

—, 3-Brommethyl-4-nitro- **6** IV 2077

—, 4-Brommethyl-2-nitro- **6** II 390 e

—, 4-Brommethyl-3-nitro- **6** IV 2151

—, 4-Brom-5-methyl-2-nitro- **6** III 1328 i

—, 4-[3-Brom-1-methyl-propyl]-
6 III 1854 b

—, 4-[α'-Brom-4-methyl-stilben-α-yl]-
2-isopropyl-5-methyl- **6** IV 5108

—, 2-Brom-6-methyl-4-trityl-
6 II 727 b, III 3839 c

—, 4-[Brom-[1]naphthyl-phenyl-methyl]-
6 II 721 a

—, 2-Brom-4-[1-[1]naphthyl-2-phenyl-
vinyl]- **6** III 3831 a

—, 4-[2-Brom-1-[1]naphthyl-2-phenyl-
vinyl]- **6** III 3831 b

—, 2-Brom-3-nitro- **6** III 844 j

—, 2-Brom-4-nitro- **6** 244 k, II 233 m,
III 845 g

—, 2-Brom-5-nitro- **6** III 845 d,
IV 1364

—, 2-Brom-6-nitro- **6** 244 b, II 233 g,
III 844 i

—, 3-Brom-2-nitro- **6** II 232 f,
IV 1363

—, 3-Brom-4-nitro- **6** II 234 b, III 846 b

—, 3-Brom-5-nitro- **6** 244 h, II 233 i

—, 4-Brom-2-nitro- **6** 243 c, II 232 h,
III 842 j

—, 4-Brom-3-nitro- **6** III 845 b,
IV 1364

—, 5-Brom-2-nitro- **6** II 233 e, III 844 d

—, 2-Brom-4-nitroso- **6** III 793 e

—, 3-Brom-4-nitroso- **6** III 793 f

—, 2-[2-Brom-2-nitro-vinyl]- **6** III 2384 f

—, 2-Brom-4-[2-nitro-vinyl]- **6** III 2388 e

—, 4-[2-Brom-2-nitro-vinyl]- **6** II 521 e,
III 2389 a

—, 4-[5-Brom-pentyl]- **6** III 1951 g

—, 4-[4-(4-Brom-phenyl)-1-[2]naphthyl-
4-phenyl-butatrienyl]- **6** IV 5174

—, 4-[6-(4-Brom-phenyl)-1-[2]naphthyl-
6-phenyl-hexapentaenyl]- **6** IV 5179

—, 4-[2-Brom-1-phenyl-propenyl]-
6 699 d, I 337 c

—, 4-[α'-Brom-4-phenyl-stilben-α-yl]-
6 III 3848 b

Anisol (Fortsetzung)

−, 2-[2-Brom-1-phenyl-vinyl]- **6** 695 b

−, 4-[2-Brom-1-phenyl-vinyl]-
6 696 b, II 659 g, IV 4864

−, 2-[1-Brom-propenyl]- **6** IV 3795

−, 2-Brom-4-propenyl- **6** III 2399 d

−, 4-[1-Brom-propenyl]- **6** IV 3796

−, 4-[2-Brom-propenyl]- **6** 569 d,
III 2399 e, IV 3796

−, 2-[2-Brom-propyl]- **6** IV 3178

−, 2-[3-Brom-propyl]- **6** IV 3178

−, 4-[1-Brom-propyl]- **6** III 1791 a

−, 4-Brom-2-propyl- **6** III 1786 f

−, 4-[2-Brom-propyl]- **6** IV 3182

−, 4-[3-Brom-propyl]- **6** III 1791 b,
IV 3183

−, 4-[3-Brom-propyl]-2-isopropyl-
5-methyl- **6** III 2041 f

−, 2-[1-Brom-propyl]-4-methyl-
6 IV 3322

−, 2-[2-Brom-propyl]-4-methyl-
6 IV 3322

−, 2-[2-Brom-propyl]-6-methyl-
6 IV 3321

−, 2-[3-Brom-propyl]-4-methyl-
6 IV 3322

−, 3-[3-Brom-propyl]-4-methyl-
6 IV 3322

−, 2-Brom-4-stilben-α-yl- **6** III 3741 b

−, 4-[α′-Brom-stilben-α-yl]- **6** III 3741 d

−, 4-[α′-Brom-stilben-α-yl]-2-chlor-
6 III 3742 d

−, 4-[α′-Brom-stilben-α-yl]-2-fluor-
6 IV 5091

−, 4-[α′-Brom-stilben-α-yl]-2-isopropyl-
5-methyl- **6** IV 5107

−, 2-Brom-3,4,5,6-tetrachlor-
6 II 188 d

−, 3-Brom-2,4,5,6-tetrachlor-
6 II 188 f

−, 4-Brom-2,3,5,6-tetrachlor-
6 III 753 a

−, 3-Brom-2,4,6-trichlor- **6** II 188 c,
III 752 h

−, 4-Brom-2,3,6-trichlor- **6** III 752 j

−, 3-Brom-2,4,6-trichlor-5-nitro-
6 II 234 f

−, 2-Brom-4-trifluormethyl- **6** IV 2146

−, 2-Brom-5-trifluormethyl- **6** IV 2074

−, 4-Brom-3-trifluormethyl- **6** IV 2074

−, 3-Brom-2,4,6-trijod-5-nitro-
6 I 125 a

−, 3-Brom-2,4,6-trimethyl- **6** III 1838 e

−, 3-Brom-2,4,6-trinitro- **6** 292 g,
I 141 g

−, 2-[2-Brom-vinyl]- **6** II 520 a,
III 2384 a

−, 4-[2-Brom-vinyl]- **6** 562 a, I 278 i,
II 520 f, III 2387 e, IV 3777

−, 2-Buta-1,3-dienyl- **6** IV 4071

−, 4-Buta-1,3-dienyl- **6** III 2739 e,
IV 4072

−, 4-But-1-en-3-inyl- **6** IV 4206

−, 4-[1-But-3-en-1-inyl-cyclohexyl]-
6 IV 4795

−, 2-But-1-enyl- **6** 575 e, II 532 f,
IV 3832

−, 2-But-2-enyl- **6** II 533 b, IV 3834

−, 3-But-1-enyl- **6** 575 g

−, 4-But-1-enyl- **6** 575 h, II 532 g,
III 2431 a

−, 4-But-2-enyl- **6** II 533 c, IV 3835

−, 4-But-1-enyl-3-methyl- **6** II 545 e

−, 3-But-3-inyl- **6** IV 4070

−, 2-Butyl- **6** III 1843 b, IV 3267

−, 2-*sec*-Butyl- **6** III 1852 b, IV 3277

−, 2-*tert*-Butyl- **6** IV 3292

−, 3-Butyl- **6** 522 c, III 1844 f

−, 3-*sec*-Butyl- **6** IV 3279

−, 3-*tert*-Butyl- **6** IV 3295

−, 4-Butyl- **6** 522 d, I 257 e, II 485 d,
III 1844 h, IV 3269

−, 4-*sec*-Butyl- **6** 522 l, III 1853 b,
IV 3280

−, 4-*tert*-Butyl- **6** 524 d, III 1864, IV 3297

−, 3-*tert*-Butyl-4-chlormethyl-
6 IV 3396

−, 4-Butyl-2-chlormethyl- **6** IV 3392

−, 4-*tert*-Butyl-2-chlormethyl-
6 IV 3399

−, 2-*tert*-Butyl-4-chlormethyl-5-methyl-
6 IV 3442

−, 2-*tert*-Butyl-4,5-dimethyl- **6** IV 3441

−, 4-*tert*-Butyl-2,6-dimethyl-3,5-dinitro-
6 III 2020 d

−, 4-*tert*-Butyl-2,6-dimethyl-3-nitro-
6 IV 3442

−, 2-*tert*-Butyl-4,6-dinitro- **6** III 1862 d,
IV 3293

−, 4-*tert*-Butyl-2,6-dinitro- **6** 525 f,
III 1875 f

−, 5-*tert*-Butyl-2,4-dinitro- **6** IV 3295

−, 2-*tert*-Butyl-5-isopropyl- **6** IV 3466

−, 6-*tert*-Butyl-3-isopropyl-2,4-dinitro-
6 IV 3466

−, 2-*sec*-Butyl-4-methyl- **6** IV 3393

Anisol (Fortsetzung)

−, 2-Chlor-4-dichlorjodanyl-
  6 III 781 b

−, 3-Chlor-2-dichlorjodanyl- **6** II 199 k

−, 4-Chlor-2-dichlorjodanyl- **6** II 199 m

−, 5-Chlor-2-dichlorjodanyl- **6** II 200 d

−, 2-Chlor-4,6-dijod- **6** II 202 i,
  III 787 e

−, 3-Chlor-2,4-dijod- **6** III 787 c

−, 4-Chlor-2,6-dijod- **6** II 202 k,
  III 788 a

−, 4-Chlor-3,5-dimethyl- **6** II 464 a,
  III 1759 b

−, 4-Chlor-2-[2,4-dimethyl-benzyl]-
  6 IV 4770

−, 4-Chlor-3,5-dimethyl-2-nitro-
  6 III 1765 f, IV 3161

−, 4-[2-Chlor-7,7-dimethyl-[1]norbornyl]-
  6 IV 4114

−, 2-Chlor-3,5-dinitro- **6** I 128 k,
  IV 1386

−, 2-Chlor-4,5-dinitro- **6** 260 f

−, 2-Chlor-4,6-dinitro- **6** 260 a, II 247 h,
  III 870 i

−, 3-Chlor-2,6-dinitro- **6** 260 b, II 248 e

−, 4-Chlor-2,6-dinitro- **6** 260 d, II 248 g,
  III 871 b

−, 4-Chlor-3,5-dinitro- **6** III 871 c,
  IV 1386

−, 5-Chlor-2,4-dinitro- **6** 259 d, I 128 f,
  II 247 d, III 870 e, IV 1385

−, 6-Chlor-2,3-dinitro- **6** 260 f

−, 4-[α-Chlor-4,4′-dinitro-benzhydryl]-
  6 III 3640 a

−, 4-[Chlor-dinitro-methyl]- **6** 415 d

−, 4-[1-Chlor-2,3-diphenyl-inden-1-yl]-
  6 III 3861 e

−, 4-[1-Chlor-3,3-diphenyl-propadienyl]-
  6 IV 5119

−, 4-[3-Chlor-3,3-diphenyl-prop-1-inyl]-
  6 IV 5119 e

−, 4-[1-Chlor-2,2-diphenyl-vinyl]-
  6 IV 5093

−, 2-Chlor-3-fluor- **6** III 699 c

−, 2-Chlor-4-fluor- **6** IV 880

−, 2-Chlor-5-fluor- **6** III 699 d

−, 4-Chlor-2-fluor- **6** III 699 e,
  IV 881

−, 4-Chlor-3-fluor- **6** III 699 f

−, 4-[9-Chlor-fluoren-9-yl]- **6** I 358 c,
  II 705 a, III 3733 e

−, 2-Chlor-4-isopropyl- **6** 506 g

−, 4-[β-Chlor-isopropyl]- **6** III 1812 b

−, 2-Chlor-4-isopropyl-5-methyl-
  6 IV 3327

−, 4-Chlor-2-isopropyl-5-methyl-
  6 540 a

−, 2-Chlor-4-jod- **6** III 781 a

−, 2-Chlor-6-jod- **6** III 779 j

−, 3-Chlor-2-jod- **6** II 199 j

−, 3-Chlor-4-jod- **6** IV 1081

−, 3-Chlor-5-jod- **6** II 200 h

−, 4-Chlor-2-jod- **6** II 199 l, III 779 c

−, 5-Chlor-2-jod- **6** II 200 c, III 779 i

−, 2-Chlor-4-jodmethyl- **6** III 1383 d

−, 2-Chlormethyl- **6** 359 f, III 1267 g,
  IV 2000

−, 2-Chlor-3-methyl- **6** II 355 c

−, 2-Chlor-4-methyl- **6** 403 a, III 1374 f

−, 2-Chlor-5-methyl- **6** 381 m, II 355 e

−, 2-Chlor-6-methyl- **6** IV 1985

−, 3-Chlormethyl- **6** I 189 c, III 1319 a,
  IV 2068

−, 3-Chlor-2-methyl- **6** 359 e, III 1267 f

−, 3-Chlor-4-methyl- **6** 402 i

−, 4-Chlormethyl- **6** 403 c, I 204 a,
  II 383 e, III 1375 i, IV 2137

−, 4-Chlor-2-methyl- **6** 359 c, IV 1987

−, 4-Chlor-3-methyl- **6** 382 a, II 355 h,
  III 1316 a

−, 5-Chlor-2-methyl- **6** III 1264 a

−, 4-[α-Chlor-4-methyl-benzhydryl]-
  6 III 3685 e

−, 4-[4-Chlor-2-methyl-but-2-enyl]-
  6 IV 3876

−, 2-[2-Chlormethyl-butyl]- **6** IV 3376

−, 4-[2-Chlormethyl-butyl]- **6** III 1958 b,
  IV 3377

−, 4-[2-Chlor-1-methyl-butyl]-
  6 IV 3374

−, 4-Chlormethyl-2,6-dijod- **6** III 1384 a

−, 4-Chlormethyl-2,5-dimethyl-
  6 IV 3247

−, 4-Chlormethyl-2,6-dimethyl-
  6 IV 3259

−, 5-Chlormethyl-2,4-dimethyl-
  6 IV 3247

−, 3-Chlormethyl-2,4-dinitro-
  6 IV 2078

−, 3-Chlor-6-methyl-2,4-dinitro-
  6 III 1279 a

−, 5-Chlormethyl-2,4-dinitro-
  6 IV 2078

−, 4-Chlormethyl-2-fluor- **6** III 1376 e,
  IV 2140

−, 4-Chlormethyl-3-fluor- **6** IV 2140

Anisol (Fortsetzung)

−, 4-[7-Chlor-4-methyl-hept-3-enyl]-
6 IV 3942

−, 4-Chlormethyl-2-isopropyl-5-methyl-
6 III 1989 c

−, 2-Chlormethyl-4-methyl- 6 III 1748 c,
IV 3135

−, 3-Chlormethyl-2-methyl- 6 III 1724 b

−, 3-Chlormethyl-4-methyl- 6 IV 3105

−, 4-Chlormethyl-2-methyl- 6 III 1748 a,
IV 3134

−, 4-Chlormethyl-3-methyl- 6 III 1729 f

−, 4-[2-Chlormethyl-1-methyl-butyl]-
6 IV 3425

−, 4-Chlormethyl-5-methyl-2-nitro-
6 IV 3107

−, 2-Chlormethyl-3-nitro- 6 III 1275 h,
IV 2013

−, 2-Chlormethyl-4-nitro- 6 I 179 c,
III 1275 e, IV 2012

−, 2-Chlor-4-methyl-5-nitro-
6 413 a, II 389 i

−, 2-Chlor-4-methyl-6-nitro- 6 413 c

−, 2-Chlormethyl-5-nitro- 6 III 1275 b

−, 2-Chlor-5-methyl-4-nitro-
6 II 361 h

−, 3-Chlormethyl-2-nitro- 6 IV 2077

−, 4-Chlormethyl-2-nitro- 6 I 206 f,
III 1387 i

−, 4-Chlormethyl-3-nitro- 6 IV 2150

−, 4-Chlor-3-methyl-2-nitro- 6 II 361 f

−, 4-Chlor-3-methyl-5-nitro- 6 IV 2077

−, 4-Chlor-5-methyl-2-nitro- 6 IV 2077

−, 5-Chlor-4-methyl-2-nitro- 6 IV 2151

−, 2-Chlormethyl-4-[2-nitro-propenyl]-
6 III 2446 a

−, 2-Chlormethyl-4-[2-nitro-vinyl]-
6 III 2422 e

−, 4-Chlormethyl-2-[2-nitro-vinyl]-
6 III 2422 a

−, 2-Chlormethyl-4-propyl- 6 III 1879 e

−, 5-[3-Chlor-1-methyl-propyl]-2-methyl-
6 III 1975 f

−, 2-[5-Chlor-[1]naphthyl]- 6 IV 4984

−, 2-[Chlor-[1]naphthyl-methyl]-
6 III 3607 f

−, 4-[Chlor-[1]naphthyl-methyl]-
6 III 3607 g

−, 2-[Chlor-[1]naphthyl-phenyl-methyl]-
6 II 720 e

−, 4-[Chlor-[1]naphthyl-phenyl-methyl]-
6 II 720 g

−, 4-[Chlor-[1]naphthyl-phenyl-methyl]-
2-methyl- 6 III 3821 b

−, 2-Chlor-3-nitro- 6 239 h, III 837 d,
IV 1352

−, 2-Chlor-4-nitro- 6 240 f, I 122 g,
II 228 k, III 839 d, IV 1354

−, 2-Chlor-5-nitro- 6 240 c, II 228 i,
III 838 i, IV 1353

−, 2-Chlor-6-nitro- 6 I 122 f, II 228 g,
III 837 b, IV 1352

−, 3-Chlor-2-nitro- 6 238 a, I 122 b,
II 226 d, IV 1347

−, 3-Chlor-4-nitro- 6 II 229 b,
IV 1357

−, 3-Chlor-5-nitro- 6 240 a, III 838 f,
IV 1353

−, 4-Chlor-2-nitro- 6 238 c, I 122 d,
II 226 f, III 835 a, IV 1348

−, 4-Chlor-3-nitro- 6 III 838 a,
IV 1352

−, 5-Chlor-2-nitro- 6 239 a, I 122 e,
II 228 a, III 836 g, IV 1351

−, 4-[α-Chlor-4-nitro-benzhydryl]-
6 III 3639 e

−, 2-Chlor-4-nitroso- 6 III 793 c

−, 3-Chlor-4-nitroso- 6 II 205 h,
III 793 d, IV 1245

−, 4-[5-Chlor-pent-3-enyl]- 6 III 2467 c

−, 4-[α-Chlor-4-phenyl-benzhydryl]-
6 III 3833 e

−, 4-[4-(4-Chlor-phenyl)-1,4-diphenyl-
butatrienyl]- 6 IV 5163

−, 4-[1-(4-Chlor-phenyl)-2-nitro-äthyl]-
6 IV 4713

−, 4-[1-(4-Chlor-phenyl)-2-nitro-propyl]-
6 IV 4757

−, 2-[2-(4-Chlor-phenyl)-propyl]-
6 IV 4752

−, 2-[2-Chlor-1-phenyl-vinyl]-
6 694 g, II 659 e

−, 4-[1-(4-Chlor-phenyl)-vinyl]-
6 III 3503 c

−, 4-[2-Chlor-1-phenyl-vinyl]-
6 695 g, 696 a

−, 2-Chlor-6-propenyl- 6 IV 3794

−, 4-[1-Chlor-propenyl]- 6 III 2399 b,
IV 3796

−, 4-[2-Chlor-propenyl]- 6 569 b,
III 2399 c

−, 4-Chlor-2-propenyl- 6 IV 3795

−, 2-[3-Chlor-propyl]- 6 III 1786 b

−, 3-[3-Chlor-propyl]- 6 III 1788 b,
IV 3181

Anisol (Fortsetzung)

−, 4-[2-Chlor-propyl]- **6** III 1790 c,
　IV 3182

−, 4-[3-Chlor-propyl]- **6** III 1790 d

−, 4-[4-(3-Chlor-propyl)-benzyl]-
　6 IV 4790

−, 2-[4-(3-Chlor-propyl)-benzyl]-
　4-methyl- **6** IV 4808

−, 4-[4-(3-Chlor-propyl)-benzyl]-
　2-methyl- **6** IV 4808

−, 2-[4-(3-Chlor-propyl)-benzyl]-4-propyl-
　6 IV 4825

−, 2-Chlor-4-stilben-α-yl- **6** III 3740 d

−, 4-[α'-Chlor-stilben-α-yl]-2-fluor-
　6 IV 5091

−, 4-[1-Chlor-2,2,2-trifluor-äthyl]-
　6 IV 3024

−, 2-Chlor-4-trifluormethyl- **6** IV 2068

−, 4-Chlor-3-trifluormethyl- **6** IV 2069

−, 3-Chlor-2,4,6-trijod- **6** II 204 d

−, 3-Chlor-2,4,5-trinitro- **6** III 973 d

−, 3-Chlor-2,4,6-trinitro- **6** 292 b,
　II 283 d

−, 4-[1-Chlor-vinyl]- **6** III 2387 c,
　IV 3777

−, 4-[2-Chlor-vinyl]- **6** I 278 d, II 520 e,
　III 2387 d

−, 4-[1-Chlor-vinyl]-2-isopropyl-5-methyl-
　6 III 2491 b

−, 4-[2-Chlor-vinyl]-2-isopropyl-5-methyl-
　6 III 2491 c

−, 2-[1-Chlor-vinyl]-4-methyl-
　6 III 2421 g

−, 2-[2-Chlor-vinyl]-4-methyl-
　6 III 2421 h

−, 4-[1-Chlor-vinyl]-2-methyl-
　6 III 2422 c

−, 4-[2-Chlor-vinyl]-2-methyl-
　6 III 2422 d

−, 4-Cinnamyl- **6** II 662 c, IV 4871

−, 2-Cyclobutyl- **6** IV 3849

−, 4-Cyclobutyl- **6** IV 3850

−, 4-Cyclohept-1-enyl- **6** III 2750 a

−, 2-Cyclohex-1-enyl- **6** IV 4089

−, 2-Cyclohex-2-enyl- **6** III 2747 g

−, 3-Cyclohex-1-enyl- **6** III 2747 b,
　IV 4089

−, 4-Cyclohex-1-enyl- **6** II 561 f,
　III 2747 d, IV 4089

−, 4-Cyclohex-2-enyl- **6** IV 4090

−, 3-[2-Cyclohex-1-enyl-äthyl]-
　6 III 2756 f

−, 3-[2-Cyclohex-1-enyl-äthyl]-4-methyl-
　6 III 2763 d

−, 4-[2-Cyclohex-1-enyl-äthyl]-3-methyl-
　6 III 2763 c

−, 2-Cyclohex-1-enyl-4-methyl-
　6 III 2751 d

−, 4-[2-Cyclohex-1-enyl-2-nitro-vinyl]-
　6 IV 4364

−, 2-Cyclohexyl- **6** II 548 e, III 2493 a,
　IV 3899

−, 3-Cyclohexyl- **6** III 2501 a,
　IV 3904

−, 4-Cyclohexyl- **6** II 549 a, III 2502,
　IV 3904

−, 3-[2-Cyclohexyl-äthyl]- **6** III 2544 d

−, 4-[2-Cyclohexyl-äthyl]- **6** IV 3945

−, 2-Cyclohexyl-4,6-dinitro- **6** III 2500 a,
　IV 3904

−, 4-Cyclohexyl-2,6-dinitro- **6** III 2510 a

−, 4-[2-Cyclohexyl-1,2-diphenyl-vinyl]-
　6 III 3797 b

−, 3-[2-Cyclohexyliden-äthyl]-
　6 IV 4106

−, 4-Cyclohexylidenmethyl- **6** III 2750 b

−, 2-Cyclohexyl-4-jod- **6** III 2498 f

−, 2-Cyclohexyl-5-methyl- **6** III 2533 a

−, 4-Cyclohexyl-2-nitro- **6** III 2509 e

−, 4-[1-Cyclohexyl-3-phenyl-propyl]-
　6 III 3543 b

−, 4-[1-Cyclohexyl-2-phenyl-vinyl]-
　6 III 3594 e

−, 4-[2-Cyclohexyl-2-phenyl-vinyl]-
　6 III 3595 b

−, 2-Cyclooctyl- **6** IV 3945

−, 4-Cyclooctyl- **6** IV 3945

−, 4-[1-Cyclopentadienyliden-äthyl]-
　6 IV 4694

−, 4-Cyclopentadienylidenmethyl-
　6 675 c, I 324 h, IV 4621

−, 4-[Cyclopentadienyliden-phenyl-
　methyl]- **6** IV 5010

−, 4-Cyclopenta-1,4-dienylmethyl- **6** 668 b

−, 2-Cyclopent-2-enyl- **6** II 561 a

−, 4-Cyclopent-1-enyl- **6** II 560 g,
　IV 4082

−, 4-Cyclopent-2-enyl- **6** III 2744 d

−, 2-Cyclopentyl- **6** III 2478 c,
　IV 3884

−, 4-Cyclopentyl- **6** II 546 f, III 2478 f,
　IV 3884

−, 4-[3-Cyclopentyl-butyl]- **6** III 2563 b

−, 4-[1-Cyclopentyl-2-phenyl-vinyl]-
　6 III 3592 e

Anisol (Fortsetzung)

—, 3,5-Dibrom-2-chlor-4,6-dinitro-
6 II 251 f

—, 3,5-Dibrom-4-chlor-2,6-dinitro-
6 II 251 i

—, 3,5-Dibrom-4-chlor-2-jod-6-methyl-
6 II 337 h

—, 3,5-Dibrom-4-chlor-2-methyl-
6 II 335 c

—, 2,5-Dibrom-4-chlormethyl-
3,6-dimethyl- 6 513 d

—, 2,4-Dibrom-6-chlor-3-nitro-
6 II 235 c

—, 2,6-Dibrom-4-chlor-3-nitro-
6 II 235 b

—, 4,6-Dibrom-2-chlor-3-nitro-
6 II 235 c

—, 4-[1,2-Dibrom-2-chlor-propyl]-
6 501 b

—, 2,4-Dibrom-6-cyclohexyl- 6 IV 3903

—, 2,6-Dibrom-4-cyclohexyl- 6 IV 3907

—, 2,4-Dibrom-6-[2,2-dibrom-
1-brommethyl-vinyl]-3-methyl-
6 I 290 c

—, 2,6-Dibrom-4-dibrommethyl-
6 II 386 g

—, 2,6-Dibrom-4-[1,2-dibrom-propyl]-
6 501 g

—, 2,3-Dibrom-4,6-dichlor- 6 II 191 g

—, 2,4-Dibrom-3,6-dichlor- 6 III 759 a

—, 3,4-Dibrom-2,6-dichlor- 6 II 191 a

—, 3,5-Dibrom-2,4-dichlor- 6 II 191 c

—, 3,5-Dibrom-2,6-dichlor- 6 II 191 e

—, 3,6-Dibrom-2,4-dichlor- 6 II 191 g

—, 4,6-Dibrom-2,3-dichlor- 6 III 759 c

—, 3,5-Dibrom-2,4-dichlor-6-jod-
6 II 201 m

—, 3,5-Dibrom-2,6-dichlor-4-jod-
6 II 201 o

—, 2,4-Dibrom-6-dichlormethyl-
6 II 335 g

—, 3,5-Dibrom-2,4-dichlor-6-methyl-
6 II 335 e

—, 2,3-Dibrom-4,6-dichlor-5-nitro- 6 II 235 i

—, 2,5-Dibrom-4,6-dichlor-3-nitro- 6 II 235 i

—, 3,4-Dibrom-2,6-dichlor-5-nitro- 6 II 235 g

—, 3,5-Dibrom-2,4-dichlor-6-nitro- 6 II 235 e

—, 3,5-Dibrom-2,6-dichlor-4-nitro- 6 II 235 k

—, 3,5-Dibrom-2,4-dijod-6-methyl- 6 II 338 c

—, 2,4-Dibrom-3,5-dimethyl- 6 II 464 i

—, 2,4-Dibrom-3,6-dimethyl- 6 III 1774 e

—, 3,4-Dibrom-2,6-dimethyl- 6 IV 3123

—, 2,4-Dibrom-3,5-dimethyl-6-nitro-
6 III 1766 g

—, 2,5-Dibrom-3,4-dimethyl-6-nitro-
6 III 1731 g

—, 2,5-Dibrom-3,6-dimethyl-4-nitro-
6 III 1776 d

—, 3,5-Dibrom-2,4-dinitro- 6 II 251 d

—, 3,5-Dibrom-2,6-dinitro- 6 II 251 d

—, 4-[1,2-Dibrom-2,2-diphenyl-äthyl]-
6 II 696 f

—, 2,6-Dibrom-4-fluor- 6 III 757 e

—, 2-[2,7-Dibrom-fluoren-9-ylidenmethyl]-
6 II 711 f

—, 4-[2,7-Dibrom-fluoren-9-ylidenmethyl]-
6 II 712 e

—, 4-[2,7-Dibrom-fluoren-9-ylmethyl]-
6 II 706 g

—, 2,4-Dibrom-6-isopropyl- 6 505 c

—, 2,4-Dibrom-6-isopropyl-3-methyl-
6 541 d

—, 2,4-Dibrom-3-jod- 6 III 785 b

—, 2,4-Dibrom-6-jod- 6 II 201 j

—, 2,6-Dibrom-4-jod- 6 III 785 f

—, 3,4-Dibrom-2-jod- 6 IV 1082

—, 4,5-Dibrom-2-jod- 6 IV 1082

—, 2,5-Dibrom-4-jodmethyl-3,6-dimethyl-
6 516 i

—, 2,4-Dibrom-5-methyl- 6 II 358 a,
III 1323 c

—, 2,4-Dibrom-6-methyl- 6 II 334 f

—, 2,5-Dibrom-4-methyl- 6 II 385 a

—, 2,6-Dibrom-4-methyl- 6 II 385 d

—, 3,5-Dibrom-2-methyl- 6 II 335 a

—, 4-[1,2-Dibrom-3-methyl-butyl]-
6 II 505 i

—, 4-[2,2-Dibrom-3-methyl-cyclopropyl]-
6 IV 3851

—, 2,4-Dibrom-6-methyl-3,5-dinitro-
6 II 342 d

—, 2,6-Dibrom-4-methyl-3,5-dinitro-
6 II 392 e

—, 3,5-Dibrom-2-methyl-4,6-dinitro-
6 II 342 b

—, 2,3-Dibrom-5-nitro- 6 II 234 i

—, 2,4-Dibrom-6-nitro- 6 246 c,
III 848 c

—, 2,6-Dibrom-4-nitro- 6 247 b,
II 234 k, III 849 c

—, 3,6-Dibrom-2-nitro- 6 III 847 i

—, 2-[1,2-Dibrom-2-nitro-äthyl]-
6 III 1659 g

—, 4-[1,2-Dibrom-2-nitro-äthyl]-
6 II 444 h, III 1670 c

Anisol (Fortsetzung)

–, 4-[1,2-Dibrom-pentyl]- **6** III 1952 a

–, 4-[1,2-Dibrom-1-phenyl-äthyl]-
6 I 329 i

–, 4-[1,2-Dibrom-3-phenyl-propyl]-
6 II 643 c

–, 4-[2,3-Dibrom-3-phenyl-propyl]-
6 II 643 d

–, 4-[2,2-Dibrom-1-phenyl-vinyl]-
6 III 3503 d

–, 2-[1,2-Dibrom-propyl]- **6** IV 3179

–, 2-[2,3-Dibrom-propyl]- **6** III 1786 h,
IV 3179

–, 3-[1,2-Dibrom-propyl]- **6** III 1788 d

–, 4-[1,2-Dibrom-propyl]- **6** 500 i,
I 249 h, II 470 d, III 1791 d,
IV 3183

–, 4-[2,3-Dibrom-propyl]- **6** 501 a,
I 249 i

–, 4-[4,4'-Dibrom-stilben-α-yl]-
6 IV 5092

–, 2,6-Dibrom-4-[1,2,2-tribrom-propyl]-
6 502 c

–, 3,4-Dibrom-2,5,6-trichlor-
6 III 759 h

–, 3,5-Dibrom-2,4,6-trichlor- **6** II 191 k

–, 3,5-Dibrom-2,4,6-trijod- **6** II 205 e

–, 2,5-Dibrom-3,4,6-trimethyl- **6** 512 a

–, 3,5-Dibrom-2,4,6-trinitro- **6** 292 i

–, 4-[1,2-Dibrom-vinyl]- **6** II 521 b

–, 2,4-Dibutyl- **6** III 2060 h

–, 2,4-Di-*sec*-butyl- **6** III 2061 b,
IV 3491

–, 2,4-Di-*tert*-butyl- **6** IV 3494

–, 2,5-Di-*tert*-butyl- **6** IV 3495

–, 2,4-Di-*tert*-butyl-6-chlor- **6** IV 3494

–, 3,6-Di-*tert*-butyl-2,4-dinitro-
6 IV 3495

–, 2,4-Di-*tert*-butyl-5-methyl- **6** III 2072 e

–, 2,4-Di-*tert*-butyl-6-methyl- **6** IV 3511

–, 2,6-Di-*tert*-butyl-4-methyl- **6** IV 3512

–, 2,4-Di-*tert*-butyl-5-methyl-3,6-dinitro-
6 III 1977 g

–, 4,6-Di-*tert*-butyl-3-methyl-2-nitro-
6 III 2073 b

–, 2,4-Di-*tert*-butyl-6-nitro- **6** IV 3495

–, 2,α-Dichlor- s. *Benzol,
1-Chlor-2-chlormethoxy-*

–, 2,3-Dichlor- **6** I 102 n, II 178 d

–, 2,4-Dichlor- **6** 189 b, I 103 b,
III 701 a, IV 885

–, 2,5-Dichlor- **6** 190 a, I 103 e,
II 179 a, III 712 f, IV 942

–, 2,6-Dichlor- **6** I 103 g, III 713 b,
IV 949

–, 3,4-Dichlor- **6** I 103 i, II 179 d,
III 715 c, IV 953

–, 3,5-Dichlor- **6** 190 e, I 103 k,
II 179 f, III 715 i

–, 4-[1,2-Dichlor-äthyl]- **6** III 1667 d

–, 4-[2,2-Dichlor-äthyl]- **6** III 1667 e

–, 2-[1,2-Dichlor-äthyl]-4-methyl-
6 III 1821 g

–, 4-[1,2-Dichlor-äthyl]-2-methyl-
6 III 1823 f

–, 2-[3,3-Dichlor-allyl]- **6** IV 3816

–, 4-[3,3-Dichlor-allyl]- **6** IV 3818

–, 2-[1,5-Dichlor-[9]anthryl]- **6** III 3780 b

–, 4-[α,α-Dichlor-benzyl]- **6** 677 a

–, 4-[4,4-Dichlor-buta-1,3-dienyl]-
6 IV 4072

–, 2,6-Dichlor-4-dichlorjodanyl-
6 III 783 h

–, 2,5-Dichlor-4-[1,2-dichlor-vinyl]-
6 I 278 g

–, 2,4-Dichlor-3,5-dimethyl- **6** III 1760 f

–, 2,3-Dichlor-4,6-dinitro- **6** II 249 d

–, 2,4-Dichlor-3,6-dinitro- **6** 260 g

–, 2,5-Dichlor-3,4-dinitro- **6** II 249 f

–, 3,4-Dichlor-2,6-dinitro- **6** II 249 e

–, 3,5-Dichlor-2,4-dinitro- **6** II 248 i

–, 3,6-Dichlor-2,4-dinitro- **6** II 249 c,
III 871 d, IV 1387

–, 4,5-Dichlor-2,3-dinitro- **6** II 249 f

–, 4,6-Dichlor-2,3-dinitro- **6** 260 g,
II 249 f

–, 4-[1,3-Dichlor-1,3-diphenyl-propenyl]-
6 IV 5099

–, 4-[1,3-Dichlor-3,3-diphenyl-propenyl]-
6 IV 5099

–, 2,6-Dichlor-4-fluor- **6** III 716 a

–, 4-[2,7-Dichlor-fluoren-9-ylidenmethyl]-
6 II 712 d

–, 4-[2,7-Dichlor-fluoren-9-ylmethyl]-
6 II 706 f

–, 2,4-Dichlor-6-isopropyl-3-methyl-
6 I 266 i

–, 2,4-Dichlor-6-jod- **6** II 200 m

–, 2,6-Dichlor-4-jod- **6** III 783 g

–, 3,4-Dichlor-2-jod- **6** II 200 j

–, 3,5-Dichlor-4-jod- **6** IV 1081

–, 3,6-Dichlor-2-jod- **6** II 200 k

–, 2-Dichlorjodanyl- **6** 207 c, II 198 d

–, 3-Dichlorjodanyl- **6** III 773 a

–, 4-Dichlorjodanyl- **6** 208 d, III 775 a

Anisol (Fortsetzung)

–, 4-Fluoren-9-ylidenmethyl-
6 727 c, II 712 c, III 3781 d,
IV 5115

–, 4-[3-Fluoren-9-yliden-propenyl]-
6 II 720 b, III 3815 a

–, 4-Fluoren-9-ylmethyl- 6 726 e,
III 3746 b, IV 5095

–, 4-[3-Fluoren-9-yl-propyl]- 6 III 3760 a

–, 4-[2-Fluoren-2-yl-vinyl]- 6 III 3788 e

–, 4-Fluor-2-isopropyl-5-methyl- 6 IV 3343

–, 2-Fluor-4-jod- 6 IV 1080

–, 3-Fluor-2-jod- 6 III 778 h

–, 3-Fluor-4-jod- 6 III 778 j

–, 4-Fluor-2-jod- 6 IV 1080

–, 5-Fluor-2-jod- 6 III 778 i

–, 4-Fluor-2-jod-6-nitro- 6 III 852 j

–, 2-Fluor-4-methyl- 6 III 1373 e

–, 2-Fluor-6-methyl- 6 III 1263 a

–, 3-Fluor-4-methyl- 6 IV 2133

–, 4-Fluor-2-methyl- 6 IV 1983

–, 2-Fluor-4-nitro- 6 II 225 h, III 834 a

–, 2-Fluor-6-nitro- 6 II 225 g, III 833 e,
IV 1347

–, 3-Fluor-2-nitro- 6 II 225 d, III 833 a

–, 3-Fluor-4-nitro- 6 II 226 b, III 834 d

–, 3-Fluor-5-nitro- 6 III 833 g

–, 4-Fluor-2-nitro- 6 I 121 i, IV 1347

–, 5-Fluor-2-nitro- 6 I 122 a, II 225 f,
III 833 c

–, 2-Fluor-4-nitroso- 6 III 793 a

–, 3-Fluor-4-nitroso- 6 III 793 b

–, 4-Fluor-2-nitroso- 6 IV 1245

–, 5-Fluor-2-nitroso- 6 III 792 f

–, 2-Fluor-4-stilben-α-yl- 6 IV 5091

–, 3-Fluor-2,4,6-trijod- 6 III 791 f

–, 3-Fluor-2,4,6-trinitro- 6 III 973 c

–, 3-Heptadeca-8,11-dienyl- 6 III 2806 b

–, 2-Heptadec-1-enyl- 6 III 2595 c

–, 3-Heptadec-1-enyl- 6 III 2595 d

–, 2-Heptadecyl- 6 III 2118 d

–, 3-Heptadecyl- 6 III 2119 a

–, 2-Hept-1-enyl- 6 583 j

–, 4-Hept-1-enyl- 6 IV 3926

–, 2-Heptyl- 6 553 e

–, 3-Heptyl- 6 IV 3454

–, 4-Heptyl- 6 II 513 c, III 2027 a

–, 4-Hexadecyl- 6 II 518 e, III 2116 d,
IV 3563

–, 3-Hexa-3,5-dienyl- 6 III 2745 f

–, Hexahydro- s. *Äther,
Cyclohexyl-methyl-*

–, 4-Hex-1-enyl- 6 III 2485 a

–, 4-Hexyl- 6 II 510 a, IV 3416

–, 4-Indan-1-yl- 6 II 664 g

–, 4-Indan-2-yl- 6 IV 4878

–, 4-Indan-1-ylidenmethyl- 6 I 342 h

–, 4-Indan-1-ylmethyl- 6 I 337 h

–, 4-Inden-3-yl- 6 IV 4942

–, 4-Inden-1-ylidenmethyl- 6 710 e,
I 346 e, II 680 d, IV 4986

–, 4-Inden-3-ylmethyl- 6 708 d, I 342 e

–, 2-Isobutyl- 6 III 1858 f, IV 3287

–, 3-Isobutyl- 6 IV 3288

–, 4-Isobutyl- 6 I 258 j, II 488 g,
IV 3288

–, 4-Isobutyl-2-isopropyl-5-methyl-
6 IV 3496

–, 2-Isobutyl-5-methyl- 6 IV 3396

–, 4-Isobutyl-2-methyl- 6 IV 3395

–, 2-Isobutyl-5-trifluormethyl-
6 IV 3396

–, 4-Isohexyl- 6 I 271 i

–, 2-Isopentyl- 6 IV 3378

–, 4-Isopentyl- 6 I 269 g, II 1960 f,
IV 3378

–, 2-Isopropenyl- 6 572 e, I 284 a,
III 2419 e

–, 3-Isopropenyl- 6 573 a, I 285 a,
III 2420 a, IV 3821

–, 4-Isopropenyl- 6 573 b, II 530 d,
III 2420 c

–, 4-[2-Isopropenyl-cyclopentadienyl=
idenmethyl]- 6 III 3511 e

–, 4-[3-Isopropenyl-cyclopentadienyl=
idenmethyl]- 6 III 3511 e

–, 2-Isopropenyl-4-methyl- 6 I 288 f,
III 2448 b, IV 3848

–, 2-Isopropenyl-5-methyl-
6 578 b, III 2449 b

–, 2-Isopropenyl-6-methyl- 6 577 g,
I 288 c, IV 3848

–, 3-Isopropenyl-4-methyl- 6 IV 3847

–, 4-Isopropenyl-2-methyl- 6 III 2448 d

–, 4-Isopropenyl-3-methyl- 6 IV 3847

–, 2-Isopropyl- 6 504 g, III 1808 a,
IV 3210

–, 3-Isopropyl- 6 505 i, III 1810 b,
IV 3214

–, 4-Isopropyl- 6 505 k, II 477 a,
III 1811 a, IV 3216

–, 4-[2-Isopropyl-cyclopentylmethyl]-
6 III 2563 e

–, 4-[3-Isopropyl-cyclopentylmethyl]-
6 III 2563 e

Anisol (Fortsetzung)

—, 2-Isopropyl-4,5-dimethyl- **6** III 1989 b,
　　IV 3407

—, 5-Isopropyl-2,4-dimethyl- **6** IV 3409

—, 2-Isopropyl-4,6-dinitro- **6** IV 3214

—, 5-Isopropyl-2,4-dinitro- **6** IV 3215

—, 4-[1-Isopropyliden-inden-3-ylmethyl]-
　　6 I 347 d

—, 4-[3-Isopropyl-inden-1-ylidenmethyl]-
　　6 I 347 c

—, 4-[1-Isopropyl-inden-3-ylmethyl]-
　　6 I 345 g

—, 4-[3-Isopropyl-inden-1-ylmethyl]-
　　6 I 345 g

—, 5-Isopropyl-4-jod-2-methyl-
　　6 IV 3334

—, 2-Isopropyl-4-methyl- **6** I 260 k,
　　IV 3329

—, 2-Isopropyl-5-methyl- **6** 536 b,
　　I 264, II 498 a, III 1898 a, IV 3335

—, 2-Isopropyl-6-methyl- **6** 526 h,
　　I 260 h, IV 3329

—, 3-Isopropyl-2-methyl- **6** IV 3328

—, 3-Isopropyl-4-methyl- **6** IV 3325

—, 4-Isopropyl-2-methyl- **6** 526 l,
　　III 1884 b, IV 3330

—, 4-Isopropyl-3-methyl- **6** II 491 h,
　　IV 3325

—, 5-Isopropyl-2-methyl- **6** 529 a,
　　I 262 a, II 493 a, III 1886

—, 4-Isopropyl-3-methyl-2,6-dinitro-
　　6 IV 3327

—, 6-Isopropyl-3-methyl-2,4-dinitro-
　　6 III 1911 d

—, 2-Isopropyl-3-methyl-4-nitro-
　　6 IV 3325

—, 2-Isopropyl-5-methyl-4-nitro-
　　6 III 1911 a, IV 3348

—, 4-Isopropyl-3-methyl-2-octyl-
　　6 IV 3538

—, 2-Isopropyl-5-methyl-4-propyl-
　　6 II 514 d

—, 2-Isopropyl-5-methyl-4-stilben-α-yl-
　　6 IV 5106

—, 2-Isopropyl-5-methyl-4-vinyl-
　　6 III 2491 a

—, 2-Isopropyl-6-nitro- **6** IV 3213

—, 4-Isopropyl-2-nitro- **6** III 1812 d,
　　IV 3218

—, 2-Jod- **6** 207 b, I 109 b, II 198 c,
　　III 768 d, IV 1070

—, 3-Jod- **6** 208 a, I 109 f, III 772 a,
　　IV 1073

—, 4-Jod- **6** 208 c, I 109 i, II 199 a,
　　III 774 e, IV 1075

—, 3-[2-Jod-äthyl]- **6** III 1663 d

—, 4-[2-Jod-äthyl]- **6** IV 3026

—, 2-[α-Jod-benzhydryl]- **6** II 683 e

—, 4-[α-Jod-benzhydryl]- **6** II 685 j

—, 2-Jod-4,5-dimethyl- **6** III 1730 i

—, 4-Jod-2,6-dimethyl- **6** IV 3123

—, 4-Jod-3,5-dimethyl- **6** IV 3159

—, 2-Jod-3,5-dinitro- **6** 264 c

—, 2-Jod-4,5-dinitro- **6** 264 b

—, 2-Jod-4,6-dinitro- **6** III 872 i

—, 3-Jod-2,4-dinitro- **6** 263 i

—, 3-Jod-2,6-dinitro- **6** 263 i

—, 4-Jod-3,5-dinitro- **6** 264 d

—, 5-Jod-2,4-dinitro- **6** 263 e

—, 2-Jod-3-methyl- **6** III 1324 e

—, 2-Jod-4-methyl- **6** 411 b, I 205 g,
　　III 1383 c

—, 2-Jod-5-methyl- **6** III 1324 g

—, 2-Jod-6-methyl- **6** I 177 h,
　　III 1272 g

—, 3-Jod-4-methyl- **6** I 205 d, II 387 b

—, 4-Jod-2-methyl- **6** I 177 i, III 1272 h,
　　IV 2008

—, 4-Jod-3-methyl- **6** III 1325 a

—, 4-[2-Jodmethyl-butyl]- **6** III 1958 c

—, 2-Jodmethyl-4-methyl- **6** IV 3138

—, 4-[2-Jodmethyl-1-methyl-butyl]-
　　6 IV 3425

—, 2-Jodmethyl-4-nitro- **6** IV 2014

—, 2-Jod-4-methyl-5-nitro- **6** I 206 k,
　　II 391 b

—, 2-Jod-6-methyl-4-nitro- **6** I 180 f

—, 2-Jod-3-nitro- **6** IV 1366

—, 2-Jod-4-nitro- **6** 250 a, I 124 e, III 852 f

—, 2-Jod-5-nitro- **6** 249 l, III 852 b

—, 2-Jod-6-nitro- **6** 249 c, III 851 h

—, 3-Jod-2-nitro- **6** II 236 m, III 851 d

—, 3-Jod-4-nitro- **6** II 238 i

—, 3-Jod-5-nitro- **6** II 238 d

—, 4-Jod-2-nitro- **6** 249 a, I 124 c,
　　II 237 b, III 851 f

—, 4-Jod-3-nitro- **6** 249 h, III 851 i

—, 5-Jod-2-nitro- **6** II 237 e

—, 2-Jod-4-nitroso- **6** III 793 g

—, 3-Jod-4-nitroso- **6** III 793 h

—, 2-Jodosyl- **6** 207 c, III 769 a

—, 3-Jodosyl- **6** III 772 b

—, 4-Jodosyl- **6** 208 d, IV 1075

—, 3-Jodosyl-4-methyl- **6** I 205 e

—, 4-Jod-3-pentadecyl- **6** III 2109 f

—, 4-[2-Jod-1-phenyl-äthyl]- **6** IV 4713

Anisol   (Fortsetzung)

—, 2-[2-Jod-1-phenyl-vinyl]- **6** 695 e

—, 2-[2-Jod-propyl]- **6** IV 3180

—, 2-Jod-4-propyl- **6** III 1792 b

—, 3-[3-Jod-propyl]- **6** III 1788 f

—, 4-Jod-3-propyl- **6** IV 3181

—, 2-Jodyl- **6** 207 d

—, 4-Jodyl- **6** 208 e, II 199 b, III 775 c,
    IV 1075

—, 2-Methallyl- **6** III 2444 c

—, 2-Methallyl-4-methyl- **6** IV 3880

—, 2-Methallyl-6-methyl- **6** IV 3880

—, 2-Methyl- **6** 352 a, I 171 a,
    II 328, III 1244, IV 1943

—, 3-Methyl- **6** 376 a, I 186 a,
    II 351, III 1297, IV 2039

—, 4-Methyl- **6** 392, I 199 a, II 375,
    III 1351, IV 2098

—, 2-[1-Methyl-allyl]- **6** II 533 i

—, 4-[4-Methyl-benzyl]- **6** IV 4735

—, 4-[2-Methyl-buta-1,3-dienyl]- **6** IV 4080

—, 2-[1-Methyl-but-2-enyl]- **6** III 2468 d

—, 2-[3-Methyl-but-1-enyl]- **6** IV 3876

—, 4-[1-Methyl-but-2-enyl]- **6** IV 3874

—, 4-[2-Methyl-but-1-enyl]- **6** II 545 a,
    III 2469 b

—, 4-[3-Methyl-but-1-enyl]- **6** 581 e,
    I 293 b, II 545 b, IV 3876

—, 4-[3-Methyl-but-2-enyl]- **6** IV 3877

—, 2-[2-Methyl-butyl]- **6** III 1957 e

—, 4-[1-Methyl-butyl]- **6** III 1956 a

—, 4-[2-Methyl-butyl]- **6** III 1958 a

—, 3-[2-(5-Methyl-cyclohexa-1,5-dienyl)-
    äthyl]- **6** III 3062 b

—, 4-[2-Methyl-cyclohex-1-enyl]-
    6 III 2750 e

—, 4-[3(*oder* 5)-Methyl-cyclohex-1-enyl]-
    6 III 2751 e

—, 4-[4-Methyl-cyclohex-1-enyl]-
    6 III 2752 e

—, 4-[4-Methyl-cyclohex-2(*oder* 3)-enyl]-
    6 III 2753 a

—, 4-[6-Methyl-cyclohex-1-enyl]-
    6 III 2750 e

—, 2-[2-(2-Methyl-cyclohex-1-enyl)-äthyl]-
    6 III 2763 e

—, 4-[2-(2-Methyl-cyclohex-1-enyl)-äthyl]-
    6 III 2764 a

—, 4-[1-Methyl-cyclohexyl]- **6** III 2528 f

—, 4-[4-Methyl-cyclohexyl]- **6** III 2534 e

—, 3-[3-(2-Methyl-cyclopent-1-enyl)-hex-
    3-enyl]- **6** IV 4387

—, 2-[2-Methyl-cyclopropyl]- **6** IV 3850

—, 3-[2-Methyl-cyclopropyl]- **6** IV 3851

—, 4-[2-Methyl-cyclopropyl]- **6** IV 3851

—, 4-[2-Methyl-3,4-dihydro-[1]naphthyl]-
    6 III 3579 f

—, 2-Methyl-4,5-dinitro- **6** III 1278 e

—, 2-Methyl-4,6-dinitro- **6** I 180 i,
    II 341 c, III 1278 a

—, 3-Methyl-2,4-dinitro- **6** II 363 b,
    IV 2077

—, 3-Methyl-2,6-dinitro- **6** II 362 j

—, 4-Methyl-2,3-dinitro- **6** 414 g,
    II 391 d

—, 4-Methyl-2,5-dinitro- **6** I 207 c,
    II 391 f

—, 4-Methyl-2,6-dinitro- **6** 415 a,
    II 392 a, III 1390 c, IV 2152

—, 4-Methyl-3,5-dinitro- **6** III 1389 h

—, 5-Methyl-2,4-dinitro- **6** II 363 d,
    III 1329 h, IV 2077

—, 3-Methyl-2,4-dinitro-6-*tert*-pentyl-
    6 IV 3431

—, 3-Methyl-2,4-dinitro-6-[1,1,3,3-
    tetramethyl-butyl]- **6** IV 3507

—, 4-[1-Methylen-allyl]- **6** IV 4076

—, 4-[5-Methyl-hexa-2,4-dienyl]-
    6 IV 4096

—, 4-[3-(3-Methyl-inden-1-yliden)-but-
    1-enyl]- **6** III 3689 c

—, 4-[2-Methyl-inden-1-ylidenmethyl]-
    6 IV 4986 e

—, 4-[3-Methyl-inden-1-ylidenmethyl]-
    6 711 e, I 346 g, III 3610 f

—, 4-[2-Methyl-3-methylen-[2]norbornyl]-
    6 IV 4381

—, 4-Methyl-2-[1-methyl-propenyl]-
    6 IV 3879

—, 4-Methyl-2-[2-methyl-propenyl]-
    6 I 293 d

—, 4-[2-Methyl-[1]naphthyl]- **6** III 3610 e

—, 2-Methyl-4-neopentyl- **6** IV 3431

—, 3-Methyl-4-neopentyl- **6** IV 3431

—, 4-Methyl-3-neopentyl- **6** IV 3431

—, 2-Methyl-3-nitro- **6** I 178 j, II 340 a,
    III 1275 a, IV 2011

—, 2-Methyl-4-nitro- **6** I 178 e, II 339 i,
    III 1274 e, IV 2011

—, 2-Methyl-5-nitro- **6** 365 h, I 178 c,
    II 339 f, III 1274 a, IV 2010

—, 2-Methyl-6-nitro- **6** 365 b, I 178 b,
    II 338 e, III 1273 d

—, 3-Methyl-2-nitro- **6** 385 d, II 359 g,
    III 1326 a

—, 3-Methyl-4-nitro- **6** 386 c, II 361 d,
    III 1327 b, IV 2075

—, 3-Methyl-5-nitro- **6** 386 a, II 361 b

Anisol (Fortsetzung)

—, 4-Methyl-2-nitro- **6** 412 b, I 206 b,
II 388 d, III 1385 a, IV 2149

—, 4-Methyl-3-nitro- **6** 411 h, I 205 k,
II 387 f, III 1384 c

—, 5-Methyl-2-nitro- **6** 385 f, II 360 a,
III 1326 e

—, 4-[3-Methyl-6-nitro-cyclohex-3-enyl]-
6 IV 4099

—, 4-[4-Methyl-6-nitro-cyclohex-3-enyl]-
6 IV 4099

—, 5-Methyl-4-nitro-2-*tert*-pentyl-
6 IV 3431

—, 2-Methyl-4-nitroso- **6** III 1273 b

—, 3-Methyl-4-nitroso- **6** III 1325 f

—, 2-Methyl-4-[2-nitro-vinyl]-
6 IV 3823

—, 4-Methyl-2-[2-nitro-vinyl]-
6 IV 3823

—, 4-Methyl-2-[2-(1,4,4a,5,6,7,8,8a-
octahydro-[2]naphthyl)-äthyl]-
6 III 3072 c

—, 4-[3-Methyl-pent-3-en-1-inyl]-
6 IV 4343

—, 2-Methyl-4-pent-2-enyl- **6** III 2489 d

—, 4-[3-Methyl-pent-2-enyl]- **6** IV 3896

—, 4-[4-Methyl-pent-1-enyl]-
6 III 2487 e

—, 5-Methyl-2-*tert*-pentyl- **6** IV 3430

—, 4-[10-Methyl-[9]phenanthryl]-
6 IV 5121

—, 4-[1-Methyl-1-phenyl-äthyl]-
6 III 3419 a

—, 4-[2-Methyl-3-phenyl-propenyl]-
6 II 665 d

—, 4-[1-Methyl-2-phenyl-vinyl]-
6 II 663 c

—, 2-[1-Methyl-propenyl]- **6** IV 3838

—, 2-[2-Methyl-propenyl]- **6** III 2443 b,
IV 3841

—, 2-Methyl-4-propenyl- **6** 577 e

—, 2-Methyl-6-propenyl- **6** IV 3844

—, 3-[1-Methyl-propenyl]- **6** IV 3838

—, 3-[2-Methyl-propenyl]-
6 III 2443 c

—, 3-Methyl-4-propenyl- **6** 577 c

—, 4-[1-Methyl-propenyl]- **6** 576 h,
IV 3839

—, 4-[2-Methyl-propenyl]- **6** 577 a,
II 534 a, III 2443 d, IV 3841

—, 4-Methyl-2-propenyl- **6** 577 d,
I 287 e, IV 3845

—, 2-Methyl-4-propyl- **6** 525 j

—, 4-Methyl-2-propyl- **6** 525 i

—, 4-[1-Methyl-1-propyl-pent-4-en-2-inyl]-
6 III 3061 i

—, 5-Methyl-2-stilben-α-yl- **6** IV 5101

—, 5-Methyl-2-[1,1,3,3-tetramethyl-butyl]-
6 IV 3507

—, 3-Methyl-2,4,6-trinitro- **6** 388 a,
I 195 a, III 1332 a

—, 6-Methyl-2,3,4-trinitro- **6** 369 d,
I 181 j, III 1279 b

—, 2-Methyl-4-trityl- **6** II 726 d,
III 3838 f

—, 2-Methyl-4-vinyl- **6** III 2422 b

—, 3-Methyl-4-vinyl- **6** III 2421 c

—, 4-Methyl-2-vinyl- **6** III 2421 e

—, 2-[1]Naphthyl- **6** III 3604 b,
IV 4983

—, 4-[1]Naphthyl- **6** III 3604 c,
IV 4985

—, 4-[2]Naphthyl- **6** IV 4986

—, 2-[1]Naphthylmethyl- **6** IV 4989

—, 4-[1]Naphthylmethyl- **6** IV 4989

—, 2-[1]Naphthyl-3-nitro- **6** IV 4984

—, 3-[1]Naphthyl-2-nitro- **6** IV 4984

—, 4-[1]Naphthyl-2-nitro- **6** III 3604 c

—, 4-[1]Naphthyl-3-nitro- **6** IV 4985

—, 4-[1-[2]Naphthyl-6-(4-nitro-phenyl)-
6-phenyl-hexapentaenyl]- **6** IV 5179

—, 2-[[1]Naphthyl-phenyl-methyl]-
6 II 720 d

—, 4-[[1]Naphthyl-phenyl-methyl]-
6 II 720 f

—, 4-[1-[1]Naphthyl-2-phenyl-vinyl]-
6 III 3830 e

—, 4-Neopentyl- **6** I 270 b, IV 3390

—, 2-Nitro- **6** 217, I 114 a, II 209 a,
III 798 b, IV 1249

—, 3-Nitro- **6** 224 a, I 116 b, II 214 a,
III 808, IV 1270

—, 4-Nitro- **6** 230, I 119 a, II 220 a,
III 816 a, IV 1282

—, 4-[6-Nitro-acenaphthen-
1-ylidenmethyl]- **6** III 3734 b

—, 4-[2-Nitro-but-1-enyl]- **6** III 2431 b

—, 3-[2-Nitro-cyclohex-1-enyl]-
6 IV 4089

—, 3-[6-Nitro-cyclohex-3-enyl]-
6 IV 4090

—, 4-[6-Nitro-cyclohex-3-enyl]-
6 IV 4091

—, 3-[2-Nitro-3,4-dihydro-[1]naphthyl]-
6 IV 4948

Anisol (Fortsetzung)

—, 2-[2-Nitro-fluoren-9-ylidenmethyl]-
6 II 712 a

—, 4-[2-Nitro-fluoren-9-ylidenmethyl]-
6 II 712 f, IV 5116

—, 4-Nitromethyl- 6 412 e, II 389 g,
IV 2150

—, 4-aci-Nitromethyl- 6 II 389 h

—, 2-[7-Nitro-[1]naphthyl]- 6 IV 4984

—, 2-[8-Nitro-[1]naphthyl]- 6 IV 4984

—, 4-[4-Nitro-[1]naphthyl]- 6 III 3604 c

—, 4-Nitro-2-nitromethyl- 6 IV 2014

—, 2-Nitro-4-[2-nitro-vinyl]- 6 563 a,
I 279 a

—, 3-Nitro-4-[2-nitro-vinyl]- 6 III 2389 c,
IV 3779

—, 5-Nitro-2-[2-nitro-vinyl]- 6 III 2384 g

—, 4-[3-Nitro-[2]norbornyl]- 6 IV 4102

—, 2-Nitro-5-pentadecyl- 6 IV 3557

—, 4-Nitro-3-pentadecyl- 6 IV 3557

—, 4-[2-Nitro-pent-1-enyl]- 6 IV 3872

—, 4-Nitro-3-phenyläthinyl- 6 III 3551 a

—, 4-[2-Nitro-1-phenyl-äthyl]-
6 IV 4713

—, 4-[4-(3-Nitro-phenyl)-1,4-diphenyl-
butatrienyl]- 6 IV 5164

—, 4-[4-(4-Nitro-phenyl)-1,4-diphenyl-
butatrienyl]- 6 IV 5164

—, 4-[2-Nitro-1-phenyl-propyl]-
6 IV 4757

—, 2-[2-Nitro-propenyl]- 6 II 522 h,
IV 3795

—, 2-Nitro-4-propenyl- 6 IV 3796

—, 3-[2-Nitro-propenyl]- 6 IV 3795

—, 4-[2-Nitro-propenyl]- 6 570 d,
II 525 a, III 2400 a, IV 3797

—, 2-Nitro-4-propyl- 6 I 249 j,
III 1792 e

—, 2-Nitroso- 6 212 f, III 791 g, IV 1245

—, 3-Nitroso- 6 I 113 a, III 792 b

—, 4-Nitroso- 6 213 a, III 792 d, IV 1245

—, 4-[2'-Nitro-m-terphenyl-5'-yl]-
6 IV 5143 f

—, 4-[4'-Nitro-m-terphenyl-5'-yl]-
6 IV 5143 e

—, 4-Nitro-2-[1,1,2,2-tetrachlor-äthyl]-
6 III 1659 f

—, 4-Nitro-2-[1,2,2,2-tetrachlor-äthyl]-
6 II 443 d, IV 3015

—, 2-Nitro-4-[1,1,3,3-tetramethyl-butyl]-
6 III 2059 a

—, 4-Nitro-2-[1,2,2-trichlor-äthyl]-
6 III 1659 e

—, 4-Nitro-2-trichlorvinyl- 6 II 520 b,
III 2384 e

—, 2-Nitro-4-trifluormethyl- 6 III 1387 g,
IV 2150

—, 3-Nitro-5-trifluormethyl- 6 IV 2076

—, 4-Nitro-3-trifluormethyl- 6 III 1328 d,
IV 2076

—, 3-Nitro-5-trityl- 6 IV 5145

—, 2-[2-Nitro-vinyl]- 6 III 2384 c,
IV 3773

—, 2-Nitro-4-vinyl- 6 562 l

—, 3-[2-Nitro-vinyl]- 6 II 520 c,
IV 3774

—, 4-[2-Nitro-vinyl]- 6 562 m, II 521 c,
III 2388 a, IV 3778

—, 4-[2-Nitro-vinyl]-2-propyl-
6 IV 3880 e

—, 3-Nonadec-10-enyl- 6 II 556 e

—, 3-Nonadecyl- 6 II 518 h, IV 3569

—, 4-Nonyl- 6 II 515 i

—, 4-Norborn-2-en-2-yl- 6 IV 4362

—, 4-Octadecyl- 6 II 518 g, III 2120 d,
IV 3566

—, 2,3,4,5,6-Pentabrom- 6 I 108 k,
II 197 e, III 767 a

—, 2,4,α,α,α-Pentachlor- s. *Benzol,
2,4-Dichlor-1-trichlormethoxy-*

—, 2,3,4,5,6-Pentachlor- 6 195 a,
II 183 a, III 732 a, IV 1027

—, 4-[α,β,β,β',β'-Pentachlor-isopropyl]-
6 IV 3217

—, 3-Pentadeca-8,11-dienyl- 6 III 2801 c

—, 3-Pentadeca-8,11,14-trienyl-
6 IV 4397

—, 2-Pentadec-1-enyl- 6 III 2587 b

—, 3-Pentadec-1-enyl- 6 III 2587 c

—, 3-Pentadec-8-enyl- 6 III 2588 b

—, 4-Pentadec-1-enyl- 6 III 2587 e

—, 3-Pentadec-8-inyl- 6 III 2801 a

—, 2-Pentadecyl- 6 III 2108 c

—, 3-Pentadecyl- 6 III 2109 a,
IV 3556

—, 4-Pentadecyl- 6 III 2110 a

—, 2,3,4,5,6-Pentadeuterio- 6 IV 554

—, 4-Penta-1,3-dienyl- 6 III 2742 f

—, 2,3,4,5,6-Pentafluor- 6 IV 782

—, 2,3,4,5,6-Pentamethyl- 6 551 e,
III 1991 f, IV 3412

—, 4-Pentazolyl- 6 IV 1462

—, 2-Pent-2-enyl- 6 III 2466 e

—, 3-Pent-1-enyl- 6 III 2464 d

—, 4-Pent-1-enyl- 6 III 2464 e

—, 2-Pentyl- 6 IV 3368

Anisol (Fortsetzung)

–, 3-Pentyl- **6** III 1950 j

–, 4-Pentyl- **6** II 503 i

–, 4-*tert*-Pentyl- **6** 549 a, III 1966 a, IV 3383

–, Phenäthyl- s. *Äther, Bibenzylyl-methyl-*

–, 4-[9]Phenanthryl- **6** IV 5114

–, Phenyl- s. *Äther, Biphenylyl-methyl-*

–, 4-Phenyläthinyl- **6** III 3551 b, IV 4928

–, 2-[1-Phenyl-äthyl]- **6** 684 f

–, 4-[1-Phenyl-äthyl]- **6** II 639 b, IV 4711

–, 4-[3-(1-Phenyl-äthyl)-inden-1-ylidenmethyl]- **6** I 363 g

–, 4-[4-Phenyl-benzhydryl]- **6** III 3833 c

–, 2-[4-Phenyl-buta-1,3-dienyl]- **6** III 3570 d

–, 4-[4-Phenyl-buta-1,3-dienyl]- **6** III 3570 e, IV 4947

–, 4-[1-Phenyl-but-1-enyl]- **6** III 3516 d

–, 4-[3-Phenyl-but-2-enyl]- **6** IV 4884

–, 2-[4-Phenyl-cyclohex-1-enyl]- **6** IV 4964

–, 4-[9-Phenyl-9,10-dihydro-[9]anthryl]- **6** III 3849 a

–, 4-[1-Phenyl-inden-2-yl]- **6** III 3784 f

–, 4-[3-Phenyl-inden-2-yl]- **6** III 3785 d

–, 4-[3-(3-Phenyl-inden-1-yliden)-but-1-enyl]- **6** III 3835 e

–, 4-[3-Phenyl-inden-1-ylidenmethyl]- **6** II 720 a

–, 4-[1-Phenyl-propenyl]- **6** 699 c, II 663 e

–, 4-[2-Phenyl-propenyl]- **6** II 663 d, IV 4873

–, 4-[3-Phenyl-propenyl]- **6** II 662 a, IV 4871

–, 2-[1-Phenyl-propyl]- **6** II 645 g

–, 2-[3-Phenyl-propyl]- **6** II 643 b

–, 4-[1-Phenyl-propyl]- **6** IV 4757

–, 4-[3-Phenyl-propyl]- **6** IV 4747

–, 4-[4-Phenyl-stilben-α-yl]- **6** III 3848 a

–, 2-[1-Phenyl-vinyl]- **6** 694 e, III 3502 c

–, 3-[1-Phenyl-vinyl]- **6** III 3502 d

–, 4-[1-Phenyl-vinyl]- **6** 695 f, I 336 d, II 659 f, III 3503 b, IV 4864

–, 2-Propadienyl- **6** IV 4067

–, 2-Propenyl- **6** 565 a, I 280 a, II 522 e, III 2394 a, IV 3793

–, 3-Propenyl- **6** 565 g, III 2394 c

–, 4-Propenyl- **6** 566 c, I 280 c, II 523 b, III 2395, IV 3796

–, 4-Prop-1-inyl- **6** 588 b, III 2736 c, IV 4065

–, 2-Propyl- **6** 499 e, I 249 a, III 1785 a

–, 3-Propyl- **6** 500 a, II 469 g, III 1787 c

–, 4-Propyl- **6** 500 d, I 249 d, II 470 a, III 1789 a, IV 3181

–, 4-[1-Propyl-but-1-enyl]- **6** III 2524 d

–, 4-[1-Propyl-but-2-enyl]- **6** IV 3928

–, 4-[1-Propyl-butyl]- **6** 553 h

–, 4-[2-Propyl-pent-1-enyl]- **6** III 2542 d

–, 2-Propyl-5-trifluormethyl- **6** IV 3323

–, 4-Propyl-2-vinyl- **6** III 2476 d

–, 4-Stilben-α-yl- **6** II 705 c, III 3740 b, IV 5091

–, Styryl- s. *Äther, Methyl-stilbenyl-*

–, 4-[2-Styryl-cyclopropyl]- **6** IV 4959

–, 4-*m*-Terphenyl-5'-yl- **6** III 3830 d, IV 5343 d

–, 2,3,4,6-Tetrabrom- **6** II 196 f, III 766 f

–, 4-[1,1,2,2-Tetrabrom-äthyl]- **6** II 444 g

–, 2,3,4,5-Tetrabrom-6-chlor- **6** II 196 k

–, 2,3,5,6-Tetrabrom-4-chlor- **6** II 197 c

–, 2,3,4,5-Tetrabrom-6-methyl- **6** 363 b

–, 2,3,4,6-Tetrabrom-5-methyl- **6** 384 b, II 359 b

–, 2,3,4,6-Tetrabrom-5-nitro- **6** II 236 k

–, 2,α,α,α-Tetrachlor- s. *Benzol, 1-Chlor-2-trichlormethoxy-*

–, 2,3,4,5-Tetrachlor- **6** II 182 c

–, 2,3,4,6-Tetrachlor- **6** 193 e, II 182 e, III 730 a, IV 1021

–, 2,3,5,6-Tetrachlor- **6** II 182 g, III 730 j

–, 4-[2,4,4,4-Tetrachlor-butyl]- **6** IV 3271

–, 4-[Tetrachlorcyclopentadienyliden-methyl]- **6** IV 4621

–, 2,3,4,5-Tetrachlor-6-jod- **6** II 201 b

Anisol (Fortsetzung)

—, 2,3,5,6-Tetrachlor-4-jod-
6 III 784 b

—, 2,3,4,5-Tetrachlor-6-methyl-
6 I 176 a

—, 2,3,4,6-Tetrachlor-5-nitro- 6 232 c

—, 2,3,5,6-Tetrachlor-4-nitro-
6 II 232 d, III 842 f

—, 4-Tetradecyl- 6 III 2102 d,
IV 3550

—, 2,3,5,6-Tetrafluor- 6 IV 781

—, 4,α,α,α-Tetrafluor- s. *Benzol,*
1-Fluor-4-trifluormethoxy-

—, 4-[1,2,3,4-Tetrahydro-[1]naphthyl]-
6 III 3518 a, IV 4890

—, 4-[1,2,3,4-Tetrahydro-[2]naphthyl]-
6 IV 4891

—, 4-[1,2,3,4-Tetrahydro-[2]naphthyl≠
methyl]- 6 III 3524 d

—, 4-[1-(5,6,7,8-Tetrahydro-[2]naphthyl)-
vinyl]- 6 IV 4965

—, 2,3,4,5-Tetramethyl- 6 IV 3359

—, 2,3,4,6-Tetramethyl- 6 IV 3361

—, 2,3,5,6-Tetramethyl- 6 IV 3363

—, 4-[1,1,3,3-Tetramethyl-butyl]-
6 III 2052 a

—, 2,3,4,6-Tetranitro- 6 I 142 a

—, 2,3,5,6-Tetranitro- 6 293 a, I 142 b,
II 284 b, III 973 h

—, 2-[1,2,2,2-Tetraphenyl-äthyl]-
6 III 3887 c

—, 3-[1,2,2,2-Tetraphenyl-äthyl]-
6 III 3887 d

—, 4-[1,2,2,2-Tetraphenyl-äthyl]-
6 III 3887 e

—, 4-[Tetraphenylcyclopentadienyliden-
methyl]- 6 III 3906 d

—, 4-[1-*p*-Tolyl-vinyl]- 6 IV 4876

—, 2,4,6-Triäthyl- 6 III 2023 a

—, 2,4,6-Triäthyl-3-methyl- 6 II 514 k

—, 2,4,6-Triallyl- 6 IV 4375

—, 2,4,6-Tribenzyl-3,5-dimethyl-
6 IV 5151

—, 2,3,4-Tribrom- 6 II 192 b, III 759 i,
IV 1066

—, 2,4,5-Tribrom- 6 II 192 f, IV 1067

—, 2,4,6-Tribrom- 6 205 a, I 108 a,
II 193, III 761, IV 1067

—, 3,4,5-Tribrom- 6 II 195 b

—, 2,3,5-Tribrom-4,6-bis-brommethyl-
6 490 b

—, 2,3,6-Tribrom-4-chlor- 6 II 195 d

—, 2,4,6-Tribrom-3-chlor- 6 II 195 h,
III 765 g

—, 3,4,6-Tribrom-2-chlor- 6 II 195 f

—, 2,3,5-Tribrom-4-chlor-6-methyl-
6 II 336 h

—, 3,4,5-Tribrom-2-chlor-6-methyl-
6 II 336 j

—, 2,3,6-Tribrom-4-chlor-5-nitro- 6 II 236 i

—, 2,4,5-Tribrom-6-chlor-3-nitro- 6 II 236 e

—, 2,4,6-Tribrom-3-chlor-5-nitro- 6 II 236 g

—, 2,3,5-Tribrom-4,6-dichlor- 6 II 195 k

—, 2,4,5-Tribrom-3,6-dichlor- 6 III 766 a

—, 2,4,6-Tribrom-3,5-dichlor- 6 II 196 b

—, 3,4,5-Tribrom-2,6-dichlor- 6 II 196 d

—, 2,3,5-Tribrom-4,6-dijod- 6 II 203 g

—, 3,4,5-Tribrom-2,6-dijod- 6 II 203 i

—, 2,3,4-Tribrom-5,6-dimethyl- 6 III 1724 e

—, 2,3,5-Tribrom-4,6-dimethyl-
6 489 h, III 1749 i

—, 2,3,6-Tribrom-4,5-dimethyl-
6 III 1730 f

—, 2,4,5-Tribrom-3,6-dimethyl-
6 III 1774 g

—, 2,4,6-Tribrom-3,5-dimethyl-
6 493 g, II 465 c

—, 3,4,5-Tribrom-2,6-dimethyl-
6 III 1739 h

—, 2,3,5-Tribrom-4,6-dinitro-
6 II 252 a

—, 2,4,6-Tribrom-3,5-dinitro-
6 II 252 e, III 872 g

—, 3,4,5-Tribrom-2,6-dinitro-
6 II 252 c

—, 2,4,6-Tribrom-3-fluor- 6 III 765 b

—, 2,4,6-Tribrom-3-fluor-5-nitro-
6 III 851 b

—, 3,4,5-Tribrom-2-jod-6-methyl-
6 II 338 a

—, 2,3,5-Tribrom-4-methyl- 6 II 386 b

—, 2,3,6-Tribrom-4-methyl- 6 II 385 g

—, 2,4,6-Tribrom-3-methyl- 6 II 358 d,
III 1324 b

—, 3,4,5-Tribrom-2-methyl- 6 II 336 e

—, 3,4,6-Tribrom-2-methyl- 6 II 336 b

—, 2,4,5-Tribrom-6-methyl-3-nitro-
6 II 340 k

—, 2,4,6-Tribrom-3-methyl-5-nitro-
6 II 362 g

—, 2,3,4-Tribrom-6-nitro- 6 248 d,
II 236 a, III 850 e

—, 2,4,6-Tribrom-3-nitro- 6 II 236 c,
III 850 g

Anisol (Fortsetzung)

−, 3,4,6-Tribrom-2-nitro- **6** II 235 m,
IV 1366

−, 2,3,4-Trichlor- **6** II 179 i, III 716 c

−, 2,3,5-Trichlor- **6** II 180 b

−, 2,3,6-Trichlor- **6** II 180 d, III 717 a

−, 2,4,5-Trichlor- **6** II 180 f, III 717 e,
IV 963

−, 2,4,6-Trichlor- **6** 192 a, II 181 b,
III 723 a, IV 1005

−, 2,5,α-Trichlor- s. *Benzol, 1,4-Dichlor-
2-chlormethoxy-*

−, 3,4,5-Trichlor- **6** II 182 a

−, 2,3,6-Trichlor-4-[1,2-dichlor-vinyl]-
6 I 278 h

−, 2,3,5-Trichlor-4,6-dimethyl-
6 II 460 e

−, 2,4,5-Trichlor-3,6-dimethyl-
6 II 467 k

−, 2,4,6-Trichlor-3,5-dinitro-
6 261 b, II 249 i

−, 3,4,5-Trichlor-2,6-dinitro-
6 II 249 g

−, 2,4,6-Trichlor-3-fluor- **6** III 729 d

−, 2,3,4-Trichlor-6-methyl- **6** III 1268 j

−, 2,4,6-Trichlor-3-methyl- **6** I 189 f,
II 356 k

−, 2,3,4-Trichlor-6-nitro- **6** II 231 k

−, 2,3,5-Trichlor-6-nitro- **6** II 231 j

−, 2,3,6-Trichlor-4-nitro- **6** II 231 n

−, 2,4,6-Trichlor-3-nitro- **6** 242 c,
II 231 l

−, 3,4,6-Trichlor-2-nitro- **6** III 842 b

−, 4-[1,2,2-Trichlor-propyl]- **6** 500 h

−, α,α,α-Trideuterio- **6** IV 553

−, 2,4,6-Trideuterio- **6** IV 554

−, 4-Trideuteriomethyl- **6** IV 2099

−, 2-Trifluormethyl- **6** III 1263 e,
IV 1984

−, 3-Trifluormethyl- **6** III 1313 f,
IV 2060

−, 4-Trifluormethyl- **6** III 1374 a,
IV 2134

−, 2,4,6-Trijod- **6** 212 a, II 204 b,
III 789 a, IV 1085

−, 2,4,6-Trijod-3-nitro- **6** 251 b,
III 854 a

−, 2,3,4-Trimethyl- **6** III 1829 i,
IV 3245

−, 2,3,5-Trimethyl- **6** I 255 k,
III 1833 a

−, 2,4,5-Trimethyl- **6** 510 b, II 482 b,
IV 3247

−, 2,4,6-Trimethyl- **6** 519 a, I 256 k,
II 483 h, III 1836, IV 3254

−, 3,4,5-Trimethyl- **6** II 480 c,
IV 3246

−, 2,3,5-Trimethyl-4,6-dinitro-
6 I 255 l, III 1834 e

−, 2,3,5-Trimethyl-4-nitro- **6** III 1834 c

−, 3,4,5-Trimethyl-2-nitro- **6** IV 3246

−, 3,4,6-Trimethyl-2-nitro- **6** 517 a,
IV 3248

−, 3-[2,4,6-Trimethyl-3-nitro-benzyl]-
6 IV 4794

−, 4-[1,1,4-Trimethyl-pent-4-en-2-inyl]-
6 IV 4363

−, 4-[1,2,2-Trimethyl-propyl]-
6 IV 3428

−, 2,3,4-Trinitro- **6** 264 e, I 129 d

−, 2,3,5-Trinitro- **6** 264 h, I 129 f,
II 253 d, III 873 d

−, 2,4,5-Trinitro- **6** 129 h, II 253 g

−, 2,4,6-Trinitro- **6** 288, I 140 a,
II 280, III 968 a, IV 1456

−, 3,4,5-Trinitro- **6** I 141 e

−, 4-[4,4′,4′′-Trinitro-trityl]- **6** IV 5146

−, 2,4,6-Triphenyl- **6** IV 5142

−, 3,4,5-Triphenyl- **6** IV 5141

−, 2-[2,2,2-Triphenyl-äthyl]- **6** III 3838 a

−, 4-[3,4,4-Triphenyl-buta-1,3-dienyl]-
6 I 366 e

−, 4-[2,3,4-Triphenyl-cyclopenta-
1,3-dienyl]- **6** III 3876 a

−, 4-[2,4,5-Triphenyl-cyclopenta-
1,4-dienyl]- **6** IV 5165

−, 4-Triphenylvinyl- **6** III 3847 d

−, 2,4,6-Tris-chlormethyl-3,5-dimethyl-
6 IV 3413

−, 2-Trityl- **6** II 724 f, IV 5145

−, 3-Trityl- **6** IV 5145

−, 4-Trityl- **6** 731 e, II 725 a,
III 3832 b, IV 5146

−, 2-Vinyl- **6** 560 e, I 277 d,
III 2383 b, IV 3771

−, 3-Vinyl- **6** 561 f, III 2385 b,
IV 3773

−, 4-Vinyl- **6** 561 g, I 278 c, II 520 d,
III 2386 c, IV 3775

o-**Anol 6** III 2393 d, IV 3793 e

p-**Anol 6** 566 b, I 280 b, II 523 a,
III 2394 e, IV 3796

Anthemol 6 101 b

−, *O*-Acetyl- **6** 101 c

Anthesterin 6 III 2891 e

Anthracen (Fortsetzung)

—, 9-Acetoxy-2,3-dichlor-10-nitro-
9,10-dihydro- **6** II 660 i

—, 9-Acetoxy-1,5-dichlor-10-nitro-
9-phenyl-9,10-dihydro- **6** II 706 e

—, 9-Acetoxy-1,4-dichlor-10-phenyl-
6 III 3779 e

—, 9-Acetoxy-1,5-dichlor-10-phenyl-
6 II 711 e

—, 9-Acetoxy-1,8-dichlor-10-phenyl-
6 III 3780 a

—, 9-Acetoxy-2,3-dichlor-10-phenyl-
6 III 3779 f

—, 1-Acetoxy-9,10-dihydro- **6** 696 f,
II 660 d

—, 2-Acetoxy-9,10-dihydro- **6** 697 b

—, 9-Acetoxy-1,4-dimethoxy-
6 III 6559 a

—, 9-Acetoxy-1,5-dimethoxy-
6 III 6560 a

—, 9-Acetoxy-2,3-dimethoxy-
6 III 6561 a

—, 10-Acetoxy-1,2-dimethoxy-
6 III 6558 d

—, 10-Acetoxy-1,8-dimethoxy-
6 III 6560 f

—, 10-Acetoxy-2,7-dimethoxy- **6** III 6561 c

—, 9-Acetoxy-10-[3,4-dimethoxy-phenyl]-
2,3,6,7-tetramethoxy- **6** IV 7968

—, 9-Acetoxy-1,3-dimethyl- **6** III 3574 c

—, 9-Acetoxy-1,4-dimethyl- **6** III 3574 f

—, 9-Acetoxy-2,3-dimethyl- **6** III 3575 a

—, 10-Acetoxy-1,2-dimethyl- **6** III 3574 a

—, 10-Acetoxy-1,3-dimethyl- **6** III 3574 e

—, 9-Acetoxy-2,3-dimethyl-10-nitro-
6 III 3575 d

—, 9-Acetoxy-1,3-dimethyl-10-phenyl-
6 III 3793 d

—, 9-Acetoxy-2,3-dimethyl-10-phenyl-
6 III 3793 f

—, 10-Acetoxy-1,3-dimethyl-9-phenyl-
6 III 3793 c

—, 9-Acetoxy-1,4-dimethyl-
1,2,3,4-tetrahydro- **6** II 650 a

—, 9-Acetoxy-1,5-diphenoxy- **6** III 6560 b

—, 1-Acetoxy-9,10-diphenyl- **6** IV 5158 a

—, 2-Acetoxy-9,10-diphenyl- **6** III 3859 d,
IV 5159

—, 1-Acetoxy-2-methoxy- **6** IV 6890

—, 9-Acetoxy-2-methoxy- **6** III 5684 g

—, 9-Acetoxy-10-methoxy- **6** I 504 h

—, 10-Acetoxy-1-methoxy- **6** III 5684 b

—, 10-Acetoxy-2-methoxy- **6** III 5685 a

—, 9-Acetoxy-10-methoxy-1,3-dimethyl-
6 III 5701 a

—, 9-Acetoxy-10-methoxy-2,3-dimethyl-
6 III 5701 f

—, 10-Acetoxy-9-methoxy-1,3-dimethyl-
6 III 5701 b

—, 2-Acetoxy-3-methoxy-9,10-diphenyl-
6 IV 7077

—, 1-Acetoxy-4-methoxy-9-phenyl-
6 IV 7019 c

—, 9-Acetoxy-2-methyl- **6** II 677 i,
III 3564 c

—, 9-Acetoxy-10-methyl- **6** II 678 c,
III 3564 d

—, 10-Acetoxy-1-methyl- **6** III 3564 b

—, 10-Acetoxy-2-methyl- **6** II 678 a

—, 9-Acetoxymethyl-10-[9]anthrylmethyl-
9,10-dihydro- **6** IV 5166

—, 9-Acetoxymethyl-10-brom-
6 II 679 d

—, 9-Acetoxy-10-[3-methyl-but-1-enyl]-
6 III 3618 b

—, 9-Acetoxymethyl-1,5-dichlor-
6 II 679 b

—, 10-Acetoxymethyl-1,8-dichlor-
6 III 3564 g

—, 9-Acetoxymethyl-9,10-dihydro-
6 IV 4880 f

—, 9-Acetoxy-10-methyl-1,4-dihydro-
6 IV 4880 d

—, 9-Acetoxymethyl-10-methylen-9-phenyl-
9,10-dihydro- **6** 728 b

—, 9-Acetoxymethyl-10-methyl-
6 IV 4952 f

—, 9-Acetoxymethyl-1,2,3,4,5,6,7,8-
octahydro- **6** III 2766 b

—, 9-Acetoxy-10-nitro- **6** I 339 g,
II 672 g

—, 9-Acetoxy-10-nitro-9,10-dihydro-
6 698 d, II 660 h, IV 4867

—, 9-Acetoxy-1,2,3,4,5,6,7,8-octahydro-
6 II 563 d

—, 9-Acetoxy-2-phenyl- **6** III 3778 c

—, 9-Acetoxy-10-phenyl- **6** 727 b,
II 711 c, III 3779 d

—, 9-Acetoxy-10-propenyl- **6** III 3610 g

—, 9-Acetoxy-10-sulfooxy- **6** IV 6893

—, 2-Acetoxy-1,2,3,4-tetrahydro-
6 II 642 a

—, 9-Acetoxy-1,2,3,4-tetrahydro-
6 II 642 d

—, 10-Acetoxy-1,2,6,7-tetramethoxy-
6 II 1155 e

Anthracen (Fortsetzung)

—, 9,10-Bis-acetylmercapto-9,10-diäthyl-
9,10-dihydro- **6** IV 6868

—, 9,10-Bis-acetylmercapto-9,10-dihydro-
6 IV 6833

—, 9,10-Bis-acetylmercapto-
9,10-dimethyl-9,10-dihydro- **6** IV 6846

—, 9,10-Bis-[acetylmercapto-methyl]-
6 IV 6907

—, 9,10-Bis-acetylperoxy-9,10-diphenyl-
9,10-dihydro- **6** III 5958 c

—, 9,10-Bis-[α-äthoxy-benzyl]-
6 1065 b

—, 9,10-Bis-äthoxymethyl- **6** IV 6906

—, 9,10-Bis-[3-äthoxy-propyl]-
6 IV 6930

—, 9,10-Bis-[3-äthoxy-propyl]-
9,10-dimethoxy-9,10-dihydro- **6** IV 7801

—, 2,6-Bis-allyloxy- **6** III 5684 d

—, 9,10-Bis-allyloxy-9,10-diphenyl-
9,10-dihydro- **6** III 5955 d

—, 9,10-Bis-allyloxymethyl- **6** IV 6906

—, 1,4-Bis-benzyloxy- **6** IV 6890

—, 1,4-Bis-benzyloxy-9,10-diphenyl-
6 III 5979 f

—, 9,10-Bis-benzyloxy-9,10-diphenyl-
9,10-dihydro- **6** III 5955 g

—, 1,4-Bis-[2-brom-äthoxy]-9,10-diphenyl-
6 IV 7075

—, 9,10-Bis-brommethyl-1,3-dimethoxy-
6 IV 6905

—, 9,10-Bis-brommethyl-2-methoxy-
6 IV 4952

—, 9,10-Bis-[carbamimidoylmercapto-
methyl]- **6** IV 6907

—, 1,4-Bis-[2-chlor-äthoxy]-9,10-diphenyl-
6 IV 7075

—, 9,10-Bis-[2-chlor-äthoxy]-
9,10-diphenyl-9,10-dihydro- **6** III 5953 f

—, 9,10-Bis-chlordisulfanyl- **6** III 5686 g

—, 9,10-Bis-cinnamyloxy-9,10-diphenyl-
9,10-dihydro- **6** III 5956 a

—, 9,10-Bis-[(2-cyan-äthylmercapto)-
methyl]- **6** IV 6907

—, 9,10-Bis-cyclohexyloxy-9,10-diphenyl-
9,10-dihydro- **6** III 5955 e

—, 9,10-Bis-dichlormethylen-
2,3,6,7-tetramethoxy-9,10-dihydro-
6 IV 7821

—, 9,10-Bis-[α,β-dihydroxy-phenäthyl]-
6 IV 7865

—, 9,10-Bis-[3,4-dimethoxy-phenyl]-
2,3,6,7-tetramethoxy-9,10-dihydro-
6 III 6901 c

—, 9,10-Bis-[3,7-dimethyl-octyloxy]-
9,10-diphenyl-9,10-dihydro- **6** III 5955 b

—, 9,10-Bis-dodecyloxy-9,10-diphenyl-
9,10-dihydro- **6** III 5955 c

—, 9,9-Bis-[4-hydoxy-phenyl]-
10,10-diphenyl-9,10-dihydro- **6** III 6035 c

—, 9,10-Bis-[2-hydroxy-äthoxy]-
9,10-diphenyl-9,10-dihydro- **6** III 5956 b

—, 9,10-Bis-[1-hydroxy-äthyl]-
6 IV 6922

—, 9,10-Bis-[2-hydroxy-äthyl]-
6 IV 6922

—, 9,10-Bis-[2-hydroxy-äthyl]-
9,10-dihydro- **6** IV 6868

—, 9,10-Bis-[α-hydroxy-benzyl]-
6 IV 7082

—, 9,10-Bis-[3-hydroxy-3,3-bis-
(4-methoxy-phenyl)-propenyl]-
6 IV 7961

—, 9,10-Bis-[3-hydroxy-3,3-bis-
(4-methoxy-phenyl)-prop-1-inyl]-
6 IV 7962

—, 9-[α,β-Bis-(4-hydroxy-butoxy)-styryl]-
10-phenyläthinyl- **6** IV 7100

—, 9,10-Bis-[2-hydroxy-2,2-diphenyl-
äthyl]- **6** IV 7118

—, 9,10-Bis-[3-hydroxy-3,3-diphenyl-
propenyl]- **6** IV 7119

—, 9,10-Bis-[3-hydroxy-3,3-diphenyl-prop-
1-inyl]- **6** IV 7121

—, 1,5-Bis-[α-hydroxy-isopropyl]-
6 III 5733 a

—, 1,9-Bis-hydroxymethyl- **6** IV 6905

—, 9,10-Bis-hydroxymethyl- **6** IV 6906

—, 9,10-Bis-[3-hydroxy-3-methyl-but-
1-enyl]- **6** IV 6994

—, 9,10-Bis-[3-hydroxy-3-methyl-but-
1-inyl]- **6** IV 7031

—, 9,10-Bis-hydroxymethyl-9,10-dihydro-
6 IV 6846

—, 9,10-Bis-[α-hydroxy-phenäthyl]-
6 IV 7084

—, 9,10-Bis-[β-hydroxy-phenäthyl]-
6 IV 7084

—, 9,10-Bis-[3-hydroxy-propyl]-
6 IV 6930

—, 9,10-Bis-isopentyloxy-9,10-diphenyl-
9,10-dihydro- **6** III 5955 a

—, 9,10-Bis-mercaptomethyl- **6** IV 6907

Anthracen (Fortsetzung)

−, 9,10-Diphenyl-1,4-dipropoxy-
6 III 5979 d

−, 9,10-Diphenyl-9,10-dipropoxy-
9,10-dihydro- 6 III 5953 g

−, 1,1′-Disulfandiyl-di- 6 III 3552 a,
IV 4929

−, 9,9′-Disulfandiyl-di- 6 II 673 d

−, 2-Dodecyloxy- 6 III 3552 c

−, 1,2,3,5,6,7,9-Heptaacetoxy-
6 1208 b

−, 1,2,3,5,6,7-Hexamethoxy-
9,10-dihydro- 6 IV 7943

−, 9-[4-Hydroxy-phenyl]-9,10,10-tris-
[4-methoxy-phenyl]-9,10-dihydro-
6 III 6865 b

−, 9-Isobutoxy-10-nitro-9,10-dihydro-
6 698 b

−, 1-Methansulfinyl-9,10-diphenyl-
6 IV 5158

−, 2-Methansulfinyl-9,10-diphenyl-
6 IV 5160

−, 1-Methansulfonyl-9,10-diphenyl-
6 IV 5158

−, 2-Methansulfonyl-9,10-diphenyl-
6 IV 5160

−, 1-Methoxy- 6 702 d, III 3551 d

−, 2-Methoxy- 6 703 a, IV 4929

−, 9-Methoxy- 6 II 670 a, IV 4930

−, 9-[4-Methoxy-benzyl]- 6 IV 5121

−, 2-Methoxy-9,9-bis-[2-methoxy-
phenyl]-9,10-dihydro- 6 III 6635 a

−, 2-Methoxy-9,9-bis-[4-methoxy-
phenyl]-9,10-dihydro- 6 III 6635 b

−, 1-Methoxy-9,10-dimethyl-
6 IV 4952

−, 2-Methoxy-9,10-dimethyl-
6 III 3575 e

−, 9-Methoxy-1,3-dimethyl- 6 III 3574 b

−, 9-Methoxy-2,3-dimethyl- 6 III 3574 h

−, 10-Methoxy-1,3-dimethyl-
6 III 3574 d

−, 5-Methoxy-9,10-dimethyl-1,4-dihydro-
6 IV 4897

−, 9-Methoxy-2,3-dimethyl-10-phenyl-
6 III 3793 e

−, 1-Methoxy-9,10-diphenyl-
6 III 3858 c, IV 5158

−, 2-Methoxy-9,10-diphenyl-
6 III 3859 c

−, 9-Methoxy-9,10-diphenyl-
9,10-dihydro- 6 II 730 b

−, 10-Methoxy-9,9-diphenyl-
9,10-dihydro- 6 II 729 g, III 3848 d

−, 2-Methoxy-9-[4-methoxy-phenyl]-
6 III 5876 a

−, 9-Methoxy-9-[4-methoxy-phenyl]-
10,10-diphenyl-9,10-dihydro- 6 III 6010 b

−, 9-Methoxy-2-methyl- 6 II 677 h

−, 9-Methoxy-10-methyl- 6 I 342 b,
II 678 b, IV 4944

−, 9-Methoxy-10-methyl-1,4-dihydro-
6 IV 4880

−, 1-Methoxy-4-methyl-9,10-diphenyl-
6 III 3863 a, IV 5160

−, 9-Methoxy-10-methyl-9,10-diphenyl-
9,10-dihydro- 6 III 3853 a

−, 1-Methoxy-4-methylmercapto-
9,10-diphenyl- 6 IV 7076

−, 9-Methoxymethyl-10-methyl-
6 IV 4952

−, 9-Methoxy-9-methyl-10-methylen-
9,10-dihydro- 6 709 b

−, 10-Methoxymethyl-1,2,9-trimethyl-
6 III 3582 c

−, 9-Methoxy-10-nitro- 6 704 b

−, 9-Methoxy-10-nitro-9,10-dihydro-
6 697 d, II 660 g

−, 1-Methoxy-10-phenyl- 6 III 3779 b

−, 2-Methoxy-9-phenyl- 6 III 3778 d

−, 2-Methoxy-10-phenyl- 6 III 3779 a

−, 9-[4-Methoxy-phenyl]- 6 IV 5114

−, 9-Methoxy-10-phenyl- 6 II 711 b,
III 3779 c

−, 9-Methoxy-10-phenyläthinyl-
6 IV 5138

−, 9-Methoxy-10-phenylbutadiinyl-
6 IV 5157

−, 9-[4-Methoxy-phenyl]-9-phenyl-
9,10-dihydro- 6 III 3849 a

−, 9-Methoxy-1,2,3,4-tetrahydro- 6 II 642 c

−, 4-Methoxy-1,2,9,10-tetraphenyl-
6 III 3913 b

−, 9-Methoxy-1,2,9-trimethyl-
10-methylen-9,10-dihydro- 6 III 3582 d

−, 9-Methoxy-9,10,10-triphenyl-
9,10-dihydro- 6 738 c

−, 9-Methoxy-9,10,10-tris-[4-methoxy-
phenyl]-9,10-dihydro- 6 III 6858 d

−, 9-Methylmercapto- 6 II 672 h,
IV 4933

−, 1-Methylmercapto-9,10-diphenyl-
6 IV 5158

−, 2-Methylmercapto-9,10-diphenyl-
6 III 3859 e, IV 5159

Anthracen (Fortsetzung)

—, 9-Methyl-10-propoxymethyl-
6 IV 4953

—, 9-Nitro-10-nitrosyloxy-9,10-dihydro-
6 698 e, IV 4867

—, 9-Nitro-10-nitryloxy-9,10-dihydro-
6 698 f, IV 4867

—, 9-Nitro-10-nitryloxy-9,10-diphenyl-
9,10-dihydro- 6 IV 5154

—, 9-Nitro-10-propoxy-9,10-dihydro-
6 698 a

—, 9-Nitrosoperoxy-10-nitrosyloxy-
9,10-diphenyl-9,10-dihydro- 6 IV 7063

—, 9,9'-Oxy-di- 6 II 670 c

—, 1,2,3,9,10-Pentaacetoxy- 6 1191 c

—, 1,2,5,8,10-Pentaacetoxy- 6 IV 7908

—, 1,2,6,9,10-Pentaacetoxy- 6 1191 d

—, 1,2,8,9,10-Pentaacetoxy- 6 IV 7908

—, 1,4,5,8,9-Pentaacetoxy- 6 IV 7909

—, 1,4,5,9,10-Pentaacetoxy- 6 IV 7909

—, 1,3,8,9,10-Pentaacetoxy-6-methyl-
6 III 6910 a

—, 9-Propoxy-10-propyl- 6 709 e

—, 9,9'-Sulfandiyl-di- 6 II 672 i

—, 1,2-Sulfinyldioxy- 6 II 998 d

—, 1,9-Sulfinyldioxy- 6 II 998 g

—, 2,3-Sulfinyldioxy- 6 II 999 c

—, 9-Sulfooxy- 6 III 3554 d, IV 4931

—, 1,2,3,9-Tetraacetoxy- 6 1176 b,
II 1133 c

—, 1,2,3,10-Tetraacetoxy- 6 III 6776 a

—, 1,2,5,8-Tetraacetoxy- 6 IV 7802

—, 1,2,6,9-Tetraacetoxy- 6 1176 c,
I 579 f, II 1133 d

—, 1,2,7,10-Tetraacetoxy- 6 1176 d,
I 579 g, II 1134 a

—, 1,2,8,10-Tetraacetoxy- 6 IV 7802

—, 1,2,9,10-Tetraacetoxy- 6 IV 7802

—, 1,4,5,8-Tetraacetoxy- 6 IV 7802

—, 1,4,9,10-Tetraacetoxy- 6 II 1134 d,
III 6776 b, IV 7803

—, 1,8,9,10-Tetraacetoxy- 6 IV 7803

—, 2,3,9,10-Tetraacetoxy- 6 1176 e

—, 2,6,9,10-Tetraacetoxy- 6 1177 a

—, 2,7,9,10-Tetraacetoxy- 6 1177 b

—, 1,3,9,10-Tetraacetoxy-6-acetoxymethyl-
8-methoxy- 6 III 6969

—, 1,4,9,10-Tetraacetoxy-2-brom-
6 IV 7803

—, 1,3,8,9-Tetraacetoxy-6-methyl-
6 1177 c, I 580 b, IV 7808

—, 1,3,8,10-Tetraacetoxy-6-methyl-
6 1177 c, I 580 b

—, 1,2,3,4-Tetraacetoxy-
1,2,3,4-tetrahydro- 6 III 6720 a

—, 5,8,9,10-Tetraacetoxy-
1,2,3,4-tetrahydro- 6 III 6719 e

—, 2,3,6,7-Tetraäthoxy- 6 IV 7804

—, 2,3,6,7-Tetraäthoxy-9,10-dihydro-
6 IV 7788

—, 2,3,6,7-Tetraäthoxy-9,10-dimethyl-
6 IV 7812

—, 2,3,6,7-Tetrabutoxy-9,10-dihydro-
6 III 6980

—, 9,9,10,10-Tetrakis-[4-hydroxy-phenyl]-
9,10-dihydro- 6 III 6865 a

—, 9,9,10,10-Tetrakis-[4-methoxy-phenyl]-
9,10-dihydro- 6 III 6865 c

—, 1,2,7,10-Tetramethoxy- 6 II 1133 e

—, 1,4,9,10-Tetramethoxy- 6 IV 7803

—, 2,3,6,7-Tetramethoxy- 6 IV 7803

—, 2,3,6,7-Tetramethoxy-9,10-bis-
trichlormethyl-9,10-dihydro- 6 IV 7793

—, 2,3,6,7-Tetramethoxy-9,10-dihydro-
6 III 6757 e

—, 2,3,6,7-Tetramethoxy-9,10-dimethyl-
6 III 6785 a

—, 1,2,5,6-Tetramethoxy-9,10-diphenyl-
6 IV 7859

—, 2,3,6,7-Tetramethoxy-9,10-diphenyl-
9,10-dihydro- 6 III 6845 a

—, 2,6,9,10-Tetramethoxy-9,10-diphenyl-
9,10-dihydro- 6 IV 7856

—, 9,9'-Tetrasulfandiyl-di- 6 II 673 e,
IV 4933

—, Thiocyanato- s. *Anthrylthiocyanat*

—, 1,2,4-Triacetoxy- 6 II 1101 e

—, 1,2,8-Triacetoxy- 6 IV 7601

—, 1,2,9-Triacetoxy- 6 III 6558 a

—, 1,2,10-Triacetoxy- 6 1139 e,
II 1102 b, III 6558 f

—, 1,3,9-Triacetoxy- 6 III 6558 g

—, 1,4,5-Triacetoxy- 6 IV 7601

—, 1,4,9-Triacetoxy- 6 1139 f, III 6559 d

—, 1,5,9-Triacetoxy- 6 1139 g, I 562 e,
II 1102 c

—, 1,8,9-Triacetoxy- 6 1140 a,
III 6560 e

—, 1,8,10-Triacetoxy- 6 III 6560 g,
IV 7602

—, 2,3,9-Triacetoxy- 6 1140 b, II 1102 e

—, 2,6,9-Triacetoxy- 6 1140 c, II 1102 f,
III 6561 b

—, 2,7,10-Triacetoxy- 6 II 1102 g

—, 1,8,9-Triacetoxy-3-acetoxymethyl-
6 III 6783 a, IV 7808

Anthracen-9,10-diol　(Fortsetzung)
—, 1-Chlor-9,10-diphenyl-9,10-dihydro-
　6 IV 7064
—, 2-Chlor-9,10-diphenyl-9,10-dihydro-
　6 II 1041 c
—, 2-Chlor-1-heptyl-1,4-dihydro-
　6 III 5667 e
—, 1-Chlor-4-methoxy-9,10-diphenyl-
　9,10-dihydro- 6 III 6636 a
—, 1-Chlor-2-methyl-1,4-dihydro-
　6 III 5601 c
—, 2-Chlormethyl-1,4-dihydro-
　6 III 5601 c
—, 2-Chlor-3-methyl-1,4-dihydro-
　6 III 5601 b
—, 1-Chlor-4-methyl-9,10-diphenyl-
　9,10-dihydro- 6 III 5961 c
—, 2-Decyl-1,4-dihydro- 6 IV 6883
—, 1,4-Diacetoxy- 8 III 3707 c
—, 5,8-Diacetoxy-2,3-dimethyl-
　1,4-dihydro- 6 III 6762 b
—, 5,8-Diacetoxy-1,2,3,4-tetrahydro-
　6 III 6719 b
—, 9,10-Diäthinyl-9,10-dihydro-
　6 IV 6999
—, 1,4-Diäthoxy- 8 III 3707 b
—, 1,4-Diäthoxy-9,10-dihydro-
　6 IV 7788
—, 1,4-Diäthoxy-9,10-diphenyl-
　9,10-dihydro- 6 IV 7855
—, 9,10-Diäthyl-9,10-dihydro-
　6 1030 c, I 503 d, III 5652 c,
　IV 6867
—, 9,10-Diäthyl-1,2-dimethoxy-
　9,10-dihydro- 6 I 579 e
—, 2,3-Diäthyl-1,4-dimethyl-1,4-dihydro-
　6 III 5664 b
—, 9,10-Diallyl-9,10-dihydro-
　6 III 5764 b
—, 9,10-Dibenzyl-9,10-dihydro-
　6 1062 f, IV 7066
—, 9,10-Dibutyl-9,10-dihydro-
　6 III 5672 b
—, 1,8-Dichlor- 8 III 1453 c
—, 1,5-Dichlor-9,10-bis-[2-methyl-
　[1]naphthyl]-9,10-dihydro- 6 IV 7108
—, 1,4-Dichlor-9,10-dihydro-
　6 II 991 a
—, 1,5-Dichlor-9,10-dihydro-
　6 II 991 b, III 5592 c, IV 6833
—, 2,6-Dichlor-1,4-dihydro- 6 III 5594 d
—, 2,7-Dichlor-1,4-dihydro- 6 III 5595 b

—, 1,4-Dichlor-9,10-di-[1]naphthyl-
　9,10-dihydro- 6 IV 7107
—, 1,5-Dichlor-9,10-di-[1]naphthyl-
　9,10-dihydro- 6 IV 7107
—, 1,4-Dichlor-9,10-diphenyl-
　9,10-dihydro- 6 III 5958 d, IV 7064
—, 1,5-Dichlor-9,10-diphenyl-
　9,10-dihydro- 6 II 1041 d, III 5958 e
—, 1,5-Dichlor-9-phenyl-9,10-dihydro-
　6 II 1024 d
—, 2-[3,4-Dichlor-phenyl]-1,4-dihydro-
　6 III 5845 a
—, 2,6-Dichlor-1,4,5,8-tetrahydro-
　6 III 5449 a
—, 2,7-Dichlor-1,4,5,8-tetrahydro-
　6 III 5449 c
—, 9,10-Dicyclopentyl-9,10-dihydro-
　6 III 5769 c
—, 1,4-Dihydro- 6 II 992 b, III 5594 a,
　IV 6834
—, 9,10-Dihydro- 6 III 5591 e,
　IV 6832
—, 9,10-Diisopentyl-9,10-dihydro-
　6 1031 b
—, 9,10-Dimesityl-1,3,5,7-tetramethyl-
　9,10-dihydro- 6 III 5976 c
—, 1,3-Dimethoxy- 8 III 3705 c
—, 1,4-Dimethoxy- 8 III 3707 a
—, 1,5-Dimethoxy- 8 III 3708 c
—, 1,4-Dimethoxy-9,10-dihydro-
　6 IV 7788
—, 2,5-Dimethoxy-1,4-dihydro-
　6 IV 7789
—, 2,8-Dimethoxy-1,4-dihydro-
　6 IV 7789
—, 2,6-Dimethoxy-1,5-dimethyl-
　8 III 3753 b
—, 1,4-Dimethoxy-9,10-dimethyl-
　9,10-dihydro- 6 IV 7792
—, 2,8-Dimethoxy-9,10-dimethyl-
　1,4,4a,9,9a,10-hexahydro- 6 IV 7738
—, 1,2-Dimethoxy-9,10-diphenyl-
　9,10-dihydro- 6 IV 7854
—, 1,4-Dimethoxy-9,10-diphenyl-
　9,10-dihydro- 6 III 6844 a
—, 1,5-Dimethoxy-9,10-diphenyl-
　9,10-dihydro- 6 III 6844 c
—, 1,8-Dimethoxy-9,10-diphenyl-
　9,10-dihydro- 6 III 6844 d
—, 2,6-Dimethoxy-9,10-diphenyl-
　9,10-dihydro- 6 III 6845 b
—, 2,7-Dimethoxy-9,10-diphenyl-
　9,10-dihydro- 6 III 6845 c

Anthracen-9,10-diol   (Fortsetzung)

–, 1,2-Dimethyl-1,4-dihydro- **6** III 5608 a

–, 1,3-Dimethyl-1,4-dihydro- **6** II 994 g

–, 2,3-Dimethyl-1,4-dihydro-
   6 III 5608 c, IV 6846

–, 9,10-Dimethyl-9,10-dihydro-
   6 1028 h, III 5608 e

–, 1,4-Dimethyl-9,10-diphenyl-
   9,10-dihydro- **6** III 5969 c, IV 7067

–, 2,3-Dimethyl-9,10-diphenyl-
   9,10-dihydro- **6** III 5969 e

–, 9,10-Dimethyl-1,4,4a,9,9a,10-
   hexahydro- **6** IV 6604

–, 1,1-Dimethyl-4-[1-methyl-propenyl]-
   1,4-dihydro- **6** III 5733 c

–, 1,2-Dimethyl-4-[2-methyl-propenyl]-
   1,4-dihydro- **6** III 5733 b

–, 9,10-Di-[1]naphthyl-9,10-dihydro-
   6 1067 f, III 6017 b

–, 9,10-Di-[2]naphthyl-9,10-dihydro-
   6 III 6017 c

–, 9,10-Di-penta-1,3-diinyl-9,10-dihydro-
   6 IV 7062

–, 9,10-Di-pent-4-enyl-9,10-dihydro-
   6 IV 6961

–, 9,10-Dipentyl-9,10-dihydro-
   6 III 5674 c

–, 9,10-Diphenäthyl-9,10-dihydro-
   6 IV 7070

–, 1,4-Diphenoxy-9,10-diphenyl-
   9,10-dihydro- **6** IV 7855

–, 9,10-Diphenyl-1,4-bis-phenyl=
   mercapto-9,10-dihydro- **6** IV 7855

–, 2,3-Diphenyl-1,4-dihydro-
   6 III 5951 e

–, 9,10-Diphenyl-9,10-dihydro-
   6 1061 g, I 526 f, II 1040 f, III 5952 b,
   IV 7063

–, 9,10-Diphenyl-1,4,4a,9,9a,10-
   hexahydro- **6** IV 7044

–, 9,10-Diphenyl-1-phenylmercapto-
   9,10-dihydro- **6** IV 7664

–, 9,10-Dipropyl-9,10-dihydro-
   6 III 5663 e

–, 9,10-Di-styryl-9,10-dihydro-
   6 IV 7090

–, 9,10-Di-*m*-tolyl-9,10-dihydro-
   6 III 5969 a, IV 7067

–, 9,10-Di-*o*-tolyl-9,10-dihydro-
   6 II 1043 a, III 5968 d

–, 9,10-Di-*p*-tolyl-9,10-dihydro-
   6 II 1043 b, III 5969 b, IV 7067

–, 9,10-Di-undec-10-enyl-9,10-dihydro-
   6 IV 6962

–, 9,10-Divinyl-9,10-dihydro-
   6 IV 6953

–, 2-Heptyl-1,4-dihydro- **6** III 5668 a

–, 1,2,3,4,5,8-Hexahydro- **6** II 959 f

–, 1,4,4a,9,9a,10-Hexahydro-
   6 IV 6599

–, 1,4,5,8,9,10-Hexaphenyl-9,10-dihydro-
   6 III 6053 b

–, 2-Isopropyl-1,4-dihydro- **6** IV 6852

–, 1-Methansulfonyl-9,10-diphenyl-
   9,10-dihydro- **6** IV 7663

–, 2-Methoxy-1,4-dihydro- **6** IV 7594

–, 5-Methoxy-1,4-dihydro- **6** IV 7593

–, 2-Methoxy-9,10-dimethyl-
   9,10-dihydro- **6** III 6556 b

–, 2-Methoxy-9,10-dimethyl-1,4,4a,9,9a,=
   10-hexahydro- **6** IV 7547

–, 5-Methoxy-9,10-dimethyl-1,4,4a,9,9a,=
   10-hexahydro- **6** IV 7547

–, 1-Methoxy-9,10-diphenyl-
   9,10-dihydro- **6** III 6635 c

–, 1-Methoxy-4-methyl-9,10-diphenyl-
   9,10-dihydro- **6** III 6637 b

–, 1-Methoxy-4-methylmercapto-
   9,10-diphenyl-9,10-dihydro- **6** IV 7855

–, 1-[2-Methoxy-phenyl]-1,4-dihydro-
   6 IV 7652

–, 1-[2-Methoxy-phenyl]-9,10-dihydro-
   6 IV 7652

–, 2-Methyl-1,4-dihydro- **6** II 993 e,
   III 5601 a

–, 1-Methyl-9,10-diphenyl-9,10-dihydro-
   6 II 1042 d, IV 7065

–, 2-Methyl-9,10-diphenyl-9,10-dihydro-
   6 1062 c, II 1042 e, III 5962 a

–, 2-Methyl-9,10-di-*p*-tolyl-9,10-dihydro-
   6 I 527 c

–, 9-Methyl-1,4,4a,9,9a,10-hexahydro-
   6 IV 6602

–, 1-Methylmercapto-9,10-diphenyl-
   9,10-dihydro- **6** IV 7663

–, 2-Methylmercapto-9,10-diphenyl-
   9,10-dihydro- **6** III 6636 b

–, 2-Methyl-1,2,3,4,5,6,7,8-octahydro-
   6 II 934 d

–, 2-[4-Methyl-pent-3-enyl]-1,4-dihydro-
   6 III 5732 b

–, 2-[4-Methyl-pent-4-enyl]-1,4-dihydro-
   6 III 5732 d

–, 4-Methyl-1,2,9,10-tetraphenyl-
   9,10-dihydro- **6** IV 7116

Anthrachinon (Fortsetzung)

−, 1-Acetoxy-5-hydroxy-1,4,4a,9a-
tetrahydro- **6** IV 7789

−, 1-Acetoxy-8-hydroxy-1,4,4a,9a-
tetrahydro- **6** IV 7789

−, 1-Acetoxy-2-methyl-1,4,4a,9a-
tetrahydro- **6** IV 7596

−, 1-Acetoxy-1,4,4a,9a-tetrahydro-
6 IV 7594

−, 5-Acetoxy-1,4,4a,9a-tetrahydro-
6 IV 7593

−, 1-Äthoxy-1,4,4a,9a-tetrahydro-
6 IV 7594

−, 2-Brom-1,4,4a,9a-tetrahydro-
6 III 5595 d

−, 3-*tert*-Butyl-1,1-dimethyl-1,4,4a,9a-
tetrahydro- **6** III 5664 a

−, 2-Butyl-1,4,4a,9a-tetrahydro-
6 III 5652 a

−, 2-*tert*-Butyl-1,4,4a,9a-tetrahydro-
6 III 5652 b

−, 3-Chlor-1,2-dimethyl-1,4,4a,9a-
tetrahydro- **6** III 5608 b

−, 2-Chlor-1-heptyl-1,4,4a,9a-tetrahydro-
6 III 5667 e

−, 1-Chlor-2-methyl-1,4,4a,9a-tetrahydro-
6 III 5601 c

−, 2-Chlormethyl-1,4,4a,9a-tetrahydro-
6 III 5601 c

−, 2-Chlor-3-methyl-1,4,4a,9a-tetrahydro-
6 III 5601 b

−, 2-Chlor-1,4,4a,9a-tetrahydro-
6 III 5594 c

−, 2-Decyl-1,4,4a,9a-tetrahydro-
6 IV 6883

−, 5,8-Diacetoxy-2,3-dimethyl-1,4,4a,9a-
tetrahydro- **6** III 6762 b

−, 5,8-Diacetoxy-1-methyl-1,4,4a,9a-
tetrahydro- **6** III 6759 d

−, 2,3-Diäthyl-1,4-dimethyl-1,4,4a,9a-
tetrahydro- **6** III 5664 b

−, 2,6-Dichlor-1,4,4a,5,8,9a-hexahydro-
6 III 5449 a

−, 2,7-Dichlor-1,4,4a,5,8,9a-hexahydro-
6 III 5449 c

−, 2-[3,4-Dichlor-phenyl]-1,4,4a,9a-
tetrahydro- **6** III 5845 a

−, 2,6-Dichlor-1,4,4a,9a-tetrahydro-
6 III 5594 e

−, 2,7-Dichlor-1,4,4a,9a-tetrahydro-
6 III 5595 c

−, 5,8-Dihydroxy-1,4-dihydro-
6 III 6757 d

−, 5,8-Dihydroxy-1,2-dimethyl-4-
[2-methyl-propenyl]-1,4,4a,9a-tetrahydro-
6 III 6790 b

−, 5,8-Dihydroxy-1,3-dimethyl-1,4,4a,9a-
tetrahydro- **6** III 6761 d

−, 5,8-Dihydroxy-2,3-dimethyl-1,4,4a,9a-
tetrahydro- **6** III 6762 a

−, 5,8-Dihydroxy-6-[1-methoxy-4-methyl-
pent-3-enyl]-2,3-dimethyl-1,4,4a,9a-
tetrahydro- **6** III 6911

−, 5,8-Dihydroxy-2-methyl-1,4-dihydro-
6 III 6760 a

−, 5,8-Dihydroxy-1-methyl-1,4,4a,9a-
tetrahydro- **6** III 6759 c

−, 5,8-Dihydroxy-2-methyl-1,4,4a,9a-
tetrahydro- **6** III 6759 e

−, 5,8-Dihydroxy-1,4,4a,9a-tetrahydro-
6 III 6757 d

−, 2,5-Dimethoxy-1,4,4a,9a-tetrahydro-
6 IV 7789

−, 2,8-Dimethoxy-1,4,4a,9a-tetrahydro-
6 IV 7789

−, 1,1-Dimethyl-4-[1-methyl-propenyl]-
1,4,4a,9a-tetrahydro- **6** III 5733 b

−, 1,2-Dimethyl-4-[2-methyl-propenyl]-
1,4,4a,9a-tetrahydro- **6** III 5733 b

−, 1,2-Dimethyl-1,4,4a,9a-tetrahydro-
6 III 5608 a

−, 1,3-Dimethyl-1,4,4a,9a-tetrahydro-
6 II 994 g

−, 2,3-Dimethyl-1,4,4a,9a-tetrahydro-
6 III 5608 d

−, 2,3-Diphenyl-1,4,4a,9a-tetrahydro-
6 III 5951 e

−, 2-Heptyl-1,4,4a,9a-tetrahydro-
6 III 5668 a

−, 1,4,4a,5,8,9a-Hexahydro- **6** III 5448 h

−, 5-Hydroxy-2,3-dimethyl-1,4,4a,9a-
tetrahydro- **6** III 6555 d

−, 5-Hydroxy-1,4,4a,9a-tetrahydro-
6 III 6554 c

−, 2-Isopropyl-1,4,4a,9a-tetrahydro-
6 IV 6852

−, 1-[2-Methoxy-phenyl]-1,4,4a,9a-
tetrahydro- **6** IV 7652

−, 2-Methoxy-1,4,4a,9a-tetrahydro-
6 IV 7594

−, 5-Methoxy-1,4,4a,9a-tetrahydro-
6 IV 7593

−, 2-[4-Methyl-pent-3-enyl]-1,4,4a,9a-
tetrahydro- **6** III 5732 b

−, 2-[4-Methyl-pent-4-enyl]-1,4,4a,9a-
tetrahydro- **6** III 5732 d

Anthrachinon (Fortsetzung)

–, 2-Methyl-1,4,4a,9a-tetrahydro-
6 II 993 e, III 5601 a

–, 2-Octyl-1,4,4a,9a-tetrahydro-
6 IV 6882

–, 2-Phenyl-1,4,4a,9a-tetrahydro-
6 III 5844 h

–, 1,4,4a,9a-Tetrahydro- 6 II 992 b,
III 5594 b, IV 6834

–, 2-*p*-Tolyl-1,4,4a,9a-tetrahydro-
6 III 5848 d

–, 5,6,8-Triacetoxy-2,3-dimethyl-
1,4,4a,9a-tetrahydro- 6 III 6906 d

–, 5,6,8-Trihydroxy-2,3-dimethyl-
1,4,4a,9a-tetrahydro- 6 III 6906 c

–, 1,1,3-Trimethyl-1,4,4a,9a-tetrahydro-
6 II 995 f

–, 2,3,5-Trimethyl-1,4,4a,9a-tetrahydro-
6 IV 6852

–, 2,3,6-Trimethyl-1,4,4a,9a-tetrahydro-
6 IV 6853

–, 2-[4,8,12-Trimethyl-tridecyl]-1,4,4a,9a-
tetrahydro- 6 IV 6886

Anthra[1,9-*de*][1,3,2]dioxathiin-2-oxid
6 II 998 g

–, 6-Chlor- 6 II 998 i

Anthra[1,2-*d*][1,3,2]dioxathiol-2-oxid 6 II 998 d

Anthra[2,3-*d*][1,3,2]dioxathiol-2-oxid 6 II 999 c

Anthraflavinsäure

–, Tetra-*O*-acetyl-dihydro- 6 1177 a

Anthrahydrochinon 6 IV 6892, 8 190 c,
I 578 b, II 215 a, III 1452 a

Anthrapinakol 6 III 5990 b

Anthrapinakon 6 1065 f, I 529 a, II 1049 c

α-Anthrol

s. *[1]Anthrol*

β-Anthrol

s. *[2]Anthrol*

[1]Anthrol 6 702 c, I 339 a, II 669 b,
III 3551 c, IV 4928

–, 4-Acetoxy-9,10-diphenyl- 6 IV 7076

–, 4-Äthoxy- 6 III 5683 e

–, 2-Benzyl-1,2,3,4,5,6,7,8-octahydro-
6 II 680 c

–, 2-Brom-1,2,3,4-tetrahydro-
6 IV 4744

–, 9,10-Diacetoxy-5,6,7,8-tetrahydro-
6 III 6536 b

–, 9,10-Dihydro- 6 696 e, II 660 c

–, 2,10-Dimethyl-1,2,3,4,5,6,7,8-
octahydro- 6 IV 4121

–, 2,4-Dinitro- 6 IV 4929

–, 9,10-Diphenyl- 6 IV 5158

–, 2-Methoxy- 6 IV 6890

–, 4-Methoxy- 6 III 5683 d

–, 2-Methoxy-9,10-diphenyl- 6 IV 7074

–, 4-Methoxy-9-phenyl- 6 IV 7019

–, 4-Methyl- 6 IV 4943

–, 1-Methyl-1,2,3,4,5,6,7,8-octahydro-
6 III 2765 d

–, 4-Methyl-1,2,3,4,5,6,7,8-octahydro-
6 IV 4115

–, 2-Nitro- 6 IV 4928

–, 2(*oder* 4)-Nitroso- s. unter *Anthracen-
1,2(oder 1,4)-dion-monooxim* in den
Bänden 7 und 8

–, 1,2,3,4,5,6,7,8-Octahydro-
6 591 f, II 563 a, III 2759 d

–, 5,6,7,8,8a,9,10,10a-Octahydro-
6 III 2759 b

–, 1,2,2,9,10-Pentaphenyl-1,2-dihydro-
6 IV 5186

–, 1,2,3,4-Tetrahydro- 6 II 641 i

–, 5,6,7,8-Tetrahydro- 6 II 641 h

–, 3,4,9,10-Tetraphenyl- 6 III 3913 a,
IV 5183

–, 2,2,9,10-Tetraphenyl-1,2-dihydro-
6 IV 5182

[2]Anthrol 6 702 g, I 339 c, II 669 d,
III 3552 b, IV 4929

–, 9,10-Bis-sulfooxy- 6 II 1102 h

–, 1-Brom- 6 III 3552 e

–, 9-Brom- 6 III 3553 b

–, 1-Brom-1,2,3,4-tetrahydro-
6 IV 4744

–, 9-Chlor- 6 IV 4929

–, 1-Chlor-9,10-diphenyl- 6 IV 5159

–, 1,10-Dibrom- 6 III 3553 e

–, 9,10-Dichlor- 6 IV 4930

–, 9,10-Dihydro- 6 696 g, II 660 e,
IV 4866

–, 9,10-Dimethoxy-9,10-diphenyl-
9,10-dihydro- 6 IV 7664

–, 9,10-Diphenyl- 6 III 3859 b,
IV 5159

–, 6-Hexyl-tetradecahydro- 6 III 430 b

–, 1,1'-Methandiyl-di- 6 I 530 f

–, 3-Methoxy-9,10-diphenyl- 6 IV 7077

–, 1-Nitroso- s. unter *Anthracen-1,2-dion-
1-oxim* in den Bänden 7 und 8

–, 1,2,3,4,5,6,7,8-Octahydro-
6 II 563 b

–, 5,6,7,8,8a,9,10,10a-Octahydro-
6 III 2759 b

–, Tetradecahydro- 6 III 406 e

[2]Anthrol (Fortsetzung)

—, 1,2,3,4-Tetrahydro- **6** II 641 j

—, 3,4,9,10-Tetraphenyl- **6** IV 5183

[9]Anthrol 6 IV 4930, **7** 473 a,

I 256 a, II 414 d, III 2359 b;

s. a. unter *Anthron* in den Bänden
7 und 8

—, 10-Acetoxy- **6** IV 6892, **8** I 579 a,
III 1452 d

—, 1-Acetoxy-9,10-dihydro- **6** III 5591 c

—, 4-Acetoxy-9,10-dihydro- **6** III 5591 c

—, 10-Acetoxy-1,3-dimethyl- **8** III 1498 b

—, 3-Acetoxy-6-methoxy- **8** III 2806 a

—, 10-Acetoxy-2-methyl- **8** III 1484 c

—, 9-Äthinyl-10-hept-1-inyl-10-methoxy-
9,10-dihydro- **6** IV 7011

—, 9-Äthinyl-10-methoxy-10-phenyläthinyl-
9,10-dihydro- **6** IV 7062

—, 10-Äthinyl-10-methoxy-9-phenyl-
9,10-dihydro- **6** IV 7040

—, 10-Äthoxy-1,8-dichlor- **8** III 1454 b

—, 10-Äthoxy-4,5-dichlor- **8** II 216 e,
III 1454 d

—, 10-Äthoxy-1,5-dichlor-9-methyl-
10-phenyl-9,10-dihydro- **6** II 1025 d

—, 10-Äthoxy-1,5-diphenoxy-
8 III 3709 a

—, 10-Äthoxy-9-methyl-10-phenyl-
9,10-dihydro- **6** 1050 i

—, 10-Äthoxy-10-phenyl-9-*p*-tolyl-
9,10-dihydro- **6** I 527 b

—, 2-Äthyl- **6** IV 4950

—, 10-Äthyl- **7** III 2439 a

—, 9-Äthyl-10-benzhydryl-1,5-dichlor-
9,10-dihydro- **6** II 733 c

—, 2-Äthyl-10-brom- **6** IV 4950

—, 9-Äthyl-1,5-dichlor-9,10-dihydro-
6 II 666 h

—, 9-Äthyl-9,10-dihydro- **6** II 666 g

—, 9-Äthyl-10-nitro-9,10-dihydro-
6 700 g

—, 10-Äthyl-2,3,6,7-tetramethoxy-
8 III 4131 c

—, 10-Benzhydryl-9-benzyl-2-chlor-
9,10-dihydro- **6** III 3895 c

—, 10-Benzhydryl-9-benzyl-4-chlor-
9,10-dihydro- **6** III 3896 a

—, 10-Benzhydryl-9-benzyl-1,4-dichlor-
9,10-dihydro- **6** III 3896 b

—, 10-Benzhydryl-9-benzyl-1,5-dichlor-
9,10-dihydro- **6** II 739 g

—, 10-Benzhydryl-9-benzyl-1,8-dichlor-
9,10-dihydro- **6** III 3896 c

—, 10-Benzhydryl-9-benzyl-4,5-dichlor-
9,10-dihydro- **6** III 3896 d

—, 10-Benzhydryl-9-benzyl-9,10-dihydro-
6 II 739 f

—, 10-Benzhydryl-9-butyl-1,5-dichlor-
9,10-dihydro- **6** II 734 a

—, 10-Benzhydryl-1-chlor- **7** III 2970 a

—, 10-Benzhydryl-2-chlor- **7** III 2969 d

—, 10-Benzhydryl-4-chlor- **7** III 2969 c

—, 10-Benzhydryl-1,4-dichlor-
7 III 2970 b

—, 10-Benzhydryl-1,8-dichlor-
7 III 2970 d

—, 10-Benzhydryl-4,5-dichlor-
7 III 2970 c

—, 10-Benzhydryl-1,5-dichlor-9-isobutyl-
9,10-dihydro- **6** II 734 b

—, 10-Benzhydryl-1,5-dichlor-9-isopentyl-
9,10-dihydro- **6** II 734 c

—, 10-Benzhydryl-1,5-dichlor-9-isopropyl-
9,10-dihydro- **6** II 733 f

—, 10-Benzhydryl-1,5-dichlor-9-methyl-
9,10-dihydro- **6** II 732 d

—, 10-Benzhydryl-1,5-dichlor-9-phenyl-
9,10-dihydro- **6** II 739 d

—, 10-Benzhydryl-1,5-dichlor-9-propyl-
9,10-dihydro- **6** II 733 e

—, 9-Benzhydryl-10,10-diphenyl-
9,10-dihydro- **6** III 3911 d

—, 10-Benzhydryliden-9-methyl-
9,10-dihydro- **6** III 3868 d

—, 10-Benzhydryliden-9-phenyl-
9,10-dihydro- **6** III 3898 c

—, 10-Benzhydryl-9-methyl-9,10-dihydro-
6 II 732 c

—, 10-Benzhydryl-9-phenyl-9,10-dihydro-
6 II 739 c

—, 10-Benzyl- **7** III 2829 c,
IV 1865

—, 9-Benzyl-1-chlor-9,10-dihydro-
6 II 708 f

—, 9-Benzyl-1-chlor-10-phenyl-
9,10-dihydro- **6** III 3852 c

—, 10-Benzyl-1,4-dichlor- **7** III 2829 d

—, 9-Benzyl-1,5-dichlor-10-[4-chlor-
benzyl]-9,10-dihydro- **6** II 733 b

—, 10-Benzyl-1,5-dichlor-9-[4-chlor-
benzyl]-9,10-dihydro- **6** II 733 a

—, 9-Benzyl-1,5-dichlor-9,10-dihydro-
6 II 708 g

—, 9-Benzyl-1,8-dichlor-9,10-dihydro-
6 III 3754 d

[9]Anthrol   (Fortsetzung)

–, 9-Benzyl-4,5-dichlor-9,10-dihydro-
   6 III 3754 e

–, 10-Benzyl-1,5-dichlor-9,10-dihydro-
   6 II 709 d

–, 10-Benzyl-1,4-dichlor-5,8-dimethyl-
   7 III 2846 a

–, 9-Benzyl-1,4-dichlor-5,8-dimethyl-
   9,10-dihydro- **6** III 3761 b

–, 9-Benzyl-1,5-dichlor-10-methoxy-
   9,10-dihydro- **6** II 1025 b

–, 10-Benzyl-1,8-dichlor-9-methyl-
   9,10-dihydro- **6** II 710 a

–, 10-Benzyl-4,5-dichlor-9-methyl-
   9,10-dihydro- **6** II 710 b

–, 9-Benzyl-1,5-dichlor-10-phenyl-
   9,10-dihydro- **6** II 731 e

–, 9-Benzyl-1,8-dichlor-10-phenyl-
   9,10-dihydro- **6** III 3852 e

–, 9-Benzyl-4,5-dichlor-10-phenyl-
   9,10-dihydro- **6** III 3852 d

–, 10-Benzyl-1,5-dichlor-9-phenyl-
   9,10-dihydro- **6** II 731 c

–, 9-Benzyl-9,10-dihydro- **6** II 708 e,
   III 3754 c

–, 10-Benzyl-9,10-dihydro- **6** 726 f,
   I 359 b, II 709 c

–, 9-Benzyl-10,10-diphenyl-9,10-dihydro-
   6 II 739 e

–, 10-Benzyliden-4-chlor-9,10-dihydro-
   6 II 716 d

–, 10-Benzyliden-1,5-dichlor-
   9,10-dihydro- **6** II 717 a

–, 10-Benzyliden-9,10-dihydro-
   6 III 3787 a

–, 10-Benzyliden-9-methyl-9,10-dihydro-
   6 III 3793 b

–, 10-Benzyliden-9-phenyl-9,10-dihydro-
   6 III 3862 d

–, 9-Benzyl-10-methoxy-9,10-dihydro-
   6 III 5848 c

–, 9-Benzyl-10-nitro-9,10-dihydro-
   6 II 709 b

–, 10-Benzyl-1,2,3,4,4a,9,9a,10-
   octahydro- **6** II 680 c

–, 9-Benzyl-10-phenyl-9,10-dihydro-
   6 II 731 d

–, 9-Benzyl-1,5,10-trichlor-9,10-dihydro-
   6 II 709 a

–, 9-Biphenyl-2-yl-10,10-diphenyl-
   9,10-dihydro- **6** III 3911 a

–, 2-Brom- **6** IV 4932

–, 3-Brom- **6** IV 4932

–, 4-Brom- **6** IV 4932

–, 10-Brom- **7** 475 d, I 258 a, II 419 d,
   III 2368 d

–, 10-Brom-1-chlor- **7** II 419 e

–, 10-Brom-2-chlor- **7** III 2369 a

–, 10-Brom-3-chlor- **7** III 2369 b

–, 10-Brom-4-chlor- **7** II 420 a,
   III 2369 c

–, 10-Brom-1,3-dichlor- **7** III 2369 d

–, 10-Brom-1,4-dichlor- **7** III 2370 a

–, 10-Brom-1,5-dichlor- **7** II 420 b

–, 10-Brom-1,8-dichlor- **7** III 2370 b

–, 10-Brom-2,3-dichlor- **7** III 2370 c

–, 10-Brom-2,4-dichlor- **7** III 2370 d

–, 10-Brom-4,5-dichlor- **7** III 2371 a

–, 10-Brom-1,4-dichlor-5,8-dimethyl-
   7 III 2442 c

–, 10-Brom-2,3-dichlor-6,7-dimethyl-
   7 III 2443 c

–, 10-Brom-1,5-dichlor-10-hydroxymethyl-
   9,10-dihydro- **6** II 993 g

–, 10-Brom-1,3-dimethyl- **7** III 2441 a

–, 10-Brom-1,4-dimethyl- **7** III 2442 b

–, 10-Brom-2,3-dimethyl- **7** III 2443 b

–, 10-Brom-2,4-dimethyl- **7** III 2441 d

–, 10-Brom-1,5-diphenoxy- **8** III 2802 c

–, 10-Brom-2-methoxy- **8** III 1449 c

–, 10-Brom-3-methoxy- **8** III 1450 d

–, 10-Brom-2-methyl- **7** III 2414 b

–, 10-Brom-3-methyl- **7** III 2415 a

–, 10-Brom-1,2,3,4,5,6,7,8-octahydro-
   6 II 563 e

–, 3-Brom-10-phenyl- **7** III 2811 d

–, 10-Brom-2-phenyl- **7** III 2808 a

–, 10-Brom-1,2,3,4-tetrahydro-
   6 II 642 e

–, 2-*tert*-Butyl- **7** III 2479 c

–, 1-Chlor- **7** I 257 b, II 416 c,
   III 2363 e

–, 2-Chlor- **7** II 417 a, III 2364 a

–, 3-Chlor- **6** IV 4931, **7** I 257 c,
   II 417 b, III 2364 b

–, 4-Chlor- **6** IV 4931, **7** II 417 c,
   III 2364 c

–, 10-Chlor- **7** II 417 d, III 2364 d

–, 2-Chlor-10-[4-chlor-phenyl]-
   7 III 2810 d

–, 2-Chlor-10-[4-chlor-phenyl]-
   9,10-dihydro- **6** III 3744 b

–, 10-[9-Chlor-fluoren-9-yl]-
   7 IV 1943

–, 2-Chlor-10-nitro- **7** III 2371 d

–, 3-Chlor-10-nitro- **7** III 2372 a

[9]Anthrol   (Fortsetzung)

—, 3,6-Dimethyl- **7** III 2444 a

—, 1,4-Dimethyl-9,10-dihydro-
   6 II 666 i, III 3519 d

—, 9,10-Dimethyl-9,10-dihydro-
   6 III 3519 e

—, 1,3-Dimethyl-10-nitro- **7** III 2441 b

—, 1,4-Dimethyl-10-nitro- **7** III 2442 d

—, 2,3-Dimethyl-10-nitro- **7** III 2443 d

—, 1,4-Dimethyl-1,2,3,4,5,6,7,8-
   octahydro- **6** II 566 g

—, 1,3-Dimethyl-10-phenyl- **7** III 2841 c

—, 1,4-Dimethyl-10-phenyl- **7** III 2841 d

—, 2,3-Dimethyl-10-phenyl- **7** III 2842 a

—, 2,4-Dimethyl-10-phenyl- **7** III 2841 b

—, 10-[2,4-Dimethyl-phenyl]-2,4-dimethyl-
   6 IV 5127

—, 10-[2,5-Dimethyl-phenyl]-1,4-dimethyl-
   6 IV 5127

—, 1,4-Dimethyl-1,2,3,4-tetrahydro-
   6 II 649 e

—, 1,5-Diphenoxy- **8** III 2802 b

—, 1,4-Diphenyl-9,10-dihydro-
   6 III 3848 c

—, 9,10-Diphenyl-9,10-dihydro- **6** II 730 a

—, 10,10-Diphenyl-9,10-dihydro-
   6 734 d, II 729 f

—, 1,2,3,4,4a,5,6,7,8,8a,9,9a-Dodecahydro-
   6 IV 3501

—, 4-Fluor- **6** IV 4931

—, 10-Hydroperoxy-9,10-diphenyl-
   9,10-dihydro- **6** III 5957 c

—, 10-[1-Hydroxy-but-2-enyl]- **8** III 1582 b

—, 10-[2-Hydroxy-2,2-diphenyl-
   äthyliden]-9-phenyl-9,10-dihydro-
   6 IV 7105

—, 10-[β-Hydroxy-phenäthyliden]-
   9-phenyl-9,10-dihydro- **6** IV 7082

—, 10-Isobutyl- **7** III 2479 b

—, 9-Isobutyl-9,10-dihydro- **6** 701 e

—, 9-Isopentyl-9,10-dihydro-
   6 702 a, II 668 f

—, 1-Methoxy- **8** III 1449 a

—, 2-Methoxy- **8** III 1449 b

—, 3-Methoxy- **8** III 1450 c

—, 4-Methoxy- **8** III 1451 b

—, 10-Methoxy- **8** I 578 c, II 215 b,
   III 1452 c

—, 7-Methoxy-2,3-dimethyl- **8** III 1499 a

—, 10-Methoxy-1,3-dimethyl-
   8 III 1497 c

—, 10-Methoxy-1,4-dimethyl-
   8 III 1498 c

—, 10-Methoxy-2,3-dimethyl-
   8 III 1499 b

—, 10-Methoxy-2,4-dimethyl-
   8 III 1498 a

—, 10-Methoxy-9,10-diphenyl-
   9,10-dihydro- **6** 1062 a, II 1041 a,
   III 5953 a

—, 8-Methoxy-10-methyl-1,4-dihydro-
   6 IV 6840

—, 10-Methoxy-9-methyl-10-phenyl-
   9,10-dihydro- **6** 1050 h

—, 8-Methoxy-10-methyl-
   1,2,3,4-tetrahydro- **6** IV 6728

—, 9-[4-Methoxy-phenyl]-10,10-diphenyl-
   9,10-dihydro- **6** III 6010 a

—, 10-Methoxy-1,4,9-trimethyl-
   9,10-dihydro- **6** III 5614 d

—, 3-Methoxy-9,10,10-tris-[4-methoxy-
   phenyl]-9,10-dihydro- **6** III 6921 b

—, 1-Methyl- **7** III 2413 e

—, 2-Methyl- **7** 484 c, II 431 e, III 2414 a

—, 3-Methyl- **7** II 431 g, III 2414 c

—, 4-Methyl- **6** IV 4943, **7** III 2413 e

—, 10-Methyl- **6** IV 4944, **7** III 2415 b

—, 10-Methyl-1,4-dihydro- **6** IV 4880

—, 10-Methyl-9,10-diphenyl-9,10-dihydro-
   6 II 731 g

—, 9-Methyl-10,10-dipropyl-9,10-dihydro-
   6 IV 4922

—, 10-Methylen-9-phenyl-9,10-dihydro-
   6 728 a

—, 9-Methyl-10-methylen-9,10-dihydro-
   6 III 3575 f

—, 2-Methyl-1,2,3,4,5,6,7,8-octahydro-
   6 II 565 c

—, 3-Methyl-1,2,3,4,5,6,7,8-octahydro-
   6 II 565 c

—, 2-Methyl-10-phenyl- **7** 533 f, I 299 c,
   III 2831 c

—, 3-Methyl-10-phenyl- **7** 533 e, III 2831 b

—, 9-Methyl-10-phenyl-9,10-dihydro-
   6 II 709 f, III 3755 b

—, 4-Methyl-10-*o*-tolyl- **6** IV 5124

—, 9-[1]Naphthyl-10-phenyl-9,10-dihydro-
   6 II 737 e

—, 10-Nitro- **7** 476 b, I 258 c, II 420 c,
   III 2371 b

—, 10-Nitroso- s. *Anthrachinon-
monooxim* in den Bänden 7 und 8

—, 1,2,3,4,4a,9,9a,10-Octahydro-
   6 II 564 a, III 2759 c

—, 1,2,3,4,5,6,7,8-Octahydro-
   6 II 563 c, III 2760 a

[9]Anthrol (Fortsetzung)

—, 1,2,3,4,5,6,7,8-Octamethyl-
7 III 2518 b

—, 9-[2-Phenoxy-phenyl]-10,10-diphenyl-
9,10-dihydro- 6 III 6009 c

—, 10-Phenyl- 7 I 296 b, III 2808 c

—, 9-Phenyl-9,10-dihydro- 6 II 706 c

—, 10-Phenyl-9-propyl-9,10-dihydro-
6 II 710 d

—, 10-Phenyl-9-o-tolyl-9,10-dihydro-
6 II 731 f

—, 2,3,6,7-Tetrachlor- 7 III 2368 c

—, 1,2,3,4-Tetrahydro- 6 II 642 b,
IV 4744

—, 2,3,6,7-Tetramethoxy- 8 III 4097 c

—, 2,3,6,7-Tetramethyl- 7 III 2479 e

—, 1,4,10-Triacetoxy- 6 IV 7803,
8 III 3707 e

—, 9,10,10-Tribenzyl-9,10-dihydro-
6 II 740 c

—, 1,5,10-Trichlor- 7 II 419 b

—, 4,5,10-Trichlor- 7 II 419 c

—, 1,4,5-Trimethyl- 7 III 2463 e

—, 1,4,8-Trimethyl- 7 III 2463 e

—, 9,10,10-Trimethyl-9,10-dihydro-
6 IV 4906

—, 9,10,10-Triphenyl-9,10-dihydro-
6 738 b, I 368 e, II 739 b

—, 9,10,10-Tris-[4-methoxy-phenyl]-
9,10-dihydro- 6 III 6858 c

Anthron 6 IV 4930, 7 473 a, I 256 a,
II 414 d, III 2359; *in der Position 10
doppelt substituierte Anthrone s. in den
Bänden 7 und 8*

—, 10-Acetoxy- 8 I 579 a, III 1452 d

—, 2-Acetoxy-1-diacetoxyboryloxy-
3-hydroxy- 8 III 3705 b

—, 1-Acetoxy-5,8-dichlor-4-hydroxy-
8 III 2801 a

—, 2-Acetoxy-1,3-dihydroxy-
8 II 477 b, III 3704 c

—, 10-Acetoxy-1,3-dimethyl- 8 III 1498 b

—, 1-Acetoxy-4-hydroxy- 6 IV 7602,
8 III 2800 c

—, 3-Acetoxy-4-hydroxy- 8 III 2805 a

—, 4-Acetoxy-5-hydroxy- 8 III 2806 f

—, 3-Acetoxy-6-methoxy- 8 III 2806 a

—, 10-Acetoxy-2-methyl- 8 III 1484 c

—, 2-Äthoxycarbonyloxy-1,3-dihydroxy-
8 III 3704 d

—, 10-Äthoxy-1,8-dichlor- 8 III 1454 b

—, 10-Äthoxy-4,5-dichlor- 8 II 216 e,
III 1454 d

—, 10-Äthoxy-1,5-diphenoxy-
8 III 3709 a

—, 4-Äthoxy-1-hydroxy- 8 III 2800 b

—, 2-Äthyl- 6 IV 4950

—, 10-Äthyl- 7 III 2439

—, 2-Äthyl-10-brom- 6 IV 4950

—, 3-Äthyl-1-hydoxy- 8 III 1496 c

—, 2-Äthyl-10-hydroxy- 6 IV 6904

—, 3-Äthyl-10-hydroxy- 6 IV 6904

—, 10-Äthyl-2,3,6,7-tetramethoxy-
8 III 4131 c

—, 10-Benzhydryl-1-chlor- 7 III 2970 a

—, 10-Benzhydryl-2-chlor- 7 III 2969 d

—, 10-Benzhydryl-4-chlor- 7 III 2969 c

—, 10-Benzhydryl-1,4-dichlor-
7 III 2970 b

—, 10-Benzhydryl-1,8-dichlor-
7 III 2970 d

—, 10-Benzhydryl-4,5-dichlor-
7 III 2970 c

—, 10-Benzyl- 7 III 2829 c, IV 1865

—, 10-Benzyl-1,4-dichlor- 7 III 2829 d

—, 10-Benzyl-1,4-dichlor-5,8-dimethyl-
7 III 2846 a

—, 2,3-Bis-äthoxycarbonyloxy-1-hydroxy-
8 III 3705 a

—, 2-Brom- 6 IV 4932

—, 3-Brom- 6 IV 4932

—, 4-Brom- 6 IV 4932

—, 10-Brom- 7 475 d, I 258 a, II 419 d,
III 2368 d

—, 10-Brom-1-chlor- 7 II 419 e

—, 10-Brom-2-chlor- 7 III 2369 a

—, 10-Brom-3-chlor- 7 III 2369 b

—, 10-Brom-4-chlor- 7 II 420 a, III 2369 c

—, 10-Brom-1,3-dichlor- 7 III 2369 d

—, 10-Brom-1,4-dichlor- 7 III 2370 a

—, 10-Brom-1,5-dichlor- 7 II 420 b

—, 10-Brom-1,8-dichlor- 7 III 2370 b

—, 10-Brom-2,3-dichlor- 7 III 2370 c

—, 10-Brom-2,4-dichlor- 7 III 2370 d

—, 10-Brom-4,5-dichlor- 7 III 2371 a

—, 10-Brom-1,4-dichlor-5,8-dimethyl-
7 III 2442 c

—, 10-Brom-2,3-dichlor-6,7-dimethyl-
7 III 2443 c

—, 10-Brom-1,3-dimethyl- 7 III 2441 a

—, 10-Brom-1,4-dimethyl- 7 III 2442 b

—, 10-Brom-2,3-dimethyl- 7 III 2443 b

—, 10-Brom-2,4-dimethyl- 7 III 2441 d

—, 10-Brom-1,5-diphenoxy- 8 III 2802 c

—, 4-Brom-1-hydroxy-2-methoxy-
8 III 2799 a

Anthron (Fortsetzung)

—, 10-Brom-2-methoxy- **8** III 1449 c

—, 10-Brom-3-methoxy- **8** III 1450 d

—, 10-Brom-2-methyl- **7** III 2414 b

—, 10-Brom-3-methyl- **7** III 2415 a

—, 3-Brom-10-phenyl- **7** III 2811 d

—, 10-Brom-2-phenyl- **7** III 2808 a

—, 2-*tert*-Butyl- **7** III 2479 c

—, 1-Chlor- **7** I 257 b, II 416 c,
III 2363 e

—, 2-Chlor- **7** II 417 a, III 2364 a

—, 3-Chlor- **6** IV 4931, **7** I 257 c,
II 417 b, III 2364 b

—, 4-Chlor- **6** IV 4931, **7** II 417 c,
III 2364 c

—, 10-Chlor- **7** II 417 d, III 2364 d

—, 2-Chlor-10-[4-chlor-phenyl]-
7 III 2810 d

—, 10-[9-Chlor-fluoren-9-yl]-
7 IV 1943

—, 1-Chlor-10-nitro- **7** III 2371 c

—, 2-Chlor-10-nitro- **7** III 2371 d

—, 3-Chlor-10-nitro- **7** III 2372 a

—, 4-Chlor-10-nitro- **7** III 2372 b

—, 1-Chlor-10-phenyl- **7** III 2809 b

—, 4-Chlor-10-phenyl- **7** III 2809 a

—, 10-Cyclohexyl-2-methyl- **7** III 2616 a

—, 3,6-Diacetoxy- **8** III 2806 b

—, 1,4-Diacetoxy-10-brom- **8** III 2801 b

—, 1,4-Diacetoxy-10-hydroxy-
8 III 3707 c

—, 1,8-Diacetoxy-10-[2-hydroxy-äthyl]-
6 IV 7811

—, 1,4-Diacetoxy-10-methyl- **6** IV 7605

—, 1,4-Diäthoxy-10-hydroxy-
8 III 3707 b

—, 6,7-Dibrom-1,4,10-trihydroxy-
8 III 3708 b

—, 1,3-Dichlor- **7** III 2365 b

—, 1,4-Dichlor- **7** I 257 d, II 417 e,
III 2365 e

—, 1,5-Dichlor- **6** IV 4932, **7** 475 b,
I 257 e, II 417 f, III 2365 d

—, 1,6-Dichlor- **7** II 418 a

—, 1,8-Dichlor- **7** I 257 f, II 418 b,
III 2366 a

—, 2,3-Dichlor- **7** II 418 c, III 2366 b

—, 2,4-Dichlor- **7** III 2367 a

—, 2,5-Dichlor- **7** III 2367 b

—, 2,6-Dichlor- **7** II 418 d

—, 4,5-Dichlor- **7** II 418 e,
III 2367 c

—, 4,10-Dichlor- **7** II 419 a

—, 1,5-Dichlor-10-[2-chlor-benzyl]-
7 III 2830 a

—, 4,5-Dichlor-10-[2-chlor-benzyl]-
7 III 2830 b

—, 1,5-Dichlor-10-cinnamyl- **7** III 2880 c

—, 1,4-Dichlor-5,8-dimethyl- **7** III 2442 a

—, 2,3-Dichlor-6,7-dimethyl- **7** III 2443 a

—, 1,4-Dichlor-5,8-dimethyl-10-phenyl-
7 III 2841 e

—, 1,8-Dichlor-10-hydroxy- **8** III 1453 c

—, 4,5-Dichlor-10-hydroxy- **8** II 216 d,
III 1454 a

—, 1,4-Dichlor-10-methoxy- **8** III 1453 b

—, 4,5-Dichlor-10-methoxy- **8** III 1454 c

—, 1,4-Dichlor-10-methoxy-5,8-dimethyl-
8 III 1498 d

—, 1,3-Dichlor-10-nitro- **7** III 2372 c

—, 1,4-Dichlor-10-nitro- **7** III 2372 d

—, 1,5-Dichlor-10-nitro- **7** II 420 d

—, 1,8-Dichlor-10-nitro- **7** III 2373 a

—, 2,3-Dichlor-10-nitro- **7** III 2373 b

—, 2,4-Dichlor-10-nitro- **7** III 2373 c

—, 4,5-Dichlor-10-nitro- **7** III 2373 d

—, 1,4-Dichlor-10-phenyl- **7** III 2810 a

—, 1,8-Dichlor-10-phenyl- **7** III 2811 b

—, 2,3-Dichlor-10-phenyl- **7** III 2810 c

—, 2,4-Dichlor-10-phenyl- **7** III 2809 d

—, 4,5-Dichlor-10-phenyl- **7** III 2810 b

—, 2-[2,4-Dichlor-phenyl]-
1,4,10-trihydroxy- **8** III 3888 c

—, 2-[2,5-Dichlor-phenyl]-
1,4,10-trihydroxy- **8** III 3889 a

—, 3-[2,4-Dichlor-phenyl]-
1,4,10-trihydroxy- **8** III 3888 c

—, 3-[2,5-Dichlor-phenyl]-
1,4,10-trihydroxy- **8** III 3889 a

—, 1,2-Dihydroxy- **6** IV 7601,
8 II 371 e, III 2798 a

—, 1,3-Dihydroxy- **8** III 2799 b

—, 1,4-Dihydroxy- **8** III 2799 c

—, 1,5-Dihydroxy- **8** 330 d, I 646 f,
II 371 h, III 2801 c

—, 1,8-Dihydroxy- **6** IV 7602,
8 332 b, I 647 b, II 373 f, III 2802 d

—, 2,6-Dihydroxy- **8** 330 f, II 372 d,
III 2803 d

—, 3,4-Dihydroxy- **6** IV 7601,
8 330 g, I 647 a, II 372 f, III 2804 a

—, 3,6-Dihydroxy- **8** 331 d, II 373 e,
III 2805 b

—, 4,5-Dihydroxy- **6** IV 7602,
8 III 2806 c

Anthron　(Fortsetzung)

—, 1,8-Dihydroxy-10-[2-hydroxy-äthyl]-
　6 IV 7811

—, 1,8-Dihydroxy-3-hydroxymethyl-
　6 IV 7808, 8 III 3745 b

—, 2,4-Dihydroxy-7-hydroxymethyl-
　5-methoxy- 6 IV 7910

—, 1,8-Dihydroxy-3-methoxy-6-methyl-
　6 IV 7808

—, 1,8-Dihydroxy-6-methoxy-3-methyl-
　8 437 a, I 709 b, III 3745 a

—, 4,5-Dihydroxy-2-methoxy-7-methyl-
　8 III 3744 b

—, 1,4-Dihydroxy-10-methyl-
　6 IV 7604

—, 1,8-Dihydroxy-3-methyl- 6 IV 7604,
　8 III 2852 a

—, 4,5-Dihydroxy-2-methyl- 8 III 2851 c

—, 1,4-Dimethoxy- 8 III 2800 a

—, 1,5-Dimethoxy- 8 III 2802 a

—, 1,8-Dimethoxy- 8 III 2803 b

—, 2,3-Dimethoxy- 8 III 2803 c

—, 3,4-Dimethoxy- 8 331 a, II 373 b,
　III 2804 c

—, 3,6-Dimethoxy- 8 III 2805 d

—, 4,5-Dimethoxy- 8 III 2806 e

—, 1,4-Dimethoxy-10-methyl-
　6 IV 7605

—, 1,8-Dimethoxy-3-methyl- 6 IV 7604

—, 1,3-Dimethyl- 7 II 439 f, III 2440 c

—, 1,4-Dimethyl- 6 IV 4952,
　7 II 439 h, III 2441 e

—, 2,3-Dimethyl- 7 492 e, II 440 a,
　III 2442 e

—, 2,4-Dimethyl- 6 IV 4952,
　7 II 439 g, III 2441 c

—, 2,6-Dimethyl- 7 III 2443 e

—, 3,4-Dimethyl- 7 III 2440 b

—, 3,6-Dimethyl- 7 III 2444 a

—, 1,3-Dimethyl-10-nitro- 7 III 2441 b

—, 1,4-Dimethyl-10-nitro- 7 III 2442 d

—, 2,3-Dimethyl-10-nitro- 7 III 2443 d

—, 1,3-Dimethyl-10-phenyl- 7 III 2841 c

—, 1,4-Dimethyl-10-phenyl- 7 III 2841 d

—, 2,3-Dimethyl-10-phenyl- 7 III 2842 a

—, 2,4-Dimethyl-10-phenyl- 7 III 2841 b

—, 10-[2,4-Dimethyl-phenyl]-2,4-dimethyl-
　6 IV 5127

—, 10-[2,5-Dimethyl-phenyl]-1,4-dimethyl-
　6 IV 5127

—, 1,5-Diphenoxy- 8 III 2802 b

—, 4-Fluor- 6 IV 4931

—, 1-Hydroxy- 6 IV 6891, 8 189 g,
　I 577 g, II 213 e, III 1448 e

—, 2-Hydroxy- 6 IV 6892

—, 3-Hydroxy- 6 IV 6892, 8 189 f,
　I 577 e, II 214 a, III 1450 b

—, 4-Hydroxy- 6 IV 6891, 8 III 1451 a

—, 10-Hydroxy- 8 I 578 a, II 214 e,
　III 1451 c

—, 10-[1-Hydroxy-but-2-enyl]-
　8 III 1582 b

—, 10-Hydroxy-1,3-dimethoxy- 8 III 3705 c

—, 10-Hydroxy-1,4-dimethoxy- 8 III 3707 a

—, 10-Hydroxy-1,5-dimethoxy- 8 III 3708 c

—, 10-Hydroxy-2,4-dimethoxy- 8 III 3705 c

—, 10-Hydroxy-2,6-dimethoxy-
　1,5-dimethyl- 8 III 3753 b

—, 1-Hydroxy-3-isobutyl- 6 IV 6922

—, 1-Hydroxy-2-methoxy- 6 IV 7601,
　8 III 2798 b

—, 1-Hydroxy-4-methoxy- 8 III 2799 d

—, 1-Hydroxy-5-methoxy- 8 III 2801 d

—, 1-Hydroxy-8-methoxy- 8 III 2803 a

—, 3-Hydroxy-6-methoxy- 8 III 2805 c

—, 4-Hydroxy-3-methoxy- 8 II 373 a,
　III 2804 b

—, 4-Hydroxy-5-methoxy- 8 III 2806 d

—, 1-Hydroxy-5-methoxy-3-methyl-
　8 III 2852 c

—, 1-Hydroxy-6-methoxy-3-methyl-
　6 IV 7604

—, 1-Hydroxy-7-methoxy-3-methyl-
　8 III 2852 b

—, 4-Hydroxy-5-methoxy-2-methyl-
　8 III 2851 d

—, 1-Hydroxy-2-methyl- 8 III 1484 a

—, 1-Hydroxy-3-methyl- 6 IV 6898,
　8 III 1485 b

—, 1-Hydroxy-4-methyl- 8 III 1483 d

—, 4-Hydroxy-1-methyl- 8 III 1483 c

—, 4-Hydroxy-2-methyl- 8 III 1484 b

—, 4-Hydroxy-3-methyl- 8 III 1485 a

—, 10-Hydroxy-2,3,6,7-tetramethoxy-
　8 III 4253 a

—, 10-Isobutyl- 7 III 2479 b

—, 1-Methoxy- 8 III 1449 a

→, 2-Methoxy- 8 III 1449 b

—, 3-Methoxy- 8 III 1450 c

—, 4-Methoxy- 8 III 1451 b

—, 10-Methoxy- 8 190 e, I 578 c,
　III 1452 b

—, 7-Methoxy-2,3-dimethyl- 8 III 1499 a

—, 10-Methoxy-1,3-dimethyl-
　8 III 1497 c

Anthron (Fortsetzung)

—, 10-Methoxy-1,4-dimethyl-
8 III 1498 c

—, 10-Methoxy-2,3-dimethyl-
8 III 1499 b

—, 10-Methoxy-2,4-dimethyl-
8 III 1498 a

—, 1-Methyl- **7** III 2413 e

—, 2-Methyl- **7** 484 c, II 431 e, III 2414 a

—, 3-Methyl- **7** II 431 g, III 2414 c

—, 4-Methyl- **7** III 2413 e

—, 10-Methyl- **6** IV 4944, **7** III 2415 b

—, 2-Methyl-10-phenyl- **7** 533 f, I 299 c,
III 2831 c

—, 3-Methyl-10-phenyl- **7** 533 e,
III 2831 b

—, 4-Methyl-10-o-tolyl- **6** IV 5124

—, 10-Nitro- **7** 476 b, I 258 c, II 420 c,
III 2371 b

—, 1,2,3,4,5,6,7,8-Octamethyl-
7 III 2518 b

—, 1,4,5,8,10-Pentahydroxy-
8 543 a, II 578 d, III 4252 d

—, 10-Phenyl- **7** 529 g, I 296 b,
II 491 e, III 2808 b

—, 2,3,6,7-Tetrachlor- **7** III 2368 c

—, 1,2,3,4-Tetrachlor-5,8,10-trihydroxy-
8 III 3708 a

—, 1,3,6,8-Tetrahydroxy- **8** III 4097 b

—, 2,4,5,7-Tetrahydroxy- **8** III 4097 b

—, 2,3,6,7-Tetramethoxy- **8** III 4097 c

—, 2,3,6,7-Tetramethyl- **7** III 2479 e

—, 1,4,10-Triacetoxy- **6** IV 7803,
8 III 3707 e

—, 1,5,10-Trichlor- **7** II 419 b

—, 4,5,10-Trichlor- **7** II 419 c

—, 1,2,3-Trihydroxy- **6** IV 7802,
8 430 f, II 476 j, III 3704 b

—, 1,4,10-Trihydroxy- **8** 431 a, I 705 e,
II 478 d, III 3706

—, 2,3,4-Trihydroxy- **8** III 3709 b

—, 3,4,6-Trihydroxy- **6** IV 7802

—, 1,3,8-Trihydroxy-6-methyl-
6 IV 7808, **8** 436 e, I 709 b, II 485 b,
III 3744 c

—, 1,4,5-Trimethyl- **7** III 2463 e

—, 1,4,8-Trimethyl- **7** III 2463 e

[1]Anthrylhydroperoxid

—, 1,2,3,4,5,6,7,8-Octahydro-
6 III 2759 e

[9]Anthrylhydroperoxid

—, 10-Brom-9,10-diphenyl-9,10-dihydro-
19 IV 459

—, 10-Chlor-9,10-diphenyl-9,10-dihydro-
19 IV 459

—, 9,10-Dihydro- **6** IV 4866

—, 9,10-Dimethyl-9,10-dihydro-
6 IV 4897

—, 10-Methoxy-9,10-diphenyl-
9,10-dihydro- **6** III 5957 d

[9]Anthrylthiocyanat 6 II 672 j, III 3557 a

Antiarol 6 1154 f, II 1118 g, III 6653 a

Antimon(1+)

—, Diphenyl- **6** III 977

Antimonigsäure

— tribenzylester **6** IV 2228

— tricyclohexylester **6** IV 25

— triphenäthylester **6** IV 3069

— triphenylester **6** 182 e, IV 545

— tri-m-tolylester **6** 381 i

— tri-o-tolylester **6** 358 i

— tri-p-tolylester **6** 402 e

Antimonit

s. *Antimonigsäure-....ester*

Anymol 6 III 409 Anm.

Aphanol 6 III 3776 b

Apiolol 6 II 1124 f

Apionol 6 1153 b, III 6650 a, IV 7683

Apoallobetulin 6 II 940 g, **17** IV 568

Apoaromadendrol 6 III 406 b, IV 415

Apoborneol 6 II 64 e, III 240 c

—, 1-Äthyl- **6** IV 309

Apocamphan

s. *Norbornan, 7,7-Dimethyl-*

Apocamphenilol 6 III 225 b, IV 231

2'-Apo-β,ψ-carotin

—, 2'-Acetoxy-3',4'-didehydro-
6 IV 5109

4'-Apo-β,ψ-carotin

—, 4'-Acetoxy- **6** IV 5081 a

6'-Apo-β-carotin

—, 6'-Acetoxy- **6** IV 5004

8'-Apo-β-carotin

—, 8'-Acetoxy- **6** IV 4979

10'-Apo-β-carotin

—, 10'-Acetoxy- **6** IV 4925 a

12'-Apo-β-carotin

—, 12'-Acetoxy- **6** III 3472 a

2'-Apo-β,ψ-carotin-2'-ol

—, 3',4'-Didehydro- **6** IV 5109

4'-Apo-β,ψ-carotin-4'-ol 6 IV 5081 a

6'-Apo-β-carotin-6'-ol 6 IV 5004

6'-Apo-β-carotin-8'-ol

—, 7',8'-Dihydro- **6** III 3602 b

8'-Apo-β-carotin-8'-ol 6 III 3600 d, IV 4979

8'-Apo-ε-carotin-8'-ol 6 III 3601 a

Arginin (Fortsetzung)

—, N^{ω}-Benzyloxycarbonyl-N^{α}-[N^{α}, N^{δ},=
N^{ω}-tris-benzyloxycarbonyl-arginyl]-,
  — benzylester **6** IV 2516
  — methylester **6** IV 2446

—, N^{α}, N^{ω}-Bis-benzyloxycarbonyl-
6 IV 2442

—, N^{δ}, N^{ω}-Bis-benzyloxycarbonyl-
6 IV 2446

—, N^{α}-[N^{2}, N^{6}-Bis-benzyloxycarbonyl-
lysyl]-N^{ω}-nitro- **6** IV 2451
  — methylester **6** IV 2451

—, N^{α}, N^{ω}-Bis-[bis-benzyloxy-
phosphoryl]-,
  — methylester **6** IV 2585

—, N^{α}, N^{ω}-Bis-[4-nitro-benzyloxycarbonyl]-
6 IV 2621
  — methylester **6** IV 2621

—, N^{α}-[4-Nitro-benzyloxycarbonyl]-
6 IV 2621
  — amid **6** IV 2622

—, N^{ω}-[4-Nitro-benzyloxycarbonyl]-
6 IV 2616

—, N^{ω}-Nitro-N^{α}-[4-nitro-benzyloxy=
carbonyl]- **6** IV 2621

—, N^{α}, N^{δ}, N^{ω}-Tris-benzyloxycarbonyl-
6 IV 2446
  — amid **6** IV 2446

Armillarigenin-A 6 IV 4415

Armillarigenin-C 6 IV 7527

Arnidandiol 6 III 5148 b; vgl. IV 6451 e

Arnidenaldiol

—, O,O'-Diacetyl- **6** III 5227; vgl. IV 6527 d

Arnidendiol 6 III 5226 b; vgl. IV 6527 d

Arnidenolon 6 III 5226 b; vgl. IV 6527 d
  — [2,4-dinitro-phenylhydrazon]
6 III 5226 b; vgl. IV 6527 d
  — oxim **6** III 5226 b; vgl.
IV 6527 d

Arnidiol 6 974 c, III 5226 b, IV 6527

—, O,O'-Diacetyl- **6** 974 d, III 5226 c;
vgl. IV 6527 d

—, O,O'-Diacetyl-dihydro- **6** III 5148 e;
vgl. IV 6451 e

—, Dihydro- **6** III 5148 b, IV 6452

Aromadendrandiol 6 III 4179 d, IV 5548

Aromadendrenglykol 6 III 4179 d

Arsenigsäure
  — äthandiylester-cyclohexylester
6 IV 59
  — äthandiylester-phenylester
6 IV 761

  — äthylester-o-phenylenester
6 IV 5606
  — butylester-o-phenylenester
6 IV 5606
  — cyclohexylester-[methoxymethyl-
äthandiylester] **6** IV 59
  — [methoxymethyl-äthandiylester]-
phenylester **6** IV 761
  — nonylester-o-phenylenester
6 IV 5606
  — octylester-o-phenylenester
6 IV 5606
  — tribenzylester **6** 439 j, III 1551 e
  — tricinnamylester **6** III 2408 e
  — tricyclohexylester **6** III 37 e
  — tri-[2]naphthylester **6** 648 f
  — triphenylester **6** 182 d, II 168 e
  — tris-[2-methyl-cyclohexylester]
6 III 66 a
  — tris-[4-methyl-cyclohexylester]
6 III 75 i
  — tri-m-tolylester **6** 381 h, III 1313 b
  — tri-o-tolylester **6** 358 h, III 1262 d
  — tri-p-tolylester **6** 402 d, III 1372 g

Arsenit
  s. *Arsenigsäure-....ester*

Arsensäure
  — tris-[2,3-dihydroxy-phenylester]
6 I 540 f

Arsen(III)-säure
—, Dibrenzcatechinato- **6** III 4198

Arsen(V)-säure
—, Tribrenzcatechinato- **6** I 381,
II 772, III 4198

Arsin
—, Bis-benzolsulfenyl-methyl-
6 IV 1566
—, Bis-cyclohexyloxy-methyl- **6** IV 59
—, Methyl-bis-[toluol-4-sulfenyl]-
6 IV 2209
—, Tris-[bornyloxy-thiocarbonyl=
mercapto]- **6** IV 284

Arsinsäure
—, Dimethyl-,
  — [2-methoxy-phenylester] **6** 782 h, II 779

Arsonigsäure
—, Methyl-,
  — dicyclohexylester **6** IV 59

Arsonium
—, [2-Benzhydryloxy-äthyl]-trimethyl-
6 IV 4670

Azulen-6-ol (Fortsetzung)

—, 6-Methyl-decahydro- **6** III 325 e,
IV 303

Azulen-1,4,5,6,8-pentaol

—, 1-Isopropyl-3a,6-dimethyl-decahydro-
6 IV 7887

Azulen-1,3,4,8-tetraol

—, 1-Isopropyl-3a,6-dimethyl-1,2,3,3a,4,7,⁼
8,8a-octahydro- **6** IV 7681

Azulen-1,6,8-triol

—, 7-[β-Hydroxy-isopropyl]-1,4-dimethyl-
decahydro- **6** IV 7679

Azulen-1,7,8a-triol

—, 8-Isopropyliden-1,4-dimethyl-
octahydro- **6** IV 7324

Azulen-3a,6,7-triol

—, 3-Isopropyl-6,8a-dimethyl-decahydro-
6 II 114 g, III 6258 b

Azulen-1-ylthiocyanat 6 IV 4207

—, 3-Brom- **6** IV 4207

—, 3-Nitro- **6** IV 4207

B

Balanophorin 6 I 304 g, II 571 b

A_1-**Barrigenol 6** III 6897 b

—, Penta-*O*-acetyl- **6** III 6898

—, Tetra-*O*-acetyl- **6** III 6897 c,
IV 7896

A_2-**Barrigenol 6** III 6698 b

—, Tetra-*O*-acetyl- **6** III 6698 b

—, Tri-*O*-acetyl- **6** III 6698 b

R_1-**Barrigenol 6** III 6950 a

—, Hexa-*O*-acetyl- **6** III 6950 b

—, Penta-*O*-acetyl- **6** III 6950 a

R_2-**Barrigenol 6** III 6895

Barringtogenol 6 IV 7731

Barringtogenol-C 6 III 6895

Basseol 6 III 2879 b

—, *O*-Acetyl-dihydro- **6** III 2723 c

Bauerenol 6 IV 4193

Benadryl 6 III 3371 f, IV 4658

Benihiol 6 III 285 a, IV 277

Benihylbromid 6 III 285 a

Benihyljodid 6 III 285 a

Benz[...]aceanthren

s. *Benz[...]aceanthrylen, Dihydro-*

Benz[bc]aceanthrylen

—, 6-Acetoxy-11*H*- **6** III 3778 b

Benz[j]aceanthrylen

—, 11,12-Diacetoxy-3-methyl-1,2,11,12-
tetrahydro- **6** III 5849 a

—, 1,2-Dihydro- s. *Cholanthren*

Benz[j]aceanthrylen-11,12-diol

—, 3-Methyl-1,2,11,12-tetrahydro-
6 III 5848 e

Benz[a]aceanthrylen-8-ol 6 III 3808 a,
7 IV 1882

Benz[bc]aceanthrylen-6-ol

—, 11*H*- **6** III 3778 a

Benz[e]aceanthrylen-6-ol

—, 1,2,3,4,4a,4b,5,6,12,12a-Decahydro-
6 III 3596 b

Benz[j]aceanthrylen-1-ol

—, 1,2,2a,3,4,5-Hexahydro- **6** III 3690 e

—, 1-Methyl-1,2,2a,3,4,5-hexahydro-
6 III 3699 e

Benz[a]aceanthrylen-8-on

—, 12b*H*- **6** III 3808 a, **7** IV 1882

Benz[bc]aceanthrylen-6-on

—, 10b,11-Dihydro- **6** III 3778 a

Benz[...]acephenanthren

s. *Benz[...]acephenanthrylen, Dihydro-*

Benz[k]acephenanthrylen

—, 7-Acetoxy-4,5-dihydro- **6** III 3782 b

—, 6-Methoxy-4,5-dihydro- **6** III 3782 a

Benz[k]acephenanthrylen-5a,6-diol

—, 4,5-Dihydro-6*H*- **6** III 5846 d

Benz[a]acephenanthrylen-7-ol

—, 1,2,3,4,4a,5,5a,6,7,12-Decahydro-
6 IV 4975

Benz[k]acephenanthrylen-5a-ol

—, 6-Acetoxy-4,5-dihydro-6*H*-
6 III 5846 e

Benz[k]acephenanthrylen-7-ol

—, 12-Methyl-4,5,7,12-tetrahydro-
6 III 3757 b

Benzamid

—, *N*-[4,4-Dimethyl-bicyclo[3.2.1]oct-
2-yl]- **6** III 280 c

Benz[16,17]androsta-5,16-dien

—, 3,4'-Diacetoxy- **6** III 5674 a

Benz[16,17]androsta-5,16-dien-3,4'-diol
6 III 5673 d

Benz[16,17]androst-16-en

—, 3,4'-Diacetoxy- **6** III 5561 d

Benz[16,17]androst-16-en-3,4'-diol 6 III 5561 c

Benz[a]anthracen

—, 2-Acetoxy- **6** III 3725 d

—, 4-Acetoxy- **6** III 3726 b

—, 5-Acetoxy- **6** II 704 c

—, 7-Acetoxy- **6** III 3727 d, IV 5083

—, 11-Acetoxy- **6** III 3728 d

—, 12-Acetoxy- **6** IV 5084

—, 7-Acetoxy-5,6-dihydro- **6** III 3634 g

—, 12-Acetoxy-1,7-dimethyl- **6** III 3748 a

Benz[*a*]anthracen (Fortsetzung)

−, 7-Acetoxy-5-methoxy- **6** II 1023 c,
  III 5835 c

−, 5-Acetoxy-7-methyl- **6** III 3736 a

−, 7-Acetoxymethyl- **6** III 3737 b,
  IV 5088

−, 7-Acetoxy-5-methyl- **6** III 3735 b

−, 7-Acetoxy-9-methyl- **6** III 3738 d

−, 7-Acetoxy-12-methyl- **6** III 3739 a,
  IV 5089

−, 12-Acetoxy-1-methyl- **6** III 3735 a

−, 12-Acetoxy-7-methyl- **6** III 3736 d

−, 7-Acetoxymethyl-9-methyl-
  6 III 3748 c

−, 12-Acetoxy-6-methyl-
  1,2,3,4-tetrahydro- **6** III 3619 a

−, 7-Acetoxy-1,2,3,4,8,9,10,11-octahydro-
  6 III 3532 a

−, 7-Acetoxy-1,2,3,4-tetrahydro-
  6 III 3615 f

−, 7-Acetoxy-8,9,10,11-tetrahydro-
  6 III 3615 b

−, 8-Acetoxy-8,9,10,11-tetrahydro-
  6 III 3615 e

−, 7-Äthoxymethyl- **6** III 3737 a,
  IV 5088

−, 7-Äthoxymethyl-12-methyl-
  6 III 3749 c, IV 5097

−, 8-Äthyl-7,12-dimethoxy-7,12-dimethyl-
  7,12-dihydro- **6** III 5815 e

−, 7-Äthyl-5-methoxy- **6** III 3747 c

−, 7-Äthyl-5-methoxy-12-methyl-
  6 IV 5103

−, 7-Benzylmercapto- **6** III 3727 e

−, 7-Benzyloxy- **6** III 3727 c

−, 7,12-Bis-acetoxymethyl- **6** III 5846 a

−, 7,12-Bis-[3-carboxy-propionyloxy=
  methyl]- **6** III 5846 b

−, 7,12-Bis-hydroxymethyl- **6** III 5845 e

−, 5,6-Diacetoxy- **6** II 1023 b

−, 7,12-Diacetoxy- **6** IV 7000

−, 5,6-Diacetoxy-5,6-dihydro-
  6 III 5778 e

−, 7,12-Diacetoxy-5,6-dihydro-
  6 IV 6969

−, 7,12-Diacetoxy-2,5-dimethyl-
  6 IV 7009

−, 5,6-Diacetoxy-7,12-dimethyl-
  5,6-dihydro- **6** III 5800 c

−, 7,12-Diacetoxy-1,2,3,4,5,6-hexahydro-
  6 IV 6923

−, 7,12-Diacetoxy-6-methyl- **6** III 5839 a

−, 7,12-Diacetoxy-9-methyl- **6** III 5839 c

−, 7,12-Diacetoxy-10-methyl-
  6 III 5839 d

−, 7,12-Diacetoxy-11-methyl-
  6 III 5839 e

−, 5,6-Diacetoxy-1-methyl-5,6-dihydro-
  6 III 5790 f

−, 5,6-Diacetoxy-7,8,9,12-tetramethyl-
  5,6-dihydro- **6** III 5816 d

−, 5,6-Diacetoxy-7,8,12-trimethyl-
  7,12-dihydro- **6** III 5806 e

−, 7,12-Diäthoxy-7,12-dimethyl-
  7,12-dihydro- **6** III 5800 a

−, 7,12-Diäthyl-7,12-dimethoxy-
  7,12-dihydro- **6** III 5815 c

−, 5,7-Dimethoxy- **6** III 5835 b

−, 7,12-Dimethoxy- **6** III 5836 a,
  IV 7000

−, 7,12-Dimethoxy-7,12-dimethyl-
  7,12-dihydro- **6** III 5799 e

−, 7,12-Dimethoxy-7,12-dimethyl-
  8-propyl-7,12-dihydro- **6** III 5817 f

−, 7,12-Dimethoxy-7,12-dipropyl-
  7,12-dihydro- **6** III 5821 c

−, 8,12-Dimethoxy-7-methyl-
  6 III 5839 b

−, 7,12-Dimethoxy-7,8,9,12-tetramethyl-
  7,12-dihydro- **6** III 5816 b

−, 7,12-Dimethoxy-2,7,12-trimethyl-
  7,12-dihydro- **6** IV 6988

−, 7,12-Dimethoxy-7,8,12-trimethyl-
  7,12-dihydro- **6** III 5806 c

−, 7,12-Dimethoxy-7,9,12-trimethyl-
  7,12-dihydro- **6** III 5807 b

−, 7,12-Dimethoxy-7,10,12-trimethyl-
  7,12-dihydro- **6** III 5807 d

−, 7,12-Dimethoxy-7,11,12-trimethyl-
  7,12-dihydro- **6** III 5807 f

−, 7,7′-Disulfandiyl-bis- **6** III 3728 b

−, 1-Methoxy- **6** IV 5083

−, 2-Methoxy- **6** III 3725 c

−, 4-Methoxy- **6** III 3726 a

−, 5-Methoxy- **6** II 704 b, III 3726 d

−, 7-Methoxy- **6** III 3727 b

−, 8-Methoxy- **6** IV 5083

−, 12-Methoxy- **6** IV 5083

−, 2-Methoxy-7,12-dimethyl-
  6 III 3748 d, IV 5097

−, 5-Methoxy-7,12-dimethyl-
  6 III 3749 a, IV 5097

−, 10-Methoxy-7,12-dimethyl-
  6 IV 5097

−, 5-Methoxy-1-methyl- **6** III 3734 d

−, 5-Methoxy-7-methyl- **6** III 3735 d

Benz[a]anthracen-7-on (Fortsetzung)
−, 5-Methoxy-12H- **8** III 1641 b
−, 12-Methyl-12H- **7** III 2737 d
−, 12-Methyl-1,3,4,12-tetrahydro-2H-
 6 IV 5001
−, 12-Phenyl-12H- **6** IV 5153
−, 8,11,12-Trihydroxy-12H- **8** III 3856 b
Benz[a]anthracen-12-on
−, 7H- **6** IV 7986
−, 7,8-Dimethyl-7H- **7** III 2754 b
−, 6,7-Dimethyl-2,3,4,7-tetrahydro-1H-
 7 III 2611 d
−, 8-Methoxy-7-methyl-7H- **8** III 1654 b
−, 6-Methyl-7H- **7** III 2737 c
−, 6-Methyl-2,3,4,7-tetrahydro-1H-
 7 III 2602 a
−, 7,8,11-Trihydroxy-7H- **8** III 3856 b
Benz[a]anthracen-7,8,11,12-tetraol 8 III 3856 b
Benz[a]anthracen-7-ylthiocyanat 6 III 3727 f
−, 12-Methyl- **6** III 3739 b
Benz[a]anthracen-12-ylthiocyanat 6 III 3728 e
−, 7-Methyl- **6** III 3736 e
Benzanthren
 s. *Benz[de]anthracen*
Benzaurin 6 1145 e, **8** I 589 g, II 245 c,
 III 1644 d
Benzaurin-hydrat 6 III 6582 c
Benzaurin-hydrochlorid 6 III 6583 a
Benz[a]azulen
−, 7-Methoxy- **6** IV 4928
Benz[a]azulen-6-ol
−, 4a,5,6,7,8,9,9a,10-Octahydro-
 6 III 2758 g
Benz[a]azulen-8-ol
−, 2-Methoxy-4b,5,6,7,8,9,9a,10-
 octahydro- **6** IV 6476
Benz[a]azulen-10-ol
−, 4b,5,6,7,8,9,9a,10-Octahydro-
 6 IV 4109
Benz[e]azulen-6-ol
−, 6-Methyl-1,2,3,3a,4,5,6,10b-octahydro-
 6 IV 4115
−, 1,2,3,3a,4,5,6,10b-Octahydro-
 6 III 2759 a
Benz[f]azulen-9-ol
−, 1,2,3,3a,4,9,10,10a-Octahydro-
 6 III 2758 h, IV 4109
Benzen
 s. a. *Benzol*
Benzen-diol
 s. *Brenzcatechin, Hydrochinon, Resorcin*
Benzen-1,3-diselenol 6 III 4373 i
Benzen-1,4-diselenol 6 III 4489 d

Benzen-1,2-dithiol 6 I 397 e, II 799 g,
 III 4286 c, IV 5651
−, 4-Brom- **6** II 800 c
−, 4-Chlor- **6** III 4288 b
−, 4-Methyl- **6** III 4530 c, IV 5890
Benzen-1,3-dithiol 6 834 g, I 408 d, II 829 f,
 III 4366 e, IV 5705
−, 4-Äthyl- **6** I 441 d
−, 4,6-Bis-methylmercapto- **6** I 571 g
−, 4-Chlor- **6** I 410 b, IV 5708
−, 2,5-Diacetoxy- **6** II 1120 f
−, 2,5-Dichlor- **6** II 830 k
−, 4,6-Dichlor- **6** I 410 i
−, 4,6-Dimethoxy- **6** I 571 b
−, 2,4-Dimethyl- **6** I 444 m
−, 2,5-Dimethyl- **6** I 446 g
−, 4,5-Dimethyl- **6** III 4581 e
−, 4,6-Dimethyl- **6** I 445 d
−, 4,6-Dinitro- **6** IV 5709
−, 4-Methoxy- **6** II 1074 c
−, 4-Methyl- **6** 873 e
−, 5-Methyl- **6** 891 c
−, 4-Methylmercapto- **6** I 544 l
−, 5-Nitro- **6** III 4370 e
Benzen-1,4-dithiol 6 867 g, I 422 e, II 854 h,
 III 4472 g, IV 5840
−, 2,5-Dichlor- **6** IV 5848
−, 2-Methyl- **6** IV 5877
Benzenhexaol 6 1198 f, I 592 g, II 1161 c,
 III 6938 a
9,10-o-Benzeno-anthracen
−, 1,4-Diacetoxy-9,10-dihydro-
 6 III 5881 d
−, 1,4-Diacetoxy-1,2,3,4,4a,9,9a,10-
 octahydro- **6** III 5766 a
9,10-o-Benzeno-anthracen-1,4-diol
−, 9-Brom-9,10-dihydro- **6** IV 7023
−, 9,10-Dihydro- **6** III 5881 b, IV 7023
−, 1,2,3,4,4a,9,9a,10-Octahydro-
 6 III 5765 d, IV 6960
−, 5,6,7,8,8a,9,10,10a,11,12,13,14,15,16-
 Tetradecahydro- **6** III 5548 b
9,10-o-Benzeno-anthracen-1,4-dion
−, 9-Brom-4a,9,9a,10-tetrahydro-
 6 IV 7023
−, 4a,9,9a,10-Tetrahydro- **6** III 5881 c,
 IV 7023
9,10-o-Benzeno-anthracen-9-ol
−, 10H- **6** IV 5119
7,12-o-Benzeno-benz[a]anthracen-8,11-diol
−, 1,2,3,4,7,12-Hexahydro- **6** IV 7044

Benzhydrol (Fortsetzung)

−, 4,4′-Di-*tert*-butyl- **6** IV 4831

−, 2,2′-Dichlor- **6** III 3377 b, IV 4675

−, 2,3′-Dichlor- **6** IV 4675

−, 2,4-Dichlor- **6** III 3376 f

−, 2,4′-Dichlor- **6** IV 4675

−, 2,5-Dichlor- **6** III 3377 a

−, 2,6-Dichlor- **6** I 327 g

−, 3,3′-Dichlor- **6** IV 4675

−, 3,4′-Dichlor- **6** IV 4675

−, 3,5-Dichlor- **6** III 3377 d

−, 4,4′-Dichlor- **6** 680 g, I 327 i,
II 635 a, III 3377 e, IV 4676

−, 5,5′-Dichlor-2,2′-dihydroxy-
6 IV 7565

−, 2,4′-Dichlor-3,3′-dimethoxy-
6 IV 7566

−, 3,3′-Dichlor-4,4′-dimethoxy-
6 IV 7567

−, 3,5-Dichlor-2-hydroxy- **6** 998 h

−, 4,4′-Difluor- **6** III 3375 f, IV 4673

−, 2,4-Dihydroxy- **6** I 559 d, II 1098 g

−, 2,4′-Dihydroxy- **6** 1135 e

−, 2,4-Dihydroxy-4′-methoxy-
6 I 575 g, IV 7751

−, 2,4′-Dihydroxy-5-methyl- **6** IV 7572

−, 4,4′-Dihydroxy-3,5,3′,5′-tetramethyl-
6 III 6542 e

−, 4,4′-Dijod- **6** IV 4678

−, 2,2′-Dimethoxy- **6** II 1098 i,
IV 7565

−, 2,3-Dimethoxy- **6** III 6530 a

−, 2,4-Dimethoxy- **6** I 559 e, IV 7565

−, 3,3′-Dimethoxy- **6** IV 7566

−, 3,4-Dimethoxy- **6** 1135 f, II 1098 h,
III 6530 c, IV 7566

−, 4,4′-Dimethoxy- **6** 1136 a, II 1099 a,
III 6530 f, IV 7566

−, 2,5-Dimethoxy-3,4-dimethyl-
6 III 6538 d

−, 4,4′-Dimethoxy-2,6,2′,6′-tetramethyl-
6 IV 7582

−, 2,2′-Dimethyl- **6** II 646 i, III 3421 d,
IV 4770

−, 2,3-Dimethyl- **6** III 3420 e

−, 2,4-Dimethyl- **6** 688 g, III 3421 b

−, 2,4′-Dimethyl- **6** II 646 j, IV 4771

−, 2,5-Dimethyl- **6** 688 h

−, 3,3′-Dimethyl- **6** III 3422 e

−, 3,4-Dimethyl- **6** 688 i, III 3421 f

−, 3,5-Dimethyl- **6** III 3422 d,
IV 4773

−, 4,4′-Dimethyl- **6** 688 j, I 331 j,
II 647 a, III 3422 f, IV 4773

−, 2-[2-Dimethylamino-äthoxy]-
6 III 5416 c

−, 4-[2-Dimethylamino-äthoxy]-
6 IV 6669

−, 3,5-Dimethyl-4-propyl- **6** IV 4820

−, 3,3′-Dinitro- **6** IV 4681

−, 3,5-Dinitro- **6** IV 4680

−, 4,4′-Dinitro- **6** IV 4681

−, 4,4′-Diphenoxy- **6** IV 7567

−, 4,4′-Diphenyl- **6** 732 h, I 363 c,
II 725 g, III 3835 a

−, 2-Fluor- **6** III 3375 c

−, 3-Fluor- **6** III 3375 d

−, 4-Fluor- **6** I 327 b, III 3375 e

−, 4-Fluor-4′-methyl- **6** IV 4737

−, 4-Fluor-4′-methylmercapto-
6 IV 6671

−, 2,4,6,2′,4′,6′-Hexaäthyl- **6** III 3472 c

−, 2,3,5,2′,3′,5′-Hexabrom-
4,4′-dihydroxy- **6** 1136 j

−, 2,4,6,3′,4′,5′-Hexamethoxy-
6 1208 a

−, 3,4,5,3′,4′,5′-Hexamethoxy-
6 III 6994 a

−, 2,3,4,5,6,2′-Hexamethyl- **6** IV 4825

−, 2,4,5,2′,4′,5′-Hexamethyl-
6 I 333 d

−, 2,4,6,2′,4′,6′-Hexamethyl- **6** III 3461 b,
IV 4826

−, 2,4,6,2′,4′,6′-Hexaphenyl- **6** III 3917 b

−, 4-Hexyl- **6** IV 4825

−, 4-Hydroxy- **6** 998 j, I 489 a,
III 5417 a

−, 4-Hydroxy-3,5-dimethyl- **6** IV 6725

−, 3-Hydroxy-2-hydroxymethyl-6-phenyl-
6 IV 7624

−, 2-Hydroxymethyl- **6** IV 6698

−, 2-Hydroxymethyl-4′-methyl-
6 IV 6724

−, 4-Hydroxy-2′-nitro- **6** IV 6670

−, 3-Isopropyl- **6** IV 4792

−, 4-Isopropyl- **6** III 3435 a, IV 4793

−, 4-Isopropylmercapto- **6** IV 6671

−, 4-Isopropyl-4′-methoxy- **6** III 5481 b

−, 2-Isopropyl-4-methoxy-5-methyl-
6 II 983 b

−, 5-Isopropyl-2-methyl- **6** 690 e

−, 3-Jod- **6** II 635 f

−, 4-Jod- **6** 681 d, II 635 g

−, 4-Methansulfonyl- **6** IV 6671

−, 2-Methoxy- **6** III 5416 a, IV 6668

Benzhydrol (Fortsetzung)

—, 3-Methoxy- **6** 998 i, III 5416 e

—, 4-Methoxy- **6** 998 k, I 489 b,
II 965 e, III 5417 b, IV 6669

—, 4'-Methoxy-2-methyl- **6** II 972 g

—, 4'-Methoxy-3-methyl- **6** III 5443 b

—, 4-Methoxy-4'-methyl- **6** III 5443 c

—, 4-Methoxy-2-nitro- **6** I 489 g

—, 4-Methoxy-3-nitro- **6** I 489 g

—, 4-Methoxy-4'-phenyl- **6** III 5789 c

—, 2-Methyl- **6** I 330 c, II 640 f,
III 3399 g

—, 3-Methyl- **6** I 330 d, III 3402 d,
IV 4734

—, 4-Methyl- **6** 686 b, I 330 e, II 641 c,
III 3403 c, IV 4735

—, 4-Methylmercapto- **6** III 5419 f,
IV 6670

—, 2-Methyl-2'-nitro- **6** III 3400 a

—, 4-Methyl-4'-phenyl- **6** II 699 a

—, 4-Neopentyl- **6** IV 4820

—, 2-Nitro- **6** IV 4678

—, 3-Nitro- **6** III 3378 e, IV 4679

—, 4-Nitro- **6** III 3378 f, IV 4679

—, 2,3,4,5,6,2',4',6'-Octamethyl-
6 IV 4832

—, 2,3,4,6,2',3',4',6'-Octamethyl-
6 IV 4832

—, 2,3,4,6,2',3',5',6'-Octamethyl-
6 IV 4832

—, 2,3,5,6,2',3',5',6'-Octamethyl-
6 III 3468 c, IV 4833

—, 2,3,4,5,6-Pentachlor- **6** III 3378 a

—, 2,4,6,2',4'-Pentamethoxy-
6 I 593 h

—, 2,4,6,3',4'-Pentamethoxy- **6** 1203 c

—, 2,3,4,5,6-Pentamethyl- **6** III 3456 g,
IV 4821

—, 2,4,6,2',6'-Pentamethyl- **6** III 3457 a

—, 2,4,6,3',5'-Pentamethyl- **6** 691 b

—, 2-Phenäthyl- **6** III 3696 h

—, 4-Phenoxy- **6** II 965 g, III 5418 a,
IV 6669

—, 2-Phenyl- **6** III 3677 a

—, 3-Phenyl- **6** III 3677 g

—, 4-Phenyl- **6** 721 g, I 354 h, II 696 d,
III 3677 h, IV 5054

—, 2-[1-Phenyl-äthyl]- **6** III 3697 c

—, 4-Propyl- **6** III 3434 e

—, 4-Styryl- **6** IV 5101

—, 3,4,3',4'-Tetraäthoxy- **6** IV 7899

—, 4,5,4',5'-Tetraäthoxy-2,2'-dibrom-
6 IV 7899

—, 3,5,3',5'-Tetrabrom-4,4'-dihydroxy-
6 1136 h

—, 2,4,2',4'-Tetrachlor- **6** I 327 j

—, 3,5,3',5'-Tetrachlor-4,4'-dihydroxy-
6 1136 c

—, 2,4,2',4'-Tetrahydroxy- **6** I 585 c

—, 2,4,3',4'-Tetrahydroxy-6-[2-hydroxy-
äthoxy]- **6** III 6954 Anm.

—, 2,4,3',4'-Tetramethoxy- **6** 1190 c

—, 2,4,5,4'-Tetramethoxy- **6** 1190 a,
II 1153 b

—, 2,4,6,4'-Tetramethoxy- **6** 1190 b,
IV 7898

—, 2,5,3',4'-Tetramethoxy- **6** 1190 d

—, 2,6,2',6'-Tetramethoxy- **6** I 585 e

—, 3,4,3',4'-Tetramethoxy-
6 1190 e, III 6901 c, IV 7899

—, 3,4,5,4'-Tetramethoxy- **6** III 6901 b

—, 4,5,3',4'-Tetramethoxy-2-methyl-
6 IV 7900

—, 2,3,4,6-Tetramethyl- **6** 690 j,
III 3448 a

—, 2,3,5,6-Tetramethyl- **6** III 3448 b

—, 2,4,2',4'-Tetramethyl- **6** I 332 g,
III 3448 e

—, 2,4,6,2'-Tetramethyl- **6** III 3448 d,
IV 4811

—, 2,5,2',5'-Tetramethyl- **6** 690 k,
III 3449 a, IV 4811

—, 2,6,2',6'-Tetramethyl- **6** III 3449 b

—, 3,5,3',5'-Tetramethyl- **6** III 3449 d

—, 4-p-Tolyl- **6** II 699 b

—, 2,4,6-Trichlor-3-hydroxy-3'-nitro-
6 III 5416 g

—, 2,4,2'-Trihydroxy- **6** IV 7750

—, 2,4,4'-Trihydroxy- **6** IV 7751

—, 2,3,4'-Trimethoxy- **6** III 6709 c

—, 2,4,6-Trimethoxy- **6** 1167 b,
IV 7748

—, 2,4,4'-Trimethyl- **6** III 3436 a

—, 2,4,6-Trimethyl- **6** 689 i, IV 4794

—, 2,6,2'-Trimethyl- **6** III 3436 b

—, 3,4,5-Trimethyl- **6** IV 4795

—, 2,4,6-Triphenyl- **6** III 3886 c

Benzhydryl **6** IV 4649

Benzhydrylazid

—, 4-Methoxy- **6** IV 4648

Benzhydrylbromid

—, 4,4'-Dimethoxy- **6** IV 6667

—, 4-Phenoxy- **6** IV 4647

Benzhydrylchlorid

—, 3-Äthoxy- **6** IV 4640

—, 3-Chlor-4-methoxy- **6** IV 4646

Benzo[1,3,2]dioxaborol   (Fortsetzung)

—, 2-Diäthylamino- **6** IV 5612
—, 2-Dibutylamino- **6** IV 5612
—, 2-[2-Hydroxy-phenoxy]- **6** IV 5611
—, 2-Isobutoxy- **6** IV 5610
—, 2-Methoxy- **6** IV 5610
—, 2-Methyl- **6** IV 5609
—, 2-Octylmercapto- **6** IV 5612
—, 2-Octyloxy- **6** IV 5611
—, 2,2'-Oxy-bis- **6** IV 5612 f
—, 2-Pentyloxy- **6** IV 5610
—, 2-Phenoxy- **6** III 4249 b, IV 5611
—, 2,2'-o-Phenylendioxy-bis- **6** III 4249 d,
   IV 5611 d
—, 2-Propoxy- **6** IV 5610

Benzo[1,3,2]dioxaborol-2-ol 6 IV 5609

—, Hexahydro- **6** II 744
—, 3a-Methyl-hexahydro- **6** II 750 e

Benzo[1,3,2]dioxaphosphol

—, 2-[2-Acetoxy-phenoxy]- **6** III 4244 b
—, 2-Äthoxy- **6** III 4241 e, IV 5597
—, 2-Benzyloxy- **6** IV 5598
—, 2-Brom- **6** IV 5598
—, 2-Butoxy- **6** III 4242 d
—, 2-Chlor- **6** II 785 b, III 4243 g,
   IV 5598, **27** 809 d
—, 2-[2-Chlor-äthoxy]- **6** III 4242 a,
   IV 5597
—, 2-Chlor-5-methyl- **6** III 4519 f,
   IV 5881
—, 2-Cyclohexyloxy- **6** IV 5597
—, 2-Diäthoxyphosphinooxy-
   6 IV 5598
—, 2-Diäthoxyphosphoryl- **6** IV 5605
—, 2-Diäthoxythiophosphoryloxy-
   6 IV 5599
—, 2-Dibutoxyphosphinooxy-
   6 IV 5598
—, 2-Dibutoxyphosphoryl- **6** IV 5605
—, 2-Diisopropoxyphosphoryl-
   6 IV 5605
—, 2-Isobutoxy- **6** III 4242 e
—, 2-Isopropoxy- **6** III 4242 c
—, 2-Methoxy- **6** III 4241 b
—, 2-[2-Methoxy-phenoxy]- **6** III 4244 a
—, 2-[4-Nitro-phenoxy]- **6** IV 5598
—, 2,2'-Oxy-bis- **6** IV 5599 a
—, 2-Phenoxy- **6** III 4242 f
—, 2-Phenoxy-hexahydro- **6** IV 5201
—, 2,2'-o-Phenylendioxy-bis-
   6 II 785 c, III 4244 c, **27** 809 b
—, 2-Propoxy- **6** III 4242 b
—, 2-m-Tolyloxy- **6** III 4243 b

—, 2-o-Tolyloxy- **6** III 4243 a
—, 2-p-Tolyloxy- **6** III 4243 c
—, 2-[2,2,2-Trichlor-1,1-dimethyl-äthoxy]-
   6 IV 5597
—, 2-Vinyloxy- **6** IV 5597

2λ^5-Benzo[1,3,2]dioxaphosphol

—, 2,2,2-Trichlor- **6** II 786 c
—, 2,2,2-Trichlor-5-methyl- **6** III 4520 a
—, 2,2,2-Triphenoxy- **6** II 785 f

Benzo[1,3,2]dioxaphosphol-2-ol-2-oxid
6 IV 5599

—, Hexahydro- **6** IV 5201

Benzo[1,3,2]dioxaphosphol-2-oxid

—, 2,2'-Äthandiyl-bis- **6** III 4243 f
—, 2-Äthoxy- **6** II 785 e
—, 2-Äthyl- **6** III 4241 c, IV 5599
—, 2-Chlor- **6** II 786 a, III 4244 e,
   IV 5602, **27** 809 e
—, 2-[2-Chlor-äthyl]- **6** III 4241 d
—, 2-Chlormethyl- **6** IV 5599
—, 5,5'-Di-tert-butyl-2,2'-[4-tert-butyl-
   o-phenylendioxy]-bis- **6** III 4671 c
—, 2-Methoxy- **6** II 785 d
—, 2-Methyl- **6** III 4241 a
—, 5-Methyl- **6** III 4519 e
—, 2,2'-o-Phenylendioxy-bis- **27** 809 c
—, 4,5,6,7-Tetrabrom-2-phenoxy-
   6 II 789 a

Benzo[1,3,2]dioxaphosphol-2,4,5,6,7-pentaol-
2-oxid

—, Hexahydro- **6** IV 7926

Benzo[1,3,2]dioxaphosphol-2-sulfid

—, 2-Äthoxy- **6** IV 5602
—, 2-Chlor- **6** II 786 d, IV 5602
—, 2-Chlor-5-methyl- **6** III 4520 b
—, 2-[2-Chlor-phenoxy]- **6** IV 5602
—, 2-Diäthoxythiophosphoryloxy-
   6 IV 5603
—, 2-[2,4-Dichlor-phenoxy]- **6** IV 5602
—, 2-Dipropoxythiophosphoryloxy-
   6 IV 5603
—, 2-[2-Methoxy-phenoxy]- **6** III 4246 d
—, 2-[2-Nitro-phenoxy]- **6** IV 5602
—, 2-[4-Nitro-phenoxy]- **6** IV 5602
—, 2-Phenoxy- **6** III 4244 f, IV 5602
—, 2,2'-o-Phenylendioxy-bis- **6** III 4247 a
—, 2-o-Tolyloxy- **6** III 4244 g, IV 5602
—, 2-p-Tolyloxy- **6** III 4245 a

Benzo[1,3,2]dioxaphosphorin-2-oxid

—, 2-Amino-4-methyl-hexahydro-
   6 IV 5231
—, 2-Butylamino-4-methyl-hexahydro-
   6 IV 5231

Benzo[*a*]fluoren (Fortsetzung)

−, 7-Methoxy-6,11-dihydro-5*H*-
  6 III 3612 d

−, 9-Methoxy-6,11-dihydro-5*H*-
  6 III 3612 d

−, 1,2,7,10-Tetramethoxy-11*H*-
  6 IV 7824

−, 1,2,7,10-Tetramethoxy-11-methyl-
  11*H*- **6** IV 7826

−, 1,2,7,10-Tetramethoxy-11-vinyl-11*H*-
  6 IV 7836

Benzo[*b*]fluoren

−, 10-Acetoxy-11*H*- **6** III 3629 f

−, 11-Acetoxy-11*H*- **6** I 348 d

−, 5,10-Diacetoxy-11-phenyl-11*H*-
  6 IV 7048

−, 3-Methoxy-11*H*- **6** III 3629 c

−, 10-Methoxy-11*H*- **6** III 3629 e

−, 11*H*,11'*H*-11,11'-Oxy-bis-
  6 I 348 c

−, 5,10,11-Triacetoxy-11-phenyl-11*H*-
  6 IV 7660

Benzo[*c*]fluoren

−, 7-Acetoxy-6-methyl-5-phenyl-7*H*-
  6 IV 5144

−, 7-Acetoxy-5-phenyl-7*H*- **6** IV 5140

−, 5-Methoxy-7*H*- **6** III 3630 b

Benzo[*a*]fluoren-1,4-diol

−, 11,11a-Dihydro-5*H*- **6** IV 6949

Benzo[*b*]fluoren-5,10-diol

−, 11-Phenyl-11*H*- **6** IV 7048

Benzo[*b*]fluoren-10,11-diol

−, 5-Methoxy-11-phenyl-11*H*-
  6 IV 7660

Benzo[*c*]fluoren-5,7-diol

−, 7*H*- **6** III 5775 a

Benzo[*a*]fluoren-1,4-dion

−, 5,11,11a,11b-Tetrahydro-4a*H*-
  6 IV 6949

Benzo[*a*]fluoren-5-ol

−, 11*H*- **6** III 3629 g, IV 5007

−, 8-Methyl-11*H*- **6** IV 5011

−, 9-Methyl-11*H*- **6** IV 5011

−, 10-Methyl-11*H*- **6** IV 5011

−, 11-Phenyl-11*H*- **6** III 3829 e

Benzo[*a*]fluoren-7-ol

−, 11*H*- **6** III 3629 i

−, 6,11-Dihydro-5*H*- **6** III 3612 c

Benzo[*a*]fluoren-9-ol

−, 6,11-Dihydro-5*H*- **6** III 3612 c

Benzo[*a*]fluoren-11-ol

−, 11*H*- **6** 711 f, II 682 d, III 3629 j,
  IV 5007

−, 5-Acetoxy-11*H*- **6** III 5774 f

−, 11a-Äthyl-1,2,7,10-tetramethoxy-
  11,11a-dihydro-5*H*- **6** IV 7911

−, 11-Methyl-11*H*- **6** III 3635 c

−, 11-Phenyl-11*H*- **6** 730 e

−, 1,2,7,10-Tetramethoxy-11a-vinyl-
  11,11a-dihydro-5*H*- **6** IV 7912

Benzo[*b*]fluoren-3-ol

−, 11*H*- **6** III 3629 b

Benzo[*b*]fluoren-6-ol

−, 7,8,9,11-Tetrahydro-6*H*- **6** IV 4963

Benzo[*b*]fluoren-10-ol

−, 11*H*- **6** III 3629 d

−, 5-Methoxy-11-phenyl-11*H*-
  6 IV 7048

Benzo[*b*]fluoren-11-ol

−, 11*H*- **6** I 348 b, IV 5007

−, 5,10-Diacetoxy-11-phenyl-11*H*-
  6 IV 7660

Benzo[*c*]fluoren-5-ol

−, 7*H*- **6** III 3630 a

Benzo[*c*]fluoren-7-ol

−, 7-Benzyl-7*H*- **6** IV 5144

−, 7-[2-Chlor-phenyl]-7*H*- **6** IV 5140

−, 6-[Hydroxy-[1]naphthyl-phenyl-
  methyl]-5,7-diphenyl-7*H*- **6** IV 7123

−, 6-[Hydroxy-[2]naphthyl-phenyl-
  methyl]-5,7-diphenyl-7*H*- **6** IV 7123

−, 7-Methyl-7*H*- **6** III 3635 d

−, 6-Methyl-5-phenyl-7*H*- **6** IV 5144

−, 5-Phenyl-7*H*- **6** IV 5140

Benzo[*b*]fluoren-5,10,11-triol

−, 11-Phenyl-11*H*- **6** IV 7660

Benzofuran

−, 2-[4-Acetoxy-3-methoxy-phenyl]-
  7-methoxy-3-methyl-5-propenyl-
  2,3-dihydro- **6** 1178 a; vgl. **17** IV 2398 e

−, 2-[3,4-Dimethoxy-phenyl]-7-methoxy-
  3-methyl-5-propenyl-2,3-dihydro-
  6 1177 h, **17** IV 2399

−, 2-[4-Hydroxy-3-methoxy-phenyl]-
  7-methoxy-3-methyl-5-propenyl-
  2,3-dihydro- **6** 1177 g, **17** II 225 c,
  IV 2398

Benzo[*a*]heptalen

−, 1,2,3-Trimethoxy-5,6,7,7a,8,9,10,11-
  octahydro- **6** IV 7546

−, 1,2,3-Trimethoxy-5,6,7,8,9,10,11,12-
  octahydro- **6** IV 7546

−, 1,2,3-Trimethoxy-5,6,8,9,10,11,12,12a-
  octahydro- **6** IV 7546

−, 1,2,3-Trimethoxy-7,7a,8,9,10,11,12,⸗
  12a-octahydro- **6** IV 7546

Benzo[b]heptalen-12-ol

—, 5,5a,6,7,8,9,10,10,11,12-Decahydro-
6 IV 4120

Benzo[a]hexacen-9-ol 6 IV 5174

Benzo[a]hexacen-9-on

—, 16H- 6 IV 5174

Benzoinpinakon 6 1183 e, II 1144 a

Benzol

*Äthoxy- und Methoxy-benzole mit
unveränderter Alkyl-Gruppe s. unter
Phenetol bzw. Anisol; alkylsubstituierte
Benzole s. a. unter Styrol, Toluol,
Xylol*

—, 4-Acetimidoylmercapto-
1,2-dimethoxy- 6 IV 7359

—, 1-Acetoxy-3-[2-acetoxy-äthoxy]-
6 III 4320 b

—, 1-Acetoxy-5-[2-acetoxy-äthoxy]-
2,4-dinitro- 6 III 4353 c

—, 1-Acetoxy-2-[1-acetoxy-äthyl]-
6 IV 5929

—, 1-Acetoxy-4-[1-acetoxy-äthyl]-
6 III 4567 c

—, 1-Acetoxy-4-[2-acetoxy-äthyl]-
6 I 443 i

—, 1-Acetoxy-3-[1-acetoxy-äthyl]-
2-acetoxymethyl- 6 IV 7409

—, 2-Acetoxy-5-[1-acetoxy-äthyl]-
1,3-dibrom- 6 904 h

—, 1-Acetoxy-2-[1-acetoxy-äthyl]-
4-methoxy- 6 IV 7390

—, 2-Acetoxy-5-[1-acetoxy-äthyl]-
1,3,4-tribrom- 6 904 l

—, 1-Acetoxy-4-[4-acetoxy-benzolsulfonyl]-
2-acetoxymethyl- 6 IV 7381

—, 2-Acetoxy-1-[1-acetoxy-2-brom-äthyl]-
3,5-dibrom- 6 I 442 g

—, 2-Acetoxy-5-[1-acetoxy-2-brom-äthyl]-
1,3-dibrom- 6 905 b

—, 2-Acetoxy-5-[1-acetoxy-2-brom-äthyl]-
1,3,4-tribrom- 6 905 g

—, 2-Acetoxy-5-[1-acetoxy-2-brom-
propyl]-1-brom-3-methoxy- 6 1122 a

—, 2-Acetoxy-5-[1-acetoxy-2-brom-
propyl]-1,4-dibrom-3-methoxy-
6 1122 i

—, 1-Acetoxy-4-[1-acetoxy-2-brom-
propyl]-2-methoxy- 6 III 6344 c

—, 2-Acetoxy-4-[1-acetoxy-2-brom-
propyl]-1-methoxy- 6 III 6344 b

—, 1-Acetoxy-4-[1-acetoxy-butyl]-
2-methoxy- 6 IV 7414

—, 2-Acetoxy-1-[2-acetoxy-5-chlor-
benzyl]-3-[4-acetoxy-3,5-dibrom-benzyl]-
5-chlor- 6 IV 7626

—, 2-Acetoxy-1-[1-acetoxy-2,2-dibrom-
äthyl]-3,5-dibrom- 6 I 442 j

—, 2-Acetoxy-5-[1-acetoxy-2,2-dibrom-
äthyl]-1,3-dibrom- 6 905 j

—, 1-Acetoxy-4-[1-acetoxy-2,2-dibrom-
äthyl]-2,3,5,6-tetrabrom- 6 906 f

—, 2-Acetoxy-5-[1-acetoxy-2,2-dibrom-
äthyl]-1,3,4-tribrom- 6 906 b

—, 2-Acetoxy-1-[2-acetoxy-3,5-dibrom-
benzyl]-3-[4-acetoxy-3,5-dibrom-benzyl]-
5-chlor- 6 IV 7626

—, 1-Acetoxy-4-[α-acetoxy-β,β-dibrom-
isopropyl]-2,3,5,6-tetrabrom- 6 930 d

—, 2-Acetoxy-5-[α-acetoxy-β,β-dibrom-
isopropyl]-1,3,4-tribrom- 6 930 b

—, 1-Acetoxy-4-[1-acetoxy-2,2-dimethyl-
propyl]-2-methoxy- 6 IV 7423

—, 1-Acetoxy-4-[1-acetoxy-hexyl]-
2-methoxy- 6 IV 7425

—, 1-Acetoxy-4-[α-acetoxy-isobutyl]-
2-methoxy- 6 IV 7415

—, 1-Acetoxy-2-acetoxymethoxy-
6 IV 5582

—, 1-Acetoxy-4-acetoxymethoxy-
2,5-dibrom-3,6-dimethyl- 6 916 h

—, 1-Acetoxy-2-acetoxymethyl-
6 II 879 g, III 4539 g

—, 1-Acetoxy-3-acetoxymethyl-
6 896 h

—, 1-Acetoxy-4-acetoxymethyl-
6 898 a, I 440 h, III 4549 g

—, 1-Acetoxy-4-acetoxymethyl-
3-äthoxymethyl-2,5-dibrom-6-methyl-
6 1125 g

—, 1-Acetoxy-3-acetoxymethyl-
4-äthoxymethyl-2,5,6-tribrom- 6 1115 g

—, 1-Acetoxy-5-acetoxymethyl-3-brom-
2,4-dimethyl- 6 932 c

—, 2-Acetoxy-1-acetoxymethyl-3-brom-
4,5-dimethyl- 6 939 d

—, 2-Acetoxy-4-acetoxymethyl-3-brom-
1,5-dimethyl- 6 932 e

—, 2-Acetoxy-5-acetoxymethyl-3-brom-
1,4-dimethyl- 6 933 i

—, 2-Acetoxy-5-acetoxymethyl-1-brom-
3-nitro- 6 901 f

—, 1-Acetoxy-2-acetoxymethyl-5-brom-
3,4,6-trimethyl- 6 948 e

—, 2-Acetoxy-1-[1-acetoxymethyl-2-brom-
vinyl]-3,5-dibrom-4-methyl- 6 I 466 a

Benzol (Fortsetzung)

—, 2-Acetoxy-1-äthyl-3,5-dimethyl-
6 II 503 f

—, 2-Acetoxy-5-äthyl-1,3-dimethyl-
6 II 503 b, III 1918 a

—, 2-Acetoxy-1-äthyl-5-dodecyl-3-methyl-
6 III 2110 c

—, 2-Acetoxy-1-[9-äthyl-fluoren-9-yl]-
3,5-dichlor- 6 III 3756 b

—, 2-Acetoxy-1-äthyl-5-heptyl-3-methyl-
6 III 2087 a

—, 1-Acetoxy-4-[äthylmercapto-methyl]-
2-methoxy- 6 IV 7385

—, 1-[2-Acetoxy-äthylmercapto]-4-nitro-
6 IV 1698

—, 1-Acetoxy-4-äthyl-2-methoxy-
6 III 4561 b

—, 2-Acetoxy-1-äthyl-3-methoxy-
6 III 4554 c

—, 2-Acetoxy-4-äthyl-1-methoxy-
6 III 4561 a

—, 1-Acetoxy-4-[3-äthyl-6-methoxy-inden-
2-yl]- 6 III 5706 e

—, 1-Acetoxy-2-äthyl-4-methyl-
6 II 478 g

—, 1-Acetoxy-3-äthyl-5-methyl- 6 III 1822 e

—, 1-Acetoxy-4-äthyl-2-methyl-
6 II 478 i

—, 2-Acetoxy-1-äthyl-3-methyl-
6 II 478 c

—, 2-Acetoxy-1-äthyl-4-methyl-
6 II 479 c

—, 4-Acetoxy-1-äthyl-2-methyl-
6 II 477 j

—, 2-Acetoxy-1-äthyl-3-methyl-5-propyl-
6 III 2021 c

—, 2-Acetoxy-5-äthyl-1-methyl-3-propyl-
6 III 2021 e

—, 1-[2-Acetoxy-1-äthyl-pentyl]-2-
[1-acetoxy-butyl]- 6 IV 6089

—, 1-Acetoxy-4-[10-äthyl-[9]phenanthryl]-
6 IV 5124

—, 1-Acetoxy-2-[1-äthyl-propenyl]-
6 582 d

—, 1-Acetoxy-2-[1-äthyl-propenyl]-
4-methyl- 6 I 294 j

—, 2-Acetoxy-1-[1-äthyl-propenyl]-
3-methyl- 6 I 294 h

—, 1-Acetoxy-2-äthyl-4-propyl-
6 III 1985 f

—, 1-Acetoxy-2-äthyl-3,4,5,6-tetrabrom-
6 III 1659 b

—, 1-Acetoxy-3-äthyl-2,4,5,6-tetrabrom-
6 III 1663 c

—, 1-Acetoxy-4-äthyl-2,3,5,6-tetrabrom-
6 473 f

—, 2-Acetoxy-5-äthyl-1,3,4-tribrom-
6 473 c

—, 1-Acetoxy-4-äthyl-2,3,5-tribrom-
6-nitro- 6 475 c

—, 1-Acetoxy-2-äthyl-3,4,5-trimethoxy-
6 IV 7697

—, 1-Acetoxy-4-äthyl-2,3,5-trimethoxy-
6 IV 7697

—, 1-Acetoxy-2-allyl- 6 I 282 e,
III 2412 e, IV 3809

—, 1-Acetoxy-2-allyl-4-brom-
6 III 2414 e

—, 1-Acetoxy-2-allyl-4-chlor- 6 IV 3814

—, 2-Acetoxy-5-allyl-1,4-dibrom-
3-methoxy- 6 III 5031 e

—, 2-Acetoxy-5-allyl-3,4-dibrom-
1-methoxy- 6 III 5031 e

—, 2-Acetoxy-1-allyl-3,5-dichlor-
6 IV 3816

—, 2-Acetoxy-5-allyl-1,3-dimethoxy-
6 II 1093 i

—, 2-Acetoxy-5-allyl-1,3-dimethyl-
6 IV 3882

—, 1-Acetoxy-2-allyl-4-methoxy-
6 IV 6336

—, 1-Acetoxy-4-allyl-2-methoxy-
6 965 m, II 923 g, III 5029 b

—, 2-Acetoxy-1-allyl-3-methoxy-
6 I 461 f

—, 2-Acetoxy-4-allyl-1-methoxy-
6 966 a, III 5029 a

—, 1-Acetoxy-4-allyl-2-methoxy-5-nitro-
6 III 5032 b

—, 2-Acetoxy-5-allyl-1-methoxy-3-nitro-
6 968 i, I 464 d

—, 1-Acetoxy-2-allyl-4-methyl-
6 I 287 j, III 2447 b

—, 2-Acetoxy-1-allyl-3-methyl-
6 I 287 g, III 2446 d

—, 2-Acetoxy-1-allyl-3-phenoxy-
6 IV 6334 f

—, 2-Acetoxy-3-allyl-1,4,5-trichlor-
6 IV 3816

—, 1-Acetoxy-4-benz[a]anthracen-7-yl-
6 IV 5153 b

—, 1-Acetoxy-2-benzhydryl- 6 712 h

—, 1-Acetoxy-4-benzhydryl- 6 713 c

—, 1-[α-Acetoxy-benzhydryl]-3-[α-acetoxy-
benzyl]- 6 I 524 f

Benzol (Fortsetzung)

—, 2-Acetoxy-1-benzhydryl-5-brom-
3-methyl- **6** III 3684 b

—, 2-Acetoxy-5-benzhydryl-1,3-dibrom-
6 713 g

—, 1-Acetoxy-4-benzhydryl-2-methoxy-
6 III 5871 c

—, 2-Acetoxy-3-benzhydryl-1-methoxy-
4-propenyl- **6** III 5850 d

—, 1-Acetoxy-4-benzhydryl-2-methyl- **6** 722 d

—, 1-Acetoxy-2-benzolsulfonyl-
6 III 4278 d

—, 1-Acetoxy-4-benzolsulfonyl-
6 III 4461 f, IV 5814

—, 1-Acetoxy-2-benzolsulfonyl-4-chlor-
6 III 4281 d

—, 1-Acetoxy-2-benzyl- **6** III 3350 i

—, 1-Acetoxy-4-benzyl- **6** 676 c,
III 3360 d

—, 1-[α-Acetoxy-benzyl]-2-[β-acetoxy-
phenäthyl]- **6** II 1019 i

—, 1-Acetoxy-4-[1-benzyl-cyclohexyl]-
6 III 3534 f

—, 2-Acetoxy-5-benzyl-1,3-dibrom-
6 677 c

—, 2-Acetoxy-5-benzyl-1,3-dimethyl-
6 III 3422 b

—, 4-Acetoxy-1-benzylmercapto-2-chlor-
6 IV 5826

—, 2-Acetoxy-1-benzyl-5-methoxy-
3,4-dimethyl- **6** III 5464 d

—, 1-Acetoxy-2-benzyl-4-methyl-
6 686 d

—, 4-Acetoxy-1-benzyl-2-methyl-
6 686 h; vgl. III 3398 e

—, 4-Acetoxy-2-benzyl-1-methyl-
6 686 d

—, 1-Acetoxy-4-benzyloxy- **6** IV 5741

—, 1-Acetoxy-4-benzyloxymethyl-
6 IV 5913 a

—, 1-Acetoxy-2-benzyloxy-4-nitro-
6 IV 5628

—, 2-Acetoxy-1-benzyloxy-4-nitro-
6 IV 5628

—, 1-Acetoxy-4-benzyloxy-
2,3,5,6-tetramethyl- **6** III 4688 f

—, 2-Acetoxy-1,3-bis-[2-acetoxy-
3-acetoxymethyl-5-chlor-benzyl]-5-chlor-
6 III 6917 d

—, 2-Acetoxy-1,3-bis-[2-acetoxy-
3-acetoxymethyl-5-methyl-benzyl]-5-brom-
6 IV 7914

—, 3-Acetoxy-2,4-bis-[2-acetoxy-5-äthyl-
3-methyl-benzyl]-1,5-dimethyl-
6 IV 7643

—, 1-Acetoxy-2,4-bis-[4-acetoxy-benzyl]-
6 IV 7628

—, 2-Acetoxy-1,3-bis-[2-acetoxy-benzyl]-
6 IV 7624

—, 2-Acetoxy-1,3-bis-[4-acetoxy-benzyl]-
6 IV 7628

—, 2-Acetoxy-1,3-bis-[4-acetoxy-benzyl]-
5-methoxy- **6** IV 7830

—, 2-Acetoxy-1,3-bis-[4-acetoxy-benzyl]-
5-methyl- **6** 1147 g, III 6595 b

—, 2-Acetoxy-1,3-bis-[2-acetoxy-5-brom-
benzyl]-5-methyl- **6** III 6594 e

—, 2-Acetoxy-1,3-bis-[2-acetoxy-5-
tert-butyl-benzyl]-5-*tert*-butyl- **6** IV 7645

—, 2-Acetoxy-1,3-bis-[2-acetoxy-5-chlor-
benzyl]-5-chlor- **6** IV 7625

—, 1-Acetoxy-2,6-bis-[2-acetoxy-5-chlor-
benzyl]-4-chlor-3,5-dimethyl- **6** IV 7634

—, 3-Acetoxy-2,4-bis-[2-acetoxy-5-chlor-
benzyl]-1,5-dimethyl- **6** IV 7634

—, 2-Acetoxy-1,3-bis-[2-acetoxy-5-chlor-
benzyl]-5-methyl- **6** III 6594 c

—, 1-Acetoxy-2,6-bis-[2-acetoxy-5-chlor-
3-methyl-benzyl]-4-chlor-3,5-dimethyl-
6 IV 7638

—, 3-Acetoxy-2,4-bis-[2-acetoxy-5-chlor-
3-methyl-benzyl]-1,5-dimethyl-
6 IV 7638

—, 2-Acetoxy-1,3-bis-[4-acetoxy-
3,5-dibrom-benzyl]-5-chlor- **6** IV 7628

—, 2-Acetoxy-1,5-bis-[4-acetoxy-
3,5-dibrom-benzyl]-3-chlor- **6** IV 7629

—, 1-Acetoxy-2,4-bis-[2-acetoxy-
3,5-dimethyl-benzyl]- **6** IV 7637

—, 2-Acetoxy-1,3-bis-[2-acetoxy-
3,5-dimethyl-benzyl]- **6** IV 7637

—, 2-Acetoxy-1,3-bis-[2-acetoxy-
3,5-dimethyl-benzyl]-5-chlor- **6** IV 7637

—, 1-Acetoxy-2,6-bis-[2-acetoxy-
3,5-dimethyl-benzyl]-4-chlor-3,5-dimethyl-
6 IV 7642

—, 1-Acetoxy-2,6-bis-[2-acetoxy-
4,5-dimethyl-benzyl]-4-chlor-3,5-dimethyl-
6 IV 7641

—, 1-Acetoxy-2,4-bis-[2-acetoxy-
3,5-dimethyl-benzyl]-3,5-dimethyl-
6 IV 7641

—, 2-Acetoxy-1,3-bis-[2-acetoxy-
4,5-dimethyl-benzyl]-4,5-dimethyl-
6 III 6600 b

Benzol (Fortsetzung)

—, 2-Acetoxy-5-brom-1,3-dinitro-
6 I 129 b

—, 2-Acetoxy-1-brom-3,5-di-*tert*-pentyl-
6 IV 3527

—, 2-Acetoxy-3-brom-4-fluor-
1,5-dimethyl- 6 III 1749 g

—, 2-Acetoxy-3-brom-5-isobutyryloxy≠
methyl-1,4-dimethyl- 6 934 b

—, 2-Acetoxy-4-brom-3-isopropyl-
1-methoxy- 6 III 4632 e

—, 1-Acetoxy-3-brom-5-isopropyl-
4-methoxy-2-methyl- 6 III 4674 d

—, 1-Acetoxy-4-brom-2-isopropyl-
5-methyl- 6 541 a

—, 1-Acetoxy-4-brom-5-isopropyl-
2-methyl- 6 III 1891 h

—, 1-Acetoxy-2-brom-4-jod- 6 I 111 b

—, 1-Acetoxy-3-brom-5-jod- 6 II 201 e

—, 1-Acetoxy-4-brom-2-jod- 6 III 784 g

—, 2-Acetoxy-5-brom-3-jod-1,4-dimethyl-
6 III 1775 d

—, 2-Acetoxy-1-brom-5-methansulfinyl-
3-nitro- 6 866 h

—, 1-Acetoxy-4-brom-2-methoxy-
6 III 4256 e

—, 2-Acetoxy-4-brom-1-methoxy-
6 I 390 e, III 4256 f

—, 1-Acetoxy-3-brom-5-[α-methoxy-
isopropyl]-2-methyl- 6 III 4677 f

—, 1-Acetoxy-3-brom-6-methoxymethyl-
2,4,5-trimethyl- 6 948 c

—, 1-Acetoxy-4-brom-2-methoxy-5-nitro-
6 III 4272 b

—, 2-Acetoxy-1-brom-3-methoxy-5-nitro-
6 III 4272 e

—, 2-Acetoxy-3-brom-1-methoxy-4-nitro-
6 III 4271 b

—, 2-Acetoxy-1-brom-3-methoxy-
5-propenyl- 6 959 i

—, 1-Acetoxy-4-brommethoxy-
2,3,5,6-tetrachlor- 6 852 b

—, 1-Acetoxy-2-brommethyl- 6 IV 2007

—, 1-Acetoxy-3-brommethyl- 6 IV 2073

—, 1-Acetoxy-4-brommethyl- 6 IV 2146

—, 2-Acetoxy-1-brommethyl-3-*tert*-butyl-
5-methyl- 6 IV 3443

—, 2-Acetoxy-5-brommethyl-
1,3-dimethyl- 6 III 1839 b

—, 2-Acetoxy-1-brom-5-methylmercapto-
3-nitro- 6 866 g

—, 2-Acetoxy-1-brommethyl-4-nitro-
6 III 1276 a, IV 2013

—, 2-Acetoxy-1-brom-3-methyl-
5-[α,β,β,β′,β′-pentabrom-isopropyl]-
6 I 261 e

—, 2-Acetoxy-1-brom-5-methyl-
3-[α,β,β,β′-tetrabrom-isopropyl]-
6 I 261 c

—, 2-Acetoxy-1-brom-3-methyl-
5-[β,β,β′,β′-tetrabrom-α-methoxy-
isopropyl]- 6 I 451 h

—, 1-Acetoxy-4-brommethyl-
2,3,5,6-tetrachlor- 6 406 e

—, 2-Acetoxy-3-brommethyl-
1,4,5-trimethyl- 6 546 j

—, 1-Acetoxy-2-brom-4-nitro-
6 I 123 f

—, 1-Acetoxy-3-brom-5-nitro- 6 II 233 j

—, 1-Acetoxy-4-brom-2-nitro- 6 I 123 b

—, 2-Acetoxy-1-brom-3-nitro- 6 I 123 d

—, 2-Acetoxy-1-brom-4-nitro-
6 III 845 e

—, 2-Acetoxy-4-brom-1-nitro-
6 IV 1363

—, 2-Acetoxy-1-brom-3-nitro-5-trityl-
6 732 d

—, 1-Acetoxy-2-[2-brom-1-phenyl-vinyl]-
6 695 d

—, 1-[1-Acetoxy-2-brom-propyl]-
3-äthoxy-4-methoxy-2-trityl- 6 III 6632 e

—, 1-[1-Acetoxy-2-brom-propyl]-
5-äthoxy-4-methoxy-2-trityl- 6 III 6632
Anm. 5

—, 1-[1-Acetoxy-2-brom-propyl]-
3-butoxy-4-methoxy-2-trityl- 6 III 6633 c

—, 1-[1-Acetoxy-2-brom-propyl]-
5-butoxy-4-methoxy-2-trityl- 6 III 6633
Anm. 3

—, 1-[1-Acetoxy-2-brom-propyl]-
3,4-dimethoxy-2-trityl- 6 III 6632 d

—, 1-[1-Acetoxy-2-brom-propyl]-
4,5-dimethoxy-2-trityl- 6 III 6632 Anm. 4

—, 1-[1-Acetoxy-2-brom-propyl]-
3-isobutoxy-4-methoxy-2-trityl-
6 III 6633 d

—, 1-[1-Acetoxy-2-brom-propyl]-
5-isobutoxy-4-methoxy-2-trityl-
6 III 6633 Anm. 4

—, 1-[1-Acetoxy-2-brom-propyl]-
3-isopentyloxy-4-methoxy-2-trityl-
6 III 6634

—, 1-[1-Acetoxy-2-brom-propyl]-
5-isopentyloxy-4-methoxy-2-trityl-
6 III 6634 Anm.

Benzol (Fortsetzung)

—, 1-[1-Acetoxy-2-brom-propyl]-
3-isopropoxy-4-methoxy-2-trityl-
6 III 6633 b

—, 1-[1-Acetoxy-2-brom-propyl]-
5-isopropoxy-4-methoxy-2-trityl-
6 III 6633 Anm. 2

—, 1-Acetoxy-4-[2-brom-propyl]-
2-methoxy- **6** III 4617 g

—, 1-Acetoxy-4-[3-brom-propyl]-
2-methoxy- **6** IV 5977

—, 1-[1-Acetoxy-2-brom-propyl]-
4-methoxy-3-propoxy-2-trityl- **6** III 6633 a

—, 1-[1-Acetoxy-2-brom-propyl]-
4-methoxy-5-propoxy-2-trityl- **6** III 6633
Anm. 1

—, 1-Acetoxy-3-brom-2,4,5,6-tetrachlor-
6 I 106 f

—, 1-Acetoxy-2-brom-3,4,5,6-tetramethyl-
6 IV 3360

—, 1-Acetoxy-3-brom-2,4,5,6-tetramethyl-
6 III 1919 c

—, 2-Acetoxy-4-brom-1,3,5-trichlor-
6 I 106 d

—, 1-Acetoxy-4-[1-but-3-en-1-inyl-
cyclohexyl]- **6** IV 4795

—, 1-Acetoxy-2-but-2-enyl- **6** III 2436 e

—, 4-Acetoxy-1-but-1-enyl-2-methyl-
6 II 545 f

—, 1-Acetoxy-2-butoxy- **6** III 4228 d

—, 1-Acetoxy-4-*sec*-butoxy-
2,3,5,6-tetramethyl- **6** III 4688 c

—, 1-Acetoxy-2-butyl- **6** IV 3268

—, 1-Acetoxy-3-butyl- **6** IV 3269

—, 1-Acetoxy-4-butyl- **6** II 485 e

—, 1-Acetoxy-4-*sec*-butyl- **6** 522 m, II 488 a

—, 1-Acetoxy-4-*tert*-butyl- **6** 524 g, IV 3305

—, 1-Acetoxy-4-*tert*-butyl-2-chlor- **6** IV 3311

—, 2-Acetoxy-5-*tert*-butyl-1-chlor-3-nitro-
6 III 1875 b

—, 2-Acetoxy-5-butyl-1,3-dimethyl-
6 III 2017 e

—, 1-Acetoxy-4-butyl-2-methoxy-
6 III 4659 g

—, 2-Acetoxy-1-butyl-3-methoxy-
6 III 4567 b

—, 1-Acetoxy-4-butyl-2-methyl-
6 III 1973 b

—, 2-Acetoxy-1-*tert*-butyl-4-methyl-
6 III 1983 a, IV 3401

—, 1-Acetoxy-2-chlor- **6** 185 b, IV 794

—, 1-Acetoxy-3-chlor- **6** 185 g, III 683 b

—, 1-Acetoxy-4-chlor- **6** 187 c, II 176 g,
III 693 c, IV 839

—, 1-Acetoxy-2-[3-chlor-2-acetoxy-
propoxy]- **6** IV 5582

—, 1-Acetoxy-4-[α-chlor-benzhydryl]-
6 I 349 b

—, 1-Acetoxy-2-chlor-4-[4-chlor-
benzylmercapto]- **6** IV 5831

—, 4-Acetoxy-2-chlor-1-[4-chlor-
benzylmercapto]- **6** IV 5826

—, 1-Acetoxy-2-chlor-4-[4-chlor-
phenylmethansulfonyl]- **6** IV 5831

—, 4-Acetoxy-2-chlor-1-[4-chlor-
phenylmethansulfonyl]- **6** IV 5826

—, 1-Acetoxy-4-chlor-2-[2,3-dibrom-
propyl]- **6** IV 3179

—, 1-Acetoxy-2-chlor-4-dichlorjodanyl-
6 I 110 b

—, 2-Acetoxy-1-chlor-4-dichlorjodanyl-
6 III 780 h

—, 2-Acetoxy-1-chlor-3-dichlorjodanyl-
5-jod- **6** I 112 c

—, 2-Acetoxy-1-chlor-5-dichlorjodanyl-
3-jod- **6** I 112 c

—, 2-Acetoxy-1-chlor-3,5-dijod-
6 I 112 b, III 787 g

—, 2-Acetoxy-5-chlor-1,3-dijod-
6 II 202 m, III 788 b

—, 1-Acetoxy-4-chlor-2,6-dijod-
3,5-dimethyl- **6** III 1763 g

—, 1-Acetoxy-4-chlor-2,5-dimethoxy-
6 IV 7344

—, 5-Acetoxy-2-chlor-1,3-dimethyl-
6 III 1759 f

—, 1-Acetoxy-4-chlor-3,5-dimethyl-
2,6-dinitro- **6** III 1767 e

—, 1-Acetoxy-4-chlor-3,5-dimethyl-2-
[2-nitro-phenylmercapto]- **6** III 4593 b

—, 1-Acetoxy-5-chlor-2,4-dinitro-
6 I 128 h

—, 1-Acetoxy-4-chlor-2-isopropyl-
5-methyl- **6** 540 b, III 1907 e

—, 1-Acetoxy-2-chlor-4-jod- **6** I 110 a

—, 1-Acetoxy-3-chlor-5-jod- **6** II 200 i

—, 1-Acetoxy-4-chlor-2-jod- **6** III 779 f

—, 2-Acetoxy-1-chlor-4-jod- **6** III 780 g

—, 1-Acetoxy-4-chlor-2-jod-3,5-dimethyl-
6 III 1763 d

—, 1-Acetoxy-3-chlor-2-methoxy-
6 I 389 c

—, 2-Acetoxy-4-chlor-1-methoxy-
6 I 389 h

Benzol   (Fortsetzung)

—, 5-Acetoxy-2-chlormethoxy-
1,3-dimethoxy- **6** IV 7686

—, 1-Acetoxy-2-chlormethyl- **6** II 332 e

—, 2-Acetoxy-1-chlormethyl-3,5-dimethyl-
6 I 256 m, III 1837 g

—, 1-Acetoxy-4-chlormethyl-2-methoxy-
6 IV 5882

—, 1-Acetoxy-2-chlormethyl-4-nitro-
6 I 179 d

—, 1-Acetoxy-4-chlormethyl-2-nitro-
6 I 206 g

—, 2-Acetoxy-3-chlormethyl-
1,4,5-trimethyl- **6** 546 h

—, 2-Acetoxy-4-chlormethyl-
1,3,5-trimethyl- **6** IV 3361

—, 1-Acetoxy-2-chlor-3-nitro-
6 III 837 f

—, 1-Acetoxy-2-chlor-4-nitro- **6** 240 h

—, 1-Acetoxy-3-chlor-5-nitro- **6** II 228 h

—, 1-Acetoxy-4-chlor-2-nitro- **6** 238 e

—, 1-Acetoxy-4-chlor-3-nitro-
6 239 k, III 838 d

—, 2-Acetoxy-1-chlor-4-nitro-
6 III 839 b

—, 4-Acetoxy-2-chlor-1-[4-nitro-
benzolsulfonyl]- **6** IV 5826

—, 1-Acetoxy-2-chlor-4-[4-nitro-
benzylmercapto]- **6** IV 5831

—, 1-Acetoxy-2-chlor-4-[4-nitro-
phenylmercapto]- **6** IV 5831

—, 4-Acetoxy-2-chlor-1-[4-nitro-
phenylmercapto]- **6** IV 5826

—, 1-Acetoxy-2-chlor-4-[4-nitro-
phenylmethansulfonyl]- **6** IV 5831

—, 4-Acetoxy-2-chlor-1-[4-nitro-
phenylmethansulfonyl]- **6** IV 5826

—, 2-Acetoxy-4-chlor-1,3,5-triphenyl-
6 IV 5143

—, 2-Acetoxy-1-cinnamyl-3-methoxy-
6 III 5598 d

—, 1-Acetoxy-4-cyclohex-1-enyl-
6 II 561 g

—, 2-Acetoxy-1-cyclohex-1-enyl-4-methyl-
6 III 2752 b

—, 1-Acetoxy-4-cyclohexyl- **6** II 549 e,
III 2507 d

—, 2-Acetoxy-1-cyclohexyl-3,5-dinitro-
6 III 2500 e, IV 3904

—, 2-Acetoxy-5-cyclohexyl-1,3-dinitro-
6 IV 3907

—, 2-Acetoxy-1-cyclohexyl-4-methyl-
6 III 2533 b

—, 1-Acetoxy-4-cyclopent-1-enyl-
6 II 560 h, IV 4082

—, 1-Acetoxy-4-cyclopentyl- **6** II 546 g

—, 1-Acetoxy-4-[13-cyclopentyl-
tridecyloxy]-2,3,5,6-tetramethyl-
6 III 4688 e

—, 1-Acetoxy-3,5-diäthoxy- **6** 1103 g

—, 3-Acetoxy-1,4-diäthoxy-2,5-dichlor-
6 IV 7346

—, 1-Acetoxy-2,4-diäthyl- **6** II 501 f

—, 1-Acetoxy-3,5-diäthyl- **6** II 501 g

—, 2-Acetoxy-1,3-diäthyl- **6** II 501 c

—, 4-Acetoxy-1,2-diäthyl- **6** III 1913 f

—, 1-Acetoxy-2,4-diäthyl-5-methyl-
6 II 508 j

—, 1-Acetoxy-2,5-diäthyl-4-methyl-
6 II 509 b

—, 2-Acetoxy-1,3-diäthyl-5-methyl-
6 II 509 f

—, 2-Acetoxy-1,5-diäthyl-3-methyl-
6 II 509 d

—, 2-Acetoxy-1,3-diallyl- **6** IV 4088

—, 2-Acetoxy-1,5-dibenzhydryl-3-methyl-
6 III 3891 e, IV 5170

—, 2-Acetoxy-1,3-dibenzyl- **6** III 3687 a

—, 1-Acetoxy-2,4-dibrom- **6** I 106 l,
III 754 e

—, 1-Acetoxy-3,5-dibrom- **6** II 189 h

—, 2-Acetoxy-1,3-dibrom- **6** IV 1064

—, 1-Acetoxy-2,5-dibrom-3,4-bis-
brommethyl-6-methyl- **6** 516 b

—, 2-Acetoxy-1,3-dibrom-5-[4-brom-
benzyl]- **6** 677 e

—, 2-Acetoxy-1,5-dibrom-3-[2-brom-
1-brommethyl-vinyl]- **6** I 284 d

—, 2-Acetoxy-3,5-dibrom-1-[2-brom-
1-brommethyl-vinyl]-4-methyl-
6 I 290 a

—, 1-Acetoxy-2,6-dibrom-4-[brom-chlor-
methyl]-3,5-dimethyl- **6** II 481 d

—, 2-Acetoxy-1,4-dibrom-5-[2-brom-
1-chlor-propyl]-3-methoxy- **6** 923 b

—, 1-Acetoxy-2,5-dibrom-
4-brommethoxy-3,6-dimethyl- **6** 917 b

—, 2-Acetoxy-1,5-dibrom-3-[2-brom-
1-methoxymethyl-vinyl]- **6** I 464 g

—, 2-Acetoxy-1,3-dibrom-5-brommethyl-
6 409 b

—, 2-Acetoxy-1,5-dibrom-3-brommethyl-
6 362 a

—, 1-Acetoxy-2,5-dibrom-3-brommethyl-
4,6-dimethyl- **6** 513 g

Benzol (Fortsetzung)

—, 1-Acetoxy-2,5-dibrom-4-brommethyl-3,6-dimethyl- **6** 515 b

—, 1-Acetoxy-2,6-dibrom-4-brommethyl-3,5-dimethyl- **6** 509 f

—, 1-Acetoxy-3,5-dibrom-2-brommethyl-4,6-dimethyl- **6** 520 a

—, 1-Acetoxy-3,5-dibrom-4-brommethyl-2,6-dimethyl- **6** 520 d

—, 2-Acetoxy-1,4-dibrom-5-brommethyl-3-methylmercapto- **6** I 436 h

—, 2-Acetoxy-3,5-dibrom-1-[2-brom-1-tribrommethyl-vinyl]-4-methyl- **6** I 290 e

—, 1-Acetoxy-3,4-dibrom-5-chlor-2,6-dimethoxy- **6** II 1069 e

—, 1-Acetoxy-2,5-dibrom-4-chlormethoxy-3,6-dimethyl- **6** 917 a

—, 1-Acetoxy-2,5-dibrom-3-chlormethyl-4,6-dimethyl- **6** 513 b

—, 1-Acetoxy-2,5-dibrom-4-chlormethyl-3,6-dimethyl- **6** 513 e

—, 2-Acetoxy-1,5-dibrom-3-cyclohexyl-**6** IV 3903

—, 2-Acetoxy-1,5-dibrom-3-[1,2-dibrom-äthyl]- **6** I 234 d

—, 1-Acetoxy-2,5-dibrom-4-[2,5-dibrom-4-brommethyl-3,6-dimethyl-phenoxymethyl]-3,6-dimethyl- **6** 936 c

—, 1-Acetoxy-3,5-dibrom-4-[3,5-dibrom-4-brommethyl-2,6-dimethyl-phenoxymethyl]-2,6-dimethyl- **6** 941 g

—, 2-Acetoxy-1,5-dibrom-3-[2,2-dibrom-1-brommethyl-vinyl]- **6** I 284 f

—, 2-Acetoxy-3,5-dibrom-1-[2,2-dibrom-1-brommethyl-vinyl]-4-methyl-**6** 578 e; vgl. 578 Anm., III 2450 Anm.

—, 1-Acetoxy-2,5-dibrom-4-[2,5-dibrom-4-isopentyloxymethyl-3,6-dimethyl-phenoxymethyl]-3,6-dimethyl- **6** 936 g

—, 1-Acetoxy-3,5-dibrom-4-[3,5-dibrom-4-isopentyloxymethyl-2,6-dimethyl-phenoxymethyl]-2,6-dimethyl- **6** 942 a

—, 1-Acetoxy-2,5-dibrom-4-[2,5-dibrom-4-jodmethyl-3,6-dimethyl-phenoxymethyl]-3,6-dimethyl- **6** 936 d

—, 1-Acetoxy-2,5-dibrom-4-[2,5-dibrom-4-methoxymethyl-3,6-dimethyl-phenoxymethyl]-3,6-dimethyl- **6** 936 e

—, 1-Acetoxy-3,5-dibrom-4-[3,5-dibrom-4-methoxymethyl-2,6-dimethyl-phenoxymethyl]-2,6-dimethyl- **6** 941 h

—, 2-Acetoxy-1,3-dibrom-5-dibrommethyl-**6** II 386 h

—, 2-Acetoxy-1,5-dibrom-3-dibrommethyl-**6** II 337 c

—, 1-Acetoxy-2,6-dibrom-4-dibrommethyl-3,5-dimethyl- **6** II 481 f

—, 2-Acetoxy-1,4-dibrom-5-[1,2-dibrom-propyl]-3-methoxy- **6** 923 e

—, 2-Acetoxy-1,4-dibrom-5-[2,3-dibrom-propyl]-3-methoxy- **6** 923 h

—, 1-Acetoxy-2,5-dibrom-4-[2,5-dibrom-3,4,6-trimethyl-phenoxymethyl]-3,6-dimethyl- **6** 936 b

—, 2-Acetoxy-1,3-dibrom-5-dichlorjodanyl-**6** I 111 i

—, 1-Acetoxy-2,6-dibrom-4-dichlormethyl-3,5-dimethyl- **6** II 481 a

—, 3-Acetoxy-2,4-dibrom-1,5-dimethoxy-**6** IV 7370

—, 1-Acetoxy-3,5-dibrom-2,6-dimethoxy-4-propyl- **6** 1120 f, II 1086 f

—, 3-Acetoxy-1,2-dibrom-4,5-dimethyl-**6** I 239 h

—, 1-Acetoxy-2,5-dibrom-3,6-dimethyl-4-nitro- **6** I 247 a, III 1776 e

—, 1-Acetoxy-2,6-dibrom-3,5-dimethyl-4-nitro- **6** III 1766 e

—, 1-Acetoxy-3,5-dibrom-2,4-dimethyl-6-nitro- **6** 491 d

—, 1-Acetoxy-2,5-dibrom-3,6-dimethyl-4-nitromethyl- **6** 517 c

—, 1-Acetoxy-3,5-dibrom-2,6-dimethyl-4-nitromethyl- **6** 521 f

—, 1-Acetoxy-2,5-dibrom-3,6-dimethyl-4-nitryloxymethyl- **6** 938 a

—, 1-Acetoxy-3,5-dibrom-2,6-dimethyl-4-nitryloxymethyl- **6** 942 e

—, 1-Acetoxy-2,5-dibrom-3,6-dimethyl-4-thiocyanatomethyl- **6** 939 a

—, 1-Acetoxy-2,5-dibrom-4-isobutyryloxy-3,6-dimethyl- **6** 917 g

—, 1-Acetoxy-2,5-dibrom-4-isobutyryloxy≠methyl-3,6-dimethyl- **6** 937 h

—, 2-Acetoxy-3,5-dibrom-1-isopropyl-4-methyl- **6** 541 f

—, 2-Acetoxy-1,3-dibrom-5-jod-**6** I 111 h

—, 2-Acetoxy-1,3-dibrom-5-jodmethyl- **6** 411 d

—, 2-Acetoxy-1,5-dibrom-3-jodmethyl- **6** 364 d

—, 1-Acetoxy-2,5-dibrom-3-jodmethyl-4,6-dimethyl- **6** 516 f

—, 1-Acetoxy-2,5-dibrom-4-jodmethyl-3,6-dimethyl- **6** 516 j

Benzol (Fortsetzung)

—, 1-Acetoxy-4-dichlorjodanyl-2-jod-
6 I 111 m

—, 1-Acetoxy-4-dichlormethyl-2-methoxy-
6 II 867 e

—, 1-Acetoxy-2,5-dichlor-4-nitro-
6 II 231 d, IV 1361

—, 2-Acetoxy-1,3-dichlor-5-nitro-
6 IV 1362

—, 2-Acetoxy-1,5-dichlor-3-nitro-
6 241 e, IV 1358

—, 5-Acetoxy-1,3-dichlor-2-nitro-
6 II 231 i

—, 2-Acetoxy-1,5-dichlor-3-
[9]phenanthrylmethyl- 6 III 3788 b

—, 2-Acetoxy-1,3-dichlor-5-[1-phenyl-
äthyl]- 6 IV 4713

—, 2-Acetoxy-1,5-dichlor-3-[1-phenyl-
äthyl]- 6 IV 4710

—, 2-Acetoxy-1,3-dichlor-5-trityl-
6 731 h

—, 1-Acetoxy-2,4-dicyclohexyl-5-methyl-
6 III 2782 f

—, 2-Acetoxy-1,3-dicyclohexyl-5-methyl-
6 III 2783 a

—, 1-Acetoxy-4-[3,4-dihydro-[1]naphthyl]-
6 III 3572 d

—, 1-Acetoxy-2,4-dijod- 6 210 f,
III 786 f

—, 1-Acetoxy-3,5-dijod- 6 211 i

—, 2-Acetoxy-1,3-dijod- 6 211 e

—, 2-Acetoxy-1,4-dijod- 6 210 i

—, 4-Acetoxy-1,2-dijod- 6 III 786 k

—, 2-Acetoxy-3,5-dijod-1,4-dimethyl-
6 III 1775 f

—, 1-Acetoxy-2,4-dijod-5-methoxy-
6 III 4342 f

—, 1-Acetoxy-3-[2,6-dijod-4-methyl-
phenoxy]- 6 IV 5672

—, 2-Acetoxy-1,3-dijod-5-nitro-
6 251 a

—, 2-Acetoxy-1,5-dijod-3-propyl-
6 IV 3180

—, 1-Acetoxy-2,3-dimethoxy-
6 III 6269 a

—, 1-Acetoxy-2,4-dimethoxy-
6 III 6281 b, IV 7342

—, 2-Acetoxy-1,3-dimethoxy-
6 1082 e, II 1066 e, III 6269 b

—, 2-Acetoxy-1,4-dimethoxy- 6 IV 7342

—, 4-Acetoxy-1,2-dimethoxy-
6 III 6281 c

—, 3-Acetoxy-2,4-dimethoxy-1,5-dinitro-
6 II 1071 b

—, 1-Acetoxy-3,5-dimethoxy-2-[3-methyl-
but-2-enyl]- 6 IV 7481

—, 1-Acetoxy-3,5-dimethoxy-2-nitro-
6 IV 7371

—, 2-Acetoxy-1,3-dimethoxy-4-nitro-
6 II 1070 b, IV 7336

—, 5-Acetoxy-1,3-dimethoxy-2-nitro-
6 IV 7371

—, 2-Acetoxy-1,3-dimethoxy-5-propyl-
6 1120 c, II 1086 e, III 6343 b

—, 1-Acetoxy-2,3-dimethyl- 6 II 454 a,
III 1723 b

—, 1-Acetoxy-2,4-dimethyl- 6 487 j,
II 459 e

—, 1-Acetoxy-3,5-dimethyl- 6 I 244 d,
II 463 d, III 1757 f

—, 2-Acetoxy-1,3-dimethyl- 6 II 458 a,
IV 3117

—, 2-Acetoxy-1,4-dimethyl- 6 495 h,
II 467 b

—, 4-Acetoxy-1,2-dimethyl- 6 II 455 f,
III 1728 e, IV 3102

—, 1-Acetoxy-3,5-dimethyl-2,4-dinitro-
6 III 1767 b

—, 2-Acetoxy-1,4-dimethyl-3,5-dinitro-
6 III 1776 g

—, 1-Acetoxy-2,5-dimethyl-4-nitro-
6 497 e

—, 2-Acetoxy-1,3-dimethyl-4-nitro-
6 IV 3123

—, 2-Acetoxy-1,3-dimethyl-5-nitro-
6 III 1741 b

—, 2-Acetoxy-1,5-dimethyl-3-[2-nitro-
phenylmercapto]- 6 III 4594 e

—, 5-Acetoxy-1,3-dimethyl-2-[2-nitro-
phenylmercapto]- 6 III 4591 a

—, 2-Acetoxy-1,3-dimethyl-5-propyl-
6 III 1988 d

—, 2-Acetoxy-1,3-dimethyl-5-[2-pyren-
1-yl-äthyl]- 6 IV 5150

—, 2-Acetoxy-1,3-dimethyl-5-pyren-
1-ylmethyl- 6 IV 5147 h

—, 2-Acetoxy-1,3-dimethyl-5-
[2,2,2-trichlor-äthyl]- 6 IV 3358

—, 1-Acetoxy-2,4-dinitro- 6 255 m,
I 127 a, III 866 b, IV 1380

—, 1-Acetoxy-3,5-dinitro- 6 258 e

—, 2-Acetoxy-1,3-dinitro-5-propyl-
6 I 249 l

—, 1-Acetoxy-2-[7,10-diphenyl-
8,9-dihydro-fluoranthen-8-yl]- 6 IV 5176

Benzol (Fortsetzung)

—, 2-Acetoxy-5-dodecyl-1,3-dimethyl-
6 III 2103 b

—, 1-Acetoxy-4-dodecyloxy-
2,3,5,6-tetramethyl- 6 III 4688 d

—, 2-Acetoxy-5-dodecyloxy-
1,3,4-trimethyl- 6 III 4648 b

—, 1-Acetoxy-2-fluor- 6 IV 771

—, 1-Acetoxy-4-fluor- 6 III 670 f,
IV 775

—, 1-Acetoxy-4-fluoren-9-yl-
6 I 358 b

—, 1-Acetoxy-4-fluoren-9-yl-2-methyl-
6 I 358 i

—, 2-Acetoxy-1-heptyl-3,5-dimethyl-
6 III 2071 d

—, 2-Acetoxy-5-heptyl-1,3-dimethyl-
6 III 2071 b

—, 1-Acetoxy-4-hexadecyloxy-
2,5-dimethyl- 6 IV 5967

—, 2-Acetoxy-5-hexadecyloxy-
1,3,4-trimethyl- 6 IV 5998

—, 1-Acetoxy-2-hexyl- 6 IV 3415

—, 1-Acetoxy-4-[2-(2-hydroxy-
cyclohexyl)-äthyl]-2-methoxy- 6 III 6451 c

—, 1-Acetoxy-4-[2-(2-hydroxy-cyclohexyl≠
iden)-äthyl]-2-methoxy- 6 III 6487 d

—, 1-Acetoxy-2-isopropenyl-
6 I 284 b

—, 1-Acetoxy-3-isopropenyl- 6 I 285 b,
IV 3821

—, 1-Acetoxy-2-isopropenyl-4-methyl-
6 I 288 g

—, 2-Acetoxy-1-isopropenyl-3-methyl-
6 I 288 d

—, 2-Acetoxy-1-isopropenyl-4-methyl-
6 I 289 h, III 2449 c

—, 1-Acetoxy-4-isopropoxy- 6 IV 5740

—, 1-Acetoxy-3-isopropyl- 6 IV 3214

—, 1-Acetoxy-4-isopropyl- 6 506 d

—, 2-Acetoxy-1-isopropyl-3,5-dijod-
4-methyl- 6 III 1910 c

—, 1-Acetoxy-2-isopropyl-4,5-dimethyl-
6 IV 3407

—, 1-Acetoxy-2-isopropyl-4-jod-5-methyl-
6 542 c

—, 2-Acetoxy-1-isopropyl-3-methoxy-
6 III 4631 f

—, 2-Acetoxy-1-isopropyl-4-methyl-
6 537 f, II 499 a, III 1901 e, IV 3337

—, 2-Acetoxy-4-isopropyl-1-methyl-
6 529 f, II 494 c

—, 4-Acetoxy-1-isopropyl-2-methyl-
6 IV 3326

—, 1-Acetoxy-5-isopropyl-2-methyl-
3,4-dinitro- 6 III 1892 g

—, 2-Acetoxy-1-isopropyl-4-methyl-
3,5-dinitro- 6 543 d

—, 2-Acetoxy-4-isopropyl-1-methyl-
3,5-dinitro- 6 531 m, III 1892 e

—, 1-Acetoxy-2-isopropyl-5-methyl-4-
[4-nitro-phenylmercapto]- 6 III 4675 f

—, 5-Acetoxy-1-[4-isopropyl-phenyl]-
2,3-diphenyl- 6 733 e

—, 1-Acetoxy-2-jod- 6 III 771 b

—, 1-Acetoxy-3-jod- 6 III 773 g

—, 1-Acetoxy-4-jod- 6 209 c, I 109 j

—, 1-Acetoxy-4-jod-2,5-dimethyl-
6 III 1775 b

—, 2-Acetoxy-5-jod-1,3-dimethyl-
6 III 1740 c

—, 2-Acetoxy-1-jod-3,5-dinitro-
6 III 872 j

—, 1-Acetoxy-4-jod-2-methoxy-
6 I 391 b

—, 2-Acetoxy-4-jod-1-methoxy-
6 787 f

—, 1-Acetoxy-4-jodmethyl-2-nitro-
6 I 207 a

—, 1-Acetoxy-2-jod-4-nitro- 6 250 c

—, 1-Acetoxy-3-jod-2-nitro- 6 II 236 n

—, 1-Acetoxy-3-jod-5-nitro- 6 II 238 e

—, 1-Acetoxy-5-jod-2-nitro- 6 II 237 g

—, 2-Acetoxy-1-jod-3-nitro- 6 249 d

—, 2-Acetoxy-1-jod-4-nitro- 6 III 852 e

—, 4-Acetoxy-1-jod-2-nitro- 6 249 j

—, 4-Acetoxy-2-jod-1-nitro- 6 II 238 j

—, 1-Acetoxy-2-methallyl- 6 III 2444 e

—, 1-Acetoxy-2-methallyl-4-methyl-
6 III 2475 d

—, 2-Acetoxy-1-methallyl-3-methyl-
6 III 2475 a

—, 2-Acetoxy-1-methallyl-4-methyl-
6 III 2476 b

—, 1-Acetoxy-4-methansulfinyl-
6 I 421 d, III 4461 c

—, 2-Acetoxy-5-methansulfinyl-
1,3-dinitro- 6 867 f

—, 1-Acetoxy-2-methansulfonyl-
6 IV 5639

—, 1-Acetoxy-3-methansulfonyl-
6 IV 5703

—, 1-Acetoxy-4-methansulfonyl-
6 IV 5814

Benzol (Fortsetzung)

−, 1-Acetoxy-2-methoxy- **6** 774 d,
II 783 j, III 4227 f, IV 5581

−, 1-Acetoxy-3-methoxy- **6** 816 e,
III 4320 a, IV 5672

−, 1-Acetoxy-4-methoxy- **6** I 416 f,
III 4414 c, IV 5740

−, 1-Acetoxymethoxy-2,5-dibrom-
4-isobutyryloxy-3,6-dimethyl- **6** 917 e

−, 1-Acetoxymethoxy-2,4-dichlor-
6 IV 897

−, 1-Acetoxy-2-methoxy-3,4-dinitro-
6 II 793 i

−, 1-Acetoxy-2-methoxy-4,5-dinitro- **6** I 395 b

−, 2-Acetoxy-1-methoxy-3,4-dinitro- **6** I 394 a

−, 2-Acetoxy-1-methoxy-3,5-dinitro-
6 792 a

−, 2-Acetoxy-3-methoxy-1,4-dinitro-
6 II 794 h

−, 5-Acetoxy-2-methoxy-1,3-dinitro-
6 II 851 d, IV 5789

−, 1-Acetoxy-2-methoxymethoxy-
4-propenyl- **6** IV 6330

−, 2-Acetoxy-1-methoxymethoxy-
4-propenyl- **6** III 5008 e, IV 6327 e

−, 1-Acetoxy-2-methoxy-3-nitro-
6 II 790 b, III 4263 d

−, 1-Acetoxy-2-methoxy-4-nitro-
6 789 e, I 392 c

−, 2-Acetoxy-1-methoxy-3-nitro-
6 I 391 f

−, 2-Acetoxy-1-methoxy-4-nitro-
6 789 f, II 793 a, III 4268 d

−, 2-Acetoxy-4-methoxy-1-nitro-
6 IV 5692

−, 4-Acetoxy-1-methoxy-2-nitro-
6 I 418 f

−, 1-Acetoxy-2-methoxy-4-[2-nitro-
1-nitroso-propyl]- **6** III 4622 a

−, 2-Acetoxy-1-methoxy-3-nitro-
5-propenyl- **6** 960 j

−, 2-Acetoxy-1-methoxy-4-nitro-
3-propyl- **6** IV 5975

−, 2-Acetoxy-1-methoxy-3-pentadecyl-
6 II 911 f

−, 5-Acetoxy-1-[4-methoxy-phenyl]-
2,3-diphenyl- **6** 1056 d

−, 1-Acetoxy-3-methoxy-2-phenylselanyl-
6 III 6275 g

−, 1-Acetoxy-2-methoxy-4-propenyl-
6 958 g, I 460 e, II 919 d, III 5007 e,
IV 6330

−, 2-Acetoxy-1-methoxy-4-propenyl-
6 III 5007 d

−, 1-Acetoxy-2-methoxy-5-propenyl-
4-trityl- **6** III 5966 Anm. 3

−, 2-Acetoxy-1-methoxy-4-propenyl-
3-trityl- **6** III 5966 c

−, 2-Acetoxy-1-methoxy-5-propenyl-
3-trityl- **6** III 5968 b

−, 1-Acetoxy-2-methoxy-4-propyl-
6 920 g, III 4616 b

−, 2-Acetoxy-1-methoxy-3-propyl-
6 III 4611 d, IV 5975 a

−, 1-Acetoxymethyl-2-[2-acetoxy-propyl]-
6 IV 6016

−, 4-Acetoxymethyl-1-äthoxy-2-methoxy-
6 I 551 c, III 6325 b

−, 2-Acetoxymethyl-1-äthoxy-4-nitro-
6 II 880 i

−, 4-Acetoxymethyl-1-äthoxy-2-nitro-
6 II 884 g

−, 1-Acetoxymethyl-2-äthyl- **6** IV 3233

−, 1-Acetoxymethyl-4-äthyl-
2,5-dimethoxy-3,6-dimethyl- **6** III 6372 b

−, 1-Acetoxymethyl-2-allyl-
3,4-dimethoxy- **6** IV 7479

−, 1-Acetoxymethyl-2-benzyl-
6 III 3400 e

−, 1-Acetoxymethyl-4-brom-
6 447 b, III 1562 e

−, 1-Acetoxymethyl-3-brom-
4-isobutyryloxy-2,5-dimethyl- **6** 934 a

−, 2-Acetoxymethyl-4-brom-1-methoxy-
6 III 4542 h

−, 1-Acetoxy-4-[3-methyl-butan-
1-sulfonyloxy]- **6** III 4428 e

−, 1-Acetoxy-2-[3-methyl-but-2-enyl]-
6 III 2470 e

−, 1-Acetoxy-4-[1-methyl-butyl]-
6 III 1956 b

−, 1-Acetoxymethyl-4-*tert*-butyl-
6 550 i, IV 3403

−, 2-Acetoxymethyl-5-*tert*-butyl-
1,3-dimethyl- **6** IV 3470

−, 1-Acetoxymethyl-4-*tert*-butyl-
2,6-dimethyl-3,5-dinitro- **6** IV 3470

−, 1-Acetoxymethyl-4-chlor-
6 445 d, III 1557 c

−, 1-Acetoxymethyl-4-[2-chlor-äthyl]-
6 III 1826 c

−, 1-Acetoxy-4-[2-methyl-cyclohex-
1-enyl]- **6** III 2750 f

−, 1-Acetoxymethyl-2,5-diäthoxy-
3,4,6-trimethyl- **6** III 6364 a

Benzol (Fortsetzung)

—, 1-Acetoxymethyl-2,5-dibrom-
4-isobutyryloxy-3,6-dimethyl- **6** 937 g

—, 1-Acetoxymethyl-2,5-dibrom-
4-methoxy-3,6-dimethyl- **6** 935 h

—, 4-Acetoxymethyl-1,2-dichlor-
6 445 k

—, 1-Acetoxymethyl-2,3-dimethoxy-
6 I 550 h

—, 4-Acetoxymethyl-1,2-dimethoxy-
6 I 551 b, III 6325 a

—, 1-Acetoxymethyl-2,5-dimethoxy-
3,4,6-trimethyl- **6** II 1089 e, III 6363 f

—, 1-Acetoxymethyl-2,3-dimethyl-
6 IV 3246

—, 1-Acetoxymethyl-2,4-dimethyl-
6 IV 3250

—, 1-Acetoxymethyl-2,4-dinitro-
6 453 e

—, 1-Acetoxy-3-[4-methyl-2,6-dinitro-
phenoxy]- **6** IV 5672

—, 1-Acetoxymethyl-4-fluor- **6** III 1554 c

—, 1-Acetoxymethyl-2-isopropoxy-
3-methoxy- **6** IV 7379

—, 1-Acetoxymethyl-2-jod- **6** IV 2605

—, 1-Acetoxymethyl-3-jod- **6** III 1563 b

—, 1-Acetoxymethyl-4-jod- **6** III 1563 d

—, 1-Acetoxymethyl-2-jod-3-methyl-
6 IV 3163

—, 1-Acetoxy-3-methylmercapto-
6 IV 5703

—, 1-Acetoxy-4-methylmercapto-
6 I 421 c, IV 5814

—, 2-Acetoxy-5-methylmercapto-
1,3-dinitro- **6** 867 e

—, 1-Acetoxymethyl-2-methoxy-
6 I 439 h, IV 5899

—, 1-Acetoxymethyl-3-methoxy-
6 IV 5908

—, 1-Acetoxymethyl-4-methoxy-
6 I 440 g, III 4549 f, IV 5914

—, 1-Acetoxymethyl-4-methoxymethyl-
6 III 4609 h

—, 2-Acetoxymethyl-1-methoxy-4-methyl-
6 III 4599 c

—, 2-Acetoxymethyl-1-methoxy-4-nitro-
6 III 4544 b

—, 4-Acetoxymethyl-1-methoxy-2-nitro-
6 III 4552 b

—, 1-Acetoxymethyl-2-methyl-
6 484 j, II 457 c, IV 3111

—, 1-Acetoxymethyl-4-methyl-
6 498 j, I 248 e, II 469 b, III 1781 b,
IV 3173

—, 1-Acetoxy-2-methyl-4-[2-methyl-
cyclohex-1-enyl]- **6** III 2758 a

—, 1-Acetoxymethyl-2-nitro-
6 449 d, III 1564 i, IV 2609

—, 1-Acetoxymethyl-3-nitro- **6** III 1566 e,
IV 2610

—, 1-Acetoxymethyl-4-nitro- **6** 451 k,
I 223 f, II 426 b, III 1568 h, IV 2613

—, 1-Acetoxy-4-[4-methyl-2-nitro-
phenylmercapto]- **6** I 421 g

—, Acetoxymethyl-pentachlor-
6 III 1559 i

—, Acetoxymethyl-pentamethyl-
6 553 b, IV 3448

—, Acetoxymethyl-pentaphenyl-
6 IV 5180 c

—, 1-Acetoxy-4-[10-methyl-
[9]phenanthryl]- **6** IV 5121

—, 4-Acetoxy-1-methyl-2-phenyläthinyl-
6 IV 4940

—, 1-Acetoxy-4-[1-methyl-propenyl]-
6 II 533 g

—, 1-Acetoxy-2-methyl-4-propyl-
6 III 1879 d

—, 2-Acetoxy-1-methyl-3-propyl-
6 III 1878 g

—, 2-Acetoxy-4-methyl-1-propyl-
6 II 491 d

—, 1-Acetoxy-4-methyl-2-[1-propyl-but-
1-enyl]- **6** I 297 f

—, 2-Acetoxy-1-methyl-3-[1-propyl-but-
1-enyl]- **6** I 297 d

—, 1-Acetoxymethyl-2,3,4,5-tetrabrom-
6-methoxy- **6** 895 f

—, 2-Acetoxymethyl-1,3,4,5-tetramethyl-
6 IV 3413

—, 2-Acetoxymethyl-1,3,5-trimethyl-
6 III 1919 g, IV 3362

—, 2-Acetoxymethyl-1,3,5-trinitro-
6 III 1572 f

—, 1-Acetoxy-2-methyl-4-trityl-
6 II 727 a

—, 1-Acetoxy-4-[4-methyl-trityl]-
6 733 a

—, 1-Acetoxy-2-[naphthalin-2-sulfonyl]-
6 III 4278 f

—, 1-Acetoxy-4-[2]naphthylselanyl-
6 IV 5853

—, 1-Acetoxy-2-nitro- **6** 219 h, I 115 d,
II 210 i, III 803 g, IV 1256

Benzol (Fortsetzung)

—, 1-Acetoxy-3-nitro- **6** I 117 c,
II 214 j, III 810 f, IV 1273

—, 1-Acetoxy-4-nitro- **6** 233 f, I 120 d,
II 223 f, III 825 g, IV 1298

—, 1-Acetoxy-2-[6-nitro-acenaphthen-
1-ylidenmethyl]- **6** III 3734 a

—, 1-Acetoxy-4-[4-nitro-benzolsulfonyl]-
6 IV 5815

—, 1-Acetoxy-4-[6-nitro-cyclohex-3-enyl]-
6 IV 4091

—, 1-Acetoxy-4-[2-nitro-cyclohexyl]-
6 IV 3907

—, 4-Acetoxy-1-nitro-2-[4-nitro-phenoxy]-
6 IV 5692

—, 2-Acetoxy-4-nitro-1-[4-nitro-
phenylmercapto]- **6** III 4285 d

—, 4-Acetoxy-1-nitro-2-[2-nitro-propenyl]-
6 III 2394 d

—, 1-Acetoxy-4-nitro-2-phenoxy-
6 III 4268 e

—, 1-Acetoxy-4-[2-nitro-phenyldisulfanyl]-
6 III 4466 a

—, 1-Acetoxy-4-[2-nitro-phenylmercapto]-
6 I 421 e

—, 1-Acetoxy-4-[3-nitro-phenylmercapto]-
6 III 4461 d

—, 1-Acetoxy-4-[4-nitro-phenylmercapto]-
6 I 421 f, III 4461 e

—, 1-Acetoxy-2-nitro-4-trityl- **6** 732 b

—, 1-Acetoxy-3-nonadecyl- **6** IV 3569

—, Acetoxy-pentabrom- **6** 206 f, I 108 o,
III 768 b

—, Acetoxy-pentachlor- **6** 196 b,
IV 1031

—, 1-Acetoxy-3-pentadecyl- **6** III 2109 e,
IV 3556

—, 1-Acetoxy-2-pentyl- **6** IV 3369

—, 1-Acetoxy-4-*tert*-pentyl- **6** 549 c,
IV 3384

—, 1-[5-Acetoxy-pentyloxy]-4-nitro-
6 IV 1293

—, 1-Acetoxy-4-[9]phenanthryl-
6 IV 5114

—, 1-Acetoxy-2-phenoxy- **6** 774 f

—, 1-Acetoxy-2-[1-phenyl-äthyl]-
6 IV 4708

—, 1-Acetoxy-4-[1-phenyl-äthyl]-
6 III 3395 a, IV 4711

—, 1-Acetoxy-4-[9-phenyl-fluoren-9-yl]-
6 734 c

—, 1-Acetoxy-4-[3-phenyl-propyl]-
6 III 3413 e

—, 1-Acetoxy-2-phenylselanyl-
6 III 4291 f

—, 1-Acetoxy-3-phenylselanyl-
6 III 4373 g

—, 1-Acetoxy-4-phenylselanyl-
6 III 4486 e

—, 1-Acetoxy-2-[1-phenyl-vinyl]-
6 694 f

—, 1-Acetoxy-2-propadienyl- **6** IV 4067

—, 1-Acetoxy-2-propenyl- **6** IV 3794

—, 4-[3-Acetoxy-propenyl]-1-benzyloxy-
2-methoxy- **6** IV 7478

—, 4-[3-Acetoxy-propenyl]-1-[2,4-dinitro-
phenoxy]-2-methoxy- **6** IV 7478

—, 1-[3-Acetoxy-propenyl]-4-methoxy-
6 IV 6333

—, 1-Acetoxy-5-propenyl-2-propoxy-
6 IV 6326

—, 1-Acetoxy-2-propoxy- **6** III 4228 c

—, 1-[3-Acetoxy-propoxy]-4-nitro-
6 IV 1291

—, 1-Acetoxy-2-propyl- **6** IV 3177

—, 1-Acetoxy-3-propyl- **6** III 1787 g,
IV 3181

—, 1-Acetoxy-4-propyl- **6** 500 f, I 249 f

—, 1-Acetoxysulfanyl-4-nitro-
6 IV 1716

—, 1-Acetoxy-2,3,4,5-tetrabrom-
6 III 766 d

—, 2-Acetoxy-1,3,4,5-tetrabrom-
6 206 c, II 196 i, III 766 g

—, 1-Acetoxy-2,3,5,6-tetrabrom-4-
[1-brom-1-dibrommethyl-propyl]-
6 523 d; vgl. I 258 g

—, 1-Acetoxy-2,3,5,6-tetrabrom-
4-brommethoxy- **6** 855 b

—, 1-Acetoxy-2,3,4,5-tetrabrom-
6-brommethyl- **6** 364 b

—, 1-Acetoxy-2,3,5,6-tetrabrom-
4-brommethyl- **6** 410 e

—, 1-Acetoxy-2,3,5,6-tetrabrom-4-
[2-brom-1-methyl-vinyl]- **6** 574 a; vgl.
I 285 e

—, 1-Acetoxy-2,3,5,6-tetrabrom-
4-chlormethyl- **6** 410 c

—, 1-Acetoxy-2,3,5,6-tetrabrom-4-
[2,2-dibrom-1-methyl-vinyl]-
6 574 e; vgl. I 285 g

—, 1-Acetoxy-2,3,5,6-tetrabrom-
4-methoxymethyl- **6** 900 f

—, 1-Acetoxy-2,3,5,6-tetrabrom-
4-nitrosyloxymethyl- **6** 901 a

Benzol (Fortsetzung)

—, 1-Acetoxy-2,3,5,6-tetrabrom-4-
[1,2,2-tribrom-äthyl]- **6** 474 g

—, 1-Acetoxy-2,3,5,6-tetrabrom-4-[α,β,β-
tribrom-isopropyl]- **6** 506 k; vgl. I 254 a

—, 2-Acetoxy-1,3,4,5-tetrachlor-
6 193 g, III 730 g

—, 1-Acetoxy-2,3,5,6-tetrachlor-
4-chlormethoxy- **6** 852 a

—, 1-Acetoxy-2,3,5,6-tetrachlor-
4-chlormethyl- **6** 405 d

—, 1-Acetoxy-2,3,4,6-tetrachlor-
5-dichlormethyl- **6** 382 h

—, 1-Acetoxy-2,3,4,6-tetrachlor-5-jod-
6 I 110 m, III 784 a

—, 1-Acetoxy-2,3,5,6-tetrachlor-4-jod-
6 I 110 o

—, 1-Acetoxy-2,3,5,6-tetrachlor-4-
[4-methyl-benzyloxy]- **6** IV 5777

—, 1-Acetoxy-2,3,5,6-tetrachlor-4-nitro-
6 III 842 g

—, 1-Acetoxy-2,3,5,6-tetrachlor-4-[1,2,3,4-
tetrahydro-[1]naphthyloxy]- **6** IV 5777

—, 1-Acetoxy-2,3,4,5-tetramethyl-
6 546 c

—, 2-Acetoxy-1,3,4,5-tetramethyl-
6 IV 3361

—, 3-Acetoxy-1,2,4,5-tetramethyl-
6 IV 3363

—, 1-Acetoxy-4-[1,1,3,3-tetramethyl-
butyl]- **6** III 2056 h

—, 1-Acetoxy-2-[toluol-4-sulfonyl]-
6 III 4278 e

—, 1-Acetoxy-4-[toluol-4-sulfonyl]-
6 III 4461 g

—, 1-Acetoxy-4-p-tolyloxy- **6** IV 5741

—, 1-Acetoxy-4-p-tolyloxymethyl-
6 II 883 e

—, 2-Acetoxy-1,3,5-triäthyl- **6** II 512 d

—, 2-Acetoxy-1,3,5-tribrom- **6** 205 f,
I 108 h, II 194 l, III 764 b, IV 1068

—, 1-Acetoxy-2,3,5-tribrom-4,6-bis-
brommethyl- **6** 490 c

—, 1-Acetoxy-2,3,6-tribrom-4,5-bis-
brommethyl- 483 f

—, 1-Acetoxy-2,4,5-tribrom-3,6-bis-
brommethyl- **6** 497 a

—, 1-Acetoxy-2,3,6-tribrom-4,5-bis-
dibrommethyl- **6** 483 h

—, 1-Acetoxy-2,3,6-tribrom-4,5-bis-
jodmethyl- **6** 484 a

—, 1-Acetoxy-2,3,5-tribrom-4,6-bis-
methoxymethyl- **6** 1118 c

—, 2-Acetoxy-1,3,4-tribrom-5-[1-brom-
1-dibrommethyl-propyl]- **6** 523 b; vgl.
I 258 f

—, 2-Acetoxy-1,3,4-tribrom-5-[2-brom-
1-methoxy-äthyl]- **6** 905 f

—, 1-Acetoxy-2,3,5-tribrom-
4-brommethoxy-6-brommethyl- **6** 876 i

—, 2-Acetoxy-1,3,4-tribrom-
5-brommethyl- **6** 410 a

—, 2-Acetoxy-1,3,5-tribrom-
4-brommethyl- **6** 384 e

—, 2-Acetoxy-1,4,5-tribrom-
3-brommethyl- **6** 363 e

—, 2-Acetoxy-3,4,5-tribrom-
1-brommethyl- **6** 363 e

—, 1-Acetoxy-2,3,6-tribrom-
5-brommethyl-4-methoxymethyl-
6 909 j

—, 1-Acetoxy-2,3,6-tribrom-
4-brommethyl-5-methyl- **6** 483 a

—, 1-Acetoxy-2,3,6-tribrom-
5-brommethyl-4-methyl- **6** 483 c

—, 2-Acetoxy-1,3,4-tribrom-5-[2-brom-
1-methyl-vinyl]- **6** 573 e; vgl. I 285 d

—, 2-Acetoxy-1,3,4-tribrom-5-
[1,2-dibrom-äthyl]- **6** 474 a

—, 2-Acetoxy-1,3,4-tribrom-5-
[2,2-dibrom-1-methoxy-äthyl]- **6** 906 a

—, 2-Acetoxy-1,3,4-tribrom-5-
[2,2-dibrom-1-methyl-vinyl]-
6 574 c; vgl. I 285 f

—, 1-Acetoxy-2,4,5-tribrom-6-
[2,2-dibrom-1-methyl-vinyl]-3-methyl-
6 578 e; vgl. 578 Anm., III 2450
Anm.

—, 1-Acetoxy-2,3,5-tribrom-4-
[1,2-dibrom-propyl]-6-methoxy-
6 924 c

—, 1-Acetoxy-2,3,5-tribrom-4-
[2,3-dibrom-propyl]-6-methoxy-
6 924 e

—, 1-Acetoxy-3,4,5-tribrom-
2,6-dimethoxy- **6** II 1069 i

—, 1-Acetoxy-2,3,4-tribrom-5,6-dimethyl-
6 I 239 j, III 1724 f

—, 1-Acetoxy-2,3,5-tribrom-4,6-dimethyl-
6 489 i, I 242 e, III 1749 j

—, 1-Acetoxy-2,3,6-tribrom-4,5-dimethyl-
6 482 j, III 1730 g

—, 1-Acetoxy-2,4,5-tribrom-3,6-dimethyl-
6 496 g, III 1774 h

—, 1-Acetoxy-3,4,5-tribrom-2,6-dimethyl-
6 III 1740 a

Benzol (Fortsetzung)

—, 1-Acetoxy-2,4,6-tribrom-3,5-dinitro-
6 263 c

—, 2-Acetoxy-1,3,5-tribrom-4-jodmethyl-
6 384 i

—, 1-Acetoxy-2,3,5-tribrom-4-methoxy-
6 III 4440 b

—, 2-Acetoxy-1,3,4-tribrom-5-methoxy-
6 III 4440 b

—, 2-Acetoxy-3,4,5-tribrom-1-methoxy-
6 III 4260 e

—, 2-Acetoxy-1,3,4-tribrom-
5-methoxymethyl- 6 900 a

—, 2-Acetoxy-1,4,5-tribrom-
3-methoxymethyl- 6 894 k

—, 2-Acetoxy-3,4,5-tribrom-
1-methoxymethyl- 6 894 k

—, 1-Acetoxy-2,3,4-tribrom-6-methoxy-
5-nitro- 6 III 4273 e

—, 1-Acetoxy-2,4,5-tribrom-3-methyl-
6-[α,β,β-tribrom-isopropyl]-
6 541 h; vgl. I 267 e

—, 2-Acetoxy-1,3,5-tribrom-
4-nitromethyl- 6 386 j

—, 2-Acetoxy-1,3,5-tribrom-
4-thiocyanatomethyl- 6 897 d

—, 2-Acetoxy-1,3,4-tribrom-5-
[1,2,2-tribrom-äthyl]- 6 474 e

—, 2-Acetoxy-1,3,4-tribrom-5-[α,β,β-
tribrom-isopropyl]- 6 506 i; vgl. I 253 m

—, 1-Acetoxy-2,4,5-trichlor- 6 III 719 f

—, 2-Acetoxy-1,3,4-trichlor-
6 190 h, III 717 b

—, 2-Acetoxy-1,3,5-trichlor- 6 192 c,
II 181 c, III 726 g

—, 1-Acetoxy-4-[2,4,5-trichlor-
benzolsulfonyl]- 6 IV 5815

—, 2-Acetoxy-1,4,5-trichlor-3-
[2,3-dibrom-propyl]- 6 IV 3179

—, 2-Acetoxy-1,3,4-trichlor-5-dichlorjodanyl-
6 I 110 k

—, 1-Acetoxy-2,3,5-trichlor-
4,6-dimethoxy- 6 III 6284 h

—, 1-Acetoxy-2,4,5-trichlor-
3,6-dimethoxy- 6 III 6284 h

—, 1-Acetoxy-2,4,6-trichlor-
3,5-dimethoxy- 6 1104 h

—, 1-Acetoxy-3,4,5-trichlor-
2,6-dimethoxy- 6 II 1067 j

—, 1-Acetoxy-2,3,5-trichlor-4,6-dimethyl-
6 II 460 g

—, 1-Acetoxy-2,4,5-trichlor-3,6-dimethyl-
6 II 468 b

—, 2-Acetoxy-1,3,4-trichlor-5-jod-
6 I 110 j

—, 2-Acetoxy-1,3,5-trichlor-4-jod-
6 I 110 h, III 783 j

—, 1-Acetoxy-2,3,4-trichlor-5-methoxy-
6 IV 5686

—, 1-Acetoxy-4-trideuteriomethyl-
6 IV 2112

—, 1-Acetoxy-2,3,5-trijod- 6 211 m

—, 2-Acetoxy-1,3,5-trijod- 6 212 e,
I 112 h

—, 1-Acetoxy-2,4,6-trijod-3,5-dimethyl-
6 III 1764 c

—, 2-Acetoxy-1,3,5-trijod-4-nitro-
6 III 854 c

—, 1-Acetoxy-2,4,5-trimethoxy-
6 IV 7688

—, 5-Acetoxy-1,2,3-trimethoxy-
6 II 1119 e, III 6654 a

—, 1-Acetoxy-2,3,4-trimethyl-
6 II 480 a

—, 1-Acetoxy-2,3,5-trimethyl-
6 II 483 b, III 1833 c

—, 1-Acetoxy-2,4,5-trimethyl-
6 II 482 d

—, 5-Acetoxy-1,2,3-trimethyl-
6 II 480 e, III 1830 b

—, 2-Acetoxy-1,3,5-trimethyl-4-nitro-
6 IV 3260

—, 2-Acetoxy-1,4,5-trimethyl-3-[2-nitro-
phenylmercapto]- 6 III 4652 a

—, 2-Acetoxy-1,3,5-trinitro- 6 291 h,
I 141 d, II 282 g, III 972 b, IV 1460

—, 2-Acetoxy-1,3,5-triphenyl-
6 IV 5141 e

—, 5-Acetoxy-1,2,3-triphenyl-
6 731 c, IV 5141

—, 2-Acetoxy-1,3,5-tris-[2-acetoxy-3-
(2-acetoxy-3,5-dimethyl-benzyl)-5-methyl-
benzyl]- 6 IV 7970

—, 2-Acetoxy-1,3,5-tris-[2-acetoxy-
3,5-dimethyl-benzyl]- 6 IV 7851

—, 2-Acetoxy-1,3,5-tris-acetoxymethyl-
6 III 6671 f, IV 7706

—, 2-Acetoxy-1,3,5-tris-acetoxymethyl-
4-methyl- 6 III 6673 f

—, 2-Acetoxy-1,3,5-tris-brommethyl-
4-methyl- 6 IV 3361

—, 2-Acetoxy-1,3,5-tris-chlormethyl-
4-methyl- 6 IV 3361

—, 2-Acetoxy-1,3,5-tris-[3,5-dichlor-
2-hydroxy-benzyl]- 6 III 6836 b

—, 1-Acetoxy-4-trityl- 6 731 f

Benzol (Fortsetzung)

—, 1-Acetylmercapto-4-äthoxy-
6 862 f

—, 1-[2-Acetylmercapto-äthoxy]-4-nitro-
6 IV 1291

—, 1-Acetylmercapto-4-äthyl-
6 I 235 f

—, 1-Acetylmercapto-2-brom-
6 IV 1647

—, 1-Acetylmercapto-4-brom-
6 IV 1654

—, 1-Acetylmercapto-2,4-dimethoxy-
6 I 543 m

—, 1-Acetylmercapto-2-methoxy-
6 IV 5639

—, 1-Acetylmercapto-3-methoxy-
6 IV 5704

—, 1-Acetylmercapto-4-methoxy-
6 862 e, IV 5814

—, 1-Acetylmercapto-2-[1-methyl-propadienyl]- 6 IV 4075

—, Acetylmercapto-pentachlor-
6 IV 1645

—, 1-[3-Acetylmercapto-propoxy]-4-nitro-
6 IV 1292

—, 2-Acetylmercapto-1,3,5-tribrom-
6 III 1054 d

—, 1-[2-Acryloyloxy-äthoxy]-2,4-dichlor-
6 IV 892

—, 1-Acryloyloxy-2-allyl- 6 IV 3809

—, 1-Acryloyloxy-4-tert-butyl-
6 IV 3305

—, 1-Acryloyloxy-2-chlor- 6 IV 794

—, 1-Acryloyloxy-4-chlor- 6 IV 840

—, 1-Acryloyloxy-4-cyclohexyl-
6 IV 3905

—, 1-Acryloyloxy-2,4-dinitro-
6 IV 1380

—, 1-Acryloyloxymethyl-4-methoxy-
6 III 4550 d

—, 1-Acryloyloxy-2-nitro- 6 IV 1257

—, 1-Acryloyloxy-3-nitro- 6 IV 1274

—, 1-Acryloyloxy-4-nitro- 6 IV 1300

—, 1-Acryloyloxy-4-tert-pentyl-
6 IV 3385

—, 1-Äthanseleninyl-4-brom-
6 III 1114 h

—, 1-Äthansulfonyl-4-brom- 6 III 1048 c,
IV 1650

—, 1-Äthansulfonyl-4-chlor- 6 IV 1582

—, 4-Äthansulfonyl-2-chlor-1-methoxy-
6 IV 5827

—, 1-Äthansulfonyl-4-chlor-2-nitro-
6 III 1078 h

—, 2-Äthansulfonyl-4-chlor-1-nitro-
6 IV 1724

—, 1-Äthansulfonyl-4-diacetoxyjodanyl-
6 I 153 c

—, 1-Äthansulfonyl-2,4-dichlor-
6 IV 1612

—, 1-Äthansulfonyl-3,5-dichlor-
6 IV 1631

—, 2-Äthansulfonyl-1,4-dichlor-
6 IV 1617

—, 4-Äthansulfonyl-1,2-dichlor-
6 IV 1624

—, 1-Äthansulfonyl-4-dichlorjodanyl-
6 I 153 c

—, 1-Äthansulfonyl-2,4-dinitro-
6 III 1089 e, IV 1734

—, 1-Äthansulfonyl-4-fluor- 6 IV 1567

—, 1-Äthansulfonyl-4-jod- 6 I 153 b

—, 1-Äthansulfonyl-4-jodosyl-
6 I 153 c

—, 1-Äthansulfonyl-4-jodyl- 6 I 153 d

—, 1-Äthansulfonyl-4-methoxy-
6 III 4447 e

—, 4-Äthansulfonylmethyl-1,2-dichlor-
6 IV 2785 d

—, 4-Äthansulfonylmethyl-1,2-dimethyl-
6 IV 3253

—, 1-Äthansulfonylmethyl-3-methoxy-
6 IV 5908

—, 1-Äthansulfonylmethyl-4-methoxy-
6 IV 5920

—, 2-Äthansulfonylmethyl-1-methoxy-
4-nitro- 6 III 4544 f

—, 1-Äthansulfonyl-2-nitro- 6 I 154 g,
III 1057 g

—, 1-Äthansulfonyl-3-nitro- 6 III 1065 d,
IV 1681

—, 1-Äthansulfonyl-4-nitro- 6 II 310 d,
IV 1689

—, 1-Äthansulfonyloxy-4-chlor-
6 IV 864

—, Äthensulfinyl-pentachlor- 6 IV 1643

—, 1-Äthensulfonyl-4-chlor-2,5-dimethyl-
6 IV 3171

—, 4-Äthensulfonyl-1-chlor-2-nitro-
6 IV 1727

—, 1-Äthensulfonyl-2-nitro- 6 IV 1662

—, 1-Äthensulfonyl-3-nitro- 6 IV 1681

—, 1-Äthensulfonyloxy-4-chlor-
6 IV 865

—, 1-Äthinsulfonyl-4-nitro- 6 IV 1693

—, 1-Äthinyl-2-brom-4,5-dimethoxy-
6 IV 6456

—, 4-Äthinyl-1,2-dimethoxy- 6 III 5155 a

Benzol (Fortsetzung)

—, 1-Äthinylmercapto-2-chlor-
   6 IV 1570

—, 1-Äthinylmercapto-4-chlor-
   6 IV 1586

—, 1-Äthinylmercapto-4-methoxy-
   6 IV 5793

—, 1-Äthinylmercapto-4-nitro-
   6 IV 1693

—, Äthinylselanyl- 6 IV 1779

—, Äthoxy- s.a. *Phenetol*

—, 1-[2-Äthoxy-äthansulfonyl]-2-nitro-
   6 IV 1667

—, 1-[2-Äthoxy-äthoxy]-4-brom-2-nitro-
   6 III 843 f

—, 1-Äthoxy-4-[1-äthoxy-2-brom-propyl]-
   2-methoxy- 6 1121 f

—, 1-Äthoxy-5-[1-äthoxy-2-brom-propyl]-
   2-methoxy-4-trityl- 6 III 6627 Anm. 3

—, 2-Äthoxy-4-[1-äthoxy-2-brom-propyl]-
   1-methoxy-3-trityl- 6 III 6627 c

—, 1-[2-Äthoxy-äthoxy]-4-chlormethyl-
   6 IV 2139

—, 1-[2-Äthoxy-äthoxy]-4-chlormethyl-
   2-methyl- 6 IV 3135

—, 1-[2-Äthoxy-äthoxy]-2-chlor-4-nitro-
   6 III 840 b

—, 1-[2-Äthoxy-äthoxy]-4-chlor-2-nitro-
   6 III 836 b

—, 1-[2-Äthoxy-äthoxy]-2,4-dichlor-
   6 IV 889

—, 1-Äthoxy-2-äthoxymethoxy-
   4-propenyl- 6 IV 6328

—, 2-Äthoxy-1-äthoxymethoxy-
   4-propenyl- 6 IV 6329

—, 1-Äthoxy-2-äthoxymethyl-4-nitro-
   6 II 880 g

—, 1-Äthoxy-4-äthoxymethyl-2-nitro-
   6 II 884 f

—, 1-[2-Äthoxy-äthoxy]-4-nitro-
   6 III 823 b

—, 1-Äthoxy-4-[1-äthoxy-propenyl]-
   2-methoxy- 6 1131 a

—, 2-[1-Äthoxy-äthyl]-4-äthoxymethyl-
   1-methoxy- 6 III 6354 d

—, 2-Äthoxy-4-äthyl-1-*tert*-butyl-
   3,5-dinitro- 6 IV 3434

—, 2-Äthoxy-1-äthyl-3,4-dimethoxy-
   6 III 6327 a

—, 4-[1-Äthoxy-äthyl]-1,2-dimethoxy-
   6 I 552 f

—, 1-[1-Äthoxy-äthyl]-5-isopropyl-
   4-methoxy-2-methyl- 6 III 4726 e

—, 1-Äthoxy-2-äthylmercapto- 6 793 f

—, 1-Äthoxy-4-äthylmercapto-
   6 859 h, III 4447 f

—, 1-[1-Äthoxy-äthyl]-4-methoxy-
   6 III 4566 a, IV 5930

—, 1-Äthoxy-4-äthyl-2-methoxy-
   6 II 885 i

—, 2-Äthoxy-1-äthyl-3-methoxy-
   6 III 4554 b

—, 2-Äthoxy-4-äthyl-1-methoxy-
   6 II 885 h, III 4560 c

—, 1-[1-Äthoxy-äthyl]-4-methoxy-
   2-methyl- 6 III 4637 d

—, 2-[1-Äthoxy-äthyl]-1-methoxy-
   4-methyl- 6 III 4640 b

—, 4-[1-Äthoxy-äthyl]-1-methoxy-
   2-methyl- 6 III 4641 d

—, 3-[1-Äthoxy-äthyl]-1,2,4,5-tetramethyl-
   6 IV 3447

—, 1-Äthoxy-4-allophanoyloxymethyl-
   2-methoxy- 6 I 551 e

—, 1-Äthoxy-4-allyl-2-allyloxy-
   6 IV 6338

—, 1-Äthoxy-3-allyl-2-benzyloxy-
   5-methyl- 6 IV 6351

—, 1-Äthoxy-4-allyl-5-brom-2-methoxy-
   6 968 b, III 5031 a

—, 2-Äthoxy-5-allyl-1,4-dibrom-
   3-methoxy- 6 III 5031 d

—, 2-Äthoxy-5-allyl-3,4-dibrom-
   1-methoxy- 6 III 5031 d

—, 1-Äthoxy-5-allyl-2,3-dimethoxy-
   6 II 1093 h

—, 2-Äthoxy-1-allyl-3,4-dimethoxy-
   6 III 6443 d

—, 2-Äthoxy-5-allyl-1,3-dimethoxy-
   6 II 1093 h

—, 1-[1-Äthoxy-allyl]-2-methoxy-
   6 IV 6340

—, 1-Äthoxy-4-allyl-2-methoxy-
   6 964 a, I 463 a, II 923 d, III 5026 d

—, 2-Äthoxy-4-allyl-1-methoxy-
   6 III 5026 c

—, 1-Äthoxy-3-allyl-2-methoxy-5-methyl-
   6 IV 6351

—, 1-Äthoxy-2-allyloxy- 6 III 4214 c

—, 1-Äthoxy-4-allyloxy- 6 III 4395 d,
   IV 5724

—, 2-Äthoxy-5-allyl-1,3,4-trimethoxy-
   6 II 1124 g

—, 1-[α-Äthoxy-benzhydryl]-4-benzhydryl-
   6 737 c

Benzol (Fortsetzung)

—, 5-Äthoxy-2-benzolsulfonyl-1,3-dinitro-
6 IV 5837

—, 1-Äthoxy-4-benzolsulfonyl-2-nitro-
6 III 4470 f

—, 1-Äthoxy-4-benzylmercapto-
6 860 e, IV 5804

—, 1-Äthoxy-2-benzyloxy- 6 III 4219 b

—, 1-Äthoxy-2-benzyloxy-4-[1,2-dibrom-
propyl]- 6 IV 5978

—, 1-Äthoxy-2-benzyloxy-4-propenyl-
6 IV 6326

—, 1-Äthoxy-2,3-bis-carboxymethoxy-
6 1084 d

—, 2-Äthoxy-1,3-bis-carboxymethoxy-
6 1084 d

—, 1-Äthoxy-2,4-bis-[2-diäthylamino-
äthoxymethyl]- 6 IV 7398

—, 1-Äthoxy-2,4-bis-[3-diäthylamino-
2,2-dimethyl-propoxymethyl]- 6 IV 7398

—, 1-Äthoxy-2,4-bis-[2-dimethylamino-
äthoxymethyl]- 6 IV 7397

—, 1-Äthoxy-2,4-bis-[3-dimethylamino-
2,2-dimethyl-propoxymethyl]- 6 IV 7398

—, 3-Äthoxy-1,2-bis-hydroxymethyl-
4-methoxy- 6 IV 7700

—, 1-Äthoxy-2,4-bis-methansulfonyl-
6 III 6298 g

—, 1-[1-Äthoxy-2-brom-äthyl]-
4-benzyloxy- 6 IV 5933

—, 2-Äthoxy-4-brom-1-methoxy-
6 I 390 d

—, 1-Äthoxy-2-brom-5-methoxy-4-nitro-
6 III 4350 b

—, 1-Äthoxy-5-brom-2-methoxy-4-nitro-
6 III 4271 f

—, 1-Äthoxy-4-[2-brom-1-methoxy-
propyl]-2-methoxy- 6 1121 e

—, 1-Äthoxy-5-[2-brom-1-methoxy-
propyl]-2-methoxy-4-trityl- 6 III 6627
Anm. 1

—, 2-Äthoxy-4-[2-brom-1-methoxy-
propyl]-1-methoxy-3-trityl- 6 III 6627 a

—, 1-Äthoxy-2-brom-4-methylmercapto-
6 II 854 g

—, 1-Äthoxy-4-[2-brom-propenyl]-
2-methoxy- 6 959 j

—, 2-Äthoxy-4-[2-brom-propenyl]-
1-methoxy- 6 III 5011 c

—, 4-[1-Äthoxy-2-brom-propyl]-2-brom-
1-methoxy- 6 927 c

—, 1-[1-Äthoxy-2-brom-propyl]-3-butoxy-
4-methoxy-2-trityl- 6 III 6629 e

—, 1-[1-Äthoxy-2-brom-propyl]-5-butoxy-
4-methoxy-2-trityl- 6 III 6629 Anm. 5

—, 1-[1-Äthoxy-2-brom-propyl]-
3,4-dimethoxy-2-trityl- 6 III 6627 b

—, 1-[1-Äthoxy-2-brom-propyl]-
4,5-dimethoxy-2-trityl- 6 III 6627 Anm. 2

—, 1-[1-Äthoxy-2-brom-propyl]-
3-isobutoxy-4-methoxy-2-trityl-
6 III 6630 d

—, 1-[1-Äthoxy-2-brom-propyl]-
5-isobutoxy-4-methoxy-2-trityl-
6 III 6630 Anm. 4

—, 1-[1-Äthoxy-2-brom-propyl]-
3-isopentyloxy-4-methoxy-2-trityl-
6 III 6632 a

—, 1-[1-Äthoxy-2-brom-propyl]-
5-isopentyloxy-4-methoxy-2-trityl-
6 III 6632 Anm. 1

—, 1-[1-Äthoxy-2-brom-propyl]-
3-isopropoxy-4-methoxy-2-trityl-
6 III 6629 a

—, 1-[1-Äthoxy-2-brom-propyl]-
5-isopropoxy-4-methoxy-2-trityl-
6 III 6629 Anm. 1

—, 1-[1-Äthoxy-2-brom-propyl]-
4-methoxy- 6 926 i, II 894 h

—, 1-[1-Äthoxy-2-brom-propyl]-
4-methoxy-3-propoxy-2-trityl- 6 III 6628 b

—, 1-[1-Äthoxy-2-brom-propyl]-
4-methoxy-5-propoxy-2-trityl- 6 III 6628
Anm. 2

—, 1-Äthoxy-2-butoxy- 6 III 4210 c

—, 1-Äthoxy-4-butoxymethyl-
6 IV 5911

—, 1-Äthoxy-2-butoxy-3-[2-nitro-
propenyl]- 6 IV 6322

—, 1-Äthoxy-2-butyryloxy- 6 774 m

—, 1-Äthoxy-4-butyryloxy- 6 III 4415 g

—, 1-[1-Äthoxy-2-chlor-äthyl]-
5-isopropyl-4-methoxy-2-methyl-
6 III 4726 f

—, 1-[1-Äthoxy-2-chlor-äthyl]-4-methoxy-
6 III 4567 d

—, 1-Äthoxy-2-chlor-4-cyclohexyl-
5-methoxy- 6 IV 6368

—, 1-Äthoxy-4-chlor-2-cyclohexyl-
5-methoxy- 6 IV 6368

—, 1-Äthoxy-3-chlor-2-methoxy- 6 I 389 b

—, 2-Äthoxy-4-chlor-1-methoxy- 6 I 389 g

—, 1-Äthoxy-4-chlor-2-methoxy-5-nitro-
6 IV 5630

—, 1-Äthoxy-2-chlor-5-methoxy-4-octyl-
6 IV 6067

Benzol (Fortsetzung)

—, 1-Äthoxy-3-chlormethyl-2-isopentyloxy-
6 IV 5862

—, 1-Äthoxy-4-chlormethyl-2-methoxy-
6 I 432 g, IV 5881

—, 2-Äthoxy-4-chlormethyl-1-methoxy-
6 IV 5881

—, 1-Äthoxy-3-chlormethyl-2-propoxy-
6 IV 5862

—, 2-Äthoxy-4-chlor-1-[toluol-4-sulfonyl]-
6 III 4279 g

—, 1-[1-Äthoxy-2,2-dibrom-äthyl]-
5-brom-2,4-dimethoxy- 6 III 6330 b

—, 2-Äthoxy-1,4-dibrom-5-[2-brom-
1-methoxy-propyl]-3-methoxy-
6 1122 g

—, 2-Äthoxy-1,4-dibrom-5-[1,2-dibrom-
propyl]-3-methoxy- 6 923 d

—, 1-Äthoxy-2,4-dibrom-5-methoxy-
6 III 4339 a

—, 1-Äthoxy-2,5-dibrom-4-methoxymethyl-
3,6-dimethyl- 6 935 a

—, 2-Äthoxy-3,5-dibrom-4-methoxy-
1-nitro- 6 III 4351 b

—, 2-Äthoxy-1,4-dibrom-3-methoxy-
5-propenyl- 6 959 l

—, 1-Äthoxy-4-[1,2-dibrom-propenyl]-
2-methoxy- 6 960 a

—, 1-Äthoxy-4-[1,2-dibrom-propyl]-
2-methoxy- 6 921 f, II 893 e

—, 2-Äthoxy-4-[1,2-dibrom-propyl]-
1-methoxy- 6 III 4618 b

—, 1-Äthoxy-5-[1,2-dibrom-propyl]-
2-methoxy-4-trityl- 6 III 5937 Anm. 4

—, 2-Äthoxy-4-[1,2-dibrom-propyl]-
1-methoxy-3-trityl- 6 III 5937 d

—, 1-Äthoxy-4-[1,2-dichlor-äthensulfinyl]-
6 IV 5813

—, 1-Äthoxy-4-[1,2-dichlor-äthensulfonyl]-
6 IV 5813

—, 3-Äthoxy-1,4-dichlor-2,5-dimethoxy-
6 IV 7345

—, 1-Äthoxy-2,5-dichlor-3,6-dimethoxy-
4-nitro- 6 IV 7350

—, 1-Äthoxy-4-[1,2-dichlor-vinyl=
mercapto]- 6 IV 5813

—, 1-Äthoxy-4-[2,6-dijod-4-nitro-
benzolsulfinyl]- 6 IV 5799

—, 1-Äthoxy-4-[2,6-dijod-4-nitro-
benzolsulfonyl]- 6 IV 5799

—, 1-Äthoxy-4-[2,6-dijod-4-nitro-
phenoxy]- 6 III 4400 a

—, 1-Äthoxy-4-[2,6-dijod-4-nitro-
phenylmercapto]- 6 IV 5798

—, 1-Äthoxy-3,5-dimethoxy- 6 IV 7362

—, 2-Äthoxy-1,3-dimethoxy- 6 IV 7330

—, 3-Äthoxy-1,4-dimethoxy-2-nitro-
5-propyl- 6 1119 e

—, 2-Äthoxy-3,4-dimethoxy-1-propenyl-
6 III 6440 c

—, 1-Äthoxy-2,5-dimethoxy-3-propyl-
6 1118 j

—, 5-Äthoxy-1,2-dimethoxy-3-propyl-
6 1119 a

—, 1-Äthoxy-3,4-dimethyl-2-propoxy-
6 IV 5947

—, 1-Äthoxy-3-[2,4-dinitro-phenoxy]-
6 IV 5668

—, 1-Äthoxy-2-dodecyloxy-3-[2-nitro-
propenyl]- 6 IV 6323

—, 1-Äthoxy-3-hexadecyloxy- 6 III 4312 h

—, 1-Äthoxy-2-hexyloxy-3-[2-nitro-but-
1-enyl]- 6 IV 6347

—, 1-Äthoxy-4-isobutoxy- 6 844 f

—, 1-Äthoxy-2-isobutoxy-3-[2-nitro-
propenyl]- 6 IV 6322

—, 1-Äthoxy-4-isopentyloxy- 6 844 j

—, 1-Äthoxy-2-isopentyloxy-3-[2-nitro-
propenyl]- 6 IV 6323

—, 1-Äthoxy-2-isopropoxy-3-[2-nitro-but-
1-enyl]- 6 IV 6347

—, 1-Äthoxy-2-isopropoxy-3-[2-nitro-
propenyl]- 6 IV 6322

—, 2-[β-Äthoxy-isopropoxy]-
1,4,5-trichlor-3-nitro- 6 III 842 c

—, 1-Äthoxy-2-isovaleryloxy- 6 775 e

—, 2-Äthoxy-5-jod-1,3-dimethoxy-
6 I 541 a

—, 1-Äthoxy-4-[2-jod-4-nitro-benzolsulfonyl]-
6 IV 5799

—, 1-Äthoxy-4-[2-jod-4-nitro-
phenylmercapto]- 6 IV 5798

—, 1-[1-Äthoxy-2-jod-propyl]-4-methoxy-
6 927 f

—, 1-Äthoxy-4-methansulfonyl-
6 III 4447 b

—, 1-Äthoxy-4-methansulfonyl-2-nitro-
6 IV 5835

—, 1-Äthoxy-2-methoxy- 6 771 c,
I 384 b, II 780 b, III 4208 b,
IV 5565

—, 1-Äthoxy-3-methoxy- 6 814 b

—, 1-Äthoxy-4-methoxy- 6 844 a,
II 840 b, III 4387 c

Benzol (Fortsetzung)

—, 1-Äthoxymethoxy-4-allyl-2-methoxy-
6 965 h

—, 1-Äthoxymethoxy-2,4-dichlor-
6 IV 896

—, 1-Äthoxy-2-methoxy-3,4-dimethyl-
6 IV 5947

—, 1-Äthoxy-2-methoxy-3,5-dinitro-
6 IV 5632

—, 1-Äthoxy-2-methoxy-4,5-dinitro-
6 II 795 a, III 4275 b

—, 1-Äthoxy-3-methoxy-2,4-dinitro-
6 827 h

—, 2-Äthoxy-1-methoxy-3,5-dinitro-
6 791 d

—, 3-Äthoxy-1-methoxy-2,4-dinitro-
6 828 a

—, 1-Äthoxymethoxy-2-methoxy-
4-propenyl- 6 958 b, IV 6328

—, 1-Äthoxy-2-methoxymethoxy-
4-propenyl- 6 IV 6328

—, 2-Äthoxymethoxy-1-methoxy-
4-propenyl- 6 958 a, IV 6328

—, 2-Äthoxy-1-methoxymethoxy-
4-propenyl- 6 III 5006 d, IV 6329

—, 1-Äthoxy-4-methoxymethyl-
6 IV 5910

—, 1-Äthoxy-2-methoxy-4-nitro-
6 789 b, II 790 g, 793 e,
III 4265 c

—, 1-Äthoxy-3-methoxy-5-nitro-
6 III 4347 f

—, 1-Äthoxy-4-methoxy-2-nitro-
6 II 849 c, IV 5787

—, 2-Äthoxy-1-methoxy-4-nitro-
6 789 c, II 790 h, III 4265 d

—, 4-Äthoxy-1-methoxy-2-nitro-
6 II 849 d, IV 5787

—, 1-Äthoxy-2-methoxy-4-[2-nitro-
1-nitroso-propyl]- 6 III 4621 a

—, 1-Äthoxy-2-methoxy-3-[2-nitro-
propenyl]- 6 IV 6321

—, 1-Äthoxy-2-methoxy-4-[2-nitro-
propenyl]- 6 IV 6331

—, 2-Äthoxy-1-methoxy-4-[2-nitro-
propenyl]- 6 IV 6331

—, 1-Äthoxy-2-methoxy-5-nitro-4-propyl-
6 924 k

—, 4-Äthoxy-2-methoxy-1-octyl-
6 IV 6067

—, 1-Äthoxy-2-methoxy-3-phenoxy-
6 III 6267 h

—, 2-Äthoxy-1-methoxy-3-phenoxy-
6 III 6267 g

—, 1-Äthoxy-2-methoxy-4-propenyl-
6 957 a, I 460 c, II 918 e,
III 4999

—, 2-Äthoxy-1-methoxy-4-propenyl-
6 II 918 d, III 4998 c

—, 2-Äthoxymethoxy-4-propenyl-
1-propoxy- 6 IV 6329

—, 1-Äthoxy-2-methoxy-5-propenyl-
4-trityl- 6 III 5964 Anm. 3

—, 2-Äthoxy-1-methoxy-4-propenyl-
3-trityl- 6 III 5964 c

—, 2-Äthoxy-1-methoxy-5-propenyl-
3-trityl- 6 III 5967 a

—, 1-Äthoxy-2-methoxy-4-prop-1-inyl-
6 974 b

—, 2-Äthoxy-1-methoxy-4-prop-1-inyl-
6 III 5155 c

—, 1-Äthoxymethoxy-2,4,5-tribrom-
6-methoxy-3-propenyl- 6 960 g

—, 1-Äthoxy-2-methoxy-4-[1,2,2-tribrom-
propyl]- 6 922 i

—, 2-Äthoxy-4-methoxy-1,3,5-trinitro-
6 833 b

—, 1-Äthoxymethyl-2-allyl-3,4-dimethoxy-
6 IV 7479

—, 1-Äthoxymethyl-2-brom-
6 III 1559 k

—, 1-Äthoxymethyl-3-brom- 6 446 e

—, 1-Äthoxymethyl-4-brom- 6 446 g,
I 222 j, III 1561 a

—, 2-Äthoxymethyl-4-brom-1-methoxy-
6 III 4542 b

—, 4-Äthoxymethyl-2-brom-1-methoxy-
6 III 4551 d

—, 1-Äthoxymethyl-2-brommethyl-
6 II 457 e

—, 1-Äthoxymethyl-3-brommethyl-
6 II 466 a

—, 1-Äthoxymethyl-4-brommethyl-
6 II 469 d

—, 1-Äthoxymethyl-2-chlor- 6 444 c,
I 222 f

—, 1-Äthoxymethyl-3-chlor-
6 444 h

—, 1-Äthoxymethyl-4-chlor- 6 444 j,
I 222 i, III 1556 a

—, 4-Äthoxymethyl-2-chlor-1-methoxy-
6 III 4550 i

—, 1-Äthoxymethyl-2-chlormethyl-
6 IV 3111

Benzol (Fortsetzung)

—, 1-[1-Äthyl-propyl]-4-dichloracetoxy-
6 IV 3374

—, Äthylselanyl- 6 IV 1777

—, 1-Äthylselanyl-4-brom- 6 III 1114 g

—, 1-Äthylselanyl-4-chlor- 6 III 1113 a

—, 1-Äthylselanyl-2-methoxy-
6 III 4289 c

—, 1-Äthylselanyl-4-methoxy-
6 III 4479 b

—, 1-Äthylselanyl-2-nitro- 6 III 1116 a

—, 1-Äthylselanyl-2-phenylselanyl-
6 III 4292 c

—, Äthyltellanyl- 6 IV 1799

—, 1-Äthyltellanyl-4-methoxy-
6 IV 5855

—, 1-Äthyl-2,3,5,6-tetrabrom-
4-brommethyl- 6 758 b

—, 2-Äthyl-1,3,4,5-tetramethoxy-
6 IV 7697

—, 1-Äthyl-4-trifluormethansulfonyl-
6 IV 3028

—, 1-Äthyl-4-trifluormethylmercapto-
6 IV 3028

—, 2-Äthyl-1,3,4-trimethoxy- 6 III 6327 b,
IV 7387

—, 2-Äthyl-1,3,5-trimethoxy- 6 I 552 b,
II 1084 f, IV 7388

—, 5-Äthyl-1,2,3-trimethoxy- 6 III 6328 c

—, 2-[1-Äthyl-vinyl]-1,4-dimethoxy-
6 970 c

—, 2-Allophanoyloxy-5-[13-cyclopentyl-
tridecyloxy]-1,3,4-trimethyl- 6 III 4649 e

—, 1-Allophanoyloxy-2,3,5,6-tetramethyl-
4-[3-methyl-5-(2,2,6-trimethyl-cyclohexyl)-
pentyloxy]- 6 III 4689 g

—, 2-Allophanoyloxy-1,3,4-trimethyl-5-
[3-methyl-5-(2,2,6-trimethyl-cyclohexyl)-
pentyloxy]- 6 III 4649 d

—, 1-Allyl-2-allyloxy- 6 I 282 d,
II 529 a, III 2412 d, IV 3808

—, 2-Allyl-1-allyloxy-4-but-2-enyl-
6 IV 4098

—, 4-Allyl-2-allyloxy-1-but-3-enyloxy-
6 IV 6338

—, 1-Allyl-2-allyloxy-3-chlor- 6 IV 3811

—, 2-Allyl-1-allyloxy-4-chlor- 6 IV 3813

—, 1-Allyl-2-[2-allyloxy-3-chlor-propoxy]-
3-methoxy- 6 III 5014 h

—, 1-Allyl-2-allyloxy-3,5-dichlor-
6 IV 3815

—, 1-Allyl-2-allyloxy-3,5-dimethyl- 6 II 546 d

—, 5-Allyl-2-allyloxy-1,3-dimethyl- 6 IV 3882

—, 1-Allyl-2-allyloxy-3-methoxy-
6 I 461 e

—, 2-Allyl-1-allyloxy-4-methoxy-
6 IV 6336

—, 4-Allyl-1-allyloxy-2-methoxy-
6 964 g, I 463 d, III 5027 e

—, 1-Allyl-2-allyloxy-4-methyl-
6 IV 3846

—, 1-Allyl-4-allyloxy-2-methyl-
6 IV 3844

—, 2-Allyl-1-allyloxy-4-methyl-
6 I 287 i, II 534 h, IV 3845

—, 1-Allyl-2-allyloxy-3-[1-phenyl-allyl]-
6 IV 4964

—, 4-Allyl-1-benzyloxy-2-methoxy-
6 965 c, III 5027 i, IV 6338

—, 4-Allyl-2-benzyloxy-1-methoxy-
6 III 5027 h

—, 1-Allyl-4-benzyloxy-5-methoxy-
2-nitro- 6 III 5032 a

—, 4-Allyl-1,2-bis-benzyloxy- 6 III 5028 a

—, 4-Allyl-1,2-bis-carboxymethoxy-
6 IV 6339

—, 1-Allyl-2-[2-brom-äthoxy]-3-methoxy-
6 II 920 c

—, 4-Allyl-1-[2-brom-äthoxy]-2-methoxy-
6 I 463 b, III 5026 f

—, 1-Allyl-2-brom-4,5-dimethoxy-
6 968 a, III 5030 h

—, 1-Allyl-2-[3-brom-propoxy]-
3-methoxy- 6 III 5014 b

—, 1-Allyl-2-butoxy- 6 IV 3808

—, 4-Allyl-1-chloracetoxy-2-methoxy-
6 I 463 h

—, 1-Allyl-2-[2-(2-chlor-äthoxy)-äthoxy]-
3-methoxy- 6 III 5014 c

—, 1-Allyl-2-[2-chlor-äthoxy]-3-methoxy-
6 III 5014 a

—, 4-Allyl-1-[2-chlor-äthoxy]-2-methoxy-
6 III 5026 e

—, 4-Allyl-1-[3-chlor-allyloxy]-2-methoxy-
6 III 5027 f

—, 1-Allyl-2-[3-chlor-2-methoxy-
propoxy]-3-methoxy- 6 III 5014 g

—, 2-Allyl-1-chlormethyl-3,4-dimethoxy-
6 IV 6350

—, 1-Allyl-3-chlor-2-propoxy-
6 IV 3811

—, 2-Allyl-4-chlor-1-propoxy-
6 IV 3813

—, 1-Allyl-2,3-dibrom-4,5-dimethoxy-
6 III 5031 c

Benzol (Fortsetzung)

—, 1-Allyloxy-3-nitro- **6** II 214 d,
IV 1271

—, 1-Allyloxy-4-nitro- **6** 232 e, I 119 c,
II 222 a, III 820 k, IV 1286

—, 1-Allyloxy-2-[4-nitro-benzyloxy]-
6 II 781 j

—, 1-Allyloxy-4-*tert*-pentyl- **6** IV 3383

—, 1-Allyloxy-2-phenoxy- **6** IV 5571

—, 1-Allyloxy-2-propenyl- **6** IV 3794

—, 1-Allyloxy-3-propyl- **6** III 1787 d

—, 2-Allyloxy-1,3,4,5-tetrachlor-
6 III 730 d

—, 1-Allyloxy-4-[1,1,3,3-tetramethyl-
butyl]- **6** IV 3485

—, 2-Allyloxy-1,3,5-tribrom-
6 205 d, II 194 d, III 762 h

—, 2-Allyloxy-1,3,5-trichlor- **6** III 724 f

—, 1-Allyloxy-2,3,4-trichlor-5-methoxy-
6 IV 5686

—, 1-Allyloxy-3-trifluormethyl-
6 IV 2061

—, 2-Allyloxy-1,3,5-trijod- **6** 212 d

—, 1-Allyloxy-2,3,5-trimethyl-
6 III 1833 b

—, 2-Allyloxy-1,3,5-tris-hydroxymethyl-
6 IV 7706

—, 2-Allyloxy-1,3,5-tris-[trimethylsilyloxy-
methyl]- **6** IV 7706

—, 1-Allyl-2-pentyloxy- **6** IV 3808

—, 1-Allyl-2-propoxy- **6** IV 3808

—, 1-Allyl-2,3,4,5-tetramethoxy-
6 1161 f, III 6691 a

—, 2-Allyl-1,3,5-trimethoxy- **6** IV 7478

—, 5-Allyl-1,2,3-trimethoxy-
6 1131 c, I 556 c, II 1093 f, III 6444 d,
IV 7478

—, 1-[2-Amino-äthoxy]-4-benzolsulfonyl-
6 IV 5818

—, 1-[2-Amino-äthoxy]-2,4-dichlor-
6 IV 936

—, 2-[2-Amino-äthoxy]-1,4-dichlor-
6 IV 947

—, 1-[2-Amino-äthoxy]-4-nitro-
6 IV 1307

—, 1-[2-Amino-äthoxy]-4-[toluol-
4-sulfonyl]- **6** IV 5818

—, 1-[2-Amino-äthylmercapto]-4-chlor-
6 III 1039 f, IV 1606

—, [2-Amino-äthylmercapto]-pentachlor-
6 IV 1646

—, 1-[5-Amino-pentyloxy]-4-nitro-
6 IV 1309

—, 1-[3-Amino-propoxy]-4-nitro-
6 IV 1308

—, 2-Benzhydryl-3-benzhydryloxy-
4-methoxy-1-propenyl- **6** III 5850 c

—, 1-Benzhydryl-5-brom-2,4-dimethoxy-
6 I 510 b

—, 1-Benzhydryl-5-chlor-2,4-dimethoxy-
6 I 510 a

—, 2-Benzhydryl-4-chlor-1-methyl≠
mercapto- **6** II 684 b

—, 1-Benzhydryl-2,3-dimethoxy-
6 IV 6970

—, 1-Benzhydryl-2,4-dimethoxy-
6 I 509 d, II 1009 a

—, 2-Benzhydryl-1,4-dimethoxy-
6 1041 h, II 1009 c

—, 4-Benzhydryl-1,2-dimethoxy-
6 1042 b, I 510 d, II 1010 c

—, 1-Benzhydryl-2,5-dimethoxy-
3,4-dimethyl- **6** III 5805 b

—, 2-Benzhydryl-3,4-dimethoxy-
1-propenyl- **6** III 5850 b

—, 1-Benzhydryl-2-[α-methoxy-
benzhydryl]- **6** III 3889 a

—, 1-Benzhydryl-2-methylmercapto-
6 II 683 f, III 3637 c

—, 1-Benzhydryl-3-methylmercapto-
6 III 3637 g

—, 1-Benzhydryl-4-methylmercapto-
6 II 686 c

—, 1-Benzhydryloxy-2-methoxy-
6 II 781 l

—, 1-Benzhydryloxy-3-methoxy-
6 III 4315 f

—, 2-Benzhydryloxy-1-methoxy-
4-propenyl- **6** III 5004 a

—, 1-Benzhydryl-2,4,5-trimethoxy-
6 II 1105 a

—, 2-Benzhydryl-1,3,5-trimethoxy-
6 IV 7616

—, 5-Benzhydryl-1,2,3-trimethoxy-
6 I 564 e, III 6576 c

—, 1-Benzolsulfinyl-4-methansulfinyl-
6 IV 5842

—, 1-Benzolsulfinyl-4-methoxy-
6 IV 5797

—, 1-Benzolsulfinyl-4-[4-nitro-benzolsulfinyl]-
6 IV 5844

—, 1-Benzolsulfinyl-2,4,5-trichlor-
6 IV 1635

—, 1-Benzolsulfonyl-2,4-bis-methansulfonyl-
6 III 6299 d

Benzol (Fortsetzung)

−, 1-Benzolsulfonyl-2-*tert*-butoxy-
   6 IV 5636

−, 2-Benzolsulfonyl-5-butoxy-1,3-dinitro-
   6 IV 5838

−, 2-Benzolsulfonyl-4-chlor-1-
   [2,4-dinitro-phenoxy]- **6** III 4280 h

−, 1-Benzolsulfonyl-3-chlor-2-methoxy-
   6 IV 5643

−, 2-Benzolsulfonyl-4-chlor-1-methoxy-
   6 III 4280 g

−, 4-Benzolsulfonyl-2-chlor-1-methoxy-
   6 III 4467 c, IV 5829

−, 4-Benzolsulfonyl-1-cyclohexansulfonyl-
   2-nitro- **6** III 4476 d

−, 1-Benzolsulfonyl-2,4-dimethoxy-
   6 III 6290 b, IV 7351

−, 2-Benzolsulfonyl-1,3-dimethoxy-
   6 IV 7338

−, 4-Benzolsulfonyl-1,2-dimethoxy-
   6 III 6296 d

−, 2-Benzolsulfonyl-1,5-dimethoxy-
   3-nitro- **6** IV 7352

−, 1-Benzolsulfonyl-4-[2,4-dinitro-
   benzolsulfinyl]- **6** IV 5845

−, 1-Benzolsulfonyl-4-[2,4-dinitro-
   phenylmercapto]- **6** IV 5845

−, 2-Benzolsulfonyl-1,3-dinitro-
   5-propoxy- **6** IV 5838

−, 2-Benzolsulfonyl-5-isopentyloxy-
   1,3-dinitro- **6** IV 5838

−, 2-Benzolsulfonyl-1-methansulfonyl-
   4-nitro- **6** III 4288 c

−, 4-Benzolsulfonyl-1-methansulfonyl-
   2-nitro- **6** III 4476 c

−, 1-Benzolsulfonyl-2-methoxy-
   6 III 4277 d, IV 5635

−, 1-Benzolsulfonyl-3-methoxy-
   6 III 4364 d

−, 1-Benzolsulfonyl-4-methoxy-
   6 871 a, II 853 a, III 4452 a,
   IV 5797

−, 1-Benzolsulfonyl-4-[1-methoxy-äthyl]-
   6 IV 5934

−, 4-Benzolsulfonyl-1-[4-methoxy-
   benzolsulfonyl]-2-nitro- **6** III 4477 f

−, 1-Benzolsulfonyl-2-methoxy-
   3,5-dimethyl- **6** IV 5962

−, 1-Benzolsulfonyl-4-methoxy-
   2,5-dimethyl- **6** IV 5969

−, 2-Benzolsulfonyl-1-methoxy-
   3,5-dinitro- **6** IV 5650

−, 2-Benzolsulfonyl-5-methoxy-
   1,3-dinitro- **6** IV 5837

−, 1-Benzolsulfonyl-2-methoxy-4-nitro-
   6 IV 5647

−, 1-Benzolsulfonyl-4-methoxy-2-nitro-
   6 IV 5834

−, 4-Benzolsulfonyl-1-methoxy-2-nitro-
   6 IV 5836

−, 1-Benzolsulfonylmethyl-3-methoxy-
   6 II 882 h

−, 4-Benzolsulfonylmethyl-1-methoxy-
   2-nitro- **6** IV 5923

−, 1-Benzolsulfonyl-3-[naphthalin-
   2-sulfonyl]- **6** III 4367 f

−, 1-Benzolsulfonyl-2-nitro-4-[3-nitro-
   benzolsulfonyl]- **6** III 4476 g

−, 1-Benzolsulfonyl-4-[2-nitro-phenoxy]-
   6 IV 5800

−, 1-Benzolsulfonyl-4-[4-nitro-phenoxy]-
   6 IV 5801

−, 1-Benzolsulfonyl-4-[4-nitro-
   phenylmercapto]- **6** IV 5845

−, 4-Benzolsulfonyl-1-nitro-
   2-phenylmercapto- **6** III 4369 f

−, 1-Benzolsulfonyl-2-nitro-4-[toluol-
   4-sulfonyl]- **6** III 4477 c

−, 4-Benzolsulfonyl-2-nitro-1-[toluol-
   4-sulfonyl]- **6** III 4477 a

−, 1-Benzolsulfonyl-4-phenoxy-
   6 III 4452 h, IV 5800

−, 1-Benzolsulfonyl-4-picrylmercapto-
   6 IV 5845

−, 1-Benzyl-4-benzyloxy-5-isopropyl-
   2-methyl- **6** IV 4809

−, 1-Benzyl-2,4-bis-butyryloxy-
   6 III 5404 d

−, 1-Benzyl-2,4-bis-[2-carboxy-äthoxy]-
   6 IV 6656

−, 1-Benzyl-2,4-bis-[2-cyan-äthoxy]-
   6 IV 6656

−, 1-Benzyl-2,4-bis-isovaleryloxy-
   6 III 5404 e

−, 1-Benzyl-2,4-bis-propionyloxy-
   6 III 5404 c

−, 1-Benzyl-4-butoxy- **6** IV 4641

−, 1-Benzyl-2-butyryloxy- **6** III 3351 b

−, 1-Benzyl-4-butyryloxy- **6** III 3360 f

−, 1-Benzyl-2,4-dimethoxy- **6** II 964 b,
   IV 6656

−, 2-Benzyl-1,4-dimethoxy- **6** III 5404 h

−, 1-Benzyl-2,5-dimethoxy-3,4-dimethyl-
   6 III 5464 c

Benzol (Fortsetzung)

—, 1-Benzyl-2-glykoloyloxy-3-methyl-
6 IV 4729

—, 4-Benzyl-1-glykoloyloxy-2-methyl-
6 IV 4730

—, 1-Benzyl-4-hexyloxy- 6 IV 4641

—, 1-Benzyl-4-isopentyloxy- 6 IV 4641

—, 3-Benzyl-1-isopropyl-2,5-dimethoxy-
4-methyl- 6 IV 6753

—, 1-Benzyl-2-isovaleryloxy- 6 III 3351 c

—, 1-Benzyl-4-isovaleryloxy- 6 III 3360 g

—, 1-Benzylmercapto-4-benzyloxy- 6 IV 5804

—, 1-Benzylmercapto-4-butoxy-
6 IV 5804

—, 4-Benzylmercapto-2-chlor-1-methoxy-
6 IV 5830

—, 1-Benzylmercapto-4-methoxy-
6 860 d, IV 5803

—, 1-Benzylmercapto-2-methoxy-4-nitro-
6 IV 5648

—, 4-[Benzylmercapto-methyl]-1-methoxy-
2-nitro- 6 IV 5924

—, 1-Benzylmercapto-4-pentyloxy-
6 IV 5804

—, 4-Benzyl-2-methyl-1-methylmercapto-
6 IV 4731

—, 1-Benzyl-4-octyloxy- 6 IV 4641

—, 2-[1-Benzyloxy-äthyl]-1-methoxy-
4-methyl- 6 III 4640 d

—, 2-Benzyloxy-1,3-bis-hydroxymethyl-
5-methyl- 6 III 6357 c

—, 1-Benzyloxy-2-[2-brom-äthoxy]-
6 III 4219 c

—, 1-Benzyloxy-4-[2-brom-äthoxy]-
6 III 4402 e

—, 2-Benzyloxy-5-brom-1,3-dimethoxy-
6 IV 7335

—, 2-Benzyloxy-5-brom-1-isopropyl-
3-methoxy- 6 III 4632 c

—, 1-Benzyloxy-4-brom-2-methoxy-
6 III 4256 c

—, 1-Benzyloxy-4-[2-brom-1-methoxy-
äthyl]- 6 IV 5933

—, 1-Benzyloxy-4-tert-butyl-2-methoxy-
6 IV 6014

—, 1-Benzyloxy-2-chlor-3,5-dimethoxy-
6 IV 7368

—, 5-Benzyloxy-2-chlor-1,3-dimethoxy-
6 IV 7369

—, 2-Benzyloxy-4-chlormethyl-1-methoxy-
6 III 4521 a

—, 1-Benzyloxy-4-[2-chlor-propoxy]-
6 IV 5728

—, 1-Benzyloxy-4-[1,2-dibrom-2-nitro-
äthyl]-2-methoxy- 6 IV 5927

—, 1-Benzyloxy-4-[1,2-dibrom-propyl]-
2-methoxy- 6 921 h, III 4619 a

—, 1-Benzyloxy-3,5-dimethoxy-2-nitro-
6 IV 7371

—, 1-Benzyloxy-4,5-dimethoxy-2-nitro-
6 IV 7349

—, 1-Benzyloxy-4-[2,4-dinitro-phenoxy]-
6 IV 5729

—, 1-Benzyloxy-4-heptadecyloxy-
6 III 4402 f

—, 2-Benzyloxy-5-jod-1,3-dimethoxy-
6 IV 7336

—, 2-Benzyloxy-1-[2-jod-4-nitro-
phenylmercapto]-4-nitro- 6 IV 5648

—, 1-Benzyloxy-2-methoxy- 6 II 781 e,
III 4218 f, IV 5572

—, 1-Benzyloxy-3-methoxy- 6 II 815 j,
IV 5669

—, 1-Benzyloxy-4-methoxy- 6 III 4402 c

—, 1-Benzyloxy-2-methoxy-4-[1-methoxy-
2-nitro-äthyl]- 6 IV 7392

—, 2-Benzyloxy-1-methoxy-3-[1-methoxy-
2-nitro-äthyl]- 6 IV 7388

—, 2-Benzyloxy-1-methoxy-4-[1-methoxy-
2-nitro-äthyl]- 6 IV 7392

—, 1-Benzyloxy-2-methoxy-4-[1-methoxy-
2-nitro-propyl]- 6 III 6345 a

—, 1-Benzyloxy-2-methoxymethoxy-
4-propenyl- 6 III 5006 f

—, 1-Benzyloxy-2-methoxy-4-nitro-
6 II 791 g, III 4267 g

—, 1-Benzyloxy-4-methoxy-2-nitro-
6 III 4443 i

—, 2-Benzyloxy-1-methoxy-4-nitro-
6 II 792 c, III 4268 a, IV 5628

—, 2-Benzyloxy-4-methoxy-1-nitro-
6 IV 5692

—, 4-Benzyloxy-1-methoxy-2-nitro-
6 III 4443 j

—, 1-Benzyloxy-4-[1-methoxy-2-nitro-
äthyl]- 6 I 443 b

—, 1-Benzyloxy-2-methoxy-4-[2-nitro-
1-nitroso-propyl]- 6 III 4621 d

—, 1-Benzyloxy-2-methoxy-4-[2-nitro-
propenyl]- 6 III 5012 b, IV 6331

—, 1-Benzyloxy-2-methoxy-4-propenyl-
6 957 e, III 5003 a, IV 6326

—, 2-Benzyloxy-1-methoxy-4-propenyl-
6 IV 6326

—, 2-Benzyloxymethyl-4-brom-
1-methoxy- 6 III 4542 g

Benzol (Fortsetzung)

−, 1-Benzyloxymethyl-4-methoxy-
6 III 4548 f, IV 5913

−, 1-Benzyloxy-4-[3-nitro-phenyl≠
mercapto]- 6 III 4454 b

−, 1-Benzyloxy-3-pentadecyl-
6 IV 3556

−, 1-Benzyloxy-2,3,5-trimethoxy-
6 IV 7685

−, 5-Benzyloxy-1,2,3-trimethoxy-
6 III 6653 d

−, 1-Benzyl-4-pentyloxy- 6 IV 4641

−, 5-[1-Benzyl-2-phenyl-vinyl]-
1,2,3-trimethoxy- 6 I 567 g

−, 1-Benzyl-2-propionyloxy- 6 III 3351 a

−, 1-Benzyl-4-propionyloxy- 6 III 3360 e

−, 1-Benzyl-4-propoxy- 6 IV 4640

−, 1-Benzyltellanyl-4-methoxy-
6 IV 5857

−, 2-Benzyl-1,3,5-trimethoxy-
6 1135 c, IV 7564

−, 1-Bibenzyl-α-yl-2,4,5-trimethoxy-
6 II 1109 e

−, 1-[Biphenyl-4-ylselanyl]-4-methoxy-
6 IV 5852

−, 1,3-Bis-[2-acetoacetylamino-
äthylmercapto]- 6 IV 5708

−, 1,4-Bis-acetoacetyloxy- 6 IV 5754

−, 1,5-Bis-acetonylmercapto-2,4-dichlor-
6 I 411 d

−, 1,4-Bis-acetonyloxy- 6 IV 5739

−, 1,3-Bis-[2-acetoxy-äthoxy]-
6 III 4317 g

−, 1,4-Bis-[1-acetoxy-äthoxy]-
6 IV 5739

−, 1,4-Bis-[2-acetoxy-äthoxy]-
6 III 4406 d

−, 1,5-Bis-[2-acetoxy-äthoxy]-2,4-dinitro-
6 III 4353 a

−, 1,4-Bis-[2-acetoxy-äthoxy]-2-nitro-
6 III 4444 a

−, 1,3-Bis-[1-acetoxy-äthyl]- 6 III 4679 e

−, 1,3-Bis-[2-acetoxy-äthyl]- 6 III 4680 a

−, 1,4-Bis-[1-acetoxy-äthyl]- 6 IV 6025

−, 1,4-Bis-[2-acetoxy-äthyl]- 6 III 4680 g

−, 1,4-Bis-[1-acetoxy-äthyl]-
2,3,5,6-tetrachlor- 6 IV 6025

−, 1,3-Bis-[α-acetoxy-benzhydryl]-
6 I 531 d

−, 1,4-Bis-[α-acetoxy-benzhydryl]-
6 I 531 h

−, 1,2-Bis-[α-acetoxy-benzyl]- 6 III 5796 d

−, 1,4-Bis-[α-acetoxy-benzyl]-
6 1047 h, III 5798 a

−, 1,4-Bis-[3-acetoxy-butyl]- 6 III 4739 e

−, 1,4-Bis-[3-acetoxy-butyl]-2-nitro-
6 III 4740 a

−, 1,2-Bis-acetoxymethyl- 6 910 h,
III 4587 g

−, 1,4-Bis-acetoxymethyl- 6 919 d

−, 1,4-Bis-acetoxymethyl-2,5-dibrom-
3,6-dimethyl- 6 IV 6030

−, 1,4-Bis-acetoxymethyl-2,5-diisopropyl-
6 IV 6076

−, 1,2-Bis-acetoxymethyl-3,4-dimethoxy-
6 IV 7700

−, 1,2-Bis-acetoxymethyl-4,5-dimethoxy-
6 IV 7700

−, 1,2-Bis-acetoxymethyl-4,5-dimethyl-
6 III 4692 d

−, 1,4-Bis-acetoxymethyl-2,5-dimethyl-
6 III 4692 d

−, 2,4-Bis-acetoxymethyl-1-methoxy-
6 III 6338 a

−, 1,3-Bis-acetoxymethyl-5-methyl-
6 942 g, III 4656 d

−, 1,2-Bis-acetoxymethyl-
3,4,5,6-tetrachlor- 6 IV 5955

−, 1,2-Bis-acetoxymethyl-
3,4,5,6-tetramethoxy- 6 IV 7930

−, 1,4-Bis-acetoxymethyl-
2,3,5,6-tetramethyl- 6 IV 6058

−, 1,2-Bis-acetoxymethyl-
3,4,5,6-tetraphenyl- 6 IV 7098

−, 1,2-Bis-acetoxymethyl-
3,4,6-trimethoxy-5-methyl- 6 III 6884 b

−, 2,4-Bis-acetoxymethyl-1,3,5-trimethyl-
6 III 4712 d

−, 1,4-Bis-[5-acetoxy-pentyl]-
6 IV 6084

−, 1,2-Bis-acetylcarbamoyloxy-
6 777 m

−, 1,2-Bis-acetylmercapto- 6 I 397 l

−, 1,4-Bis-acetylmercapto- 6 869 c

−, 2,4-Bis-acetylmercapto-1-äthyl-
6 I 441 g

−, 1,5-Bis-acetylmercapto-2,4-bis-
methylmercapto- 6 I 571 j

−, 1,2-Bis-acetylmercapto-4-chlor-
6 IV 5655

−, 2,4-Bis-acetylmercapto-1-chlor-
6 I 410 e

−, 1,5-Bis-acetylmercapto-2,4-dichlor-
6 I 411 e

Benzol (Fortsetzung)

—, 1,5-Bis-acetylmercapto-2,4-dimethoxy-
6 I 571 e

—, 1,3-Bis-acetylmercapto-2,5-dimethyl-
6 I 446 j

—, 1,5-Bis-acetylmercapto-2,3-dimethyl-
6 III 4582 c

—, 1,5-Bis-acetylmercapto-2,4-dimethyl-
6 I 445 i

—, 2,4-Bis-acetylmercapto-1-methoxy-
6 II 1074 g

—, 1,2-Bis-[acetylmercapto-methyl]-
6 IV 5955

—, 2,4-Bis-acetylmercapto-
1-methylmercapto- 6 I 545 b

—, 1,4-Bis-acryloyloxy- 6 IV 5742

—, 1,3-Bis-äthansulfinyl- 6 I 409 b

—, 1,4-Bis-äthansulfinyl- 6 III 4474 c

—, 1,3-Bis-äthansulfonyl- 6 834 j,
I 409 c

—, 1,5-Bis-äthansulfonyl-2,4-dinitro-
6 IV 5710

—, 1,3-Bis-äthensulfonyl- 6 III 4367 b,
IV 5705

—, 1,3-Bis-[2-äthoxy-äthansulfonyl]-
6 IV 5707

—, 1,4-Bis-[2-äthoxy-äthansulfonyl]-
6 IV 5846

—, 1,2-Bis-[1-äthoxy-äthoxy]- 6 IV 5580

—, 1,3-Bis-[1-äthoxy-äthoxy]- 6 IV 5672

—, 1,3-Bis-[2-äthoxy-äthoxy]-
6 III 4317 d

—, 1,4-Bis-[1-äthoxy-äthoxy]- 6 IV 5739

—, 1,4-Bis-[2-äthoxy-äthoxy]-
6 III 4406 b

—, 1,3-Bis-[2-äthoxy-äthoxy]-2-chlor-
5-nitro- 6 III 4349 d

—, 1,3-Bis-[α-äthoxy-benzhydryl]-
6 I 531 c

—, 1,4-Bis-[α-äthoxy-benzhydryl]-
6 IV 7098

—, 1,3-Bis-[2-äthoxycarbimidoyl-äthoxy]-
6 III 4325 g

—, 1,4-Bis-[2-äthoxycarbimidoyl-äthoxy]-
6 III 4421 g

—, 1,3-Bis-[1-äthoxycarbonyl-
äthansulfonyl]- 6 836 e

—, 1,2-Bis-[1-äthoxycarbonyl-äthoxy]-
6 780 a

—, 1,2-Bis-[2-äthoxycarbonyl-äthoxy]-
6 III 4237 b

—, 1,3-Bis-[1-äthoxycarbonyl-äthoxy]-
6 818 g

—, 1,3-Bis-[2-äthoxycarbonyl-äthoxy]-
6 III 4325 f, IV 5677

—, 1,4-Bis-[1-äthoxycarbonyl-äthoxy]-
6 847 k, 848 a

—, 1,4-Bis-[2-äthoxycarbonyl-äthoxy]-
6 III 4421 f

—, 1,4-Bis-[4-äthoxycarbonyl-butoxy]-
6 IV 5752

—, 1,4-Bis-[3-äthoxycarbonyl-
carbazoyloxy]- 6 III 4419 b

—, 2,4-Bis-äthoxycarbonylmercapto-
1-äthyl- 6 I 441 i

—, 1,5-Bis-äthoxycarbonylmercapto-
2,4-bis-äthoxycarbonyloxy- 6 II 1121 k

—, 2,4-Bis-äthoxycarbonylmercapto-
1-chlor- 6 I 410 g

—, 1,5-Bis-äthoxycarbonylmercapto-
2,4-dichlor- 6 I 411 f

—, 1,5-Bis-äthoxycarbonylmercapto-
2,3-dimethyl- 6 III 4582 d

—, 1,5-Bis-äthoxycarbonylmercapto-
2,4-dimethyl- 6 I 445 j

—, 2,4-Bis-äthoxycarbonylmercapto-
1-methoxy- 6 II 1074 h

—, 1,5-Bis-äthoxycarbonylmethansulfinyl-
2,4-dinitro- 6 IV 5711

—, 1,3-Bis-äthoxycarbonylmethansulfonyl-
6 835 n

—, 1,5-Bis-äthoxycarbonylmethansulfonyl-
2,4-dinitro- 6 IV 5712

—, 1,2-Bis-äthoxycarbonylmethoxy-
6 779 b

—, 1,3-Bis-äthoxycarbonylmethoxy-
6 818 a

—, 1,4-Bis-äthoxycarbonylmethoxy-
6 847 h, III 4420 f

—, 1,2-Bis-äthoxycarbonylmethoxy-
4,5-dichlor- 6 IV 5619

—, 1,4-Bis-äthoxycarbonylmethoxy-
2,5-dichlor- 6 IV 5774

—, 1,5-Bis-äthoxycarbonylmethoxy-
2,4-dichlor- 6 IV 5686

—, 1,2-Bis-[1-äthoxycarbonyl-1-methyl-
äthoxy]- 6 780 j, II 784 k

—, 1,4-Bis-[1-äthoxycarbonyl-1-methyl-
äthoxy]- 6 848 e

—, 1,4-Bis-[1-äthoxycarbonyl-1-methyl-
äthoxy]-2,5-dimethyl- 6 IV 5968

—, 1,5-Bis-äthoxycarbonylmethyl=
mercapto-2,4-dinitro- 6 IV 5711

—, 1,2-Bis-[1-äthoxycarbonyl-2-methyl-
propoxy]- 6 780 n

Benzol (Fortsetzung)

−, 1,4-Bis-allyloxycarbonyloxy-
6 III 4418 e

−, 2,4-Bis-allyloxycarbonyloxy-1-chlor-
6 III 4335 b

−, 1,4-Bis-allyloxycarbonyloxy-
2,3-dichlor- 6 III 4434 e

−, 1,2-Bis-allyloxymethyl-
3,4,5,6-tetrachlor- 6 IV 5955

−, 1,4-Bis-allyloxymethyl-
2,3,5,6-tetrachlor- 6 IV 5972

−, 1,4-Bis-allyloxy-2-nitro- 6 III 4443 d

−, 1,3-Bis-[4-amino-butoxy]-
6 II 818 g

−, 1,5-Bis-[2-amino-2-carboxy-
äthylmercapto]-2,4-dinitro- 6 IV 5712

−, 1,5-Bis-[(2-amino-2-carboxy-äthyl≠
mercapto)-methyl]-2,4-dimethyl- 6 IV 6031

−, 1,4-Bis-[3-amino-propoxy]-
6 IV 5759

−, 1,2-Bis-benzo[1,3,2]dioxaborol-
2-yloxy- 6 III 4249 d, IV 5611

−, 1,2-Bis-benzo[1,3,2]dioxaphosphol-
2-yloxy- 6 II 785 c, III 4244 c,
27 809 b

−, 1,4-Bis-benzolsulfinyl- 6 IV 5844

−, 1,2-Bis-benzolsulfonyl- 6 IV 5653

−, 1,3-Bis-benzolsulfonyl- 6 835 e,
III 4367 c

−, 1,4-Bis-benzolsulfonyl- 6 III 4474 f

−, 1,3-Bis-benzolsulfonyl-2,4-dimethyl-
6 III 4596 e

−, 1,5-Bis-benzolsulfonyl-2,4-dimethyl-
6 III 4596 e, IV 5963

−, 1,5-Bis-benzolsulfonyl-2,4-dinitro-
6 III 4371 g, IV 5710

−, 2,4-Bis-benzolsulfonyl-1-methoxy-
6 III 6299 a

−, 1,3-Bis-benzolsulfonylmethyl- 6 II 890 g

−, 1-[Bis-benzolsulfonyl-methylmercapto]-
4-methoxy- 6 IV 5814

−, 1-[Bis-benzolsulfonyl-methylselanyl]-
4-methoxy- 6 IV 5853

−, 1,2-Bis-benzolsulfonyl-4-nitro- 6 III 4288 d

−, 1,4-Bis-benzolsulfonyl-2-nitro-
6 III 4476 e

−, 2,4-Bis-benzolsulfonyl-1-nitro-
6 III 4370 a

−, 1,4-Bis-[1-benzolsulfonyl-2-nitro-
äthyl]- 6 IV 6025

−, 2,4-Bis-benzolsulfonyl-1-phenyl≠
mercapto- 6 III 6299 e

−, 1,4-Bis-[benzyl-dibrom-λ^4-sulfanyl]-
6 I 422 k

−, 1,4-Bis-[benzyl-dijod-λ^4-sulfanyl]-
6 I 422 k

−, 1,3-Bis-benzylmercapto- 6 I 409 e

−, 1,4-Bis-benzylmercapto- 6 I 422 j

−, 1,5-Bis-benzylmercapto-2,4-dibrom-
6 I 412 d

−, 1,5-Bis-benzylmercapto-2,4-dinitro-
6 IV 5710

−, 1,2-Bis-[benzylmercapto-methyl]-
6 911 a, IV 5955

−, 1,3-Bis-[benzylmercapto-methyl]-
6 914 h

−, 1,4-Bis-[benzylmercapto-methyl]-
6 919 f

−, 2,4-Bis-benzylmercapto-1-nitro-
6 I 412 f

−, 1,4-Bis-[1-benzylmercapto-2-nitro-
äthyl]- 6 IV 6026

−, 1,2-Bis-benzyloxy- 6 772 m,
III 4219 d, IV 5572

−, 1,3-Bis-benzyloxy- 6 815 g,
III 4315 b, IV 5669

−, 1,4-Bis-benzyloxy- 6 845 f, III 4402 g,
IV 5729

−, 1,3-Bis-benzyloxy-5-brom- 6 IV 5688

−, 1,4-Bis-benzyloxy-2-brom-
3,5,6-trimethyl- 6 III 4650 b

−, 1,4-Bis-[3-benzyloxycarbonyl-
carbazoyloxy]- 6 IV 5744

−, 1,4-Bis-benzyloxycarbonyloxy-
6 III 4418 g

−, 1,3-Bis-benzyloxy-2-chlor-5-methoxy-
6 IV 7369

−, 1,5-Bis-benzyloxy-2-chlor-3-methoxy-
6 IV 7369

−, 1,2-Bis-benzyloxy-4-[1,2-dibrom-
propyl]- 6 III 4619 b

−, 1,3-Bis-benzyloxy-2,5-dimethoxy-
6 II 1119 d, III 6653 f, IV 7686

−, 1,4-Bis-benzyloxy-2,5-dimethoxy-
6 IV 7688

−, 1,4-Bis-benzyloxy-2,3-dimethyl-
6 III 4583 d

−, 1,4-Bis-benzyloxy-2,5-dimethyl-
6 III 4603 e

−, 1,2-Bis-benzyloxy-3-methoxy-
6 IV 7331

−, 1,3-Bis-benzyloxy-2-methoxy-
6 III 6267 i

−, 1,3-Bis-benzyloxy-5-methoxy-
6 IV 7365

Benzol (Fortsetzung)

—, 1,2-Bis-benzyloxy-3-methoxy-5-nitro-
6 IV 7337

—, 1,3-Bis-benzyloxy-5-methoxy-2-nitro-
6 IV 7371

—, 1,2-Bis-benzyloxy-3-[1-methoxy-
2-nitro-äthyl]- 6 IV 7389

—, 1,4-Bis-benzyloxymethyl- 6 III 4609 g

—, 1,2-Bis-benzyloxy-4-nitro-
6 II 792 h, III 4268 b

—, 1,4-Bis-benzyloxy-2-nitro- 6 857 e

—, 1,2-Bis-benzyloxy-4-[2-nitro-but-
1-enyl]- 6 IV 6348

—, 1,2-Bis-benzyloxy-4-[2-nitro-1-nitroso-
propyl]- 6 III 4621 e

—, 1,3-Bis-benzyloxy-5-[4-nitro-phenoxy]-
6 IV 7365

—, 1,2-Bis-benzyloxy-4-[2-nitro-propenyl]-
6 III 5012 c, IV 6331

—, 1,2-Bis-benzyloxy-3-pentadec-1-enyl-
6 IV 6415

—, 1,2-Bis-benzyloxy-3-pentadecyl-
6 IV 6110

—, 1,3-Bis-benzyloxy-5-phenoxy-
6 IV 7365

—, 1,2-Bis-benzyloxy-4-propenyl-
6 III 5003 c

—, 1,4-Bis-benzyloxy-2,3,5,6-tetrachlor-
6 IV 5776

—, 1,4-Bis-benzyloxy-2,3,5,6-tetramethyl-
6 III 4688 b

—, 1,4-Bis-[benzyloxythiocarbonyl≠
mercapto-methyl]- 6 IV 5974

—, 1,4-Bis-benzyloxy-2,3,5-trimethyl-
6 III 4647 f

—, 1,4-Bis-[biphenyl-4-yl-hydroxy-
[1]naphthyl-methyl]- 6 I 533 b

—, 1,4-Bis-biphenyl-4-ylmethyl-
2,5-dimethoxy- 6 IV 7098

—, 1,4-Bis-[1,1-bis-(2,2-diphenyl-vinyl)-
3,3-diphenyl-allyloxy]- 6 III 4404 c

—, 1,3-Bis-[2-brom-äthoxy]- 6 II 814 d

—, 1,4-Bis-[2-brom-äthoxy]- 6 III 4388 a

—, 1,4-Bis-{2-[2-(2-brom-äthoxy)-äthoxy]-
äthoxy}- 6 IV 5730

—, 1,2-Bis-[2-brom-butyryloxy]-
6 775 a

—, 1,3-Bis-[2-brom-butyryloxy]-
6 816 j

—, 1,4-Bis-[2-brom-butyryloxy]-
6 846 i

—, 1,4-Bis-[brom-chlor-acetoxy]- 6 II 844 a

—, 1,4-Bis-[10-brom-decyloxy]-
6 III 4392 f, IV 5723

—, 1,4-Bis-[10-brom-decyloxy]-2-chlor-
6 IV 5768

—, 1,4-Bis-[10-brom-decyloxy]-
2,5-dichlor- 6 IV 5772

—, 1,2-Bis-[2-brom-4,5-dimethoxy-
benzyl]-4,5-dimethoxy- 6 IV 7948

—, 1,4-Bis-[6-brom-hexyloxy]-
6 III 4390 g, IV 5722

—, 1,2-Bis-[α-brom-isobutyryloxy]-
6 775 c

—, 1,3-Bis-[α-brom-isobutyryloxy]-
6 816 k

—, 1,4-Bis-[α-brom-isobutyryloxy]-
6 846 j

—, 1,2-Bis-[α-brom-isovaleryloxy]-
6 775 f

—, 1,3-Bis-[α-brom-isovaleryloxy]-
6 816 l

—, 1,4-Bis-[α-brom-isovaleryloxy]-
6 846 k, I 417 b

—, 1,4-Bis-[α'-brom-4-methoxy-stilben-
α-yl]- 6 IV 7105

—, 1,3-Bis-brommethyl-2,5-dimethoxy-
6 IV 5958

—, 2,3-Bis-brommethyl-1,4-dimethoxy-
6 IV 5949

—, 1,4-Bis-[8-brom-octyloxy]-
6 III 4391 h, IV 5722

—, 1,4-Bis-[4-brom-phenoxy]-
6 III 4400 c

—, 1,4-Bis-[4-(4-brom-phenoxy)-phenoxy]-
6 IV 5735

—, 1,3-Bis-[2-brom-propan-1-sulfonyl]-
6 835 a

—, 1,2-Bis-[2-brom-propionyloxy]-
6 774 k

—, 1,3-Bis-[2-brom-propionyloxy]-
6 816 i

—, 1,4-Bis-[2-brom-propionyloxy]-
6 846 h

—, 1,4-Bis-[3-brom-propionyloxy]-
6 III 4415 f

—, 1,3-Bis-[3-brom-propoxy]-
6 II 815 c

—, 1,4-Bis-[3-brom-propoxy]-
6 III 4388 d

—, 1,3-Bis-[butan-1-sulfonyl]- 6 835 c

—, 1,3-Bis-[2-butoxy-äthoxy]-
6 III 4317 e

—, 1,4-Bis-butoxymethyl- 6 III 4609 e

Benzol (Fortsetzung)

—, 2,4-Bis-butoxymethyl-1-methoxy-
  6 III 6337 i

—, 2,4-Bis-butoxymethyl-1-methyl-
  6 IV 6000

—, 1,3-Bis-[3-butoxy-propoxy]-
  6 III 4318 c

—, 1,4-Bis-[butoxythiocarbonylmercapto-
  methyl]- **6** IV 5973

—, 1,5-Bis-[butoxythiocarbonylmercapto-
  methyl]-2,4-dimethyl- **6** IV 6031

—, 1,2-Bis-[3-butylamino-2-hydroxy-
  propoxy]- **6** IV 5596

—, 1,2-Bis-butylmercapto- **6** IV 5652

—, 1,4-Bis-butylmercapto- **6** IV 5841

—, 1,3-Bis-[2-butylmercapto-äthansulfonyl]-
  6 IV 5707

—, 1,4-Bis-*tert*-butylperoxymethyl-
  2,3,5,6-tetramethyl- **6** IV 6058

—, 1,2-Bis-butyryloxy- **6** II 784 d

—, 1,3-Bis-butyryloxy- **6** II 817 g,
  III 4321 a

—, 1,4-Bis-butyryloxy- **6** III 4415 h,
  IV 5742

—, 1,4-Bis-butyryloxy-2,5-dimethoxy-
  6 IV 7689

—, 2,5-Bis-butyryloxy-1,3-dimethoxy-
  6 IV 7686

—, 1,4-Bis-butyryloxymethyl- **6** IV 5972

—, 1,3-Bis-butyryloxy-2-nitro-
  6 IV 5690

—, 2,4-Bis-butyryloxy-1-nitro-
  6 IV 5692

—, 2,4-Bis-butyryloxy-1-[3-phenyl-
  propyl]- **6** III 5452 d

—, 1,4-Bis-butyryloxy-2,3,5,6-tetrachlor-
  6 852 e

—, 1,3-Bis-[2-carbamimidoyl-äthoxy]-
  6 III 4326 a

—, 1,4-Bis-[2-carbamimidoyl-äthoxy]-
  6 III 4422 a

—, 1,4-Bis-[2-(2-carbamimidoylmercapto-
  äthoxy)-äthoxy]- **6** IV 5730

—, 1,3-Bis-[2-carbamimidoylmercapto-
  äthyl]- **6** III 4680 b

—, 1,4-Bis-[10-carbamimidoylmercapto-
  decyloxy]- **6** IV 5733

—, 1,4-Bis-[10-carbamimidoylmercapto-
  decyloxy]-2-chlor- **6** IV 5769

—, 1,4-Bis-[10-carbamimidoylmercapto-
  decyloxy]-2,5-dichlor- **6** IV 5773

—, 1,4-Bis-[6-carbamimidoylmercapto-
  hexyloxy]- **6** IV 5732

—, 1,2-Bis-[carbamimidoylmercapto-
  methyl]- **6** IV 5955

—, 1,3-Bis-[carbamimidoylmercapto-
  methyl]- **6** III 4600 f

—, 1,4-Bis-[carbamimidoylmercapto-
  methyl]- **6** III 4610 b, IV 5973

—, 1,4-Bis-[carbamimidoylmercapto-
  methyl]-2,5-dichlor- **6** IV 5974

—, 1,4-Bis-[8-carbamimidoylmercapto-
  octyloxy]- **6** IV 5733

—, 1,4-Bis-carbamoylmercapto-
  6 IV 5846

—, 1,3-Bis-carbamoylmethansulfonyl-
  6 835 o

—, 1,2-Bis-carbamoylmethoxy-
  6 779 d

—, 1,3-Bis-carbamoylmethoxy-
  6 818 d

—, 1,2-Bis-carbamoylmethoxy-
  4,5-dichlor- **6** IV 5619

—, 1,5-Bis-carbamoylmethylmercapto-
  2,4-dinitro- **6** IV 5711

—, 1,2-Bis-carbamoyloxy- **6** 777 l

—, 1,3-Bis-carbamoyloxy- **6** 817 f

—, 1,4-Bis-carbamoyloxy- **6** 847 e

—, 1,4-Bis-[2-carbamoyloxy-äthoxy]-
  2,5-dichlor- **6** IV 5772

—, 2,4-Bis-carbamoyloxy-1-hexyl-
  6 IV 6048

—, 1,3-Bis-[1-carboxy-äthansulfonyl]-
  6 836 d

—, 1,4-Bis-[2-carboxy-äthansulfonyl]-
  6 III 4475 h

—, 1,2-Bis-[1-carboxy-äthoxy]- **6** 779 o

—, 1,2-Bis-[2-carboxy-äthoxy]-
  6 IV 5588

—, 1,3-Bis-[1-carboxy-äthoxy]- **6** 818 f

—, 1,3-Bis-[2-carboxy-äthoxy]-
  6 IV 5677

—, 1,4-Bis-[1-carboxy-äthoxy]- **6** 847 j

—, 1,4-Bis-[2-carboxy-äthoxy]-
  6 III 4421 e, IV 5748

—, 1,4-Bis-[1-carboxy-äthoxy]-
  2,3,5-trimethyl- **6** III 4649 g

—, 1,3-Bis-[2-carboxy-äthylmercapto]-
  6 II 830 i, III 4368 d

—, 1,4-Bis-[2-carboxy-äthylmercapto]-
  6 III 4475 g

—, 1,4-Bis-[(2-carboxy-äthylmercapto)-
  methyl]-2,3,5,6-tetramethyl- **6** IV 6058

—, 2,4-Bis-[2-carboxy-äthylmercapto]-
  1-nitro- **6** II 831 i

Benzol (Fortsetzung)

−, 1,4-Bis-[4-carboxy-butoxy]-
6 IV 5752

−, 1,4-Bis-[1-carboxy-heptadecyl≠
mercapto]- 6 III 4475 i

−, 1,4-Bis-[1-carboxy-heptyloxy]-
6 IV 5752

−, 1,3-Bis-carboxymethansulfinyl-
6 I 409 j

−, 1,4-Bis-carboxymethansulfinyl-
6 I 423 f

−, 2,4-Bis-carboxymethansulfinyl-1-nitro-
6 II 831 g

−, 1,3-Bis-carboxymethansulfonyl-
6 835 l, I 410 a, II 830 h

−, 1,4-Bis-carboxymethansulfonyl-
6 I 423 g

−, 1,5-Bis-carboxymethansulfonyl-
2,4-dinitro- 6 II 832 a, IV 5711

−, 2,4-Bis-carboxymethansulfonyl-
1-nitro- 6 I 412 h, II 831 h

−, 1,2-Bis-carboxymethoxy- 6 779 a

−, 1,3-Bis-carboxymethoxy- 6 817 l,
II 817 k, III 4324 g

−, 1,4-Bis-carboxymethoxy-
6 847 g, II 844 e, IV 5746

−, 2,4-Bis-carboxymethoxy-1-chlor-
6 IV 5684

−, 1,2-Bis-carboxymethoxy-3,5-dichlor-
6 IV 5617

−, 1,2-Bis-carboxymethoxy-4,5-dichlor-
6 IV 5619

−, 1,4-Bis-carboxymethoxy-2,5-dichlor-
6 IV 5774

−, 1,5-Bis-carboxymethoxy-2,4-dichlor-
6 IV 5686

−, 2,4-Bis-carboxymethoxy-1-hept-2-enyl-
6 III 5061 e

−, 2,4-Bis-carboxymethoxy-1-hex-2-enyl-
6 III 5054 d

−, 2,4-Bis-carboxymethoxy-1-hexyl-
6 IV 6049

−, 2,4-Bis-carboxymethoxy-1-[4-methoxy-
but-2-enyl]- 6 III 6445 e

−, 1,4-Bis-carboxymethoxymethyl-
2,3,5,6-tetrachlor- 6 IV 5972

−, 1,2-Bis-carboxymethoxy-3-nitro-
6 I 392 g

−, 1,2-Bis-carboxymethoxy-4-nitro-
6 I 392 g

−, 2,4-Bis-carboxymethoxy-1-pent-2-enyl-
6 III 5050 c

−, 1,4-Bis-carboxymethoxy-
2,3,5,6-tetrachlor- 6 IV 5778

−, 1,4-Bis-carboxymethoxy-
2,3,5-trimethyl- 6 III 4649 f

−, 2,4-Bis-carboxymethoxy-1,3,5-trinitro-
6 833 d

−, 1,3-Bis-[1-carboxy-1-methyl-äthoxy]-
6 818 j

−, 1,4-Bis-[1-carboxy-1-methyl-äthoxy]-
6 848 d, IV 5751

−, 1,4-Bis-[1-carboxy-1-methyl-äthoxy]-
2,5-dimethyl- 6 IV 5968

−, 2,5-Bis-[1-carboxy-1-methyl-äthoxy]-
1,3-dimethyl- 6 IV 5957

−, 1,2-Bis-carboxymethylmercapto-
6 I 397 m, III 4287 a

−, 1,3-Bis-carboxymethylmercapto-
6 835 k, I 409 i, III 4368 c

−, 1,4-Bis-carboxymethylmercapto-
6 I 423 e, II 855 c, III 4475 e

−, 1,3-Bis-[2-carboxymethylmercapto-
äthansulfonyl]- 6 IV 5707

−, 1,5-Bis-carboxymethylmercapto-
2,4-bis-methylmercapto- 6 I 571 k

−, 2,4-Bis-carboxymethylmercapto-
1-chlor- 6 I 410 h, III 4369 a

−, 1,3-Bis-carboxymethylmercapto-
2,5-dichlor- 6 II 831 b

−, 1,4-Bis-carboxymethylmercapto-
2,5-dichlor- 6 IV 5848

−, 1,5-Bis-carboxymethylmercapto-
2,4-dichlor- 6 I 411 g

−, 1,5-Bis-carboxymethylmercapto-
2,4-dimethoxy- 6 I 571 f

−, 1,3-Bis-carboxymethylmercapto-
2,4-dimethyl- 6 I 445 b

−, 1,3-Bis-carboxymethylmercapto-
2,5-dimethyl- 6 I 446 k

−, 1,5-Bis-carboxymethylmercapto-
2,3-dimethyl- 6 III 4582 e

−, 1,5-Bis-carboxymethylmercapto-
2,4-dimethyl- 6 I 445 k

−, 1,5-Bis-carboxymethylmercapto-
2,4-dinitro- 6 IV 5711

−, 1,3-Bis-[α-carboxymethylmercapto-
isopropyl]-5-isopropyl- 6 IV 6082

−, 2,4-Bis-carboxymethylmercapto-
1-methoxy- 6 II 1074 i

−, 2,4-Bis-carboxymethylmercapto-
1-methylmercapto- 6 I 545 c

−, 2,4-Bis-carboxymethylmercapto-
1-nitro- 6 I 412 g, II 831 e

Benzol (Fortsetzung)

—, 1,3-Bis-[1-carboxy-2-methyl-propoxy]-
6 818 k

—, 1,4-Bis-[1-carboxy-2-methyl-propoxy]-
6 848 f

—, 1,4-Bis-[1-carboxy-pentadecyloxy]-
6 IV 5753

—, 1,3-Bis-[1-carboxy-propan-1-sulfonyl]-
6 836 f

—, 1,2-Bis-[1-carboxy-propoxy]-
6 780 f

—, 1,3-Bis-[1-carboxy-propoxy]-
6 818 h

—, 1,4-Bis-[1-carboxy-propoxy]-
6 848 b

—, 1,4-Bis-[3-carboxy-propoxy]-
6 IV 5750

—, 1,4-Bis-[1-carboxy-tridecyloxy]-
6 IV 5752

—, 1,4-Bis-[1-carboxy-undecyloxy]-
6 IV 5752

—, 1,2-Bis-chloracetoxy- 6 I 385 k,
II 784 b, III 4228 f

—, 1,3-Bis-chloracetoxy- 6 I 402 g,
II 817 e, III 4320 d

—, 1,4-Bis-chloracetoxy- 6 846 f, I 417 a,
III 4415 a

—, 1,4-Bis-chloracetoxy-2,5-dimethoxy-
6 IV 7689

—, 1,3-Bis-[2-chlor-äthansulfonyl]-
6 IV 5705

—, 1,4-Bis-[2-chlor-äthansulfonyl]-
6 IV 5841

—, 1,3-Bis-[2-chlor-äthoxy]- 6 III 4308 a

—, 1,2-Bis-[2-chlor-äthoxymethoxy]-
6 IV 5580

—, 1,3-Bis-[2-chlor-äthoxymethoxy]-
6 IV 5672

—, 1,4-Bis-[2-chlor-äthoxymethoxy]-
6 IV 5737

—, 1,2-Bis-[2-chlor-äthoxymethyl]-
6 IV 5953

—, 1,4-Bis-[2-chlor-äthoxymethyl]-
6 IV 5971

—, 1,3-Bis-[2-chlor-äthylmercapto]-
6 IV 5705

—, 1,4-Bis-[2-chlor-äthylmercapto]-
6 IV 5841

—, 1,4-Bis-[(2-chlor-äthylmercapto)-
methyl]- 6 III 4609 i, IV 5972

—, 1,4-Bis-[3-chlor-allyloxy]- 6 III 4395 f

—, 1,5-Bis-[2-chlor-benzolsulfonyl]-
2,4-dimethyl- 6 III 4596 f

—, 1,5-Bis-[4-chlor-benzolsulfonyl]-
2,4-dimethyl- 6 III 4596 g

—, 1,5-Bis-[4-chlor-benzolsulfonyl]-
2,4-dinitro- 6 IV 5710

—, 1,4-Bis-[4-chlor-benzolsulfonylmethyl]-
6 IV 5972

—, 1,4-Bis-[4-chlor-benzolsulfonyl]-
2-nitro- 6 III 4476 f

—, 1,4-Bis-[3-chlor-but-2-en-
1-sulfonyloxy]- 6 IV 5761

—, 1,3-Bis-[2-chlorcarbonyl-äthoxy]-
6 IV 5677

—, 1,4-Bis-[2-chlorcarbonyl-äthoxy]-
6 IV 5748

—, 1,2-Bis-chlorcarbonylmethoxy-
6 779 c

—, 1,3-Bis-chlorcarbonylmethoxy-
6 818 b

—, 1,4-Bis-chlorcarbonylmethoxy-
6 847 i

—, 1,5-Bis-chlorcarbonylmethylmercapto-
2,4-dinitro- 6 IV 5711

—, 1,3-Bis-chlorcarbonyloxy-
6 II 817 h

—, 1,4-Bis-chlorcarbonyloxy-
6 II 844 d

—, 1,4-Bis-[3-chlorcarbonyl-propoxy]-
6 IV 5750

—, 1,4-Bis-[chlor-dimethyl-silyloxy]-
6 IV 5766

—, 1,4-Bis-[2-chlor-1-hydroxy-äthyl]-
6 IV 6025

—, 1,5-Bis-[2-chlor-1-hydroxy-äthyl]-
2,4-dinitro- 6 III 4679 f

—, 1,5-Bis-[5-chlor-2-hydroxy-benzyl]-
2,4-dimethyl- 6 IV 6992

—, 1,2-Bis-[3-chlor-2-hydroxy-propoxy]-
6 IV 5574

—, 1,4-Bis-[3-chlor-2-hydroxy-propoxy]-
6 III 4406 f

—, 1,4-Bis-[γ-chlor-isobutoxy]-
6 IV 5721

—, 1,4-Bis-chlormethoxy- 6 IV 5738

—, 1,4-Bis-[α'-chlor-4-methoxy-stilben-
α-yl]- 6 IV 7105

—, 1,4-Bis-chlormethyl-2,5-bis-
isopentyloxy- 6 IV 5969

—, 1,2-Bis-chlormethyl-3,4-dimethoxy-
6 IV 5947

—, 1,2-Bis-chlormethyl-4,5-dimethoxy-
6 IV 5951

—, 1,4-Bis-chlormethyl-2,5-dimethoxy-
6 III 4603 h

Benzol (Fortsetzung)

—, 1,4-Bis-chlormethyl-2,5-dimethoxy-
3,6-dimethyl- **6** III 4691 d

—, 1,2-Bis-chlormethyl-4,5-dimethoxy-
3-methyl- **6** IV 5997

—, 1,4-Bis-[chlormethyl-dimethyl-
silyloxy]- **6** IV 5766

—, 1,4-Bis-chlormethyl-2,5-dipropoxy-
6 IV 5969

—, 2,4-Bis-chlormethyl-1-isobutoxy-
6 IV 3137

—, 2,4-Bis-chlormethyl-1-isopropoxy-
6 IV 3137

—, 2,4-Bis-chlormethyl-1-propoxy-
6 IV 3137

—, 1,2-Bis-chlormethyl-
3,4,5,6-tetramethoxy- **6** IV 7700

—, 1,2-Bis-chlormethyl-3,4,6-trimethoxy-
5-methyl- **6** III 6355 b

—, 1,4-Bis-[4-chlor-phenoxycarbonyloxy]-
6 III 4418 f

—, 2,4-Bis-[2-chlor-phenoxy]-1-nitro-
6 III 4346 j

—, 1,5-Bis-[4-chlor-phenylmercapto]-
2,4-dinitro- **6** IV 5710

—, 1,4-Bis-chlorsulfinyloxy- **6** II 844 h

—, 1,2-Bis-[chlorsulfonyl-carbamoyloxy]-
6 IV 5585

—, 1,2-Bis-[2-chlor-1,1,2-trifluor-äthoxy]-
6 IV 5582

—, 1,3-Bis-[2-chlor-1,1,2-trifluor-äthoxy]-
6 IV 5673

—, 1,4-Bis-[2-chlor-1,1,2-trifluor-äthoxy]-
6 IV 5741

—, 1,2-Bis-cholesteryloxycarbonyloxy-
6 III 4234 f

—, 1,3-Bis-cholesteryloxycarbonyloxy-
6 III 4323 a

—, 1,4-Bis-cholesteryloxycarbonyloxy-
6 III 4418 h

—, 1,3-Bis-crotonoyloxy- **6** IV 5674

—, 1,4-Bis-crotonoyloxy- **6** IV 5743

—, 1,4-Bis-crotonoyloxy-2,3,5-trimethyl-
6 IV 5998

—, 1,2-Bis-[2-cyan-äthoxy]- **6** III 4237 c,
IV 5588

—, 1,3-Bis-[2-cyan-äthoxy]- **6** III 4325 h,
IV 5677

—, 1,4-Bis-[2-cyan-äthoxy]- **6** III 4421 h

—, 1,4-Bis-[(2-cyan-äthylmercapto)-
methyl]-2,3,5,6-tetramethyl- **6** IV 6058

—, 1,4-Bis-[4-cyan-butoxy]- **6** IV 5752

—, 1,2-Bis-cyancarbonyloxy- **6** IV 5584

—, 1,4-Bis-[3-(N'-cyan-guanidino)-
propoxy]- **6** IV 5759

—, 1,3-Bis-[6-cyan-hexyloxy]- **6** III 4326 f

—, 1,4-Bis-[6-cyan-hexyloxy]- **6** III 4423 c

—, 1,3-Bis-cyanmethansulfonyl-
6 836 a

—, 1,4-Bis-[1-cyan-1-methyl-äthoxy]-
6 IV 5751

—, 1,4-Bis-[1-cyan-1-methyl-äthoxy]-
2,5-dimethyl- **6** IV 5968

—, 2,5-Bis-[1-cyan-1-methyl-äthoxy]-
1,3-dimethyl- **6** IV 5957

—, 1,3-Bis-[3-cyan-propoxy]-
6 II 817 n

—, 1,4-Bis-[3-cyan-propoxy]-
6 IV 5750

—, 1,4-Bis-[2-cyan-1,1,2-trifluor-äthoxy]-
6 IV 5743

—, 1,5-Bis-cyclohexyloxy-2,4-dinitro-
6 IV 5698

—, 1,4-Bis-[cyclohexyloxythiocarbonyl⹀
mercapto-methyl]- **6** IV 5973

—, 1,4-Bis-[13-cyclopentyl-tridecyloxy]-
2,3,5,6-tetramethyl- **6** III 4687 c

—, 1,4-Bis-[13-cyclopentyl-tridecyloxy]-
2,3,5-trimethyl- **6** III 4647 e

—, 1,2-Bis-decyloxy- **6** IV 5568

—, 1,3-Bis-decyloxy- **6** III 4311 e,
IV 5665

—, 1,4-Bis-decyloxy- **6** III 4392 e,
IV 5723

—, 1,4-Bis-[decyloxythiocarbonyl⹀
mercapto-methyl]- **6** IV 5973

—, 1,3-Bis-[1,2-diacetoxy-äthyl]-
6 III 6673 d

—, 1,2-Bis-[2,2-diäthoxy-äthoxy]-
6 773 l

—, 1,2-Bis-diäthoxyphosphoryloxy-
6 IV 5605

—, 1,3-Bis-diäthoxyphosphoryloxy-
6 819 h, IV 5682

—, 1,4-Bis-diäthoxyphosphoryloxy-
6 849 d, IV 5765

—, 1,2-Bis-diäthoxythiophosphoryloxy-
6 IV 5605

—, 1,3-Bis-diäthoxythiophosphoryloxy-
6 IV 5682

—, 1,4-Bis-diäthoxythiophosphoryloxy-
6 IV 5765

—, 1,3-Bis-[2-diäthylamino-äthansulfonyl]-
6 III 4368 f

—, 1,2-Bis-[2-diäthylamino-äthoxy]-
6 III 4240 a, IV 5593

Benzol (Fortsetzung)

—, 1,4-Bis-heptadecyloxy- **6** III 4394 i

—, 1,4-Bis-heptanoyloxy- **6** III 4416 e

—, 1,4-Bis-heptyloxy- **6** IV 5722

—, 1,5-Bis-heptyloxy-2,4-dinitro-
6 IV 5697

—, 1,4-Bis-heptyloxy-2,3,5,6-tetramethyl-
6 III 4684 c

—, 1,2-Bis-hexadecyloxy- **6** IV 5569

—, 1,3-Bis-hexadecyloxy- **6** III 4312 i,
IV 5666

—, 1,4-Bis-hexadecyloxy- **6** IV 5723

—, 1,5-Bis-hexadecyloxy-2,4-dinitro-
6 IV 5697

—, 1,4-Bis-hexadecyloxy-
2,3,5,6-tetramethyl- **6** III 4685 a

—, 1,4-Bis-hexadecyloxy-2,3,5-trimethyl-
6 III 4646 g

—, 1,2-Bis-hexanoyloxy- **6** III 4229 f

—, 1,3-Bis-hexanoyloxy- **6** IV 5674

—, 1,4-Bis-hexanoyloxy- **6** IV 5742

—, 1,4-Bis-[(hexyl-dimethyl-ammonio)-
methoxy]- **6** IV 5738

—, 1,2-Bis-hexyloxy- **6** IV 5567

—, 1,3-Bis-hexyloxy- **6** III 4310 b,
IV 5665

—, 1,4-Bis-hexyloxy- **6** IV 5722

—, 1,5-Bis-hexyloxy-2,4-dinitro-
6 IV 5697

—, 1,4-Bis-hexyloxy-2,3,5,6-tetramethyl-
6 III 4683 h

—, 1,3-Bis-[α-hydroperoxy-isopropyl]-
6 IV 6055

—, 1,4-Bis-[α-hydroperoxy-isopropyl]-
6 IV 6056

—, 1,3-Bis-[α-hydroperoxy-isopropyl]-
5-isopropyl- **6** IV 6082

—, 1,4-Bis-[1-hydroperoxy-1-methyl-
butyl]- **6** IV 6084

—, 1,4-Bis-[1-hydroperoxy-1-methyl-
pentyl]- **6** IV 6091

—, 1,4-Bis-[1-hydroperoxy-1-methyl-
propyl]- **6** IV 6070

—, 1,3-Bis-[2-hydroxy-äthoxy]-
6 II 816 b, III 4317 c

—, 1,4-Bis-[2-hydroxy-äthoxy]-
6 III 4406 a, IV 5730

—, 1,5-Bis-[2-hydroxy-äthoxy]-2,4-dinitro-
6 III 4352 f

—, 1,3-Bis-[2-hydroxy-äthoxy]-2-nitro-
6 III 4344 c

—, 1,2-Bis-[1-hydroxy-äthyl]-
6 947 c, III 4678 e

—, 1,2-Bis-[2-hydroxy-äthyl]- **6** IV 6023

—, 1,3-Bis-[1-hydroxy-äthyl]- **6** III 4679 d

—, 1,3-Bis-[2-hydroxy-äthyl]- **6** III 4679 g

—, 1,4-Bis-[1-hydroxy-äthyl]-
6 947 d, III 4680 c

—, 1,4-Bis-[2-hydroxy-äthyl]- **6** III 4680 f,
IV 6026

—, 1,4-Bis-[(2-hydroxy-äthylcarbamoyl)-
methoxy]- **6** III 4420 g

—, 1,4-Bis-[2-hydroxy-äthyl]-
2,5-dimethoxy- **6** III 6673 e

—, 1,3-Bis-[2-hydroxy-äthylmercapto]-
6 IV 5706

—, 1,4-Bis-[2-hydroxy-äthylmercapto]-
6 IV 5845

—, 1,4-Bis-[(2-hydroxy-äthylmercapto)-
methyl]- **6** III 4610 a

—, 1,4-Bis-[1-hydroxy-äthyl]-
2,3,5,6-tetramethyl- **6** IV 6076

—, 1,2-Bis-[α-hydroxy-benzhydryl]-
6 I 530 h, II 1052 e, III 6002 e

—, 1,3-Bis-[α-hydroxy-benzhydryl]-
6 I 531 a

—, 1,4-Bis-[α-hydroxy-benzhydryl]-
6 1067 b, I 531 f, II 1052 f, III 6004 d,
IV 7098

—, 1,4-Bis-[α-hydroxy-benzhydryl]-
2,5-dimethoxy- **6** III 6857

—, 1,4-Bis-[α-hydroxy-benzhydryl]-
2,3,5,6-tetramethoxy- **6** IV 7956

—, 1,5-Bis-[2-hydroxy-benzolsulfonyl]-
2,4-dimethyl- **6** III 4597 a

—, 1,5-Bis-[4-hydroxy-benzolsulfonyl]-
2,4-dimethyl- **6** III 4597 b

—, 1,2-Bis-[α-hydroxy-benzyl]-
6 1047 e, III 5796 c

—, 1,3-Bis-[α-hydroxy-benzyl]-
6 III 5797 a

—, 1,4-Bis-[α-hydroxy-benzyl]-
6 1047 f, II 1017 h, III 5797 e

—, 2,3-Bis-[α-hydroxy-benzyl]-
1,4-dimethyl- **6** III 5812 a

—, 2,4-Bis-[α-hydroxy-benzyl]-
1,3,5-trimethyl- **6** 1049 b

—, 1,4-Bis-[3-hydroxy-3,3-bis-(4-methoxy-
phenyl)-propenyl]- **6** IV 7957

—, 1,4-Bis-[3-hydroxy-3,3-bis-(4-methoxy-
phenyl)-prop-1-inyl]- **6** IV 7958

—, 1,4-Bis-[3-hydroxy-butyl]- **6** III 4739 d

—, 1,4-Bis-[4-hydroxy-butyl]- **6** IV 6070

—, 1,3-Bis-[hydroxycarbamoyl-methoxy]-
6 III 4324 h

Benzol (Fortsetzung)

—, 1,4-Bis-[1-hydroxy-cyclohexyl]-
6 IV 6487

—, 1,4-Bis-[α-hydroxy-4,4'-dimethoxy-
benzhydryl]- 6 IV 7956

—, 1,4-Bis-[α-hydroxy-2,5-dimethoxy-
benzyl]-2,5-dimethoxy- 6 IV 7973

—, 1,4-Bis-[α-hydroxy-4,4'-diphenyl-
benzhydryl]- 6 III 6056 a, IV 7124

—, 1,4-Bis-[3-hydroxy-3,3-diphenyl-
propenyl]- 6 IV 7105

—, 1,4-Bis-[3-hydroxy-3,3-diphenyl-prop-
1-inyl]- 6 IV 7109

—, 1,3-Bis-[2-hydroxyimino-propan-
1-sulfonyl]- 6 835 i

—, 1,2-Bis-[α-hydroxy-isopropyl]-
6 II 906 b, III 4724 d

—, 1,4-Bis-[α-hydroxy-isopropyl]-
6 I 454 b, II 906 f, IV 6055

—, 1,3-Bis-[α-hydroxy-isopropyl]-
5-isopropyl- 6 IV 6081

—, 1,2-Bis-[α-hydroxy-4-methoxy-benzyl]-
6 III 6813 g

—, 1,4-Bis-[α-hydroxy-4-methoxy-
phenäthyl]-2,5-dimethoxy- 6 IV 7949

—, 1,5-Bis-[4-hydroxy-3-methoxy-styryl]-
2,4-dinitro- 6 III 6827 a

—, 1,2-Bis-hydroxymethyl- 6 910 f,
III 4587 d, IV 5953

—, 1,3-Bis-hydroxymethyl- 6 914 e,
I 446 a, III 4600 e, IV 5966 f

—, 1,4-Bis-hydroxymethyl- 6 919 b,
I 446 l, II 891 f, III 4608 c, IV 5971 e

—, 1,4-Bis-[1-hydroxy-1-methyl-allyl]-
6 IV 6474

—, 1,2-Bis-[α-hydroxy-4-methyl-benzyl]-
6 I 517 c

—, 1,4-Bis-[α-hydroxy-4-methyl-benzyl]-
6 III 5811 e

—, 1,5-Bis-[2-hydroxy-5-methyl-benzyl]-
2,4-dimethyl- 6 IV 6993

—, 1,4-Bis-[3-hydroxy-3-methyl-but-
1-enyl]- 6 IV 6483

—, 1,4-Bis-[3-hydroxy-3-methyl-but-
1-inyl]- 6 IV 6729

—, 1,4-Bis-[1-hydroxy-1-methyl-butyl]-
6 IV 6084

—, 1,4-Bis-hydroxymethyl-
2,5-diisopropyl- 6 IV 6076

—, 1,2-Bis-hydroxymethyl-3,4-dimethoxy-
6 IV 7700

—, 1,2-Bis-hydroxymethyl-4,5-dimethoxy-
6 IV 7700

—, 1,3-Bis-hydroxymethyl-2,5-dimethoxy-
6 IV 7701

—, 1,4-Bis-hydroxymethyl-2,3-dimethoxy-
6 III 6666 d

—, 1,4-Bis-hydroxymethyl-2,5-dimethoxy-
6 III 6667 a

—, 1,2-Bis-hydroxymethyl-4,5-dimethyl-
6 III 4692 b

—, 1,4-Bis-hydroxymethyl-2,5-dimethyl-
6 III 4692 c

—, 1,5-Bis-hydroxymethyl-2,4-dimethyl-
6 III 4692 e, IV 6031

—, 2,3-Bis-hydroxymethyl-1,4-dimethyl-
6 IV 6028

—, 1,2-Bis-hydroxymethyl-3-methoxy-
6 IV 7396

—, 1,3-Bis-hydroxymethyl-2-methoxy-
6 IV 7397

—, 2,4-Bis-hydroxymethyl-1-methoxy-
6 III 6337 c

—, 2,3-Bis-hydroxymethyl-4-methoxy-
1,5-dimethyl- 6 IV 7419

—, 2,4-Bis-hydroxymethyl-3-methoxy-
1,5-dimethyl- 6 IV 7419

—, 1,2-Bis-hydroxymethyl-4-methoxy-
5-methyl- 6 IV 7410

—, 1,3-Bis-hydroxymethyl-2-methoxy-
4-methyl- 6 IV 7410

—, 1,3-Bis-hydroxymethyl-2-methoxy-
5-methyl- 6 1127 c, II 1088 a, IV 7412

—, 1,5-Bis-hydroxymethyl-2-methoxy-
4-methyl- 6 IV 7410

—, 1,3-Bis-hydroxymethyl-2-methoxy-
5-[1,1,4,4-tetramethyl-butyl]- 6 III 6382 e

—, 1,3-Bis-hydroxymethyl-5-methyl-
6 942 f, III 4656 c

—, 2,4-Bis-hydroxymethyl-1-methyl-
6 939 g, IV 6000

—, 1,2-Bis-hydroxymethyl-4-nitro- 6 IV 5955

—, 1,4-Bis-[1-hydroxy-1-methyl-pentyl]-
6 IV 6091

—, 1,4-Bis-[1-hydroxy-1-methyl-propyl]-
6 IV 6070

—, 1,2-Bis-hydroxymethyl-
3,4,5,6-tetramethoxy- 6 IV 7930

—, 1,3-Bis-hydroxymethyl-
2,4,5,6-tetramethyl- 6 IV 6057

—, 1,4-Bis-hydroxymethyl-
2,3,5,6-tetramethyl- 6 IV 6057

—, 1,2-Bis-hydroxymethyl-
3,4,5,6-tetraphenyl- 6 IV 7098

—, 1,2-Bis-hydroxymethyl-
3,4,6-trimethoxy-5-methyl- 6 III 6884 a

Benzol (Fortsetzung)

—, 2,4-Bis-hydroxymethyl-1,3,5-trimethyl-
6 III 4712 a

—, 1,3-Bis-[1-hydroxy-2-nitro-äthyl]-
6 IV 6024

—, 1,4-Bis-[1-hydroxy-2-nitro-äthyl]-
6 947 e

—, 1,3-Bis-[5-hydroxy-pentyl]-
6 III 4747 h

—, 1,4-Bis-[5-hydroxy-pentyl]-
6 III 4748 a, IV 6084

—, 1,4-Bis-[α-hydroxy-phenäthyl]-
2,5-dimethoxy- 6 IV 7832

—, 1,4-Bis-[4-hydroxy-phenoxy]-
6 III 4410 c

—, 1,4-Bis-[α-hydroxy-4-phenyl-
benzhydryl]- 6 I 533 a

—, 1,3-Bis-[3-hydroxy-propoxy]- 6 II 816 f

—, 1,2-Bis-[1-hydroxy-propyl]-
6 950 g, III 4723 d

—, 1,2-Bis-[3-hydroxy-propyl]-
6 III 4723 e

—, 1,3-Bis-[1-hydroxy-propyl]-
6 III 4723 h

—, 1,3-Bis-[3-hydroxy-propyl]-
6 III 4724 a

—, 1,4-Bis-[1-hydroxy-propyl]-
6 III 4724 b

—, 1,4-Bis-[3-hydroxy-propyl]-
6 III 4724 c

—, 1,4-Bis-[4-hydroxy-trityl]- 6 1068 b

—, 1,4-Bis-[isobutoxythiocarbonyl‡
mercapto-methyl]- 6 IV 5973

—, 1,2-Bis-isopentyloxy- 6 IV 5567

—, 1,3-Bis-isopentyloxy- 6 815 d

—, 1,4-Bis-isopentyloxy- 6 844 k

—, 1,4-Bis-isopentyloxy-2,5-bis-
thiocyanatomethyl- 6 IV 7702

—, 1,4-Bis-isopentyloxymethyl-
6 III 4609 b

—, 2,4-Bis-isopentyloxymethyl-
1-methoxy- 6 III 6337 j

—, 1,4-Bis-[isopentyloxythiocarbonyl‡
mercapto-methyl]- 6 IV 5973

—, 1,4-Bis-isopropoxymethyl-
6 III 4609 d

—, 1,4-Bis-isopropylcarbamoylmercapto-
6 IV 5847

—, 1,2-Bis-isovaleryloxy- 6 II 784 e,
III 4229 d

—, 1,4-Bis-isovaleryloxy- 6 III 4416 c

—, 2,4-Bis-isovaleryloxy-1-[3-phenyl-
propyl]- 6 III 5452 e

—, 1,2-Bis-jodacetoxy- 6 III 4228 h

—, 1,3-Bis-jodacetoxy- 6 III 4320 f

—, 1,4-Bis-jodacetoxy- 6 III 4415 c

—, 1,4-Bis-[α-jod-isovaleryloxy]-
6 I 417 c

—, 1,3-Bis-jodmethansulfonyl- 6 835 g

—, 1,4-Bis-[3-jod-propionyloxy]-
2,3,5-trimethyl- 6 III 4648 f

—, 1,3-Bis-[3-jod-propoxy]- 6 II 815 d

—, 1,4-Bis-lävulinoyloxy- 6 IV 5754

—, 1,2-Bis-lauroyloxy- 6 III 4230 b

—, 1,3-Bis-lauroyloxy- 6 III 4321 b

—, 1,4-Bis-lauroyloxy- 6 III 4416 g

—, 1,4-Bis-[2-(2-mercapto-äthoxy)-
äthoxy]- 6 IV 5730

—, 1,4-Bis-{2-[2-(2-mercapto-äthoxy)-
äthoxy]-äthoxy}- 6 IV 5730

—, 1,4-Bis-[10-mercapto-decyloxy]-
6 IV 5733

—, 1,4-Bis-[6-mercapto-hexyloxy]-
6 IV 5732

—, 1,2-Bis-mercaptomethyl- 6 910 i

—, 1,3-Bis-mercaptomethyl- 6 914 g

—, 1,4-Bis-mercaptomethyl-
6 919 e, IV 5972

—, 1,4-Bis-mercaptomethyl-
2,3,5,6-tetramethyl- 6 IV 6058

—, 1,4-Bis-[8-mercapto-octyloxy]-
6 IV 5733

—, 1,3-Bis-methacryloyloxy- 6 III 4321 e

—, 1,4-Bis-methacryloyloxy- 6 IV 5743

—, 1,4-Bis-[2-methacryloyloxy-äthoxy]-
6 III 4406 e

—, 1,3-Bis-methallyloxy- 6 III 4313 d

—, 1,3-Bis-methallyloxycarbonyloxy-
6 III 4322 g

—, 1,3-Bis-methansulfinyl- 6 I 408 f,
II 829 h

—, 1,4-Bis-methansulfinyl- 6 868 c,
II 854 i, III 4473 b

—, 1,3-Bis-methansulfinyl-5-nitro-
6 III 4370 g

—, 1,2-Bis-methansulfonyl- 6 II 800 a

—, 1,3-Bis-methansulfonyl- 6 834 i,
I 408 g, II 830 c

—, 1,4-Bis-methansulfonyl- 6 868 d,
III 4474 a

—, 1,5-Bis-methansulfonyl-2,4-dimethyl-
6 I 445 g, III 4596 d

—, 1,5-Bis-methansulfonyl-2,4-dinitro-
6 IV 5709

—, 2,4-Bis-methansulfonyl-1-methoxy-
6 III 6298 f

Benzol (Fortsetzung)

—, 1,3-Bis-methansulfonyl-5-nitro-
6 III 4370 h, IV 5709

—, 1,4-Bis-methansulfonyl-2-nitro-
6 III 4476 b

—, 2,4-Bis-methansulfonyl-1-nitro-
6 IV 5709

—, 1,2-Bis-methansulfonyloxy-
6 III 4240 d

—, 1,3-Bis-methansulfonyloxy-
6 III 4331 f

—, 1,4-Bis-methansulfonyloxy-
6 III 4428 f

—, 1,4-Bis-methansulfonyloxy-
2,5-dimethoxy- 6 IV 7690

—, 2,5-Bis-methansulfonyloxy-1,3-dinitro-
6 IV 5790

—, 2,4-Bis-methansulfonyl-
1-phenylmercapto- 6 III 6299 c

—, 1,4-Bis-methoxyacetoxy- 6 III 4420 h

—, 1,3-Bis-[2-methoxy-äthansulfonyl]-
6 IV 5707

—, 1,4-Bis-[2-methoxy-äthansulfonyl]-
6 IV 5846

—, 1,2-Bis-[α-methoxy-benzhydryl]-
6 III 6003 b

—, 1,3-Bis-[α-methoxy-benzhydryl]-
6 I 531 b

—, 1,4-Bis-[α-methoxy-benzhydryl]-
6 1067 c, I 531 g

—, 1,3-Bis-[2-methoxycarbonyl-äthoxy]-
6 IV 5677

—, 1,4-Bis-[(2-methoxycarbonyl-
äthylmercapto)-methyl]-
2,3,5,6-tetramethyl- 6 IV 6058

—, 1,4-Bis-[4-methoxycarbonyl-butan-
1-sulfonylmethyl]- 6 IV 5974

—, 1,4-Bis-[4-methoxycarbonyl-butoxy]-
6 IV 5752

—, 1,3-Bis-methoxycarbonylmethansulfonyl-
6 835 m

—, 1,3-Bis-methoxycarbonylmethoxy-
6 IV 5676

—, 1,4-Bis-methoxycarbonylmethoxy-
6 III 4420 e, IV 5747

—, 1,5-Bis-methoxycarbonylmethyl≠
mercapto-2,4-dinitro- 6 IV 5711

—, 1,2-Bis-methoxycarbonyloxy-
6 777 k

—, 1,3-Bis-methoxycarbonyloxy-
6 817 d

—, 1,4-Bis-methoxycarbonyloxy-
6 847 c, IV 5744

—, 1,4-Bis-[5-methoxycarbonyl-pentan-
1-sulfonylmethyl]- 6 IV 5974

—, 1,4-Bis-[3-methoxycarbonyl-propan-
1-sulfonylmethyl]- 6 IV 5974

—, 1,4-Bis-[3-methoxycarbonyl-propoxy]-
6 IV 5750

—, 1,2-Bis-methoxymethoxy-
6 773 i, IV 5580

—, 1,4-Bis-methoxymethoxy-
6 845 k, IV 5737

—, 1,2-Bis-methoxymethyl- 6 III 4587 e

—, 1,3-Bis-methoxymethyl- 6 IV 5966

—, 1,4-Bis-methoxymethyl- 6 III 4608 e

—, 2,4-Bis-methoxymethyl-
1,3,5-trimethyl- 6 III 4712 b

—, 1,2-Bis-[4-methoxy-3-nitro-benzyloxy]-
6 III 4552 a

—, 1,4-Bis-[4-methoxy-phenoxy]-
6 III 4410 d

—, 1,3-Bis-[2-methoxy-phenoxymethyl]-
6 II 890 d

—, 1,3-Bis-[4-methoxy-phenoxymethyl]-
6 II 890 e

—, 1,4-Bis-[4-(4-methoxy-phenyl)-buta-
1,3-dienyl]- 6 IV 7053

—, 2,3-Bis-[4-methoxy-phenyl]-
1,4-diphenyl- 6 IV 7095

—, 1,3-Bis-[4-methoxy-phenyl]-2-nitro-
5-phenyl- 6 IV 7050

—, 1,5-Bis-[4-methoxy-phenyl]-2-nitro-
3-phenyl- 6 IV 7051

—, 1,3-Bis-[4-methoxy-phenyl]-5-phenyl-
6 III 5917 d

—, 2,3-Bis-[4-methoxy-phenyl]-
1,4,5-triphenyl- 6 IV 7109

—, 1,4-Bis-[3-methoxy-prop-1-inyl]-
6 IV 6641

—, 1,4-Bis-[4-methoxy-stilben-α-yl]-
6 IV 7104

—, 1,4-Bis-[4-methoxy-styryl]-
6 IV 7027

—, 1,5-Bis-[4-methoxy-styryl]-2,4-dinitro-
6 III 5886 a

—, 2,4-Bis-[4-methoxy-styryl]-
1,3,5-trinitro- 6 I 520 a

—, 1,4-Bis-[methoxythiocarbonyl≠
mercapto-methyl]- 6 IV 5973

—, 1,4-Bis-[2-methylamino-propoxy]-
6 IV 5758

—, 1,2-Bis-[2-methyl-benzo≠
[1,3,2]dioxasilol-2-yloxy]- 6 IV 5608

—, 1,4-Bis-[3-methyl-butan-1-sulfonyloxy]-
6 III 4428 g

Benzol (Fortsetzung)

−, 1,4-Bis-[3-methyl-crotonoyloxy]-
6 IV 5743

−, 1,3-Bis-[4-methyl-2,6-dinitro-phenoxy]-
6 IV 5669

−, 1,3-Bis-[1-methyl-heptyloxy]-
6 IV 5665

−, 1,4-Bis-[(6-methyl-heptyloxy⚬
thiocarbonylmercapto)-methyl]-
6 IV 5973

−, 1,2-Bis-methylmercapto- 6 I 397 f,
IV 5651

−, 1,3-Bis-methylmercapto- 6 834 h,
I 408 e, II 829 g, III 4366 g

−, 1,4-Bis-methylmercapto-
6 868 a, IV 5840

−, 1,2-Bis-[2-methylmercapto-äthoxy]-
6 IV 5573

−, 1,4-Bis-[2-methylmercapto-äthoxy]-
6 IV 5731

−, 1,5-Bis-methylmercapto-2,4-bis-
picrylmercapto- 6 I 571 i

−, 1,5-Bis-methylmercapto-2,4-dinitro-
6 IV 5709

−, 1,3-Bis-methylmercapto-5-nitro-
6 III 4370 f

−, 2,4-Bis-methylmercapto-1-nitro-
6 I 412 e, II 831 d, IV 5709

−, 1,3-Bis-[2-methyl-1-nitro-propan-
2-sulfonyl]- 6 III 4367 a

−, 1,3-Bis-methylselanyl- 6 III 4374 a

−, 1,4-Bis-methylselanyl- 6 III 4489 e

−, 1,2-Bis-myristoyloxy- 6 III 4230 c

−, 1,3-Bis-myristoyloxy- 6 III 4321 c

−, 1,4-Bis-myristoyloxy- 6 III 4416 h

−, 1,4-Bis-[1]naphthylmercapto-
6 I 423 b

−, 1,4-Bis-[2]naphthylmercapto-
6 I 423 c

−, 1,4-Bis-[2-nitro-phenoxy]- 6 IV 5726

−, 1,4-Bis-[4-nitro-phenoxy]- 6 IV 5726

−, 1,3-Bis-[3-nitro-phenoxymethyl]-
6 II 890 c

−, 1,4-Bis-[4-nitro-phenoxymethyl]-
6 IV 5971

−, 1,4-Bis-[5-(4-nitro-phenoxy)-
pentyloxy]- 6 IV 5732

−, 1,3-Bis-[4-nitro-phenylmercapto]-
6 II 830 d

−, 1,4-Bis-[2-nitro-phenylmercapto]-
6 IV 5843

−, 1,4-Bis-[4-nitro-phenylmercapto]-
6 IV 5843

−, 1,4-Bis-[2-nitro-1-phenylmercapto-
äthyl]- 6 IV 6025

−, 1,4-Bis-[2-nitro-1-phenylmethansulfonyl-
äthyl]- 6 IV 6026

−, 1,4-Bis-[2-nitro-1-(toluol-2-sulfonyl)-
äthyl]- 6 IV 6026

−, 1,4-Bis-[2-nitro-1-(toluol-3-sulfonyl)-
äthyl]- 6 IV 6026

−, 1,4-Bis-[2-nitro-1-(toluol-4-sulfonyl)-
äthyl]- 6 IV 6026

−, 1,4-Bis-[2-nitro-1-*m*-tolylmercapto-
äthyl]- 6 IV 6026

−, 1,4-Bis-[2-nitro-1-*o*-tolylmercapto-
äthyl]- 6 IV 6026

−, 1,4-Bis-[2-nitro-1-*p*-tolylmercapto-
äthyl]- 6 IV 6026

−, 1,4-Bis-[nonyloxythiocarbonyl⚬
mercapto-methyl]- 6 IV 5973

−, 1,3-Bis-octadecyloxy- 6 IV 5666

−, 1,4-Bis-octadecyloxy- 6 III 4395 a

−, 1,4-Bis-[βH-octafluor-isobutoxy]-
6 IV 5742 d

−, 1,2-Bis-octyloxy- 6 III 4212 b,
IV 5568

−, 1,3-Bis-octyloxy- 6 III 4310 g,
IV 5665

−, 1,4-Bis-octyloxy- 6 III 4391 g,
IV 5722

−, 1,4-Bis-[octyloxythiocarbonyl⚬
mercapto-methyl]- 6 IV 5973

−, 1,2-Bis-[2-oxo-2λ^5-benzo⚬
[1,3,2]dioxaphosphol-2-yloxy]- 27 809 c

−, 1,3-Bis-[2-oxo-propan-1-sulfonyl]-
6 835 h

−, 1,4-Bis-[3-oxo-propenyloxy]-
6 IV 5740

−, 1,2-Bis-palmitoyloxy- 6 III 4230 d

−, 1,3-Bis-palmitoyloxy- 6 III 4321 d

−, 1,4-Bis-palmitoyloxy- 6 III 4417 a

−, 1,2-Bis-pentadecyloxy- 6 III 4213 c

−, 1,3-Bis-pentadecyloxy- 6 III 4312 g

−, 1,4-Bis-pentadecyloxy- 6 III 4394 e

−, 1,3-Bis-[3-pentylamino-propoxy]-
6 II 818 e

−, 1,2-Bis-pentyloxy- 6 III 4211 d, IV 5567

−, 1,4-Bis-pentyloxy- 6 III 4390 a

−, 1,4-Bis-[phenäthyloxythiocarbonyl⚬
mercapto-methyl]- 6 IV 5974

−, 1,2-Bis-[1-phenoxy-äthoxy]-
6 IV 5580

−, 1,2-Bis-[2-phenoxy-äthoxy]-
6 II 782 e

Benzol (Fortsetzung)

–, 1,3-Bis-[1-phenoxy-äthoxy]-
6 IV 5672

–, 1,4-Bis-[1-phenoxy-äthoxy]-
6 IV 5739

–, 1,4-Bis-[2-phenoxy-äthoxy]-
6 II 842 e

–, 1,3-Bis-phenoxymethyl- 6 II 890 b

–, 1,4-Bis-phenoxymethyl- 6 II 891 i,
IV 5971

–, 1,4-Bis-[4-phenoxy-phenoxy]-
6 III 4410 e, IV 5735

–, 1,2-Bis-[3-phenoxy-propoxy]-
6 II 783 b

–, 1,4-Bis-[3-phenoxy-propoxy]-
6 II 843 c

–, 1,2-Bis-phenylmercapto- 6 IV 5653

–, 1,4-Bis-phenylmercapto- 6 I 422 f,
IV 5843

–, 1,3-Bis-[2-phenylmercapto-
äthansulfonyl]- 6 IV 5707

–, 1,3-Bis-[phenylmercapto-methyl]-
6 II 890 f

–, 1,3-Bis-phenylmethansulfinyl-
6 I 409 f, II 830 f

–, 1,4-Bis-phenylmethansulfinyl-
6 I 422 k

–, 1,3-Bis-phenylmethansulfonyl-
6 835 f, I 409 g

–, 1,4-Bis-phenylmethansulfonyl-
6 I 423 a

–, 1,2-Bis-[phenylmethansulfonyl-
methyl]- 6 911 b

–, 1,3-Bis-[phenylmethansulfonyl-
methyl]- 6 914 i

–, 1,4-Bis-[phenylmethansulfonyl-
methyl]- 6 919 g

–, 1,3-Bis-[1-phenyl-vinylmercapto]-
6 III 4367 d

–, 1,3-Bis-phosphonooxy- 6 III 4332 e,
IV 5682

–, 1,4-Bis-phosphonooxy- 6 849 c,
III 4430 e, IV 5765

–, 1,2-Bis-picrylmercapto- 6 I 397 g

–, 1,3-Bis-picrylmercapto- 6 I 409 d

–, 1,4-Bis-picrylmercapto- 6 I 422 g

–, 1,2-Bis-picryloxy- 6 IV 5571

–, 1,4-Bis-picryloxy- 6 IV 5726

–, 1,3-Bis-[propan-1-sulfonyl]-
6 834 k

–, 1,3-Bis-[prop-2-en-1-sulfonyl]-
6 835 d

–, 1,2-Bis-prop-2-inyloxy- 6 IV 5570

–, 1,2-Bis-propionyloxy- 6 II 784 c,
IV 5583

–, 1,3-Bis-propionyloxy- 6 II 817 f,
III 4320 g, IV 5673

–, 1,4-Bis-propionyloxy- 6 846 g,
III 4415 e, IV 5741

–, 1,4-Bis-propoxymethyl- 6 III 4609 c

–, 1,4-Bis-[propoxythiocarbonyl=
mercapto-methyl]- 6 IV 5973

–, 1,4-Bis-selenocyanatomethyl-
6 III 4610 c

–, 1,2-Bis-[2λ^5-[2,2']spirobi[benzo=
[1,3,2]dioxaphosphol]-2-yloxy]-
6 II 786 f

–, 1,2-Bis-stearoyloxy- 6 II 784 f,
III 4230 f, IV 5674

–, 1,4-Bis-stearoyloxy- 6 III 4417 c

–, 1,3-Bis-styrylmercapto- 6 III 4367 e

–, 1,3-Bis-sulfooxy- 6 819 d

–, 1,4-Bis-sulfooxy- 6 III 4429 b

–, 1,2-Bis-tetradecyloxy- 6 IV 5568

–, 1,3-Bis-tetradecyloxy- 6 III 4312 e,
IV 5666

–, 1,4-Bis-tetradecyloxy- 6 III 4394 b,
IV 5723

–, 1,3-Bis-thiocarbamoylmethansulfonyl-
6 836 c

–, 1,3-Bis-thiocyanato- 6 835 j,
IV 5707

–, 1,4-Bis-thiocyanato- 6 II 854 j,
III 4475 c, IV 5847

–, 1,4-Bis-[(2-thiocyanato-äthylmercapto)-
methyl]- 6 IV 5973

–, 1,3-Bis-[α-thiocyanato-benzhydryl]-
6 I 531 e

–, 1,2-Bis-thiocyanatomethyl- 6 911 c

–, 1,3-Bis-thiocyanatomethyl- 6 915 a

–, 1,4-Bis-thiocyanatomethyl-
6 920 a, IV 5973

–, 1,2-Bis-[2-thioxo-2λ^5-benzo=
[1,3,2]dioxaphosphol-2-yloxy]-
6 III 4247 a

–, 1,3-Bis-[2-(toluol-4-sulfonyl)-
äthansulfonyl]- 6 III 4367 g, IV 5707

–, 1,4-Bis-[toluol-4-sulfonylmethyl]-
6 IV 5973

–, 1,3-Bis-[toluol-4-sulfonyl]-2-
p-tolylmercapto- 6 III 6275 c

–, 2,4-Bis-[toluol-4-sulfonyl]-1-
p-tolylmercapto- 6 III 6299 g

–, 1,4-Bis-*p*-tolylmercapto- 6 I 422 i

–, 1,4-Bis-*m*-tolyloxy- 6 845 c

–, 1,4-Bis-*o*-tolyloxy- 6 845 b

Benzol (Fortsetzung)

–, 1-[2-Brom-äthoxy]-4-methoxy-
6 III 4387 e, IV 5720

–, 1-[2-Brom-äthoxy]-2-methoxymethoxy-
4-propenyl- 6 III 5006 c

–, 2-[2-Brom-äthoxy]-1-methoxymethoxy-
4-propenyl- 6 III 5006 e

–, 1-[2-Brom-äthoxy]-4-phenoxy-
6 III 4399 g

–, 1-[2-Brom-äthyl]-2,3-dimethoxy-
6 III 4554 d

–, 1-[2-Brom-äthyl]-3,5-dimethoxy-
6 IV 5928

–, 2-[2-Brom-äthyl]-1,4-dimethoxy-
6 III 4558 b, IV 5926

–, 4-[2-Brom-äthyl]-1,2-dimethoxy-
6 III 4561 i

–, 1-[2-Brom-äthyl]-2,5-dimethoxy-
4-methyl- 6 IV 5997

–, 1-[2-Brom-äthyl]-4,5-dimethoxy-
2-methyl- 6 III 4636 g

–, 2-[2-Brom-äthyl]-1,4-dimethoxy-
3-methyl- 6 IV 5994

–, 1-[2-Brom-äthyl]-2,5-dimethoxy-
3,4,6-trimethyl- 6 III 4711 e

–, 1-[1-Brom-äthyl]-4-methansulfonyl-
6 IV 3028

–, 1-[2-Brom-allyl]-2-[2-diäthylamino-
äthoxy]-3-methoxy- 6 III 5018 g

–, 1-[2-Brom-allyloxy]-2-methoxy-
6 III 4214 b

–, 2-[α-Brom-benzhydryl]-1,4-dimethoxy-
6 II 1009 e

–, 1-[4-Brom-benzolsulfonyl]-4-methoxy-
6 IV 5798

–, 2-[4-Brom-benzolsulfonyl]-5-methoxy-
1,3-dinitro- 6 IV 5837

–, 4-Brom-1,2-bis-carboxymethyl≠
mercapto- 6 II 801 b

–, 5-Brom-1,3-bis-[3,5-dibrom-
2-methoxy-benzyl]-2-methoxy-
6 IV 7625

–, 1-Brom-2,3-bis-hydroxymethyl-
6 IV 5955

–, 4-Brom-1,2-bis-hydroxymethyl-
6 IV 5955

–, 2-Brom-1,3-bis-hydroxymethyl-
5-methyl- 6 942 h

–, 1-Brom-5-[1-brom-äthyl]-
2,4-dimethoxy- 6 IV 5925

–, 1-Brom-4-brommethansulfonyl-
6 IV 1652

–, 2-Brom-4-[2-brom-1-methoxy-propyl]-
1-methoxy- 6 927 b

–, 3-Brom-1-brommethyl-4-isobutyryloxy-
2,5-dimethyl- 6 512 h

–, 4-Brom-2-[4-brom-phenoxy]-
1-methoxy- 6 III 4255 e

–, 1-Brom-2-[3-brom-propoxy]-
6 IV 1038

–, 1-Brom-4-[butan-1-sulfonyl]-
6 III 1048 g

–, 1-Brom-2-butoxy- 6 IV 1038

–, 1-Brom-2-sec-butoxy- 6 IV 1039

–, 1-Brom-4-butoxy- 6 IV 1046

–, 1-Brom-4-sec-butoxy- 6 IV 1046

–, 4-Brom-1-sec-butoxy-2-sec-butyl-
6 IV 3279

–, 2-Brom-1-butoxy-4-chlormethyl-
6 III 1381 b

–, 2-Brom-5-butoxy-1,3-dimethyl-
6 IV 3158

–, 1-[3-Brom-butoxy]-2-methoxy-
6 IV 5566

–, 1-[4-Brom-butoxy]-4-methoxy-
6 IV 5721

–, 1-Brom-2-tert-butoxymethyl-
6 IV 2600

–, 1-Brom-4-sec-butoxymethyl-
6 III 1561 c

–, 4-Brom-2-butoxymethyl-1-methoxy-
6 III 4542 d

–, 2-Brom-5-tert-butyl-1,3-bis-
methoxymethyl- 6 IV 6057

–, 2-Brom-4-tert-butyl-1-butyryloxy-
6 IV 3314

–, 2-Brom-4-butyl-1-chloracetoxy-
6 IV 3271

–, 2-[4-Brom-butyl]-1,3-dimethoxy-
6 IV 6004

–, 2-Brom-4-tert-butyl-1-heptanoyloxy-
6 IV 3314

–, 2-Brom-4-tert-butyl-1-hexanoyloxy-
6 IV 3314

–, 1-Brom-4-butylmercapto- 6 IV 1650

–, 1-Brom-4-tert-butylmercapto-
6 IV 1651

–, 1-Brom-2-sec-butylmercaptomethyl-
6 IV 2790 a

–, 2-Brom-5-tert-butyl-1-methoxymethyl-
3-methyl- 6 IV 3443

–, 2-Brom-4-tert-butyl-1-propionyloxy-
6 IV 3314

–, 1-Brom-4-butyryloxy- 6 III 747 f

–, 1-Brom-2-chloracetoxy- 6 IV 1040

Benzol (Fortsetzung)

–, 1-Brom-4-chloracetoxy- **6** IV 1051

–, 2-Brom-4-[2-chlor-äthoxymethyl]-
1-methoxy- **6** IV 5918

–, 1-Brom-3-chlor-2,5-dimethoxy-
6 II 847 b

–, 1-Brom-3-chlor-2,5-dimethoxy-
4,6-dinitro- **6** II 851 i

–, 1-Brom-4-chlormethansulfonyl-
6 IV 1652

–, 1-Brom-4-chlormethoxy- **6** IV 1050

–, 1-Brom-2-chlormethyl-4,5-dimethoxy-
6 III 4522 b, IV 5883

–, 1-Brom-4-chlormethyl-2,5-dimethoxy-
6 IV 5871

–, 1-Brom-5-chlormethyl-2,3-dimethoxy-
6 I 433 b, IV 5883

–, 2-Brom-1-chlormethyl-3,4-dimethoxy-
6 IV 5883

–, 1-Brom-4-chlormethyl-2,5-dimethoxy-
3,6-dimethyl- **6** III 4650 g

–, 1-Brom-4-chlormethylmercapto-
6 IV 1652

–, 2-Brom-4-chlor-1-methylmercapto-
6 II 302 e

–, 2-Brom-4-chlor-1-trichlormethyl≠
mercapto- **6** IV 1657

–, 1-Brom-4-crotonoyloxy- **6** IV 1051

–, 1-Brom-2-cyclohexyloxy- **6** IV 1039

–, 1-Brom-4-cyclohexyloxy- **6** IV 1047

–, 4-Brom-1-cyclohexyloxy-2-hexyl-
6 IV 3415

–, 1-[10-Brom-decyloxy]-2-methoxy-
6 III 4212 e

–, 1-[10-Brom-decyloxy]-3-methoxy-
6 III 4311 a

–, 1-[10-Brom-decyloxy]-4-methoxy-
6 III 4392 b

–, 4-Brom-2-[2-diäthylamino-
äthoxymethyl]-1-[2-methyl-butoxy]-
6 IV 5902

–, 1-Brom-5-[2,2-dibrom-1-methoxy-
äthyl]-2,4-dimethoxy- **6** III 6330 a

–, 1-Brom-5-[1,2-dibrom-2-nitro-äthyl]-
2,4-dimethoxy- **6** III 4557 f

–, 4-Brom-2-[2,5-dibrom-phenyl≠
mercapto]-1-methoxy- **6** III 4283 i

–, 1-Brom-2-[2,3-dibrom-propyl]-
4,5-dimethoxy- **6** 922 j, III 4619 f

–, 4-Brom-1,2-dibutoxy- **6** III 4254 d

–, 1-Brom-4,5-dibutoxy-2-nitro-
6 III 4271 g

–, 1-Brom-3,5-dichlor-4-nitro-
2-propionyloxy- **6** 245 f

–, 3-Brom-1,5-dichlor-2-nitro-
4-propionyloxy- **6** 245 f

–, 1-Brom-3,5-dichlor-2-propionyloxy-
6 201 k

–, 1-Brom-2,3-dichlor-4,5,6-trimethoxy-
6 IV 7335

–, 1-[4-Brom-2,6-dijod-phenoxy]-
4-methoxy- **6** III 4399 a

–, 1-Brom-2,3-dimethoxy- **6** I 390 a,
III 4253 f, IV 5621

–, 1-Brom-2,4-dimethoxy- **6** II 819 i,
III 4336 f, IV 5687

–, 1-Brom-3,5-dimethoxy- **6** IV 5687

–, 2-Brom-1,3-dimethoxy- **6** IV 5687

–, 2-Brom-1,4-dimethoxy- **6** 852 k,
I 417 i, III 4437 a, IV 5780

–, 4-Brom-1,2-dimethoxy- **6** 784 i,
I 390 c, II 788 a, III 4254 c, IV 5621

–, 1-Brom-2,5-dimethoxy-3,4-dimethyl-
6 III 4583 f, IV 5949

–, 2-Brom-1,4-dimethoxy-3,5-dimethyl-
6 III 4589 i

–, 2-Brom-3,5-dimethoxy-1,4-dimethyl-
6 III 4607 g

–, 3-Brom-1,2-dimethoxy-4,5-dimethyl-
6 IV 5951

–, 3-Brom-1,4-dimethoxy-2,5-dimethyl-
6 III 4604 b

–, 1-Brom-3,5-dimethoxy-2,4-dinitro-
6 830 d

–, 1-Brom-4,5-dimethoxy-2,3-dinitro-
6 792 g, I 395 c

–, 2-Brom-4,5-dimethoxy-1,3-dinitro-
6 I 395 e

–, 3-Brom-1,2-dimethoxy-4,5-dinitro-
6 I 395 f

–, 3-Brom-1,5-dimethoxy-2,4-dinitro-
6 830 d

–, 3-Brom-1,2-dimethoxy-
5-methoxymethyl-4-nitro- **6** I 551 i

–, 1-Brom-2,3-dimethoxy-5-nitro-
6 790 i, I 393 d, IV 5631

–, 1-Brom-2,4-dimethoxy-3-nitro-
6 826 a

–, 1-Brom-2,4-dimethoxy-5-nitro-
6 III 4350 a, IV 5695

–, 1-Brom-2,5-dimethoxy-3-nitro-
6 IV 5788

–, 1-Brom-2,5-dimethoxy-4-nitro-
6 857 h, II 850 h, IV 5788

Benzol (Fortsetzung)

—, 1-Brom-3,4-dimethoxy-2-nitro-
6 III 4270 k

—, 1-Brom-4,5-dimethoxy-2-nitro-
6 790 j, I 393 a, II 793 f, III 4271 e,
IV 5631

—, 2-Brom-3,4-dimethoxy-1-nitro-
6 I 392 j

—, 5-Brom-1,2-dimethoxy-3-nitro-
6 III 4270 l

—, 2-Brom-1,5-dimethoxy-3-pentyl-
6 III 4696 a

—, 1-Brom-2,4-dimethoxy-5-
[1,2,2-tribrom-äthyl]- 6 III 4557 e

—, 1-Brom-2,5-dimethoxy-3,4,6-trimethyl-
6 III 4650 a

—, 1-Brom-2-[2-dimethylamino-äthoxy]-
5-methyl-3-[1-methyl-butyl]- 6 IV 3429

—, 1-Brom-2,4-dimethyl-3,6-dinitro-
5-nitryloxymethyl- 6 III 1834 i

—, 1-Brom-2,5-dimethyl-3,6-dinitro-
4-nitryloxymethyl- 6 III 1835 a

—, 2-Brom-1,3-dimethyl-5-pentyloxy-
6 IV 3159

—, 2-Brom-1-[2,6-dimethyl-phenoxy]-
4-methoxy-3,5-dimethyl- 6 IV 5957

—, 5-[4-Brom-2,6-dimethyl-phenoxy]-
2-methoxy-1,3-dimethyl- 6 IV 5958

—, 1-Brom-3,5-dimethyl-2-propionyloxy-
6 II 461 a, III 1749 b

—, 2-Brom-1,3-dimethyl-5-propoxy-
6 IV 3158

—, 1-Brom-2,4-dinitro-3,5-diphenoxy-
6 830 e

—, 3-Brom-2,4-dinitro-1,5-diphenoxy-
6 830 e

—, 4-Brom-1-[2,4-dinitro-phenoxy]-
2-methoxy- 6 III 4255 c

—, 4-Brom-2-[2,4-dinitro-phenoxy]-
1-methoxy- 6 III 4256 b

—, 1-Brom-2,4-dipropoxy- 6 821 b,
II 819 j

—, 2-Brom-1,3-dipropoxy- 6 821 b,
II 819 j

—, 1-Brom-4-fluoracetoxy- 6 IV 1051

—, 1-[7-Brom-heptyl]-2,3-dimethoxy-
6 III 4728 d

—, 1-[7-Brom-heptyloxy]-4-methoxy-
6 III 4391 c

—, 1-Brom-4-hexadecyloxy- 6 III 743 h

—, 1-Brom-4-hexanoyloxy- 6 III 747 h

—, 1-Brom-4-[hexan-1-sulfonyl]-
6 III 1048 j

—, 1-Brom-2-hexyloxy- 6 IV 1039

—, 1-Brom-4-hexyloxy- 6 IV 1047

—, 1-[6-Brom-hexyloxy]-2-methoxy-
6 IV 5567

—, 1-[6-Brom-hexyloxy]-4-methoxy-
6 III 4390 e

—, 1-Brom-4-isobutoxy- 6 III 743 e

—, 2-Brom-5-isobutoxy-1,3-dimethyl-
6 IV 3158

—, 4-Brom-2-isobutoxymethyl-1-methoxy-
6 III 4542 e

—, 1-[α-Brom-isobutyryloxy]-2-methoxy-
6 775 b

—, 1-Brom-4-isopentylmercapto-
6 II 301 c

—, 1-Brom-2-isopentyloxy- 6 IV 1039

—, 1-Brom-4-isopentyloxy- 6 IV 1046

—, 2-Brom-5-isopentyloxy-1,3-dimethyl-
6 IV 3159

—, 4-Brom-2-isopentyloxymethyl-
1-methoxy- 6 III 4542 f

—, 1-Brom-4-isopropoxy- 6 200 a,
II 185 d, III 743 c, IV 1046

—, 2-Brom-5-isopropoxy-1,3-dimethyl-
6 IV 3158

—, 4-Brom-1-isopropoxy-2-isopropyl-
6 IV 3213

—, 1-Brom-2-isopropyl-3,4-dimethoxy-
6 III 4632 a, IV 5989

—, 5-Brom-1-isopropyl-2,3-dimethoxy-
6 III 4632 b

—, 3-Brom-1-isopropyl-2,5-dimethoxy-
4-methyl- 6 III 4674 d

—, 1-Brom-2-isopropylmercapto- 6 II 300 d

—, 1-Brom-4-isopropylmercapto- 6 II 301 b

—, 1-Brom-2-isopropyl-5-methyl-4-
[2-thiocyanato-äthoxy]- 6 III 1891 g

—, 1-[2-Brom-6-jod-4-nitro-phenoxy]-
4-methoxy- 6 IV 5726

—, 2-Brom-4-[4-jod-phenoxy]-1-methoxy-
6 III 4437 d

—, 1-Brom-4-methacryloyloxy-
6 IV 1051

—, 1-Brom-4-methallyloxy- 6 IV 1047

—, 1-Brom-4-methansulfinyl-
6 II 300 i, III 1047 e

—, 1-Brom-2-methansulfonyl-
6 III 1046 g, IV 1647

—, 1-Brom-3-methansulfonyl-
6 II 300 f

—, 1-Brom-4-methansulfonyl-
6 I 151 b, II 301 a, III 1048 a,
IV 1650

Benzol (Fortsetzung)

—, 1-Brommethansulfonyl-4-chlor-
  6 IV 1596

—, 1-Brommethansulfonyl-4-fluor-
  6 IV 1568

—, 1-Brommethansulfonyl-4-methoxy-
  6 IV 5812

—, 1-Brommethansulfonyl-4-nitro-
  6 IV 1705

—, 4-[2-Brom-1-methoxy-äthyl]-
  1,2-dimethoxy- 6 I 552 i

—, 1-[2-Brom-1-methoxy-äthyl]-
  4-methoxy- 6 III 4568 d

—, 1-Brommethoxy-2,4-dichlor-
  6 IV 897

—, 1-Brom-4-methoxymethoxy-
  6 IV 1049

—, 1-Brom-3-methoxy-5-[α-methoxy-
  isopropyl]-2-methyl- 6 III 4677 d

—, 4-Brom-2-methoxy-1-methoxymethoxy-
  6 784 j

—, 1-Brom-4-methoxy-2-methoxymethyl-
  6 III 4546 b

—, 4-Brom-1-methoxy-2-methoxymethyl-
  6 III 4542 a

—, 1-Brom-2-methoxymethyl-
  6 II 423 e, III 1559 j, IV 2600

—, 1-Brom-3-methoxymethyl-
  6 IV 2601

—, 1-Brom-4-methoxymethyl-
  6 II 423 h, III 1560 f

—, 1-[2-Brom-1-methoxy-2-nitro-äthyl]-
  2-methoxy- 6 III 4564 e

—, 1-[2-Brom-1-methoxy-2-nitro-butyl]-
  4-methoxy- 6 IV 6005

—, 1-Brom-4-methoxy-2-nitro-5-[4-nitro-
  phenoxy]- 6 III 4272 a

—, 4-Brom-1-methoxy-2-[2-nitro-
  phenoxy]- 6 III 4255 f

—, 4-Brom-1-methoxy-2-[3-nitro-
  phenoxy]- 6 III 4255 g

—, 4-Brom-1-methoxy-2-[4-nitro-
  phenoxy]- 6 III 4256 a

—, 4-Brom-2-methoxy-1-[2-nitro-
  phenoxy]- 6 III 4255 a

—, 4-Brom-2-methoxy-1-[4-nitro-
  phenoxy]- 6 III 4255 b

—, 1-Brom-2-methoxy-4-phenoxy-
  6 IV 5687

—, 2-Brom-1-methoxy-4-phenoxy-
  6 III 4437 c

—, 4-Brom-1-methoxy-2-phenoxy-
  6 III 4255 d

—, 4-Brom-1-methoxy-2-propoxymethyl-
  6 III 4542 c

—, 1-[2-Brom-1-methoxy-propyl]-
  3-butoxy-4-methoxy-2-trityl- 6 III 6629 d

—, 1-[2-Brom-1-methoxy-propyl]-
  5-butoxy-4-methoxy-2-trityl- 6 III 6629
  Anm. 4

—, 4-[2-Brom-1-methoxy-propyl]-
  1,2-dimethoxy- 6 III 6343 e

—, 1-[2-Brom-1-methoxy-propyl]-
  3,4-dimethoxy-2-trityl- 6 III 6626 b

—, 1-[2-Brom-1-methoxy-propyl]-
  4,5-dimethoxy-2-trityl- 6 III 6626 Anm. 2

—, 1-[2-Brom-1-methoxy-propyl]-
  3-isobutoxy-4-methoxy-2-trityl-
  6 III 6630 c

—, 1-[2-Brom-1-methoxy-propyl]-
  5-isobutoxy-4-methoxy-2-trityl-
  6 III 6630 Anm. 3

—, 1-[2-Brom-1-methoxy-propyl]-
  3-isopentyloxy-4-methoxy-2-trityl-
  6 III 6631 d

—, 1-[2-Brom-1-methoxy-propyl]-
  5-isopentyloxy-4-methoxy-2-trityl-
  6 III 6631 Anm. 4

—, 1-[2-Brom-1-methoxy-propyl]-
  3-isopropoxy-4-methoxy-2-trityl-
  6 III 6628 e

—, 1-[2-Brom-1-methoxy-propyl]-
  5-isopropoxy-4-methoxy-2-trityl-
  6 III 6628 Anm. 5

—, 1-[2-Brom-1-methoxy-propyl]-
  2-methoxy- 6 II 894 b, III 4625 b

—, 1-[2-Brom-1-methoxy-propyl]-
  4-methoxy- 6 926 h, II 894 g

—, 1-[3-Brom-2-methoxy-propyl]-
  2-methoxy- 6 II 895 a

—, 1-[3-Brom-2-methoxy-propyl]-
  4-methoxy- 6 II 895 b

—, 1-[2-Brom-1-methoxy-propyl]-
  4-methoxy-3-propoxy-2-trityl- 6 III 6628 a

—, 1-[2-Brom-1-methoxy-propyl]-
  4-methoxy-5-propoxy-2-trityl- 6 III 6628
  Anm. 1

—, 1-[2-Brom-1-methoxy-propyl]-
  2,4,5-trimethoxy- 6 1160 c

—, 1-[4-Brommethyl-benzolsulfonyl]-
  4-methoxy- 6 IV 5802

—, 1-Brommethyl-3-butoxy- 6 IV 2073

—, 1-Brommethyl-2,3-dimethoxy-
  6 II 859 e, IV 5862

—, 2-Brommethyl-1,4-dimethoxy-
  6 IV 5871

Benzol (Fortsetzung)

—, 4-Brommethyl-1,2-dimethoxy- **6** II 867 h

—, 2-Brommethyl-1,4-dimethoxy-
3-methyl- **6** IV 5949

—, 1-Brommethyl-3,4-dimethoxy-2-nitro-
6 III 4523 b

—, 1-Brom-2-methylmercapto-
6 II 300 b, III 1046 f, IV 1647

—, 1-Brom-3-methylmercapto-
6 III 1047 b, IV 1648

—, 1-Brom-4-methylmercapto-
6 330 h, I 151 a, II 300 h, III 1047 d,
IV 1650

—, 4-Brom-1-methylmercapto-2-nitro-
6 342 e, I 162 i

—, 1-Brommethyl-4-methansulfonyl-
6 IV 2210

—, 1-Brommethyl-2-methoxymethyl-
6 IV 3111

—, 4-Brommethyl-2-nitro-1-propoxy-
6 II 390 g

—, 1-[5-Brom-3-methyl-pentyloxy]-
4-methoxy- **6** III 4390 h

—, 5-Brom-2-nitro-1,3-bis-[toluol-
4-sulfonyl]- **6** III 4371 e

—, 5-Brom-2-nitro-1,3-bis-*p*-tolyl≤
mercapto- **6** III 4371 d

—, 1-Brom-2-nitro-4-trifluormethyl≤
mercapto- **6** IV 1732

—, 1-Brom-4-nitryloxymethyl-
6 IV 2603

—, 1-Brom-2-nonyloxy- **6** IV 1039

—, 1-[5-Brom-pentyloxy]-2-methoxy-
6 772 c, IV 5567

—, 1-[5-Brom-pentyloxy]-4-methoxy-
6 III 4389 f

—, 1-[2-Brom-phenoxy]-2-methoxy-
6 III 4215 d

—, 1-[3-Brom-phenoxy]-2-methoxy-
6 III 4216 a

—, 1-[4-Brom-phenoxy]-2-methoxy-
6 III 4216 b

—, 1-[4-Brom-phenoxy]-4-methoxy-
6 III 4398 d

—, 2-[4-Brom-phenoxy]-1-methoxy-
4-nitro- **6** III 4266 f

—, 1-[4-Brom-phenylselanyl]-4-methoxy-
6 IV 5851

—, 1-Brom-4-[propan-1-sulfonyl]-
6 III 1048 e

—, 1-Brom-4-[propan-2-sulfonyl]-
6 III 1048 f

—, 1-Brom-4-prop-2-inyloxy- **6** II 185 f

—, 1-Brom-2-propionyloxy- **6** III 737 f

—, 1-Brom-4-propionyloxy-
6 III 747 c, IV 1051

—, 1-Brom-2-propoxy- **6** IV 1038

—, 1-Brom-4-propoxy- **6** III 743 a,
IV 1045

—, 1-[3-Brom-propoxy]-2-methoxy-
6 772 a, IV 5566

—, 1-[3-Brom-propoxy]-4-methoxy-
6 III 4388 c, IV 5720

—, 1-[2-Brom-propyl]-2,3-dimethoxy-
6 IV 5975

—, 2-[2-Brom-propyl]-1,4-dimethoxy-
6 IV 5976

—, 4-[2-Brom-propyl]-1,2-dimethoxy-
6 III 4617 f, IV 5977

—, 4-[3-Brom-propyl]-1,2-dimethoxy-
6 IV 5977

—, 1-Brom-4-propylmercapto-
6 IV 1650

—, 1-[2-Brom-propyl]-3-methyl-
2-propoxy- **6** IV 3321

—, 2-[2-Brom-propyl]-4-methyl-
1-propoxy- **6** IV 3322

—, 1-[2-Brom-propyl]-2-propoxy-
6 IV 3178

—, 2-Brom-1,3,4,5-tetramethoxy-
6 III 6654 e

—, 1-Brom-2,3,4,5-tetramethyl-
6-nitryloxymethyl- **6** III 1992 c

—, 1-Brom-2,3,4,6-tetramethyl-
5-nitryloxymethyl- **6** III 1992 e

—, 1-Brom-2,3,5,6-tetramethyl-
4-nitryloxymethyl- **6** III 1992 g

—, 1-Brom-4-[2-thiocyanato-äthoxy]-
6 III 746 a

—, 1-Brom-2-thiocyanatomethyl-
6 467 b

—, 1-Brom-4-thiocyanatomethyl-
6 467 f

—, 4-[1-Brom-2,2,2-trichlor-äthyl]-
1,2-dimethoxy- **6** IV 5927

—, 1-Brom-4-trichlormethylmercapto-
6 IV 1654

—, 1-Brom-4-trifluormethansulfonyl-
6 IV 1654

—, 1-Brom-4-trifluormethylmercapto-
6 IV 1654

—, 1-Brom-2,3,4-trimethoxy-
6 II 1068 b, III 6273 b, IV 7335

—, 1-Brom-2,3,5-trimethoxy- **6** III 6285 d,
IV 7348

Benzol (Fortsetzung)

—, 1-Butoxy-2-chlor- **6** III 676 d

—, 1-Butoxy-4-chlor- **6** II 176 d,
III 688 e, IV 824

—, 1-Butoxy-4-[2-chlor-äthoxymethyl]-
2-nitro- **6** IV 5919

—, 1-Butoxy-2-chlormethyl- **6** III 1267 i

—, 1-Butoxy-4-chlormethyl- **6** III 1376 c,
IV 2138

—, 1-*tert*-Butoxy-4-chlormethyl-
6 IV 2138

—, 2-Butoxy-1-chlormethyl-3-methoxy-
6 IV 5862

—, 1-Butoxy-2-chlormethyl-4-methyl-
6 IV 3136

—, 1-Butoxy-4-chlormethyl-2-methyl-
6 IV 3134

—, 1-Butoxy-4-chlormethyl-2-nitro-
6 III 1388 a, IV 2151

—, 1-Butoxy-4-chlor-2-nitro- **6** IV 1348

—, 1-Butoxy-2-cyclohexyl- **6** II 548 h

—, 1-Butoxy-4-cyclohexyl- **6** II 549 d

—, 1-Butoxy-5-[1,2-dibrom-propyl]-
2-methoxy-4-trityl- **6** III 5938 Anm. 3

—, 2-Butoxy-4-[1,2-dibrom-propyl]-
1-methoxy-3-trityl- **6** III 5938 c

—, 1-Butoxy-2,4-dichlor- **6** IV 887

—, 2-Butoxy-1,5-dimethyl-3-propyl-
6 IV 3406

—, 2-*sec*-Butoxy-1,5-dimethyl-3-propyl-
6 IV 3406

—, 1-Butoxy-2,4-dinitro- **6** III 859 c,
IV 1373

—, 1-*sec*-Butoxy-2,4-dinitro- **6** IV 1374

—, 1-Butoxy-3-dodecyloxy- **6** III 4311 h

—, 1-[β-Butoxy-isopropoxy]-2-nitro-
6 IV 1254

—, 2-Butoxy-1-isopropyl-4-methyl-
6 536 f, III 1899 b

—, 2-Butoxy-4-isopropyl-1-methyl-
6 III 1887 d

—, 4-Butoxy-1-isopropyl-2-methyl-
6 IV 3326

—, 1-Butoxy-2-jod- **6** III 770 b

—, 1-Butoxy-3-jod- **6** IV 1074

—, 1-Butoxy-4-jod- **6** IV 1077

—, 1-Butoxy-2-methallyl- **6** IV 3842

—, 1-Butoxy-2-methoxy- **6** II 780 f,
III 4210 b

—, 1-Butoxy-4-methoxy- **6** II 840 e

—, 1-*sec*-Butoxy-2-methoxy- **6** IV 5566

—, 1-*tert*-Butoxy-4-methoxy- **6** III 4389 c,
IV 5721

—, 1-Butoxy-2-methoxy-4,5-dinitro-
6 II 795 d

—, 1-Butoxy-2-methoxymethoxy-
4-propenyl- **6** IV 6329

—, 2-Butoxy-1-methoxymethoxy-
4-propenyl- **6** IV 6330

—, 1-Butoxy-4-methoxymethyl-
6 IV 5911

—, 1-Butoxy-2-methoxy-4-nitro-
6 II 791 d, III 4265 g

—, 1-Butoxy-4-methoxy-2-nitro-
6 II 849 g, IV 5787

—, 2-Butoxy-1-methoxy-4-nitro-
6 II 791 e

—, 4-Butoxy-1-methoxy-2-nitro-
6 II 849 h

—, 2-Butoxy-1-methoxy-3-[2-nitro-but-
1-enyl]- **6** IV 6347

—, 2-Butoxy-1-methoxy-3-[2-nitro-
propenyl]- **6** IV 6322

—, 1-Butoxy-2-methoxy-4-propenyl-
6 III 5001 c

—, 2-Butoxy-1-methoxy-4-propenyl-
6 IV 6326

—, 1-Butoxy-2-methoxy-5-propenyl-
4-trityl- **6** III 5965 Anm. 3

—, 2-Butoxy-1-methoxy-4-propenyl-
3-trityl- **6** III 5965 c

—, 2-Butoxy-1-methoxy-5-propenyl-
3-trityl- **6** III 5967 d

—, 1-Butoxymethyl-4-chlor- **6** IV 2594

—, 1-*tert*-Butoxymethyl-2-chlormethyl-
6 IV 3111

—, 1-Butoxymethyl-4-methoxy-
6 IV 5911

—, 1-*sec*-Butoxymethyl-4-methoxy-
6 IV 5911

—, 1-*tert*-Butoxymethyl-4-methoxy-
6 IV 5912

—, 1-Butoxymethyl-4-methyl-
6 IV 3172

—, Butoxymethyl-pentachlor-
6 III 1559 f

—, 1-*tert*-Butoxymethyl-2,3,4-trimethoxy-
6 IV 7694

—, 1-Butoxy-2-nitro- **6** III 800 c,
IV 1250

—, 1-Butoxy-3-nitro- **6** III 809 d

—, 1-Butoxy-4-nitro- **6** II 221 d,
III 819 e, IV 1285

—, 1-*tert*-Butoxy-4-nitro- **6** IV 1285

—, 1-Butoxy-2-nitro-4-propenyl-
6 IV 3797

Benzol (Fortsetzung)

—, 1-Butoxy-4-[2-nitro-propenyl]-
6 IV 3797

—, 1-*tert*-Butoxy-4-*tert*-pentyl-
6 III 1966 b

—, 1-Butoxy-2-[1-phenyl-äthyl]-
6 IV 4708

—, 1-Butoxy-4-[1-phenyl-äthyl]-
6 IV 4711

—, 1-Butoxy-3-tetradecyloxy-
6 III 4312 d

—, 1-*tert*-Butoxy-4-[1,1,3,3-tetramethyl-
butyl]- 6 IV 3485

—, 1-Butoxy-4-tridecyloxy- 6 III 4393 g

—, 1-Butoxy-3-trifluormethyl-
6 IV 2060

—, 2-Butoxy-1,3,5-trijod- 6 III 789 d

—, 2-*sec*-Butoxy-1,3,5-trijod- 6 IV 1085

—, 5-*tert*-Butyl-1,3-bis-[5-*tert*-butyl-
2-methoxy-benzyl]-2-methoxy-
6 IV 7645

—, 4-*tert*-Butyl-1,2-bis-[5-*tert*-butyl-2-oxo-
λ^5-benzo[1,3,2]dioxaphosphol-2-yloxy]-
6 III 4671 c

—, 1-Butyl-2,4-bis-undecyloxy-
6 IV 6003

—, 1-[1-Butyl-but-1-enyl]-3,5-dimethoxy-
6 III 4736 g

—, 1-*tert*-Butyl-4-butyryloxy- 6 IV 3305

—, 1-*tert*-Butyl-2-carboxymethoxy-
3-carboxymethylmercapto-5-methyl-
6 IV 6042

—, 1-*tert*-Butyl-2-carboxymethoxy-
5-carboxymethylmercapto-3-methyl-
6 IV 6042

—, 1-*tert*-Butyl-4-chloracetoxy-
6 IV 3305

—, 1-*tert*-Butyl-4-chlormethylmercapto-
6 IV 3317

—, 5-*tert*-Butyl-2-chlormethyl-1-
[2-methoxy-äthyl]-3-methyl- 6 IV 3497

—, 4-*tert*-Butyl-2-chlor-1-[2-thiocyanato-
äthoxy]- 6 III 1872 h

—, 4-*tert*-Butyl-2-chlor-1-[γ-thiocyanato-
isobutoxy]- 6 III 1872 i

—, 1-*tert*-Butyl-4-crotonoyloxy-
6 IV 3306

—, 1-*tert*-Butyl-4-dichloracetoxy-
6 IV 3305

—, 1-Butyl-2,4-dimethoxy- 6 III 4657 f

—, 1-Butyl-3,5-dimethoxy- 6 III 4660 b

—, 1-*sec*-Butyl-3,5-dimethoxy-
6 III 4664 g

—, 1-*tert*-Butyl-2,3-dimethoxy-
6 IV 6012

—, 1-*tert*-Butyl-2,4-dimethoxy-
6 III 4670 b, IV 6012

—, 2-Butyl-1,4-dimethoxy- 6 IV 6004

—, 2-*sec*-Butyl-1,4-dimethoxy-
6 IV 6007

—, 2-*tert*-Butyl-1,4-dimethoxy-
6 III 4670 e, IV 6014

—, 4-Butyl-1,2-dimethoxy- 6 III 4659 e,
IV 6004

—, 4-*tert*-Butyl-1,2-dimethoxy-
6 IV 6014

—, 1-*tert*-Butyl-2,4-dimethoxy-3,5-dinitro-
6 IV 6013

—, 1-*sec*-Butyl-3,5-dimethoxy-2-methyl-
6 III 4707 d

—, 5-*sec*-Butyl-1,3-dimethoxy-2-methyl-
6 IV 6041

—, 1-*tert*-Butyl-2,4-dimethoxy-5-nitro-
6 III 4670 c, IV 6012

—, 1-*tert*-Butyl-2,5-dimethoxy-4-nitro-
6 III 4671 a

—, 1-Butyldisulfanyl-2,4-dinitro-
6 IV 1768

—, 1-*tert*-Butyl-4-isobutoxy-
6 524 f, III 1865 f

—, 1-*tert*-Butyl-4-isopropoxy-
6 III 1865 d

—, 1-*tert*-Butyl-2-isopropoxy-4-methyl-
6 IV 3401

—, 5-*tert*-Butyl-2-jod-1,3-bis-
methoxymethyl- 6 IV 6057

—, 1-*tert*-Butyl-4-lauroyloxy- 6 IV 3305

—, Butylmercapto- 6 IV 1471

—, 4-Butylmercapto-2-chlor-1-methoxy-
6 IV 5827

—, 1-Butylmercapto-2,4-dichlor-
6 IV 1612

—, 1-Butylmercapto-3,5-dichlor-
6 IV 1631

—, 2-Butylmercapto-1,4-dichlor-
6 IV 1618

—, 4-Butylmercapto-1,2-dichlor-
6 IV 1625

—, 1-Butylmercapto-2,4-dimethoxy-
6 III 6288 h

—, 4-Butylmercapto-1,2-dimethoxy-
6 IV 7357

—, 1-Butylmercapto-2,4-dinitro-
6 III 1090 f, IV 1735

—, 1-*sec*-Butylmercapto-2,4-dinitro-
6 IV 1735

Benzol (Fortsetzung)

—, 1-*tert*-Butylmercapto-2,4-dinitro-
6 IV 1737

—, 1-Butylmercapto-4-methoxy-
6 III 4448 b, IV 5792

—, 1-Butylmercapto-2-methylmercapto-
6 IV 5652

—, 1-Butylmercapto-2-nitro- 6 IV 1661

—, 1-Butylmercapto-3-nitro- 6 III 1066 a,
IV 1681

—, 1-Butylmercapto-4-nitro- 6 II 310 j,
III 1069 d, IV 1689

—, 1-Butyl-4-methacryloyloxy-
6 IV 3270

—, 1-*sec*-Butyl-4-methacryloyloxy-
6 IV 3281

—, 1-*tert*-Butyl-4-methacryloyloxy-
6 IV 3306

—, 2-*tert*-Butyl-1-methansulfonyl-4-nitro-
6 IV 3294

—, 1-*tert*-Butyl-3-[2-methoxy-äthyl]-
5-methyl- 6 IV 3468

—, 5-*tert*-Butyl-2-methoxymethyl-
1,3-dimethyl- 6 IV 3470

—, 1-*tert*-Butyl-3-methoxymethyl-
5-methyl- 6 IV 3443

—, 1-*tert*-Butyl-2-methoxy-4-methyl-
5-[toluol-4-sulfonyl]- 6 IV 6043

—, 4-*tert*-Butyl-1-methoxy-2-[toluol-
4-sulfonyl]- 6 IV 6015

—, 2-*tert*-Butyl-1-methylmercapto-4-nitro-
6 IV 3294

—, 4-*tert*-Butyl-2-methyl-1-[2-thiocyanato-
äthoxy]- 6 III 1981 d

—, 1-Butyl-4-nitryloxymethyl-
6 III 1974 c

—, 1-*tert*-Butyl-4-octanoyloxy-
6 IV 3305

—, 1-[4-*tert*-Butyl-phenoxy]-4-methoxy-
6 IV 5729

—, 1-*tert*-Butyl-4-propionyloxy-
6 III 1869 d, IV 3305

—, 1-*tert*-Butyl-4-propoxy- 6 III 1865 c

—, Butylselanyl- 6 IV 1777

—, *sec*-Butylselanyl- 6 IV 1778

—, 1-Butylselanyl-2-methoxy-
6 III 4289 i

—, 1-Butylselanyl-4-methoxy-
6 III 4479 h

—, 1-*tert*-Butyl-4-sorboyloxy-
6 IV 3306

—, 1-*tert*-Butyl-4-stearoyloxy-
6 IV 3305

—, 1-*tert*-Butyl-4-[2-thiocyanato-äthoxy]-
6 III 1868 e

—, 1-*tert*-Butyl-4-trichlormethansulfenyloxy-
6 IV 3308

—, 1-*tert*-Butyl-4-trichlormethyldisulfanyl-
6 IV 3318

—, 1-*tert*-Butyl-4-vinyloxy- 6 IV 3298

—, 1-[2-Butyryloxy-äthoxy]-2,4-dichlor-
6 IV 891

—, 1-Butyryloxy-3-chlor- 6 IV 814

—, 1-Butyryloxy-4-chlor- 6 II 176 i,
III 693 f

—, 5-Butyryloxy-2-chlor-1,3-dimethyl-
6 IV 3156

—, 1-Butyryloxy-4-cyclohexyl-
6 III 2507 f

—, 1-Butyryloxy-2,4-dichlor-
6 III 704 h

—, 2-Butyryloxy-1,3-dichlor-
6 III 714 d

—, 1-Butyryloxy-2,4-dimethyl-
6 III 1746 d

—, 1-Butyryloxy-3,5-dimethyl-
6 IV 3145

—, 2-Butyryloxy-1,3-dimethyl-
6 III 1738 a, IV 3117

—, 2-Butyryloxy-1,4-dimethyl-
6 III 1773 a

—, 4-Butyryloxy-1,2-dimethyl-
6 IV 3103

—, 1-Butyryloxy-2,4-dinitro- 6 IV 1380

—, 1-Butyryloxy-4-fluor- 6 III 671 b

—, 2-Butyryloxy-1-isopropyl-4-methyl-
6 II 499 d, III 1901 g

—, 2-Butyryloxy-4-isopropyl-1-methyl-
6 II 494 e, IV 3331

—, 1-Butyryloxy-2-methoxy- 6 III 4229 b,
IV 5583

—, 1-Butyryloxy-2-methoxy-4-propyl-
6 III 4616 d

—, 1-Butyryloxymethyl-2,4-dimethyl-
6 IV 3250

—, 1-Butyryloxymethyl-4-methoxy-
6 I 440 i, II 883 f, III 4550 a,
IV 5915

—, 1-Butyryloxymethyl-4-nitro-
6 I 223 i

—, 1-Butyryloxy-4-nitro- 6 III 826 b,
IV 1298

—, Butyryloxy-pentachlor- 6 196 d,
III 734 k, IV 1031

—, 1-Butyryloxy-4-*tert*-pentyl-
6 IV 3385

Benzol (Fortsetzung)

—, 1-Butyryloxy-2-[1-phenyl-äthyl]-
6 IV 4709

—, 1-Butyryloxy-4-[1-phenyl-äthyl]-
6 IV 4712

—, 2-Butyryloxy-1,3,5-trichlor-
6 192 e, IV 1009

—, 1-Butyryloxy-3-trifluormethyl-
6 IV 2062

—, 1-[2-Carbamimidoylmercapto-äthoxy]-
2-[carbamimidoylmercapto-methyl]-
4-nitro- 6 IV 5906

—, 1-Carbazoyloxymethyl-4-methoxy-
6 IV 5915

—, 1-[6-Carboxy-hexyloxy]-4-[5-carboxy-
pentyloxy]- 6 III 4423 a

—, 1-Carboxymethoxy-2-carboxymethyl≥
mercapto- 6 IV 5640

—, 1-Carboxymethoxy-5-carboxymethyl≥
mercapto-2,4-dimethyl- 6 III 4596 c

—, 2-Carboxymethoxy-1-carboxymethyl≥
mercapto-3,5-dimethyl- 6 IV 5963

—, 2-Carboxymethoxy-5-carboxymethyl≥
mercapto-1,3-dimethyl- 6 IV 5960

—, 1-Carboxymethylmercapto-
4-carboxymethylselanyl- 6 II 856 h

—, 2-Chloracetoxy-1,3-dimethoxy-
6 II 1066 f

—, 1-Chloracetoxy-2,4-dimethyl-
6 IV 3128

—, 1-Chloracetoxy-2,4-dinitro-
6 IV 1380

—, 1-Chloracetoxy-2-fluor- 6 III 667 d

—, 1-Chloracetoxy-4-isopentyl-
6 IV 3378

—, 1-Chloracetoxy-2-methoxy-
6 774 e, I 385 g, II 783 k, III 4228 a,
IV 5582

—, 1-Chloracetoxy-4-methoxy-
6 IV 5740

—, 1-Chloracetoxy-3-nitro- 6 IV 1273

—, 1-Chloracetoxy-4-nitro- 6 III 223 g,
IV 1298

—, 1-Chloracetoxy-4-*tert*-pentyl-
6 IV 3384

—, 2-Chloracetoxy-1,3,5-trijod-
6 III 790 b

—, 2-Chloracetoxy-1,3,5-trimethoxy-
6 IV 7686

—, 2-Chloracetoxy-1,3,5-trimethyl-
6 IV 3255

—, 2-Chloracetoxy-1,3,5-triphenyl-
6 IV 5142

—, 1-Chloracetylmercapto-4-nitro-
6 IV 1709

—, 1-[2-Chlor-äthansulfonyl]-4-
[2-hydroxy-äthansulfonyl]-2-nitro-
6 IV 5849

—, 1-[2-Chlor-äthensulfonyl]-2-methoxy-
6 IV 5634

—, 1-[2-Chlor-äthensulfonyl]-4-methoxy-
6 IV 5793

—, 1-[2-Chlor-äthoxy]-2-methoxy-
6 III 4208 c, IV 5565

—, 1-[2-Chlor-äthoxy]-3-methoxy-
6 III 4307 b, IV 5664

—, 1-[2-Chlor-äthoxy]-4-methoxy-
6 III 4387 d

—, 4-[2-Chlor-äthoxymethyl]-
1-dodecyloxy-2-nitro- 6 IV 5919

—, 4-[2-Chlor-äthoxymethyl]-1-methoxy-
2-nitro- 6 IV 5919

—, 2-[2-Chlor-äthyl]-1,4-dimethoxy-
6 IV 5925

—, 4-[1-Chlor-äthyl]-1,2-dimethoxy-
6 I 442 c

—, 4-[2-Chlor-äthyl]-1,2-dimethoxy-
6 III 4561 g, IV 5927

—, 1-[2-Chlor-äthyl]-2,5-dimethoxy-
3,4,6-trimethyl- 6 III 4711 d

—, 1-[2-Chlor-äthylmercapto]-4-methoxy-
6 III 4447 d

—, 1-[2-Chlor-äthyl]-2-methoxymethyl-
6 III 1819 e

—, 4-[3-Chlor-allyl]-1,2-dimethoxy-
6 III 5030 g

—, 1-[3-Chlor-allyl]-3-methoxy-2-
[2-methylamino-äthoxy]- 6 III 5018 d

—, 1-[3-Chlor-allyloxy]-2-methoxy-
6 III 4214 a

—, 1-[3-Chlor-allyloxy]-2-methoxy-
4-propenyl- 6 III 5002 d

—, 5-[3-Chlor-allyl]-1,2,3-trimethoxy-
6 III 6445 b

—, 1-[α-Chlor-benzhydryl]-2,3-dimethoxy-
6 IV 6970

—, 1-[α-Chlor-benzhydryl]-2,4-dimethoxy-
6 II 1009 b

—, 2-[α-Chlor-benzhydryl]-1,4-dimethoxy-
6 1041 i, II 1009 d

—, 4-[α-Chlor-benzhydryl]-1,2-dimethoxy-
6 1042 c

—, 5-[α-Chlor-benzhydryl]-
1,2,3-trimethoxy- 6 I 564 f, IV 7618

—, 1-[4-Chlor-benzolsulfonyl]-
2,4-dimethoxy- 6 III 6290 c

Benzol (Fortsetzung)

—, 1-Chlor-5-chlormethoxy-2,4-dinitro-
6 IV 1385

—, 1-Chlor-4-chlormethoxy-2-methoxy-
6 IV 5684

—, 4-Chlor-1-chlormethoxy-2-methoxy-
6 IV 5615

—, 1-Chlor-4-chlormethoxy-2-nitro-
6 IV 1352

—, 4-Chlor-1-chlormethoxy-2-nitro-
6 IV 1349

—, 4-Chlor-2-chlormethoxy-1-nitro-
6 IV 1351

—, 2-Chlor-1-chlormethyl-3,4-dimethoxy-
6 IV 5882

—, 1-Chlor-3-chlormethylmercapto-
6 IV 1579

—, 1-Chlor-4-chlormethylmercapto-
6 III 1037 e, IV 1593

—, 4-Chlor-2-[4-chlor-phenylmercapto]-
1-methylmercapto- 6 IV 5655

—, 2-Chlor-4-[4-chlor-phenylmethansulfonyl]-
1-methoxy- 6 IV 5831

—, 1-Chlor-4-crotonoyloxy- 6 IV 840

—, 1-Chlor-4-cyclohexansulfonyl-
6 III 1035 d

—, 1-Chlor-4-cyclohexansulfonyl-2-nitro-
6 III 1083 b

—, 4-Chlor-2-cyclohexansulfonyl-1-nitro-
6 III 1082 d

—, 1-Chlor-5-cyclohexyl-2,4-dimethoxy-
6 IV 6368

—, 2-Chlor-4-cyclohexyl-1-hexanoyloxy-
6 IV 3906

—, 1-Chlor-4-cyclohexylmercapto-
6 III 1035 c

—, 1-Chlor-2-cyclohexyloxy-
6 III 676 h, IV 787

—, 1-Chlor-3-decanoyloxy- 6 IV 815

—, 1-Chlor-4-diäthylsulfamoyloxy-
6 IV 865

—, 1-Chlor-4-dibrommethansulfonyl-
6 327 f, IV 1599

—, 1-Chlor-2-dichloracetoxy- 6 IV 794

—, 1-Chlor-4-dichloracetylmercapto-
6 IV 1599

—, 1-Chlor-4-dichlormethansulfinyl-
6 IV 1599

—, 1-Chlor-4-dichlormethansulfinyl-
2,5-dimethyl- 6 IV 3171

—, 1-Chlor-4-dichlormethansulfonyl-
6 IV 1599

—, 1-Chlor-4-dichlormethoxy- 6 IV 839

—, 1-[4-Chlor-2,6-dijod-phenoxy]-
4-methoxy- 6 III 4398 f

—, 1-Chlor-2,3-dimethoxy- 6 IV 5613

—, 1-Chlor-2,4-dimethoxy- 6 I 403 d,
III 4334 a, IV 5684

—, 1-Chlor-3,5-dimethoxy- 6 III 4335 d,
IV 5684

—, 2-Chlor-1,4-dimethoxy- 6 III 4432 b,
IV 5767

—, 4-Chlor-1,2-dimethoxy- 6 783 c,
III 4250 c, IV 5614

—, 3-Chlor-1,2-dimethoxy-4,5-dimethyl-
6 IV 5950

—, 1-Chlor-2,4-dimethoxy-3,5-dinitro-
6 II 824 f

—, 1-Chlor-3,5-dimethoxy-2,4-dinitro-
6 II 824 e, III 4353 f

—, 2-Chlor-4,5-dimethoxy-1,3-dinitro-
6 IV 5633

—, 3-Chlor-1,5-dimethoxy-2,4-dinitro-
6 II 824 g, III 4353 h, IV 5698

—, 1-Chlor-2,5-dimethoxy-3-[1-methyl-
cyclohexyl]- 6 IV 6377

—, 1-Chlor-2,5-dimethoxy-4-[1-methyl-
cyclohexyl]- 6 IV 6377

—, 1-Chlor-2,3-dimethoxy-5-nitro-
6 III 4270 j

—, 1-Chlor-2,4-dimethoxy-3-nitro-
6 825 k

—, 1-Chlor-2,4-dimethoxy-5-nitro-
6 825 l, II 823 b, III 4348 h,
IV 5694

—, 1-Chlor-2,5-dimethoxy-4-nitro-
6 III 4444 b

—, 1-Chlor-3,5-dimethoxy-2-nitro-
6 II 823 a, III 4348 f

—, 1-Chlor-4,5-dimethoxy-2-nitro-
6 III 4270 h

—, 2-Chlor-1,3-dimethoxy-4-nitro-
6 III 4348 d

—, 5-Chlor-1,3-dimethoxy-2-nitro-
6 II 822 h, III 4348 c

—, 2-Chlor-3,4-dimethoxy-1-[2-nitro-
propenyl]- 6 IV 6331

—, 1-Chlor-3,5-dimethoxy-2,4,6-trinitro-
6 II 826 c

—, 2-Chlor-1,3-dimethyl-4-nitro-
5-propoxy- 6 III 1765 h

—, 2-Chlor-1,3-dimethyl-5-propionyloxy-
6 IV 3155

—, 1-Chlor-4-dimethylsulfamoyloxy-
6 IV 865

Benzol (Fortsetzung)

—, 1-Chlor-2-methansulfonyl-4-nitro-
6 IV 1728

—, 1-Chlor-4-methansulfonyl-2-nitro-
6 III 1083 a, **13** III 1332 b

—, 4-Chlor-1-methansulfonyl-2-nitro-
6 I 161 e, III 1078 g

—, 4-Chlor-1-[2-methoxy-äthoxy]-2-nitro-
6 III 836 a

—, 2-Chlor-5-methoxy-1,3-dimethyl-4-
[2-nitro-phenylmercapto]- **6** III 4592 e

—, 2-Chlor-1-[α-methoxy-isopropoxy]-
4-nitro- **6** III 840 c

—, 1-Chlormethoxy-2-methoxy-
6 IV 5579

—, 1-Chlormethoxy-4-methoxy-
6 IV 5737

—, 2-Chlor-1-methoxy-4-methoxymethyl-
6 III 4550 h

—, 1-Chlor-2-methoxymethyl-
6 III 1554 e

—, 1-Chlor-4-methoxymethyl-
6 IV 2594

—, 1-Chlor-2-methoxy-3-methylmercapto-
6 II 827 g

—, 1-Chlor-4-methoxy-2-methylmercapto-
6 II 827 h

—, 2-Chlor-1-methoxy-4-methylmercapto-
6 IV 5827

—, 2-Chlor-4-methoxy-1-methylmercapto-
6 IV 5823

—, 2-Chlor-1-methoxymethyl-4-nitro-
6 453 b

—, 4-Chlor-1-methoxy-2-[naphthalin-
1-sulfonyl]- **6** IV 5644

—, 4-Chlor-1-methoxy-2-[naphthalin-
2-sulfonyl]- **6** IV 5645

—, 4-Chlor-1-methoxy-2-[1]naphthyl⸗
mercapto- **6** IV 5644

—, 4-Chlor-1-methoxy-2-[2]naphthyl⸗
mercapto- **6** IV 5645

—, 1-Chlormethoxy-2-nitro- **6** IV 1256

—, 1-Chlormethoxy-4-nitro- **6** IV 1296

—, 2-Chlor-1-methoxy-4-[4-nitro-
benzolsulfonyl]- **6** IV 5829

—, 2-Chlor-1-methoxy-4-[4-nitro-
benzylmercapto]- **6** IV 5830

—, 4-Chlor-1-methoxy-2-[2-nitro-
phenoxy]- **6** III 4251 b

—, 4-Chlor-1-methoxy-2-[3-nitro-
phenoxy]- **6** III 4251 c

—, 4-Chlor-1-methoxy-2-[4-nitro-
phenoxy]- **6** III 4251 d

—, 4-Chlor-2-methoxy-1-[2-nitro-
phenoxy]- **6** III 4250 f

—, 4-Chlor-2-methoxy-1-[4-nitro-
phenoxy]- **6** III 4250 g

—, 2-Chlor-1-methoxy-4-[4-nitro-
phenylmercapto]- **6** IV 5829

—, 2-Chlor-1-methoxy-4-[4-nitro-
phenylmethansulfonyl]- **6** IV 5831

—, 2-Chlor-1-methoxy-4-[pentan-
1-sulfonyl]- **6** IV 5828

—, 2-Chlor-1-methoxy-4-pentylmercapto-
6 IV 5828

—, 1-Chlor-2-methoxy-3-phenylmercapto-
6 IV 5643

—, 2-Chlor-1-methoxy-4-phenylmercapto-
6 IV 5829

—, 2-Chlor-1-methoxy-4-phenyl⸗
methansulfonyl- **6** IV 5830

—, 2-Chlor-1-methoxy-4-[propan-
1-sulfonyl]- **6** IV 5827

—, 2-Chlor-1-methoxy-4-propylmercapto-
6 IV 5827

—, 1-Chlormethoxy-4-[1,1,3,3-
tetramethyl-butyl]- **6** IV 3486

—, 1-Chlor-2-methoxy-3-[toluol-
4-sulfonyl]- **6** III 4279 e, IV 5643

—, 1-Chlor-3-methoxy-2-[toluol-
4-sulfonyl]- **6** III 4282 d

—, 2-Chlor-1-methoxy-4-[toluol-
4-sulfonyl]- **6** IV 5829

—, 2-Chlor-4-methoxy-1-[toluol-
4-sulfonyl]- **6** III 4466 c

—, 4-Chlor-1-methoxy-2-[toluol-
2-sulfonyl]- **6** IV 5644

—, 4-Chlor-1-methoxy-2-[toluol-
4-sulfonyl]- **6** IV 5644

—, 4-Chlor-2-methoxy-1-[toluol-
4-sulfonyl]- **6** III 4279 f

—, 1-Chlor-2-methoxy-3-p-tolylmercapto-
6 IV 5643

—, 2-Chlor-1-methoxy-4-p-tolylmercapto-
6 IV 5829

—, 4-Chlor-1-methoxy-2-o-tolylmercapto-
6 IV 5644

—, 2-[2-Chlormethyl-butyl]-
1,4-dimethoxy- **6** III 4699 c

—, 1-[2-Chlormethyl-butyl]-
2,4,5-trimethoxy- **6** III 6366 f

—, 4-Chlormethyl-2-[4-chlormethyl-
phenoxy]-1-methoxy- **6** IV 5882

—, 1-Chlormethyl-2-[2-chlor-propyl]-
4,5-dimethoxy- **6** IV 6016

Benzol (Fortsetzung)

—, 2-Chlormethyl-1-[3-chlor-propyl]-
3,4,5-trimethoxy- **6** IV 7417

—, 1-[4-Chlormethyl-2,6-dijod-phenoxy]-
4-methoxy- **6** IV 5728

—, 1-[4-Chlormethyl-2,6-dijod-
phenylmercapto]-4-methoxy- **6** III 4453 c

—, 1-Chlormethyl-2,3-dimethoxy-
6 I 426 h, III 4493 d

—, 1-Chlormethyl-3,5-dimethoxy-
6 III 4535 a

—, 2-Chlormethyl-1,4-dimethoxy-
6 875 c, IV 5869

—, 4-Chlormethyl-1,2-dimethoxy-
6 880 n, I 432 f, III 4520 f, IV 5881

—, 1-Chlormethyl-2,5-dimethoxy-
3,4-dimethyl- **6** III 4649 i

—, 1-Chlormethyl-3,4-dimethoxy-
2-methyl- **6** IV 5947

—, 2-Chlormethyl-1,4-dimethoxy-
5-methyl- **6** IV 5969

—, 1-Chlormethyl-3,4-dimethoxy-2-nitro-
6 I 433 h, III 4522 h, IV 5884

—, 1-Chlormethyl-4,5-dimethoxy-2-nitro-
6 IV 5884

—, 2-Chlormethyl-3,4-dimethoxy-1-nitro-
6 IV 5863

—, 1-Chlormethyl-4,5-dimethoxy-
2-phenoxy- **6** IV 7375

—, 1-Chlormethyl-4,5-dimethoxy-
2-propyl- **6** IV 6016

—, 1-Chlormethyl-2,5-dimethoxy-
3,4,6-trimethyl- **6** III 4690 d

—, 2-Chlormethyl-1-[2,6-dimethyl-
phenoxy]-4-methoxy-3,5-dimethyl-
6 IV 5998

—, 5-[4-Chlormethyl-2,6-dimethyl-
phenoxy]-2-methoxy-1,3-dimethyl-
6 IV 5998

—, 5-[4-Chlormethyl-2,6-dimethyl-
phenylmercapto]-2-methoxy-1,3-dimethyl-
6 IV 5960

—, 4-Chlormethyl-1,2-dipropoxy-
6 IV 5881

—, 1-Chlormethyl-2-dodecyloxy-
6 IV 2000

—, 4-Chlormethyl-1-dodecyloxy-2-nitro-
6 IV 2151

—, 1-Chlormethyl-2-fluor-3,4-dimethoxy-
6 IV 5882

—, 2-Chlormethyl-1-heptyloxy-4-methyl-
6 IV 3136

—, 1-Chlormethyl-2-hexadecyloxy-
6 IV 2001

—, 1-Chlormethyl-4-isobutoxy-
6 IV 2138

—, 1-Chlormethyl-4-[2-isobutoxy-äthoxy]-
6 IV 2139

—, 4-Chlormethyl-1-[2-isobutoxy-äthoxy]-
2-methyl- **6** IV 3135

—, 1-Chlormethyl-4-isopentyloxy-
6 IV 2138

—, 1-Chlormethyl-4-[2-isopentyloxy-
äthoxy]- **6** IV 2139

—, 4-Chlormethyl-1-[2-isopentyloxy-
äthoxy]-2-methyl- **6** IV 3135

—, 2-Chlormethyl-1-isopentyloxy-
4-methyl- **6** IV 3136

—, 4-Chlormethyl-1-isopentyloxy-
2-methyl- **6** IV 3135

—, 1-Chlormethyl-4-isopropoxy-
6 III 1376 b, IV 2137

—, 1-Chlormethyl-4-[2-isopropoxy-
äthoxy]- **6** IV 2139

—, 1-Chlormethyl-2-isopropoxy-
3-methoxy- **6** IV 5862

—, 2-Chlormethyl-1-isopropoxy-4-methyl-
6 IV 3136

—, 4-Chlormethyl-1-isopropoxy-2-methyl-
6 IV 3134

—, 1-[4-Chlormethyl-2-jod-phenoxy]-
4-methoxy- **6** IV 5728

—, 1-Chlor-2-methylmercapto-
6 III 1033 a, IV 1570

—, 1-Chlor-3-methylmercapto-
6 IV 1576

—, 1-Chlor-4-methylmercapto-
6 II 297 d, III 1034 g, IV 1581

—, 1-Chlormethylmercapto-4-fluor-
6 IV 1568

—, 1-Chlormethylmercapto-4-methoxy-
6 IV 5811

—, 1-Chlormethylmercapto-4-nitro-
6 IV 1704

—, 2-Chlor-4-methylmercapto-1-nitro-
6 II 314 f

—, 4-Chlor-1-methylmercapto-2-nitro-
6 341 e, II 312 g

—, 4-Chlor-2-methylmercapto-1-nitro-
6 II 314 a

—, 2-Chlor-1-methylmercapto-4-propenyl-
6 IV 3798

—, 1-Chlormethyl-4-methansulfonyl-
6 IV 2209

Benzol (Fortsetzung)

—, 1-Chlormethyl-4-[2-methoxy-äthoxy]-
6 IV 2139

—, 4-Chlormethyl-1-[2-methoxy-äthoxy]-
2-methyl- 6 IV 3135

—, 1-Chlormethyl-2-[2-methoxy-äthyl]-
6 IV 3234

—, 1-Chlormethyl-2-methoxymethyl-
6 IV 3111

—, 1-Chlormethyl-3-methoxymethyl-
6 IV 3163

—, 1-Chlormethyl-3-methoxy-
2-pentyloxy- 6 IV 5862

—, 1-Chlormethyl-3-methoxy-2-propoxy-
6 IV 5862

—, 1-Chlormethyl-4-methylmercapto-
6 IV 2209

—, 4-Chlormethyl-2-methyl-
1-methylmercapto- 6 IV 3140

—, 2-Chlormethyl-4-methyl-1-propoxy-
6 IV 3136

—, 4-Chlormethyl-2-methyl-1-propoxy-
6 IV 3134

—, 1-Chlormethyl-2-octadecyloxy-
6 IV 2001

—, Chlormethyl-pentamethoxy-
6 IV 7889

—, 1-Chlormethyl-4-pentyloxy-
6 IV 2138

—, 1-[4-Chlormethyl-phenoxy]-
4-methoxy- 6 IV 5728

—, 1-Chlormethyl-4-propoxy-
6 IV 2137

—, 1-Chlormethyl-4-[2-propoxy-äthoxy]-
6 IV 2139

—, 1-Chlor-4-methylselanyl- 6 IV 1782

—, 3-Chlormethyl-1,2,4,5-tetramethoxy-
6 IV 7693

—, 5-Chlormethyl-1,2,3-trimethoxy-
6 III 6322 c, IV 7377

—, 1-Chlormethyl-2,3,5-trimethoxy-
4-methyl- 6 III 6340 b

—, 1-Chlormethyl-2,4,5-trimethoxy-
3-methyl- 6 III 6340 b

—, 1-Chlor-3-myristoyloxy- 6 IV 815

—, 1-[5-Chlor-2-nitro-benzolsulfonyl]-
2-methoxy- 6 IV 5635

—, 1-[5-Chlor-2-nitro-benzolsulfonyl]-
4-methoxy- 6 IV 5798

—, 4-[4-Chlor-2-nitro-benzolsulfonylmethyl]-
1-methoxy-2-nitro- 6 IV 5924

—, 1-Chlor-5-nitro-2,4-bis-phenyl≠
mercapto- 6 IV 5709

—, 1-Chlor-2-nitro-3,5-bis-[toluol-
4-sulfonyl]- 6 III 4371 c

—, 5-Chlor-2-nitro-1,3-bis-[toluol-
4-sulfonyl]- 6 III 4371 a

—, 1-Chlor-2-nitro-3,5-bis-*p*-tolyl≠
mercapto- 6 III 4371 b

—, 5-Chlor-2-nitro-1,3-bis-*p*-tolyl≠
mercapto- 6 III 4370 i

—, 1-Chlor-5-nitro-2,4-bis-*o*-tolyloxy-
6 III 4349 c

—, 1-Chlor-5-nitro-2,4-diphenoxy-
6 III 4348 i

—, 4-Chlor-2-nitro-1-phenyldiselanyl-
6 IV 1793

—, 1-[5-Chlor-2-nitro-phenylmercapto]-
2-methoxy- 6 IV 5635

—, 1-[5-Chlor-2-nitro-phenylmercapto]-
4-methoxy- 6 IV 5796

—, 4-[(4-Chlor-2-nitro-phenylmercapto)-
methyl]-1-methoxy-2-nitro- 6 IV 5923

—, 4-Chlor-2-nitro-1-[propan-1-sulfonyl]-
6 III 1079 a

—, 4-Chlor-2-nitro-1-thiocyanatomethoxy-
6 IV 1350

—, 4-Chlor-2-nitro-1-trichlormethansulfonyl-
6 IV 1723

—, 4-Chlor-2-nitro-1-trichlormethyl≠
mercapto- 6 IV 1723

—, 1-Chlor-2-nitro-4-trifluormethansulfonyl-
6 IV 1728

—, 2-Chlor-4-nitro-1,3,5-triphenoxy-
6 III 6309 f

—, 1-Chlor-4-octadecyloxy- 6 IV 825

—, 1-Chlor-3-octanoyloxy- 6 IV 815

—, 1-Chlor-4-octanoyloxy- 6 III 693 j,
IV 840

—, 1-Chlor-4-pentadecyloxy-
6 III 689 e

—, 1-Chlor-2-pentyloxy- 6 III 676 f

—, 1-Chlor-4-pentyloxy- 6 III 689 b

—, 1-[5-Chlor-pentyloxy]-4-methoxy-
6 III 4389 e

—, 1-[4-Chlor-phenoxy]-3-methoxy-
6 IV 5667

—, 1-[4-Chlor-phenoxy]-4-methoxy-
6 III 4398 c, IV 5725

—, 1-Chlor-4-phenoxymethylmercapto-
6 IV 1593

—, 1-[4-Chlor-phenylmercapto]-4-
[2-diäthylamino-äthoxy]- 6 III 4465 a

—, 1-[4-Chlor-phenylmercapto]-
4-methoxy- 6 III 4451 b

Benzol (Fortsetzung)

—, 2-[4-Chlor-phenylmercapto]-
1-methoxy-3,5-dinitro- **6** IV 5650

—, 1-[(4-Chlor-phenylmercapto)-
methylmercapto]-4-methoxy- **6** IV 5812

—, 1-[(4-Chlor-phenylmercapto)-methyl]-
4-methoxy- **6** IV 5921

—, 4-[(4-Chlor-phenylmercapto)-methyl]-
1-methoxy-2-nitro- **6** IV 5923

—, 1-[4-Chlor-phenylmercapto]-
4-phenoxy- **6** IV 5800

—, 1-[(4-Chlor-phenyl)-methansulfonyl]-
2-methoxy-4-nitro- **6** IV 5648

—, 1-[4-Chlor-phenylselanyl]-4-methoxy-
6 IV 5851

—, 1-Chlor-2-propionyloxy-
6 III 678 b

—, 1-Chlor-3-propionyloxy-
6 III 683 d, IV 814

—, 1-Chlor-4-propionyloxy- **6** II 176 h,
III 693 e

—, 1-Chlor-2-propoxy- **6** III 676 b

—, 1-Chlor-4-propoxy- **6** II 176 b,
III 688 b, IV 824

—, 1-[2-Chlor-propoxy]-4-methoxy-
6 IV 5720

—, 1-[2-Chlor-propoxy]-4-phenoxy-
6 IV 5726

—, 1-[4-(3-Chlor-propyl)-benzyl]-
2,4-dimethoxy- **6** IV 6740

—, 4-[4-(3-Chlor-propyl)-benzyl]-
1,2-dimethoxy- **6** IV 6740

—, 1-[4-(3-Chlor-propyl)-benzyl]-
4,5-dimethoxy-2-propyl- **6** IV 6778

—, 4-[2-Chlor-propyl]-1,2-dimethoxy-
6 IV 5977

—, 2-[2-Chlor-propylmercapto]-
1,3,5-trinitro- **6** IV 1774

—, 5-[3-Chlor-propyl]-1,2,3-trimethoxy-
6 IV 7401

—, 1-Chlor-4-sorboyloxy- **6** IV 841

—, 1-Chlor-4-stearoyloxy- **6** IV 840

—, 1-Chlor-2,3,4,5-tetramethoxy-
6 IV 7684

—, 2-Chlor-1,3,4,5-tetramethoxy-
6 IV 7687

—, 3-Chlor-1,2,4,5-tetramethoxy-
6 IV 7691

—, 1-Chlorthiocarbonyloxy-2-nitro-
6 IV 1261

—, 1-Chlor-4-thiocyanatoacetoxy-
6 IV 849

—, 1-Chlor-3-thiocyanatomethoxy-
6 IV 814

—, 1-Chlor-2-thiocyanatomethyl-
6 466 e, IV 2768

—, 1-Chlor-3-thiocyanatomethyl-
6 IV 2770

—, 1-Chlor-4-thiocyanatomethyl-
mercapto- **6** IV 1595

—, 1-Chlor-3-[toluol-4-sulfonyl]-2-
p-tolylmercapto- **6** III 4287 f

—, 1-Chlor-2-triäthylsilyloxy- **6** IV 810

—, 1-Chlor-3-triäthylsilyloxy- **6** IV 820

—, 1-Chlor-4-triäthylsilyloxy- **6** IV 878

—, 1-Chlor-4-tributylsilyloxy- **6** IV 878

—, 1-Chlor-2-trichloracetoxy-
6 III 678 a

—, 1-Chlor-3-trichloracetoxy-
6 III 683 c

—, 1-Chlor-4-trichloracetoxy-
6 III 693 d, IV 839

—, 1-Chlor-4-trichloracryloyloxy-
6 IV 840

—, 1-Chlor-2-trichlormethansulfenyloxy-
6 III 679 g

—, 1-Chlor-3-trichlormethansulfenyloxy-
6 IV 819

—, 1-Chlor-4-trichlormethansulfenyloxy-
6 IV 864

—, 1-Chlor-4-trichlormethansulfonyl-
6 IV 1601

—, 1-Chlor-2-trichlormethoxy-
6 IV 795

—, 1-Chlor-4-trichlormethoxy-
6 IV 842

—, 1-Chlor-2-trichlormethyldisulfanyl-
6 IV 1576

—, 1-Chlor-4-trichlormethyldisulfanyl-
6 IV 1609

—, 1-Chlor-4-trichlormethylmercapto-
6 IV 1600

—, 1-Chlor-4-trichlorvinyloxy- **6** IV 837

—, 1-[2-Chlor-1,1,2-trifluor-äthoxy]-
2-methoxy- **6** IV 5582

—, 1-Chlor-2-trifluormethoxy- **6** IV 794

—, 1-Chlor-4-trifluormethoxy- **6** IV 842

—, 1-Chlor-2,3,4-trimethoxy-
6 1084 h, II 1067 g, IV 7334

—, 1-Chlor-2,3,5-trimethoxy- **6** IV 7345

—, 1-Chlor-2,4,5-trimethoxy- **6** IV 7344

—, 2-Chlor-1,3,4-trimethoxy- **6** IV 7344

—, 2-Chlor-1,3,5-trimethoxy- **6** IV 7368

—, 5-Chlor-1,2,3-trimethoxy- **6** 1084 i

Benzol (Fortsetzung)

—, 1-Cyclohexyl-2-methacryloyloxy-
3,5-dinitro- **6** IV 3904

—, 5-Cyclohexyl-2-methacryloyloxy-
1,3-dinitro- **6** IV 3907

—, 1-Cyclohexylmethyl-2,3-dimethoxy-
6 IV 6375

—, 1-Cyclohexylmethyl-2,4-dimethoxy-
6 IV 6376

—, 2-Cyclohexylmethyl-1,4-dimethoxy-
6 IV 6376

—, 4-Cyclohexylmethyl-1,2-dimethoxy-
6 IV 6376

—, 4-Cyclohexyl-2-methyl-1-
[2-thiocyanato-äthoxy]- **6** III 2531 a

—, 1-Cyclohexyloxy-2,4-bis-trifluormethyl-
6 IV 3133

—, 1-Cyclohexyloxy-3,5-dimethyl-2-nitro-
6 IV 3160

—, 1-Cyclohexyloxy-2-methoxy-
4,5-dimethyl- **6** IV 5950

—, 1-Cyclohexyloxy-4-nitro- **6** IV 1287

—, 1-[5-Cyclohexyl-pentyl]-2,4-dimethoxy-
6 IV 6388

—, 1-Cyclohexyl-2-propionyloxy-
6 III 2496 g

—, 1-Cyclohexyl-4-propionyloxy-
6 III 2507 e

—, 1-Cyclohexyl-2-propoxy- **6** II 548 g

—, 1-Cyclohexyl-4-propoxy- **6** II 549 c

—, 1-Cyclohexyl-2-[2-thiocyanato-
äthoxy]- **6** III 2495 f

—, 1-Cyclohexyl-2-[3-thiocyanato-
propoxy]- **6** III 2495 i

—, 1-Cyclohexyl-2,3,4-trimethoxy-
6 IV 7483

—, 1-Cyclohexyl-4-valeryloxy-
6 III 2507 g

—, 1-Cyclopentyl-2,4-dimethoxy-
6 IV 6362

—, 1-Cyclopentylmethyl-2,4-dimethoxy-
6 IV 6371

—, 4-[11-Cyclopentyl-undecyl]-
1,2-dimethoxy- **6** III 5110 c

—, 1-Decahydro[2]naphthyl-
2,4-dimethoxy- **6** II 934 g

—, 2-Decahydro[2]naphthyl-
1,4-dimethoxy- **6** II 935 a

—, 1-[3,4,11,15,19,23,27,31,35,39-
Decamethyl-tetraconta-2,6,10,14,18,22,26,⇌
30,34,38-decaenyl]-2,3,4,5-tetramethoxy-
6-methyl- **6** IV 7840

—, 1-Decanoyloxy-3,5-dimethyl-
6 IV 3146

—, 1-Decanoyloxymethyl-2,4-dimethyl-
6 IV 3251

—, 1-[Decan-1-sulfonyl]-2,4-dinitro-
6 III 1092 i

—, 4-Decyl-1,2-dimethoxy- **6** IV 6084

—, 1-Decylmercapto-2,4-dinitro-
6 III 1092 h, IV 1739

—, 1-Decyloxy-3-hexyloxy- **6** III 4311 c

—, 4-Decyloxymethyl-1,2-dimethoxy-
6 IV 7382

—, 1-Decyloxymethyl-4,5-dimethoxy-
2-nitro- **6** IV 7384

—, 1-Decyloxy-2-nitro- **6** IV 1251

—, 1-Decyloxy-4-nitro- **6** III 820 e,
IV 1286

—, 1-Decyloxy-4-nonyloxy- **6** III 4392 d

—, 1-Decyloxy-3-octyloxy- **6** III 4311 d

—, 1-Decyloxy-4-tridecyloxy- **6** III 4393 i

—, 1-Decyloxy-4-undecyloxy- **6** III 4392 i

—, 1-Deuterio-4-isopropoxy- **6** IV 557

—, 1-Deuterio-4-propoxy- **6** IV 557

—, 1,2-Diacetoxy- **6** 774 i, I 385 j,
II 784 a, III 4228 e, IV 5582

—, 1,3-Diacetoxy- **6** 816 h, I 402 f,
II 817 d, III 4320 c, IV 5673

—, 1,4-Diacetoxy- **6** 846 e, I 416 h,
II 843 l, III 4414 f, IV 5741

—, 1,2-Diacetoxy-4-[2-acetoxy-äthyl]-
6 III 6333 d

—, 1,4-Diacetoxy-2-[1-acetoxy-äthyl]-
6 IV 7390

—, 1,4-Diacetoxy-2-[3-acetoxy-butyl]-
3,5,6-trimethyl- **6** III 6378 f

—, 1,2-Diacetoxy-4-[2-acetoxy-4-chlor-
phenoxy]- **6** III 6282 a

—, 1,4-Diacetoxy-2-[8-acetoxy-
3,7-dimethyl-octa-2,6-dienyl]-5-methyl-
6 IV 7515

—, 1,4-Diacetoxy-2-acetoxymethyl-
6 III 6323 d

—, 1,4-Diacetoxy-2-[3-acetoxy-3-methyl-
butyl]-3,5,6-trimethyl- **6** III 6380 d

—, 1,4-Diacetoxy-3-acetoxymethyl-
2-heptyl-5-isopentyl- **6** III 6385 b

—, 1,3-Diacetoxy-5-acetoxymethyl-
2-methyl- **6** IV 7400

—, 1,2-Diacetoxy-4-[1-acetoxy-2-nitro-
äthyl]-5-nitro- **6** III 6332 e

—, 1,2-Diacetoxy-4-[1-acetoxy-2-nitro-
propyl]-5-nitro- **6** IV 7402

Benzol (Fortsetzung)

—, 1,4-Diacetoxy-2-[1-acetoxy-octyl]-
6 IV 7428

—, 1,2-Diacetoxy-4-[3-acetoxy-propenyl]-
6 IV 7477

—, 1,4-Diacetoxy-2-[2-acetoxy-propyl]-
3,5,6-trimethyl- 6 III 6376 c

—, 1,2-Diacetoxy-4-[1-acetoxy-
2,2,2-trichlor-äthyl]- 6 IV 7391

—, 2,4-Diacetoxy-1-[1-acetoxy-
2,2,2-trichlor-äthyl]- 6 III 6329 i

—, 1,4-Diacetoxy-2-acetylmercapto-
6 IV 7355

—, 1,2-Diacetoxy-3-äthoxy- 6 II 6269 f

—, 1,3-Diacetoxy-2-äthoxy- 6 III 6269 g

—, 1,3-Diacetoxy-5-äthoxy- 6 1104 a

—, 1,2-Diacetoxy-5-äthoxy-3-*tert*-butyl-
6 IV 7416

—, 1,5-Diacetoxy-2-äthoxy-4-nitro-
6 IV 7349

—, 1,3-Diacetoxy-2-äthyl- 6 III 4559 b

—, 1,4-Diacetoxy-2-äthyl- 6 II 885 e

—, 2,4-Diacetoxy-1-äthyl- 6 III 4556 c

—, 1,2-Diacetoxy-5-äthyl-3-brom-
4-methyl- 6 III 4636 f

—, 1,4-Diacetoxy-2-äthyl-3,5-dimethyl-
6 III 4682 b

—, 1,4-Diacetoxy-3-äthyl-2,5-dimethyl-
6 III 4681 g

—, 1,4-Diacetoxy-5-äthyl-2,3-dimethyl-
6 III 4681 c

—, 1,4-Diacetoxy-2-äthyl-5-methoxy-
6 IV 7387

—, 1,2-Diacetoxy-4-äthyl-5-methyl-
6 IV 5995

—, 1,4-Diacetoxy-2-äthyl-5-methyl-
6 IV 5996

—, 1,4-Diacetoxy-2-äthyl-3,5,6-tribrom-
6 902 e

—, 1,4-Diacetoxy-2-äthyl-3,5,6-trimethyl-
6 III 4710 f

—, 1,2-Diacetoxy-3-allyl- 6 III 5014 i

—, 1,2-Diacetoxy-4-allyl- 6 966 b,
III 5029 c

—, 1,4-Diacetoxy-2-allyl- 6 III 5020 e

—, 1,2-Diacetoxy-5-allyl-3-methoxy-
6 III 6444 f

—, 1,4-Diacetoxy-2-azido- 6 I 419 g

—, 1,4-Diacetoxy-5-benzhydryl-
2,3-dimethyl- 6 III 5805 c

—, 1,4-Diacetoxy-2-benzolsulfinyl-
6 II 1073 d

—, 1,4-Diacetoxy-2-benzolsulfinyl-
5-phenylmercapto- 6 III 6658 b

—, 1,4-Diacetoxy-2-benzolsulfonyl-
6 II 1073 e

—, 1,2-Diacetoxy-3-benzolsulfonyl-
4,5-dimethyl- 6 IV 7395

—, 1,3-Diacetoxy-2-benzyl- 6 IV 6657

—, 2,4-Diacetoxy-1-benzyl- 6 III 5404 b

—, 1,4-Diacetoxy-5-benzyl-2,3-dimethyl-
6 III 5464 e

—, 1,4-Diacetoxy-2-benzylmercapto-
3-methyl- 6 1109 b

—, 2,5-Diacetoxy-1-benzylmercapto-
3-methyl- 6 1109 b

—, 1,2-Diacetoxy-3,4-bis-[2-acetoxy-
3,5-dimethyl-benzyl]- 6 III 6816 d

—, 1,2-Diacetoxy-3,5-bis-[2-acetoxy-
3,5-dimethyl-benzyl]- 6 III 6816 d

—, 1,2-Diacetoxy-4,5-bis-[2-acetoxy-
3,5-dimethyl-benzyl]- 6 III 6816 d

—, 1,4-Diacetoxy-2,5-bis-[2-acetoxy-
3,5-dimethyl-benzyl]- 6 III 6817 b

—, 1,4-Diacetoxy-2,5-bis-acetoxymethyl-
6 III 6667 d

—, 1,5-Diacetoxy-2,4-bis-acetoxymethyl-
6 III 6665 d

—, 1,4-Diacetoxy-2,5-bis-[2-acetoxy-
[1]naphthyl]-3,6-dichlor- 6 IV 7860

—, 1,4-Diacetoxy-2,5-bis-[4-acetoxy-
phenoxy]- 6 III 6656 g

—, 1,5-Diacetoxy-2,4-bis-[1-acetoxy-
2,2,2-trichlor-äthyl]- 6 III 6673 b

—, 1,5-Diacetoxy-2,4-bis-acetylmercapto-
6 II 1121 j

—, 1,4-Diacetoxy-2,5-bis-äthoxyoxalyloxy-
6 IV 7689

—, 1,4-Diacetoxy-2,5-bis-äthylmercapto-
6 1157 k

—, 2,5-Diacetoxy-1,3-bis-äthylmercapto-
6 II 1120 g

—, 1,4-Diacetoxy-2,5-bis-benzolsulfinyl-
6 III 6657 c

—, 1,4-Diacetoxy-2,5-bis-benzolsulfonyl-
6 III 6658 e

—, 1,4-Diacetoxy-2,5-bis-benzylmercapto-
6 1157 n

—, 2,5-Diacetoxy-1,3-bis-benzyloxy-
6 IV 7686

—, 1,4-Diacetoxy-2,5-bis-brommethyl-
6 III 4604 f

—, 1,4-Diacetoxy-2,5-bis-[1-cyan-
1-methyl-äthoxy]- 6 IV 7690

Benzol (Fortsetzung)

−, 1,2-Diacetoxy-4,5-bis-[1,2-dibrom-
äthyl]- **6** III 4678 d

−, 1,5-Diacetoxy-2,4-bis-[2,2-dichlor-
äthyl]- **6** III 4679 c

−, 1,4-Diacetoxy-2,5-bis-[2,5-dimethyl-
benzyl]- **6** IV 6994

−, 1,4-Diacetoxy-2,5-bis-[2,6-dimethyl-
benzyl]- **6** IV 6994

−, 1,4-Diacetoxy-2,5-bis-isopentyl‡
mercapto- **6** 1157 l

−, 1,4-Diacetoxy-2,5-bis-[4-methoxy-
benzyl]- **6** IV 7831

−, 1,3-Diacetoxy-2,4-bis-[3-nitro-
phenylmercapto]- **6** III 6651 g

−, 1,4-Diacetoxy-2,5-bis-phenylmercapto-
6 1157 m, III 6658 a, IV 7692

−, 2,5-Diacetoxy-1,3-bis-phenylmercapto-
6 1155 i

−, 1,4-Diacetoxy-2,5-bis-*p*-tolyloxy-
6 III 6656 f

−, 2,5-Diacetoxy-1,3-bis-[2,4,6-trichlor-
phenoxy]- **6** II 1119 f

−, 1,2-Diacetoxy-3-brom- **6** III 4253 g

−, 1,2-Diacetoxy-4-brom- **6** III 4256 g

−, 1,4-Diacetoxy-2-brom- **6** 852 l

−, 2,4-Diacetoxy-1-brom- **6** III 4337 a,
IV 5687

−, 1,2-Diacetoxy-4-[2-brom-äthyl]-
6 III 4561 j

−, 1,2-Diacetoxy-4-brom-5-chlor-
6 III 4257 b

−, 1,3-Diacetoxy-2-brom-4-chlor-
6 III 4337 c

−, 1,3-Diacetoxy-4-brom-2-chlor-
6 III 4337 f

−, 1,4-Diacetoxy-2-brom-5-chlor-
6 853 b

−, 1,5-Diacetoxy-2-brom-4-chlor-
6 III 4338 a

−, 1,4-Diacetoxy-2-brom-6-chlor-
3,5-dimethoxy- **6** II 1120 a

−, 1,4-Diacetoxy-2-brom-6-chlormethyl-
3,5-dimethyl- **6** III 4650 e

−, 1,4-Diacetoxy-2-brom-3,5-dichlor-
6 853 e

−, 1,4-Diacetoxy-3-brom-2,5-dichlor-
6 853 g

−, 1,4-Diacetoxy-2-brom-3,5-dimethoxy-
6 IV 7687

−, 1,4-Diacetoxy-3-brom-2,5-dimethoxy-
6 IV 7692

−, 1,4-Diacetoxy-3-brom-2,5-dimethyl-
6 III 4604 c

−, 2,4-Diacetoxy-3-brom-1,5-dinitro-
6 I 405 j

−, 1,4-Diacetoxy-3-brom-5-isopropyl-
2-methyl- **6** 946 d, III 4674 e

−, 1,4-Diacetoxy-2-brom-5-methoxy-
6 IV 7348

−, 1,4-Diacetoxy-2-brommethyl-
6 III 4503 b

−, 1,4-Diacetoxy-2-brommethyl-
3-methyl- **6** IV 5949

−, 1,2-Diacetoxy-4-brom-5-nitro-
6 III 4272 c

−, 2,4-Diacetoxy-1-[4-brom-2-nitro-
phenylselanyl]- **6** IV 7360

−, 1,4-Diacetoxy-2-[2-brom-3,7,11,15-
tetramethyl-hexadecyl]-3,5,6-trimethyl-
6 III 4824 a

−, 1,4-Diacetoxy-2-[3-brom-3,7,11,15-
tetramethyl-hexadecyl]-3,5,6-trimethyl-
6 III 4824 b

−, 1,4-Diacetoxy-2-brom-3,5,6-trichlor-
6 853 i

−, 1,4-Diacetoxy-2-brom-
3,5,6-trimethoxy- **6** IV 7889

−, 1,4-Diacetoxy-2-brom-3,5,6-trimethyl-
6 III 4650 c

−, 1,2-Diacetoxy-3-brom-5-trityl-
6 1057 h

−, 1,4-Diacetoxy-2-but-2-enyl-
3,5,6-trimethyl- **6** III 5063 c

−, 1,2-Diacetoxy-4-*tert*-butyl-
6 IV 6015

−, 1,2-Diacetoxy-4-chlor- **6** I 389 i

−, 1,4-Diacetoxy-2-chlor- **6** 849` h,
II 845 a, III 4433 c, IV 5769

−, 2,4-Diacetoxy-1-chlor- **6** III 4335 a

−, 1,4-Diacetoxy-2-chlor-3,5-dimethoxy-
6 IV 7687

−, 1,4-Diacetoxy-3-chlor-2,5-dimethoxy-
6 IV 7691

−, 1,2-Diacetoxy-3-chlor-4,5-dimethyl-
6 IV 5951

−, 1,4-Diacetoxy-3-chlor-5-isopropyl-
2-methyl- **6** 945 e

−, 1,4-Diacetoxy-2-chlor-3-methoxy-
6 IV 7344

−, 1,4-Diacetoxy-2-chlor-5-methoxy-
6 IV 7345

−, 2,5-Diacetoxy-1-chlor-3-methoxy-
6 IV 7345

Benzol (Fortsetzung)

—, 1,4-Diacetoxy-5-chlor-2-methoxy-
3-nitro- **6** IV 7350

—, 1,4-Diacetoxy-5-chlor-3-methoxy-
2-nitro- **6** IV 7350

—, 1,4-Diacetoxy-2-chlormethyl-
3,5,6-trimethyl- **6** III 4691 c

—, 2,4-Diacetoxy-1-[1-chlor-
[2]naphthylmercapto]- **6** I 544 c

—, 1,2-Diacetoxy-4-chlor-5-nitro-
6 III 4270 i

—, 1,5-Diacetoxy-2-chlor-4-nitro-
6 III 4349 e

—, 2,4-Diacetoxy-1-[4-chlor-2-nitro-
phenylselanyl]- **6** IV 7360

—, 1,4-Diacetoxy-2-[3-chlor-3,7,11,15-
tetramethyl-hexadecyl]-3,5,6-trimethyl-
6 III 4823 d

—, 1,2-Diacetoxy-4-chlor-3,5,6-trimethyl-
6 931 l

—, 1,4-Diacetoxy-2-chlor-3,5,6-trimethyl-
6 IV 5998

—, 1,4-Diacetoxy-2-cyclohexyl-
6 III 5058 a, IV 6369

—, 2,4-Diacetoxy-1-[4-cyclohexyl-butyl]-
6 IV 6386

—, 1,4-Diacetoxy-2-[3,7,11,15,19,23,27,31,⚡
35,39-decamethyl-tetraconta-2,6,10,14,18,⚡
22,26,30,34,38-decaenyl]-5,6-dimethoxy-
3-methyl- **6** IV 7840

—, 1,4-Diacetoxy-2,5-diäthoxy-
6 1156 f

—, 1,4-Diacetoxy-2,5-diäthoxy-
3,6-dichlor- **6** 1157 d

—, 1,2-Diacetoxy-4,5-diäthyl-
6 III 4678 c

—, 1,5-Diacetoxy-2,4-diäthyl-3-methyl-
6 III 4710 a

—, 1,4-Diacetoxy-2,5-diallyl- **6** III 5167 g

—, 1,4-Diacetoxy-2,5-dibenzhydryl-
6 III 6004 b

—, 1,4-Diacetoxy-2,5-dibenzyl-
6 III 5797 d

—, 1,2-Diacetoxy-3,4-dibrom-
6 III 4257 d

—, 1,2-Diacetoxy-3,5-dibrom- **6** 785 c

—, 1,2-Diacetoxy-4,5-dibrom-
6 785 g, III 4260 a

—, 1,4-Diacetoxy-2,5-dibrom-
6 853 k, II 847 f

—, 1,5-Diacetoxy-2,4-dibrom-
6 II 820 h

—, 2,5-Diacetoxy-1,3-dibrom- **6** I 417 k

—, 1,4-Diacetoxy-2-[1,2-dibrom-äthyl]-
6 IV 5926

—, 1,4-Diacetoxy-2-[2,3-dibrom-butyl]-
3,5,6-trimethyl- **6** III 4733 f

—, 2,4-Diacetoxy-1,3-dibrom-5-chlor-
6 III 4339 g

—, 1,4-Diacetoxy-2,5-dibrom-3,6-dichlor-
6 854 e

—, 1,4-Diacetoxy-2,6-dibrom-3,5-dichlor-
6 854 g

—, 1,4-Diacetoxy-2,5-dibrom-
3,6-dimethoxy- **6** III 6657 d

—, 1,4-Diacetoxy-2,6-dibrom-
3,5-dimethoxy- **6** II 1120 c, III 6654 g,
IV 7687

—, 1,2-Diacetoxy-3,6-dibrom-
4,5-dimethyl- **6** IV 5951

—, 1,4-Diacetoxy-2,3-dibrom-
5,6-dimethyl- **6** III 4584 b

—, 1,4-Diacetoxy-2,5-dibrom-
3,6-dimethyl- **6** 917 c, I 446 e

—, 1,4-Diacetoxy-2,6-dibrom-
3,5-dimethyl- **6** III 4590 b

—, 1,4-Diacetoxy-2,5-dibrom-3-isopropyl-
6-methyl- **6** 946 f, III 4675 b

—, 1,2-Diacetoxy-3,5-dibrom-6-methoxy-
4-propyl- **6** 1120 g

—, 1,3-Diacetoxy-4,6-dibrom-2-methoxy-
5-propyl- **6** 1120 g

—, 1,4-Diacetoxy-2,6-dibrom-3-methoxy-
5-[3,4,5-tribrom-2,6-dimethoxy-phenoxy]-
6 II 1120 d

—, 1,4-Diacetoxy-2,5-di-*tert*-butyl-
6 IV 6075

—, 1,3-Diacetoxy-2,4-dichlor-
6 III 4335 g

—, 1,4-Diacetoxy-2,3-dichlor-
6 II 845 d

—, 1,4-Diacetoxy-2,5-dichlor-
6 850 b, II 845 g, III 4435 b, IV 5773

—, 2,5-Diacetoxy-1,3-dichlor-
6 850 d, II 846 b, III 4435 f

—, 2,4-Diacetoxy-1-[2,2-dichlor-äthyl]-
6 III 4557 c

—, 1,4-Diacetoxy-2,5-dichlor-
3,6-dimethoxy- **6** IV 7691

—, 1,4-Diacetoxy-2,6-dichlor-
3,5-dimethoxy- **6** II 1119 g

—, 1,2-Diacetoxy-3,5-dichlor-
4,6-dimethyl- **6** 912 c

—, 1,4-Diacetoxy-2,3-dichlor-5-methoxy-
6 IV 7347

Benzol (Fortsetzung)

—, 1,4-Diacetoxy-2,5-dicyclohexyl-
6 III 5182 e

—, 1,4-Diacetoxy-2,5-difluor- 6 IV 5766

—, 1,2-Diacetoxy-3,4-dimethoxy-
6 1153 f

—, 1,3-Diacetoxy-2,5-dimethoxy-
6 IV 7686

—, 1,4-Diacetoxy-2,3-dimethoxy-
6 III 6651 c

—, 1,4-Diacetoxy-2,5-dimethoxy-
6 IV 7689

—, 1,5-Diacetoxy-2,4-dimethoxy-
6 IV 7689

—, 2,3-Diacetoxy-1,4-dimethoxy-
6 1153 g

—, 2,5-Diacetoxy-1,3-dimethoxy-
6 1155 a, III 6654 b

—, 1,4-Diacetoxy-2,6-dimethoxy-
3,5-dinitro- 6 IV 7688

—, 1,4-Diacetoxy-3,5-dimethoxy-2-nitro-
6 IV 7687

—, 2,3-Diacetoxy-1,4-dimethoxy-
5-propenyl- 6 1161 e

—, 1,2-Diacetoxy-3,4-dimethyl-
6 IV 5947

—, 1,2-Diacetoxy-3,5-dimethyl-
6 IV 5961

—, 1,2-Diacetoxy-4,5-dimethyl-
6 IV 5950

—, 1,3-Diacetoxy-2,4-dimethyl-
6 IV 5956

—, 1,3-Diacetoxy-2,5-dimethyl-
6 918 c, IV 5970

—, 1,4-Diacetoxy-2,3-dimethyl-
6 IV 5949

—, 1,4-Diacetoxy-2,5-dimethyl-
6 III 4603 g

—, 1,5-Diacetoxy-2,4-dimethyl-
6 913 d, IV 5963

—, 2,5-Diacetoxy-1,3-dimethyl-
6 III 4589 f, IV 5957

—, 1,4-Diacetoxy-2,3-dimethyl-
5-[3,7,11,15,19,23,27,31,35-nonamethyl-
hexatriaconta-2,6,10,14,18,22,26,30,34-
nonaenyl]- 6 IV 7018

—, 1,4-Diacetoxy-2-[3,7-dimethyl-octyl]-
5-methyl- 6 IV 6088

—, 1,2-Diacetoxy-3,5-dinitro-
6 792 b, II 794 e

—, 1,5-Diacetoxy-2,4-dinitro-
6 I 405 g

—, 2,5-Diacetoxy-1,3-dinitro-
6 I 419 a, II 851 e

—, 2,4-Diacetoxy-1-[2,4-dinitro-
phenylselanyl]- 6 IV 7360

—, 1,4-Diacetoxy-2,5-di-*tert*-pentyl-
6 952 c, IV 6085

—, 1,4-Diacetoxy-2,5-diphenoxy-
6 II 1121 d

—, 1,2-Diacetoxy-4,5-divinyl- 6 III 5158 a

—, 1,2-Diacetoxy-3-heptadecyl-
6 III 4792 b

—, 1,5-Diacetoxy-3-heptadecyl-
2,4-dimethyl- 6 IV 6124

—, 2,4-Diacetoxy-1-hexyl- 6 II 904 g

—, 1,4-Diacetoxy-2-isopropyl-5-methyl-
6 II 901 d

—, 2,3-Diacetoxy-1-isopropyl-4-methyl-
6 IV 6019

—, 1,2-Diacetoxy-4-jod- 6 III 4262 g

—, 1,4-Diacetoxy-2-jod- 6 III 4441 c

—, 2,4-Diacetoxy-1-jod- 6 III 4341 c

—, 1,2-Diacetoxy-3-methoxy-
6 1083 a, II 1066 g, III 6269 d

—, 1,2-Diacetoxy-4-methoxy-
6 III 6281 e

—, 1,3-Diacetoxy-2-methoxy-
6 1083 b, II 1066 h, III 6269 e

—, 1,3-Diacetoxy-5-methoxy- 6 1103 h

—, 1,4-Diacetoxy-2-methoxy-
6 I 542 d, III 6281 f, IV 7342

—, 2,4-Diacetoxy-1-methoxy-
6 I 542 e, III 6281 g

—, 1,3-Diacetoxy-5-methoxy-2-nitro-
6 IV 7371

—, 1,4-Diacetoxy-2-methoxy-3-nitro-
6 IV 7348

—, 1,5-Diacetoxy-2-methoxy-4-nitro-
6 IV 7348

—, 1,5-Diacetoxy-3-methoxy-2-nitro-
6 IV 7371

—, 2,4-Diacetoxy-1-[4-methoxy-2-nitro-
phenylselanyl]- 6 IV 7361

—, 1,2-Diacetoxy-3-methoxy-5-propyl-
6 1120 d

—, 1,3-Diacetoxy-2-methoxy-5-propyl-
6 1120 d

—, 1,3-Diacetoxy-5-methoxy-
2,4,6-trimethyl- 6 I 554 b

—, 1,4-Diacetoxy-2-[3-methyl-butan-
1-sulfonyl]- 6 III 6294 g

—, 1,4-Diacetoxy-2-methylmercapto- 6 I 544 j

—, 2,4-Diacetoxy-1-[4-methyl-2-nitro-
phenylselanyl]- 6 IV 7360

Benzol (Fortsetzung)

—, 2,4-Diacetoxy-1-[2]naphthylselanyl-
6 IV 7360

—, 1,2-Diacetoxy-4-nitro- 6 II 793 b,
III 4268 f, IV 5628

—, 1,3-Diacetoxy-2-nitro- 6 III 4344 d,
IV 5690

—, 1,3-Diacetoxy-5-nitro- 6 III 4347 g

—, 1,4-Diacetoxy-2-nitro- 6 857 f,
II 850 f

—, 2,4-Diacetoxy-1-nitro- 6 825 c, IV 5692

—, 2,4-Diacetoxy-1-[2-nitro-benzolsulfonyl]-
6 III 6291 f

—, 2,4-Diacetoxy-1-[4-nitro-benzolsulfonyl]-
6 III 6291 g

—, 1,2-Diacetoxy-4-nitro-5-[2-nitro-
propenyl]- 6 III 5012 d, IV 6332

—, 2,4-Diacetoxy-1-[2-nitro-phenyl=
mercapto]- 6 I 544 a, III 6291 c

—, 2,4-Diacetoxy-1-[3-nitro-phenyl=
mercapto]- 6 III 6291 d

—, 2,4-Diacetoxy-1-[4-nitro-phenyl=
mercapto]- 6 I 544 b, III 6291 e

—, 2,4-Diacetoxy-1-[2-nitro-phenylselanyl]-
6 IV 7360

—, 1,2-Diacetoxy-3-pentadec-8-enyl-
6 III 5097 d

—, 1,2-Diacetoxy-3-pentadecyl-
6 I 456 f, III 4771 d

—, 1,3-Diacetoxy-5-pentadecyl-
6 II 911 h, III 4772 e

—, 1,2-Diacetoxy-4-tert-pentyl-
6 IV 6038

—, 1,3-Diacetoxy-5-pentyloxy-
6 IV 7367

—, 1,4-Diacetoxy-2-phenylmercapto-
6 II 1073 c, III 6295 a

—, 2,4-Diacetoxy-1-[3-phenyl-propyl]-
6 III 5452 c

—, 1,3-Diacetoxy-2-phenylselanyl-
6 III 6276 a

—, 1,4-Diacetoxy-2-phytyl-
3,5,6-trimethyl- 6 III 5141 c

—, 1,2-Diacetoxy-4-propenyl-
6 958 h, I 460 f, III 5009 a

—, 1,3-Diacetoxy-5-propyl- 6 I 448 e

—, 1,2-Diacetoxy-4-propyl-3-trityl-
6 III 5937 a

—, 1,2-Diacetoxy-4-propyl-5-trityl-
6 III 5937 Anm. 1

—, 1,2-Diacetoxy-3,4,5,6-tetrabrom-
6 786 h, III 4262 b

—, 1,3-Diacetoxy-2,4,5,6-tetrabrom-
6 822 g

—, 1,2-Diacetoxy-3,4,5,6-tetrachlor-
6 784 e

—, 1,3-Diacetoxy-2,4,5,6-tetrachlor-
6 820 j

—, 1,4-Diacetoxy-2,3,5,6-tetrachlor-
6 852 c, III 4436 e

—, 1,4-Diacetoxy-2,3,5,6-tetrajod-
6 I 418 a

—, 1,4-Diacetoxy-2,3,5,6-tetrakis-
[2-acetoxy-3,5-dimethyl-benzyl]-
6 III 6989 d

—, 1,4-Diacetoxy-2,3,5,6-tetrakis-
acetoxymethyl- 6 III 6941 c

—, 1,4-Diacetoxy-2,3,5,6-tetrakis-
[2-acetoxy-5-methyl-benzyl]- 6 III 6989 b

—, 1,4-Diacetoxy-2,3,5,6-tetrakis-
brommethyl- 6 III 4692 a

—, 1,4-Diacetoxy-2,3,5,6-tetramethoxy-
6 III 6939 a

—, 1,2-Diacetoxy-3,4,5,6-tetramethyl-
6 III 4682 e

—, 1,4-Diacetoxy-2,3,5,6-tetramethyl-
6 948 g, II 902 b, III 4688 g

—, 1,2-Diacetoxy-4-[1,1,3,3-tetramethyl-
butyl]- 6 IV 6069

—, 1,4-Diacetoxy-2,3,5,6-tetra-o-tolyl-
6 IV 7099

—, 1,2-Diacetoxy-4-thiocyanato-
6 III 6297 a

—, 1,2-Diacetoxy-3,4,5-tribrom-
6 III 4261 a

—, 2,3-Diacetoxy-1,4,5-tribrom-
6 III 4261 d

—, 2,4-Diacetoxy-1,3,5-tribrom-
6 822 e

—, 1,4-Diacetoxy-2,3,5-tribrom-
6-brommethyl- 6 876 j

—, 1,4-Diacetoxy-2,3,5-tribrom-6-chlor-
6 854 j

—, 1,3-Diacetoxy-2,4,6-tribrom-
5-methoxy- 6 1105 g

—, 1,3-Diacetoxy-2,4,6-tribrom-5-nitro-
6 826 n

—, 1,2-Diacetoxy-3,4,6-tribrom-
5-propenyl- 6 960 h

—, 1,4-Diacetoxy-2,3,5-trichlor-
6 851 b, III 4436 a

—, 2,4-Diacetoxy-1,3,5-trichlor-
6 820 e

—, 1,4-Diacetoxy-2,3,5-trichlor-
6-chlormethyl- 6 876 a

Benzol (Fortsetzung)

—, 1,2-Diacetoxy-3,4,6-trichlor-
5-methoxy- **6** III 6284 i

—, 1,4-Diacetoxy-2,3,5-trichlor-
6-methoxy- **6** III 6284 i, IV 7347

—, 2,4-Diacetoxy-1,3,5-trijod- **6** 823 b

—, 1,2-Diacetoxy-3,4,5-trimethoxy-
6 III 6882 b

—, 1,3-Diacetoxy-2,4,5-trimethoxy-
6 IV 7888

—, 1,4-Diacetoxy-2,3,5-trimethoxy-
6 IV 7888

—, 1,5-Diacetoxy-2,3,4-trimethoxy-
6 IV 7888

—, 2,3-Diacetoxy-1,4,5-trimethoxy-
6 III 6882 c

—, 1,4-Diacetoxy-2,3,5-trimethyl-
6 931 h, III 4648 c, IV 5998

—, 2,4-Diacetoxy-1,3,5-trimethyl-
6 939 i, IV 6001

—, 1,4-Diacetoxy-2,3,5-trimethyl-6-
[3-methyl-octadec-2-enyl]- **6** IV 6440

—, 1,4-Diacetoxy-3,5,6-trimethyl-
2-[3,7,11,15-tetramethyl-hexadec-2-enyl]-
6 III 5141 c

—, 1,4-Diacetoxy-2,3,5-trimethyl-
6-[3,7,11,15-tetramethyl-hexadecyl]-
6 III 4823 c

—, 2,4-Diacetoxy-1,3,5-tris-acetyl≠
mercapto- **6** II 1152 f

—, 1,4-Diacetoxy-2,3,5-tris-phenyl≠
mercapto- **6** 1189 e

—, 1,2-Diacetoxy-4-trityl- **6** 1057 e

—, 1,2-Diäthoxy- **6** 771 e, I 384 d,
II 780 c, III 4208 d, IV 5565

—, 1,3-Diäthoxy- **6** 814 c, I 402 c,
II 814 c, III 4307 c, IV 5664

—, 1,4-Diäthoxy- **6** 844 b, I 416 c,
II 840 c, III 4387 f, IV 5720

—, 1,4-Diäthoxy-2-äthoxymethyl-
6 IV 7380

—, 1,4-Diäthoxy-2-[4-äthoxy-
phenylmercapto]-5-nitro- **6** IV 7357

—, 1,2-Diäthoxy-3-äthyl- **6** 902 j

—, 1,2-Diäthoxy-4-äthyl- **6** 902 j

—, 1,2-Diäthoxy-4-allyl- **6** IV 6337

—, 1,4-Diäthoxy-2,5-bis-[1-äthoxy≠
carbimidoyl-1-methyl-äthoxy]-
6 IV 7690

—, 1,4-Diäthoxy-2,5-bis-äthoxymethyl-
6 IV 7702

—, 1,4-Diäthoxy-2,5-bis-[1-carboxy-
1-methyl-äthoxy]- **6** IV 7690

—, 1,4-Diäthoxy-2,5-bis-chlormethyl-
6 IV 5969

—, 1,4-Diäthoxy-2,5-bis-[1-cyan-1-methyl-
äthoxy]- **6** IV 7690

—, 1,2-Diäthoxy-4,5-bis-[3,4-diäthoxy-
benzyl]- **6** IV 7948

—, 1,2-Diäthoxy-4,5-bis-[4,5-diäthoxy-
2-brom-benzyl]- **6** IV 7948

—, 1,4-Diäthoxy-2,5-bis-thiocyanatomethyl-
6 IV 7702

—, 1,3-Diäthoxy-4-brom-2-chlor-
6 III 4337 e

—, 1,3-Diäthoxy-5-brom-2,4-dinitro-
6 829 f

—, 1,5-Diäthoxy-3-brom-2,4-dinitro-
6 830 b

—, 2,4-Diäthoxy-1-brom-3,5-dinitro-
6 830 c

—, 2,4-Diäthoxy-3-brom-1,5-dinitro-
6 830 c

—, 1,2-Diäthoxy-4-brom-5-nitro-
6 870 h

—, 1,5-Diäthoxy-2-brom-4-nitro-
6 870 h

—, 1,2-Diäthoxy-4-chlor- **6** IV 5614

—, 1,3-Diäthoxy-5-chlor- **6** IV 5684

—, 1,4-Diäthoxy-2-chlor- **6** III 4432 c,
IV 5768

—, 1,3-Diäthoxy-5-chlor-2,4-dinitro-
6 829 e

—, 1,5-Diäthoxy-3-chlor-2,4-dinitro-
6 829 e

—, 1,5-Diäthoxy-2-chlor-3-methoxy-
6 IV 7368

—, 1,3-Diäthoxy-4-chlor-5-methoxy-
2-nitro- **6** IV 7371

—, 1,2-Diäthoxy-4-chlormethyl-
6 IV 5881

—, 1,4-Diäthoxy-2-chlormethyl-
6 IV 5869

—, 1,4-Diäthoxy-2-chlormethyl-
3,5,6-trimethyl- **6** III 4690 f

—, 1,2-Diäthoxy-4-chlor-5-nitro-
6 IV 5630

—, 1,4-Diäthoxy-2-chlor-5-nitro-
6 IV 5788

—, 1,5-Diäthoxy-2-chlor-4-nitro-
6 825 m, IV 5694

—, 2,4-Diäthoxy-1-cyclohexyl-
6 IV 6367

—, 1,5-Diäthoxy-2,4-dibrom- **6** 821 f

—, 1,2-Diäthoxy-4-[1,2-dibrom-propyl]-
6 IV 5978

—, 1,3-Diäthoxy-2,4-dichlor- **6** III 4335 f

Benzol (Fortsetzung)

—, 1,4-Diäthoxy-2,5-dichlor- **6** IV 5772

—, 1,4-Diäthoxy-2,5-dichlor-
3,6-dimethoxy- **6** 1156 k, IV 7691

—, 1,4-Diäthoxy-2,5-dichlor-3-methoxy-
6 IV 7346

—, 1,5-Diäthoxy-2,4-dicyclohexyl-
6 IV 6487

—, 1,2-Diäthoxy-3,4-dimethyl-
6 IV 5947

—, 1,4-Diäthoxy-2,3-dimethyl- **6** 908 g

—, 1,4-Diäthoxy-2,5-dimethyl-
6 915 f, II 891 b

—, 1,5-Diäthoxy-2,4-dimethyl- **6** 913 a

—, 1,2-Diäthoxy-3,5-dinitro- **6** 791 e,
I 394 g

—, 1,2-Diäthoxy-4,5-dinitro-
6 I 395 a

—, 1,3-Diäthoxy-2,4-dinitro- **6** 828 b

—, 1,4-Diäthoxy-2,3-dinitro- **6** 858 a

—, 1,4-Diäthoxy-2,5-dinitro- **6** 858 c

—, 1,5-Diäthoxy-2,4-dinitro-
6 829 a, II 824 c, IV 5696

—, 1,4-Diäthoxy-2-dodecyl- **6** III 4751 d

—, 1,4-Diäthoxy-2-hexadecyl-
6 III 4788 d

—, 1,3-Diäthoxy-2-methoxy- **6** IV 7330

—, 1,3-Diäthoxy-5-methoxy- **6** 1103 b

—, 1,4-Diäthoxy-2-methoxy- **6** IV 7339

—, 1,4-Diäthoxy-2-[4-methoxy-
2,5-dimethyl-phenylmercapto]-5-nitro-
6 IV 7357

—, 1,3-Diäthoxy-5-methoxy-2-nitro-
6 IV 7371

—, 1,5-Diäthoxy-2-methoxy-4-nitro-
6 IV 7349

—, 1,4-Diäthoxy-2-[4-methoxy-
phenylmercapto]-5-nitro- **6** IV 7357

—, 1,2-Diäthoxy-4-nitro- **6** 789 d, 870 g
III 4265 e

—, 1,3-Diäthoxy-2-nitro- **6** 823 f,
I 404 d

—, 1,4-Diäthoxy-2-nitro- **6** 857 c, 870 g,
IV 5787

—, 2,4-Diäthoxy-1-nitro- **6** 825 a,
III 4345 d

—, 1,2-Diäthoxy-4-[2-nitro-1-nitroso-
propyl]- **6** III 4621 b

—, 1,2-Diäthoxy-4-[2-nitro-propenyl]-
6 III 5012 a, IV 6331

—, 2,4-Diäthoxy-1-nitroso- **6** III 4343 d,
IV 5690

—, 1,4-Diäthoxy-2-nitro-5-*p*-tolyl=
mercapto- **6** IV 7356

—, 1,4-Diäthoxy-2-octadecyl- **6** III 4794 f

—, 1,2-Diäthoxy-4-propenyl- **6** III 5000 a,
IV 6325

—, 1,3-Diäthoxy-2,4,5,6-tetrachlor-
6 820 h

—, 1,4-Diäthoxy-2,3,5,6-tetrachlor-
6 851 f, IV 5776

—, 1,4-Diäthoxy-2-tetradecyl-
6 III 4765 e

—, 2,4-Diäthoxy-1,3,5-tribrom-
6 822 c

—, 1,3-Diäthoxy-2,4,6-tribrom-5-nitro-
6 826 m

—, 1,4-Diäthoxy-2,3,5-trichlor-
6 851 a, IV 5775

—, 1,4-Diäthoxy-2,3,5-trimethyl-
6 III 4645 d

—, 1,2-Diäthoxy-3,4,5-trinitro-
6 792 i, I 395 i

—, 1,4-Diäthoxy-2,3,5-trinitro-
6 859 a

—, 2,4-Diäthoxy-1,3,5-trinitro- **6** 833 c

—, 1-[2-Diäthylamino-äthoxy]-4-methyl-
2-[1-methyl-butyl]- **6** IV 3429

—, 1-[2-Diäthylamino-äthoxy]-4-[4-nitro-
benzolsulfonyl]- **6** IV 5818

—, 1-[2-Diäthylamino-äthoxy]-4-
[4-phenoxy-phenoxy]- **6** III 4426 b

—, 1-[2-Diäthylamino-äthoxy]-4-[toluol-
4-sulfonyl]- **6** IV 5819

—, 1,2-Diäthyl-4,5-dimethoxy-
6 III 4678 b

—, 1,3-Diallyl-2-allyloxy- **6** I 301 i,
II 561 d, IV 4088

—, 1,4-Diallyl-2,3-bis-allyloxy-
6 III 5167 d

—, 1,5-Diallyl-2,4-bis-[2-diäthylamino-
äthoxy]- **6** IV 6466

—, 1,4-Diallyl-2,5-dimethoxy-
6 III 5167 f

—, 1,3-Diallyl-2-methallyloxy-
6 IV 4088

—, 1,4-Dibenzyl-2,5-dimethoxy-
6 III 5797 c

—, 1,5-Dibenzyl-2,3-dimethoxy-
6 IV 6981

—, 1,5-Dibenzyl-2-glykoloyloxy-3-methyl-
6 IV 5068

—, 2-[1,2-Dibrom-äthyl]-1,3-dimethoxy-
6 III 4559 c

Benzol (Fortsetzung)

Benzol (Fortsetzung)

—, 1,4-Dibrom-2,3-dimethoxy-
5,6-dimethyl- **6** IV 5951

—, 1,3-Dibrom-2,5-dimethoxy-4,6-dinitro-
6 II 852 a

—, 1,2-Dibrom-4,5-dimethoxy-3-nitro-
6 790 k, III 4272 g

—, 1,3-Dibrom-2,4-dimethoxy-5-nitro-
6 826 g, II 823 f, III 4351 a

—, 1,5-Dibrom-2,4-dimethoxy-3-nitro-
6 826 e, III 4350 d

—, 2,4-Dibrom-1,5-dimethoxy-3-pentyl-
6 III 4696 b

—, 1,2-Dibrom-4-[2,4-dinitro-phenoxy]-
5-methoxy- **6** III 4259 f

—, 2,4-Dibrom-1-isobutoxy- **6** IV 1062

—, 2,4-Dibrom-1-isopentyloxy-
6 IV 1062

—, 2,4-Dibrom-1-isopropoxy-
6 II 189 b, IV 1061

—, 2,4-Dibrom-1-methacryloyloxy-
6 IV 1062

—, 1,5-Dibrom-2-methansulfinyl-
4-methylmercapto- **6** I 411 k

—, 2,4-Dibrom-1-methansulfonyl- **6** II 302 g

—, 1-Dibrommethansulfonyl-4-nitro-
6 IV 1708

—, 1,3-Dibrom-2-methansulfonyloxy-
6 IV 1065

—, 1,3-Dibrom-2-methansulfonyloxy-
5-nitro- **6** IV 1366

—, 1,4-Dibrom-2-methoxy-
5-methoxymethyl-3,6-dimethyl- **6** 934 f

—, 1,5-Dibrom-3-methoxy-
2-methylmercapto- **6** II 798 g

—, 1,2-Dibrom-4-methoxy-5-[2-nitro-
phenoxy]- **6** III 4259 c

—, 1,2-Dibrom-4-methoxy-5-[3-nitro-
phenoxy]- **6** III 4259 d

—, 1,2-Dibrom-4-methoxy-5-[4-nitro-
phenoxy]- **6** III 4259 e

—, 1,2-Dibrom-4-methoxy-5-phenoxy-
6 III 4259 a

—, 1,5-Dibrom-2-methoxy-4-phenoxy-
6 IV 5688

—, 2,4-Dibrom-1-methylmercapto-
6 II 302 f

—, 1,3-Dibrom-2-methylmercapto-5-nitro-
6 IV 1733

—, 4-[1,2-Dibrom-2-nitro-äthyl]-
1,2-dimethoxy- **6** III 4562 d

—, 1-[2,6-Dibrom-4-nitro-phenoxy]-
4-methoxy- **6** II 841 f

—, 2,4-Dibrom-1-nitro-5-propionyloxy-
6 248 b, III 848 g

—, 2,4-Dibrom-1-pentyloxy- **6** IV 1062

—, 1,3-Dibrom-2-prop-2-inyloxy-
6 III 756 e

—, 2,4-Dibrom-1-propionyloxy-
6 202 f, III 754 f

—, 2,4-Dibrom-1-propoxy- **6** IV 1061

—, 4-[1,2-Dibrom-propyl]-1,2-dimethoxy-
6 921 e, I 448 b, II 893 d, III 4618 a

—, 1-[2,3-Dibrom-propyl]-4,5-dimethoxy-
2-nitro- **6** III 4620 e

—, 1-[1,2-Dibrom-propyl]-3,4-dimethoxy-
2-trityl- **6** III 5937 c

—, 1-[1,2-Dibrom-propyl]-4,5-dimethoxy-
2-trityl- **6** III 5973 Anm. 3

—, 1-[1,2-Dibrom-propyl]-3-isobutoxy-
4-methoxy-2-trityl- **6** III 5938 d

—, 1-[1,2-Dibrom-propyl]-5-isobutoxy-
4-methoxy-2-trityl- **6** III 5938 Anm. 4

—, 4-[1,2-Dibrom-propyl]-2-isopentyloxy-
1-methoxy- **6** III 4618 e

—, 1-[1,2-Dibrom-propyl]-3-isopentyloxy-
4-methoxy-2-trityl- **6** III 5938 e

—, 1-[1,2-Dibrom-propyl]-5-isopentyloxy-
4-methoxy-2-trityl- **6** III 5938 Anm. 5

—, 1-[1,2-Dibrom-propyl]-3-isopropoxy-
4-methoxy-2-trityl- **6** III 5938 b

—, 1-[1,2-Dibrom-propyl]-5-isopropoxy-
4-methoxy-2-trityl- **6** III 5938 Anm. 2

—, 4-[1,2-Dibrom-propyl]-1-methoxy-
2-propoxy- **6** III 4618 c

—, 4-[1,2-Dibrom-propyl]-2-methoxy-
1-propoxy- **6** 921 g

—, 1-[1,2-Dibrom-propyl]-4-methoxy-
3-propoxy-2-trityl- **6** III 5938 a

—, 1-[1,2-Dibrom-propyl]-4-methoxy-
5-propoxy-2-trityl- **6** III 5938 Anm. 1

—, 1-[1,2-Dibrom-propyl]-
2,4,5-trimethoxy- **6** 1119 i, I 553 e,
III 6341 f

—, 5-[1,2-Dibrom-propyl]-
1,2,3-trimethoxy- **6** 1120 h

—, 1,2-Dibrom-3,4,5,6-tetramethoxy-
6 III 6651 e

—, 1,3-Dibrom-2,4,5,6-tetramethoxy-
6 1155 g

—, 1,4-Dibrom-2,3,5,6-tetramethoxy-
6 III 6657 c

—, 1,2-Dibrom-3,4,5-trimethoxy-
6 II 1068 h

—, 1,3-Dibrom-2,4,5-trimethoxy-
6 I 542 j, IV 7348

Benzol (Fortsetzung)

−, 1,4-Dibrom-2,3,5-trimethoxy-
6 IV 7348

−, 1,5-Dibrom-2,3,4-trimethoxy-
6 II 1068 j, IV 7336

−, 2,3-Dibrom-1,4,5-trimethoxy-
6 IV 7348

−, 2,4-Dibrom-1,3,5-trimethoxy-
6 1104 k, II 1079 g

−, 1,2-Dibrom-3,4,5-trimethoxy-6-nitro-
6 II 1070 h

−, 1,2-Dibrom-3,4,6-trimethoxy-5-nitro-
6 IV 7350

−, 1,3-Dibrom-4,5,6-trimethoxy-2-nitro-
6 II 1070 i

−, 1,4-Dibrom-2,3,5-trimethoxy-6-nitro-
6 IV 7350

−, 2,4-Dibrom-1-valeryloxy-
6 III 754 h

−, 1,2-Dibutoxy- 6 III 4210 d,
IV 5566

−, 1,3-Dibutoxy- 6 IV 5664

−, 1,4-Dibutoxy- 6 III 4389 b,
IV 5721

−, 1,4-Dibutoxy-2,5-bis-chlormethyl-
6 IV 5969

−, 1,4-Dibutoxy-2,5-bis-thiocyanatomethyl-
6 IV 7702

−, 1,2-Dibutoxy-4-chlormethyl-
6 IV 5881

−, 1,5-Dibutoxy-2,4-dimethyl- 6 913 c

−, 1,2-Dibutoxy-4,5-dinitro- 6 III 4275 c

−, 1,4-Dibutoxy-2,3-dinitro- 6 IV 5788

−, 1,4-Dibutoxy-2,5-dinitro- 6 IV 5788

−, 1,5-Dibutoxy-2,4-dinitro- 6 IV 5697

−, 1,2-Dibutoxy-4-nitro- 6 III 4265 h,
IV 5627

−, 1,4-Dibutoxy-2-nitro- 6 IV 5787

−, 1,4-Dibutoxy-2,3,5,6-tetramethyl-
6 III 4683 e

−, 1,2-Dibutoxy-4-thiocyanatomethyl-
6 IV 7386

−, 1-[3-(2-Dibutylamino-äthoxy)-propyl]-
4-[4-methoxy-3-methyl-benzyl]-
6 IV 6753

−, 1,4-Di-*tert*-butyl-2,5-bis-
[2-carbamoyloxy-äthoxy]- 6 IV 6075

−, 1,4-Di-*tert*-butyl-2,5-bis-
[2-methansulfonyloxy-äthoxy]-
6 IV 6075

−, 1,4-Di-*tert*-butyl-2,5-bis-stearoyloxy-
6 IV 6075

−, 1,5-Di-*tert*-butyl-3-chlor-
2-chloracetoxy- 6 IV 3494

−, 1,5-Di-*tert*-butyl-3-chlor-
2-propionyloxy- 6 IV 3495

−, 1,4-Di-*tert*-butyl-2,5-dimethoxy-
6 III 4741 c, IV 6075

−, 1,5-Di-*tert*-butyl-2,4-dimethoxy-
6 III 4740 f, IV 6074

−, 1,5-Di-*tert*-butyl-2-methoxymethyl-
3-methyl- 6 IV 3530

−, 2,4-Di-*tert*-butyl-1-methylcarbamoyloxy-
6 IV 3494

−, 2,4-Di-*tert*-butyl-1-[3-thiocyanato-
propoxy]- 6 III 2063 b

−, 1,5-Di-*tert*-butyl-2,3,4-trimethoxy-
6 IV 7430

−, 1-Dichloracetoxy-3,5-dimethyl-
6 IV 3145

−, 1-Dichloracetoxy-3-methoxy-
6 IV 5672

−, 1-Dichloracetoxy-4-[1-methyl-butyl]-
6 IV 3374

−, 1-Dichloracetoxy-4-*tert*-pentyl-
6 IV 3384

−, 1-[1,2-Dichlor-äthensulfinyl]-
4-methoxy- 6 IV 5812

−, 1-[1,2-Dichlor-äthensulfonyl]-
4-methoxy- 6 IV 5813

−, 4-[2,2-Dichlor-äthyl]-1,2-dimethoxy-
6 III 4557 a

−, 1,4-Dichlor-2,5-bis-[2-chlor-
äthoxymethyl]- 6 IV 5972

−, 1,4-Dichlor-2,5-bis-chlormethoxy-
6 IV 5773

−, 1,5-Dichlor-2,4-bis-chlormethyl≠
mercapto- 6 IV 5708

−, 1,4-Dichlor-2,5-bis-[2,2-dimethoxy-
äthylmercapto]- 6 IV 5848

−, 1,4-Dichlor-2,5-bis-[2-hydroxy-
äthoxymethyl]- 6 IV 5972

−, 1,4-Dichlor-2,5-bis-[10-mercapto-
decyloxy]- 6 IV 5772

−, 1,5-Dichlor-2,4-bis-methansulfinyl-
6 I 411 a

−, 1,5-Dichlor-2,4-bis-methansulfonyl-
6 I 411 b

−, 1,4-Dichlor-2,5-bis-[2-methansulfonyl≠
oxy-äthoxy]- 6 IV 5772

−, 1,4-Dichlor-2,5-bis-methoxycarbonyl≠
methoxy- 6 IV 5774

−, 1,5-Dichlor-2,4-bis-methoxycarbonyl≠
methoxy- 6 IV 5686

Benzol (Fortsetzung)

—, 1,5-Dichlor-2,4-bis-methylmercapto-
6 I 410 j

—, 2,5-Dichlor-1,3-bis-methylmercapto-
6 II 831 a

—, 1,5-Dichlor-2,4-bis-picrylmercapto-
6 I 411 c

—, 1,4-Dichlor-2,5-bis-thiocyanatomethoxy-
6 IV 5773

—, 1,4-Dichlor-2,5-bis-trichlormethoxy-
6 IV 5773

—, 4-[4,4-Dichlor-buta-1,3-dienyl]-
1,2-dimethoxy- 6 IV 6458

—, 1,2-Dichlor-4-chloracetoxy-
6 IV 954

—, 1,3-Dichlor-2-chloracetoxy-
6 III 713 e

—, 2,4-Dichlor-1-chloracetoxy-
6 III 704 e, IV 904

—, 2,4-Dichlor-1-[2-chloracetoxy-äthoxy]-
6 IV 891

—, 1,2-Dichlor-4-chlormethoxy-
6 IV 953

—, 1,3-Dichlor-2-chlormethoxy-
6 IV 950

—, 1,3-Dichlor-5-chlormethoxy-
6 IV 957

—, 1,4-Dichlor-2-chlormethoxy-
6 IV 943

—, 2,4-Dichlor-1-chlormethoxy-
6 IV 897

—, 1,4-Dichlor-2-chlormethoxy-
5-dichlormethoxy- 6 IV 5773

—, 1,4-Dichlor-2-chlormethoxy-
5-methoxy- 6 IV 5773

—, 1,2-Dichlor-4-chlormethylmercapto-
6 IV 1627

—, 1,4-Dichlor-2-chlormethylmercapto-
6 IV 1620

—, 2,4-Dichlor-1-chlormethylmercapto-
6 IV 1613

—, 2,4-Dichlor-1-crotonoyloxy-
6 IV 905

—, 1,2-Dichlor-4-cyclohexansulfonyl-
6 IV 1625

—, 1,4-Dichlor-2-cyclohexansulfonyl-
6 IV 1619

—, 1,2-Dichlor-4-cyclohexylmercapto-
6 IV 1625

—, 1,4-Dichlor-2-cyclohexylmercapto-
6 IV 1619

—, 2,4-Dichlor-1-decyloxy- 6 IV 887

—, 1,2-Dichlor-4-dibrommethansulfonyl-
6 IV 1628

—, 1,3-Dichlor-2-dichloracetoxy-
6 III 714 a

—, 2,4-Dichlor-1-dichloracetoxy-
6 IV 904

—, 2,4-Dichlor-1-dichlormethoxy-
6 IV 903

—, 1,4-Dichlor-2-dichlormethoxy-
5-methoxy- 6 IV 5773

—, 1,5-Dichlor-2-[2,2-dichlor-
propionyloxy]-3-[2,2-dichlor-propionyloxy⁼
methyl]- 6 IV 5900

—, 1,2-Dichlor-4,5-dimethoxy- 6 783 g

—, 1,3-Dichlor-2,4-dimethoxy-
6 III 4335 e

—, 1,3-Dichlor-2,5-dimethoxy-
6 II 846 a, III 4435 d

—, 1,4-Dichlor-2,5-dimethoxy-
6 850 e, II 845 f, III 4435 a, IV 5772

—, 1,5-Dichlor-2,4-dimethoxy-
6 I 403 g, III 4336 a, IV 5685

—, 2,3-Dichlor-1,4-dimethoxy-
6 II 845 c, III 4434 d

—, 1,3-Dichlor-2,5-dimethoxy-4,6-dinitro-
6 II 851 g

—, 1,2-Dichlor-3,4-dimethoxy-5-nitro-
6 790 a, IV 5631

—, 1,2-Dichlor-4,5-dimethoxy-3-nitro-
6 IV 5631

—, 2,3-Dichlor-1,5-dimethoxy-4-nitro-
6 IV 5694

—, 1,4-Dichlor-2-dimethylcarbamoyloxy-
6 IV 944

—, 2,4-Dichlor-1,3-dimethyl-5-octyloxy-
6 III 1760 i

—, 2,4-Dichlor-1,3-dimethyl-5-propoxy-
6 III 1760 h

—, 2,4-Dichlor-1-dimethylsulfamoyloxy-
6 IV 937

—, 1,2-Dichlor-4-[2,4-dinitro-phenoxy]-
5-methoxy- 6 III 4252 g

—, 2,4-Dichlor-1-dodecyloxy- 6 IV 887

—, 2,4-Dichlor-1-[2-formyloxy-äthoxy]-
6 IV 891

—, 2,4-Dichlor-1-formyloxymethoxy-
6 IV 896

—, 2,4-Dichlor-1-hexadecyloxy-
6 IV 888

—, 1,2-Dichlor-4-[hexan-1-sulfonyl]-
6 IV 1625

—, 1,3-Dichlor-5-[hexan-1-sulfonyl]-
6 IV 1632

Benzol   (Fortsetzung)

—, 1,4-Dichlor-2-[hexan-1-sulfonyl]-
6 IV 1618

—, 2,4-Dichlor-1-[hexan-1-sulfonyl]-
6 IV 1613

—, 1,2-Dichlor-4-hexylmercapto-
6 IV 1625

—, 1,3-Dichlor-5-hexylmercapto-
6 IV 1632

—, 1,4-Dichlor-2-hexylmercapto-
6 IV 1618

—, 2,4-Dichlor-1-hexylmercapto-
6 IV 1613

—, 2,4-Dichlor-1-isobutoxy- 6 IV 887

—, 1,4-Dichlor-2-isobutylmercapto-
6 IV 1618

—, 1,3-Dichlor-2-isobutyryloxy-
6 III 714 e

—, 2,4-Dichlor-1-isopentyloxy-
6 I 103 c, IV 887

—, 2,4-Dichlor-1-isopropoxy-
6 III 701 h, IV 886

—, 1,4-Dichlor-2-[2-isopropoxy-äthoxy]-
5-nitro- 6 III 841 h

—, 1,2-Dichlor-4-isopropylmercapto-
6 IV 1624

—, 1,3-Dichlor-5-isopropylmercapto-
6 IV 1631

—, 1,4-Dichlor-2-isopropylmercapto-
6 IV 1617

—, 2,4-Dichlor-1-isopropylmercapto-
6 IV 1612

—, 1-Dichlorjodanyl-4-propoxy-
6 III 776 g

—, 1,2-Dichlor-3-jod-4,5-dimethoxy-
6 IV 5625

—, 2,4-Dichlor-1-jodmethoxy- 6 IV 897

—, 2,4-Dichlor-1-methacryloyloxy-
6 IV 905

—, 2,4-Dichlor-1-methallyloxy-
6 IV 888

—, 1,5-Dichlor-2-methansulfinyl-
4-methylmercapto- 6 I 410 k

—, 1,2-Dichlor-4-methansulfonyl-
6 IV 1624

—, 1,3-Dichlor-5-methansulfonyl-
6 IV 1631

—, 1,4-Dichlor-2-methansulfonyl- 6 II 299 b

—, 2,4-Dichlor-1-methansulfonyl- 6 IV 1611

—, 1,2-Dichlor-5-methansulfonyl-3-nitro-
6 III 1087 b

—, 1,3-Dichlor-5-methansulfonyloxy-
2-methoxy-4,6-dinitro- 6 IV 5790

—, 1,3-Dichlor-2-methansulfonyloxy-
5-nitro- 6 IV 1362

—, 4-[2,2-Dichlor-1-methoxy-äthyl]-
1,2-dimethoxy- 6 III 6330 g

—, 1-[2,2-Dichlor-1-methoxy-äthyl]-
4-methoxy- 6 III 4567 e

—, 2,4-Dichlor-1-methoxymethyl-
6 IV 2597

—, 1,2-Dichlor-4-methoxy-5-[2-nitro-
phenoxy]- 6 III 4252 d

—, 1,2-Dichlor-4-methoxy-5-[3-nitro-
phenoxy]- 6 III 4252 e

—, 1,2-Dichlor-4-methoxy-5-[4-nitro-
phenoxy]- 6 III 4252 f

—, 1-Dichlormethyl-3,4-dimethoxy-
2-nitro- 6 III 4523 a

—, 1,2-Dichlor-4-methylmercapto-
6 IV 1624

—, 1,3-Dichlor-5-methylmercapto-
6 IV 1630

—, 1,4-Dichlor-2-methylmercapto-
6 II 299 a

—, 2,4-Dichlor-1-methylmercapto-
6 II 298 j, IV 1611

—, 1-[2,6-Dichlor-4-methyl-phenoxy]-
4-methoxy- 6 IV 5728

—, 1,4-Dichlor-2-[2-methyl-propan-
1-sulfonyl]- 6 IV 1618

—, 1,5-Dichlor-3-nitro-2,4-bis-o-tolyloxy-
6 III 4349 g

—, 1,5-Dichlor-3-nitro-2,4-diphenoxy-
6 III 4349 f

—, 1-[2,6-Dichlor-4-nitro-phenoxy]-
4-methoxy- 6 II 841 e

—, 1,2-Dichlor-3-nitro-5-trifluormethansulfonyl-
6 IV 1730

—, 2,4-Dichlor-1-octadecyloxy-
6 IV 888

—, 2,4-Dichlor-1-octyloxy- 6 IV 887

—, 2,4-Dichlor-1-[2-oleoyloxy-äthoxy]-
6 IV 892

—, 1,2-Dichlor-4-[pentan-1-sulfonyl]-
6 IV 1625

—, 1,3-Dichlor-5-[pentan-1-sulfonyl]-
6 IV 1632

—, 1,4-Dichlor-2-[pentan-1-sulfonyl]-
6 IV 1618

—, 2,4-Dichlor-1-[pentan-1-sulfonyl]-
6 IV 1613

—, 1,2-Dichlor-4-pentylmercapto-
6 IV 1625

—, 1,3-Dichlor-5-pentylmercapto-
6 IV 1631

Benzol (Fortsetzung)

—, 1,4-Dichlor-2-pentylmercapto-
6 IV 1618

—, 2,4-Dichlor-1-pentylmercapto-
6 IV 1612

—, 2,4-Dichlor-1-pentyloxy-
6 IV 887

—, 2,4-Dichlor-1-[2-phenoxy-äthoxy]-
6 IV 889

—, 2,4-Dichlor-1-phenoxymethoxy-
6 IV 896

—, 2,4-Dichlor-1-phenoxymethyl=
mercapto- 6 IV 1613

—, 1,5-Dichlor-3-[1-phenyl-äthyl]-
2-propionyloxy- 6 IV 4710

—, 1,3-Dichlor-2-pivaloyloxy-
6 III 714 f

—, 1,2-Dichlor-4-[propan-2-sulfonyl]-
6 IV 1624

—, 1,3-Dichlor-5-[propan-2-sulfonyl]-
6 IV 1631

—, 1,4-Dichlor-2-[propan-1-sulfonyl]-
6 IV 1617

—, 1,4-Dichlor-2-[propan-2-sulfonyl]-
6 IV 1618

—, 2,4-Dichlor-1-[propan-1-sulfonyl]-
6 IV 1612

—, 2,4-Dichlor-1-[propan-2-sulfonyl]-
6 IV 1612

—, 1,3-Dichlor-5-[prop-2-en-1-sulfonyl]-
6 IV 1632

—, 1,4-Dichlor-2-[prop-2-en-1-sulfonyl]-
6 IV 1619

—, 2,4-Dichlor-1-prop-2-inyloxy-
6 III 702 e

—, 1,3-Dichlor-2-propionyloxy-
6 III 714 c

—, 2,4-Dichlor-1-propionyloxy-
6 189 e, III 704 g

—, 2,4-Dichlor-1-propionyloxymethyl-
6 IV 2597

—, 2,4-Dichlor-1-propoxy- 6 III 701 d,
IV 886

—, 1,4-Dichlor-2-propylmercapto-
6 IV 1617

—, 2,4-Dichlor-1-propylmercapto-
6 IV 1612

—, 2,4-Dichlor-1-sorboyloxy-
6 IV 905

—, 2,4-Dichlor-1-tetradecyloxy-
6 IV 888

—, 1,4-Dichlor-2,3,5,6-tetrakis-[2-chlor-
äthylmercapto]- 6 IV 7693

—, 1,4-Dichlor-2,3,5,6-tetrakis-
[2,2-dichlor-propionyloxy]- 6 IV 7691

—, 1,4-Dichlor-2,3,5,6-tetrakis-
[2-hydroxy-äthylmercapto]- 6 IV 7693

—, 1,3-Dichlor-2,4,5,6-tetramethoxy-
6 IV 7687

—, 1,4-Dichlor-2,3,5,6-tetramethoxy-
6 III 6657 a

—, 2,4-Dichlor-1-thiocyanatoacetoxy-
6 IV 922

—, 1,4-Dichlor-2-[2-thiocyanato-
äthylmercapto]- 6 IV 1620

—, 2,4-Dichlor-1-thiocyanatomethyl-
6 IV 2783

—, 1,2-Dichlor-4-tribrommethansulfonyl-
6 IV 1629

—, 2,4-Dichlor-1-tribrommethansulfonyl-
6 IV 1615

—, 1,3-Dichlor-2-trichloracetoxy-
6 III 714 b

—, 2,4-Dichlor-1-trichloracetoxy-
6 III 704 f

—, 2,4-Dichlor-1-[2-trichloracetoxy-
äthoxy]- 6 IV 891

—, 2,4-Dichlor-1-trichloracryloyloxy-
6 IV 904

—, 2,4-Dichlor-1-trichlormethansulfenyloxy-
6 IV 937

—, 1,4-Dichlor-2-trichlormethansulfonyl-
6 IV 1621

—, 2,4-Dichlor-1-trichlormethansulfonyl-
6 IV 1615

—, 2,4-Dichlor-1-trichlormethoxy-
6 IV 907

—, 1,2-Dichlor-4-trichlormethylmercapto-
6 IV 1629

—, 2,4-Dichlor-1-trichlormethylmercapto-
6 IV 1615

—, 1,2-Dichlor-4-trifluormethansulfonyl-
6 IV 1629

—, 1,2-Dichlor-3,4,5-trimethoxy-
6 IV 7334

—, 1,3-Dichlor-2,4,5-trimethoxy-
6 IV 7345

—, 1,4-Dichlor-2,3,5-trimethoxy-
6 III 6284 c, IV 7345

—, 1,5-Dichlor-2,3,4-trimethoxy-
6 IV 7334

—, 2,3-Dichlor-1,4,5-trimethoxy-
6 IV 7346

—, 2,4-Dichlor-1,3,5-trimethoxy-
6 IV 7369

Benzol (Fortsetzung)

–, 1,3-Dichlor-4,5,6-trimethoxy-2-nitro-
6 II 1070 g

–, 1,4-Dichlor-2,3,5-trimethoxy-6-nitro-
6 III 6287 j

–, 2,4-Dichlor-1-trimethylsilyloxy-
6 IV 942

–, 2,4-Dichlor-1-valeryloxy-
6 III 704 i

–, 1,2-Dichlor-4-vinylmercapto-
6 IV 1625

–, 1-[1,2-Dichlor-vinylmercapto]-
4-methoxy- 6 IV 5812

–, 2,4-Dichlor-1-vinyloxy- 6 III 702 b,
IV 888

–, 1,4-Dicyclohexyl-2,5-dimethoxy-
6 III 5182 d

–, 1,5-Dicyclohexyl-2,4-dimethoxy-
6 IV 6487

–, 2,4-Difluor-1-hexadecyloxy-
6 IV 779

–, 2,4-Difluor-1-tetradecyloxy-
6 IV 779

–, 1,2-Diisobutoxy- 6 III 4210 f,
IV 5567

–, 1,3-Diisobutoxy- 6 IV 5665

–, 1,4-Diisobutoxy- 6 844 h, I 416 d

–, 1,5-Diisobutoxy-2,4-dinitro-
6 IV 5697

–, 1,4-Diisobutoxy-2,3,5,6-tetranitro-
6 I 419 e

–, 1,4-Diisobutoxy-2,3,5-trinitro-
6 I 419 d

–, 1,3-Diisopropoxy- 6 III 4308 e

–, 1,4-Diisopropoxy- 6 IV 5721

–, 1,5-Diisopropoxy-2,4-dinitro-
6 IV 5697

–, 1,5-Diisopropyl-2,4-dimethoxy-
6 II 906 e

–, 1,2-Dijod-4,5-dimethoxy- 6 787 g,
I 391 d, II 789 e, IV 5626

–, 1,3-Dijod-2,5-dimethoxy- 6 III 4441 g

–, 1,4-Dijod-2,5-dimethoxy- 6 856 g,
I 417 m, IV 5785

–, 1,5-Dijod-2,4-dimethoxy-
6 II 821 m, III 4342 e, IV 5689

–, 1,2-Dijod-4,5-dimethyl-3,6-bis-
phosphonooxy- 6 IV 5949

–, 1,3-Dijod-2-methansulfonyloxy-
5-nitro- 6 IV 1368

–, 1,3-Dijod-2-methoxy-5-[4-nitro-
phenoxy]- 6 III 4441 h

–, 1-[2,6-Dijod-4-methyl-phenoxy]-
4-methoxy- 6 III 4401 f

–, 1-[2,6-Dijod-4-nitro-benzolsulfinyl]-
4-methoxy- 6 IV 5797

–, 5-[2,6-Dijod-4-nitro-phenoxy]-
1,3-difluor-2-methoxy- 6 III 4431 g

–, 5-[2,6-Dijod-4-nitro-phenoxy]-
1,3-dijod-2-[4-methoxy-phenoxy]-
6 III 4442 a

–, 4-[2,6-Dijod-4-nitro-phenoxy]-
1,2-dimethoxy- 6 IV 7340

–, 4-[2,6-Dijod-4-nitro-phenoxy]-2-fluor-
1-methoxy- 6 III 4431 e

–, 4-[2,6-Dijod-4-nitro-phenoxy]-2-jod-
1-methoxy- 6 II 848 g

–, 1-[2,6-Dijod-4-nitro-phenoxy]-
2-methoxy- 6 III 4217 b

–, 1-[2,6-Dijod-4-nitro-phenoxy]-
3-methoxy- 6 III 4314 b

–, 1-[2,6-Dijod-4-nitro-phenoxy]-
4-methoxy- 6 II 841 g

–, 5-[2,6-Dijod-4-nitro-phenoxy]-
2-methoxy-1,3-dimethyl- 6 IV 5957

–, 1-[2,6-Dijod-4-nitro-phenylmercapto]-
4-methoxy- 6 III 4451 f, IV 5796

–, 1,3-Dijod-2-propoxy- 6 211 b

–, 2,4-Dijod-1-propoxy- 6 210 c

–, 1,4-Dijod-2,3,5,6-tetramethoxy-
6 IV 7692

–, 1,2-Dimethoxy- 6 771 a, I 383,
II 779, III 4205, IV 5564

–, 1,3-Dimethoxy- 6 813 b, I 402 a,
II 813 b, III 4305, IV 5663

–, 1,4-Dimethoxy- 6 843 b, I 416 a,
II 839 b, III 4385, IV 5718

–, 1-[2,4-Dimethoxy-benzyl]-2-
[2-dimethylamino-äthoxy]- 6 III 6529 d

–, 1,4-Dimethoxy-2,5-bis-[4-methoxy-
phenäthyl]- 6 IV 7832

–, 1,4-Dimethoxy-2,5-bis-[4-methoxy-
styryl]- 6 IV 7838

–, 1,4-Dimethoxy-2,5-bis-[1-methyl-
cyclohexyl]- 6 IV 6501

–, 1,5-Dimethoxy-2,4-bis-methyl≠
mercapto- 6 I 571 c, II 1121 h

–, 1,4-Dimethoxy-2,5-bis-phosphonooxy-
6 IV 7690

–, 1,5-Dimethoxy-2,4-bis-picrylmercapto-
6 I 571 d

–, 1,4-Dimethoxy-2,5-bis-thiocyanatomethyl-
6 III 6667 e, IV 7702

–, 1,4-Dimethoxy-2,5-bis-p-tolyloxy-
6 III 6656 d

Benzol (Fortsetzung)

—, 2,4-Dimethoxy-1-[2-methyl-
benzhydryl]- **6** II 1016 h

—, 1,4-Dimethoxy-2-[3-methyl-butan-
1-sulfonyl]- **6** III 6293 d

—, 2,4-Dimethoxy-1-[3-methyl-butan-
1-sulfonyl]- **6** III 6289 a

—, 1,2-Dimethoxy-4-[3-methyl-but-
2-enyl]- **6** II 928 d

—, 1,3-Dimethoxy-5-[1-methyl-but-
1-enyl]- **6** III 5050 e

—, 1,3-Dimethoxy-5-[1-methyl-butyl]-
6 III 4699 a

—, 1,3-Dimethoxy-5-[1-methyl-hept-
1-enyl]- **6** III 5065 a

—, 1,3-Dimethoxy-5-[1-methyl-heptyl]-
6 III 4735 h

—, 1,4-Dimethoxy-2-[1-methyl-hexadec-
1-enyl]- **6** III 5113 d

—, 1,3-Dimethoxy-5-[1-methyl-hex-
1-enyl]- **6** III 5061 f

—, 1,3-Dimethoxy-5-[1-methyl-hexyl]-
6 III 4730 c

—, 1,2-Dimethoxy-4-methylmercapto-
6 IV 7357

—, 2,4-Dimethoxy-1-methylmercapto-
6 I 543 h, III 6288 e

—, 1,4-Dimethoxy-2-methyl-5-[1-methyl-
cyclohexyl]- **6** IV 6382

—, 1,3-Dimethoxy-2-methyl-5-[1-methyl-
propenyl]- **6** IV 6361

—, 1,5-Dimethoxy-2-methyl-3-[1-methyl-
propenyl]- **6** III 5051 c, IV 6361

—, 1,2-Dimethoxy-3-methyl-4-[2-nitro-
propenyl]- **6** IV 6350

—, 1,3-Dimethoxy-2-methyl-5-nonadecyl-
6 III 4798 c

—, 1,3-Dimethoxy-5-[1-methyl-non-
1-enyl]- **6** III 5071 b

—, 1,3-Dimethoxy-5-[1-methyl-nonyl]-
6 III 4747 c

—, 1,4-Dimethoxy-2-[1-methyl-octadec-
1-enyl]- **6** III 5117 b

—, 1,3-Dimethoxy-5-[1-methyl-oct-
1-enyl]- **6** III 5068 e

—, 1,3-Dimethoxy-5-[1-methyl-octyl]-
6 III 4743 f

—, 1,2-Dimethoxy-3-[2-methyl-penta-
1,4-dienyl]-5-propyl- **6** II 934 c

—, 1,3-Dimethoxy-5-[1-methyl-pent-
1-enyl]- **6** III 5055 a

—, 1,3-Dimethoxy-5-[1-methyl-pentyl]-
6 III 4716 c

—, 1,3-Dimethoxy-5-[2-methyl-pentyl]-
6 III 4716 e

—, 1,3-Dimethoxy-5-[3-methyl-pentyl]-
6 III 4716 h

—, 1,2-Dimethoxy-4-[1-methyl-propenyl]-
6 IV 6348

—, 1,2-Dimethoxy-4-[2-methyl-propenyl]-
6 III 5040 c

—, 1,2-Dimethoxy-5-methyl-3-propenyl-
6 III 5041 d

—, 1,3-Dimethoxy-5-[1-methyl-propenyl]-
6 III 5040 a

—, 1,4-Dimethoxy-2-[1-methyl-propenyl]-
6 970 c

—, 1,4-Dimethoxy-2-[1-methyl-tetradec-
1-enyl]- **6** III 5099 a

—, 1,4-Dimethoxy-2-[naphthalin-
1-sulfonyl]- **6** I 544 g

—, 2,4-Dimethoxy-1-[naphthalin-
2-sulfonyl]- **6** IV 7351

—, 1,4-Dimethoxy-2-[[1]naphthyl-
diphenyl-methyl]- **6** II 1050 f

—, 1,2-Dimethoxy-3-nitro- **6** 788 b,
II 790 a, III 4263 c

—, 1,2-Dimethoxy-4-nitro- **6** 789 a,
I 392 a, II 790 f, III 4264 c, IV 5627

—, 1,3-Dimethoxy-2-nitro- **6** 823 e,
I 404 c, III 4344 b

—, 1,3-Dimethoxy-5-nitro- **6** 825 f,
II 822 g, III 4347 d

—, 1,4-Dimethoxy-2-nitro- **6** 857 a,
I 418 e, II 849 b, III 4442 e, IV 5786

—, 2,4-Dimethoxy-1-nitro- **6** 824 c,
I 404 f, II 822 f, IV 5691

—, 1,3-Dimethoxy-5-[4-nitro-benzolsulfonyl]-
6 III 6311 d

—, 2,4-Dimethoxy-1-[4-nitro-benzolsulfonyl]-
6 III 6290 d

—, 1,2-Dimethoxy-4-[2-nitro-benzyloxy]-
6 IV 7340

—, 1,4-Dimethoxy-2-[4-nitro-benzyloxy]-
6 IV 7340

—, 1,2-Dimethoxy-3-[2-nitro-but-1-enyl]-
6 IV 6346

—, 1,2-Dimethoxy-4-[2-nitro-but-1-enyl]-
6 IV 6348

—, 1,2-Dimethoxy-3-[6-nitro-cyclohex-
3-enyl]- **6** IV 6468

—, 1,2-Dimethoxy-3-[2-nitro-cyclohexyl]-
6 IV 6367

—, 1,2-Dimethoxy-4-nitro-5-[2-nitro-
propenyl]- **6** IV 6332

Benzol (Fortsetzung)

—, 1,2-Dimethoxy-3-[2-nitro-1-nitroso-propyl]- **6** IV 5975

—, 1,2-Dimethoxy-4-[2-nitro-1-nitroso-propyl]- **6** 956 b, III 4620 f

—, 1,2-Dimethoxy-4-[3-nitro-2-nitroso-propyl]- **6** 964, III 4622 b

—, 1,4-Dimethoxy-2-[2-nitro-1-nitroso-propyl]- **6** IV 5976

—, 1,2-Dimethoxy-5-nitro-3-pentadecyl- **6** I 456 i, III 4772 a

—, 1,3-Dimethoxy-5-[4-nitro-phenoxy]- **6** IV 7365

—, 1,4-Dimethoxy-2-[2-nitro-phenoxy]- **6** III 6279 f

—, 1,2-Dimethoxy-4-[2-nitro-phenoxymethyl]- **6** IV 7383

—, 1,3-Dimethoxy-5-[4-nitro-phenylmercapto]- **6** III 6311 c

—, 2,4-Dimethoxy-1-[4-nitro-phenylmercapto]- **6** III 6290 a

—, 1,2-Dimethoxy-3-[2-nitro-propenyl]- **6** IV 6321

—, 1,2-Dimethoxy-4-[2-nitro-propenyl]- **6** 960 l, I 460 i, II 919 g, III 5011 e

—, 1,4-Dimethoxy-2-[2-nitro-propenyl]- **6** I 459 c, IV 6324

—, 2,4-Dimethoxy-1-[2-nitro-propenyl]- **6** I 459 b, IV 6323

—, 1,4-Dimethoxy-2-nitro-3-propoxy-5-propyl- **6** 1119 f

—, 1,2-Dimethoxy-3-nitro-5-propyl- **6** III 4620 d

—, 1,2-Dimethoxy-4-nitro-3-propyl- **6** IV 5975

—, 1,2-Dimethoxy-4-nitro-5-propyl- **6** 924 j, I 448 c, II 893 g

—, 1,4-Dimethoxy-2-nitro-5-propyl- **6** 920 c, III 4613 d

—, 2,4-Dimethoxy-1-nitroso- **6** IV 5690

—, 1,4-Dimethoxy-2-nitro-5-p-tolylmercapto- **6** IV 7356

—, 1,2-Dimethoxy-3-nonadeca-1,10-dienyl- **6** IV 6515

—, 1,2-Dimethoxy-3-nonadec-10-enyl- **6** IV 6428

—, 1,2-Dimethoxy-3-nonadecyl- **6** IV 6123

—, 1,3-Dimethoxy-5-nonadecyl- **6** III 4796 c

—, 1,4-Dimethoxy-2-nonadecyl- **6** IV 6123

—, 1,2-Dimethoxy-3-non-8-inyl- **6** III 5176 c

—, 1,3-Dimethoxy-5-nonyl- **6** III 4743 d

—, 1,4-Dimethoxy-2-nonyl- **6** IV 6078

—, 1,4-Dimethoxy-2-octadecyl- **6** III 4794 e, IV 6120

—, 1,2-Dimethoxy-4-octyl- **6** IV 6068

—, 1,3-Dimethoxy-5-octyl- **6** III 4735 d

—, 1,4-Dimethoxy-2-octyl- **6** IV 6068

—, 1,4-Dimethoxy-2-octyl-5-pentyl- **6** III 4755 g

—, 1,2-Dimethoxy-3-pentadec-1-enyl- **6** III 5096 d

—, 1,2-Dimethoxy-3-pentadec-8-enyl- **6** III 5098 a

—, 1,2-Dimethoxy-3-pentadec-10-enyl- **6** III 5098 f

—, 1,2-Dimethoxy-4-pentadec-1-enyl- **6** III 5097 a

—, 1,3-Dimethoxy-2-pentadec-1-enyl- **6** IV 6416

—, 1,3-Dimethoxy-5-pentadec-1-enyl- **6** III 5097 b

—, 1,3-Dimethoxy-5-pentadec-8-enyl- **6** III 5098 c

—, 1,2-Dimethoxy-3-pentadec-8-inyl- **6** III 5197 c

—, 1,2-Dimethoxy-3-pentadecyl- **6** I 456 e, II 911 e, III 4771 c

—, 1,2-Dimethoxy-4-pentadecyl- **6** I 457 c

—, 1,3-Dimethoxy-2-pentadecyl- **6** IV 6110

—, 1,3-Dimethoxy-5-pentadecyl- **6** III 4772 d

—, 1,4-Dimethoxy-2-pentadecyl- **6** IV 6110

—, 2,4-Dimethoxy-1-pent-2-enyl- **6** III 5050 b

—, 1,2-Dimethoxy-4-pentyl- **6** III 4695 a

—, 1,3-Dimethoxy-5-pentyl- **6** III 4695 d

—, 1,4-Dimethoxy-2-pentyl- **6** III 4694 a, IV 6033

—, 1,3-Dimethoxy-5-pentyloxy- **6** IV 7363

—, 1,2-Dimethoxy-3-phenoxy- **6** IV 7330

—, 1,2-Dimethoxy-4-phenoxy- **6** III 6280 a, IV 7340

—, 1,3-Dimethoxy-2-phenoxy- **6** IV 7331

—, 1,3-Dimethoxy-5-phenoxy- **6** IV 7365

Benzol (Fortsetzung)

—, 1,4-Dimethoxy-2-phenoxy-
6 IV 7340

—, 2,4-Dimethoxy-1-[1-phenyl-äthyl]-
6 IV 6685

—, 1,3-Dimethoxy-2-phenylmercapto-
6 IV 7337

—, 2,4-Dimethoxy-1-phenylmercapto-
6 IV 7351

—, 1,4-Dimethoxy-2-[3-phenyl-propyl]-
6 III 5453 a

—, 1,2-Dimethoxy-4-[1-phenyl-vinyl]-
6 III 5586 g

—, 2,4-Dimethoxy-1-picrylmercapto-
6 I 543 k

—, 1,2-Dimethoxy-3-propenyl-
6 I 459 a, III 4991 d, IV 6321

—, 1,2-Dimethoxy-4-propenyl-
6 956 b, I 460 b, II 918 b, III 4995,
IV 6325

—, 1,3-Dimethoxy-2-propenyl-
6 III 4991 g

—, 1,3-Dimethoxy-5-propenyl-
6 II 919 h

—, 1,4-Dimethoxy-2-propenyl-
6 955 a, III 4991 f, IV 6323

—, 1,2-Dimethoxy-4-propenyl-3-trityl-
6 III 5964 b

—, 1,2-Dimethoxy-4-propenyl-5-trityl-
6 III 5964 Anm. 2

—, 1,2-Dimethoxy-5-propenyl-3-trityl-
6 III 5966 e

—, 1,2-Dimethoxy-4-prop-1-inyl-
6 III 5155 b

—, 1,3-Dimethoxy-2-propionyloxy-
6 III 6270 a

—, 2,5-Dimethoxy-1-propoxy-3-propyl-
6 1119 c

—, 1,2-Dimethoxy-3-propyl- 6 I 447 d

—, 1,2-Dimethoxy-4-propyl- 6 920 f,
I 448 a, III 4615 b, IV 5977

—, 1,3-Dimethoxy-5-propyl- 6 925 e,
II 893 j, III 4622 d

—, 1,4-Dimethoxy-2-propyl- 6 920 b,
I 447 j, III 4613 b

—, 2,4-Dimethoxy-1-propyl- 6 III 4611 f

—, 2,4-Dimethoxy-1-propylmercapto-
6 III 6288 g

—, 1,3-Dimethoxy-5-[1-propyl-pent-
1-enyl]- 6 III 4736 g

—, 1,3-Dimethoxy-5-[1-propyl-pentyl]-
6 III 4736 g

—, 1,3-Dimethoxy-5-[1-propyl-propenyl]-
6 III 4718 f

—, 1,2-Dimethoxy-4-propyl-3-trityl-
6 III 5936 d

—, 1,2-Dimethoxy-4-propyl-5-trityl-
6 III 5936 Anm. 2

—, 1,2-Dimethoxy-4-[1,2,2,2-tetrachlor-
äthyl]- 6 IV 5927

—, 1,2-Dimethoxy-4-[tetrachlorcyclopenta≠
dienyliden-methyl]- 6 IV 6655

—, 1,2-Dimethoxy-4-tetradec-1-enyl-
6 I 467 g

—, 1,2-Dimethoxy-4-tetradecyl- 6 I 455 i

—, 1,3-Dimethoxy-5-tetradecyl-
6 III 4766 a

—, 1,4-Dimethoxy-2-tetradecyl-
6 I 455 g, III 4765 d

—, 1,2-Dimethoxy-3,4,5,6-tetramethyl-
6 III 4682 d

—, 1,4-Dimethoxy-2,3,5,6-tetramethyl-
6 III 4683 b, IV 6029

—, 1,2-Dimethoxy-4-[toluol-4-sulfonyl]-
6 III 6296 e, IV 7358

—, 2,4-Dimethoxy-1-[toluol-4-sulfonyl]-
6 IV 7351

—, 2,4-Dimethoxy-1-[1-(toluol-
4-sulfonyl)-äthyl]- 6 IV 7389

—, 2,4-Dimethoxy-1-*p*-tolylmercapto-
6 IV 7351

—, 1,2-Dimethoxy-3-*o*-tolyloxy-
6 IV 7331

—, 1,2-Dimethoxy-3-*p*-tolyloxy-
6 IV 7331

—, 1,4-Dimethoxy-2-*o*-tolyloxy-
6 III 6280 d

—, 1,2-Dimethoxy-4-[1,2,2-tribrom-äthyl]-
6 I 442 e

—, 1,2-Dimethoxy-4-[2,2,2-trichlor-
1-methoxy-äthyl]- 6 III 6331 b

—, 2,4-Dimethoxy-1-[2,2,2-trichlor-
1-methoxy-äthyl]- 6 III 6329 h

—, 1,2-Dimethoxy-4-[2,2,2-trichlor-
1-propoxy-äthyl]- 6 IV 7391

—, 1,3-Dimethoxy-5-tridecyl- 6 III 4755 c

—, 1,3-Dimethoxy-2,4,5-trimethyl- 6 931 f

—, 1,4-Dimethoxy-2,3,5-trimethyl-
6 III 4645 b

—, 1,3-Dimethoxy-5-[1,2,4-trimethyl-hex-
1-enyl]- 6 III 5069 c

—, 1,3-Dimethoxy-5-[1,2,4-trimethyl-
hexyl]- 6 III 4744 d

—, 1,2-Dimethoxy-3,4,5-trinitro-
6 792 h, I 395 h, II 795 f, III 4276 a

Benzol (Fortsetzung)

—, 1,4-Dimethoxy-2,3,5-trinitro-
6 858 k

—, 1,5-Dimethoxy-2,3,4-trinitro-
6 833 e

—, 2,3-Dimethoxy-1,4,5-trinitro-
6 I 396 a

—, 2,4-Dimethoxy-1,3,5-trinitro-
6 832 b, I 406 b, II 826 b

—, 1,2-Dimethoxy-3,4,6-trinitro-5-propyl-
6 925 c

—, 1,3-Dimethoxy-2,4,5-triphenyl-
6 IV 7050

—, 1,2-Dimethoxy-4-trityl- **6** II 1033 g

—, 1,4-Dimethoxy-2-trityl- **6** II 1033 e

—, 2,4-Dimethoxy-1-trityl-
6 II 1033 d

—, 1,3-Dimethoxy-5-undecyl-
6 III 4749 h

—, 1-[2-Dimethylamino-äthoxy]-2-
[2-dimethylamino-äthylmercapto]-
6 IV 5641

—, 1-[2-Dimethylamino-äthoxy]-4-
[2-dimethylamino-äthylmercapto]-
6 IV 5819

—, 1-[2-Dimethylamino-äthoxy]-4-*p*-menthan-
4-yl- **6** IV 3966 g

—, 1-[2-Dimethylamino-äthoxy]-2-
[4-methoxy-benzyl]- **6** III 5410 d

—, 1-[2-Dimethylamino-äthoxy]-4-[toluol-
4-sulfonyl]- **6** IV 5819

—, 1-[3-Dimethylamino-propoxy]-2-
[3-dimethylamino-propylmercapto]-
6 IV 5641

—, 1-[3-Dimethylamino-propoxy]-4-
[3-dimethylamino-propylmercapto]-
6 IV 5820

—, 1,2-Dimethyl-3,5-bis-methylmercapto-
6 III 4582 a

—, 1,3-Dimethyl-2,4-bis-methylmercapto-
6 I 444 n

—, 1,5-Dimethyl-2,4-bis-methylmercapto-
6 I 445 e

—, 2,5-Dimethyl-1,3-bis-methylmercapto-
6 I 446 h

—, 1,5-Dimethyl-2,4-bis-[phenäthyloxy⚡
thiocarbonylmercapto-methyl]-
6 IV 6031

—, 1,2-Dimethyl-3,5-bis-picrylmercapto-
6 III 4582 b

—, 1,3-Dimethyl-2,4-bis-picrylmercapto-
6 I 445 a

—, 1,5-Dimethyl-2,4-bis-picrylmercapto-
6 I 445 h

—, 2,5-Dimethyl-1,3-bis-picrylmercapto-
6 I 446 i

—, 1,5-Dimethyl-2,4-bis-[propoxy⚡
thiocarbonylmercapto-methyl]-
6 IV 6031

—, 1-[1,1-Dimethyl-but-2-enyl]-
3,5-dimethoxy- **6** III 5055 e

—, 1-[1,2-Dimethyl-but-1-enyl]-
3,5-dimethoxy- **6** III 5056 a

—, 1-[1,1-Dimethyl-butyl]-3,5-dimethoxy-
6 III 4721 a

—, 1-[1,2-Dimethyl-butyl]-3,5-dimethoxy-
6 III 4721 c

—, 1-Dimethylcarbamoyloxy-3-nitro-5-
[3-(3-nitro-phenoxy)-propoxy]-
6 IV 5693

—, 1,3-Dimethyl-4,6-dinitro-
5-nitryloxymethyl-2-propyl- **6** IV 3445

—, 1,5-Dimethyl-2,4-dipropoxy- **6** 913 b

—, 1-[1,1-Dimethyl-hept-2-enyl]-
3,5-dimethoxy- **6** III 5069 a

—, 1-[1,2-Dimethyl-hept-1-enyl]-
3,5-dimethoxy- **6** III 5069 b

—, 1-[1,1-Dimethyl-heptyl]-
3,5-dimethoxy- **6** III 4743 h

—, 1-[1,2-Dimethyl-heptyl]-
3,5-dimethoxy- **6** III 4744 b

—, 1-[1,2-Dimethyl-hex-1-enyl]-
3,5-dimethoxy- **6** III 5065 b

—, 2-[1,5-Dimethyl-hex-4-enyl]-
1,3,4-trimethoxy-5-methyl- **6** III 6452 b

—, 1-[1,2-Dimethyl-hexyl]-3,5-dimethoxy-
6 III 4736 e

—, 5-[1,5-Dimethyl-hexyl]-1,3-dimethoxy-
2-methyl- **6** III 4744 g

—, 1-[1,5-Dimethyl-hexyl]-
2,3,5,6-tetramethoxy-4-methyl- **6** III 6675 b

—, 1,3-Dimethyl-5-methylmercapto-
6 II 465 g

—, 2,4-Dimethyl-1-methylmercapto-
6 II 461 g, III 1751 e, IV 3138

—, 1,2-Dimethyl-4-[methylmercapto-
methyl]- **6** IV 3252

—, 1,3-Dimethyl-2-methylmercapto-
5-nitro- **6** IV 3125

—, 1,3-Dimethyl-5-methylmercapto-
2-nitro- **6** IV 3162

—, 1,3-Dimethyl-5-myristoyloxy-
6 IV 3146

Benzol (Fortsetzung)

—, 4-[3,4-Dimethyl-6-nitro-cyclohex-
3-enyl]-1,2-dimethoxy- **6** III 5174 a

—, 5-[2,6-Dimethyl-4-nitro-phenoxy]-
2-methoxy-1,3-dimethyl- **6** IV 5958

—, 1,2-Dimethyl-4-nitro-5-thiocyanato-
6 IV 3109

—, 1,2-Dimethyl-4-octanoyloxy-
6 IV 3103

—, 1,3-Dimethyl-5-octanoyloxy-
6 IV 3146

—, 2,4-Dimethyl-1-octanoyloxymethyl-
6 IV 3251

—, 1-[1,2-Dimethyl-oct-1-enyl]-
3,5-dimethoxy- **6** III 5071 c

—, 1-[1,2-Dimethyl-octyl]-3,5-dimethoxy-
6 III 4747 e

—, 1,3-Dimethyl-2-pent-2-enyloxy-
6 IV 3115

—, 1,3-Dimethyl-5-pentyloxy-
6 IV 3143

—, 1-[2,6-Dimethyl-phenoxy]-4-methoxy-
6 IV 5729

—, 1-[3,5-Dimethyl-phenoxy]-4-methoxy-
6 III 4403 b

—, 5-[2,6-Dimethyl-phenoxy]-2-methoxy-
1,3-dimethyl- **6** IV 5957

—, 1-[2,6-Dimethyl-phenoxy]-4-methoxy-
3,5-dimethyl-2-nitro- **6** IV 5958

—, 1,3-Dimethyl-2-pivaloyloxy-
6 III 1738 c

—, 2-[1,2-Dimethyl-propenyl]-
1,4-dimethoxy- **6** III 5051 b

—, 1-[1,2-Dimethyl-propenyl]-
2,5-dimethoxy-4-propyl- **6** III 5065 c

—, 1,2-Dimethyl-4-propionyloxy-
6 IV 3102

—, 1,3-Dimethyl-2-propionyloxy-
6 III 1737 h, IV 3117

—, 1,3-Dimethyl-5-propionyloxy-
6 III 1758 a, IV 3145

—, 1,4-Dimethyl-2-propionyloxy-
6 III 1772 e

—, 2,4-Dimethyl-1-propionyloxy-
6 II 459 f, III 1746 c

—, 1-Dimethylsulfamoyloxy-4-nitro-
6 IV 1316

—, 1-[2-Dimethylthiocarbamoylmercapto-
äthoxy]-2-[dimethylthiocarbamoyl≠
mercapto-methyl]-4-methyl- **6** IV 5966

—, 1,3-Dimethyl-5-undecanoyloxy-
6 IV 3146

—, 4-[1,1-Dimethyl-undecyl]-
1,2-dimethoxy- **6** III 4755 e

—, 1,3-Dimethyl-5-vinyloxy- **6** IV 3143

—, 1-[2,4-Dinitro-benzolsulfonyl]-
2-methansulfonyl- **6** IV 5653

—, 1-[2,4-Dinitro-benzolsulfonyl]-
3-methansulfonyl- **6** IV 5706

—, 1-[2,4-Dinitro-benzolsulfonyl]-
4-methansulfonyl- **6** IV 5842

—, 1-[2,4-Dinitro-benzolsulfonyl]-
4-methoxy- **6** IV 5798

—, 1,5-Dinitro-2,4-bis-[4-nitro-
benzolsulfonyl]- **6** IV 5710

—, 1,5-Dinitro-2,4-bis-[4-nitro-
phenylmercapto]- **6** IV 5710

—, 1,5-Dinitro-2,4-bis-[2-nitryloxy-
äthoxy]- **6** III 4353 b

—, 1,5-Dinitro-2,4-bis-nonyloxy-
6 IV 5697

—, 1,5-Dinitro-2,4-bis-octadecyloxy-
6 IV 5697

—, 1,5-Dinitro-2,4-bis-octyloxy-
6 IV 5697

—, 1,2-Dinitro-4,5-bis-pentyloxy-
6 III 4275 d

—, 1,5-Dinitro-2,4-bis-pentyloxy-
6 IV 5697

—, 1,5-Dinitro-2,4-bis-[1-phenyl-äthoxy]-
6 IV 5698

—, 1,5-Dinitro-2,4-bis-phenylmercapto-
6 III 4371 f, IV 5710

—, 1,4-Dinitro-2,5-bis-picryloxy-
6 IV 5788

—, 1,5-Dinitro-2,3-bis-picryloxy-
6 IV 5632

—, 2,5-Dinitro-1,3-bis-picryloxy-
6 IV 5696

—, 1,5-Dinitro-2,4-bis-selenocyanato-
6 IV 5712

—, 1,5-Dinitro-2,4-bis-thiocyanato-
6 836 i, IV 5710

—, 1,5-Dinitro-2,4-bis-[toluol-4-sulfonyl]-
6 III 4273 b

—, 1,5-Dinitro-2,4-bis-*p*-tolylmercapto-
6 III 4372 a, IV 5710

—, 1,5-Dinitro-2,4-bis-*p*-tolyloxy-
6 IV 5698

—, 1,5-Dinitro-2,4-diphenoxy-
6 II 824 d, IV 5698

—, 2,4-Dinitro-1,5-diphenoxy-
6 829 b

—, 1,5-Dinitro-2,4-dipropoxy-
6 IV 5696

Benzol (Fortsetzung)

—, 2,4-Dinitro-1-nitromethylmercapto-
6 IV 1757

—, 2,4-Dinitro-1-nitryloxymethyl-
6 III 1572 c, IV 2632

—, 2,4-Dinitro-1-nonadecylmercapto-
6 III 1093 i

—, 2,4-Dinitro-1-[nonan-1-sulfonyl]-
6 III 1092 g

—, 2,4-Dinitro-1-nonyldisulfanyl-
6 IV 1768

—, 2,4-Dinitro-1-nonylmercapto-
6 III 1092 f, IV 1739

—, 2,4-Dinitro-1-[octadecan-1-sulfonyl]-
6 III 1093 h

—, 2,4-Dinitro-1-octadecylmercapto-
6 III 1093 g

—, 2,4-Dinitro-1-octadecyloxy-
6 IV 1374

—, 2,4-Dinitro-1-[octan-1-sulfonyl]-
6 III 1092 d

—, 2,4-Dinitro-1-octylmercapto-
6 III 1092 c, IV 1738

—, 2,4-Dinitro-1-[pentan-1-sulfonyl]-
6 III 1091 g

—, 2,4-Dinitro-1-pent-1-enylmercapto-
6 III 1094 a

—, 2,4-Dinitro-1-pentylmercapto-
6 III 1091 f, IV 1737

—, 2,4-Dinitro-1-pentyloxy- 6 III 859 e

—, 2-[2,4-Dinitro-phenoxy]-
1,3-dimethoxy-5-[3-methoxy-propenyl]-
6 IV 7718

—, 1-[2,4-Dinitro-phenoxy]-2-methoxy-
6 III 4217 c, IV 5571

—, 1-[2,4-Dinitro-phenoxy]-3-methoxy-
6 IV 5668

—, 1-[2,4-Dinitro-phenoxy]-4-methoxy-
6 III 4399 f, IV 5726

—, 1-[2,4-Dinitro-phenoxy]-2-methoxy-
3,5-dinitro- 6 III 4273 i

—, 1-[2,4-Dinitro-phenoxy]-2-methoxy-
4-[3-methoxy-propenyl]- 6 IV 7478

—, 1-[2,4-Dinitro-phenoxy]-2-methoxy-
4-nitro- 6 III 4266 d

—, 2-[2,4-Dinitro-phenoxy]-1-methoxy-
4-nitro- 6 III 4267 e

—, 1-[2,4-Dinitro-phenoxy]-2-methoxy-
4-propenyl- 6 957 c, III 5002 f

—, 2-[2,4-Dinitro-phenoxy]-1-methoxy-
4-propenyl- 6 III 5002 e

—, 1-[2,4-Dinitro-phenoxy]-2-methoxy-
5-propenyl-4-trityl- 6 III 5966 Anm. 2

—, 2-[2,4-Dinitro-phenoxy]-1-methoxy-
4-propenyl-3-trityl- 6 III 5966 b

—, 2-[2,4-Dinitro-phenoxy]-1-methoxy-
5-propenyl-3-trityl- 6 III 5968 a

—, 1-[2,4-Dinitro-phenoxy]-
4-phenylmercapto- 6 IV 5799

—, 1-[2,4-Dinitro-phenylmercapto]-
2-methansulfonyl- 6 IV 5653

—, 1-[2,4-Dinitro-phenylmercapto]-
3-methansulfonyl- 6 IV 5706

—, 1-[2,4-Dinitro-phenylmercapto]-
4-methansulfonyl- 6 IV 5842

—, 1-[2,4-Dinitro-phenylmercapto]-
2-methoxy- 6 IV 5635

—, 1-[2,4-Dinitro-phenylmercapto]-
3-methoxy- 6 IV 5703

—, 1-[2,4-Dinitro-phenylmercapto]-
4-methoxy- 6 IV 5796

—, 1-[2,4-Dinitro-phenylmercapto]-
2-methylmercapto- 6 IV 5652

—, 1-[2,4-Dinitro-phenylmercapto]-
3-methylmercapto- 6 IV 5706

—, 1-[2,4-Dinitro-phenylmercapto]-
4-methylmercapto- 6 IV 5841

—, 1-[2,4-Dinitro-phenylmercapto]-
4-phenoxy- 6 IV 5800

—, 1-[2,4-Dinitro-phenylmercapto]-
4-phenylmercapto- 6 IV 5844

—, 2,4-Dinitro-1-[propan-1-sulfonyl]-
6 III 1089 h

—, 2,4-Dinitro-1-[prop-1-en-1-sulfonyl]-
6 III 1093 k

—, 2,4-Dinitro-1-propenylmercapto-
6 III 1093 j

—, 2,4-Dinitro-1-prop-2-inylmercapto-
6 IV 1744

—, 1,2-Dinitro-3-propoxy- 6 III 854 h

—, 1,3-Dinitro-2-propoxy- 6 III 868 c

—, 2,4-Dinitro-1-propoxy- 6 255 a,
III 859 a, IV 1373

—, 2,4-Dinitro-1-propyldisulfanyl-
6 IV 1768

—, 2,4-Dinitro-1-propylmercapto-
6 III 1089 f, IV 1734

—, 2,4-Dinitro-1-[tetradecan-1-sulfonyl]-
6 IV 1740

—, 2,4-Dinitro-1-tetradecylmercapto-
6 III 1093 b, IV 1740

—, 2,4-Dinitro-1-thiocyanatomethyl-
6 I 232 e

—, 2,4-Dinitro-1-trichlormethyldisulfanyl-
6 IV 1770

Benzol (Fortsetzung)

—, 2,4-Dinitro-1-[tridecan-1-sulfonyl]-
    6 III 1093 a

—, 2,4-Dinitro-1-tridecylmercapto-
    6 III 1092 n

—, 2,4-Dinitro-1,3,5-triphenoxy-
    6 II 1079 k

—, 2,4-Dinitro-1-[undecan-1-sulfonyl]-
    6 III 1092 k

—, 2,4-Dinitro-1-undecylmercapto-
    6 III 1092 j

—, 1,2-Diphenoxy- **6** 772 l

—, 1,3-Diphenoxy- **6** 815 e

—, 1,4-Diphenoxy- **6** 844 n, III 4400 b,
    IV 5726

—, 1-[1,1-Diphenyl-äthyl]-
    2,4,5-trimethoxy- **6** II 1110 d

—, 1,2-Dipropoxy- **6** III 4209 d,
    IV 5566

—, 1,3-Dipropoxy- **6** 815 b, II 815 b,
    III 4308 c

—, 1,4-Dipropoxy- **6** IV 5720

—, 1,4-Dipropoxy-2,5-bis-thiocyanatomethyl-
    6 IV 7702

—, 1,2-Dipropoxy-4-thiocyanatomethyl-
    6 IV 7386

—, 1-[Dodecan-1-sulfonyl]-2,4-dinitro-
    6 III 1092 m

—, 1-Dodecyl-3,5-dimethoxy-
    6 III 4751 g

—, 2-Dodecyl-1,4-dimethoxy-
    6 III 4751 c

—, 4-Dodecyl-1,2-dimethoxy-
    6 IV 6090

—, 1-Dodecylmercapto-2,4-dinitro-
    6 III 1092 l, IV 1739

—, 1-Dodecylmercapto-4-nitro-
    6 III 1069 h

—, 2-Dodecylmercapto-1,3,5-tris-
    trifluormethyl- **6** IV 3263

—, 1-Dodecyloxy-2,4-difluor- **6** IV 779

—, 1-Dodecyloxy-2,4-dinitro- **6** IV 1374

—, 1-Dodecyloxy-4-fluor- **6** IV 774

—, 1-Dodecyloxy-3-hexyloxy-
    6 III 4311 i

—, 1-[β-Dodecyloxy-isopropoxy]-2-nitro-
    6 IV 1255

—, 1-Dodecyloxy-2-nitro- **6** III 801 c,
    IV 1252

—, 1-Dodecyloxy-3-nitro- **6** III 809 e

—, 1-Dodecyloxy-4-nitro- **6** III 820 g,
    IV 1286

—, 1-Dodecyloxy-4-nonyloxy-
    6 III 4393 c

—, 1-Dodecyloxy-3-pentadecyl-
    6 IV 3556

—, 1-Dodecyloxy-4-pentadecyloxy-
    6 III 4394 d

—, 1-Dodecyloxy-2,3,5,6-tetramethyl-
    4-palmitoyloxy- **6** III 4689 b

—, 1-Dodecyloxy-2,3,5,6-tetramethyl-
    4-propionyloxy- **6** III 4689 a

—, 2-Dodecyloxy-1,3,5-trijod-
    6 III 789 h

—, 1-Dodecyloxy-2,3,5-trimethyl-
    4-propionyloxy- **6** III 4648 e

—, 1-Dodecyloxy-4-undecyloxy-
    6 III 4393 d

—, 2-Dodecyl-1,3,5-trimethoxy-
    6 II 1090 f

—, 1-Dodecyl-4-[2-vinyloxy-äthoxy]-
    6 IV 3535

—, 1-Eicosyl-3,5-dimethoxy- **6** III 4798 b

—, 1-[4-Fluor-benzolsulfonyl]-4-methoxy-
    6 III 4452 b, IV 5797

—, 1-[4-Fluor-benzolsulfonylmethyl]-
    4-methoxy- **6** IV 5921

—, 1-[4-Fluor-benzylmercapto]-
    4-methoxy- **6** IV 5803

—, 3-Fluor-1,2-dimethoxy- **6** IV 5613

—, 1-Fluor-4,5-dimethoxy-2-nitro-
    6 IV 5630

—, 1-Fluor-4-fluoracetoxy- **6** IV 775

—, 2-Fluor-4-[2-fluor-phenoxy]-
    1-methoxy- **6** III 4431 d

—, 1-Fluor-4-hexadecyloxy- **6** IV 775

—, 1-Fluor-4-hexanoyloxy- **6** III 671 d

—, 1-Fluor-4-isopropoxy- **6** III 670 b

—, 1-Fluor-2-isovaleryloxy- **6** IV 772

—, 1-Fluor-4-methansulfonyl-
    6 IV 1567

—, 1-Fluor-4-methansulfonyl-2-nitro-
    6 IV 1721

—, 1-Fluor-4-methylmercapto-
    6 IV 1567

—, 1-Fluor-2-nitro-4-trifluormethansulfonyl-
    6 IV 1722

—, 1-Fluor-2-octyloxy- **6** IV 771

—, 1-[2-Fluor-phenoxy]-4-methoxy-
    6 III 4398 a

—, 1-[3-Fluor-phenoxy]-4-methoxy-
    6 III 4398 b

—, 1-[(4-Fluor-phenylmercapto)-methyl]-
    4-methoxy- **6** IV 5921

Benzol (Fortsetzung)

—, 1-[4-Fluor-phenylmethansulfinyl]-
4-methoxy- **6** IV 5803

—, 1-[4-Fluor-phenylmethansulfonyl]-
4-methoxy- **6** IV 5804

—, 1-Fluor-4-propionyloxy-
6 III 671 a, IV 776

—, 1-Fluor-4-tetradecyloxy- **6** IV 775

—, 1-Fluor-4-trichlormethoxy- **6** IV 776

—, 1-Fluor-4-trichlormethylmercapto-
6 IV 1569

—, 1-Fluor-4-trifluormethansulfonyl-
6 IV 1569

—, 1-Fluor-4-trifluormethoxy- **6** IV 776

—, 1-Fluor-4-trifluormethylmercapto-
6 IV 1569

—, 1-Fluor-4-valeryloxy- **6** III 671 c

—, 1-Fluor-4-vinyloxy- **6** IV 775

—, 1-Formyloxy-2,3-dimethoxy-
6 IV 7332

—, 1-Formyloxy-2,4-dimethoxy-
6 IV 7342

—, 4-Formyloxy-1,2-dimethoxy-
6 III 6281 a

—, 1-Formyloxy-2,4-dinitro-
6 I 126 h

—, 1-Formyloxy-2-methoxy- **6** III 4227 d

—, 1-Formyloxy-2-methoxy-4-propenyl-
6 958 f

—, 1-Formyloxy-2-methoxy-4-propyl-
6 III 4616 a

—, 1-Formyloxymethyl-4-methoxy-
6 III 4549 e, IV 5914

—, 1-Formyloxymethyl-2-nitro-
6 449 c

—, 1-Formyloxymethyl-4-nitro-
6 I 223 e

—, 1-Heptadecanoyloxymethyl-4-nitro-
6 III 1569 c

—, 1-[Heptadecan-1-sulfonyl]-2,4-dinitro-
6 III 1093 f

—, 1-Heptadec-1-enyl-2,3-dimethoxy-
6 III 5113 a

—, 4-Heptadec-1-enyl-1,2-dimethoxy-
6 III 5113 b

—, 1-Heptadecyl-2,3-bis-propionyloxy-
6 III 4792 c

—, 1-Heptadecyl-2,3-dimethoxy-
6 II 912 d, III 4792 a

—, 1-Heptadecyl-3,5-dimethoxy-
6 IV 6119

—, 2-Heptadecyl-1,4-dimethoxy-
6 IV 6119

—, 4-Heptadecyl-1,2-dimethoxy-
6 II 912 h, III 4792 e

—, 1-Heptadecyl-3,5-dimethoxy-
2,4-dimethyl- **6** IV 6124

—, 3-Heptadecyl-1,5-dimethoxy-
2,4-dimethyl- **6** IV 6124

—, 3-Heptadecyl-1,2-dimethoxy-
4,5-dinitro- **6** II 912 f

—, 1-Heptadecyl-3,5-dimethoxy-2-methyl-
6 IV 6120

—, 5-Heptadecyl-1,3-dimethoxy-2-methyl-
6 IV 6121

—, 1-Heptadecyl-2,3-dimethoxy-5-nitro-
6 II 912 e

—, 1-Heptadecyl-4,5-dimethoxy-2-nitro-
6 II 913 a

—, 1-Heptadecylmercapto-2,4-dinitro-
6 III 1093 e

—, 1-Heptadecyloxy-4-jod- **6** III 777 a

—, 1-Heptanoyloxy-2,4-dimethyl-
6 III 1746 e

—, 1-Heptanoyloxy-3,5-dimethyl-
6 IV 3145

—, 2-Heptanoyloxy-1,3-dimethyl-
6 III 1738 d

—, 4-Heptanoyloxy-1,2-dimethyl-
6 IV 3103

—, 2-Heptanoyloxy-1-isopropyl-4-methyl-
6 IV 3337

—, 2-Heptanoyloxy-4-isopropyl-1-methyl-
6 IV 3332

—, 1-Heptanoyloxy-2-methoxy-
6 III 4230 a

—, 1-[Heptan-1-sulfonyl]-2,4-dinitro-
6 III 1092 b

—, 1-Hept-6-inyloxy-2-methoxy- **6** IV 5570

—, 1-Heptyl-3,5-dimethoxy- **6** III 4729 e

—, 2-Heptyl-1,4-dimethoxy- **6** IV 6060

—, 4-Heptyl-1,2-dimethoxy- **8** IV 1898

—, 2-Heptyl-5-isopentyl-1,4-dimethoxy-
3-methyl- **6** III 4756 b

—, 1-Heptyl-3-isovaleryloxy- **6** IV 3454

—, 1-Heptylmercapto-2,4-dinitro-
6 III 1092 a, IV 1738

—, 1-Heptyloxy-2,4-dinitro- **6** III 860 b

—, 2-Heptyloxy-1-isopropyl-4-methyl-
6 536 j

—, 1-Heptyloxy-2-methoxy-4-propenyl-
6 III 5002 a

—, 1-Heptyloxy-2-nitro- **6** IV 1251

—, 1-Heptyloxy-4-nitro- **6** III 820 b

—, Hexaacetoxy- **6** 1199 b, II 1161 d,
III 6939 b

Benzol (Fortsetzung)

—, 1-[Hexadecan-1-sulfonyl]-2,4-dinitro-
6 III 1093 d

—, 2-Hexadec-1-enyl-1,4-dimethoxy-
6 III 5109 d

—, 1-Hexadecyl-2,4-dimethoxy-
6 II 912 b

—, 2-Hexadecyl-1,4-dimethoxy-
6 III 4788 c

—, 4-Hexadecyl-1,2-dimethoxy-
6 I 457 e

—, 1-Hexadecyl-4,5-dimethoxy-2-nitro-
6 IV 6117

—, 1-Hexadecylmercapto-2,4-dinitro-
6 III 1093 c, IV 1740

—, 1-Hexadecylmercapto-2-nitro-
6 IV 1662

—, 1-Hexadecylmercapto-4-nitro-
6 IV 1689

—, 1-Hexadecyl-4-methoxy- 6 IV 3563

—, 1-Hexadecyloxy-3,5-dimethoxy-
6 IV 7364

—, 1-Hexadecyloxy-2,4-dinitro-
6 IV 1374

—, 1-Hexadecyloxy-2-methoxy-
6 772 e

—, 1-Hexadecyloxy-4-methoxy-
6 III 4394 f

—, 1-Hexadecyloxy-4-methoxy-2-nitro-
6 III 4443 a

—, 4-Hexadecyloxy-1-methoxy-2-nitro-
6 III 4443 b

—, 1-Hexadecyloxy-2-nitro- 6 IV 1252

—, 1-Hexadecyloxy-4-nitro- 6 III 820 i

—, 2-Hexadecyl-1,3,5-trimethoxy-
6 II 1091 a

—, 1-[3a,4,5,6,7,7a-Hexahydro-
4,7-methano-inden-5(oder 6)-yloxy]-
2-methoxy- 6 III 4220 c

—, Hexakis-acetoxymethyl- 6 III 6941 h,
IV 7930

—, Hexakis-äthansulfonylmethyl-
6 III 6942 g

—, Hexakis-äthoxymethyl- 6 III 6941 f

—, Hexakis-[äthylmercapto-methyl]-
6 III 6942 f

—, Hexakis-benzolsulfonyl- 6 IV 7929

—, Hexakis-benzolsulfonylmethyl-
6 III 6944 a

—, Hexakis-[benzylmercapto-methyl]-
6 III 6944 d

—, Hexakis-[butan-1-sulfonylmethyl]-
6 III 6943 a

—, Hexakis-[butan-2-sulfonylmethyl]-
6 III 6943 c

—, Hexakis-[4-*tert*-butyl-benzolsulfonyl≠
methyl]- 6 III 6945 a

—, Hexakis-[butylmercapto-methyl]-
6 III 6942 l

—, Hexakis-[*sec*-butylmercapto-methyl]-
6 III 6943 b

—, Hexakis-[*tert*-butylmercapto-methyl]-
6 III 6943 f

—, Hexakis-[(4-*tert*-butyl-phenyl≠
mercapto)-methyl]- 6 III 6944 f

—, Hexakis-butyryloxy- 6 III 6939 f

—, Hexakis-[carbamimidoylmercapto-
methyl]- 6 III 6945 b

—, Hexakis-chloracetoxy- 6 III 6939 c

—, Hexakis-[(4-chlor-phenylmercapto)-
methyl]- 6 III 6943 o

—, Hexakis-decanoyloxy- 6 III 6940 g

—, Hexakis-heptanoyloxy- 6 III 6940 e

—, Hexakis-hexanoyloxy- 6 III 6940 d

—, Hexakis-[hexan-1-sulfonylmethyl]-
6 III 6943 m

—, Hexakis-[hexylmercapto-methyl]-
6 III 6943 l

—, Hexakis-hydroxymethyl- 6 III 6941 d,
IV 7930

—, Hexakis-[isobutylmercapto-methyl]-
6 III 6943 d

—, Hexakis-isobutyryloxy- 6 III 6939 g

—, Hexakis-[isopropylmercapto-methyl]-
6 III 6942 j

—, Hexakis-isovaleryloxy- 6 III 6940 a

—, Hexakis-mercaptomethyl- 6 III 6942 c

—, Hexakis-methansulfonylmethyl-
6 III 6942 e

—, Hexakis-methoxymethyl- 6 III 6941 e

—, Hexakis-[2-methyl-butan-
2-sulfonylmethyl]- 6 III 6943 k

—, Hexakis-[2-methyl-butyryloxy]-
6 III 6939 i

—, Hexakis-[methylmercapto-methyl]-
6 III 6942 d

—, Hexakis-[2-methyl-propan-
1-sulfonylmethyl]- 6 III 6943 e

—, Hexakis-[2-methyl-propan-
2-sulfonylmethyl]- 6 III 6943 g

—, Hexakis-nitryloxymethyl- 6 III 6942 b

—, Hexakis-octanoyloxy- 6 III 6940 f

—, Hexakis-[pentan-1-sulfonylmethyl]-
6 III 6943 i

—, Hexakis-[pentylmercapto-methyl]-
6 III 6943 h

Benzol (Fortsetzung)

—, Hexakis-[*tert*-pentylmercapto-methyl]-
6 III 6943 j

—, Hexakis-phenoxymethyl- 6 III 6941 g

—, Hexakis-phenylmercapto- 6 IV 7929

—, Hexakis-[phenylmercapto-methyl]-
6 III 6943 n

—, Hexakis-[phenylmethansulfonyl-
methyl]- 6 III 6944 e

—, Hexakis-pivaloyloxy- 6 III 6940 c

—, Hexakis-[propan-1-sulfonylmethyl]-
6 III 6942 i

—, Hexakis-[propan-2-sulfonylmethyl]-
6 III 6942 k

—, Hexakis-propionyloxy- 6 III 6939 e

—, Hexakis-propionyloxymethyl-
6 III 6942 a

—, Hexakis-[propylmercapto-methyl]-
6 III 6942 h

—, Hexakis-[toluol-4-sulfonylmethyl]-
6 III 6944 c

—, Hexakis-[*p*-tolylmercapto-methyl]-
6 III 6944 b

—, Hexakis-trichloracetoxy- 6 III 6939 d

—, Hexakis-undecanoyloxy- 6 III 6940 h

—, Hexakis-valeryloxy- 6 III 6939 h

—, Hexamethoxy- 6 III 6938 b, IV 7928

—, 1-Hexanoyloxy-2,4-dimethyl- 6 IV 3128

—, 1-Hexanoyloxy-3,5-dimethyl- 6 IV 3145

—, 2-Hexanoyloxy-1,3-dimethyl- 6 IV 3117

—, 2-Hexanoyloxy-1,4-dimethyl- 6 IV 3166

—, 4-Hexanoyloxy-1,2-dimethyl- 6 IV 3103

—, 2-Hexanoyloxy-1-isopropyl-4-methyl-
6 IV 3337

—, 1-Hexanoyloxy-2-methoxy-
6 III 4229 e, IV 5583

—, 1-Hexanoyloxy-4-nitro- 6 IV 1299

—, 1-[Hexan-1-sulfonyl]-2,4-dinitro-
6 III 1091 m

—, 1-Hex-2-enoyloxy-3-methoxy-
6 III 4321 f

—, 1-Hex-2-enyl-2,4-dimethoxy-
6 III 5054 c

—, 1-Hexyl-2,4-bis-sulfooxy- 6 III 4712 f

—, 1-Hexyl-2,4-dimethoxy- 6 II 904 f,
III 4713 a, IV 6048

—, 1-Hexyl-3,5-dimethoxy- 6 III 4714 f

—, 2-Hexyl-1,4-dimethoxy- 6 IV 6049

—, 4-Hexyl-1,2-dimethoxy- 6 III 4714 d,
IV 6050

—, 1-Hexyldisulfanyl-2,4-dinitro-
6 IV 1768

—, 1-Hexylmercapto-2,4-dinitro-
6 III 1091 k, IV 1737

—, 1-Hexylmercapto-4-methoxy-
6 III 4449 c

—, 1-Hexyloxy-2,4-dinitro- 6 III 860 a,
IV 1374

—, 1-Hexyloxy-2-methoxy- 6 III 4211 g

—, 2-Hexyloxy-1-methoxy-3-[2-nitro-
propenyl]- 6 IV 6323

—, 1-Hexyloxy-2-nitro- 6 III 801 b,
IV 1251

—, 1-Hexyloxy-4-nitro- 6 III 820 a

—, 1-Hexyloxy-3-octyloxy- 6 III 4310 f

—, 2-Hexyloxy-1,3,5-trijod- 6 III 789 g

—, Hexylselanyl- 6 IV 1778

—, 1-Hexylselanyl-2-methoxy-
6 III 4290 f

—, 1-Hexylselanyl-4-methoxy-
6 III 4480 d

—, 1-[α-Hydroperoxy-isopropyl]-4-
[1-hydroperoxy-1-methyl-propyl]-
6 IV 6063

—, 4-[2-Hydroxy-äthansulfonyl]-1-
[2-hydroxy-äthylmercapto]-2-nitro-
6 IV 5850

—, 1-[1-Hydroxy-äthyl]-4-[2-hydroxy-
äthylmercapto]-2-methyl-5-nitro-
6 IV 5995

—, 1-[α-Hydroxy-benzhydryl]-2-
[α-hydroxy-benzyl]- 6 1058 g, I 524 c

—, 1-[α-Hydroxy-benzhydryl]-3-
[α-hydroxy-benzyl]- 6 I 524 e

—, 1-[α-Hydroxy-benzhydryl]-4-
[α-hydroxy-benzyl]- 6 I 524 g

—, 2-[α-Hydroxy-benzhydryl]-1-
[α-hydroxy-benzyl]-3,4-dimethoxy-
6 I 583 d

—, 1-[α-Hydroxy-benzhydryl]-4-[hydroxy-
tert-butyl]- 6 IV 6992

—, 1-[α-Hydroxy-benzhydryl]-
2-hydroxymethyl- 6 1046 k, II 1017 a

—, 1-[α-Hydroxy-benzhydryl]-2-
[α-hydroxy-4-methyl-benzyl]- 6 I 525 b

—, 1-[2-Hydroxy-benzhydryl]-4-
[2-hydroxy-trityl]- 6 II 683 a

—, 1-[α-Hydroxy-benzhydryl]-2-
[α-methoxy-benzhydryl]- 6 III 6003 a

—, 1-[α-Hydroxy-benzyl]-2-[α-hydroxy-
4-methyl-benzyl]- 6 I 516 f

—, 1-[α-Hydroxy-benzyl]-2-[β-hydroxy-
phenäthyl]- 6 II 1019 h

—, 1-[1-Hydroxy-butyl]-2-[2-hydroxy-
1-methyl-pentyl]- 6 IV 6084

Benzol (Fortsetzung)

—, 1-Isopentyloxy-4-methoxy-
6 844 i, II 840 f

—, 2-Isopentyloxy-1-methoxy-3-[2-nitro-
but-1-enyl]- 6 IV 6347

—, 2-Isopentyloxy-1-methoxy-3-[2-nitro-
propenyl]- 6 IV 6323

—, 2-Isopentyloxy-1-methoxy-4-propenyl-
6 III 5001 g

—, 1-Isopentyloxy-2-methoxy-5-propenyl-
4-trityl- 6 III 5966 Anm. 1

—, 2-Isopentyloxy-1-methoxy-4-propenyl-
3-trityl- 6 III 5966 a

—, 2-Isopentyloxy-1-methoxy-5-propenyl-
3-trityl- 6 III 5967 f

—, 2-Isopentyloxy-1-methoxy-4-prop-
1-inyl- 6 III 5155 e

—, 1-Isopentyloxymethyl-4-methoxy-
6 IV 5912

—, 1-Isopentyloxymethyl-2-methyl-
6 484 i

—, 2-Isopentyloxymethyl-1,3,5-trimethyl-
6 IV 3362

—, 1-Isopentyloxy-2-nitro- 6 IV 1251

—, 1-Isopentyloxy-4-nitro- 6 232 d,
II 221 f

—, 2-Isopentyloxy-2-phenoxy-
6 III 4218 a

—, 1-Isopentyloxy-4-propyl- 6 III 1789 b

—, 1-Isopentyloxy-2,4,5-trimethyl- 6 510 d

—, Isopentylselanyl- 6 IV 1778

—, 1-Isopentylselanyl-2-methoxy-
6 III 4290 d

—, 1-Isopentylselanyl-4-methoxy-
6 III 4480 b

—, 1-Isopropenyl-2,3-dimethoxy-
6 III 5032 e, IV 6341

—, 1-Isopropenyl-2,4-dimethoxy-
6 IV 6341

—, 1-Isopropenyl-3,5-dimethoxy-
6 IV 6341

—, 2-Isopropenyl-1,3-dimethoxy-
6 IV 6341

—, 2-Isopropenyl-1,4-dimethoxy-
6 969 b

—, 4-Isopropenyl-1,2-dimethoxy-
6 969 d

—, 1-Isopropenyl-2-isopropenyloxy-
6 IV 3821

—, 1-Isopropenyl-4-methylmercapto-
6 IV 3822

—, 1-Isopropenyloxy-2-methoxy-
6 IV 5569

—, 5-Isopropenyl-1,2,3-trimethoxy-
6 I 556 d

—, 1-[1-Isopropoxy-äthyl]-4-methoxy-
6 III 4566 b

—, 1-Isopropoxy-2,4-bis-trifluormethyl-
6 III 1747 e, IV 3133

—, 1-Isopropoxy-2,4-diisopropyl-
6 III 2015 a

—, 4-Isopropoxy-1,2-diisopropyl-
6 III 2014 d

—, 1-Isopropoxy-2,4-diisopropyl-
5-methyl- 6 III 2042 d

—, 2-Isopropoxy-1,3-diisopropyl-
5-methyl- 6 III 2043 a

—, 2-Isopropoxy-1,5-diisopropyl-
3-methyl- 6 III 2042 h

—, 1-Isopropoxy-2,4-dijod- 6 210 d

—, 2-Isopropoxy-1,3-dijod- 6 211 c

—, 1-Isopropoxy-3,5-dimethyl-
6 I 244 b

—, 1-Isopropoxy-2,4-dinitro-
6 III 859 b, IV 1373

—, 1-Isopropoxy-4-isopropoxymethyl-
6 IV 5911

—, 1-Isopropoxy-2-isopropyl-
6 III 1808 c

—, 1-Isopropoxy-2-isopropyl-4-methyl-
6 III 1883 a

—, 1-Isopropoxy-4-isopropyl-2-methyl-
6 III 1884 c

—, 2-Isopropoxy-1-isopropyl-4-methyl-
6 III 1899 a

—, 4-Isopropoxy-1-isopropyl-2-methyl-
6 III 1881 b

—, 1-Isopropoxy-2-methoxy-
6 II 780 e, III 4209 f, IV 5566

—, 1-Isopropoxy-4-methoxy- 6 III 4388 f

—, 1-Isopropoxy-2-methoxy-4,5-dinitro-
6 II 795 c

—, 1-Isopropoxy-2-methoxy-4-nitro-
6 II 791 b

—, 2-Isopropoxy-1-methoxy-4-nitro-
6 II 791 c

—, 2-Isopropoxy-1-methoxy-3-[2-nitro-
but-1-enyl]- 6 IV 6346

—, 2-Isopropoxy-1-methoxy-3-[2-nitro-
propenyl]- 6 IV 6322

—, 1-Isopropoxy-2-methoxy-4-propenyl-
6 III 5001 a

—, 1-Isopropoxy-2-methoxy-5-propenyl-
4-trityl- 6 III 5965 Anm. 2

—, 2-Isopropoxy-1-methoxy-4-propenyl-
3-trityl- 6 III 5965 b

Benzol (Fortsetzung)

—, 2-Isopropoxy-1-methoxy-5-propenyl-
3-trityl- **6** III 5967 c

—, 1-Isopropoxymethyl-4-methoxy-
6 IV 5911

—, 1-Isopropoxy-2-nitro- **6** IV 1250

—, 1-Isopropoxy-3-nitro- **6** III 809 c

—, 1-Isopropoxy-4-nitro- **6** III 819 d,
IV 1285

—, 1-Isopropoxy-2-trifluormethyl-
6 III 1263 g, IV 1984

—, 1-Isopropoxy-3-trifluormethyl-
6 IV 2060

—, 1-Isopropoxy-4-trifluormethyl-
6 III 1374 c, IV 2134

—, 2-Isopropoxy-1,3,5-triisopropyl-
6 III 2075 a, IV 3514

—, 1-Isopropyl-2,3-dimethoxy-
6 III 4631 e, IV 5989

—, 1-Isopropyl-2,4-dimethoxy-
6 II 896 f, IV 5990

—, 1-Isopropyl-3,5-dimethoxy-
6 IV 5991

—, 2-Isopropyl-1,3-dimethoxy-
6 IV 5990

—, 2-Isopropyl-1,4-dimethoxy-
6 929 d, IV 5990

—, 4-Isopropyl-1,2-dimethoxy-
6 929 f, III 4633 b

—, 1-Isopropyl-2,3-dimethoxy-4,5-dinitro-
6 III 4632 g

—, 1-Isopropyl-2,3-dimethoxy-4-methyl-
6 IV 6019

—, 1-Isopropyl-2,5-dimethoxy-4-methyl-
6 945 c, II 901 c, III 4674 a

—, 5-Isopropyl-1,3-dimethoxy-2-methyl-
6 III 4676 f

—, 1-Isopropyl-2,3-dimethoxy-5-nitro-
6 III 4632 f

—, 1-Isopropyldisulfanyl-2,4-dinitro-
6 IV 1768

—, 1-Isopropyl-2-isovaleryloxy-4-methyl-
6 I 265 i, II 499 e

—, 4-Isopropyl-2-isovaleryloxy-1-methyl-
6 II 494 f

—, 1-Isopropyl-2-lauroyloxy-4-methyl-
6 IV 3338

—, 1-Isopropylmercapto-2,4-dinitro-
6 343 c, III 1090 b, IV 1735

—, 1-Isopropylmercapto-4-nitro-
6 II 310 h

—, 2-Isopropylmercapto-1,3,5-tris-
trifluormethyl- **6** IV 3263

—, 1-Isopropyl-2-methacryloyloxy-
4-methyl- **6** IV 3338

—, 1-Isopropyl-2-methallyloxy-4-methyl-
6 III 1899 h

—, 1-Isopropyl-2-methoxy-5-[1-methoxy-
äthyl]-4-methyl- **6** III 4726 d

—, 1-Isopropyl-2-methoxy-4-methyl-
5-nitro- **6** IV 3348

—, 1-Isopropyl-4-methyl-2,5-bis-
phosphonooxy- **6** III 4674 b

—, 1-Isopropyl-4-methyl-2,5-bis-
[2-trimethylammonio-äthoxy]- **6** IV 6022

—, 4-Isopropyl-1-methyl-2-methyl≠
mercapto- **6** 532 b

—, 1-Isopropyl-4-methyl-2-myristoyloxy-
6 IV 3338

—, 1-Isopropyl-4-methyl-2-octanoyloxy-
6 II 499 f, IV 3338

—, 4-Isopropyl-1-methyl-2-octanoyloxy-
6 IV 3332

—, 1-Isopropyl-4-methyl-2-octyloxy-
6 536 k

—, 1-Isopropyl-4-methyl-2-palmitoyloxy-
6 IV 3338

—, 1-[2-Isopropyl-5-methyl-phenoxy]-
2-methoxy- **6** III 4220 b

—, 1-[2-Isopropyl-5-methyl-phenoxy]-
3-methoxy- **6** III 4315 e

—, 1-[2-Isopropyl-5-methyl-phenoxy]-
4-methoxy- **6** III 4403 e

—, 1-Isopropyl-4-methyl-2-propionyloxy-
6 II 499 c, III 1901 f, IV 3337

—, 4-Isopropyl-1-methyl-2-propionyloxy-
6 II 494 d, III 1888 b, IV 3331

—, 1-Isopropyl-2-methyl-4-propoxy-
6 IV 3326

—, 1-Isopropyl-4-methyl-2-propoxy-
6 536 d, III 1898 e

—, 4-Isopropyl-1-methyl-2-propoxy-
6 III 1887 c

—, 1-Isopropyl-4-methyl-2-tetradecyloxy-
6 III 1899 e

—, 1-Isopropyl-4-methyl-2-[2-thiocyanato-
äthoxy]- **6** III 1900 g

—, 4-Isopropyl-1-methyl-2-[2-thiocyanato-
äthoxy]- **6** III 1888 a

—, 4-Isopropyl-1-methyl-2-undec-
10-enoyloxy- **6** IV 3332

—, 1-Isopropyl-4-methyl-2-valeryloxy-
6 IV 3337

—, 4-Isopropyl-1-methyl-2-valeryloxy-
6 IV 3332

Benzol   (Fortsetzung)

—, 1-Isopropyl-4-methyl-2-vinyloxy-
   6 IV 3336

—, 4-Isopropyl-1-methyl-2-vinyloxy-
   6 II 493 c, IV 3331

—, Isopropylselanyl- **6** IV 1777

—, 1-Isopropylselanyl-2-methoxy-
   6 III 4289 g

—, 1-Isopropylselanyl-4-methoxy-
   6 III 4479 f

—, 1-Isopropyl-4-trichloräthensulfinyl-
   6 IV 3218

—, 1-Isopropyl-4-trichloräthensulfonyl-
   6 IV 3219

—, 1-Isopropyl-4-trichlorvinylmercapto-
   6 IV 3218

—, 1-Isovaleryloxy-2,4-dimethyl-
   6 I 241 h

—, 1-Isovaleryloxy-3,5-dimethyl-
   6 IV 3145

—, 1-Isovaleryloxy-4-[2-isovaleryloxy-
   äthyl]- **6** I 444 a

—, 1-Isovaleryloxy-4-methoxy- **6** III 4416 b

—, 1-Isovaleryloxy-2-methoxy-4-propenyl-
   6 I 460 g

—, 1-Isovaleryloxy-2-methoxy-4-propyl-
   6 III 4616 f

—, 1-Isovaleryloxy-4-nitro- **6** III 826 f,
   IV 1299

—, 1-Jodacetoxy-2-methoxy- **6** I 385 i

—, 4-[2-Jod-äthyl]-1,2-dimethoxy-
   6 IV 5927

—, 1-[4-Jod-benzolsulfonyl]-4-methoxy-
   6 IV 5798

—, 1-[4-Jod-benzylmercapto]-4-methoxy-
   6 IV 5803

—, 1-[4-Jod-butoxy]-4-methoxy-
   6 IV 5721

—, 1-[10-Jod-decyloxy]-2-methoxy-
   6 III 4212 f

—, 1-[10-Jod-decyloxy]-3-methoxy-
   6 III 4311 b

—, 1-[10-Jod-decyloxy]-4-methoxy-
   6 III 4392 c

—, 1-Jod-2,3-dimethoxy- **6** III 4262 c

—, 1-Jod-2,4-dimethoxy- **6** I 404 a,
   III 4341 b

—, 1-Jod-3,5-dimethoxy- **6** IV 5689

—, 2-Jod-1,3-dimethoxy- **6** 822 h,
   I 403 l, III 4340 e

—, 2-Jod-1,4-dimethoxy- **6** 855 c,
   III 4440 f, IV 5785

—, 4-Jod-1,2-dimethoxy- **6** 787 e,
   I 390 m, III 4262 e, IV 5625

—, 1-Jod-2,4-dimethoxy-3,5-dimethyl-
   6 IV 5956

—, 2-Jod-3,5-dimethoxy-1,4-dimethyl-
   6 III 4607 i

—, 3-Jod-1,2-dimethoxy-4,5-dimethyl-
   6 IV 5951

—, 4-Jod-1,2-dimethoxy-3,5-dimethyl-
   6 IV 5961

—, 1-Jod-2,4-dimethoxy-5-nitro-
   6 827 b

—, 1-Jod-2,5-dimethoxy-4-nitro-
   6 I 418 g

—, 1-Jod-4,5-dimethoxy-2-nitro-
   6 I 393 i

—, 2-Jod-1,5-dimethoxy-3-propyl-
   6 III 4623 b

—, 1-[12-Jod-dodecyloxy]-4-methoxy-
   6 III 4393 b

—, 1-[20-Jod-eicosyloxy]-4-methoxy-
   6 III 4395 b

—, 1-[7-Jod-hept-6-inyloxy]-2-methoxy-
   6 IV 5570

—, 1-[7-Jod-heptyloxy]-4-methoxy-
   6 III 4391 d

—, 1-[16-Jod-hexadecyloxy]-4-methoxy-
   6 III 4394 g

—, 1-[6-Jod-hexyloxy]-4-methoxy-
   6 III 4390 f

—, 2-Jod-4-[2-jod-4-nitro-phenoxy]-
   1-methoxy- **6** IV 5785

—, 2-Jod-4-[4-jod-phenoxy]-1-methoxy-
   6 III 4441 b

—, 1-Jod-4-methansulfinyl- **6** I 152 l

—, 1-Jod-2-methansulfonyl- **6** I 152 h,
   II 303 c

—, 1-Jod-4-methansulfonyl- **6** IV 1659

—, 5-Jod-2-methoxy-1,3-dimethyl-
   6 IV 3123

—, 1-Jod-4-methoxymethoxy-
   6 IV 1077

—, 1-Jod-4-methoxy-5-nitro-2-phenoxy-
   6 IV 5695

—, 4-Jod-1-methoxy-2-[4-nitro-phenoxy]-
   6 III 4262 f

—, 2-Jod-1-methoxy-4-phenoxy-
   6 III 4441 a

—, 1-[2-Jod-1-methoxy-propyl]-
   4-methoxy- **6** 927 e

—, 1-[3-Jod-2-methoxy-propyl]-
   4-methoxy- **6** 928 b

Benzol   (Fortsetzung)

—, 1-Jod-2-methylmercapto- **6** I 152 h,
   II 303 b

—, 1-Jod-3-methylmercapto- **6** I 152 i

—, 1-Jod-4-methylmercapto- **6** I 152 k,
   IV 1659

—, 1-Jodmethyl-4-methansulfonyl-
   6 IV 2211

—, 2-Jodmethyl-1-methoxymethyl-
   6 IV 3111

—, 2-[2-Jod-4-methyl-phenoxy]-
   5-methoxy-1,3-dinitro- **6** IV 5789

—, 5-Jodmethyl-1,2,3-trimethoxy-
   6 IV 7378

—, 1-[2-Jod-4-nitro-benzolsulfonyl]-
   2-methoxy-4-nitro- **6** IV 5647

—, 2-Jod-4-nitro-1-octyloxy- **6** IV 1367

—, 1-[2-Jod-4-nitro-phenoxy]-4-methoxy-
   6 IV 5725

—, 1-[4-Jod-2-nitro-phenoxy]-4-methoxy-
   6 III 4399 e

—, 1-[2-Jod-4-nitro-phenylmercapto]-
   4-methoxy- **6** IV 5796

—, 1-[2-Jod-4-nitro-phenylmercapto]-
   2-methoxy-4-nitro- **6** IV 5647

—, 1-Jod-2-octyloxy- **6** IV 1071

—, 1-Jod-4-pentadecyloxy- **6** III 776 j

—, 1-Jod-2-pentyloxy- **6** III 770 c

—, 1-[5-Jod-pentyloxy]-4-methoxy-
   6 III 4389 g

—, 1-[4-Jod-phenoxy]-2-methoxy-
   6 III 4216 c

—, 1-[4-Jod-phenoxy]-4-methoxy-
   6 III 4398 e

—, 2-[4-Jod-phenoxy]-1-methoxy-4-nitro-
   6 III 4267 a

—, 4-[4-Jod-phenoxy]-1-methoxy-2-nitro-
   6 III 4443 g

—, 1-[4-Jod-phenylmercapto]-4-methoxy-
   6 III 4451 c

—, 1-[(4-Jod-phenylmercapto)-methyl]-
   4-methoxy- **6** IV 5921

—, 1-[4-Jod-phenylmethansulfinyl]-
   4-methoxy- **6** IV 5803

—, 1-[4-Jod-phenylmethansulfonyl]-
   4-methoxy- **6** IV 5804

—, 1-Jod-2-propoxy- **6** III 769 e

—, 1-Jod-4-propoxy- **6** III 776 e

—, 1-Jod-2,3,4,5-tetramethoxy-
   6 IV 7684

—, 2-Jod-1,3,4,5-tetramethoxy-
   6 III 6654 h

—, 1-Jod-4-thiocyanatomethyl-
   6 467 h

—, 1-Jod-4-trifluormethansulfonyl-
   6 IV 1660

—, 1-Jod-4-trifluormethylmercapto-
   6 IV 1659

—, 1-Jod-2,3,4-trimethoxy-
   6 1085 j, III 6274 b

—, 1-Jod-2,4,5-trimethoxy- **6** III 6286 d

—, 2-Jod-1,3,4-trimethoxy- **6** III 6286 c

—, 2-Jod-1,3,5-trimethoxy- **6** I 547 j,
   IV 7370

—, 5-Jod-1,2,3-trimethoxy- **6** 1085 k

—, 3-Jod-1,2,4-trimethoxy-5-nitro-
   6 III 6288 c

—, 1-Jod-2-trimethylsilyloxy- **6** IV 1073

—, 1-Jod-4-vinyloxy- **6** IV 1077

—, 1-Lävulinoyloxymethyl-2,4-dimethyl-
   6 IV 3251

—, 1-Lauroyloxy-3,5-dimethyl-
   6 IV 3146

—, 2-Lauroyloxy-1,3-dimethyl-
   6 III 1738 e

—, 1-Lauroyloxy-4-methoxy- **6** III 4416 f

—, 1-Lauroyloxymethyl-2,4-dimethyl-
   6 IV 3251

—, 1-Lauroyloxymethyl-4-methyl-
   6 IV 3173

—, 1-Lauroyloxy-2-nitro- **6** 220 e

—, 1-Lauroyloxy-4-nitro- **6** IV 1299

—, 2-*p*-Mentha-2,4(8)-dien-3-yl-
   1,3-dimethoxy- **6** III 5327 c

—, 2-*p*-Mentha-2,4(8)-dien-3-yl-
   1,3-dimethoxy-5-methyl- **6** III 5329 b

—, 2-*p*-Mentha-1,8-dien-3-yl-
   1,3-dimethoxy-5-pentyl- **6** III 5363 b

—, 1-*p*-Menthan-3-yl-2,4-dimethoxy-
   6 III 5072 b

—, 2-*p*-Menthan-3-yl-1,3-dimethoxy-
   6 III 5072 d

—, 2-*p*-Menthan-3-yl-1,3-dimethoxy-
   5-methyl- **6** III 5073 d

—, 2-*p*-Menthan-3-yl-1,5-dimethoxy-
   3-methyl- **6** III 5073 c

—, 1-*p*-Menth-3-en-3-yl-2,4-dimethoxy-
   6 III 5179 a

—, 2-*p*-Menth-3-en-3-yl-1,3-dimethoxy-
   6 III 5179 b

—, 2-*p*-Menth-4(8)-en-3-yl-1,3-dimethoxy-
   6 III 5179 c

—, 2-*p*-Menth-3-en-3-yl-1,3-dimethoxy-
   5-methyl- **6** III 5181 a

Benzol (Fortsetzung)

−, 2-*p*-Menth-4(8)-en-3-yl-1,3-dimethoxy-5-methyl- **6** III 5181 b

−, 2-*p*-Menth-1-en-3-yl-1,3-dimethoxy-5-pentyl- **6** III 5198 a

−, 2-Menthyl-1,3-dimethoxy-5-pentyl-**6** III 5099 c

−, 1-Methacryloyloxy-2,4-dinitro-**6** IV 1381

−, 1-Methacryloyloxy-2-methoxy-**6** IV 5583

−, 1-Methacryloyloxy-4-methoxy-**6** IV 5743

−, 1-Methacryloyloxymethyl-4-nitro-**6** IV 2614

−, 1-Methacryloyloxy-2-nitro-**6** IV 1257

−, 1-Methacryloyloxy-3-nitro-**6** IV 1274

−, 1-Methacryloyloxy-4-nitro-**6** IV 1300

−, 1-Methallyl-2,3-dimethoxy-**6** IV 6349

−, 2-Methallyl-1,4-dimethoxy-**6** IV 6350

−, 4-Methallyl-1,2-dimethyl-**6** III 1728 a

−, 1-Methallyl-2-methallyloxy-**6** III 2444 d

−, 1-Methallyl-2-methallyloxy-3-methyl-**6** III 2474 g

−, 1-Methallyl-2-methallyloxy-4-methyl-**6** III 2476 a

−, 2-Methallyl-1-methallyloxy-4-methyl-**6** III 2475 c

−, 1-Methallyloxy-2,4-dimethyl-**6** III 1744 b

−, 2-Methallyloxy-1,4-dimethyl-**6** III 1772 c

−, 1-Methallyloxy-2-methoxy-**6** III 4214 e

−, 1-Methallyloxy-3-nitro- **6** IV 1271

−, 1-Methallyloxy-4-nitro- **6** III 820 m

−, 1-Methallyloxy-3-trifluormethyl-**6** IV 2061

−, 1-Methallyl-2-propoxy- **6** IV 3842

−, 1-Methanseleninyl-3-nitro-**6** III 1118 e

−, 1-Methansulfinyl-2,4-dinitro-**6** I 163 a

−, 1-Methansulfinyl-3-methansulfonyloxy-**6** IV 5704

−, 1-Methansulfinyl-2-methoxy-**6** II 796 e

−, 1-Methansulfinyl-3-methoxy-**6** IV 5702

−, 1-Methansulfinyl-4-methoxy-**6** IV 5791

−, 1-Methansulfinyl-2-methoxy-4-nitro-**6** II 799 a

−, 2-Methansulfinyl-1-methoxy-4-nitro-**6** II 799 c

−, 1-Methansulfinyl-4-methylmercapto-**6** 868 b

−, 1-Methansulfinyl-2-nitro-**6** I 154 e

−, 1-Methansulfinyl-3-nitro-**6** IV 1680

−, 1-Methansulfinyl-4-nitro- **6** I 159 d, III 1068 b, IV 1688

−, 2-Methansulfonyl-1,4-dimethoxy-**6** III 6293 a

−, 2-Methansulfonyl-1,3-dimethyl-**6** IV 3124

−, 2-Methansulfonyl-1,3-dimethyl-5-nitro- **6** IV 3125

−, 1-Methansulfonyl-2,4-dinitro-**6** I 163 b, III 1089 a

−, 1-Methansulfonyl-3-methansulfonyloxy-**6** IV 5704

−, 1-Methansulfonyl-2-methoxy-**6** 793 d, II 796 f, III 4276 f, IV 5634

−, 1-Methansulfonyl-3-methoxy-**6** III 4364 a, IV 5702

−, 1-Methansulfonyl-4-methoxy-**6** III 4446 d, IV 5791

−, 2-Methansulfonyl-5-methoxy-1,3-dimethyl- **6** IV 5958

−, 1-Methansulfonyl-2-methoxy-3-nitro-**6** II 798 h

−, 1-Methansulfonyl-2-methoxy-4-nitro-**6** II 799 b

−, 2-Methansulfonyl-1-methoxy-4-nitro-**6** II 799 e

−, 2-Methansulfonyl-4-methoxy-1-nitro-**6** II 828 e

−, 4-Methansulfonyl-1-methoxy-2-nitro-**6** IV 5835

−, 4-Methansulfonyl-2-methoxy-1-nitro-**6** II 827 j

−, 4-Methansulfonylmethyl-1,2-dimethyl-**6** IV 3252

−, 1-Methansulfonyl-3-methylmercapto-**6** II 830 b

Benzol (Fortsetzung)

—, 1-Methansulfonyl-4-methylmercapto-
6 III 4473 f

—, 2-Methansulfonylmethyl-1-methoxy-
4-nitro- 6 III 4544 e

—, 4-Methansulfonylmethyl-1-methoxy-
2-nitro- 6 III 4553 e

—, 1-Methansulfonyl-4-[2]naphthyloxy-
6 III 4454 c

—, 1-Methansulfonyl-4-[2]naphthyloxy≠
methyl- 6 IV 5920

—, 1-Methansulfonyl-2-nitro- 6 I 154 f,
II 304 b, III 1057 e, IV 1661

—, 1-Methansulfonyl-3-nitro-
6 II 308 g, III 1065 a, IV 1681

—, 1-Methansulfonyl-4-nitro-
6 I 159 e, II 309 i, III 1068 c,
IV 1688

—, 1-Methansulfonyl-2-[2-nitro-
benzolsulfonyl]- 6 IV 5653

—, 1-Methansulfonyl-2-[4-nitro-
benzolsulfonyl]- 6 IV 5653

—, 1-Methansulfonyl-3-[2-nitro-
benzolsulfonyl]- 6 IV 5706

—, 1-Methansulfonyl-3-[4-nitro-
benzolsulfonyl]- 6 IV 5706

—, 1-Methansulfonyl-4-[2-nitro-
benzolsulfonyl]- 6 IV 5842

—, 1-Methansulfonyl-4-[4-nitro-
benzolsulfonyl]- 6 IV 5842

—, 2-Methansulfonyl-4-nitro-1-[4-nitro-
benzolsulfonyl]- 6 IV 5656

—, 2-Methansulfonyl-4-nitro-1-[4-nitro-
phenylmercapto]- 6 IV 5656

—, 2-Methansulfonyloxy-1,3-dimethyl-
5-nitro- 6 IV 3124

—, 1-Methansulfonyloxy-2,4-dinitro-
6 256 f, IV 1382

—, 1-Methansulfonyloxy-4-methoxy-
6 III 4428 c, IV 5761

—, 5-Methansulfonyloxy-2-methoxy-
1,3-dinitro- 6 IV 5789

—, 1-Methansulfonyloxy-3-methyl≠
mercapto- 6 IV 5704

—, 1-Methansulfonyloxy-4-nitro-
6 237 d, III 830 a

—, 1-Methansulfonyl-4-phenylmercapto-
6 IV 5842

—, 1-[4-Methansulfonyl-phenylmercapto]-
3-methoxy- 6 IV 5846

—, 1-[4-Methansulfonyl-phenylmercapto]-
4-methoxy- 6 IV 5846

—, 3-Methansulfonyl-1,2,5-trimethyl-4-
[2-nitro-phenoxy]- 6 III 4651 e

—, Methoxy- s.a. *Anisol*

—, 1-[2-Methoxy-äthoxy]-2,4-dinitro-
6 IV 1377

—, 1-[2-Methoxy-äthoxy]-4-nitro-
6 III 823 a

—, 3-[1-Methoxy-äthyl]-
1,2,4,5-tetramethyl- 6 IV 3447

—, 1-Methoxy-2,4-bis-methoxymethyl-
6 III 6337 e

—, 1-Methoxy-2,4-bis-methylmercapto-
6 II 1074 d

—, 1-Methoxy-2,4-bis-[2-nitro-vinyl]-
6 IV 4076

—, 1-Methoxy-2,4-bis-picrylmercapto-
6 II 1074 f

—, 1-Methoxy-2,4-bis-propoxymethyl-
6 III 6337 h

—, 1-Methoxy-2,4-bis-thiocyanatomethyl-
6 III 6338 c

—, 1-[6-Methoxycarbonyl-hexyloxy]-4-
[5-methoxy-pentyloxy]- 6 III 4423 b

—, 2-Methoxy-1,3-dimethyl-5-[4-methyl-
2,6-dinitro-phenylmercapto]- 6 IV 5960

—, 5-Methoxy-1,3-dimethyl-
2-methylmercapto- 6 IV 5958

—, 2-Methoxy-1,5-dimethyl-3-[2-nitro-
phenylmercapto]- 6 III 4594 b

—, 5-Methoxy-1,3-dimethyl-2-[2-nitro-
phenylmercapto]- 6 III 4590 f

—, 1-Methoxy-2,5-dimethyl-3-phenoxy-
6 III 4606 c

—, 1-Methoxy-2,5-dimethyl-3-o-tolyloxy-
6 III 4606 e

—, 5-Methoxy-1,3-dinitro-2-[3-nitro-
benzolsulfonyl]- 6 IV 5837

—, 1-Methoxy-4,5-dinitro-2-[4-nitro-
benzyloxy]- 6 III 4275 e

—, 1-Methoxy-2,4-dinitro-5-phenoxy-
6 IV 5698

—, 1-Methoxy-3,5-dinitro-2-phenoxy-
6 II 794 c

—, 1-Methoxy-3,5-dinitro-2-phenyl≠
mercapto- 6 IV 5650

—, 1-Methoxy-4,5-dinitro-2-propoxy-
6 II 795 b

—, 1-Methoxy-3,5-dinitro-2-[toluol-
4-sulfonyl]- 6 IV 5651

—, 5-Methoxy-1,3-dinitro-2-[toluol-
2-sulfonyl]- 6 IV 5838

—, 5-Methoxy-1,3-dinitro-2-[toluol-
3-sulfonyl]- 6 IV 5838

Benzol (Fortsetzung)

—, 5-Methoxy-1,3-dinitro-2-[toluol-
4-sulfonyl]- **6** IV 5838

—, 1-Methoxy-3,5-dinitro-2-
m-tolylmercapto- **6** IV 5650

—, 1-Methoxy-3,5-dinitro-2-
p-tolylmercapto- **6** IV 5650

—, 1-Methoxy-2,4-diphenoxy-
6 III 6280 c

—, 1-Methoxy-2-[1-methoxy-äthyl]-
6 IV 5928

—, 1-Methoxy-4-[1-methoxy-äthyl]-
6 III 4565 e

—, 1-Methoxy-4-[2-methoxy-äthyl]-
6 II 887 f

—, 1-Methoxy-2-[1-methoxy-äthyl]-
4-methoxymethyl- **6** III 6354 c

—, 1-Methoxy-2-[1-methoxy-äthyl]-
4-methyl- **6** III 4640 a

—, 1-Methoxy-4-[1-methoxy-äthyl]-
2-methyl- **6** III 4641 c

—, 4-Methoxy-1-[1-methoxy-äthyl]-
2-methyl- **6** III 4637 c

—, 1-Methoxy-4-[2-methoxy-allyl]- **6** 968 k

—, 1-Methoxy-4-[4-methoxy-benzolsulfonyl]-
2-methoxymethyl- **6** IV 7381

—, 1-Methoxy-4-[2-methoxy-4,6-dinitro-
phenylmercapto]- **6** IV 5809

—, 1-Methoxy-2-methoxymethoxy-
6 773 g, III 4225 e

—, 1-Methoxy-2-methoxymethoxy-
4-propenyl- **6** 957 h, IV 6328

—, 2-Methoxy-1-methoxymethoxy-
4-propenyl- **6** III 5006 b, IV 6328

—, 1-Methoxy-2-methoxymethyl-
6 893 c, IV 5897

—, 1-Methoxy-3-methoxymethyl-
6 IV 5907

—, 1-Methoxy-4-methoxymethyl-
6 897 g, III 4547 b, IV 5910

—, 1-Methoxy-4-methoxymethyl-
2,5-dimethyl- **6** 933 d

—, 1-Methoxy-2-methoxymethyl-4-nitro-
6 II 880 e

—, 1-Methoxy-4-methoxymethyl-2-nitro-
6 II 884 d, III 4551 g

—, 1-Methoxy-2-methoxymethyl-
4-propyl- **6** III 4672 f

—, 1-Methoxy-2-[1-methoxy-2-nitro-
äthyl]- **6** III 4564 d

—, 1-Methoxy-4-[1-methoxy-2-nitro-
äthyl]- **6** III 4568 g

—, 1-Methoxy-2-[1-methoxy-2-nitro-
propyl]- **6** II 894 d

—, 1-Methoxy-4-[1-methoxy-2-nitro-
propyl]- **6** 927 g, II 894 j

—, 2-Methoxy-1-[2-methoxy-phenoxy]-
4-nitro- **6** IV 5628

—, 1-Methoxy-2-[4-methoxy-
phenylmercapto]-4-methylmercapto-
6 IV 7359

—, 1-Methoxy-4-[1-methoxy-propenyl]-
6 961 a

—, 1-Methoxy-4-[2-methoxy-propenyl]-
6 968 k

—, 1-Methoxymethoxy-4-propenyl-
2-propoxy- **6** IV 6329

—, 2-Methoxymethoxy-4-propenyl-
1-propoxy- **6** IV 6329

—, 1-Methoxy-2-[3-methoxy-propyl]-
6 III 4627 c

—, 1-Methoxy-4-[4-methyl-benzyloxy=
methyl]- **6** IV 5913

—, 1-Methoxy-2-[3-methyl-but-2-enyloxy]-
6 II 781 b

—, 1-Methoxy-4-[4-(1-methyl-butyl)-
benzolsulfonyl]- **6** IV 5805

—, 1-Methoxy-4-[4-methyl-2,6-dinitro-
phenoxy]- **6** III 4401 g

—, 1-Methoxy-4-[4-methyl-2,6-dinitro-
phenylmercapto]- **6** IV 5802

—, 2-Methoxy-5-[4-methyl-2,6-dinitro-
phenylmercapto]-1,3-dinitro- **6** IV 5839

—, 1-Methoxy-2-[8-methyl-heptadec-8-en-
6-inyloxy]- **6** IV 5570

—, 1-Methoxy-2-[8-methyl-heptadecyloxy]-
6 IV 5569

—, 1-Methoxy-2-methylmercapto-
6 793 c, II 796 d, IV 5634

—, 1-Methoxy-3-methylmercapto-
6 IV 5702

—, 1-Methoxy-4-methylmercapto-
6 859 e, I 420 b, III 4446 c, IV 5791

—, 1-Methoxy-4-[2-methylmercapto-
äthyl]- **6** IV 5938

—, 2-Methoxy-5-methylmercapto-
1,3-dinitro- **6** IV 5839

—, 1-Methoxy-4-methylmercapto-2-nitro-
6 IV 5835

—, 2-Methoxy-1-methylmercapto-4-nitro-
6 II 798 j

—, 2-Methoxy-4-methylmercapto-1-nitro-
6 II 827 i

—, 4-Methoxy-2-methylmercapto-1-nitro-
6 II 828 d

Benzol (Fortsetzung)

—, 1-Methoxymethyl-2-methyl-
6 III 1734 a, IV 3110

—, 1-Methoxymethyl-4-methyl-
6 III 1779 b, IV 3172

—, 1-Methoxymethyl-2-nitro- 6 448 a

—, 1-Methoxymethyl-3-nitro-
6 IV 2609

—, 1-Methoxymethyl-4-nitro-
6 450 d, II 425 a

—, 1-Methoxy-3-[3-methyl-2-nitro-but-
1-enyl]-2-propoxy- 6 IV 6360

—, Methoxymethyl-pentamethyl-
6 IV 3447

—, 1-Methoxy-4-methyl-2-[1-propoxy-
äthyl]- 6 III 4640 c

—, 1-Methoxy-2-methylselanyl-
6 III 4289 a

—, 1-Methoxy-4-methylselanyl-
6 III 4478 g

—, 1-Methoxy-4-methyltellanyl-
6 I 423 h, III 4489 g

—, 1-Methoxy-4-methyl-2-[2,2,2-trichlor-
1-methoxy-äthyl]- 6 III 4640 g

—, 2-Methoxymethyl-1,3,5-trimethyl-
6 III 1919 e, IV 3362

—, 2-Methoxymethyl-1,3,5-trinitro-
6 III 1572 e

—, 1-Methoxy-2-[1]naphthyloxy-
6 IV 5573

—, 1-Methoxy-4-[2]naphthyloxymethyl-
6 IV 5913

—, 1-Methoxy-2-[1]naphthylselanyl-
6 III 4291 b

—, 1-Methoxy-3-[1]naphthylselanyl-
6 III 4373 b

—, 1-Methoxy-4-[1]naphthylselanyl-
6 III 4481 e

—, 1-Methoxy-4-[1]naphthyltellanyl-
6 IV 5857

—, 1-Methoxy-4-[2]naphthyltellanyl-
6 IV 5858

—, 1-Methoxy-4-[2-nitro-benzolsulfonyl]-
6 III 4452 c

—, 1-Methoxy-4-[4-nitro-benzolsulfonyl]-
6 III 4452 d, IV 5798

—, 1-Methoxy-4-[4-nitro-benzylmercapto]-
6 IV 5803

—, 1-Methoxy-2-[3-nitro-benzyloxy]-
6 II 781 h

—, 1-Methoxy-2-[4-nitro-benzyloxy]-
6 II 781 i, III 4219 a, IV 5572

—, 1-Methoxy-4-[4-nitro-benzyloxy]-·
6 II 841 j, IV 5728

—, 1-Methoxy-4-[4-nitro-benzyloxymethyl]-
6 IV 5913

—, 1-Methoxy-3-[2-nitro-but-1-enyl]-
2-nonyloxy-
6 IV 6347

—, 1-Methoxy-3-[2-nitro-but-1-enyl]-
2-pentyloxy- 6 IV 6347

—, 1-Methoxy-3-[2-nitro-but-1-enyl]-
2-propoxy- 6 IV 6346

—, 1-Methoxy-5-nitro-2,4-diphenoxy-
6 III 6287 b

—, 1-Methoxy-2-nitro-4-[4-nitro-
benzyloxy]- 6 II 850 d

—, 1-Methoxy-4-nitro-2-[3-nitro-
benzyloxy]- 6 II 792 f

—, 1-Methoxy-4-nitro-2-[4-nitro-
benzyloxy]- 6 II 792 g

—, 2-Methoxy-4-nitro-1-[3-nitro-
benzyloxy]- 6 II 792 a

—, 2-Methoxy-4-nitro-1-[4-nitro-
benzyloxy]- 6 II 792 b

—, 4-Methoxy-2-nitro-1-[4-nitro-
benzyloxy]- 6 II 850 c

—, 1-Methoxy-2-nitro-4-[2-nitro-
phenoxy]- 6 III 4443 h

—, 1-Methoxy-4-nitro-2-[2-nitro-
phenoxy]- 6 III 4267 b

—, 1-Methoxy-4-nitro-2-[3-nitro-
phenoxy]- 6 III 4267 c

—, 1-Methoxy-4-nitro-2-[4-nitro-
phenoxy]- 6 III 4267 d

—, 2-Methoxy-4-nitro-1-[2-nitro-
phenoxy]- 6 III 4266 c

—, 4-Methoxy-1-nitro-2-[4-nitro-
phenoxy]- 6 IV 5692

—, 2-Methoxy-4-[2-nitro-1-nitroso-
propyl]-1-propoxy-
6 III 4621 c

—, 1-Methoxy-2-[2-nitro-phenoxy]-
6 772 i, III 4216 d

—, 1-Methoxy-2-[3-nitro-phenoxy]-
6 III 4216 e

—, 1-Methoxy-2-nitro-4-phenoxy-
6 II 850 b, III 4443 f

—, 1-Methoxy-2-[4-nitro-phenoxy]-
6 772 j, III 4217 a, IV 5571

—, 1-Methoxy-3-[2-nitro-phenoxy]-
6 IV 5667

—, 1-Methoxy-3-[3-nitro-phenoxy]-
6 IV 5667

Benzol (Fortsetzung)

—, 1-Methoxy-3-[4-nitro-phenoxy]-
6 IV 5667

—, 1-Methoxy-4-nitro-2-phenoxy-
6 II 791 f, III 4266 e

—, 1-Methoxy-4-[2-nitro-phenoxy]-
6 III 4399 c

—, 1-Methoxy-4-[3-nitro-phenoxy]-
6 IV 5725

—, 1-Methoxy-4-[4-nitro-phenoxy]-
6 III 4399 d, IV 5725

—, 2-Methoxy-1-nitro-4-phenoxy-
6 IV 5691

—, 2-Methoxy-4-nitro-1-phenoxy-
6 III 4266 b

—, 4-Methoxy-1-nitro-2-phenoxy-
6 IV 5692

—, 1-Methoxy-2-nitro-4-phenoxymethyl-
6 III 4551 j

—, 1-Methoxy-4-[2-nitro-phenoxymethyl]-
6 IV 5912

—, 1-Methoxy-3-[4-nitro-phenylmercapto]-
6 IV 5703

—, 1-Methoxy-4-[2-nitro-phenylmercapto]-
6 III 4451 d, IV 5795

—, 1-Methoxy-4-[4-nitro-phenylmercapto]-
6 III 4451 e, IV 5796

—, 2-Methoxy-4-nitro-1-phenylmercapto-
6 IV 5647

—, 1-Methoxy-2-nitro-4-[phenylmercapto-
methyl]- 6 IV 5923

—, 1-Methoxy-4-[(4-nitro-phenyl≠
mercapto)-methyl]- 6 IV 5921

—, 2-Methoxy-4-nitro-1-phenyl≠
methansulfonyl- 6 IV 5648

—, 1-Methoxy-3-[2-nitro-propenyl]-
2-octyloxy- 6 IV 6323

—, 1-Methoxy-3-[2-nitro-propenyl]-
2-pentyloxy- 6 IV 6322

—, 1-Methoxy-3-[2-nitro-propenyl]-
2-propoxy- 6 IV 6321

—, 1-Methoxy-2-nitro-4-propoxy-
6 II 849 f

—, 1-Methoxy-4-nitro-2-propoxy-
6 II 791 a

—, 2-Methoxy-4-nitro-1-propoxy-
6 II 790 i, III 4265 f

—, 4-Methoxy-2-nitro-1-propoxy-
6 II 849 e, IV 5787

—, 1-Methoxy-2-nitro-4-propoxymethyl-
6 III 4551 i

—, 1-Methoxy-4-nitrosyloxymethyl-
6 IV 5917

—, 1-Methoxy-2-nitro-4-[2-thiocyanato-
äthoxymethyl]- 6 IV 5919

—, 4-Methoxy-2-nitro-1-[toluol-
4-sulfonyl]- 6 IV 5834

—, 1-Methoxy-2-nitro-4-[toluol-
4-sulfonylmethyl]- 6 III 4553 f

—, 4-Methoxy-2-nitro-1-*p*-tolylmercapto-
6 IV 5834

—, 1-Methoxy-2-nitro-4-[*p*-tolylmercapto-
methyl]- 6 IV 5924

—, 1-Methoxy-2-nitro-3-*o*-tolyloxy-
6 IV 5690

—, 1-Methoxy-2-nitro-4-trifluormethansulfonyl-
6 IV 5836

—, 1-Methoxy-4-[4-(2-nitro-vinyl)-
phenoxy]- 6 III 4403 f

—, 1-Methoxy-4-nitryloxymethyl-
6 IV 5917

—, 4-Methoxy-1-octanoyloxy-2-pentyl-
6 III 4694 b

—, 1-Methoxy-4-[2-octylmercapto-
propyl]- 6 III 4626 e

—, 1-Methoxy-4-palmitoyloxy-
6 III 4416 i

—, 1-Methoxy-4-pent-4-inyloxy-
6 IV 5724

—, 1-Methoxy-4-pentylmercapto-
6 III 4448 e

—, 1-Methoxy-2-pentyloxy- 6 III 4211 c

—, 1-Methoxy-3-pentyloxy- 6 III 4309 d

—, 2-Methoxy-1-pentyloxy-4-propenyl-
6 III 5001 e

—, 1-Methoxy-4-*tert*-pentyl-2-[toluol-
4-sulfonyl]- 6 IV 6038

—, 2-Methoxy-1-phenäthyloxy-
4-propenyl- 6 III 5003 d

—, 1-Methoxy-2-phenoxy- 6 772 h,
I 384 h, II 781 d, III 4215 c,
IV 5571

—, 1-Methoxy-3-phenoxy- 6 II 815 i,
III 4314 a, IV 5667

—, 1-Methoxy-4-phenoxy- 6 II 841 d,
III 4397 e, IV 5725

—, 1-Methoxy-2-[2-phenoxy-äthoxy]-
6 772 o, II 782 d

—, 1-Methoxy-4-[2-phenoxy-äthoxy]-
6 II 842 c

—, 1-[2-Methoxy-phenoxy]-4-phenoxy-
6 IV 5734

—, 1-Methoxy-2-[3-phenoxy-propoxy]-
6 II 782 i

—, 1-Methoxy-4-[3-phenoxy-propoxy]-
6 II 842 i

Benzol (Fortsetzung)

—, 1-Methoxy-2-[1-phenyl-äthoxy]-
6 III 4219 e

—, 1-Methoxy-4-[1-phenyl-äthoxy]-
6 IV 5729

—, 1-Methoxy-4-phenyldisulfanyl-
6 IV 5820

—, 1-Methoxy-2-phenylmercapto-
6 793 h, II 797 a, III 4277 c,
IV 5635

—, 1-Methoxy-3-phenylmercapto-
6 II 827 d

—, 1-Methoxy-4-phenylmercapto-
6 860 a, II 852 h, IV 5795

—, 1-Methoxy-4-[phenylmercapto-
methyl]- 6 IV 5920

—, 1-Methoxy-2-[3-phenyl-propoxy]-
6 IV 5572

—, 2-Methoxy-1-[3-phenyl-propoxy]-
4-propenyl- 6 III 5003 e

—, 1-Methoxy-2-phenylselanyl- 6 III 4290 h

—, 1-Methoxy-4-phenylselanyl-
6 III 4480 f, IV 5851

—, 1-Methoxy-4-phenyltellanyl-
6 IV 5856

—, 1-Methoxy-2-[1-phenyl-vinyloxy]-
6 772 n

—, 1-Methoxy-3-[1-phenyl-vinyloxy]-
6 815 h

—, 1-Methoxy-4-picrylmercapto-
6 IV 5796

—, 1-Methoxy-2-picryloxy- 6 772 k

—, 2-Methoxy-1-picryloxy-4-propenyl-
6 957 d

—, 1-Methoxy-2-pivaloyloxy- 6 IV 5583

—, 1-Methoxy-3-pivaloyloxy- 6 IV 5673

—, 1-Methoxy-4-pivaloyloxy- 6 IV 5742

—, 2-Methoxy-4-propenyl-1-propionyloxy-
6 958 i

—, 1-Methoxy-4-propenyl-2-propoxy-
6 III 5000 b

—, 2-Methoxy-4-propenyl-1-propoxy-
6 957 b, I 460 d, III 5000 d

—, 1-Methoxy-4-propenyl-
2-propoxymethoxy- 6 IV 6328

—, 2-Methoxy-4-propenyl-
1-propoxymethoxy- 6 IV 6328

—, 1-Methoxy-4-propenyl-2-propoxy-
3-trityl- 6 III 5965 a

—, 1-Methoxy-4-propenyl-2-propoxy-
5-trityl- 6 III 5965 Anm. 1

—, 1-Methoxy-5-propenyl-2-propoxy-
3-trityl- 6 III 5967 b

—, 2-Methoxy-4-propenyl-1-sulfooxy-
6 959 e, II 919 f

—, 1-Methoxy-4-propenyl-2-trityloxy-
6 III 5004 b

—, 2-Methoxy-4-propenyl-1-trityloxy-
6 III 5004 c

—, 1-Methoxy-4-prop-1-inyl-2-propoxy-
6 III 5155 d

—, 1-Methoxy-2-propionyloxy-
6 III 4228 i, IV 5583

—, 1-Methoxy-4-propionyloxy-
6 III 4415 d

—, 1-Methoxy-4-propionyloxymethyl-
6 III 4549 h, IV 5915

—, 2-Methoxy-1-propionyloxy-4-propyl-
6 III 4616 c

—, 1-Methoxy-2-propoxy- 6 771 g,
II 780 d, III 4209 c

—, 1-Methoxy-3-propoxy- 6 815 a,
II 815 a

—, 1-Methoxy-4-propoxy- 6 844 c,
II 840 d

—, 1-Methoxy-4-propoxymethyl-
6 IV 5911

—, 1-[3-Methoxy-propoxy]-4-nitro-
6 IV 1291

—, 1-Methoxy-2-propoxy-3-propyl-
6 III 4611 c

—, 2-Methoxy-1-propoxy-4-propyl-
6 III 4615 c

—, 1-Methoxy-4-propylmercapto-
6 III 4447 h

—, 1-Methoxy-2-propylselanyl- 6 III 4289 e

—, 1-Methoxy-4-propylselanyl- 6 III 4479 d

—, 1-Methoxy-4-stearoyloxy- 6 III 4417 b

—, 1-[4-Methoxy-styryl]-3-styryl- 6 IV 5122

—, 1-[4-Methoxy-styryl]-4-styryl- 6 IV 5123

—, 1-Methoxy-2-thiocyanato-
6 IV 5640

—, 1-Methoxy-4-[2-thiocyanato-äthoxy]-
6 IV 5729

—, 1-Methoxy-4-thiocyanatomethoxy-
6 IV 5737

—, 1-Methoxy-4-thiocyanatomethyl-
6 IV 5922

—, 1-Methoxy-2-[toluol-2-sulfonyl]-
6 IV 5636

—, 1-Methoxy-2-[toluol-4-sulfonyl]-
6 IV 5636

—, 1-Methoxy-4-[toluol-2-sulfonyl]-
6 IV 5801

—, 1-Methoxy-4-[toluol-4-sulfonyl]-
6 II 853 d, III 4453 d, IV 5802

Benzol (Fortsetzung)

—, 1-Methoxy-4-[toluol-4-sulfonylmethyl]-
6 III 4553 f

—, 1-Methoxy-2-o-tolylmercapto-
6 IV 5636

—, 1-Methoxy-2-p-tolylmercapto-
6 IV 5636

—, 1-Methoxy-4-o-tolylmercapto-
6 IV 5801

—, 1-Methoxy-4-p-tolylmercapto-
6 II 853 c

—, 1-Methoxy-4-[1-p-tolylmercapto-
äthyl]- 6 III 4569 b

—, 1-Methoxy-4-[p-tolylmercapto-
methyl]- 6 III 4552 e

—, 1-Methoxy-2-m-tolyloxy- 6 IV 5571

—, 1-Methoxy-2-o-tolyloxy- 6 III 4218 b

—, 1-Methoxy-2-p-tolyloxy- 6 III 4218 d,
IV 5572

—, 1-Methoxy-3-m-tolyloxy- 6 IV 5668

—, 1-Methoxy-3-o-tolyloxy- 6 III 4314 d,
IV 5668

—, 1-Methoxy-3-p-tolyloxy- 6 IV 5669

—, 1-Methoxy-4-m-tolyloxy- 6 III 4401 b,
IV 5727

—, 1-Methoxy-4-o-tolyloxy- 6 III 4400 f,
IV 5727

—, 1-Methoxy-4-p-tolyloxy- 6 II 841 i,
III 4401 e, IV 5727

—, 1-Methoxy-4-m-tolylselanyl-
6 IV 5851

—, 1-Methoxy-4-p-tolylselanyl-
6 IV 5852

—, 1-Methoxy-3-triäthylsilyloxy-
6 IV 5683

—, 1-Methoxy-4-[2,4,5-trichlor-
benzolsulfonyl]- 6 IV 5797

—, 1-Methoxy-4-[2,2,2-trichlor-
1-methoxy-äthyl]- 6 III 4568 a

—, 1-Methoxy-4-[3-trifluormethyl-
phenoxy]- 6 IV 5727

—, 1-Methoxy-4-[2,4,6-trijod-phenoxy]-
6 III 4399 b

—, 1-Methoxy-4-[1,2,2-trimethyl-propyl]-
6 IV 3428

—, 1-Methoxy-4-trityloxymethyl-
6 IV 5914

—, 1-Methoxy-2-undec-10-enoyloxy-
6 IV 5584

—, 1-Methoxy-4-valeryloxy- 6 III 4416 a

—, 1-Methoxy-4-valeryloxymethyl-
6 III 4550 c, IV 5915

—, 1-Methoxy-2-vinyloxy- 6 I 384 e,
III 4213 f, IV 5569

—, 1-Methoxy-4-vinyloxy- 6 IV 5723

—, Methyl- s. a. *Toluol*

—, 1-Methyl-2,4-bis-phenoxymethyl-
6 II 897 h, IV 6000

—, 4-Methyl-1,2-bis-phenoxymethyl-
6 IV 6000

—, 1-[3-Methyl-butan-1-sulfonyl]-
2,4-dinitro- 6 III 1091 j, IV 1737

—, 1-[4-Methyl-2,6-dinitro-phenoxy]-
4-propionyloxy- 6 IV 5741

—, 1-Methyldisulfanyl-2,4-dinitro-
6 IV 1767

—, 1-[1-Methyl-heptyloxy]-2-nitro-
6 IV 1251

—, 1-Methylmercapto-2,4-bis-
picrylmercapto- 6 I 545 a

—, 1-Methylmercapto-2,4-bis-trifluormethyl-
6 IV 3140

—, 2-Methylmercapto-1,3-bis-trifluormethyl-
6 IV 3125

—, 2-Methylmercapto-1,4-bis-trifluormethyl-
6 IV 3171

—, 1-Methylmercapto-2,4-dinitro-
6 343 a, I 162 k, II 315 e, III 1088 j,
IV 1733

—, 1-Methylmercapto-2-nitro-
6 337 e, I 154 d, II 304 a, III 1057 d,
IV 1661

—, 1-Methylmercapto-3-nitro-
6 III 1064 i, IV 1680

—, 1-Methylmercapto-4-nitro-
6 339 f, I 159 c, II 309 h, III 1068 a,
IV 1687

—, 1-Methylmercapto-4-nitro-2-[4-nitro-
phenylmercapto]- 6 IV 5656

—, 1-Methylmercapto-2-[2-nitro-
phenylmercapto]- 6 IV 5652

—, 1-Methylmercapto-2-[4-nitro-
phenylmercapto]- 6 IV 5652

—, 1-Methylmercapto-3-[2-nitro-
phenylmercapto]- 6 IV 5706

—, 1-Methylmercapto-3-[4-nitro-
phenylmercapto]- 6 IV 5706

—, 1-Methylmercapto-4-[2-nitro-
phenylmercapto]- 6 IV 5841

—, 1-Methylmercapto-4-[4-nitro-
phenylmercapto]- 6 IV 5841

—, 1-Methylmercapto-4-nitroso-
6 III 1057 b

—, 1-Methylmercapto-4-phenylmercapto-
6 IV 5841

Benzol (Fortsetzung)

—, 1-Methylmercapto-4-propenyl-
6 IV 3798

—, 1-Methylmercapto-2-trifluormethyl-
6 IV 2028

—, 1-Methylmercapto-3-trifluormethyl-
6 IV 2087

—, 1-Methylmercapto-4-trifluormethyl-
6 IV 2209

—, 1-Methyl-4-nitrosyloxymethyl-
6 IV 3174

—, 1-Methyl-3-nitryloxymethyl-
6 III 1769 a

—, 1-Methyl-4-nitryloxymethyl-
6 III 1782 a, IV 3174

—, 1-Methyl-3-phenoxymethyl-
6 IV 3162

—, Methylselanyl- 6 IV 1777

—, 1-Methylselanyl-2-nitro- 6 III 1115 h,
IV 1785

—, 1-Methylselanyl-3-nitro- 6 III 1118 d,
IV 1789

—, 1-Methylselanyl-4-nitro- 6 III 1120 d,
IV 1790

—, 1-Methylselanyl-2-phenylselanyl-
6 III 4292 b

—, 1-Methylselanyl-2-*o*-tolylselanyl-
6 III 4292 d

—, 1-Methylselanyl-2-*p*-tolylselanyl-
6 III 4292 e

—, 1-[1-Methyl-undecyl]-4-propoxy-
6 III 2092 b

—, 1-Myristoyloxy-4-nitro- 6 IV 1299

—, 1-[1]Naphthyltellanyl-4-phenoxy-
6 IV 5858

—, 1-[2]Naphthyltellanyl-4-phenoxy-
6 IV 5858

—, 1-[2-Nitro-benzolsulfonyl]-4-[2-nitro-
phenoxy]- 6 IV 5801

—, 1-[4-Nitro-benzolsulfonyl]-4-[4-nitro-
phenoxy]- 6 IV 5801

—, 1-[2-Nitro-benzolsulfonyl]-4-phenoxy-
6 IV 5801

—, 1-[4-Nitro-benzolsulfonyl]-4-phenoxy-
6 IV 5801

—, 4-Nitro-1,2-bis-pentyloxy-
6 III 4265 i

—, 1-Nitro-2,4-bis-phenylmercapto-
6 III 4369 e

—, 1-Nitro-2,4-bis-propionyloxy-
6 IV 5692

—, 1-Nitro-3,5-bis-propionyloxy-
6 III 4348 a

—, 2-Nitro-1,3-bis-propionyloxy-
6 IV 5690

—, 2-Nitro-1,4-bis-propionyloxy-
6 857 g

—, 2-Nitro-1,4-bis-thiocyanato-
6 II 855 e, III 4478 c, IV 5850

—, 1-Nitro-2,4-bis-[toluol-4-sulfonyl]-
6 III 4370 d

—, 2-Nitro-1,3-bis-[toluol-4-sulfonyl]-
6 III 4369 d

—, 2-Nitro-1,4-bis-[toluol-4-sulfonyl]-
6 III 4477 d

—, 1-Nitro-2,4-bis-*p*-tolylmercapto-
6 III 4370 b

—, 2-Nitro-1,3-bis-*p*-tolylmercapto-
6 III 4369 c

—, 1-Nitro-2,4-bis-*o*-tolyloxy-
6 III 4347 a

—, 1-Nitro-2,4-diphenoxy- 6 III 4346 i

—, 2-Nitro-1,4-diphenoxy- 6 IV 5788

—, 1-Nitro-2,4-dipropoxy- 6 III 4346 c

—, 2-Nitro-1,4-dipropoxy- 6 IV 5787

—, 2-Nitro-4-[3-nitro-benzolsulfonyl]-
1-[toluol-4-sulfonyl]- 6 III 4477 b

—, 1-Nitro-2-nitromethylmercapto-
6 IV 1667

—, 1-Nitro-4-nitrosyloxymethyl-
6 IV 2626

—, 1-Nitro-2-nitryloxymethyl-
6 IV 2609

—, 1-Nitro-3-nitryloxymethyl-
6 IV 2611

—, 1-Nitro-4-nitryloxymethyl-
6 452 h, II 426 g, III 1571 g, IV 2627

—, 1-Nitro-2-nonyloxy- 6 IV 1251

—, 1-Nitro-4-nonyloxy- 6 III 820 d

—, 1-Nitro-4-[octadecan-1-sulfonyl]-
6 IV 1689

—, 1-Nitro-4-octadecylmercapto-
6 IV 1689

—, 1-Nitro-2-octadecyloxy- 6 IV 1252

—, 1-Nitro-4-octadecyloxy- 6 III 820 j,
IV 1286

—, 1-Nitro-4-[octan-1-sulfonyl]-
6 III 1069 g

—, 1-Nitro-4-octylmercapto- 6 III 1069 f

—, 1-Nitro-2-octyloxy- 6 IV 1251

—, 1-Nitro-4-octyloxy- 6 III 820 c,
IV 1286

—, 1-Nitro-2-[β-octyloxy-isopropoxy]-
6 IV 1255

—, 1-Nitro-4-oleoyloxy- 6 IV 1300

—, 1-Nitro-2-palmitoyloxy- 6 220 f

Benzol (Fortsetzung)

−, 1-Nitro-3-trichlormethylmercapto-
6 IV 1685

−, 1-Nitro-4-trichlormethylmercapto-
6 I 160 a, IV 1709

−, 1-Nitro-2-tridecyloxy- **6** IV 1252

−, 1-Nitro-3-trifluormethansulfonyl-
6 III 1067 d, IV 1686

−, 1-Nitro-2-trifluormethylmercapto-
6 IV 1669

−, 1-Nitro-3-trifluormethylmercapto-
6 III 1067 a, IV 1685

−, 1-Nitro-4-trifluormethylmercapto-
6 III 1074 h, IV 1709

−, 2-Nitro-1,3,5-tris-[toluol-4-sulfonyl]-
6 III 6311 h

−, 2-Nitro-1,3,5-tris-*p*-tolylmercapto-
6 III 6311 g

−, 1-Nitro-2-undecyloxy- **6** IV 1251

−, 1-Nitro-4-undecyloxy- **6** III 820 f

−, 1-Nitro-4-valeryloxy- **6** III 826 d,
IV 1299

−, 1-Nitro-4-vinylmercapto- **6** IV 1689

−, 1-Nitro-4-vinyloxy- **6** IV 1286

−, 1-Nonyloxy-4-octyloxy- **6** III 4391 j

−, 1-Nonyloxy-4-tetradecyloxy-
6 III 4394 a

−, 1-Octadecyl-4-[2-vinyloxy-äthoxy]-
6 IV 3566

−, 1-Octyloxy-2,4-bis-trifluormethyl-
6 III 1747 f

−, 1-Octyloxy-4-tridecyloxy- **6** III 4393 h

−, 1-Octyloxy-4-undecyloxy- **6** III 4392 h

−, Pentaacetoxy- **6** 1189 b

−, Pentaacetoxy-acetoxymethyl- **6** IV 7930

−, Pentabrom-methacryloyloxy- **6** IV 1069

−, Pentachlor-chloracetoxy- **6** IV 1031

−, Pentachlor-[2-chlor-äthylmercapto]-
6 IV 1643

−, Pentachlor-fluoracetoxy- **6** IV 1031

−, Pentachlor-heptanoyloxy- **6** IV 1032

−, Pentachlor-hexanoyloxy- **6** IV 1032

−, Pentachlor-isovaleryloxy- **6** IV 1032

−, Pentachlor-methacryloylmercapto-
6 IV 1645

−, Pentachlor-methacryloyloxy- **6** IV 1032

−, Pentachlor-methansulfonyl- **6** IV 1643

−, Pentachlor-methoxymethyl-
6 III 1559 c, IV 2599

−, Pentachlor-methylmercapto-
6 IV 1643

−, Pentachlor-nonanoyloxy- **6** IV 1032

−, Pentachlor-octanoyloxy- **6** IV 1032

−, Pentachlor-pivaloyloxy- **6** IV 1032

−, Pentachlor-propionyloxy-
6 196 c, IV 1031

−, Pentachlor-propoxymethyl-
6 III 1559 e, IV 2600

−, Pentachlor-stearoyloxy- **6** IV 1032

−, Pentachlor-trichloracetoxy-
6 IV 1031

−, Pentachlor-valeryloxy- **6** IV 1032

−, Pentachlor-vinylmercapto-
6 IV 1643

−, Pentakis-acetoxymethyl- **6** IV 7891

−, Pentakis-hydroxymethyl- **6** IV 7891

−, Pentamethoxy- **6** III 6881 e

−, 1-*tert*-Pentyl-4-propionyloxy-
6 IV 3384

−, Pentylselanyl- **6** IV 1778

−, 1-[2-Phenoxy-äthoxy]-2-[3-phenoxy-
propoxy]- **6** II 782 k

−, 1-[2-Phenoxy-äthoxy]-4-[3-phenoxy-
propoxy]- **6** II 842 k

−, 1-[α-Phenoxy-benzhydryl]-4-
[α-phenoxy-benzyl]- **6** I 524 h

−, 1-Phenoxymethyl-4-[3-phenoxy-
propyl]- **6** IV 6017

−, 1-Phenoxy-4-phenylmercapto-
6 III 4452 g, IV 5799

−, 1-Phenoxy-4-phenyltellanyl-
6 IV 5856

−, 1-Phenoxy-2-propoxy- **6** III 4217 e

−, 1-[1-Phenyl-äthyl]-2-propionyloxy-
6 IV 4709

−, 1-[1-Phenyl-äthyl]-4-propionyloxy-
6 IV 4712

−, 1-[1-Phenyl-äthyl]-2-propoxy-
6 IV 4708

−, 1-[1-Phenyl-äthyl]-4-propoxy-
6 IV 4711

−, 1-Phenylmercapto-4-picrylmercapto-
6 IV 5844

−, 1-Phenylmercapto-4-*p*-tolylmercapto-
6 I 422 h

−, [Propan-2-sulfonyl]- **6** IV 1471

−, 1-[Propan-2-sulfonyl]-2,4-dinitro-
6 III 1090 d

−, 1-[Propan-2-sulfonyl]-3-nitro-
6 III 1065 g

−, 1-[Propen-2-sulfonyl]-2,4-dinitro-
6 III 1093 l

−, 4-Propenyl-1-propoxy-2-propoxy=
methoxy- **6** IV 6329

−, 4-Propenyl-2-propoxy-1-propoxy=
methoxy- **6** IV 6329

Benzol (Fortsetzung)

—, 1,2,4,5-Tetrachlor-3,6-bis-
methylmercapto- **6** IV 5848

—, 1,2,4,5-Tetrachlor-3,6-bis-octanoyloxy-
6 852 f

—, 1,2,4,5-Tetrachlor-3,6-bis-pentyl=
mercapto- **6** IV 5849

—, 1,2,4,5-Tetrachlor-3,6-bis-propionyloxy-
6 852 d

—, 1,2,3,4-Tetrachlor-5,6-bis-
propoxymethyl- **6** IV 5954

—, 1,2,4,5-Tetrachlor-3,6-bis-[1,2,3,4-
tetrahydro-[1]naphthyloxy]- **6** IV 5777

—, 1,2,4,5-Tetrachlor-3,6-bis-trichlormethoxy-
6 IV 5777

—, 1,2,4,5-Tetrachlor-3-[2-chlor-
äthylmercapto]-6-methoxy- **6** IV 5832

—, 1,2,4,5-Tetrachlor-3-[2-chlor-
äthylmercapto]-6-methylmercapto-
6 IV 5849

—, 1,2,4,5-Tetrachlor-3,6-diisobutoxy-
6 851 g

—, 1,2,3,4-Tetrachlor-5,6-dimethoxy-
6 784 d, IV 5620

—, 1,2,3,5-Tetrachlor-4,6-dimethoxy-
6 IV 5687

—, 1,2,4,5-Tetrachlor-3,6-dimethoxy-
6 851 d, II 846 e, III 4436 d

—, 1,2,3,5-Tetrachlor-4,6-dipropoxy-
6 820 i

—, 1,2,3,5-Tetrachlor-4-methacryloyloxy-
6 IV 1022

—, 1,2,4,5-Tetrachlor-3-methansulfonyl-
6 IV 1641

—, 1,2,4,5-Tetrachlor-3-methoxy-6-
[4-methyl-benzyloxy]- **6** IV 5776

—, 1,2,4,5-Tetrafluor-3,6-dimethoxy-
6 IV 5767

—, 1,2,3,4-Tetrakis-acetoxymethyl-
6 IV 7706

—, 1,2,4,5-Tetrakis-acetoxymethyl-
6 IV 7707

—, 1,2,4,5-Tetrakis-äthylmercapto-
3,6-dichlor- **6** IV 7693

—, 1,2,4,5-Tetrakis-[(2-amino-2-carboxy-
äthylmercapto)-methyl]- **6** IV 7707

—, 1,2,4,5-Tetrakis-benzolsulfonyl-
6 III 6658 f, IV 7693

—, 1,2,3,4-Tetrakis-hydroxymethyl-
6 IV 7706

—, 1,2,4,5-Tetrakis-hydroxymethyl-
6 IV 7707

—, 1,2,3,5-Tetrakis-methansulfonyloxy-
6 IV 7687

—, 1,2,3,5-Tetrakis-methansulfonyloxy-
4-nitro- **6** IV 7688

—, 1,2,4,5-Tetrakis-methoxymethyl-
6 III 6673 g

—, 1,2,4,5-Tetrakis-methylmercapto-
6 I 571 h

—, 1,2,4,5-Tetrakis-phenylmercapto-
6 IV 7692

—, 1,2,4,5-Tetrakis-[toluol-4-sulfonyl]-
6 III 6658 g

—, 1,2,3,4-Tetramethoxy-
6 1153 e,
II 1118 a, III 6651 b, IV 7684

—, 1,2,3,5-Tetramethoxy- **6** 1154 g,
I 570 c, II 1119 a, III 6653 b,
IV 7685

—, 1,2,4,5-Tetramethoxy- **6** 1156 b,
III 6656 b

—, 1,2,3,4-Tetramethoxy-5,6-dimethyl-
6 IV 7699

—, 1,2,3,4-Tetramethoxy-5,6-dinitro-
6 1154 a

—, 1,2,4,5-Tetramethyl-3,6-bis-[1-methyl-
octadecyloxy]- **6** III 4686 c

—, 1,2,4,5-Tetramethyl-3,6-bis-[2-methyl-
octadecyloxy]- **6** III 4686 e

—, 1,2,4,5-Tetramethyl-3,6-bis-
nonadecyloxy- **6** III 4686 a

—, 1,2,4,5-Tetramethyl-3,6-bis-
octadecyloxy- **6** III 4685 c

—, 1,2,4,5-Tetramethyl-3,6-bis-octyloxy-
6 III 4684 e

—, 1,2,4,5-Tetramethyl-3,6-bis-
propionyloxy- **6** 948 h

—, 1-[1,1,3,3-Tetramethyl-butyl]-4-
[2-vinyloxy-äthoxy]- **6** IV 3485

—, 1,2,4,5-Tetramethyl-3-methyl=
mercapto- **6** IV 3364

—, Thiocyanato- s. *Phenylthiocyanat*

—, Thiocyanatomethyl- s. *Benzylthiocyanat*

—, 1,2,3-Triacetoxy- **6** 1083 c, I 540 e,
II 1066 i, III 6269 h

—, 1,2,4-Triacetoxy- **6** 1089 d, I 542 f,
II 1072 c, III 6282 b, IV 7342

—, 1,3,5-Triacetoxy- **6** 1104 b, I 547 d,
II 1079 d, III 6306 h, IV 7367

—, 1,2,3-Triacetoxy-5-[3-acetoxy-
propenyl]- **6** IV 7717

—, 1,3,5-Triacetoxy-2-äthoxy-
6 1155 d

—, 1,2,3-Triacetoxy-5-äthyl- **6** III 6328 e

Benzol   (Fortsetzung)

—, 1,2,4-Triacetoxy-3,5,6-tribrom-
   6 1090 j

—, 1,3,5-Triacetoxy-2,4,6-tribrom-
   6 1105 h

—, 1,2,3-Triacetoxy-4,5,6-trichlor-
   6 1085 b

—, 1,2,4-Triacetoxy-3,5,6-trichlor-
   6 1090 d

—, 1,3,5-Triacetoxy-2,4,6-trichlor-
   6 1104 i

—, 1,2,4-Triacetoxy-3,5,6-trimethyl-
   6 III 6355 a

—, 1,3,5-Triacetoxy-2,4,6-trimethyl-
   6 1126 c, I 554 c, IV 7411

—, 1,3,5-Triacetoxy-2,4,6-tris-[2,5-dichlor-
   phenylmercapto]- **6** II 1161 h

—, 1,2,3-Triäthoxy- **6** 1082 c, III 6266 e,
   IV 7330

—, 1,2,4-Triäthoxy- **6** 1089 b, IV 7339

—, 1,3,5-Triäthoxy- **6** 1103 c, II 1079 c,
   III 6306 b, IV 7362

—, 1,2,3-Triäthoxy-4-äthyl- **6** 1114 b

—, 1,2,3-Triäthoxy-5-äthyl- **6** 1114 b

—, 1,2,4-Triäthoxy-3-äthyl- **6** 1113 g

—, 1,2,4-Triäthoxy-5-äthyl- **6** 1113 g

—, 1,2,5-Triäthoxy-3-äthyl- **6** 1113 g

—, 1,2,3-Triäthoxy-4-äthyl-5,6-dinitro-
   6 1114 c

—, 1,2,3-Triäthoxy-5-äthyl-4,6-dinitro-
   6 1114 c

—, 1,2,4-Triäthoxy-5-brom- **6** 1090 f

—, 1,2,3-Triäthoxy-4-brom-5,6-dinitro-
   6 1087 g

—, 1,2,3-Triäthoxy-4-brom-5-nitro-
   6 1087 b

—, 1,3,5-Triäthoxy-2-chlor-4,6-dinitro-
   6 1106 g

—, 1,3,4-Triäthoxy-2,5-dichlor-
   6 IV 7346

—, 1,3,5-Triäthoxy-2,4-dimethyl-
   6 1117 b

—, 1,2,3-Triäthoxy-4,5-dinitro- **6** 1087 d

—, 1,2,5-Triäthoxy-3,4-dinitro-
   6 I 543 f

—, 1,3,5-Triäthoxy-2,4-dinitro-
   6 1106 e

—, 1,2,3-Triäthoxy-5-nitro- **6** 1086 h

—, 1,2,4-Triäthoxy-5-nitro-
   6 1091 a, IV 7349

—, 1,2,3-Triäthoxy-4,5,6-tribrom-
   6 1085 i

—, 1,2,4-Triäthoxy-3,5,6-tribrom-
   6 1090 i

—, 1,3,5-Triäthoxy-2,4,6-tribrom-
   6 1105 e

—, 1,3,5-Triäthoxy-2,4,6-trinitro-
   6 1107 c, II 1080 e

—, 1,3,5-Triäthylmercapto- **6** IV 7372

—, 1,3,5-Triäthyl-2-propionyloxy-
   6 IV 3445

—, 1,3,5-Tribrom-2-*sec*-butoxy-
   6 III 762 f

—, 1,2,4-Tribrom-5-*tert*-butylmercapto-
   6 IV 1658

—, 1,3,5-Tribrom-2-butyryloxy-
   6 II 194 m, IV 1068

—, 1,2,4-Tribrom-5-chlor-3,6-dimethoxy-
   6 II 848 d

—, 1,2,3-Tribrom-4,5-dimethoxy-
   6 786 b, III 4260 d

—, 1,2,5-Tribrom-3,4-dimethoxy-
   6 III 4261 c

—, 1,3,4-Tribrom-2,5-dimethoxy-
   6 II 848 c

—, 1,3,5-Tribrom-2,4-dimethoxy-
   6 I 403 j, II 821 b

—, 1,2,3-Tribrom-4,5-dimethoxy-6-nitro-
   6 790 l, III 4273 d

—, 1,3,5-Tribrom-2,4-dimethoxy-6-nitro-
   6 826 k

—, 1,2,4-Tribrom-5,6-dimethoxy-
   3-propenyl- **6** 960 e

—, 1,3,5-Tribrom-2-hexanoyloxy-
   6 IV 1068

—, 1,3,5-Tribrom-2-isobutoxy-
   6 III 762 g

—, 1,3,5-Tribrom-2-isopropoxy-
   6 II 194 c, III 762 e

—, 1,3,5-Tribrom-2-methacryloyloxy-
   6 IV 1068

—, 1,2,4-Tribrom-6-methoxy-3,5-bis-
   methoxymethyl- **6** 1117 m

—, 1,3,5-Tribrom-2-methylmercapto-
   6 III 1054 b, IV 1658

—, 1,3,5-Tribrom-2-nitro-4-propionyloxy-
   6 248 h

—, 1,3,5-Tribrom-2-nonanoyloxy-
   6 IV 1068

—, 1,3,5-Tribrom-2-prop-2-inyloxy-
   6 III 762 i

—, 1,3,5-Tribrom-2-propionyloxy-
   6 205 g

—, 1,3,5-Tribrom-2-propoxy-
   6 205 c, IH 762 c

Benzol (Fortsetzung)

—, 1,2,3-Tribrom-4,5,6-trimethoxy-
6 1085 h, II 1069 h, III 6274 a, IV 7336

—, 1,2,4-Tribrom-3,5,6-trimethoxy-
6 III 6286 b

—, 1,3,5-Tribrom-2,4,6-trimethoxy-
6 1105 c

—, 1,3,5-Tributoxy- 6 IV 7363

—, 1,2,4-Trichlor-5-chloracetoxy-
6 IV 972

—, 1,3,5-Trichlor-2-chloracetoxy-
6 IV 1009

—, 1,2,3-Trichlor-4-chlormethoxy-
6 IV 960

—, 1,2,4-Trichlor-5-chlormethoxy-
6 IV 969

—, 1,3,5-Trichlor-2-chlormethoxy-
6 IV 1008

—, 1,2,4-Trichlor-5-chlormethylmercapto-
6 IV 1637

—, 1,3,5-Trichlor-2-decanoyloxy-
6 IV 1010

—, 1,2,4-Trichlor-5-dichloracetoxy-
6 IV 972

—, 1,2,4-Trichlor-5-dichlorjodanyl-
3,6-dimethoxy- 6 856 c

—, 1,2,3-Trichlor-4,5-dimethoxy-
6 784 a

—, 1,3,4-Trichlor-2,5-dimethoxy-
6 IV 5775

—, 1,3,5-Trichlor-2,4-dimethoxy-
6 IV 5686

—, 2,3,4-Trichlor-1,5-dimethoxy-
6 820 f, IV 5686

—, 1,2,3-Trichlor-4,5-dimethoxy-6-nitro-
6 790 c

—, 1,2,3-Trichlor-4,6-dimethoxy-5-nitro-
6 IV 5695

—, 1,3,5-Trichlor-2-dimethylsulfamoyloxy-
6 IV 1015

—, 1,2,4-Trichlor-5-formyloxy-
6 III 719 e

—, 1,2,4-Trichlor-5-hexadecyloxy-
6 IV 964

—, 1,2,4-Trichlor-5-hexanoyloxy-
6 III 719 h

—, 1,3,5-Trichlor-2-hexanoyloxy-
6 IV 1009

—, 1,3,5-Trichlor-2-isovaleryloxy-
6 192 f

—, 1,2,4-Trichlor-5-jod-3,6-dimethoxy-
6 856 b

—, 1,2,4-Trichlor-5-jodosyl-
3,6-dimethoxy- 6 856 c

—, 1,2,4-Trichlor-5-lauroyloxy-
6 III 719 j

—, 1,2,4-Trichlor-5-methacryloyloxy-
6 IV 972

—, 1,3,5-Trichlor-2-methacryloyloxy-
6 IV 1010

—, 1,3,5-Trichlor-2-nitro-4-propionyloxy-
6 242 d

—, 1,3,5-Trichlor-2-nonanoyloxy-
6 IV 1010

—, 1,3,5-Trichlor-2-[2-phenoxy-äthoxy]-
6 IV 1006

—, 1,2,4-Trichlor-5-propionyloxy-
6 III 719 g

—, 1,3,5-Trichlor-2-propionyloxy-
6 192 d

—, 1,2,4-Trichlor-5-sorboyloxy-
6 IV 972

—, 1,3,5-Trichlor-2-[2-thiocyanato-
äthoxy]- 6 III 726 a

—, 1,3,5-Trichlor-2-[3-thiocyanato-
propoxy]- 6 III 726 e

—, 1,3,5-Trichlor-2-trichloracetoxy-
6 III 726 h, IV 1009

—, 1,2,4-Trichlor-5-[2-trichloracetoxy-
äthoxy]- 6 IV 965

—, 1,2,4-Trichlor-5-trichloracryloyloxy-
6 IV 972

—, 1,2,4-Trichlor-5-trichlormethansulfenyl=
oxy- 6 IV 992

—, 1,3,5-Trichlor-2-trichlormethoxy-
6 IV 1010

—, 1,2,3-Trichlor-4,5,6-trimethoxy-
6 1085 a, IV 7335

—, 1,2,4-Trichlor-3,5,6-trimethoxy-
6 IV 7347

—, 1,3,5-Trichlor-2,4,6-trimethoxy-
6 1104 g

—, 1,3,5-Trichlor-2-undecanoyloxy-
6 IV 1010

—, 1,2,4-Trichlor-5-vinyloxy- 6 IV 964

—, 1,3,5-Trichlor-2-vinyloxy-
6 III 724 e, IV 1006

—, 1-Trifluormethoxy-2,4-bis-trifluormethyl-
6 IV 3133

—, 1,3,5-Triisopropoxy-2,4,6-trinitro-
6 1107 e

—, 1,3,5-Trijod-2-pentyloxy-
6 III 789 f

—, 1,3,5-Trijod-2-propoxy- 6 212 c,
III 789 c

Benzol (Fortsetzung)

−, 1,2,3-Trimethoxy- **6** 1081 e, I 540 b,
II 1066 a, III 6265, IV 7329

−, 1,2,4-Trimethoxy- **6** 1088 c, I 542 c,
II 1072 a, III 6278 c, IV 7339

−, 1,3,5-Trimethoxy- **6** 1101 c, I 547 b,
II 1078 c, III 6305 b, IV 7362

−, 1,2,4-Trimethoxy-3,5-dimethyl-
6 III 6334 f

−, 1,3,4-Trimethoxy-2,5-dimethyl-
6 III 6338 f

−, 1,3,5-Trimethoxy-2,4-dimethyl-
6 1116 d

−, 1,3,5-Trimethoxy-2,4-dimethyl-6-
[3-methyl-but-1-enyl]- **6** IV 7484

−, 1,2,3-Trimethoxy-4,5-dinitro-
6 1087 c, I 541 d, III 6274 h

−, 1,2,4-Trimethoxy-3,5-dinitro-
6 1091 f, I 543 c

−, 1,2,5-Trimethoxy-3,4-dinitro-
6 I 543 e

−, 1,3,5-Trimethoxy-2,4-dinitro-
6 1106 c, II 1079 j, III 6309 g, IV 7372

−, 2,3,4-Trimethoxy-1,5-dinitro-
6 I 541 e, II 1070 l, III 6275 b

−, 1,2,3-Trimethoxy-4-[4-methoxy-
cyclohex-1-enyl]- **6** IV 7726

−, 1,2,3-Trimethoxy-4-methoxymethyl-
6 IV 7694

−, 1,2,3-Trimethoxy-5-[1-methoxy-
2-nitro-propyl]- **6** III 6668 e

−, 1,2,4-Trimethoxy-5-[1-methoxy-
2-nitro-propyl]- **6** III 6667 g

−, 1,2,4-Trimethoxy-5-[2-methyl-
benzhydryl]- **6** II 1110 e

−, 1,2,4-Trimethoxy-5-[1-methyl-
1,2-diphenyl-äthyl]- **6** II 1111 a

−, 1,2,4-Trimethoxy-5-[1-methyl-dodec-
1-enyl]- **6** III 6454 c

−, 1,2,3-Trimethoxy-5-[1-methyl-tridecyl]-
6 IV 7440

−, 1,2,3-Trimethoxy-4-nitro-
6 1086 b, II 1070 a, III 6274 g,
IV 7336

−, 1,2,3-Trimethoxy-5-nitro-
6 1086 g, I 541 b, II 1070 d, IV 7337

−, 1,2,4-Trimethoxy-3-nitro- **6** IV 7348

−, 1,2,4-Trimethoxy-5-nitro-
6 1090 l, I 543 b, II 1072 g, III 6287 a,
IV 7349

−, 1,2,5-Trimethoxy-3-nitro- **6** III 6287 i

−, 1,3,5-Trimethoxy-2-nitro-
6 II 1079 i, III 6309 e, IV 7370

−, 1,2,3-Trimethoxy-5-[2-nitro-propenyl]-
6 III 6442 c

−, 1,2,4-Trimethoxy-5-[2-nitro-propenyl]-
6 II 1093 a, III 6441 b

−, 1,3,5-Trimethoxy-2-[2-nitro-propenyl]-
6 IV 7476

−, 1,3,4-Trimethoxy-2-nitro-5-propyl-
6 1119 d

−, 1,2,4-Trimethoxy-5-nitroso-
6 I 543 a

−, 1,3,5-Trimethoxy-2-octadecyl-
6 II 1091 b

−, 1,2,3-Trimethoxy-5-pentyl-
6 III 6365 e

−, 1,3,5-Trimethoxy-2-phenoxy-
6 IV 7685

−, 1,2,3-Trimethoxy-5-propenyl-
6 1130 a, I 556 a, III 6442 a,
IV 7477

−, 1,2,4-Trimethoxy-5-propenyl-
6 1129 i, I 555 h, II 1092 j, III 6440 d,
IV 7476

−, 1,3,5-Trimethoxy-2-propenyl-
6 IV 7476

−, 1,2,3-Trimethoxy-5-propyl-
6 1120 b, II 1086 d, III 6343 a

−, 1,2,4-Trimethoxy-5-propyl-
6 1119 h, III 6341 e

−, 1,2,5-Trimethoxy-3-propyl-
6 1118 h

−, 1,2,3-Trimethoxy-5-[1-propyl-but-
1-enyl]- **6** I 556 f

−, 1,3,5-Trimethoxy-2-[1,2,3,4-
tetrahydro-[1]naphthyl]- **6** IV 7596

−, 1,3,5-Trimethoxy-2,4,6-trimethyl-
6 IV 7410

−, 1,2,3-Trimethoxy-4,5,6-trinitro-
6 I 541 f

−, 1,3,5-Trimethoxy-2,4,6-trinitro-
6 II 1080 d, IV 7372

−, 1,2,3-Trimethoxy-5-trityl-
6 II 1115 e

−, 1-[2-Trimethylammonio-äthoxy]-2-
[2-trimethylammonio-äthylmercapto]-
6 IV 5641

−, 1-[2-Trimethylammonio-äthoxy]-4-
[2-trimethylammonio-äthylmercapto]-
6 IV 5819

−, 1-[3-Trimethylammonio-propoxy]-2-
[3-trimethylammonio-propylmercapto]-
6 IV 5641

Benzol (Fortsetzung)

−, 1-[3-Trimethylammonio-propoxy]-4-[3-trimethylammonio-propylmercapto]-
6 IV 5820

−, 1,3,4-Trimethyl-2,5-bis-nonadecyloxy-
6 III 4647 a

−, 1,3,4-Trimethyl-2,5-bis-octadecyloxy-
6 III 4646 i

−, 1,3,4-Trimethyl-2,5-bis-phosphonooxy-
6 III 4649 h

−, 1,2,5-Trimethyl-3-methylcarbamoyloxy-
6 IV 3249

−, 1,3,5-Trimethyl-2-methylmercapto-
6 III 1840 c

−, 1,3,5-Trimethyl-2-nitro-4-phenoxy-
6 IV 3260

−, 2-Trimethylsilyloxy-1,3,5-tris-[trimethylsilyloxy-methyl]- 6 IV 7706

−, 1,3,5-Trimethyl-2,4,6-tris-phenylmercapto- 6 IV 7411

−, 1,3,5-Trinitro-2,4-bis-[2-nitryloxy-äthoxy]- 6 III 4363 b

−, 1,3,5-Trinitro-2-nitryloxymethyl-
6 III 1572 g

−, 1,3,5-Trinitro-2-phenoxy- 6 IV 1458

−, 1,3,5-Trinitro-2,4,6-triphenoxy-
6 1107 f, II 1080 f

−, 1,3,5-Trinitro-2,4,6-tripropoxy-
6 1107 d

−, 1,3,5-Triphenoxy- 6 1103 d

−, 1,3,5-Tris-[1-acetoxy-äthyl]-
6 IV 7427

−, 1,2,3-Tris-acetoxymethyl- 6 IV 7409

−, 1,3,5-Tris-acetoxymethyl- 6 IV 7413

−, 1,3,5-Tris-acetoxymethyl-2-methoxy-
6 IV 7706

−, 1,3,5-Tris-[4-acetoxy-3-nitro-phenyl]-
6 IV 7661

−, 1,3,5-Tris-[4-acetoxy-phenyl]-
6 II 1115 c

−, 1,3,5-Tris-acetylmercapto-
6 1108 b

−, 1,3,5-Tris-äthoxycarbonylmethyl≠mercapto- 6 I 548 c

−, 1,2,3-Tris-äthoxycarbonyloxy-
6 1083 k

−, 1,3,5-Tris-äthoxycarbonyloxy-
6 1104 c

−, 1,3,5-Tris-[äthyl-dibutyl-silyloxy]-
6 IV 7368

−, 1,3,5-Tris-äthylmercapto-2,4,6-trimethyl- 6 IV 7411

−, 1,2,3-Tris-allyloxy- 6 III 6267 f

−, 1,2,3-Tris-allyloxycarbonyloxy-
6 III 6270 d

−, 1,3,5-Tris-allyloxycarbonyloxy-
6 III 6307 b

−, 1,2,4-Tris-benzolsulfonyl- 6 III 6299 f

−, 1,3,5-Tris-benzolsulfonyl-2,4,6-trimethyl- 6 IV 7411

−, 1,2,3-Tris-benzyloxy- 6 II 1066 c,
III 6268 a, IV 7331

−, 1,3,5-Tris-benzyloxy- 6 1103 f,
IV 7366

−, 1,3,5-Tris-benzyloxy-2,4-dimethyl-
6 1117 d

−, 1,2,3-Tris-benzyloxy-5-nitro-
6 II 1070 e, IV 7337

−, 1,3,5-Tris-benzyloxy-2,4,6-trinitro-
6 1107 g

−, 1,2,4-Tris-butyryloxy- 6 IV 7343

−, 1,2,3-Tris-carbamoyloxy- 6 1083 l

−, 1,3,5-Tris-[2-carboxy-äthylmercapto]-
6 III 6311 f

−, 1,2,3-Tris-carboxymethoxy-
6 1084 e

−, 1,3,5-Tris-carboxymethylmercapto-
6 I 548 b

−, 1,3,5-Tris-carboxymethylmercapto-2-chlor- 6 I 548 f

−, 1,3,5-Tris-[α-carboxymethylmercapto-isopropyl]- 6 IV 7431

−, 1,2,3-Tris-[(2-chlor-äthoxy)-methoxy]-
6 IV 7332

−, 1,3,5-Tris-[2-chlor-1-hydroxy-äthyl]-
6 IV 7427

−, 1,3,5-Tris-[3-chlor-4-methoxy-phenyl]-
6 IV 7661

−, 1,2,3-Tris-cholesteryloxycarbonyloxy-
6 III 6271 a

−, 1,3,5-Tris-cholesteryloxycarbonyloxy-
6 III 6307 c

−, 1,2,3-Tris-[2-diäthylamino-äthoxy]-
6 III 6271 g, IV 7333

−, 1,2,4-Tris-[2-diäthylamino-äthoxy]-
6 III 6283 c

−, 1,3,5-Tris-[2-diäthylamino-äthoxy]-
6 III 6308 g

−, 1,3,5-Tris-[3,4-dimethoxy-phenäthyl]-
6 III 6984 b

−, 1,2,3-Tris-[2,4-dinitro-phenoxy]-
6 IV 7331

−, 1,3,5-Tris-[2,4-dinitro-phenoxy]-
6 IV 7365

−, 1,3,5-Tris-[2,4-dinitro-phenoxy]-2,4-dinitro- 6 II 1080 a

Benzol (Fortsetzung)

—, 1,3,5-Tris-[α-hydroperoxy-isopropyl]-
   6 IV 7431

—, 1,3,5-Tris-[1-hydroxy-äthyl]-
   6 IV 7426

—, 1,3,5-Tris-[α-hydroxy-benzhydryl]-
   6 III 6642 c

—, 1,3,5-Tris-[α-hydroxy-benzyl]-
   6 IV 7662

—, 1,3,5-Tris-[α-hydroxy-isopropyl]-
   6 IV 7431

—, 1,2,3-Tris-hydroxymethyl-
   6 IV 7409

—, 1,2,4-Tris-hydroxymethyl-
   6 III 6355 g, IV 7410

—, 1,3,5-Tris-hydroxymethyl-
   6 1127 e, III 6358 e, IV 7413

—, 1,3,5-Tris-[4-hydroxy-3-nitro-phenyl]-
   6 IV 7661

—, 1,2,4-Tris-[4-hydroxy-phenyl]-
   6 II 1114 d

—, 1,3,5-Tris-[4-hydroxy-phenyl]-
   6 II 1115 a, IV 7660 f

—, 1,3,5-Tris-isovaleryloxy- **6** IV 7367

—, 1,2,3-Tris-methansulfonyloxy-
   6 III 6272 c

—, 1,2,4-Tris-methansulfonyloxy-
   6 III 6283 e

—, 1,3,5-Tris-methansulfonyloxy-
   6 III 6309 b

—, 1,3,5-Tris-methansulfonyloxy-2-nitro-
   6 IV 7371

—, 1,3,5-Tris-methansulfonyl-
   2,4,6-trimethoxy- **6** IV 7929

—, 1,2,3-Tris-methoxycarbonyloxy- **6** 1083 j

—, 1,3,5-Tris-methoxycarbonyloxy-
   6 I 547 e, II 1079 e

—, 1,2,4-Tris-methoxymethyl-
   6 III 6355 h

—, 1,3,5-Tris-[4-methoxy-3-nitro-phenyl]-
   6 IV 7661

—, 1,2,4-Tris-[4-methoxy-phenyl]-
   6 II 1114 e

—, 1,3,5-Tris-[4-methoxy-phenyl]-
   6 II 1115 b, III 6621 c, IV 7661

—, 1,2,5-Tris-[4-methoxy-phenyl]-
   3-methyl- **6** III 6622 a

—, 1,3,5-Tris-[4-methoxy-phenyl]-
   2-methyl- **6** III 6622 b

—, 1,3,5-Tris-[4-methoxy-phenyl]-2-nitro-
   6 IV 7661

—, 1,2,4-Tris-methylmercapto-
   6 I 544 m

—, 1,3,5-Tris-methylmercapto-
   6 1108 a

—, 1,3,5-Tris-methylmercapto-2-nitro-
   6 I 548 g

—, 1,3,5-Tris-octyloxy- **6** IV 7364

—, 1,2,3-Tris-picryloxy- **6** IV 7331

—, 1,2,4-Tris-[toluol-4-sulfonyl]-
   6 III 6300 a

—, 1,3,5-Tris-[toluol-4-sulfonyl]-
   6 IV 7372

—, 1,2,3-Tris-[2-triäthylammonio-äthoxy]-
   6 III 6271 h, IV 7333

—, 1,2,4-Tris-[2-triäthylammonio-äthoxy]-
   6 III 6283 d

—, 1,2,3-Tris-trimethylsilyloxy-
   6 IV 7333

—, 1,3,5-Tris-trimethylsilyloxy-
   6 IV 7367

—, Vinyl- s. *Styrol*

Benzol-1,3-disulfenylchlorid

—, 4,6-Dichlor- **6** I 411 h

Benzol-dithiol

s. *Benzen-dithiol*

Benzolselenensäure

—, 4-Brom-2-nitro- **6** IV 1794
   — methylester **6** IV 1794

—, 4-Chlor-2-nitro- **6** IV 1792
   — methylester **6** IV 1792

—, 2,4-Dinitro- **6** III 1122 e, IV 1796
   — äthylester **6** IV 1797
   — amid **6** IV 1799
   — benzylester **6** IV 2561
   — *sec*-butylester **6** IV 1797
   — isopropylester **6** IV 1797
   — methylester **6** III 1122 f,
      IV 1797

—, 4-Methoxy-2-nitro- **6** IV 5854

—, 2-Nitro- **6** III 1116 h, IV 1786
   — äthylester **6** IV 1787
   — amid **6** IV 1788
   — methylester **6** III 1117 a,
      IV 1787

—, 4-Nitro-,
   — methylester **6** III 1121 b

Benzolselenenylbromid 6 II 319 f, III 1111 a

—, 4-Brom- **6** III 1115 d

—, 4-Brom-2-nitro- **6** III 1122 c

—, 4-Chlor-2-nitro- **6** IV 1794

—, 2,4-Dinitro- **6** III 1122 h, IV 1799

—, 2-Methoxy-4-nitro- **6** IV 5657

—, 4-Methoxy-2-nitro- **6** IV 5855

—, 2-Nitro- **6** III 1118 b

—, 3-Nitro- **6** III 1120 c

Benzolthiosulfonsäure (Fortsetzung)

–, 4-Äthoxy-,
  – S-[4-äthoxy-phenylester]
    6 I 421 p
–, 4-Brom-,
  – S-[4-brom-phenylester]
    6 I 152 g
–, 4-Chlor-,
  – S-[4-chlor-phenylester]
    6 330 b
–, 4-Chlor-2-nitro-,
  – S-[4-chlor-2-nitro-phenylester]
    6 I 162 c, **11** I 22 j
–, 2,5-Dimethyl-,
  – S-[2,5-dimethyl-phenylester]
    6 I 247 f
–, 4-Jod-,
  – S-[4-jod-phenylester] **6** 336 i
–, 2-Methoxy-5-methyl-,
  – S-[2-methoxy-5-methyl-phenylester]
    6 I 435 e
–, 2-Nitro-,
  – S-[2-nitro-phenylester] **6** I 157 b,
    11 I 22 i
–, 3-Nitro-,
  – S-[3-nitro-phenylester]
    6 339 d, **11** II 39 a
–, 4-Nitro-,
  – S-[4-nitro-phenylester] **6** 341 a,
    I 160 e, **11** 83 k

Benzol-triol
  s. *Benzen-1,2,4-triol, Phloroglucin und
  Pyrogallol*

Benzo[a]naphthacen-7,14-diol
–, 8-[1]Naphthyl-7,13,14-triphenyl-
    7,14-dihydro-
    6 IV 7123
–, 13-[1]Naphthyl-7,8,14-triphenyl-
    7,14-dihydro-
    6 IV 7123
–, 7,8,13,14-Tetraphenyl-7,14-dihydro-
    6 IV 7122

Benzo[b]naphtho[1,2-p]chrysen-11,16-diol
–, 9,10,10a,16b,17,18-Hexahydro-
    6 IV 7090

Benzo[b]naphtho[1,2-p]chrysen-11,16-dion
–, 9,10,10a,10b,16a,16b,17,18-Octahydro-
    6 IV 7090

Benzo[h]pentaphen
–, 5,10,15,16-Tetraacetoxy-
    6 IV 7865

Benzo[rst]pentaphen
–, 5,8-Diacetoxy- **6** IV 7074

Benzo[c]phenanthren
–, 1-Acetoxy-4-methyl- **6** IV 5089
–, 2-Acetoxy-4-methyl- **6** IV 5089
–, 1-Acetoxy-4-methyl-5,6-dihydro-
    6 IV 5057
–, 2-Acetoxy-4-methyl-5,6-dihydro-
    6 IV 5057
–, 5,8-Bis-äthoxycarbonyloxy-1-brom-
    5,6,6a,7,8,12b-hexahydro- **6** IV 6923
–, 5,6-Diacetoxy- **6** III 5836 b
–, 2,10-Dimethoxy- **6** IV 7000
–, 2-Methoxy- **6** IV 5084
–, 3-Methoxy- **6** III 3728 f
–, 11-Methoxy-2,5-dimethyl-
    6 IV 5098
–, 2-Methoxy-8,11-dimethyl-5,6,6a,7,8,⸗
    12b-hexahydro- **6** IV 4975
–, 2-Methoxy-8-methyl- **6** IV 5090
–, 2-Methoxy-8-methyl-5,6,6a,7,8,12b-
    hexahydro- **6** IV 4973

Benzo[c]phenanthren-5,8-diol
–, 1-Brom-5,6,6a,7,8,12b-hexahydro-
    6 IV 6923
–, 1,12-Dimethyl-5,6,6a,7,8,12b-
    hexahydro- **6** IV 6932

Benzo[c]phenanthren-1-ol
–, 5-Isopropyl-9-methyl-
    1,2,3,4-tetrahydro- **6** IV 5003

Benzo[c]phenanthren-2-ol **6** IV 5084
–, 4-Methyl- **6** IV 5089
–, 4-Methyl-5,6-dihydro- **6** IV 5057

Benzo[c]phenanthren-6-ol
–, 1,2,3,4,4a,5,6,12c-Octahydro- **6** IV 4912

Benzo[rst]phenanthro[10,1,2-cde]pentaphen
–, 9,18-Dimethoxy- **7** II 816

Benzo[a]pyren
  s. *Benzo[def]chrysen*

[1,2]Benzosemichinon
–, 4-Methyl- **6** IV 5878

Benz[1,2,5]osmadioxol-2,2-dioxid **6** III 4249 e
–, 3a,7a-Dimethyl-hexahydro-
    6 III 4098 b
–, Hexahydro- **6** III 4069 d
–, 6-Isopropenyl-3a-methyl-hexahydro-
    6 III 4138 d
–, 3a,4,5,7a-Tetrahydro- **6** III 4129 e

Benzo[b]triphenylen
–, 9-Acetoxy-1,2,3,4,5,6,7,8-octahydro-
    6 III 3706 b
–, 9,14-Diacetoxy-1,2,3,4,5,6,7,8,8a,14b-
    decahydro- **6** III 5768 a
–, 9,14-Dimethoxy-9,14-dimethyl-
    9,14-dihydro- **6** III 5909 b

Benzo[*b*]triphenylen-9,14-diol

—, 1,2,3,4,5,6,7,8,8a,14b-Decahydro-
  6 III 5767 c
—, 10,13-Diacetoxy-1,2,3,4,5,6,7,8,8a,14b-deca-
  hydro- 6 III 6800 a
—, 9,14-Diphenyl-1,2,3,4,5,6,7,8,9,14-
  decahydro- 6 IV 7091

Benzo[*b*]triphenylen-9,14-dion

—, 10,13-Diacetoxy-1,2,3,4,5,6,7,8,8a,8b,⇌
  14a,14b-dodecahydro- 6 III 6800 a
—, 1,2,3,4,5,6,7,8,8a,8b,14a,14b-
  Dodecahydro- 6 III 5767 c

Benzo[*b*]triphenylen-9-ol

—, 9-Phenyl-9,14-dihydro- 6 III 3875 d

Benzo[*b*]triphenylen-9,10,13,14-tetraol

—, 1,2,3,4,5,6,7,8,8a,14b-Decahydro-
  6 III 6800 a

Benz[1,4]oxathiin-2-ol

—, 2,3-Dihydro- 6 IV 5638

Benz[1,3]oxathiol-2-on

—, 4-Hydroxy-5,7-dinitro- 6 IV 7353

Benzpinakol 6 III 5923 e, IV 7053

Benzpinakon 6 1058 d, I 522 e, II 1034 b,
  III 5923 e

3,4-Benzpyren
  s. *Benzo[def]chrysen*

Benzylalkohol 6 428 i, I 217 f, II 403 f,
  III 1445 d, IV 2222;
  α-alkylsubstituierte Derivate
  s. unter den entsprechenden Alkoholen

—, 2-Acetoxy- 6 II 879 f
—, 4-Acetoxy-3,5-dibrom- 6 899 d
—, 4-Acetoxy-2,5-dibrom-3,6-dimethyl-
—, 4-Acetoxy-2,6-dibrom-3,5-dimethyl- 6 941 c
—, 2-Acetoxy-3,5-dichlor- 6 III 4541 c
—, 5-Acetoxy-2-hydroxy- 6 III 6323 b
—, 4-Acetoxy-3-methoxy- 6 I 551 a
—, 3-Acetoxymethyl-2,4,5-tribrom-
  6-hydroxy- 6 1118 a
—, 3-Acetoxymethyl-2,5,6-tribrom-
  4-hydroxy- 6 1118 a
—, 2,2′-Äthandiyl-di- 6 IV 6736   6 935 f
—, 4,4′-Äthandiyl-di- 6 III 5476 c, IV 6736
—, 2-Äthoxy- 6 893 d, I 439 f, II 878 b,
  IV 5897
—, 3-Äthoxy- 6 IV 5907
—, 4-Äthoxy- 6 III 4548 a, IV 5910
—, 2-Äthoxy-5-brom-3-methoxy- 6 II 1082 j
—, 2-Äthoxy-4,6-dimethoxy- 6 IV 7695
—, 3-Äthoxy-2,4-dimethoxy- 6 IV 7694
—, 4-Äthoxy-2,6-dimethoxy- 6 IV 7695
—, 3-Äthoxy-4-hydroxy- 6 III 6324 c
—, 5-Äthoxy-2-hydroxy- 6 1113 b

—, 3-Äthoxy-2-isopentyloxy- 6 IV 7379
—, 2-Äthoxy-3-methoxy- 6 II 1082 g,
  IV 7378
—, 3-Äthoxy-4-methoxy- 6 IV 7382
—, 4-Äthoxy-3-methoxy- 6 I 550 l,
  IV 7382
—, 2-Äthoxy-3-methoxy-5-nitro- 6 II 1083 a
—, 2-Äthoxymethyl- 6 II 888 f,
  III 4587 f, IV 5953
—, 2-Äthoxy-5-methyl- 6 IV 5965
—, 3-Äthoxymethyl- 6 II 890 a
—, 4-Äthoxymethyl- 6 919 c, II 891 g,
  III 4609 a
—, 4-Äthoxy-3-methyl- 6 IV 5964
—, 2-Äthoxymethyl-3,6-dibrom-
  4-hydroxy-5-methyl- 6 1125 b
—, 3-Äthoxymethyl-4-methoxy-
  6 III 6337 f
—, 4-Äthoxy-2-methyl-3-propoxy-
  6 IV 7396
—, 2-Äthoxy-5-nitro- 6 II 880 f
—, 4-Äthoxy-3-nitro- 6 II 884 e
—, 3-Äthoxy-2-propoxy- 6 IV 7378
—, 2-[3-Äthoxy-propyl]- 6 II 900 f
—, 2-Äthyl- 6 I 254 g, IV 3232
—, 3-Äthyl- 6 I 254 l
—, 4-Äthyl- 6 II 479 d, IV 3241
—, 3-Äthyl-2,5-dihydroxy- 6 III 6353 d
—, 4-Äthyl-2,5-dihydroxy- 6 III 6354 e
—, 2-Äthyl-3,6-dimethoxy-4,5-dimethyl-
  6 III 6372 c
—, 3-Äthyl-2,5-dimethoxy-4,6-dimethyl-
  6 III 6371 e
—, 5-Äthyl-2-hydroxy- 6 III 4639 e
—, 2-[1-Äthyl-1-hydroxy-propyl]-
  6 950 e
—, 5-Äthyl-2-propyl- 6 III 2021 a
—, 5-Allyl-2-[2-diäthylamino-äthoxy]-
  3-methoxy- 6 III 6447 a
—, 3-Allyl-2,5-dihydroxy- 6 III 6446 c
—, 2-Allyl-3,4-dimethoxy- 6 IV 7479
—, 5-Allyl-2,3-dimethoxy- 6 III 6446 e
—, 2-Allyl-3-hydroxy-4-methoxy-
  6 IV 7479
—, 5-Allyl-2-hydroxy-3-methoxy-
  6 1131 d, III 6446 d
—, 2-Allyloxy- 6 I 439 g, IV 5898
—, 3-Allyloxy-4-methoxy- 6 IV 7383
—, 3-Benzhydryl- 6 722 i
—, 4-Benzhydryl- 6 IV 5062
—, 2-Benzyl- 6 III 3400 d, IV 4728
—, 4-Benzyl- 6 IV 4738

Benzylalkohol (Fortsetzung)

—, 2-[1-Benzyl-1-hydroxy-2-phenyl-äthyl]- 6 1048 k, IV 6989

—, 2-Benzyloxy- 6 II 879 d

—, 3-Benzyloxy- 6 IV 5907

—, 4-Benzyloxy- 6 IV 5912

—, 3-Benzyloxy-4-methoxy- 6 III 6324 e

—, 2,3-Bis-benzyloxy- 6 IV 7379

—, 3,4-Bis-methoxycarbonyloxy- 6 II 1084 c

—, 2-Brom- 6 445 n, II 423 d, IV 2600

—, 3-Brom- 6 446 d, II 423 f, III 1560 a, IV 2601

—, 4-Brom- 6 446 f, II 423 g, III 1560 e, IV 2602

—, 5-Brom-2-[4-brom-phenyl]- 6 IV 4691

—, 4-Brom-2-chlor-3-hydroxy- 6 III 4546 c

—, 5-Brom-3-chlor-2-hydroxy- 6 III 4542 i

—, 4-Brom-2-chlor-3-methoxy- 6 III 4546 d

—, 2-Brom-3,4-dimethoxy- 6 III 6325 e

—, 2-Brom-3,5-dimethoxy- 6 III 6326 e

—, 2-Brom-4,5-dimethoxy- 6 I 551 g, III 6325 f

—, 3-Brom-4,5-dimethoxy- 6 I 551 f, IV 7384

—, 5-Brom-2,3-dimethoxy- 6 II 1082 i

—, 4-Brom-2,5-dimethyl- 6 III 1834 j

—, 4-Brom-3,5-dimethyl- 6 521 m

—, 2-Brom-4-hydroxy- 6 898 h

—, 2-Brom-5-hydroxy- 6 II 882 c, IV 5908

—, 3-Brom-4-hydroxy- 6 III 4551 b

—, 5-Brom-2-hydroxy- 6 893 j, II 879 k, III 4541 g

—, 3-Brom-4-hydroxy-2,5-dimethyl- 6 933 e

—, 3-Brom-5-hydroxy-2,4-dimethyl- 6 932 a

—, 2-Brom-6-hydroxy-3-[3-hydroxy-propyl]-5-methoxy- 6 III 6672 d

—, 5-Brom-2-hydroxy-3-jod- 6 III 4543 e

—, 2-Brom-3-hydroxy-4-methoxy- 6 III 6325 d

—, 3-Brom-4-hydroxy-5-methoxy- 6 IV 7384

—, 2-Brom-4-hydroxy-6-methyl- 6 II 888 e

—, 3-Brom-2-hydroxy-5-methyl- 6 III 4599 e, IV 5966

—, 3-[3-Brom-2-hydroxy-5-methyl-benzyl]-2-hydroxy-5-methyl- 6 IV 7581

—, 3-[3-(3-Brom-2-hydroxy-5-methyl-benzyl)-2-hydroxy-5-methyl-benzyl]-2-hydroxy-5-methyl- 6 IV 7832

—, 4-Brom-2-hydroxy-3,5,6-trimethyl- 6 947 j

—, 5-[α-Brom-isopropyl]-2-brommethyl-4-hydroxy- 6 IV 6046

—, 2-Brom-5-methoxy- 6 III 4546 a

—, 3-Brom-4-methoxy- 6 III 4551 c

—, 5-Brom-2-methoxy- 6 894 a, III 4541 h, IV 5901

—, 3-Brom-2,4,5-trimethyl-6-nitro- 6 III 1921 c

—, 2-Butoxy- 6 II 879 b

—, 3-Butoxy- 6 IV 5907

—, 4-Butoxy- 6 IV 5911

—, 4-tert-Butoxy- 6 IV 5912

—, 2-Butoxy-3-methoxy- 6 IV 7379

—, 2-tert-Butoxymethyl- 6 IV 5954

—, 4-tert-Butyl- 6 550 h, IV 3402

—, 3-Butyl-2,5-dihydroxy- 6 III 6368 c

—, 2-sec-Butyl-4,6-dimethyl- 6 III 2044 a

—, 2-tert-Butyl-4,6-dimethyl- 6 III 2044 Anm.

—, 4-sec-Butyl-2,6-dimethyl- 6 III 2044 a

—, 4-tert-Butyl-2,6-dimethyl- 6 III 2044 c

—, 4-tert-Butyl-2,6-dimethyl-3,5-dinitro- 6 IV 3470

—, 5-Butyl-2-hydroxy- 6 III 4706 b

—, 5-tert-Butyl-2-hydroxy- 6 III 4708 d

—, 3-tert-Butyl-2-hydroxy-5-methyl- 6 IV 6057

—, 5-tert-Butyl-2-hydroxy-3-methyl- 6 III 4725 e, IV 6057

—, 2-Chlor- 6 444 b, I 222 e, II 422 n, III 1554 d, IV 2589

—, 3-Chlor- 6 444 g, II 423 a, III 1555 d, IV 2592

—, 4-Chlor- 6 444 i, I 222 h, II 423 b, III 1555 i, IV 2593

—, 2-[2-Chlor-äthoxy]- 6 IV 5897

—, 5-Chlor-3-[5-chlor-2-hydroxy-benzyl]-2-hydroxy- 6 IV 7573

—, 3-Chlor-5-[3,5-dibrom-2-hydroxy-benzyl]-2-hydroxy- 6 IV 7573

—, 3-Chlor-5-[3,5-dibrom-4-hydroxy-benzyl]-2-hydroxy- 6 IV 7574

—, 5-Chlor-3-[3,5-dibrom-2-hydroxy-benzyl]-2-hydroxy- 6 IV 7573

Benzylalkohol (Fortsetzung)

—, 5-Chlor-3-[3,5-dibrom-4-hydroxy-benzyl]-2-hydroxy- **6** IV 7573

—, 2-Chlor-3,5-dimethoxy- **6** III 6326 d

—, 2-Chlor-4,5-dimethyl- **6** IV 3252

—, 4-Chlor-3,5-dimethyl- **6** IV 3264

—, 2-Chlor-3-hydroxy- **6** III 4545 d

—, 3-Chlor-2-hydroxy- **6** II 879 h, III 4540 a

—, 3-Chlor-4-hydroxy- **6** 902 b, III 4550 f

—, 4-Chlor-2-hydroxy- **6** IV 5899

—, 5-Chlor-2-hydroxy- **6** 893 h, II 879 i, III 4540 b, IV 5900

—, 3-Chlor-2-hydroxy-4,6-dimethyl- **6** IV 5999

—, 3-Chlor-6-hydroxy-5-isopropyl-2-methyl- **6** IV 6045

—, 3-Chlor-4-hydroxy-5-methoxy- **6** III 6325 c, IV 7384

—, 3-Chlor-2-hydroxy-5-methyl- **6** IV 5965

—, 5-Chlor-2-hydroxy-3-methyl- **6** III 4597 d

—, 5-Chlor-2-hydroxy-4-methyl- **6** IV 5971

—, 5-Chlor-4-hydroxy-2-methyl- **6** IV 5953

—, 3-[3-Chlor-2-hydroxy-5-methyl-benzyl]-2-hydroxy-5-methyl- **6** IV 7581

—, 3-[3-(3-Chlor-2-hydroxy-5-methyl-benzyl)-2-hydroxy-5-methyl-benzyl]-2-hydroxy-5-methyl- **6** IV 7832

—, 2-[5-Chlor-2-hydroxy-phenyl]- **6** IV 6674

—, 2-Chlor-3-methoxy- **6** III 4545 e

—, 3-Chlor-4-methoxy- **6** III 4550 g

—, 3-Chlor-2-methoxy-5-methyl- **6** IV 5966

—, 5-Chlor-2-methoxy-3-methyl- **6** IV 5964

—, 3-Chlor-4-methyl- **6** III 1782 d

—, 3-Chlormethyl-4-methoxy- **6** IV 5965

—, 2-Chlor-5-nitro- **6** IV 2631

—, 2-Chlor-6-nitro- **6** 452 j, III 1572 a

—, 4-Chlor-2-nitro- **6** IV 2631

—, 4-Chlor-3-nitro- **6** IV 2631

—, 5-Chlor-2-nitro- **6** IV 2631

—, 2-[2-Chlor-1,1,2-trifluor-äthoxy]- **6** IV 5899

—, 3-[2-Chlor-1,1,2-trifluor-äthoxy]- **6** IV 5908

—, 4-[2-Chlor-1,1,2-trifluor-äthoxy]- **6** IV 5914

—, 4-Cyclohexyl- **6** III 2533 d

—, 3-Cyclohexyl-2-hydroxy-5-methyl- **6** III 5066 a

—, 5-Cyclohexyl-2-hydroxy-3-methyl- **6** III 5066 d

—, α-Deuterio- **6** IV 2228

—, 2-Deuterio- **6** IV 2228

—, 3-Deuterio- **6** IV 2228

—, 3,5-Diacetoxy- **6** III 6326 c

—, 2,3-Diäthoxy- **6** II 1082 h

—, 3,4-Diäthoxy- **6** III 6324 d, IV 7382

—, 3,3'-Diäthoxy-4,4'-äthandiyldioxy-di- **6** IV 7383

—, 2,3-Diäthoxy-5-brom- **6** II 1082 k

—, 3,5-Diäthoxy-4-hydroxy- **6** II 1122 f

—, 4,5-Diäthoxy-2-hydroxy- **6** IV 7695

—, 2,3-Diäthoxy-5-nitro- **6** II 1083 b

—, 2,5-Diäthoxy-3,4,6-trimethyl- **6** III 6363 e

—, 2-[3-Diäthylamino-1-methyl-propoxy]- **6** III 4539 h

—, 2,4-Dibrom- **6** II 423 k

—, 2,6-Dibrom- **6** II 423 l

—, 3,5-Dibrom- **6** II 424 a

—, 2,5-Dibrom-3,6-dichlor-4-hydroxy- **6** 899 g

—, 5,5'-Dibrom-2,2'-dihydroxy-3,3'-methandiyl-di- **6** IV 7763

—, 2,4-Dibrom-5-hydroxy- **6** III 4546 e

—, 2,6-Dibrom-4-hydroxy- **6** II 884 a

—, 3,5-Dibrom-2-hydroxy- **6** 894 d, III 4542 j, IV 5903

—, 3,5-Dibrom-4-hydroxy- **6** 899 a, I 440 k

—, 2,4-Dibrom-6-hydroxy-3,5-dimethyl- **6** 940 a

—, 2,5-Dibrom-3-hydroxy-4,6-dimethyl- **6** 932 f

—, 2,5-Dibrom-4-hydroxy-3,6-dimethyl- **6** 934 c

—, 2,6-Dibrom-4-hydroxy-3,5-dimethyl- **6** 940 h

—, 3,5-Dibrom-4-hydroxy-2,6-dimethyl- **6** 931 a

—, 2,5-Dibrom-4-hydroxy-6-methoxymethyl-3-methyl- **6** 1124 g

—, 3,5-Dibrom-2-hydroxy-4-methyl- **6** IV 5971

Benzylalkohol (Fortsetzung)

—, 3,5-Dibrom-4-hydroxy-2-methyl-
6 IV 5953

—, 2,5-Dibrom-4-hydroxy-3-methyl≠
mercapto- 6 I 551 j

—, 2,4-Dibrom-5-methoxy- 6 III 4546 f

—, 2,5-Dibrom-4-methoxy-3,6-dimethyl-
6 934 d

—, 5,5'-Di-*tert*-butyl-2,2'-dihydroxy-
3,3'-methandiyl-di- 6 IV 7783

—, 3,5-Di-*tert*-butyl-2-hydroxy-
6 III 4745 a, III 5069 d

—, 3,5-Di-*tert*-butyl-4-hydroxy-
6 IV 6080

—, 2,4-Di-*tert*-butyl-6-methyl-
6 IV 3530

—, 2,3-Dichlor- 6 IV 2596

—, 2,4-Dichlor- 6 III 1557 h, IV 2597

—, 2,5-Dichlor- 6 445 i, III 1558 c

—, 2,6-Dichlor- 6 IV 2597

—, 3,4-Dichlor- 6 445 j, III 1558 d,
IV 2598

—, 3,5-Dichlor- 6 III 1558 f

—, 5,5'-Dichlor-2,2'-dihydroxy-
3,3'-methandiyl-di- 6 III 6723 a

—, 5,5'-Dichlor-6,6'-dihydroxy-
3,3'-methandiyl-di- 6 III 6723 b

—, 3,5-Dichlor-2-hydroxy- 6 893 i,
II 879 j, III 4540 c

—, 3,5-Dichlor-4-hydroxy- 6 IV 5918

—, 3,5-Dichlor-2-hydroxy-6-methyl-
6 IV 5953

—, 2-Dichlorjodanyl- 6 IV 2605

—, 4-Dichlorjodanyl- 6 IV 2606

—, 3,5-Dichlor-2-methoxy- 6 IV 5900

—, 3,5-Dichlor-4-methoxy- 6 IV 5918

—, α,α-Dideuterio- 6 IV 2229

—, 3,5-Difluor-2-hydroxy- 6 IV 5899

—, 2,4-Dihydroxy- 6 III 6322 f

—, 2,5-Dihydroxy- 6 III 6322 g,
IV 7380

—, 3,4-Dihydroxy- 6 II 1083 e

—, 3,5-Dihydroxy- 6 III 6326 a

—, 2-[2,4-Dihydroxy-benzhydryl]-
6 IV 7623

—, 2-[4,4'-Dihydroxy-benzhydryl]-
6 1146 h, II 1110 f, IV 7623

—, 6,6'-Dihydroxy-5,5'-dimethoxy-
3,3'-methandiyl-di- 6 III 6958 d

—, 2,5-Dihydroxy-3,6-dimethyl-
6 IV 7410

—, 2,2'-Dihydroxy-5,5'-dimethyl-
3,3'-methandiyl-di- 6 III 6730 a,
IV 7770

—, 6,6'-Dihydroxy-5,5'-dimethyl-
3,3'-methandiyl-di- 6 III 6730 b,
IV 7770

—, 3,5-Dihydroxy-2-[3-hydroxy-
2,5-dimethyl-phenoxy]-4-methyl-
6 III 6666 a

—, 3,5-Dihydroxy-4-[3-hydroxy-5-methyl-
phenoxy]- 19 IV 5257

—, 2,5-Dihydroxy-3-isopentyl- 6 III 6374 c

—, 2,5-Dihydroxy-3-isopropyl-6-methyl-
6 IV 7425

—, 2,2'-Dihydroxy-3,3'-methandiyl-di-
6 IV 7762

—, 6,6'-Dihydroxy-3,3'-methandiyl-di-
6 IV 7763

—, 3,5-Dihydroxy-4-methoxy-
6 III 6661 e

—, 2,5-Dihydroxy-3-methyl- 6 III 6336 c

—, 2,5-Dihydroxy-4-methyl- 6 III 6340 d

—, 3,5-Dihydroxy-4-methyl- 6 IV 7400

—, 3,6-Dihydroxy-2-methyl- 6 III 6334 c

—, 2,5-Dihydroxy-3-phenäthyl-
6 III 6538 b

—, 2,5-Dihydroxy-3-propyl- 6 III 6361 c

—, 2,2'-Dihydroxy-4,5,4',6'-tetramethyl-
3,3'-methandiyl-di- 6 III 6742 f

—, 6,6'-Dihydroxy-2,4,2',4'-tetramethyl-
3,3'-methandiyl-di- 6 1174 g

—, 3,5-Dijod-4-methoxy- 6 III 4551 e

—, 3,5-Dijod-4-[4-methoxy-phenoxy]-
6 IV 5919

—, 3,5-Dijod-4-[4-methoxy-phenyl]-
6 IV 6675

—, 3,5-Dijod-4-[4-methoxy-phenyl≠
mercapto]- 6 III 4552 d

—, 2,3-Dimethoxy- 6 I 550 g, II 1082 f,
IV 7378

—, 2,4-Dimethoxy- 6 IV 7380

—, 2,5-Dimethoxy- 6 1113 a, III 6323 a,
IV 7380

—, 2,6-Dimethoxy- 6 IV 7381

—, 3,4-Dimethoxy- 6 1113 d, I 550 k,
II 1084 a, III 6324 b, IV 7381

—, 3,5-Dimethoxy- 6 II 1084 d,
III 6326 b

—, 3,3'-Dimethoxy-4,4'-äthandiyldioxy-
di- 6 IV 7383

—, 3,3'-Dimethoxy-4,4'-butandiyldioxy-
di- 6 IV 7383

Benzylalkohol (Fortsetzung)

—, 3,5-Dimethoxy-2-[3-methoxy-
2,5-dimethyl-phenoxy]-4-methyl-
6 III 6666 b

—, 2,4-Dimethoxy-6-[4-(4-methoxy-
phenyl)-but-1-enyl]- **6** IV 7793

—, 2,5-Dimethoxy-3-methyl- **6** III 6341 a

—, 2,5-Dimethoxy-4-methyl- **6** III 6341 a

—, 2,3-Dimethoxy-5-nitro- **6** II 1082 l

—, 2,3-Dimethoxy-6-nitro- **6** IV 7379

—, 3,4-Dimethoxy-2-nitro- **6** I 551 h,
III 6325 g

—, 3,4-Dimethoxy-2-phenäthyl-
6 I 560 a

—, 2-[2,3-Dimethoxy-phenoxy]-
6 IV 7332

—, 2-[2,4-Dimethoxy-phenyl]-
6 IV 7569

—, 2,5-Dimethoxy-3,4,6-trimethyl-
6 II 1089 d, III 6363 d

—, 4,5-Dimethoxy-2-vinyl- **6** IV 7479

—, 2,3-Dimethyl- **6** III 1831 b,
IV 3246

—, 2,4-Dimethyl- **6** 518 g, I 256 c,
III 1834 g, IV 3250

—, 2,5-Dimethyl- **6** 518 i, I 256 f,
IV 3252

—, 2,6-Dimethyl- **6** IV 3247, **12** III 3325 e

—, 3,4-Dimethyl- **6** I 256 h, III 1835 c,
IV 3252

—, 3,5-Dimethyl- **6** 521 k

—, 2-[2-Dimethylamino-äthoxy]-
6 IV 5899

—, 2,4-Dinitro- **6** 453 d, II 426 j,
IV 2631

—, 2,6-Dinitro- **6** I 224 p, II 426 l

—, 3,5-Dinitro- **6** IV 2632

—, 2,2'-Disulfandiyl-di- **6** II 881 f,
IV 5905

—, 4,4'-Disulfandiyl-di- **6** IV 5920

—, 2-Fluor- **6** I 222 d, II 422 m

—, 3-Fluor- **6** III 1553 d, IV 2589

—, 4-Fluor- **6** IV 2589

—, 3-Fluor-4-methoxy-5-nitro-
6 III 4552 c

—, 2-Heptyl-3,6-dihydroxy-5-isopentyl-
6 III 6384 c

—, 2-Heptyl-5-isopentyl-3,6-dimethoxy-
6 III 6385 a

—, 4-Heptyloxy- **6** IV 5912

—, Hexahydro- s. *Methanol, Cyclohexyl-*

—, 3-Hexyl-2,5-dihydroxy- **6** III 6377 d

—, 4-Hexyl-2,5-dihydroxy- **6** III 6377 e

—, 2-Hydroxy- **6** 891 n, I 439 d,
II 877 i, III 4537 c, IV 5896

—, 3-Hydroxy- **6** 896 e, II 881 h,
III 4545 a, IV 5907

—, 4-Hydroxy- **6** 897 e, II 882 i,
III 4546 h, IV 5909

—, 2-[2-Hydroxy-äthoxy]- **6** III 4539 a,
IV 5898

—, 2-[2-Hydroxy-äthoxy]-3,5-dimethyl-
6 III 4654 a

—, 4-[2-Hydroxy-äthoxy]-2,5-dimethyl-
6 III 4652 c

—, 4-[1-Hydroxy-äthyl]- **6** III 4642 c

—, 3-[1-Hydroxy-äthyl]-4-methoxy-
6 III 6354 b

—, 2-[α-Hydroxy-benzhydryl]-
6 1046 k, II 1017 a

—, 2-[4-Hydroxy-benzyl]- **6** IV 6698

—, 4-Hydroxy-3,5-bis-[2-hydroxy-
3,5-dimethyl-benzyl]- **6** IV 7833

—, 2-[4-Hydroxy-butyl]- **6** IV 6040

—, 2-Hydroxy-3,5-dijod- **6** 895 i,
III 4543 f

—, 4-Hydroxy-2,6-dimethoxy-
6 IV 7695

—, 4-Hydroxy-3,5-dimethoxy-
6 II 1122 e, III 6661 f, IV 7695

—, 2-Hydroxy-3,5-dimethyl-
6 939 j, III 4653 b, IV 6001

—, 2-Hydroxy-4,5-dimethyl-
6 939 c, III 4652 e

—, 2-Hydroxy-4,6-dimethyl- **6** IV 5999

—, 4-Hydroxy-2,5-dimethyl-
6 933 b, III 4652 b

—, 4-Hydroxy-2,6-dimethyl-
6 930 h, III 4643 e

—, 4-Hydroxy-3,5-dimethyl-
6 940 g, III 4655 h, IV 6001

—, 5-Hydroxy-2,4-dimethyl- **6** 931 m

—, 4-[2-Hydroxy-1,1-dimethyl-äthyl]-
6 IV 6044

—, 2-Hydroxy-3,5-dimethyl-4-nitro-
6 940 e

—, 2-Hydroxy-3,5-dimethyl-6-nitro-
6 940 e

—, 4-Hydroxy-3,5-dimethyl-2-phenoxy-
6 IV 7411

—, 2-Hydroxy-3,5-dinitro- **6** III 4544 c

—, 2-Hydroxy-5-[4-hydroxy-benzolsulfonyl]-
6 IV 7380

—, 2-Hydroxy-3-[4-hydroxy-benzyl]-
6 IV 7573

Benzylalkohol (Fortsetzung)

–, 2-Hydroxy-5-[4-hydroxy-benzyl]-
  6 IV 7573

–, 4-Hydroxy-3-[4-hydroxy-benzyl]-
  6 IV 7574

–, 2-Hydroxy-3-[2-hydroxy-3,5-dimethyl-
  benzyl]-5-methyl- **6** IV 7583

–, 2-Hydroxy-6-[2-hydroxy-4-
  (4-methoxy-phenyl)-butyl]-4-methoxy-
  6 IV 7902

–, 2-Hydroxy-5-[2-hydroxy-5-methyl-
  benzyl]- **6** IV 7578

–, 2-Hydroxy-3-[2-hydroxy-5-methyl-
  benzyl]-5-methyl- **6** III 6541 c,
  IV 7580

–, 3-Hydroxy-5-[3-hydroxy-
  2,4,6-trimethyl-benzyl]-2,4,6-trimethyl-
  6 IV 7588

–, 2-[α-Hydroxy-isopropyl]- **6** 944 j

–, 2-Hydroxy-3-isopropyl-6-methyl-
  6 IV 6045

–, 4-Hydroxy-2-isopropyl-5-methyl-
  6 949 f

–, 4-Hydroxy-5-isopropyl-2-methyl-
  6 949 e, II 904 c, III 4709 c, IV 6045

–, 2-[1-Hydroxy-1-isopropyl-2-methyl-
  propyl]- **6** 950 i

–, 6-[α-Hydroxy-isopropyl]-
  2,3,4-trimethoxy- **6** IV 7890

–, 2-Hydroxy-5-jod- **6** 895 h, II 880 a,
  III 4543 d

–, 3-Hydroxy-2-jod- **6** III 4546 g

–, 4-Hydroxy-3-jod-5-nitro- **6** II 884 i

–, 2-Hydroxy-3-methoxy- **6** III 6322 e,
  IV 7378

–, 2-Hydroxy-5-methoxy- **6** II 1083 d

–, 3-Hydroxy-4-methoxy- **6** II 1083 g,
  III 6324 a, IV 7381

–, 4-Hydroxy-3-methoxy- **6** 1113 c,
  I 550 j, II 1083 f, III 6323 e,
  IV 7381

–, 2-Hydroxy-3-methoxy-5-nitro-
  6 IV 7379

–, 4-Hydroxy-3-methoxy-5-nitro-
  6 IV 7384

–, 2-[2-Hydroxy-4-(4-methoxy-phenyl)-
  butyl]-4,6-dimethoxy- **6** IV 7902

–, 4-Hydroxy-3-methoxy-5-propyl-
  6 IV 7417

–, 2-Hydroxy-3-methyl- **6** III 4597 c,
  IV 5964

–, 2-Hydroxy-4-methyl- **6** III 4608 b,
  IV 5970

–, 2-Hydroxy-5-methyl- **6** 914 d,
  II 889 f, III 4598 e, IV 5965

–, 2-Hydroxy-6-methyl- **6** III 4587 c,
  IV 5953

–, 3-Hydroxy-4-methyl- **6** IV 5971

–, 4-Hydroxy-2-methyl- **6** 909 a,
  II 888 d, IV 5952

–, 4-Hydroxy-3-methyl- **6** 913 f,
  III 4598 a

–, 2-Hydroxy-5-methyl-3-nitro-
  6 III 4600 b

–, 4-Hydroxy-3-methyl-5-nitro-
  6 III 4598 d

–, 2-[3-Hydroxymethyl-[2]phenanthryl]-
  6 IV 7027

–, 2-[2-Hydroxy-5-methyl-phenyl]-
  6 IV 6704

–, 2-[2-Hydroxy-1-methyl-1-phenyl-
  äthyl]- **6** IV 6739

–, 2-Hydroxy-5-methyl-3-thiocyanatomethyl-
  6 III 6357 g

–, 2-Hydroxy-3-nitro- **6** II 880 b

–, 2-Hydroxy-4-nitro- **6** IV 5904

–, 2-Hydroxy-5-nitro- **6** 895 j, II 880 d,
  III 4543 g, IV 5904

–, 3-Hydroxy-4-nitro- **6** II 882 d

–, 4-Hydroxy-3-nitro- **6** 901 b, II 884 b

–, 5-Hydroxy-2-nitro- **6** II 882 e

–, 2-[β-Hydroxy-phenäthyl]- **6** IV 6714

–, 2-[2-Hydroxy-phenäthyl]- **6** IV 6714

–, 2-[2-Hydroxy-phenoxy]- **6** IV 5898

–, 2-[2-Hydroxy-phenyl]- **6** IV 6674

–, 5-Hydroxy-2-phenyl- **6** IV 6674

–, 2-[2-Hydroxy-propoxy]- **6** IV 5898

–, 2-[2-Hydroxy-propyl]- **6** IV 6016

–, 2-[3-Hydroxy-propyl]- **6** II 900 e,
  IV 6016

–, 2-Hydroxy-5-propyl- **6** III 4672 d

–, 2-Hydroxy-3-salicyl- **6** IV 7572

–, 2-Hydroxy-5-salicyl- **6** IV 7573

–, 4-Hydroxy-3-salicyl- **6** IV 7574

–, 2-Hydroxy-4-trifluormethyl-
  6 IV 5971

–, 2-Hydroxy-3,4,6-trimethyl-
  6 IV 6030

–, 2-Hydroxy-3,5,6-trimethyl- **6** 947 f

–, 3-Hydroxy-2,4,6-trimethyl-
  6 IV 6028

–, 4-Hydroxy-2,3,6-trimethyl-
  6 IV 6028

–, 2-Isopentyloxy- **6** II 879 c

–, 4-Isopentyloxy- **6** IV 5912

–, 4-Isopropoxy- **6** IV 5911

Benzylalkohol (Fortsetzung)

−, 2-Isopropoxy-3-methoxy- **6** IV 7378

−, 4-Isopropoxy-3-methoxy- **6** IV 7382

−, 2-Isopropyl- **6** IV 3328, **12** III 3328 c

−, 4-Isopropyl- **6** 543 f, II 500 e,
III 1911 g, IV 3348

−, 4,4′-Isopropyliden-di- **6** IV 6752

−, 5-Isopropyl-4-methoxy-2-methyl-
6 III 4709 d

−, 2-Isopropyl-5-methyl- **6** III 1989 i

−, 5-Isopropyl-2-methyl- **6** IV 3408

−, 4-Isopropyl-3-nitro- **6** 544 e

−, 2-Jod- **6** II 424 c, III 1562 j,
IV 2605

−, 3-Jod- **6** 447 g, II 424 e, III 1563 a,
IV 2606

−, 4-Jod- **6** 447 h, II 424 f, III 1563 c,
IV 2606

−, 4-Jod-3,5-dimethyl- **6** IV 3264

−, 3-Jod-4-[4-methoxy-phenoxy]-
6 IV 5918

−, 2-Jod-3-methyl- **6** IV 3163

−, 2-Mercapto- **6** II 881 c

−, 4-Mercapto- **6** IV 5919

−, 2,2′-Methandiyl-di- **6** IV 6723

−, 4,4′-Methandiyl-di- **6** III 5467 c

−, 2,2′-Methandiyldioxy-di- **6** III 4539 e

−, 4-Methansulfonyl- **6** IV 5920

−, 2-Methansulfonyloxy- **6** IV 5899

−, 2-Methoxy- **6** 893 a, I 439 e,
II 878 a, III 4538 a, IV 5896

−, 3-Methoxy- **6** 896 f, I 440 c,
II 881 i, III 4545 b, IV 5907

−, 4-Methoxy- **6** 897 f, I 440 d,
II 883 a, III 4547 a, IV 5909

−, 2-[2-Methoxy-äthyl]- **6** IV 5995

−, 4-Methoxy-2,5-dimethyl- **6** IV 5999

−, 4-Methoxy-2,6-dimethyl- **6** III 4643 f

−, 4-Methoxy-3,5-dimethyl- **6** IV 6002

−, 5-Methoxy-2,4-dimethyl- **6** IV 5999

−, 4-[4-Methoxy-3,5-dimethyl-
phenylmercapto]-3,5-dimethyl-
6 IV 6002

−, 3-Methoxy-2,6-dinitro- **6** IV 5908

−, 4-Methoxy-3,5-dinitro- **6** IV 5919

−, 5-Methoxy-2,4-dinitro- **6** IV 5908

−, 2-Methoxymethoxy- **6** III 4539 d

−, 4-Methoxy-3-methoxymethyl-
6 III 6337 d

−, 5-Methoxy-2-[4-methoxy-phenyl]-
6 IV 7568

−, 4-Methoxy-3-[1-(4-methoxy-phenyl)-
propyl]- **6** IV 7580

−, 2-Methoxymethyl- **6** IV 5953

−, 2-Methoxy-5-methyl- **6** III 4599 a,
IV 5965

−, 3-Methoxymethyl- **6** IV 5966

−, 3-Methoxy-2-methyl- **6** III 4587 a

−, 4-Methoxymethyl- **6** III 4608 d

−, 4-Methoxy-2-methyl- **6** III 4587 b

−, 4-Methoxy-3-methyl- **6** III 4598 b,
IV 5964

−, 5-Methoxy-2-methyl- **6** IV 5953

−, 2-Methoxy-3-nitro- **6** II 880 c

−, 2-Methoxy-5-nitro- **6** I 440 b,
III 4544 a, IV 5904

−, 2-Methoxy-6-nitro- **6** IV 5905

−, 3-Methoxy-2-nitro- **6** IV 5908

−, 4-Methoxy-3-nitro- **6** 901 c, I 440 l,
II 884 c, III 4551 f, IV 5919

−, 2-Methoxy-5-[2-nitro-propenyl]-
6 III 5041 e

−, 2-Methoxy-5-[2-nitro-vinyl]-
6 III 5033 c

−, 3-Methoxy-2-pentyloxy- **6** IV 7379

−, 4-[4-Methoxy-phenoxy]- **6** IV 5914

−, 4-Methoxy-2-phenyl- **6** IV 6674

−, 4-[4-Methoxy-phenyl]- **6** IV 6675

−, 3-Methoxy-2-propoxy- **6** IV 7378

−, 3-Methoxy-4-propoxy- **6** IV 7382

−, 2-Methoxy-5-propyl- **6** III 4672 e

−, α-Methyl- s. *Äthanol, 1-Phenyl-*

−, 2-Methyl- **6** 484 f, II 457 b,
III 1733 e, IV 3109

−, 3-Methyl- **6** 494 a, II 465 h,
III 1768 f, IV 3162

−, 4-Methyl- **6** 498 h, I 248 c, II 469 a,
III 1779 a, IV 3171

−, 2-[2-Methyl-benzyl]- **6** IV 4771

−, 4-Methylmercapto- **6** IV 5919

−, 4-Methylmercapto-3-nitroso-
6 II 885 a

−, 5-Methyl-2-methylmercapto-
6 III 4600 c

−, 2-Methyl-3-nitro- **6** III 1734 d

−, 2-Methyl-5-nitro- **6** III 1734 e

−, 4-Methyl-3-nitro- **6** 498 k

−, 2-Nitro- **6** 447 j, I 222 l, II 424 g,
III 1563 e, IV 2608

−, 3-Nitro- **6** 449 h, I 222 m, II 424 h,
III 1565 d, IV 2609

−, 4-Nitro- **6** 450 c, I 222 n, II 424 j,
III 1567 b, IV 2611

−, 2-[2-Nitro-phenyl]- **6** IV 4691

−, 2-Nitroso- **6** 447 i, I 222 k

−, 2-Octadecyloxy- **6** IV 5898

Benzylalkohol (Fortsetzung)

—, 4-Octyloxy- **6** IV 5912

—, 2,3,4,5,6-Pentabrom- **6** II 424 b

—, 2,3,4,5,6-Pentachlor- **6** 445 m,
  III 1559 b, IV 2599

—, 2,3,4,5,6-Pentamethyl- **6** 552 l,
  III 2023 h, IV 3447

—, 2,3,4,5,6-Pentaphenyl- **6** IV 5180

—, 4-Pentyloxy- **6** IV 5912

—, 2-Phenäthyl- **6** IV 4755

—, 4-Phenäthyl- **6** IV 4756

—, 2-Phenoxy- **6** III 4538 b

—, 3-Phenoxy- **6** III 4545 c

—, 4-Phenoxy- **6** III 4548 d

—, 2-Phenoxymethyl- **6** II 888 g,
  IV 5954

—, 3-Phenoxymethyl- **6** IV 5966

—, 4-Phenoxymethyl- **6** II 891 h

—, 2-Phenyl- **6** 681 i, II 636 g,
  III 3383 a, IV 4691

—, 3-Phenyl- **6** 682 b, IV 4692

—, 4-Phenyl- **6** II 636 k, IV 4693

—, 3-Phenyläthinyl- **6** IV 4940

—, 4-Phenyläthinyl- **6** IV 4940

—, 2-[1-Phenyl-äthyl]- **6** IV 4765

—, 4-Phenylmercapto- **6** IV 5920

—, 2-[3-Phenyl-propyl]- **6** IV 4781

—, 4,4′-Propandiyl-di- **6** III 5487 g,
  IV 6747

—, 2-Propoxy- **6** II 879 a

—, 4-Propoxy- **6** IV 5910

—, 2-Propyl- **12** III 3328 b

—, 2-Styryl- **6** III 3509 c

—, 3-Styryl- **6** IV 4874

—, 4-Styryl- **6** III 3510 a, IV 4874

—, 2,2′-Sulfandiyl-di- **6** II 881 d

—, 4,4′-Sulfonyl-di- **6** 901 g

—, 2,3,4,5-Tetrabrom- **6** IV 2605

—, 2,3,4,5-Tetrabrom-6-hydroxy-
  6 895 c

—, 2,3,5,6-Tetrabrom-4-hydroxy-
  6 900 c

—, 2,3,4,6-Tetrachlor- **6** 445 l, IV 2599

—, 2,3,x,y-Tetrachlor- **6** IV 2599

—, 2,3,5,6-Tetrachlor-4-hydroxy-
  6 898 c, IV 5918

—, 2,3,4,5-Tetramethyl- **6** III 1992 a

—, 2,3,4,6-Tetramethyl- **6** IV 3413

—, 2-o-Tolyl- **6** IV 4741

—, 2,4,6-Triäthyl- **6** IV 3470

—, 3,4,5-Tribrom- **6** IV 2605

—, 2,3,5-Tribrom-4-brommethyl-
  6-hydroxy- **6** 918 h

—, 2,3,5-Tribrom-6-brommethyl-
  4-hydroxy- **6** 909 f

—, 2,3,5-Tribrom-4-hydroxy- **6** 899 i

—, 2,3,5-Tribrom-6-hydroxy- **6** 894 h

—, 2,4,6-Tribrom-3-hydroxy- **6** 896 i

—, 3,4,5-Tribrom-2-hydroxy- **6** 894 h

—, 2,3,5-Tribrom-4-hydroxy-6-methyl-
  6 909 b

—, 2,3,6-Tribrom-4-hydroxy-3-methyl-
  6 913 g

—, 2,3,5-Tribrom-6-jodmethyl-4-hydroxy-
  6 910 b

—, 2,3,6-Trichlor- **6** IV 2598

—, 2,4,5-Trichlor- **6** IV 2599

—, 3,4,5-Trichlor- **6** IV 2599

—, 2,3,5-Trichlor-6-hydroxy- **6** IV 5901

—, 3-Trifluormethyl- **6** IV 3163

—, 4-Trifluormethyl- **6** III 1782 b

—, 2,4,6-Triisopropyl- **6** III 2089 a

—, 2,3,4-Trimethoxy- **6** IV 7694

—, 2,3,5-Trimethoxy- **6** IV 7694

—, 2,4,5-Trimethoxy- **6** IV 7694

—, 2,4,6-Trimethoxy- **6** II 1122 d

—, 3,4,5-Trimethoxy- **6** 1159 e,
  III 6661 g, IV 7695

—, 4,5,3′-Trimethoxy-3,4′-oxy-di-
  6 IV 7696

—, 2,3,4-Trimethyl- **6** III 1918 e,
  IV 3360

—, 2,3,6-Trimethyl- **6** III 1918 f

—, 2,4,5-Trimethyl- **6** 547 f, III 1920 d,
  IV 3364

—, 2,4,6-Trimethyl- **6** I 268 g,
  III 1919 d, IV 3362

—, 3,4,5-Trimethyl- **6** 547 a

—, 2,4,6-Trinitro- **6** I 224 q, II 426 m,
  III 1572 d

—, 3,4,5-Tris-äthoxycarbonyloxy-
  6 II 1122 h

—, 3,4,5-Tris-methoxycarbonyloxy-
  6 II 1122 g

—, 2-Trityl- **6** IV 5149

—, 4-Vinyl- **6** III 2423 a

Benzylazid

—, 2-Methoxy- **6** I 181 k

—, 3-Methoxy- **6** I 195 c

—, 4-Methoxy- **6** I 207 f, IV 2153 c

Benzylbromid

—, 4-Äthyl-2,3,5,6-tetrabrom- **6** 758 b

—, α,α-Dideuterio- **6** IV 2230

—, 2,3-Dimethoxy- **6** II 859 e,
  IV 5862

—, 2,5-Dimethoxy- **6** IV 5871

Benzylbromid   (Fortsetzung)

−, 3,6-Dimethoxy-2-methyl- **6** IV 5949

−, 3,4-Dimethoxy-2-nitro- **6** III 4523 b

−, 2-Methoxy- **6** I 176 g, II 334 a,
III 1270 l, IV 2006 g

−, 3-Methoxy- **6** I 191 a, II 357 j,
III 1322 c, IV 2073 c

−, 4-Methoxy- **6** I 204 g, II 384 g,
III 1380 d, IV 2145 a

−, 2-Phenoxy- **6** IV 2006 h

−, 4-Phenoxy- **6** III 1380 e, IV 2145 b

Benzylchlorid

−, 2-Äthoxy- **6** I 174 e, III 1267 h

−, 3-Äthoxy- **6** III 1319 b, IV 2068 c

−, 4-Äthoxy- **6** III 1376 a, IV 2137 c

−, 3-Äthoxy-2-isopentyloxy- **6** IV 5862

−, 3-Äthoxy-4-methoxy- **6** I 432 g,
IV 5881

−, 4-Äthoxy-3-methoxy- **6** IV 5881

−, 3-Äthoxy-2-propoxy- **6** IV 5862

−, 4-Allyloxy- **6** IV 2138 f

−, 3-Allyloxy-4-methoxy- **6** IV 5881

−, 3-Benzyloxy-4-methoxy- **6** III 4521 a

−, 2-Brom-3,4-dimethoxy- **6** IV 5883

−, 2-Brom-4,5-dimethoxy- **6** III 4522 b,
IV 5883

−, 3-Brom-4,5-dimethoxy- **6** I 433 b,
IV 5883

−, 4-Brom-2,5-dimethoxy- **6** IV 5871

−, 2-Butoxy- **6** III 1267 i

−, 3-Butoxy- **6** IV 2073 d

−, 4-Butoxy- **6** III 1376 c, IV 2138 a

−, 4-*tert*-Butoxy- **6** IV 2138 c

−, 2-Butoxy-3-methoxy- **6** IV 5862

−, 2-Chlor-3,4-dimethoxy- **6** IV 5882

−, 2,5-Diäthoxy- **6** IV 5869

−, 3,4-Diäthoxy- **6** IV 5881

−, 3,4-Dibutoxy- **6** IV 5881

−, 2,3-Dimethoxy- **6** I 426 h, III 4493 d

−, 2,5-Dimethoxy- **6** 875 c, IV 5869

−, 3,5-Dimethoxy- **6** III 4535 a

−, 2,5-Dimethoxy-4-methyl- **6** IV 5969

−, 3,4-Dimethoxy-2-methyl- **6** IV 5947

−, 2,3-Dimethoxy-6-nitro- **6** IV 5863

−, 3,4-Dimethoxy-2-nitro- **6** I 433 h,
III 4522 h, IV 5884

−, 4,5-Dimethoxy-2-nitro- **6** IV 5884

−, 4,5-Dimethoxy-2-propyl- **6** IV 6016

−, 3,4-Dipropoxy- **6** IV 5881

−, 2-Dodecyloxy- **6** IV 2000 g

−, 2-Fluor-3,4-dimethoxy- **6** IV 5882

−, 2-Hexadecyloxy- **6** IV 2001 a

−, 4-Isobutoxy- **6** IV 2138 b

−, 4-Isopentyloxy- **6** IV 2138 e

−, 4-Isopropoxy- **6** III 1376 b,
IV 2137 g

−, 2-Isopropoxy-3-methoxy- **6** IV 5862

−, 2-Methoxy- **6** 359 f, III 1267 g,
IV 2000 d

−, 3-Methoxy- **6** I 189 c, III 1319 a,
IV 2068 b

−, 4-Methoxy- **6** 403 c, I 204 a,
II 383 e, III 1375 i, IV 2137 b

−, 3-Methoxy-2-pentyloxy- **6** IV 5862

−, 3-Methoxy-2-propoxy- **6** IV 5862

−, 2-Octadecyloxy- **6** IV 2001 b

−, 2,3,4,5,6-Pentamethoxy- **6** IV 7889

−, 4-Pentyloxy- **6** IV 2138 d

−, 4-Phenoxy- **6** III 1376 d

−, 4-Propoxy- **6** IV 2137 f

−, 2,3,5,6-Tetramethoxy- **6** IV 7693

−, 3,4,5-Trimethoxy- **6** III 6322 c,
IV 7377

−, 2,3,5-Trimethoxy-4-methyl-
6 III 6340 b

−, 2,4,5-Trimethoxy-3-methyl-
6 III 6340 b

Benzylhydroperoxid 6 IV 2561

−, 4-Isopropyl- **6** III 1912 d, IV 3350

−, 4-Methyl- **6** III 1781 g, IV 3173

Benzylhypochlorit 6 IV 2561

Benzyljodid

−, 3,4,5-Trimethoxy- **6** IV 7378

Benzylmercaptan

s. *Methanthiol, Phenyl-*

Benzylnitrat 6 439 f, III 1547 g, IV 2568

Benzylnitrit 6 439 e, III 1547 f, IV 2568

Benzyloxyl 6 IV 2229

Benzylselenocyanat 6 470 c, III 1651 g

−, 2-Nitro- **6** I 233 e

−, 4-Nitro- **6** 470 g, IV 2805

Benzylthiocyanat 6 460 i, I 228 h, II 434 b,
III 1600 a, IV 2680

−, 2-Brom- **6** 467 b

−, 4-Brom- **6** 467 f

−, 2-Chlor- **6** IV 2768

−, 3-Chlor- **6** IV 2770

−, 4-Chlor- **6** 466 e

−, 3-Chlormethyl-2-hydroxy-5-methyl-
6 III 4655 g

−, 5-Chlor-2-methylmercapto-
6 III 4544 g

−, 3,5-Dibrom-2-hydroxy- **6** 896 c

−, 3,5-Dibrom-4-hydroxy- **6** 901 j

−, 2,5-Dibrom-4-hydroxy-3,6-dimethyl-
6 938 h

Benzylthiocyanat (Fortsetzung)

—, 2,5-Dibrom-4-methoxy-3,6-dimethyl-
 6 938 i

—, 3,4-Dibutoxy- **6** IV 7386

—, 2,4-Dichlor- **6** IV 2783

—, 3,5-Dimethyl- **6** 521 n

—, 2,4-Dinitro- **6** I 232 e

—, 3,4-Dipropoxy- **6** IV 7386

—, 2-Hydroxy-3-hydroxymethyl-5-methyl-
 6 III 6357 g

—, 4-Isopropyl- **6** IV 3350

—, 4-Jod- **6** 467 h

—, 4-Methoxy- **6** IV 5922

—, 2-Methyl- **6** 485 a, III 1735 b

—, 3-Methyl- **6** 494 f, III 1769 g

—, 4-Methyl- **6** 498 l

—, 4-Methylmercapto- **6** III 4553 h

—, 5-Methyl-2-methylmercapto-
 6 III 4600 d

—, 2-Nitro- **6** 468 e, II 439 e,
 IV 2795

—, 3-Nitro- **6** 469 b

—, 4-Nitro- **6** 469 g, I 231 h, II 442 a,
 IV 2799

—, 4-Phenoxy- **6** III 4553 a

—, 2,4,6-Tribrom-3-hydroxy- **6** 897 c

Bernsteinsäure

— [3-acetoxy-androst-5-en-17-ylester]-
 chlorid **6** III 5088 b

— äthylester-{2-[(2-benzhydryloxy-
 äthyl)-methyl-amino]-äthylester}
 6 IV 4662

— äthylester-[3-hydroxy-östra-
 1,3,5(10)-trien-17-ylester] **6** III 5349 e

— äthylester-phenylester **6** IV 625

— benzylester-phenylester **6** 436 l

— bis-[4-allyl-2-methoxy-phenylester]
 6 966 c

— bis-decahydro[1]naphthylester
 6 III 266 e

— bis-[3,5-dibrom-2-hydroxy-
 benzylester] **6** III 4543 c

— bis-[2-(2,4-dichlor-phenoxy)-
 äthylester] **6** IV 892

— bis-[2,4-dijod-phenylester]
 6 210 g

— bis-[2,4-dimethyl-5-nitro-
 phenylester] **6** 491 b

— bis-[2,4-dimethyl-phenylester]
 6 487 n

— bis-[2,5-dimethyl-phenylester]
 6 495 k

— bis-[3,4-dimethyl-phenylester]
 6 481 j

— bis-[3,5-dimethyl-phenylester]
 6 II 463 g

— bis-hexahydroindan-5-ylester
 6 III 235 d

— bis-[3a,4,5,6,7,7a-hexahydro-
 4,7-methano-inden-5(*oder* 6)-ylester]
 6 III 1943 b

— bis-[4-hydroxy-phenäthylester]
 6 I 444 c

— bis-[2-isopropyl-5-methyl-
 phenylester] **6** 537 o

— bis-[5-isopropyl-2-methyl-
 phenylester] **6** 530 c, IV 3332

— bis-[2-methoxy-phenylester]
 6 775 i, IV 5584

— bis-[(4-methoxy-phenyl)-
 [1]naphthyl-methylester] **6** III 5754 c

— bis-[1-methyl-3-phenyl-allylester]
 6 III 2438

— bis-[1]naphthylmethylester
 6 IV 4335

— bis-[2-nitro-benzylester] **6** 449 e

— bis-[4-nitro-benzylester]
 6 452 a, I 223 m

— bis-[2-nitro-phenylester] **6** 220 h

— bis-[3-nitro-phenylester] **6** 225 c

— bis-[4-nitro-phenylester] **6** 233 l

— bis-[2-phenoxy-äthylester]
 6 IV 575

— bis-[β-phenoxy-isopropylester]
 6 IV 583

— bis-[1-phenyl-but-2-enylester]
 6 III 2438

— bis-[2,4,5-trichlor-phenylester]
 6 III 720 a

— bis-[2,3,5-trimethyl-phenylester]
 6 IV 3249

— [2-(2-chlor-äthoxy)-äthylester]-
 cyclohexylester **6** III 27 b

— cholesterylester-methylester
 6 III 2646 b

— cyclohexylester-[2-diäthylamino-
 äthylamid] **6** IV 41

— cyclohexylester-[2-diäthylamino-
 äthylester] **6** IV 40

— cyclohexylester-[2-dimethylamino-
 äthylamid] **6** IV 40

— cyclohexylester-[2-dimethylamino-
 äthylester] **6** IV 40

— cyclohexylester-[2-triäthylammonio-
 äthylester] **6** IV 40

Bernsteinsäure (Fortsetzung)
- cyclohexylester-[2-trimethyl⸗
  ammonio-äthylester] **6** IV 40
- [2-diäthylamino-äthylamid]-
  phenylester **6** IV 626
- [2-diäthylamino-äthylester]-
  phenylester **6** IV 625
- dibenzhydrylester **6** 680 d
- dibenzylester **6** 436 m, II 418 f,
  III 1483 c, IV 2271
- dibornylester **6** 79 j, 83 m, 86 a
- dicholesterylester **6** III 2646 c
- dicyclohexylester **6** 7 c, IV 40
- dicyclopentylester **6** III 6 i
- diimid s. *Succinodiimidsäure*
- diisobornylester **6** 90 g
- dimenthylester **6** 35 f, I 23 m,
  II 44 g, III 148 d
- [2-dimethylamino-äthylamid]-
  phenylester **6** IV 625
- [2-dimethylamino-äthylester]-
  phenylester **6** IV 625
- di-[1]naphthylester **6** 609 c,
  IV 4219
- di-[2]naphthylester **6** 645 a
- diphenylester **6** 155 h, III 605 h
- diretinylester **6** III 2797 d,
  IV 4135
- di-*m*-tolylester **6** 379 j
- di-*o*-tolylester **6** 355 p
- di-*p*-tolylester **6** 398 b, II 379 n
- hydrazid-[2-hydroxy-3-(4-nitro-
  phenoxy)-propylamid] **6** IV 1313
- [3-hydroxy-androst-5-en-17-ylester]-
  methylester **6** III 5087 d
- [6-hydroxy-cholestan-3-ylester]-
  methylester **6** III 4813 b
- [6-methansulfonyloxy-cholestan-
  3-ylester]-methylester **6** III 4813 c
- methylester-[2,2,2-trichlor-1-
  (4-chlor-phenyl)-äthylester]
  6 III 1688 g
- mono-[3-acetoxy-androst-5-en-
  17-ylester] **6** III 5088 a
- mono-[4-acetoxy-2-methyl-
  [1]naphthylester] **6** III 5304 h
- mono-[4-acetoxy-3-methyl-
  [1]naphthylester] **6** III 5304 h
- mono-[4-äthyl-phenylester]
  6 IV 3022
- mono-benz[*a*]anthracen-
  7-ylmethylester **6** III 3737 c
- monobenzhydrylester **6** III 3369 f

- monobenzylester **6** 436 k, II 418 e,
  IV 2271
- mono-[3-benzyloxy-östra-1,3,5(10)-
  trien-17-ylester] **6** III 5350 a
- mono-bicyclohexyl-2-ylester
  6 II 96 a
- mono-[1,1′]binaphthyl-2-ylester
  6 IV 5117
- monobornylester **6** 79 i, 83 l,
  85 m, II 84 f, III 306 d
- mono-[11-brom-12-hydroxy-
  cholestan-3-ylester] **6** IV 6136
- mono-[4-butyl-phenylester]
  6 IV 3270
- mono-[2-chlor-benzhydrylester]
  6 III 3376 b
- mono-cholestan-3-ylester
  6 III 2142 b, IV 3581
- mono-cholest-9(11)-en-3-ylester
  6 IV 4024
- mono-cholest-11-en-3-ylester
  6 IV 4025
- monocholesterylester **6** III 2646 a
- mono-[2-cyclohex-1-enyl-
  cyclohexylester] **6** II 107 c
- monocyclohexylester **6** 7 b,
  III 27 a, IV 40
- mono-[cyclohexyl-phenyl-
  methylester] **6** III 2527 d
- mono-decahydro[1]naphthylester
  6 III 266 a
- mono-decahydro[2]naphthylester
  6 II 74 c, 75 b, III 273 f
- mono-[11,12-dibrom-cholestan-
  3-ylester] **6** IV 3591
- mono-dicyclohexylmethylester
  6 III 346 d
- mono-dicyclopentylmethylester
  6 III 325 a
- mono-[4,4-dimethyl-bicyclo⸗
  [3.2.1]oct-2-ylester] **6** III 280 c
- mono-[2,3-dimethyl-phenylester]
  6 III 1723 c
- mono-[2,4-dimethyl-phenylester]
  6 IV 3129
- mono-[3,5-dinitro-benzhydrylester]
  6 IV 4681
- mono-[2,6-dipropyl-cyclohexylester]
  6 III 182 f
- mono-[19,28-epoxy-oleanan-
  3-ylester] **6** II 940 d; vgl.
  17 IV 1528 d
- monoergosterylester **6** III 3115 c

Bernsteinsäure (Fortsetzung)
- mono-[1-*p*-tolyl-äthylester]
  6 III 1827 e
- mono-*m*-tolylester 6 IV 2049
- mono-*o*-tolylester 6 IV 1962
- mono-*p*-tolylester 6 IV 2115
- mono-[*β*-*o*-tolyloxy-isopropylester]
  6 IV 1950
- mono-[1,3,3-trimethyl-
  [2]norbornylester] 6 III 291 b
- mono-[1,2,2-triphenyl-äthylester]
  6 IV 5060
- phenylester-[2-triäthylammonio-
  äthylester] 6 IV 625
- phenylester-[2-trimethylammonio-
  äthylester] 6 IV 625
–, Acetyl-,
  - 1-äthylester-4-menthylester
    6 I 27 h
  - 4-äthylester-1-menthylester
    6 I 27 g
–, 2-Acetylamino-2-phenoxymethyl-,
  - monoäthylester 6 III 649 c
–, Äthyl-,
  - 4-[2,4-dimethyl-phenylester]
    6 IV 3129
–, 2-Äthylmercapto-2-cyclohexyl‍
  mercapto- 6 IV 81
–, 2-Äthylmercapto-2-*p*-tolylmercapto-
  6 IV 2203
–, 2-Amino-2-[3-methoxy-phenoxymethyl]-
  6 III 4330 h
–, 2-Amino-2-phenoxymethyl-
  6 III 649 b
–, [Benzol-1,3-disulfonyl]-di-
  6 III 4368 e
–, Benzolsulfonyl- 6 III 1023 d
–, Benzolsulfonylmethyl- 6 III 1023 g
–, 2-Benzolsulfonyl-2-methyl- 6 III 1032 f
–, Benzylmercapto- 6 463 h, III 1617 f,
  IV 2712
–, 2-Benzylmercapto-2-methoxycarbonyl‍
  methylmercapto-,
  - dimethylester 6 IV 2714
–, [Benzylmercapto-methyl]- 6 IV 2712
  - diäthylester 6 IV 2712
  - dimethylester 6 IV 2712
–, 2-Benzylmercapto-2-methyl-
  6 III 1617 h
–, 2-Benzylmercapto-3-methyl-
  6 463 i, III 1618 a
–, 3-Benzyloxycarbonylamino-2-hydroxy-
  2-methyl- 6 IV 2424

–, 2-Benzyloxycarbonylamino-3-methyl-
  6 IV 2422
–, [Bis-benzyloxy-phosphoryl]-,
  - dibutylester 6 IV 2571
–, [Bis-(4-chlor-phenoxy)-thiophosphoryl‍
  mercapto]-,
  - diäthylester 6 IV 878
–, [Bis-cyclohexyloxy-phosphoryl]-,
  - bis-[2-äthyl-hexylester] 6 IV 57
  - dibutylester 6 IV 57
–, [Bis-(1,4,5,6,7,7-hexachlor-norborn-
  5-en-2-ylmethoxy)-thiophosphoryl‍
  mercapto]- 6 IV 361
–, [Bis-(1,4,5,6,7,7-hexachlor-norborn-
  5-en-2-yloxy)-thiophosphorylmercapto]-
  6 IV 346
–, 2,2-Bis-phenylmercapto-,
  - diäthylester 6 322 b
–, Brom-,
  - bis-[4-nitro-benzylester]
    6 I 223 n
  - 1-menthylester-4-methylester
    6 I 23 n
  - 4-menthylester-1-methylester
    6 I 23 n
–, Butyryl-,
  - dibenzylester 6 IV 2482
  - dicyclohexylester 6 IV 50
–, 2-Chlor-3-hydroxy-,
  - dibornylester 6 III 311 b
  - dimenthylester 6 III 161 e
–, [4-Chlor-2-methyl-phenoxy]-
  6 IV 1999
–, [4-Chlor-3-nitro-benzolsulfonyl]-
  6 III 1084 d
–, [2-Chlor-phenoxy]- 6 IV 798
–, [3-Chlor-phenoxy]- 6 IV 818
–, [4-Chlor-phenoxy]- 6 IV 857
–, [4-Chlor-phenylmercapto]-
  6 III 1039 c
  - dibutylester 6 III 1039 d
–, Cyclohexansulfinyl- 6 IV 79
–, Cyclohexansulfonyl- 6 IV 80
–, 2-Cyclohexansulfonyl-3-cyclohexyl‍
  mercapto- 6 IV 80
–, Cyclohexylmercapto- 6 III 51 d
–, 2,3-Diäthyl-,
  - diphenylester 6 156 b
–, 2,3-Dibrom-,
  - bis-[4-nitro-benzylester]
    6 I 223 o
  - dibenzylester 6 437 a
  - di-*p*-tolylester 6 II 380 a

Bibenzyl (Fortsetzung)

—, 4,4'-Bis-methoxycarbonylmethoxy-
  6 IV 6679

—, 3,3'-Bis-methoxymethyl- 6 IV 6736

—, 4,4'-Bis-[1-methoxy-1-phenyl-äthyl]-
  6 II 1039 e

—, α,α'-Bis-nitryloxy- 6 1006 a

—, α,α'-Bis-phenylmethansulfonyl-
  6 IV 6685

—, 4,4'-Bis-sulfooxy- 6 IV 6680

—, α,α'-Bis-thiocyanato- 6 II 970 h

—, 4,4'-Bis-[2-trimethylammonio-äthoxy]-
  6 IV 6680

—, α,α'-Bis-vinyloxy- 6 IV 6683

—, α'-Brom-α-chlor-4-methoxy-
  6 III 3389 c

—, α-Brom-α'-methoxy- 6 II 638 f,
  III 3392 c

—, α-Brom-α'-methoxy-α-nitro-
  6 III 3393 b

—, 4-Butyryloxy- 6 III 3388 f

—, α-Chlor-α'-methoxy- 6 II 638 e

—, α-Chlor-4-methoxy-α'-nitroso-
  6 IV 4700

—, 4-[3-Chlor-4-methoxyphenyl]-
  6 IV 5063

—, α,α'-Diacetoxy- 6 1004 d, 1005 b,
  II 969 b, 970 a, III 5432 c

—, 2,2'-Diacetoxy- 6 IV 6677

—, 2,4-Diacetoxy- 6 III 5423 b

—, 4,4'-Diacetoxy- 6 IV 6679

—, 4,4'-Diacetoxy-α,α'-bis-methyl≠
  mercapto- 6 IV 7756

—, 2,2'-Diacetoxy-4-brom-6,4',6'-trichlor-
  3,5,3',5'-tetramethyl- 6 III 5520 f

—, 4,4'-Diacetoxy-α,α'-diäthoxy-3,5,3',5'-
  tetrachlor- 6 1171 b

—, 4,4'-Diacetoxy-α,α'-dibrom-
  6 1001 g

—, 4,4'-Diacetoxy-α,α'-dibrom-3,5,3',5'-
  tetrachlor- 6 1002 b

—, 2,2'-Diacetoxy-5,5'-di-*tert*-butyl-
  3,3'-dimethyl- 6 III 5563 d

—, 4,4'-Diacetoxy-α,α'-dichlor-
  6 1000 c

—, 2,2'-Diacetoxy-3,3'-dicyclohexyl-
  5,5'-dimethyl- 6 III 5745 c

—, α,α'-Diacetoxy-4,4'-diisopropyl- 6 1019 j

—, α,α-Diacetoxy-2,2'-dimethoxy-
  6 1168 c

—, 4,4'-Diacetoxy-α,α'-dimethoxy-
  6 1169 e

—, 4,4'-Diacetoxy-3,3'-dimethoxy-
  6 III 6710 e, IV 7752

—, α,α'-Diacetoxy-2,2'-dimethoxy-
  4,4'-dinitro- 6 IV 7753

—, α,α'-Diacetoxy-2,2'-dimethoxy-
  5,5'-dinitro- 6 IV 7754

—, α,α'-Diacetoxy-2,2'-dimethyl-
  6 I 494 b

—, α,α'-Diacetoxy-4,4'-dimethyl-
  6 I 494 d

—, α,α'-Diacetoxy-4,4'-dinitro-
  6 1006 d

—, 4,4'-Diacetoxy-3,5,α,3',5',α'-hexabrom-
  6 1002 f

—, 4,4'-Diacetoxy-3,5,α,3',5',α'-hexachlor-
  6 1001 a

—, α,α'-Diacetoxy-2,4,6,2',4',6'-
  hexaisopropyl- 6 III 5571 a

—, α,α'-Diacetoxy-3,4,5,3',4',5'-
  hexamethoxy- 6 1209 b

—, α,α'-Diacetoxy-2,4,6,2',4',6'-
  hexamethyl- 6 III 5544 b

—, α,α'-Diacetoxy-4-methoxy-
  6 II 1100 b

—, α,α'-Diacetoxy-4-methyl- 6 III 5456 e

—, 4,4'-Diacetoxy-2,3,5,6,2',3',5',6'-
  octachlor- 6 IV 6680 d

—, 4,4'-Diacetoxy-3,5,α,α,3',5',α',α'-
  octachlor- 6 1001 c

—, 4,4'-Diacetoxy-3,5,3',5'-tetrabrom-
  6 1000 e

—, 2,2'-Diacetoxy-4,6,4',6'-tetrabrom-
  3,3'-bis-brommethyl-5,5'-dimethyl-
  6 III 5521 d

—, 4,4'-Diacetoxy-2,5,2',5'-tetrabrom-
  3,3'-bis-methylmercapto- 6 I 576 b

—, 4,4'-Diacetoxy-2,5,2',5'-tetrabrom-
  α,α'-dimethoxy-3,3'-bis-methylmercapto-
  6 I 594 a

—, 2,2'-Diacetoxy-4,6,4',6'-tetrabrom-
  3,5,3',5'-tetramethyl- 6 1018 c, III 5521 b

—, 4,4'-Diacetoxy-3,5,3',5'-tetrachlor-
  α,α'-dimethoxy- 6 1171 a

—, 4,4'-Diacetoxy-3,5,3',5'-tetramethoxy-
  6 III 6955 d, IV 7935

—, α,α'-Diacetoxy-2,3,5,6-tetramethyl-
  6 III 5519 d

—, α,α'-Diacetoxy-2,4,2',4'-tetramethyl-
  6 III 5520 b

—, 2,2'-Diacetoxy-3,5,3',5'-tetramethyl-
  6 III 5520 d

—, 2,4'-Diacetoxy-3,5,3',5'-tetramethyl-
  6 III 5521 f

Bibenzyl (Fortsetzung)

—, 4,4'-Diacetoxy-3,5,3',5'-tetramethyl-
6 III 5522 d

—, 4,α-Diacetoxy-3,5,α'-tribrom-
6 1003 a

—, α,α'-Diacetoxy-2,4,6-triisopropyl-
6 III 5560 b

—, α,α'-Diäthoxy- 6 IV 6683

—, 2,2'-Diäthoxy-α,α'-dibrom-
6 I 489 j

—, 4,4'-Diäthoxy-α,α'-dibrom-
6 1001 f

—, α,α'-Diäthoxy-4,4'-dimethoxy-
6 IV 7755

—, 4,4'-Diäthoxy-α,α,α',α'-tetrachlor-
6 1000 g

—, 2,2'-Diäthyl-3,3'-dimethoxy-
6 III 5518 e

—, 2,2'-Diäthyl-4,4'-dimethoxy-
6 III 5519 a

—, α,α'-Dibenzylmercapto- 6 IV 6685

—, α,α'-Dibrom-2-chlor-4'-methoxy-
6 III 3389 e

—, α,α'-Dibrom-4-chlor-4'-methoxy-
6 683 g

—, α,α'-Dibrom-2,2'-dimethoxy-
6 999 h, I 489 i

—, α,α'-Dibrom-2,4'-dimethoxy-
6 I 490 a

—, α,α'-Dibrom-3,3'-dimethoxy-
6 I 490 d

—, α,α'-Dibrom-4,4'-dimethoxy-
6 1001 e, II 967 d, III 5427 e

—, 2,6-Dibrom-3,5-dimethoxy- 6 III 5425 d

—, 3,3'-Dibrom-4,4'-dimethoxy-
6 1001 h, IV 6680

—, 5,5'-Dibrom-2,2'-dimethoxy-
6 III 5424 d

—, α,α'-Dibrom-2,2'-dimethoxy-
4,4'-dinitro- 6 III 5425 a

—, α,α'-Dibrom-4-methoxy- 6 683 e,
II 637 d, III 3389 d, IV 4700

—, α,α'-Dibrom-4-methoxy-4'-nitro-
6 II 637 e

—, 2,2'-Dibrom-4,5,4',5'-tetramethoxy-
6 III 6710 g

—, α,α'-Dichlor-4,4'-dimethoxy-
6 II 967 c, III 5427 d

—, 5,5'-Dichlor-2,2'-dimethoxy-
6 IV 6678

—, 5,5'-Dichlor-2,2'-dimethoxy-
3,3'-dinitro- 6 IV 6678

—, α,α'-Dichlor-4-methoxy- 6 II 637 c,
III 3389 a

—, α,α'-Dichlor-5-methoxy-2-nitro-
6 III 3388 a

—, 3,3'-Difluor-4,4'-dimethoxy-
6 IV 6680

—, 2,2'-Dijod-5,5'-dimethoxy-
6 III 5426 e

—, 2,2'-Dijod-4,5,4',5'-tetramethoxy-
6 III 6710 h

—, α,α'-Dimethoxy- 6 1004 b, II 969 d,
III 5432 a, IV 6683

—, 2,2'-Dimethoxy- 6 999 g, I 489 h,
II 967 a, III 5423 g, IV 6677

—, 2,4'-Dimethoxy- 6 I 489 l, IV 6678

—, 2,5-Dimethoxy- 6 III 5423 f

—, 3,3'-Dimethoxy- 6 I 490 c,
III 5426 c

—, 3,4'-Dimethoxy- 6 IV 6678

—, 3,5-Dimethoxy- 6 III 5425 c

—, 4,4'-Dimethoxy- 6 1000 a, I 490 e,
II 967 b, III 5427 c, IV 6679

—, 4,4'-Dimethoxy-α,α'-bis-methyl-
mercapto- 6 IV 7755

—, 2,2'-Dimethoxy-4,4'-dinitro-
6 999 i, III 5424 g

—, 4,4'-Dimethoxy-2-methyl- 6 IV 6714

—, 4,α-Dimethoxy-α'-nitro-
6 1003 b, III 5428 f

—, 3,4-Dimethoxy-2-phenoxy-
6 III 6532 g

—, 4,4'-Dimethoxy-3,5,3',5'-tetramethyl-
6 III 5522 c

—, 4'-[3,7-Dimethyl-oct-2-enyl]-2,4,3',5'-
tetramethoxy- 6 III 6774 d

—, 4'-[3,7-Dimethyl-octyl]-2,4,3',5'-
tetramethoxy- 6 III 6749 f

—, 2,2'-Diphenoxy- 6 III 5424 a

—, 4,4'-Diphenoxy- 6 III 5424 a

—, α,α'-Disulfandiyl-bis- 6 IV 4707

—, 3,5,α,3',5',α'-Hexabrom-
4,4'-dimethoxy- 6 1002 e

—, 3,4,5,3',4',5'-Hexamethoxy- 6 III 6955 c

—, 4,4'-[α-Hydroxy-4,4'-diphenyl-
benzhydryl]- 6 IV 7125 b

—, α-Isopropoxy-α'-nitro- 6 IV 4705

—, 3-Isopropyl-6-methoxy-2-methyl-
6 IV 4816

—, 4-Isovaleryloxy- 6 III 3388 g

—, 2-Methoxy- 6 682 j, IV 4697

—, 4-Methoxy- 6 683 c, I 329 b,
III 3388 c, IV 4697

—, 2-Methoxy-4-methyl- 6 IV 4755

Bibenzyl (Fortsetzung)

—, 3-Methoxy-4-methyl- **6** IV 4755

—, 4-Methoxy-2-methyl- **6** III 3417 e

—, α-Methoxy-3-methyl-α′-nitro-
6 II 645 b

—, α-Methoxy-4-methyl-α′-nitro-
6 II 645 d

—, α-Methoxy-α′-nitro- **6** 684 b, I 329 f,
III 3392 g, IV 4705

—, α-Methoxy-α′-nitryloxy- **6** IV 6683

—, α-Nitro-α′-nitryloxy- **6** IV 4706

—, α-Propionyloxy- **6** IV 4702

—, 4-Propionyloxy- **6** III 3388 e

—, α,α′-Sulfonyl-bis- **6** IV 4707

—, 2,4,2′,4′-Tetraacetoxy- **6** 1167 f

—, 2,4,3′,5′-Tetraacetoxy- **6** IV 7751

—, 3,4,3′,4′-Tetraacetoxy- **6** III 6710 f

—, 4,α,4′,α′-Tetraacetoxy- **6** 1170 a,
IV 7755

—, 4,α,4′,α′-Tetraacetoxy-3,3′-dimethoxy-
6 IV 7935

—, 2,5,2′,5′-Tetraacetoxy-4,4′-dimethyl-
6 III 6727 a

—, 2,4,3′,5′-Tetraacetoxy-4′-[3,7-dimethyl-
oct-2-enyl]- **6** III 6774 e

—, 2,4,3′,5′-Tetraacetoxy-4′-[3,7-dimethyl-
octyl]- **6** III 6750 a

—, 2,α,2′,α′-Tetraacetoxy-5,5′-dinitro-
6 IV 7753

—, 4,α,4′,α′-Tetraacetoxy-3,3′-dinitro-
6 IV 7755

—, 4,α,4′,α′-Tetraacetoxy-3,5,3′,5′-
tetrabrom- **6** 1172 a

—, 4,α,4′,α′-Tetraacetoxy-2,5,2′,5′-
tetrabrom-3,3′-bis-methylmercapto-
6 I 594 b

—, 4,α,4′,α′-Tetraacetoxy-3,5,3′,5′-
tetrachlor- **6** 1171 c

—, 4,α,4′,α′-Tetraacetoxy-3,5,3′,5′-
tetramethoxy- **6** IV 7971

—, 2,α,2′,α′-Tetrabrom-5,5′-dimethoxy-
6 III 5426 d

—, 2,4,α,α′-Tetrabrom-3,5-dimethoxy-
6 III 5425 f

—, 2,6,α,α′-Tetrabrom-3,5-dimethoxy-
6 III 5426 a

—, 3,5,3′,5′-Tetrabrom-4,4′-dimethoxy-
6 IV 6680

—, 5,α,5′,α′-Tetrabrom-2,2′-dimethoxy-
6 III 5424 f

—, α,α,α′,α′-Tetrachlor-4,4′-dimethoxy-
6 1000 f

—, α,α,α′,α′-Tetrachlor-4-methoxy-
6 III 3389 b

—, 3,5,3′,5′-Tetrajod-4,4′-dimethoxy-
6 IV 6680

—, 2,3,2′,3′-Tetramethoxy- **6** III 6709 d

—, 2,4,3′,5′-Tetramethoxy- **6** III 6710 a,
IV 7751

—, 2,5,2′,5′-Tetramethoxy- **6** IV 7752

—, 3,α,3′,α′-Tetramethoxy- **6** III 6712 c

—, 3,4,3′,4′-Tetramethoxy- **6** III 6710 d,
IV 7752

—, 3,5,3′,5′-Tetramethoxy- **6** IV 7753

—, 4,α,4′,α′-Tetramethoxy- **6** IV 7754

—, 3,6,3′,6′-Tetramethoxy-2,2′-dimethyl-
6 IV 7765

—, 4,5,4′,5′-Tetramethoxy-2,2′-dinitro-
6 1168 a, III 6711 a, IV 7752

—, 2,5,2′,5′-Tetramethoxy-3,4,6,3′,4′,6′-
hexamethyl- **6** III 6744 b

—, 3,4,5,α-Tetramethoxy-α′-nitro-
6 III 6711 c

—, 2,4,2′,4′-Tetranitro-α,α′-bis-[toluol-
4-sulfonyl]- **6** III 5434 b

—, 2,4,6-Triacetoxy- **6** II 1099 g

—, 3,5,4′-Triacetoxy- **6** IV 7570

—, 4,α,4′-Triacetoxy-3,5,3′,5′-
tetramethoxy- **6** IV 7964

—, 4,α,α′-Tribrom-3,5-dimethoxy-
6 III 5425 e

—, 5,α,α′-Tribrom-2,2′-dimethoxy-
6 III 5424 e

—, 5,α,α′-Tribrom-2-methoxy-
6 III 3387 g

—, 2,5,3′-Trimethoxy- **6** III 6533 c

—, 4,α,4′-Trimethoxy-α′-methylmercapto-
6 IV 7755

—, 3,4,α-Trimethoxy-α′-nitro-
6 III 6533 e

—, α-Vinyloxy- **6** IV 4701

Bibenzyl-α,α′-diol 6 1003 c, 1004 e, I 490 g,
II 967 h, 969 c, 970 b, III 5429 d,
IV 6682

—, 2,2′-Bis-hydroxymethyl- **6** 1174 e

—, 3-Chlor-4′-methoxy- **6** III 6535 a

—, 4,4′-Diacetoxy- **6** 1169 a

—, 3,3′-Dichlor- **6** 1006 b, I 491 a

—, 4,4′-Dichlor- **6** 1006 c, I 491 b,
II 970 e

—, α,α′-Dideuterio-2,4,6,2′,4′,6′-
hexamethyl- **6** IV 6787

—, 4,4′-Diisopropyl- **6** 1019 i, 1020 a

—, 2,2′-Dimethoxy- **6** 1168 b, III 6711 e

Bibenzyl-4,4′-diol (Fortsetzung)

–, 2,5,α,2′,5′,α′-Hexabrom-3,3′-bis-
methylmercapto- **6** I 576 c

–, 3,5,α,3′,5′,α′-Hexachlor- **6** 1000 h

–, 2-Methyl- **6** IV 6713

–, 2,3,5,6,2′,3′,5′,6′-Octachlor-
6 IV 6680

–, 3,5,α,α,3′,5′,α′,α′-Octachlor-
6 1001 b

–, 3,5,3′,5′-Tetrabrom- **6** IV 6680

–, 2,5,2′,5′-Tetrabrom-3,3′-bis-[dibrom-
methyl-λ^4-sulfanyl]- **6** I 576 a

–, 2,5,2′,5′-Tetrabrom-3,3′-bis-
methylmercapto- **6** I 575 i

–, 3,5,3′,5′-Tetrabrom-α,α′-dimethoxy-
6 1171 e

–, 2,5,2′,5′-Tetrabrom-α,α′-dimethoxy-
3,3′-bis-methylmercapto- **6** I 593 i

–, 2,5,2′,5′-Tetrabrom-3,3′-dinitro-
6 I 490 f

–, 3,5,3′,5′-Tetra-*tert*-butyl- **6** IV 6812

–, 3,5,3′,5′-Tetra-*tert*-butyl-α,α′-dichlor-
6 IV 6812

–, 3,5,3′,5′-Tetrachlor- **6** 1000 d

–, 3,5,3′,5′-Tetrachlor-α,α′-dimethoxy-
6 1170 b

–, 3,5,3′,5′-Tetrajod- **6** IV 6680

–, 3,5,3′,5′-Tetramethoxy- **6** III 6955 b,
IV 7935

–, 3,5,3′,5′-Tetramethyl- **6** III 5522 a

–, 3,5,3′,5′-Tetramethyl-2,2′-diphenoxy-
6 IV 7777

Bibenzyl-4,4′-dithiol 6 IV 6680

Bibenzyl-α,α′-diyl-bis-thiocyanat 6 II 970 h

Bibenzyl-α-ol 6 683 j, I 329 d, II 637 f,
638 c, III 3390 a, IV 4701

–, α′-Acetoxy- **6** 1004 c, 1005 a,
II 969 a

–, α′-Acetoxy-2,2′-dimethoxy-
4,4′-dinitro- **6** IV 7753

–, α′-Acetoxy-2,4-dinitro- **6** II 970 g

–, α′-Äthoxy- **6** III 5432 b

–, 4-Äthoxy- **6** III 5428 c

–, 4-Äthyl- **6** 689 e

–, 4-Benzyl- **6** IV 5068

–, 4′-Benzyl- **6** IV 5068

–, α′-Brom- **6** III 3392 a, IV 4704

–, α′-Brom-4-chlor- **6** IV 4704

–, α′-Brom-4′-chlor- **6** IV 4704

–, α′-Chlor- **6** III 3391 f, IV 4704

–, 2-Chlor- **6** III 3391 e

–, 4-Chlor- **6** IV 4703

–, 4′-Chlor- **6** IV 4703

–, 3′-Chlor-4-methoxy- **6** III 5428 e

–, α′-Deuterio- **6** IV 4701

–, 4,4′-Diäthoxy- **6** 1137 f

–, 4,4′-Dichlor- **6** III 3391 h

–, α′,α′-Difluor- **6** IV 4703

–, 4,4′-Dimethoxy- **6** 1137 e, II 1099 h,
III 6534 a, IV 7570

–, 2′,4′-Dimethyl- **6** III 3432 c

–, 2′,5′-Dimethyl- **6** IV 4783

–, 3,4′-Dimethyl- **6** III 3432 e

–, 4,4′-Dimethyl- **6** 689 f

–, 3,4′-Dinitro- **6** II 638 h

–, 2,4,6,2′,4′,6′-Hexamethyl- **6** III 3463 d,
IV 4828

–, 2′-[α-Hydroxy-benzyl]- **6** II 1019 h

–, 2′-Hydroxymethyl- **6** IV 6714

–, 4-Isopropyl- **6** III 3445 b

–, α′-Jod- **6** III 3392 e

–, α′-Jod-4,4′-dinitro- **6** III 3393 c

–, α′-Mercapto- **6** IV 6684

–, α′-Methoxy- **6** 1004 a, II 968,
IV 6682

–, 2-Methoxy- **6** III 5428 a

–, 4-Methoxy- **6** II 967 f, III 5428 b

–, 4′-Methoxy- **6** III 5429 c, IV 6681

–, 4-Methoxymethyl- **6** III 5457 a

–, 2-Methoxy-4′-nitro- **6** IV 6681

–, 4-Methoxy-3,4″-oxy-bis- **6** IV 7570

–, 2′-Methyl- **6** IV 4754

–, 4-Methyl- **6** 687 d, II 645 c,
III 3417 f, IV 4756

–, 4′-Methyl- **6** IV 4756

–, 4′-Methyl-4-styryl- **6** IV 5105

–, α′-[2]Naphthyloxy- **6** IV 6683

–, α′-Nitro- **6** IV 4704

–, 2,4,2′,4′,5′-Pentanitro- **6** III 3393 d

–, 2-Phenyl- **6** IV 5062

–, 4-Stilben-4-yloxy- **6** IV 6681

–, 4-Styryl- **6** IV 5104

–, α′,α‴-Sulfandiyl-bis- **6** IV 6684

–, 4-*m*-Terphenyl-5′-yl- **6** IV 5170

–, 2,4,3′,5′-Tetramethoxy- **6** IV 7900

–, 2,4,6-Triisopropyl- **6** III 3470 d

–, 4,4′,α′-Trimethoxy- **6** 1169 d

–, 2,4,6-Trimethyl- **6** III 3445 c

–, 2,4,6-Triphenyl- **6** IV 5169

Bibenzyl-2-ol 6 682 i, II 637 b, III 3387 c,
IV 4697

–, 5-Chlor- **6** III 3387 f

–, 4,6-Diacetoxy- **6** II 1099 f

–, 3,4-Dimethoxy- **6** III 6532 f

–, 2′-Hydroxymethyl- **6** IV 6714

–, 3-Methyl- **6** IV 4755

Bibenzyl-2-ol (Fortsetzung)

−, 4-Methyl- **6** IV 4755

−, 5-Methyl- **6** II 645 a,
IV 4755, 4772

Bibenzyl-3-ol

−, 2-[2-Äthyl-5-methoxy-phenyl]-
4-methoxy- **6** III 6597 c

−, 4-Isopropyl- **6** IV 4804

−, 5-Methoxy- **6** IV 6678

−, 4-Methoxy-2-[5-methoxy-2-vinyl-
phenyl]- **6** III 6611 b

−, 4-Methyl- **6** IV 4755

−, 6-Methyl- **6** IV 4754

Bibenzyl-4-ol 6 683 b, I 329 a, III 3388 b

−, α-Acetoxy-3,5,α′-tribrom- **6** 1002 h

−, 4′-[4-Brom-butoxy]- **6** IV 6679

−, 4′-[10-Brom-decyloxy]- **6** IV 6679

−, 4′-[6-Brom-hexyloxy]- **6** IV 6679

−, 4′-[8-Brom-octyloxy]- **6** IV 6679

−, 4′-Chlor- **6** IV 4700

−, 2,6-Diacetoxy- **6** II 1099 f

−, 4′-[2-Diäthylamino-äthoxy]-
6 IV 6679

−, α,α′-Dibrom- **6** 683 d

−, 3,5-Dijod- **6** III 3389 f

−, 3′,5′-Dimethoxy- **6** III 6533 d

−, 2′-Methoxy- **6** I 489 k

−, 4′-Methoxy-3,5,3′,5′-tetramethyl-
6 III 5522 b

−, 2-Methyl- **6** III 3417 d

−, 3,5,α,α′-Tetrabrom- **6** 683 h

−, 3′,4′,5′-Trimethoxy- **6** IV 7752

Bibenzyl-2,α,2′,α′-tetraol 6 II 1129 i

−, 5,5′-Dibrom- **6** III 6712 a

−, 3,3′-Dimethoxy- **6** IV 7935

−, 4,4′-Dinitro- **6** IV 7753

−, 5,5′-Dinitro- **6** IV 7753

Bibenzyl-2,4,3′,5′-tetraol 6 III 6709 e,
IV 7751

−, 4′-[3,7-Dimethyl-oct-2-enyl]-
6 III 6774 c

Bibenzyl-2,5,2′,5′-tetraol

−, 3,3′-Dimethyl- **6** III 6726 e

−, 4,4′-Dimethyl- **6** III 6726 e

Bibenzyl-3,4,3′,4′-tetraol 6 III 6710 b

Bibenzyl-4,α,4′,α′-tetraol 6 1168 d, III 6712 d

−, 3,3′-Diäthoxy- **6** IV 7936

−, 3,3′-Dimethoxy- **6** 1203 e, III 6955 e,
IV 7935

−, 3,3′-Dinitro- **6** IV 7755

−, 3,5,3′,5′-Tetrabrom- **6** 1171 d

−, 3,5,3′,5′-Tetramethoxy- **6** IV 7971

Bibenzyl-α-thiol 6 II 638 b, IV 4706

Bibenzyl-2,3,4-triol 6 III 6532 e

Bibenzyl-2,4,6-triol 6 II 1099 e, III 6533 b

Bibenzyl-3,5,3′-triol

−, 4′-Methoxy- **6** III 6711 b

Bibenzyl-3,5,4′-triol 6 IV 7569

Bibenzyl-4,α,4′-triol

−, 3,5,3′,5′-Tetramethoxy- **6** IV 7964

Bicarbamidsäure

s. *Hydrazin*-N,N′-*dicarbonsäure*

[7,7′]Bicholesta-5,8-dienyl

−, 3,3′-Bis-isobutyryloxy- **6** III 5832 c

−, 3,3′-Bis-propionyloxy- **6** III 5832 b

−, 3,3′-Diacetoxy- **6** III 5832 a, IV 6998

[3,3′]Bicholesta-4,8-dienyl-3,3′-diol 6 IV 6998

[7,7′]Bicholesta-5,8-dienyl-3,3′-diol 6 III 5831 b,
IV 6998

**[7,7′]Bicholesta-5,8(14)-dienyl-3,3′-diol
6** IV 6998

[3,3′]Bicholestanyl-2,3-diol 6 IV 6818

[24,24′]Bicholestanyl-24,24′-diol

−, 3,3′-Diacetoxy- **6** III 6752 b

[3,3′]Bicholestanyl-3-ol 6 IV 4844

**[24,24′]Bicholestanyl-3,24,3′,24′-tetraol
6** III 6752 a

[3,3′]Bicholest-4-enyl-3,3′-diol 6 III 5747,
IV 6941

−, 7,7′-Dimethoxy- **6** IV 7818

[7,7′]Bicholest-5-enyl-7,7′-diol

−, 3,3′-Diacetoxy- **6** IV 7818

Bicyclobutyl-1,1′-diol 6 IV 5286

Bicyclo[3.3.2]decan

−, 3-Acetoxy- **6** IV 291

Bicyclo[3.3.2]decan-3-ol 6 IV 291

Bicycloekasantalol 6 102 j, III 400 d,
IV 406

−, Dihydro- **6** 95 a

α-Bicyclofarnesol 6 III 419 a

−, *O*-Allophanoyl- **6** III 419 d

β-Bicyclofarnesol 6 III 418 b

−, *O*-Allophanoyl- **6** III 418 c

Bicyclo[2.2.1]heptan

s. *Norbornan*

−, 1,7,7-Trimethyl- s. *Bornan*

Bicyclo[3.1.1]heptan

s. *Norpinan*

−, 2,6,6-Trimethyl s. *Pinan*

Bicyclo[4.1.0]heptan

s. *Norcaran*

−, 3,7,7-Trimethyl- s. *Caran*

Bicyclo[3.2.0]heptan-2-ol 6 IV 212

Bicyclo[3.2.0]heptan-6-ol

−, 6-Methyl-7,7-diphenyl- **6** II 680 b

[1,1′]Binaphthyl (Fortsetzung)

–, 3′,4′-Diacetoxy-2-methoxy-
6 IV 7656

–, 2,2′-Diacetoxy-5,6,7,8,5′,6′,7′,8′-
octahydro- 6 III 5735 a

–, 2,2′-Diäthoxy- 6 1052 b

–, 4,4′-Diäthoxy- 6 1053 e, II 1028 c,
III 5879 b

–, 4,4′-Diäthoxy-3,3′-dinitro-
6 IV 7022

–, 4,4′-Diäthoxy-5,6,7,8,5′,6′,7′,8′-
octahydro- 6 II 1007 c

–, 6,6′-Dibrom-2,2′-bis-[2-diäthylamino-
äthoxy]- 6 IV 7020

–, 6,6′-Dibrom-2,2′-bis-[2-(diäthyl-
pentyl-ammonio)-äthoxy]- 6 IV 7020

–, 6,6′-Dibrom-2,2′-dimethoxy-
6 III 5878 c

–, 1,1′-Dichlor-7,7′-dimethoxy-1,2,1′,2′-
tetrahydro- 6 IV 6982

–, 2,2′-Diisopropoxy- 6 1052 c

–, 2,2′-Dimethoxy- 6 1052 a, II 1027 a,
III 5878 a, IV 7020

–, 4,4′-Dimethoxy- 6 1053 d, II 1028 b,
III 5879 a, IV 7021

–, 5,5′-Dimethoxy- 6 IV 7022

–, 7,7′-Dimethoxy- 6 III 5879 f

–, 4,4′-Dimethoxy-3,3′-dimethyl-
6 IV 7030

–, 2,2′-Dimethoxy-4,4′-dinitro-
6 III 5878 a

–, 3,3′-Dimethoxy-4,4′-dinitro-
6 IV 7021

–, 4,4′-Dimethoxy-3,3′-dinitro-
6 IV 7021

–, 7,7′-Dimethoxy-1,2,3,4,1′,2′,3′,4′-
octahydro- 6 III 5735 c

–, 7,7′-Dimethoxy-3,4,3′,4′-tetrahydro-
6 III 5799 a

–, 2,3,4,2′,3′,4′-Hexaacetoxy-
6 IV 7951

–, 2-Methoxy- 6 IV 5117

–, 4-Methoxy- 6 IV 5118

–, 2,3,2′,3′-Tetraacetoxy- 6 IV 7837

–, 2,7,2′,7′-Tetraacetoxy- 6 III 6824 b

–, 2,8,2′,8′-Tetraacetoxy- 6 II 1141 f

–, 3,4,3′,4′-Tetraacetoxy- 6 1181 d,
II 1142 b, III 6825 c

–, 4,5,4′,5′-Tetraacetoxy- 6 IV 7837

–, 3,4,3′,4′-Tetraacetoxy-7,7′-dibrom-
6 III 6825 d

–, 2,7,2′,7′-Tetramethoxy- 6 III 6824 a

–, 3,4,3′,4′-Tetramethoxy- 6 II 1142 a,
III 6825 b, IV 7837

[1,2′]Binaphthyl

–, 4,1′-Dimethoxy- 6 IV 7022

–, 6,6′-Dimethoxy- 6 III 5879 i

–, 6,6′-Dimethoxy-3,4-dihydro-
6 III 5845 d

–, 6,6′-Dimethoxy-1,2,3,4,3′,4′-
hexahydro- 6 III 5764 c

–, 8,8′-Dimethoxy-1,2,3,4,3′,4′-
hexahydro- 6 IV 6959

–, 6,6′-Dimethoxy-1,2,3,4-tetrahydro-
6 III 5799 b

–, 4-Methoxy- 6 IV 5118

–, 6′-Methoxy- 6 IV 5118

–, 6′-Methoxy-3,4-dihydro- 6 IV 5096

–, 3,4,1′,3′,4′-Pentaacetoxy- 6 IV 7914

–, 4,1′,4′-Triacetoxy- 6 II 1114 b

[2,2′]Binaphthyl

–, 3,3′-Bis-acetoxymethyl- 6 IV 7030

–, 6,6′-Bis-[2,3-dihydroxy-propoxy]-
6 IV 7023

–, 6,6′-Bis-[2-hydroxy-äthoxy]-
6 IV 7023

–, 3,3′-Bis-hydroxymethyl- 6 IV 7030

–, 1,1′-Diacetoxy- 6 III 5880 c

–, 1,1′-Diacetoxy-4,4′-bis-
[2,4,6-triphenyl-phenoxy]- 6 IV 7837

–, 1,1′-Diacetoxy-4,4′-dimethoxy-
6 II 1142 e

–, 5,5′-Diisopropyl-1,6,7,1′,6′,7′-
hexamethoxy-3,3′-dimethyl-
6 II 1166 a, III 6982 a, IV 7952

–, 5,5′-Diisopropyl-1,6,7,1′,6′,7′-
hexamethoxy-3,8,3′,8′-tetramethyl-
6 IV 7952

–, 1,1′-Dimethoxy- 6 III 5880 b,
IV 7022

–, 6,6′-Dimethoxy- 6 III 5880 e,
IV 7022

–, 1,6,7,1′,6′,7′-Hexaacetoxy-
5,5′-diisopropyl-3,3′-dimethyl-
6 II 1166 b

–, 1,6,7,1′,6′,7′-Hexaacetoxy-
5,5′-diisopropyl-3,8,3′,8′-tetramethyl-
6 IV 7952

–, 1,6,7,1′,6′,7′-Hexaäthoxy-
5,5′-diisopropyl-3,3′-dimethyl-
6 III 6982 b

–, 1,6,7,1′,6′,7′-Hexamethoxy-
3,3′-dimethyl- 6 III 6981 c, IV 7951

–, 1,4,5,8,1′,4′,5′,8′-Octaacetoxy-
6 IV 7974

[1,1′]Binaphthyl-5,8,5′,8′-tetraon

—, 4′-Acetoxymethyl-2,3′-dimethyl-
4-[2,6,6-trimethyl-cyclohex-1-enyl]-
1,4,4a,8a,1′,4′,4′a,8′a-octahydro-
6 IV 7914
— monooxim 6 IV 7914

[1,1′]Binaphthyl-2,6,2′-triol 6 III 6616 b

[1,2′]Binaphthyl-4,1′,4′-triol 6 II 1114 a

[2,2′]Binorbornyl

—, 2,2′-Dimethoxy-3,3,3′,3′-tetramethyl-
6 II 910 h

[2,2′]Binorbornyl-2,2′-diol

—, 1,3,3,1′,3′,3′-Hexamethyl- 6 953 d

—, 1,7,7,1′,7′,7′-Hexamethyl-
6 953 e, III 4767 a

—, 4,7,7,4′,7′,7′-Hexamethyl- 6 I 456 c

—, 3,3,3′,3′-Tetramethyl- 6 952 i,
I 455 f, II 910 g

—, 7,7,7′,7′-Tetramethyl- 6 953 a

[2,2′]Binorbornyl-3,3′-diol

—, 4,7,7,4′,7′,7′-Hexamethyl- 6 954 a

—, 4,7,7,4′,7′,7′-Hexamethyl-
3,3′-diphenyl- 6 1049 e

[2,2′]Binorbornyl-3,3′-dithiol

—, 4,7,7,4′,7′,7′-Hexamethyl- 6 III 4767 b

[2,2′]Binorpinanyl-2,2′-diol

—, 4,6,6,4′,6′,6′-Hexamethyl-
6 II 911 b

—, 6,6,6′,6′-Tetramethyl- 6 952 h

Bios-I 6 II 1158 b

[1,1′]Biphenalenyl-1,1′-diol

—, 2,3,2′,3′-Tetrahydro- 6 IV 7055

Biphenanthren

s. Biphenanthryl

[1,1′]Biphenanthryl

—, 4,4′-Diacetoxy-3,3′-dimethoxy-
6 III 6855 c

—, 4,4′-Diacetoxy-3,6,3′,6′-tetramethoxy-
6 III 6988 a

—, 4,4′-Diäthoxy-3,6,3′,6′-tetramethoxy-
6 III 6987 e

—, 3,4,6,3′,4′,6′-Hexamethoxy-
6 III 6987 d

—, 3,4,6,7,3′,4′,6′,7′-Octamethoxy-
6 II 1171 a

—, 4,6,4′,6′-Tetraacetoxy-3,7,3′,7′-
tetramethoxy- 6 II 1171 c

—, 4,6,4′,6′-Tetraäthoxy-3,7,3′,7′-
tetramethoxy- 6 II 1171 b

[2,2′]Biphenanthryl

—, 3,4,3′,4′-Tetraacetoxy- 6 III 6856 b,
IV 7869

—, 3,4,3′,4′-Tetramethoxy- 6 III 6856 a

[4,4′]Biphenanthryl

—, 3,3′-Diacetoxy-2,5,6,2′,5′,6′-
hexamethoxy- 6 III 7009 d

—, 2,3,5,2′,3′,5′-Hexaäthoxy-
6,6′-dimethoxy- 6 III 7009 c

—, 2,3,5,6,2′,3′,5′,6′-Octamethoxy-
6 II 1171 e

—, 3,5,3′,5′-Tetraäthoxy-2,6,2′,6′-
tetramethoxy- 6 III 7009 b

[9,9′]Biphenanthryl

—, 10-Nitro-10′-nitryloxy-9,10,9′,10′-
tetrahydro- 6 699 a, II 661 a,
III 3869 b

[1,1′]Biphenanthryl-1,1′-diol

—, 3,4,3′,4′-Tetrahydro-2H,2′H-
6 IV 7058

[1,1′]Biphenanthryl-2,2′-diol 6 III 5998 c

[1,1′]Biphenanthryl-4,4′-diol

—, 3,6,3′,6′-Tetramethoxy- 6 III 6987 c

[4,4′]Biphenanthryl-3,3′-diol

—, 5,5′-Diäthoxy-2,6,2′,6′-tetramethoxy-
6 III 7009 a

—, 2,5,6,2′,5′,6′-Hexamethoxy-
6 II 1171 d, III 7008 c

[1,1′]Biphenanthryl-4,6,4′,6′-tetraol

—, 3,7,3′,7′-Tetramethoxy- 6 II 1170 e

Biphenol

s. Biphenyl-diol

Biphenyl

—, 2-Acetoxy- 6 672 e, II 623 d,
III 3290 e, IV 4582

—, 3-Acetoxy- 6 III 3315 a

—, 4-Acetoxy- 6 674 d, III 3326 e

—, 2-Acetoxy-2′-äthyl- 6 III 3404 d

—, 2-Acetoxy-2′-äthyl-3,5′-dimethoxy-
6-phenäthyl- 6 III 6597 c

—, 2-Acetoxy-2′-äthyl-3,5′-dimethoxy-
6-styryl- 6 III 6611 a

—, 2-Acetoxy-3-allyl- 6 III 3510 f

—, 4-Acetoxy-3-allyl- 6 III 3511 b

—, 2-Acetoxy-4-benzolsulfonyl-
6 IV 6642

—, 2-Acetoxy-5-benzolsulfonyl-
6 IV 6644

—, 2-Acetoxy-5-brom- 6 III 3305 a

—, 4-Acetoxy-3-brom- 6 III 3334 d

—, 4-Acetoxy-4′-brom- 6 III 3335 b,
IV 4610

—, 2-Acetoxy-3-brom-2′-methoxy-
5,5′-dinitro- 6 III 5382 e

—, 2-Acetoxy-5-brom-2′-methoxy-
3,5′-dinitro- 6 III 5382 a

—, 2-Acetoxy-2′-chlor- 6 III 3301 g

Biphenyl   (Fortsetzung)

—, 2-Acetoxy-4'-chlor- **6** III 3302 a

—, 4-Acetoxy-3-chlor- **6** III 3331 e

—, 4-Acetoxy-4'-chlor- **6** III 3332 d

—, 2-Acetoxy-6-[2-cyclohexyl-äthyl]-
     3,5'-dimethoxy-6'-vinyl- **6** III 6567 c

—, 2-Acetoxy-3,5-dibrom- **6** III 3305 h

—, 4-Acetoxy-3,5-dibrom- **6** III 3336 d

—, 2-Acetoxy-3-[2,3-dibrom-propyl]-
     6 III 3423 d

—, 4-Acetoxy-3-[2,3-dibrom-propyl]-
     6 III 3423 e

—, 4-Acetoxy-3,4'-dichlor- **6** III 3333 e

—, 4-Acetoxy-3,5-dichlor- **6** III 3333 a

—, 2-Acetoxy-3,5'-dimethoxy-
     6-phenäthyl-2'-vinyl- **6** III 6611 c

—, 2-Acetoxy-3,5'-dimethoxy-6-propenyl-
     2'-vinyl- **6** III 6566 a

—, 2-Acetoxy-3,5'-dimethoxy-6-styryl-
     2'-vinyl- **6** III 6618 b

—, 2-Acetoxy-3,2'-dimethyl- **6** III 3407 e

—, 2-Acetoxy-5,2'-dimethyl- **6** III 3408 b

—, 2-Acetoxy-5,3'-dimethyl- **6** III 3409 a

—, 2-Acetoxy-5,4'-dimethyl- **6** III 3409 g

—, 4-Acetoxy-2,2'-dimethyl- **6** III 3406 c

—, 4-Acetoxy-2,3'-dimethyl- **6** III 3407 c

—, 4'-Acetoxy-2,3'-dimethyl- **6** III 3407 h

—, 4-Acetoxy-2,4'-dimethyl- **6** III 3408 e

—, 4-Acetoxy-3,3'-dimethyl- **6** III 3408 h

—, 4-Acetoxy-3,4'-dimethyl- **6** III 3409 d

—, 2-Acetoxy-6,2'-dimethyl-6'-nitro-
     6 III 3406 g

—, 4-Acetoxy-3,4'-dinitro- **6** III 3340 d

—, 4-Acetoxy-3,5-dinitro- **6** III 3340 c

—, 2-Acetoxy-2'-jod- **6** IV 4590

—, 2-Acetoxy-5-jod- **6** III 3306 e

—, 4-Acetoxy-4'-jod- **6** III 3338 c

—, 4-Acetoxy-4'-methoxy- **6** III 5394 a,
     IV 6652

—, 3'-Acetoxy-2-methoxy-5,5'-dimethyl-
     6 III 5447 a

—, 5-Acetoxy-2'-methoxy-2,5'-dimethyl-
     6 IV 6704

—, 2-Acetoxy-2'-methoxy-3,5'-dinitro-
     6 III 5379 c

—, 2-Acetoxy-2'-methoxy-4,4'-dinitro-
     6 III 5380 c

—, 2-Acetoxy-2'-methoxy-5,5'-dinitro-
     6 III 5381 b

—, 4'-Acetoxy-4-methoxy-3-nitro-
     6 III 5397 d

—, 2-Acetoxy-2'-methoxy-4,6,4',6'-
     tetranitro- **6** III 5386 f

—, 2-Acetoxy-2'-methoxy-3,5,5'-trinitro-
     6 III 5384 d

—, 4-Acetoxy-4'-methoxy-3,5,3'-trinitro-
     6 III 5398 g

—, 2-Acetoxy-5-methyl- **6** III 3384 b

—, 4-Acetoxy-2-methyl- **6** III 3382 e

—, 4-Acetoxy-3-methyl- **6** III 3383 f

—, 4-Acetoxymethyl-2,6-dijod-
     4'-methoxy- **6** IV 6675

—, 2-Acetoxy-2'-nitro- **6** III 3307 g

—, 2-Acetoxy-4'-nitro- **6** III 3308 c

—, 3-Acetoxy-2-nitro- **6** III 3317 a

—, 4-Acetoxy-2-nitro- **6** IV 4612

—, 4'-Acetoxy-2-nitro- **6** IV 4613

—, 4-Acetoxy-3-nitro- **6** III 3339 b

—, 4-Acetoxy-4'-nitro- **6** III 3339 c

—, 2-Acetoxy-5-phenylmercapto-
     6 IV 6644 b

—, 2-Acetoxy-5-propyl- **6** III 3423 h

—, 4-Acetoxy-3,5,4'-trichlor- **6** III 3333 h

—, 3-Acetoxy-4,3',4'-trimethoxy-
     6 II 1129 a

—, 4-Acetoxy-3,3',4'-trimethoxy-
     6 II 1129 a

—, 3-Acetoxy-2,4,6-trimethyl-
     6 IV 4775

—, 4-Acetoxy-3,5,4'-trinitro- **6** III 3341 a

—, 2-Äthoxy- **6** 672 d, III 3284 b, IV 4580

—, 3-Äthoxy- **6** 674 a, III 3313 a

—, 4-Äthoxy- **6** III 3322 a, IV 4600

—, 2-Äthoxy-5-[1-äthyl-1-methyl-propyl]-
     6 III 3457 d

—, 2-Äthoxy-5-brom- **6** IV 4590

—, 3-Äthoxy-5-brom- **6** II 624 e

—, 4-Äthoxy-3-brom- **6** IV 4609

—, 4-Äthoxy-4'-brom- **6** IV 4610

—, 2-Äthoxy-3-brom-5-nitro- **6** IV 4592

—, 2-Äthoxy-5-*tert*-butyl- **6** III 3437 d

—, 4-Äthoxy-4'-chlor- **6** IV 4609

—, 4-Äthoxy-3-chlor-4'-nitro-
     6 IV 4615

—, 4-Äthoxy-3,4'-dibrom- **6** IV 4610

—, 4-Äthoxy-3,5-dibrom- **6** IV 4610

—, 2-Äthoxy-3,5-di-*tert*-butyl-
     6 III 3465 d

—, 2-Äthoxy-3,5'-dimethoxy-6-styryl-
     2'-vinyl- **21** II 178 a

—, 2-Äthoxy-3,5-dinitro- **6** III 3309 c

—, 4-Äthoxy-4'-fluor- **6** IV 4608

—, 4'-Äthoxy-4-fluor-2,3'-dinitro-
     6 III 3340 e

—, 2-Äthoxy-5-jod- **6** IV 4590

—, 2-Äthoxy-3-jod-5-nitro- **6** IV 4592

Biphenyl (Fortsetzung)

–, 2-Äthoxy-2'-methoxy- **6** IV 6645

–, 4-Äthoxy-4'-methoxy- **6** III 5392 a

–, 2-Äthoxy-2'-methoxy-5-nitro-
6 IV 6648

–, 3-Äthoxymethyl- **6** 682 d

–, 2-Äthoxymethyl-5-methoxy-
6 IV 6674

–, 2-Äthoxy-5-nitro- **6** 672 h, IV 4591

–, 4'-Äthoxy-2-nitro- **6** IV 4612

–, 4-Äthoxy-3-nitro- **6** IV 4612

–, 4-Äthoxy-4'-nitro- **6** IV 4614

–, 2-Äthoxy-5-*tert*-pentyl- **6** III 3451 e

–, 4-Äthoxy-3,5,4'-tribrom- **6** IV 4611

–, 2-Äthoxy-3,4,5-trichlor- **6** III 3303 f

–, 2-Äthoxy-3,5,6-trichlor- **6** III 3303 f

–, 4'-Äthyl-3-chlor-4-methoxy- **6** IV 4740

–, 4-Äthylmercapto- **6** IV 4616

–, 2-Äthylmercapto-4'-nitro- **6** IV 4594

–, 2-Äthyl-5-methoxy- **6** IV 4739

–, 4-Äthyl-4'-methoxy- **6** IV 4740

–, 5-Äthyl-2-methoxy- **6** III 3405 a

–, 2-Äthyl-3,5,4',5'-tetramethoxy-
2'-vinyl- **6** IV 7791

–, 2'-Äthyl-3,5,4',5'-tetramethoxy-
2-vinyl- **6** IV 7791

–, 2-Allyloxy- **6** II 623 c, III 3286 b

–, 3-Allyloxy- **6** IV 4598

–, 4-Allyloxy- **6** III 3323 a, IV 4601

–, 2-Allyloxy-3,4,5-trichlor- **6** III 3303 h

–, 2-Allyloxy-3,5,6-trichlor- **6** III 3303 h

–, 2'-Azido-2,5-dimethoxy- **6** IV 6644

–, 4-Benzolsulfonyl-2-methoxy-
6 IV 6642

–, 5-Benzolsulfonyl-2-methoxy-
6 IV 6644

–, 4'-Benzoyloxy-2-brom- **6** IV 4610

–, 4'-Benzoyloxy-3-brom- **6** IV 4610

–, 4'-Benzyl-3-chlor-4-methoxy-
6 IV 5054

–, 4-Benzyl-4'-methoxy- **6** IV 5053

–, 5-Benzyl-2-methoxy- **6** IV 5053

–, 2-Benzyloxy- **6** III 3287 b,
IV 4581

–, 2-Benzyloxy-2'-isopropenyl-
6-methoxy-5'-methyl-3-pentyl- **6** III 5667 c

–, 4,4'-Bis-acetonylmercapto-
6 I 488 a

–, 4,4'-Bis-[2-acetoxy-äthyl]- **6** IV 6742

–, 2,2'-Bis-[1-acetoxy-1-benzyl-propyl]-
6 1060 e

–, 2,2'-Bis-acetoxymethyl- **6** IV 6703

–, 4,4'-Bis-acetoxymethyl- **6** IV 6705

–, 2,2'-Bis-acetoxymethyl-4,5,4',5'-
tetramethoxy- **6** IV 7936

–, 4,4'-Bis-äthansulfinyl- **6** I 487 d

–, 4,4'-Bis-äthansulfonyl- **6** I 487 e

–, 4,4'-Bis-[α-äthoxy-benzhydryl]-
2,2'-dimethyl- **6** III 6032 c

–, 4,4'-Bis-[2-äthoxycarbimidoyl-äthoxy]-
6 III 5395 a

–, 4,4'-Bis-äthoxycarbonylmethoxy-
6 III 5394 f

–, 4,4'-Bis-äthoxycarbonylmethoxy-
3,3'-dinitro- **6** III 5398 e

–, 4,4'-Bis-äthoxycarbonyloxy-
6 III 5394 d

–, 4,4'-Bis-[2-äthoxycarbonyloxy-äthoxy]-
6 IV 6651

–, 4,4'-Bis-[2-äthoxycarbonyloxy-äthyl]-
6 IV 6742

–, 4,4'-Bis-äthoxycarbonyloxymethyl-
6 IV 6705

–, 2,2'-Bis-äthoxymethyl-4,5,4',5'-
tetramethoxy- **6** IV 7936

–, 3,4-Bis-äthoxyoxalyloxy- **6** IV 6649

–, 2,2'-Bis-[1-(4-äthoxy-phenyl)-
1-hydroxy-propyl]- **6** III 6841 d

–, 4,4'-Bis-[äthyl-dibrom-λ^4-sulfanyl]-
6 I 487 d

–, 2,2'-Bis-[1-äthyl-1-hydroxy-propyl]-
6 III 5559 g

–, 4,4'-Bis-äthylmercapto- **6** 993 e,
I 487 c, IV 6654

–, 2,2'-Bis-allyloxy- **6** IV 6645

–, 4,4'-Bis-allyloxy- **6** III 5392 d

–, 4,4'-Bis-allyloxycarbonyloxy-
2,3,5,6,2',3',5',6'-octachlor- **6** III 5395 j

–, 4,4'-Bis-benzolsulfonyl- **6** III 5399 d,
IV 6654

–, 2,2'-Bis-[1-benzyl-1-hydroxy-propyl]-
6 1060 d

–, 4,4'-Bis-benzylmercapto- **6** I 487 f

–, 2,2'-Bis-benzyloxy- **6** III 5376 c

–, 4,4'-Bis-benzyloxy- **6** III 5393 a

–, 4,4'-Bis-[biphenyl-4-sulfonyl]-
6 III 5399 g

–, 2,2'-Bis-[1-biphenyl-4-yl-1-hydroxy-
propyl]- **6** III 6033 c

–, 3,3'-Bis-[10-brom-decyloxy]-
6 III 5389 a

–, 2,2'-Bis-brommethyl-5,5'-dimethoxy-
6 IV 6702

–, 2,2'-Bis-brommethyl-6,6'-dimethoxy-
6 IV 6702

Biphenyl (Fortsetzung)

—, 2-Brommethyl-4,4'-dimethoxy-
6 IV 6674

—, 4-Brommethyl-4'-methoxy-
6 IV 4692

—, 3-Brom-4-pivaloyloxy- 6 III 3334 g

—, 4-Brom-4'-pivaloyloxy- 6 III 3335 e

—, 2-Brom-3,5,4',5'-tetramethoxy-
6,2'-divinyl- 6 IV 7809

—, 2-Butoxy- 6 III 3285 g

—, 3-Butoxy- 6 III 3313 e

—, 3-*sec*-Butoxy- 6 III 3313 f

—, 3-*tert*-Butoxy- 6 III 3313 g

—, 4-Butoxy- 6 III 3322 f, IV 4601

—, 2-Butoxy-5-*tert*-butyl- 6 III 3437 f

—, 2-Butoxy-3,4,5-trichlor- 6 III 3303 g

—, 2-Butoxy-3,5,6-trichlor- 6 III 3303 g

—, 4'-Butyl-3-chlor-4-methoxy- 6 IV 4796

—, 2-*tert*-Butyl-5-isopropoxy-
6 III 3436 i

—, 2-Butylmercapto-4'-nitro- 6 IV 4595

—, 5-*tert*-Butyl-2-methallyloxy-
6 III 3437 h

—, 5-*tert*-Butyl-2-methoxy- 6 III 3437 c

—, 5-*tert*-Butyl-2-pentyloxy- 6 III 3437 g

—, 5-*tert*-Butyl-2-[2-thiocyanato-äthoxy]-
6 III 3438 c

—, 2-Butyryloxy- 6 III 3290 g

—, 4-Butyryloxy- 6 III 3327 e, IV 4603

—, 4'-Chlor-2,5-dimethoxy- 6 III 5372 e

—, 4-Chlor-3,3'-dimethoxy- 6 II 961 i

—, 2-Chlor-5,6-dimethoxy-3-methyl-
6 IV 6674

—, 4'-Chlor-2,5-dimethoxy-4-nitro-
6 III 5374 c

—, 3-Chlor-4'-hexyl-4-methoxy-
6 IV 4821

—, 3-Chlor-4'-isopentyl-4-methoxy-
6 IV 4812

—, 4-Chlor-4'-isopropoxy- 6 IV 4609

—, 3-Chlor-4-isopropoxy-4'-nitro-
6 IV 4615

—, 3-Chlor-2-methallyloxy- 6 III 3299 a

—, 2-Chlor-2'-methoxy- 6 III 3301 f

—, 3-Chlor-4-methoxy- 6 III 3331 a

—, 3-Chlor-4'-methoxy- 6 IV 4608

—, 4'-Chlor-2-methoxy- 6 IV 4589

—, 4-Chlor-4'-methoxy- 6 IV 4609

—, 3-Chlor-4-methoxy-4'-nitro-
6 IV 4614

—, 3-Chlor-4-methoxy-4'-propyl-
6 IV 4774

—, 4-Chlormethyl-4'-methoxy-
6 IV 4692

—, 3-Chlor-4'-nitro-4-propoxy-
6 IV 4615

—, 3-Chlor-2-[2-thiocyanato-äthoxy]-
6 III 3299 c

—, 4-Chlor-2,5,4'-triäthoxy- 6 III 6528 g

—, 4-Cyclohexyloxymethyl- 6 IV 4693

—, 4-Decylmercapto- 6 III 3341 g

—, 2,2'-Diacetoxy- 6 989 f, II 960 e,
III 5376 d

—, 2,3-Diacetoxy- 6 III 5371 b

—, 2,4-Diacetoxy- 6 990 h, III 5387 d

—, 2,5-Diacetoxy- 6 III 5372 c

—, 2,6-Diacetoxy- 6 IV 6645

—, 3,3'-Diacetoxy- 6 991 c

—, 3,4-Diacetoxy- 6 990 j, III 5388 b

—, 4,4'-Diacetoxy- 6 992 b, II 962 k,
III 5394 b

—, 2,5-Diacetoxy-4'-[1-acetoxy-äthyl]-
6 IV 7575

—, 4,4'-Diacetoxy-3,3'-bis-[2,3-dibrom-
propyl]- 6 IV 6771

—, 2,2'-Diacetoxy-3-brom-5,5'-dinitro-
6 III 5382 f

—, 2,2'-Diacetoxy-5-brom-3,5'-dinitro-
6 III 5382 b

—, 2,2'-Diacetoxy-3-brom-5,3',5'-trinitro-
6 III 5385 c

—, 2,2'-Diacetoxy-5-brom-3,3',5'-trinitro-
6 III 5385 a

—, 2',5'-Diacetoxy-4-chlor-2,5-dimethoxy-
6 III 6706 d

—, 2',5'-Diacetoxy-4-chlor-2-nitro-
6 IV 6643

—, 2,5-Diacetoxy-2',5'-diäthoxy-
4,4'-dichlor- 6 III 6707 b

—, 2,5-Diacetoxy-2',5'-diäthoxy-
4,4'-dimethyl- 6 III 6718 b

—, 2,2'-Diacetoxy-5,5'-diäthyl-
3,3'-dimethoxy- 6 III 6727 f

—, 2,2'-Diacetoxy-5,5'-diallyl-
6 III 5717 d

—, 4,4'-Diacetoxy-3,3'-diallyl-
6 IV 6918

—, 2,2'-Diacetoxy-5,5'-diallyl-
3,3'-dimethoxy- 6 1178 c; vgl. III 6787 a

—, 2,2'-Diacetoxy-5,5'-dibrom- 6 III 5378 a

—, 2,2'-Diacetoxy-3,3'-dibrom-
5,5'-dinitro- 6 III 5383 f

—, 2,2'-Diacetoxy-3,5'-dibrom-
5,3'-dinitro- 6 III 5383 d

Biphenyl (Fortsetzung)

—, 3,3'-Dichlor-4,4'-dipropoxy-
  6 IV 6653

—, 2,2'-Dichlor-3,4,5,3',4',5'-
  hexamethoxy- 6 1201 f

—, 3,3'-Dichlor-2,4,6,2',4',6'-
  hexamethoxy- 6 IV 7934

—, 3,5-Dichlor-2-methoxy- 6 III 3302 d

—, 3,5-Dichlor-4-methoxy- 6 III 3332 f

—, 4,5-Dichlor-2-methoxy- 6 III 3303 a

—, 4-Dichlormethyl-4'-methoxy-
  6 IV 4692

—, 2,2'-Dichlor-4,5,4',5'-tetramethoxy-
  6 I 573 g

—, 2,2'-Dichlor-4,6,4',6'-tetramethoxy-
  6 IV 7743

—, 4,4'-Dichlor-2,5,2',5'-tetramethoxy-
  6 III 6706 f

—, 3,3'-Dichlor-4,6,4',6'-tetramethoxy-
  2,2'-dimethyl- 6 IV 7758

—, 4,4'-Di-cyclohex-1-enyl-
  3,3'-dimethoxy- 6 IV 6995

—, 4,4'-Di-cyclohex-1-enyl-3,5,3',5'-
  tetramethoxy- 6 IV 7833

—, 3,3'-Dicyclohexyl-4,4'-dimethoxy-
  6 III 5741 e

—, 5,5'-Dicyclohexyl-2,4,2',4'-
  tetramethoxy- 6 IV 7817

—, 2,2'-Difluor-6,6'-dimethoxy-
  6 III 5377 b

—, 2,2'-Dijod-4,4'-dimethoxy-
  6 III 5396 e

—, 2,2'-Dijod-6,6'-dimethoxy-
  6 IV 6648

—, 4,4'-Dijod-3,3'-dimethoxy-
  6 II 962 b

—, 2,2'-Dijod-6-methoxy- 6 IV 4590

—, 4,4'-Dijod-2,5,2',5'-tetramethoxy-
  6 IV 7744

—, 2,2'-Dimethoxy- 6 989 d, I 484 e,
  II 960 c, III 5375 b, IV 6645

—, 2,3-Dimethoxy- 6 IV 6641

—, 2,4-Dimethoxy- 6 III 5371 d,
  IV 6642

—, 2,4'-Dimethoxy- 6 III 5387 c

—, 2,5-Dimethoxy- 6 III 5371 g

—, 2,6-Dimethoxy- 6 IV 6645

—, 3,3'-Dimethoxy- 6 991 b, II 961 h,
  III 5388 e, IV 6650

—, 3,4-Dimethoxy- 6 III 5388 a

—, 4,4'-Dimethoxy- 6 991 e, I 486 a,
  II 962 i, III 5391 b, IV 6651

—, 2,2'-Dimethoxy-6,6'-bis-[α-methoxy-
  benzhydryl]- 6 III 6864 b

—, 3,3'-Dimethoxy-4,4'-bis-[4-phenyl-
  cyclohex-1-enyl]- 6 IV 7100

—, 2,2'-Dimethoxy-3,3'-dimethyl-
  6 III 5445 f

—, 2,2'-Dimethoxy-4,4'-dimethyl-
  6 III 5447 f

—, 2,2'-Dimethoxy-5,5'-dimethyl-
  6 II 975 a, III 5447 c

—, 2,2'-Dimethoxy-6,6'-dimethyl-
  6 III 5445 b

—, 2,3-Dimethoxy-5,6-dimethyl-
  6 IV 6701

—, 2,5'-Dimethoxy-5,2'-dimethyl-
  6 II 973 g, IV 6704

—, 4,4'-Dimethoxy-2,2'-dimethyl-
  6 IV 6702

—, 4,4'-Dimethoxy-3,3'-dimethyl-
  6 1009 i, III 5445 h

—, 5,5'-Dimethoxy-2,2'-dimethyl-
  6 III 5444 c, IV 6702

—, 4,4'-Dimethoxy-3,3'-dimethyl-5-nitro-
  6 III 5446 d

—, 2,2'-Dimethoxy-3,5'-dinitro-
  6 III 5379 b

—, 2,2'-Dimethoxy-4,4'-dinitro-
  6 III 5380 b

—, 2,2'-Dimethoxy-5,5'-dinitro-
  6 990 c, I 485 a, III 5381 a

—, 2,2'-Dimethoxy-6,6'-dinitro-
  6 III 5381 d, IV 6648

—, 4,4'-Dimethoxy-2,2'-dinitro-
  6 III 5397 f

—, 4,4'-Dimethoxy-3,3'-dinitro-
  6 III 5398 c

—, 2,2'-Dimethoxy-5,5'-dipropenyl-
  6 III 5716 c

—, 2,2'-Dimethoxy-5,5'-dipropyl-
  6 III 5526 f

—, 2,2'-Dimethoxy-3,5,6,3',5',6'-
  hexamethyl- 6 1018 g,
  IV 6772

—, 2,2'-Dimethoxy-3-methyl- 6 III 5421 a

—, 2,2'-Dimethoxy-5-methyl- 6 III 5421 f

—, 2,5-Dimethoxy-4'-methyl- 6 III 5422 a

—, 2,5-Dimethoxy-4'-methyl-4-nitro-
  6 III 5422 c

—, 2,3-Dimethoxy-6-methyl-2'-vinyl-
  6 IV 6839

—, 2,5-Dimethoxy-2'-nitro- 6 IV 6643

—, 2,5-Dimethoxy-3'-nitro- 6 III 5373 h

—, 2,5-Dimethoxy-4-nitro- 6 III 5373 d

Biphenyl (Fortsetzung)

—, 2,5-Dimethoxy-4'-nitro- **6** III 5374 a,
IV 6643

—, 3,4-Dimethoxy-2'-nitro- **6** IV 6649

—, 4,4'-Dimethoxy-3-nitro- **6** III 5397 c

—, 3,3'-Dimethoxy-4-[4-phenyl-cyclohex-
1-enyl]- **6** IV 7031

—, 3,4-Dimethoxy-5-propyl- **6** III 5468 b

—, 2,2'-Dimethoxy-3,4,3',4'-tetramethyl-
6 IV 6743

—, 2,2'-Dimethoxy-4,5,4',5'-tetramethyl-
6 IV 6743

—, 2,2'-Dimethoxy-3,5,3',5'-tetranitro-
6 I 485 d, II 960 g, III 5385 e

—, 2,2'-Dimethoxy-4,6,4',6'-tetranitro-
6 III 5386 e

—, 4,4'-Dimethoxy-3,5,3',5'-tetranitro-
6 II 963 e, III 5399 b

—, 5,5'-Dimethoxy-2,4,2',4'-tetranitro-
6 III 5389 d

—, 3,3'-Dimethyl-4,4'-bis-nitrosyl⸗
mercapto- **6** II 974 i

—, 3,3'-Dimethyl-4,4'-dipropoxy-
6 1010 b

—, 2,3'-Dinitro-4,4'-bis-thiocyanato-
6 I 488 e

—, 3,3'-Dinitro-4,4'-bis-thiocyanato-
6 II 963 j

—, 3,3'-Dinitro-4,4'-diphenoxy-
6 II 963 c

—, 3,5-Dinitro-2-pent-4-enoyloxy-
6 IV 4592

—, 3'-[2,4-Dinitro-phenoxy]-
2,3-dimethoxy-5'-methyl- **6** III 6532 a

—, 4,4'-Dinitro-2-selenocyanato-
6 IV 4597

—, 5,4'-Dinitro-2-selenocyanato-
6 IV 4597

—, 5,4'-Dinitro-2-thiocyanato-
6 IV 4595

—, x,x-Dinitro-4-thiocyanato-
6 IV 4618

—, 2,2'-Diphenoxy- **6** III 5376 b

—, 4,4'-Diphenoxy- **6** III 5392 h

—, 2,2''-Diselandiyl-bis- **6** III 3311 f,
IV 4596

—, 3,3''-Diselandiyl-bis- **6** IV 4599

—, 4,4''-Diselandiyl-bis- **6** III 3344 e,
IV 4620

—, 2,2''-Disulfandiyl-bis- **6** III 3310 b,
IV 4594

—, 4,4''-Disulfandiyl-bis- **6** 675 a, IV 4618

—, 4-Dodecyloxy- **6** III 3341 i

—, 4'-Fluor-2,4-dimethoxy-5,2'-dinitro-
6 III 5371 e

—, 4-Fluor-4'-methoxy- **6** IV 4608

—, 4'-Fluor-4-methoxy-3-nitro-
6 II 626 f

—, 4-Heptadecylmercapto- **6** III 3342 b

—, 4-Heptylmercapto- **6** III 3341 d

—, 2,3,4,2',3',4'-Hexaacetoxy-
6 1199 e, 1201 m, 1202 d (vgl. II 1161 j), I 593 g,
III 6951 c

—, 2,3,4,3',4',5'-Hexaacetoxy-
6 IV 7932

—, 2,4,5,2',4',5'-Hexaacetoxy-
6 1202 c, e, III 6953 b

—, 3,4,5,3',4',5'-Hexaacetoxy-
6 1200 h, I 593 c

—, 2,3,4,2',3',4'-Hexaacetoxy-5,5'-diäthyl-
6 III 6960 a

—, 2,3,6,2',3',6'-Hexaacetoxy-
4,4'-dimethoxy- **6** III 7003 d

—, 2,3,5,2',3',5'-Hexaacetoxy-
4,4'-dimethyl- **6** III 6957 b

—, 2,3,6,2',3',6'-Hexaacetoxy-
4,4'-dimethyl- **6** III 6958 a,
IV 7937

—, 3,4,6,3',4',6'-Hexaacetoxy-
2,2'-dimethyl- **6** IV 7936

—, 3,4,5,3',4',5'-Hexaacetoxy-2,6,2',6'-
tetrabrom- **6** I 593 e

—, 2,4,5,2',4',5'-Hexaäthoxy-
6 1202 b; vgl. II 1161 j

—, 2,4,6,2',4',6'-Hexabrom-3,5,3',5'-
tetramethoxy- **6** I 574 j

—, 2,4,6,2',4',6'-Hexachlor-3,5.3',5'-
tetramethoxy- **6** I 574 f

—, 4-Hexadecylmercapto- **6** III 3342 a

—, 2-Hexadecyloxy- **6** III 3286 a

—, 4-Hexadecyloxy- **6** III 3322 g

—, 3,4,5,3',4',5'-Hexakis-propionyloxy-
6 1201 a

—, 2,3,4,2',3',4'-Hexamethoxy-
6 1200 a, III 6951 b

—, 2,3,4,3',4',5'-Hexamethoxy-
6 IV 7932

—, 2,3,5,2',3',5'-Hexamethoxy-
6 III 6951 e, IV 7932

—, 2,3,6,2',3',6'-Hexamethoxy-
6 III 6952 d

—, 2,4,5,2',4',5'-Hexamethoxy-
6 1200 b, I 592 h, III 6952 h,
IV 7933

—, 2,4,6,2',4',6'-Hexamethoxy-
6 IV 7933

Biphenyl (Fortsetzung)

—, 3,4,5,3′,4′,5′-Hexamethoxy-
6 1200 e, IV 7934

—, 2,3,5,2′,3′,5′-Hexamethoxy-
4,4′-dimethyl- 6 III 6957 a

—, 2,3,6,2′,3′,6′-Hexamethoxy-
4,4′-dimethyl- 6 III 6957 e

—, 2,3,5,2′,3′,5′-Hexamethoxy-
4,4′-dimethyl-6,6′-dinitro- 6 III 6957 c

—, 2,3,5,2′,3′,5′-Hexamethoxy-
6,6′-dinitro- 6 III 6952 c

—, 2,3,6,2′,3′,6′-Hexamethoxy-
5,5′-dinitro- 6 III 6952 e

—, 2-Hexanoyloxy- 6 III 3290 i

—, 4-Hexylmercapto- 6 III 3341 c

—, 3-Hexyloxy- 6 III 3313 i

—, 2′-[2-Hydroxy-äthyl]-6-hydroxymethyl-
2,3-dimethoxy- 6 IV 7763

—, 2-[α-Hydroxy-benzhydryl]-
6,2′-dimethoxy-6′-[α-methoxy-benzhydryl]-
6 III 6863 d

—, 2-[α-Hydroxy-benzhydryl]-2′-
[α-methoxy-benzhydryl]- 6 III 6029 d

—, 4-Isobutyryloxy- 6 III 3327 f

—, 2-Isopentylmercapto-4′-nitro-
6 IV 4595

—, 3-Isopentyloxy- 6 III 3313 h

—, 2-Isopropoxy- 6 III 3285 e

—, 4-Isopropoxy- 6 III 3322 e,
IV 4601

—, 4′-Isopropoxy-2-nitro- 6 IV 4613

—, 4-Isopropoxy-4′-nitro- 6 IV 4614

—, 2-Isopropylmercapto-4′-nitro-
6 IV 4594

—, 5-Isopropyl-2-methoxy- 6 III 3425 d

—, 4-Jod-3,3′-dimethoxy- 6 IV 6650

—, 2-Jod-2′-methoxy- 6 III 3306 f,
IV 4590

—, 2-Jod-5-methoxy- 6 IV 4598

—, 4′-Jod-2-methoxy- 6 III 3306 g

—, 4-Jod-4′-methoxy- 6 III 3338 b

—, 4-Jodmethyl-4′-methoxy- 6 IV 4693

—, 2′-Jod-2,3,4,4′-tetramethoxy-
6 III 6704 a

—, 2-Methacryloyloxy- 6 IV 4582

—, 4-Methacryloyloxy- 6 IV 4603

—, 2-Methacryloyloxy-3,5-dinitro-
6 IV 4592

—, 2-Methallyloxy- 6 III 3286 d

—, 3-Methallyloxy- 6 III 3313 k

—, 4-Methallyloxy- 6 III 3323 c

—, 2-Methansulfonyl- 6 IV 4593

—, 4-Methansulfonyl- 6 IV 4616

—, 2-Methoxy- 6 672 c, I 324 a,
II 623 b, III 3284 a, IV 4580

—, 3-Methoxy- 6 III 3312, IV 4598

—, 4-Methoxy- 6 674 c, II 625 a,
III 3321, IV 4600

—, 4-[α-Methoxy-benzyl]- 6 III 3678 a,
IV 5054

—, 4-[4-Methoxy-benzyl]- 6 IV 5053

—, 2-Methoxy-5,2′-dimethyl- 6 III 3408 a

—, 2-Methoxy-5,3′-dimethyl- 6 III 3408 j

—, 2-Methoxy-5,4′-dimethyl- 6 III 3409 f

—, 4-Methoxy-2,2′-dimethyl- 6 III 3406 b

—, 4-Methoxy-2,3′-dimethyl- 6 III 3407 b

—, 4′-Methoxy-2,3-dimethyl-
6 III 3407 g

—, 4-Methoxy-2,4′-dimethyl- 6 III 3408 d

—, 4-Methoxy-3,3′-dimethyl- 6 III 3408 g

—, 4-Methoxy-3,4′-dimethyl- 6 III 3409 c

—, 4′-Methoxy-3,4-dimethyl- 6 IV 4742

—, 2-Methoxy-3,5-dinitro- 6 673 a,
III 3309 b

—, 2-Methoxy-5,4′-dinitro- 6 673 c

—, 2-Methoxy-6,2′-dinitro- 6 IV 4593

—, 4-Methoxy-2,2′-dinitro- 6 IV 4615

—, 4-Methoxy-3,4′-dinitro- 6 II 627 e

—, 4-Methoxy-3,5-dinitro- 6 II 627 c

—, 5-Methoxy-2,4-dinitro- 6 IV 4599

—, 5-Methoxy-2,2′-divinyl- 6 IV 4948

—, 2-Methoxy-5-methyl- 6 III 3384 a

—, 3-Methoxymethyl- 6 682 c

—, 4-Methoxy-2-methyl- 6 III 3382 d

—, 4′-Methoxy-2-methyl- 6 III 3382 f

—, 4-Methoxy-3-methyl- 6 III 3383 e

—, 4′-Methoxy-3-methyl- 6 III 3384 c,
IV 4692

—, 4-Methoxy-4′-methyl- 6 III 3384 e,
IV 4692

—, 2′-Methoxy-2-methyl-6-nitro-
6 IV 4690

—, 2-Methoxy-2′-nitro- 6 III 3307 f,
IV 4591

—, 2-Methoxy-3-nitro- 6 III 3307 b

—, 2-Methoxy-3′-nitro- 6 III 3307 h

—, 2-Methoxy-4′-nitro- 6 III 3308 b

—, 2-Methoxy-5-nitro- 6 672 g, I 324 e

—, 3-Methoxy-2-nitro- 6 IV 4598

—, 4-Methoxy-2-nitro- 6 IV 4612

—, 4′-Methoxy-2-nitro- 6 IV 4612

—, 4′-Methoxy-3-nitro- 6 II 626 b

—, 4′-Methoxy-3-nitro- 6 IV 4613

—, 4′-Methoxy-4′-nitro- 6 II 626 d,
IV 4614

—, 2-Methoxy-5-pentyl- 6 III 3450 e

Biphenyl   (Fortsetzung)

–, 3,6,3′,6′-Tetraacetoxy-4,4′-dimethoxy-
2,2′-dipropyl- **6** IV 7942

–, 2,3,2′,3′-Tetraacetoxy-5,5′-dimethyl-
6 III 6717 a

–, 2,4,2′,4′-Tetraacetoxy-6,6′-dimethyl-
6 IV 7758

–, 2,5,2′,5′-Tetraacetoxy-3,3′-dimethyl-
6 III 6718 d

–, 2,5,2′,5′-Tetraacetoxy-4,4′-dimethyl-
6 III 6718 d

–, 2,6,2′,6′-Tetraacetoxy-4,4′-dimethyl-
6 IV 7759

–, 3,4,3′,4′-Tetraacetoxy-5,5′-dimethyl-
6 II 1131 a, III 6716 c

–, 4,5,4′,5′-Tetraacetoxy-2,2′-dimethyl-
6 IV 7757

–, 2,3,2′,3′-Tetraacetoxy-5,5′-dinitro-
6 IV 7742

–, 2,5,2′,5′-Tetraacetoxy-3,3′-dinitro-
6 IV 7744

–, 2,5,2′,5′-Tetraacetoxy-4,4′-dinitro-
6 IV 7744

–, 2,3,2′,3′-Tetraacetoxy-5,5′-dipropyl-
6 III 6742 d

–, 3,5,3′,5′-Tetraacetoxy-2,4,6,2′,4′,6′-
hexabrom- **6** 1165 f

–, 3,5,3′,5′-Tetraacetoxy-2,4,6,2′,4′,6′-
hexachlor- **6** I 574 g

–, 2,4,2′,4′-Tetraacetoxy-3,5,3′,5′-
tetrabrom- **6** 1164 a

–, 2,5,2′,5′-Tetraacetoxy-3,6,3′,6′-
tetramethoxy-4,4′-dimethyl- **6** IV 7971

–, 2,4,2′,4′-Tetraacetoxy-3,6,3′,6′-
tetramethyl- **6** III 6728 c

–, 2,6,2′,6′-Tetraacetoxy-3,5,3′,5′-
tetramethyl- **6** III 6728 f

–, 3,5,3′,5′-Tetraäthoxy- **6** 1165 a, I 574 c

–, 3,5,3′,5′-Tetraäthoxy-2,4,2′,4′,6′-
hexabrom- **6** I 574 k

–, 3,5,3′,5′-Tetrabrom-2,2′-dimethoxy-
6 III 5378 c

–, 3,5,3′,5′-Tetrabrom-4,4′-dimethoxy-
6 III 5396 c

–, 3,5,3′,5′-Tetrabrom-2,4,6,2′,4′,6′-
hexamethoxy- **6** IV 7934

–, 2,5,2′,5′-Tetrachlor-4,4′-bis-
[1-hydroxy-äthyl]- **6** IV 6742

–, 2,6,2′,6′-Tetrachlor-4,4′-bis-
[α-hydroxy-benzhydryl]- **6** III 6030 a

–, 2,6,2′,6′-Tetrachlor-4,4′-bis-
[α-hydroxy-4,4′-diphenyl-benzhydryl]-
6 III 6057 a

–, 2,4,2′,4′-Tetrachlor-6,6′-bis-
hydroxymethyl- **6** IV 6703

–, 2,6,2′,6′-Tetrachlor-4,4′-bis-
[α-hydroxy-4-phenyl-benzhydryl]-
6 III 6052 a

–, 2,6,2′,6′-Tetrachlor-4,4′-dimethoxy-
6 IV 6653

–, 2,3,2′,3′-Tetrachlor-5,6,5′,6′-
tetramethoxy- **6** IV 7742

–, 4-Tetradecylmercapto- **6** III 3341 k

–, 2,5,2′,5′-Tetrakis-hydroxymethyl-
6 IV 7768

–, 2,6,2′,6′-Tetrakis-hydroxymethyl-
6 III 6728 d

–, 2,3,2′,3′-Tetramethoxy- **6** III 6704 d,
IV 7742

–, 2,3,3′,4′-Tetramethoxy- **6** III 6705 c,
IV 7743

–, 2,4,2′,4′-Tetramethoxy- **6** III 6705 f

–, 2,4,2′,6′-Tetramethoxy- **6** IV 7744

–, 2,4,3′,4′-Tetramethoxy- **6** III 6706 c

–, 2,4,6,2′-Tetramethoxy- **6** IV 7743

–, 2,4,6,4′-Tetramethoxy- **6** IV 7743

–, 2,5,2′,5′-Tetramethoxy-
6 1164 c, IV 7744

–, 2,6,2′,6′-Tetramethoxy- **6** III 6707 d,
IV 7745

–, 3,4,3′,4′-Tetramethoxy- **6** I 573 f,
II 1128 k, III 6707 h, IV 7745

–, 3,5,3′,5′-Tetramethoxy- **6** I 574 b,
IV 7745

–, 4,5,4′,5′-Tetramethoxy-2,2′-bis-
methoxymethyl- **6** IV 7936

–, 2,3,2′,3′-Tetramethoxy-5,5′-bis-
[2-nitro-vinyl]- **6** III 6784 c

–, 2,3,2′,3′-Tetramethoxy-5,5′-dimethyl-
6 III 6716 f, IV 7759

–, 2,4,2′,4′-Tetramethoxy-6,6′-dimethyl-
6 III 6716 a

–, 2,4,2′,6′-Tetramethoxy-6,4′-dimethyl-
6 IV 7758

–, 2,5,2′,5′-Tetramethoxy-3,3′-dimethyl-
6 II 1130 g

–, 2,5,2′,5′-Tetramethoxy-4,4′-dimethyl-
6 II 1131 d, III 6717 d

–, 2,6,2′,6′-Tetramethoxy-4,4′-dimethyl-
6 III 6718 e

–, 3,4,3′,4′-Tetramethoxy-5,5′-dimethyl-
6 II 1130 j, III 6716 b

–, 4,5,4′,5′-Tetramethoxy-2,2′-dimethyl-
6 IV 7757

–, 2,6,2′,6′-Tetramethoxy-4,4′-dimethyl-
3,3′-dinitro- **6** III 6718 f

Biphenyl (Fortsetzung)

–, 2,3,2',3'-Tetramethoxy-5,5'-dinitro-
6 III 6704 e

–, 2,4,2',4'-Tetramethoxy-5,5'-dinitro-
6 III 6706 a

–, 2,6,2',6'-Tetramethoxy-3,3'-dinitro-
6 III 6707 f

–, 4,5,4',5'-Tetramethoxy-2,2'-dinitro-
6 III 6708 a

–, 2,4,2',4'-Tetramethoxy-6,6'-dipentyl-
6 IV 7783

–, 2,4,2',4'-Tetramethoxy-6,6'-dipropyl-
6 III 6741 e

–, 3,5,3',5'-Tetramethoxy-2,4,6,2',4',6'-
hexanitro- 6 I 475 a

–, 2,4,3',5'-Tetramethoxy-6-methyl-
6 IV 7751

–, 2,3,4,4'-Tetramethoxy-2'-nitro-
6 III 6704 b

–, 4,5,3',4'-Tetramethoxy-2-nitro-
6 III 6707 i

–, 2,3,2',3'-Tetramethoxy-4,5,6,5',6'-
pentanitro- 6 III 6705 b

–, 2,4,2',4'-Tetramethoxy-6-pentyl-
6'-propyl- 6 III 6744 d

–, 2,3,2',3'-Tetramethoxy-5,6,5',6'-
tetramethyl- 6 IV 7768

–, 2,4,2',4'-Tetramethoxy-3,5,3',5'-
tetramethyl- 6 IV 7769

–, 2,4,2',4'-Tetramethoxy-3,6,3',6'-
tetramethyl- 6 III 6728 b

–, 2,4,3',4'-Tetramethoxy-3,5,2',6'-
tetramethyl- 6 IV 7769

–, 3,4,3',4'-Tetramethoxy-2,6,2',6'-
tetramethyl- 6 IV 7768

–, 2,3,2',3'-Tetramethoxy-4,5,4',5'-
tetranitro- 6 III 6704 f

–, 2,3,2',3'-Tetramethoxy-5,6,5',6'-
tetranitro- 6 III 6705 a

–, 2,6,2',6'-Tetramethoxy-3,5,3',5'-
tetranitro- 6 III 6707 g

–, 3,5,3',5'-Tetranitro-2,2'-bis-
propionyloxy- 6 III 5386 a

–, 2-Thiocyanato- 6 IV 4594

–, 4-Thiocyanato- 6 IV 4617

–, 2-[2-Thiocyanato-äthoxy]-
6 III 3290 a

–, 3-[2-Thiocyanato-äthoxy]-
6 III 3314 h

–, 4-[2-Thiocyanato-äthoxy]-
6 III 3326 c

–, 2-[3-Thiocyanato-propoxy]-
6 III 3290 c

–, 3-[3-Thiocyanato-propoxy]-
6 III 3314 j

–, 2,3,4-Triacetoxy- 6 IV 7562

–, 2,4,5-Triacetoxy- 6 IV 7563

–, 2,5,2'-Triacetoxy-5'-methoxy-
4,4'-dimethyl- 6 III 6718 c

–, 2,4,5-Triacetoxy-3'-nitro-
6 III 6527 c

–, 2,4,5-Triacetoxy-4'-nitro-
6 III 6527 d

–, 2,4,4'-Triacetoxy-3,5,3',5'-tetramethyl-
6 III 6542 b

–, 3,5,4'-Tribrom-2-methoxy-
6 II 624 b

–, 3,5,4'-Tribrom-4-methoxy-
6 III 3337 f

–, 3,5,3'-Trichlor-2,4,6,2',4',6'-
hexamethoxy- 6 IV 7934

–, 2,3,5-Trichlor-6-methoxy- 6 III 3303 e

–, 3,4,5-Trichlor-2-methoxy- 6 III 3303 e

–, 4-Tridecylmercapto- 6 III 3341 j

–, 2,3,2'-Trimethoxy- 6 IV 7562

–, 2,3,4-Trimethoxy- 6 IV 7562

–, 2,5,4'-Trimethoxy- 6 III 6528 f

–, 2,6,2'-Trimethoxy- 6 IV 7563

–, 2,5,4'-Trimethoxy-4-nitro-
6 III 6529 b

–, 2,3,5'-Trimethoxy-6-styryl-2'-vinyl-
6 III 6618 a, **21** II 177 e

–, 4-Undecylmercapto- 6 III 3341 h

–, 2-Valeryloxy- 6 III 3290 h

Biphenyl-2,2'-diol 6 989 b, I 484 d, II 960 b,
III 5374 d, IV 6645

–, 5,5'-Bis-[α-hydroxy-benzhydryl]-
6 II 1150 a

–, 5,5'-Bis-hydroxymethyl-
3,3'-dimethoxy- 6 IV 7936

–, 3-Brom-5,5'-dinitro- 6 III 5382 c

–, 5-Brom-3,5'-dinitro- 6 III 5381 e

–, 3-Brom-5,3',5'-trinitro- 6 III 5385 b

–, 5-Brom-3,3',5'-trinitro- 6 III 5384 f

–, 3-Chlor-5,5'-dimethyl- 6 II 975 b

–, 5,5'-Diäthyl- 6 II 981 a

–, 5,5'-Diäthyl-3,3'-dimethoxy-
6 III 6727 d, IV 7768

–, 5,5'-Diallyl- 6 III 5717 b, IV 6918

–, 5,5'-Diallyl-3,3'-dimethoxy-
6 III 6787 a

–, 5,5-Dibenzhydryl- 6 II 1055 b

–, 5,5'-Dibrom- 6 989 h, III 5377 f

–, 3,3'-Dibrom-5,5'-bis-[2,3-dibrom-
propyl]- 6 III 5717 b

Biphenyl-2,2'-diol   (Fortsetzung)

–, 3,3'-Dibrom-5,5'-dimethyl-
6 IV 6705

–, 3,3'-Dibrom-5,5'-dinitro- 6 III 5383 e

–, 3,5'-Dibrom-5,3'-dinitro- 6 III 5383 c

–, 5,5'-Dibrom-3,3'-dinitro- 6 III 5383 a

–, 3,3'-Dibrom-5,5'-dipropyl-
6 III 5527 a

–, 6,6'-Di-*tert*-butyl-5,5'-dichlor-
3,3'-dimethyl- 6 IV 6798

–, 3,3'-Di-*tert*-butyl-5,5'-dimethoxy-
6 IV 7780

–, 3,3'-Di-*tert*-butyl-5,6,5',6'-tetramethyl-
6 IV 6805

–, 3,3'-Dichlor- 6 I 484 f

–, 5,5'-Dichlor- 6 I 484 g, III 5377 c

–, 3,3'-Dichlor-5,5'-dimethyl- 6 IV 6705

–, 5,5'-Difluor- 6 IV 6648

–, 3,3'-Diisopropyl-5,6,5',6'-tetramethyl-
6 IV 6798

–, 3,3'-Dimethoxy- 6 IV 7742

–, 5,5'-Dimethoxy- 6 IV 7744

–, 6,6'-Dimethoxy- 6 IV 7744

–, 3,3'-Dimethoxy-5,5'-dimethyl-
6 III 6716 e, IV 7759

–, 5,5'-Dimethoxy-4,4'-dimethyl-
6 III 6717 c

–, 3,3'-Dimethoxy-5,5'-dipentyl-
6 III 6749 d

–, 3,3'-Dimethoxy-5,5'-dipropyl-
6 II 1131 e, III 6742 c, IV 7778

–, 3,3'-Dimethyl- 6 II 974 a, III 5445 e

–, 4,4'-Dimethyl- 6 III 5447 e

–, 5,5'-Dimethyl- 6 1010 l, I 492 i,
II 974 j, III 5447 b, IV 6705

–, 6,6'-Dimethyl- 6 III 5445 a,
IV 6702

–, 3,3'-Dinitro- 6 990 a, III 5378 e

–, 3,5'-Dinitro- 6 III 5378 g

–, 4,4'-Dinitro- 6 III 5379 e

–, 5,5'-Dinitro- 6 990 b, I 484 j,
III 5380 e

–, 5,5'-Dipropenyl- 6 III 5716 b

–, 5,5'-Dipropyl- 6 III 5526 e

–, 3,5,6,3',5',6'-Hexamethyl- 6 IV 6772

–, 6-Methoxy- 6 IV 7563

–, 3-Methyl- 6 III 5420 e

–, 5-Methyl- 6 III 5421 e

–, 3,5,3',5'-Tetrabrom- 6 989 i,
III 5378 b

–, 3,5,3',5'-Tetra-*tert*-butyl-6,6'-dimethyl-
6 IV 6812

–, 3,5,3',5'-Tetrachlor- 6 989 g,
III 5377 e

–, 3,5,3',5'-Tetrafluor- 6 IV 6648

–, 3,4,3',4'-Tetramethyl- 6 IV 6743

–, 3,5,3',5'-Tetramethyl- 6 1015 b,
II 981 b, III 5483 f, IV 6743

–, 4,5,4',5'-Tetramethyl- 6 IV 6743

–, 5,6,5',6'-Tetramethyl-3,3'-bis-
[1-methyl-1-phenyl-äthyl]- 6 IV 7061

–, 5,6,5',6'-Tetramethyl-3,3'-bis-[1,1,3,3-
tetramethyl-butyl]- 6 IV 6816

–, 3,5,3',5'-Tetranitro- 6 990 f, II 960 f,
III 5385 d

–, 4,6,4',6'-Tetranitro- 6 III 5386 c

–, 3,5,3'-Trinitro- 6 III 5384 a

–, 3,5,5'-Trinitro- 6 III 5384 b

Biphenyl-2,3-diol 6 III 5371 a, IV 6641

–, 5,6-Dichlor- 6 IV 6641

–, 5,6-Dimethyl- 6 IV 6701

Biphenyl-2,3'-diol

–, 6-Äthinyl-3,4'-dimethyl- 6 IV 6902

–, 6-Äthyl-3,4'-dimethyl- 6 IV 6742

–, 4,4'-Difluor- 6 III 5387 a

–, 5,6-Dimethyl- 6 II 973 f, III 5445 d

–, 5'-Isopropenyl-6-isopropyl-
3,2'-dimethyl- 6 III 5662 d

Biphenyl-2,4-diol 6 III 5371 c

Biphenyl-2,4'-diol 6 990 g, I 485 e, II 961 e,
III 5387 b

–, 3,3'-Dimethyl- 6 II 974 c

–, 3,3'-Dinitro- 6 III 5387 b

–, 5,3'-Dinitro- 6 III 5387 b

–, 4-Nitro- 6 III 5387 e

Biphenyl-2,5-diol 6 989 a, III 5371 f

–, 2'-Brom- 6 III 5373 c

–, 2'-Brom-4',5'-dimethyl- 6 IV 6704

–, 2'-Brom-4',6'-dimethyl- 6 IV 6701

–, 2'-Chlor- 6 III 5372 d

–, 2'-Chlor-4'-methoxy- 6 III 6529 a

–, 2'-Chlor-5'-methoxy- 6 III 6528 b

–, 2'-Chlor-6'-methoxy- 6 IV 7563

–, 2'-Chlor-3'-methyl- 6 IV 6675

–, 2'-Chlor-4'-methyl- 6 III 5422 b

–, 2'-Chlor-5'-methyl- 6 III 5421 g

–, 4'-Chlor-2'-nitro- 6 IV 6643

–, 5'-Chlor-2'-nitro- 6 IV 6643

–, 2',5'-Diäthoxy-3,3'-dimethyl-
6 III 6717 e

–, 2',5'-Diäthoxy-4,4'-dimethyl-
6 III 6717 e

–, 2',3'-Dichlor- 6 III 5372 f

–, 2',4'-Dichlor- 6 III 5372 g

–, 2',5'-Dichlor- 6 III 5373 a

Biphenyl-4,4′-diol (Fortsetzung)

–, 3,5,3′,5′-Tetrachlor- **6** 992 f,
  IV 6653

–, 3,5,3′,5′-Tetraisopropyl- **6** IV 6804

–, 3,5,3′,5′-Tetrajod- **6** III 5396 f

–, 3,5,3′,5′-Tetramethoxy- **6** 1200 d,
  I 593 b

–, 3,5,3′,5′-Tetramethyl- **6** 1015 c, IV 6744

–, 3,5,3′,5′-Tetranitro- **6** 992 l, I 486 g,
  II 963 d, III 5399 a, IV 6654

–, 3,5,3′-Tribrom-5′-nitro- **6** I 486 d

–, 3,5,3′-Trichlor- **6** 992 e

Biphenyl-4,4′-disulfenylchlorid 6 I 488 d

Biphenyl-2,2′-dithiol 6 II 961 a

–, 4,6,4′,6′-Tetramethyl- **6** IV 6742

Biphenyl-3,3′-dithiol 6 II 962 d

–, 4,4′-Dichlor- **6** II 962 f

Biphenyl-4,4′-dithiol 6 993 c, I 486 h,
  II 963 g, IV 6654

–, 3,3′-Dimethyl- **6** 1010 k, II 974 h

Biphenyl-4,4′-diyl-bis-thiocyanat

–, 2,3′-Dinitro- **6** I 488 e

–, 3,3′-Dinitro- **6** II 963 j

Biphenylen

–, 1,8-Dimethoxy- **6** IV 6819

–, 2,7-Dimethoxy- **6** III 5574 a,
  IV 6819

–, 1-Methoxy- **6** IV 4844

–, 2-Methoxy- **6** IV 4844

Biphenylen-2-ol 6 IV 4844

Biphenyl-2,3,4,2′,3′,4′-hexaol 6 1199 e, 1201 l,
  1202 d, I 593 f, II 1161 i, III 6951 a

–, 5,5′-Diäthyl- **6** III 6959 d

–, 6,6′-Dipropyl- **6** IV 7942

Biphenyl-2,3,4,3′,4′,5′-hexaol 6 IV 7932

Biphenyl-2,3,5,2′,3′,5′-hexaol

–, 4,4′-Dimethyl- **6** III 6956 f

Biphenyl-2,3,6,2′,3′,6′-hexaol

–, 4,4′-Dimethyl- **6** III 6957 d

Biphenyl-2,4,5,2′,4′,5′-hexaol 6 1202 a,
  II 1161 j, III 6952 f, IV 7933

Biphenyl-3,4,5,3′,4′,5′-hexaol 6 1200 c,
  I 593 a

–, 2,6,2′,6′-Tetrabrom- **6** I 593 d

Biphenyl-2,3,4,5,2′,3′,4′,5′-octaol 6 I 597 a

Biphenyl-2,3,5,6,2′,3′,5′,6′-octaol

–, 4,4′-Dimethyl- **6** III 7004 b

Biphenyl-2-ol 6 672 b, I 323 l, II 623 a,
  III 3281, IV 4579

–, 4′-Äthoxy- **6** IV 6648

–, 2′-Äthoxy-5,5′-dinitro- **6** 990 d

–, 2′-Äthyl- **6** III 3404 c

–, 5-Äthyl- **6** II 641 d, III 3404 g

–, 2′-Äthyl-3,5′-dimethoxy-6-styryl-
  6 III 6610 d

–, 5-[1-Äthyl-1-methyl-propyl]-
  6 III 3457 c

–, 5-[1-Äthyl-1-methyl-propyl]-3-chlor-
  6 III 3457 e

–, 3-Allyl- **6** II 664 e, III 3510 e

–, 4-Benzolsulfonyl- **6** IV 6642

–, 3-Benzyl- **6** III 3677 c

–, 5-Benzyl- **6** III 3677 e, IV 5053

–, x-Benzyl- **6** IV 5054

–, 3-Benzyl-5-brom- **6** III 3677 d

–, 5-Benzyl-3-brom- **6** III 3677 f

–, 3,5-Bis-[1-äthyl-1-methyl-propyl]-
  6 III 3471 e

–, 3,5-Bis-brommethyl- **6** II 641 e

–, 3,5-Bis-[1,2-dimethyl-propyl]-
  6 III 3470 c

–, 3,5-Bis-hydroxymethyl- **6** II 1100 d

–, 3,5-Bis-[1-methyl-butyl]- **6** III 3470 b

–, 3,5-Bis-[1-phenyl-äthyl]- **6** III 3843 d

–, 3-Brom- **6** III 3304 d

–, 4′-Brom- **6** III 3305 e

–, 5-Brom- **6** III 3304 e

–, 3-Brom-5-tert-butyl- **6** III 3439 e

–, 2′-Brom-6,6′-dimethyl- **6** III 3406 e

–, 5-Brom-3-[1,2-dimethyl-propyl]-
  6 III 3451 f

–, 3-Brom-2′-methoxy-5,5′-dinitro-
  6 III 5382 d

–, 5-Brom-2′-methoxy-3,5′-dinitro-
  6 III 5381 f

–, 2′-Brommethyl- **6** IV 4690

–, 2′-Brommethyl-5-chlor- **6** IV 4690

–, 3-Brom-5-nitro- **6** III 3308 g

–, 5-Brom-3-tert-pentyl- **6** III 3451 c

–, 3-Butyl- **6** III 3436 d

–, 5-Butyl- **6** III 3436 e

–, 5-sec-Butyl- **6** III 3436 f

–, 5-tert-Butyl- **6** III 3437 b, IV 4796

–, 5-sec-Butyl-3-chlor- **6** III 3436 h

–, 5-tert-Butyl-3-chlor- **6** III 3439 d

–, 5-tert-Butyl-3-[1-phenyl-äthyl]-
  6 III 3711 c

–, 2′-Chlor- **6** III 3301 e

–, 3-Chlor- **6** III 3297 i, IV 4586

–, 4′-Chlor- **6** III 3301 i

–, 5-Chlor- **6** III 3299 h

–, x-[4-Chlor-benzyl]- **6** IV 5054

–, 2′-Chlor-6,6′-dimethyl- **6** III 3406 d

–, 5-Chlor-3-isopropyl- **6** III 3424 f

–, 3-Chlor-5-nitro- **6** III 3308 f

–, 5-Chlor-3-nitro- **6** III 3308 e

Biphenyl-2-ol (Fortsetzung)

–, 6-[2-Cyclohexyl-äthyl]-3,5′-dimethoxy-
2′-vinyl- **6** III 6567 a

–, *O*-Deuterio- **6** IV 4580

–, 2′-[2-Diäthylamino-äthoxy]-
6 III 5376 e

–, 2′-Dibenzo[*d,f*][1,3,2]dioxaphosphepin-
6-yloxy- **6** IV 6646

–, 3,5-Dibrom- **6** II 623 h, III 3305 g

–, 3,5-Dibrom-2′-nitro- **6** IV 4592

–, 3,5-Di-*sec*-butyl- **6** III 3465 b

–, 3,5-Di-*tert*-butyl- **6** III 3465 c,
IV 4829

–, 3,5-Dichlor- **6** III 3302 c

–, 4,4′-Dichlor- **6** III 3303 c

–, 4,4′-Difluor- **6** III 3297 h

–, 3,5-Diisopropyl- **6** III 3457 f

–, 3,5-Dijod- **6** III 3306 d

–, 2′,3′-Dimethoxy- **6** III 6527 a

–, 3,5′-Dimethoxy-6-phenäthyl-2′-vinyl-
6 III 6611 b

–, 3,5′-Dimethoxy-6-propenyl-2′-vinyl-
6 III 6565 d

–, 3,5′-Dimethoxy-6-styryl-2′-vinyl-
6 III 6617 a, **21** II 177 d

–, 3,2′-Dimethyl- **6** III 3407 d

–, 4,4′-Dimethyl- **6** III 3409 h, IV 4742

–, 5,2′-Dimethyl- **6** III 3407 i

–, 5,3′-Dimethyl- **6** III 3408 i

–, 5,4′-Dimethyl- **6** III 3409 e

–, 5-[1,2-Dimethyl-propyl]- **6** III 3451 g

–, 3,2′-Dinitro- **6** IV 4592

–, 3,4′-Dinitro- **6** IV 4593

–, 3,5-Dinitro- **6** 672 i, I 324 f,
III 3309 a

–, 4,4′-Dinitro- **6** IV 4593

–, 5,2′-Dinitro- **6** IV 4592

–, 5,4′-Dinitro- **6** 673 b, IV 4593

–, 2′-Fluor- **6** III 3297 g

–, 5-Hexyl- **6** III 3457 b

–, 2′-Hydroxymethyl- **6** IV 6674

–, 3-Isopentyl- **6** III 3451 a

–, 5-Isopropyl- **6** III 3425 c

–, 2′-Jod- **6** IV 4590

–, 5-Jod- **6** III 3306 d

–, 2′-Jod-6,6′-dimethyl- **6** III 3406 f

–, 4′-Mercapto- **6** IV 6648

–, 2′-Methoxy- **6** III 5375 a

–, 2′-Methoxy-5,5′-dimethyl-
6 II 974 k

–, 2′-Methoxy-3,5′-dinitro- **6** III 5379 a

–, 2′-Methoxy-4,4′-dinitro- **6** III 5380 a

–, 2′-Methoxy-5,5′-dinitro- **6** III 5380 f

–, 2′-Methoxy-5-nitro- **6** IV 6648

–, 2′-Methoxy-3,5,3′,5′-tetramethyl-
6 II 981 c

–, 2′-Methoxy-4,6,4′,6′-tetranitro-
6 III 5386 d

–, 2′-Methoxy-3,5,5′-trinitro-
6 III 5384 c

–, 3-Methyl- **6** III 3383 c

–, 5-Methyl- **6** III 3383 h, IV 4691

–, 5-[1-Methyl-butyl]- **6** III 3450 f

–, 5-[1-Methyl-1-phenyl-äthyl]-
6 III 3696 g

–, 2′-Nitro- **6** III 3307 e, IV 4591

–, 3-Nitro- **6** III 3307 a

–, 4-Nitro- **6** III 3307 c, IV 4590

–, 4′-Nitro- **6** III 3308 a, IV 4591

–, 5-Nitro- **6** 672 f, I 324 d, III 3307 d

–, 3-Pentyl- **6** III 3450 c

–, 5-Pentyl- **6** III 3450 d

–, 5-*tert*-Pentyl- **6** III 3451 d

–, 5-Phenylmercapto- **6** IV 6644

–, 3-Propenyl- **6** II 664 c

–, 3-Propyl- **6** II 647 b, III 3423 c

–, 5-Propyl- **6** II 647 c, III 3423 f

–, 5,5″-Sulfinyl-bis- **6** IV 6644

–, 5,5″-Sulfonyl-bis- **6** IV 6644

–, 3,5,2′,4′-Tetranitro- **6** III 3309 e

–, 3,5,4′-Tribrom- **6** II 624 a, III 3306 a

–, 3,4,5-Trichlor- **6** III 3303 d

–, 3,5,6-Trichlor- **6** III 3303 d

–, 3,2′,3′-Trimethoxy- **6** IV 7742

–, 3,5,2′-Trinitro- **6** IV 4593

–, 3,5,4′-Trinitro- **6** 673 d, IV 4593

–, 5,2′,4′-Trinitro- **6** 673 f

–, 5-Trityl- **6** IV 5168

Biphenyl-3-ol **6** 673 h, II 624 c, III 3311 g,
IV 4597

–, 4-Äthyl- **6** IV 4739

–, 4′-Äthyl- **6** IV 4740

–, 6-Äthyl- **6** IV 4739

–, 4-Allyl- **6** IV 4877

–, 5-Brom- **6** II 624 d

–, 3′-[10-Brom-decyloxy]- **6** III 5388 f

–, 5′-[10-Brom-decyloxy]-6,2′-dimethyl-
6 III 5444 e

–, 2-Brom-4-nitro- **6** III 3317 f

–, 6-Brom-4-nitro- **6** III 3317 f

–, 5′-[8-Brom-octyloxy]-6,2′-dimethyl-
6 III 5444 d

–, 4-Butyl- **6** IV 4796

–, 4′-Butyl- **6** IV 4796

–, x-*tert*-Butyl- **6** IV 4796

–, 4′-Chlor- **6** IV 4598

Biphenyl-3-ol   (Fortsetzung)

−, 6-Chlor- **6** III 3316 c

−, 3'-[2-Diäthylamino-äthoxy]-
   6 III 5389 b

−, 4,5-Dibrom- **6** II 624 f

−, 2,4-Dibrom-5,6-dimethyl- **6** IV 4741

−, 2,2'-Dimethoxy- **6** III 6527 b

−, 2',3'-Dimethoxy-5-methyl-
   6 III 6531 d

−, 3',4'-Dimethoxy-5-methyl-
   6 III 6532 c

−, 4,5-Dimethyl- **6** IV 4741

−, 5,6-Dimethyl- **6** IV 4741

−, 2,4-Dinitro- **6** III 3318 a

−, 2,6-Dinitro- **6** III 3318 b

−, 4,6-Dinitro- **6** III 3318 c

−, 6-Isopropyl- **6** III 3424 c

−, 4-Methoxy- **6** IV 6649

−, 4'-Methoxy- **6** IV 6651

−, 2'-Methoxy-5,5'-dimethyl-
   6 III 5446 f

−, 2'-Methoxy-6,5'-dimethyl-
   6 IV 6704

−, 4'-Methoxy-5,3'-dimethyl-
   6 III 5446 e

−, 2'-Methoxy-5-methyl- **6** III 5421 b

−, 4'-Methoxy-5-methyl- **6** III 5421 d

−, 4-Methyl- **6** IV 4692

−, 5-Methyl- **6** III 3383 g, IV 4691

−, 6-Methyl- **6** IV 4690

−, 6-[1-Methyl-1-phenyl-äthyl]-
   6 III 3696 f

−, 2-Nitro- **6** III 3316 e

−, 3'-Nitro- **6** III 3317 e

−, 4-Nitro- **6** III 3317 b

−, 6-Nitro- **6** III 3317 d

−, 4-Propyl- **6** III 3424 b

−, 4'-Propyl- **6** IV 4774

−, 6-Propyl- **6** III 3423 b, IV 4774

−, 2,4,6-Tribrom- **6** III 3316 d

−, 2,2',3'-Trimethoxy- **6** IV 7742

−, 4,3',4'-Trimethoxy- **6** II 1128 j

−, 2,4,6-Trimethyl- **6** IV 4775

−, 2,4,6-Trinitro- **6** III 3318 d

Biphenyl-4-ol **6** 674 b, II 624 g, III 3319,
   IV 4600

−, 4'-Äthoxy- **6** III 5391 c

−, 4'-Äthyl-3-chlor- **6** IV 4740

−, 3-Allyl- **6** III 3511 a, IV 4876

−, 2'-Azido- **6** IV 4615

−, 2-Benzyl- **6** IV 5053

−, 3,5-Bis-hydroxymethyl- **6** III 6536 a

−, 2'-Brom- **6** IV 4610

−, 3-Brom- **6** II 625 c, III 3333 i

−, 3'-Brom- **6** IV 4610

−, 4'-Brom- **6** II 625 d, III 3334 j

−, 3-Brom-5-*tert*-butyl- **6** III 3437 a

−, 3-Brom-5-chlor- **6** III 3335 g

−, 4'-Brom-3-chlor-5-nitro- **6** III 3339 h

−, 4'-[10-Brom-decyloxy]- **6** III 5392 c

−, 4'-Brom-3,5-dichlor- **6** III 3336 a

−, 3-Brom-5,4'-dinitro- **6** II 627 i

−, 3-Brom-5-jod- **6** III 3338 d

−, 3-Brom-4'-nitro- **6** II 626 h

−, 3-Brom-5-nitro- **6** II 626 g

−, 4'-Brom-3-nitro- **6** III 3339 g

−, 2'-Chlor- **6** III 3332 b

−, 3-Chlor- **6** III 3330 f

−, 3'-Chlor- **6** IV 4608

−, 4'-Chlor- **6** II 625 b, III 3332 c,
   IV 4608

−, 3-Chlor-5,4'-dinitro- **6** III 3340 f

−, 3-Chlor-4'-hexyl- **6** IV 4821

−, 3-Chlor-5-isopropyl- **6** III 3425 b

−, 3-Chlor-5-nitro- **6** III 3339 d

−, 3-Chlor-4'-propyl- **6** IV 4774

−, 4'-[2-Diäthylamino-äthoxy]-
   6 III 5395 d

−, 3,4'-Dibrom- **6** II 628 e, III 3336 j

−, 3,5-Dibrom- **6** II 625 f, III 3336 b,
   IV 4610

−, 3,4'-Dibrom-5-chlor- **6** III 3337 c

−, 3,5-Dibrom-2'-chlor- **6** IV 4611

−, 3,5-Dibrom-3'-chlor- **6** IV 4611

−, 3,5-Dibrom-4'-chlor- **6** IV 4611

−, 3,5-Dibrom-4'-fluor- **6** IV 4610

−, 3,5-Dibrom-4'-methoxy- **6** IV 6654

−, 3,5-Dibrom-2-methyl- **6** IV 4690

−, 3,4'-Dibrom-5-nitro- **6** II 626 i

−, 3,5-Dibrom-4'-nitro- **6** II 627 a

−, 3,5-Di-*tert*-butyl- **6** III 3466 b

−, 3,4'-Dichlor- **6** III 3333 d

−, 3,5-Dichlor- **6** III 3332 e

−, 3,4'-Dichlor-5-nitro- **6** III 3339 e

−, 3,5-Dichlor-4'-nitro- **6** III 3339 f

−, 3,5-Dijod- **6** III 3338 f

−, 2',5'-Dimethoxy- **6** III 6528 e

−, 2,2'-Dimethyl- **6** III 3406 a

−, 2,3'-Dimethyl- **6** III 3407 a

−, 2,4'-Dimethyl- **6** III 3408 c

−, 3,2'-Dimethyl- **6** III 3407 f

−, 3,3'-Dimethyl- **6** III 3408 f

−, 3,4'-Dimethyl- **6** III 3409 b

−, 3',4'-Dimethyl- **6** IV 4741

−, 3,4'-Dinitro- **6** II 627 d

Biphenyl-4-ol (Fortsetzung)

–, 3,5-Dinitro- **6** 674 h, II 627 b,
III 3340 b, IV 4615

–, 2'-Fluor- **6** III 3330 d

–, 4'-Fluor- **6** III 3330 e

–, 3-[2-Hydroxy-benzyl]- **6** IV 6977

–, 2-[α-Hydroxy-benzyl]-3-hydroxymethyl-
6 IV 7624

–, 2-Hydroxymethyl- **6** IV 6674

–, 3-Isopropyl- **6** III 3425 a

–, 3-Jod- **6** III 3337 j

–, 4'-Jod- **6** II 625 h, III 3338 a

–, 3-Jod-5-nitro- **6** III 3340 a

–, 2'-Methoxy- **6** IV 6648

–, 4'-Methoxy- **6** III 5391 a, IV 6651

–, 4'-Methoxy-2,2'-dimethyl- **6** II 973 c

–, 4'-Methoxy-3,3'-dimethyl- **6** II 974 f

–, 4'-Methoxymethoxy- **6** IV 6652

–, 2-Methoxy-5-nitro- **6** IV 6642

–, 4'-Methoxy-3-nitro- **6** III 5397 b

–, 4'-Methoxy-3'-nitro- **6** III 5397 a

–, 4'-Methoxy-3,5,3'-trinitro-
6 III 5398 f

–, 2-Methyl- **6** III 3382 c, IV 4690

–, 2'-Methyl- **6** II 636 f, IV 4690

–, 3-Methyl- **6** III 3383 d,
IV 4691

–, 4'-Methyl- **6** 682 e, II 636 j,
III 3384 d, IV 4692

–, 2-Nitro- **6** IV 4611

–, 2'-Nitro- **6** 674 e, IV 4612

–, 3-Nitro- **6** 674 g, II 626 a,
III 3339 a, IV 4612

–, 3'-Nitro- **6** IV 4613

–, 4'-Nitro- **6** II 626 c, IV 4613

–, 3,5,3',4',5'-Pentamethoxy-
6 IV 7934

–, 2,5,4'-Triäthoxy- **6** III 6705 d

–, 3,5,4'-Tribrom- **6** II 625 g

–, 3,5,4'-Trichlor- **6** III 3333 f

–, 3,3',4'-Trimethoxy- **6** II 1128 j

–, 3,5,4'-Trinitro- **6** II 628 a,
III 3340 g

Biphenyl-2,3,6,2',5'-pentaol

–, 4,4'-Dimethoxy- **6** IV 7964

–, 4,4'-Dimethyl- **6** IV 7900

Biphenyl-2,4,5,2',4'-pentaol

–, 6,6'-Dimethyl- **6** IV 7900

–, 3,6,3',6'-Tetramethyl- **6** III 6902 b

Biphenyl-2,4,6,2',5'-pentaol

–, 4',6-Dimethoxy- **6** IV 7964

Biphenyl-2,4,6,3',5'-pentaol **6** 1099, I 546,
II 1078, III 6901 a, IV 7898

–, 3,5,2',4',6'-Pentabrom- **6** 1100; vgl.
III 6901 a

Biphenyl-4-selenenylbromid 6 III 3345 b,
IV 4620

Biphenyl-4-selenenylchlorid 6 III 3345 a

Biphenyl-2-selenol 6 IV 4595

Biphenyl-4-sulfensäure

– benzylester **6** IV 4616

Biphenyl-2,3,2',3'-tetraol 6 1164 e, IV 7742

–, 5,5'-Diäthyl- **6** IV 7767

–, 5,5'-Dimethyl- **6** III 6716 d

–, 5,5'-Dinitro- **6** IV 7742

–, 5,5'-Dipentyl- **6** III 6749 c

–, 5,5'-Dipropyl- **6** III 6742 b

Biphenyl-2,3,3',4'-tetraol 6 IV 7743

Biphenyl-2,4,2',4'-tetraol 6 1163 d, I 573 e,
II 1127 i, III 6705 e, IV 7743

–, 5,5'-Dibrom-3,3'-dichlor- **6** 1163 h

–, 6,6'-Dichlor- **6** IV 7743

–, 5,5'-Dichlor-6,6'-dimethyl-
6 IV 7758

–, 5,5'-Dicyclohexyl- **6** IV 7816

–, 6,6'-Dimethyl- **6** III 6715 e,
IV 7758

–, 3,3'-Dinitro- **6** II 1129 f

–, 6,6'-Dipentyl- **6** IV 7782

–, 6,6'-Dipropyl- **6** III 6741 d

–, 3,5,6,3',5',6'-Hexanitro- **6** II 1128 d

–, 6-Pentyl-6'-propyl- **6** III 6744 c

–, 3,5,3',5'-Tetrabrom- **6** 1163 i,
II 1128 c, III 6705 h

–, 3,6,3',6'-Tetramethyl- **6** III 6728 a,
IV 7768

Biphenyl-2,4,2',5'-tetraol 6 II 1128 e

Biphenyl-2,4,2',6'-tetraol

–, 6,4'-Dimethyl- **6** IV 7758

Biphenyl-2,4,3',4'-tetraol 6 1166 c, II 1128 g,
III 6706 b

Biphenyl-2,4,3',5'-tetraol

–, 6-Methyl- **6** IV 7751

Biphenyl-2,5,2',5'-tetraol 6 1164 b, IV 7744

–, 4,4'-Di-*tert*-butyl- **6** IV 7780

–, 6,6'-Dichlor-4,4'-dimethoxy-
6 IV 7933

–, 3,3'-Dimethoxy- **6** IV 7932

–, 4,4'-Dimethoxy- **6** III 6952 g,
IV 7933

–, 4,4'-Dimethoxy-6,6'-dipropyl-
6 IV 7942

–, 3,3'-Dimethyl- **6** II 1130 e,
III 6717 b

–, 4,4'-Dimethyl- **6** II 1131 b,
III 6717 b

Boran (Fortsetzung)
—, Dichlor-[2-nitro-phenoxy]-
  6 IV 1269
—, Dichlor-phenoxy- **6** IV 770
—, Tris-[4-benzyloxy-butyl]- **6** IV 2561
—, Tris-[3-benzyloxy-propyl]-
  6 IV 2560
—, Tris-[4-phenoxy-butyl]- **6** IV 689
—, Tris-[5-phenoxy-pentyl]- **6** IV 689
Borat
  s. unter *Borsäure- ... ester*
Borazin
—, 1,3,5-Trimethyl-2,4,6-triphenoxy-
  6 IV 770
Borinsäure
—, Dialkyl- s. unter *Boran*
Bornan
—, 2-Acetimidoyloxy- **6** II 88 a
—, 2-Acetoacetyloxy- **6** II 86 g
—, 2-Acetohydroximoyloxy- **6** II 88 b
—, 2-Acetoxy- **6** 78 i, 82 c, 85 l, 88 d,
  89 d, I 49 b, 52 b, II 83, 85 e, 86 j,
  87 i, 90 b, 91 d, III 302 d, IV 283
—, 3-Acetoxy- **6** II 92 a, III 318 b
—, 2-Acetoxy-3-brom- **6** IV 286
—, 2-Acetoxy-4-brom- **6** IV 286
—, 2-Acetoxy-4-chlor- **6** III 314 d
—, 2-Acetoxy-10,10-dinitro- **6** I 53 a
—, 2-Acetoxy-6-formyloxy- **6** III 4149 g
—, 2-Acetylmercapto- **6** III 316 d
—, 2-Äthoxy- **6** 78 b, 89 b, III 300 d,
  IV 282
—, 3-Äthoxy- **6** II 91 h
—, 2-[2-Äthyl-2-brom-butyryloxy]-
  6 I 50 l
—, 2-[2-Äthyl-2-brom-3-methyl-
  butyryloxy]- **6** II 88 e
—, 2-[2-Äthyl-butyryloxy]- **6** I 50 k
—, 2-Äthylmercapto- **6** III 316 b
—, 2-Allophanoyloxy- **6** III 308 f
—, 2-Allyloxy- **6** 81 l
—, 2-Allylthiocarbamoyloxy- **6** I 49 c
—, 2-Benzyloxy- **6** 432 c
—, 2-Bromacetoxy- **6** 82 g, II 85 f,
  IV 283
—, 2-[2-Brom-butyryloxy]- **6** 83 b,
  IV 283
—, 2-[2-Brom-2,3-dimethyl-butyryloxy]-
  6 II 88 d
—, 2-[2-Brom-3,3-dimethyl-butyryloxy]-
  6 III 304 g
—, 8-Brom-2-formyloxy- **6** IV 287
—, 9-Brom-2-formyloxy- **6** IV 287

—, 2-[α-Brom-isobutyryloxy]- **6** 83 d
—, 2-[α-Brom-isovaleryloxy]-
  6 79 f, 90 c
—, 2-[2-Brom-propionyloxy]- **6** 82 j,
  IV 283
—, 7-Brom-2-trichloracetoxy-
  6 II 90 f
—, 2-But-2-enylthiocarbamoyloxy- **6** I 49 d
—, 2-Butyryloxy- **6** 79 c, 83 a, 88 f,
  II 85 i, 90 c, III 304 c
—, 2-Carbamoyloxy- **6** 80 f, 84 e,
  III 308 e
—, 2-Chloracetoxy- **6** 79 a, 82 d,
  II 84 a, IV 283
—, 2-Chlorcarbonyloxy- **6** 84 d
—, 4-Chlor-2-trichloracetoxy-
  6 III 314 e
—, 2-Crotonoyloxy- **6** 83 j
—, 2,3-Diacetoxy- **6** III 4148 d
—, 2,5-Diacetoxy- **6** II 760 c
—, 2-[2,2-Dibrom-propionyloxy]-
  6 82 k
—, 2-Dichloracetoxy- **6** 82 e
—, 2-[2,4-Dichlor-phenoxy]- **6** III 702 f
—, 2-[3,3-Dimethyl-butyryloxy]-
  6 III 304 f
—, 2-[4-Fluor-phenoxy]- **6** III 670 c
—, 2-Formimidoyloxy- **6** II 87 h
—, 2-Formyloxy- **6** 78 h, 82 b, 88 c,
  89 c, I 52 a, II 85 d, 90 g, III 301 c
—, 2-Isobutyryloxy- **6** 83 c, 88 g, 90 a,
  II 85 j
—, 2-Isopentylmercapto- **6** III 316 c
—, 2-Isovaleryloxy- **6** 79 e, 83 f, 90 b,
  I 49 h, 52 c, II 84 d, 88 c, 90 d, 91 f
—, 2-Jodacetoxy- **6** II 84 c, 85 g
—, 2-Lauroyloxy- **6** 83 h, 89 a
—, 2-Methansulfinyl- **6** IV 287
—, 2-Methansulfonyl- **6** 91 b, IV 287
—, 2-Methoxy- **6** 78 a, 89 e, I 49 a,
  50 j, II 89, 91 c, III 300 a, IV 282
—, 2-Methoxysulfinyloxy- **6** IV 285
—, 2-Methylmercapto- **6** III 316 a,
  IV 287
—, 2-[4-Nitro-benzyloxy]- **6** III 1567 b
—, 10-Nitro-2-nitryloxy- **6** IV 287
—, 2-Nitryloxy- **6** IV 285
—, 2-Nonanoyloxy- **6** II 84 e
—, 2-Octanoyloxy- **6** 83 g
—, 2-Oleoyloxy- **6** 83 k
—, 2-Palmitoyloxy- **6** 79 g
—, 2-[4-*tert*-Pentyl-phenoxy]- **6** III 1966 c
—, 2-Phenoxy- **6** III 561 f

Bornan (Fortsetzung)

–, 4-Phenylmercapto- **6** IV 1487

–, 2-Phoshonooxy- **6** II 85 c, 86 i, 87 g,
    III 313 c

–, 2-Propionyloxy- **6** 79 b, 82 i, 88 e,
    II 85 h, 91 a, III 303 d

–, 2-Pyruvoyloxy- **6** 81 e, 85 f, II 85 a,
    86 f, III 312 e

–, 2-Stearoyl- **6** 79 h, 83 i

–, 2-Sulfooxy- **6** 81 j, 85 h, I 51 f,
    II 85 b, 86 h, III 313 b, IV 285 f

–, 2-Thiocarbamoyloxy- **6** 80 g, 84 f,
    86 b, II 84 h, 86 k

–, 2-*o*-Tolyloxy- **6** III 1249 f

–, 2-*p*-Tolyloxy- **6** III 1357 a

–, 2-Tribromacetoxy- **6** 82 h

–, 2-Trichloracetoxy- **6** 82 f, II 84 b,
    91 e

–, 2-Valeryloxy- **6** 79 d, 83 e, 88 h,
    II 85 k, 91 b

Bornan-2,3-diol 6 455 a, III 4147 e, IV 5305

Bornan-2,5-diol 6 II 760 b, III 4149 e

Bornan-2,6-diol 6 III 4149 g

Bornan-2,9-diol 6 755 b

Bornan-2,10-diol 6 II 760 d, IV 5306

Bornan-2-ol 6 72 f, 86 f, I 47 f, 51 g,
    II 80 b, 88 g, III 295, IV 281

–, 3-Brom- **6** III 315 a, IV 286

–, 4-Brom- **6** IV 286

–, 8-Brom- **6** IV 286

–, 10-Brom- **6** III 315 b

–, 4-Chlor- **6** III 314 a

–, 7-Chlor- **6** II 88 f

–, 10-Chlor- **6** I 52 f

–, 10,10-Dinitro-
    6 I 52 g, IV 287

Bornan-3-ol 6 I 53 b, II 91 g, III 316 h,
    IV 288

Bornan-8-ol 6 III 318 f

–, 2-Chlor- **6** III 318 h

Bornan-10-ol 6 III 318 e

Bornan-2-thiol 6 90 h, III 315 c

Born-2-en

–, 2-Acetoxy- **6** IV 386

–, 6-Acetoxy- **6** II 105 b, III 389 c

–, 2-Äthoxy- **6** II 104 f

–, 2-Äthylmercapto- **6** III 388 g

–, 2-Methylmercapto- **6** III 388 f

–, 2-Methylmercapto-3-nitroso-
    6 III 388 h

Born-2-en-4-ol 6 III 389 a

Born-5-en-2-ol 6 II 105 a, III 389 b

Borneol 6 73, I 47 f, II 81, III 295,
    IV 281

–, *O*-Acetimidoyl- **6** II 88 a

–, *O*-Acetoacetyl- **6** II 86 g

–, *O*-Acetohydroximoyl- **6** II 88 b

–, *O*-Acetyl- **6** 78 i, 82 c, 85 l, I 49 b,
    II 83, 85 e, 86 j, 87 i, III 302 d

–, *O*-Äthoxyacetyl- **6** 81 d

–, *O*-Äthoxyphosphinyl- **6** IV 286

–, *O*-[2-Äthoxy-propionyl]- **6** 85 c

–, *O*-Äthyl- **6** 78 b, III 300 d,
    IV 282

–, *O*-[2-Äthyl-2-brom-butyryl]-
    6 I 50 l

–, *O*-[2-Äthyl-2-brom-3-methyl-butyryl]-
    6 II 88 e

–, *O*-[2-Äthyl-butyryl]- **6** I 50 k

–, *O*-Äthylthiocarbamoyl- **6** II 87 c

–, *O*-Allophanoyl- **6** III 308 f

–, *O*-Allyl- **6** 81 l

–, *O*-Allylthiocarbamoyl- **6** I 49 c

–, *O*-Benzyl- **6** 432 c

–, *O*-Bromacetyl- **6** 82 g, II 85 f,
    IV 283

–, *O*-[2-Brom-butyryl]- **6** 83 b

–, *O*-[2-Brom-2,3-dimethyl-butyryl]-
    6 II 88 d

–, *O*-[2-Brom-3,3-dimethyl-butyryl]-
    6 III 304 g

–, *O*-[α-Brom-isobutyryl]- **6** 83 d

–, *O*-[α-Brom-isovaleryl]- **6** 79 f

–, *O*-[(α-Brom-isovaleryl)-carbamoyl]-
    6 I 51 d

–, *O*-[2-Brom-propionyl]- **6** 82 j

–, *O*-But-2-enylthiocarbamoyl-
    6 I 49 d

–, *O*-Butyryl- **6** 79 c, 83 a, II 85 i,
    III 304 c

–, *O*-Carbamoyl- **6** 80 f, 84 e,
    III 308 e

–, Chlor- **6** II 88 f

–, *O*-Chloracetyl- **6** 79 a, 82 d, II 84 a,
    IV 283

–, *O*-Chlorcarbonyl- **6** 84 d, IV 283

–, *O*-Crotonoyl- **6** 83 j

–, *O*-[*N,N*-Diäthyl-alanyl]- **6** IV 285

–, *O*-[2-Diäthylamino-butyryl]-
    6 IV 285

–, *O*-[*N,N*-Diäthyl-glycyl]- **6** 81 h,
    IV 284

–, *O*-Diäthylthiocarbamoyl-
    6 II 87 d

–, *O*-[2,2-Dibrom-propionyl]- **6** 82 k

Borneol (Fortsetzung)

−, *O*-Dichloracetyl- **6** 82 e

−, *O*-[*N*,*N*-Dimethyl-alanyl]- **6** IV 285

−, *O*-[2-Dimethylamino-butyryl]-
6 IV 285

−, *O*-[3,3-Dimethyl-butyryl]-
6 III 304 f

−, *O*-[*N*,*N*-Dimethyl-glycyl]- **6** IV 284

−, *O*-Dimethylthiocarbamoyl-
6 II 87 b

−, *O*-Dithiocarboxy- **6** 80 h, 84 g,
I 49 i, II 87 e, IV 284

−, *O*-Formimidoyl- **6** II 87 h

−, *O*-Formyl- **6** 78 h, 82 b, II 85 d,
III 301 c

−, *O*-Glucopyranosyl- **6** 78 f,
17 IV 2944, **31** 203 b

−, *O*-[2-Hydroxy-butyryl]- **6** 85 d

−, *O*-Isobutyryl- **6** 83 c, II 85 j

−, *O*-Isovaleryl- **6** 79 e, 83 f, I 49 h,
II 84 d, 88 c

−, *O*-Isovalerylcarbamoyl- **6** I 51 c

−, *O*-Isovaleryloxyacetyl- **6** I 51 e

−, *O*-Jodacetyl- **6** II 84 c, 85 g

−, *O*-Lactoyl- **6** 85 b

−, *O*-Lävulinoyl- **6** 81 f

−, *O*-Lauroyl- **6** 83 h

−, *O*-Methyl- **6** 78 a, I 49 a, 50 j,
III 300 a, IV 282

−, *O*-Methylthiocarbamoyl- **6** II 87 a

−, *O*-[3-Methyl-2,4,6-trinitro-phenyl]-
6 II 365 b

−, *O*-Nitro- **6** IV 285

−, *O*-Nonanoyl- **6** II 84 e

−, *O*-Octanoyl- **6** 83 g

−, *O*-Oleoyl- **6** 83 k

−, *O*-Palmitoyl- **6** 79 g

−, *O*-Phosphono- **6** II 85 c, 86 i, 87 g,
III 313 c

−, *O*-Picryl- **6** II 282 a

−, *O*-Propionyl- **6** 79 b, 82 i, II 85 h,
III 303 d

−, *O*-Pyruvoyl- **6** 81 e, 85 f, II 85 a,
86 f, III 312 e

−, *O*-Stearoyl- **6** 79 h, 83 i

−, *O*-Sulfo- **6** 81 j, 85 h, I 51 f,
II 85 b, 86 h, III 313 b, IV 285

−, *O*-[Tetra-*O*-acetyl-glucopyranosyl]-
6 78 g, **17** IV 3155, **31** 203 c

−, *O*-Thiocarbamoyloxy- **6** 80 g, 84 f,
86 b, II 84 h, 86 k

−, *O*-Tribromacetyl- **6** 82 h

−, *O*-Trichloracetyl- **6** 82 f, II 84 b

−, *O*-Trityl- **6** III 3648 c

−, *O*-Valeryl- **6** 79 d, 83 e, II 85 k

π-**Borneol 6** III 318 f

Bornesit 6 1196 a, I 589 a, III 6926 b

−, Penta-*O*-acetyl- **6** I 589 g, III 6929 b,
IV 7922

−, Penta-*O*-propionyl- **6** IV 7924

Bornylenol 6 II 105 a, III 389 b

Bornylnitrat 6 IV 285

Boronsäure

−, Alkyl- s. unter *Boran*

Boroxin

−, Triphenoxy- **6** IV 770

−, Tris-cyclohexyloxy- **6** IV 64

−, Tris-menthyloxy- **6** IV 163

Borsäure

− äthandiylester-cyclohexylester
6 III 39 d

− äthandiylester-phenylester
6 III 666 g, IV 769

− äthylester-*o*-phenylenester
6 IV 5610

− butylester-*o*-phenylenester
6 IV 5610

− *sec*-butylester-*o*-phenylenester
6 IV 5610

− cycloheptan-1,2-diylester
6 II 750 c

− cyclohexan-1,2-diylester
6 II 744

− cyclohexylester-diphenylester
6 IV 769

− cyclohexylester-*o*-phenylenester
6 III 4249 a

− diallylester-[2,6-di-*tert*-butyl-
4-methyl-phenylester] **6** IV 3513

− dibutylester-[2,6-di-*tert*-butyl-
4-methyl-phenylester] **6** IV 3513

− [2,6-di-*tert*-butyl-4-methyl-
phenylester]-bis-[1,3-dimethyl-
butylester] **6** IV 3513

− [2,6-di-*tert*-butyl-4-methyl-
phenylester]-diisopropylester
6 IV 3513

− [2,6-di-*tert*-butyl-phenylester]-
diisopropylester **6** IV 3493

− dicyclohexylester-[1-methyl-
heptylester] **6** IV 63

− diisopropylester-[2,4,6-tri-
tert-butyl-phenylester] **6** IV 3541

− [1,2-dimethyl-cyclopentan-
1,2-diylester] **6** IV 5224

Brenzcatechin (Fortsetzung)

–, 5-Chlor-3-methyl-4-nitro-
6 I 427 n

–, 4-Chlor-5-nitro- 6 III 4270 g,
IV 5630

–, 4-Chlor-3,5,6-trimethyl- 6 931 k

–, 3-Chlor-6-trityl- 6 1057 f

–, 3-Cyclohexyl- 6 III 5057 a

–, 4-Cyclohexyl- 6 III 5058 b

–, 4,4'-Cyclohexyliden-di- 6 III 6764 d

–, 4-Cyclopent-2-enyl- 6 IV 6461

–, 4-[11-Cyclopentyl-undecyl]-
6 III 5110 b

–, 4,4'-Decandiyl-di- 6 IV 7782

–, 4-Decyl- 6 IV 6083

–, 4,5-Diäthyl- 6 III 4678 a

–, 3,6-Diallyl- 6 III 5167 c

–, 3,4-Dibrom- 6 III 4257 c

–, 3,5-Dibrom- 6 785 b

–, 4,5-Dibrom- 6 785 d, II 788 e,
III 4257 j, IV 5622

–, 3,6-Dibrom-4,5-dimethyl- 6 IV 5951

–, 3,6-Dibrom-4,5-dipropyl- 6 III 4723 c

–, 4-[3,5-Dibrom-2-hydroxy-benzyl]-
6 II 1098 c

–, 4-[3,5-Dibrom-4-hydroxy-benzyl]-
6 II 1098 f

–, 3,4-Dibrom-6-methyl- 6 I 427 g

–, 3,5-Di-*tert*-butyl- 6 III 4740 d,
IV 6073

–, 3,5-Di-*tert*-butyl-6-nitro- 6 IV 6074

–, 3,4-Dichlor- 6 IV 5616

–, 3,5-Dichlor- 6 783 d, IV 5616

–, 4,5-Dichlor- 6 783 e, I 389 j,
III 4252 b, IV 5617

–, 3,5-Dichlor-4,6-dimethyl- 6 912 b

–, 3,4-Dichlor-6-methoxy- 6 IV 7334

–, 3,5-Dichlor-6-methoxy- 6 IV 7334

–, 3,6-Dichlor-4-methoxy-5-[2,3,4,5-
tetrachlor-6-hydroxy-phenoxy]-
6 I 570 g

–, 3,4-Dichlor-6-methyl- 6 I 426 i

–, 4-[4,4'-Dihydroxy-3,3'-dimethoxy-
benzhydryl]- 6 III 6974 c

–, 3,5-Diisopropyl- 6 IV 6054

–, 3,6-Diisopropyl- 6 IV 6055

–, 4-[2,6-Dijod-4-nitro-phenoxy]-
6 IV 7340

–, 3,4-Dimethoxy- 6 1153 c, III 6650 d,
IV 7683

–, 3,6-Dimethoxy- 6 1153 d

–, 3,4-Dimethoxy-6-methyl- 6 III 6659 b,
IV 7693

–, 3,4-Dimethyl- 6 II 891 j, IV 5947

–, 3,5-Dimethyl- 6 911 l, III 4591 d,
IV 5961

–, 3,6-Dimethyl- 6 II 891 j, IV 5966

–, 4,5-Dimethyl- 6 908 i, I 444 j,
III 4584 d, IV 5950

–, *O,O'*-Dimethyl- s. *Benzol,
1,2-Dimethoxy-*

–, 5,5'-Dimethyl-4,4'-methandiyl-di-
6 IV 7761

–, 3,5-Dimethyl-4-nitro- 6 IV 5962

–, 4,5-Dimethyl-3-nitro- 6 IV 5951

–, 3-[3,7-Dimethyl-octa-2,6-dienyl]-
6 II 934 f

–, 4,5-Dimethyl-3-phenylmercapto-
6 IV 7395

–, 4-[1,1-Dimethyl-undecyl]- 6 III 4755 d

–, 3,4-Dinitro- 6 IV 5631

–, 3,5-Dinitro- 6 791 a, I 394 b,
II 793 j, IV 5631

–, 3,6-Dinitro- 6 IV 5632

–, 4,5-Dinitro- 6 III 4274 a

–, 3,5-Dipropyl- 6 III 4723 f

–, 4,5-Dipropyl- 6 III 4723 b

–, 4-Dodecyl- 6 III 4751 e, IV 6090

–, 3-Fluor- 6 IV 5613

–, 4-Fluor- 6 IV 5613

–, 3-Geranyl- 6 II 934 f

–, 3-Heptadecyl- 6 II 912 c, III 4791 d

–, 4-Heptadecyl- 6 II 912 g,
III 4792 d

–, 3-Heptyl- 6 III 4728 c

–, 4-Heptyl- 6 III 4729 c

–, 4-Hexadecyl- 6 III 4788 e

–, Hexahydro- s. *Cyclohexan-1,2-diol*

–, 4-[2,4,5,2',4',5'-Hexamethoxy-
benzhydryl]- 6 I 597 d

–, 4,4'-Hexandiyl-di- 6 III 6731 b,
IV 7771

–, 3-Hexyl- 6 III 4712 e

–, 4-Hexyl- 6 III 4714 b, IV 6050

–, 3-[2-Hydroxy-4-methyl-phenoxy]-
5-methyl- 6 III 6321 f

–, 4-Isohexyl- 6 III 4717 e

–, 4-Isopentyl- 6 III 4703 c

–, 3-Isopropoxy- 6 IV 7330

–, 4-Isopropyl- 6 929 e, III 4632 i

–, 4,4'-Isopropyliden-di- 6 III 6721 f,
IV 7761

–, 3-Isopropyl-6-methyl- 6 I 451 j,
II 900 i, III 4673 d, IV 6019

–, 4-Jod- 6 III 4262 d, IV 5625

–, 4-[2-Jod-äthyl]- 6 III 4562 b

Brenzcatechin (Fortsetzung)
−, 4,4′-Vanillyliden-di- **6** III 6974 b
−, 4-Vinyl- **6** 954 b, III 4981 c
Brenzcatechit 6 II 743 g, III 4058 e
Brenztraubenaldehyd
 s. *Pyruvaldehyd*
Brenztraubensäure
 Acetale s. unter *Propionsäure*
 − benzylester **6** 438 l, IV 2480
 − bornylester **6** 81 e, 85 f, II 85 a,
  86 f, III 312 e
 − [2,3-diäthyl-cyclopropylmethylester]
  6 20 b
 − [2,3-dipropyl-cyclopropylmethyl⸗
  ester] **6** 45 d
 − menthylester **6** 39 h, I 26 g,
  II 48 e, III 162 c
 − [2,2,3-trimethyl-cyclopent-
  3-enylmethylester] **6** 51 g
 − [2,3,3-trimethyl-cyclopentylmethyl⸗
  ester] **6** 23 h
−, Benzylmercapto- **6** III 1619 f,
 IV 2715
 − äthylester **6** III 1619 g
−, [4-Brom-phenylmercapto]-
 6 III 1052 a
−, [4-Chlor-phenylmercapto]- **6** III 1039 e
−, [2,4-Dichlor-phenoxy]- **6** IV 935
−, [4-Jod-phenylmercapto]- **6** III 1056 b
−, Phenoxy- **6** IV 661
−, *p*-Tolylmercapto- **6** III 1428 c
Brenzweinsäure
 s. *Bernsteinsäure, Methyl-*
Bromazin 6 IV 4677
Bromokohlensäure
 − benzylester **6** II 419 k
Bromophosphorigsäure
 − diphenylester **6** I 95 b, IV 701
 − *o*-phenylenester **6** IV 5598
Bromophosphorsäure
 − diphenylester **6** IV 738
 − methylester-phenylester **6** IV 738
Bromoschwefligsäure
 − phenylester **6** III 654 a
Bromoselenophosphorsäure
 − *O,O′*-diphenylester **6** I 97 f
Bromothiophosphorsäure
 − *O,O′*-diphenylester **6** I 96 i
Bromsäure
 − tritylester **6** IV 5045
Bufostan
−, Tetrahydroxy- **6** III 6687 c
Bufostanpentaol 6 III 6891

Bulnesol 6 III 412 a
−, Dihydro- **6** III 355 d
Buta-1,2-dien
−, 4-Phenoxy- **6** III 560 f
Buta-1,3-dien
−, 1-Acetoxy-2-methyl-4-[2,6,6-trimethyl-
 cyclohexa-1,3-dienyl]- **6** IV 3945
−, 1-Acetoxy-2-methyl-4-[2,6,6-trimethyl-
 cyclohex-1-enyl]- **6** IV 3497
−, 1-Acetoxy-4-phenyl- **6** III 2739 f
−, 2-Äthansulfonyl-1-phenyl-
 4-phenylmethansulfonyl- **6** III 5157 c
−, 4-Äthansulfonyl-1-phenyl-
 2-phenylmethansulfonyl- **6** III 5157 c
−, 1-Äthoxy-2-methyl-4-[2,6,6-trimethyl-
 cyclohexa-1,3-dienyl]- **6** IV 3944
−, 1-Äthoxy-2-methyl-4-[2,6,6-trimethyl-
 cyclohex-1-enyl]- **6** IV 3497
−, 1-[2-Äthoxy-phenyl]-1,4,4-tris-
 [2-methoxy-phenyl]- **6** IV 7860
−, 1-Äthylmercapto-4-benzyloxy-
 6 IV 2246
−, 1-Äthylmercapto-4-cyclohexyloxy-
 6 IV 30
−, 1-Äthylmercapto-4-phenylmercapto-
 6 IV 1501
−, 2-Äthyl-1-[4-methoxy-phenyl]-
 3-methyl- **6** IV 4097
−, 1-Benzyloxy-4-phenylmercapto-
 6 IV 2246
−, 2,3-Bis-[4-acetoxy-2-methyl-phenyl]-
 6 IV 6918
−, 1,4-Bis-[4-acetoxy-phenyl]-
 6 IV 6901
−, 2,3-Bis-[4-acetoxy-phenyl]-
 6 III 5698 e
−, 1,4-Bis-[2-acetoxy-phenyl]-1,4-bis-
 [4-acetoxy-phenyl]- **6** IV 7861
−, 2,3-Bis-[4-acetoxy-phenyl]-
 1,4-diphenyl- **6** III 5989 f
−, 1,4-Bis-[2-acetoxy-3,4,6-trimethyl-
 phenyl]- **6** IV 6933
−, 2,4-Bis-äthansulfonyl-1-phenyl-
 6 III 5157 b
−, 1,1-Bis-[4-äthoxy-phenyl]-4,4-bis-
 [4-methoxy-phenyl]- **6** IV 7861
−, 1,1-Bis-[4-äthoxy-phenyl]-4,4-bis-
 [4-propoxy-phenyl]- **6** IV 7862
−, 1,4-Bis-benzolsulfonyl- **6** IV 1502
−, 1,1-Bis-[4-butoxy-phenyl]-4,4-bis-
 [4-methoxy-phenyl]- **6** IV 7862
−, 1,4-Bis-[3,4-dimethoxy-phenyl]-
 6 III 6784 b

Butadiin (Fortsetzung)

−, Bis-[3-acetoxy-4-methyl-phenyl]-
6 IV 6965

−, Bis-[1,4-dihydroxy-4-methyl-
cyclohexa-2,5-dienyl]- 6 IV 7813

−, Bis-[1-hydroperoxy-cyclohexyl]-
6 IV 6484

−, Bis-[2-hydroxy-bornyl]- 6 IV 6805

−, Bis-[1-hydroxy-cyclohexyl]-
6 III 5178 d, IV 6483

−, Bis-[1-hydroxy-cyclopentyl]-
6 III 5174 b

−, Bis-[9-hydroxy-fluoren-9-yl]-
6 III 6012 a, IV 7103

−, Bis-[4-hydroxy-3-methyl-phenyl]-
6 IV 6964

−, Bis-[9-hydroxy-2-nitro-fluoren-9-yl]-
6 IV 7103

−, Bis-[2-hydroxy-phenyl]- 6 IV 6964

−, Bis-[1-hydroxy-2,2,6,6-tetramethyl-
cyclohexyl]- 6 IV 6514

−, Bis-[4-methoxy-3-methyl-phenyl]-
6 IV 6964

−, Bis-[4-methoxy-phenyl]- 6 I 509 c

Butalon 6 III 3360 h

Butan

−, 2-Acetoxy-1-[4-acetoxy-3,5-dibrom-
phenyl]-1,1,3,3-tetrabrom- 6 I 450 f

−, 2-Acetoxy-1-[4-acetoxy-3,5-dibrom-
phenyl]-1,1,3-tribrom- 6 I 450 e

−, 2-Acetoxy-4-[4-acetoxy-3-methoxy-
phenyl]- 6 II 1088 h

−, 1-Acetoxy-2-acetoxymethyl-2-methyl-
1-phenyl- 6 II 905 h

−, 2-Acetoxy-2-[4-acetoxy-
2,3,5,6-tetrabrom-phenyl]-1,1-dibrom-
6 I 450 f

−, 2-Acetoxy-2-[4-acetoxy-2,3,5-tribrom-
phenyl]-1,1-dibrom- 6 I 450 e

−, 1-Acetoxy-2-benzyl- 6 548 b

−, 1-Acetoxy-2-benzyl-3-methyl-
6 552 e

−, 2-Acetoxy-1-benzyloxy- 6 III 1471 h

−, 3-Acetoxy-1-benzyloxy- 6 III 1471 j

−, 2-Acetoxy-1-[4-benzyl-phenyl]-
2-methyl- 6 IV 4820

−, 1-Acetoxy-1,3-bis-[2-acetoxy-
3,5-dimethyl-phenyl]- 6 III 6548 e

−, 1-Acetoxy-1,2-bis-[4-methoxy-phenyl]-
6 IV 7579

−, 1-Acetoxy-3-chlor-1-phenyl-
6 IV 3274

−, 3-Acetoxy-1-[2-chlor-2,6,6-trimethyl-
cyclohexyl]- 6 IV 181

−, 1-Acetoxy-1-cyclohex-1-enyl-
6 IV 247

−, 1-Acetoxy-1-cyclohex-3-enyl-
6 IV 247

−, 1-Acetoxy-1-cyclohex-3-enyl-3-methyl-
6 IV 293

−, 1-Acetoxy-1-cyclohexyl- 6 IV 139

−, 2-Acetoxy-1-cyclohexyl- 6 I 18 c

−, 2-Acetoxy-3-cyclohexyl- 6 IV 141

−, 3-Acetoxy-1-cyclohexyl- 6 I 18 e

−, 1-[4-Acetoxy-cyclohexyl]-1-[4-acetoxy-
phenyl]- 6 II 931 g

−, 1-[1-Acetoxy-cyclohexyl]-4-cyclohexyl-
6 IV 335

−, 3-Acetoxy-1-cyclohexyl-2-methyl-
6 IV 170

−, 2-Acetoxy-1-cyclohexyloxy-
6 III 20 g

−, 1-Acetoxy-1-cylopropyl- 6 I 12 e

−, 2-Acetoxy-3-[3,5-diacetoxy-2-methyl-
phenyl]- 6 III 6370 c

−, 2-Acetoxy-3-[3,5-dimethoxy-2-methyl-
phenyl]- 6 III 6370 b

−, 2-Acetoxy-4-[3,4-dimethoxy-phenyl]-
6 II 1088 g

−, 2-Acetoxy-3-[2,4-dinitro-phenyl=
mercapto]- 6 IV 1754

−, 1-Acetoxy-1,2-diphenyl- 6 III 3430 b

−, 1-Acetoxy-1,3-diphenyl- 6 IV 4780

−, 2-Acetoxy-1,4-diphenyl- 6 II 647 f

−, 2-Acetoxy-1,1,1,4,4,4-hexaphenyl-
6 III 3910 a

−, 3-Acetoxy-1-[4-isopropyl-cyclohexyl]-
2-methyl- 6 IV 183

−, 1-Acetoxy-1-mesityl- 6 554 j

−, 3-Acetoxy-1-[2-methoxy-cyclohexyl]-
6 II 753 g

−, 1-Acetoxy-3-methoxy-1-phenyl-
6 IV 6006

−, 2-Acetoxy-3-[4-methoxy-phenyl]-
6 IV 6008

−, 3-Acetoxy-1-[4-methoxy-phenyl]-
6 II 899 b

−, 2-Acetoxy-2-[4-methyl-cyclohex-
1-enyl]- 6 III 324 a

−, 1-Acetoxy-2-methyl-1,2-diphenyl-
6 IV 4803 a

−, 2-Acetoxy-2-methyl-1,1-diphenyl-
6 IV 4804

−, 1-Acetoxy-2-methyl-1-phenyl-
6 I 269 e

Butan (Fortsetzung)

—, 2-Amino-1-[1-phenoxymethyl-
propylamino]- **6** IV 679

—, 2-Amino-1-phenylmercapto-
6 IV 1553

—, 2-Amino-1-*p*-tolyloxy- **6** IV 2125

—, 2-Amino-1-[1-*p*-tolyloxymethyl-
propylamino]- **6** IV 2125

—, 1-Benzolsulfonyl-4-chlor-
6 III 983 b, IV 1472

—, 2-Benzolsulfonyl-3-jod- **6** IV 1472

—, 2-Benzolsulfonyl-3-methyl-
6 III 985 c

—, 2-Benzolsulfonyl-2-methyl-3-nitro-
6 III 985 a

—, 2-Benzyl-2-chlor-4-[2-methoxy-
phenyl]-1-phenyl- **6** I 356 i

—, 2-Benzylmercapto-1-nitro-
6 IV 2637

—, 1-Benzyloxy-4-brom- **6** IV 2231

—, 3-Benzyloxy-1-brom- **6** IV 2232

—, 1-Benzyloxy-4-chlor- **6** II 410 g,
IV 2231

—, 2-Benzyloxy-3-jod- **6** III 1457 a

—, 1-Benzyloxy-2-methyl- **6** 431 e

—, 2-Benzyloxy-2-phenyl- **6** IV 3283

—, 1-Benzyloxy-4-propoxy- **6** IV 2244

—, 1-Benzyloxy-1,2,2,3-tetrachlor-
6 IV 2253

—, 2,2-Bis-[4-(2-acetoxy-äthoxy)-phenyl]-
6 III 5478 a

—, 2,2-Bis-[4-acetoxy-3-brom-4-nitro-
phenyl]- **6** 1014 h

—, 1,4-Bis-[1-acetoxy-cyclohexyl]-
6 IV 5333

—, 2,2-Bis-[4-acetoxy-3,5-dibrom-phenyl]-
6 1014 f

—, 2,3-Bis-[2-acetoxy-4-(3,4-dimethoxy-
phenyl)-6,7-dimethoxy-[1]naphthyl]-
6 III 7012

—, 1,1-Bis-[4-acetoxy-3,5-dimethyl-
phenyl]-3-chlor- **6** III 5547 a

—, 1,4-Bis-[4-acetoxy-3-methoxy-phenyl]-
2,3-dimethyl- **6** III 6733 a

—, 1,1-Bis-[4-acetoxy-2-methyl-phenyl]-
6 II 984 f

—, 2,2-Bis-[4-acetoxy-3-methyl-phenyl]-
6 III 5524 g

—, 2,3-Bis-[4-acetoxy-2-methyl-phenyl]-
6 III 5517 b

—, 2,3-Bis-[4-acetoxy-3-methyl-phenyl]-
6 III 5518 a

—, 1,4-Bis-[4-acetoxy-phenyl]-
6 III 5469 f

—, 2,3-Bis-[4-acetoxy-phenyl]-
6 III 5474 c

—, 2,3-Bis-[4-acetoxy-phenyl]-1,4-dinitro-
6 IV 6734

—, 1,4-Bis-[4-äthansulfonyl-phenoxy]-
6 IV 5806

—, 1,4-Bis-[4-äthoxy-2-brom-5-methoxy-
phenyl]-2,3-dimethyl- **6** III 6733 d

—, 2,3-Bis-[2-äthoxy-5-fluor-phenyl]-
6 III 5473 b

—, 1,4-Bis-[4-äthoxy-5-methoxy-2-nitro-
phenyl]-2,3-dimethyl- **6** III 6733 f

—, 1,4-Bis-[4-äthoxy-3-methoxy-phenyl]-
2,3-dimethyl- **6** III 6732 c, IV 7772

—, 1,4-Bis-[4-äthoxy-phenyl]- **6** IV 6730

—, 1,4-Bis-[4-äthylmercapto-phenoxy]-
6 IV 5806

—, 1,3-Bis-äthylmercapto-1-phenyl-
6 IV 6007

—, 1,2-Bis-benzolsulfonyl- **6** III 999 h

—, 2,2-Bis-benzolsulfonyl- **6** IV 1510

—, 2,3-Bis-benzolsulfonyl- **6** 303 d,
III 1000 b

—, 1,1-Bis-[5-benzyl-2-hydroxy-3-methyl-
phenyl]- **6** IV 7060

—, 1,4-Bis-benzylmercaptothiocarbonyloxy-
6 IV 2697

—, 1,4-Bis-benzyloxy- **6** IV 2244

—, 1,1-Bis-benzyloxycarbonylamino-
3-methyl- **6** III 1486 e

—, 1,4-Bis-[*N*-benzyloxycarbonyl-
glycyloxy]- **6** IV 2288

—, 1,4-Bis-benzyloxythiocarbonyl≠
mercapto- **6** IV 2470

—, 1,4-Bis-{[2-(2-benzyl-phenoxy)-äthyl]-
diäthyl-ammonio}- **6** IV 4634

—, 1,4-Bis-[2-brom-4,5-dimethoxy-
phenyl]- **6** III 6724 a

—, 1,4-Bis-[2-brom-4,5-dimethoxy-
phenyl]-2,3-bis-methoxymethyl-
6 III 6962 a

—, 1,4-Bis-[2-brom-4,5-dimethoxy-
phenyl]-2,3-dimethyl- **6** I 576 g, 577 c,
III 6733 c, IV 7773

—, 1,1-Bis-[3-brom-4-hydroxy-5-methyl-
phenyl]- **6** III 5524 e

—, 2,2-Bis-[3-brom-4-hydroxy-5-nitro-
phenyl]- **6** 1014 g

—, 1,4-Bis-[2-brom-4-methyl-phenoxy]-
6 IV 2144

Butan   (Fortsetzung)

—, 1,4-Bis-[4-brommethyl-phenoxy]-
  6 IV 2145

—, 1,1-Bis-[3-*tert*-butyl-2-hydroxy-
  5-methyl-phenyl]- **6** IV 6808

—, 1,1-Bis-[5-butyl-4-hydroxy-2-methyl-
  phenyl]- **6** IV 6807

—, 1,1-Bis-[5-*tert*-butyl-2-hydroxy-
  3-methyl-phenyl]- **6** IV 6807

—, 1,1-Bis-[5-*tert*-butyl-4-hydroxy-
  2-methyl-phenyl]- **6** IV 6807

—, 2,2-Bis-[3-*tert*-butyl-2-hydroxy-
  5-methyl-phenyl]- **6** III 5565 g,
  IV 6808

—, 1,4-Bis-[4-*tert*-butyl-phenoxy]-
  6 IV 3301

—, 1,4-Bis-[4-chlor-benzylmercapto]-
  6 IV 2776

—, 1,4-Bis-[2-chlor-5-methoxy-phenyl]-
  6 IV 6730

—, 1,4-Bis-[4-chlor-phenoxy]- **6** IV 830

—, 1,4-Bis-[4-chlor-phenylmercapto]-
  6 IV 1589

—, 1,4-Bis-[2-cyclohexyl-phenoxy]-
  6 III 2496 a

—, 1,4-Bis-[4-cyclohexyl-phenoxy]-
  6 III 2506 g

—, 1,1-Bis-[2,4-diacetoxy-phenyl]-
  6 III 6727 c

—, 1,4-Bis-[2,5-diacetoxy-phenyl]-
  2,3-dimethyl- **6** IV 7771

—, 1,4-Bis-[3,4-diacetoxy-phenyl]-
  2,3-dimethyl- **6** III 6733 b

—, 1,4-Bis-[3,4-diäthoxy-phenyl]-
  2,3-dimethyl- **6** III 6732 d

—, 2,2-Bis-[4-diäthoxyphosphoryloxy-
  phenyl]- **6** IV 6738

—, 1,1-Bis-[4-(2-diäthylamino-äthoxy)-
  phenyl]- **6** IV 6737

—, 1,1-Bis-[3,5-dibrom-4-hydroxy-
  2-methyl-phenyl]- **6** III 5524 c

—, 1,1-Bis-[3,5-dibrom-4-hydroxy-
  phenyl]- **6** III 5476 f

—, 2,2-Bis-[3,5-dibrom-4-hydroxy-
  phenyl]- **6** 1014 e

—, 1,1-Bis-[3,5-di-*tert*-butyl-2-hydroxy-
  6-methyl-phenyl]- **6** IV 6817

—, 2,3-Bis-[3,5-di-*tert*-butyl-4-hydroxy-
  phenyl]-2,3-dimethyl- **6** IV 6817

—, 2,2-Bis-[2,6-dichlor-4-dibutoxy≠
  phosphoryloxy-phenyl]- **6** IV 6738

—, 1,4-Bis-[3,5-dichlor-2-hydroxy-
  phenylmethansulfonyl]- **6** IV 5905

—, 1,1-Bis-[2,4-dihydroxy-phenyl]-
  6 III 6727 b

—, 1,4-Bis-[2,6-dihydroxy-phenyl]-
  6 IV 7763

—, 1,4-Bis-[3,4-dihydroxy-phenyl]-
  6 III 6723 c, IV 7764

—, 1,4-Bis-[3,4-dihydroxy-phenyl]-
  2,3-dimethyl- **6** I 577 a, III 6731 e,
  IV 7771

—, 1,4-Bis-[3,4-dimethoxy-cyclohexyl]-
  2,3-dimethyl- **6** III 6732 b

—, 1,4-Bis-[4,5-dimethoxy-2,3-dinitro-
  phenyl]-2,3-dimethyl-1-nitryloxy-
  6 IV 7902

—, 1,4-Bis-[4,5-dimethoxy-2-nitro-phenyl]-
  6 III 6724 b

—, 1,4-Bis-[4,5-dimethoxy-2-nitro-phenyl]-
  2,3-dimethyl- **6** I 576 h, 577 d,
  III 6733 e, IV 7773

—, 1,4-Bis-[2,6-dimethoxy-phenyl]-
  6 IV 7763

—, 1,4-Bis-[3,4-dimethoxy-phenyl]-
  6 III 6723 d, IV 7764

—, 1,4-Bis-[3,5-dimethoxy-phenyl]-
  6 IV 7764

—, 1,4-Bis-[3,4-dimethoxy-phenyl]-
  2,3-dimethyl- **6** I 576 f, 577 b,
  III 6732 a, IV 7772

—, 1,4-Bis-[2,5-dimethoxy-3,4,6-trimethyl-
  phenyl]- **6** III 6745 f

—, 2,3-Bis-[2,4-dinitro-benzolsulfenyloxy]-
  2,3-dimethyl- **6** IV 1767

—, 1,4-Bis-[2,4-dinitro-benzolsulfonyl]-
  6 IV 1753

—, 1,4-Bis-[2,4-dinitro-phenyldisulfanyl]-
  6 IV 1769

—, 1,4-Bis-[2,4-dinitro-phenylmercapto]-
  6 III 1098 c, IV 1753

—, 1,4-Bis-formyloxy-2,3-diveratryl-
  6 III 6962 b

—, 2,2-Bis-[5-hydroxy-acenaphthen-4-yl]-
  6 IV 7058

—, 1,4-Bis-[4-(α-hydroxy-benzhydryl)-
  phenyl]- **6** II 1056 a, IV 7113

—, 1,4-Bis-[1-hydroxy-cyclohexyl]-
  6 III 4160 d, IV 5333

—, 2,2-Bis-[4-hydroxy-cyclohexyl]-
  6 II 762 e, IV 5334

—, 1,4-Bis-[4-hydroxy-cyclohexyl]-
  2,3-dimethyl- **6** III 4161 e

—, 1,4-Bis-[1-hydroxy-cyclopentyl]-
  6 III 4157 d, IV 5325

Butan (Fortsetzung)

−, 1,1-Bis-[2-hydroxy-3,5-dimethyl-
phenyl]- **6** III 5546 d

−, 2,3-Bis-[4-hydroxy-3,5-dimethyl-
phenyl]- **6** IV 6786

−, 2,2-Bis-[4-hydroxy-3,5-dinitro-phenyl]-
6 III 5478 b

−, 1,4-Bis-[4-(α-hydroxy-4,4′-diphenyl-
benzhydryl)-phenyl]- **6** IV 7125

−, 1,4-Bis-[9-hydroxy-fluoren-9-yl]-
6 III 5994 b

−, 1,1-Bis-[4-hydroxy-5-isopropyl-
2-methyl-phenyl]- **6** IV 6803

−, 2,2-Bis-[2-hydroxy-3-isopropyl-
6-methyl-phenyl]- **6** IV 6803

−, 1,1-Bis-[2-hydroxy-5-methoxy-phenyl]-
6 IV 7765

−, 1,4-Bis-[4-hydroxy-3-methoxy-phenyl]-
2,3-dimethyl- **6** IV 7772

−, 1,1-Bis-[2-hydroxy-5-methoxy-
3-propenyl-phenyl]- **6** IV 7816

−, 1,4-Bis-[4-hydroxymethyl-2-methoxy-
phenoxy]- **6** IV 7383

−, 1,1-Bis-[4-hydroxy-2-methyl-5-
tert-pentyl-phenyl]- **6** IV 6809

−, 1,1-Bis-[4-hydroxy-2-methyl-phenyl]-
6 II 984 e, III 5524 c

−, 1,1-Bis-[4-hydroxy-3-methyl-phenyl]-
6 III 5524 d

−, 1,4-Bis-[4-hydroxy-3-methyl-phenyl]-
6 IV 6759

−, 2,2-Bis-[4-hydroxy-3-methyl-phenyl]-
6 II 984 g, III 5524 f

−, 2,3-Bis-[4-hydroxy-2-methyl-phenyl]-
6 III 5516 f

−, 2,3-Bis-[4-hydroxy-3-methyl-phenyl]-
6 III 5517 d

−, 1,4-Bis-[2-hydroxy-5-methyl-phenyl]-
2,3-dimethyl- **6** IV 6784

−, 1,4-Bis-[4-hydroxy-3-methyl-phenyl]-
2,3-dimethyl- **6** IV 6784

−, 1,1-Bis-[4-hydroxy-3-methyl-phenyl]-
3-methyl- **6** III 5534 c

−, 1,4-Bis-[2-hydroxy-phenoxycarbonyl⸗
amino]- **6** III 4232 f

−, 1,1-Bis-[4-hydroxy-phenyl]-
6 1014 b, II 980 a, III 5476 e,
IV 6736

−, 1,2-Bis-[4-hydroxy-phenyl]-
6 IV 6732

−, 1,3-Bis-[4-hydroxy-phenyl]-
6 III 5470 e

−, 1,4-Bis-[4-hydroxy-phenyl]-
6 III 5469 d, IV 6730

−, 2,2-Bis-[4-hydroxy-phenyl]-
6 1014 d, II 980 d, III 5477 f,
IV 6738

−, 2,3-Bis-[4-hydroxy-phenyl]-
6 III 5473 c, IV 6734

−, 1,4-Bis-[4-hydroxy-phenyl]-
2,3-dimethyl- **6** III 5500 a

−, 2,3-Bis-[4-hydroxy-phenyl]-
2,3-dimethyl- **6** IV 6768

−, 1,2-Bis-[4-hydroxy-phenyl]-1-methoxy-
6 IV 7579

−, 1,1-Bis-[4-hydroxy-phenyl]-3-methyl-
6 I 495 a, III 5490 b

−, 1,2-Bis-[4-hydroxy-phenyl]-3-methyl-
6 IV 6748

−, 2,2-Bis-[4-hydroxy-phenyl]-3-methyl-
6 III 5488 b, IV 6750

−, 2,3-Bis-[4-hydroxy-phenyl]-2-methyl-
6 III 5488 b

−, 2,4-Bis-[4-hydroxy-phenyl]-1-phenyl-
6 III 5809 a

−, 1,4-Bis-[2-hydroxy-1,7,7-trimethyl-
norborn-2-yl]- **6** IV 6121

−, 1,4-Bis-[2-hydroxy-3,4,5-trimethyl-
phenyl]- **6** IV 6796

−, 1,4-Bis-[2-hydroxy-3,4,6-trimethyl-
phenyl]- **6** IV 6795

−, 1,4-Bis-isopentyloxy-1,4-diphenyl-
6 IV 6731

−, 1,4-Bis-methansulfonyloxy-
2,3-diveratryl- **6** IV 7941

−, 1,4-Bis-[4-methansulfonyl-phenoxy]-
6 IV 5806

−, 2,2-Bis-[4-methoxy-cyclohexa-
1,4-dienyl]- **6** IV 6484

−, 1,4-Bis-[9-methoxy-fluoren-9-yl]-
6 IV 7085

−, 1,4-Bis-[4-methoxy-2-methyl-phenyl]-
6 III 5500 d

−, 1,4-Bis-[5-methoxy-2-methyl-phenyl]-
6 III 5500 e

−, 2,3-Bis-[4-methoxy-2-methyl-phenyl]-
6 III 5517 a

−, 2,3-Bis-[4-methoxy-3-methyl-phenyl]-
6 III 5517 e

−, 1,4-Bis-[2-methoxy-5-methyl-phenyl]-
2,3-dimethyl- **6** IV 6784

−, 1,4-Bis-[4-methoxy-3-methyl-phenyl]-
2,3-dimethyl- **6** IV 6784

−, 1,4-Bis-[4-methoxy-[1]naphthyl]-
6 III 5890 a

Butan (Fortsetzung)

—, 2-Chlor-3-[2,4-dinitro-phenyl≠
mercapto]-2-phenyl- **6** III 1857 b

—, 3-Chlor-1-methoxy-2,3-dimethyl-
1-phenyl- **6** III 2002 g

—, 2-Chlor-1-methoxy-2-nitro-1-phenyl-
6 IV 3274

—, 1-Chlor-2-phenoxy- **6** III 551 a

—, 1-Chlor-4-phenoxy- **6** 143 d, II 145 g,
III 551 b, IV 558

—, 2-Chlor-1-phenoxy- **6** III 551 a

—, 2-Chlor-3-phenoxy- **6** III 552 a

—, 1-[2-Chlor-phenoxy]-4-thiocyanato-
6 IV 789

—, 1-[3-Chlor-phenoxy]-4-thiocyanato-
6 IV 813

—, 1-[4-Chlor-phenyl]-1-[2-diäthylamino-
äthoxy]- **6** III 1848 c

—, 1-Chlor-4-phenylmercapto-
6 II 288 f, III 982 e

—, 2-Chlor-3-[toluol-4-sulfonyl]-
6 IV 2158

—, 2-Chlor-3-*p*-tolylmercapto-
6 IV 2158

—, 1-Chlor-4-*m*-tolyloxy- **6** IV 2040

—, 1-Chlor-4-*o*-tolyloxy- **6** IV 1945

—, 1-Chlor-4-*p*-tolyloxy- **6** IV 2100

—, 3-Chlor-1,2,3-tris-[4-methoxy-phenyl]-
6 IV 7633

—, 1-Cyclohexyl-4-cyclohexyloxy-
6 III 123 i

—, 1-Cyclohexyl-3-methoxy-
6 III 123 d

—, 1-Cyclohexyl-3-propionyloxy-
6 III 123 f

—, 1,2-Diacetoxy-2-äthyl-1-phenyl-
6 II 905 f

—, 1,4-Diacetoxy-1,4-bis-[4-acetoxy-
3,5-dimethoxy-phenyl]-2,3-bis-
acetoxymethyl- **6** IV 7979

—, 1,4-Diacetoxy-1,4-bis-[4-acetoxy-
3-methoxy-phenyl]-2,3-bis-acetoxymethyl-
6 IV 7973

—, 1,4-Diacetoxy-2,3-bis-acetoxymethyl-
1,4-diphenyl- **6** IV 7773

—, 2,3-Diacetoxy-2,3-bis-[2-acetoxy-
phenyl]- **6** III 6725 e

—, 2,3-Diacetoxy-2,3-bis-[4-acetoxy-
phenyl]- **6** III 6726 c

—, 1,4-Diacetoxy-1,4-bis-[2-acetoxy-
3,4,6-trimethyl-phenyl]- **6** IV 7782

—, 2,3-Diacetoxy-2,3-bis-[2,5-diacetoxy-
phenyl]- **6** III 6959 c

—, 1,2-Diacetoxy-1,1-bis-[4-methoxy-
phenyl]- **6** IV 7766

—, 1,4-Diacetoxy-2,3-bis-
[3,4,5-trimethoxy-benzyl]- **6** IV 7972

—, 1,4-Diacetoxy-2-cyclohexyl-
6 III 4107 d

—, 1,4-Diacetoxy-2,3-dibenzyl-
6 IV 6758

—, 1,4-Diacetoxy-2-[2,4-dimethoxy-
phenyl]- **6** III 6672 b

—, 1,2-Diacetoxy-1,2-diphenyl-
6 1013 i

—, 1,4-Diacetoxy-1,4-diphenyl-
6 I 493 e

—, 1,4-Diacetoxy-2,2-diphenyl-
6 IV 6738

—, 1,4-Diacetoxy-1,4-di-*p*-tolyl-
6 III 5500 f

—, 1,2-Diacetoxy-1-mesityl-3,3-dimethyl-
6 III 4746 a

—, 1,3-Diacetoxy-3-[4-methyl-cyclohexyl]-
6 IV 5263

—, 1,4-Diacetoxy-3-methyl-2,2-diphenyl-
6 IV 6751

—, 1,2-Diacetoxy-2-methyl-4-phenyl-
6 III 4704 b

—, 1,2-Diacetoxy-1-phenyl- **6** III 5038 a

—, 1,3-Diacetoxy-1-phenyl- **6** 943 c,
III 4664 c

—, 1,3-Diacetoxy-3-phenyl- **6** III 4666 g

—, 1,4-Diacetoxy-1-phenyl- **6** 943 e

—, 2,3-Diacetoxy-1-phenyl- **6** III 5038 a

—, 2,4-Diacetoxy-1,1,1-trichlor-4-phenyl-
6 IV 6007

—, 2,3-Diacetoxy-1-[2,2,6-trimethyl-
cyclohexyl]- **6** IV 5270

—, 3-[2,2-Diäthoxy-äthoxy]-1-
[2,2,6-trimethyl-cyclohexyl]- **6** III 187 h

—, 1,3-Diäthoxy-1,4-diphenyl-
6 IV 6730

—, 1,4-Diäthoxy-1,4-diphenyl-
6 IV 6731

—, 1,1-Diäthoxy-4-[4-nitro-phenoxy]-
6 IV 1297

—, 1,3-Diäthoxy-1-phenyl- **6** IV 6006

—, 1,3-Diäthoxy-1-phenyl-4-*p*-tolyl-
6 IV 6745

—, 1,4-Diäthoxy-1,1,4,4-tetraphenyl-
6 II 1037 f

—, 1-[2-Diäthylamino-äthoxy]-1-
[4-phenoxy-phenyl]- **6** III 4661 a

—, 1,2-Dibrom-4-phenoxy- **6** I 82 c

—, 1,1-Dibutoxy-3-phenoxy- **6** IV 605

Butan   (Fortsetzung)

—, 2-Phenyl-2-trimethylsilyloxy-
  6 IV 3284

—, 3-Propionyloxy-1-[2,2,6-trimethyl-
  cyclohexyl]- **6** III 188 c

—, 1,2,3,4-Tetraacetoxy-1-cyclohexyl-
  4-phenyl- **6** III 6691 e

—, 1,2,3,4-Tetraacetoxy-1,4-diphenyl-
  6 III 6724 h

—, 1,2,3,4-Tetrabrom-1,4-bis-[4-methoxy-
  phenyl]- **6** 1013 c

—, 2,2,3,3-Tetrabrom-1,1,4,4-tetrakis-
  [4-methoxy-phenyl]- **6** II 1143 h

—, 1,2,2,3-Tetrachlor-1-cyclohexyloxy-
  6 IV 32

—, 2,2,3,3-Tetrachlor-1,1,4,4-tetrakis-
  [4-methoxy-phenyl]- **6** II 1143 f

—, 1,1,4,4-Tetrakis-[4-äthoxy-phenyl]-
  6 II 1143 e

—, 1,1,4,4-Tetrakis-[4-äthoxy-phenyl]-
  2,2,3,3-tetrachlor- **6** II 1143 g

—, 1,2,3,4-Tetrakis-[2,4-dinitro-phenoxy]-
  6 IV 1378

—, 1,1,4,4-Tetrakis-[4-methoxy-phenyl]-
  6 I 583 e, II 1143 d, III 6836 c

—, 2,2,3,3-Tetrakis-phenylmethansulfonyl-
  6 458 m

—, 1-Thiocyanato-4-*o*-tolyloxy-
  6 IV 1951

—, 1-Thiocyanato-4-*p*-tolyloxy-
  6 IV 2106

—, 1-Thiocyanato-4-[4-*p*-tolyloxy-butoxy]-
  6 IV 2106

—, 1,2,4-Triacetoxy-4-phenyl-
  6 1127 g

—, 1,1,3-Tribrom-4-methoxy-1,3-dinitro-
  2,4-diphenyl- **6** 689 c

—, 2,2,3-Trichlor-1,1-bis-[3,4-dimethoxy-
  phenyl]- **6** IV 7765

—, 2,2,3-Trichlor-1,1-bis-[2-hydroxy-
  5-methyl-phenyl]- **6** IV 6770

—, 2,2,3-Trichlor-1,1-bis-[4-hydroxy-
  2-methyl-phenyl]- **6** IV 6769

—, 2,2,3-Trichlor-1,1-bis-[4-hydroxy-
  phenyl]- **6** IV 6737

—, 2,2,3-Trichlor-1,1-bis-[2-methoxy-
  5-methyl-phenyl]- **6** IV 6770

—, 2,2,3-Trichlor-1,1-bis-[4-methoxy-
  3-methyl-phenyl]- **6** IV 6770

—, 2,2,3-Trichlor-1-[2-chlor-äthoxy]-1-
  [4-chlor-phenoxy]- **6** IV 836

—, 2,2,3-Trichlor-1-[4-chlor-phenoxy]-
  1-isobutoxy- **6** IV 836

—, 1,2,3-Tris-[4-hydroxy-phenyl]-
  6 IV 7632

—, 1,2,3-Tris-[4-methoxy-phenyl]-
  6 IV 7633

Butan-1,2-diol

—, 2-Äthyl-1-[4-isopropyl-phenyl]-
  6 IV 6079

—, 2-Äthyl-1-[4-methoxy-phenyl]-
  6 II 1090 c, III 6373 f

—, 2-Äthyl-2-methyl-1-phenyl- **6** II 907 f

—, 2-Äthyl-1-phenyl- **6** 950 c, II 905 c,
  III 4720 c, IV 6051

—, 2-Benzyl-3-methyl-1-phenyl-
  6 II 983 g

—, 2-Benzyl-1-phenyl- **6** II 981 i

—, 1,1-Bis-[4-methoxy-phenyl]-
  6 IV 7766

—, 1,2-Bis-[4-methoxy-phenyl]- **6** III 6725 c

—, 2-Cyclohexyl-1-[4-methoxy-phenyl]-
  6 III 6452 d

—, 3,4-Dibrom-4-phenyl- **6** III 4664 e

—, 2,3-Dimethyl-1-phenyl- **6** II 905 i

—, 1,1-Diphenyl- **6** II 980 b, III 5477 b

—, 1,2-Diphenyl- **6** 1013 h, I 493 g,
  II 978 g, III 5472

—, 1,4-Diphenyl- **6** III 5470 a

—, 2,4-Diphenyl- **6** IV 6732

—, 1-Mesityl-3,3-dimethyl- **6** III 4745 c

—, 1-[4-Methoxy-phenyl]- **6** II 1088 i,
  III 6359 e

—, 1-[4-Methoxy-phenyl]-2-methyl-
  6 II 1089 g, III 6367 b

—, 1-[4-Methoxy-phenyl]-2-phenyl-
  6 II 1100 g, III 6540 b

—, 2-Methyl-1,1-diphenyl- **6** I 494 k

—, 3-Methyl-1,2-diphenyl- **6** II 982 c

—, 2-Methyl-1-phenyl- **6** II 903 b

—, 3-Methyl-1-phenyl- **6** II 903 e,
  III 4703 d, IV 6036

—, 3-Methyl-3-phenyl- **6** IV 6039

—, 1-Phenyl- **6** II 899 c, III 4663 c,
  IV 6006

—, 2-Phenyl- **6** 943 h, II 899 f,
  III 4667 a

—, 4-Phenyl- **6** II 899 e

—, 1-Phenyl-2-*m*-tolyl- **6** III 5488 d

—, 1-Phenyl-2-*o*-tolyl- **6** III 5488 c

—, 1-Phenyl-2-*p*-tolyl- **6** III 5488 e

—, 2-*o*-Tolyloxymethyl- **6** IV 1957

—, 1,2,4-Triphenyl- **6** II 1020 c,
  III 5809 c

Butan-1,3-diol

—, 2-Äthyl-1-phenyl- **6** III 4720 e

Butan-2,3-diol (Fortsetzung)

–, 2-Mesityl- **6** IV 6065

–, 1-Methoxy-4-phenoxy- **6** IV 594

–, 2-[4-Methoxy-phenyl]-3-methyl- **6** III 6368 a, IV 7423

–, 1-Methoxy-4-o-tolyloxy- **6** IV 1957

–, 3-Methyl-1,1-diphenyl- **6** II 982 e

–, 2-Methyl-1-phenyl- **6** III 4700 b

–, 2-Methyl-3-phenyl- **6** I 453 d, II 904 a, IV 6039

–, 3-Methyl-1-phenyl- **6** I 453 b, II 903 f, IV 6037

–, 2-Methyl-3-p-tolyl- **6** III 4722 d

–, 2-Methyl-1-o-tolyloxy- **6** IV 1957

–, 1-Phenyl- **6** III 4664 d

–, 2-Phenyl- **6** III 4666 c, IV 6008

–, 1,1,2,3-Tetraphenyl- **6** III 5934 c

–, 1,1,4,4-Tetraphenyl- **6** IV 7056

–, 1,2,3,4-Tetraphenyl- **6** 1059 d, I 525 c, II 1037 i, III 5933 f

–, 2-p-Tolyl- **6** IV 6041

–, 1-o-Tolyloxy- **6** IV 1957

–, 1-[2,2,6-Trimethyl-cyclohexyl]- **6** IV 5270

Butan-2,3-dion

– [O-benzyl-oxim]-oxim **6** III 1552 g

– bis-[O-benzo[1,3,2]dioxaborol-2-yl-oxim] **6** IV 5612

– bis-dibenzyldithioacetal **6** 458 l

– mono-[O-benzyl-oxim] **6** 441 d, IV 2563

Butan-1,1-disulfonsäure

– diphenylester **6** III 653 b

Butan-1,4-disulfonsäure

– bis-biphenyl-2-ylester **6** IV 4585

– bis-[4-tert-butyl-phenylester] **6** IV 3309

– bis-[4-chlor-3-methyl-phenylester] **6** IV 2067

– bis-pentachlorphenylester **6** IV 1035

– di-[2]naphthylester **6** IV 4285

– diphenylester **6** IV 691

– di-m-tolylester **6** IV 2055

– di-o-tolylester **6** IV 1976

– di-p-tolylester **6** IV 2127

Butan-2,2-disulfonsäure

– diphenylester **6** III 653 c

Butandiyldiamin

–, N,N'-Bis-[3-phenoxy-propyl]- **6** II 162 h

–, N^4,N^4-Diäthyl-N^1-[2-(2-allyl-6-methoxy-phenoxy)-äthyl]-1-methyl- **6** III 5017 b

–, N-[3-Phenoxy-propyl]- **6** II 162 g

Butan-1-ol

–, 4-Acetoxy-1,1,4,4-tetraphenyl- **6** III 5933 e

–, 2-Äthoxy-1,1-diphenyl- **6** III 5477 c

–, 1-[2-Äthoxy-5-fluor-phenyl]- **6** III 4660 d

–, 2-Äthoxy-3-methyl-1,1-diphenyl- **6** III 5490 c

–, 1-[4-Äthoxy-phenyl]- **6** 942 j

–, 2-Äthoxy-1-phenyl- **6** IV 6006

–, 3-Äthoxy-1-phenyl- **6** III 4664 b

–, 1-[4-Äthoxy-phenyl]-2,2,3-trichlor- **6** IV 6005

–, 4-[4-Äthoxy-5,6,7,8-tetrahydro-[1]naphthyl]- **6** III 5067 b

–, 2-Äthyl-2-benzyl-1,1-diphenyl- **6** III 3712 a

–, 2-Äthyl-2-benzyl-1-phenyl- **6** II 653 f

–, 2-Äthyl-1,1-bis-[4-methoxy-phenyl]- **6** III 6545 e

–, 2-Äthyl-1,1-diphenyl- **6** II 653 b, III 3455 h, IV 4817

–, 2-Äthyl-1,2-diphenyl- **6** II 652 g, IV 4815

–, 3-[3-Äthyl-2-hydroxymethyl-cyclopentyl]- **6** IV 5268

–, 2-Äthyl-2-[2-hydroxy-3-o-tolyloxy-propoxymethyl]- **6** IV 1954

–, 2-Äthyl-3-[4-methoxy-phenyl]- **6** IV 6051

–, 2-Äthyl-1-[4-methoxy-phenyl]-2-phenyl- **6** II 984 c

–, 2-Äthyl-2-methyl-1,1-diphenyl- **6** I 333 c

–, 2-Äthyl-2-methyl-1-phenyl- **6** III 2032 b

–, 2-Äthyl-1-phenyl- **6** III 2001 c, IV 3423

–, 2-Äthyl-2-phenyl- **6** II 511 f, III 2004 a, IV 3427

–, 3-[4-Äthyl-phenyl]- **6** III 2012 a

–, 2-Äthyl-2-phenyl-1-p-tolyl- **6** II 654 b

–, 1-[9]Anthryl- **6** IV 4966

Butan-1-ol   (Fortsetzung)

–, 2-Benzyl- **6** 547 k, II 505 h,
III 1959 e, IV 3377

–, 2-Benzyl-2,4-diphenyl- **6** III 3706 e

–, 3-Benzylmercapto- **6** IV 2654

–, 3-Benzylmercapto-3-methyl-
6 IV 2655

–, 2-Benzyl-3-methyl- **6** 552 d

–, 2-Benzyl-2-methyl-1-phenyl-
6 II 652 e

–, 2-Benzyl-2-nitro- **6** III 1959 g

–, 4-Benzyloxy- **6** II 414 c, III 1472 b,
IV 2244

–, 1-[4-Benzyloxy-3-methoxy-phenyl]-
6 IV 7414

–, 2-Benzyl-2-phenyl- **6** II 650 h

–, 1-Biphenyl-2-yl- **6** III 3436 c

–, 2-Biphenyl-4-yl- **6** IV 4796

–, 4-Biphenyl-2-yl- **6** IV 4796

–, 1-Biphenyl-2-yl-2-phenoxy-1-phenyl-
6 III 5812 b

–, 1,1-Bis-biphenyl-4-yl- **6** IV 5151

–, 1,1-Bis-[4-chlor-phenyl]-2,2,3,3,4,4,4-
heptafluor- **6** IV 4784

–, 1,4-Bis-[3,4-dimethoxy-phenyl]-
2,3-dimethyl- **6** IV 7902

–, 3,4-Bis-[2,4-dinitro-phenylmercapto]-
6 IV 1756

–, 1,1-Bis-[4-methoxy-phenyl]-
6 III 6541 a

–, 1,2-Bis-[4-methoxy-phenyl]-
6 IV 7579

–, 1,1-Bis-[4-methoxy-phenyl]-
3,3-dimethyl- **6** IV 7585

–, 1,2-Bis-[4-methoxy-phenyl]-1-phenyl-
6 III 6595 f

–, 2-Brommethyl-2-phenyl- **6** IV 3389

–, 1-[4-Brom-phenyl]- **6** II 486 f

–, 4-Butoxy-2-methyl-1-phenyl-
6 IV 6035

–, 1-[4-*tert*-Butyl-2,6-dimethyl-phenyl]-
6 IV 3529

–, 2-[5-*tert*-Butyl-2-hydroxy-phenyl]-
6 IV 6071

–, 3-[5-*tert*-Butyl-2-hydroxy-phenyl]-
3-methyl- **6** IV 6080

–, 1-[4-*tert*-Butyl-phenyl]- **6** IV 3490

–, 2-Carbamoyloxymethyl-2-phenyl-
6 IV 6039

–, 4-[3-Chlor-6-hydroxy-2,4-dimethyl-
phenyl]- **6** IV 6056

–, 4-[3-Chlor-6-methoxy-2,4-dimethyl-
phenyl]- **6** IV 6056

–, 1-[2-Chlor-phenyl]- **6** IV 3273

–, 1-[4-Chlor-phenyl]- **6** III 1848 a

–, 2-Chlor-1-phenyl- **6** IV 3273

–, 3-Chlor-1-phenyl- **6** IV 3273

–, 3-[4-Chlor-phenyl]- **6** IV 3286

–, 1-Cycloheptyl- **6** III 174 g, IV 169

–, 1-Cyclohex-1-enyl- **6** IV 246

–, 1-Cyclohex-3-enyl- **6** IV 247

–, 1-Cyclohex-3-enyl-3-methyl- **6** IV 292

–, 1-Cyclohexyl- **6** III 122 c

–, 2-Cyclohexyl- **6** III 124 f

–, 3-Cyclohexyl- **6** III 124 d

–, 4-Cyclohexyl- **6** II 38 b, III 123 h,
IV 139

–, 1-Cyclohexyl-3-methyl- **6** 46 f

–, 2-Cyclohexylmethyl- **6** III 176 d

–, 4-Cyclohexyl-2-methyl- **6** III 176 g

–, 4-Cyclohexyl-3-methyl- **6** III 176 c

–, 2-Cyclohexyl-2-methyl-1,1-diphenyl-
6 IV 4923

–, 1-Cyclopent-1-enyl- **6** III 230 c

–, 4-Cyclopent-2-enyl- **6** II 62 i,
III 230 d

–, 1-Cyclopentyl- **6** III 117 f, IV 136

–, 4-Cyclopentyl- **6** II 37 c, III 118 a

–, 1-Cyclopropyl- **6** I 12 d, III 82 d

–, 1-Cyclopropyl-3-methyl-
6 I 14 i, III 103 f

–, 4-Decahydro[2]naphthyl-
6 III 352 b

–, 2,2-Diäthyl-1,1-diphenyl-
6 I 333 g

–, 2,2-Diäthyl-1-phenyl- **6** III 2050 c,
IV 3483

–, 2,2-Dibenzyl-1,1-diphenyl-
6 III 3844 d

–, 3,4-Dibrom-1,1-diphenyl- **6** IV 4784

–, 3,4-Dibrom-4,4-diphenyl- **6** IV 4785

–, 2,3-Dichlor-1-phenyl- **6** II 486 d

–, 4-[2,5-Dichlor-phenyl]- **6** IV 3276

–, 3,4-Dideuterio-1-phenyl- **6** IV 3272

–, 1-[3,5-Dihydroxy-phenyl]-4-
[4-methoxy-phenyl]- **6** IV 7764

–, 1-[2,5-Dihydroxy-phenyl]-3-methyl-
6 IV 7422

–, 1,4-Dimesityl- **6** III 3469 c

–, 2-[2,5-Dimethoxy-benzyl]-
6 III 6367 a

–, 4-[4,4′-Dimethoxy-biphenyl-2-yl]-
6 IV 7581

–, 1-[2,3-Dimethoxy-phenyl]-
6 IV 7413

Butan-1-ol   (Fortsetzung)

–, 1-[2,6-Dimethoxy-phenyl]-
6 III 6359 c

–, 1-[3,4-Dimethoxy-phenyl]-
6 IV 7413

–, 4-[2,4-Dimethoxy-phenyl]-
6 IV 7414

–, 4-[3,4-Dimethoxy-phenyl]-
6 IV 7415

–, 4-[3,5-Dimethoxy-phenyl]-
6 IV 7415

–, 1-[2,5-Dimethoxy-phenyl]-3-methyl-
6 IV 7422

–, 1-[3,4-Dimethoxy-phenyl]-2-methyl-
6 IV 7421

–, 1-[3,4-Dimethoxy-phenyl]-3-methyl-
6 IV 7422

–, 3-[2-Dimethylamino-äthoxy]-
2,3-diphenyl- 6 III 5475 b

–, 2-Dimethylamino-4-phenoxy- 6 II 163 e

–, 1-[2,5-Dimethyl-cyclohex-3-enyl]-
6 III 336 b

–, 1-[2,5-Dimethyl-cyclohex-3-enyl]-
3-methyl- 6 III 344 a

–, 3-[5,5-Dimethyl-cyclopent-1-enyl]-
6 IV 300

–, 3-[2,2-Dimethyl-cyclopentyliden]-
6 IV 300

–, 2,3-Dimethyl-1,1-diphenyl-
6 IV 4817

–, 1-[2,4-Dimethyl-phenyl]-
6 552 g, III 2017 a

–, 1-[2,5-Dimethyl-phenyl]- 6 III 2016 e

–, 2,2-Dimethyl-1-phenyl- 6 II 511 d,
III 2002 f

–, 3-[2,4-Dimethyl-phenyl]- 6 III 2017 i

–, 3-[2,5-Dimethyl-phenyl]- 6 III 2017 g

–, 3-[3,4-Dimethyl-phenyl]- 6 IV 3440

–, 3,3-Dimethyl-4-phenyl- 6 IV 3426

–, 4-[2,5-Dimethyl-phenyl]- 6 IV 3440

–, 1-[2,4-Dimethyl-phenyl]-3-methyl-
6 III 2040 a

–, 1-[3,4-Dimethyl-phenyl]-3-methyl-
6 III 2039 e

–, 2-[2,5-Dimethyl-phenyl]-3-methyl-
6 IV 3467

–, 3-[2,4-Dimethyl-phenyl]-2-methyl-
6 III 2040 e

–, 3-[2,5-Dimethyl-phenyl]-2-methyl-
6 III 2040 d

–, 3-[3,5-Dimethyl-phenyl]-3-methyl-
6 III 2040 c

–, 1,1-Diphenyl- 6 689 g, II 648 d,
III 3433 c

–, 1,2-Diphenyl- 6 III 3429 h

–, 1,3-Diphenyl- 6 III 3428 c,
IV 4779

–, 1,4-Diphenyl- 6 II 647 d, III 3427 g

–, 2,2-Diphenyl- 6 IV 4786

–, 2,3-Diphenyl- 6 IV 4782

–, 2,4-Diphenyl- 6 III 3428 e, IV 4780

–, 3,3-Diphenyl- 6 IV 4788

–, 1,4-Di-*m*-tolyl- 6 IV 4814

–, 2,2,3,3,4,4,4-Heptafluor-1,1-diphenyl-
6 IV 4784

–, 2,2,3,3,4,4,4-Heptafluor-1-phenyl-
6 IV 3273

–, 2-[3a,4,5,6,7,7a-Hexahydro-
4,7-methano-inden-5(*oder* 6)-yloxymethyl]-
2-nitro- 6 III 1938 b

–, 1-[4-Hydroxy-3-methoxy-phenyl]-
6 IV 7413

–, 1-[4-Hydroxy-3-methoxy-phenyl]-
2-methyl- 6 IV 7421

–, 1-[4-Hydroxy-3-methoxy-phenyl]-
3-methyl- 6 IV 7422

–, 2-[2-Hydroxy-1-methyl-2,2-diphenyl-
äthoxy]-1,1-diphenyl- 6 II 980 c

–, 2-[2-Hydroxy-5-methyl-phenyl]-
6 IV 6041

–, 3-[2-Hydroxy-4-methyl-phenyl]-
6 III 4707 f

–, 3-[2-Hydroxy-5-methyl-phenyl]-
3-methyl- 6 IV 6053

–, 2-[2-Hydroxy-phenyl]- 6 IV 6008

–, 4-[2-Hydroxy-phenyl]- 6 IV 6005

–, 4-[4-Hydroxy-phenyl]- 6 IV 6005

–, 3-[2-Hydroxy-phenyl]-3-methyl-
6 IV 6039

–, 4-Indan-5-yl- 6 IV 3941

–, 1-[5-Isopropyl-2-methyl-phenyl]-
6 554 m

–, 1-[4-Isopropyl-phenyl]- 6 IV 3464

–, 3-[4-Isopropyl-phenyl]- 6 III 2035 g

–, 1-Mesityl- 6 554 i, IV 3469

–, 1-Mesityl-3-methyl- 6 555 a

–, 2-[2-Methoxy-benzyl]- 6 III 4699 e,
IV 6034

–, 2-[4-Methoxy-benzyl]- 6 III 4699 f,
IV 6034

–, 1-[2-Methoxy-5-methyl-phenyl]-
6 III 4706 c

–, 3-[3-Methoxy-4-methyl-phenyl]-
6 III 4707 e

Butan-2-ol (Fortsetzung)

—, 3-Cyclohexyl-2-methyl- **6** III 176 f

—, 4-Cyclohexyl-3-methyl- **6** IV 170

—, 4-[2-Cyclohexyl-5-methyl-cyclopentyl]-
6 IV 335

—, 1-Cyclohexyloxy- **6** III 20 f

—, 3-Cyclohexyloxy-2-methyl- **6** IV 29

—, 4-[4-Cyclohexyl-phenyl]- **6** III 2567 a

—, 2-Cyclopenta-2,4-dienyl- **6** IV 367

—, 2-Cyclopentyl- **6** IV 136

—, 2-Cyclopropyl- **6** 16 c, II 25 g,
III 82 e, IV 112

—, 2-Cyclopropyl-3,3-dimethyl-
6 IV 138

—, 2-Cyclopropyl-3-methyl- **6** IV 128

—, 3-Deuterio-3-phenyl- **6** IV 3285

—, 2-[4-(2-Diäthylamino-äthoxy)-phenyl]-
3-methyl-4-phenyl- **6** IV 6746

—, 2-[4-(2-Diäthylamino-äthoxy)-phenyl]-
4-phenyl- **6** IV 6731

—, 3-[2,4-Dibrom-3,5-dihydroxy-
6-methyl-phenyl]- **6** III 6370 e

—, 3,4-Dibrom-4-phenyl- **6** III 1850 e

—, 2-[3,5-Dichlor-2-hydroxy-phenyl]-
6 III 4665 a

—, 2-[3,5-Dichlor-4-hydroxy-phenyl]-
6 III 4665 c

—, 3,4-Dideuterio-4-phenyl- **6** III 1850 a

—, 3-[3,5-Dihydroxy-2,4-dimethyl-
phenyl]- **6** III 6375 a

—, 3-[3,5-Dihydroxy-2-methyl-phenyl]-
6 III 6368 d, IV 7423

—, 4-[2,4-Dihydroxy-phenyl]- **6** IV 7414

—, 1-[3,5-Dihydroxy-phenyl]-4-
[4-methoxy-phenyl]- **6** IV 7764

—, 1-[2,5-Dihydroxy-3,4,6-trimethyl-
phenyl]- **6** III 6378 d

—, 4-[2,5-Dihydroxy-3,4,6-trimethyl-
phenyl]- **6** III 6378 e

—, 4-[2,5-Dihydroxy-3,4,6-trimethyl-
phenyl]-2-methyl- **6** III 6380 a

—, 1,4-Dimesityl- **6** III 3469 d

—, 3-[3,5-Dimethoxy-2,4-dimethyl-
phenyl]- **6** III 6375 b

—, 4-[2,5-Dimethoxy-3,4-dimethyl-
phenyl]-2-methyl- **6** III 6377 f

—, 4-[1,4-Dimethoxy-3-methyl-
[2]naphthyl]-2-methyl- **6** III 6517 e

—, 3-[3,5-Dimethoxy-2-methyl-phenyl]-
6 III 6370 a, IV 7423

—, 4-[2,3-Dimethoxy-phenyl]-
6 IV 7414

—, 4-[3,4-Dimethoxy-phenyl]-
6 II 1088 f

—, 2-[2,5-Dimethoxy-phenyl]-3-methyl-
6 III 6367 d

—, 2-[2,5-Dimethoxy-4-propyl-phenyl]-
3-methyl- **6** III 6379 e

—, 4-[2,5-Dimethoxy-3,4,6-trimethyl-
phenyl]-2-methyl- **6** III 6380 c

—, 4-[2,4-Dimethyl-cyclohexyl]-
6 III 183 c

—, 4-[2,6-Dimethyl-cyclohexyl]-2-methyl-
6 IV 181

—, 4-[2,6-Dimethyl-cyclohexyl]-2-phenyl-
6 IV 3973

—, 3,3-Dimethyl-1,2-diphenyl-
6 I 333 a

—, 3,3-Dimethyl-2,4-diphenyl-
6 II 652 f

—, 4-[2,2-Dimethyl-6-methylen-
cyclohexyl]- **6** III 345 c

—, 4-[6,6-Dimethyl-norpin-2-en-2-yl]-
6 IV 412

—, 1-[2,6-Dimethyl-phenoxy]-2-methyl-
6 IV 3116

—, 1-[2,4-Dimethyl-phenyl]- **6** III 2017 b

—, 2-[2,5-Dimethyl-phenyl]- **6** IV 3441

—, 2,3-Dimethyl-1-phenyl- **6** III 2003 a,
IV 3426

—, 2-[3,5-Dimethyl-phenyl]- **6** IV 3441

—, 3,3-Dimethyl-1-phenyl- **6** III 2003 b,
IV 3426

—, 3,3-Dimethyl-2-phenyl- **6** I 271 l,
IV 3428

—, 4-[2,3-Dimethyl-phenyl]- **6** III 2015 d

—, 2-[2,5-Dimethyl-phenyl]-3-methyl-
6 IV 3467

—, 4-[2,5-Dimethyl-phenyl]-2-methyl-
6 III 2039 g

—, 2,3-Dimethyl-3-[toluol-4-sulfonyl]-
6 IV 2177

—, 3,3-Dimethyl-1,2,4-triphenyl-
6 II 702 c

—, 2-[2-(3,5-Dinitro-benzoyloxy)-
5-methyl-phenyl]-3-methyl- **6** IV 6054

—, 1,1-Diphenyl- **6** IV 4784

—, 1,2-Diphenyl- **6** 689 d, I 331 k,
III 3429 f

—, 1,3-Diphenyl- **6** III 3428 b,
IV 4779

—, 1,4-Diphenyl- **6** II 647 e, IV 4778

—, 2,3-Diphenyl- **6** II 648 c, III 3430 d

—, 2,4-Diphenyl- **6** II 647 g, III 3428 a

Butan-2-ol   (Fortsetzung)

—, 3,3-Diphenyl- **6** I 331 m, II 648 g,
IV 4787

—, 4,4-Diphenyl- **6** IV 4785

—, 4-Fluoren-9-yl- **6** IV 4906

—, 4-Fluoren-9-yl-4-phenyl- **6** III 3761 e

—, 4-[2-Hydroxy-4,6-dimethoxy-phenyl]-
2-methyl- **6** III 6674 a

—, 1-[3-Hydroxy-2-hydroxymethyl-
5-methoxy-phenyl]-4-[4-methoxy-phenyl]-
6 IV 7902

—, 1-[2-(α-Hydroxy-isobutyl)-
phenyl]-3-methyl- **6** IV 6080

—, 4-[4-(α-Hydroxy-isopropyl)-
2,2-dimethyl-cyclobutyl]-2-methyl-
6 III 4122 c

—, 4-[4-Hydroxy-5-isopropyl-2-methyl-
phenyl]- **6** III 4741 e

—, 3-[3-Hydroxy-5-methoxy-2-methyl-
phenyl]- **6** III 6369 c

—, 3-[5-Hydroxy-3-methoxy-2-methyl-
phenyl]- **6** III 6369 c

—, 4-[2-Hydroxy-3-methoxy-phenyl]-
6 IV 7414

—, 4-[3-Hydroxy-4-methoxy-phenyl]-
6 II 1088 e

—, 4-[4-Hydroxy-3-methoxy-phenyl]-
6 II 1088 d, III 6359 d

—, 4-[2-Hydroxy-6-methoxy-phenyl]-
2-methyl- **6** IV 7422

—, 4-[3-Hydroxy-6-methoxy-
2,4,5-trimethyl-phenyl]-2-methyl-
6 III 6380 b

—, 1-[2-Hydroxymethyl-3,5-dimethoxy-
phenyl]-4-[4-methoxy-phenyl]- **6** IV 7902

—, 4-[2-Hydroxymethyl-6,6-dimethyl-
cyclohex-1-enyl]- **6** IV 5319

—, 4-[4-Hydroxy-2-methyl-phenyl]-
6 III 4705 f

—, 4-[4-Hydroxy-3-methyl-phenyl]-
6 III 4706 e

—, 2-[2-Hydroxy-5-methyl-phenyl]-
3-methyl- **6** IV 6053

—, 4-[2-Hydroxy-[1]naphthyl]-
6 III 5322 e

—, 2-[4-Hydroxy-phenyl]- **6** III 4665 b

—, 4-[2-Hydroxy-phenyl]- **6** 943 a,
II 889 f, III 4661 c

—, 4-[3-Hydroxy-phenyl]- **6** III 4661 d

—, 4-[4-Hydroxy-phenyl]- **6** II 898 i,
III 4661 f

—, 4-[2-Hydroxy-phenyl]-2-methyl-
6 II 903 d, IV 6036

—, 4-[4-Hydroxy-phenyl]-2-methyl-
6 IV 6036

—, 1-[2-(1-Hydroxy-propyl)-phenyl]-
6 IV 6063

—, 4-[4-Isopropyl-cyclohexyl]-3-methyl-
6 IV 183

—, 4-[5-Isopropyl-4-methoxy-2-methyl-
phenyl]- **6** III 4741 e

—, 1-[2-Isopropyl-5-methyl-cyclohexyl=
iden]- **6** II 98 a

—, 4-[5-Isopropyl-2-methyl-cyclohexyl]-
2-methyl- **6** III 192 c

—, 4-[5-Isopropyl-2-methyl-cyclopent-
1-enyl]- **6** IV 322

—, 4-[2-Isopropyl-5-methyl-cyclopentyl]-
6 IV 182

—, 2-[4-Isopropyl-phenyl]- **6** IV 3465

—, 1-[4-Isopropyl-phenyl]-
2-methoxymethyl- **6** IV 6069

—, 1-[4-Isopropyl-phenyl]-
2-methoxymethyl-3-methyl- **6** IV 6080

—, 2-[4-Isopropyl-phenyl]-3-methyl-
6 IV 3490

—, 1-Jod-2,4-diphenyl- **6** II 647 i

—, 1-Jod-2-methyl-1-phenyl- **6** II 505 g

—, 1-*p*-Menthan-2-yliden- **6** III 349 c

—, 1-*p*-Menthan-3-yliden- **6** II 98 a

—, 3-Menthyloxy-2-methyl- **6** IV 152

—, 4-Mercapto-1,1-diphenyl- **6** IV 6737

—, 4-[2-Methoxy-cyclohexyl]-
6 II 753 f

—, 4-[4-Methoxy-cyclohexyl]-
6 II 754 a

—, 1-Methoxy-1,2-diphenyl- **6** IV 6733

—, 3-Methoxy-2,3-diphenyl- **6** IV 6734

—, 1-Methoxy-2-[4-methoxy-phenyl]-
6 III 6360 b

—, 4-[2-Methoxy-phenoxy]- **6** IV 5574

—, 1-[4-Methoxy-phenyl]- **6** III 4661 b,
IV 6005

—, 3-Methoxy-3-phenyl- **6** IV 6008

—, 3-[4-Methoxy-phenyl]- **6** III 4665 d,
IV 6008

—, 4-[2-Methoxy-phenyl]- **6** II 898 g

—, 4-[3-Methoxy-phenyl]- **6** III 4661 e

—, 4-[4-Methoxy-phenyl]- **6** II 899 a,
III 4662 b

—, 2-[4-Methoxy-phenyl]-3,3-dimethyl-
6 IV 6053

—, 2-[2-Methoxy-phenyl]-3-methyl-
6 III 4705 d

—, 4-[4-Methoxy-phenyl]-2-methyl-
6 IV 6036

Butan-2-on   (Fortsetzung)

−, 3-Phenylmercapto- **6** III 1007 a

−, 4-Phenylmercapto- **6** IV 1516

−, 4-Phenyl-4-[2,6,6-trimethyl-cyclohex-
1-enyl]- **6** IV 4389

   − semicarbazon **6** IV 4389

−, 4-[Toluol-2-sulfonyl]- **6** IV 2024

−, 4-[Toluol-4-sulfonyl]- **6** III 1418 e

−, 3-*o*-Tolylmercapto- **6** III 1281 c

−, 3-*p*-Tolylmercapto- **6** III 1418 d

−, 4-*p*-Tolylmercapto- **6** IV 2192

   − semicarbazon **6** IV 2192

−, 4-*m*-Tolyloxy- **6** IV 2046

−, 4-*o*-Tolyloxy- **6** IV 1959

−, 4-Trityloxy- **6** III 3666 f

Butan-1-sulfonsäure

   − [4-chlor-phenylester] **6** IV 864

   − [2-nitro-phenylester] **6** IV 1264

   − phenylester **6** IV 690

−, 4-Benzolsulfonyl- **6** IV 1550

−, 4-Benzyloxycarbonylamino-
6 IV 2428

   − amid **6** IV 2428

−, 4-[4-Benzyloxycarbonylamino-butan-
1-sulfonylamino]- **6** IV 2428

−, 4-Benzyloxycarbonylamino-3-oxo-
6 IV 2429

−, 4-Chlor-,

   − [4-chlor-phenylester] **6** IV 864

   − phenylester **6** IV 690

−, 3-Methyl-,

   − [3-hydroxy-phenylester]
       6 III 4331 c

   − [4-hydroxy-phenylester]
       6 III 4428 b

   − [3-methoxy-phenylester]
       6 III 4331 d

   − [4-methoxy-phenylester]
       6 III 4428 d

−, 4-[2]Naphthyloxy- **6** IV 4283

−, 4-Phenoxy- **6** III 638 e

−, 4-Phenylmercapto- **6** IV 1550

−, 4-Phenylmercaptocarbonylamino-
6 IV 1536

Butan-2-sulfonsäure

−, 4-[2]Naphthyloxy- **6** III 2987 e

−, 4-Phenoxy- **6** III 638 d

−, 4-Phenylmercapto- **6** III 1025 b

Butan-1,2,3,4-tetracarbonsäure

   − monocholesterylester **6** III 2648 b

   − monoergosterylester **6** III 3116 a

Butan-1,2,3,4-tetraol

−, 1-Cyclohexyl-4-phenyl- **6** III 6691 e

−, 1,4-Diphenyl- **6** III 6724 c

−, 1,2,3,4-Tetrakis-[4-isopropyl-phenyl]-
6 1183 f

−, 1,2,3,4-Tetrakis-[4-methoxy-phenyl]-
6 1210 a

−, 1,1,4,4-Tetraphenyl- **6** 1183 d

−, 1,2,3,4-Tetraphenyl- **6** 1183 e,
    II 1144 a, III 6837 b

Butan-1-thiol

−, 4-[4-Chlor-phenoxy]- **6** IV 830

−, 4-Decahydro[2]naphthyl-
6 III 352 c

−, 1-Phenyl- **6** II 485 g

−, 2-Phenyl- **6** III 1858 d

−, 4-[5,6,7,8-Tetrahydro-[2]naphthyl]-
6 III 2554 b

Butan-1-thiosulfinsäure

   − *S*-phenylester **6** IV 1560

Butan-1,1,2-tricarbonsäure

   − 1,1-diäthylester-2-benzylester
       6 IV 2276

Butan-1,2,3-triol

−, 4-[4-Chlor-phenoxy]- **6** IV 832

−, 3-Methyl-1-phenyl- **6** IV 7423

−, 4-Phenoxy- **6** IV 594

−, 1-Phenyl- **6** III 6360 a

−, 4-Trityloxy- **6** IV 5025

Butan-1,2,4-triol

−, 3,3-Dimethyl-1,1-diphenyl-
6 I 561 d, III 6546 b

−, 4,4-Diphenyl- **6** I 560 e

−, 2,3-Diveratryl- **6** III 6994 b,
    IV 7965

−, 4-Phenyl- **6** 1127 f

−, 4-Phenyl-4-*p*-tolyl- **6** I 561 b

−, 1,2,3,4-Tetraphenyl- **6** 1150 b

Butatrien

−, 1,4-Bis-[4-methoxy-phenyl]-1,4-di-
[2]naphthyl- **6** IV 7114

−, 1,1-Bis-[4-methoxy-phenyl]-
4,4-diphenyl- **6** IV 7087

−, 1,4-Bis-[4-methoxy-phenyl]-
1,4-diphenyl- **6** IV 7087

−, 1-[4-Brom-phenyl]-4-[4-methoxy-
phenyl]-4-[2]naphthyl-1-phenyl-
6 IV 5174

−, 4-[4-Chlor-phenyl]-1-[4-methoxy-
phenyl]-1,4-diphenyl- **6** IV 5163

−, 1-[4-Methoxy-phenyl]-4-[3-nitro-
phenyl]-1,4-diphenyl- **6** IV 5164

−, 1-[4-Methoxy-phenyl]-4-[4-nitro-
phenyl]-1,4-diphenyl- **6** IV 5164

But-1-en (Fortsetzung)

—, 2,3-Bis-[4-hydroxy-phenyl]-
1,4-diphenyl- **6** III 5963 g

—, 1,2-Bis-[4-hydroxy-phenyl]-1-methoxy-
6 IV 7596

—, 1,2-Bis-[4-hydroxy-phenyl]-3-methyl-
6 III 5611 b

—, 1,2-Bis-[4-hydroxy-phenyl]-1-phenyl-
6 III 5849 c

—, 1,1-Bis-[4-methoxy-2-methyl-phenyl]-
6 IV 6863

—, 1,3-Bis-[4-methoxy-[1]naphthyl]-
6 IV 7043

—, 1,1-Bis-[4-methoxy-phenyl]-
6 II 994 d, III 5605 b

—, 1,2-Bis-[4-methoxy-phenyl]-
6 III 5603 e

—, 1,3-Bis-[4-methoxy-phenyl]-
1,3-diphenyl- **6** III 5963 h, IV 7066

—, 1,1-Bis-[4-methoxy-phenyl]-2-methyl-
6 IV 6849

—, 1,1-Bis-[4-methoxy-phenyl]-3-methyl-
6 III 5612 b

—, 1,2-Bis-[4-methoxy-phenyl]-3-methyl-
6 III 5611 c

—, 3,3-Bis-[4-methoxy-phenyl]-2-methyl-
6 IV 6850

—, 1,2-Bis-[4-methoxy-phenyl]-1-phenyl-
6 III 5849 d

—, 1,2-Bis-[4-(2-trimethylammonio-
äthoxy)-phenyl]- **6** IV 6842

—, 3-Butoxy-1-phenyl- **6** IV 3834

—, 1-Chlor-1,2-bis-[4-methoxy-phenyl]-
6 III 5603 f

—, 3-Chlor-4-trityloxy- **6** IV 5017

—, 2,3-Diacetoxy-1-phenyl- **6** III 5038 a

—, 2,3-Dichlor-1,1-bis-[2-methoxy-
5-methyl-phenyl]- **6** IV 6863

—, 2,3-Dichlor-1,1-bis-[4-methoxy-
2-methyl-phenyl]- **6** IV 6863

—, 1,1-Dichlor-3-methyl-3-phenyl≠
mercapto- **6** IV 1482

—, 1,1-Dichlor-3-phenoxy- **6** IV 564

—, 1,2-Dichlor-1-phenoxy- **6** IV 601

—, 1,1-Dichlor-3-*p*-tolyloxy- **6** IV 2101

—, 3,4-Dimethoxy-1,4-diphenyl-
6 1028 f

—, 3-Formyloxy-1-[2,6,6-trimethyl-
cyclohex-2-enyl]- **6** III 402 f

—, 3-Isobutyryloxy-1-[2,6,6-trimethyl-
cyclohex-1-enyl]- **6** III 402 b

—, 4-Isovaleryloxy-2-[4-methyl-cyclohex-
3-enyl]- **6** IV 394

—, 4-Lauroyloxy-2-phenyl- **6** IV 3841

—, 3-Methoxy-1,4-dinitro-1,4-diphenyl-
6 III 3515 a

—, 4-Methoxy-2-[4-methyl-cyclohex-
3-enyl]- **6** IV 393

—, 3-Methoxy-1-phenyl- **6** III 2433,
IV 3833

—, 1-[4-Methoxy-phenyl]-1,2-diphenyl-
6 III 3759 b

—, 2-[4-Methoxy-phenyl]-1,1-diphenyl-
6 IV 5104

—, 1-[4-Methoxy-phenyl]-3-[3-methyl-
inden-1-yliden]- **6** III 3689 c

—, 3-[4-Methoxy-phenyl]-2-methyl-
3-phenyl- **6** I 338 b, II 667 d

—, 1-[4-Methoxy-phenyl]-1-phenyl-
6 III 3516 d

—, 4-Methoxy-1,1,3,3-tetraphenyl-
6 II 732 b

—, 3-Methyl-1,2-bis-[4-(2-trimethyl≠
ammonio-äthoxy)-phenyl]- **6** IV 6849

—, 2-[4-Methyl-cyclohex-3-enyl]-
4-octanoyloxy- **6** IV 394

—, 2-[4-Methyl-cyclohex-3-enyl]-
4-palmitoyloxy- **6** IV 394

—, 3-Phenoxy- **6** IV 563

—, 4-Phenoxy- **6** I 83 c, IV 564

—, 3-Phenylmercapto- **6** IV 1481

—, 3-Phenylmethansulfonyl- **6** IV 2641

—, 1-Phenyl-2-propionyloxy- **6** IV 3833

—, 1-Phenyl-3-propoxy- **6** IV 3833

—, 3-Propionyloxy-1-[2,6,6-trimethyl-
cyclohex-1-enyl]- **6** III 402 a

—, 3-Propionyloxy-1-[2,6,6-trimethyl-
cyclohex-2-enyl]- **6** III 402 h

—, 1,1,3,3-Tetrakis-[3-brom-4-methoxy-
phenyl]- **6** III 6849 a

—, 1,1,2-Tris-[4-methoxy-phenyl]-
6 III 6610 c

But-2-en

—, 2-Acetoxy-1,4-bis-benzyloxy-
6 IV 2251

—, 3-Acetoxy-1-brom-1-phenyl-
6 IV 3836

—, 1-Acetoxy-2-chlor-1-cyclohexyliden-
3-methyl- **6** IV 392

—, 1-Acetoxy-1-cyclohexyl-
6 III 241 b, IV 247

—, 1-Acetoxy-1-phenyl- **6** III 2439 a

—, 1-Acetoxy-3-phenyl- **6** III 2441 e,
IV 3839

—, 3-Acetoxy-1-phenyl- **6** IV 3836

But-2-en　(Fortsetzung)

—, 3-Acetoxy-1-[2,6,6-trimethyl-cyclohex-2-enyl]- **6** IV 408

—, 1-Äthoxy-4-phenoxy- **6** IV 588

—, 1-Äthoxy-3-phenyl- **6** IV 3839

—, 3-Äthoxy-1-phenyl- **6** IV 3836

—, 1-Äthoxy-4-o-tolyl- **6** IV 3878

—, 1-Äthoxy-4-o-tolyloxy- **6** IV 1951

—, 2-Äthyl-1,1-bis-[5-*tert*-butyl-4-hydroxy-2-methyl-phenyl]- **6** IV 6884

—, 2-Benzolsulfonyl- **6** IV 1481

—, 2-Benzyloxy- **6** III 1459 d

—, 1-Benzyloxy-3-chlor- **6** III 1459 c

—, 2,3-Bis-[4-acetoxy-2-methyl-phenyl]- **6** III 5642 b

—, 2,3-Bis-[4-acetoxy-3-methyl-phenyl]- **6** III 5643 a

—, 2,3-Bis-[4-acetoxy-phenyl]- **6** IV 6842

—, 1,4-Bis-[3-allyl-biphenyl-4-yloxy]- **6** IV 4876

—, 1,4-Bis-[2-allyl-4-*tert*-butyl-phenoxy]- **6** IV 3929

—, 1,4-Bis-[2-allyl-4-chlor-phenoxy]- **6** IV 3814

—, 1,4-Bis-[2-allyl-6-chlor-phenoxy]- **6** IV 3812

—, 1,4-Bis-[2-allyl-6-cyclohexyl-phenoxy]- **6** IV 4113

—, 1,4-Bis-[2-allyl-phenoxy]- **6** IV 3809

—, 1,4-Bis-benzyloxy- **6** IV 2245

—, 1,1-Bis-benzyloxycarbonylamino- **6** III 1486 f

—, 1,4-Bis-benzyloxythiocarbonyl≠mercapto- **6** IV 2470

—, 1,4-Bis-biphenyl-2-yloxy- **6** IV 4581

—, 1,4-Bis-[2,6-bis-hydroxymethyl-4-methyl-phenoxy]- **6** IV 7412

—, 2,3-Bis-[2-brom-4-methoxy-phenyl]- **6** IV 6842

—, 1,4-Bis-[2-brom-phenoxy]- **6** IV 1040

—, 1,4-Bis-[2-*sec*-butyl-6-chlor-phenoxy]- **6** IV 3278

—, 1,4-Bis-[4-*sec*-butyl-2-chlor-phenoxy]- **6** IV 3281

—, 1,4-Bis-[4-*tert*-butyl-2-chlor-phenoxy]- **6** IV 3311

—, 1,4-Bis-[2-*sec*-butyl-phenoxy]- **6** IV 3278

—, 1,4-Bis-[4-*tert*-butyl-phenoxy]- **6** IV 3302

—, 1,4-Bis-[4-chlor-benzylmercapto]- **6** IV 2777

—, 1,4-Bis-[3-chlor-biphenyl-2-yloxy]- **6** IV 4587

—, 2,3-Bis-[2-chlor-4-methoxy-phenyl]- **6** IV 6842

—, 1,4-Bis-[2-chlor-phenoxy]- **6** IV 789

—, 1,4-Bis-[4-chlor-phenoxy]- **6** IV 830

—, 1,4-Bis-cyclohexyloxy- **6** IV 29

—, 1,4-Bis-[2-cyclohexyl-phenoxy]- **6** IV 3900

—, 1,4-Bis-[4-cyclohexyl-phenoxy]- **6** IV 3905

—, 1,4-Bis-dimethylamino-2-phenyl≠mercapto- **6** IV 1553

—, 1,1-Bis-[2-hydroxy-3-isopropyl-6-methyl-phenyl]- **6** IV 6882

—, 2,3-Bis-[4-hydroxy-2-methyl-phenyl]- **6** III 5641 g

—, 2,3-Bis-[4-hydroxy-3-methyl-phenyl]- **6** III 5642 c

—, 1,4-Bis-[4-hydroxy-phenyl]- **6** IV 6841

—, 2,3-Bis-[4-hydroxy-phenyl]- **6** III 5604 a, IV 6842

—, 2,3-Bis-[4-hydroxy-phenyl]-1,4-diphenyl- **6** III 5963 g

—, 1,4-Bis-isopentyloxy-1,4-diphenyl- **6** IV 6841

—, 2,3-Bis-[2-jod-4-methoxy-phenyl]- **6** IV 6843

—, 1,4-Bis-[2-methallyl-phenoxy]- **6** IV 3843

—, 1,4-Bis-[4-methallyl-phenoxy]- **6** IV 3843

—, 2,3-Bis-[4-methoxy-2-methyl-phenyl]- **6** III 5642 a

—, 2,3-Bis-[4-methoxy-3-methyl-phenyl]- **6** III 5642 d

—, 2,3-Bis-[4-methoxy-phenyl]- **6** III 5604 c, IV 6842

—, 2,3-Bis-[4-methylmercapto-phenyl]- **6** IV 6843

—, 1,4-Bis-pentachlorphenoxy- **6** IV 1029

—, 1,4-Bis-phenylmercapto- **6** IV 1501

—, 1,4-Bis-phenylmethansulfonyl- **6** III 1592 c

—, 1,4-Bis-[2-propenyl-phenoxy]- **6** IV 3794

—, 1,4-Bis-o-tolyloxy- **6** IV 1951

—, 1,4-Bis-[2,4,5-trichlor-phenoxy]- **6** IV 968

But-3-en-2-ol   (Fortsetzung)

−, 4-[2-Hydroxy-phenyl]-2,3-dimethyl-
   6 IV 6367

−, 4-[2-Hydroxy-phenyl]-2-methyl-
   6 III 5051 a

−, 1-Jod-2-methyl-1-phenyl- **6** III 2470 b

−, 4-Mesityl- **6** IV 3930

−, 1-Methansulfonyl-4-phenyl-
   6 IV 6348

−, 1-Methoxy-2-methyl-4-phenyl-
   6 IV 6360

−, 3-[6-Methoxy-[2]naphthyl]-2-methyl-
   6 IV 6728

−, 2-[4-Methoxy-phenyl]- **6** IV 6349

−, 4-[2-Methoxy-phenyl]- **6** IV 6348

−, 4-[4-Methoxy-phenyl]- **6** III 5037 f

−, 4-[2-Methyl-cyclohex-3-enyl]-2-phenyl-
   6 IV 4385

−, 2-Methyl-3,4-diphenyl- **6** 701 a,
   III 3521 b

−, 3-Methyl-2,4-diphenyl- **6** III 3521 a

−, 2-Methyl-4-[2-methyl-cyclohex-3-enyl]-
   6 IV 401

−, 2-Methyl-1-phenyl- **6** III 2469 f

−, 2-Methyl-3-phenyl- **6** IV 3878

−, 2-Methyl-4-phenyl- **6** 581 f,
   III 2470 c

−, 3-Methyl-2-phenyl- **6** IV 3878

−, 3-Methyl-4-phenyl- **6** IV 3875

−, 2-Methyl-1-phenyl-4-[2,6,6-trimethyl-
   cyclohex-1-enyl]- **6** IV 4395

−, 2-Methyl-4-[2,6,6-trimethyl-cyclohex-
   1-enyl]- **6** 103 e, III 404 a, IV 414

−, 1-[1]Naphthyl- **6** IV 4743

−, 4-[1]Naphthyl- **6** IV 4742

−, 4-[2]Naphthyl- **6** IV 4743

−, 4-[2]Phenanthryl- **6** IV 4997

−, 4-[9]Phenanthryl- **6** IV 4997

−, 1-Phenyl- **6** III 2440 d

−, 2-Phenyl- **6** III 2442 b, IV 3839

−, 3-Phenyl- **6** IV 3840

−, 4-Phenyl- **6** 576 a, II 532 i,
   III 2431 d, IV 3833

−, 2-Phenyl-4-[2,6,6-trimethyl-cyclohex-
   1-enyl]- **6** III 3072 b, IV 4389

−, 4-[2,5,6,6-Tetramethyl-cyclohex-
   2-enyl]- **6** III 404 c, IV 414

−, 2,3,4,4-Tetraphenyl- **6** III 3854 b

−, 2-p-Tolyl- **6** IV 3879

−, 4-m-Tolyl- **6** III 2472 f

−, 4-o-Tolyl- **6** III 2472 d

−, 4-p-Tolyl- **6** III 2473 d

−, 1,1,1-Trichlor-4-phenyl- **6** 576 b,
   II 532 k

−, 4-[2,6,6-Trimethyl-cyclohexa-
   1,3-dienyl]- **6** IV 3469

−, 4-[2,6,6-Trimethyl-cyclohex-1-enyl]-
   6 III 401 d

−, 4-[2,6,6-Trimethyl-cyclohex-2-enyl]-
   6 III 402 c

−, 4-[2,2,6-Trimethyl-cyclohexyliden]-
   6 IV 408

−, 4-[2,2,3-Trimethyl-6-methylen-
   cyclohexyl]- **6** III 404 c

−, 2,4,4-Triphenyl- **6** III 3758 d

But-1-en-1-on

−, 2-[4-*tert*-Butyl-phenoxy]- **6** IV 3304

−, 2-[2,4-Dichlor-phenoxy]- **6** IV 903

−, 2-[2,4-Dichlor-phenoxy]-3-methyl-
   6 IV 903

But-3-en-2-on

   − [äthyl-phenyl-acetal] **6** III 588 e

−, 4-Benzolsulfinyl- **6** IV 1518

−, 4-Benzolsulfonyl- **6** IV 1518

−, 4-Benzyloxy- **6** IV 2256

−, 4-[1-Methyl-[2]naphthyloxy]-
   6 IV 4330

−, 4-[1]Naphthyloxy- **6** IV 4217

−, 4-[2]Naphthyloxy- **6** IV 4266

−, 4-Phenoxy- **6** IV 607

−, 4-Phenylmercapto- **6** IV 1518

−, 1,1,4,4-Tetraphenyl- **6** IV 5164

−, 4-p-Tolylmercapto- **6** IV 2194

−, 4-p-Tolyloxy- **6** IV 2111

But-2-ensäure

   s. *Crotonsäure*

But-3-ensäure

−, 4-[4-Chlor-2-methyl-phenoxy]-
   6 IV 1998

−, 4-[3-Chlor-phenoxy]- **6** IV 818

−, 4-[4-Chlor-phenoxy]- **6** IV 856

−, 4-[2,4-Dichlor-phenoxy]- **6** IV 931

−, 4-[2,5-Dichlor-phenoxy]- **6** IV 946

−, 2,2-Dimethyl-,
   − [2,3,5,6-tetrachlor-4-hydroxy-
     phenylester] **6** 852 h

−, 3-Methyl-4-phenoxy- **6** IV 655

−, 4-[2]Naphthyloxy- **6** IV 4281

−, 4-Phenoxy- **6** IV 653

−, 4-[2,4,5-Trichlor-phenoxy]- **6** IV 989

But-2-en-1-sulfonsäure

−, 3-Chlor-,
   − benzylester **6** IV 2562
   − [4-chlor-phenylester] **6** IV 865

But-2-in (Fortsetzung)

−, 1,1,4,4-Tetraphenyl-1,4-dipropoxy-
6 III 5988 c

−, 1,1,1-Triphenyl-4-trityloxy-
6 III 3792 e

But-2-inal

− [äthyl-cyclohexyl-acetal]
6 IV 33

− dibenzylacetal 6 IV 2254

− dicyclohexylacetal 6 IV 33

But-2-in-1,4-diol

−, 1,4-Bis-biphenyl-4-yl-1,4-diphenyl-
6 IV 7117

−, 1,1-Bis-[4-brom-phenyl]-
6 IV 6902

−, 1,4-Bis-[4-brom-phenyl]-
6 III 5697 d

−, 1,4-Bis-[3-brom-phenyl]-1,4-diphenyl-
6 IV 7081

−, 1,4-Bis-[4-brom-phenyl]-1,4-diphenyl-
6 IV 7081

−, 1,4-Bis-[4-chlor-phenyl]-1,4-diphenyl-
6 III 5989 c

−, 1,4-Bis-[2-isopropyl-phenyl]-
6 IV 6933

−, 1,1-Bis-[4-methoxy-phenyl]-
6 IV 7809

−, 1,4-Bis-[4-methoxy-phenyl]-
6 I 580 d

−, 1,4-Bis-[4-methoxy-phenyl]-
1,4-diphenyl- 6 IV 7860

−, 1,4-Bis-[4-phenoxy-phenyl]-
1,4-diphenyl- 6 III 6851 c

−, 1-[4-Brom-phenyl]-4-[4-chlor-phenyl]-
1,4-diphenyl- 6 IV 7081

−, 1-[4-Brom-phenyl]-1-phenyl-
6 IV 6902

−, 1-[2-Brom-phenyl]-1,4,4-triphenyl-
6 IV 7080

−, 1-[4-Chlor-phenyl]-4-[4-methoxy-
phenyl]-1,4-diphenyl- 6 IV 7666

−, 1-[2-Chlor-phenyl]-1,4,4-triphenyl-
6 IV 7080

−, 1,4-Di-[1]naphthyl-1,4-diphenyl-
6 III 6023 b

−, 1,1-Diphenyl- 6 IV 6901

−, 1,4-Diphenyl- 6 I 506 e, II 1005 c,
III 5696 c, IV 6899

−, 1,4-Diphenyl-1,4-di-p-tolyl-
6 III 5991 e, IV 7084

−, 1,4-Di-p-tolyl- 6 I 508 b, III 5711 c,
IV 6916

−, 1-[4-Methoxy-phenyl]-1-[2]naphthyl-
6 IV 7652

−, 1-[4-Methoxy-phenyl]-1-phenyl-
6 IV 7607

−, 1-[2]Naphthyl-1-phenyl- 6 IV 7008

−, 1-Phenyl- 6 IV 6457

−, Tetraphenyl- 6 I 528 e,
II 1047 g, III 5987 c, IV 7080

−, Tetra-p-tolyl- 6 II 1049 g, III 5994 c,
IV 7085

−, 1,1,4-Triphenyl- 6 III 5885 d,
IV 7026

−, 1,1,4-Triphenyl-4-p-tolyl- 6 IV 7083

But-3-in-1,2-diol

−, 1,2-Diphenyl- 6 III 5698 a

−, 2,4-Diphenyl- 6 IV 6901

−, 2-Methyl-1,4-diphenyl- 6 IV 6911

−, 2-Methyl-4-phenyl- 6 III 5162 a,
IV 6461

−, 2-Methyl-1,1,4-triphenyl- 6 III 5888 b

−, Tetraphenyl- 6 IV 7080

−, 1,2,4-Triphenyl- 6 III 5885 e

Butindisäure

− dicyclohexylester 6 IV 42

− dimenthylester 6 I 24 d

− monomenthylester 6 I 24 c

But-2-in-1-ol

−, 4-Acetoxy-1,1,4,4-tetraphenyl-
6 III 5989 a

−, 4-Äthoxy-1,1-diphenyl- 6 IV 6902

−, 4-Äthoxy-1,4-diphenyl- 6 IV 6900

−, 4-Äthoxy-1,1,4,4-tetraphenyl-
6 II 1048 b

−, 4-Benzyloxy- 6 IV 2246

−, 4-Cyclohexyl- 6 III 378 f

−, 4-Cyclohexyl-1,1-diphenyl-
6 III 3622 e

−, 4-Cyclopentyl- 6 III 377 f

−, 4-[9-Hydroxy-fluoren-9-yl]-
1,1-diphenyl- 6 IV 7089

−, 4-Methoxy-1-phenyl- 6 IV 6457

−, 4-Methoxy-1,1,4,4-tetraphenyl-
6 IV 7080

−, 4-Phenoxy- 6 IV 589

−, 1-Phenyl- 6 IV 4069

−, 4-Phenyl- 6 IV 4070

−, 4-p-Tolyl- 6 IV 4081

−, 4-p-Tolyloxy- 6 IV 2107

But-3-in-1-ol

−, 2-Äthoxy-2,4-diphenyl- 6 IV 6901

−, 4-Brom-1-phenyl- 6 IV 4071

−, 1-[4-Brom-phenyl]-1-phenyl-
6 IV 4947

But-3-in-1-ol   (Fortsetzung)

—, 1-[4-Chlor-phenyl]- **6** IV 4071

—, 1-Cyclohex-1-enyl- **6** IV 3267

—, 1-Cyclopent-1-enyl- **6** IV 3264

—, 1-Cyclopropyl-1-[4-methoxy-phenyl]-
6 IV 6594

—, 1-Cyclopropyl-1-phenyl- **6** IV 4355

—, 1-[3,4-Dimethoxy-phenyl]-
6 IV 7508

—, 1,1-Diphenyl- **6** III 3571 c,
IV 4947

—, 2,4-Diphenyl- **6** III 3571 b

—, 4-[1-Hydroxy-cyclohexyl]-1-phenyl-
6 IV 6604

—, 4-[9-Hydroxy-fluoren-9-yl]-
1,1-diphenyl- **6** IV 7089

—, 1-[4-Methoxy-phenyl]- **6** IV 6457

—, 1-[4-Nitro-phenyl]-1-phenyl-
6 IV 4947

—, 1-Phenyl- **6** III 2739 d, IV 4070

—, 2-Phenyl- **6** IV 4075

—, 4-Phenyl- **6** III 2739 c

—, 1-[1-Phenyl-cyclopropyl]-
6 IV 4355

—, 1-Phenyl-2-propyl- **6** III 2749 e

But-3-in-2-ol

—, 4-Äthoxy-2-phenyl- **6** III 5157 d

—, 2-Benzhydryl-1,1,4-triphenyl-
6 III 3900 a

—, 2,4-Bis-[1-hydroxy-cyclohexyl]-
6 IV 7431

—, 2,4-Bis-[1-hydroxy-cyclopentyl]-
6 IV 7430

—, 1,2-Bis-[4-methoxy-phenyl]-
6 IV 7606

—, 4-Brom-2-cyclopropyl- **6** IV 342

—, 2-[4-Brom-phenyl]- **6** IV 4074

—, 4-Brom-2-phenyl- **6** IV 4075

—, 1-Chlor-4-cyclohex-1-enyl-2-methyl-
6 III 1960 a

—, 4-Chlor-2-cyclopropyl- **6** IV 342

—, 1-Chlor-4-[1-hydroxy-cyclohexyl]-
2-methyl- **6** III 4173 c

—, 1-Chlor-2-methyl-4-[2-methyl-
cyclohex-1-enyl]- **6** III 2007 f

—, 1-Chlor-2-methyl-4-phenyl-
6 III 2743 e, IV 4081

—, 2-[4-Chlor-phenyl]- **6** IV 4073

—, 4-Chlor-2-phenyl- **6** IV 4074

—, 2-Cyclobutyl- **6** IV 356

—, 4-Cyclohex-1-enyl- **6** III 1842 a, IV 3267

—, 4-Cyclohex-1-enyl-2-[1-hydroxy-
cyclohexyl]- **6** IV 6386

—, 4-Cyclohex-1-enyl-1-methoxy-
2-methyl- **6** IV 6035

—, 4-Cyclohex-1-enyl-2-methyl-
6 IV 3377

—, 4-Cyclohex-3-enyl-2-methyl-
6 III 1960 b

—, 4-Cyclohex-1-enyl-2-[2-phenoxy-
cyclopropyl]- **6** IV 6377

—, 4-Cyclohex-1-enyl-2-phenyl-
6 IV 4778

—, 2-Cyclohexyl- **6** IV 372

—, 4-Cyclohexyl- **6** III 378 e

—, 4-Cyclopent-1-enyl- **6** III 1841 e

—, 2-Cyclopropyl- **6** III 370 e, IV 341

—, 2-Cyclopropyl-4-phenyl- **6** IV 4355

—, 2-[3,4-Dichlor-phenyl]- **6** IV 4074

—, 2-[2,3-Dimethyl-cyclopentyl]-
6 IV 396

—, 1,1-Diphenyl- **6** IV 4947

—, 1,4-Diphenyl- **6** III 3570 c

—, 2,4-Diphenyl- **6** 708 c, III 3571 a

—, 2-[1-Hydroxy-cyclohexyl]- **6** IV 5533

—, 4-[1-Hydroxy-cyclohexyl]-2-methyl-
6 III 4173 b

—, 4-[1-Hydroxy-cyclopentyl]-2-methyl-
6 III 4172 c

—, 4-[1-Hydroxy-2,2,6-trimethyl-
cyclohexyl]-1-methoxy-2-methyl-
6 IV 7323

—, 1-Methoxy-2-methyl-4-phenyl-
6 IV 6461

—, 2-[4-Methoxy-phenyl]- **6** IV 6458

—, 2-[1-Methyl-cyclohexyl]- **6** IV 393

—, 2-Methyl-4-norborn-5-en-2-yl-
6 III 2522 b

—, 2-Methyl-4-phenoxy- **6** III 581 h

—, 2-Methyl-4-phenyl- **6** 590 b, I 301 a,
II 560 e, III 2743 c

—, 2-Norborn-5-en-2-yl- **6** IV 3894

—, 4-Norborn-5-en-2-yl- **6** III 2484 b

—, 4-Phenoxy- **6** III 581 f

—, 2-[2-Phenoxy-cyclopropyl]-4-
[2,6,6-trimethyl-cyclohex-1-enyl]-
6 IV 6387

—, 2-Phenyl- **6** II 559 c, III 2740 a,
IV 4073

—, 4-Phenyl- **6** 588 e, III 2738 e,
IV 4069

—, 2-*p*-Tolyl- **6** IV 4082

—, 1,1,1-Trichlor-4-phenyl- **6** 588 f,
I 300 d

—, 4-[2,6,6-Trimethyl-cyclohex-1-enyl]-
6 III 2043 b

But-2-insäure
- cholesterylester **6** III 2644 c

Buttersäure
- [1-äthinyl-cyclohexylester]
  6 IV 349
- [1-äthinyl-5-isopropyl-2-methyl-
  cyclohexylester] **6** III 398 e
- [1-äthinyl-2,2,6-trimethyl-
  cyclohexylester] **6** IV 395
- [2-äthoxy-1-phenyl-äthylester]
  6 III 4576 g
- [2-äthoxy-phenylester] **6** 774 m
- [4-äthoxy-phenylester] **6** III 4415 g
- [2-äthyl-6-methyl-phenylester]
  6 III 1820 g
- [3-äthyl-5-methyl-phenylester]
  6 IV 3236
- [2-äthyl-phenylester] **6** III 1657 f
- [3-äthyl-phenylester] **6** IV 3017
- [4-äthyl-phenylester] **6** III 1666 f
- benzylester **6** 436 c, II 417 c,
  III 1479 g, IV 2266
- [2-benzyl-heptylester] **6** IV 3475
- [1-benzyl-3-methyl-butylester]
  6 IV 3421
- [1-benzyl-2-methyl-propylester]
  6 IV 3380
- [2-benzyloxy-äthylester]
  6 III 1469 e
- [2-benzyl-phenylester] **6** III 3351 b
- [4-benzyl-phenylester] **6** III 3360 f
- bibenzyl-4-ylester **6** III 3388 f
- biphenyl-2-ylester **6** III 3290 g
- biphenyl-4-ylester **6** III 3327 e,
  IV 4603
- bornylester **6** 79 c, 83 a, II 85 i,
  III 304 c
- [2-brom-4-*tert*-butyl-phenylester]
  6 IV 3314
- [2-brom-cyclohexylester]
  6 III 44 b
- [4-brom-phenylester] **6** III 747 f
- [4-butoxy-phenylester] **6** IV 5742
- [4-*tert*-butyl-2-chlor-phenylester]
  6 IV 3312
- [4-*tert*-butyl-cyclohexylester]
  6 IV 144
- [2-*tert*-butyl-5-methyl-phenylester]
  6 IV 3401
- [4-*tert*-butyl-phenylester]
  6 IV 3305
- [4-chlor-3,5-dimethyl-phenylester]
  6 IV 3156

- [2-chlor-4-methyl-phenylester]
  6 II 383 d
- [4-chlor-3-methyl-phenylester]
  6 II 356 c
- [3-chlor-phenylester] **6** IV 814
- [4-chlor-phenylester] **6** II 176 i,
  III 693 f
- cholesterylester **6** III 2635 c,
  IV 4007
- cinnamylester **6** II 527 g,
  IV 3802
- cyclohex-1-enylester **6** 48 e
- cyclohex-2-enylester **6** IV 197
- cyclohexylester **6** I 6 h, II 11 a,
  III 24 f, IV 37
- [4-cyclohexyl-phenylester]
  6 III 2507 f
- [1-cyclohexyl-vinylester] **6** IV 223
- [2-cyclopent-2-enyl-äthylester]
  6 III 216 h
- [5,6-dibrom-cholestan-3-ylester]
  6 IV 3589
- [2,4-dibrom-phenylester]
  6 III 754 g
- [2,4-dichlor-phenylester]
  6 III 704 h
- [2,6-dichlor-phenylester]
  6 III 714 d
- [5,8-dimethoxy-[1]naphthylester]
  6 IV 7537
- [2,4-dimethyl-benzylester]
  6 IV 3250
- [2,4-dimethyl-phenylester]
  6 III 1746 d
- [2,5-dimethyl-phenylester]
  6 III 1773 a
- [2,6-dimethyl-phenylester]
  6 III 1738 a, IV 3117
- [3,4-dimethyl-phenylester]
  6 IV 3103
- [3,5-dimethyl-phenylester]
  6 IV 3145
- [2,4-dinitro-phenylester]
  6 IV 1380
- ergost-8(14)-en-3-ylester
  6 III 2689 e
- ergosterylester **6** III 3114 b
- [4-fluor-phenylester] **6** III 671 b
- [1,4,5,6,7,7-hexachlor-norborn-
  5-en-2-ylmethylester] **6** IV 360
- [5,6,7,8,9,9-hexachlor-1,2,3,4,4a,5,8,≠
  8a-octahydro-1,4;5,8-dimethano-
  [2]naphthylmethylester] **6** IV 3942

Buttersäure (Fortsetzung)

- [3-hydroxy-androstan-17-ylester]
  6 III 4763 e
- [17-hydroxy-androstan-3-ylester]
  6 III 4763 d
- [3-hydroxy-cyclohexylester]
  6 IV 5208
- [3-hydroxy-phenylester]
  6 IV 5673
- [4-hydroxy-phenylester]
  6 IV 5742
- isobornylester **6** 88 f, II 90 c,
  III 304 e
- [3-isopropenyl-1,2-dimethyl-
  cyclopentylester] **6** IV 263
- [4-isopropyl-benzylester]
  6 II 500 h
- [2-isopropyl-5-methyl-phenylester]
  6 II 499 d, III 1901 g
- [5-isopropyl-2-methyl-phenylester]
  6 II 494 e, IV 3331
- [7-isopropyl-1,2,3,4,4a,9,10,10a-
  octahydro-[1]phenanthrylester]
  6 IV 4125 c
- *p*-menth-1-en-8-ylester **6** II 66 e,
  67 e
- *p*-menth-8-en-3-ylester **6** II 70 e
- menthylester **6** 33 g, I 22 i,
  II 43 b, III 144 g
- [4-methoxy-benzylester]
  6 I 440 i, II 883 f, III 4550 a,
  IV 5915
- [2-methoxy-phenylester]
  6 III 4229 b, IV 5583
- [2-methoxy-4-propyl-phenylester]
  6 III 4616 d
- [5-methyl-cyclohex-1-enylester]
  6 III 213 g
- [2-methyl-cyclohexylester]
  6 12 f, I 9 d
- [3-methyl-cyclohexylester]
  6 I 10 c
- [4-methyl-cyclohexylester]
  6 I 10 l
- [4-methyl-phenäthylester]
  6 III 1829 d
- [1-methyl-2-phenyl-äthylester]
  6 I 251 g
- [1]naphthylester **6** III 2929 d,
  IV 4217
- [2]naphthylester **6** III 2983 b,
  IV 4268

- [1-[1]naphthyl-heptylester]
  6 I 323 a
- [1]naphthylmethylester **6** IV 4334
- [4-nitro-benzylester] **6** I 223 i
- [4-nitro-phenylester] **6** III 826 b,
  IV 1298
- norborn-5-en-2-ylmethylester
  6 IV 358
- [2-pentachlorphenoxy-äthylester]
  6 III 734 a
- pentachlorphenylester
  6 196 d, III 734 k, IV 1031
- [4-*tert*-pentyl-phenylester]
  6 IV 3385
- phenäthylester **6** II 451 e,
  III 1709 f, IV 3073
- [2-phenoxy-äthylester]
  6 III 571 h
- [*β*-phenoxy-isopropylester]
  6 IV 583
- [1-phenyl-äthylester] **6** III 1680 d
- [1-phenyl-butylester] **6** III 1847 d
- phenylester **6** 154 h, II 155 d,
  III 601 c, IV 615
- [1-phenyl-pentylester] **6** III 1952 g
- [1-phenyl-propylester] **6** III 1794 f
- [3-phenyl-propylester] **6** II 476 f,
  III 1804 i, IV 3201
- [2-phenyl-1-propyl-vinylester]
  6 IV 3872
- [1-phenyl-vinylester] **6** IV 3781
- pin-2-en-10-ylester **6** I 62 h
- [4-propyl-cyclohexylester]
  6 III 108 c
- [9,10-seco-cholesta-5,7,10(19)-trien-
  3-ylester] **6** IV 4150
- [9,10-seco-ergosta-5,7,22-trien-
  3-ylester] **6** III 2835 a
- stigmasta-7,22-dien-3-ylester
  6 III 2869 d
- stigmast-5-en-3-ylester **6** III 2704 a
- stigmasterylester **6** III 2862 d
- [1,2,3,4-tetrahydro-[2]naphthylester]
  6 III 2462 d
- [5,6,7,8-tetrahydro-[1]naphthylester]
  6 III 2452 f
- [1,2,2,3-tetramethyl-cyclopentyl-
  methylester] **6** II 54 g
- thuj-4(10)-en-3-ylester
  6 III 384 c
- [1-*p*-tolyl-äthylester] **6** III 1827 a
- *m*-tolylester **6** III 1306 e, IV 2048
- *o*-tolylester **6** III 1254 e, IV 1960

Buttersäure (Fortsetzung)
- *p*-tolylester **6** II 379 e, III 1365 a,
  IV 2113
- [2,2,2-tribrom-1-phenyl-äthylester]
  6 III 1693 a
- [2,4,6-tribrom-phenylester]
  6 II 194 m, IV 1068
- [2,2,2-tribrom-1-*p*-tolyl-äthylester]
  6 III 1828 h
- [2,2,2-trichlor-1-cyclohexyl-
  äthylester] **6** III 88 g
- [2,4,6-trichlor-3-methyl-phenylester]
  6 IV 2071
- [2,4,6-trichlor-phenylester]
  6 192 e, IV 1009
- [2,2,2-trichlor-1-*p*-tolyl-äthylester]
  6 III 1828 a
- [3-trifluormethyl-phenylester]
  6 IV 2062
- [2,6,6-trimethyl-cyclohex-
  2-enylmethylester] **6** III 259 d
- [1,3,3-trimethyl-[2]norbornylester]
  6 II 77 d, 78 d, 79 j; vgl. III 290
  Anm.
- [triphenyl-prop-2-inylester]
  6 II 714 b
- [4-vinyl-phenylester] **6** IV 3777
-, 2-Acenaphthen-3-ylmercapto-
  6 IV 4625
-, 2-Acenaphthen-5-ylmercapto-
  6 IV 4627
-, 3-Acetoxy-4-phenoxy-,
  - äthylester **6** IV 656
-, 2-Acetylamino-4-benzyloxycarbonyl⸗
  amino-,
  - hydrazid **6** IV 2434
-, 2-Acetylamino-4-[cinnamyl-methyl-
  sulfonio]- **6** III 2410 g
-, 2-Acetyl-4-cyan-4-cyclohexylmercapto-,
  - äthylester **6** IV 81
-, 2-Acetyl-4,4-dicyan-3-phenoxymethyl-,
  - äthylester **6** III 638 c, IV 662
-, 2-Acetyl-3-oxo-,
  - menthylester **6** I 27 f, II 48 j
-, 2-Acetyl-3-oxo-4-phenoxy-,
  - äthylester **6** I 91 e
-, 2-[4-Äthoxy-2-brom-phenoxy]-
  6 IV 5782
-, 2-[4-Äthoxy-2-chlor-phenoxy]-
  6 IV 5771
-, 2-[2-Äthoxy-phenoxy]- **6** IV 5589
-, 2-[3-Äthoxy-phenoxy]- **6** IV 5678
-, 2-[4-Äthoxy-phenoxy]- **6** IV 5748

-, 2-Äthyl-,
  - bornylester **6** I 50 k
  - [2-(6,6-dimethyl-norpin-2-en-2-yl)-
    äthylester] **6** III 397 b
  - [2-isopropyl-5-methyl-phenylester]
    6 III 1901 h
  - menthylester **6** I 22 o
  - phenylester **6** IV 617
-, 2-Äthyl-2-benzyloxycarbonylamino-
  6 IV 2372
-, 2-Äthyl-3,3-bis-benzolsulfonyl-,
  - äthylester **6** 322 a
-, 2-Äthyl-3,3-bis-benzylmercapto-
  6 464 k
-, 2-Äthyl-3,3-bis-phenylmercapto-,
  - äthylester **6** 321 h
-, 2-Äthyl-3,3-bis-phenylmethansulfonyl-,
  - äthylester **6** 464 l
-, 2-Äthyl-2-brom-,
  - bornylester **6** I 50 l
  - menthylester **6** I 22 p
  - *p*-tolylester **6** II 379 g
-, 2-Äthyl-2-brom-3-methyl-,
  - bornylester **6** II 88 e
  - menthylester **6** II 43 h
-, 2-[4-Äthyl-2-brom-phenoxy]-
  6 IV 3025
-, 2-Äthyl-2-dimethylaminomethyl-,
  - [4-allyl-2-methoxy-phenylester]
    6 III 5030 f
  - benzylester **6** III 1542 f
  - bibenzyl-α-ylester **6** III 3391 d
-, 2-Äthyl-2-methoxy-,
  - menthylester **6** III 161 c
-, 2-Äthyl-4-phenoxy- **6** III 620 c
  - amid **6** III 620 e
-, 4-[3-Äthyl-phenoxy]-2-[2-(3-äthyl-
  phenoxy)-äthyl]-2-cyan-,
  - äthylester **6** IV 3018
  - hydrazid **6** IV 3018
-, 4-[4-Äthyl-phenoxy]-2-cyan-,
  - äthylester **6** IV 3022
  - hydrazid **6** IV 3022
-, 2-[2-Allyloxy-phenoxy]- **6** IV 5589
-, 2-[4-Allyloxy-phenoxy]- **6** IV 5749
-, 2-Amino-,
  - benzylester **6** IV 2513
  - cyclohexylester **6** IV 52
-, 4-Amino-,
  - benzylester **6** IV 2514
-, 2-Amino-3-benzylmercapto-
  6 III 1628 c
  - methylester **6** IV 2751

Buttersäure (Fortsetzung)

–, 4-Benzyloxycarbonylamino-2-[2,4-bis-
benzyloxycarbonylamino-butyrylamino]-
6 IV 2438
 – äthylester **6** IV 2438

–, 4-[4-Benzyloxycarbonylamino-
butyrylamino]-,
 – benzylester **6** IV 2514

–, 4-Benzyloxycarbonylamino-2-
[2,4-diamino-butyrylamino]- **6** IV 2438

–, 2-Benzyloxycarbonylamino-
3,3-dimethyl- **6** III 1506 a, IV 2372
 – amid **6** IV 2372

–, 4-Benzyloxycarbonylamino-2-
[(N-formyl-leucyl)-amino]- **6** IV 2439
 – methylester **6** IV 2439

–, 4-Benzyloxycarbonylamino-
2-leucylamino- **6** IV 2438

–, 2-Benzyloxycarbonylamino-2-methyl-
6 IV 2343

–, 3-[3-Benzyloxycarbonylamino-
4-methyl-valerylamino]- **6** IV 2361

–, 2-[(N-Benzyloxycarbonyl-glycyl)-
amino]- **6** IV 2303
 – äthylester **6** IV 2304

–, 3-[N-Benzyloxycarbonyl-glycyloxy]-,
 – amid **6** IV 2289

–, 2-Benzyloxy-3-hydroxy- **6** IV 2477
 – methylester **6** IV 2477

–, 2-Benzyloxyimino- **6** IV 2565

–, 4-[4-Benzyloxy-phenoxy]- **6** IV 5749
 – äthylester **6** IV 5749
 – methylester **6** IV 5749

–, 2-[4-Benzyl-phenoxy]- **6** IV 4643

–, 4-Benzylselanyl- **6** III 1652 b

–, 2-Bibenzyl-4-yloxy- **6** IV 4698

–, 2-Biphenyl-2-yloxy-,
 – [2-diäthylamino-äthylamid]
  6 IV 4583

–, 2-Biphenyl-4-yloxy- **6** IV 4604
 – [2-diäthylamino-äthylamid]
  6 IV 4604
 – [2-diäthylamino-äthylester]
  6 IV 4604

–, 4-Biphenyl-4-yloxy- **6** IV 4604

–, 3,3-Bis-benzolsulfonyl-,
 – äthylester **6** 321 a

–, 3,3-Bis-benzolsulfonyl-2-methyl-,
 – äthylester **6** 321 g

–, 2,4-Bis-benzylmercapto- **6** IV 2709
 – methylester **6** IV 2709

–, 3,3-Bis-benzylmercapto-,
 – äthylester **6** 464 b

–, 3,3-Bis-benzylmercapto-2,2-dimethyl-,
 – äthylester **6** 464 m

–, 3,3-Bis-benzylmercapto-2-methyl-
6 464 h
 – äthylester **6** 464 i

–, 2,4-Bis-benzyloxycarbonylamino-
6 IV 2435
 – äthylester **6** IV 2435
 – amid **6** IV 2435
 – hydrazid **6** IV 2437
 – methylester **6** IV 2435

–, 4,4-Bis-benzyloxycarbonylamino-
6 IV 2426

–, 2,4-Bis-benzyloxycarbonylamino-
butyryl→glycyl→2-amino-4-benzyloxy‹
carbonylamino-,
 – äthylester **6** IV 2437 d
 – hydrazid **6** IV 2437 g

–, 3,3-Bis-phenylmercapto-,
 – äthylester **6** 320 i

–, 3,3-Bis-phenylmethansulfonyl-,
 – äthylester **6** 464 c

–, 2,2-Bis-[toluol-4-sulfonyl]-,
 – methylester **6** III 1428 b

–, 2-Brom-,
 – bornylester **6** 83 b, IV 283
 – [2-isopropyl-5-methyl-phenylester]
  6 537 i
 – [5-isopropyl-2-methyl-phenylester]
  6 529 h
 – menthylester **6** I 22 j
 – [2-methoxy-phenylester]
  6 774 l, I 385 l
 – [1]naphthylester **6** 608 k
 – [2]naphthylester **6** 644 e
 – [2-nitro-phenylester] **6** 220 a
 – [3-nitro-phenylester] **6** 224 g
 – [4-nitro-phenylester] **6** 233 h
 – phenylester **6** 154 i
 – m-tolylester **6** 379 f
 – o-tolylester **6** 355 l
 – p-tolylester **6** 397 f, I 201 h

–, 4-Brom-,
 – phenylester **6** III 601 d

–, 2-[2-Brom-4-butoxy-phenoxy]-
6 IV 5783

–, 2-[2-Brom-4-butyl-phenoxy]-
6 IV 3271

–, 2-Brom-2,3-dimethyl-,
 – bornylester **6** II 88 d
 – menthylester **6** II 43 g

–, 2-Brom-3,3-dimethyl-,
 – benzylester **6** III 1480 d

Buttersäure

–, 2-Brom-3,3-dimethyl-, (Fortsetzung)
- bornylester **6** III 304 g
- menthylester **6** III 145 e

–, 4-[2-Brom-4-fluor-phenoxy]-
6 IV 1057

–, 2-[2-Brom-4-isopentyloxy-phenoxy]-
6 IV 5783

–, 2-[2-Brom-4-methoxy-phenoxy]-
6 IV 5782

–, 2-Brom-2-methyl-,
- menthylester **6** II 43 d

–, 2-[1-Brom-[2]naphthyloxy]-
6 III 2995 f

–, 2-Brom-4-phenoxy- **6** 164 l
- äthylester **6** II 159 f, III 618 a

–, 4-[2-Brom-phenoxy]-2-cyan-,
- äthylester **6** IV 1041
- hydrazid **6** IV 1041

–, 2-[2-Brom-4-propoxy-phenoxy]-
6 IV 5782

–, 2-Brom-2-[toluol-4-sulfonyl]-
6 425 a
- amid **6** III 1428 a

–, 2-[4-Butoxy-2-chlor-phenoxy]-
6 IV 5771

–, 2-[2-Butoxy-phenoxy]- **6** IV 5589

–, 2-[3-Butoxy-phenoxy]- **6** IV 5678

–, 2-[4-Butoxy-phenoxy]- **6** IV 5748

–, 2-[4-*tert*-Butyl-phenoxy]- **6** IV 3307
- amid **6** IV 3307

–, 2-Butyryloxy-,
- [2-butyryloxy-cyclopent-
3-enylester] **6** III 4127 c
- [5-butyryloxy-cyclopent-
2-enylester] **6** III 4127 c

–, 3-Chlor-,
- [1-benzyl-2-phenyl-äthylester]
6 IV 4749
- phenylester **6** IV 616, **8** III 2190 e

–, 3-Chlor-4-[2,4-dinitro-phenyl⸗
mercapto]- **6** IV 1762

–, 4-Chlor-3-[2,4-dinitro-phenyl⸗
mercapto]- **6** IV 1762

–, 3-Chlor-2-hydroxy-2-methyl-,
- benzylester **6** III 1535 i

–, 2-[2-Chlor-4-isopentyloxy-phenoxy]-
6 IV 5771

–, 2-[2-Chlor-4-methoxy-phenoxy]-
6 IV 5770

–, 2-Chlormethyl-2-hydroxy-,
- benzylester **6** III 1535 i

–, 2-[4-Chlor-2-methyl-phenoxy]- **6** IV 1996

–, 4-[2-Chlor-5-methyl-phenoxy]-
6 IV 2063

–, 4-[3-Chlor-4-methyl-phenoxy]-
6 IV 2135

–, 4-[4-Chlor-2-methyl-phenoxy]-
6 IV 1996

–, 4-[4-Chlor-3-methyl-phenoxy]-
6 IV 2066

–, 4-[5-Chlor-2-methyl-phenoxy]-
6 IV 1987

–, 4-[4-Chlor-2-methyl-phenoxy]-
3-hydroxy-,
- äthylester **6** IV 1998

–, 2-[4-Chlor-2-methyl-phenylmercapto]-
6 IV 2030

–, 2-[1-Chlor-[2]naphthyloxy]-
6 III 2991 h

–, 2-[3-Chlor-[2]naphthyloxy]-
6 IV 4293

–, 4-[1-Chlor-[2]naphthyloxy]-
6 IV 4291

–, 4-[3-Chlor-[2]naphthyloxy]-
6 IV 4293

–, 4-[8-Chlor-[2]naphthyloxy]-
6 IV 4295

–, 2-[4-Chlor-2-nitro-benzolsulfonyl]-
6 III 1080 h

–, 3-Chlor-3-nitroso-,
- menthylester **6** III 145 a

–, 2-[2-Chlor-phenoxy]- **6** IV 797

–, 2-[3-Chlor-phenoxy]- **6** III 683 h,
IV 817

–, 2-[4-Chlor-phenoxy]- **6** IV 851

–, 3-Chlor-4-phenoxy-,
- äthylester **6** III 617 h

–, 4-[2-Chlor-phenoxy]- **6** III 679 e

–, 4-[3-Chlor-phenoxy]- **6** III 683 i,
IV 817

–, 4-[4-Chlor-phenoxy]- **6** III 696 g,
IV 851
- äthylester **6** IV 851
- [2-diäthylamino-äthylester] **6** IV 851

–, 4-[2-Chlor-phenoxy]-2-cyan-,
- äthylester **6** IV 798
- hydrazid **6** IV 799

–, 4-[4-Chlor-phenoxy]-2-cyan-,
- äthylester **6** IV 857
- hydrazid **6** IV 857

–, 4-[3-Chlor-phenoxy]-3-hydroxy-,
- äthylester **6** IV 818

–, 4-[4-Chlor-phenoxy]-3-hydroxy-
6 IV 856
- äthylester **6** IV 857

Buttersäure (Fortsetzung)

–, 2-[2,5-Dichlor-phenoxy]- **6** IV 946

–, 2-[2,6-Dichlor-phenoxy]- **6** IV 952

–, 2-[3,4-Dichlor-phenoxy]- **6** IV 955

–, 2-[3,5-Dichlor-phenoxy]- **6** IV 958

–, 4-[2,3-Dichlor-phenoxy]- **6** IV 884

–, 4-[2,4-Dichlor-phenoxy]-
    6 III 708 i, IV 927

    – amid **6** III 709 a

    – [2-(6,6-dimethyl-norpinan-2-yl)-
      äthylester] **6** IV 927

–, 4-[2,5-Dichlor-phenoxy]-
    6 IV 946

–, 4-[2,6-Dichlor-phenoxy]-
    6 IV 952

–, 4-[3,4-Dichlor-phenoxy]-
    6 IV 955

–, 3-[(2,4-Dichlor-phenoxyacetyl)-
    hydrazono]-,

    – äthylester **6** III 707 h

–, 4-[2,3-Dichlor-phenoxy]-3-hydroxy-
    6 IV 884

–, 4-[2,4-Dichlor-phenoxy]-3-hydroxy-
    6 IV 931

    – äthylester **6** IV 932

–, 4-[2,5-Dichlor-phenoxy]-3-hydroxy-
    6 IV 947

–, 2-[2,3-Dichlor-phenylmercapto]-
    6 IV 1611

–, 2-[2,4-Dichlor-phenylmercapto]-
    6 IV 1616

–, 2-[2,5-Dichlor-phenylmercapto]-
    6 IV 1622

–, 2-[2,6-Dichlor-phenylmercapto]-
    6 IV 1623

–, 2-[3,4-Dichlor-phenylmercapto]-
    6 IV 1629

–, 2-[3,5-Dichlor-phenylmercapto]-
    6 IV 1633

–, 2,4-Dihydroxy-3,3-dimethyl-
    s. unter *Pantoinsäure* (und
    Derivate)

–, 2-[3,5-Dijod-2-methoxy-phenoxy]-
    6 IV 5625

–, 2-[3,5-Dijod-4-methoxy-phenoxy]-
    6 IV 5786

–, 2-[x,x-Dijod-3-methoxy-phenoxy]-
    6 IV 5678

–, 2-[2,4-Dijod-phenoxy]- **6** IV 1083

–, 2-[2,5-Dijod-phenoxy]- **6** IV 1083

–, 2-[3,4-Dijod-phenoxy]- **6** IV 1084

–, 2-[3,5-Dijod-phenoxy]- **6** IV 1084

–, 4-[2,4-Dijod-phenoxy]- **6** IV 1083

–, 3,3-Dimethyl-,

    – benzylester **6** III 1480 c

    – bornylester **6** III 304 f

    – [2,6-dichlor-phenylester]
      6 III 714 g

    – [17-hydroxy-östra-1,3,5(10)-trien-
      3-ylester] **6** III 5347 a

    – menthylester **6** III 145 d,
      IV 154

    – phenylester **6** IV 617

–, 2-Dimethylamino-,

    – bornylester **6** IV 285

–, 2,2-Dimethyl-3,3-bis-phenyl≈
    methansulfonyl-,

    – äthylester **6** 465 a

–, 2,2-Dimethyl-4-phenoxy-
    6 IV 650

    – amid **6** III 620 g

–, 2-[2,4-Dimethyl-phenoxy]- **6** 488 b

    – äthylester **6** 488 c

–, 2-[2,5-Dimethyl-phenoxy]-
    6 495 n

    – äthylester **6** 495 o

–, 2-[2,6-Dimethyl-phenoxy]-
    6 IV 3118

–, 2-[3,4-Dimethyl-phenoxy]-
    6 481 m, III 1728 i

    – äthylester **6** 482 a

–, 2-[3,5-Dimethyl-phenoxy]-
    6 III 1758 f

–, 4-[2,5-Dimethyl-phenoxy]-
    6 IV 3167

–, 4-[3,4-Dimethyl-phenoxy]-
    6 IV 3104

–, 3-[2,4-Dinitro-benzolsulfenylimino]-,

    – äthylester **6** IV 1773

–, 3-[2,4-Dinitro-phenylmercapto]-
    6 IV 1762

–, 2-[2,4-Di-*tert*-pentyl-phenoxy]-
    6 IV 3527

–, 4-[2,4-Di-*tert*-pentyl-phenoxy]-
    6 IV 3527

–, 3-Diphenoxyphosphoryloxy-,

    – äthylester **6** IV 729

–, 2-Diphenyltellurio- **6** I 167 h

    – äthylester **6** I 167 i

–, 4-[4-Fluor-phenoxy]- **6** IV 777

–, *N*-Formyl-leucyl→2-amino-
    4-benzyloxycarbonylamino-butyryl→2-
    amino-4-benzyloxycarbonylamino-
    6 IV 2439 e

    – hydrazid **6** IV 2440 c

    – methylester **6** IV 2440 a

tert-Butylamin

–, [2,5-Dimethyl-phenoxy]- **6** IV 3168 b
–, [2,6-Dimethyl-phenoxy]- **6** IV 3119 g
–, [4-Methoxy-phenoxy]- **6** IV 5760
–, Phenoxy- **6** IV 680 b
–, Phenoxymethoxy- **6** III 585 g
–, Phenylmercapto- **6** IV 1553 d
–, o-Tolyloxy- **6** IV 1972 d
–, p-Tolyloxy- **6** IV 2125 g
–, [(o-Tolyloxy-tert-butyl)-amino]-
    6 IV 1972 e

Butylhydroperoxid

–, 1,1-Diphenyl- **6** IV 4671
–, 1-Phenyl- **6** IV 3273

Butylquecksilber(1+) 6 III 1068

Butylthiocyanat

–, 4-[4-Brom-phenoxy]- **6** IV 1049 d
–, 4-[2-Chlor-phenoxy]- **6** IV 789 f
–, 4-[3-Chlor-phenoxy]- **6** IV 813 e
–, 4-Phenoxy- **6** IV 586 a
–, 4-o-Tolyloxy- **6** IV 1951
–, 4-p-Tolyloxy- **6** IV 2106
–, 4-[4-p-Tolyloxy-butoxy]- **6** IV 2106

Butyraldehyd

– [bis-(4-nitro-phenyl)-dithioacetal]
    6 IV 1705
– dicyclohexylacetal **6** IV 32
–, 2-Äthyl-3-methyl- **6** III 2861 a
–, 3-Benzylmercapto- **6** III 1596 f,
    IV 2662
– semicarbazon **6** III 1596 g
–, 4-Benzyloxy- **6** III 1476 i
–, 2-Benzyloxy-3-[1-methoxy-2-oxo-
    äthoxy]- **6** IV 2257
–, 3-Cyclohexyloxy-,
– dibutylacetal **6** IV 34
–, 2-Methyl-4-phenoxy- **6** III 591 g
–, 4-[4-Nitro-phenoxy]- **6** IV 1297
– diäthylacetal **6** IV 1297
–, 3-Phenoxy- **6** IV 604
– [butyl-phenyl-acetal] **6** IV 605
– dibutylacetal **6** IV 605
–, 4-Phenoxy- **6** III 590 e
– semicarbazon **6** III 590 f
–, 3-Phenylmercapto- **6** IV 1515
– semicarbazon **6** IV 1516

Butyramid

an den C-Atomen substituierte
Derivate s. unter *Buttersäure*
–, N-[4-Phenoxy-butyl]- **6** IV 680

Butyramidin

–, N,N-Dibutyl-4-phenoxy- **6** III 617 g
–, 4-[2-Methoxy-phenoxy]- **6** III 4237 f

–, 4-[1]Naphthyloxy- **6** III 2931 h
–, 4-Phenoxy- **6** 164 j

Butyrimidsäure

–, 2-Hydroxy-,
– cyclohexylester **6** IV 48

Butyronitril

–, 3-Acetoxy-4-[4-chlor-2-methyl-
    phenoxy]- **6** IV 1999
–, 3-Acetoxy-4-[3-chlor-phenoxy]-
    6 IV 818
–, 3-Acetoxy-4-[4-chlor-phenoxy]-
    6 IV 857
–, 3-Acetoxy-4-[2,4-dichlor-phenoxy]-
    6 IV 932
–, 3-Acetoxy-4-[2]naphthyloxy- **6** IV 4282
–, 3-Acetoxy-4-phenoxy- **6** IV 656
–, 3-Acetoxy-4-[2,4,5-trichlor-phenoxy]-
    6 IV 990
–, 2-Acetyl-3-oxo-4-phenoxy-
    6 II 161 j
–, 2-[4-Äthoxy-benzolsulfonyl]-2-äthyl-
    6 863 m
–, 2-Äthoxycarbonylamino-4-[2-brom-
    phenoxy]- **6** IV 1041
–, 2-Äthoxycarbonylamino-4-[2-chlor-
    phenoxy]- **6** IV 804
–, 2-Äthoxycarbonylamino-4-[2-jod-
    phenoxy]- **6** IV 1072
–, 2-Äthyl-2-benzolsulfonyl- **6** 317 h
–, 2-Äthyl-2-[4-brom-benzolsulfonyl]-
    6 332 j
–, 2-Äthyl-2-[4-chlor-benzolsulfonyl]-
    6 328 o
–, 2-Äthyl-2-[2-methoxy-benzolsulfonyl]-
    6 795 d
–, 2-Äthyl-4-phenoxy- **6** III 620 f
–, 2-Äthyl-2-[2,3,5,6-tetrachlor-
    4-hydroxy-phenoxy]- **6** IV 5778
–, 2-Äthyl-2-[2,4,5-trimethyl-benzolsulfonyl]-
    6 518 c
–, 3-Benzolsulfonyl- **6** III 1019 c
–, 2-Benzolsulfonylmethyl- **6** IV 1543
–, 2-Benzolsulfonylmethyl-3-methyl-
    6 IV 1544
–, 4-Benzylmercapto- **6** IV 2705
–, 2-[Benzylmercapto-methyl]-
    6 IV 2706
–, 2-[Benzylmercapto-methyl]-3-methyl-
    6 IV 2706
–, 4-Benzyloxy- **6** II 421 a
–, 2,2-Bis-[2-phenoxy-äthyl]- **6** III 626 a
–, 2-[4-Chlor-benzolsulfonyl]-
    2-isopropyl-3-methyl- **6** 329 b

Butyronitril (Fortsetzung)

—, 4-[4-Chlor-2-methyl-phenoxy]-
3-hydroxy- **6** IV 1998

—, 4-[1-Chlor-[2]naphthyloxy]-
6 IV 4291

—, 4-[3-Chlor-[2]naphthyloxy]-
6 IV 4293

—, 4-[8-Chlor-[2]naphthyloxy]-
6 IV 4296

—, 3-Chlor-4-phenoxy- **6** III 617 i

—, 4-[4-Chlor-phenoxy]- **6** III 696 h

—, 4-[3-Chlor-phenoxy]-3-hydroxy-
6 IV 818

—, 4-[4-Chlor-phenoxy]-3-hydroxy-
6 IV 857

—, 2,2-Diäthyl-4-phenoxy- **6** IV 651

—, 2,2'-Diäthyl-2,2'-[tetrachlor-
p-phenylendioxy]-di- **6** IV 5778

—, 4-[3,4-Dichlor-[2]naphthyloxy]-
6 IV 4299

—, 4-[2,4-Dichlor-phenoxy]-
6 III 709 b, IV 927

—, 4-[2,4-Dichlor-phenoxy]-3-hydroxy-
6 IV 932

—, 2,2-Diisopropyl-4-phenoxy-
6 IV 652

—, 2,2-Dimethyl-4-phenoxy- **6** IV 650

—, 2,2-Dimethyl-4-p-tolylmercapto-
6 III 1424 d

—, 4-[2,4-Dinitro-benzolsulfonyl]-
6 IV 1762

—, 4-[2,4-Dinitro-phenylmercapto]-
6 IV 1762

—, 3-Hydroxy-4-[2]naphthyloxy-
6 IV 4281

—, 3-Hydroxy-4-phenoxy- **6** III 624 i

—, 4-[4-Hydroxy-phenoxy]- **6** IV 5749

—, 3-Hydroxy-4-[2,4,5-trichlor-phenoxy]-
6 IV 990

—, 4-[2-Jod-phenoxy]- **6** III 771 i

—, 4-[2-Methoxy-phenoxy]- **6** III 4237 e,
IV 5589

—, 4-[4-Methoxy-phenoxy]- **6** III 4422 c

—, 4-[4-Methoxy-phenoxy]-2-methyl-
6 III 4422 d

—, 2-Methyl-4-phenoxy- **6** I 90 i,
III 619 d

—, 3-Methyl-2-[phenylmercapto-methyl]-
6 IV 1544

—, 3-Methyl-2-[phenylmethansulfonyl-
methyl]- **6** IV 2706

—, 4-[2]Naphthylmercapto- **6** IV 4319

—, 4-[1]Naphthyloxy- **6** III 2931 g

—, 4-[2]Naphthyloxy- **6** IV 4279

—, 4-[6-Nitro-[2]naphthyloxy]-
6 IV 4310

—, 4-[4-Nitro-phenoxy]- **6** IV 1305

—, 2-Phenoxy- **6** 164 d

—, 4-Phenoxy- **6** 164 i, II 159 c,
III 617 f, IV 646

—, 3-[1-Phenyl-äthoxy]- **6** IV 3038

—, 3,3'-m-Phenylendioxy-di- **6** II 817 n

—, 4,4'-p-Phenylendioxy-di- **6** IV 5750

—, 3-Phenylmercapto- **6** III 1019 a

—, 4-Phenylmercapto- **6** III 1019 g

—, 2-[Phenylmercapto-methyl]-
6 IV 1543

—, 2-[Phenylmethansulfonyl-methyl]-
6 IV 2706

—, 3-[Toluol-4-sulfonyl]- **6** IV 2200

—, 3-p-Tolylmercapto-2-[p-tolylmercapto-
methyl]- **6** IV 2202

—, 4-p-Tolyloxy- **6** 399 k

—, 4-[2,4,5-Trichlor-phenoxy]- **6** IV 988

Butyrospermol 6 III 2879 b

—, O-Acetyl- **6** III 2880 a

—, O-Acetyl-dihydro- **6** III 2719 b,
IV 4051

—, Dihydro- **6** III 2718 b, IV 4050

Butyrylazid

—, 4-Phenoxy- **6** II 159 e

Butyrylbromid

—, 3-Benzyloxycarbonylamino-
6 IV 2342

Butyrylchlorid

—, 2-Äthyl-4-phenoxy- **6** III 620 d

—, 2-Benzolsulfonyl- **6** 317 d

—, 4-Benzyloxycarbonylamino-
6 III 1502 b

—, 2-Benzyloxyimino- **6** IV 2565

—, 2-[4-tert-Butyl-phenoxy]- **6** IV 3307

—, 4-[4-Chlor-2-methyl-phenoxy]-
6 IV 1997

—, 2-[2,4-Dichlor-phenoxy]- **6** IV 927

—, 4-[2,4-Dichlor-phenoxy]- **6** IV 927

—, 2-[2,4-Di-tert-pentyl-phenoxy]-
6 IV 3527

—, 4-[2,4-Di-tert-pentyl-phenoxy]-
6 IV 3527

—, 2-Methyl-4-phenoxy- **6** III 619 b

—, 2-[Naphthalin-1-sulfonyl]- **6** 624 i

—, 2-[Naphthalin-2-sulfonyl]- **6** 662 m

—, 4-[4-Nitro-phenoxy]- **6** IV 1305

—, 2-Phenoxy- **6** 164 b, IV 645

—, 4-Phenoxy- **6** III 617 c

Butyrylchlorid (Fortsetzung)
–, 4-Phenoxy-2-[2-phenoxy-äthyl]-
  6 II 159 l
–, 4,4'-*p*-Phenylendioxy-bis- **6** IV 5750
–, 4-Phenylmercapto- **6** III 1019 e
Byrsonimol 6 III 2895

C

Cadina-4,10(15)-dien
–, 12-Acetoxy- **6** IV 3519
Cadina-4,10(15)-dien-12-ol 6 IV 3518
Cadinan
  Bezifferung s. **18** IV 457 Anm.
Cadinan-4,7-diol 6 II 761 h
Cadinan-4,10-diol
–, 5-Methyl- **6** IV 5335
Cadinan-5,10-diol 6 IV 5329
–, 4-Methyl- **6** IV 5335
Cadinan-6,10-diol 6 IV 5329
Cadinan-4-ol 6 IV 331 a
Cadinan-10-ol 6 III 357 b, IV 331
Cadinan-4,5,10-triol 6 IV 7320
Cadin-4-en
–, 10-Acetoxy- **6** IV 423
Cadin-4(14)-en-6,10-diol 6 IV 5546
Cadinenglykol 6 II 761 h
Cadin-4-en-10-ol 6 III 414 c, IV 421
Cadinol 6 I 66 d, II 109 a
–, *O*-Acetyl- **6** I 66 e; vgl. II 109 a
–, Dihydro- **6** II 99 b
α-**Cadinol 6** III 414 c, IV 422
–, Dihydro- **6** III 357 b
γ-**Cadinol 6** III 413 d
δ-**Cadinol 6** III 413 d, IV 422
–, *O*-Acetyl- **6** III 414 b,
  IV 423
T-**Cadinol 6** IV 422
x-**Cadinol 6** IV 421
Cafestol
–, *O*-Acetyl-hexahydro- **6** III 6392 c
–, Hexahydro- **6** III 6392 b
Calamendiol 6 III 4178 c, IV 5546
Calamenenol 6 I 274 e, II 517 a
Calameon 6 III 4178 c, IV 5546
–, Dihydro- **6** III 4159 a, IV 5329
Calameon-hydrochlorid 6 III 4179 a,
  IV 5546
Calciferol 6 III 3089 b
Caldariomycin 6 III 4058 b, IV 5192
α-**Calotropeol 6** III 2891 e

Camelliagenin-A 6 III 6698 b, IV 7730
Camelliasapogenol 6 III 6698 b
Campestanol 6 III 2162 b, IV 3603
Campesterol 6 III 2680 d
–, *O*-Acetyl- **6** III 2682 a
i-**Campesterol**
–, *O*-Methyl- **6** III 2694 c
Camphan
  s. *Bornan*
Camphelylalkohol 6 23 j
Camphen
  s. a. *Norbornan, 2,2-Dimethyl-3-methylen-*
–, Benzolsulfonyldihydro- **6** 299 e
–, Flüssiges- **6** I 49
Camphenglykol 6 755 c, I 377 d, III 4150 a,
  7 III 424 c
Camphenglykol-chlorhydrin 6 I 54 a
Camphenhydrat 6 92 d, I 53 g, II 92 b,
  III 319 d
–, *O*-Äthyl- **6** II 92 d
–, *O*-Methyl- **6** II 92 c
–, *O*-Trichloracetyl- **6** II 92 e
Camphenilanol 6 I 54 b, III 321 a
Camphenilol 6 53 e, I 37 f, II 64 c,
  III 237 d, IV 243
–, *O*-Acetyl- **6** 53 f
–, Methyl- **6** 91 e, I 53 e, III 319 b
Camphenilonpinakon 6 952 i, I 455 f,
  II 910 g
–, *O,O'*-Dimethyl- **6** II 910 h
Camphenilylalkohol 6 92 c, III 320 e
Camphen-nitrosit 5 161, **6** I 52 g
Campherglykol 6 755 a
Campherpinakon 6 953 e, III 4767 a
α-**Camphol 6** 73
β-**Camphol 6** 86 f
Campholalkohol 6 45 a, II 54 d,
  III 174 a
β-**Campholandiol 6** 750 a
β-**Campholenol 6** 67 a
Campholglykol 6 II 757 a
α-**Campholylalkohol 6** 51 f
β-**Campholylalkohol 6** 51 d
–, Dihydro- **6** 23 g
Camphorol 6 III 231 a
–, Dihydro- **6** III 118 e
Camphorosmol 6 II 761 e
–, *O,O'*-Diacetyl- **6** II 761 f
Camphorylalkohol
–, Dihydro- **6** 23 a
Canalin
–, *N*⁴-Benzyloxycarbonyl- **6** IV 2464

Carbamidsäure (Fortsetzung)

- [2,2-dichlor-3-hydroxy-3-phenyl-
  propylester] **6** IV 5986
- [2,4-dichlor-phenylester] **6** IV 907
- [2,6-dimethoxy-phenylester]
  6 1083 h
- [2,4-dimethyl-phenylester]
  6 II 459 h
- [2,5-dimethyl-phenylester]
  6 II 467 e
- [3,4-dimethyl-phenylester]
  6 II 455 g
- [β,β'-diphenoxy-isopropylester]
  6 I 86 e
- [3-hydroxy-2,2-diphenyl-
  propylester] **6** IV 6721
- [2-hydroxymethyl-2-phenyl-
  butylester] **6** IV 6039
- [β-hydroxy-β'-[2]naphthyloxy-
  isopropylester] **6** IV 4263
- [2-hydroxy-3-[2]naphthyloxy-
  propylester] **6** IV 4264
- [β-hydroxy-phenäthylester]
  6 IV 5941
- [β-hydroxy-β'-phenoxy-isopropyl⁼
  ester] **6** I 86 d
- [2-hydroxy-3-phenoxy-propylester]
  6 I 86 d
- [2-hydroxy-1-phenyl-äthylester]
  6 IV 5941
- [4-(4-hydroxy-phenylmercapto)-
  phenylester] **6** III 4463 d
- [2-hydroxy-3-(5,6,7,8-tetrahydro-
  [2]naphthyloxy)-propylester]
  6 IV 3855
- [β-hydroxy-β'-o-tolyloxy-
  isopropylester] **6** IV 1954
- [2-hydroxy-3-o-tolyloxy-
  propylester] **6** IV 1954
- [2-hydroxy-3-o-tolyl-propylester]
  6 IV 6017
- [β-isopropoxy-β'-o-tolyloxy-
  isopropylester] **6** IV 1955
- [4-isopropyl-benzylester]
  6 544 d
- [4-isopropyl-cyclohex-2-enylester]
  6 III 228 e
- [2-isopropyl-5-methyl-phenylester]
  6 538 b
- [5-isopropyl-2-methyl-phenylester]
  6 530 h
- [4-isopropyl-phenylester]
  6 I 253 l

- menthylester **6** 36 g, I 24 g,
  II 46 d
- [2-methoxy-4-methyl-phenylester]
  6 880 i
- [2-(2-methoxy-phenoxy)-äthylester]
  6 I 385 a
- [1-(4-methoxy-phenyl)-but-
  3-inylester] **6** IV 6457
- [2-methoxy-phenylester] **6** 777 a
- [2-methyl-benzylester] **6** II 457 d
- [4-methyl-benzylester] **6** II 469 c
- [2-methyl-cyclohexylester]
  6 III 65 d
- [3-methyl-cyclohexylester]
  6 III 71 g
- [4-methyl-cyclohexylester]
  6 III 75 d
- [2-methyl-3-phenyl-allylester]
  6 III 2444 a
- [2-methyl-1-phenyl-propylester]
  6 IV 3289
- [2-methyl-1-prop-2-inyl-
  cyclopentylester] **6** IV 368
- [1]naphthylester **6** 609 f
- [2]naphthylester **6** 645 e,
  IV 4272
- [4-nitro-benzylester] **6** 452 d
- [2-nitro-phenylester] **6** IV 1258
- [4-nitro-phenylester] **6** II 224 a
- norborn-5-en-2-ylester **6** IV 343
- [1-norborn-5-en-2-yl-prop-
  2-inylester] **6** IV 3869
- [1,2,3,4,4a,5,8,8a-octahydro-1,4;5,8-
  dimethano-naphthalin-2-ylester]
  6 IV 3923
- [2-pentyl-3-phenyl-allylester]
  6 III 2542 b
- [4-tert-pentyl-phenylester]
  6 I 269 n
- phenäthylester **6** I 238 e
- [2-phenoxy-äthylester] **6** I 84 d
- [3-phenoxy-phenylester]
  6 III 4322 e
- [4-phenoxy-phenylester]
  6 III 4417 g
- [1-phenyläthinyl-cyclohexylester]
  6 IV 4363
- [1-phenyl-äthylester] **6** II 446 e
- [1-phenyl-allylester] **6** II 530 a,
  IV 3819
- [1-phenyl-but-3-inylester]
  6 IV 4070

Carbamidsäure (Fortsetzung)
- [2-phenyl-but-3-inylester]
  6 IV 4075
- [1-phenyl-butylester] 6 I 486 c
- [2-phenyl-butylester] 6 IV 3287
- [1-phenyl-cyclopentylmethylester]
  6 IV 3916
- [1-(1-phenyl-cyclopropyl)-but-
  3-inylester] 6 IV 4355
- [1-phenyl-cyclopropylmethylester]
  6 IV 3850
- phenylester 6 159 b, I 88 i,
  II 157 c, III 608 e, IV 630
- [1-phenyl-pentylester] 6 II 504 e
- [1-phenyl-prop-2-inylester]
  6 IV 4066
- [1-phenyl-propylester] 6 II 471 e,
  IV 3185
- [1-prop-2-inyl-cycloheptylester]
  6 IV 370
- [1-prop-1-inyl-cyclohexylester]
  6 IV 362
- [1-prop-2-inyl-cyclohexylester]
  6 IV 362
- [1-prop-2-inyl-cyclooctylester]
  6 IV 391
- [1-prop-2-inyl-cyclopentylester]
  6 IV 356
- [1-propyl-cyclohexylester]
  6 IV 129
- stigmasterylester 6 IV 4172
- [5,6,7,8-tetrahydro-[2]naphthylester]
  6 II 538 i
- *m*-tolylester 6 II 353 k
- *o*-tolylester 6 II 330 j
- *p*-tolylester 6 II 380 d, IV 2116
- [2-*m*-tolyloxy-äthylester]
  6 I 186 h
- [2-*o*-tolyloxy-äthylester]
  6 I 171 g
- [2-*p*-tolyloxy-äthylester]
  6 I 201 b
- [β-*o*-tolyloxy-isopropylester]
  6 IV 1950
- [4-*p*-tolyloxy-phenylester]
  6 III 4418 a
- [3-*o*-tolyloxy-propylester]
  6 IV 1950
- [2,2,2-trichlor-1-phenyl-äthylester]
  6 II 447 c
- [2,4,5-trichlor-phenylester]
  6 IV 973

- [3-trifluormethyl-phenylester]
  6 IV 2062
- [2,4,5-trimethyl-phenylester]
  6 II 482 f
-, Acetyl-,
  - benzylester 6 IV 2285
  - phenylester 6 159 e, IV 631
-, Acetyl-methyl-,
  - benzylester 6 IV 2285
-, Acryloyl-,
  - benzylester 6 IV 2285
  - cyclopentylester 6 IV 8
-, *N,N'*-Äthandiyl-bis-,
  - bis-[2-hydroxy-phenylester]
    6 775 m
  - dibenzylester 6 IV 2429
-, *N,N'*-Äthandiyliden-bis-,
  - dibenzylester 6 IV 2283
-, [(2-Äthoxy-äthoxy)-acetyl]-,
  - [2-benzyloxy-äthylester]
    6 IV 2242
-, [Äthoxy-benzylmercapto-methylen]-,
  - äthylester 6 III 1599 i
-, [3-Äthoxy-2-(toluol-4-sulfonyl)-
  acryloyl]-,
  - äthylester 6 IV 2202
-, Äthyl-,
  - [1-äthinyl-cyclohexylester]
    6 IV 350
  - [β-benzyloxy-isopropylester]
    6 IV 2243
  - [4-benzyl-phenylester] 6 IV 4642
  - [3-*tert*-butyl-phenylester]
    6 IV 3295
  - [β-chlor-phenäthylester]
    6 IV 3081
  - cholesterylester 6 IV 4010
  - [2,4-dichlor-phenylester] 6 IV 907
  - [2-hydroxy-phenylester]
    6 III 4232 d
  - [2-hydroxy-3-*o*-tolyloxy-
    propylester] 6 IV 1955
  - [2-isopropyl-5-methyl-phenylester]
    6 IV 3338
  - menthylester 6 IV 156
  - [2]naphthylester 6 IV 4272
  - neomenthylester 6 IV 156
  - [4-*tert*-pentyl-phenylester]
    6 IV 3385
  - [3-phenyl-but-3-enylester]
    6 IV 3841
  - phenylester 6 IV 630
  - *m*-tolylester 6 IV 2050

Carbamidsäure

Carbamidsäure

—, Diäthyl-, (Fortsetzung)
- [2-methoxy-phenylester] **6** 777 b
- [3-methoxy-phenylester]
  6 III 4322 a
- [4-methoxy-phenylester] **6** IV 5744
- [1]naphthylester **6** IV 4220
- [2]naphthylester **6** IV 4273
- [4-nitro-phenylester] **6** 233 o,
  IV 1302
- norborn-5-en-2-ylmethylester
  6 IV 358
- [4-*tert*-pentyl-phenylester]
  6 IV 3385
- [1-phenyl-but-3-inylester]
  6 IV 4071
- phenylester **6** 159 c, I 88 l
- [1-phenyl-prop-2-inylester]
  6 IV 4067
- [1-prop-2-inyl-cyclohexylester]
  6 IV 363
- stigmasterylester **6** IV 4172
- [5,6,7,8-tetrahydro-[1]naphthylester]
  6 IV 3853
- [5,6,7,8-tetrahydro-[2]naphthylester]
  6 IV 3856
- *o*-tolylester **6** 356 c, IV 1963
- *p*-tolylester **6** IV 2117

—, [2-Diäthylamino-äthyl]-,
- benzylester **6** II 420 b
- [2-chlor-6-methyl-phenylester]
  6 IV 1986
- cyclohexylmethylester **6** II 24 g
- [2,6-dimethyl-phenylester]
  6 IV 3118
- menthylester **6** II 46 f
- mesitylester **6** IV 3256
- phenäthylester **6** II 452 e

—, [2-Diäthylamino-propyl]-,
- [2-methyl-cyclohexylester]
  6 III 65 e

—, [3-Diäthylamino-propyl]-,
- benzylester **6** III 1523 g
- cyclohexylester **6** III 29 g,
  IV 44
- menthylester **6** III 153 d
- phenylester **6** III 609 d

—, [2,3-Dibrom-propyl]-,
- benzylester **6** IV 2279

—, Dibutyl-,
- benzylester **6** IV 2279
- [2-chlor-phenylester] **6** IV 795
- [4-chlor-phenylester] **6** IV 843

- [2,4-dichlor-phenylester] **6** IV 907
- [1]naphthylester **6** IV 4220
- [4-*tert*-pentyl-phenylester]
  6 IV 3386
- phenylester **6** IV 630
- [5,6,7,8-tetrahydro-[1]naphthylester]
  6 IV 3853
- *o*-tolylester **6** IV 1963
- *p*-tolylester **6** IV 2117

—, [2,4-Dichlor-phenoxymethyl]-,
- [2-chlor-äthylester] **6** IV 898
- isopropylester **6** IV 899

—, Dichlorphosphoryl-,
- [4-brom-phenylester] **6** IV 1052
- [2-chlor-phenylester] **6** IV 795
- [4-chlor-phenylester] **6** IV 844
- cyclohexylester **6** IV 44
- [4-methoxy-phenylester]
  6 IV 5744
- phenylester **6** IV 633

—, [1-(1,2-Dihydroxy-äthyl)-butyl]-,
- benzylester **6** III 1486 d

—, [2,3-Dihydroxy-hexyl]-,
- benzylester **6** III 1486 c

—, Diisopentyl-,
- [1]naphthylester **6** IV 4220

—, Diisopropoxyphosphoryloxy-,
- phenylester **6** IV 634

—, Dimethoxyphosphoryl-,
- cyclohexylester **6** IV 44

—, Dimethyl-,
- [2-benzyl-4-chlor-phenylester]
  6 IV 4636
- benzylester **6** IV 2278
- [2-benzyl-phenylester] **6** IV 4629
- [4-benzyl-phenylester] **6** IV 4642
- [4-brom-phenylester] **6** IV 1052
- [4-*tert*-butyl-2-methyl-phenylester]
  6 IV 3399
- [4-butyl-phenylester] **6** IV 3270
- [4-*tert*-butyl-phenylester]
  6 I 259 i, IV 3306
- [4-chlor-3,5-dimethyl-phenylester]
  6 IV 3156
- [4-chlor-2-methyl-phenylester]
  6 IV 1991
- [4-chlor-3-methyl-phenylester]
  6 IV 2065
- [1-chlor-[2]naphthylester]
  6 IV 4290
- [2-chlor-[1]naphthylester]
  6 IV 4231

Carbamidsäure

—, Dimethyl-, (Fortsetzung)
- [4-chlor-[1]naphthylester]
  6 IV 4232
- [5-chlor-[1]naphthylester]
  6 IV 4233
- [β-chlor-phenäthylester]
  6 IV 3080
- [2-chlor-phenylester] **6** IV 795
- [4-chlor-phenylester] **6** IV 843
- cholesterylester **6** IV 4010
- [2,4-dichlor-phenylester] **6** IV 907
- [2,5-dichlor-phenylester] **6** IV 944
- [3,4-dichlor-phenylester] **6** IV 954
- [2,6-dimethoxy-phenylester]
  6 IV 7333
- [3,5-dimethyl-phenylester]
  6 IV 3147
- [2-hexyl-phenylester] **6** IV 3415
- [3-hydroxy-5-nitro-phenylester]
  6 IV 5693
- [3-methoxy-5-nitro-phenylester]
  6 IV 5693
- [4-methyl-3-nitro-phenylester]
  6 IV 2149
- [1]naphthylester **6** IV 4219
- [2]naphthylester **6** I 313 m,
  IV 4272
- [2-nitro-phenylester] **6** IV 1259
- [4-nitro-phenylester] **6** IV 1302
- norborn-5-en-2-ylmethylester
  6 IV 358
- [2-octyl-phenylester] **6** IV 3472
- pentachlorphenylester **6** IV 1033
- [4-*tert*-pentyl-phenylester]
  6 IV 3385
- [1-phenyl-but-3-inylester]
  6 IV 4071
- phenylester **6** I 88 j, IV 630
- [1-phenyl-prop-2-inylester]
  6 IV 4067
- [1-prop-2-inyl-cyclohexylester]
  6 IV 362
- *m*-tolylester **6** IV 2050
- *o*-tolylester **6** IV 1963
- *p*-tolylester **6** IV 2117
- [2,4,5-trichlor-phenylester]
  6 IV 973

—, [2-Dimethylamino-äthyl]-,
- benzylester **6** II 420 a

—, [3-Dimethylamino-propyl]-,
- menthylester **6** III 153 c

—, [β-(3,5-Dimethyl-phenoxy)-isopropyl]-
methyl-,
- [2-diäthylamino-äthylester]
  6 IV 3149

—, Dipentyl-,
- [1]naphthylester **6** IV 4220

—, Diphenoxyphosphoryl-,
- äthylester **6** IV 742
- benzylester **6** IV 2463
- butylester **6** IV 742
- isobutylester **6** IV 742
- isopropylester **6** IV 742
- methylester **6** IV 742

—, [2-Diphenoxyphosphoryloxy-äthyl]-,
- benzylester **6** IV 2280

—, [1-Diphenoxyphosphoryloxymethyl-
2-hydroxy-heptadecyl]-,
- benzylester **6** IV 2282

—, Dipropyl-,
- [2-methoxy-phenylester] **6** 777 c
- [1]naphthylester **6** IV 4220
- phenylester **6** 159 d
- *o*-tolylester **6** 356 d
- *p*-tolylester **6** 398 h

—, Dodecyl-,
- [1-prop-2-inyl-cyclohexylester]
  6 IV 363

—, Galactose-2-yl-,
- benzylester **6** IV 2284

—, Glucose-2-yl-,
- benzylester **6** IV 2283

—, *N*,*N*′-Hexandiyl-bis-,
- bis-biphenyl-4-ylester **6** III 3328 c
- bis-[2,4-diisobutyl-phenylester]
  6 III 2061 d
- bis-[2-hydroxy-phenylester]
  6 III 4232 g
- bis-[5,6,7,8-tetrahydro-
  [2]naphthylester] **6** III 2456 d
- dibenzylester **6** IV 2430
- dicyclohexylester **6** III 29 h
- diphenylester **6** III 609 f

—, Hydroxy-,
- benzylester **6** I 221 e
- [2-chlor-phenylester] **6** II 172 f
- [4-chlor-phenylester] **6** II 177 d
- [3-nitro-phenylester] **6** II 215 c
- phenylester **6** II 157 e, IV 633
- *m*-tolylester **6** II 353 m
- *o*-tolylester **6** II 330 k
- *p*-tolylester **6** II 380 f

—, [2-Hydroxy-äthyl]-,
- benzylester **6** III 1486 a, IV 2279

Carbamidsäure

−, [2-Hydroxy-äthyl]-, (Fortsetzung)
- [2-(4-chlor-3-methyl-phenoxy)-
  äthylester] **6** I 188 e
- [β,β′-diphenoxy-isopropylester]
  6 I 86 f
- [2]naphthylester **6** IV 4273
- [4-nitro-benzylester] **6** IV 2616
- [2-phenoxy-äthylester] **6** I 84 e
- [1-prop-2-inyl-cyclohexylester]
  6 IV 363

−, [2-Hydroxy-1-hydroxymethyl-
  heptadec-3-enyl]-,
- benzylester **6** IV 2282

−, [2-Hydroxy-1-hydroxymethyl-
  heptadecyl]-,
- benzylester **6** IV 2281

−, Hydroxy-methyl-,
- benzylester **6** IV 2464

−, [2-(Hydroxy-phenoxy-phosphoryloxy)-
  äthyl]-,
- benzylester **6** IV 2280

−, [2-Hydroxy-3-o-tolyloxy-propyl]-,
- äthylester **6** IV 1975
- allylester **6** IV 1975
- butylester **6** IV 1975
- [1-methyl-butylester] **6** IV 1975

−, Isobutyl-,
- [1-äthinyl-cyclohexylester]
  6 IV 350

−, Isopentyl-,
- cholesterylester **6** IV 4010
- [2-isopropyl-5-methyl-phenylester]
  6 IV 3339
- [4-isopropyl-3-methyl-phenylester]
  6 IV 3326
- [5-isopropyl-2-methyl-phenylester]
  6 IV 3332
- o-tolylester **6** IV 1964
- p-tolylester **6** IV 2117

−, N,N′-Isopentyliden-bis-,
- dibenzylester **6** III 1486 e

−, [Isopropoxy-methyl-phosphinoyloxy]-,
- phenylester **6** IV 633
- p-tolylester **6** IV 2119

−, Isopropyl-,
- cholesterylester **6** IV 4010
- [1-phenyl-but-3-inylester]
  6 IV 4071
- phenylester **6** III 609 b, IV 630
- [1-prop-2-inyl-cyclohexylester]
  6 IV 363

−, Isovaleryl-,
- bornylester **6** I 51 c

−, [2-Jod-äthyl]-,
- benzylester **6** IV 2279

−, [β-Mesityloxy-isopropyl]-methyl-,
- [2-diäthylamino-äthylester]
  6 IV 3258

−, Methacryloyl-,
- benzylester **6** IV 2285
- cyclopentylester **6** IV 8

−, [5-Methoxycarbonyl-pentyl]-,
- stigmasterylester **6** IV 4172

−, Methoxymethyl-,
- benzylester **6** IV 2282

−, Methyl-,
- [1-äthinyl-cycloheptylester]
  6 IV 361
- [1-äthinyl-cyclohexylester]
  6 IV 350
- [1-äthinyl-cyclopentylester]
  6 IV 340
- [3-äthyl-phenylester] **6** IV 3018
- benzylester **6** IV 2278
- [2-tert-butyl-phenylester]
  6 IV 3292
- [3-tert-butyl-phenylester]
  6 IV 3295
- [4-tert-butyl-phenylester]
  6 IV 3306
- [2-chlor-cyclohexylester] **6** IV 66
- [β-chlor-phenäthylester]
  6 IV 3080
- [2-chlor-phenylester] **6** IV 795
- [3-chlor-phenylester] **6** IV 815
- [4-chlor-phenylester] **6** IV 843
- cholesterylester **6** IV 4010
- [1-cyclohexyl-1-methyl-prop-
  2-inylester] **6** IV 372
- [2-cyclohexyl-phenylester]
  6 IV 3900
- [1-cyclopropyl-1-methyl-prop-
  2-inylester] **6** IV 342
- [2,4-di-tert-butyl-phenylester]
  6 IV 3494
- [2,4-dichlor-phenylester] **6** IV 907
- [2,6-dimethoxy-3,5-dinitro-
  phenylester] **6** IV 7337
- [3,5-dimethyl-phenylester]
  6 IV 3147
- [2,4-dinitro-phenylester]
  6 IV 1381
- [2-hydroxy-3-o-tolyloxy-
  propylester] **6** IV 1954

Carbamidsäure (Fortsetzung)

—, [2,2,2-Trichlor-1-hydroxy-äthyl]-,
 — bornylester **6** I 51 b
 — menthylester **6** I 24 h
—, [2,4,6-Trichlor-phenoxysulfonyl]-,
 — methylester **6** IV 1015
—, Trifluormethyl-,
 — phenylester **6** IV 631
—, Vinyl-,
 — phenylester **6** IV 631

Carbamonitril

—, Bis-[2-phenoxy-äthyl]- **6** I 91 j
—, Bis-[3-phenoxy-propyl]- **6** I 92 a
—, [5-Brom-pentyl]-[3-phenoxy-propyl]-
 6 173 d
—, Diphenoxyphosphoryl- **6** III 661 h,
 IV 743
—, [5-Phenoxy-pentyl]-[3-phenoxy-
 propyl]- **6** 173 j

Carbamoylchlorid

—, Methyl-[β-phenoxy-isopropyl]-
 6 IV 674

Carbarit 6 IV 4219

Carbazidsäure

 — benzylester **6** III 1530 c,
 IV 2464
 — [2-hydroxy-phenylester] **6** 775 n
 — [3-hydroxy-phenylester] **6** 817 b
 — [4-hydroxy-phenylester] **6** 847 a
 — [2-hydroxy-3-o-tolyloxy-
 propylester] **6** IV 1955
 — menthylester **6** III 153 e
 — [4-methoxy-benzylester]
 6 IV 5915
 — [2-methoxy-phenylester]
 6 I 386 i
 — phenylester **6** I 89 d, IV 634
—, 3,3'-Adipoyl-bis-,
 — dibenzylester **6** IV 2467
—, Äthyliden-,
 — [2-hydroxy-phenylester] **6** 776 a
 — [3-hydroxy-phenylester] **6** 817 c
 — [4-hydroxy-phenylester] **6** 847 b
—, 3-Alanyl-,
 — hydrazid **6** IV 2466
—, 3-Benzylmercaptocarbimidoyl-,
 — äthylester **6** II 435 b
—, 3-[N-Benzyloxycarbonyl-α-glutamyl]-,
 — benzylester **6** IV 2467
—, 3-{N-[N-(N-Benzyloxycarbonyl-
 α-glutamyl)-glycyl]-glycyl}-,
 — benzylester **6** IV 2466

—, 3-{N-[N-(N-Benzyloxycarbonyl-
 glycyl)-glycyl]-glycyl}-,
 — benzylester **6** IV 2466
—, 3-{N-[N-(N-Benzyloxycarbonyl-
 glycyl)-glycyl]-leucyl}-,
 — benzylester **6** IV 2467
—, 3-{N-[N-(N-Benzyloxycarbonyl-
 glycyl)-leucyl]-glycyl}-,
 — benzylester **6** IV 2466
—, sec-Butyliden-,
 — menthylester **6** III 154 a
—, 3-Diphenoxyphosphoryl-,
 — äthylester **6** IV 752
—, 3-Glycyl-,
 — benzylester **6** IV 2465
—, Isopropyliden-,
 — menthylester **6** III 153 f
—, 3-Leucyl-,
 — benzylester **6** IV 2467
—, 3-[N-Phenylmercaptocarbonyl-glycyl]-,
 — benzylester **6** IV 2465
—, 3-Thiocarbamoyl-,
 — benzylester **6** IV 2465
—, 3-[N-Trifluoracetyl-alanyl]-,
 — benzylester **6** IV 2466

Carbazinsäure

 s. *Carbazidsäure*

Carbenium

 s. *Methylium*

Carbimidsäure

 — bis-[4-brom-phenylester]
 6 200 h
 — bis-[2-nitro-phenylester]
 6 III 804 d
 — bis-[3-nitro-phenylester]
 6 III 810 g
 — diphenylester **6** 160 g
—, Allyl-,
 — diphenylester **6** I 89 c

Carbinol

 s. *Methanol*

Carbofenotion

 6 IV 1595

Carbohydroxamsäure

 s. *Carbamidsäure, Hydroxy-*

Carbolsäure

 s. *Phenol*

Carbomonohydroxamsäure

 s. *Carbamidsäure, Hydroxy-*

Carbonat

 s. *Kohlensäure-...ester*

Cardanol

—, Tetrahydro- **6** III 2108 Anm. 2

β,β-Carotin-3,3′-diol (Fortsetzung)

−, 7,8-Didehydro- 6 III 5895 b,
IV 7036

−, 15,15′-Didehydro- 6 IV 7037

−, Docosahydro- 6 IV 5342, 30 97

−, 7,8,7′,8′-Tetradehydro- 6 IV 7044,
30 99 d

β,ε-Carotin-3,3′-diol 6 II 1026 c, III 5871,
IV 7017, 30 94

−, Docosahydro- 6 III 4166 d,
IV 5342 b, 30 95

ε,ε-Carotin-3,3′-diol

−, 6,6′-Didehydro- 6 III 5895 c,
IV 7038 a

β,β-Carotin-4,4′-diol 6 IV 7015

−, 15,15′-Didehydro- 6 IV 7036

β,β-Carotin-5,6-diol

−, 5,6-Dihydro- 30 88 c

β,ε-Carotin-5,6-diol

−, 5,6-Dihydro- 6 III 5831 a, 30 92 a

β,β-Carotin-14,14′-diol

−, 3,4,15,3′,4′,15′-Hexahydro-
7,14,7′,14′-tetrahydro- 6 IV 7035 d

ε,ε-Carotin-14,14′-diol

−, 6,15,6′,15′-Tetradehydro-
14,14′-dihydro- 6 IV 7037 b

β,β-Carotin-2-ol

−, 3,4-Didehydro- 6 IV 5131

β,β-Carotin-3-ol 6 III 3772 b, IV 5111,
30 93 b

−, 3′,4′-Didehydro- 6 III 3807 b

−, 15,15′-Didehydro- 6 IV 5130

−, 3′-Methoxy- 6 III 5867 d, 30 98 a

−, 3′-Palmitoyloxy- 6 III 5869 f,
30 98 j

β,ε-Carotin-3-ol 6 IV 5113

−, 2′,3′-Didehydro- 6 III 3806

−, 3′,18′-Didehydro- 6 III 3806

−, 3′-Methoxy- 6 III 5872 c, 30 96 a

β,ε-Carotin-3′-ol

−, 3-Methoxy- 6 III 5872 c, 30 96 a

β,ψ-Carotin-3-ol 6 III 3772 a, IV 5110,
30 93 a

−, 3′,4′-Didehydro- 6 III 3805 b

−, 1′,2′-Dihydro- 6 IV 5110 b

β,β-Carotin-4-ol 6 III 3776 b, IV 5111

−, 3′,4′-Didehydro- 6 IV 5131

β,ε-Carotin-4-ol 6 IV 5112

β,ψ-Carotin-4-ol 6 IV 5110

β,ψ-Carotin-16′-ol

−, 3′,4′-Didehydro- 6 IV 5130

β,κ-Carotin-4,3′,6′-triol 6 III 6605 c

Carotol 6 II 114 g, III 411

−, Dihydro- 6 III 355 a

−, Dihydroxy- 6 II 114 g, III 6258 b

Carotoldibromid 6 II 114 g

Carquejol 6 IV 3328

Carvacrol 6 527 b, I 261 g, II 492 e,
III 1885, IV 3331

Carvacrotinalkohol 6 949 f

Carvenol 6 I 42 b, III 253 a

Carveol 6 I 61 e, II 102 c, III 379 h,
IV 374

−, O-Acetyl- 6 I 61 f, III 381 a,
IV 375

−, O-Acetyl-dihydro- 6 64 a

−, Dihydro- 6 63, 64 b, I 42 g,
II 70 a, III 255 c, 256 b

−, α-Dihydro- 6 64 c, III 256 c

−, β-Dihydro- 6 64 f

−, O-Methyl- 6 97 c

−, Tetrahydro- 6 26 g, III 129 d

Carveol-hydrat

−, Dihydro- 6 III 4115 h

Carvomenthol 6 26 g, I 19 d, II 39 d,
III 131 d, IV 148

tert-Carvomenthol 6 26 a, I 19 b, II 39 b,
III 129 c

−, O-Acetyl- 6 II 39 c

Carvonborneol 6 I 63 f

Carvotanacetol 6 III 244

Caryolan

Bezifferung 6 III 4180 Anm.

−, 1-Acetoxy- 6 III 424 a

−, 9-Acetoxy-1-chlor- 6 IV 427 c

−, 1,9-Diacetoxy- 6 III 4181 d

−, 1-Formyloxy- 6 III 423 c

−, 3-Nitryloxy- 6 105 f; vgl. III 423 b

Caryolan-1,9-diol 6 III 4180 d

Caryolan-1-ol 6 105 c, I 68 b, II 111 d,
III 423 b, IV 427 b

−, 9-Acetoxy- 6 III 4181 b

α-Caryophyllenalkohol 6 II 111 c, III 425 b

β-Caryophyllenalkohol 6 II 111 d, III 423 b,
IV 427

−, O-Acetyl- 6 105 e, II 111 f,
III 424 a

−, O-Formyl- 6 105 d, II 111 e,
III 423 c

β-Caryophyllen-dichlorhydrin 6 II 762 b;
vgl. 5 III 1083 c

−, O-Acetyl- 6 II 762 c; vgl. 5 III 1083 c

β-Caryophyllenglykol 6 II 762 a;
vgl. 5 III 1083 c

Caryophyllenhydrat 6 105 c, I 68 b, II 111 d,
III 423 b

Chlorokohlensäure (Fortsetzung)
- [2-chlor-phenylester] **6** II 172 c, III 678 e
- [4-chlor-phenylester] **6** II 177 c, III 694 d
- cholesterylester **6** III 2652 e, IV 4010
- cyclohexylester **6** II 11 i, III 29 e, IV 43
- cyclopentylester **6** IV 8
- [2,4-dichlor-phenylester] **6** III 705 a
- [2,4-dimethyl-phenylester] **6** 487 o
- [1-(4-fluor-phenyl)-äthylester] **6** IV 3043
- [3-hydroxy-östra-1,3,5(10)-trien-17-ylester] **6** III 5350 d
- indan-5-ylester **6** IV 3829
- [2-isopropyl-5-methyl-phenylester] **6** 538 a, I 265 k
- [4-isopropyl-3-methyl-phenylester] **6** IV 3326
- [5-isopropyl-2-methyl-phenylester] **6** 530 g
- menthylester **6** 36 f, I 24 f, IV 155
- [2-methoxy-phenylester] **6** 776 n, I 386 f
- [2-methoxy-4-propenyl-phenylester] **6** I 460 h
- [2-methyl-cyclohexylester] **6** III 65 c
- [1]naphthylester **6** II 580 f, III 2930 b, IV 4219
- [2]naphthylester **6** I 313 l, III 2985 c, IV 4272
- [4-nitro-benzylester] **6** 452 c, IV 2615
- [2-nitro-phenylester] **6** III 804 b, IV 1258
- [3-nitro-phenylester] **6** I 117 e, II 215 b
- [4-nitro-phenylester] **6** I 120 h
- [4-*tert*-pentyl-phenylester] **6** IV 3385
- phenäthylester **6** II 452 c, III 1710 i, IV 3074
- [2-phenoxy-äthylester] **6** II 150 f
- [1-phenyl-äthylester] **6** III 1680 f
- phenylester **6** 159 a, I 88 h, II 157 b, III 608 d, IV 629
- [3-phenyl-propylester] **6** III 1804 l

- stigmasterylester **6** IV 4171
- [5,6,7,8-tetrahydro-[1]naphthylester] **6** IV 3853
- [5,6,7,8-tetrahydro-[2]naphthylester] **6** IV 3856
- [1-*p*-tolyl-äthylester] **6** IV 3243
- *m*-tolylester **6** 379 m
- *o*-tolylester **6** 356 b
- *p*-tolylester **6** 398 g, II 380 c, IV 2116
- [2,4,6-tribrom-phenylester] **6** III 764 c

Chlorophorin 6 III 6800 b
- , Tetra-*O*-acetyl- **6** III 6801 c
- , Tetra-*O*-äthyl- **6** III 6801 b
- , Tetra-*O*-methyl- **6** III 6801 a

Chlorophosphorigsäure
- äthylester-cyclohexylester **6** IV 56
- bicyclohexyl-1,1'-diylester **6** IV 5314
- bis-[2-chlor-phenylester] **6** IV 805
- bis-[4-chor-phenylester] **6** I 102 c
- bis-[2-methoxy-phenylester] **6** I 388 e
- bis-[4-(1,1,3,3-tetramethyl-butyl)-phenylester] **6** IV 3487
- bis-[1-trichlormethyl-cyclopentyl-ester] **6** IV 88
- dicyclohexylester **6** IV 56
- diphenylester **6** 177 d, I 94 i, II 165 b, III 656 f, IV 700
- di-*m*-tolylester **6** II 354 h
- di-*o*-tolylester **6** I 173 d, II 331 g, IV 1977
- di-*p*-tolylester **6** I 203 a, IV 2129
- [4-methyl-*o*-phenylenester] **6** III 4519 f, IV 5881
- *o*-phenylenester **6** II 785 b, III 4243 g, IV 5598, **27** 809; s.a. *Benzo=[1,3,2]dioxaphosphol, 2-Chlor-*
- phenylester-*m*-tolylester **6** IV 2056
- phenylester-*p*-tolylester **6** IV 2128
- [2,2,2-trichlor-1,1-dimethyl-äthylester]-[1-trichlormethyl-cyclohexylester] **6** IV 98

Chlorophosphorigsäure (Fortsetzung)
- [2,2,2-trichlor-1,1-dimethyl-
  äthylester]-[1-trichlormethyl-
  cyclopentylester] **6** IV 88

Chlorophosphorsäure
- äthylester-phenylester
  6 179 c, IV 736
- [1,1′]binaphthyl-2,2′-diylester
  6 II 1027 d
- bis-biphenyl-4-ylester **6** IV 4607
- bis-[4-butyl-2-isopropyl-5-methyl-
  phenylester] **6** III 2065 a
- bis-[4-butyl-2-methyl-phenylester]
  6 III 1973 e
- bis-[4-*tert*-butyl-phenylester]
  6 III 1871 c
- bis-[4-chlor-2-isopropyl-5-methyl-
  phenylester] **6** III 1909 a
- bis-[4-chlor-5-isopropyl-2-methyl-
  phenylester] **6** III 1891 b
- bis-[4-chlor-3-methyl-phenylester]
  6 III 1318 h
- bis-[2-chlor-phenylester] **6** IV 807
- bis-[4-chlor-phenylester]
  6 188 e, II 178 b, III 698 i,
  IV 870
- bis-[3,5-dimethyl-phenylester]
  6 IV 3151
- bis-[4-hexyl-2-methyl-phenylester]
  6 III 2034 g
- bis-[4-isopentyl-2-methyl-
  phenylester] **6** III 2008 c
- bis-[2-isopropyl-5-methyl-
  phenylester] **6** 539 k
- bis-[4-jod-benzylester] **6** IV 2607
- bis-[2-methoxy-phenylester]
  6 782 e, I 388 i, III 4246 b
- bis-[4-nitro-benzylester]
  6 IV 2629
- bis-[2,4,6-trichlor-phenylester]
  6 II 181 d
- butylester-phenylester **6** IV 736
- [2-chlor-äthylester]-phenylester
  6 IV 736
- [2-chlor-phenylester]-phenylester
  6 III 680 i
- dibenzylester **6** III 1550 f,
  IV 2581
- dicholesterylester **6** III 2660 b
- dicyclohexylester **6** IV 58
- di-[1]naphthylester **6** IV 4227
- diphenylester **6** 179 d, I 95 g,
  II 166 d, III 660 d, IV 737

- di-*m*-tolylester **6** IV 2057
- di-*p*-tolylester **6** IV 2130
- methylester-phenylester **6** IV 736
- [2]naphthylester-phenylester
  6 I 314 i
- *o*-phenylenester **6** II 786 a,
  III 4244 e, IV 5602, **27** 809 c; s. a. *Benzo=*
  [1,3,2]dioxaphosphol-2-oxid, 2-Chlor-
- phenylester-propylester **6** IV 736
- phenylester-*o*-tolylester
  6 III 1262 a
- phenylester-*p*-tolylester **6** 401 i

Chloroschwefelsäure
- [2-chlor-cyclohexylester]
  6 III 41 f
- [2-chlor-phenylester] **6** III 680 a
- [4-chlor-phenylester] **6** III 698 b
- [2-methoxy-phenylester]
  6 III 4240 i
- [2-nitro-phenylester] **6** III 805 c
- [4-nitro-phenylester] **6** III 831 a
- phenylester **6** III 655 a
- *m*-tolylester **6** III 1312 c
- *p*-tolylester **6** III 1371 d

Chloroschwefligsäure
- benzhydrylester **6** III 3374 g
- benzylester **6** III 1547 d
- [2-chlor-cyclohexylester]
  6 III 41 e
- [4-chlor-phenylester] **6** III 697 h
- cinnamylester **6** III 2408 d
- cyclohexylester **6** III 35 f
- [4-methoxy-benzylester] **6** III 4550 e
- [3-methoxy-phenylester]
  6 III 4331 e
- [1]naphthylester **6** III 2932 d
- [2]naphthylester **6** III 2988 d
- [2-nitro-benzylester] **6** III 1565 c
- [3-nitro-benzylester] **6** III 1567 a
- [4-nitro-benzylester] **6** III 1571 f
- phenäthylester **6** III 1713 b
- phenylester **6** III 653 i
- [3-phenyl-propylester] **6** III 1805 i
- *m*-tolylester **6** III 1311 k
- *o*-tolylester **6** III 1260 c
- *p*-tolylester **6** III 1370 l
- [2,4,6-tri-*tert*-butyl-phenylester]
  6 IV 3540

Chloroselenophosphorsäure
- *O,O′*-bis-[4-chlor-phenylester]
  6 I 102 l
- *O,O′*-diphenylester **6** I 97 e
- *O,O′*-di-*o*-tolylester **6** I 173 k

Cholan-24-ol   (Fortsetzung)

—, 3,6-Diacetoxy-24,24-diphenyl-
    6 IV 7646

—, 24,24-Dimethyl- **6** III 2125 a,
    IV 3570

—, 24,24-Diphenyl- **6** III 3722 c

—, 3-Formyloxy- **6** IV 6122

—, 3-Methoxy- **6** IV 6122

—, 3,7,12-Triacetoxy-24,24-diphenyl-
    6 IV 7834

Cholan-23-on

—, 3,12-Diacetoxy- **6** III 6418 a

Cholan-3,6,7,24-tetraol 6 IV 7714

Cholan-3,7,12,23-tetraol

—, 23-Methyl- **6** III 6684 b

—, 24-Methyl- **6** III 6684 a

Cholan-3,7,12,24-tetraol 6 III 6683 c

—, 24,24-Dimethyl- **6** III 6685 c

—, 24,24-Diphenyl- **6** III 6820 a

Cholanthren

    hydrierte Derivate s. unter
    Benz[j]aceanthrylen

—, 1-Acetoxy-3-methyl- **6** III 3790 d

—, 8-Acetoxy-3-methyl- **6** III 3791 b

—, 9-Acetoxy-3-methyl- **6** III 3791 e

—, 8-Methoxy-3-methyl- **6** III 3791 a

—, 9-Methoxy-3-methyl- **6** III 3791 d

—, 11-Methoxy-3-methyl- **6** III 3791 f

Cholanthren-1-ol

—, 3-Methyl- **6** III 3790 c

Cholanthren-6-ol 6 IV 5119

Cholanthren-8-ol

—, 3-Methyl- **6** III 3790 f

Cholanthren-9-ol

—, 3-Methyl- **6** III 3791 c

Cholanthren-6-on

—, 12bH- **6** IV 5119

Cholanthren-1-ylthiocyanat

—, 3-Methyl- **6** III 3790 e

Cholan-3,6,22-triol

—, 22-Äthyl- **6** III 6421 a

Cholan-3,6,23-triol

—, 23-Methyl- **6** III 6417 a

Cholan-3,6,24-triol 6 IV 7461

—, 24,24-Dimethyl- **6** III 6418 b

—, 24,24-Diphenyl- **6** III 6603 c,
    IV 7646

Cholan-3,7,12-triol 6 IV 7461

—, 24-Brom-24-brommethyl- **6** III 6416 c

—, 24,24-Dimethyl- **6** IV 7463

—, 24-Methyl- **6** III 6416 b

—, 24-Methylen- **6** III 6470 d

Cholan-3,7,22-triol

—, 22-Äthyl- **6** III 6421 b

Cholan-3,7,23-triol

—, 24-Methyl- **6** III 6417 c

Cholan-3,7,24-triol 6 IV 7461

—, 24,24-Dimethyl- **6** III 6419 a

Cholan-3,11,24-triol 6 IV 7462

Cholan-3,12,23-triol

—, 23-Methyl- **6** III 6418 a

Cholan-3,12,24-triol 6 III 6415 b,
    IV 7462

—, 24,24-Dimethyl- **6** III 6419 c

—, 24,24-Diphenyl- **6** III 6604 a

Cholan-3,17,24-triol

—, 24,24-Dimethyl- **6** III 6420 b

Cholan-3,20,24-triol 6 IV 7462

—, 24,24-Dimethyl- **6** III 6420 b

—, 24,24-Diphenyl- **6** III 6604 b

Chola-5,20(22),23-trien

—, 3-Acetoxy-24,24-diphenyl-
    6 III 3825 b, IV 5138

Chola-5,20(22),23-trien-3-ol

—, 24,24-Diphenyl- **6** III 3825 a,
    IV 5138

—, 21-Methoxy-24,24-diphenyl-
    6 III 5913

Cholecalciferol 6 III 2811, IV 4149

—, O-Allophanoyl- **6** III 2813

—, O-Allophanoyl-dihydro- **6** III 2602 c

—, O-Butyryl- **6** IV 4150

—, Dihydro- **6** III 2602 b

—, O-Phosphono- **6** IV 4150

Chol-3-en

—, 12-Acetoxy- **6** IV 3990

—, 24-Acetoxy- **6** IV 3991

—, 12-Acetoxy-24-chlor- **6** IV 3991

—, 24-*tert*-Butoxy- **6** IV 3991

Chol-5-en

—, 3-Acetoxy- **6** IV 3991

—, 3-Acetoxy-24-benzyl- **6** IV 4926

—, 3-Acetoxy-24-chlor- **6** IV 3991

—, 3-Acetoxy-24,24-diphenyl- **6** III 3770 b

—, 3-Acetoxy-24-methyl- **6** IV 3992

—, 3,24-Diacetoxy- **6** III 5115 b,
    IV 6426

—, 3,24-Diacetoxy-24,24-dimethyl-
    6 III 5119 d

—, 3,23-Diacetoxy-23-methyl-
    6 III 5118 a

—, 3,24-Diacetoxy-24-phenyl-
    6 III 5680 b

Chol-9(11)-en

—, 24-Acetoxy-3-methoxy- **6** IV 6426

Cholesta-3,5-dien (Fortsetzung)

—, 3-Benzylmercapto- **6** III 2816 a,
  IV 4151

—, 3-Butoxy- **6** III 2814 b

—, 3-Cholesteryloxy- **6** III 2814 c

—, 3,4-Diacetoxy- **6** III 5212 a

—, 3-Phenylmethansulfinyl- **6** IV 4152

Cholesta-4,6-dien

—, 3-Acetoxy- **6** III 2817 b, IV 4152

—, 3,3'-Oxy-di- **6** III 2817 a

Cholesta-4,7-dien

—, 3-Acetoxy- **6** III 2818 c

Cholesta-5,7-dien

—, 3-Acetoxy- **6** III 2822 d, IV 4153

—, 3-Acetoxy-4,4-dimethyl- **6** IV 4178

—, 3-Acetoxymethyl- **6** IV 4168

—, 3-Acetoxy-3-methyl- **6** IV 4168

—, 3-Acetylmercapto- **6** IV 4154

—, 3-Äthoxy- **6** III 2822 c, IV 4153

—, 3-Carbamimidoylmercapto- **6** IV 4154

—, 3-Diphenoxyphosphoryloxy-
  6 IV 4154

—, 3,3'-Disulfandiyl-di- **6** IV 4155

—, 3-Methoxy- **6** III 2822 b, IV 4153

—, 3-[4-Methyl-valeryloxy]- **6** IV 4153

—, 3-Thiocyanato- **6** IV 4154

—, 3-Trityloxy- **6** III 3651 b

Cholesta-5,8-dien

—, 3-Acetoxy- **6** IV 4155

Cholesta-5,17(20)-dien

—, 3,16,22,26-Tetraacetoxy- **6** IV 7728

Cholesta-5,20-dien

—, 3-Acetoxy- **6** IV 4157

Cholesta-5,20(22)-dien

—, 3-Acetoxy- **6** IV 4155

Cholesta-5,22-dien

—, 3-Acetoxy- **6** IV 4156

Cholesta-5,24-dien

—, 3-Acetoxy- **6** IV 4156

Cholesta-5,25-dien

—, 3-Acetoxy- **6** IV 4157

Cholesta-6,8-dien

—, 3-Acetoxy- **6** III 2825, IV 4157

—, 3-Trideuterioacetoxy- **6** IV 4158

Cholesta-6,8(14)-dien

—, 3-Acetoxy- **6** IV 4158

—, 3,7-Diacetoxy- **6** IV 6516

Cholesta-7,9(11)-dien

—, 3-Acetoxy- **6** III 2826 c, IV 4159

—, 3-Acetoxy-4-methyl- **6** IV 4168

—, 3,6-Diacetoxy- **6** III 5213 b

—, 3,7-Diacetoxy- **6** IV 6516

Cholesta-7,14-dien

—, 3-Acetoxy- **6** III 2827 a

—, 3-Acetoxy-4,4-dimethyl- **6** IV 4179

—, 3-Äthoxycarbonyloxy- **6** IV 4159

Cholesta-8,14-dien

—, 3-Acetoxy- **6** III 2828 a, IV 4159

—, 3-Acetoxy-4,4-dimethyl- **6** IV 4179

Cholesta-8,24-dien

—, 3-Acetoxy- **6** III 2829 c, IV 4160

—, 3-Formyloxy- **6** III 2829 b

Cholesta-6,8(14)-dien-3,9-diol 6 III 5212 b

Cholesta-7,9(11)-dien-3,6-diol 6 III 5212 d

**Cholesta-3,5-dieno[3,4-d][1,3,2]dioxathiol-
  2'-oxid**

—, 3,4-Dihydro- **6** III 5129 b

Cholesta-4,6-dien-3-ol 6 III 2816 b,
  IV 4152

Cholesta-4,7-dien-3-ol 6 III 2818 a

Cholesta-5,7-dien-3-ol 6 III 2819, IV 4153

—, 4,4-Dimethyl- **6** IV 4178

—, 3-Methyl- **6** IV 4168

Cholesta-5,8-dien-3-ol 6 IV 4155

Cholesta-5,8(14)-dien-3-ol

—, 7-[3-Hydroxy-cholesta-5,8-dien-7-yl]-
  6 IV 6998

Cholesta-5,22-dien-3-ol 6 IV 4156

Cholesta-5,24-dien-3-ol 6 IV 4156

Cholesta-5,25-dien-3-ol 6 IV 4157

Cholesta-6,8-dien-3-ol 6 III 2823 c,
  IV 4157

Cholesta-6,8(14)-dien-3-ol 6 IV 4158

Cholesta-6,8(14)-dien-9-ol

—, 3-Acetoxy- **6** III 5212 c

Cholesta-7,9(11)-dien-3-ol 6 III 2826 a,
  IV 4158

Cholesta-7,9(11)-dien-5-ol

—, 3-Acetoxy- **6** IV 6516

Cholesta-7,14-dien-3-ol 6 III 2826 d

Cholesta-8,14-dien-3-ol 6 III 2827 b

—, 4,4-Dimethyl- **6** IV 4179

Cholesta-8,24-dien-3-ol 6 III 2828 c

Cholesta-14,24-dien-3-ol 6 III 2830 c

Cholestadienol-C 6 III 2826

—, O-Acetyl- **6** III 2826

Cholestadienol-D 6 III 2827 c

**Cholesta-5,17(20)-dien-3,16,22,26-tetraol
  6** IV 7728

Cholesta-5,7-dien-3-thiol 6 IV 4154

Cholesta-5,7-dien-3-ylthiocyanat 6 IV 4154

Cholestan

—, 3-Acetoacetyloxy- **6** IV 3583

—, 1-Acetoxy- **6** IV 3574

—, 2-Acetoxy- **6** III 2127 c, IV 3575

Cholestan (Fortsetzung)

—, 3-Acetoxy- **6** III 2138 c, IV 3580
—, 4-Acetoxy- **6** III 2156 a, IV 3593
—, 6-Acetoxy- **6** III 2156 d, IV 3597
—, 7-Acetoxy- **6** IV 3600
—, 6-Acetoxy-3-[2-acetoxy-äthyl]-
  6 IV 6146
—, 3-Acetoxy-2-acetylmercapto-
  6 IV 6128
—, 3-Acetoxy-4-äthyl- **6** IV 3610
—, 2-Acetoxy-3-brom- **6** IV 3576
—, 3-Acetoxy-2-brom- **6** IV 3586
—, 3-Acetoxy-4-brom- **6** IV 3587
—, 3-Acetoxy-5-brom- **6** III 2147 e,
  IV 3588
—, 3-Acetoxy-6-brom- **6** III 2148 a
—, 3-Acetoxy-4-brom-2-chlor-
  6 IV 3588
—, 3-Acetoxy-5-brom-6-chlor-
  6 IV 3589
—, 6-Acetoxy-3-brom-5-chlor-
  6 IV 3599
—, 2-Acetoxy-3-chlor- **6** IV 3575
—, 3-Acetoxy-2-chlor- **6** IV 3584
—, 3-Acetoxy-5-chlor- **6** III 2145 b,
  IV 3585
—, 3-Acetoxy-7-chlor- **6** III 2146 a
—, 6-Acetoxy-3-chlor- **6** IV 3598
—, 3-Acetoxy-2,4-dibrom- **6** III 2148 c
—, 3-Acetoxy-5,6-dibrom- **6** III 2153 a,
  IV 3589
—, 3-Acetoxy-5,6-dichlor- **6** III 2147 c,
  IV 3585
—, 6-Acetoxy-3,5-dichlor- **6** IV 3598
—, 3-Acetoxy-2,2-dimethyl- **6** IV 3611
—, 3-Acetoxy-4,4-dimethyl- **6** IV 3612
—, 3-Acetoxy-7,8-dinitro- **6** IV 3592
—, 1-Acetoxy-3-jod- **6** IV 3574
—, 2-Acetoxy-3-jod- **6** IV 3576
—, 3-Acetoxy-2-jod- **6** IV 3592
—, 1-Acetoxy-3-methansulfonyloxy-
  6 IV 6126
—, 2-Acetoxy-3-methansulfonyloxy-
  6 III 4803 b
—, 4-Acetoxy-3-methansulfonyloxy-
  6 IV 6129
—, 3-Acetoxy-2-methyl- **6** IV 3605
—, 3-Acetoxy-4-methyl- **6** IV 3607
—, 3-Acetoxy-14-methyl- **6** IV 3608
—, 3-Acetoxy-6-nitro-5-nitryloxy-
  6 IV 6130
—, 3-Acetoxy-6-sulfooxy- **6** III 4814 a

—, 3-Acetoxy-5,6,22,23-tetrabrom-
  6 IV 3591
—, 3-Äthoxy- **6** IV 3579
—, 3-Äthoxycarbonyloxy- **6** IV 3582
—, 3-Äthoxy-5,6-dibrom- **6** III 2152 a
—, 3-Allophanoyloxy- **6** III 2142 c
—, 3-[1-Benzhydryl-propoxy]-
  6 IV 4785
—, 3-Benzylmercaptothiocarbonyloxy-
  6 IV 3583
—, 3-Benzyloxy-5,6-dibrom- **6** III 2152 b
—, 3,7-Bis-äthoxycarbonyloxy-
  6 IV 6135
—, 3,6-Bis-formyloxy- **6** III 4811 b
—, 3,6-Bis-methansulfonyloxy-
  6 III 4813 d
—, 3,5-Bis-phenylmercapto- **6** III 4809 b
—, 3,7-Bis-sulfooxy- **6** IV 6135
—, 3-Bromacetoxy- **6** III 2140 d
—, 3-Brom-2-isopentyl- **6** III 2183 a
—, 3-[α-Brom-isovaleryloxy]- **6** III 2141 b
—, 3-*tert*-Butoxy- **6** IV 3579
—, 3-Chloracetoxy- **6** III 2140 a
—, 3-Chlor-2-isopentyl- **6** III 2183 a
—, 5-Chlor-3-methoxy- **6** III 2145 a
—, 1,3-Diacetoxy- **6** IV 6126
—, 2,3-Diacetoxy- **6** III 4803 a,
  IV 6127
—, 3,4-Diacetoxy- **6** III 4804 d,
  IV 6129
—, 3,5-Diacetoxy- **6** III 4808 c
—, 3,6-Diacetoxy- **6** III 4812 d,
  IV 6132
—, 3,7-Diacetoxy- **6** III 4816 d,
  IV 6135
—, 3,15-Diacetoxy- **6** IV 6136
—, 3,22-Diacetoxy- **6** IV 6137
—, 3,24-Diacetoxy- **6** IV 6137
—, 3,26-Diacetoxy- **6** IV 6138
—, 4,5-Diacetoxy- **6** IV 6138
—, 5,6-Diacetoxy- **6** IV 6139
—, 3,6-Diacetoxy-5-brom- **6** IV 6133
—, 3,6-Diacetoxy-7-brom- **6** IV 6134
—, 3,5-Diacetoxy-6-chlor- **6** IV 6130
—, 3,6-Diacetoxy-5-chlor- **6** III 4814 d
—, 3,6-Diacetoxy-5-fluor- **6** IV 6133
—, 3,6-Diacetoxy-5-methoxy- **6** III 6427 b
—, 3,6-Diacetoxy-5-methyl- **6** III 4822 c
—, 3,3'-Diacetoxy-24,24'-oxy-di-
  6 III 4817 d
—, 5,6-Dibrom-3-bromacetoxy-
  6 III 2153 d
—, 5,6-Dibrom-3-butyryloxy- **6** IV 3589

Cholestan-3,5,6-triol 6 III 6422 c, IV 7464
—, 6-Methyl- 6 IV 7471
Cholestan-3,6,7-triol 6 III 6429 a, IV 7466
—, 5-Brom- 6 IV 7468
Cholestan-3,7,8-triol 6 III 6429 e, 6430 a
Cholestan-3,7,12-triol 6 IV 7468
—, 25-Methyl- 6 IV 7471
Cholestan-3,8,9-triol 6 III 6430 c
Cholestan-3,16,26-triol 6 III 6431 a,
　IV 7468
Cholestan-3,22,26-triol 6 IV 7469
Cholestan-4,5,6-triol
—, 3-[2-Carboxy-benzoyloxy]-
　6 III 6686 a
Cholestan-5,6,7-triol
—, 3-[2-Carboxy-benzoyloxy]-
　6 III 6686 a
Cholestan-3-ylthiocyanat 6 IV 3593
—, 5,6-Dibrom- 6 III 2155 a
Cholesta-4,6,8,11-tetraen
—, 3-Acetoxy- 6 III 3477 b
Cholesta-4,6,8,11-tetraen-3-ol 6 III 3477 a
Cholesta-2,4,6-trien
—, 3-Acetoxy- 6 IV 4401
Cholesta-3,5,7-trien
—, 3-Acetoxy- 6 IV 4401
Cholesta-5,7,9(11)-trien
—, 3-Acetoxy- 6 III 3084 b, IV 4402
Cholesta-6,8,14-trien
—, 3-Acetoxy- 6 III 3085 c
Cholesta-6,8(14),9(11)-trien
—, 3-Acetoxy- 6 III 3085 a
Cholesta-5,7,9(11)-trien-3-ol 6 III 3084 a,
　IV 4402
Cholesta-6,8,14-trien-3-ol 6 III 3085 b
Cholesta-6,8(14),9(11)-trien-3-ol 6 III 3084 d
Cholesten
　s. *Cholest-5-en*
Cholest-1-en
—, 3-Acetoxy- 6 IV 3995
Cholest-2-en
—, 1-Acetoxy- 6 IV 3996
—, 3-Acetoxy- 6 IV 3996
—, 6-Acetoxy- 6 IV 3997
—, 3-Acetoxy-2-brom- 6 III 2603 b
—, 3-Acetoxy-2-methyl- 6 IV 4034
—, 3-Acetoxy-4-methyl- 6 IV 4035
—, 3-Äthoxy- 6 III 2603 a
Cholest-3-en
—, 3-Acetoxy- 6 IV 3997
—, 3-Acetoxy-4-methyl- 6 IV 4035
Cholest-4-en
—, 3-Acetoxy- 6 III 2606 a

—, 6-Acetoxy- 6 IV 3999
—, 7-Acetoxy- 6 IV 4000
—, 3-Acetoxy-6-äthoxy- 6 III 5123 c
—, 6-Acetoxy-3-äthoxycarbonyloxy-
　6 III 5124 c
—, 3-Acetoxy-6-äthyl- 6 IV 4043
—, 3-Acetoxy-6-chlor- 6 III 2606 c
—, 6-Acetoxy-3-chlor- 6 IV 3999
—, 6-Acetoxy-3-methoxy- 6 IV 6434
—, 3-Acetoxy-6-methyl- 6 IV 4036
—, 3-Acetylmercapto- 6 IV 3998
—, 3,6-Bis-äthoxycarbonyloxy-
　6 IV 6434
—, 2,3-Diacetoxy- 6 IV 6432
—, 3,6-Diacetoxy- 6 III 5124 a,
　IV 6434
—, 3-Methoxy- 6 III 2605 b
—, 6-Methoxy- 6 IV 3998
—, 7-Methoxy- 6 IV 4000
Cholest-5-en
—, 3-Acetoacetoxy- 6 IV 4013
—, 3-Acetoxy- 6 III 2630 b, IV 4004
—, 4-Acetoxy- 6 IV 4021
—, 3-Acetoxy-4-[1-acetoxy-äthyl]-
　6 IV 6445
—, 3-Acetoxy-4-äthoxy- 6 III 5127 a
—, 4-Acetoxy-3-äthoxycarbonyloxy-
　6 III 5129 a
—, 3-Acetoxy-6-äthyl- 6 IV 4043
—, 3-Acetoxy-7-äthyliden- 6 III 2871 b
—, 3-Acetoxy-7-brom- 6 III 2663 d,
　IV 4017
—, 3-Acetoxy-25-brom- 6 IV 4017
—, 3-Acetoxy-4-butyryloxy- 6 III 5128 c
—, 3-Acetoxy-6-chlor- 6 III 2663 b, IV 4017
—, 3-Acetoxy-7-chlor- 6 III 2663 c
—, 3-Acetoxy-6-[4-chlor-phenyl]-
　6 IV 4927
—, 3-Acetoxy-7-deuterio- 6 IV 4005
—, 3-Acetoxy-7-formyloxy- 6 III 5135 b
—, 3-Acetoxy-6-isopropyl- 6 IV 4047
—, 3-Acetoxy-6-jod- 6 III 2664 b
—, 3-Acetoxy-7-jod- 6 III 2664 c
—, 3-Acetoxy-7-methoxy- 6 III 5134 e
—, 4-Acetoxy-3-methoxycarbonyloxy-
　6 III 5128 f
—, 3-Acetoxy-6-[4-methoxy-phenyl]-
　6 IV 6887
—, 3-Acetoxymethyl- 6 IV 4035
—, 3-Acetoxy-3-methyl- 6 IV 4034
—, 3-Acetoxy-6-methyl- 6 III 2694 b
—, 3-Acetoxy-7-methylen- 6 III 2853 a

Cholest-5-en (Fortsetzung)

—, 3-Acetoxy-6-nitro- **6** III 2665 a, IV 4017

—, 3-Acetoxy-6-[4-nitro-phenyl]- **6** IV 4927

—, 3-[12-Acetoxy-octadec-9-enoyloxy]- **6** III 2655 a

—, 3-Acetoxy-7-phenoxy- **6** III 5135 a

—, 3-Acetoxy-6-phenyl- **6** III 3550 b, IV 4927

—, 3-[2-Acetoxy-propionyloxy]- **6** III 2654 f

—, 3-Acetoxy-4-propionyloxy- **6** III 5128 a

—, 3-Acetoxy-6-*p*-tolyl- **6** IV 4927

—, 3-Acetylmercapto- **6** III 2667 b, IV 4019

—, 3-Äthansulfonyl- **6** III 2666 d

—, 3-Äthoxy- **6** III 2624 b

—, 3-Äthoxycarbonyloxy- **6** III 2649 b, IV 4009

—, 3-Äthylcarbamoyloxy- **6** IV 4010

—, 3-Äthylmercapto- **6** III 2666 c

—, 3-Allophanoyloxy- **6** III 2653 b

—, 3-Allylcarbamoyloxy- **6** IV 4011

—, 3-Allyloxy- **6** III 2626 d

—, 3-Benzhydrylmercaptothiocarbonyloxy- **6** IV 4685

—, 3-Benzylmercapto- **6** III 2667 a

—, 3-Benzyloxy- **6** III 2627 d

—, 3,4-Bis-äthoxycarbonyloxy- **6** IV 6435

—, 3,7-Bis-äthoxycarbonyloxy- **6** IV 6435

—, 3-Bornyloxy- **6** III 2627 a

—, 3-Bromacetoxy- **6** III 2634 b, IV 4006

—, 3-[α-Brom-isovaleryloxy]- **6** III 2637 a

—, 7-Brom-3-methoxy- **6** IV 4017

—, 3-[3-Brom-propionyloxy]- **6** IV 4006

—, 7-Brom-3-thiocyanato- **6** IV 4019

—, 3-But-2-inoyloxy- **6** III 2644 c

—, 3-Butoxy- **6** III 2625 c

—, 3-Butoxycarbonyloxy- **6** III 2650 b

—, 3-Butylcarbamoyloxy- **6** IV 4010

—, 3-Butyryloxy- **6** III 2635 c, IV 4007

—, 3-Butyryloxymethyl- **6** IV 4035

—, 3-Carbamoyloxy- **6** III 2653 a

—, 3-Chloracetoxy- **6** III 2633 c, IV 4006

—, 3-Chlorcarbonyloxy- **6** III 2652 e, IV 4010

—, 3-Crotonoyloxy- **6** III 2642 b

—, 3-Cyanacetoxy- **6** IV 4008

—, 3-Cyclohex-1-enyloxy- **6** III 2626 e

—, 3-Decanoyloxy- **6** III 2638 b

—, 3-Decanoyloxymethyl- **6** IV 4035

—, 3,4-Diacetoxy- **6** III 5127 b, IV 6435

—, 3,7-Diacetoxy- **6** III 5135 c

—, 3,16-Diacetoxy- **6** IV 6436

—, 3,22-Diacetoxy- **6** IV 6436

—, 3,24-Diacetoxy- **6** III 5137 a

—, 3,25-Diacetoxy- **6** IV 6437

—, 3,26-Diacetoxy- **6** IV 6438

—, 3-Dichloracetoxy- **6** III 2633 d

—, 3-[9,10-Dihydroxy-octadecanoyloxy= methyl]- **6** IV 4035

—, 3-[9,10-Dijod-octadec-9-enoyloxy]- **6** III 2644 a

—, 3-Dimethylcarbamoyloxy- **6** IV 4010

—, 3-[2,4-Dinitro-benzolsulfenyloxy]- **6** IV 4014

—, 3-[2,4-Dinitro-phenoxy]- **6** IV 4003

—, 3-[2,4-Dinitro-phenylmercapto]- **6** IV 4018

—, 3,3'-Disulfandiyl-di- **6** III 2668 c

—, 3-Docos-13-enoyloxy- **6** III 2644 b

—, 3-Eicosanoyloxy- **6** III 2641 b

—, 3-Eicosa-5,8,11,14-tetraenoyloxy- **6** III 2645 a

—, 3-Elaidoyloxy- **6** III 2643

—, 3-Fluoracetoxy- **6** III 2633 b

—, 3-Formyloxy- **6** III 2630 a, IV 4004

—, 3-Glycyloxy- **6** III 2655 b

—, 3-Heptanoyloxy- **6** III 2637 c, IV 4007

—, 3-Heptyloxy- **6** III 2626 b

—, 3-Hexanoyloxy- **6** III 2637 b

—, 3-Hexanoyloxymethyl- **6** IV 4035

—, 3-Hexyloxy- **6** III 2626 a

—, 3-[2-Hydroxy-äthyl]- **6** IV 4042

—, 3-[3-Hydroxy-butyryloxy]- **6** III 2654 g

—, 3-[1-Hydroxy-cyclohexyl]- **6** IV 4205

—, 3-[β-Hydroxy-isobutyl]- **6** IV 4060

—, 3-[12-Hydroxy-octadecanoyloxy]- **6** IV 4013

—, 3-[12-Hydroxy-octadecanoyloxymethyl]- **6** IV 4035

—, 3-[1-Hydroxy-propyl]- **6** IV 4047

—, 3-Isobutoxy- **6** III 2625 d

—, 3-Isobutoxycarbonyloxy- **6** III 2650 c

—, 3-Isobutyryloxy- **6** III 2636 a

Cholin (Fortsetzung)

—, *O*-[(*β*-Benzyloxy-*β*′-palmitoyloxy-
isopropoxy)-phenoxy-phosphoryl]-
6 IV 2251

—, *O*-[2-Benzyl-phenyl]- **6** IV 4631

—, *O*-[4-Benzyl-phenyl]- **6** IV 4643

—, *O*-[1-Benzyl-2-phenyl-äthyl]-
6 IV 4750

—, *O*-Bibenzyl-4-yl- **6** IV 4698 b

—, *O*-Biphenyl-2-yl- **6** IV 4583

—, *O*-Biphenyl-4-yl- **6** IV 4605

—, *O*-[(2,3-Bis-decanoyloxy-propoxy)-
phenoxy-phosphoryl]- **6** IV 732

—, *O*-[(2,3-Bis-hexanoyloxy-propoxy)-
phenoxy-phosphoryl]- **6** IV 731

—, *O*-[(2,3-Bis-myristoyloxy-propoxy)-
phenoxy-phosphoryl]- **6** IV 732

—, *O*-[(2,3-Bis-octanoyloxy-propoxy)-
phenoxy-phosphoryl]- **6** IV 731

—, *O*-[(2,3-Bis-palmitoyloxy-propoxy)-
phenoxy-phosphoryl]- **6** IV 732

—, *O*-[(2,3-Bis-stearoyloxy-propoxy)-
phenoxy-phosphoryl]- **6** IV 733

—, *O*-[*β,β*′-Bis-*o*-tolyloxy-isopropyl]-
6 IV 1955 g

—, *O*-[4-Brom-2-isopropyl-5-methyl-
phenyl]- **6** IV 3348

—, *O*-[6-Brom-[2]naphthyloxycarbonyl]-
6 IV 4303 g

—, *O*-[3-Brom-phenyl]- **6** IV 1043 d

—, *O*-[4-Brom-phenyl]- **6** II 186 f,
IV 1053 g

—, *O*-[3-Butoxy-phenyl]- **6** III 4328 e

—, *O*-[3-Butylmercapto-benzhydryl]-
6 IV 6668

—, *O*-[2-(4-Chlor-benzyl)-phenyl]-
6 IV 4638

—, *O*-[3-Chlor-biphenyl-2-yl]-
6 IV 4587

—, *O*-[2-(4-Chlor-2-isopropyl-5-methyl-
phenoxy)-äthyl]- **6** III 1907 d

—, *O*-[4-Chlor-2-isopropyl-5-methyl-
phenyl]- **6** III 1907 h, IV 3346

—, *O*-[2-Chlor-phenyl]- **6** IV 799 f

—, *O*-[3-Chlor-phenyl]- **6** IV 819 a

—, *O*-[4-Chlor-phenyl]- **6** IV 858 g

—, *O*-Cholesteryloxycarbonyl- **6** IV 4009 c

—, *O*-[Cholesteryloxy-hydroxy-
phosphoryl]- **6** IV 4016 f

—, *O*-[3-Cyclohexyloxycarbonyl-
propionyl]- **6** IV 40 f

—, *O*-[3,5-Dibrom-phenyl]-
6 IV 1065 d

—, *O*-[2,4-Dichlor-phenyl]- **6** III 711 c,
IV 936 e

—, *O*-[10,11-Dihydro-5*H*-dibenzo=
[*a,d*]cyclohepten-5-yl]- **6** IV 4879 c

—, *O*-[3,6-Dihydroxy-[4]phenanthryloxy]-
6 1142 a

—, *O*-[2-(2,3-Dihydroxy-propoxy)-
phenyl]- **6** IV 5592

—, *O*-[4-(2,3-Dihydroxy-propoxy)-
phenyl]- **6** IV 5756 f

—, *O*-[2,3-Dimethyl-phenyl]- **6** IV 3097

—, *O*-[2,4-Dimethyl-phenyl]- **6** IV 3130

—, *O*-[2,5-Dimethyl-phenyl]- **6** IV 3167

—, *O*-[2,6-Dimethyl-phenyl]- **6** IV 3119

—, *O*-[3,4-Dimethyl-phenyl]- **6** IV 3104

—, *O*-[3,5-Dimethyl-phenyl]- **6** IV 3148

—, *O*-Diphenoxyphosphoryl-
6 III 660 b, IV 731

—, *O*-[1,1-Diphenyl-äthyl]- **6** IV 4714 b

—, *O*-[2,2-Diphenyl-butyl]- **6** IV 4786

—, *O*-[2,2-Diphenyl-hexyl]- **6** IV 4817 f

—, *O*-[2,2-Diphenyl-pentyl]-
6 IV 4805 e

—, *O*-[2,2-Diphenyl-propyl]- **6** IV 4763

—, *O*-[2-(4-Fluor-benzyl)-phenyl]-
6 IV 4635

—, *O*-Fluoren-9-yl- **6** IV 4851 g

—, *O*-[Hydroxy-phenäthyloxy-
phosphoryl]- **6** IV 3078

—, *O*-[4-Hydroxy-phenyl]- **6** III 4423 h,
IV 5754

—, *O*-Indan-4-yl- **6** IV 3828

—, *O*-[2-Isopropyl-5-methyl-phenyl]-
6 III 1904 a, IV 3341

—, *O*-Mesityl- **6** IV 3256

—, *O*-[4-Methoxy-benzhydryl]-
6 III 5419 c

—, *O*-[3-Methoxy-[4]phenanthryl]-
6 1035 f

—, *O*-[2-(2-Methoxy-phenoxy)-äthyl]-
6 IV 5573 c

—, *O*-[Methoxy-phenoxy-phosphoryl]-
6 IV 730

—, *O*-[2-Methoxy-phenyl]- **6** III 4238 c

—, *O*-[4-Methoxy-phenyl]- **6** III 4424 e

—, *O*-[2-Methoxy-4-propenyl-phenyl]-
6 III 5010 c

—, *O*-[2-Methyl-2-phenyl-butyl]-
6 IV 3388

—, *O*-[2-Methyl-2-phenyl-propyl]-
6 IV 3319

—, *O*-[1]Naphthyl- **6** IV 4223

—, *O*-[2]Naphthyl- **6** IV 4283 g

Cholin (Fortsetzung)

−, *O*-[2]Naphthyloxycarbonyl-
    6 IV 4272 d
−, *O*-[Norborn-5-en-2-yl-phenyl-methyl]-
    6 IV 4372
−, *O*-[[2]Norbornyl-phenyl-methyl]-
    6 IV 4108 d
−, *O*-[(2-Palmitoyloxy-äthoxy)-
    phenoxyphosphoryl]- 6 IV 731
−, *O*-Phenoxyacetyl- 6 IV 637 b
−, *O*-[2-Phenoxy-äthyl]- 6 IV 578 b
−, *O*-[3-Phenoxycarbonyl-propionyl]-
    6 IV 625 c
−, *O*-[Phenoxy-(2-stearoyloxy-äthoxy)-
    phosphoryl]- 6 IV 731
−, *O*-Phenyl- 6 III 640 a
−, *O*-[1-Phenyl-äthyl]- 6 IV 3039
−, *O,O′-o*-Phenylen-di- 6 III 4239 f
−, *O*-[1-Phenyl-indan-1-yl]- 6 IV 4877 d
−, *O*-[3-Phenyl-indan-1-yl]- 6 IV 4878 c
−, *O*-[2-Phenylmercapto-phenyl]-
    6 IV 5641
−, *O*-[5-Phenyl-6,7,8,9-tetrahydro-
    5*H*-benzocyclohepten-5-yl]-
    6 IV 4903 f
−, *O*-[1-Phenyl-1,2,3,4-tetrahydro-
    [1]naphthyl]- 6 IV 4890 c
−, *O*-Stilben-4-yl- 6 IV 4857
−, *O*-[6,7,8,9-Tetrahydro-
    5*H*-benzocyclohepten-5-yl]-
    6 IV 3886
−, *O*-[1,2,3,4-Tetrahydro-[2]naphthyl]-
    6 IV 3863 a
−, *O-m*-Tolyl- 6 III 1310 g
−, *O-o*-Tolyl- 6 III 1258 f
−, *O-p*-Tolyl- 6 III 1369 e

Chondrillastanol 6 III 2172 a

α-Chondrillastenol

−, *O*-Acetyl- 6 III 2709 a

Chondrillasterol 6 III 2868 a, IV 4176

−, *O*-Acetyl- 6 III 2869 a

Chrom

−, Anisol-tricarbonyl- 6 IV 553
−, Benzylacetat-tricarbonyl- 6 IV 2263
−, Benzylalkohol-tricarbonyl-
    6 IV 2228
−, Tricarbonyl-[essigsäure-phenylester]-
    6 IV 613 a
−, Tricarbonyl-[2-methyl-anisol]-
    6 IV 1944
−, Tricarbonyl-[4-methyl-anisol]-
    6 IV 2099
−, Tricarbonyl-phenol- 6 IV 546

Chrom(VI)-säure

− bis-[2-äthyl-1,3,3-trimethyl-
    [2]norbornylester] 6 I 57 e
− bis-[1,1-diphenyl-äthylester]
    6 II 639 e
− bis-[1,1-diphenyl-hexadecylester]
    6 II 654 e
− bis-*p*-menthan-1-ylester 6 I 19 c
− bis-[1-octadecyl-cyclohexylester]
    6 IV 190
− bis-[1,1,4,7-tetramethyl-decahydro-
    cycloprop[*e*]azulen-4-ylester]
    6 I 68 j; vgl. IV 425 f
− bis-[1,2,3,3-tetramethyl-
    [2]norbornylester] 6 I 56 a
− bis-[1,2,7,7-tetramethyl-
    [2]norbornylester] 6 I 56 c, IV 311
− bis-[3,6,8,8-tetramethyl-octahydro-
    3a,7-methano-azulen-6-ylester]
    6 I 67 g; vgl. III 424 c
− di-caryolan-1-ylester 6 II 111 g,
    III 423 b
− ditritylester 6 717 c, II 693 d

Chrysamphiol 6 IV 5296

−, Dihydro- 6 IV 5262

Chrysanthemol 6 IV 264

Chrysanthenol 6 IV 383

Chrysanthranol 8 332 b, I 647 b, II 373 f,
III 2802 d

Chrysarobin 6 IV 7604

−, O^1,O^8-Dimethyl- 6 IV 7604
−, Triacetyl- 6 1142 d

Chrysazol 6 1033 a

Chrysen

−, 1-Acetoxy- 6 III 3729 b
−, 2-Acetoxy- 6 III 3729 e
−, 3-Acetoxy- 6 III 3729 h
−, 4-Acetoxy- 6 III 3730 a
−, 5-Acetoxy- 6 III 3730 d
−, 6-Acetoxy- 6 III 3731 b
−, 6-Acetoxy-5-allyl- 6 III 3790 b
−, 6-Acetoxy-12-brom- 6 III 3731 e
−, 6-Acetoxy-12-chlor- 6 III 3731 d
−, 12-Acetoxy-5,6-dihydro-
    6 III 3635 b
−, 1-Acetoxy-8-methoxy-2,3,4,4a,4b,5,6,⇌
    10b,11,12-decahydro-
    6 IV 6773
−, 12-Acetoxy-8-methoxy-1,2,3,4,4a,4b,5,⇌
    6,10b,11,12,12a-dodecahydro-
    6 III 5331 e

Chrysen-2-ol   (Fortsetzung)

—, 7-Methoxy-4a-methyl-1,2,3,4,4a,5,6,⚟
11,12,12a-decahydro- **6** IV 6781

—, 8-Methoxy-12a-methyl-1,2,3,4,4a,4b,5,⚟
6,10b,11,12,12a-dodecahydro-
6 III 5357 a

—, 7-Methoxy-4a-methyl-1,2,3,4,4a,5,6,⚟
11-octahydro- **6** IV 6873

—, 7-Methoxy-4a-methyl-1,2,3,4,4a,11,12,⚟
12a-octahydro- **6** IV 6873

—, 7-Methoxy-4a-methyl-2,3,4,4a,5,6,11,⚟
12-octahydro- **6** IV 6874

—, 4a,7,8-Trimethyl-1,2,3,4,4a,4b,5,6,10b,11-
decahydro- **6** III 3468 f, IV 4833 b

Chrysen-3-ol 6 III 3729 f

—, 1-Methyl- **6** III 3739 c

—, 2-Methyl- **6** III 3739 f

—, 1-Methyl-11,12-dihydro-
6 III 3679 b

—, 2-Methyl-11,12-dihydro-
6 III 3679 d

Chrysen-4-ol 6 III 3729 i

—, 4-Methyl-1,2,3,4-tetrahydro-
6 III 3619 d

—, 1,2,3,4-Tetrahydro- **6** III 3616 a

—, 4,4a,10a-Trimethyl-$\Delta^{8,10b}$-tetradecahydro-
6 IV 4143

Chrysen-5-ol 6 III 3730 b

—, 7,8,9,10-Tetrahydro- **6** IV 4998

Chrysen-6-ol 6 III 3730 e,
IV 5085

—, 12-Chlor- **6** III 3731 c

—, 6,6a,7,8,9,10,10a,10b,11,12-
Decahydro- **6** III 3459 d

—, 11,12-Dihydro- **6** III 3635 a

—, 4b,5,6,6a,7,8,9,10,10a,10b,11,12-
Dodecahydro- **6** III 3069 e

—, 2-Methoxy-4b,5,6,6a,7,8,9,10,10a,10b,⚟
11,12-dodecahydro- **6** III 5331 d

Chrysen-1,4,7,10-tetraol

—, 5,11-Dimethyl-6,12-dihydro-
6 III 6814 d

Chrysen-1,4,7,10-tetraon

—, 5,11-Dimethyl-4a,6,6a,10a,12,12a-
hexahydro- **6** III 6814 d

Chrysen-1,4,7-triol 6 IV 7648

Chrysen-1,4,8-triol

—, 10a-Methyl-4b,5,6,6a,7,8,9,10,10a,12-
decahydro- **6** IV 7587

Chrysofluorenalkohol 6 711 f, II 682 d,
III 3629 j

Chrysofluorenol 6 711 f, II 682 d, III 3629 j

Chrysohydrochinon 6 1049 f

Chrysophanhydranthron

—, Triacetyl- **6** 1142 d, I 563 e,
III 6564 c

Cinchol 6 III 2696 c

—, Dihydro- **6** III 2173

Cinnamylmercaptan

s. *Prop-2-en-1-thiol, 3-Phenyl-*

Cinnamylthiocyanat 6 II 528 i, III 2410 a

Citraconsäure

s. *Maleinsäure, Methyl-*

Citral

— {[(2,4-dichlor-phenoxy)-acetyl]-
hydrazon} **6** III 707 g

Citramalsäure

s. *Bernsteinsäure, 2-Hydroxy-2-methyl-*

Citren 6 56 Anm.

Citronellal

— [methyl-phenoxyacetyl-hydrazon]
6 IV 641

Citronellsäure

s. *Oct-6-ensäure, 3,7-Dimethyl-*

Citronensäure

— α,α′-dibenzylester **6** II 421 h

— monomenthylester **6** 39 g

— tribenzylester **6** II 421 i,
III 1537 i

— triphenylester **6** 170 a

— tris-[4-nitro-benzylester]
6 I 224 m

—, *O*-Diphenoxyphosphoryl-,

— triäthylester **6** IV 729

Citrostadienol 6 III 2876, IV 4182

—, *O*-Acetyl- **6** III 2876, IV 4183

Citrullin

—, N^2-Benzyloxycarbonyl-
6 IV 2441

Clionast-4-en-3,6-diol 6 III 5142 b

Clionasterol 6 III 2700 b, IV 4038

—, *O*-Acetyl- **6** III 2702 b

—, *O*-Propionyl- **6** III 2703 b

Clionasterol-dibromid
6 III 2177 b

Clofenetamin 6 IV 4718

Clofibrat 6 IV 851

Clofibrinsäure 6 IV 851

Clorindanol 6 IV 3828

Clorofen 6 IV 4636

Clovan

Bezifferung s. **6** III 4181 Anm. 2

—, 2,9-Diacetoxy- **6** IV 5551

Clovan-2,9-diol 6 III 4181 e, IV 5551

Clovan-2-ol **6** IV 427

Clovan-9-ol **6** IV 428

Clovenglykol 6 IV 5332

Cocosit 6 1198 b, I 592 b

Cörulignol 6 920 e, I 447 l, II 829 d

Colecalciferol 6 IV 4149

Conchasterol 6 III 2839 a

Condurit 6 1153 a, III 6649 a

–, Dihydro- **6** III 6643, IV 7671

Condurit-A 6 III 6649 a, IV 7676

–, Tetra-*O*-acetyl- **6** III 6649 c

Condurit-B 6 III 6648 f, IV 7676

–, Tetra-*O*-acetyl- **6** III 6649 b, IV 7677

Condurit-C 6 III 6648 b, IV 7676

–, Tetra-*O*-acetyl- **6** IV 7677

Condurit-D 6 III 6648 a, IV 7675

–, Tetra-*O*-acetyl- **6** IV 7676

Condurit-E 6 III 6648 e, IV 7676

–, Tetra-*O*-acetyl- **6** IV 7677

Condurit-F 6 III 6648 c, IV 7676

–, Tetra-*O*-acetyl- **6** IV 7677

Coniferylalkohol 6 1131 b, II 1093 c,
    III 6442 d, IV 7477

–, Dihydro- **6** II 1087 b, III 6347 b,
    IV 7405

Corbisterol 6 III 3130 a

Coronen

–, 1,2-Diacetoxy- **6** IV 7086

Corticosteron

–, Hexahydro- **6** III 6678 a

Cortol 6 III 6886 b, IV 7892

β-**Cortol 6** IV 7892

Coryfin 6 I 26 b, II 47 c

Coryliresinol 6 II 937 f

Costol 6 I 276 b, III 2079 c, IV 3519

–, *O*-Acetyl- **6** I 276 c; vgl. IV 3519 b

–, Tetrahydro- **6** III 358 b, IV 333

α-**Costol**
    6 IV 3519 Anm. 2

β-**Costol 6** IV 3519

Cresol s. *Kresol*

Crotonaldehyd

  – dibenzyldithioacetal **6** IV 2660

  – diphenyldithioacetal **6** IV 1513

–, 2-Benzylmercapto-3-methyl-,

  – dibenzyldithioacetal **6** IV 2662

–, 2-[4-Brom-phenylmercapto]-3-methyl-
    6 IV 1653

–, 2-[4-*tert*-Butyl-phenylmercapto]-
    3-methyl- **6** IV 3317

–, 2-[4-Chlor-phenylmercapto]-3-methyl-
    6 IV 1598

–, 2-Cyclohexylmercapto-3-methyl-
    6 IV 75

–, 3-Methyl-2-phenylmercapto-
    6 IV 1519

–, 3-Methyl-2-*p*-tolylmercapto-
    6 IV 2194

–, 2-Trityloxymethyl- **6** IV 5027

Crotonamid

  an den C-Atomen substituierte
  Derivate s. unter Crotonsäure

–, *N*-Äthyl-*N*-[*β*-(2-chlor-phenoxy)-
    isopropyl]- **6** IV 801 e

–, *N*-Äthyl-*N*-[*β*-(4-chlor-phenoxy)-
    isopropyl]- **6** IV 862 c

–, *N*-Äthyl-*N*-[*β*-(2,4-dimethyl-phenoxy)-
    isopropyl]- **6** IV 3131

–, *N*-Äthyl-*N*-[*β*-(3,5-dimethyl-phenoxy)-
    isopropyl]- **6** IV 3149

–, *N*-Äthyl-*N*-[2-mesityloxy-äthyl]-
    6 IV 3257

–, *N*-Äthyl-*N*-[*β*-mesityloxy-isopropyl]-
    6 IV 3258

–, *N*-Äthyl-*N*-[*β*-(4-methoxy-phenoxy)-
    isopropyl]- **6** IV 5757 e

–, *N*-Äthyl-*N*-[2-phenoxy-äthyl]-
    6 IV 666

–, *N*-Äthyl-*N*-[*β*-phenoxy-isopropyl]-
    6 IV 673 a

–, *N*-Äthyl-*N*-[*β*-*o*-tolyloxy-isopropyl]-
    6 IV 1971

–, *N*-Butyl-*N*-[2-phenoxy-äthyl]-
    6 IV 666

–, *N*-Butyl-*N*-[*β*-phenoxy-isopropyl]-
    6 IV 673 d

–, *N*-[*β*-(2-Chlor-phenoxy)-isopropyl]-
    N-methyl- **6** IV 801 d

–, *N*-[*β*-(4-Chlor-phenoxy)-isopropyl]-
    N-methyl- **6** IV 862 b

–, *N*-[*β*-(2,4-Dimethyl-phenoxy)-
    isopropyl]-*N*-methyl- **6** IV 3131

–, *N*-[*β*-(3,5-Dimethyl-phenoxy)-
    isopropyl]-*N*-methyl- **6** IV 3149

–, *N*-Isopropyl-*N*-[2-phenoxy-äthyl]-
    6 IV 666

–, *N*-Isopropyl-*N*-[*β*-phenoxy-isopropyl]-
    6 IV 673 c

–, *N*-[2-Mesityloxy-äthyl]-*N*-methyl-
    6 IV 3257

–, *N*-[*β*-Mesityloxy-isopropyl]-
    6 IV 3257

–, *N*-[*β*-Mesityloxy-isopropyl]-*N*-methyl-
    6 IV 3258

Crotonsäure (Fortsetzung)
- [1-phenyl-[2]norbornylester]
  6 III 2755 a
- pin-2-en-10-ylester **6** I 62 j
- *m*-tolylester **6** III 1306 k
- *o*-tolylester **6** III 1255 d
- *p*-tolylester **6** II 379 j, III 1365 d,
  IV 2113
–, 3-[2-Acetoxy-5-nitro-phenoxy]-,
- äthylester **6** III 4270 d
–, 3-[Äthoxy-(4-nitro-phenoxy)-
  phosphoryloxy]-,
- äthylester **6** IV 1332
–, 2-Äthyl-,
- phenylester **6** IV 620
- *p*-tolylester **6** II 379 k
–, 2-Äthyl-3-phenylmercapto-
  6 319 c
–, 3-Amino-,
- benzylester **6** IV 2526
- menthylester **6** 40 b
–, 3-Amino-2-chloracetyl-,
- benzylester **6** IV 2559
–, 3-Amino-2-phenoxyacetyl-,
- äthylester **6** II 161 i
–, 3-Benzolsulfonyl- **6** 318 e
–, 3-Benzylmercapto- **6** 463 f, II 436 i,
  437 a, III 1616 e
- äthylester **6** II 436 k, 437 b,
  III 1616 f
- methylester **6** II 436 j
–, 4-Benzylmercapto- **6** IV 2708
- methylester **6** IV 2709
–, 3-Benzylmercapto-2-cyan-,
- äthylester **6** IV 2714
–, 3-Benzylmercapto-4-methoxy-
  6 III 1617 e
–, 3-Benzyloxy- **6** 438 i
–, 3-Benzyloxy-2-cyan-,
- äthylester **6** 438 k
–, 3-[Bis-bicyclohexyl-1,1'-diyldioxy-
  arsoranyl]- **6** III 4152 b
–, 3-[Bis-bicyclopentyl-1,1'-diyldioxy-
  arsoranyl]- **6** III 4139 d
–, 2-Brom-,
- benzhydrylester
  6 IV 4656
- benzylester **6** IV 2268
–, 3-Brom-4-hydroxyimino-2-phenoxy-
  6 171 f
- äthylester **6** 171 j
- methylester **6** 171 i

–, 3-Brom-4-hydroxy-2-phenoxy-
  6 167 h
–, 3-Brom-4-oxo-2-phenoxy-
  6 171 e, IV 661
- methylester **6** 171 h
–, 3-Brom-2-phenoxy-4-semicarbazono-
  6 171 g
–, 3-Chlor-,
- [2]naphthylester **6** 644 j
- *p*-tolylester **6** IV 2114
–, 3-[2-Chlor-benzyloxy]-,
- diäthylamid **6** IV 2592
–, 3-[4-Chlor-benzyloxy]-,
- diäthylamid **6** IV 2596
–, 3-Chlorcarbonyl-,
- phenylester **6** 157 c
–, 3-Chlor-2-[4-chlor-phenoxy]-4-oxo-
  6 IV 858
–, 3-Chlor-4-hydroxyimino-2-phenoxy-
  6 171 a
- methylester **6** 171 c
–, 3-Chlor-4-hydroxy-2-phenoxy-
  6 167 g
–, 3-Chlor-2-[4-methoxy-phenoxy]-4-oxo-
  6 IV 5754
–, 4-[2-Chlor-4-methyl-phenoxy]-
  6 IV 2137
–, 4-[4-Chlor-2-methyl-phenoxy]-
  6 IV 1998
- äthylester **6** IV 1998
–, 3-Chlor-2-[2]naphthyloxy-4-oxo-
  6 IV 4283
–, 3-Chlor-4-oxo-2-phenoxy-
  6 170 k, IV 661
- methylester **6** 171 b
–, 4-[2-Chlor-phenoxy]- **6** IV 798
–, 4-[3-Chlor-phenoxy]- **6** IV 818
- äthylester **6** IV 818
–, 4-[4-Chlor-phenoxy]- **6** IV 856
- äthylester **6** IV 856
–, 3-Cinnamyloxy-,
- äthylester **6** III 2407 h
–, 3,3'-[2,5-Dichlor-3,6-dihydroxy-
  p-phenylendioxy]-di-,
- diäthylester **6** 1157 f
–, 2,3-Dichlor-4-oxo-,
- benzylester **6** IV 2481
–, 4-[2,4-Dichlor-phenoxy]-
  6 IV 931
- äthylester **6** IV 931
–, 4-[2,5-Dichlor-phenoxy]-
  6 IV 946

Crotonsäure

−, 3-Methyl-, (Fortsetzung)

− [methyl-(β-p-tolyloxy-isopropyl)-
amid] **6** IV 2125

− [1]naphthylester **6** IV 4218

− [2]naphthylester **6** IV 4269

− [4-*tert*-pentyl-phenylester] **6** IV 3385

− [(2-phenoxy-äthyl)-propyl-amid]
6 IV 667

− [β-phenoxy-isopropylamid]
6 IV 673

− [(β-phenoxy-isopropyl)-propyl-
amid] **6** IV 673

− phenylester **6** II 156 c, IV 620

− *m*-tolylester **6** IV 2049

− *o*-tolylester **6** IV 1961

− *p*-tolylester **6** IV 2114

−, 4,4′-[2-Methyl-naphthalin-
1,4-diyldioxy]-di-,

− dimethylester **6** III 5306 d

−, 3-Methyl-4-phenoxy- **6** IV 655

− äthylester **6** IV 655

− methylester **6** IV 655

−, 2-Methyl-3-phenylmercapto-
6 319 b

−, 4-[2]Naphthyloxy- **6** IV 4281

− äthylester **6** IV 4281

−, 3-[4-Nitro-benzolsulfenylamino]-,

− äthylester **6** IV 1720

−, 3-[4-Nitro-phenylmercapto]-
6 IV 1712

−, 3-Phenoxy- **6** 167 a, II 159 j,
III 622 i

− äthylester **6** 167 b

− methylester **6** IV 653

−, 4-Phenoxy- **6** III 623 a, IV 654

− äthylester **6** III 623 b, IV 654

− methylester **6** IV 654

−, 3-[2-Phenoxy-acetylamino]-,

− äthylester **6** II 158 b

−, 2-Phenylmercapto- **6** 318 b

−, 3-Phenylmercapto- **6** 318 d,
IV 1546

− äthylester **6** IV 1547

−, 3-[2λ^5-[2,2′]Spirobi[benzo≠
[1,3,2]dioxarsol]-2-yl]- **6** III 4248 a

−, 4-[2,3,4,6-Tetrajod-phenoxy]-,

− methylester **6** IV 1089

−, 3-[13,15,28,29-Tetraoxa-14λ^5-arsa-
pentaspiro[5.0.5.1.1.5.0.5.1.1]nonacos-
14-yl]- **6** III 4152 b

−, 3-[11,13,24,25-Tetraoxa-12λ^5-arsa-
pentaspiro[4.0.4.1.1.4.0.4.1.1]pentacos-
12-yl]- **6** III 4139 d

−, 3-*m*-Tolyloxy-,

− methylester **6** IV 2052

−, 3-*p*-Tolyloxy- **6** II 381 b

− äthylester **6** II 381 c

− methylester **6** IV 2122

−, 4-*m*-Tolyloxy- **6** IV 2053

−, 4-*o*-Tolyloxy- **6** IV 1966

−, 4-*p*-Tolyloxy- **6** IV 2122

−, 3-[2,4,5-Trichlor-3,6-dihydroxy-
phenoxy]-,

− äthylester **6** 1090 e

−, 4-[2,4,5-Trichlor-phenoxy]- **6** IV 989

− äthylester **6** IV 989

−, 4-[2,4,6-Trijod-phenoxy]- **6** IV 1086

− methylester **6** IV 1086

Crusgallin 6 III 2900 b

Cryptol 6 III 227 h

−, *O*-Allophanoyl- **6** III 229 a

−, *O*-Carbamoyl- **6** III 228 e

−, Dihydro- **6** III 111 c

Cryptomeradol 6 III 416 b

−, Dihydro- **6** III 357 d

β-Cryptomeren 5 I 245 h, **6** III 2108 a

Cryptomeriol 6 I 67 d

Cubebencampher 6 104 e

Cubebol 6 II 112 e

Cucurbitasterin 6 III 2867

Culmorin 6 III 4182 b

−, *O*,*O*′-Diacetyl- **6** III 4183 d

p-Cumaralkohol 6 IV 6332

Cumenol

s. *Phenol, Isopropyl-*

Cuminalkohol

−, Dihydro- **6** 96 f

−, Tetrahydro- **6** 65 f

Cupreol 6 III 2697

β-Curcumenol 5 III 1077 e

Cyanamid

s. *Carbamonitril*

3,5-Cyclo-androstan

−, 6-Acetoxy- **6** IV 3982

−, 6,17-Diacetoxy- **6** IV 6406

3,5-Cyclo-androstan-6,16-diol 6 IV 6405

3,5-Cyclo-androstan-6,17-diol
6 IV 6405

−, 6-Methyl- **6** IV 6415

3,5-Cyclo-androstan-6-ol 6 IV 3982

−, 17-Acetoxy-6-methyl- **6** IV 6415

3,5-Cyclo-androstan-17-ol

−, 6-Methoxy- **6** IV 6406

Cyclobutan (Fortsetzung)

–, 1,2-Bis-[α-hydroxy-isopropyl]-
3,4-diphenyl- **6** III 5671 d

–, 1,3-Bis-[α-hydroxy-isopropyl]-
2,4-diphenyl- **6** III 5671 e

–, 1,1-Bis-hydroxymethyl- **6** I 370 j,
II 750 b, IV 5213

–, 1,2-Bis-hydroxymethyl- **6** IV 5213

–, 2,4-Bis-hydroxymethyl-1,1-dimethyl-
6 II 752 f

–, 1,2-Bis-hydroxymethyl-3,4-diphenyl-
6 IV 6865

–, 1,2-Bis-hydroxymethyl-3-propyl-
6 IV 5249

–, 1,3-Bis-[4-hydroxy-phenyl]-
1,3-dimethyl- **6** III 5648 d

–, 1,2-Bis-methoxycarbonyloxymethyl-
6 IV 5214

–, 1,3-Bis-[4-methoxy-phenyl]-
1,3-dimethyl- **6** III 5648 d

–, Carbamoyloxymethyl- **6** III 9 d

–, 1,2-Diäthoxy-1,2-di-*tert*-butyl-3,4-bis-
[1-(3,3-dimethyl-but-1-inyl)-4,4-dimethyl-
pent-2-inyliden]- **6** IV 6963

–, 1,2-Dibutoxy-1,2-di-*tert*-butyl-3,4-bis-
[1-(3,3-dimethyl-but-1-inyl)-4,4-dimethyl-
pent-2-inyliden]- **6** IV 6963

–, 1,2-Di-*tert*-butyl-3,4-bis-[1-
(3,3-dimethyl-but-1-inyl)-4,4-dimethyl-
pent-2-inyliden]-1,2-bis-dodecyloxy-
6 IV 6963

–, 1,2-Di-*tert*-butyl-3,4-bis-[1-
(3,3-dimethyl-but-1-inyl)-4,4-dimethyl-
pent-2-inyliden]-1,2-dimethoxy-
6 IV 6962

–, 1,2-Dimethoxy-1,2,3,4-tetramethyl-
6 IV 5241

–, 1-[1-Hydroxy-äthyl]-3-[2-hydroxy-
äthyl]-2,2-dimethyl- **6** IV 5262

–, 2-[2-Hydroxy-äthyl]-4-hydroxymethyl-
1,1-dimethyl- **6** I 372 j

–, 3-[α-Hydroxy-benzhydryl]-2-
[2-hydroxy-2,2-diphenyl-äthyl]-
1,1-dimethyl- **6** III 5975 d

–, 1-[β-Hydroxy-isobutyl]-3-[α-hydroxy-
isopropyl]-2,2-dimethyl- **6** IV 5270

–, 2-[β-Hydroxy-isobutyl]-3-[α-hydroxy-
isopropyl]-1,1-dimethyl- **6** III 4122 b

–, 3-[α-Hydroxy-isopropyl]-2-[3-hydroxy-
3-methyl-butyl]-1,1-dimethyl- **6** III 4122 c

–, 1,1,2,2-Tetrafluor-3-methallyloxymethyl-
3-methyl- **6** III 57 f

–, 1,1,2,2-Tetrafluor-3-methoxy-
6 III 4 d, IV 4

–, 1,1,3,3-Tetrakis-[4-äthoxy-phenyl]-
2,4-bis-[2,2-bis-(4-äthoxy-phenyl)-
vinyliden]- **6** IV 7866

–, 1,2,3,4-Tetrakis-[3,4-dimethoxy-
phenyl]- **6** IV 7975

Cyclobuta[*b*]naphthalin

–, 1-Äthoxy-1,2,2,3,8-pentaphenyl-
1,2-dihydro- **6** IV 5184

Cyclobutan-1,2-diol 6 IV 5187

–, 1,2-Bis-[α-hydroxy-benzhydryl]-
6 IV 7857

–, 3,4-Diacetoxy-1,2,3,4-tetramethyl-
6 IV 7674

–, 1,2,3,4-Tetramethyl- **6** IV 5241

Cyclobutan-1,3-diol

–, 2,4-Bis-[4-*tert*-butyl-phenoxy]-
6 IV 7671

–, 2,4-Bis-[4-*tert*-butyl-phenoxy]-
2,4-dipropyl- **6** IV 7674

–, 2,4-Diäthyl- **6** IV 5240

–, 2,4-Diäthyl-2,4-bis-[4-*tert*-butyl-
phenoxy]- **6** IV 7673

–, 2,4-Diäthyl-2,4-bis-[2,4-dichlor-
phenoxy]- **6** IV 7673

–, 1,3-Diäthyl-2,2,4,4-tetramethyl-
6 III 4121 c

–, 2,4-Dibutyl- **6** IV 5268

–, 2,4-Dibutyl-2,4-bis-[4-*tert*-butyl-
phenoxy]- **6** IV 7674

–, 2,4-Dipropyl- **6** IV 5261

Cyclobutanol 6 4 a, I 3 a, II 3 a, III 4 b,
IV 3

–, 1-Äthinyl- **6** IV 339

–, 3-Äthoxy-2,4-dimethyl- **6** IV 5214

–, 3-Äthoxy-2,4-dipentyl- **6** IV 5271

–, 1-Brommethyl- **6** IV 7982

–, 2-Butyl-1-methyl- **6** IV 137

–, 1-Chlormethyl- **6** II 4 l, IV 19

–, 3,3-Diäthyl-2,4-dimethyl-
6 III 174 b

–, 3,3-Diäthyl-1,2,4-trimethyl-
6 III 180 d

–, 1-[α-Hydroxy-isopropyl]- **6** IV 5225

–, 1-Hydroxymethyl- **6** 739 g, II 743 d,
III 4058 d, IV 5192

–, 1-Methyl- **6** I 4 a, II 4 k, IV 18

–, 2-Methyl-2-phenyl- **6** IV 3885

–, 1-Methyl-2-propyl- **6** IV 127

–, 1-Methyl-2,2,3-triphenyl- **6** II 710 c

–, 2,2,3,3-Tetrafluor- **6** IV 4

–, 2,2,3,3-Tetrafluor-1-methyl- **6** IV 18

Cycloheptanol (Fortsetzung)

—, 4-Isopropyl- **7** IV 78

—, 2-Jod- **6** IV 95

—, 2-Jod-1,2-dimethyl- **6** 20 e

—, 2,2'-Methandiyl-bis- **6** IV 5327

—, 1-Methyl- **6** 16 f, I 12 f, II 26 a, IV 114

—, 2-Methyl- **6** III 83 f

—, 3-Methyl- **6** III 84 a

—, 4-Methyl- **6** III 84 b

—, 1-[3-Methyl-pentyl]- **6** IV 179

—, 1-Nitromethyl- **6** IV 114

—, 2,2'-Oxy-bis- **6** IV 5215

—, 1-Phenyl- **6** III 2526 d

—, 2-[3-Phenyl-propyl]- **6** IV 3965

—, 1-Prop-2-inyl- **6** IV 370

—, 1-Propyl- **6** 24 b

—, 2-Propyl- **6** IV 139

—, 2,2'-Sulfandiyl-bis- **6** III 4087 b

—, 1-[2,3,4-Trimethoxy-phenyl]- **6** IV 7721

—, 2,6,6-Trimethyl- **6** 24 c, I 18 a

—, 3,3,5-Trimethyl- **6** III 121 c

—, 3,5,5-Trimethyl- **6** III 121 b

—, 2,2,3-Trimethyl-1-vinyl- **6** III 335 d

—, 1-Undec-9-enyl- **6** III 362 f

—, 1-Vinyl- **6** III 226 e

Cycloheptanthiol 6 II 16 e

Cyclohept[a]anthracen-8,13-diol

—, 2,3,4,5,7,13b-Hexahydro-1H- **6** III 5728 b

Cyclohept[a]anthracen-8,13-dion

—, 2,3,4,5,7,7a,13a,13b-Octahydro-1H- **6** III 5728 b

Cycloheptan-1,2,3-triol

—, 5-Isopropyl- **6** IV 7315

Cyclohepta-1,3,5-trien

—, 1-Acetoxy- **6** IV 1939

—, 2-Acetoxy- **6** IV 1939

—, 7-Acetoxy- **6** IV 1939

—, 3-Acetoxymethyl-7,7-dimethyl- **6** IV 3266

—, 2-Acetoxy-3,7,7-trimethyl- **6** IV 3266

—, 1,3-Dimethoxy- **6** IV 5859

—, 7-Methoxy- **6** IV 1939

Cyclohepta-2,4,6-trienol 6 IV 1939

Cycloheptatrienylium

—, Methoxy- **7** IV 502

Cyclohepten

—, 1-Acetoxy- **6** 49 c, IV 202

—, 3-Acetoxy- **6** IV 202

—, 3-Acetoxy-7-brom- **6** IV 202

—, 2-Acetoxy-1-brom-3,3-diphenyl- **6** IV 4971

—, 4-Acetoxy-3,6,6-trimethyl- **6** 54 c

—, 5-Acetoxy-3,3,6-trimethyl- **6** 54 c

—, 1-Äthoxy- **6** 49 b

—, 3-Äthoxy- **6** 49 d

—, 3,7-Diacetoxy- **6** IV 5277

Cyclohepten-nitrosat

—, 1-Methyl- **5** 71 b

Cyclohept-2-enol 6 IV 202

—, 2-[2,3,4-Trimethoxy-phenyl]- **6** IV 7727

Cyclohept-3-enol

—, 2,2,3,4,6-Pentamethyl- **6** IV 313

—, 2,2,3,6-Tetramethyl- **6** III 322 c, **7** III 426 c

—, 2,6,6-Trimethyl- **6** 54 b, I 38 b

Cyclohept-4-enol

—, 2,6,6-Trimethyl- **6** 54 b, I 38 b

Cyclohept[f]inden-5-ol

—, 1,2,3,5,6,7,8,9-Octahydro- **6** IV 4108

Cyclohept[1,2,5]osmadioxol-2,2-dioxid

—, Hexahydro- **6** III 4086 d

Cycloheptyloxyl 6 IV 94

Cyclohexadecan-1,2-diol 6 III 4122 d, IV 5272

Cyclohexadecan-1,9-diol 6 IV 5272

Cyclohexadecanol 6 III 194 a

Cyclohexa-1,3-dien

—, 5-Acetoxymethyl-2,6,6-trimethyl- **6** IV 378

—, 3-Acetoxy-1,5,5-trimethyl- **6** IV 367

—, 1-[2-Äthoxy-vinyl]-2,6,6-trimethyl- **6** IV 3410

—, 1,4-Bis-[3,3'-dimethoxy-biphenyl-4-yl]- **6** IV 7867

—, 1,4-Bis-[2,6-dimethoxy-phenyl]- **6** IV 7822

—, 1,4-Bis-[3,5-dimethoxy-phenyl]- **6** IV 7822

—, 1,4-Bis-[3,3'-dimethoxy-p-terphenyl-4-yl]- **6** IV 7875

—, 5,6-Bis-hydroxymethyl-5,6-dimethyl- **6** IV 5534

—, 1,2-Bis-[2-methoxy-phenyl]- **6** IV 6950

—, 1,3-Bis-[4-methoxy-phenyl]- **6** IV 6950

—, 1,4-Bis-[2-methoxy-phenyl]- **6** IV 6951

—, 1,6-Bis-[2-methoxy-phenyl]- **6** IV 6950

Cyclohexa-2,4-dienol (Fortsetzung)

—, 2,3,4,5-Tetrachlor-6-methyl-6-nitro-
1-nitryloxy- **6** I 175 e, II 333 f

—, 2,4,5-Tribrom-3,6-dimethyl-6-nitro-
1-nitryloxy- **6** I 246 a

—, 2,4,5-Tribrom-3,6-dimethyl-
6-nitrosyloxy-1-nitryloxy- **6** I 246 a

—, 2,4,5-Tribrom-6-methyl-6-nitro-
1-nitryloxy- **6** I 177 e, II 336 a

—, 4,5,6-Tribrom-2-methyl-6-nitro-
1-nitryloxy- **6** I 177 a, II 335 h

—, 2,4,5-Trichlor-6-methyl-6-nitro-
1-nitryloxy- **6** I 175 d, II 333 e

—, 4,5,6-Trichlor-2-methyl-6-nitro-
1-nitryloxy- **6** I 175 b, II 333 d

—, 2,4,6-Trimethyl-1,6-diphenyl-
6 IV 5002

Cyclohexa-2,5-dienol

—, 1-Äthinyl-4-methyl-4-trichlormethyl-
6 IV 3848

—, 1-Äthyl-4-dichlormethyl-2,4-dimethyl-
6 101 g

—, 1-Äthyl-4-dichlormethyl-4-methyl-
6 98 b

—, 1-Äthyl-4,4-dimethyl- **6** II 102 e

—, 1-Äthyl-2,4,4,5-tetramethyl-
6 II 107 a

—, 1-Äthyl-2,4,4-trimethyl- **6** II 106 c

—, 1-Benzyl-4-dichlormethyl-4-methyl-
6 I 322 c

—, 2-Brom-4-dichlormethyl-1,4-dimethyl-
6 II 101 c

—, 2-Chlor-4-dichlormethyl-1,4-dimethyl-
6 I 60 f

—, 2-Chlor-4-dichlormethyl-
1,4,6-trimethyl- **6** I 62 b

—, 2,6-Dibrom-4-dichlormethyl-
1,4-dimethyl- **6** II 101 d

—, 2,6-Dibrom-1,4-dimethyl-
4-trichlormethyl- **6** II 101 e

—, 2,6-Dichlor-4-dichlormethyl-
1,4-dimethyl- **6** I 60 g

—, 4-Dichlormethyl-1,4-dimethyl-
6 96 d, I 60 e

—, 4-Dichlormethyl-4-methyl- **6** IV 354

—, 4-Dichlormethyl-4-methyl-1-propyl-
6 I 63 i

—, 4-Dichlormethyl-1,2,4,5-tetramethyl-
6 101 h

—, 2,6-Dichlor-4-methyl-4-trichlormethyl-
6 IV 354

—, 4-Dichlormethyl-1,2,4-trimethyl-
6 98 d

—, 4-Dichlormethyl-1,3,4-trimethyl-
6 98 c

—, 4,4-Dimethyl-1-propyl- **6** II 106 b

—, 1,4-Dimethyl-4-trichlormethyl-
6 96 e, II 101 b

—, 5-Isopropyl-2-methyl- **6** IV 373

—, 4-Methyl-1-phenyl-4-trichlormethyl-
6 II 621 b, IV 4364

—, 4-Methyl-4-trichlormethyl- **6** IV 354

—, 1,2,4,4,5-Pentamethyl- **6** II 106 d

—, 1,2,4,4-Tetramethyl- **6** II 103 a

—, 1,3,4,4-Tetramethyl- **6** II 102 f

—, 1,4,4-Trimethyl- **6** I 60 d, II 101 a

Cyclohexa-2,4-dienon

—, 6-*tert*-Butoxy-6-[2-*tert*-butoxy-4,6-di-
tert-butyl-phenoxy]-2,4-di-*tert*-butyl-
6 IV 6074

—, 2,3,4,5-Tetrabrom-6-methyl-6-nitro-
6 363 a, II 337 a

—, 2,4,5-Tribrom-6-hydroxy-3,6-dimethyl-
6 I 246 a

Cyclohexa-2,5-dienon

—, 3-Benzoyloxy-4-[1,3-diphenyl-
allyliden]- **6** III 6609 d

—, 3-Benzoyloxy-4-[1,3-diphenyl-but-
2-enyliden]- **6** III 6610 b

—, 2,5-Dibrom-3,6-dichlor-4-methyl-
4-nitro- **6** 407 f, II 385 e

—, 2,6-Dibrom-4-methyl-4-nitro-
6 407 a, II 385 c

—, 2,5-Dibrom-3,4,6-trimethyl-4-nitro-
6 511 j; vgl. I 245 f

—, 3,5-Dibrom-2,4,6-trimethyl-4-nitro-
6 519 d; vgl. I 245 f

—, 2,6-Dichlor-4-methyl-4-nitro-
6 403 e, II 383 g, **7** III 537 d

—, 2,3,4,6-Tetrabrom-5-methyl-4-nitro-
6 384 a, II 359 a

—, 2,3,5,6-Tetrabrom-4-methyl-4-nitro-
6 409 d, II 386 e

—, 2,3,5,6-Tetrachlor-4-hydroxymethyl-
4-nitro- **6** 898 c

—, 2,3,5,6-Tetrachlor-4-methoxymethyl-
4-nitro- **6** 898 d

—, 2,3,5,6-Tetrachlor-4-methyl-4-nitro-
6 405 a, II 384 a

—, 2,3,5-Tribrom-4,6-dimethyl-4-nitro-
6 489 g; vgl. I 245 f

—, 2,3,6-Tribrom-4,5-dimethyl-4-nitro-
6 482 i; vgl. I 245 f

—, 2,4,5-Tribrom-3,6-dimethyl-4-nitro-
6 496 f, I 245 f

Cyclohexa-2,5-dienon (Fortsetzung)

−, 2,3,6-Tribrom-4-methyl-4-nitro-
6 408 a, II 385 f

−, 2,3,6-Trichlor-4-methyl-4-nitro-
6 404 e, II 383 j, 7 III 538 a

−, 2,4,6-Trijod- 6 II 204 a

−, 2,4,5-Trimethyl-4,6-dinitro-
6 510 a; vgl. I 245 f

Cyclohexan

Isopropyl-methyl-cyclohexane
s. a. unter den entsprechenden Menthanen

−, 1-Acetoacetoxy-1-äthinyl- 6 IV 351

−, 1-Acetoacetoxy-1-vinyl- 6 IV 222

−, 1-Acetoxy-2-[2-acetoxy-äthyl]-
1,3,3-trimethyl- 6 IV 5264

−, 2-Acetoxy-1-[α-acetoxy-benzyl]-
4-methyl- 6 973 c

−, 2-Acetoxy-1-[α-acetoxy-benzyl]-
5-methyl-3-propyl- 6 II 931 j

−, 1-Acetoxy-1-acetoxymethyl-
6 III 4090 d, IV 5219

−, 1-Acetoxy-2-acetoxymethyl-
6 III 4091 d

−, 1-Acetoxy-3-acetoxymethyl-
6 IV 5221

−, 3-Acetoxy-2-acetoxymethyl-
1,1-dimethyl- 6 IV 5246

−, 3-Acetoxy-4-acetoxymethyl-
1,1-dimethyl- 6 IV 5246

−, 5-Acetoxy-2-acetoxymethyl-
1,3-dimethyl- 6 743 g

−, 1-Acetoxy-2-acetoxymethyl-
1,3,5,5-tetramethyl- 6 IV 5265

−, 1-Acetoxy-2-acetoxymethyl-
1,5,5-trimethyl- 6 IV 5259

−, 5-Acetoxy-2-acetoxymethyl-
1,1,3-trimethyl- 6 749 d

−, 1-Acetoxy-1-[3-acetoxy-prop-1-inyl]-
6 III 4171 b

−, 1-Acetoxy-2-acetylmercapto-
6 III 4073 e, IV 5206

−, 1-Acetoxy-1-äthinyl- 6 II 100 d,
IV 349

−, 4-Acetoxy-1-äthinyl-1-carbamoyloxy-
6 IV 5529

−, 1-Acetoxy-1-äthinyl-4-isopropyl- 6 IV 395

−, 1-Acetoxy-1-äthinyl-2-isopropyl-
5-methyl- 6 II 106 g

−, 1-Acetoxy-1-äthinyl-5-isopropyl-
2-methyl- 6 III 398 e

−, 1-Acetoxy-1-äthinyl-2-methyl- 6 IV 365

−, 2-Acetoxy-2-äthinyl-
1,1,3,3-tetramethyl- 6 IV 403

−, 2-Acetoxy-2-äthinyl-1,1,3-trimethyl-
6 IV 395

−, 1-Acetoxy-2-äthoxy- 6 III 4066 d

−, 3-Acetoxy-5-äthoxy-1,1-dimethyl-
6 742 d

−, 1-Acetoxy-1-äthyl- 6 16 h

−, 2-[2-Acetoxy-äthyl]-1-acetoxymethyl-
1,3-dimethyl- 6 III 4119 f

−, 2-[2-Acetoxy-äthyl]-1,1-dimethyl-
3-methylen- 6 IV 296

−, 1-[2-Acetoxy-äthyliden]-2-methyl-
6 IV 237

−, 1-[2-Acetoxy-äthyl]-4-isopropyl-
6 IV 172

−, 2-Acetoxy-3-äthyl-1-isopropyl-
4-methyl- 6 I 33 g

−, 1-Acetoxy-1-äthyl-2-methyl- 6 21 b

−, 1-Acetoxy-1-äthyl-3-methyl- 6 I 15 j

−, 1-Acetoxy-1-äthyl-4-methyl- 6 21 h

−, 1-Acetoxy-1-allyl- 6 III 227 b

−, 1-Acetoxy-2-allyloxy- 6 IV 5197

−, 1-Acetoxy-2-benzyl- 6 III 2527 a

−, 2-Acetoxy-1,3-bis-[4-acetoxy-benzyl]-
6 II 1101 d

−, 1-Acetoxy-2-[2,3-bis-acetylmercapto-
propoxy]- 6 IV 5197

−, 1-Acetoxy-2-[2,3-bis-acetylmercapto-
propylmercapto]- 6 IV 5206

−, 1-Acetoxy-2-brom- 6 II 13 j,
III 43 c, IV 69

−, 1-Acetoxy-4-brom- 6 II 14 a

−, 1-Acetoxy-1-[brom-nitro-methyl]-
6 IV 99

−, 1-Acetoxy-2-brom-3,4,5,6-tetrachlor-
6 IV 70

−, 1-Acetoxy-1-but-3-en-1-inyl-
6 III 1842 e, IV 3267

−, 1-Acetoxy-1-but-3-en-1-inyl-4-methyl-
6 III 1974 a

−, 1-Acetoxy-2-*tert*-butyl- 6 IV 142

−, 1-Acetoxy-4-*tert*-butyl- 6 IV 143

−, 2-[3-Acetoxy-butyl]-1-chlor-
1,3,3-trimethyl- 6 IV 181

−, 1-Acetoxy-1-butyl-2-isopropenyl-
5-methyl- 6 II 98 e

−, 1-Acetoxy-2-chlor- 6 II 12 e,
III 41 c

−, 1-Acetoxy-4-chlor- 6 II 13 c

−, 1-Acetoxy-2-chlor-1-methyl- 6 IV 97

−, 1-Acetoxy-1-[chlor-nitro-methyl]-
6 IV 99

−, 1-Acetoxy-1-[4-cyclohexyl-butyl]-
6 IV 335

Cyclohexan (Fortsetzung)

—, 1-Acetoxy-2-cyclopentyl- **6** IV 301

—, 1-Acetoxy-2-decanoyloxy-4-vinyl-
6 IV 5282

—, 2-Acetoxy-1-decanoyloxy-4-vinyl-
6 IV 5282

—, 1-Acetoxy-2-deuterio- **6** IV 36

—, 2-Acetoxy-1,3-dibenzyl- **6** III 3541 a

—, 1-Acetoxy-2,3-dibrom- **6** IV 70

—, 1-Acetoxy-2-[2,3-dibrom-propoxy]-
6 IV 5197

—, 1-Acetoxy-4-dichlormethyl-
1,4-dimethyl- **6** I 17 a

—, 2-Acetoxy-1,3-dimethoxy- **6** IV 7311

—, 1-Acetoxy-1,2-dimethyl- **6** IV 121

—, 1-Acetoxy-2,4-dimethyl- **6** 18 c

—, 1-Acetoxy-3,5-dimethyl- **6** 18 e

—, 3-Acetoxy-1,1-dimethyl- **6** 17 d,
III 90 a

—, 3-Acetoxy-2,4-dimethyl-1,5-diphenyl-
6 IV 4917 d

—, 1-Acetoxy-2-[2,4-dinitro-phenyl=
mercapto]- **6** IV 5205

—, 1-Acetoxy-2-fluor- **6** III 39 e

—, 1-Acetoxy-3-isopentyl-5-isopropenyl-
2-methyl- **6** I 59 a

—, 1-Acetoxy-1-isopentyl-3-methyl-
6 I 33 d

—, 2-Acetoxy-1-isopentyl-4-methyl-
6 47 g

—, 1-Acetoxy-4-isopropyl- **6** III 112 b

—, 2-Acetoxy-1-isopropyl-3,4-dimethyl-
6 I 32 f

—, 2-Acetoxy-1-isopropyl-4-methyl-
3-propyl- **6** I 34 d

—, 1-Acetoxy-3-[4-isopropyl-phenyl]-
5-methyl- **6** 585 f

—, 1-Acetoxy-4-isopropyl-1-vinyl- **6** IV 294

—, 1-Acetoxy-2-jod- **6** 7 j, III 45 d

—, 1-Acetoxy-2-lauroyloxy-4-vinyl-
6 IV 5283

—, 2-Acetoxy-1-lauroyloxy-4-vinyl-
6 IV 5283

—, 1-Acetoxy-2-methansulfonyloxy-
6 III 4067 e

—, Acetoxymethoxy- **6** II 10 f

—, 1-Acetoxy-2-methoxy- **6** III 4066 c,
IV 5197

—, 1-Acetoxy-4-methoxy- **6** II 749 f

—, Acetoxymethyl- **6** 15 a, III 77 d,
IV 107

—, 1-Acetoxy-1-methyl- **6** 11 b, I 8 b,
IV 95

—, 1-Acetoxy-2-methyl- **6** 12 d, I 9 b,
II 17 c, 18 b, 19 a, III 64 c, IV 101

—, 1-Acetoxy-3-methyl- **6** 13 g, 14 a,
I 10 a, II 20 c, 21 a, 22 b, III 71 b

—, 1-Acetoxy-4-methyl- **6** 14 e, I 10 j,
II 23 a, 24 c

—, 1-Acetoxymethyl-2-[acetylmercapto-
methyl]- **6** IV 5235

—, 1-Acetoxymethyl-3-[acetylmercapto-
methyl]- **6** IV 5237

—, 1-Acetoxymethyl-4-[acetylmercapto-
methyl]- **6** IV 5239

—, 1-Acetoxymethyl-1-äthyl-4-methyl-
6 IV 165

—, 1-Acetoxymethyl-2-brommethyl-
6 IV 123

—, 1-Acetoxymethyl-3-brommethyl-
6 IV 125

—, 1-[3-Acetoxy-2-methyl-butyl]-
4-isopropyl- **6** IV 183

—, 1-Acetoxymethyl-2-chlor-
6 III 78 d, IV 109

—, 1-Acetoxymethyl-2-chlormethyl-
6 IV 123

—, 1-Acetoxymethyl-3-chlormethyl-
6 IV 125

—, 1-Acetoxymethyl-1,2-dibrom-
6 III 78 g

—, 2-Acetoxymethyl-3,4-dibrom-
1,1-trimethyl- **6** III 170 b

—, 1-Acetoxymethyl-4,5-dimethyl-2-methylen-
6 IV 261

—, 2-Acetoxymethyl-1,4-dimethyl-
3-methylen- **6** IV 261

—, 4-Acetoxymethyl-1,1-dimethyl-
3-methylen- **6** IV 260

—, Acetoxymethylen- **6** III 215 f,
IV 209

—, 1-Acetoxy-2-methylen- **6** III 215 e,
IV 208

—, 1-Acetoxymethyl-5-isopropyl-
2-methyl- **7** IV 98

—, 1-Acetoxymethyl-2-jodmethyl- **6** IV 124

—, 1-Acetoxymethyl-2-methylen- **6** IV 225

—, 1-Acetoxymethyl-3-methylen-
6 IV 226

—, 1-Acetoxy-3-methyl-5-phenyl-
6 584 g

—, 1-Acetoxymethyl-4-phenyl-
6 III 2535 a

—, 1-Acetoxy-2-methyl-1-propyl-
6 24 f

—, 1-Acetoxy-3-methyl-1-propyl- **6** I 18 k

Cyclohexan (Fortsetzung)

—, 1-Äthoxy-2-brom- **6** II 13 f

—, 1-Äthoxy-2-[2-brom-äthoxy]-
6 IV 5195

—, 2-[3-Äthoxy-butyl]-1,1,3-trimethyl-
6 III 187 b

—, 1-Äthoxy-4-chlor- **6** II 13 a

—, 1-Äthoxy-2-cyclohexylmercapto-
6 III 4071 d

—, 1-Äthoxy-2,3-dibrom- **6** 7 f, II 14 b,
III 45 a

—, 1-Äthoxy-2-jod- **6** 7 i, II 14 e

—, 1-Äthoxy-2-lauroyloxy-4-vinyl-
6 IV 5283

—, 2-Äthoxy-1-lauroyloxy-4-vinyl-
6 IV 5283

—, 1-Äthoxy-2-methyl- **6** 12 b, II 18 a,
III 63 b

—, 1-Äthoxy-3-methyl- **6** III 70 c

—, 1-Äthoxymethyl-2-chlor- **6** IV 108

—, 1-Äthoxy-2-phenyl- **6** III 2511 c

—, 1-Äthoxy-3-phenyl- **6** III 2512 e

—, 1-Äthoxy-4-propyl- **6** III 107 b

—, 1-Äthyl-1,4-bis-hydroxymethyl-
6 IV 5258

—, 1-Äthyl-1,4-bis-methoxymethyl-
6 IV 5258

—, 4-Äthyl-1,2-bis-octanoyloxy-
6 IV 5230

—, 1-Äthyl-1,2-bis-thiocyanato-
6 III 4095 d

—, 1-[Äthyl-chlor-phosphinooxy]-2-chlor-
6 IV 67

—, 1-Äthyl-3-isopentyloxy- **6** II 26 e

—, 1-Äthylmercapto-2-chlor- **6** IV 83

—, 1-Äthylmercapto-3-methyl-
6 II 22 h

—, 1-Äthylmercapto-1-nitromethyl-
6 IV 100

—, 1-Äthyl-1-methoxy- **6** III 84 e

—, 1-Äthyl-1-nitrosyloxy- **6** III 84 g

—, 2-[2-Allophanoyloxy-äthyl]-
1,1-dimethyl-3-methylen- **6** IV 296

—, 3-[2-Allophanoyloxy-äthyliden]-
1,1-dimethyl- **6** IV 256

—, 1-Allophanoyloxy-2-chlor- **6** IV 66

—, 1-Allophanoyloxy-2,4-dimethyl-
6 II 29 a

—, 3-[2-Allophanoyloxy-1,1-dimethyl-
äthyl]-1,1-dimethyl- **6** IV 178

—, 3-[β-Allophanoyloxy-isobutyl]-
1,1-dimethyl- **6** IV 178

—, 3-[β-Allophanoyloxy-isopropyl]-
1,1-dimethyl- **6** IV 172

—, 1-Allophanoyloxy-2-methyl-
6 II 19 h

—, 2-Allophanoyloxymethyl-1,1-dimethyl-
3-methylen- **6** IV 258

—, 4-Allophanoyloxymethyl-1,1-dimethyl-
3-methylen- **6** III 260 c, IV 260

—, 1-Allophanoyloxymethyl-3-methyl-
6 IV 125

—, 2-Allophanoyloxymethyl-
1,1,2,3-tetramethyl- **6** IV 173

—, 2-Allophanoyloxymethyl-
1,1,5,5-tetramethyl- **6** IV 173

—, 2-Allophanoyloxymethyl-
1,1,5-trimethyl- **6** IV 165

—, 1-Allophanoyloxymethyl-
3,4,5-trimethyl-2-methylen- **6** IV 300

—, 2-Allophanoyloxymethyl-
1,1,2-trimethyl-3-methylen- **6** IV 297

—, 2-Allophanoyloxymethyl-
1,1,6-trimethyl-3-methylen- **6** IV 298

—, 4-Allophanoyloxymethyl-
1,1,3-trimethyl-5-methylen- **6** IV 299

—, 1-Allophanoyloxy-1-prop-2-inyl-
6 IV 363

—, 2-[3-Allophanoyloxy-propyl]-
1,1,3-trimethyl- **6** IV 178

—, 1-Allyl-1-carbamoyloxy- **6** IV 235

—, 1-Allyloxy-2-brom- **6** II 13 h

—, 1-Allyloxy-2-methyl- **6** II 19 d

—, 1-Allyloxy-3-methyl- **6** 13 a

—, 1-Allyloxy-4-methyl- **6** II 24 b

—, 1-Allyl-1-phenyl-2-prop-2-inyl-
2-propionyloxy- **6** IV 4821

—, 1-Benzolsulfonyl-2-brom- **6** IV 1484

—, 1-Benzolsulfonyl-4-*tert*-butyl-
6 IV 1485

—, 1-Benzolsulfonyl-2-chlor- **6** IV 1484

—, 1-Benzolsulfonyl-1-methyl-
6 III 989 f

—, 1-Benzolsulfonyl-2-methyl-
6 III 989 h

—, 1-Benzolsulfonyl-2-phenyl-
6 IV 3914

—, 1-Benzyl-1-chlor-4-[α-chlor-isopropyl]-
6 III 2772 a

—, 1-Benzylmercapto-1-methyl-
6 IV 2643

—, 1-Benzyloxy-2,4-dimethyl-
6 II 411 b

—, 1-Benzyloxy-4-methansulfonyloxy-
6 IV 5211

Cyclohexan (Fortsetzung)

—, 1-Jod-2-nitrosyloxy- **6** III 45 f

—, 1-Jod-2-nitryloxy- **6** III 45 g

—, 1-Jod-2-propionyloxy- **6** 8 a

—, 1-Lauroyloxy-3-methyl- **6** IV 103

—, 1-Lauroyloxy-4-methyl- **6** IV 105

—, 3-Methacryloyloxy-1,1,5-trimethyl-
6 III 116 d

—, 1-Methansulfonyloxy-3-methansulfonyl≤
oxymethyl- **6** IV 5221

—, 2-[3-Methoxy-butyl]-1,1,3-trimethyl-
6 III 187 a

—, 1-Methoxy-4-[1-methoxy-äthyl]-
6 III 4096 d

—, 1-Methoxy-2-methoxymethyl-
6 IV 5220

—, 1-Methoxy-1-methyl- **6** III 59 c

—, 1-Methoxy-2-methyl- **6** 12 a

—, 1-Methoxy-3-methyl- **6** II 22 a,
III 70 a

—, 1-Methoxy-4-methyl- **6** II 24 a,
III 74 a

—, 2-[6-Methoxy-3-methyl-hexyl]-
1,1,3-trimethyl- **6** III 195 a

—, 1-Methoxymethyl-4-phenyl-
6 III 2534 g

—, 1-Methoxy-2-nitro- **6** IV 71

—, 1-Methoxy-1-phenyl- **6** III 2510 e

—, 1-Methoxy-2-phenyl- **6** III 2511 b,
IV 3910

—, 1-Methoxy-3-propyl- **6** I 15 a

—, 1-Methoxy-4-propyl- **6** I 15 a,
III 107 a

—, 1-Methoxy-2-sulfooxy- **6** III 4068 c

—, 4-Methyl-1,2-bis-sulfooxy-
6 III 4089 b

—, 1-Methyl-1,2-bis-thiocyanato-
6 III 4088 d

—, 1-Methyl-2,3-bis-thiocyanato-
6 III 4089 a

—, 4-Methyl-1,2-bis-thiocyanato-
6 III 4090 a

—, 1-Methylcarbamoyloxy-1-prop-2-inyl-
6 IV 362

—, 1-Methyl-3-methylmercapto-
6 III 72 e

—, 1-Methyl-1-methylmercaptothiocarbonyloxy-
6 IV 96

—, 1-Methyl-1-nitrosyloxy- **6** III 60 a

—, 1-Methyl-2-nitrosyloxy- **6** III 65 h

—, 1-Methyl-3-nitrosyloxy- **6** III 71 k

—, 1-Methyl-4-nitrosyloxy- **6** III 75 h

—, 1-Methyl-2-pentyloxy- **6** 12 c

—, 1-Methyl-1-phenylmercapto- **6** III 989 e

—, 1-Methyl-2-phenylmercapto-
6 III 989 g, IV 1485

—, 1-Methyl-1-phenylmethansulfonyl-
6 IV 2643

—, 1-Methyl-2-phenylmethansulfonyl-
6 IV 2643

—, 1-Methyl-1-phenyl-2-prop-2-inyl-
2-propionyloxy- **6** IV 4383

—, 1-Methyl-2-propionyloxy-
6 12 e, I 9 c

—, 1-Methyl-3-propionyloxy- **6** I 10 b

—, 1-Methyl-4-propionyloxy- **6** I 10 k

—, 1-Methyl-3-propoxy- **6** III 70 d

—, 1-Methyl-2-sulfooxy- **6** 12 j

—, 1-Methyl-2-trichlorsilyloxy-
6 IV 101

—, 1-Methyl-3-trichlorsilyloxy-
6 IV 104

—, 1-Methyl-4-trichlorsilyloxy-
6 IV 106

—, 1-Methyl-2-valeryloxy- **6** 12 h

—, 1-Nitro-2-nitryloxy- **6** III 46 d,
IV 71

—, 1-Nitro-3-nitryloxy- **6** IV 71

—, 1-Nitro-4-nitryloxy- **6** IV 71

—, 1-Nitroso-2-nitryloxy- **6** IV 71

—, 1-Nitrosyloxy-1-phenyl- **6** III 2510 f

—, 2-Nitryloxy-1,1,3,3-tetrakis-
nitryloxymethyl- **6** IV 7886

—, 1,2,3,4,5-Pentaacetoxy-
6 1187 e, 1188 e, III 6874 e, IV 7882

—, 1,2,3,4,5-Pentaacetoxy-6-brom-
6 1188 g, I 585 b, III 6875 g,
IV 7884

—, 1,2,3,4,5-Pentaacetoxy-6-chlor-
6 I 584 f; vgl. III 6875 c

—, 1,2,3,4,5-Pentaacetoxy-6-methyl-
6 IV 7885

—, 1,2,3,4,5-Pentaacetoxy-6-methylen-
6 IV 7887

—, 1,2,3,4,5-Pentaacetoxy-6-nitro-
6 III 6876 d

—, 1,2,3,4,5-Pentakis-butyryloxy-
6 1188 a

—, 1,2,3,4,5-Pentakis-nitryloxy- **6** 1188 c

—, 2-Phenyl-1,4-bis-propionyloxy-
6 IV 6371

—, 2-Phenyl-1-prop-2-inyl-1-propionyloxy-
6 IV 4376

—, 1-Prop-2-inyl-1-propionyloxy-
6 IV 362

Cyclohexan-1,2-diol   (Fortsetzung)

−, 3-Isopropyl-6-methyl- **6** 744 d,
   III 4110, IV 5253

−, 4-Isopropyl-1-methyl- **6** II 754 b,
   III 4108 c, IV 5251

−, 3-Methoxy- **6** IV 7310

−, 4-[3-Methoxy-phenyl]-5-nitro-
   6 IV 7484

−, 1-Methyl- **6** 741 g, II 750 e, 751 a,
   III 4087 c, IV 5216

−, 3-Methyl- **6** III 4088 e, IV 5218

−, 4-Methyl- **6** 741 h, II 751 b,
   III 4089 b

−, 1-Methyl-2-[2-(2-methyl-cyclohex-
   1-enyl)-äthinyl]- **6** IV 6386

−, 1-Methyl-2-phenäthyl- **6** IV 6383

−, 1-Phenyl- **6** I 467 b, II 929 e, 930 b,
   III 5059 b, IV 6371

−, 4-Phenyl- **6** IV 6371

−, 1-Phenyläthinyl- **6** IV 6597

−, 3-Propyl- **6** III 4101 e

−, 4-Propyl- **6** III 4101 f

−, 3,4,5,6-Tetrachlor- **6** IV 5203

−, 1,2,4,5-Tetraphenyl- **6** 1063 d,
   IV 7069

−, 1-[2,3,4-Trimethoxy-phenyl]-
   6 IV 7895

−, 1,3,5-Trimethyl- **6** I 372 i

−, 2,3,3-Trimethyl- **6** IV 5246

−, 2,4,4-Trimethyl- **6** IV 5246

−, 4-Vinyl- **6** III 4131 b

Cyclohexan-1,3-diol 6 740 g, I 370 f,
   II 746 g, III 4077, IV 5208

−, 5-Äthyl-2-[β-hydroxy-isopropyl]-
   4-isopropyl-5-methyl- **6** III 6254 e,
   IV 7317

−, 2-Chlor- **6** II 747 l

−, 1,3-Dimethyl- **6** III 4099 a

−, 5,5-Dimethyl- **6** I 371 c, III 4097 a,
   IV 5232

−, 1,2,2,3,5,5-Hexamethyl- **6** IV 5268

−, 2-[β-Hydroxy-isopropyl]-
   4-isopropenyl-5-methyl-5-vinyl-
   6 III 6259 a

−, 5-Isopropenyl-2-methyl- **6** III 4138 e

−, 5-Isopropyl- **6** I 372 c

−, 4-Isopropyliden-1-methyl-
   6 IV 5293

−, 1-Isopropyl-4-methyl- **6** I 373 e

−, 4-Isopropyl-1-methyl- **6** III 4109 e,
   IV 5253 b

−, 4-Methyl- **6** IV 5219

−, 5-Methyl- **6** I 371 b

−, 1-Methyl-3-phenyl- **6** IV 6377

−, 2-Nitro- **6** IV 5209

−, 5-Phenyl- **6** 972 e, I 467 d

−, 1,2,2,3-Tetramethyl- **6** IV 5258

−, 2,2,5,5-Tetramethyl- **6** III 4117 d,
   IV 5259

−, 3,5,5-Trimethyl- **6** III 4104 a

−, 4,5,5-Trimethyl- **6** I 372 h, II 753 c

Cyclohexan-1,4-diol 6 741 a, I 370 i,
   II 747 m, 748 c, III 4080 b, IV 5209

−, 1-Äthinyl- **6** III 4169 b

−, 2-Äthinyl-1-methyl- **6** IV 5530

−, 1-Äthyl- **6** IV 5229

−, 1-Äthyl-4-isopropyl- **6** 750 c

−, 1-Äthyl-4-methyl- **6** IV 5246

−, 1,4-Bis-chlormethyl- **6** IV 5238

−, 1,4-Bis-[3,3′-dimethoxy-biphenyl-4-yl]-
   6 IV 7955

−, 1,4-Bis-[3,3′-dimethoxy-p-terphenyl-
   4-yl]- **6** IV 7960

−, 1,4-Bis-[3,3′-dimethyl-biphenyl-4-yl]-
   6 IV 7072

−, 1,4-Bis-[2-(1-hydroxy-cyclohexyl)-
   äthyl]- **6** IV 7682

−, 1,4-Bis-[3-hydroxy-3,3-diphenyl-
   propyl]- **6** IV 7858

−, 1,4-Bis-[2-(9-hydroxy-fluoren-9-yl)-
   äthyl]- **6** IV 7868

−, 1,4-Bis-hydroxymethyl- **6** IV 7673

−, 1,4-Bis-[3-hydroxy-prop-1-inyl]-
   6 IV 7720

−, 1,4-Bis-[3-hydroxy-propyl]-
   6 IV 7674

−, 1,4-Bis-[4-methoxy-but-3-en-1-inyl]-
   6 IV 7737

−, 1,4-Bis-[4-methoxy-butyl]-
   6 IV 7675

−, 1,4-Bis-[2-methoxy-phenyl]-
   6 IV 7794

−, 1,4-Bis-phenyläthinyl- **6** IV 7011

−, 1,4-Diäthinyl- **6** IV 6351

−, 1,4-Diäthyl- **6** IV 5257

−, 1,4-Diäthyl-2,3,5,6-tetrachlor-
   6 IV 5258

−, 2,3-Dibrom- **6** III 4084 b

−, 1,4-Di-hex-1-inyl- **6** III 5074 d

−, 1,4-Dihexyl- **6** III 4123 d

−, 1,4-Diisopropyl- **6** 751 b

−, 1,4-Dimethyl- **6** III 4099 h,
   IV 5237

−, 2,5-Dimethyl- **6** 742 g

−, 1,4-Di-pent-4-en-1-inyl- **6** IV 6604

−, 1,4-Diphenäthyl- **6** IV 6881

Cyclohexanol (Fortsetzung)

—, 1-Äthinyl-5-methoxy-2-methyl-
 6 IV 5530

—, 1-Äthinyl-2-methyl- 6 III 376 d, IV 365

—, 1-Äthinyl-3-methyl- 6 II 100 g, III 377 b,
 8 IV 33

—, 1-Äthinyl-4-methyl- 6 III 377 d, IV 367

—, 2-Äthinyl-1-methyl- 6 IV 364

—, 1-Äthinyl-2,2,6,6-tetramethyl-
 6 III 398 f, IV 402

—, 1-Äthinyl-2-*m*-tolyl- 6 IV 4376

—, 1-Äthinyl-2-*o*-tolyl- 6 IV 4376

—, 1-Äthinyl-2-*p*-tolyl- 6 IV 4377

—, 1-Äthinyl-2,2,6-trimethyl-
 6 III 395 a

—, 1-Äthinyl-3,3,5-trimethyl-
 6 III 395 b, IV 396

—, 2-Äthoxy- 6 740 d, II 745 b,
 III 4063 a, IV 5195

—, 4-Äthoxy- 6 IV 5210

—, 1-Äthoxyäthinyl- 6 IV 5529

—, 1-Äthoxyäthinyl-2-methyl-
 6 IV 5531

—, 1-Äthoxyäthinyl-2,2,6-trimethyl-
 6 IV 5536

—, 1-[1-Äthoxy-äthyl]- 6 IV 5230

—, 1-[4-Äthoxy-but-3-en-1-inyl]-
 6 IV 6003

—, 2-Äthoxy-2-chlor- 17 IV 1195

—, 3-Äthoxy-2-chlor- 6 III 4080 a

—, 4-[1-(4-Äthoxy-cyclohexyl)-1-äthyl-
 propyl]- 6 IV 5337

—, 5-Äthoxy-3,3-dimethyl- 6 742 c

—, 2-Äthoxy-6-jod- 6 I 370 g

—, 3-Äthoxy-2-jod- 6 I 370 g

—, 1-Äthoxymethyl- 6 IV 5219

—, 2-Äthoxymethyl- 6 IV 5220

—, 2-Äthoxy-4-vinyl- 6 IV 5281

—, 2-Äthoxy-5-vinyl- 6 IV 5281

—, 1-Äthyl- 6 16 g, II 26 c, III 84 d,
 IV 115

—, 2-Äthyl- 6 II 26 d, III 85 e,
 IV 117

—, 3-Äthyl- 6 III 86 a, IV 117

—, 4-Äthyl- 6 II 26 g, III 86 c,
 IV 117

—, 1-Äthyl-4-*tert*-butyl- 6 IV 177

—, 2-[1-Äthyl-butyl]- 6 IV 176

—, 2-Äthyl-4-butyl- 6 IV 177

—, 4,4'-[1-Äthyl-butyliden]-bis-
 6 IV 5339

—, 4-Äthyl-4-carbamoyloxy- 6 IV 5230

—, 1-Äthyl-2-chlor- 6 III 85 a, IV 116

—, 1-Äthyl-2-cyclohex-1-enyl-
 6 III 405 b

—, 4-[1-Äthyl-2-cyclohex-1-enyl-butyl]-
 6 IV 431

—, 4-Äthyl-1,3-diisopropyl-4-methyl-
 6 IV 187

—, 1-Äthyl-3,3-dimethyl- 6 I 30 g

—, 3-Äthyl-2,4-dimethyl- 6 III 169 d

—, 2-[2-Äthyl-hexyloxy]- 6 III 4064 a

—, 1-Äthyl-2-[4-hydroxy-but-2-inyl]-
 6 IV 5538

—, 1-Äthyl-2-[4-hydroxy-butyl]-
 6 IV 5267

—, 2-[2-Äthyl-1-hydroxy-hexyl]-
 6 IV 5271

—, 1-Äthyl-4-[α-hydroxy-isopropyl]-
 6 750 d, I 376 f, III 4119 d

—, 4-Äthyl-1-hydroxymethyl-
 6 III 4103 c

—, 2-Äthyl-3-hydroxymethyl-1-
 [3-methoxy-phenäthyl]-3-methyl-
 6 IV 7488

—, 1-[3-Äthyl-3-hydroxy-pent-1-inyl]-
 6 III 4175 c

—, 1-Äthyl-2-[3-hydroxy-pentyl]-
 6 IV 5269

—, 2-Äthyl-5-[4-hydroxy-phenyl]-
 6 IV 6381

—, 4-[1-Äthyl-2-(4-hydroxy-phenyl)-
 butyl]- 6 III 5074 e

—, 4-[1-Äthyl-1-(4-hydroxy-phenyl)-
 propyl]- 6 IV 6388

—, 1-[1-Äthyl-1-hydroxy-propyl]-
 6 I 376 d

—, 2-Äthyliden- 6 IV 221

—, 4,4'-Äthyliden-bis- 6 II 761 c,
 IV 5325

—, 1-Äthyl-4-isopropyl- 6 IV 171

—, 4-Äthyl-1-isopropyl- 6 IV 171

—, 1-Äthyl-2-isopropyliden-5-methyl-
 6 I 56 g

—, 1-Äthyl-2-isopropyl-5-methyl-
 6 II 56 g

—, 1-Äthyl-5-isopropyl-2-methyl-
 6 II 56 f

—, 2-Äthyl-6-isopropyl-3-methyl- 6 I 33 f

—, 4-Äthyl-3-isopropyl-4-methyl- 6 IV 178

—, 1-Äthyl-2-jod- 6 III 85 c

—, 2-Äthylmercapto- 6 III 4071 a

—, 1-Äthylmercaptoäthinyl- 6 IV 5529

—, 1-[2-Äthylmercapto-vinyl]- 6 IV 5283

—, 1-Äthyl-2-methoxy- 6 III 4095 c

—, 1-Äthyl-4-methoxy- 6 III 4095 e

Cyclohexanol (Fortsetzung)

–, 4-Äthyl-2-methoxy- **6** III 4096 a

–, 1-Äthyl-2-methyl- **6** 21 a, III 113 c, IV 133

–, 1-Äthyl-3-methyl- **6** 21 e, I 15 i, II 35 i, III 113 d

–, 1-Äthyl-4-methyl- **6** 21 g, II 36 e, III 114 c, IV 134

–, 2-Äthyl-4-methyl- **6** IV 134

–, 2-Äthyl-5-methyl- **6** 21 f, III 114 b

–, 2-Äthyl-6-methyl- **6** I 15 h

–, 4-Äthyl-1-methyl- **6** IV 134

–, 4-Äthyl-2-methyl- **6** IV 134

–, 4-Äthyl-3-methyl- **6** IV 133

–, 1-[2-Äthyl-phenäthyl]-2,6-dimethyl- **6** IV 3974

–, 1-Äthyl-2-phenyl- **6** III 2548 b

–, 2-Äthyl-2-phenyl- **6** IV 3946

–, 4-Äthyl-2-phenyl- **6** III 2548 c

–, 2-Äthyl-1-phenyläthinyl- **6** IV 4382

–, 1-Äthyl-2-propyl- **6** III 178 f

–, 4,4'-[1-Äthyl-propyliden]-bis- **6** IV 5336

–, 1-Äthyl-2,3,3-trimethyl- **5** IV 167

–, 3-Äthyl-3,5,5-trimethyl- **6** IV 172

–, 1-Allyl- **6** 50 b, I 36 e, III 227 a, IV 235

–, 2-Allyl- **6** IV 235

–, 2-Allyl-1-butyl- **6** IV 321

–, 2-Allyl-6-[α-hydroxy-benzyl]-4-methyl- **6** II 935 c

–, 2-Allyliden- **6** IV 364

–, 1-Allyl-2-isopropyliden-5-methyl- **6** 103 c, I 65 d

–, 1-Allyl-2-isopropyl-5-methyl- **6** 95 b, I 57 h

–, 1-Allyl-5-methoxy-2-methyl- **6** IV 5292

–, 1-Allyl-2-methyl- **6** IV 249

–, 1-Allyl-3-methyl- **6** 54 d, I 38 f

–, 2-Allyl-1-methyl- **6** IV 249

–, 2-Allyl-2-methyl- **6** II 65 b

–, 2-Allyl-4-methyl- **6** I 38 g, II 65 d

–, 2-Allyl-5-methyl- **6** 54 e, I 38 h, II 65 e

–, 2-Allyl-6-methyl- **6** II 65 b

–, 2-Allyloxy- **6** IV 5195

–, 2-Allyl-1-phenäthyl- **6** III 2776 a

–, 2-Allyl-2-phenyl-1-prop-2-inyl- **6** IV 4821

–, 2-Azido- **6** IV 72

–, 2-Benzhydryliden- **6** IV 4971

–, 2-Benzolsulfonyl- **6** III 4072 a

–, 1-Benzyl- **6** 584 b, I 296 e, II 550 i, III 2526 e

–, 2-Benzyl- **6** III 2526 f, IV 3931

–, 3-Benzyl- **6** IV 3931

–, 4-Benzyl- **6** II 551 b

–, 2-Benzyliden- **6** IV 4099

–, 4,4'-Benzyliden-bis- **6** III 5184 a

–, 2-Benzyliden-3,3-dimethyl- **6** IV 4113

–, 3-Benzyl-5-isopropenyl-1,2-dimethyl- **6** I 304 a

–, 2-Benzyl-3-isopropenyl-6-methyl- **6** 592 c, II 567 a

–, 3-Benzyl-5-isopropenyl-2-methyl-1-phenyl- **6** I 345 h

–, 3-Benzyl-5-isopropenyl-2-methyl-1-propyl- **6** I 304 c

–, 2-Benzyl-6-isopropyliden-3-methyl- **6** 592 b

–, 1-Benzyl-5-isopropyl-2-methyl- **6** III 2571 c

–, 2-Benzyl-6-isopropyl-3-methyl- **6** 585 g, I 298 e, II 554 f

–, 2-Benzyl-6-isopropyl-3-phenäthyl- **6** II 668 i

–, 1-Benzyl-2-jod- **6** II 551 a

–, 1-Benzyl-2-jod-4-methyl- **6** II 553 c

–, 2-Benzylmercapto- **6** III 4072 d

–, 3-Benzylmercapto-3-methyl- **6** IV 5217

–, 1-Benzyl-2-methyl- **6** III 2547 a

–, 1-Benzyl-3-methyl- **6** I 297 i

–, 1-Benzyl-4-methyl- **6** 585 c, II 553 b, III 2547 f

–, 2-Benzyl-4-methyl- **6** III 2547 c

–, 2-Benzyl-5-methyl- **6** 585 b

–, 2-Benzyl-6-methyl- **6** III 2547 b

–, 2-Benzyloxy- **6** III 4064 f, IV 5196

–, 4-Benzyloxy- **6** IV 5210

–, 4-[4-Benzyloxy-phenyl]- **6** IV 6370

–, 2-Benzyl-2-phenyl- **6** IV 4915

–, 1-[1,2-Bis-acetylmercapto-äthyl]- **6** IV 7313

–, 2,2-Bis-cyclohexylmethyl- **6** III 429 b

–, 2,6-Bis-cyclohexylmethyl- **6** III 429 c

–, 2,6-Bis-[4-hydroxy-benzyl]- **6** II 1101 c

–, 1,2-Bis-[2-methoxy-phenyl]- **6** IV 7598

–, 1,4-Bis-[4-methoxy-phenyl]- **6** IV 7598

Cyclohexanol   (Fortsetzung)

—, 3,4-Bis-[4-methoxy-phenyl]-
   6 IV 7598

—, 2-Brom- **6** II 13 d, III 42 c, IV 69

—, 1-Bromäthinyl- **6** III 373 a, IV 352

—, 1-Bromäthinyl-2-methyl- **6** IV 366

—, 2-Brom-2-brommethyl- **6** IV 102

—, 1-[2-Brom-4,5-dimethoxy-phenyläthinyl]-
   6 IV 7544

—, 2-Brom-1,4-dimethyl- **6** III 99 a

—, 2-Brom-2,5-dimethyl- **6** III 100 a

—, 6-Brom-2,2-diphenyl- **6** IV 4909

—, 2-[5-Brom-2-methoxy-phenyl]-
   6 IV 6369

—, 1-Brommethyl- **6** IV 7983

—, 2-Brom-1-methyl- **6** III 60 e

—, 1-[Brom-nitro-methyl]- **6** IV 99

—, 1-[4-Brom-phenyl]- **6** IV 3909

—, 1-[3-Brom-prop-2-inyl]- **6** IV 363

—, 2-Brom-3,4,5,6-tetrachlor- **6** IV 70

—, 1,1'-Buta-1,3-diendiyl-bis- **6** IV 6086

—, 1-Buta-1,3-dienyl- **6** IV 372

—, 1,1'-Butadiindiyl-bis- **6** III 5178 d,
   IV 6483

—, 1-Butadiinyl- **6** IV 3831

—, 1,1'-Butandiyl-bis- **6** III 4160 d,
   IV 5333

—, 1-But-3-en-1-inyl- **6** III 1842 b, IV 3267

—, 1-But-3-en-1-inyl-2-methyl-
   6 III 1972 e, IV 3392

—, 1-But-3-en-1-inyl-3-methyl-
   6 III 1972 f

—, 1-But-3-en-1-inyl-4-methyl-
   6 III 1973 g

—, 1-But-3-enyl- **6** III 241 d

—, 1-But-3-enyl-2,6-dimethyl-
   6 III 336 a

—, 2-But-2-enyliden- **6** IV 371

—, 1-But-3-enyl-2-methyl- **6** III 323 c

—, 2-But-3-enyl-1-methyl- **6** III 323 b

—, 2-Butoxy-2-chlor- **17** IV 1195

—, 1-Butyl- **6** III 121 d

—, 1-*tert*-Butyl- **6** III 125 f

—, 2-Butyl- **6** III 121 f

—, 2-*sec*-Butyl- **6** II 38 c

—, 2-*tert*-Butyl- **6** III 125 g

—, 3-*tert*-Butyl- **6** III 126 b, IV 143

—, 4-Butyl- **6** II 37 i, III 122 a

—, 4-*sec*-Butyl- **6** II 38 d, III 124 a

—, 4-*tert*-Butyl- **6** I 18 h, III 126 d,
   IV 143

—, 1-Butyl-2-chlor- **6** III 121 e

—, 2-*tert*-Butyl-4,6-dimethyl- **6** I 33 e

—, 4-*tert*-Butyl-2,6-dimethyl- **6** I 33 e

—, 2-Butyl-1-dodecyl- **6** IV 190

—, 2-Butyl-1-hexyl- **6** IV 188

—, 4,4'-*sec*-Butyliden-bis- **6** II 762 e,
   IV 5334

—, 1-Butyl-2-isopropenyl-5-methyl-
   6 II 98 d

—, 1-*sec*-Butyl-5-isopropyl-2,2-dimethyl-
   6 IV 187

—, 1-Butyl-2-isopropyliden-5-methyl-
   6 II 98 b

—, 5-*tert*-Butyl-3-isopropyl-2-methyl-
   6 III 190 c

—, 1-Butyl-2-methyl- **6** III 177 d,
   IV 170

—, 1-Butyl-3-methyl- **6** III 177 e

—, 1-Butyl-4-methyl- **6** III 178 a

—, 2-Butyl-4-methyl- **6** IV 171

—, 2-Butyl-5-methyl- **6** IV 171

—, 2-Butyl-6-methyl- **6** IV 171

—, 2-*tert*-Butyl-4-methyl- **6** III 178 c

—, 2-*tert*-Butyl-5-methyl- **6** III 178 e

—, 2-*tert*-Butyl-6-methyl- **6** III 178 b

—, 4-Butyl-2-methyl- **6** IV 171

—, 4-*sec*-Butyl-2-methyl- **6** II 55 e

—, 4-*tert*-Butyl-2-methyl- **6** I 32 d

—, 2-Butyl-1-octyl- **6** IV 189

—, 2-Butyl-1-pentyl- **6** IV 187

—, 1-Butyl-2-propyl- **6** III 186 a,
   IV 180

—, 2-Butyl-1,3,3,4-tetramethyl-
   6 IV 185

—, 2-Butyl-1,3,3-trimethyl- **6** IV 181

—, 4-Butyl-3,3,5-trimethyl- **6** IV 181

—, 3-Butyryloxy- **6** IV 5208

—, 2-Chlor- **6** 7 d, II 12 c, III 39 f,
   IV 64

—, 4-Chlor- **6** II 12 g, III 42 b,
   IV 68

—, 1-Chloräthinyl- **6** III 372 b

—, 2-[4-Chlor-benzyl]- **6** IV 3931

—, 2-Chlor-1-[3-chlor-phenyl]-
   6 IV 3909

—, 2-Chlor-1-[4-chlor-phenyl]-
   6 IV 3909

—, 2-Chlor-2-cyclohexyloxy-
   17 IV 1195

—, 2-Chlor-1,4-dimethyl- **6** III 98 c

—, 2-Chlor-1,5-dimethyl- **6** III 93 c

—, 1-[1-Chlor-2-hydroxy-äthyl]-2-methyl-
   6 IV 5245

—, 1-[4-Chlor-3-hydroxy-3-methyl-but-
   1-inyl]-2,2,6-trimethyl- **6** III 4176 a

Cyclohexanol (Fortsetzung)

–, 1-Hex-1-inyl-2,2,6-trimethyl-
6 IV 417

–, 1-Hexyl- 6 III 181 b, IV 174

–, 4-Hexyl- 6 IV 175

–, 1-Hexyl-2-methyl- 6 IV 180

–, 3-Hexyl-5-methyl- 6 47 i

–, 2-[2-Hydroxy-äthoxy]- 6 III 4065 a

–, 1-[1-Hydroxy-äthyl]- 6 IV 5230

–, 1-[2-Hydroxy-äthyl]- 6 IV 5231

–, 2-[2-Hydroxy-äthyl]- 6 IV 5232

–, 4-[1-Hydroxy-äthyl]- 6 III 4096 c

–, 2-[2-Hydroxy-äthyliden]- 6 IV 5281

–, 2-[2-Hydroxy-äthyl]-1-isopropyl-
4-methyl- 6 II 757 d

–, 2-[2-Hydroxy-äthylmercapto]-
6 IV 5204

–, 1-[1-Hydroxy-äthyl]-2-methyl-
6 IV 5245

–, 1-[1-Hydroxy-äthyl]-3-methyl-
6 I 372 e

–, 1-[2-Hydroxy-äthyl]-2-methyl-
6 IV 5245

–, 1-[2-Hydroxy-äthyl]-3-methyl-
6 III 4103 b

–, 2-[2-Hydroxy-äthyl]-1-methyl-
6 II 752 g

–, 4-[1-Hydroxy-äthyl]-1-methyl- 6 I 372 g

–, 2-[1-Hydroxy-äthyl]-
1,3,3,5-tetramethyl- 6 IV 5267

–, 1-[2-Hydroxy-äthyl]-3,3,5-trimethyl-
6 IV 5264

–, 2-[2-Hydroxy-äthyl]-1,3,3-trimethyl-
6 IV 5264

–, 1-[α-Hydroxy-benzhydryl]-
6 I 503 h, III 5657 a

–, 4-[α-Hydroxy-benzhydryl]-1-phenyl-
6 IV 7013

–, 1-[α-Hydroxy-benzyl]- 6 IV 6376

–, 2-[α-Hydroxy-benzyl]-5-methyl-
6 973 b

–, 2-[α-Hydroxy-benzyl]-4-methyl-
6-propyl- 6 II 931 i

–, 2-[α-Hydroxy-benzyl]-1-phenyl-
6 IV 6871

–, 1-[3-Hydroxy-but-1-enyl]-
2,2,6-trimethyl- 6 IV 5320

–, 1-[3-Hydroxy-but-1-inyl]-
2,2,6-trimethyl- 6 IV 5539

–, 3-[3-Hydroxy-butyl]-2,4,4-trimethyl-
6 III 4121 d, IV 5270

–, 4-[3-Hydroxy-butyl]-3,3,5-trimethyl-
6 III 4121 e, IV 5270

–, 1-[1-Hydroxy-cyclopentyläthinyl]-
6 III 4733 g

–, 1-[1-Hydroxy-1,4-dimethyl-pent-
3-enyl]- 6 IV 5319

–, 1-[1-Hydroxy-1,4-dimethyl-pentyl]-
6 IV 5269

–, 2-[2-Hydroxy-2,2-diphenyl-äthyl]-
1-phenyl- 6 IV 7013

–, 1-[3-Hydroxy-3,3-diphenyl-prop-
1-inyl]- 6 III 5766 b

–, 1-[3-Hydroxy-hex-4-en-1-inyl]-
6 IV 6048

–, 1-[5-Hydroxy-hex-3-en-1-inyl]-
6 IV 6047

–, 1-[3-Hydroxy-hexyl]- 6 IV 5265

–, 1-[5-Hydroxy-hexyl]- 6 IV 5266

–, 2-[1-Hydroxy-hexyl]- 6 IV 5266

–, 1-[α-Hydroxy-isobutyl]- 6 IV 5250

–, 2-[α-Hydroxy-isobutyl]- 6 IV 5250

–, 1-[α-Hydroxy-isopropyl]- 6 743 e,
I 372 d, III 4103 a, IV 5244

–, 1-[β-Hydroxy-isopropyl]- 6 IV 5245

–, 2-[α-Hydroxy-isopropyl]- 6 IV 5244

–, 5-[α-Hydroxy-isopropyl]-1,2-dimethyl-
6 750 e

–, 6-[β-Hydroxy-isopropyl]-2-[3-hydroxy-
propyliden]-3-isopropyliden- 6 IV 7324

–, 1-[α-Hydroxy-isopropyl]-2-isopropyl-
5-methyl- 6 II 757 e

–, 1-[α-Hydroxy-isopropyl]-3-methyl-
6 I 373 c, III 4107 g

–, 1-[α-Hydroxy-isopropyl]-4-methyl-
6 I 375 g, III 4117 a

–, 1-[β-Hydroxy-isopropyl]-4-methyl-
6 IV 5257

–, 2-[α-Hydroxy-isopropyl]-5-methyl-
6 748 e, I 375 f, II 755 f, III 4116 c

–, 3-[α-Hydroxy-isopropyl]-1-methyl-
6 743 j, 744 a, I 373 b, III 4107 f,
IV 5251

–, 4-[α-Hydroxy-isopropyl]-1-methyl-
6 745 c, 747 c, I 373 g, II 754 d,
755 b, III 4113 c, IV 5255

–, 5-[α-Hydroxy-isopropyl]-2-methyl-
6 748 a, I 374 e, II 755 d, III 4115 c,
IV 5256

–, 5-[β-Hydroxy-isopropyl]-2-methyl-
6 IV 5256

–, 4-[α-Hydroxy-isopropyl]-
1,2,4-trimethyl- 6 III 4120 f

–, 1-[α-Hydroxy-4-methoxy-benzyl]-
6 IV 7485

Cyclohexanol (Fortsetzung)

—, 1-[3-Hydroxy-4-methoxy-3-methyl-
but-1-inyl]-2,2,6-trimethyl- **6** IV 7323

—, 2-[4-Hydroxy-3-methoxy-phenäthyl]-
6 III 6451 b

—, 1-Hydroxymethyl- **6** 742 a, II 751 e,
III 4090 b, IV 5219

—, 2-Hydroxymethyl- **6** III 4091 a,
IV 5219

—, 3-Hydroxymethyl- **6** IV 5220

—, 4-Hydroxymethyl- **6** III 4092 b,
IV 5221

—, 1-[α-Hydroxy-4-methyl-benzyl]-
6 IV 6381

—, 1-[3-Hydroxy-3-methyl-but-1-inyl]-
6 III 4173 b

—, 1-[3-Hydroxy-3-methyl-but-1-inyl]-
2-methyl- **6** III 4174 b

—, 1-[3-Hydroxy-3-methyl-but-1-inyl]-
3-methyl- **6** III 4174 c

—, 1-[3-Hydroxy-3-methyl-but-1-inyl]-
4-methyl- **6** III 4174 d

—, 3-[3-Hydroxy-3-methyl-butyl]-
2,4,4-trimethyl- **6** IV 5271

—, 1-Hydroxymethyl-3,5-dimethyl-
6 III 4104 c

—, 2-Hydroxymethyl-3,3-dimethyl-
6 IV 5246

—, 2-Hydroxymethyl-4,6-dimethyl-
6 IV 5247

—, 2-Hydroxymethyl-5,5-dimethyl-
6 IV 5246

—, 3-Hydroxymethyl-1,3-dimethyl-
6 IV 5246

—, 4-Hydroxymethyl-3,5-dimethyl-
6 743 f

—, 2-Hydroxymethyl-4-isopropenyl-
1-methyl- **6** IV 5307

—, 2-Hydroxymethyl-4-isopropyl-
1-methyl- **6** IV 5263

—, 2-Hydroxymethyl-6-isopropyl-
3-methyl- **6** 750 f, III 4119 e

—, 1-Hydroxymethyl-4-methoxy-
6 III 6251 e

—, 2-Hydroxymethyl-4-methoxy-
6 II 1058 h

—, 1-Hydroxymethyl-2-methyl-
6 742 e, III 4098 c, IV 5233

—, 1-Hydroxymethyl-3-methyl-
6 742 f, III 4099 d

—, 1-Hydroxymethyl-4-methyl-
6 742 h, III 4100 b

—, 2-Hydroxymethyl-1-methyl-
6 IV 5234

—, 2-Hydroxymethyl-2-methyl-
6 IV 5232

—, 2-Hydroxymethyl-4-methyl-
6 II 752 d

—, 2-Hydroxymethyl-5-methyl-
6 III 4100 c

—, 2-Hydroxymethyl-6-methyl-
6 III 4099 g

—, 4-Hydroxymethyl-1-methyl-
6 IV 5238

—, 5-Hydroxymethyl-2-methyl-
6 IV 5238

—, 1-[5-Hydroxy-3-methyl-penta-
1,3-dienyl]-2,2,6-trimethyl- **6** IV 5545

—, 1-[5-Hydroxy-3-methyl-pent-3-en-
1-inyl]-2,2,6-trimethyl- **6** IV 6082

—, 1-[4-Hydroxy-4-methyl-pent-1-enyl]-
6 IV 5313

—, 1-[4-Hydroxy-4-methyl-pent-2-enyl]-
6 IV 5313

—, 1-[3-Hydroxy-3-methyl-pent-1-inyl]-
6 III 4174 a, IV 5537

—, 1-[3-Hydroxy-4-methyl-pent-1-inyl]-
6 IV 5537

—, 1-[4-Hydroxy-4-methyl-pent-1-inyl]-
6 IV 5537

—, 1-[4-Hydroxy-4-methyl-pent-2-inyl]-
6 IV 5538

—, 1-[3-Hydroxy-3-methyl-pent-1-inyl]-
2-methyl- **6** III 4175 d

—, 1-[3-Hydroxy-4-methyl-pentyl]-
6 IV 5266

—, 1-[4-Hydroxy-4-methyl-pentyl]-
6 IV 5266

—, 2-Hydroxymethyl-1-phenyl-
6 IV 6377

—, 4-[1-(4-Hydroxy-3-methyl-phenyl)-
1-methyl-äthyl]-2-methyl- **6** II 931 h

—, 1-[1-Hydroxy-1-methyl-prop-2-inyl]-
6 IV 5533

—, 1-[1-Hydroxymethyl-propyl]-
6 IV 5250

—, 1-[1-Hydroxy-1-methyl-propyl]-
6 III 4107 b

—, 1-[2-Hydroxy-1-methyl-propyl]-
6 IV 5250

—, 4-[1-Hydroxy-1-methyl-propyl]-
1-methyl- **6** I 376 e

—, 2-Hydroxymethyl-1,3,3,4-tetramethyl-
6 IV 5264

Cyclohexanol (Fortsetzung)

—, 1-Isopropenyl-3,3,5-trimethyl-
6 IV 315

—, 2-Isopropoxy- 6 IV 5195

—, 1-Isopropyl- 6 I 15 f, II 34 d,
III 110 b, IV 131

—, 2-Isopropyl- 6 II 34 e, III 110 d,
IV 131

—, 3-Isopropyl- 6 I 15 g, III 111 a

—, 4-Isopropyl- 6 II 34 i, 35 b,
III 111 c

—, 2-Isopropyl-1,5-dimethyl-
6 47 b, I 32 g, II 55 f

—, 5-Isopropyl-1,2-dimethyl- 6 IV 172

—, 5-Isopropyl-2,3-dimethyl- 6 IV 172

—, 6-Isopropyl-2,3-dimethyl- 6 IV 172

—, 4,4'-Isopropyliden-bis- 6 II 761 g,
III 4158 c, IV 5327

—, 2-Isopropyliden-1,5-dimethyl-
6 I 55 e

—, 2-Isopropyliden-5-methyl-
6 I 42 e, III 254 g

—, 4-Isopropyliden-1-methyl-
6 61 f, I 42 d, II 69 f, III 254 f

—, 5-Isopropyliden-2-methyl- 6 IV 254

—, Isopropyl-methyl- s. a. *Menthanol*

—, 1-Isopropyl-2-methyl- 6 25 b,
IV 146

—, 1-Isopropyl-3-methyl- 6 25 e

—, 1-Isopropyl-4-methyl- 6 43 d, I 30 a,
II 52 c, III 167 d, IV 164

—, 2-Isopropyl-3-methyl- 6 IV 147

—, 2-Isopropyl-4-methyl- 6 III 128 f

—, 2-Isopropyl-5-methyl- 6 28 f, 41 h,
42, 43 a, I 20, 28 e, 29 b, II 39 e,
49 c, 50 b, 51 b, 52 a, III 132, IV 149

—, 2-Isopropyl-6-methyl- 6 25 d

—, 3-Isopropyl-5-methyl- 6 25 f,
III 129 a, IV 147

—, 4-Isopropyl-1-methyl- 6 26 a, I 19 b,
30 a, II 39 b, III 129 c, IV 147

—, 4-Isopropyl-2-methyl- 6 II 38 i

—, 5-Isopropyl-2-methyl- 6 26 g, 27 b,
I 19 d, II 39 d, III 129 d, IV 148

—, 6-Isopropyl-3-methyl-2-[4-methyl-
benzyl]- 6 II 555 e

—, 2-Isopropyl-5-methyl-1-phenäthyl-
6 III 2573 e

—, 5-Isopropyl-2-methyl-1-phenäthyl-
6 II 555 d

—, 2-Isopropyl-5-methyl-1-phenyl-
6 I 298 c, II 554 a

—, 2-Isopropyl-5-methyl-1-phenyläthinyl-
6 670 g

—, 5-Isopropyl-2-methyl-1-phenyläthinyl-
6 II 622 b

—, 2-Isopropyl-5-methyl-1-propyl-
6 II 57 d

—, 5-Isopropyl-2-methyl-1-propyl-
6 IV 181

—, 6-Isopropyl-3-methyl-2-propyl- 6 I 34 c

—, 5-Isopropyl-2-methyl-1-styryl-
6 II 567 b

—, 2-Isopropyl-5-methyl-1-*p*-tolyl-
6 III 2571 e

—, 6-Isopropyl-3-methyl-2,2,6-tripropyl-
6 III 199 e

—, 5-Isopropyl-2-methyl-1-vinyl-
6 II 95 f

—, 2-Isopropyl-5-phenäthyl- 6 II 554 e

—, 1-[3-Isopropyl-phenäthyl]-
2,6-dimethyl- 6 III 2575 d

—, 1-[4-Isopropyl-phenäthyl]-
2,6-dimethyl- 6 III 2575 e

—, 2-[4-Isopropyl-phenäthyl]-1-methyl-
6 IV 3974

—, 3-[4-Isopropyl-phenyl]-5-methyl-
6 585 e

—, 1-Isopropyl-2-propyl- 6 III 183 b

—, 3-Isopropyl-3,5,5-trimethyl-
6 IV 179

—, 6-Isopropyl-2,2,3-trimethyl- 6 I 33 h

—, 4-Isopropyl-1-vinyl- 6 IV 294

—, 2-Jod- 6 7 g, I 6 m, II 14 c,
III 45 b, IV 70

—, 4-Jod- 6 III 46 a

—, 2-Jod-1-methyl- 6 III 61 b

—, 2-Jod-4-methyl- 6 I 11 e

—, 2-Jod-5-methyl- 6 I 11 e

—, 3-Jodmethyl- 6 IV 104

—, 2-Jod-4-methyl-1-phenyl-
6 I 296 h

—, 2-Jod-1-phenyl- 6 I 294 l

—, 2-Lauroyloxy-4-vinyl- 6 IV 5283

—, 2-Lauroyloxy-5-vinyl- 6 IV 5283

—, 2-Mercapto- 6 III 4070 e

—, 2-[2-Mercapto-äthylmercapto]-
6 IV 5205

—, 2-[2-Mercapto-cyclohexylmercapto]-
6 IV 5207

—, 3-Mercapto-3-methyl- 6 IV 5217

—, 2,2'-Methandiyl-bis- 6 IV 5320

—, 4,4'-Methandiyl-bis- 6 III 4154 b

—, 2-Methansulfonyloxy- 6 III 4067 d

Cyclohexanol (Fortsetzung)

—, 2-Methoxy- **6** 740 c, II 745 a, 746 b, III 4062 a, IV 5194

—, 3-Methoxy- **6** II 747 a, III 4078 b

—, 4-Methoxy- **6** II 748 d, 749 a, III 4081 c

—, 4-Methoxy-1,1'-äthindiyl-bis- **6** III 6380 e

—, 1-[1-Methoxy-äthyl]- **6** III 4096 b

—, 1-[α-Methoxy-benzhydryl]- **6** IV 6871

—, 2-[4-Methoxy-benzyl]- **6** IV 6376

—, 2-[4-Methoxy-benzyl]-5-methyl- **6** 973 a

—, 4-Methoxy-2,6-dimethyl- **6** IV 5236

—, 2-Methoxy-1-methyl- **6** III 4088 b

—, 3-Methoxymethyl- **6** IV 5221

—, 4-Methoxymethyl- **6** III 4092 e

—, 4-Methoxy-1-methyl- **6** IV 5218

—, 4-Methoxy-2-methyl- **6** IV 5219

—, 1-[5-Methoxy-2-methyl-phenäthyl]- **6** III 5070 b

—, 1-[2-Methoxy-5-methyl-phenyl]- **6** III 5064 a

—, 5-Methoxy-2-methyl-1-vinyl- **6** IV 5288

—, 3-[6-Methoxy-[2]naphthyl]- **6** IV 6744

—, 1-[3-Methoxy-phenäthyl]- **6** III 5065 d

—, 1-[4-Methoxy-phenäthyl]- **6** IV 6380

—, 1-[2-Methoxy-phenäthyl]-2,6-dimethyl- **6** III 5071 d

—, 1-[2-Methoxy-phenäthyl]-2-methyl- **6** III 5070 c

—, 1-[4-Methoxy-phenäthyl]-2-methyl- **6** III 5071 a

—, 1-[4-Methoxy-phenäthyl]-2,2,6-trimethyl- **6** IV 6388

—, 3-[2-Methoxy-phenoxy]- **6** IV 5575

—, 1-[2-Methoxy-phenyl]- **6** IV 6369

—, 1-[4-Methoxy-phenyl]- **6** III 5058 d

—, 2-[4-Methoxy-phenyl]- **6** III 5058 e, IV 6370

—, 3-[4-Methoxy-phenyl]- **6** III 5059 a, IV 6370

—, 4-[4-Methoxy-phenyl]- **6** IV 6370

—, 1-[3-Methoxy-phenyläthinyl]-2,2,6-trimethyl- **6** IV 6606

—, 1-[4-Methoxy-phenyläthinyl]-2,2,6-trimethyl- **6** IV 6606

—, 4-[1-(4-Methoxy-phenyl)-äthyl]- **6** II 930 h

—, 4-[1-(4-Methoxy-phenyl)-1-methyl-äthyl]- **6** II 931 d

—, 1-[2-Methoxy-phenyl]-4-phenyl- **6** IV 6864

—, 1-[1-Methoxy-propyl]- **6** III 4102 b

—, 2-Methoxy-4-propyl- **6** I 372 a, III 4102 a

—, 4-Methoxy-1-[2,3,4-trimethoxy-phenyl]- **6** IV 7895

—, 1-Methyl- **6** 11 a, I 8 a, II 16 g, III 59 b, IV 95

—, 2-Methyl- **6** 11 c, I 8 c, II 16 h, 18 d, 19 c, III 61 f, IV 100

—, 3-Methyl- **6** 12 k, 13 f, I 9 h, II 20 a, 21 b, III 67 e, IV 102

—, 4-Methyl- **6** 14 d, I 10 g, II 22 j, III 73 b, IV 105

—, 2-Methyl-1,1'-äthindiyl-bis- **6** III 4746 d, IV 6082

—, 1-[3-Methyl-but-3-en-1-inyl]- **6** III 1960 c

—, 2-[(2-Methyl-cyclohex-1-enyl)-äthinyl]- **6** IV 3957

—, 1-Methyl-2,6-diveratryl- **6** III 6908 b

—, 2-Methylen- **6** III 215 d, IV 208

—, 3-Methylen- **6** IV 209

—, 4-Methyl-1-[4-methyl-benzyl]- **6** IV 3958

—, 4-Methyl-1-[3-methyl-but-3-en-1-inyl]- **6** III 2008 e

—, 2-Methyl-4-[2-methyl-cyclopentyl]- **6** IV 324

—, 1-Methyl-2-methylen- **6** III 223 b

—, 1-[4-Methyl-1-methylen-pent-4-en-2-inyl]- **6** IV 3927

—, 4-Methyl-1-[1-methyl-heptyl]- **6** 48 a

—, 2-Methyl-1-[2-[1]naphthyl-äthyl]- **6** III 3462 b

—, 1-Methyl-2-nitro- **6** IV 98

—, 3-Methyl-1-[1-nitro-äthyl]- **6** IV 134

—, 4-Methyl-1-[1-nitro-äthyl]- **6** IV 135

—, 3-Methyl-1-nitromethyl- **6** IV 124

—, 4-Methyl-1-nitromethyl- **6** IV 125

—, 3-Methyl-1-[1-nitro-propyl]- **6** IV 145

—, 4-Methyl-1-[1-nitro-propyl]- **6** IV 146

—, 1-[4-Methyl-pent-3-en-1-inyl]- **6** IV 3420

—, 1-[2-Methyl-pent-2-enyl]- **6** IV 313

—, 2-Methyl-1-pent-4-enyl- **6** III 335 f

Cyclohexanol (Fortsetzung)

—, 1-[2-Methyl-pentyl]- **6** IV 175

—, 1-[3-Methyl-pentyl]- **6** IV 175

—, 2-Methyl-1-pentyl- **6** III 182 b

—, 1-Methyl-2-phenäthyl- **6** III 2561 b

—, 1-Methyl-3-phenäthyl- **6** IV 3957

—, 2-Methyl-1-phenäthyl- **6** III 2561 a

—, 2-Methyl-2-phenäthyl- **6** III 2560 e

—, 3-Methyl-1-phenäthyl- **6** III 2561 d

—, 3-Methyl-5-phenäthyl- **6** IV 3957

—, 4-Methyl-1-phenäthyl- **6** III 2562 a,
IV 3957

—, 4-Methyl-2-phenäthyl- **6** III 2561 e

—, 2-Methyl-1-phenyl- **6** III 2529 c,
IV 3935

—, 3-Methyl-1-phenyl- **6** 584 d, I 296 g

—, 3-Methyl-5-phenyl- **6** 584 e

—, 4-Methyl-1-phenyl- **6** 584 h,
III 2534 c

—, 4-Methyl-3-phenyl- **6** IV 3935

—, 2-Methyl-1-phenyläthinyl-
6 IV 4375

—, 3-Methyl-1-phenyläthinyl- **6** 670 d

—, 3-Methyl-1-[3-phenyl-butyl]-
6 III 2570 b

—, 4-Methyl-1-[3-phenyl-butyl]-
6 III 2570 d

—, 3-Methyl-3-phenylmethansulfonyl-
6 IV 5218

—, 2-Methyl-2-phenyl-1-prop-2-inyl-
6 IV 4383

—, 4-Methyl-2-[2-phenyl-propyl]-
6 IV 3966

—, 2-Methyl-1-propenyl- **6** IV 249

—, 4-Methyl-1-propenyl- **6** IV 250

—, 2-Methyl-1-prop-1-inyl-
6 I 61 a, IV 372

—, 2-Methyl-1-prop-2-inyl- **6** IV 372

—, 3-Methyl-1-prop-1-inyl- **6** I 61 b

—, 4-Methyl-1-prop-1-inyl-
6 I 61 d, IV 372

—, 1-Methyl-2-propyl- **6** III 127 f

—, 2-Methyl-1-propyl- **6** 24 e, III 127 g

—, 2-Methyl-2-propyl- **6** II 38 f

—, 2-Methyl-4-propyl- **6** IV 145

—, 2-Methyl-6-propyl- **6** II 38 f, III 128 a

—, 3-Methyl-1-propyl- **6** 24 g, I 18 j,
III 128 b

—, 4-Methyl-1-propyl- **6** 25 a, III 128 e

—, 4-Methyl-2-propyl- **6** I 18 l, II 38 g,
III 128 d

—, 5-Methyl-2-propyl- **6** 24 h, II 38 h,
IV 145

—, 3-Methyl-1-[1,1,2,2-tetrabrom-äthyl]-
6 II 36 a

—, 2-Methyl-6-[2-(5,6,7,8-tetrahydro-
[2]naphthyl)-propyl]- **6** IV 4138

—, 4-Methyl-2-[2-(5,6,7,8-tetrahydro-
[2]naphthyl)-propyl]- **6** IV 4138

—, 5-Methyl-2-[2-(5,6,7,8-tetrahydro-
[2]naphthyl)-propyl]- **6** IV 4138

—, 1-Methyl-2,2,6,6-tetrapropyl-
6 III 199 a

—, 3-Methyl-2,2,6,6-tetrapropyl-
6 I 35 e, II 59 d, III 199 b

—, 4-Methyl-2,2,6,6-tetrapropyl-
6 I 35 f, II 59 e, III 199 c

—, 2-Methyl-1-*o*-tolyl- **6** III 2549 a,
IV 3947

—, 4-Methyl-1-*m*-tolyl- **6** III 2550 c

—, 4-Methyl-1-*p*-tolyl- **6** IV 3948

—, 4-Methyl-2-[2-*p*-tolyl-propyl]-
6 IV 3972

—, 3-Methyl-1-tribrommethyl- **6** IV 124

—, 3-Methyl-1-trichlormethyl- **6** IV 124

—, 1-[3-Methyl-5-(2,6,6-trimethyl-
cyclohex-2-enyliden)-pent-3-en-1-inyl]-
6 III 3078 a

—, 2-Methyl-2,6,6-tripropyl-
6 I 35 c, II 59 a

—, 2-Methyl-1-vinyl- **6** III 229 e

—, 3-Methyl-1-vinyl- **6** II 62 h,
IV 238

—, 4-Methyl-1-vinyl- **6** IV 238

—, 1-[1]Naphthyl- **6** III 3440 c

—, 2-[1]Naphthyl- **6** III 3440 d

—, 1-[2-[1]Naphthyl-äthyl]- **6** III 3458 b

—, 2-[2]Naphthyloxy- **6** IV 5196

—, 2-[2-[2]Naphthyloxy-cyclohexyloxy]-
6 IV 5196

—, 2-Nitro- **6** III 46 b, IV 71

—, 1-[1-Nitro-äthyl]- **6** III 85 d,
IV 116

—, 3-[1-Nitro-äthyl]- **6** IV 117

—, 1-[α-Nitro-isopropyl]- **6** IV 131

—, 1-Nitromethyl- **6** III 61 c, IV 98

—, 1-[1-Nitro-propyl]- **6** III 105 e,
IV 129

—, 2-Nitryloxy- **6** IV 5200

—, 3-Nonadecyl- **6** IV 190

—, 1-Octadecyl- **6** III 201 e, IV 190

—, 2,2,6,6,2′,2′,6′,6′-Octamethyl-
1,1′-äthindiyl-bis- **6** IV 6117

—, 2,2,6,6,2′,2′,6′,6′-Octamethyl-
1,1′-butadiindiyl-bis- **6** IV 6514

Cyclohexanol (Fortsetzung)

−, 2,2,5,5-Tetramethyl- **6** I 30 i,
III 7172, IV 166

−, 2,2,6,6-Tetramethyl- **6** I 30 h,
III 170 c, IV 165

−, 3,3,5,5-Tetramethyl- **6** IV 166

−, 4-[1,1,2,3-Tetramethyl-butyl]-
6 III 189 g

−, 4-[1,1,3,3-Tetramethyl-butyl]-
6 III 189 i

−, 1-[3,7,11,15-Tetramethyl-hexadecyl]-
6 III 202

−, 1,4,1',4'-Tetramethyl-2,2'-methandiyl-
bis- **6** IV 5337

−, 2,6,2',6'-Tetramethyl-4,4'-methandiyl-
bis- **6** IV 5337

−, 2,2,6,6-Tetrapropyl- **6** I 35 d, II 59 c,
III 197 e

−, 2-Thiocyanato- **6** IV 5206

−, 2-[Toluol-4-sulfonyl]- **6** III 4072 b,
IV 5204

−, 1-m-Tolyl- **6** III 2531 d

−, 1-o-Tolyl- **6** III 2529 b, IV 3935

−, 1-p-Tolyl- **6** 584 i

−, 2-m-Tolyl- **6** III 2532 a

−, 2-o-Tolyl- **6** IV 3935

−, 2-p-Tolyl- **6** III 2533 c

−, 2-p-Tolylmercapto- **6** IV 5204

−, 2-[2-p-Tolyl-propyl]- **6** IV 3966

−, 3,4,5-Triacetoxy-1-acetoxymethyl-
6 IV 7885

−, 2,4,6-Triäthyl- **6** III 183 f

−, 2,2,6-Triäthyl-6-methyl- **6** I 34 h

−, 2,2,6-Triallyl-6-methyl- **6** I 276 d,
II 517 h

−, 2-Trichloracetoxy- **6** III 4066 a,
IV 5197

−, 1-Trichlormethyl- **6** III 60 d

−, 3-Trifluormethyl- **6** II 22 d

−, 1-[2,3,4-Trimethoxy-phenyl]-
6 IV 7720

−, 1,2,2-Trimethyl- **6** I 16 b, III 114 h

−, 1,2,6-Trimethyl- **6** I 17 b

−, 1,3,3-Trimethyl- **6** I 16 f

−, 1,3,5-Trimethyl- **6** I 17 d, III 117 c

−, 1,4,4-Trimethyl- **6** I 16 h

−, 2,2,3-Trimethyl- **6** I 16 d

−, 2,2,5-Trimethyl- **6** 22 b

−, 2,2,6-Trimethyl- **6** I 16 e, IV 135

−, 2,3,3-Trimethyl- **6** I 16 c

−, 2,3,5-Trimethyl- **6** III 117 b

−, 2,3,6-Trimethyl- **6** 22 c

−, 2,4,4-Trimethyl- **6** 21 j

−, 2,4,5-Trimethyl- **6** I 17 c, II 36 i

−, 2,4,6-Trimethyl- **6** III 117 d

−, 2,5,5-Trimethyl- **6** III 117 a

−, 3,3,5-Trimethyl- **6** 22 a, I 16 g,
III 115 a, IV 135

−, 1,3,3-Trimethyl-2-[3-methyl-pent-2-en-
4-inyliden]- **6** III 2560 b

−, 2,2,4-Trimethyl-3-[3-methyl-pentyl]-
6 IV 187

−, 2,2,6-Trimethyl-1-pent-3-en-1-inyl-
6 IV 3497

−, 2,2,6-Trimethyl-1-phenäthyl-
6 IV 3972

−, 2,2,6-Trimethyl-1-phenyläthinyl-
6 IV 4386

−, 2,2,6-Trimethyl-1-prop-2-inyl-
6 IV 402

−, 3,3,5-Trimethyl-5-propyl- **6** IV 179

−, 2,2,6-Trimethyl-1-vinyl- **6** IV 297

−, 3,4,5-Triphenyl- **6** III 3762 d

−, 2,2,6-Tris-hydroxymethyl-6-methyl-
6 II 1117 e

−, 1-Undec-10-enyl- **6** III 362 c

−, 1-Vinyl- **6** I 36 a, III 221 e,
IV 222

−, 2-Vinyl- **6** IV 223

Cyclohexan-1,2,3,4,5-pentaol 6 1186 b,
I 584 c, II 1151 a, III 6872, IV 7882

−, 6-Brom- **6** 1188 f, I 585 a,
III 6875 d, IV 7884

−, 6-Chlor- **6** I 586 d, II 1151 b,
III 6875 c

−, 6-Methyl- **6** IV 7884

−, 6-Methylen- **6** IV 7886

−, 6-Nitro- **6** III 6876 a, IV 7884

Cyclohexanselenol 6 I 7 b

Cyclohexansulfonsäure

−, 3,5-Dioxo- **6** II 812

Cyclohexan-1,2,3,4-tetraol 6 III 6643,
IV 7671

−, 5,6-Dibrom- **6** 1151 a

−, 1-Isopropyl-4-methyl- **6** I 569 e,
III 6647 a, IV 7674

Cyclohexan-1,2,3,5-tetraol 6 III 6644 f,
IV 7672

−, 4,6-Dibrom- **6** III 6645 b, IV 7673

−, 5-[α-Hydroxy-isopropyl]-
19 IV 1221

−, 5-Hydroxymethyl- **6** IV 7885

−, 5-Isopropyl-2-methyl- **6** 1152 a

Cyclohexan-1,2,4,5-tetraol 6 III 6645 d,
IV 7673

−, 3,6-Dibrom- **6** III 6646 c

Cyclohexen (Fortsetzung)

–, 1-Acetoxy-6-methyl- **6** 49 e

–, 3-Acetoxymethyl- **6** III 212 e,
IV 205

–, 3-Acetoxy-4-methyl- **6** III 213 a

–, 3-Acetoxy-5-methyl- **6** III 214 d

–, 3-Acetoxy-6-methyl- **6** III 212 b

–, 4-Acetoxymethyl- **6** IV 208

–, 4-Acetoxy-1-methyl- **6** III 210 c,
IV 203

–, 6-Acetoxy-1-methyl- **6** III 210 f,
IV 203

–, 6-Acetoxymethyl-1-äthyl-
6 IV 237

–, 4-Acetoxymethyl-6-brom-
1,3,3-trimethyl- **6** IV 259

–, 6-Acetoxy-5-methyl-1-chlor-
6 III 213 c

–, 3-Acetoxymethyl-4,4-dimethyl-
6 IV 238

–, 4-Acetoxymethyl-1,2-dimethyl-
5-methylen- **6** IV 379

–, 4-Acetoxymethyl-3,6-dimethyl-
5-methylen- **6** IV 378

–, 4-Acetoxymethylen- **6** III 370 c

–, 3-Acetoxy-6-methylmercapto-
6 IV 5276

–, 1-Acetoxymethyl-2-methyl-
6 IV 224

–, 4-Acetoxymethyl-1-methyl-4-vinyl-
6 IV 377

–, 1-[3-Acetoxy-4-methyl-pent-4-enyl]-
6 IV 401

–, 4-Acetoxymethyl-1,3,3-trimethyl-
6 III 259 g, IV 259

–, 6-Acetoxymethyl-1,5,5-trimethyl-
6 66 c, I 44 a, III 259 c,
IV 258

–, 4-Acetoxy-1-methyl-2-vinyl-
6 IV 366

–, 3-Acetoxy-6-[4-nitro-phenoxy]-
6 IV 5275

–, 6-[3-Acetoxy-pentyl]-1,5,5-trimethyl-
6 IV 326

–, 3-Acetoxy-2-phenyl- **6** IV 4090

–, 4-[4-Acetoxy-phenyl]-5-nitro-
6 IV 4091

–, 4-[1-Acetoxy-propyl]-1,2-dimethyl-
6 IV 294

–, 4-[1-Acetoxy-propyl]-5-methyl-
6 IV 249

–, 6-Acetoxy-1,3,3-trimethyl-
6 I 36 h

–, 6-Acetoxy-1,5,5-trimethyl- **6** IV 239

–, 2-[2-Acetoxy-vinyl]-1,3,3-trimethyl-
6 IV 396

–, 1-Acetylmercapto- **6** III 205 e

–, 4-[2-Acetylmercapto-äthyl]-
6 IV 221

–, 4-Acryloyloxymethyl- **6** IV 208

–, 4-Acryloyloxymethyl-5-methyl-
6 IV 224

–, 2-Äthinyl-4-äthoxy-1-methyl-
6 IV 3231

–, 2-Äthinyl-4-methoxy-1-methyl-
6 IV 3231

–, 1-Äthoxy- **6** III 204 g, IV 194

–, 3-Äthoxy- **6** 48 h, I 35 i, II 60 d,
III 206 b, IV 196

–, 4-Äthoxy- **6** II 61 b

–, 3-[2-Äthoxy-äthoxy]- **6** IV 197

–, 3-Äthoxy-5-äthyl- **6** IV 220

–, 3-Äthoxy-6-äthyl- **6** IV 220

–, 6-Äthoxy-1-äthyl- **6** III 220 d

–, 4-[2-Äthoxy-äthyl]-1,2-dimethyl-
5-nitro- **6** IV 257

–, 5-[2-Äthoxy-äthyl]-1-methoxy-4-nitro-
6 IV 5281

–, 6-[3-Äthoxy-but-1-enyl]-
1,5,5-trimethyl- **6** III 402 e

–, 1-Äthoxy-6-chlor- **6** III 205 c

–, 6-Äthoxy-1-chlor- **6** III 208 c

–, 6-Äthoxy-1-chlor-4-methyl-
6 III 215 a

–, 3-Äthoxy-6-dichlormethylen-
6 III 370 b

–, 3-Äthoxy-5,6-dimethyl- **6** IV 224

–, 3-Äthoxy-6-[3,7-dimethyl-nona-
2,4,6,8-tetraenyliden]-1,5,5-trimethyl-
6 III 3077 a

–, 3-Äthoxy-5-methyl- **6** 49 h, III 214 c

–, 6-Äthoxy-1-methyl- **6** III 210 e

–, 4-Äthoxy-1-methyl-2-vinyl-
6 IV 366

–, 1-Äthoxy-4-nitro-5-phenyl-
6 IV 4091

–, 2-[2-Äthoxy-vinyl]-1,3,3-trimethyl-
6 IV 396

–, 4-Äthyl-1,4-bis-hydroxymethyl-
6 IV 5295

–, 3-Äthylmercapto- **6** IV 199

–, 3-Äthyl-5-[3-methoxy-phenyl]-4-nitro-
6 IV 4106

–, 1-[2-Allophanoyloxy-äthyl]-
5,5-dimethyl- **6** IV 255

Cyclohexen (Fortsetzung)

—, 4,5-Bis-hydroxymethyl-1,6-dimethyl-3-[2-methyl-propenyl]-
6 IV 5541

—, 5,6-Bis-hydroxymethyl-1,4-dimethyl-3-[2-methyl-4-(2,6,6-trimethyl-cyclohex-1-enyl)-buta-1,3-dienyl]-4-[4-methyl-6-(2,6,6-trimethyl-cyclohex-1-enyl)-hexa-1,3,5-trienyl]- **6** III 5770,
IV 6963

—, 4,4-Bis-hydroxymethyl-1,2-dimethyl-5-phenyl- **6** III 5180 a

—, 4,4-Bis-hydroxymethyl-5-methyl-
6 III 4133 c

—, 4,5-Bis-hydroxymethyl-1-methyl-
6 IV 5289

—, 4,5-Bis-hydroxymethyl-3-methyl-
6 IV 5288

—, 4,5-Bis-hydroxymethyl-1-[4-methyl-pent-3-enyl]- **6** IV 5541

—, 4,4-Bis-hydroxymethyl-1,2,5-trimethyl-
6 III 4150 d

—, 4,4-Bis-hydroxymethyl-1,3,5-trimethyl-
6 IV 5307

—, 1,4-Bis-hydroxymethyl-4-vinyl-
6 IV 5534

—, 1,2-Bis-[4-hydroxy-phenyl]-
6 III 5717 e

—, 1,6-Bis-[4-hydroxy-phenyl]-
6 III 5718 b

—, 4,5-Bis-[4-hydroxy-phenyl]-
6 IV 6919

—, 4,4-Bis-methansulfonyloxymethyl-
6 IV 5283

—, 1,2-Bis-[2-methoxy-phenyl]-
6 IV 6919

—, 1,2-Bis-[4-methoxy-phenyl]-
6 III 5717 f

—, 1,3-Bis-[4-methoxy-phenyl]-
6 IV 6919

—, 1,4-Bis-[4-methoxy-phenyl]-
6 IV 6920

—, 1,5-Bis-[4-methoxy-phenyl]-
6 IV 6919

—, 1,6-Bis-[4-methoxy-phenyl]-
6 III 5718 c

—, 4,5-Bis-[4-methoxy-phenyl]-
6 IV 6919

—, 3,6-Bis-[4-nitro-phenoxy]-
6 IV 5275

—, 4,5-Bis-[toluol-4-sulfonyl]-
6 IV 5277

—, 2-[2-Brom-äthyl]-4-methoxy-1-methyl-
6 IV 236

—, 6-Brom-4-methoxy-1-methyl-
6 IV 203

—, 3-Brom-6-phenoxy- **6** IV 567

—, 1-Butoxy- **6** III 204 h, IV 195

—, 3-*tert*-Butoxy- **6** IV 196

—, 3-*tert*-Butylmercapto- **6** IV 199

—, 1-[Butylmercapto-methyl]-5-methylen-
6 IV 355

—, 1-Butyryloxy- **6** 48 e

—, 3-Butyryloxy- **6** IV 197

—, 1-Butyryloxy-5-methyl- **6** III 213 g

—, 6-Butyryloxymethyl-1,5,5-trimethyl-
6 III 259 d

—, 3-Carbamoyloxy-6-isopropyl-
6 III 228 e

—, 1-Chlor-2-hexanoyloxy-
6 IV 196

—, 4-[α-Chlor-isopropyl]-1-[2]naphthyl-
6 III 3537 a

—, 1-Chlor-6-methoxy- **6** III 208 b

—, 1-Chlor-6-methoxy-3-methyl-
6 III 212 c

—, 4-Crotonoyloxymethyl-5-methyl-
6 IV 224

—, 1-Cyclopent-1-enyläthinyl-4-methoxy-
6 III 2753 b

—, 2,3-Diacetoxy- **6** IV 5275

—, 3,4-Diacetoxy- **6** III 4129 c

—, 3,6-Diacetoxy- **6** III 4130 c

—, 4,5-Diacetoxy- **6** IV 5277

—, 4,5-Diacetoxy-1,2-dimethyl-
6 IV 5284

—, 3,4-Diäthoxy- **6** III 4129 b

—, 1-[3,3′-Dimethoxy-biphenyl-4-yl]-4-phenyl- **6** IV 7031

—, 1,2-Dimethyl-4,5-bis-[toluol-4-sulfonyl]- **6** IV 5284

—, 6-[3,7-Dimethyl-nona-2,4,6,8-tetraenyliden]-3-methoxy-1,5,5-trimethyl- **6** IV 4395

—, 3-Formyloxy- **6** IV 197

—, 1-Formyloxy-4-[1-formyloxy-vinyl]-
6 III 4170 c

—, 6-Hexanoyloxymethyl-1,5,5-trimethyl-
6 III 259 e

—, 3-Hex-1-enyl-4,5-bis-hydroxymethyl-6-[8-hydroxy-octyl]- **6** IV 7326

—, 1-Hexyloxy- **6** III 204 i

—, 5-[β-Hydroxy-isobutyliden]-3,4-bis-hydroxymethyl-1,2-dimethyl-
6 IV 7323

Cyclohexen (Fortsetzung)

−, 4-[α-Hydroxy-isopropyl]-
1-hydroxymethyl- **6** II 758 e

−, 3-Isopropylmercapto- **6** IV 199

−, Isopropyl-methyl- s. a. *Menthen*

−, 3-Methansulfinyl- **6** IV 199

−, 4-Methansulfonyl- **6** IV 200

−, 4-Methansulfonyl-1,2-dimethyl-
6 IV 223

−, 4-Methansulfonyl-1-methyl-
6 IV 203

−, 5-Methansulfonyl-1-methyl-
6 IV 203

−, 1-Methoxy- **6** II 59 f, III 204 f,
IV 194

−, 3-Methoxy- **6** 48 g, III 206 a,
IV 196

−, 4-Methoxy- **6** IV 200

−, 6-[3-Methoxy-but-1-enyl]-
1,5,5-trimethyl- **6** III 402 d

−, 4-[α-Methoxy-isopropyl]-
1,2,4-trimethyl- **6** III 336 f

−, 1-Methoxy-4-[1-methoxy-vinyl]-
6 III 4170 b

−, 1-Methoxymethyl- **6** III 211 c,
IV 204

−, 1-Methoxy-3-methyl- **6** III 211 f

−, 1-Methoxy-4-methyl- **6** III 213 h

−, 4-Methoxymethyl- **6** III 215 c

−, 4-Methoxy-1-methyl- **6** IV 203

−, 1-Methoxy-3-methylen- **6** III 369 d

−, 1-Methoxymethyl-5-methyl- **6** III 223 c

−, 4-Methoxy-1-methyl-2-vinyl- **6** IV 366

−, 1-Methoxy-6-nitro- **6** II 60 b

−, 4-[4-Methoxy-phenyl]-1,2-dimethyl-
5-nitro- **6** IV 4107

−, 4-[3-Methoxy-phenyl]-5-nitro-
6 IV 4090

−, 4-[4-Methoxy-phenyl]-5-nitro-
6 IV 4091

−, 1-[2-Methoxy-phenyl]-4-phenyl-
6 IV 4964

−, 1-Methyl-4,5-bis-[toluol-4-sulfonyl]-
6 IV 5277

−, 1-Methylmercapto- **6** III 205 d

−, 3-Methylmercapto- **6** III 208 h,
IV 199

−, 5-Methyl-1-propionyloxy-
6 III 213 f

−, 1-Methyl-2-triäthylsilyloxy-
6 IV 202

−, 3-Methyl-1-triäthylsilyloxy-
6 IV 205

−, 3-[4-Nitro-phenoxy]-6-phenoxy-
6 IV 5275

−, 3-Phenoxy- **6** III 561 d

−, 4-Phenoxy- **6** III 561 e

−, 1-Propionyloxy- **6** 48 d

−, 3-Propionyloxy- **6** IV 197

−, 3,4,5,6-Tetraacetoxy- **6** III 6649 b,
IV 7676

−, 3-*p*-Tolylmercapto- **6** IV 2167

−, 3,4,5-Triacetoxy-1-acetoxymethyl-
6 IV 7678

−, 3,4,5-Triacetoxy-1-brommethyl-
6 IV 7317

−, 3,4,5-Triacetoxy-1-trityloxymethyl-
6 IV 7678

−, 1,5,5-Trimethyl-3,3-bis-
[2,4,5-trimethoxy-phenyl]- **6** II 1164 a

Cyclohex-1-encarbonsäure

−, 2-Isopropyl-5-methyl-6-[3-oxo-butyl]-
6 II 110 a

Cyclohex-2-en-1,4-diol 6 III 4130 a,
IV 5275

−, 5,6-Dichlor- **7** II 546 a

−, 1-[α-Hydroxy-isopropyl]-4-methyl-
6 III 6256 a

−, 1-Isopropyl-4-methyl- **6** III 4136 c

−, 5-Isopropyl-2-methyl- **6** III 4134

Cyclohex-3-en-1,2-diol 6 III 4128 e,
IV 5275

−, 4-[α-Hydroxy-isopropyl]-1-methyl-
6 III 6256 b

−, 5-Isopropyl-2-methyl- **6** III 4136 d

Cyclohex-4-en-1,2-diol 6 IV 5276

−, 1,2-Dimethyl- **6** IV 5284

−, 4,5-Dimethyl- **6** IV 5284

−, 1-Isopropyl- **6** IV 5288

−, 1-Methyl- **6** IV 5278

Cyclohex-4-en-1,3-diol

−, 4-Hydroxymethyl-1-isopropyl-
6 1070 e

−, 1-Isopropyl-4-methyl- **6** 751 e,
I 376 h

Cyclohex-2-en-1,4-dion

−, 2-Acetoxy-5,6-di-*tert*-butyl-
6 IV 7429

−, 5,6-Dibrom- **6** III 4438 a,
IV 5783, **7** 574 f, II 546 b

−, 5,6-Di-*tert*-butyl- **6** IV 6071

−, 5,6-Di-*tert*-butyl-2-chlor- **6** IV 6071

−, 5,6-Di-*tert*-butyl-2-hydroxy-
6 IV 7429

− mono-[2,4-dinitro-phenylhydrazon]
6 IV 7429

9,19-Cyclo-lanostan-3-ol 6 III 2732 a

−, 24-Methyl- **6** IV 4062

−, 24-Methylen- **6** III 2911 b

9,19-Cyclo-lanostan-24-ol

−, 3-Acetoxy- **6** IV 6456

9,19-Cyclo-lanost-2-en

−, 3-Acetoxy- **6** IV 4202

9,19-Cyclo-lanost-24-en

−, 3-Acetoxy- **6** III 2908 b, IV 4202

21,24-Cyclo-lanost-8-en

−, 3-Acetoxy- **6** III 2887 a

9,19-Cyclo-lanost-24-en-3-ol **6** III 2907 b,
    IV 4202

9,19-Cyclo-lanost-25-en-3-ol

−, 24-Methyl- **6** IV 4205

21,24-Cyclo-lanost-8-en-3-ol **6** III 2886 d

Cyclolaudanol **6** IV 4062

−, *O*-Acetyl- **6** IV 4063

Cyclolaudenol **6** IV 4205

−, *O*-Acetyl- **6** IV 4205

Cyclolavandulol

−, 5-Methyl- **6** IV 299

−, 6-Methyl- **6** IV 298

β-Cyclolavandulol **6** IV 259

−, *O*-Allophanoyl- **6** IV 259 g

γ-Cyclolavandulol **6** III 260 a, IV 260

−, *O*-Acetyl- **6** IV 260 d

−, *O*-Allophanoyl- **6** III 260 c,
    IV 260 e

**3,7-Cyclo-naphtho[2,1-*d*][1,3,2]dioxathiocin-
5-oxid**

−, 12b-Methyl-3-phenyl-2,3,6a,7,8,12b-
    hexahydro-1*H*- **6** IV 6931 e

α-Cyclonerolidol **6** III 410 c

β-Cyclonerolidol **6** III 410 b

Cyclononadecanol **6** III 198 c

Cyclononan

−, 5-Acetoxy-1,1-dimethyl- **6** IV 169

−, 5-Acetoxy-1,1-diphenyl- **6** IV 4920

−, 1,2-Diacetoxy- **6** IV 5242

Cyclononan-1,2-diol **6** III 4101 b, IV 5242

Cyclononan-1,5-diol **6** IV 5242

Cyclononanol **6** II 32 g, III 104 a, IV 128

−, 5,5-Dimethyl- **6** IV 169

−, 1-Methyl- **6** IV 138

Cyclononen

−, 1-Acetoxy- **6** IV 233

2,6-Cyclo-norbornan

−, 3-Acetoxy- **6** IV 348

−, 3-Acetoxy-5-äthoxy- **6** IV 5528

−, 7-[3-Acetoxy-allyl]-1,7-dimethyl-
    6 553 c

−, 3-Acetoxy-5-methoxy- **6** IV 5528

−, 3-Acetoxymethyl-2,3-dimethyl-
    6 101 a

−, 7-[2-Acetoxy-vinyl]-1,7-dimethyl-
    6 551 g

−, 1-Äthoxymethyl-7,7-dimethyl-
    6 II 105 f

−, 3-Benzhydryliden-2-[4-methoxy-phenyl]-
    1,7,7-trimethyl- **7** III 2688 b

−, 2,3-Bis-hydroxymethyl- **6** IV 5533

−, 3-Brom-5-methoxy- **6** IV 346

−, 3,5-Diacetoxy- **6** IV 5528

−, 3,5-Dimethoxy- **6** IV 5528

−, 3-Formyloxy- **6** IV 347

−, 3-Methoxy- **6** IV 347

−, 1-[4-Methoxy-phenyl]-7,7-dimethyl-
    6 IV 4381

−, 5-Methoxy-3,3,4-trimethyl-
    6 I 63 c, III 394 b

−, 3-Phenoxy- **6** IV 568

−, 3-[Toluol-4-sulfonyl]- **6** IV 2169

−, 3-*p*-Tolylmercapto- **6** IV 2153

2,6-Cyclo-norbornan-3,5-diol **6** IV 5527

2,6-Cyclo-norbornan-1-ol

−, 7,7-Dimethyl- **6** II 102 a

2,6-Cyclo-norbornan-3-ol **6** IV 347

−, 5-Äthoxy- **6** IV 5528

−, 5-Formyloxy- **6** IV 5528

−, 1,7,7-Trimethyl- **6** III 392 e

−, 4,5,5-Trimethyl- **6** I 63 b, III 393 d,
    IV 391

12,23-Cyclo-24-nor-cholan-11,12-diol **6** IV 6425

12,23-Cyclo-24-nor-cholan-12,23-diol **6** IV 6425

12,23-Cyclo-24-nor-cholan-12-ol

−, 23-Acetoxy- **6** IV 6425

3,5-Cyclo-24-nor-chol-22-en

−, 6-Methoxy-22-methyl- **6** III 2808 c

3,5-Cyclo-*B*-nor-cholestan

−, 6-Methoxy- **6** IV 3994

12,23-Cyclo-27-nor-cholest-25-en-23-ol **6** IV 4147

9,19-Cyclo-31-nor-eburican

    s. *9,19-Cyclo-31-nor-lanostan, 24-Methyl-*

6,10-Cyclo-19-nor-ergostan-7,8-diol

−, 2-Acetoxy-5-methyl- **6** IV 7503

6,10-Cyclo-19-nor-ergostan-2,7,8-triol

−, 5-Methyl- **6** IV 7502

6,10-Cyclo-19-nor-ergosta-7,9(11),22-trien

−, 2-Acetoxy-5-methyl- **6** III 3483 b

**6,10-Cyclo-19-nor-ergosta-7,9(11),22-trien-
2-ol**

−, 5-Methyl- **6** III 3483 a

6,10-Cyclo-19-nor-ergost-7-en

−, 2-Acetoxy-5-methyl- **6** III 2854 a

Cyclooct-4-enol **6** IV 218

Cyclooctylnitrat **6** IV 113

13,27-Cyclo-olean-9(11)-en

—, 3-Acetoxy- **6** IV 4424

18,28-Cyclo-olean-12-en

—, 3-Acetoxy- **6** IV 4424

18,28-Cyclo-olean-12-en-3-ol
  6 IV 4423

Cycloolivil **6** III 6995 a

Cyclopentaazadien s. *Pentazol*

Cyclopent[*fg*]acenaphthylen

—, 1,5-Diacetoxy-1,2,5,6-tetrahydro-
  6 IV 6836

—, 1,6-Diacetoxy-1,2,5,6-tetrahydro-
  6 IV 6836

Cyclopent[*fg*]acenaphthylen-1,2-diol

—, 1,2-Diphenyl-1,2,5,6-tetrahydro-
  6 IV 7065

Cyclopent[*a*]acenaphthylen-8-ol

—, 8-Äthyl-7,9-diphenyl-8*H*-
  6 III 3880 a

—, 8-Benzyl-7,9-diphenyl-8*H*-
  6 III 3902 a

—, 7,9-Diphenyl-8*H*- **6** III 3872 b

—, 7,9-Diphenyl-8,9-dihydro-7*H*-
  6 III 3867 c

—, 8-Methyl-7,9-diphenyl-8*H*-
  6 III 3875 a

Cyclopenta[*a*]chrysen

—, 1-Isopropyl-3a,5a,5b,8,8,11a-
  hexamethyl-eicosahydro- s. *Lupan*

Cyclopentacyclododecen-1,13a-diol

—, Tetradecahydro- **6** IV 5328

Cyclopenta[*a*]cyclopropa[*e*]phenanthren
  s. unter *9,19-Cyclo-lanostan*

Cyclopentadecan-1,2-diol

—, 3-Methyl- **6** III 4123 a

Cyclopentadecanol **6** III 191 e, IV 185

—, 1-Methyl- **6** II 58 d, IV 187

—, 3-Methyl- **6** II 58 e

—, 4-Methyl- **6** II 58 f

—, 5-Methyl- **6** II 58 g

—, 1-[3-Methyl-pentyl]- **6** IV 190

Cyclopentadecen

—, 1-Acetoxy- **6** IV 329

Cyclopentadec-2-enol

—, 1-Methyl- **6** III 359 d

—, 2-Methyl- **6** III 359 c

—, 3-Methyl- **6** III 359 c

Cyclopenta-1,3-dien

—, 5-Acetoxy-5-benzyl-
  1,2,3,4-tetraphenyl- **6** III 3904 b

—, 4-Acetoxy-1,2-diphenyl-5-sulfooxy-
  6 IV 6947

—, 5-Acetoxy-1,2,3,4,5-pentaphenyl-
  6 III 3902 c

—, 2-Acetoxy-1,3,4,5-tetraphenyl-
  6 736 c, III 7179

—, 2,3-Bis-[α-hydroxy-benzyl]-
  5-benzyliden- **6** 1059 a

—, 1,4-Bis-[4-methoxy-phenyl]-
  2,3-diphenyl- **6** IV 7088

—, 2,3-Bis-[4-methoxy-phenyl]-
  1,4-diphenyl- **6** IV 7089

—, 2,3-Bis-[4-methoxy-phenyl]-
  5-methylen-1,4-diphenyl- **6** IV 7095

—, 5-[4-Methoxy-benzyliden]-
  1,2,3,4-tetraphenyl- **6** III 3906 d

—, 5-Methoxy-1,2,3,4,5-pentaphenyl-
  6 IV 5177

—, 1-[4-Methoxy-phenyl]-2,3,4-triphenyl-
  6 III 3876 a

—, 2-[4-Methoxy-phenyl]-1,3,4-triphenyl-
  6 IV 5165

—, 5-Methoxy-1,2,4,5-tetraphenyl-
  6 III 3876 b

—, 5-Methoxy-1,2,3,4-tetraphenyl-5-
  p-tolyl- **6** IV 5178

—, 5-Methoxy-1,2,3,5-tetraphenyl-4-
  p-tolyl- **6** IV 5178

—, 5-Methoxy-1,2,4,5-tetraphenyl-3-
  p-tolyl- **6** IV 5178

—, 1,2,4-Trichlor-5,5-difluor-3-methoxy-
  6 IV 338

Cyclopenta-2,4-dienol

—, 1-Äthinyl-2,3,4,5-tetraphenyl-
  6 IV 5171

—, 1-Äthyl-2,3,4,5-tetraphenyl-
  6 III 3880 c

—, 1-Allyl-2,3,4,5-tetraphenyl-
  6 IV 5170

—, 1-Benzyl-2,3,4,5-tetraphenyl-
  6 II 740 h, III 3904 a, IV 5177

—, 3,4-Bis-[4-brom-phenyl]-
  1,2,5-triphenyl- **6** III 3902 d

—, 3-[4-Chlor-phenyl]-1-methyl-
  2,4,5-triphenyl- **6** IV 5165

—, 1-Cyclopenta-2,4-dienyl-
  2,3,4,5-tetraphenyl- **6** IV 5175

—, 1-[4-Methoxy-phenyl]-2,5-dimethyl-
  3,4-diphenyl- **6** III 5909 c

—, 3-[4-Methoxy-phenyl]-1-methyl-
  2,4,5-triphenyl- **6** IV 7089

—, 1-[4-Methoxy-phenyl]-
  2,3,4,5-tetraphenyl- **6** III 6018 b, IV 7108

Cyclopentan (Fortsetzung)

—, 1-Allophanoyloxy-1-prop-2-inyl-
6 IV 356

—, 1-Allophanoyloxy-1-propyl-
6 II 30 e

—, 1-Benzolsulfonyl-2-chlor- 6 IV 1483

—, 1-Benzolsulfonyl-1-methyl-
6 III 989 d

—, 1,2-Bis-acetoxymethyl- 6 IV 5224

—, 1,2-Bis-acetoxymethyl-3-methyl-
6 IV 5240

—, 1,1-Bis-[4-acetoxy-phenyl]-
6 II 995 e

—, 1,2-Bis-[4-acetoxy-phenyl]-
6 IV 6851

—, 1,3-Bis-[4-acetoxy-phenyl]-
6 IV 6851

—, 1,2-Bis-[acetylmercapto-methyl]-
6 IV 5225

—, 1,3-Bis-benzolsulfonyl- 6 303 h,
I 370 a

—, 1,1-Bis-carbamoyloxymethyl-
6 IV 5223

—, 1,2-Bis-[2-hydroxy-äthyl]- 6 III 4104 d,
IV 5248

—, 1,1-Bis-hydroxymethyl- 6 IV 5223

—, 1,2-Bis-hydroxymethyl- 6 IV 5224

—, 1,3-Bis-hydroxymethyl- 6 IV 5225

—, 1,2-Bis-hydroxymethyl-3-methyl-
6 IV 5240

—, 1,1-Bis-[4-hydroxy-3-methyl-phenyl]-
6 III 5657 e

—, 1,3-Bis-hydroxymethyl-1,2,2-trimethyl-
6 II 756 c, III 4118 g, IV 5261

—, 1,1-Bis-[4-hydroxy-phenyl]-
6 II 995 c, III 5613 a

—, 1,2-Bis-[4-hydroxy-phenyl]-
6 IV 6850

—, 1,3-Bis-[4-hydroxy-phenyl]-
6 IV 6851

—, 1,1-Bis-[4-hydroxy-phenyl]-2-methyl-
6 III 5648 b

—, 1,1-Bis-[4-hydroxy-phenyl]-3-methyl-
6 III 5648 c

—, 1,2-Bis-[4-hydroxy-phenyl]-3-methyl-
6 IV 6865

—, 1,2-Bis-methansulfonyloxy-
6 IV 5189

—, 1,3-Bis-methansulfonyloxy-
6 IV 5192

—, 1,1-Bis-methansulfonyloxymethyl-
6 IV 5223

—, 1,1-Bis-[4-methoxy-phenyl]-
6 II 995 d

—, 1,2-Bis-[4-methoxy-phenyl]-
6 IV 6851

—, 1,3-Bis-[4-methoxy-phenyl]-
6 IV 6851

—, 1-Butyryloxy-3-isopropenyl-
1,2-dimethyl- 6 IV 263

—, 1-Butyryloxymethyl-
1,2,2,3-tetramethyl- 6 II 54 g

—, 1-Carbamoyloxymethyl-1-phenyl-
6 IV 3916

—, 1-Carbamoyloxy-2-methyl-1-prop-
2-inyl- 6 IV 368

—, 1-Carbamoyloxy-1-prop-2-inyl-
6 IV 356

—, 1-Chlor-2-methylmercapto- 6 IV 18

—, 1-Chloroxy-1-methyl- 6 IV 87

—, 1-Chlor-2-phenylmercapto-
6 IV 1482

—, 1-Chlor-2-[toluol-4-sulfonyl]-
6 IV 2164

—, 1-Chlor-2-p-tolylmercapto-
6 IV 2164

—, 1,2-Diacetoxy- 6 739 d, II 743 a,
III 4055 b, IV 5188

—, 1,3-Diacetoxy- 6 IV 5191

—, 1,2-Diacetoxy-1,5-dimethyl-
6 III 4094 b

—, 1,2-Diacetoxy-1-methyl- 6 III 4084 e

—, 1,2-Diäthoxy- 6 III 4055 a

—, 1-Dichlorphosphinooxy-1-trichlormethyl-
6 IV 89

—, Dicyclopentyl- s. *Tercyclopentan*

—, 1,2-Dimethoxy- 6 III 4054 d

—, 1-[1-Hydroxy-äthyl]-2-[α-hydroxy-
benzhydryl]-3-methyl- 6 IV 6879

—, 3-[2-Hydroxy-äthyl]-1-hydroxymethyl-
1,2,2-trimethyl- 6 II 756 d

—, 1-[4-Hydroxy-benzyl]-2-[4-hydroxy-
phenyl]- 6 IV 6865

—, 1-[α-Hydroxy-isopropyl]-
2-hydroxymethyl-3-methyl- 6 749 h

—, 1-[β-Hydroxy-isopropyl]-
2-hydroxymethyl-3-methyl- 6 749 h

—, 3-[α-Hydroxy-isopropyl]-
1-hydroxymethyl-1-methyl- 6 479 g

—, 1-Hydroxymethyl-3-[3-hydroxy-
propyl]-1,2,2-trimethyl- 6 III 4121 a

—, 1-Isobutyryloxy-3-isopropenyl-
1,2-dimethyl- 6 IV 264

—, 3-Isopropenyl-1,2-dimethyl-
1-propionyloxy- 6 IV 263

Cyclopentan (Fortsetzung)

—, 3-Isopropenyl-1-isovaleryloxy-1,2-dimethyl- 6 IV 264

—, 1-Jod-2-methoxy- 6 IV 15

—, 1-[4-Methoxy-benzyl]-2-[4-methoxy-phenyl]- 6 IV 6865

—, 1-Methoxy-1-methyl- 6 III 54 b

—, 1-Methoxy-1-phenyl- 6 III 2479 a

—, 1-Methyl-1-phenylmercapto-6 III 989 c

—, 1-Methyl-2-phenylmethansulfonyl-6 IV 2642

—, 1-Nitromethyl-1-nitryloxy- 6 IV 91

—, 2-Nitryloxy-1,1,3,3-tetrakis-nitryloxymethyl- 6 IV 7885

—, 1,2,2,3-Tetramethyl-1-propionyloxy=methyl- 6 II 54 f

—, 1,1,3-Tris-hydroxymethyl-6 IV 7313

—, 1-Trityloxy-2-[2-trityloxy-äthyl]-6 III 4093 d

Cyclopenta[a]naphthalin

—, 3-Acetoxy-3-äthinyl-dodecahydro-6 IV 3963

—, 3-Acetoxy-3-äthinyl-2,3,3a,4,5,9b-hexahydro-1H- 6 IV 4777

—, 3-Acetoxy-3-äthinyl-7-methoxy-2,3,3a,4,5,9b-hexahydro-1H-6 IV 6729 b

—, 5-Acetoxy-7-methoxy-2,3,3a,4,5,9b-hexahydro-1H- 6 IV 6473

—, 9b-Äthyl-8-methoxy-2,3,3a,4,5,9b-hexahydro-1H- 6 IV 4117

—, 3-Äthyl-7-methoxy-2-methyl-2,3-dihydro-1H- 6 IV 4799

—, 9b-Äthyl-4,5,6,7,9-pentabrom-8-methoxy-2,3,3a,4,5,9b-hexahydro-1H-6 IV 4117

—, 9b-Äthyl-4,5,7,9-tetrabrom-8-methoxy-2,3,3a,4,5,9b-hexahydro-1H-6 IV 4117

—, 2,5-Diacetoxy-9b-äthoxy-4-chlor-9bH- 6 1138 c

—, 2,5-Diacetoxy-4-brom-1H-6 1022 a, I 497 h

—, 2,5-Diacetoxy-4-brom-9b-methoxy-9bH- 6 1138 f

—, 2,5-Diacetoxy-4-chlor-1H-6 1021 h

—, 2,5-Diacetoxy-4-chlor-9b-isobutoxy-9bH- 6 1138 d

—, 5,7-Dimethoxy-2,3-dihydro-1H-6 III 5422 f

—, 3-Isopropyliden-5,7-dimethoxy-2,3-dihydro-1H- 6 III 5610 c

—, 5-Methoxy-2,3-dihydro-1H-6 IV 4695

—, 5-Methoxy-2,3,6,7,8,9-hexahydro-1H-6 IV 4102

—, 8-Methoxy-9b-vinyl-2,3,3a,9b-tetrahydro-1H- 6 IV 4777

Cyclopenta[b]naphthalin

—, 5,8-Diacetoxy-2,3,4,9-tetrahydro-1H-6 IV 6596

Cyclopenta[a]naphthalin-3,7-diol

—, 3a,6-Dimethyl-dodecahydro-6 III 4180 c

—, 3a,6-Dimethyl-2,3,3a,4,5,9b-hexahydro-1H- 6 III 5177 e

Cyclopenta[a]naphthalin-6,9-diol

—, 4-Methoxy-2,3,5,9b-tetrahydro-1H-6 IV 7543

—, 2,3,5,9b-Tetrahydro-1H- 6 III 5322 d

Cyclopenta[b]naphthalin-5,8-diol

—, 1-Methyl-2,3,4,9-tetrahydro-1H-6 IV 6600

—, 2,3,4,9-Tetrahydro-1H- 6 IV 6596

Cyclopenta[a]naphthalin-6,9-dion

—, 2,3,5,5a,9a,9b-Hexahydro-1H-6 III 5322 d

—, 4-Methoxy-2,3,5,5a,9a,9b-hexahydro-1H- 6 IV 7543

Cyclopenta[b]naphthalin-5,8-dion

—, 2,3,4,4a,8a,9-Hexahydro-1H-6 IV 6597

—, 1-Methyl-2,3,4,4a,8a,9-hexahydro-1H- 6 IV 6600

Cyclopenta[a]naphthalin-1-ol

—, 1-Äthyl-2,3-dihydro-1H- 6 IV 4777

—, 3,9b-Dimethyl-dodecahydro-6 III 422 b

—, 1-Methyl-2,3-dihydro-1H-6 IV 4745

—, 3-Phenyl-2,3,6,7,8,9-hexahydro-1H-6 IV 4972

Cyclopenta[a]naphthalin-3-ol

—, 3-Äthinyl-dodecahydro- 6 IV 3963

—, 3-Äthinyl-2,3,3a,4,5,9b-hexahydro-1H- 6 IV 4777

—, 3-Äthinyl-7-methoxy-2,3,3a,4,5,9b-hexahydro-1H- 6 IV 6729

—, 7-Methoxy-3a,6-dimethyl-2,3,3a,4,5,=9b-hexahydro-1H- 6 IV 6482

—, 7-Methoxy-3a,6-dimethyl-3,3a,4,5-tetrahydro-2H- 6 IV 6603

Cyclopenta[*a*]naphthalin-3-ol   (Fortsetzung)
—, 7-Methoxy-3a-methyl-2,3,3a,4,5,9b-
   hexahydro-1*H*- **6** IV 6477
—, 7-Methoxy-3a-methyl-3,3a,4,5-
   tetrahydro-2*H*- **6** IV 6600
—, 3-Methyl-2,3-dihydro-1*H*-
   6 IV 4745

Cyclopenta[*a*]naphthalin-4-ol
—, 4-Methyl-dodecahydro- **6** III 409 a

Cyclopenta[*a*]naphthalin-5-ol
—, 9b-Äthyl-4,6,7,9-tetrabrom-
   8-methoxy-2,3,3a,4,5,9b-hexahydro-1*H*-
   6 IV 6482
—, 2,3-Dihydro-1*H*- **6** III 3386 f,
   IV 4695
—, 7,8-Dimethoxy-2,3-dihydro-1*H*-
   6 IV 7569
—, 2,3,3a,4,5,9b-Hexahydro-1*H*-
   6 IV 4103
—, 7-Methoxy-2,3,3a,4,5,9b-hexahydro-
   1*H*- **6** IV 6473
—, 7-Methoxy-2,3,6,7,8,9-hexahydro-1*H*-
   6 III 5173 c

Cyclopenta[*a*]naphthalin-7-ol
—, 2,3,3a,4,5,9b-Hexahydro-1*H*-
   6 IV 4103
—, 6-Methyl-2,3-dihydro-1*H*-
   6 III 3412 c

Cyclopenta[*b*]naphthalin-1-ol
—, 1,3-Dimethyl-2,4-diphenyl-1*H*-
   6 IV 5156
—, 1,2,3,4-Tetraphenyl-1*H*- **6** IV 5182

Cyclopenta[*b*]naphthalin-5-ol
—, 2,3,5,6,7,8-Hexahydro-1*H*-
   6 IV 4102

Cyclopenta[*b*]naphthalin-6-ol
—, 5-Methyl-2,3-dihydro-1*H*-
   6 III 3412 c

Cyclopenta[*a*]naphthalin-2,5,9b-triol
—, 9b*H*- **6** 1138 b

Cyclopentan-1,2-diol 6 739 c, I 369 e,
   II 742 e, 743 b, III 4053, IV 5187
—, 3-Äthyl- **6** III 4093 a
—, 1,2-Bis-[4-acetoxy-phenyl]-
   3,5-diphenyl- **6** III 6849 b
—, 3,5-Bis-[4-chlor-phenyl]-1,2-diphenyl-
   6 IV 7069
—, 3,5-Bis-[4-methoxy-phenyl]-
   1,2-diphenyl- **6** IV 7857
—, 1-[4-Chlor-phenyl]-2,3,5-triphenyl-
   6 IV 7069
—, 3-[4-Chlor-phenyl]-1,2,5-triphenyl-
   6 IV 7069

—, 1,2-Diäthyl- **6** IV 5248
—, 3,4-Dibrom- **6** IV 5189
—, 3,5-Dibrom- **6** 739 e, III 4056 a
—, 1,2-Dimethyl- **6** III 4093 f,
   IV 5223
—, 1,5-Dimethyl- **6** III 4094 b
—, 3,5-Dimethyl- **6** IV 5225
—, 4,4-Dimethyl- **6** IV 5223
—, 3,5-Dimethyl-1,2,4-triphenyl- **6** 1051 c
—, 1,2-Diphenyl- **6** 1029 d, IV 6851
—, 3,4-Diphenyl- **6** III 5613 b
—, 1,2-Diphenyl-3,5-di-*p*-tolyl-
   6 IV 7071
—, 4-Heptyl-2,3-bis-hydroxymethyl-
   6 IV 7675
—, 3-[4-Methoxy-phenyl]- **6** III 6447 e
—, 1-[4-Methoxy-phenyl]-2,3,5-triphenyl-
   6 IV 7665
—, 4-[4-Methoxy-phenyl]-1,2,3-triphenyl-
   6 III 6637 c, IV 7665
—, 1-Methyl- **6** II 749 i, III 4084 c,
   IV 5212
—, 3-Methyl- **6** III 4085 a
—, 4-Methyl- **6** IV 5212
—, 4-Methylen-1,2,3,5-tetraphenyl-
   6 IV 7084
—, 3-Methyl-1,2,4-triphenyl- **6** 1051 b
—, 1,2,3,4,5-Pentaphenyl- **6** II 1053 a
—, 1-Phenyl- **6** II 928 e
—, 3-Phenyl- **6** III 5052 c
—, 1,2,3,4-Tetraphenyl- **6** 1063 b
—, 1,2,3,5-Tetraphenyl- **6** 1063 c,
   II 1044 a, IV 7068
—, 1,2,3-Triphenyl- **6** IV 7011
—, 1,2,4-Triphenyl- **6** 1051 a, II 1026 a
—, 1,3,5-Triphenyl-2-*p*-tolyl- **6** IV 7070

Cyclopentan-1,3-diol 6 III 4057 b
—, 2,2-Dichlor- **6** III 4058 a, IV 5192
—, 1,3-Diphenyl- **6** IV 6851
—, 1,2,3,4-Tetramethyl- **6** III 4105 b

Cyclopentanol 6 5 a, I 3 d, II 3 d, III 4 h,
   IV 5
—, 2-Acetoxy- **6** IV 5188
—, 3-[2-Acetoxy-äthyl]-1,2,2-trimethyl-
   6 IV 5261
—, 2-Acetylmercapto- **6** IV 5191
—, 1,1′-Äthandiyl-bis- **6** III 4153 c,
   IV 5316
—, 1,1′-Äthendiyl-bis- **6** III 4174 e
—, 1,1′-Äthindiyl-bis- **6** III 4727 d,
   IV 6059
—, 1-Äthinyl- **6** I 60 b, III 370 d, IV 339
—, 1-Äthinyl-2,4-dimethyl- **6** IV 368

Cyclopentanol (Fortsetzung)

–, 2-Äthoxy- **6** III 4054 e

–, 1-Äthoxyäthinyl- **6** IV 5524

–, 2-Äthoxy-3-methyl- **8** IV 53

–, 2-Äthoxy-4-methyl- **6** IV 5212

–, 2-Äthoxy-5-methyl- **8** IV 53

–, 1-Äthyl- **6** 15 c, II 24 h, III 79 b,
IV 109

–, 2-Äthyl- **6** I 11 h, III 79 d

–, 3-Äthyl- **6** IV 109

–, 1-Äthyl-2-chlor- **6** III 79 c

–, 1-Äthyl-2,4-dimethyl- **6** IV 137

–, 1-[1-Äthyl-1-hydroxy-propyl]-
6 I 376 a, IV 5260

–, 2-[1-Äthyl-1-hydroxy-propyl]-
2-methyl-1-phenyl- **6** IV 6389

–, 2-Äthyliden- **6** IV 210

–, 2-Äthylmercapto- **6** IV 5190

–, 1-Äthyl-2-methyl- **6** III 102 c

–, 1-Äthyl-3-methyl- **6** 19 g

–, 2-Äthyl-1-methyl- **6** III 102 a

–, 2-Äthyl-5-methyl- **6** IV 128

–, 4-Äthyl-2-methyl- **6** IV 128

–, 2-Äthyl-5-methyl-1-phenyl-
6 III 2552 a

–, 2-Äthyl-5-[3-phenyl-propyl]-
6 IV 3967

–, 2-Äthyl-1-propyl- **6** II 53 i

–, 2-Äthyl-4-propyl- **6** IV 168

–, 2-Äthyl-5-propyl- **6** IV 168

–, 1-Allyl- **6** III 223 e

–, 2-Allyliden- **6** IV 356

–, 2-Allyl-1-methyl- **6** II 63 a

–, 2-Azido- **6** IV 15

–, 1-Benzyl- **6** III 2513 a

–, 2-Benzyl- **6** III 2513 b, IV 3915

–, 1-Benzyl-2-[2-benzyl-2-hydroxy-
3-phenyl-propyl]- **6** IV 7014

–, 2-Benzyliden- **6** IV 4091

–, 3-[4-Benzyloxy-phenyl]-2-methyl-
6 IV 6371

–, 1-Biphenyl-2-yl- **6** III 3522 c

–, 2,2-Bis-acetoxymethyl- **6** III 6252 b

–, 2,5-Bis-cyclohexylmethyl-
6 III 428 c

–, 1,2-Bis-[2-hydroxy-äthyl]-5-isopropyl-
2-methyl- **6** IV 7316

–, 2,2-Bis-hydroxymethyl- **6** III 6252 a

–, 2-Brom- **6** III 8 b

–, 1-[5-Brom-2-methoxy-phenyl]-
2,2,5,5-tetramethyl- **6** IV 6385

–, 1-Brommethyl- **6** IV 7983

–, 1,1'-Buta-1,3-diendiyl-bis-
6 III 4743 a

–, 1-Buta-1,3-dienyl- **6** III 378 a

–, 1,1'-Butadiindiyl-bis- **6** III 5174 b

–, 1-Butadiinyl- **6** IV 3824

–, 1,1'-Butandiyl-bis- **6** III 4157 d,
IV 5325

–, 1-But-3-en-1-inyl- **6** III 1841 f

–, 1-But-3-en-1-inyl-2,4-dimethyl-
6 IV 3413

–, 1-But-3-enyl-2-methyl- **6** III 260 h

–, 2-Butoxy-3-methyl- **8** IV 53

–, 2-Butoxy-5-methyl- **8** IV 53

–, 1-Butyl- **6** II 37 a, III 117 e,
IV 136

–, 3-*tert*-Butyl- **6** III 118 b

–, 1-Butyl-2,4-dimethyl- **6** IV 174

–, 2-*tert*-Butyl-1,4-dimethyl- **6** III 180 c

–, 1-Butyl-2-isopropyl-5-methyl- **6** IV 182

–, 1-Butyl-2-methyl- **6** III 172 f

–, 2-*tert*-Butyl-4-methyl- **6** III 173 a

–, 2-Chlor- **6** 5 c, II 4 b, III 7 j, IV 15

–, 1-[2-Chlor-äthyl]- **6** IV 109

–, 1-Chlormethyl- **6** IV 87

–, 2-Chlor-1-methyl- **6** II 14 i, III 54 c,
IV 87

–, 2-Chlor-5-methyl- **6** III 55 d

–, 2-Chlor-1-prop-2-inyl- **6** IV 356

–, 2-Cyclohexylmercapto- **6** III 4056 d

–, 1-Cyclohexyl-2-methyl- **6** III 339 e

–, 2-Cyclohexylmethyl- **6** IV 317

–, Cyclopentyl- s. *Bicyclopentyl-ol*

–, 2-Cyclopentylmercapto- **6** III 4056 c

–, 1-Decyl- **6** III 193 e

–, 1-Deuterio- **6** IV 6

–, 2-Deuterio- **6** IV 6

–, 1,2-Diäthyl- **6** II 37 e, III 119 f

–, 1,1'-Diäthyl-2,2'-methandiyl-bis-
6 IV 5327

–, 2,5-Dibenzyl- **6** III 3535 e

–, 2,5-Dibenzyl-1-methyl- **6** III 3541 b

–, 3,4-Dicyclohexyl- **6** III 427 b

–, 2-[2-(5,8-Dihydro-[1]naphthyl)-äthyl]-
2-methyl- **6** III 3069 d

–, 2,2-Diisopropyl- **6** IV 173

–, 2,5-Diisopropyl-2,5-dipropyl- **6** III 196 d

–, 1,2-Dimethyl- **6** II 25 d, III 80 c,
IV 111

–, 1,3-Dimethyl- **6** 15 d, I 11 k,
II 25 e, III 81 c

–, 2,2-Dimethyl- **6** I 11 i, IV 111

–, 2,4-Dimethyl- **6** 15 f, IV 112

–, 2,5-Dimethyl- **6** 15 e, II 25 f

Cyclopentanol (Fortsetzung)
–, 2,2,5,5-Tetradeuterio- **6** IV 6
–, 2,2,5,5-Tetrakis-hydroxymethyl-
   6 IV 7885
–, 1,2,2,3-Tetramethyl- **6** 23 j
–, 1,2,2,5-Tetramethyl- **6** 23 f
–, 2,3,3,4-Tetramethyl- **6** I 17 f
–, 1,2,1′,2′-Tetraphenyl-2,2′-oxy-bis-
   6 IV 6851
–, 2-Thiocyanato- **6** IV 5191
–, 2-[Toluol-4-sulfonyl]- **6** IV 5190
–, 1-*o*-Tolyl- **6** IV 3916
–, 1-*p*-Tolyl- **6** IV 3916
–, 2-*p*-Tolylmercapto- **6** IV 5190
–, 2-[2-*p*-Tolyl-propyl]- **6** IV 3960
–, 1-Trichlormethyl- **6** III 54 e
–, 1,2,2-Trimethyl- **6** 19 h, I 14 d
–, 1,2,4-Trimethyl- **6** I 14 g
–, 1,2,5-Trimethyl- **6** I 14 e
–, 2,3,4-Trimethyl- **6** I 14 f, III 103 b
–, 3-[2-Trityloxy-äthyl]- **6** IV 5222
–, 1-Vinyl- **6** III 217 c, IV 210

Cyclopentanon
–, 2-Äthyl-5-methyl- **6** III 2552 a

Cyclopentan-1,2,3,4-tetraol 6 IV 7671

Cyclopentanthiol 6 II 4 c, III 8 d, IV 15
–, 2-Acetoxy- **6** IV 5190
–, 2-Chlor- **6** IV 18
–, 1-Methyl- **6** III 54 f, IV 91
–, 2-Methyl- **6** IV 91

Cyclopent[*a*]anthracen-1,11b-diol
–, 3-[1,5-Dimethyl-hexyl]-3a,6-dimethyl-
   1,2,3,3a,4,5,7,8,9,10-decahydro-
   6 IV 6634

Cyclopent[*a*]anthracen-6,11-diol
–, 2,3,5,11b-Tetrahydro-1*H*- **6** III 5707 f

Cyclopent[*a*]anthracen-8,11-diol
–, 3-[1,5-Dimethyl-hexyl]-3a,6-dimethyl-
   2,3,3a,4,5,7,8,9,10,11b-decahydro-1*H*-
   6 IV 6634

Cyclopent[*a*]anthracen-6,11-dion
–, 2,3,5,5a,11a,11b-Hexahydro-1*H*-
   6 III 5707 f

Cyclopent[*a*]anthracen-3-ol
–, 3a,6-Dimethyl-3,3a,4,5,7,8,9,10-
   octahydro-2*H*- **6** IV 4827

Cyclopent[*a*]anthracen-5-ol
–, 2,3,3a,4,5,11b-Hexahydro-1*H*-
   6 IV 4907

Cyclopent[*a*]anthracen-8-ol
–, 3-[1,5-Dimethyl-hexyl]-3a,6-dimethyl-
   2,3,3a,4,5,7,8,9,10,11b-decahydro-1*H*-
   6 IV 4399

Cyclopentan-1,2,3-triol
–, 1-Isopropyl-3-methyl- **6** III 6252 f

Cyclopentan-1,2,4-triol
–, 3,5-Di-*sec*-butyl- **6** III 6254 d
–, 1,2,3,5-Tetraphenyl- **6** IV 7665

Cyclopenta[*cd*]phenalen-5-ol
–, 2,5,6,7-Tetrahydro-1*H*- **6** IV 4883

Cyclopenta[*a*]phenanthren
–, 3-Acetoxy-17-[1-acetoxy-äthyliden]-
   10,13-dimethyl-1,2,3,4,10,12,13,14,15,16-
   decahydro-17*H*- **6** IV 6794 a
–, 3-Acetoxy-17-[1-benzhydryliden-
   äthyl]-13-methyl-2,3,4,11,12,13,14,15,16,⁼
   17-decahydro-1*H*- **6** III 3845 b
–, 15-Acetoxy-16,17-dihydro-15*H*-
   6 IV 4992
–, 3-Acetoxy-17,17-dimethyl-7,8,9,11,12,⁼
   15,16,17-octahydro-6*H*- **6** IV 4828 b
–, 12-Acetoxy-3-methoxy-7,8,9,11,12,13,⁼
   14,15,16,17-decahydro-6*H*-
   6 III 5331 a
–, 17-Acetoxy-13-methyl-12,13,14,15,16,⁼
   17-hexahydro-11*H*- **6** IV 4913
–, 17-Äthyl-10,13-dimethyl-hexadecahydro-
   s. *Diginan* und *Pregnan*
–, 17-[4-Äthyl-1,5-dimethyl-hexyl]-
   10,13-dimethyl-hexadecahydro- s.
   Stigmastan
–, 17-Äthyl-11-methoxy-15*H*-
   6 III 3679 f
–, 3,17c-Diacetoxy-1,13-dimethyl-
   12,13,14,15,16,17-hexahydro-11*H*-
   6 IV 6874
–, 16,17-Diacetoxy-12,13,14,15,16,17-
   hexahydro-11*H*- **6** IV 6869
–, 1,4-Diacetoxy-2-methoxy-
   16,17-dihydro-15*H*- **6** IV 7612
–, 1,4-Diacetoxy-3-methoxy-
   16,17-dihydro-15*H*- **6** IV 7612
–, 1,4-Diacetoxy-2-methyl-16,17-dihydro-
   15*H*- **6** IV 6954
–, 1,4-Diacetoxy-3-methyl-16,17-dihydro-
   15*H*- **6** IV 6954
–, 3,17-Diacetoxy-13-methyl-12,13,14,15,⁼
   16,17-hexahydro-11*H*- **6** III 5655 a, IV 6869
–, 16,17-Diacetoxy-13-methyl-
   12,13,14,15,16,17-hexahydro-11*H*-
   6 IV 7988 b
–, 16,17-Diacetoxy-13-methyl-
   12,13,16,17-tetrahydro-11*H*-
   6 IV 6925
–, 6,7-Diacetoxy-7,15,16,17-tetrahydro-
   6*H*- **6** III 5708 b

Cyclopenten   (Fortsetzung)

—, 1-Acetoxymethyl-2,3,3-trimethyl- **6** 51 e

—, 3-Acetoxy-1,2,3,4-tetraphenyl- **6** 736 c

—, 3-Acetoxy-1,2,4,5-tetraphenyl- **6** 736 c

—, 1-Acetylmercapto- **6** III 203 a

—, 3-Acryloyloxy- **6** IV 193

—, 1-Äthoxy- **6** IV 192

—, 3-Äthoxy- **6** IV 193

—, 5-Äthoxy-1-chlor- **6** IV 194

—, 1-Äthoxy-2-chlor-hexafluor- **6** IV 192

—, 1-Äthoxy-3-propyl- **6** IV 226

—, 1-[3-Allophanoyloxy-1-methyl-propyl]-
5,5-dimethyl- **6** IV 300

—, 3-Allyloxy- **6** IV 193

—, 1,2-Bis-[4-acetoxy-phenyl]-
6 IV 6912

—, 3,5-Bis-dimethylsulfonio- **6** IV 5274

—, 1,2-Bis-[4-hydroxy-phenyl]-
6 IV 6912

—, 1,2-Bis-[4-methoxy-phenyl]-
6 IV 6912

—, 3,4-Bis-propionyloxy- **6** III 4126 e

—, 3-Butyryloxy-4-[2-butyryloxy-
butyryloxy]- **6** III 4127 c

—, 4-Butyryloxy-3-[2-butyryloxy-
butyryloxy]- **6** III 4127 c

—, 1-Chlor-hexafluor-2-methoxy-
6 IV 192

—, 3-Chlor-5-vinylmercapto- **6** IV 194

—, 3-Crotonoyloxy- **6** IV 193

—, 3,4-Diacetoxy- **6** III 4126 b, IV 5274

—, 3,5-Diacetoxy- **6** III 4128 c

—, 3,5-Diphenoxy- **6** III 4128 b

—, 3-Methoxy- **6** IV 193

—, 1-[1-Methoxy-vinyl]- **6** IV 341

—, 3-Propionyloxy-4-[2-propionyloxy-
propionyloxy]- **6** III 4127 b

—, 4-Propionyloxy-3-[2-propionyloxy-
propionyloxy]- **6** III 4127 b

—, 3-p-Tolylmercapto- **6** IV 2167

—, 1,5,5-Trimethyl-4-[2-phenoxy-äthyl]-
6 145 j

Cyclopent-3-en-1,2-diol 6 III 4125 e,
IV 5274

—, 1,2,3,4-Tetraphenyl- **6** III 5991 a

Cyclopent-4-en-1,3-diol 6 III 4127 e,
IV 5274

Cyclopent-2-enol 6 III 203 b, IV 193

—, 2-Äthyl- **6** III 216 a

—, 4-[1-Äthyl-2-(4-hydroxy-phenyl)-but-
1-enyl]- **6** III 5329 c

—, 2-Chlor- **6** IV 194

—, 3-Chlor- **6** III 204 a

—, 2-[1,5-Dimethyl-hexyl]-3-methyl-
6 III 350 f

—, 1,2,3,4,4,5-Hexaphenyl-
6 IV 5184 a

—, 1,2,3,4,5,5-Hexaphenyl- **6** IV 5184

—, 5-Hydroxymethyl- **6** IV 5277

—, 4-Isopropyl-2,4-dimethyl-
6 III 261 c, IV 262

—, 3-Isopropyl-1-methyl- **6** III 230 f

—, 2-Methyl- **6** III 209 d

—, 5-Propionyloxy- **6** III 4126 d

—, 1,2,3,5-Tetraphenyl- **6** 736 b

—, 2,3,4,5-Tetraphenyl- **6** 736 b

Cyclopent-3-enol 6 IV 194

—, 2,5-Dimethyl-1-phenyl- **6** IV 4100

—, 3,4-Dimethyl-1-phenyl- **6** IV 4100

—, 2-Propionyloxy- **6** III 4126 d

—, 2,3,4,5-Tetraphenyl- **6** III 3870 a

Cyclopent-2-enthiol 6 III 204 c

Cyclopent-4-en-1,2,3-triol 6 IV 7317

Cyclopent-2-enylhydroperoxid 6 III 203 e

—, 2-Isopropyl- **6** IV 227

—, 2-Methyl- **6** IV 200

—, 2-Propyl- **6** IV 226

Cyclopent[a]inden

—, 1-Acetoxy-3,8-dichlor-1,2-dihydro-
6 IV 4622

—, 2-Acetoxy-3,8-dichlor-1,2-dihydro-
6 IV 4622

—, 3,8-Dichlor-1-methoxy-1,2-dihydro-
6 IV 4622

—, 3,8-Dichlor-2-methoxy-1,2-dihydro-
6 IV 4622

—, 4,7-Dimethoxy-1,2,3,3a,8,8a-
hexahydro- **6** IV 6471

—, 5,6-Dimethoxy-1,2,3,3a,8,8a-
hexahydro- **6** IV 6471

Cyclopent[a]inden-3,8-diol

—, 3,8-Dimethyl-1,2,3,3a,8,8a-hexahydro-
6 IV 6477

—, 3,8-Diphenyl-1,2,3,3a,8,8a-hexahydro-
6 IV 7032

—, 1,2,3,3a,8,8a-Hexahydro- **6** IV 6471

Cyclopent[a]inden-2-ol

—, 1,2,3,3a,8,8a-Hexahydro- **6** IV 4094

—, 2-Phenyl-1,2,3,3a,8,8a-hexahydro-
6 IV 4969

Cyclopent[a]inden-8-ol

—, 3,8-Diphenyl-1,2,8,8a-tetrahydro-
6 IV 5136

—, 1,2,3,3a,8,8a-Hexahydro- **6** IV 4094

—, 8-Methyl-1,2,3,3a,8,8a-hexahydro-
6 IV 4104

8,19-Cyclo-9,10-seco-ergost-5(10)-en
—, 3-Allophanoyloxy- **6** III 3127 a;
   vgl. IV 4028 d
—, 3-[3,5-Dinitro-benzoyloxy]-
   6 III 3127 a; vgl. IV 4028 d
8,19-Cyclo-9,10-seco-ergost-5(10)-en-2-ol
   6 III 3127 a, IV 4028 d
3,5-Cyclo-stigmast-22-en
—, 6-Benzyloxy- **6** III 2875 d
—, 6-Butoxy- **6** III 2875 c
—, 6-Methoxy- **6** III 2875 b, IV 4181
3,5-Cyclo-stigmast-24(28)-en
—, 6-Methoxy- **6** IV 4181
3,5-Cyclo-stigmast-22-en-6-ol 6 IV 4180
Cyclotetradecan
—, 1,8-Diacetoxy- **6** IV 5271
Cyclotetradecan-1,2-diol 6 IV 5270
Cyclotetradecanol 6 III 189 a, IV 182
Cyclotetradeca-1,3,8,10-tetrain
—, 6,13-Diacetoxy- **6** IV 6820
Cyclotetradecen
—, 1-Acetoxy- **6** IV 326
Cyclotetradec-2-enol 6 IV 326
Cyclotetrasilazan
—, 2,2,4,4,6,6,8,8-Octaphenoxy-
   6 IV 768
Cyclotetrasiloxan
—, Heptamethyl-[phenylmercapto-
   methyl]- **6** IV 1506
—, Octakis-cyclohexyloxy- **6** IV 62
Cyclotetratriacontan-1,17-diol 6 IV 5273
Cyclotetratriacontan-1,18-diol 6 IV 5273
21,24-Cyclo-tirucall-8-en
—, 3-Acetoxy- **6** III 2887 a
21,24-Cyclo-tirucall-8-en-3-ol 6 III 2886 d
Cyclotriacontan-1,16-diol 6 III 4124 a
Cyclotriacont-15-enol 6 III 366 d
Cyclotriboroxan
   s. *Boroxin*
Cyclotriborsäure
   – tricyclohexylester **6** IV 64
   – trimenthylester **6** IV 163
   – triphenylester **6** IV 770
Cyclotridecan-1,2-diol 6 IV 5269
Cyclotridecanol 6 III 185 a, IV 179
—, 1-Methyl- **6** IV 182
Cyclotridecen
—, 1-Acetoxy- **6** IV 321
Cyclotridec-2-enol 6 IV 321
Cyclotrikieselsäure
   – hexacyclohexylester **6** IV 62
Cyclotrisiloxan
—, Hexakis-cyclohexyloxy- **6** IV 62
Cyclotriveratrylen 6 III 6979 c, IV 7950

Cyclo-*ar*-turmerol 6 III 2564 a
Cycloundecan-1,2-diol 6 IV 5262
Cycloundecan-1,x-diol 5 IV 324
Cycloundecanol 6 III 174 e, IV 168
—, 1-Methyl- **6** IV 174
Cycloundeca-2,6,10-trienol
—, 2,6,9,9-Tetramethyl- **6** IV 3501
Cycloundecen
—, 1-Acetoxy- **6** IV 292
13,27-Cyclo-ursan
—, 3-Acetoxy- **6** IV 4203
—, 3,28-Diacetoxy- **6** IV 6534
13,27-Cyclo-ursan-3,28-diol 6 IV 6534
13,27-Cyclo-ursan-3-ol 6 IV 4203
13,27-Cyclo-ursan-28-ol
—, 3-Acetoxy- **6** IV 6534
13,27-Cyclo-urs-11-en
—, 3-Acetoxy- **6** IV 4424
—, 3,28-Bis-methansulfonyloxy-
   6 IV 6641
—, 3,28-Diacetoxy- **6** IV 6640
13,27-Cyclo-urs-11-en-3,28-diol 6 IV 6640
Cycloveratril 6 III 6979 c
Cymenol
   s. unter *Phenol* und *Propanol*
Cymobrenzcatechin 6 IV 6019
Cymophenol 6 527 b
Cymorcin 6 III 4676 e, IV 6023
Cynthiaxanthin 6 IV 7044
Cyperol 6 II 516 h
—, Dihydro- **6** II 112 d
α-Cyperol
—, Dihydro- **6** III 417 b
—, Tetrahydro- **6** IV 331
Cypressencampher 6 104 b, I 67 f
Cystamin
—, *N,N'*-Bis-phenoxyacetyl- **6** IV 639
Cystathionin
—, *N,N'*-Bis-benzyloxycarbonyl-
   6 III 1511 c
Cystein
   – benzylester **6** III 1545 d,
     IV 2556
—, *S*-[α-Acetylamino-isobutyrimidoyl]-
   N-[*N*-benzyloxycarbonyl-glycyl]-,
   – methylester **6** III 1494 a
—, *N*-Acetyl-*S*-[1]anthryl- **6** III 3551 e,
   IV 4929
—, *N*-Acetyl-*S*-benzyl- **6** II 437 e,
   III 1624 g, IV 2725
   – äthylester **6** IV 2726
   – methylester **6** IV 2725
—, *N*-Acetyl-*S*-[2-benzylmercapto-äthyl]-
   6 III 1588 a

Cystein (Fortsetzung)

—, *N*-Acetyl-*S*-[2-benzyloxycarbonyl⸗
amino-acetimidoyl]-,
— methylester **6** III 1497 c

—, *N*-Acetyl-*S*-biphenyl-4-yl- **6** IV 4617

—, *N*-Acetyl-*S*-[2-brom-benzyl]-
6 III 1642 e

—, *N*-Acetyl-*S*-[4-brom-benzyl]-
6 III 1644 f

—, *N*-Acetyl-*S*-[2-brom-phenyl]-
6 IV 1648

—, *N*-Acetyl-*S*-[3-brom-phenyl]-
6 IV 1649

—, *N*-Acetyl-*S*-[4-brom-phenyl]-
6 333 b, 334 g, I 152 e, II 302 c,
III 1052 d, IV 1656
— äthylester **6** 334 a
— amid **6** 334 c
— phenylester **6** 334 b

—, *N*-Acetyl-*S*-[4-chlor-benzyl]-
6 IV 2780

—, *N*-Acetyl-*S*-[2-chlor-4-nitro-phenyl]-
6 IV 1729

—, *N*-Acetyl-*S*-[2-chlor-6-nitro-phenyl]-
6 IV 1726

—, *N*-Acetyl-*S*-[4-chlor-2-nitro-phenyl]-
6 IV 1724

—, *N*-Acetyl-*S*-[5-chlor-2-nitro-phenyl]-
6 IV 1726

—, *N*-Acetyl-*S*-[2-chlor-phenyl]-
6 IV 1575

—, *N*-Acetyl-*S*-[3-chlor-phenyl]-
6 IV 1580

—, *N*-Acetyl-*S*-[4-chlor-phenyl]-
6 329 e, II 298 g, III 1040 f, IV 1607

—, *N*-Acetyl-*S*-cyclohexyl- **6** III 51 g

—, *N*-Acetyl-*S*-[2,3-dichlor-6-nitro-
phenyl]- **6** IV 1730

—, *N*-Acetyl-*S*-[2,4-dichlor-6-nitro-
phenyl]- **6** IV 1730

—, *N*-Acetyl-*S*-[2,5-dichlor-4-nitro-
phenyl]- **6** IV 1731

—, *N*-Acetyl-*S*-[2,6-dichlor-4-nitro-
phenyl]- **6** IV 1731

—, *N*-Acetyl-*S*-[4,5-dichlor-2-nitro-
phenyl]- **6** IV 1730

—, *N*-Acetyl-*S*-[2,3-dichlor-phenyl]-
6 IV 1611

—, *N*-Acetyl-*S*-[2,4-dichlor-phenyl]-
6 IV 1616

—, *N*-Acetyl-*S*-[2,5-dichlor-phenyl]-
6 IV 1622

—, *N*-Acetyl-*S*-[2,6-dichlor-phenyl]-
6 IV 1624

—, *N*-Acetyl-*S*-[3,4-dichlor-phenyl]-
6 IV 1630

—, *N*-Acetyl-*S*-[3,5-dichlor-phenyl]-
6 IV 1634

—, *N*-Acetyl-*S*-[2,4-dinitro-phenyl]-
6 IV 1764

—, *N*-Acetyl-*S*-[4-fluor-phenyl]-
6 III 1032 h, IV 1569

—, *N*-Acetyl-*S*-[2-hydroxy-1,2-dihydro-
[1]naphthyl]- **6** IV 6459

—, *N*-Acetyl-*S*-[4-jod-phenyl]-·
6 336 d, I 154 b, II 303 i, III 1056 d,
IV 1660
— äthylester **6** 336 e

—, *N*-Acetyl-*S*-[2-methoxy-phenyl]-
6 IV 5642

—, *N*-Acetyl-*S*-[4-methoxy-phenyl]-
6 IV 5820

—, *N*-Acetyl-*S*-[1]naphthyl- **6** III 2946 h,
IV 4245

—, *N*-Acetyl-*S*-[2]naphthyl- **6** IV 4320

—, *N*-Acetyl-*S*-[4-nitro-benzyl]-
6 IV 2802

—, *N*-Acetyl-*S*-[2-nitro-phenyl]-
6 IV 1670

—, *N*-Acetyl-*S*-[4-nitro-phenyl]-
6 III 1076 h, IV 1715

—, *N*-Acetyl-*S*-pentachlorphenyl-
6 IV 1646

—, *N*-Acetyl-*S*-phenäthyl- **6** IV 3091

—, *N*-Acetyl-*S*-phenyl- **6** 323 a, II 294 a,
III 1027 b, IV 1558

—, *N*-Acetyl-*S*-[3-phenyl-propyl]-
6 IV 3208

—, *N*-Acetyl-*S*-[2,3,4,6-tetrachlor-phenyl]-
6 IV 1641

—, *N*-Acetyl-*S*-[2,3,5,6-tetrachlor-phenyl]-
6 IV 1642
— methylester **6** IV 1642

—, *N*-Acetyl-*S*-*m*-tolyl- **6** IV 2085

—, *N*-Acetyl-*S*-*o*-tolyl- **6** IV 2026

—, *N*-Acetyl-*S*-*p*-tolyl- **6** III 1431 e,
IV 2204

—, *N*-Acetyl-*S*-[2,3,4-trichlor-6-nitro-
phenyl]- **6** IV 1731

—, *N*-[*O*-Äthyl-*N*-benzyloxycarbonyl-
α-glutamyl]-*S*-benzyl-,
— methylester **6** IV 2743

—, *N*-β-Alanyl-*S*-benzyl- **6** IV 2736

Cystein   (Fortsetzung)

—, *S*-Benzyl-*N*-[*N*-benzyloxycarbonyl-
α-glutamyl]- **6** IV 2743
  — benzylester **6** III 1626 d
—, *S*-Benzyl-*N*-[*N*-benzyloxycarbonyl-
glycyl]- **6** IV 2733
  — äthylester **6** IV 2733
  — benzylester **6** IV 2734
—, *S*-Benzyl-*N*-[*N*²-benzyloxycarbonyl-
isoasparaginyl]-,
  — benzylester **6** IV 2742
—, *S*-Benzyl-*N*-[*N*-benzyloxycarbonyl-
leucyl]- **6** IV 2739
  — äthylester **6** IV 2739
  — hydrazid **6** IV 2740
—, *S*-Benzyl-*N*-[*N*-benzyloxycarbonyl-
valyl]-,
  — äthylester **6** IV 2737
  — benzylester **6** IV 2737
—, *S*-Benzyl-*N*-*tert*-butoxycarbonyl-
6 IV 2726
—, *S*-Benzyl-*N*-carbonyl-,
  — äthylester **6** IV 2732
—, *S*-Benzyl-*N*-[3,3-diäthoxy-
2-benzyloxycarbonylamino-propionyl]-
6 IV 2750
  — methylester **6** IV 2750
—, *S*-Benzyl-*N*-formyl- **6** III 1624 e,
IV 2725
—, *S*-Benzyl-*N*-glutaminyl-
6 IV 2743
—, *S*-Benzyl-*N*-α-glutamyl-
6 IV 2743
—, *S*-Benzyl-*N*-isoasparaginyl-,
  — benzylester **6** IV 2742
—, *S*-[2-Benzylmercapto-äthyl]-
6 III 1587 e
—, *S*-Benzylmercaptocarbonyl-
6 IV 2698
—, *S*-Benzylmercaptocarbonyl-*N*-formyl-
6 IV 2698
—, *S*-[Benzylmercapto-methyl]-
6 IV 2658
  — methylester **6** IV 2658
—, *S*-[Benzylmercapto-methyl]-
N-benzyloxycarbonyl- **6** IV 2658
—, *S*-Benzyl-*N*-methyl- **6** III 1624 c,
IV 2725
—, *S*-Benzyl-*N*-[4-nitro-benzyloxycarbonyl]-
6 IV 2726
—, *N*-Benzyloxycarbonyl- **6** III 1507 g
—, *S*-Benzyloxycarbonyl- **6** IV 2468

—, *N*-Benzyloxycarbonyl-alanyl→glycyl→⇄
valyl→*S*-benzyl-,
  — benzylester **6** IV 2738 a
—, *N*-Benzyloxycarbonyl-alanyl→seryl→⇄
valyl→*S*-benzyl-,
  — benzylester **6** IV 2738 c
—, *N*-Benzyloxycarbonyl-alanyl→threonyl→-
6 IV 2334 c
—, *S*-[2-Benzyloxycarbonylamino-äthyl]-
6 IV 2281
—, *N*-Benzyloxycarbonyl-*S*-chlor-,
  — methylester **6** IV 2386
—, *N*-[*N*-Benzyloxycarbonyl-[*S*¹,*S*²-
cyclo]-cysteinyl]- **4** IV 3169 c
—, *N*²-Benzyloxycarbonyl-glutaminyl→⇄
asparaginyl→*S*-benzyl- **6** IV 2740 e
  — hydrazid **6** IV 2743 a
  — methylester **6** IV 2741 d
—, *N*²-Benzyloxycarbonyl-glutaminyl→⇄
S-benzyl-cysteinyl→*S*-benzyl-,
  — äthylester **6** IV 2749 a
  — hydrazid **6** IV 2750 a
—, *N*²-Benzyloxycarbonyl-glutaminyl→⇄
glutaminyl→*S*-benzyl-,
  — hydrazid **6** IV 2746 a
  — methylester **6** IV 2744 a
—, *N*-[*N*-Benzyloxycarbonyl-α-glutamyl]-,
  — benzylester **6** III 1546 b
—, *N*-[*N*-Benzyloxycarbonyl-glycyl]-,
  — methylester **6** III 1493 h
—, *N*-Benzyloxycarbonyl-glycyl→alanyl→⇄
S-benzyl- **6** IV 2736 c
—, *N*-Benzyloxycarbonyl-glycyl→glycyl→⇄
S-benzyl- **6** IV 2733 c
  — benzylester **6** IV 2734 e
—, *N*-Benzyloxycarbonyl-glycyl→glycyl→⇄
*N*⁶-cyclohexyloxycarbonyl-
lysyl→*S*-benzyl-,
  — methylester **6** IV 2738 e
—, *N*-Benzyloxycarbonyl-glycyl→glycyl→⇄
glycyl→*S*-benzyl-,
  — benzylester **6** IV 2735 a
—, *N*-Benzyloxycarbonyl-glycyl→glycyl→⇄
glycyl→glycyl→*S*-benzyl-,
  — benzylester **6** IV 2735
—, *N*-Benzyloxycarbonyl-*S*-lauroyl-
6 IV 2385
—, *N*-[*N*-Benzyloxycarbonyl-*O*-methyl-
γ-glutamyl]-,
  — äthylester **6** III 1520 b
—, *N*-[*N*-Benzyloxycarbonyl-*O*-methyl-
α-glutamyl]-*S*-methyl-,
  — benzylester **6** III 1546 c

Cystin (Fortsetzung)

−, *N*-[*N*-Benzyloxycarbonyl-glycyl]-
6 IV 2313

−, *N,N'*-Bis-[*O*-benzyl-*N*-benzyloxy⹀
carbonyl-β-aspartyl]-,
− diäthylester 6 III 1544 e

−, *N,N'*-Bis-[*O*-benzyl-*N*-benzyloxy⹀
carbonyl-seryl]-,
− dimethylester 6 IV 2549

−, *N,N'*-Bis-benzyloxycarbonyl-
6 III 1507 i, IV 2385
− bis-[1-äthoxycarbonyl-äthylamid]
6 IV 2388
− bis-[1-äthoxycarbonyl-2-mercapto-
äthylamid] 6 III 1510 a
− bis-[äthoxycarbonylmethyl-amid]
6 III 1509 e, IV 2387
− bis-[benzyloxycarbonylmethyl-
amid] 6 III 1542 b
− bis-[1,2-bis-äthoxycarbonyl-
äthylamid] 6 III 1510 b
− bis-[1,3-bis-äthoxycarbonyl-
propylamid] 6 III 1510 d
− bis-[1,3-bis-methoxycarbonyl-
propylamid] 6 III 1510 c
− bis-[2-brom-äthylester] 6 III 1508 b
− bis-[1-carboxy-äthylamid]
6 IV 2387
− bis-[carboxymethyl-amid]
6 III 1509 d, IV 2387
− bis-[1-carboxy-2-methyl-
propylamid] 6 IV 2388
− bis-[2-diäthylamino-äthylester]
6 III 1509 a
− bis-[2-(diäthyl-methyl-ammonio)-
äthylester] 6 III 1509 b
− bis-[2-dimethylamino-äthylester]
6 III 1508 c
− bis-[2-hydroxy-äthylamid]
6 IV 2387
− bis-isopropylidenhydrazid
6 IV 2388
− bis-octadecylamid 6 IV 2387
− bis-[2-trimethylammonio-
äthylester] 6 III 1508 d
− diamid 6 IV 2387
− dibenzylester 6 III 1546 a, IV 2556
− dihydrazid 6 IV 2388
− dimethylester 6 III 1508 a,
IV 2386

−, *N,N'*-Bis-[*N*-benzyloxycarbonyl-
glycyl]- 6 III 1493 g
− dihydrazid 6 IV 2314

−, *N,N'*-Bis-[bis-benzyloxy-phosphoryl]-,
− dimethylester 6 IV 2584

−, *N,N'*-Bis-[(2,4-dichlor-phenoxy)-
acetyl]- 6 IV 918

−, *N,N'*-Bis-[4-nitro-benzyloxycarbonyl]-
6 IV 2619
− bis-[äthoxycarbonylmethyl-amid]
6 IV 2619
− bis-[carboxymethyl-amid]
6 IV 2619

−, *N,N'*-Bis-phenylmercaptocarbonyl-,
− dimethylester 6 III 1011 a

−, *N,N'*-Bis-[(2,4,5-trichlor-phenoxy)-
acetyl]- 6 IV 982

−, *N,N'*-Diacetyl-,
− dibenzylester 6 II 422 d

−, *N*-[4-Nitro-benzyloxycarbonyl]-
6 IV 2619

Cystoin
−, [4-Brom-phenyl]- 6 333 a

Cystylchlorid
−, *N,N'*-Bis-benzyloxycarbonyl-
6 III 1509 c

D

Dambonit 6 1196 b, III 6927 g
−, Tetra-*O*-acetyl- 6 III 6928 d
Dambose 6 1194 b
Dammara-11,13(17)-dien
−, 3-Acetoxy- 6 IV 4184
−, 3-Acetoxy-24-methyl- 6 IV 4203
Dammara-13(17),24-dien
−, 3-Acetoxy-24-methyl- 6 IV 4203
Dammara-13(17),25-dien
−, 3-Acetoxy- 6 IV 4184
Dammara-20,24-dien
−, 3-Acetoxy- 6 IV 4185
Dammara-11,13(17)-dien-3-ol 6 IV 4183
Dammara-20,24-dien-3-ol 6 IV 4184
Dammaran
Bezifferung s. 6 IV 6446 Anm.;
s. a. *18-Nor-lanostan, 8-Methyl-*
−, 3-Acetoxy- 6 IV 3614
Dammaran-3,20-diol 6 IV 6149
Dammarandiol-I 6 IV 6149
Dammarandiol-II 6 IV 6149
Dammaran-3-ol 6 IV 3614
Dammaran-20-ol
−, 3-Acetoxy- 6 IV 6149
Dammaran-3,12,20-triol 6 IV 7472
Dammaran-3,13,17-triol 6 IV 7472

Decan (Fortsetzung)

—, 1,10-Bis-[2,4-dihydroxy-phenyl]-
6 II 1131 f, III 6745 b

—, 1,10-Bis-[2,5-dihydroxy-phenyl]-
6 IV 7781

—, 1,10-Bis-[3,4-dihydroxy-phenyl]-
6 IV 7782

—, 1,10-Bis-[2,5-dimethoxy-phenyl]-
6 IV 7781

—, 1,10-Bis-[3,4-dimethoxy-phenyl]-
6 IV 7782

—, 1,10-Bis-[2,4-dinitro-phenyldisulfanyl]-
6 IV 1770

—, 1,10-Bis-[2,4-dinitro-phenylmercapto]-
6 IV 1755

—, 1,10-Bis-[2-hydroxy-4-methyl-phenyl]-
6 IV 6802

—, 1,10-Bis-[2-hydroxy-5-methyl-phenyl]-
6 IV 6801

—, 1,10-Bis-[4-hydroxy-3-methyl-phenyl]-
6 IV 6801

—, 1,10-Bis-[4-hydroxy-phenyl]-
6 III 5553 b, IV 6794

—, 5,6-Bis-[4-hydroxy-phenyl]-
6 III 5555 a, IV 6796

—, 5,6-Bis-[4-hydroxy-phenyl]-
2,9-dimethyl- 6 III 5562 d

—, 1,10-Bis-[4-methoxy-phenoxy]-
6 IV 5733

—, 1,10-Bis-[4-methoxy-phenyl]-
6 III 5553 c

—, 5,6-Bis-[4-methoxy-phenyl]- 6 III 5555 b

—, 1,10-Bis-[2]naphthyloxy- 6 IV 4263

—, 1,10-Bis-[2-nitro-phenoxy]- 6 IV 1256

—, 1,10-Bis-[4-nitro-phenoxy]- 6 IV 1294

—, 1,10-Bis-[2-nitro-phenyldisulfanyl]-
6 IV 1673

—, 1,10-Bis-phenylmercapto- 6 303 g

—, 1,10-Bis-[2,3,4-trihydroxy-phenyl]-
6 IV 7942

—, 1-Brom-10-cyclohexyloxy-
6 III 18 b

—, 1-Brom-10-phenoxy- 6 III 554 g

—, 1-Chlor-10-phenylmercapto-
6 III 986 g

—, 5,6-Diacetoxy-5,6-diphenyl-
6 III 5555 e

—, 4,7-Dimethyl-5,6-bis-[4-propionyloxy-
phenyl]- 6 III 5562 c

—, 2,9-Dimethyl-2,9-bis-[toluol-
4-sulfonyl]- 6 IV 2177

—, 1,10-Diphenoxy- 6 149 a, I 85 j,
III 580 e, IV 587

—, 1-Phenylselanyl- 6 IV 1779

Decan-1,2-diol

—, 1,1-Diphenyl- 6 III 5558 a

Decan-1,10-diol

—, 1,10-Diphenyl- 6 I 497 f, III 5553 e,
IV 6794

—, 1,1,10,10-Tetraphenyl- 6 II 1040 a

Decan-5,6-diol

—, 1,10-Bis-[4-äthoxy-phenyl]-
6 III 6745 e

—, 5,6-Bis-[2,4-dimethyl-phenyl]-
6 III 5564 b

—, 1,10-Bis-[4-methoxy-phenyl]-
6 III 6745 d

—, 5,6-Diphenyl- 6 III 5555 d

Decandisäure

— äthylester-phenylester 6 IV 628

— benzylester-butylester 6 IV 2273

— benzylester-decylester 6 IV 2274

— benzylester-[1,3-dimethyl-
butylester] 6 IV 2274

— benzylester-methylester
6 IV 2273

— benzylester-[1-methyl-heptylester]
6 IV 2274

— bis-[4-chlor-phenylester] 6 IV 842

— bis-[3a,4,5,6,7,7a-hexahydro-
4,7-methano-inden-5(oder 6)-ylester]
6 III 1943 d

— bis-[1-methyl-cyclohexylmethyl=
ester] 6 IV 121

— bis-[4-nitro-benzylester]
6 I 224 c

— bis-[2-(1-phenyl-äthyl)-phenylester]
6 IV 4709

— bis-[4-(1-phenyl-äthyl)-phenylester]
6 IV 4712

— dibenzylester 6 III 1483 e

— dicyclohexylester 6 IV 42

— dimenthylester 6 35 m, II 45 j

— diphenylester 6 III 606 f,
IV 628

— di-m-tolylester 6 IV 2050

— di-o-tolylester 6 IV 1963

— di-p-tolylester 6 IV 2115

— monomenthylester 6 II 45 i

—, 2,9-Bis-benzyloxycarbonylamino-
6 IV 2463

—, 2,9-Bis-[2,4,6-trijod-phenoxy]-
6 IV 1088

— dimethylester 6 IV 1088

—, 2-[2,4-Dichlor-phenoxy]- 6 IV 934

— diäthylester 6 IV 934

Decan-4,5,6-triol

—, 6-Phenyl- **6** IV 7431

Deca-1,3,5,7-tetraen

—, 9-Acetoxy-3-methyl-1-[2,6,6-trimethyl-cyclohex-1-enyl]- **6** III 2785 b

—, 10-Äthoxy-3,7-dimethyl-1-[2,6,6-trimethyl-cyclohex-1-enyl]-
6 III 2802 a

—, 9-Methoxy-3-methyl-1-[2,6,6-trimethyl-cyclohex-1-enyl]-
6 III 2785 a

Deca-1,3,7,9-tetraen

—, 1,5,6,10-Tetraphenyl-3,8-distyryl-
6 III 3823 c

Deca-1,3,7,9-tetraen-5,6-diol

—, 1,10-Diphenyl- **6** IV 6988

Deca-1,4,6,9-tetrain-3,8-diol

—, 1,10-Diphenyl- **6** IV 7045

Deca-3,5,7,9-tetrain-2-ol

—, 10-[1-Hydroxy-cyclopentyl]-2-methyl-
6 IV 6840

Deca-1,3,7-trien-5-in

—, 10-Äthoxy-3,7-dimethyl-1-[2,6,6-trimethyl-cyclohex-1-enyl]-
6 III 3077 c

—, 9-Methoxy-3-methyl-1-[2,6,6-trimethyl-cyclohex-2-enyl]-
6 III 3073 c

Deca-3,5,7-trien-9-in-2-ol

—, 10-Cyclohex-1-enyl- **6** III 3064 e

Deca-4,6,8-trien-1-in-3-ol

—, 1-Cyclohex-1-enyl- **6** III 3065 a

—, 4,8-Dimethyl-10-[2,6,6-trimethyl-cyclohexa-1,3-dienyl]- **6** IV 4830

—, 4,8-Dimethyl-10-[2,6,6-trimethyl-cyclohex-1-enyl]- **6** IV 4397

Dec-1-en

—, 2-Allophanoyloxymethyl-1-phenyl-
6 III 2569 d

Dec-2-en

—, 4-Äthoxy-5-brom-2-phenyl-
6 IV 3963

Dec-5-en

—, 5,6-Bis-[4-hydroxy-phenyl]-
6 III 5669 a

—, 5,6-Bis-[4-methoxy-phenyl]-
6 III 5669 b

—, 5,6-Bis-[4-(2-trimethylammonio-äthoxy)-phenyl]- **6** IV 6880

Dec-5-en-1,9-diin-3,8-diol

—, 3,8-Dimethyl-1,10-diphenyl-
6 IV 7012

Dec-2-en-5-in

—, 4-Acetoxy-3-methyl-1-[2,6,6-trimethyl-cyclohex-1-enyl]- **6** III 2583 a

Dec-2-en-5-in-4-ol

—, 3-Methyl-1-[2,6,6-trimethyl-cyclohex-1-enyl]- **6** III 2582 d

Dec-3-en-5-in-2-ol

—, 3-Methyl-1-[2,6,6-trimethyl-cyclohex-1-enyl]- **6** III 2583 b

Dec-8-en-1-in-3-ol

—, 5,9-Dimethyl-1-phenyl- **6** II 622 a

Dec-3-en-2-ol

—, 2-Methyl-1-phenyl- **6** II 554 c

—, 2-Phenyl- **6** II 553 f

Dec-6-en-5-ol

—, 5-Phenyl- **6** IV 3964

Dec-8-en-3-ol

—, 5,9-Dimethyl-1-phenyl- **6** I 298 f,
II 555 b

Dec-5-in-4,7-diol

—, 2,4,7,9-Tetramethyl-2,9-diphenyl-
6 III 5742 a

Decylthiocyanat

—, 2-[2-Cyclohexyl-äthyl]- **6** III 197 c

Dehydroabietinol 6 III 2799 d, IV 4139

Dehydro-α-amyrenol 6 III 3136 a

Dehydro-β-amyrenol 6 III 3137

Dehydro-α-amyrin 6 III 3136 a

—, Methyl- **6** III 3141 b

Dehydro-β-amyrin 6 III 3138 b

—, O-Acetyl-methyl- **6** III 3142

Dehydro-α-cholestenol 6 III 2827 c

7-Dehydrocholesterin 6 III 2819 c, IV 4153

Dehydrocholesterin-B₃ 6 III 2826 d

Dehydro-γ-cyclogeraniol 6 IV 378

Dehydrodicarvacrol 6 1020 d, I 496 h,
II 985 f

Dehydrodichavibetol 6 III 5024 a

Dehydrodieugenol 6 1178 b, III 6787 a

—, O,O'-Diacetyl- **6** 1178 c; vgl. III 6787 a

—, O,O'-Dimethyl- **6** III 6787 b

Dehydrodiisoeugenol 6 1177 g, **17** II 225 c,
IV 2398

—, O-Acetyl- **6** 1178 a; vgl.
17 IV 2398 e

—, O-Methyl- **6** 1177 h, **17** IV 2399

Dehydrodiisohomogenol 6 III 6788 a

Dehydroergopinakol 6 III 5947 a

Dehydroergostenol 6 III 2848 d

Dehydroergosterin 6 III 3479 b

—, O-Acetyl- **6** III 3481 b

—, O-Acetyl-tetrahydro- **6** III 3097 a

—, O-Methyl- **6** III 3481 a

Diäthylenglykol   (Fortsetzung)

–, O-Acetyl-O′-[1-phenyl-äthyl]-
       6 IV 3035

–, O-Acetyl-O′-[2,3,4,5-tetrachlor-
       phenyl]- **6 IV** 1021

–, O-Acetyl-O′-[2,3,6-trichlor-phenyl]-
       6 IV 962

–, O-Acetyl-O′-[2,4,5-trichlor-phenyl]-
       6 IV 965

–, O-Acryloyl-O′-phenyl- **6 III** 570 f

–, O-[1-Äthinyl-cyclohexyl]- **6 IV** 348

–, O-Äthoxymethyl-O′-phenoxymethyl-
       6 III 584 d

–, O-Äthyl-O′-[4-brom-2-nitro-phenyl]-
       6 IV 1363

–, O-[2-Äthyl-butyl]-O′-[4-chlor-2-nitro-
       phenyl]- **6 IV** 1349

–, O-[2-Äthyl-butyl]-O′-[2-nitro-phenyl]-
       6 IV 1254

–, O-Äthyl-O′-[3-chlor-2-methyl-4-nitro-
       phenyl]- **6 IV** 2012

–, O-Äthyl-O′-[4-chlor-2-nitro-phenyl]-
       6 IV 1349

–, O-Äthyl-O′-[(2,4-dichlor-phenoxy)-
       acetyl]- **6 IV** 912

–, O-Äthyl-O′-[2-nitro-phenyl]-
       6 IV 1254

–, O-Äthyl-O′-phenyl- **6 IV** 573

–, O-Äthyl-O′-[3,4,6-trichlor-2-nitro-
       phenyl]- **6 IV** 1362

–, O-Allyl-O′-[4-tert-butyl-phenyl]-
       6 III 1867 b

–, O-Benzhydryl- **6 IV** 4653

–, O-Benzyl- **6 II** 413 c

–, O-[2-Benzyl-phenyl]-O′-[2-chlor-äthyl]-
       6 III 3350 d

–, O-[4-Benzyl-phenyl]-O′-[2-chlor-äthyl]-
       6 III 3359 f

–, O-[4-Benzyl-phenyl]-O′-[4-(1,1,3,3-
       tetramethyl-butyl)-phenyl]- **6 III** 3359 g

–, O-Benzyl-O′-propyl- **6 IV** 2241

–, O-Biphenyl-4-yl-O′-[2-chlor-äthyl]-
       6 III 3325 g

–, O-Biphenyl-2-yl-O′-[2,4,6-trichlor-
       phenyl]- **6 III** 3288 e

–, O,O′-Bis-[4-tert-butyl-phenyl]-
       6 III 1867 c

–, O,O′-Bis-[1-cyclohexyloxycarbonyl-
       äthoxycarbonyl]- **6 IV** 47

–, O,O′-Bis-[3a,4,5,6,7,7a-hexahydro-
       4,7-methano-inden-5(oder 6)-yl]-
       6 III 1934 c

–, O,O′-Bis-[2-methoxy-phenyl]-
       6 III 4221 d

–, O,O′-Bis-[4-nitro-phenyl]- **6 IV** 1291

–, O,O′-Bis-[2-phenoxy-äthoxycarbonyl]-
       6 III 573 a

–, O,O′-Bis-phenoxycarbonyl-
       6 III 608 a

–, O,O′-Bis-phenoxymethyl-
       6 III 584 e

–, O,O′-Bis-[1-phenyl-äthyl]- **6 IV** 3035

–, O,O′-Bis-phenylmercaptocarbonyl-
       6 IV 1526

–, O,O′-Bis-[1-phenyl-[2]norbornyl]-
       6 III 2755 a

–, O,O′-Bis-[4-(1,1,3,3-tetramethyl-
       butyl)-phenyl]- **6 III** 2054 d

–, O,O′-Bis-[2,4,6-trichlor-phenyl]-
       6 III 725 e

–, O-[4-Bornan-2-yl-phenyl]-O′-[2-chlor-
       äthyl]- **6 III** 2774 c

–, O-[1-But-3-en-1-inyl-cyclohexyl]-
       6 III 1842 d

–, O-Butyl-O′-[2-chlor-4-nitro-phenyl]-
       6 IV 1354

–, O-Butyl-O′-[(2,4-dichlor-phenoxy)-
       acetyl]- **6 IV** 912

–, O-Butyl-O′-[1,2,3,4,4a,9a-hexahydro-
       1,4-methano-fluoren-2(oder 3)-yl]-
       6 III 3060 c

–, O-Butyl-O′-[4-nitro-phenyl]-
       6 IV 1290

–, O-[4-tert-Butyl-phenyl]-O′-[2-chlor-
       äthyl]- **6 III** 1867 a

–, O-[2-Chlor-äthyl]-O′-[2-chlor-phenyl]-
       6 III 677 c

–, O-[2-Chlor-äthyl]-O′-[4-chlor-phenyl]-
       6 III 690 h

–, O-[2-Chlor-äthyl]-O′-[4-cyclohexyl-
       phenyl]- **6 III** 2505 b

–, O-[2-Chlor-äthyl]-O′-[2,4-dichlor-
       phenyl]- **6 III** 703 d

–, O-[2-Chlor-äthyl]-O′-[2-isopropyl-
       5-methyl-phenyl]- **6 III** 1900 c

–, O-[2-Chlor-äthyl]-O′-[2-methoxy-
       phenyl]- **6 III** 4221 b

–, O-[2-Chlor-äthyl]-O′-[2]naphthyl-
       6 III 2977 e

–, O-[2-Chlor-äthyl]-O′-[4-nitro-phenyl]-
       6 III 823 f

–, O-[2-Chlor-äthyl]-O′-pentachlorphenyl-
       6 III 733 d

–, O-[2-Chlor-äthyl]-O′-[4-tert-pentyl-
       phenyl]- **6 III** 1967 e

Diäthylenglykol (Fortsetzung)

—, O-[2-Chlor-äthyl]-O'-phenyl- **6** III 569 b

—, O-[2-Chlor-äthyl]-O'-[4-(1,1,3,3-tetramethyl-butyl)-phenyl]- **6** III 2054 b

—, O-[2-Chlor-äthyl]-O'-p-tolyl- **6** III 1360 e

—, O-[2-Chlor-äthyl]-O'-[2,4,6-trichlor-phenyl]- **6** III 725 c

—, O-[4-Chlor-2-methyl-phenyl]- **6** IV 1988

—, O-[4-Chlor-2-nitro-phenyl]-O'-methyl- **6** IV 1349

—, O-[4-Chlor-phenyl]-O'-[2-jod-äthyl]- **6** III 691 a

—, O-[2-Cyclohexyl-phenyl]-O'-phenyl- **6** III 2495 b

—, O-[(2,4-Dichlor-phenoxy)-acetyl]-O'-methyl- **6** IV 911

—, O-[2-(2,4-Dichlor-phenoxy)-propionyl]-O'-methyl- **6** IV 924

—, O-[2,4-Dichlor-phenyl]- **6** IV 890

—, O-[2,5-Dichlor-phenyl]- **6** IV 942

—, O-[2,2-Dichlor-propionyl]-O'-[2-(2,4,5-trichlor-phenoxy)-propionyl]- **6** IV 986

—, O,O'-Di-[1]naphthyl- **6** II 579 i, III 2927 c

—, O,O'-Di-[2]naphthyl- **6** II 600 e, III 2978 b

—, O,O'-Diphenyl- **6** I 84 c, II 150 d, IV 573

—, O,O'-Di-o-tolyl- **6** IV 1948

—, O,O'-Di-p-tolyl- **6** IV 2103

—, O,O'-Ditrityl- **6** III 3654 d

—, O-[1,2,3,4,4,9a-Hexahydro-1,4-methano-fluoren-2(oder 3)-yl]- **6** III 3060 b

—, O-[3a,4,5,6,7,7a-Hexahydro-4,7-methano-inden-5(oder 6)-yl]- **6** III 1934 a

—, O-[3a,4,5,6,7,7a-Hexahydro-4,7-methano-inden-5(oder 6)-yl]-O'-methyl- **6** III 1934 b

—, O-[4-Isobutyl-phenyl]- **6** III 1859 b

—, O-[2-Jod-äthyl]-O'-p-tolyl- **6** III 1361 a

—, O-[2-Methoxy-phenyl]-O'-[4-(1,1,3,3-tetramethyl-butyl)-phenyl]- **6** III 4221 c

—, O-Methyl-O'-[3-nitro-benzyl]- **6** IV 2610

—, O-Methyl-O'-[2-nitro-phenyl]- **6** IV 1254

—, O-Methyl-O'-trityl- **6** III 3654 b

—, O-[2]Naphthyl-O'-[4-(1,1,3,3-tetramethyl-butyl)-phenyl]- **6** III 2978 a

—, O-Phenyl- **6** III 569 a, IV 573

—, O-[1-Phenyl-äthyl]- **6** IV 3034

—, O-[1-Phenyl-[2]norbornyl]- **6** III 2755 a

—, O-[3-Phenyl-propyl]- **6** III 1803 g

—, O-Phenyl-O'-[4-(1,1,3,3-tetramethyl-butyl)-phenyl]- **6** III 2054 c

—, O-Phenyl-O'-[2,4,6-trichlor-phenyl]- **6** III 725 d

—, O-Phenyl-O'-trityl- **6** III 3654 c

—, O-[2,3,4,5-Tetrachlor-phenyl]- **6** IV 1020

—, O-[4-(1,1,3,3-Tetramethyl-butyl)-phenyl]- **6** III 2054 a

—, O-o-Tolyl- **6** IV 1948

—, O-[2,3,6-Trichlor-phenyl]- **6** IV 962

—, O-[2,4,5-Trichlor-phenyl]- **6** IV 965

—, O-Trityl- **6** III 3654 a

Diamantschwarz 6 980 d, I 477 i

Diamidodithiophosphorsäure

—, Tetrabutyl-,
 — benzylester **6** IV 2764

Diamidophosphorigsäure

 — phenylester **6** IV 702

—, Tetraisobutyl-,
 — phenylester **6** 177 h

Diamidophosphorsäure

 — biphenyl-2-ylester **6** III 3297 b

 — [4-tert-pentyl-phenylester] **6** III 1968 g

 — phenylester **6** 180 k, III 662 e, IV 751

 — p-tolylester **6** III 1372 b

—, N,N'-Äthandiyl-,
 — phenylester **6** IV 740 b

—, N,N-Bis-[2-chlor-äthyl]-,
 — phenylester **6** IV 751

—, N,N'-Diäthyl-,
 — [4-chlor-phenylester] **6** IV 874

—, N,N-Dimethyl-,
 — phenylester **6** IV 751

—, N,N'-Dimethyl-,
 — phenylester **6** III 662 f

—, Tetraäthyl-,
 — [2-(2,4-dichlor-phenoxy)-äthylester] **6** IV 894

 — o-tolylester **6** IV 1980

—, Tetramethyl-,
 — [2-nitro-phenylester] **6** III 805 g

 — [3-nitro-phenylester] **6** III 811 d

 — [4-nitro-phenylester] **6** III 832 a

 — phenylester **6** III 662 g

Diamidothiophosphorigsäure
- −, Tetrabutyl-,
  - − benzylester **6** IV 2763
- −, Tetrapropyl-,
  - − benzylester **6** IV 2763

Diamidothiophosphorsäure
- − O-[3-brom-biphenyl-4-ylester]
  6 IV 4609
- − O-[4-cyclohexyl-phenylester]
  6 IV 3906
- − O-[2,4-dichlor-phenylester]
  6 IV 941
- − O-[3,4-dichlor-phenylester]
  6 IV 957
- − O-[2-methoxy-phenylester]
  6 IV 5604
- − O-[3-methoxy-phenylester]
  6 IV 5681
- − O-[4-methoxy-phenylester]
  6 IV 5763
- − O-[2]naphthylester **6** 648 e
- − O-pentachlorphenylester
  6 IV 1037
- − O-phenylester **6** 181 h, I 97 b,
  IV 759
- − S-phenylester **6** III 1030 b
- − O-[2,3,4,6-tetrachlor-phenylester]
  6 IV 1025
- − O-p-tolylester **6** II 382 j,
  III 1372 d
- − O-[2,4,6-tribrom-phenylester]
  6 IV 1069
- − O-[2,4,5-trichlor-phenylester]
  6 IV 1000
- − O-[2,4,6-trichlor-phenylester]
  6 IV 1019
- −, Äthyl-,
  - − O-[4-nitro-phenylester]
    6 IV 1345
  - − O-[2,4,5-trichlor-phenylester] **6** IV 1001
- −, N-Äthyl-N′-butyl-,
  - − O-[2,4,5-trichlor-phenylester] **6** IV 1002
- −, N′-Äthyl-N,N-dimethyl-,
  - − O-[2,4,5-trichlor-phenylester] **6** IV 1001
- −, N-Äthyl-N′-dodecyl-,
  - − O-[2-nitro-phenylester] **6** IV 1268
  - − O-[2,4,5-trichlor-phenylester] **6** IV 1003
- −, N-Äthyl-N′-methyl-,
  - − O-[4-nitro-phenylester] **6** IV 1345
  - − O-[2,4,5-trichlor-phenylester] **6** IV 1001
  - − O-[2,4,6-trichlor-phenylester] **6** IV 1020
- −, N-Amino- s. *Thiophosphorsäure-
  amid-hydrazid*

- −, Butyl-,
  - − O-[2-methoxy-phenylester]
    6 IV 5604
  - − O-[2,4,5-trichlor-phenylester]
    6 IV 1002
- −, *sec*-Butyl-,
  - − O-[2,4,5-trichlor-phenylester]
    6 IV 1003
- −, N-Butyl-N′-methyl-,
  - − O-[4-methoxy-phenylester]
    6 IV 5763
- −, N,N-Diäthyl-,
  - − O-[4-methoxy-phenylester]
    6 IV 5763
- −, N,N′-Diäthyl-,
  - − O-[4-äthoxy-phenylester]
    6 IV 5764
  - − O-[4-chlor-phenylester] **6** IV 877
  - − O-[4-cyclohexyl-phenylester]
    6 IV 3906
  - − O-[3-methoxy-phenylester]
    6 IV 5681
  - − O-[4-methoxy-phenylester]
    6 IV 5763
  - − O-[2,4,5-trichlor-phenylester]
    6 IV 1001
- −, N,N-Diäthyl-N′-butyl-,
  - − O-[2-methoxy-phenylester]
    6 IV 5605
  - − O-[4-methoxy-phenylester]
    6 IV 5764
- −, N,N-Diäthyl-N′,N′-dimethyl-,
  - − O-[2-methoxy-phenylester]
    6 IV 5604
- −, N,N-Diäthyl-N′-dodecyl-,
  - − O-[2-methoxy-phenylester]
    6 IV 5605
- −, N,N′-Diamino- s. *Dihydrazidothio-
  phosphorsäure*
- −, N,N′-Dibutyl-,
  - − O-[3-methoxy-phenylester]
    6 IV 5681
  - − O-[2,4,5-trichlor-phenylester]
    6 IV 1003
- −, N,N′-Didodecyl-,
  - − O-[2,4,5-trichlor-phenylester]
    6 IV 1003
- −, N,N′-Diisopropyl-,
  - − O-[2,4,5-trichlor-phenylester]
    6 IV 1002
- −, N,N-Dimethyl-,
  - − O-[4-nitro-phenylester] **6** IV 1345

Diamidothiophosphorsäure (Fortsetzung)

—, *N,N'*-Dimethyl-,
  — *O*-[3,4-dichlor-phenylester]
    6 IV 957

—, *N,N*-Dipropyl-,
  — *O*-[2,4,5-trichlor-phenylester]
    6 IV 1002

—, Dodecyl-,
  — *O*-[2,4,5-trichlor-phenylester]
    6 IV 1003

—, *N*-Isopropyl-*N'*-methyl-,
  — *O*-[4-nitro-phenylester] **6** IV 1346
  — *O*-[2,4,5-trichlor-phenylester]
    6 IV 1002

—, Tetraäthyl-,
  — *O*-[3-methoxy-phenylester]
    6 IV 5681
  — *O*-[4-methoxy-phenylester]
    6 IV 5763
  — *O*-[2,4,5-trichlor-phenylester]
    6 IV 1002

—, Tetramethyl-,
  — *O*-[3-methoxy-phenylester]
    6 IV 5681
  — *O*-*p*-tolylester **6** III 1372 e
  — *O*-[2,4,5-trichlor-phenylester]
    6 IV 1001

—, Tetrapropyl-,
  — *O*-[2,4,5-trichlor-phenylester]
    6 IV 1002

—, Triäthyl-,
  — *O*-[2,4,5-trichlor-phenylester]
    6 IV 1001

—, Trimethyl-,
  — *O*-[4-nitro-phenylester] **6** IV 1345

Dian 6 III 5459 c

Dianthranol 6 IV 7092

Dianthron

—, Dihydro- **6** IV 7092

6,6'-Diapo-carotin-6,6'-disäure
  — 6'-cholesterylester-6-methylester
    6 IV 4009
  — diretinylester **6** IV 4136
  — 6-methylester-6'-retinylester
    6 IV 4136

Diarsenigsäure
  — 1,1;2,2-di-*o*-phenylenester
    6 III 4247 c, IV 5607

Diasaron 6 1130, II 1092 j, III 6968 b

Diatoxanthin 6 III 5895 b, IV 7036

[1,3,2]Diazaphospholidin-2-oxid

—, 2-Phenoxy- **6** IV 740 b

—, 2-*p*-Tolyloxy- **6** IV 2131 a

[1,3,2]Diazaphospholidin-2-sulfid

—, 2-Phenoxy- **6** II 168 a, III 664 e

Diazen

—, Bis-benzyloxy- **6** 439 d, III 1547 e

Diazendicarbonsäure
  — bis-[4-nitro-benzylester]
    6 IV 2624
  — dibenzylester **6** IV 2467

Dibenz[*a,c*]anthracen

  s. *Benzo[b]triphenylen*

Dibenz[*a,h*]anthracen

—, 5-Acetoxy- **6** IV 5139 e

—, 7-Acetoxy- **6** III 3829 b, IV 5140

—, 7-Acetoxy-5,13-dimethoxy-
    6 IV 7660

—, 7-Acetoxy-4-methoxy- **6** IV 7046

—, 14-Acetoxy-6-methoxy- **6** IV 7047

—, 7-Acetoxy-14-methyl- **6** III 3830 c

—, 7-Äthoxymethyl-14-methyl- **6** III 3831 c

—, 2,9-Diacetoxy- **6** III 5914 d

—, 3,10-Diacetoxy- **6** IV 7046

—, 4,11-Diacetoxy- **6** III 5915 a

—, 5,6-Diacetoxy- **6** IV 7046

—, 5,12-Diacetoxy- **6** IV 7047

—, 7,14-Diacetoxy- **6** IV 7048

—, 5,6-Diacetoxy-5,6-dihydro- **6** III 5903 c

—, 6,13-Diacetoxy-7,14-dimethoxy-
    6 IV 7842

—, 5,6-Diacetoxy-12-methoxy-
    5,6-dihydro- **6** IV 7658

—, 2,9-Dimethoxy- **6** III 5914 c

—, 3,10-Dimethoxy- **6** IV 7046

—, 5,6-Dimethoxy- **6** IV 7046

—, 5,12-Dimethoxy- **6** IV 7047

—, 5,13-Dimethoxy- **6** IV 7047

—, 7,14-Dimethoxy- **6** IV 7047

—, 7,14-Dimethoxy-7,14-dimethyl-
    7,14-dihydro- **6** III 5909 a

—, 1-Methoxy- **6** IV 5139

—, 2-Methoxy- **6** IV 5139

—, 4-Methoxy- **6** IV 5139

—, 5-Methoxy- **6** III 3828 c

—, 7-Methoxy- **6** III 3829 a, IV 5139

—, 5,6,12,13-Tetraacetoxy- **6** IV 7842

—, 2,3,9,10-Tetraacetoxy-7,14-dimethyl-
    6 III 6832 a

—, 5,6,12,13-Tetraacetoxy-5,6,12,13-
    tetrahydro- **6** IV 7839

—, 5,6,12,13-Tetramethoxy- **6** IV 7842

—, 6,7,13,14-Tetramethoxy- **6** IV 7842

—, 2,3,9,10-Tetramethoxy-7,14-dimethyl-
    6 III 6831 c

Dibenzo[*a,e*]cycloocten-5-ol
−, 5-Phenyl-5,6,11,12-tetrahydro-
   6 IV 5104
−, 5,6,11,12-Tetrahydro- **6** IV 4896
−, 2,3,8,9-Tetramethoxy-5,6-dihydro-
   6 III 6910 c
−, 2,3,8,9-Tetramethoxy-5,6,11,12-
   tetrahydro- **6** IV 7907
Dibenzo[*d,f*][1,3,2]dioxaphosphepin
−, 6-Chlor- **6** IV 6646
Dibenzo[*d,f*][1,3,2]dioxaphosphepin-6-sulfid
−, 6-Chlor- **6** IV 6646
Dibenzo[*d,f*][1,3,2]dioxasilepin
−, 6,6-Bis-cyclohexyloxy- **6** IV 6647
−, 6,6-Bis-[2-cyclohexyl-phenoxy]-
   6 IV 6647
−, 6,6-Bis-[2′-hydroxy-biphenyl-2-yloxy]-
   6 IV 6647
−, 6,6-Diäthoxy- **6** IV 6646
−, 6,6-Dibutoxy- **6** IV 6647
−, 6,6-Dichlor- **6** IV 6647
−, 6,6-Diisobutoxy- **6** IV 6647
−, 6,6-Diisopropoxy- **6** IV 6646
−, 6,6-Dipropoxy- **6** IV 6646
Dibenzo[1,2]dioxin
−, 4,7-Di-*tert*-butyl-2,9-dimethoxy-
   6 IV 6013
Dibenzo[1,4]dioxin-2,7-dion
−, 1,4a,6,9a-Tetrahydroxy-4a,5a,9a,10a-
   tetrahydro-1*H*,6*H*- **6** IV 7684
Dibenzo[*b,g*][1,5]dioxocin
−, 2,5,5,7,7,10-Hexamethyl-5*H*,7*H*-
   6 946 j
Dibenzo[*a,g*]fluoren
−, 11-Acetoxy-13*H*- **6** III 3813 b
−, 11-Methoxy-13*H*- **6** III 3813 a
Dibenzo[*a,i*]fluoren
−, 13-Acetoxy-13*H*- **6** 729 d
−, 13-Acetoxy-13-benzyl-13*H*-
   6 IV 5164 d
−, 13-[2-Benzyloxy-phenyl]-13*H*-
   6 II 736 b
−, 13-[3-Methoxy-[2]naphthyl]-13*H*-
   6 II 740 e
−, 13-[2-Methoxy-phenyl]-13*H*-
   6 II 736 a
Dibenzo[*c,g*]fluoren-13b,13c-diol
−, 6,6a,7,7a,8,9-Hexahydro-5*H*- **8** IV 1454
Dibenzo[*a,g*]fluoren-13-ol
−, 13*H*- **6** III 3813 c
−, 5-Acetoxy-13*H*- **6** III 5901 b
−, 11-Acetoxy-13*H*- **6** III 5901 c
−, 13-Äthyl-13*H*- **6** III 3820 f
−, 13-Methyl-13*H*- **6** III 3815 d

Dibenzo[*a,g*]fluoren-5-ol
−, 13*H*- **6** III 3812 e
Dibenzo[*a,g*]fluoren-11-ol
−, 13*H*- **6** III 3812 f
Dibenzo[*a,h*]fluoren-13-ol
−, 13*H*- **6** III 3812 d
Dibenzo[*a,i*]fluoren-13-ol
−, 13*H*- **6** 729 c, I 362 a, II 719 c
−, 13-Benzyl-13*H*- **6** IV 5164
−, 13-[2-Methoxy-phenyl]-13*H*-
   6 II 1050 b
−, 13-[1]Naphthyl-13*H*- **6** I 369 a
−, 13-Phenyl-13*H*- **6** II 735 g
−, 13-*p*-Tolyl-13*H*- **6** I 366 g
Dibenzofuran-1,9-diol
−, 3,7-Dibrom-2,4,6,8-tetramethyl-
   6 III 6728 e
Dibenzofuran-2-on
−, 5a,8-Diacetoxy-3,6-dichlor-
   3,7-dimethoxy-5a,6-dihydro-3*H*-
   6 IV 7933 f
−, 3,6-Dichlor-5a,8-dihydroxy-
   3,7-dimethoxy-5a,6-dihydro-3*H*-
   6 IV 7933 f
Dibenzo[*de,mn*]naphthacen
−, 4,6,11,13-Tetraacetoxy- **6** IV 7859
Dibenzo[*a,c*]naphthacen-10,15-diol
−, 9,16-Diphenyl- **6** III 6041 a
Dibenzo[*a,c*]naphthacen-10,15-dion
−, 9,16-Diphenyl-9a,15a-dihydro-
   6 III 6041 a
Dibenzo[*a,c*]naphthacen-10-ol **7** III 2981 c
Dibenzo[*a,c*]naphthacen-10-on
−, 15*H*- **7** III 2981 c
Dibenzo[*fg,op*]naphthacen-1-ol **6** III 3858 a
Dibenzo[*a,o*]perylen
−, 7,16-Diacetoxy- **6** I 531 i, III 6007 c
−, 7,16-Diäthoxy-7,16-diphenyl-
   7,16-dihydro- **6** III 6043 c
−, 7,16-Dimethoxy- **6** III 6007 b
−, 7,16-Dimethoxy-7,16-diphenyl-
   7,16-dihydro- **6** III 6043 b
−, 1,2,5,6,7-Pentaacetoxy- **6** IV 7918
−, 1,6,7,16-Tetraacetoxy- **6** III 6858 b
−, 1,2,5,6-Tetraacetoxy-7,16-dihydro-
   6 IV 7869
−, 1,2,5,6-Tetraacetoxy-7,11b,11c,16-
   tetrahydro- **6** IV 7869
Dibenzo[*a,o*]perylen-7,16-diol **6** III 6007 a
−, 7,16-Dihydro- **6** I 530 e
−, 7,16-Diphenyl-7,16-dihydro-
   6 III 6043 a
−, 7,11b,11c,16-Tetrahydro- **6** I 529 f

Dibenzo[*a,n*]perylen-5-ol **6** III 3893 a

Dibenzo[*a,n*]perylen-5-on

—, 16b*H*- **6** III 3893 a

Dibenzo[*a,o*]perylen-1,6,7,16-tetraol

6 III 6858 a

Dibenzo[*c,g*]phenanthren

—, 8,13-Dimethoxy- **6** IV 7048

Dibenzo[*cd,mn*]pyren

—, 4,8-Diacetoxy-4*H*,8*H*- **6** IV 7048

—, 4,8,12-Triacetoxy-4*H*,8*H*- **6** III 6621 b

Dibenzo[*cd,mn*]pyren-4,12-diol

—, 4*H*,8*H*- **6** III 5915 b

Dibenzo[*cd,mn*]pyren-4-on

—, 8,12-Dihydroxy-12,12c-dihydro-8*H*-

6 III 6621 a

Dibenzo[*cd,mn*]pyren-4,8,12-triol

—, 4*H*,8*H*- **6** III 6621 a

Dibenzo[*d,i*][1,3,6,8,2,7]tetraoxadisilecin

—, 6,6,13,13-Tetrakis-[2-hydroxy-

phenoxy]- **6** IV 5608

—, 6,6,13,13-Tetramethyl- **6** IV 5608

Diborneol 6 954 a

Diborsäure

— 1,1;2,2-di-*o*-phenylenester

6 IV 5612

Dibromophosphorigsäure

— phenylester **6** I 95 c, IV 701

Dibromothiophosphorsäure

— *O*-phenylester **6** I 96 j

Dibutyramid

—, 4,4'-Diphenoxy- **6** II 159 b

Dicampherpinakon 6 973 d

Dicarvacrol 6 1020 d, I 496 h, II 985 f

Dicarvelol 6 953 b

Dicarvelol-bis-hydrobromid 6 757 g

Dichlorodithiophosphorsäure

— phenylester **6** 181 i

Dichlorophen 6 IV 6658

Dichlorophosphorigsäure

— [3-äthyl-phenylester] **6** IV 3018

— benzylester **6** III 1549 a

— [2-brom-4-*tert*-butyl-phenylester]

6 IV 3315

— [4-brom-tritylester] **6** II 694 g

— [4-*tert*-butyl-2-chlor-phenylester]

6 IV 3312

— [2-chlor-phenylester] **6** IV 805

— [4-chlor-phenylester] **6** I 102 d,

IV 867

— [4-chlor-tritylester] **6** II 694 c

— [2,4-dichlor-phenylester] **6** IV 938

— [2,5-dichlor-phenylester] **6** IV 948

— [3,4-dichlor-phenylester] **6** IV 956

— [2-methoxy-phenylester]

6 I 388 f

— [4-methoxy-phenylester]

6 III 4429 c

— [4-methyl-tritylester] **6** II 698 c

— [[1]naphthyl-diphenyl-methylester]

6 II 721 h

— [[2]naphthyl-diphenyl-methylester]

6 II 723 c

— [1]naphthylester **6** 610 k,

III 2932 g

— [2]naphthylester **6** 647 f

— [4-nitro-tritylester] **6** II 694 l

— [2-phenoxy-äthylester] **6** IV 579

— phenylester **6** 177 e, I 95 a,

II 165 c, IV 701

— [4-(1,1,3,3-tetramethyl-butyl)-

phenylester] **6** IV 3487

— *m*-tolylester **6** II 354 i

— *o*-tolylester **6** I 173 e, II 331 h,

IV 1977

— *p*-tolylester **6** I 203 b, IV 2129

— [1-trichlormethyl-cyclohexylester]

6 IV 98

— [1-trichlormethyl-cyclopentylester]

6 IV 89

— [2,4,5-trichlor-phenylester]

6 IV 992

— [2,4,6-trichlor-phenylester]

6 IV 1016

— tritylester **6** II 693 f

Dichlorophosphorsäure

— biphenyl-2-ylester **6** III 3297 a,

IV 4585

— biphenyl-3-ylester **6** III 3316 b

— biphenyl-4-ylester **6** III 3330 c,

IV 4608

— [4-butyl-2-isopropyl-5-methyl-

phenylester] **6** III 2065 b

— [4-butyl-2-methyl-phenylester]

6 III 1973 f

— [2-*tert*-butyl-phenylester]

6 IV 3293

— [4-*tert*-butyl-phenylester]

6 III 1871 d, IV 3310

— [4-chlor-2-isopropyl-5-methyl-

phenylester] **6** III 1909 b

— [4-chlor-5-isopropyl-2-methyl-

phenylester] **6** III 1891 c

— [2-(4-chlor-2-methyl-phenoxy)-

äthylester] **6** IV 1988

— [4-chlor-3-methyl-phenylester]

6 III 1318 i, IV 2067

Dichlorophosphorsäure (Fortsetzung)
- [2-chlor-4-phenoxy-phenylester]
  6 III 4433 g
- [2-chlor-phenylester] **6** I 99 f,
  IV 807
- [4-chlor-phenylester] **6** 188 f,
  I 102 f, II 178 c, III 698 j, IV 870
- [4-chlor-2-trichlormethyl-
  phenylester] **6** 360 c
- cholesterylester **6** III 2661 a
- cyclohexylester **6** IV 59
- [2,4-dibrom-phenylester]
  6 IV 1063
- [2,4-dibrom-6-trichlormethyl-
  phenylester] **6** 361 d
- [2-dichlormethyl-phenylester]
  6 III 1268 h
- [2,4-dichlor-6-methyl-phenylester]
  6 IV 2003
- [2-(2,4-dichlor-phenoxy)-äthylester]
  6 IV 894
- [2,4-dichlor-phenylester] **6** IV 939
- [2,5-dichlor-phenylester] **6** IV 948
- [2,4-dichlor-6-trichlormethyl-
  phenylester] **6** 360 d
- [2,4-difluor-phenylester] **6** IV 780
- [2,4-dijod-trichlormethyl-
  phenylester] **6** 364 h
- [4-(1,1-dimethyl-pentyl)-
  phenylester] **6** IV 3458
- [3,5-dimethyl-phenylester]
  6 IV 3151
- [2,4-dinitro-phenylester]
  6 IV 1383
- [4-dodecyl-phenylester] **6** IV 3536
- [4-fluor-phenylester] **6** IV 778
- [4-heptyl-phenylester] **6** IV 3454
- [4-hexyl-2-methyl-phenylester]
  6 III 2034 h
- [4-isopentyl-2-methyl-phenylester]
  6 III 2008 d
- [4-isopentyloxy-phenylester]
  6 III 4430 a
- [2-isopropyl-5-methyl-phenylester]
  6 539 l
- [2-isopropyl-phenylester]
  6 IV 3212
- [4-isopropyl-phenylester]
  6 IV 3217
- [2-methoxy-4-nitro-phenylester]
  6 IV 5630

- [2-methoxy-phenylester]
  6 782 f, I 388 j, III 4246 c,
  IV 5603
- [3-methoxy-phenylester]
  6 IV 5680
- [4-methoxy-phenylester]
  6 III 4429 e
- [2-methyl-4-nitro-phenylester]
  6 IV 2011
- [4-(1-methyl-1-phenyl-äthyl)-
  phenylester] **6** IV 4762
- [2-methyl-6-trichlormethyl-
  phenylester] **6** 485 e
- [1]naphthylester **6** 611 d, IV 4227
- [2]naphthylester **6** 648 a, IV 4287
- [2-nitro-phenylester] **6** IV 1266
- [3-nitro-phenylester] **6** IV 1278
- [4-nitro-phenylester] **6** IV 1332
- [4-nonyl-phenylester] **6** IV 3502
- [4-*tert*-pentyl-phenylester]
  6 III 1968 f, IV 3386
- [2-phenoxy-phenylester]
  6 III 4246 f
- [4-phenoxy-phenylester]
  6 III 4430 c
- phenylester **6** 179 e, I 95 h,
  II 166 e, III 660 e, IV 737
- picrylester **6** IV 1461
- [4-(1,1,3,3-tetramethyl-butyl)-
  phenylester] **6** III 2057 b, IV 3487
- *m*-tolylester **6** IV 2057
- *o*-tolylester **6** III 1262 b,
  IV 1980
- *p*-tolylester **6** 401 j, II 382 a,
  IV 2130
- [2-trichlormethyl-[1]naphthylester]
  6 667 g
- [2,4,5-trichlor-phenylester]
  6 IV 994
- [2,4,6-trichlor-phenylester]
  6 IV 1017

Dichlorothiophosphorigsäure
- phenylester **6** 178 a

Dichlorothiophosphorsäure
- *O*-[3-äthyl-phenylester] **6** IV 3018
- *O*-[3-brom-biphenyl-4-ylester]
  6 IV 4609
- *O*-[2-brom-4-*tert*-butyl-phenylester]
  6 IV 3315
- *O*-[4-brom-phenylester]
  6 IV 1055
- *O*-[4-*tert*-butyl-2-chlor-phenylester]
  6 IV 3312

Dichlorothiophosphorsäure (Fortsetzung)
- *O*-[2-chlor-4-nitro-phenylester]
  6 IV 1357
- *O*-[3-chlor-4-nitro-phenylester]
  6 IV 1358
- *O*-[2-chlor-phenylester] **6** IV 809
- *O*-[4-chlor-phenylester] **6** I 102 i,
  IV 875
- *O*-[2,4-dichlor-phenylester]
  6 IV 941
- *O*-[2,5-dichlor-phenylester]
  6 IV 948
- *O*-[3,4-dichlor-phenylester]
  6 IV 956
- *O*-[2-methoxy-phenylester]
  6 IV 5604
- *O*-[3-methoxy-phenylester]
  6 IV 5681
- *O*-[4-methoxy-phenylester]
  6 IV 5762
- *O*-[4-nitro-phenylester] **6** IV 1343
- *O*-phenylester **6** 181 d, I 96 h,
  II 167 h, III 664 d, IV 757
- *O*-[2,3,4,6-tetrachlor-phenylester]
  6 IV 1024
- *O*-*m*-tolylester **6** II 354 m
- *O*-*o*-tolylester **6** I 173 i
- *O*-*p*-tolylester **6** I 203 f, II 382 h,
  IV 2132
- *O*-[2,4,5-trichlor-phenylester]
  6 IV 996
- *O*-[2,4,6-trichlor-phenylester]
  6 IV 1018

2,7;3,6-Dicyclo-cyclopent[*cd*]azulen
- , 5-Acetoxy-1,1,2,7,8,8a-hexachlor-
  dodecahydro- **6** IV 3926
- , 1,1,2,7,8,8a-Hexachlor-5-methansulfonyloxy-
  dodecahydro- **6** IV 3926

2,7;3,6-Dicyclo-cyclopent[*cd*]azulen-5-ol
- , 1,1,2,7,8,8a-Hexachlor-dodecahydro-
  6 IV 3925

6,8;7,19-Dicyclo-6,7;9,10-diseco-ergostan-3,5,10-triol 6 IV 7470

6,8;7,19-Dicyclo-6,7;9,10-diseco-ergost-5(10)-en
- , 3-Allophanoyloxy- **6** III 3127 a;
  vgl. IV 4028 d
- , 3-[3,5-Dinitro-benzoyloxy]-
  6 III 3127 a; vgl. IV 4028 d

6,8;7,19-Dicyclo-6,7;9,10-diseco-ergost-5(10)-en-3-ol 6 III 3127 a,
IV 4028

Dicyclohepta[*a,c*]naphthalin-1,4-diol
- , 4b,5,6,7,8,9,10,11,12,13,14,14a-
  Dodecahydro- **6** IV 6788

Dicyclohepta[*a,c*]naphthalin-1,4-dion
- , 4a,4b,5,6,7,8,9,10,11,12,13,14,14a,14b-
  Tetradecahydro- **6** IV 6789

Dicyclohept[*a,c*]anthracen-11,16-diol
- , 1,2,3,4,5,6,7,8,9,10,10a,16b-
  Dodecahydro- **6** IV 6961

Dicyclohept[*a,c*]anthracen-11,16-dion
- , 1,2,3,4,5,6,7,8,9,10,10a,10b,16a,16b-
  Tetradecahydro- **6** IV 6961

Dicycloocta[*a,c*]naphthalin-1,4-diol
- , 4b,5,6,7,8,9,10,11,12,13,14,15,16,16a-
  Tetradecahydro- **6** IV 6798

Dicyclooct[*a,c*]anthracen-13,18-diol
- , 1,2,3,4,5,6,7,8,9,10,11,12,12a,18b-
  Tetradecahydro- **6** IV 6961

Dicyclooct[*a,c*]anthracen-13,18-dion
- , 1,2,3,4,5,6,7,8,9,10,11,12,12a,12b,18a,⸗
  18b-Hexadecahydro- **6** IV 6961

Dicyclopentadien
- s. unter *4,7-Methano-inden, Tetrahydro-*

Dicyclopenta[*a,f*]naphthalin
- , 6-[1,5-Dimethyl-hexyl]-3a,5a-dimethyl-
  hexadecahydro- s. A-*Nor-cholestan*

Dicyclopent[*a,c*]anthracen
- , 7,12-Diacetoxy-1,2,3,4,5,6,6a,12b-
  octahydro- **6** III 5765 c

Dicyclopent[*a,c*]anthracen-7,12-diol
- , 1,2,3,4,5,6,6a,12b-Octahydro-
  6 III 5765 b

Dicyclopent[*a,c*]anthracen-7,12-dion
- , 1,2,3,4,5,6,6a,6b,12a,12b-Decahydro-
  6 III 5765 b

6,8;7,19-Dicyclo-9,10-seco-ergosta-5(10),22-dien
- , 3-Acetoxy **6** III 3107 b; vgl. IV 4412
- , 3-Allophanoyloxy- **6** III 3107 c, 3128 a;
  vgl. IV 4412
- , 3-Benzoyloxy **6** III 3107 d; vgl. IV 4412

6,8;7,19-Dicyclo-9,10-seco-ergosta-5(10),22-dien-3-ol 6 III 3107 a, 3126 d, IV 4412

6,8;7,19-Dicyclo-9,10-seco-ergostan-3,5,10-triol
6 IV 7502

6,8;7,19-Dicyclo-9,10-seco-ergost-5(10)-en-3-ol
6 IV 4169

6,8;7,19-Dicyclo-9,10-seco-ergost-22-en-3,5,10-triol 6 IV 7526

arabino-**3,6-Didesoxy-hexit**
- , *O*^{1}-Trityl- **6** IV 5025

2,6-Didesoxy-idose
- , 2,6-Diamino-,
  - dibenzyldithioacetal **6** IV 2721

Didivarin 6 III 6741 d
Diels-Kohlenwasserstoff
–, Zweiter- **5** IV 2714, **6** III 2622
Dienestrol 6 IV 6916
Dienöstrol 6 III 5713 c, IV 6916
–, Di-*O*-acetyl- **6** III 5715 c, IV 6916
β-Difenchen
–, Dioxydihydro- **6** III 4766 d
Diginan
–, 3,20-Diacetoxy- **6** III 4785 a
Diginan-3,20-diol 6 III 4781 a, IV 6112
Diginan-3,8,12,14,17,20-hexaol 6 III 6947 a
Diginan-3,11,20-triol 6 III 6397 c
Diglykolsäure
s. *Essigsäure*, Oxydi-
μ,μ-Dihydrazido-1,2-dithio-cyclodiphosphorsäure
– *O,O'*-diphenylester **6** II 168 d,
IV 759
Dihydrazidophosphorsäure
– phenylester **6** II 167 d, IV 752
–, *N',N'''*-Diisopropyliden-,
– phenylester **6** IV 752 e
Dihydrazidothiophosphorsäure
– *O*-[5-brom-2-chlor-phenylester]
6 IV 1059
– *O*-[2-chlor-phenylester] **6** IV 809
– *O*-phenylester **6** II 168 c
– *O*-*p*-tolylester **6** II 382 k
– *O*-[2,4,5-trichlor-phenylester]
6 IV 1004
–, *N',N',N''',N''''*-Tetramethyl-,
– *O*-[2,4,5-trichlor-phenylester]
6 IV 1004
Dihydrochinon 6 1164 b
Dihydrogenphosphat
s. *Phosphorsäure-mono···ester*
Diindeno[1,2-*j*;2',1'-*l*]fluoranthen-8,9-diol
–, 8,9-Dihydro- **6** III 6012 b
α-Diisochavibetol 6 III 6764 h, IV 7795
–, *O,O'*-Diacetyl- **6** III 6770 a, IV 7799
–, *O,O'*-Diäthyl- **6** III 6768 d, IV 7797
–, *O,O'*-Dibutyl- **6** III 6769 c
–, *O,O'*-Diisobutyl- **6** III 6769 d
–, *O,O'*-Diisopentyl- **6** III 6769 e
–, *O,O'*-Diisopropyl- **6** III 6769 a
–, *O,O'*-Dipropyl- **6** III 6768 f
β-Diisochavibetol 6 III 4995
γ-Diisochavibetol 6 III 4995
Diisoeugenol 6 955 b, I 459 d, II 917,
III 6765, IV 7795
–, *O,O'*-Diacetyl- **6** 956, III 6769 g;
vgl. IV 7795 e

–, *O,O'*-Diäthyl- **6** 957 a, I 460 b,
II 919, III 6768 c; vgl. IV 7795 e
–, *O,O'*-Dibenzoyl- **6** 956; vgl.
IV 7795 e
–, *O,O'*-Dibutyl- **6** IV 6769 b; vgl.
IV 7795 e
–, *O,O'*-Dimethyl- **6** 957, I 460 a,
II 918 a, III 6767; vgl. IV 7795 e
–, *O,O'*-Dipropyl- **6** I 460 c, III 6768 e;
vgl. IV 7795 e
–, Hexachlor- **6** II 917
Diisohomogenol 6 III 6767 Anm.,
IV 7796
Dikieselsäure
– hexacyclohexylester **6** III 39 b,
IV 62
– hexakis-[2-hydroxy-phenylester]
6 IV 5609
– hexaphenylester **6** IV 768
Dikohlensäure
– äthylester-[3,3,7-trimethyl-
cyclohepta-1,4,6-trienylester]
6 IV 3266
Dilactylsäure
s. *Propionsäure, 2,2'-Oxy-di-*
1,4;5,8-Dimethano-anthracen
–, 9,10-Diacetoxy-1,2,3,4,4a,5,6,7,8,9a-
decahydro- **6** IV 6605
–, 9,10-Diacetoxy-1,2,3,4,5,6,7,8-
octahydro- **6** II 981 h,
III 5486 b
–, 9,10-Diacetoxy-1,4,5,8-tetrahydro-
6 II 1006 b
1,4;5,8-Dimethano-anthracen-9,10-diol
–, 1,2,3,4,5,6,7,8-Octahydro-
6 II 981 g, III 5486 a
–, 1,4,5,8-Tetrahydro- **6** II 1006 a
1,4;5,8-Dimethano-anthracen-9,10-dion
–, 1,4,4a,5,8,9a-Hexahydro-
6 II 1006 a
1,4;5,8-Dimethano-anthracen-9-ol
–, Tetradecahydro- **6** IV 3969
4,9;5,8-Dimethano-cyclopenta[*b*]naphthalin
–, 1-Acetoxy-3a,4,4a,5,6,7,8,8a,9,9a-
decahydro-1*H*- **6** III 2766 g
–, 6(*oder* 7)-Acetoxy-3a,4,4a,5,6,7,8,8a,9,⇌
9a-decahydro-1*H*- **6** III 2769 c
–, 6(*oder* 7)-Äthoxy-3a,4,4a,5,6,7,8,8a,9,⇌
9a-decahydro-1*H*- **6** III 2768 a
–, 6(*oder* 7)-[2-Chlor-äthoxy]-3a,4,4a,5,6,⇌
7,8,8a,9,9a-decahydro-1*H*- **6** III 2768 b

21,24-Dinor-cholan-17-ol   (Fortsetzung)

–, 3,23-Diacetoxy- **6** III 6410 d

23,24-Dinor-cholan-3-ol

–, 17-Methyl- **6** III 2120 a

23,24-Dinor-cholan-17-ol

–, 3,22-Diacetoxy- **6** III 6412 b

–, 3,16,22-Triacetoxy- **6** III 6682 d

23,24-Dinor-cholan-20-ol

–, 3-Acetoxy- **6** III 4790 d

–, 3,21-Diacetoxy- **6** III 6413 a

–, 3,22-Diacetoxy- **6** III 6413 a

23,24-Dinor-cholan-21-ol

–, 3,12-Diacetoxy-21,21-diphenyl-
  6 III 6602 b

23,24-Dinor-cholan-22-ol

–, 3-Acetoxy-22,22-diphenyl-
  6 III 5827 a

–, 3-Chlor-22,22-diphenyl- **6** III 3721 d

–, 3,7,12-Triacetoxy-22,22-diphenyl-
  6 III 6819 c

21,24-Dinor-cholan-3,17,20,22,23-pentaol
  6 III 6888 c

23,24-Dinor-cholan-2,3,15,16,22-pentaol
  6 IV 7893

21,24-Dinor-cholan-17,20,22,23-tetraol

–, 3-Acetoxy- **6** III 6889 c

23,24-Dinor-cholan-3,7,12,22-tetraol

–, 22,22-Diphenyl- **6** III 6819 b

23,24-Dinor-cholan-3,16,17,22-tetraol
  6 III 6682 c

21,24-Dinor-cholan-3,11,20-triol

–, 23-Phenyl- **6** IV 7590

21,24-Dinor-cholan-3,17,20-triol

–, 22,23-Isopropylidendioxy-
  6 III 6889, **19** IV 1231

21,24-Dinor-cholan-3,22,23-triol 6 III 6411 a

21,24-Dinor-cholan-17,22,23-triol

–, 3,20-Diacetoxy- **6** III 6890 a

23,24-Dinor-cholan-3,12,21-triol

–, 21,21-Diphenyl- **6** III 6601 b

23,24-Dinor-cholan-3,12,22-triol

–, 22,22-Diphenyl- **6** III 6600 c

23,24-Dinor-cholan-3,16,20-triol 6 III 6411 b

23,24-Dinor-cholan-3,16,21-triol

–, 21,21-Diphenyl- **6** IV 7646

23,24-Dinor-cholan-3,16,22-triol 6 IV 7459

–, 22,22-Diphenyl- **6** IV 7646

23,24-Dinor-cholan-3,17,20-triol 6 IV 7459

19,24-Dinor-chola-5,7,9,22-tetraen

–, 3-Acetoxy-22-methyl- **6** III 3471 b

23,24-Dinor-chola-5,7,9(11),20-tetraen

–, 3,21-Diacetoxy- **6** IV 6799

19,24-Dinor-chola-5,7,9,22-tetraen-3-ol

–, 22-Methyl- **6** III 3471 a

21,24-Dinor-chola-5,16,20-trien

–, 3-Acetoxy-22-methyl- **6** III 6470 a

21,24-Dinor-chola-5,17(20),22-trien

–, 3-Acetoxy- **6** III 3078 d

–, 3-Acetoxy-22-methyl- **6** III 6470 a

–, 3-Acetoxy-23-phenyl- **6** III 3624 b

23,24-Dinor-chola-5,16,20-trien

–, 3-Acetoxy- **6** IV 4398

23,24-Dinor-chola-7,9(11),20-trien

–, 3,5,21-Triacetoxy- **6** IV 7558

19,24-Dinor-chola-1,3,5(10)-trien-17,23-diol

–, 3-Methoxy- **6** IV 7557

19,24-Dinor-chola-5,7,9-trien-3,22-diol

–, 22-Methyl- **6** III 5367 c

19,21-Dinor-chola-1,3,5(10)-trien-17-ol

–, 3-Methoxy- **6** IV 6631

19,24-Dinor-chola-5,7,9-trien-22-ol

–, 3-Acetoxy-22-methyl- **6** III 5368 a

21,24-Dinor-chola-5,17(20),22-trien-3-ol

–, 23-Phenyl- **6** III 3624 a

23,24-Dinor-chola-7,9(11),20-trien-5-ol

–, 3,21-Diacetoxy- **6** IV 7558

21,24-Dinor-chol-5-en

–, 3,17,22-Triacetoxy-22-methyl-
  6 III 6470 c

21,24-Dinor-chol-22-en

–, 3,11,20-Triacetoxy-23-phenyl-
  6 IV 7600

–, 3,12,20-Triacetoxy-23-phenyl-
  6 IV 7600

23,24-Dinor-chol-5-en

–, 3-Acetoxy-20-chlor- **6** IV 3989

–, 22-Acetoxy-3-methoxy-22-phenyl-
  6 III 5678 c

–, 3,22-Bis-palmitoyloxy-22-phenyl-
  6 III 5679 a

–, 22-Chlor-3-methoxy-22-phenyl-
  6 III 3548 b

–, 3,22-Diacetoxy- **6** III 5112 c

–, 3,22-Diacetoxy-22-[1]naphthyl-
  6 III 5826 a

–, 3,22-Diacetoxy-22-phenyl-
  6 III 5678 d

23,24-Dinor-chol-17(20)-en

–, 3-Acetoxy- **6** III 2594 c

23,24-Dinor-chol-20-en

–, 3-Acetoxy- **6** III 2595 b

–, 3-Acetoxy-5-chlor-21,21-diphenyl-
  6 III 3767 c

–, 3-Acetoxy-5,6-dibrom-21,21-diphenyl-
  6 III 3768 b

3,9-Dioxa-6-thia-undecan

−, 1,11-Bis-[4-benzyl-phenoxy]-
6 III 3360 a
−, 1,11-Bis-biphenyl-4-yloxy-
6 III 3326 a
−, 1,11-Bis-[4-*tert*-butyl-phenoxy]-
2,4,8,10-tetramethyl- 6 III 1868 g
−, 1,11-Bis-[4-cyclohexyl-phenoxy]-
6 III 2505 g
−, 1,11-Bis-[2-methoxy-phenoxy]-
6 III 4221 e
−, 1,11-Bis-[2]naphthyloxy- 6 III 2978 d
−, 1,11-Bis-phenylmercapto- 6 III 994 d
−, 1,11-Bis-[4-(1,1,3,3-tetramethyl-butyl)-
phenoxy]- 6 III 2055 c
−, 1,11-Diphenoxy- 6 III 571 b

[1,3,2]Dioxathiolan-2-oxid

−, 4,5-Diphenyl- 6 III 5433 a
−, 4-Phenoxymethyl- 6 IV 593 c
−, 4-*o*-Tolyloxymethyl- 6 IV 1956

[1,3,2]Dioxathiol-2,2-dioxid

−, 4-Phenyl-5-[10-phenyläthinyl-
[9]anthryl]- 6 IV 7101
−, 4-Phenyl-5-[10-phenyl-[9]anthryl]-
6 IV 7087

9,10-[1,3,2]Dioxathiolo[4,5]ätheno-anthracen-14-oxid

−, 9,10,11,12-Tetrahydro- 6 IV 6909

6,12-Dioxa-3,9,15-trithia-heptadecan

−, 1,17-Bis-phenylmercapto-
6 III 995 d

Dipentaerythrit

s. *Äther, Bis-[3-hydroxy-2,2-bis-hydroxymethyl-propyl]-*

Diperoxoborsäure

− *O-O,O′-O′*-di-*tert*-butylester-*O*-
[2-nitro-phenylester] 6 IV 1268

Diperoxymaleinsäure

− bis-[2,4,6-triphenyl-phenylester]
6 IV 5142

Diphenhydramin 6 III 3371 f, IV 4659

Diphensuccindan

s. unter *Indeno[2,1-a]inden*

Diphosphorigsäure

− 1,1-diäthylester-2,2-*o*-phenyl=
enester 6 IV 5598
− 1,1-dibutylester-2,2-*o*-phenyl=
enester 6 IV 5598
− 1,1;2,2-di-*o*-phenylenester
6 IV 5599

Diphosphor(IV)-säure

− tetrabenzylester 6 I 221 o

Diphosphorsäure

− 1-benzylester-2-butylester
6 IV 2586
− 1,2-bis-[4-brom-benzylester]
6 IV 2604
− 1,2-bis-[4-chlor-phenylester]
6 IV 874
− 1,2-bis-[4-jod-benzylester]
6 IV 2607
− 1,2-bis-[4-nitro-benzylester]
6 IV 2628
− 1,2-bis-[1,3,3-trimethyl-
[2]norbornylester] 6 III 292 b
− 1-[4-chlor-phenylester]-
2-phenylester 6 IV 874
− 1,2-dibenzylester 6 IV 2586
− 1,1-dibenzylester-2,2-diphenylester
6 IV 2586
− 1,2-dibutylester-1,2-bis-[4-nitro-
benzylester] 6 IV 2628
− 1,2-dimenthylester 6 III 166 c
− 1,2-dimethylester-1,2-bis-[4-nitro-
phenylester] 6 IV 1334
− 1,2-di-[1]naphthylester 6 II 581 h
− 1,1;2,2-di-*o*-phenylenester 6 II 785 h
− 1,2-diphenylester 6 II 165 e,
III 662 i, IV 753
− 1,2-di-*m*-tolylester 6 II 354 j
− 1,2-di-*o*-tolylester 6 II 331 i
− 1-[2-methoxy-äthylester]-
2-phenylester 6 IV 753
− monophenylester 6 IV 752
− tetrabenzylester 6 III 1551 d,
IV 2587
− tetrakis-[4-brom-benzylester]
6 IV 2605
− tetrakis-[4-jod-benzylester]
6 IV 2607
− tetrakis-[4-nitro-benzylester]
6 IV 2629
− tetrakis-[4-nitro-phenylester]
6 IV 1334
− tetraphenylester 6 IV 753
− tribenzylester 6 III 1551 c,
IV 2586
− tris-[4-brom-benzylester]
6 IV 2604
− tris-[4-jod-benzylester] 6 IV 2607
− tris-[4-nitro-benzylester] 6 IV 2628

Dipicrinsäure 6 III 5389 f

Diselenid (Fortsetzung)

−, Bis-[4-nitro-benzyl]- **6** 470 h, I 233 h, III 1654 f, IV 2805

−, Bis-[3-nitro-biphenyl-4-yl]- **6** IV 4620

−, Bis-[4′-nitro-biphenyl-2-yl]- **6** IV 4597

−, Bis-[4′-nitro-biphenyl-4-yl]- **6** IV 4621

−, Bis-[5-nitro-biphenyl-2-yl]- **6** IV 4597

−, Bis-[2-nitro-phenyl]- **6** I 164 f, II 321 f, III 1117 i, IV 1788

−, Bis-[3-nitro-phenyl]- **6** I 164 h, III 1120 b, IV 1790

−, Bis-[4-nitro-phenyl]- **6** III 1121 c, IV 1792

−, Bis-[1-phenyl-äthyl]- **6** III 1703 a

−, Bis-[3-selenocyanato-phenyl]- **6** III 4374 b

−, Bis-[4-selenocyanato-phenyl]- **6** III 4489 f

−, Bis-[2,4,6-tribrom-phenyl]- **6** III 1115 f

−, [4-Brom-2-nitro-phenyl]-[1]naphthyl- **6** IV 4251

−, [4-Brom-2-nitro-phenyl]-phenyl- **6** IV 1795

−, [4-Chlor-2-nitro-phenyl]-[1]naphthyl- **6** IV 4251

−, [4-Chlor-2-nitro-phenyl]-phenyl- **6** IV 1793

−, Dibenzhydryl- **6** IV 4690

−, Dibenzyl- **6** 470 d, I 233 c, II 442 e, III 1652 e, IV 2804

−, Dimesityl- **6** IV 3264

−, Di-[1]naphthyl- **6** 626 j, IV 4252

−, Di-[2]naphthyl- **6** II 614 m, III 3018 a, IV 4324

−, [2,4-Dinitro-phenyl]-[1]naphthyl- **6** IV 4251

−, [2,4-Dinitro-phenyl]-phenyl- **6** IV 1798

−, Diphenyl- **6** 346 d, I 164 c, II 319 e, III 1110 b, IV 1781

−, Di-*m*-tolyl- **6** III 1341 d

−, Di-*o*-tolyl- **6** III 1285 g

−, Di-*p*-tolyl- **6** 428 a, II 402 h, III 1443 a, IV 2219

−, [4-Methyl-2-nitro-phenyl]-[1]naphthyl- **6** IV 4252

−, [5-Methyl-2-nitro-phenyl]-[1]naphthyl- **6** IV 4252

−, [4-Methyl-2-nitro-phenyl]-phenyl- **6** IV 2220

−, [5-Methyl-2-nitro-phenyl]-phenyl- **6** IV 2092

−, [1]Naphthyl-[2-nitro-phenyl]- **6** IV 4251

−, [2-Nitro-phenyl]-phenyl- **6** IV 1787

Diselenohydrochinon 6 III 4489 d; s. a. *Benzen-1,4-diselenol*

1,3-Diseleno-malonsäure

− *Se,Se*′-diphenylester **6** IV 1780

Disilazan

−, 1,1,1,3,3,3-Hexaphenoxy- **6** IV 767

Disiloxan

−, Hexaalkoxy- s. unter *Dikieselsäure*

−, [3-(2-Hydroxy-3-phenoxy-propoxy)-propyl]-pentamethyl- **6** IV 593

−, Pentamethyl-[phenylmercapto-methyl]- **6** IV 1506

−, 1,1,3,3-Tetramethyl-1,3-bis-[pentachlorphenylmercapto-methyl]- **6** IV 1644

[1,1′]Disinomenol 6 II 1170 e

Disipal 6 IV 4727

Dispiro[dibenzo[d,f][1,3,2]dioxasilepin-6,2′-cyclodisiloxan-4′,6″-dibenzo[d,f]≈[1,3,2]dioxasilepin] 6 IV 6647

Dispiro[4.1.4.1]dodecan-6,12-diol 6 IV 5538

Dispiro[4.1.4.1]dodecan-6-ol 6 IV 406

Dispiro[fluoren-9,1′-cyclohexa-2,5-dien-4′,9″-fluoren]

−, 2′,5′-Dichlor-3′,5′-diphenyl- **6** III 3812 b

Dispiro[fluoren-9,3′-[1,2,5]osmadioxol-4′,9″-fluoren]-1′,1′-dioxid 6 III 5982 c

Dispiro[4.1.5.2]tetradecan

−, 6,8-Diacetoxy- **6** III 4177 a

Dispiro[4.1.5.2]tetradecan-6,8-diol 6 III 4176 e

Disulfan

s. a. *Disulfid*

−, Acetyl-benzhydryl- **6** IV 4687

−, Acetyl-benzyl- **6** IV 2761

−, Acetyl-[2-chlor-cyclohexyl]- **6** IV 85

−, Acetyl-[2,4-dinitro-phenyl]- **6** IV 1770

−, Acetyl-[2]naphthyl- **6** IV 4320

−, Acetyl-[2-nitro-phenyl]- **6** IV 1674

−, Acetyl-phenyl- **6** IV 1562

−, Äthansulfonyl-[5-methyl-2-nitro-phenyl]- **6** III 1338 f

−, Äthoxythiocarbonyl-[5-methyl-2-nitro-phenyl]- **6** III 1338 d

Disulfan (Fortsetzung)

–, Äthoxythiocarbonyl-[2-nitro-phenyl]-
6 IV 1674

–, [9]Anthryl-chlor- 6 II 673 f,
III 3557 b, IV 4933

–, [9]Anthryl-dimethylamino-
6 II 674 a

–, Benzhydryl- 6 IV 4687

–, Benzyl- 6 IV 2759

–, Benzyloxythiocarbonyl-trichlormethyl-
6 IV 2470

–, Bis-benzylmercaptothiocarbonyl-
6 III 1609 g

–, Bis-[2-benzyloxy-äthoxythiocarbonyl]-
6 III 1470 d

–, Bis-benzyloxythiocarbonyl-
6 I 221 g, III 1531 d

–, Bis-[bis-benzyloxy-thiophosphoryl]-
6 IV 2588

–, Bis-[bis-cyclohexyloxy-thiophosphoryl]-
6 IV 59

–, Bis-bornyloxythiocarbonyl-
6 81 c, 85 a, 86 e, I 50 d, III 309 d

–, Bis-[4-chlor-benzyloxythiocarbonyl]-
6 III 1557 f

–, Bis-[4-chlor-phenoxythiocarbonyl]-
6 IV 844

–, Bis-cyclohexyloxythiocarbonyl-
6 IV 45

–, [Bis-cyclohexyloxy-thiophosphoryl]-
trichlormethyl- 6 IV 59

–, Bis-diphenoxythiophosphoryl-
6 III 664 g, IV 761

–, Bis-menthyloxythiocarbonyl-
6 37 e, I 25 h, 28 h, III 155 c

–, Bis-[4-methyl-benzyloxythiocarbonyl]-
6 III 1781 f

–, Bis-phenäthyloxythiocarbonyl-
6 III 1711 c

–, Bis-phenoxythiocarbonyl- 6 IV 634

–, Bis-[1,4,7,7-tetramethyl-
[2]norbornyloxythiocarbonyl]-
6 II 95 d

–, Bis-[1,3,3-trimethyl-[2]norbornyloxy-
thiocarbonyl]- 6 I 46 g

–, Chlor-[1]naphthyl- 6 III 2947 b

–, Chlor-[2-nitro-phenyl]- 6 II 307 e

–, [4-Chlor-2-nitro-phenyl]-diäthoxy-
thiophosphoryl- 6 IV 1724

–, [4-Chlor-2-nitro-phenyl]-dimethoxy-
thiophosphoryl- 6 IV 1724

–, Chlor-phenyl- 6 IV 1563

–, [4-Chlor-phenyl]-diisopropoxy-
thiophosphoryl- 6 IV 1609

–, Cyan-[2,4-dinitro-phenyl]-
6 III 1101 e, IV 1770

–, Cyan-[5-methyl-2-nitro-phenyl]-
6 III 1338 c

–, Cyan-[2]naphthyl- 6 II 612 f

–, Cyan-[2-nitro-phenyl]- 6 II 307 d,
III 1061 g

–, Cyan-phenyl- 6 II 295 b, III 1029 a

–, Cyclohexyloxythiocarbonyl-
trichlormethyl- 6 IV 45

–, Diäthoxyphosphoryl-[5-methyl-
2-nitro-phenyl]- 6 III 1338 h

–, Diäthoxyphosphoryl-phenyl-
6 IV 1563

–, Diäthoxythiophosphoryl-[2-nitro-
phenyl]- 6 IV 1675

–, Diäthoxythiophosphoryl-[4-nitro-
phenyl]- 6 IV 1717

–, [Diäthyl-thiocarbamoyl]-[2-nitro-
phenyl]- 6 III 1062 a

–, Diisopropoxyphosphoryl-[5-methyl-
2-nitro-phenyl]- 6 III 1339 a

–, Diisopropoxythiophosphoryl-[2-nitro-
phenyl]- 6 IV 1675

–, Dimethoxyphosphoryl-[5-methyl-
2-nitro-phenyl]- 6 III 1338 g

–, [Dimethoxy-phosphoryl]-[2-nitro-
phenyl]- 6 III 1062 e

–, Dimethoxythiophosphoryl-
[2,4-dinitro-phenyl]- 6 IV 1771

–, Dimethoxythiophosphoryl-[2-nitro-
phenyl]- 6 IV 1675

–, Dimethoxythiophosphoryl-[4-nitro-
phenyl]- 6 IV 1717

–, [Dimethyl-thiocarbamoyl]-[2-nitro-
phenyl]- 6 IV 1674

–, [Dimethyl-thiocarbamoyl]-[4-nitro-
phenyl]- 6 III 1077 c

–, Diphenoxythiophosphoryl-
trichlormethyl- 6 IV 761

–, Methansulfonyl-[5-methyl-2-nitro-
phenyl]- 6 III 1338 e

–, [2]Naphthyl- 6 I 317 g

Disulfan-1,2-disulfid

–, Dicyclohexyl- 5 IV 82

Disulfan-monooxid

s. unter den entsprechenden *Alkan-
thiosulfinsäure*-S-*estern* in Band 11

Disulfid (Fortsetzung)

—, Bis-benz[*a*]anthracen-7-yl-
6 III 3728 b

—, Bis-benz[*a*]anthracen-7-ylmethyl-
6 III 3738 c

—, Bis-benzo[*def*]chrysen-6-yl-
6 III 3811 b

—, Bis-[2-benzolsulfonyl-phenyl]-
6 IV 5654

—, Bis-[3-benzolsulfonyl-phenyl]-
6 IV 5708

—, Bis-[4-benzolsulfonyl-phenyl]-
6 IV 5848

—, Bis-[2-benzylmercapto-äthyl]-
6 II 430 h

—, Bis-{2-[(*N*-benzyloxycarbonyl-
β-alanyl)-amino]-äthyl}- 6 IV 2338

—, Bis-[2-(*N*-benzyloxycarbonyl-
glycylamino)-äthyl]- 6 IV 2290

—, Bis-[2-benzyloxy-4-nitro-phenyl]-
6 IV 5649

—, Bis-[1-benzyl-2-phenyl-äthyl]-
6 III 3414 f

—, Bis-bibenzyl-α-yl- 6 IV 4707

—, Bis-biphenyl-2-yl- 6 III 3310 b, IV 4594

—, Bis-biphenyl-4-yl- 6 675 a, IV 4618

—, Bis-[5-brom-acenaphthen-3-yl]-
6 III 3348 b

—, Bis-[6-brom-acenaphthen-3-yl]-
6 III 3348 b

—, Bis-[4-(2-brom-äthoxy)-2,6-dimethyl-
phenyl]- 6 IV 5959

—, Bis-[2-(2-brom-äthoxy)-[1]naphthyl]-
6 IV 6542

—, Bis-[4-(2-brom-äthoxy)-[1]naphthyl]-
6 IV 6551

—, Bis-[4-(2-brom-äthyl)-[1]naphthyl]-
6 IV 4345

—, Bis-[4-brom-benzyl]- 6 467 g,
III 1645 g

—, Bis-[5-brom-biphenyl-2-yl]-
6 III 3310 d

—, Bis-[3-brom-2-(3-brom-5-chlor-
2-hydroxy-4,6-dimethyl-phenoxy)-5-chlor-
4,6-dimethyl-phenyl]- 6 II 889 c

—, Bis-[16-brom-dibenzo[*a,j*]perylen-8-yl]-
6 II 738 f

—, Bis-[2-brom-4,5-dimethoxy-phenyl]-
6 III 6297 f

—, Bis-[3-brom-4-hydroxy-5-methoxy-
benzyl]- 6 1113 f

—, Bis-[3-brom-2-hydroxy-5-methyl-
phenyl]- 6 I 435 l

—, Bis-[3-brom-4-hydroxy-5-methyl-
phenyl]- 6 I 431 d

—, Bis-[3-brom-2-hydroxy-[1]naphthyl]-
6 III 5254 b

—, Bis-[6-brom-2-hydroxy-[1]naphthyl]-
6 III 5254 g

—, Bis-[2-brommethyl-phenyl]-
6 IV 2032

—, Bis-[2-brom-4-methyl-phenyl]-
6 III 1435 g

—, Bis-[3-brom-4-methyl-phenyl]-
6 III 1435 e

—, Bis-[4-brom-3-methyl-phenyl]-
6 389 e

—, Bis-[1-brom-[2]naphthyl]- 6 II 613 h

—, Bis-[4-brom-[1]naphthyl]- 6 625 l

—, Bis-[4-brom-2-nitro-phenyl]-
6 342 h, II 315 a, IV 1732

—, Bis-[5-brom-2-nitro-phenyl]-
6 342 i, III 1087 f

—, Bis-[3-(4-brom-phenoxy)-propyl]-
6 IV 1049

—, Bis-[2-brom-phenyl]- 6 IV 1648

—, Bis-[3-brom-phenyl]- 6 IV 1649

—, Bis-[4-brom-phenyl]- 6 334 i, I 152 f,
II 302 d, III 1053 a, IV 1656

—, Bis-[4-(3-brom-propoxy)-[1]naphthyl]-
6 IV 6552

—, Bis-[2-butylcarbamoyloxy-cyclopentyl]-
6 IV 5191

—, Bis-[5-*tert*-butyl-2-nitro-phenyl]-
6 IV 3296

—, Bis-[4-*tert*-butyl-phenyl]- 6 IV 3318

—, Bis-[4-carboxymethoxy-2,6-dimethyl-
phenyl]- 6 IV 5959

—, Bis-[4-carboxymethoxy-5-isopropyl-
2-methyl-phenyl]- 6 IV 6023

—, Bis-[4-carboxymethoxy-3-methyl-
phenyl]- 6 IV 5876

—, Bis-[4-carboxymethoxy-[1]naphthyl]-
6 IV 6552

—, Bis-[4-carboxymethoxy-phenyl]-
6 IV 5821

—, Bis-[4-carboxymethylmercapto-
phenyl]- 6 II 855 d

—, Bis-[2-(2-chlor-äthoxy)-[1]naphthyl]-
6 IV 6542

—, Bis-[4-(2-chlor-äthoxy)-[1]naphthyl]-
6 IV 6551

—, Bis-[2-chlor-benzyl]- 6 III 1638 g

—, Bis-[4-chlor-benzyl]- 6 466 f,
III 1641 b

Disulfid (Fortsetzung)

—, Bis-[3-chlor-2,4-dimethyl-6-(2-nitro-phenoxy)-phenyl]- **6** III 4593 c

—, Bis-[4-chlor-2,5-dimethyl-phenyl]-
6 III 1778 c

—, Bis-[4-chlor-3,5-dimethyl-phenyl]-
6 III 1768 b

—, Bis-[4-chlor-1-hydroxy-[2]naphthyl]-
6 II 948 a

—, Bis-[4-chlor-5-hydroxy-2-nitro-phenyl]-
6 II 829 c

—, Bis-[2-chlor-5-methansulfonyl-phenyl]-
6 III 4369 b

—, Bis-[5-chlor-2-methoxy-phenyl]-
6 II 798 e, IV 5645

—, Bis-[2-chlormethyl-phenyl]-
6 IV 2030

—, Bis-[3-chlor-4-methyl-phenyl]-
6 III 1435 a

—, Bis-[4-chlor-3-methyl-phenyl]-
6 III 1336 h

—, Bis-[5-chlor-2-methyl-phenyl]-
6 III 1283 a, IV 2029

—, Bis-[1-chlor-[2]naphthyl]-
6 I 318 d

—, Bis-[2-chlor-[1]naphthyl]- **6** III 2947 f,
IV 4246

—, Bis-[4-chlor-[1]naphthyl]-
6 625 h, III 2948 b

—, Bis-[5-chlor-[1]naphthyl]- **6** 625 i,
II 589 d

—, Bis-[8-chlor-[1]naphthyl]- **6** 625 j

—, Bis-[2-chlor-5-nitro-benzyl]-
6 III 1649 i

—, Bis-[5-chlor-8-nitro-[2]naphthyl]-
6 664 c

—, Bis-[7-chlor-8-nitro-[1]naphthyl]-
6 626 d

—, Bis-[7-chlor-8-nitro-[2]naphthyl]-
6 664 d

—, Bis-[2-(4-chlor-2-nitro-phenoxy)-
5-methyl-phenyl]- **6** III 4529 a

—, Bis-[5-chlor-2-(2-nitro-phenoxy)-
phenyl]- **6** III 4282 c

—, Bis-[2-chlor-4-nitro-phenyl]-
6 III 1086 a, IV 1729

—, Bis-[2-chlor-5-nitro-phenyl]-
6 IV 1729

—, Bis-[4-chlor-2-nitro-phenyl]-
6 341 g, I 162 b, II 313 h, III 1080 i,
IV 1724

—, Bis-[4-chlor-3-nitro-phenyl]-
6 IV 1728

—, Bis-[5-chlor-2-nitro-phenyl]-
6 341 h, II 314 b

—, Bis-[2-chlor-phenyl]- **6** 326 d,
IV 1575

—, Bis-[3-chlor-phenyl]- **6** IV 1580

—, Bis-[4-chlor-phenyl]- **6** 330 a, I 150 h,
II 298 h, III 1040 j, IV 1608

—, Bis-[4-(3-chlor-propoxy)-[1]naphthyl]-
6 IV 6551

—, Bis-cyclohexyloxycarbonylmethyl-
6 III 32 e, IV 46

—, Bis-decahydro[2]naphthyl-
6 III 276 c

—, Bis-[2-(2,2-diäthoxy-äthylmercapto)-
phenyl]- **6** IV 5651

—, Bis-[3,4-diäthoxy-phenyl]- **6** IV 7359

—, Bis-[2,5-dibrom-6-hydroxy-3-methyl-
phenyl]- **6** I 436 e

—, Bis-[3,6-dibrom-2-hydroxy-
[1]naphthyl]- **6** III 5255 a

—, Bis-[3,5-dibrom-4-hydroxy-phenyl]-
6 865 d

—, Bis-[2,5-dibrom-4-methoxy-
3,6-dimethyl-benzyl]- **6** 939 b

—, Bis-[2,5-dibrom-4-methyl-phenyl]-
6 I 213 h

—, Bis-[2,4-dibrom-6-nitro-phenyl]-
6 342 k

—, Bis-[2,4-dibrom-phenyl]- **6** IV 1657

—, Bis-[2,5-dibrom-phenyl]- **6** IV 1658

—, Bis-[3,5-di-*tert*-butyl-2-hydroxy-
6-methyl-phenyl]- **6** IV 6080

—, Bis-[9,10-dichlor-[2]anthryl]-
6 III 3553 h

—, Bis-[2,4-dichlor-benzyl]- **6** III 1641 i

—, Bis-[3,4-dichlor-benzyl]- **6** III 1642 b

—, Bis-[3,5-dichlor-2-methoxy-phenyl]-
6 IV 5646

—, Bis-[5,8-dichlor-[1]naphthyl]-
6 III 2949 e

—, Bis-[2,4-dichlor-6-nitro-phenyl]-
6 III 1087 a

—, Bis-[4,5-dichlor-2-nitro-phenyl]-
6 342 a, II 314 g

—, Bis-[2,4-dichlor-phenyl]- **6** III 1042 h,
IV 1616

—, Bis-[2,5-dichlor-phenyl]- **6** II 299 f,
III 1044 b, IV 1622

—, Bis-[3,4-dichlor-phenyl]- **6** IV 1630

—, Bis-[2,4-dihydroxy-phenyl]-
6 III 6292 a

—, Bis-[2,5-dihydroxy-phenyl]-
6 III 6295 d

Disulfid (Fortsetzung)

—, Bis-[2,5-dihydroxy-3-picrylmercapto-
phenyl]- **6** II 1120 h

—, Bis-[2,5-dijod-phenyl]- **6** IV 1660

—, Bis-[4,4′-dimethoxy-benzhydryl]-
6 III 6531 b

—, Bis-[1,4-dimethoxy-[2]naphthylmethyl]-
6 III 6514 e

—, Bis-[4,5-dimethoxy-2-nitro-phenyl]-
6 III 6298 d

—, Bis-[2,4-dimethoxy-phenyl]-
6 III 6292 b, IV 7352

—, Bis-[3,4-dimethoxy-phenyl]-
6 II 1073 i, III 6297 e

—, Bis-[2-(3,4-dimethoxy-phenyl≠
mercapto)-5-nitro-phenyl]- **6** II 1073 h

—, Bis-[3,5-dimethyl-2-(2-nitro-phenoxy)-
phenyl]- **6** III 4594 g

—, Bis-[2,5-dimethyl-3-nitro-phenyl]-
6 II 468 h

—, Bis-[4,5-dimethyl-2-nitro-phenyl]-
6 IV 3109

—, Bis-[1,2-dimethyl-2-phenoxy-propyl]-
6 II 151 k

—, Bis-[2,3-dimethyl-phenyl]- **6** IV 3099

—, Bis-[2,4-dimethyl-phenyl]- **6** IV 3140

—, Bis-[2,5-dimethyl-phenyl]-
6 498 f, IV 3171

—, Bis-[2,6-dimethyl-phenyl]- **6** IV 3125

—, Bis-[3,4-dimethyl-phenyl]- **6** IV 3109

—, Bis-[3,5-dimethyl-phenyl]- **6** IV 3161

—, Bis-[5,4′-dinitro-biphenyl-2-yl]-
6 IV 4595

—, Bis-[2,4-dinitro-[1]naphthyl]-
6 I 310 b, II 590 b, III 2954 e

—, Bis-[4,5-dinitro-[2]naphthyl]-
6 664 e

—, Bis-[2,4-dinitro-phenyl]- **6** 344 b,
I 163 g, II 316 c, III 1101 d,
IV 1768

—, Bis-[3,5-dinitro-phenyl]- **6** III 1102 g,
IV 1773

—, Bis-[4-fluor-benzyl]- **6** IV 2766

—, Bis-[4-fluor-[1]naphthyl]- **6** 625 f

—, Bis-[4-fluor-phenyl]- **6** IV 1569

—, Bis-[1,2,6,7,8,8a-hexahydro-
acenaphthylen-4-yl]- **6** II 562 b

—, Bis-[4-(2-hydroxy-äthyl)-[1]naphthyl]-
6 IV 6587

—, Bis-[4-(2-hydroxy-äthyl)-phenyl]-
6 IV 5938

—, Bis-[3-hydroxy-androst-5-en-17-yl]-
6 IV 6401

—, Bis-[3-hydroxy-cholest-5-en-7-yl]-
6 IV 6435

—, Bis-[2-hydroxy-cyclopentyl]-
6 III 4057 a

—, Bis-[3-hydroxy-5,7-dimercapto-
[2]naphthyl]- **6** II 1126 b

—, Bis-[4-hydroxy-3,5-dimethoxy-benzyl]-
6 IV 7696

—, Bis-[2-hydroxy-4,6-dimethyl-phenyl]-
6 IV 5962

—, Bis-[4-hydroxy-3,5-dinitro-phenyl]-
6 III 4472 e, IV 5839

—, Bis-[2-hydroxy-3,3-diphenyl-propyl]-
6 IV 6717

—, Bis-[4-hydroxy-3-methoxy-phenyl]-
6 IV 7359

—, Bis-[1-(4-hydroxy-3-methoxy-phenyl)-
propyl]- **6** IV 7403

—, Bis-[5-hydroxymethyl-[1]naphthyl]-
6 IV 6580

—, Bis-[8-hydroxy-5-methyl-[1]naphthyl]-
6 IV 6577

—, Bis-[2-hydroxymethyl-phenyl]-
6 II 881 f, IV 5905

—, Bis-[4-hydroxymethyl-phenyl]-
6 IV 5920

—, Bis-[1-hydroxy-[2]naphthyl]-
6 III 5256 b

—, Bis-[2-hydroxy-[1]naphthyl]-
6 977 d, I 474 a, II 946 h, III 5251 e,
IV 6542

—, Bis-[4-hydroxy-[1]naphthyl]-
6 I 477 d, II 950 e, III 5264 d

—, Bis-[4-hydroxy-[2]naphthyl]-
6 III 5259 e

—, Bis-[5-hydroxy-[1]naphthyl]-
6 I 479 j, II 951 k

—, Bis-[6-hydroxy-[1]naphthyl]-
6 III 5281 e

—, Bis-[6-hydroxy-[2]naphthyl]-
6 I 481 l, IV 6567

—, Bis-[7-hydroxy-[1]naphthyl]-
6 III 5283 e

—, Bis-[7-hydroxy-[2]naphthyl]-
6 III 5295 c

—, Bis-[8-hydroxy-[1]naphthyl]-
6 IV 6561

—, Bis-[2-(2-hydroxy-[1]naphthyloxy)-
[1]naphthyl]- **6** I 474 b, II 947 a

—, Bis-[4-hydroxy-3-nitro-[1]naphthyl]-
6 III 5265 a

—, Bis-[5-hydroxy-2-(2-nitro-phenoxy)-
phenyl]- **6** III 6295 e

Disulfid (Fortsetzung)

−, Bis-[3-hydroxy-östra-1,3,5(10)-trien-17-yloxycarbonylmethyl]- **6** IV 6615

−, Bis-[2-hydroxy-phenyl]- **6** 795 e, III 4279 c, IV 5642

−, Bis-[3-hydroxy-phenyl]- **6** I 407 j, II 827 f

−, Bis-[4-hydroxy-phenyl]- **6** 863 n, III 4465 f, IV 5820

−, Bis-[7-isopropyl-1-methyl-[3]phenanthryl]- **6** III 3589 e

−, Bis-[2-isopropyl-5-methyl-phenyl]- **6** III 1911 f

−, Bis-[5-isopropyl-2-methyl-phenyl]- **6** 532 c

−, Bis-[2-jod-3,5-dimethyl-phenyl]- **6** IV 3161

−, Bis-[2-jod-5-methyl-phenyl]- **6** II 367 a

−, Bis-[1-jod-[2]naphthyl]- **6** II 613 j

−, Bis-[2-jod-phenyl]- **6** II 303 e, IV 1658

−, Bis-[4-jod-phenyl]- **6** 336 h, II 303 j, III 1056 e, IV 1660

−, Bis-[2-(4-methansulfonyl-phenoxy)-[1]naphthyl]- **6** III 5252 c

−, Bis-[2-methansulfonyl-phenyl]- **6** IV 5654

−, Bis-[3-methansulfonyl-phenyl]- **6** II 830 j

−, Bis-[4-methansulfonyl-phenyl]- **6** III 4476 a, IV 5847

−, Bis-[4-methoxy-benzyl]- **6** 901 i, IV 5923

−, Bis-[4-methoxy-biphenyl-3-yl]- **6** IV 6650

−, Bis-[4-methoxy-3,5-dinitro-phenyl]- **6** IV 5839

−, Bis-[5-methoxy-2,4-dinitro-phenyl]- **6** 834 f

−, Bis-[2-methoxy-5-methylmercapto-phenyl]- **6** II 1074 j

−, Bis-[4-methoxy-3-methylmercapto-phenyl]- **6** II 1074 j

−, Bis-[2-methoxy-4-methyl-phenyl]- **6** III 4530 b

−, Bis-[2-methoxy-5-methyl-phenyl]- **6** 882 b, I 435 d, II 874 g, III 4528 d

−, Bis-[3-methoxy-2-methyl-phenyl]- **6** III 4514 b

−, Bis-[4-methoxy-3-methyl-phenyl]- **6** III 4511 h

−, Bis-[2-methoxy-[1]naphthyl]- **6** III 5252 a

−, Bis-[4-methoxy-[1]naphthyl]- **6** IV 6551

−, Bis-[2-methoxy-[1]naphthylmethyl]- **6** IV 6580

−, Bis-[2-(2-methoxy-[1]naphthyloxy)-[1]naphthyl]- **6** III 5252 d

−, Bis-[5-methoxy-2-(2-nitro-phenoxy)-phenyl]- **6** III 6296 a

−, Bis-[3-methoxy-4-nitro-phenyl]- **6** II 828 c

−, Bis-[4-methoxy-2-nitro-phenyl]- **6** III 4470 d, IV 5835

−, Bis-[5-methoxy-2-nitro-phenyl]- **6** II 829 b

−, Bis-[2-methoxy-phenyl]- **6** 795 f, IV 5642

−, Bis-[3-methoxy-phenyl]- **6** IV 5704

−, Bis-[4-methoxy-phenyl]- **6** 863 o, I 421 m, IV 5821

−, Bis-[2-methyl-benzyl]- **6** I 241 b

−, Bis-[4-methyl-benzyl]- **6** I 248 i, III 1784 c

−, Bis-[5-methyl-2,4-dinitro-phenyl]- **6** 389 f, II 367 i

−, Bis-[3-methylmercapto-4-nitro-phenyl]- **6** II 831 j

−, Bis-[4-methylmercapto-2-nitro-phenyl]- **6** IV 5850

−, Bis-[2-methylmercapto-phenyl]- **6** IV 5654

−, Bis-[4-methyl-[1]naphthyl]- **6** II 616 h

−, Bis-[5-methyl-2-(2-nitro-phenoxy)-phenyl]- **6** III 4528 e

−, Bis-[5-methyl-2-(4-nitro-phenoxy)-phenyl]- **6** III 4528 f

−, Bis-[2-methyl-4-nitro-phenyl]- **6** III 1285 c

−, Bis-[2-methyl-5-nitro-phenyl]- **6** III 1284 d, IV 2033

−, Bis-[2-methyl-6-nitro-phenyl]- **6** II 343 f, III 1284 b, IV 2032

−, Bis-[3-methyl-4-nitro-phenyl]- **6** III 1339 g

−, Bis-[4-methyl-2-nitro-phenyl]- **6** I 214 g, II 401 g, III 1439 a, IV 2213

−, Bis-[4-methyl-3-nitro-phenyl]- **6** IV 2212

−, Bis-[5-methyl-2-nitro-phenyl]- **6** III 1338 b

−, Bis-[1-methyl-1-phenyl-äthyl]- **6** IV 3229

Disulfid (Fortsetzung)

—, Bis-[1-methyl-2-phenyl-äthyl]-
6 III 1800 c

—, Bis-[1]naphthylmethyl- 6 IV 4338

—, Bis-[2]naphthyloxycarbonylmethyl-
6 IV 4277

—, Bis-[3-nitro-azulen-1-yl]- 6 IV 4207

—, Bis-[2-nitro-benzyl]- 6 468 f, I 231 c

—, Bis-[3-nitro-benzyl]- 6 469 c,
III 1647 d

—, Bis-[4-nitro-benzyl]- 6 469 j, I 232 d,
II 442 b, IV 2802

—, Bis-[4'-nitro-biphenyl-3-yl]-
6 III 3318 g

—, Bis-[1-nitro-[2]naphthyl]- 6 III 3017 h

—, Bis-[2-nitro-[1]naphthyl]- 6 III 2951 c

—, Bis-[4-nitro-[1]naphthyl]-
6 626 a, III 2953 c

—, Bis-[4-nitro-[2]naphthyl]- 6 663 i

—, Bis-[5-nitro-[1]naphthyl]- 6 626 b,
I 309 m, III 2953 e

—, Bis-[5-nitro-[2]naphthyl]-
6 664 a, IV 4321

—, Bis-[6-nitro-[2]naphthyl]- 6 IV 4322

—, Bis-[7-nitro-[2]naphthyl]- 6 III 3017 j

—, Bis-[8-nitro-[1]naphthyl]-
6 II 589 h, III 2953 f, IV 4250

—, Bis-[8-nitro-[2]naphthyl]-
6 664 b, IV 4322

—, Bis-[4-nitro-phenäthyl]- 6 IV 3096

—, Bis-[2-(2-nitro-phenoxy)-äthyl]-
6 III 802 i

—, Bis-[2-(2-nitro-phenoxy)-[1]naphthyl]-
6 III 5252 b

—, Bis-[2-nitro-phenyl]- 6 338 c, I 157 a,
II 307 c, III 1061 f, IV 1672

—, Bis-[3-nitro-phenyl]- 6 339 c,
III 1067 f, IV 1686

—, Bis-[4-nitro-phenyl]- 6 340 g, I 160 d,
II 312 e, III 1077 b, IV 1716

—, Bis-[5-nitro-2-*p*-tolylmercapto-phenyl]-
6 II 801 c

—, Bis-[2-nitro-4-trifluormethansulfonyl-
phenyl]- 6 IV 5851

—, Bis-[2-nitro-4-trifluormethylmercapto-
phenyl]- 6 IV 5851

—, Bis-[2-nitro-4-trifluormethyl-phenyl]-
6 IV 2215

—, Bis-[4-nitro-2-trifluormethyl-phenyl]-
6 IV 2034

—, Bis-pentachlorphenyl- 6 IV 1646

—, Bis-[9]phenanthrylmethyl-
6 III 3570 b

—, Bis-[2-(phenoxyacetyl-amino)-äthyl]-
6 IV 639

—, Bis-[2-phenoxy-äthyl]- 6 II 150 i

—, Bis-[2-phenoxy-phenyl]- 6 IV 5642

—, Bis-[4-phenoxy-phenyl]- 6 III 4465 h,
IV 5821

—, Bis-[1-phenyl-äthyl]- 6 478 l,
III 1702 a, IV 3064

—, Bis-[2-phenyl-butyl]- 6 III 1858 d

—, Bis-[4-phenyl-butyl]- 6 IV 3276

—, Bis-[5-phenyl-pentyl]- 6 IV 3373

—, Bis-[3-phenyl-propyl]- 6 IV 3209

—, Bis-[2,3,5,6-tetrachlor-phenyl]-
6 IV 1642

—, Bis-[5,6,7,8-tetrahydro-[2]naphthyl]-
6 II 541 b

—, Bis-[2,2,6,6-tetramethyl-cyclohexyl]-
6 III 171 f

—, Bis-[2,3,5,6-tetramethyl-phenyl]-
6 IV 3364

—, Bis-[2-(2,4,6-tribrom-phenoxy)-äthyl]-
6 III 763 d

—, Bis-[2,4,6-tribrom-phenyl]-
6 III 1054 g

—, Bis-[2,3,4-trichlor-phenyl]-
6 IV 1634

—, Bis-[2,3,5-trichlor-phenyl]-
6 IV 1634

—, Bis-[2,3,6-trichlor-phenyl]-
6 IV 1635

—, Bis-[2,4,5-trichlor-phenyl]-
6 IV 1638

—, Bis-[2,4,6-trichlor-phenyl]-
6 III 1046 c, IV 1640

—, Bis-[3,4,5-trichlor-phenyl]-
6 IV 1641

—, Bis-[2,4,6-triisopropyl-phenyl]-
6 IV 3514

—, Bis-[2,4,5-trimethyl-phenyl]-
6 518 d

—, Bis-[1,6,8-trinitro-[2]naphthyl]-
6 II 613 l

—, Bis-triphenylvinyl- 6 III 3743 f

—, [3-Brom-phenyl]-[2-nitro-phenyl]-
6 IV 1672

—, [4-Brom-phenyl]-[2-nitro-phenyl]-
6 IV 1672

—, [4-Brom-phenyl]-[4-nitro-phenyl]-
6 IV 1716

—, [2-Brom-phenyl]-phenyl- 6 IV 1648

—, [3-Brom-phenyl]-phenyl- 6 IV 1649

—, [4-Brom-phenyl]-phenyl- 6 IV 1656

Disulfid (Fortsetzung)

–, Butyl-[2,4-dinitro-phenyl]-
    6 IV 1768

–, *tert*-Butyl-[2]naphthyl- **6** III 3013 b

–, Butyl-phenyl- **6** IV 1560

–, [4-*tert*-Butyl-phenyl]-trichlormethyl-
    6 IV 3318

–, [2-Chlor-äthyl]-[2,4-dinitro-phenyl]-
    6 IV 1767

–, [2-Chlor-cyclohexyl]-[2-chlor-
    tetrafluor-äthyl]- **6** IV 85

–, [2-Chlor-cyclohexyl]-methyl-
    6 IV 84

–, [2-Chlor-cyclohexyl]-[2-nitro-phenyl]-
    6 IV 1671

–, Chlormethyl-phenyl- **6** IV 1561

–, [3-Chlor-phenyl]-[2-nitro-phenyl]-
    6 IV 1671

–, [4-Chlor-phenyl]-[2-nitro-phenyl]-
    6 IV 1671

–, [2-Chlor-phenyl]-phenyl- **6** IV 1575

–, [4-Chlor-phenyl]-phenyl- **6** IV 1608

–, [2-Chlor-phenyl]-trichlormethyl-
    6 IV 1576

–, [4-Chlor-phenyl]-trichlormethyl-
    6 IV 1609

–, [3-Chlor-propyl]-[2,4-dinitro-phenyl]-
    6 IV 1768

–, Cyclohexyl-trichlormethyl- **6** IV 82

–, Di-acenaphthen-5-yl- **6** III 3349 b

–, Di-[1]anthryl- **6** III 3552 a,
    IV 4929

–, Di-[9]anthryl- **6** II 673 d

–, Di-azulen-1-yl- **6** IV 4207

–, Dibenzhydryl- **6** 681 h, II 636 e,
    III 3382 a, IV 4687

–, Dibenzyl- **6** 465 e, I 229 h, II 437 g,
    III 1635 g, IV 2760

–, Dibornyl- **6** III 316 e

–, [2,5-Dibrom-phenyl]-[2-nitro-phenyl]-
    6 II 307 b

–, [2,4-Dibrom-phenyl]-phenyl-
    6 IV 1657

–, [2,4-Dichlor-phenyl]-[2,4-dinitro-
    phenyl]- **6** IV 1768

–, [2,4-Dichlor-phenyl]-[2-nitro-phenyl]-
    6 IV 1672

–, [2,5-Dichlor-phenyl]-[2-nitro-phenyl]-
    6 II 307 a

–, [2,5-Dichlor-phenyl]-[3-nitro-phenyl]-
    6 II 309 f

–, [2,4-Dichlor-phenyl]-phenyl-
    6 IV 1616

–, [2,5-Dichlor-phenyl]-*p*-tolyl-
    6 II 400 a

–, [2,3-Dichlor-propyl]-[2,4-dinitro-
    phenyl]- **6** IV 1768

–, Di-cholesta-5,7-dien-3-yl- **6** IV 4155

–, Dicholesteryl- **6** III 2668 c

–, Dicinnamyl- **6** II 528 h

–, Dicyclohexyl- **6** I 7 a, III 51 h,
    IV 81

–, Dicyclopentyl- **6** IV 17

–, Di-fluoren-9-yl-
    6 II 656 h, III 3493 f, IV 4853, **19** 62 a

–, Diisobornyl- **6** III 316 g

–, Dimesityl- **6** 521 j, IV 3263

–, Di-[1]naphthyl- **6** 625 a, I 309 k,
    III 2947 a, IV 4245

–, Di-[2]naphthyl- **6** 663 d, I 317 h,
    III 3013 c, IV 4320

–, [2,4-Dinitro-phenyl]-hexyl-
    6 IV 1768

–, [2,4-Dinitro-phenyl]-isopropyl-
    6 IV 1768

–, [2,4-Dinitro-phenyl]-methyl-
    6 IV 1767

–, [2,4-Dinitro-phenyl]-[2-nitro-phenyl]-
    6 III 1101 c

–, [2,4-Dinitro-phenyl]-nonyl-
    6 IV 1768

–, [2,4-Dinitro-phenyl]-phenyl-
    6 III 1101 b

–, [2,4-Dinitro-phenyl]-propyl-
    6 IV 1768

–, [2,4-Dinitro-phenyl]-*m*-tolyl-
    6 III 1335 h

–, [2,4-Dinitro-phenyl]-*o*-tolyl-
    6 III 1282 j

–, [2,4-Dinitro-phenyl]-*p*-tolyl-
    6 III 1432 a, IV 2206

–, [2,4-Dinitro-phenyl]-trichlormethyl-
    6 IV 1770

–, Diphenäthyl- **6** III 1721 a,
    IV 3091

–, Di-[2]phenanthryl- **6** IV 4935

–, Di-[3]phenanthryl- **6** I 340 e

–, Di-[9]phenanthryl- **6** III 3562 g,
    IV 4939

–, Diphenyl- **6** 323 d, I 148 e, II 294 d,
    III 1027 f, IV 1560

–, Dipicryl- **6** II 317 c

–, Disalicyl- **6** 896 b, II 881 g

–, Distyryl- **6** IV 3788

–, Di-*m*-tolyl- **6** 389 c, IV 2085

Disulfid (Fortsetzung)

–, Di-o-tolyl- **6** 372 h, II 342 k,
   IV 2027
–, Di-p-tolyl- **6** 425 f, I 212 g,
   II 400 b, III 1432 b, IV 2206
–, Ditrityl- **6** I 353 j, II 696 b,
   III 3676 d
–, Divanillyl- **6** 1113 e, IV 7386
–, Diveratryl- **6** IV 7387
–, Mesityl-[4-nitro-phenyl]- **6** IV 3263
–, Mesityl-phenyl- **6** IV 3262
–, [2-Methansulfonyl-phenyl]-phenyl-
   6 IV 5654
–, [4-Methansulfonyl-phenyl]-phenyl-
   6 IV 5847
–, Methyl-[2,2,6,6-tetramethyl-
   cyclohexyl]- **6** III 171 e
–, Methyl-[1,3,3-trimethyl-[2]norbornyl]-
   6 III 292 e
–, [1]Naphthyl-[2-nitro-phenyl]-
   6 IV 4245
–, [2]Naphthyl-phenyl- **6** II 612 e
–, [2-Nitro-phenyl]-[4-nitro-phenyl]-
   6 III 1077 a
–, [2-Nitro-phenyl]-phenyl- **6** II 306 k,
   III 1061 e, IV 1671
–, [3-Nitro-phenyl]-phenyl- **6** IV 1686
–, [4-Nitro-phenyl]-phenyl- **6** III 1076 i,
   IV 1716
–, [2-Nitro-phenyl]-m-tolyl- **6** III 1335 g
–, [2-Nitro-phenyl]-o-tolyl- **6** III 1282 h
–, [2-Nitro-phenyl]-p-tolyl- **6** III 1431 g,
   IV 2205
–, [4-Nitro-phenyl]-o-tolyl- **6** III 1282 i
–, [4-Nitro-phenyl]-p-tolyl- **6** III 1431 h
–, [2-Nitro-phenyl]-trichlormethyl-
   6 IV 1674
–, [3-Nitro-phenyl]-trichlormethyl-
   6 IV 1687
–, [4-Nitro-phenyl]-trichlormethyl-
   6 IV 1717
–, [2-Oxo-octyl]-phenyl- **6** IV 1562
–, Phenyl-[phenylmercapto-methyl]-
   6 IV 1561
–, Phenyl-o-tolyl- **6** IV 2027
–, Phenyl-p-tolyl- **6** 425 e, IV 2205
–, Phenyl-trichlormethyl- **6** IV 1562
–, m-Tolyl-trichlormethyl- **6** IV 2086
–, o-Tolyl-trichlormethyl- **6** IV 2027
–, p-Tolyl-trichlormethyl- **6** IV 2207

Disulfidocyansäure

s. *Disulfan, Cyan-*

μ-Disulfido-1,2-dithio-dikohlensäure

– O,O'-bis-[2-benzyloxy-äthylester]
   6 III 1470 d
– O,O'-bis-[4-chlor-benzylester]
   6 III 1557 f
– O,O'-bis-[4-chlor-phenylester] **6** IV 844
– O,O'-bis-[4-methyl-benzylester]
   6 III 1781 f
– O,O'-bis-[1,4,7,7-tetramethyl-
   [2]norbornylester] **6** II 95 d
– O,O'-bis-[1,3,3-trimethyl-[2]norbornylester]
   6 I 46 g
– O,O'-dibenzylester **6** I 221 g,
   III 1531 d
– O,O'-dibornylester **6** 81 c, 85 a,
   86 e, I 50 d, III 309 d
– O,O'-dicyclohexylester **6** IV 45
– O,O'-dimenthylester **6** 37 e, I 25 h,
   28 h, III 155 c
– O,O'-diphenäthylester **6** III 1711 c
– O,O'-diphenylester **6** IV 634

μ-Disulfido-1,2-dithio-diphosphorsäure

– tetra-O-benzylester **6** IV 2588
– tetra-O-cyclohexylester **6** IV 59
– tetra-O-phenylester **6** III 664 g,
   IV 761

Disulfidophosphorsäure

– O,O'-diäthylester-S-S-[5-methyl-
   2-nitro-phenylester] **6** III 1338 h
– O,O'-diäthylester-S-S-phenylester
   6 IV 1563
– O,O'-diisopropylester-S-S-
   [5-methyl-2-nitro-phenylester]
   6 III 1339 a
– O,O'-dimethylester-S-S-[5-methyl-
   2-nitro-phenylester] **6** III 1338 g
– O,O'-dimethylester-S-S-[2-nitro-
   phenylester] **6** III 1062 e

μ-Disulfido-tetrathiodikohlensäure

– dibenzylester **6** III 1609 g

Disulfidothiocarbamidsäure-

–, Diäthyl-,
   – S-S-[2-nitro-phenylester]
      6 III 1062 a
–, Dimethyl-,
   – S-S-[2-nitro-phenylester]
      6 IV 1674
   – S-S-[4-nitro-phenylester]
      6 III 1077 c

Disulfidothiokohlensäure

– O-äthylester-S-S-[5-methyl-2-nitro-
   phenylester] **6** III 1338 d

[1,2,5]Dithiazocin-4-carbonsäure
–, 7-Benzyloxycarbonylamino-6-oxo-
   hexahydro- **4** IV 3169
1,6-Dithio-adipinsäure
  – *S,S'*-dicyclohexylester **6** IV 76
  – *S,S'*-diphenylester **6** IV 1526
Dithioameisensäure
  – benzylester **6** III 1597 f
  – benzylester, trimerer **6** II 433 i
Dithioarsonigsäure
–, Methyl-,
  – diphenylester **6** IV 1566 d
  – di-*p*-tolylester **6** IV 2209
1,4-Dithio-bernsteinsäure
  – *S,S'*-bis-[4-chlor-phenylester]
    6 IV 1599
  – diimid s. *Dithiosuccinodiimidsäure*
  – *S,S'*-diphenylester **6** I 145 l
–, Tetrafluor-,
  – *S,S'*-di-[2]naphthylester **6** IV 4317
Dithiobrenzcatechin 6 I 397 e, II 799 g,
  III 4286 c, IV 5651;
  s. a. *Benzen-1,2-dithiol*
Dithiocarbamidsäure
  – benzylester **6** 461 g
  – [3-methyl-benzylester] **6** III 1769 h
  – [4-methyl-benzylester] **6** III 1784 b
  – [4-nitro-benzylester] **6** 469 h
  – phenäthylester **6** I 239 e
  – [2-phenyl-benzylester] **6** II 636 i
  – [5-phenyl-pentylester] **6** I 269 b
  – [3-phenyl-propylester] **6** I 253 g
–, Acetyl-,
  – benzylester **6** 462 a
  – [1-phenyl-äthylester] **6** 478 k
–, Acetyl-methyl-,
  – benzylester **6** 462 b
–, *N,N'*-Äthandiyl-bis-,
  – dibenzylester **6** IV 2700 a
–, Äthyl-[2-diäthylamino-äthyl]-,
  – benzylester **6** IV 2700
–, Bis-[3-methoxy-propyl]-,
  – [2,4-dinitro-phenylester]
    6 III 1099 h
–, [2-Cyan-äthyl]-methyl-,
  – [2-hydroxy-[1]naphthylmethylester]
    6 IV 6580
–, Diäthyl-,
  – benzhydrylester **6** III 3380 g
  – [4-chlor-2,6-dinitro-phenylester]
    6 III 1103 d
  – [2,4-dinitro-phenylester]
    6 III 1099 a

  – [2,3,3a,4,7,7a-hexahydro-
    4,7-methano-inden-1-ylester]
    6 IV 3366
  – [3a,4,5,6,7,7a-hexahydro-
    4,7-methano-inden-5-ylester]
    6 IV 3366
  – [3a,4,5,6,7,7a-hexahydro-
    4,7-methano-inden-6-ylester]
    6 IV 3366
  – [4-nitro-benzylester] **6** III 1649 d
  – phenylester **6** III 1012 c
  – *p*-tolylester **6** III 1421 e
  – tritylester **6** III 3675 e
–, [2-Diäthylamino-äthyl]-isopropyl-,
  – benzylester **6** IV 2700
–, [2-Diäthylamino-äthyl]-methyl-,
  – benzylester **6** IV 2700
–, Diallyl-,
  – [2,4-dinitro-phenylester]
    6 III 1099 g
–, Dibutyl-,
  – [2,4-dinitro-phenylester]
    6 III 1099 d
–, Diisobutyl-,
  – [2,4-dinitro-phenylester]
    6 III 1099 e
–, Diisopentyl-,
  – [2,4-dinitro-phenylester]
    6 III 1099 f
  – tritylester **6** III 3675 g
–, Diisopropyl-,
  – [2,4-dinitro-phenylester]
    6 III 1099 c
–, Dimethyl-,
  – benzhydrylester **6** III 3380 f
  – [4-benzolsulfonyl-3-nitro-
    phenylester] **6** III 4478 b
  – benzylester **6** III 1608 e, IV 2698
  – [4-brom-phenylester] **6** III 1051 g
  – [2-(2-*tert*-butyl-4-methyl-phenoxy)-
    äthylester] **6** IV 3397
  – [2-(4-*tert*-butyl-phenoxy)-
    äthylester] **6** IV 3300
  – [4-chlor-benzylester] **6** IV 2779
  – [2-(4-chlor-benzylmercapto)-
    äthylester] **6** IV 2776
  – [4-chlor-2,6-dinitro-phenylester]
    6 III 1103 c
  – [2-(4-chlor-phenoxy)-äthylester]
    6 IV 829
  – [4-(4-chlor-phenoxy)-butylester]
    6 IV 830

Dithiokohlensäure

- S-[2-acetoxy-5-chlor-3-nitro-
  benzylester]-O-äthylester 6 IV 5906
- S-[2-acetylamino-äthylester]-
  S'-benzylester 6 IV 2697
- O-äthylester-S-benzylester
  6 III 1607 d, IV 2697
- S-äthylester-O-benzylester
  6 II 420 f, IV 2469
- O-äthylester-S-[benzylmercapto-
  methylester] 6 IV 2658
- S-äthylester-O-bornylester
  6 81 b, 84 i, 86 d, I 49 f,
  III 309 b
- O-äthylester-S-[3-brom-2-hydroxy-
  4,5-dimethyl-benzylester] 6 IV 6000
- O-äthylester-S-[3-brom-4-hydroxy-
  2,5-dimethyl-benzylester] 6 IV 5999
- O-äthylester-S-[5-chlor-2-hydroxy-
  3-nitro-benzylester] 6 IV 5906
- O-äthylester-S-[3-chlor-phenylester]
  6 326 g
- O-äthylester-S-[4-chlor-phenylester]
  6 328 g
- S-äthylester-O-cholesterylester
  6 III 2654 a, IV 4011
- O-äthylester-S-cyclohexylester
  6 8 f
- O-äthylester-S-[5,8-dichlor-
  [1]naphthylester] 6 III 2949 a
- S-äthylester-S'-[5,8-dichlor-
  [1]naphthylester] 6 III 2949 b
- O-äthylester-S-[2,5-dihydroxy-
  phenylester] 6 1092 f
- O-äthylester-S-[2,4-dimethyl-
  phenylester] 6 492 b
- O-äthylester-S-[2-hydroxy-
  3-methyl-5-nitro-benzylester]
  6 IV 5964
- O-äthylester-S-[2-hydroxymethyl-
  phenylester] 6 II 881 e
- O-äthylester-S-[2-hydroxy-5-nitro-
  benzylester] 6 IV 5906
- O-äthylester-S-[5-isopropyl-
  2-methyl-phenylester] 6 IV 3334
- S-äthylester-O-menthylester
  6 37 c, I 25 c
- O-äthylester-S-[2-methoxy-4-nitro-
  phenylester] 6 III 4285 e
- S-äthylester-O-[4-methyl-
  cyclohexylester] 6 II 24 d

- O-äthylester-S-[4-nitro-benzylester]
  6 III 1649 a
- O-äthylester-S-phenäthylester
  6 IV 3089
- O-äthylester-S-phenylester
  6 312 d, III 1011 d
- O-äthylester-S-[phenylmercapto-
  methylester] 6 IV 1506
- O-äthylester-S-picrylester
  6 IV 1776
- S-äthylester-O-[2,2,6,6-tetramethyl-
  cyclohexylester] 6 III 170 f
- S-äthylester-S'-[2,2,6,6-tetramethyl-
  cyclohexylester] 6 III 171 b
- O-äthylester-S-m-tolylester
  6 388 j
- O-äthylester-S-o-tolylester
  6 372 b
- O-äthylester-S-p-tolylester
  6 422 d
- O-äthylester-S-[p-tolylmercapto-
  methylester] 6 IV 2183
- O-äthylester-S-[2,4,6-tribrom-
  phenylester] 6 III 1054 e
- S-äthylester-O-[1,3,3-trimethyl-
  [2]norbornylester] 6 I 46 d
- O-äthylester-S-tritylester
  6 II 695 e
- O-[1-äthyl-2-phenyl-propylester]-
  S-methylester 6 III 1957 b
- S-allophanoylmethylester-
  O-benzylester 6 438 d
- S-[2-amino-äthylester]-
  S'-benzylester 6 IV 2697
- S-[β-amino-isopropylester]-
  S'-benzylester 6 IV 2698
- S-[β-amino-isopropylester]-
  S'-phenylester 6 III 1011 e
- S-[β-amino-isopropylester]-S-
  m-tolylester 6 III 1334 g
- S-[β-amino-isopropylester]-S-
  o-tolylester 6 III 1282 a
- S-[2-amino-1-methyl-propylester]-
  S'-benzylester 6 IV 2698
- S-[2-amino-propylester]-
  S'-benzylester 6 IV 2698
- S-benzhydrylester-O-cholesteryl≠
  ester 6 IV 4685
- S-benzhydrylester-O-menthylester
  6 I 328 e
- O-benzhydrylester-S-methylester
  6 II 634 i, III 3370 d

Dithiokohlensäure (Fortsetzung)

- *O*-benzylester **6** 438 c, I 221 f,
  II 420 d, III 1530 f, IV 2469
- *O*-benzylester-*S*-[4-chlor-
  benzylester] **6** III 1640 a
- *S*-benzylester-*O*-[4-chlor-
  benzylester] **6** III 1608 a
- *S*-benzylester-*S'*-[4-chlor-
  benzylester] **6** III 1640 c
- *S*-benzylester-*O*-cholestan-3-ylester
  6 IV 3583
- *S*-benzylester-*O*-cholesterylester
  6 IV 4011
- *S*-benzylester-*S'*-[2-formylamino-
  äthylester] **6** IV 2697
- *S*-benzylester-*O*-isopropylester
  6 III 1607 e
- *S*-benzylester-*O*-menthylester
  6 I 228 j, III 1607 f
- *O*-benzylester-*S*-[(4-methyl-
  allophanoyl)-methylester] **6** 438 e
- *O*-benzylester-*S*-[4-methyl-
  benzylester] **6** III 1783 d
- *S*-benzylester-*O*-[4-methyl-
  benzylester] **6** III 1781 d
- *S*-benzylester-*S'*-[4-methyl-
  benzylester] **6** III 1783 f
- *O*-benzylester-*S*-methylester
  6 II 420 e, III 1531 a
- *S*-benzylester-*O*-methylester
  6 III 1607 b
- *S*-benzylester-*S'*-methylester
  6 III 1607 c
- *S*-benzylester-*O*-octadecylester
  6 IV 2697
- *O*-benzylester-*S*-tritylester
  6 IV 5051
- *O*-[2-benzyloxy-äthylester]
  6 III 1470 c
- *O*,*S*-bis-[4-chlor-benzylester]
  6 III 1640 b
- *S*,*S'*-bis-[4-chlor-benzylester]
  6 III 1640 d
- *S*,*S'*-bis-[5,8-dichlor-[1]naphthyl-
  ester] **6** III 2949 c
- *S*,*S'*-bis-[2-methoxy-phenylester]
  6 794 h
- *O*,*S*-bis-[4-methyl-benzylester]
  6 III 1783 h
- *S*,*S'*-bis-[4-methyl-benzylester]
  6 III 1784 a
- *S*,*S'*-bis-[4-nitro-phenylester]
  6 II 312 b, III 1075 c
- *S*,*S'*-bis-pentachlorphenylester
  6 IV 1645
- *S*,*S'*-bis-[2,4,6-tribrom-phenylester]
  6 III 1054 f
- *O*-bornylester **6** 80 h, 84 g,
  I 49 i, II 87 e, IV 284
- *O*-bornylester-*S*-methylester
  6 81 a, 84 h, 86 c, I 49 e, 50 a,
  III 308 g
- *O*-bornylester-*S*-tritylester
  6 I 353 g
- *O*-[2-*tert*-butyl-cyclohexylester]-
  S-methylester **6** IV 142
- *O*-[4-*tert*-butyl-cyclohexylester]-
  S-methylester **6** IV 144
- *O*-butylester-*S*-tritylester
  6 IV 5050
- *O*-caran-2-ylester-*S*-methylester
  6 II 75 e; vgl. IV 272 a
- *S*-carbamoylmethylester-
  O-cyclohexylester **6** III 31 b
- *S*-carbamoylmethylester-
  O-menthylester **6** II 46 l
- *O*-[4-chlor-benzylester] **6** III 1557 e
- *S*-[4-chlor-benzylester]-
  O-cholesterylester **6** IV 4012
- *O*-[4-chlor-benzylester]-*S*-[4-methyl-
  benzylester] **6** III 1783 e
- *S*-[4-chlor-benzylester]-*O*-[4-methyl-
  benzylester] **6** III 1781 e
- *S*-[4-chlor-benzylester]-*S'*-
  [4-methyl-benzylester] **6** III 1783 g
- *O*-[β-(4-chlor-2-methyl-phenoxy)-
  isopropylester] **6** IV 1989
- *O*-[β-(4-chlor-phenoxy)-isopropyl-
  ester] **6** IV 829
- *O*-[cholestan-3-ylester]-
  S-methylester **6** IV 3583
- *O*-cholesterylester-*S*-[2,4-dinitro-
  phenylester] **6** IV 4011
- *O*-cholesterylester-*S*-[4-methoxy-
  benzylester] **6** IV 5922
- *O*-cholesterylester-*S*-methylester
  6 III 2653 d, IV 4011
- *O*-cholesterylester-*S*-[4-nitro-
  benzylester] **6** IV 4012
- *O*-cholesterylester-*S*-propylester
  6 III 2654 b
- *O*-cholesterylester-*S*-tritylester
  6 IV 5051
- *O*-cyclobutylester-*S*-methylester
  6 III 4 c

Dithiokohlensäure (Fortsetzung)

- S-methylester-O-pinan-3-ylester
  6 70 a, II 76 h
- S-methylester-
  O-[2,2,6,6-tetramethyl-cyclohexylester]
  6 III 170 e
- S-methylester-S'-[2,2,6,6-
  tetramethyl-cyclohexylester]
  6 III 171 a
- S-methylester-
  O-[1,4,7,7-tetramethyl-[2]norbornyl=
  ester] 6 II 95 c
- S-methylester-O-thujan-3-ylester
  6 69 b
- S-methylester-O-[2-(toluol-
  4-sulfonyl)-cyclohexylester] 6 IV 5206
- S-methylester-O-[4,5,5-trimethyl-
  2,6-cyclo-norbornan-3-ylester]
  6 I 63 d
- S-methylester-O-[1,3,3-trimethyl-
  [2]norbornylester] 6 I 46 c, III 292 e,
  IV 280
- S-methylester-O-[1,5,5-trimethyl-
  [2]norbornylester] 6 I 47 d
- O-methylester-S-tritylester
  6 IV 5050
- S-methylester-O-urs-12-en-
  3-ylester 6 III 2891 b
- O-[1-[1]naphthyl-but-3-enylester]
  6 IV 4743
- O-[1-[1]naphthylmethyl-allylester]
  6 IV 4743
- O-[1-[1]naphthylmethyl-propylester]
  6 IV 4365
- O-[2-phenoxy-äthylester]
  6 III 573 c
- O-phenylester 6 161 e
- S-propylester-
  O-[2,2,6,6-tetramethyl-cyclohexylester]
  6 III 170 g
- S-propylester-S'-[2,2,6,6-
  tetramethyl-cyclohexylester]
  6 III 171 c
- O-[1,2,3,4-tetrahydro-
  [2]naphthylester] 6 580 b
- O-[β-(2,4-5-trichlor-phenoxy)-
  isopropylester] 6 IV 967
-, S-[Äthoxy-(4-nitro-phenoxy)-
  thiophosphoryl]-,
  - O-äthylester 6 IV 1346
-, S-[Bis-(4-nitro-phenoxy)-thiophosphoryl]-
  - O-äthylester 6 IV 1346

-, S-[Bis-(2,4,5-trichlor-phenoxy)-
  thiophosphoryl]-,
  - O-äthylester 6 IV 1004
-, S-[Chlor-(4-nitro-phenoxy)-
  thiophosphoryl]-,
  - O-äthylester 6 IV 1346
-, S-[Chlor-(2,4,5-trichlor-phenoxy)-
  thiophosphoryl]-,
  - O-äthylester 6 IV 1005
-, S-Dimethylarsino-,
  - cyclohexylester 6 IV 45
-, S-[Methyl-(4-nitro-phenoxy)-
  phosphinoyl]-,
  - O-äthylester 6 IV 1326
-, S-[2-Nitro-benzolselenenyl]-,
  - O-isopropylester 6 III 1117 c

Dithiokresorcin 6 873 e

1,3-Dithio-malonsäure
- S,S'-diphenylester 6 I 145 k, IV 1525

Dithiooxalodiimidsäure
- bis-[4-chlor-phenylester]
  6 IV 1599
- bis-[4-nitro-phenylester]
  6 IV 1709
- diphenylester 6 IV 1525
- di-p-tolylester 6 IV 2196

1,2-Dithio-oxalsäure
- S,S'-bis-[4-chlor-phenylester]
  6 IV 1599
- bis-[4-chlor-phenylester]-diimid
  6 IV 1599
- S,S'-bis-pentachlorphenylester
  6 IV 1645
- diimid-bis-[4-nitro-phenylester]
  6 IV 1709
- diimid-diphenylester 6 IV 1525
- S,S'-diphenylester 6 311 a, I 145 g
- S,S'-di-p-tolylester 6 I 210 i

Dithiophosphonsäure
-, [2-Isobutoxy-vinyl]-,
  - S,S'-diphenylester 6 IV 1565
-, [2-Phenoxy-vinyl]-,
  - S,S'-diäthylester 6 IV 688

Dithiophosphorsäure
- S-[2-äthoxy-phenylester]-
  O,O'-diäthylester 6 IV 5643
- S-[4-äthoxy-phenylester]-
  O,O'-diäthylester 6 IV 5822
- S-allophanoylmethylester-
  O,O'-diphenylester 6 IV 760
- S-benzylester-O,O'-dibutylester
  6 IV 2764

Epielemadiendiol **6** III 5221 a

Epielemol **6** III 2721 a

Epiergocalciferol **6** IV 4404

Epiergostanol **6** III 2162 a, IV 3603

Epi-α-ergostenol **6** III 2687 a

Epiergosterin **6** III 3096 b

Epiergosterin-B₁ **6** III 3124 c

Epiergosterin-B₂ **6** III 3119 c

Epiergosterin-D **6** III 3121

Epieuphol **6** III 2883 a

−, Dihydro- **6** III 2722 a

Epifenchylalkohol **6** III 287 d

Epifriedelanol **6** III 2727 a, IV 4057

Epifriedelinol **6** III 2727 a

Epigermanicol **6** III 2893 c

Epiglobulol **6** III 420 c, IV 425

Epiisoborneol **6** III 317 c

Epiisofenchol **6** III 292 f

Epiisolumisterin **6** III 3125 a

Epikoprositostanol **6** III 2171 c

Epikoprostanol **6** III 2130, IV 3577

Epikoprostenol **6** III 2605 a

Epikoprosterin **6** III 2130

Epi-γ-lanosterin **6** III 2878 a

−, *O*-Acetyl- **6** III 2879 a

Epiledol **6** III 421 a

Epilumistanol **6** III 2163 c, IV 3603

Epilumisterin **6** III 3108 a

−, *O*-Acetyl- **6** III 3113 a

Epilupanol **6** III 2729 b

Epilupeol **6** III 2903 a, IV 4201

Epimaaliol **6** IV 426

Epineoergosterin **6** III 3475, IV 4836

−, *O*-Acetyl- **6** III 3476 d, IV 4836

−, 22,23-Dihydro- **6** III 3081 b,
    IV 4400

−, *O*-Methyl- **6** III 3476 b

16-Epi-östriol **6** III 6519 c

17-Epi-östriol **6** III 6522 a

3-Epi-photopyrocalciferol **6** IV 4413

Epipyrocalciferol

−, Hexahydro- **6** III 2159 b

3-Epi-pyrocalciferol **6** IV 4407

Epirhamnit

s. *6-Desoxy-glucit*

8-Epi-sclareol **6** III 4186 b

13-Epi-sclareol **6** III 4186 c

Episitostanol **6** III 2174

Episitosterin **6** III 2700 a

−, *O*-Acetyl- **6** III 2702 a

Episterin **6** III 2848 b, IV 4165

−, *O*-Acetyl- **6** III 2848 c, IV 4166

Epistigmastanol **6** III 2174

Epistigmasterin

−, *O*-Acetyl- **6** III 2862 a

Epi-*i*-stigmasterin **6** IV 4180

Epistigmasterol **6** III 2859 a

Epitaraxerol **6** IV 4199

3-Epi-vitamin-D₂ **6** IV 4404

3-Epi-vitamin-D₃ **6** IV 4148

Epizymosterin **6** III 2829 a

−, *O*-Acetyl- **6** III 2830 b

7,14-Epoxido-dibenz[*a,h*]anthracen

−, 7,14-Dimethyl-7,14-dihydro-
    6 III 3831 c

Equilenan

s. *Östra-1,3,5,7,9-pentaen*

Equilenin

−, α-Dihydro- **6** III 5653 f

−, β-Dihydro- **6** III 5654

−, Hexahydro- **6** III 5354 b

Equilin

−, Dihydro- **6** III 5530 a

Eremophila-4(14),11-dien-9-ol **6** III 2080 a

Eremophilan

Bezifferung s. **18** IV 235 Anm.

−, 2-Allophanoyloxy- **6** IV 333

Eremophilan-2-ol **6** IV 333

Eremophil-11-en-9-ol **6** III 418 a

Eremophilol **6** III 2080 a

−, Dihydro- **6** III 418 a

Ergocalciferol **6** III 3089 b, IV 4404

−, *O*-Acetyl- **6** III 3094 a

−, *O*-Allophanoyl- **6** III 3095 a

−, *O*-Allophanoyl-octahydro-
    6 III 431 b

−, *O*-Methyl- **6** III 3093 b

−, Octahydro- **6** III 431 a

−, *O*-Oleoyl- **6** III 3094 d

−, *O*-Pivaloyl- **6** III 3094 c

−, *O*-Propionyl- **6** III 3094 b

−, *O*-[Trimethylammonio-acetyl]-
    6 IV 4406

−, *O*-Trityl- **6** III 3652 a

Ergocalciferol-I

−, *O*-Allophanoyl-dihydro- **6** III 2832 a

−, Dihydro- **6** III 2831, IV 4160

Ergocalciferol-II

−, Dihydro- **6** III 2833 a, IV 4160

Ergopinakon **6** III 5898 a

Ergosta-5,7-dien

−, 3-Acetoxy- **6** III 2837 b

Ergosta-5,22-dien

−, 3-Acetoxy- **6** III 2838 a, IV 4163

−, 3-Propionyloxy- **6** III 2838 b

Ergostan-11-ol

−, 3-Acetoxy- **6** IV 6143

−, 3-Acetoxy-9-brom- **6** IV 6144

−, 3-Äthoxycarbonyloxy- **6** IV 6144

−, 3-Formyloxy- **6** IV 6142

Ergostan-3,7,12,24,25-pentaol 6 III 6891

Ergostan-3,7,12,24-tetraol 6 IV 7715

Ergostan-3,7,12,26-tetraol 6 IV 7716

Ergostan-3,7,12,28-tetraol 6 IV 7716

Ergostan-3,5,6-triol 6 III 6434 a

Ergostan-3,5,8-triol 6 IV 7470

Ergostan-3,7,8-triol 6 IV 7470

Ergostan-3,7,12-triol 6 IV 7471

Ergostan-3,24,25-triol

−, 7,12-Diacetoxy- **6** III 6891

Ergosta-3,5,7,9(11),22-pentaen

−, 3-Acetoxy- **6** III 3548 a, IV 4925

Ergosta-2,4,6,22-tetraen

−, 3-Acetoxy- **6** III 3478 a

Ergosta-3,5,7,22-tetraen

−, 3-Acetoxy- **6** III 3478 c, IV 4838

−, 3-Methoxy- **6** III 3478 b, IV 4837

−, 3-Propionyloxy- **6** IV 4838

Ergosta-5,7,9(11),22-tetraen

−, 3-Acetoxy- **6** III 3481 b, IV 4838

−, 3-Äthoxy- **6** IV 4838

−, 3-Dichloracetoxy- **6** IV 4839

−, 3-Diphenoxyphosphoryloxy-
  6 IV 4839

−, 3-Methoxy- **6** III 3481 a

Ergosta-5,7,14,22-tetraen

−, 3-Acetoxy- **6** IV 4839

Ergosta-5,7,22,24(28)-tetraen

−, 3-Acetoxy- **6** IV 4839

Ergosta-6,8(14),9(11),22-tetraen

−, 3-Acetoxy- **6** IV 4840

Ergosta-6,8(14),15,22-tetraen

−, 3-Acetoxy- **6** IV 4840

Ergosta-7,9(11),14,22-tetraen

−, 3-Acetoxy- **6** IV 4840

Ergosta-5,7,9(11),22-tetraen-3-ol 6 III 3479 b,
  IV 4838

Ergosta-5,7,14,22-tetraen-3-ol 6 IV 4839

Ergosta-5,7,22,24(28)-tetraen-3-ol 6 IV 4839

Ergosta-6,8(14),9(11),22-tetraen-3-ol
  6 IV 4840

Ergosta-4,6,22-trien

−, 3-Acetoxy- **6** III 3095 c

Ergosta-4,7,22-trien

−, 3-Acetoxy- **6** III 3096 c

Ergosta-5,7,9(11)-trien

−, 3-Acetoxy- **6** III 3097 a

Ergosta-5,7,22-trien

−, 3-Acetoacetyloxy- **6** IV 4409

−, 3-Acetoxy- **6** III 3111 c, IV 4408

−, 3-Acetoxy-4,4-dimethyl- **6** IV 4417

−, 3-Äthoxy- **6** III 3110 b

−, 3-Äthoxycarbonyloxy- **6** III 3116 c

−, 3-Allophanoyloxy- **6** III 3116 d

−, 3-Benzyloxy- **6** III 3111 a

−, 3-Bromacetoxy- **6** IV 4409

−, 3-Butyryloxy- **6** III 3114 b

−, 3-Carbamimidoylmercapto- **6** IV 4410

−, 3-Chloracetoxy- **6** IV 4409

−, 3-Diäthoxythiophosphoryloxy-
  6 IV 4410

−, 3-[2,4-Dinitro-phenoxy]- **6** IV 4408

−, 3-Diphenoxyphosphoryloxy-
  6 IV 4410

−, 3-Formyloxy- **6** III 3111 b,
  IV 4408

−, 3-Isobutyryloxy- **6** III 3114 c

−, 3-Isovaleryloxy- **6** III 3114 d

−, 3-Jodacetoxy- **6** IV 4409

−, 3-Methansulfonyloxy- **6** III 3117 b

−, 3-Methoxy- **6** III 3110 a

−, 3-Palmitoyloxy- **6** III 3115 a

−, 3-Propionyloxy- **6** III 3114 a

−, 3-Sulfooxy- **6** III 3117 c

−, 3-[Trimethylammonio-acetoxy]-
  6 IV 4410

Ergosta-6,8(14),22-trien

−, 3-Acetoxy- **6** III 3119 d

Ergosta-6,8,22-trien

−, 3-Methoxy-11-methyl- **6** IV 4415

Ergosta-7,9(11),14-trien

−, 3-Acetoxy- **6** IV 4411

Ergosta-7,9(11),22-trien

−, 5-Acetoacetyloxy-3-acetoxy-
  6 IV 6635

−, 3-Acetoxy- **6** III 3122 a, IV 4411

−, 3,5-Diacetoxy- **6** IV 6635

−, 3,11-Diacetoxy- **6** IV 6636

Ergosta-7,11,22-trien

−, 3-Methoxy-9-methyl- **6** IV 4415

Ergosta-7,14,22-trien

−, 3-Acetoxy- **6** III 3123, IV 4412

Ergosta-8,14,22-trien

−, 3-Acetoxy- **6** III 3125 c, IV 4412

Ergosta-6,8(14),22-trien-9,11-diol

−, 3-Acetoxy- **6** IV 7560

Ergosta-6,8,22-trien-11,14-diol

−, 3-Acetoxy- **6** IV 7560

Ergosta-7,9(11),22-trien-3,5-diol 6 III 5368 c

Ergosta-4,6,22-trien-3-ol 6 III 3095 b

Ergosta-4,7,22-trien-3-ol **6** III 3096 a
Ergosta-5,7,22-trien-3-ol **6** III 3097 b,
  IV 4407
−, 4,4-Dimethyl- **6** IV 4416
Ergosta-6,8(14),22-trien-3-ol **6** III 3119 b
Ergosta-6,8(14),22-trien-9-ol
−, 3,11-Diacetoxy- **6** IV 7560
Ergosta-6,8(14),22-trien-11-ol
−, 3-Acetoxy-9-methoxy- **6** IV 7560
Ergosta-7,9(11),22-trien-3-ol **6** III 3120 b,
  IV 4411
−, 5-Acetoacetyloxy- **6** IV 6635
−, 5-Acetoxy- **6** IV 6635
Ergosta-7,9(11),22-trien-5-ol
−, 3-Acetoxy- **6** III 5369 a, IV 6635
−, 3-Acetoxy-6-äthoxy- **6** IV 7561
−, 3,6-Diacetoxy- **6** IV 7561
Ergosta-7,14,22-trien-3-ol **6** III 3122 d
Ergosta-7,14,22-trien-5-ol
−, 3,6-Diacetoxy- **6** III 6525 b
Ergosta-8,14,22-trien-3-ol **6** III 3124,
  IV 4412
u-**Ergostatrienol** **6** III 3120 b
u-**Ergostatrienol-B** **6** III 3124 a
Ergosta-5,7,22-trien-3-thiol **6** IV 4410
Ergosta-6,8,22-trien-3,11,14-triol **6** IV 7559
Ergosta-7,9(11),22-trien-3,5,6-triol **6** IV 7560
Ergosta-7,14,22-trien-3,5,6-triol **6** III 6525 a
Ergost-5-en
−, 3-Acetoxy- **6** III 2682 a
−, 3-Acetoxy-22,23-dibrom- **6** III 2682 d
−, 3-Acetoxy-24,28-dibrom- **6** III 2683 a
Ergost-7-en
−, 3-Acetoxy- **6** III 2684 a, IV 4030
−, 3-Acetoxy-22,23-dibrom- **6** IV 4030
−, 3-Benzyloxy- **6** IV 7985
−, 3,5-Diacetoxy- **6** IV 6440
−, 3-Methoxy-14-methyl- **6** IV 4042
Ergost-8-en
−, 3-Acetoxy- **6** III 2685 b
−, 3-Acetoxy-4,14-dimethyl- **6** IV 4048
−, 3-Acetoxy-7,11,22,23-tetrabrom-
  6 IV 4030
−, 3-Acetoxy-7,11,22,23-tetrachlor-
  6 IV 4030
−, 3,7,11-Triacetoxy-22,23-dibrom-
  6 IV 7500
−, 3,7,11-Triacetoxy-22,23-dichlor-
  6 IV 7499
Ergost-8(14)-en
−, 3-Acetoxy- **6** III 2687 d, IV 4031
−, 3-Acetoxy-22,23-dibrom- **6** IV 4031

−, 3-Acetoxy-9,11-sulfinyldioxy-
  6 IV 7500
−, 3-Butyryloxy- **6** III 2689 e
−, 3,5-Diacetoxy- **6** IV 6441
−, 3,11-Diacetoxy- **6** IV 6442
−, 3-Dichloracetoxy- **6** III 2689 b
−, 3-Methoxy- **6** III 2687 c
−, 3-Methoxy-9-methyl- **6** IV 4042
−, 3-Propionyloxy- **6** III 2689 d
−, 3-Trichloracetoxy- **6** III 2689 c
Ergost-9(11)-en
−, 3-Acetoxy- **6** IV 4032
−, 3-Acetoxy-4,14-dimethyl- **6** IV 4048
−, 3,11-Diacetoxy- **6** IV 6442
−, 3-Formyloxy- **6** IV 4032
−, 3-Trifluoracetoxy- **6** IV 4032
Ergost-11-en
−, 3-Acetoxy- **6** IV 4032
Ergost-14-en
−, 3-Acetoxy- **6** III 2691 b, IV 4033
−, 3-Acetoxy-7,8,22,23-tetrachlor-
  6 IV 4030
−, 3,5-Diacetoxy- **6** IV 6442
−, 3-Methoxy- **6** III 2691 a
−, 3-Propionyloxy- **6** III 2691 d
Ergost-22-en
−, 3-Acetoxy- **6** III 2692 d, IV 4033
−, 3-Acetoxy-7,8;9,11-diepoxy-
  6 IV 4412
−, 3-Bromacetoxy- **6** III 2693 b
−, 3,6-Diacetoxy- **6** IV 6442
−, 3,11-Diacetoxy- **6** IV 6444
−, 3-Propionyloxy- **6** III 2693 c
−, 3,7,11-Triacetoxy- **6** IV 7501
Ergost-5-en-3,7-diol **6** III 5139 b
Ergost-7-en-3,5-diol **6** III 5139 c, IV 6440
Ergost-8-en-3,5-diol **6** IV 6441
Ergost-8-en-7,11-diol
−, 3-Acetoxy-22,23-dibrom- **6** IV 7500
−, 3-Acetoxy-22,23-dichlor- **6** IV 7499
Ergost-8(14)-en-3,5-diol **6** IV 6441
Ergost-8(14)-en-9,11-diol
−, 3-Acetoxy- **6** IV 7500
Ergost-9(11)-en-5,8-diol
−, 3-Acetoxy- **6** IV 7501
Ergost-14-en-3,5-diol **6** IV 6442
Ergost-22-en-3,6-diol **6** IV 6442
Ergost-22-en-3,7-diol **6** IV 6442
Ergost-22-en-3,11-diol **6** IV 6443
Ergost-22-en-5,8-diol
−, 3-Acetoxy- **6** IV 7501
α-**Ergostenol** **6** III 2685 c, IV 4031
β-**Ergostenol** **6** III 2689 f, IV 4033

Essigsäure (Fortsetzung)

- [5-äthoxy-2,6-dimethoxy-
  [3]phenanthrylester] **6** III 6778 e
- [2-äthoxy-3,6-dimethoxy-
  5-propenyl-phenylester] **6** II 1124 c
- [5-äthoxy-3,3-dimethyl-cyclohexyl≤
  ester] **6** 742 d
- [10-äthoxy-1,5-diphenoxy-
  [9]anthrylester] **6** III 6777 a
- [4-äthoxy-3-methoxy-benzylester]
  6 I 551 c, III 6325 b
- [4-äthoxymethyl-2,5-dibrom-
  3,6-dimethyl-phenylester] **6** 936 a
- [4-äthoxymethyl-3,5-dibrom-
  2,6-dimethyl-phenylester] **6** 941 f
- [2-äthoxy-4-methyl-phenylester]
  6 III 4519 a
- [2-äthoxy-5-nitro-benzylester]
  6 II 880 i
- [4-äthoxy-3-nitro-benzylester]
  6 II 884 g
- [10-äthoxy-[9]phenanthrylester]
  7 802
- [2-äthoxy-1-phenyl-äthylester]
  6 III 4576 c
- [2-äthoxy-phenylester] **6** III 4228 b
- [4-äthoxy-phenylester] **6** III 4414 d,
  IV 5740
- [3-äthoxy-4-phenyl-[1]naphthyl≤
  ester] **6** IV 6942
- [2-äthoxy-4-propenyl-phenylester]
  6 III 5008 d, IV 6325
- [2-äthoxy-5-propenyl-phenylester]
  6 II 919 e, III 5008 b
- [4-äthoxy-2,3,6-trimethyl-
  phenylester] **6** III 4648 a
- [2-äthyl-[9]anthrylester]
  6 IV 4950
- [10-äthyl-[9]anthrylester]
  6 III 3573 a
- [2-äthyl-benzylester] **6** IV 3233
- [4-äthyl-benzylester] **6** III 1826 b
- [2-äthyl-1-benzyl-hex-2-enylester]
  6 IV 3955
- [2-äthyl-1-benzyl-hexylester]
  6 IV 3503
- [4-äthyl-2-benzyl-6-methyl-
  phenylester] **6** III 3435 c
- [2′-äthyl-biphenyl-2-ylester]
  6 III 3404 d

- [4-äthyl-2-brom-6-methoxy-
  3-methyl-phenylester] **6** III 4636 e
- [1-äthyl-6-brom-[2]naphthylester]
  6 II 619 d
- [2-äthyl-4-butyl-6-methyl-
  phenylester] **6** III 2040 g
- [3-äthyl-5-chlormethyl-4-hydroxy-
  2,6-dimethyl-phenylester] **6** III 4711 a
- [2-äthyl-4-chlor-phenylester]
  6 II 443 b
- [4-äthyl-cholestan-3-ylester]
  6 IV 3610
- [6-äthyl-cholest-4-en-3-ylester]
  6 IV 4043
- [6-äthyl-cholest-5-en-3-ylester]
  6 IV 4043
- [2-äthyl-cyclohex-2-enylester]
  6 III 220 e, IV 219
- [2-äthyl-cyclohex-2-enylmethylester]
  6 IV 237
- [5-äthyl-2-cyclohex-1-enyl-
  phenylester] **6** III 2757 c
- [1-äthyl-cyclohexylester] **6** 16 h
- [2-äthyl-cyclopent-2-enylester]
  6 III 216 b
- [3-äthyl-cyclopentylester]
  6 IV 110
- [4-äthyl-2,6-dibenzyl-3-methyl-
  phenylester] **6** IV 5075
- [4-äthyl-3,5-dibrom-2,6-dimethoxy-
  phenylester] **6** III 6328 f
- [1-äthyl-2,3-dibrom-inden-
  1-ylester] **6** I 301 c
- [4-äthyl-2,3-dibrom-6-nitro-
  phenylester] **6** 474 i
- [4-äthyl-3,6-dibrom-2-nitro-
  phenylester] **6** 474 i
- [1-äthyl-2,3-dibrom-3-phenyl-
  propylester] **6** IV 3373
- [3-äthyl-1,4-dihydroxy-
  5,6,7,8-tetrahydro-[2]naphthylester]
  6 III 6449 e
- [3-äthyl-2,4-dihydroxy-
  5,6,7,8-tetrahydro-[1]naphthylester]
  6 III 6450 a
- [4-äthyl-2,5-dimethoxy-
  3,6-dimethyl-benzylester] **6** III 6372 b
- [7-äthyl-5,8-dimethoxy-
  [1]naphthylester] **6** III 6515 d
- [4-äthyl-2,6-dimethoxy-phenylester]
  6 III 6328 d

Essigsäure (Fortsetzung)

- [1-äthyl-2,2-dimethyl-1,3-diphenyl-propylester] **6** II 653 h
- [1-äthyl-3,3-dimethyl-[2]norbornylester] **6** IV 309
- [1-äthyl-7,7-dimethyl-[2]norbornylester] **6** IV 309
- [2-äthyl-1,8-dimethyl-[3]phenanthrylester] **6** IV 4969
- [2-äthyl-4,5-dimethyl-phenylester] **6** II 502 d
- [2-äthyl-4,6-dimethyl-phenylester] **6** II 503 f
- [4-äthyl-2,5-dimethyl-phenylester] **6** II 502 g
- [4-äthyl-2,6-dimethyl-phenylester] **6** II 503 b, III 1918 a
- [5-äthyl-2,4-dimethyl-phenylester] **6** II 502 l
- [2-äthyl-4-dodecyl-6-methyl-phenylester] **6** III 2110 c
- [2-äthyl-4-heptyl-6-methyl-phenylester] **6** III 2087 a
- [1-äthyl-hexahydro-indan-1-ylester] **6** IV 306
- [5-äthyl-5-hydroxy-4a-methyl-decahydro-[2]naphthylester] **6** IV 5322
- [7-äthyliden-cholest-5-en-3-ylester] **6** III 2871 b
- [2-äthyl-6-isopropyl-3-methyl-cyclohexylester] **6** I 33 g
- [2-äthylmercapto-2-cyclohexyliden-äthylester] **6** IV 5281
- [2-äthylmercapto-2-cyclopentyliden-äthylester] **6** IV 5278
- [2-äthyl-6-methoxy-phenylester] **6** III 4554 c
- [4-äthyl-2-methoxy-phenylester] **6** III 4561 b
- [5-äthyl-2-methoxy-phenylester] **6** III 4561 a
- [1-äthyl-2-methyl-cyclohexylester] **6** 21 b
- [1-äthyl-3-methyl-cyclohexylester] **6** I 15 j
- [1-äthyl-4-methyl-cyclohexylester] **6** 21 h
- [1-äthyl-4-methyl-cyclohexylmethyl‑ester] **6** IV 165
- [7-äthyl-8-methyl-[2]phenanthryl‑ester] **6** IV 4961

- [2-äthyl-4-methyl-phenylester] **6** II 478 g
- [2-äthyl-5-methyl-phenylester] **6** II 479 c
- [2-äthyl-6-methyl-phenylester] **6** II 478 c
- [3-äthyl-5-methyl-phenylester] **6** III 1822 e
- [4-äthyl-2-methyl-phenylester] **6** II 478 i
- [4-äthyl-3-methyl-phenylester] **6** II 477 j
- [1-äthyl-1-methyl-3-phenyl-propylester] **6** IV 3420
- [2-äthyl-6-methyl-4-propyl-phenylester] **6** III 2021 c
- [4-äthyl-2-methyl-6-propyl-phenylester] **6** III 2021 e
- [4-äthyl-11b-methyl-tetradecahydro-6a,9-methano-cyclohepta[a]naphthalin-3-ylester] **6** IV 3549
- [1-äthyl-[2]naphthylester] **6** II 619 b
- [3-äthyl-[2]naphthylester] **6** III 3040 a
- [4-äthyl-[1]naphthylmethylester] **6** IV 4358
- [26-äthyl-27-nor-cholesta-5,7-dien-3-ylester] **6** IV 4162 b
- [26-äthyl-27-nor-cholest-5-en-3-ylester] **6** IV 4028 e
- [3-äthyl-2,4,6,3′,4′-pentamethoxy-benzhydrylester] **6** II 1162 d
- [1-äthyl-3-phenyl-allylester] **6** IV 3872
- [1-äthyl-2-phenyl-butylester] **6** IV 3423
- [2-äthyl-phenylester] **6** IV 3012
- [3-äthyl-phenylester] **6** 472 b, III 1662 d, IV 3017
- [4-äthyl-phenylester] **6** 472 j, I 234 k, II 444 b, III 1666 d
- [2-äthyl-1-phenyl-hex-2-enylester] **6** IV 3943
- [2-äthyl-1-phenyl-pentylester] **6** I 273 a
- [1-äthyl-3-phenyl-prop-2-inylester] **6** III 2742 a
- [1-äthyl-2-phenyl-propylester] **6** IV 3375
- [1-äthyl-3-phenyl-propylester] **6** II 504 h

Essigsäure (Fortsetzung)

- [1-äthyl-2-phenyl-vinylester]
  6 575 i
- [2-äthyl-4-propyl-phenylester]
  6 III 1985 f
- [2-äthyl-3,4,5,6-tetrabrom-
  phenylester] **6** III 1659 b
- [3-äthyl-2,4,5,6-tetrabrom-
  phenylester] **6** III 1663 c
- [4-äthyl-2,3,5,6-tetrabrom-
  phenylester] **6** 473 f
- [4-äthyl-2,3,5-tribrom-6-nitro-
  phenylester] **6** 475 c
- [4-äthyl-2,3,6-tribrom-phenylester]
  6 473 c
- [2-äthyl-3,4,5-trimethoxy-
  phenylester] **6** IV 7697
- [4-äthyl-2,3,5-trimethoxy-
  phenylester] **6** IV 7697
- [3-allyl-biphenyl-2-ylester]
  6 III 3510 f
- [3-allyl-biphenyl-4-ylester]
  6 III 3511 b
- [2-allyl-4-brom-phenylester]
  6 III 2414 e
- [2-allyl-4-chlor-phenylester]
  6 IV 3814
- [5-allyl-chrysen-6-ylester] **6** III 3790 b
- [1-allyl-cyclohexylester] **6** III 227 b
- [4-allyl-2,3-dibrom-6-methoxy-
  phenylester] **6** III 5031 e
- [4-allyl-3,6-dibrom-2-methoxy-
  phenylester] **6** III 5031 e
- [2-allyl-4,6-dichlor-phenylester]
  6 IV 3816
- [4-allyl-2,6-dimethoxy-phenylester]
  6 II 1093 i
- [4-allyl-2,6-dimethyl-phenylester]
  6 IV 3882
- [3-allyl-4-hydroxy-8-methoxy-
  [1]naphthylester] **6** IV 7569
- [4-allyl-2-hydroxy-6-methoxy-
  phenylester] **6** III 6444 e
- [5-allyl-2-hydroxy-3-methoxy-
  phenylester] **6** III 6444 e
- [10-allyl-7-isopropyl-1-methyl-
  [9]phenanthrylester] **6** III 3622 b
- [2-allyl-4-methoxy-[1]naphthylester]
  6 IV 6676
- [2-allyl-5-methoxy-[1]naphthylester]
  6 IV 6676
- [4-allyl-2-methoxy-5-nitro-
  phenylester] **6** III 5032 b

- [4-allyl-2-methoxy-6-nitro-
  phenylester] **6** 968 i, I 464 d
- [2-allyl-4-methoxy-phenylester]
  6 IV 6336
- [2-allyl-6-methoxy-phenylester]
  6 I 461 f
- [4-allyl-2-methoxy-phenylester]
  6 965 m, II 923 g, III 5029 b
- [5-allyl-2-methoxy-phenylester]
  6 966 a, III 5029 a
- [2-allyl-4-methyl-phenylester]
  6 I 287 j, III 2447 b
- [2-allyl-6-methyl-phenylester]
  6 I 287 g, III 2446 d
- [1-allyl-[2]naphthylester]
  6 I 328 h
- [2-allyloxy-cyclohexylester]
  6 IV 5197
- [1-allyl-[2]phenanthrylester]
  6 III 3611 b
- [4-allyl-[3]phenanthrylester]
  6 III 3611 d
- [2-allyl-6-phenoxy-phenylester]
  6 IV 6334
- [2-allyl-phenylester] **6** I 282 e,
  III 2412 e, IV 3809
- [2-allyl-3,4,6-trichlor-phenylester]
  6 IV 3816
- androsta-2,9(11)-dien-17-ylester
  6 IV 4128 c
- androsta-3,5-dien-17-ylester
  6 III 2783 d
- androsta-5,7-dien-3-ylester
  6 IV 4129 a
- androstan-3-ylester **6** IV 3544
- androstan-11-ylester **6** IV 3545
- androstan-17-ylester **6** III 2101 b,
  IV 3546
- androst-2-en-17-ylester **6** III 2577 b,
  IV 3977
- androst-3-en-17-ylester **6** IV 3978
- androst-4-en-17-ylester **6** III 2577 d
- androst-5-en-3-ylester **6** III 2578 b,
  IV 3978
- androst-5-en-17-ylester **6** III 2580 a,
  IV 3979
- androst-9(11)-en-17-ylester
  6 IV 3980 c
- androst-16-en-3-ylester **6** IV 3981
- androst-16-en-17-ylester
  6 IV 3981
- [1-[2]anthryl-äthylester]
  6 IV 4951

Essigsäure (Fortsetzung)

- [1-[9]anthryl-äthylester]
  6 IV 4951
- [1]anthrylester **6** 702 f
- [2]anthrylester **6** 703 c, II 669 f,
  III 3552 d, IV 4929
- [9]anthrylester **6** 703 f, I 339 f,
  II 670 d, III 3554 a, IV 4931
- [9]anthrylmethylester **6** IV 4944
- [[2]anthryl-*p*-tolyl-methylester]
  6 I 361 b
- [12'-apo-*β*-carotin-12'-ylester]
  6 III 3472 a
- [11*H*-benz[*bc*]aceanthrylen-
  6-ylester] **6** III 3778 b
- benz[*a*]anthracen-2-ylester
  6 III 3725 d
- benz[*a*]anthracen-4-ylester
  6 III 3726 b
- benz[*a*]anthracen-5-ylester
  6 II 704 c
- benz[*a*]anthracen-7-ylester
  6 III 3727 d, IV 5083
- benz[*a*]anthracen-11-ylester
  6 III 3728 d
- benz[*a*]anthracen-12-ylester
  6 IV 5084
- benz[*a*]anthracen-7-ylmethylester
  6 III 3737 b, IV 5088
- [4-benz[*a*]anthracen-7-yl-
  phenylester] **6** IV 5153
- [10-benzhydryl-[9]anthrylester]
  6 735 a, II 735 a
- [2-benzhydryl-4-brom-6-methyl-
  phenylester] **6** III 3684 b
- [4-benzhydryl-2,6-dibrom-
  phenylester] **6** 713 g
- benzhydrylester **6** 680 b, I 326 f,
  II 634 e, III 3369 d, IV 4655
- [4-benzhydryl-2-methoxy-
  [1]naphthylester] **6** III 5904 c
- [4-benzhydryl-2-methoxy-
  phenylester] **6** III 5781 c
- [2-benzhydryl-6-methoxy-
  3-propenyl-phenylester] **6** III 5850 d
- [4-benzhydryl-2-methyl-phenylester]
  6 722 d
- [1-benzhydryl-1-methyl-propylester]
  6 IV 4804
- [2-benzhydryl-[1]naphthylester]
  6 I 362 e
- [4-benzhydryl-[1]naphthylester]
  6 III 3817 a

- [2-benzhydryloxy-äthylester]
  6 IV 4653
- [2-benzhydryl-phenylester]
  6 712 h
- [4-benzhydryl-phenylester]
  6 713 c
- [3-benzhydryl-1,7,7-trimethyl-
  [2]norbornylester] **6** III 3597 e
- [1-benzhydryl-2,2,2-triphenyl-
  äthylester] **6** III 3890 e
- benzo[*def*]chrysen-3-ylester
  6 IV 5133
- benzo[*def*]chrysen-6-ylester
  6 III 3810 c
- benzo[*def*]chrysen-7-ylester
  6 III 3811 e
- benzo[*def*]chrysen-11-ylester
  6 III 3812 a
- benzo[*j*]fluoranthen-1-ylester
  6 III 3808 d
- [11*H*-benzo[*a*]fluoren-5-ylester]
  6 III 3629 h, IV 5007
- [11*H*-benzo[*a*]fluoren-11-ylester]
  6 IV 5007
- [11*H*-benzo[*b*]fluoren-10-ylester]
  6 III 3629 f
- [11*H*-benzo[*b*]fluoren-11-ylester]
  6 I 348 d
- [2-benzolsulfonyl-äthylester]
  6 302 a
- [4-benzolsulfonyl-biphenyl-
  2-ylester] **6** IV 6642
- [5-benzolsulfonyl-biphenyl-
  2-ylester] **6** IV 6644
- [2-benzolsulfonyl-4-chlor-
  phenylester] **6** III 4281 d
- [benzolsulfonyl-methylester]
  6 IV 1507
- [4-benzolsulfonyl-2-methyl-
  phenylester] **6** III 4511 c
- [4-benzolsulfonyl-3-methyl-
  phenylester] **6** III 4506 c
- [2-benzolsulfonyl-phenylester]
  6 III 4278 d
- [4-benzolsulfonyl-phenylester]
  6 III 4461 f, IV 5814
- [1-benzolsulfonyl-2,2,2-trichlor-
  äthylester] **6** IV 1510
- [3-benzolsulfonyl-1,1,3-triphenyl-
  allylester] **6** III 5847 c
- [10-benzyl-[9]anthrylester]
  6 II 714 f
- [2-benzyl-benzylester] **6** III 3400 e

Essigsäure (Fortsetzung)

- [2-benzyl-2-brommethyl-3-phenyl-propylester] **6** IV 4802
- [2-benzyl-butylester] **6** 548 b
- [24-benzyl-chol-5-en-3-ylester] **6** IV 4926
- [2-benzyl-cyclohexylester] **6** III 2527 a
- [13-benzyl-13*H*-dibenzo[*a,i*]fluoren-13-ylester] **6** IV 5164
- [4-benzyl-2,6-dibrom-phenylester] **6** 677 c
- [10-benzyl-1,8-dichlor-[9]anthrylester] **6** II 714 g
- [2-benzyl-3,4-dimethyl-[1]naphthylester] **6** IV 5000
- [4-benzyl-2,6-dimethyl-phenylester] **6** III 3422 b
- [2-benzyl-2,3-diphenyl-propylester] **6** III 3701 f
- benzylester **6** 435 e, I 220 g, II 415 g, III 1477 d, IV 2262
- [2-benzyl-fluoranthen-3-ylester] **6** IV 5141
- [2-benzyl-heptylester] **6** III 2047 j
- [2-benzyl-2-hydroxy-1,3-diphenyl-propylester] **6** I 516 h
- [1-benzyl-2-hydroxy-2-phenyl-äthylester] **6** II 976 e
- [10-benzyliden-4-chlor-9,10-dihydro-[9]anthrylester] **6** II 716 f
- [10-benzyliden-1,5-dichlor-9,10-dihydro-[9]anthrylester] **6** II 717 d
- [2-benzylmercapto-äthylester] **6** IV 2652
- [4-benzylmercapto-3-chlor-phenylester] **6** IV 5826
- [γ-benzylmercapto-isobutylester] **6** IV 2654
- [benzylmercapto-methylester] **6** IV 2657
- [2-benzylmercapto-4-methyl-phenylester] **6** I 435 a
- [5-benzylmercapto-[1]naphthylester] **6** I 479 a
- [3-benzylmercapto-3-phenyl-propylester] **6** IV 5988
- [1-benzylmercapto-2,2,2-trichlor-äthylester] **6** IV 2659
- [6-benzyl-4-methoxy-2,3-dimethyl-phenylester] **6** III 5464 d

- [2-benzyl-3-methyl-butylester] **6** 552 e
- [2-benzyl-4-methyl-phenylester] **6** 686 d
- [3-benzyl-4-methyl-phenylester] **6** 686 d
- [4-benzyl-3-methyl-phenylester] **6** 686 h; vgl. III 3398 e
- [1-benzyl-[2]naphthylester] **6** 711 d, II 680 f
- [4-benzyl-[1]naphthylester] **6** 711 a, II 681 b
- [2-benzyloxy-äthylester] **6** III 1469 d
- benzyloxymethylester **6** III 1474 f
- [2-benzyloxy-4-methyl-5-nitro-phenylester] **6** IV 5884
- [2-benzyloxy-5-methyl-4-nitro-phenylester] **6** IV 5884
- [4-benzyloxymethyl-phenylester] **6** IV 5913
- [1-benzyloxymethyl-propylester] **6** III 1471 h
- [3-benzyloxy-1-methyl-propylester] **6** III 1471 j
- [2-benzyloxy-4-nitro-phenylester] **6** IV 5628
- [2-benzyloxy-5-nitro-phenylester] **6** IV 5628
- [4-benzyloxy-phenylester] **6** IV 5741
- [3-benzyloxy-propylester] **6** III 1471 e
- [4-benzyloxy-2,3,5,6-tetramethyl-phenylester] **6** III 4688 f
- [2-benzyl-phenylester] **6** III 3350 i
- [4-benzyl-phenylester] **6** 676 c, III 3360 d
- [1-benzyl-3-phenyl-propylester] **6** II 647 f
- [1-benzyl-2-phenyl-vinylester] **6** IV 4872
- [1-benzyl-2,3,4,5-tetraphenyl-cyclopenta-2,4-dienylester] **6** III 3904 b
- [1-benzyl-1,2,2-triphenyl-äthylester] **6** III 3840 e
- bibenzyl-α-ylester **6** 684 a, II 638 a, III 3391 a, IV 4701
- bibenzyl-2-ylester **6** III 3387 e
- bibenzyl-4-ylester **6** III 3388 d
- bicyclo[3.3.2]dec-3-ylester **6** IV 291

Essigsäure (Fortsetzung)

- [3-brom-5-chlor-phenylester]
  6 II 187 f
- [2-brom-cholestan-3-ylester]
  6 IV 3586
- [3-brom-cholestan-2-ylester]
  6 IV 3576
- [4-brom-cholestan-3-ylester]
  6 IV 3587
- [5-brom-cholestan-3-ylester]
  6 III 2147 e, IV 3588
- [6-brom-cholestan-3-ylester]
  6 III 2148 a
- [2-brom-cholest-2-en-3-ylester]
  6 III 2603 b
- [7-brom-cholest-5-en-3-ylester]
  6 III 2663 d, IV 4017
- [25-brom-cholest-5-en-3-ylester]
  6 IV 4017
- [12-brom-chrysen-6-ylester]
  6 III 3731 e
- [2-brom-cyclodecylester]
  6 IV 138
- [4-brom-cyclohept-2-enylester]
  6 IV 202
- [4-brom-cyclohex-2-enylester]
  6 III 208 f
- [2-brom-1-cyclohexyl-allylester]
  6 III 227 e
- [3-brom-1-cyclohexyl-allylester]
  6 III 227 e
- [2-brom-cyclohexylester]
  6 II 13 j, III 43 c, IV 69
- [4-brom-cyclohexylester]
  6 II 14 a
- [4-brom-cyclooct-2-enylester]
  6 IV 218
- [2-brom-cyclooctylester] **6** IV 113
- [4-brom-cyclooctylester] **6** IV 114
- [5-brom-cyclooctylester] **6** IV 114
- [3-brom-4,5-dichlor-2,6-dimethoxy-
  phenylester] **6** II 1068 f
- [2-brom-4-dichlorjodanyl-
  phenylester] **6** I 111 c
- [2-brom-3,4-dihydro-[1]naphthyl⁼
  ester] **6** IV 4077
- [4-brom-2,6-dijod-3,5-dimethyl-
  phenylester] **6** III 1764 a
- [2-brom-4,6-dijod-phenylester]
  6 III 788 g
- [2-brom-3,5-dimethoxy-phenylester]
  6 IV 7369

- [2-brom-4,5-dimethoxy-phenylester]
  6 III 6285 b
- [5-brom-2,4-dimethoxy-phenylester]
  6 IV 7348
- [2-brom-3,4-dimethyl-
  [1]naphthylester] **6** III 3042 i
- [2-brom-4,5-dimethyl-phenylester]
  6 III 1730 d
- [2-brom-4,6-dimethyl-phenylester]
  6 II 460 k
- [2-brom-4,6-dinitro-phenylester]
  6 I 128 m
- [4-brom-2,6-dinitro-phenylester]
  6 I 129 b
- [2-brom-4,6-di-*tert*-pentyl-
  phenylester] **6** IV 3527
- [22-brom-24,24-diphenyl-chol-
  23-en-3-ylester] **6** III 3771 b
- [2-brom-7,7-diphenyl-cyclohept-
  1-enylester] **6** IV 4971
- [2-brom-1,3-diphenyl-inden-
  1-ylester] **6** II 714 e
- [2-brom-3,4-diphenyl-
  [1]naphthylester] **6** III 3814 c
- [24-brom-eupha-8,24-dien-
  3-ylester] **6** III 2886 a
- [2-brom-3-fluor-4,6-dimethyl-
  phenylester] **6** III 1749 g
- [2-brom-fluoren-9-ylester]
  6 692 d, II 656 d, III 3491 j
- [3-brom-fluoren-9-ylester]
  6 IV 4852
- [5-brom-2-hydroxy-benzylester]
  6 894 b
- [2-brom-3-hydroxy-cyclohexylester]
  6 IV 5209
- [2-brom-3-hydroxy-4,6-dimethyl-
  benzylester] **6** 932 d
- [3-brom-4-hydroxy-2,5-dimethyl-
  benzylester] **6** 933 g
- [3-brom-5-hydroxy-2,4-dimethyl-
  benzylester] **6** 932 b
- [3-brom-2-hydroxy-5-nitro-
  benzylester] **6** II 881 b
- [3-brom-4-hydroxy-5-nitro-
  benzylester] **6** 901 e, II 884 h
- [5-brom-2-hydroxy-3-nitro-
  benzylester] **6** II 881 a
- [4-brom-2-hydroxy-3,5,6-trimethyl-
  benzylester] **6** 948 b
- [2-brom-indan-1-ylester]
  6 IV 3826

Essigsäure (Fortsetzung)
- [6-brom-indan-5-ylester]
  6 III 2529 e
- [2-brom-inden-3-ylester]
  6 IV 4069
- [3-brom-5-isopropyl-4-methoxy-
  2-methyl-phenylester] **6** III 4674 d
- [3-brom-2-isopropyl-6-methoxy-
  phenylester] **6** III 4632 e
- [3-brom-7-isopropyl-1-methyl-
  [2]phenanthrylester] **6** III 3584 b
- [4-brom-7-isopropyl-1-methyl-
  [2]phenanthrylester] **6** III 3584 b
- [9-brom-7-isopropyl-1-methyl-
  [3]phenanthrylester] **6** III 3587 b
- [10-brom-7-isopropyl-1-methyl-
  [3]phenanthrylester] **6** III 3587 b
- [4-brom-2-isopropyl-5-methyl-
  phenylester] **6** 541 a
- [4-brom-5-isopropyl-2-methyl-
  phenylester] **6** III 1891 h
- [4-brom-2-jod-3,6-dimethyl-
  phenylester] **6** III 1775 d
- [4-brom-2-jod-6-methyl-
  phenylester] **6** III 1272 i
- [6-brom-1-jod-[2]naphthylester]
  6 IV 4307
- [2-brom-4-jod-phenylester]
  6 I 111 b
- [3-brom-5-jod-phenylester]
  6 II 201 e
- [4-brom-2-jod-phenylester]
  6 III 784 g
- [24-brom-lanosta-8,24-dien-
  3-ylester] **6** III 2885 c
- [2-brom-lanostan-3-ylester]
  6 IV 3616
- [2-brom-lanost-8-en-3-ylester]
  6 IV 4053 d
- [29-brom-lup-20(29)-en-3-ylester]
  6 III 2903 b
- [30-brom-lup-20(29)-en-3-ylester]
  6 III 2903 b
- [9-brom-*p*-mentha-1,3-dien-
  8-ylester] **6** II 102 b
- [3-brom-*p*-menthan-2-ylester]
  6 IV 149
- [2-brom-4-methansulfonyl-6-nitro-
  phenylester] **6** 866 h
- [5-brom-2-methoxy-benzylester]
  6 III 4542 h
- [3-brom-2'-methoxy-5,5'-dinitro-
  biphenyl-2-ylester] **6** III 5382 e

- [5-brom-2'-methoxy-3,5'-dinitro-
  biphenyl-2-ylester] **6** III 5382 a
- [6-brom-4-methoxy-1-methyl-
  [2]naphthylester] **6** II 957 g
- [3-brom-6-methoxymethyl-
  2,4,5-trimethyl-phenylester] **6** 948 c
- [3-brom-8-methoxy-[1]naphthyl≠
  ester] **6** IV 6561
- [2-brom-6-methoxy-3-nitro-
  phenylester] **6** III 4271 b
- [2-brom-6-methoxy-4-nitro-
  phenylester] **6** III 4272 e
- [4-brom-2-methoxy-5-nitro-
  phenylester] **6** III 4272 b
- [1-brom-3-methoxy-[4]phenanthryl≠
  ester] **6** 1035 h, III 5690 c
- [4-brom-2-methoxy-phenylester]
  6 III 4256 e
- [5-brom-2-methoxy-phenylester]
  6 I 390 e, III 4256 f
- [2-brom-6-methoxy-4-propenyl-
  phenylester] **6** 959 i
- [4-brommethoxy-2,3,5,6-tetrachlor-
  phenylester] **6** 852 b
- [2-brommethyl-6-*tert*-butyl-
  4-methyl-phenylester] **6** IV 3443
- [2-brommethyl-cyclohexylmethyl≠
  ester] **6** IV 123
- [3-brommethyl-cyclohexylmethyl≠
  ester] **6** IV 125
- [2-brommethyl-cyclopentylmethyl≠
  ester] **6** IV 112
- [4-brommethyl-2,6-dimethyl-
  phenylester] **6** III 1839 b
- [2-brom-3-methyl-4,6-dinitro-
  phenylester] **6** III 1330 i
- [3-brom-6-methyl-2,4-dinitro-
  phenylester] **6** I 181 i
- [4-brom-3-methyl-2,6-dinitro-
  phenylester] **6** III 1330 e
- [6-brom-3-methyl-2,4-dinitro-
  phenylester] **6** III 1330 g
- [9-brommethyl-fluoren-9-ylester]
  6 IV 4870
- [2-brom-4-methylmercapto-6-nitro-
  phenylester] **6** 866 g
- [2-brom-4-methyl-6-methyl≠
  mercapto-phenylester] **6** I 435 k
- [2-brom-6-methyl-4-methyl≠
  mercapto-phenylester] **6** I 431 b
- [3-brom-1-methyl-[2]naphthylester]
  6 III 3020 f

Essigsäure (Fortsetzung)

- [6-brom-1-methyl-[2]naphthylester]
  6 666 g, II 615 f
- [2-brom-4-methyl-3-nitro-
  phenylester] **6** III 1388 e
- [2-brom-4-methyl-5-nitro-
  phenylester] **6** III 1388 h
- [2-brom-4-methyl-6-nitro-
  phenylester] **6** 413 g
- [2-brommethyl-5-nitro-phenylester]
  6 III 1276 a, IV 2013
- [2-brom-6-methyl-4-nitro-
  phenylester] **6** I 179 l
- [5-brom-2-methyl-4-nitro-
  phenylester] **6** I 179 n
- [2-brommethyl-phenylester]
  6 IV 2007
- [3-brommethyl-phenylester]
  6 IV 2073
- [3-brom-5-methyl-phenylester]
  6 382 j
- [4-brommethyl-phenylester]
  6 IV 2146
- [4-brom-2-methyl-phenylester]
  6 IV 2006
- [4-brom-3-methyl-phenylester]
  6 III 1322 a
- [2-brom-4-methyl-3-phenyl-
  [1]naphthylester] **6** III 3610 d
- [3-brom-1-methyl-3-phenyl-
  propenylester] **6** IV 3836
- [2-brom-2-methyl-1-phenyl-
  propylester] **6** IV 3290
- [3-brom-2-methyl-2-phenyl-
  propylester] **6** II 490 f, III 1877 f
- [4-brommethyl-2,3,5,6-tetrachlor-
  phenylester] **6** 406 e
- [3-brommethyl-2,4,6-trimethyl-
  phenylester] **6** 546 j
- [1-brom-[2]naphthylester]
  6 651 c
- [3-brom-[2]naphthylester]
  6 III 2996 b
- [4-brom-[1]naphthylester]
  6 613 l, IV 4235
- [4-brom-[2]naphthylester]
  6 III 2996 e
- [6-brom-[2]naphthylester]
  6 651 j, III 2997 e
- [1-brom-[2]naphthylmethylester]
  6 IV 4341
- [6-brom-1-nitro-[2]naphthylester]
  6 655 g

- [2-brom-4-nitro-phenylester] **6** I 123 f
- [2-brom-5-nitro-phenylester]
  6 III 845 e
- [2-brom-6-nitro-phenylester]
  6 I 123 d
- [3-brom-5-nitro-phenylester] **6** II 233 j
- [4-brom-2-nitro-phenylester] **6** I 123 b
- [5-brom-2-nitro-phenylester] **6** IV 1363
- [1-brom-3-nitro-5,6,7,8-tetrahydro-
  [2]naphthylester] **6** IV 3858
- [2-brom-6-nitro-4-trityl-phenylester]
  6 732 d
- [3-brom-[2]norbornylester]
  6 IV 216
- [7-brom-[2]norbornylester]
  6 IV 216
- [23-brom-24-nor-cholan-3-ylester]
  6 IV 3565
- [10-brom-1,2,3,4,5,6,7,8-octahydro-
  [9]anthrylester] **6** II 563 f
- [12-brom-oleana-9(11),12-dien-
  3-ylester] **6** IV 4420
- [12-brom-olean-12-en-3-ylester]
  6 III 2898 a, IV 4196
- [2-brom-1,3,4,5,6-pentaphenyl-
  inden-1-ylester] **6** IV 5183
- [3-brom-[9]phenanthrylester]
  6 I 341 a
- [6-brom-[9]phenanthrylester]
  6 I 341 a
- [1-brom-1-phenoxy-äthylester]
  6 III 598 a
- [2-brom-1-phenyl-äthylester]
  6 III 1691 c, IV 3054
- [2-brom-phenylester] **6** 198 a
- [3-brom-phenylester] **6** 198 g,
  III 739 c
- [4-brom-phenylester] **6** 200 d,
  III 747 a, IV 1051
- [2-brom-1-phenyl-propylester]
  6 502 h, IV 3188
- [21-brom-pregna-5,17(20)-dien-
  3-ylester] **6** III 2803 b
- [21-brom-pregn-17(20)-en-
  3-ylester] **6** IV 3988
- [5-brom-stigmast-22-en-3-ylester]
  6 III 2713 b
- [α'-brom-stilben-α-ylester]
  6 694 b
- [2-brom-3,4,5,6-tetrachlor-
  cyclohexylester] **6** IV 70
- [3-brom-2,4,5,6-tetrachlor-
  phenylester] **6** I 106 f

Essigsäure (Fortsetzung)

- [4-chlor-2,6-dijod-3,5-dimethyl-phenylester] **6** III 1763 g
- [2-chlor-4,6-dijod-phenylester] **6** I 112 b, III 787 g
- [4-chlor-2,6-dijod-phenylester] **6** II 202 m, III 788 b
- [4-chlor-2,5-dimethoxy-phenylester] **6** IV 7344
- [4-chlor-3,5-dimethyl-2,6-dinitro-phenylester] **6** III 1767 e
- [4-chlor-3,5-dimethyl-phenylester] **6** III 1759 f
- [5-chlor-2,4-dinitro-phenylester] **6** I 128 h
- [20-chlor-23,24-dinor-chol-5-en-3-ylester] **6** IV 3989
- [5-chlor-24,24-diphenyl-chola-20(22),23-dien-3-ylester] **6** III 3804 c
- [5-chlor-24,24-diphenyl-chol-23-en-3-ylester] **6** III 3771 a
- [5-chlor-21,21-diphenyl-23,24-dinor-chol-20-en-3-ylester] **6** III 3767 c
- [3-chlor-1,5-diphenyl-penta-2,4-dienylester] **6** I 344 b
- [25-chlor-euph-8-en-3-ylester] **6** III 2724 d
- [3-chlor-5-hydroxy-cholestan-6-ylester] **6** III 4820 a
- [5-chlor-6-hydroxy-cholestan-3-ylester] **6** III 4814 c
- [6-chlor-5-hydroxy-cholestan-3-ylester] **6** III 4809 a
- [2-chlor-4-hydroxy-phenylester] **6** 849 g, I 417 f
- [3-chlor-4-hydroxy-phenylester] **6** 849 g, I 417 f
- [4-chlor-7-isopropyl-1-methyl-9-nitro-[3]phenanthrylester] **6** IV 4967
- [4-chlor-2-isopropyl-5-methyl-phenylester] **6** 540 b, III 1907 e
- [4-chlor-2-jod-3,5-dimethyl-phenylester] **6** III 1763 d
- [2-chlor-4-jod-phenylester] **6** I 110 a
- [2-chlor-5-jod-phenylester] **6** III 780 g
- [3-chlor-5-jod-phenylester] **6** II 200 i
- [4-chlor-2-jod-phenylester] **6** III 779 f
- [25-chlor-lanost-7-en-3-ylester] **6** III 2884

- [25-chlor-lanost-8-en-3-ylester] **6** III 2884
- [25-chlor-lanost-9(11)-en-3-ylester] **6** IV 4055
- [3-chlor-*p*-menthan-8-ylester] **6** 748 e
- [8-chlor-*p*-menthan-3-ylester] **6** 748 e
- [2-chlor-*p*-menth-8-en-1-ylester] **6** IV 255
- [4-chlormethoxy-3,5-dimethoxy-phenylester] **6** IV 7686
- [5-chlor-2-methoxy-4-methyl-phenylester] **6** II 867 d
- [3-chlor-2-methoxy-phenylester] **6** I 389 c
- [5-chlor-2-methoxy-phenylester] **6** I 389 h
- [2-chlor-6-methyl-cyclohex-2-enylester] **6** III 213 c
- [2-chlor-1-methyl-cyclohexylester] **6** IV 97
- [2-chlormethyl-cyclohexylmethyl-ester] **6** IV 123
- [3-chlormethyl-cyclohexylmethyl-ester] **6** IV 125
- [2-chlormethyl-3,3-dimethyl-[2]norbornylester] **6** 92 b
- [2-chlormethyl-3,6-dimethyl-phenäthylester] **6** IV 3410
- [2-chlormethyl-4,6-dimethyl-phenylester] **6** I 256 m, III 1837 g
- [2-chlor-3-methyl-4,6-dinitro-phenylester] **6** III 1330 c
- [2-chlor-6-methyl-3,4-dinitro-phenylester] **6** I 181 e
- [3-chlor-2-methyl-4,6-dinitro-phenylester] **6** I 181 c
- [3-chlor-6-methyl-2,4-dinitro-phenylester] **6** I 181 a
- [6-chlor-2-methyl-3,4-dinitro-phenylester] **6** I 181 g
- [6-chlor-3-methyl-2,4-dinitro-phenylester] **6** IV 2078
- [3-chlormethyl-4-hydroxy-2,5,6-trimethyl-phenylester] **6** III 4691 b
- [4-chlormethyl-2-methoxy-phenylester] **6** IV 5882
- [2-chlormethyl-4-methyl-phenäthylester] **6** IV 3358
- [3-chlor-1-methyl-[2]naphthylester] **6** 666 a

Essigsäure (Fortsetzung)
- [4-chlor-1-methyl-[2]naphthylester]
  6 II 615 c
- [4-chlor-2-methyl-[1]naphthylester]
  6 II 617 i
- [2-chlormethyl-4-nitro-phenylester]
  6 I 179 d
- [2-chlor-4-methyl-6-nitro-
  phenylester] **6** 413 d
- [2-chlor-6-methyl-3-nitro-
  phenylester] **6** I 179 a
- [4-chlormethyl-2-nitro-phenylester]
  6 I 206 g
- [4-chlor-2-methyl-6-nitro-
  phenylester] **6** I 178 l
- [6-chlor-2-methyl-3-nitro-
  phenylester] **6** I 179 f
- [2-chlor-1-methyl-19-nor-cholesta-
  1,3,5(10),6-tetraen-3-ylester]
  6 IV 4837
- [4-chlor-1-methyl-19-nor-cholesta-
  1,3,5(10),6-tetraen-3-ylester]
  6 IV 4837
- [2-chlor-4-methyl-19-nor-cholesta-
  1,3,5(10)-trien-1-ylester] **6** IV 4400
- [2-chlormethyl-phenäthylester]
  6 IV 3234
- [1-chlormethyl-2-phenyl-äthylester]
  6 503 f, III 1798 e
- [2-chlormethyl-phenylester]
  6 II 332 e
- [2-chlor-4-methyl-phenylester]
  6 II 383 b
- [2-chlor-5-methyl-phenylester]
  6 II 355 f
- [2-chlor-6-methyl-phenylester]
  6 IV 1985
- [4-chlor-2-methyl-phenylester]
  6 III 1265 d, IV 1990
- [4-chlor-3-methyl-phenylester]
  6 II 356 a, III 1317 c
- [3-chlormethyl-2,4,6-trimethyl-
  phenylester] **6** 546 h, IV 3361
- [1-chlor-[2]naphthylester]
  6 649 b, III 2991 c
- [3-chlor-[1]naphthylester]
  6 II 581 l
- [4-chlor-[1]naphthylester]
  6 612 a
- [4-chlor-[2]naphthylester]
  6 III 2992 e
- [5-chlor-[1]naphthylester]
  6 612 d

- [5-chlor-[2]naphthylester]
  6 III 2992 g
- [6-chlor-[1]naphthylester]
  6 612 f
- [6-chlor-[2]naphthylester]
  6 IV 4295
- [7-chlor-[2]naphthylester]
  6 649 i, III 2992 j
- [8-chlor-[2]naphthylester]
  6 III 2993 a
- [1-chlor-10-nitro-[9]anthrylester]
  6 III 3556 c
- [2-chlor-10-nitro-[9]anthrylester]
  6 III 3556 d
- [3-chlor-10-nitro-[9]anthrylester]
  6 III 3556 e
- [6-chlor-1-nitro-[2]naphthylester]
  6 IV 4310
- [10-chlor-5-nitro-[9]phenanthryl≈
  ester] **6** II 677 b
- [10-chlor-7-nitro-[9]phenanthryl≈
  ester] **6** II 677 e
- [2-chlor-3-nitro-phenylester]
  6 III 837 f
- [2-chlor-4-nitro-phenylester]
  6 240 h
- [2-chlor-5-nitro-phenylester]
  6 III 839 b
- [3-chlor-5-nitro-phenylester] **6** II 228 h
- [4-chlor-2-nitro-phenylester]
  6 238 e
- [4-chlor-3-nitro-phenylester]
  6 239 k, III 838 d
- [7-chlor-[2]norbornylester]
  6 IV 215
- [5-chlor-*B*-nor-cholestan-3-ylester]
  6 III 2126 e
- [25-chlor-27-nor-cholest-5-en-
  3-ylester] **6** IV 3993 c
- [24-chlor-27-nor-stigmast-5-en-
  3-ylester] **6** III 2680 c
- [*β*-chlor-phenäthylester]
  6 IV 3080
- [4-chlor-phenäthylester]
  6 IV 3079
- [1-chlor-[9]phenanthrylester]
  6 IV 4938
- [2-chlor-[9]phenanthrylester]
  6 IV 4938
- [3-chlor-[9]phenanthrylester]
  6 IV 4938
- [7-chlor-[9]phenanthrylester]
  6 IV 4938

Essigsäure (Fortsetzung)

- [4-cyclohex-1-enyl-[1]naphthylester]
  6 III 3517 f
- [2-cyclohex-1-enyl-2-nitro-
  äthylester] **6** III 221 b
- [1-cyclohex-3-enyl-pentylester]
  6 IV 292
- [4-cyclohex-1-enyl-phenylester]
  6 II 561 g
- [1-cyclohex-3-enyl-propylester]
  6 IV 234
- [1-cyclohex-1-enyl-vinylester]
  6 IV 353
- [2-cyclohex-1-enyl-vinylester]
  6 IV 353
- [1-cyclohexyl-äthylester]
  6 II 27 b, III 87 d, IV 118
- [2-cyclohexyl-äthylester]
  6 I 12 j, IV 119
- [1-cyclohexyl-allylester]
  6 III 227 d
- [4-cyclohexyl-benzylester]
  6 III 2534 b
- [1-cyclohexyl-but-2-enylester]
  6 III 241 b, IV 247
- [1-cyclohexyl-butylester] **6** IV 139
- [3-cyclohexyl-1,2-dimethyl-
  propylester] **6** IV 170
- [2-cyclohexyl-4,6-dinitro-
  phenylester] **6** III 2500 e, IV 3904
- [4-cyclohexyl-2,6-dinitro-
  phenylester] **6** IV 3907
- cyclohexylester **6** 7 a, I 6 f,
  II 10 k, III 22 i, IV 36
- cyclohexylidenmethylester
  6 III 215 f, IV 209
- [2-cyclohexyl-1-methyl-äthylester]
  6 I 15 c
- [3-cyclohexyl-1-methyl-allylester]
  6 IV 247
- cyclohexylmethylester **6** 15 a,
  III 77 d, IV 107
- [2-cyclohexyl-5-methyl-phenylester]
  6 III 2533 b
- [1-cyclohexylmethyl-propylester]
  6 I 18 c
- [2-cyclohexyl-1-methyl-propylester]
  6 IV 141
- [3-cyclohexyl-1-methyl-propylester]
  6 I 18 e
- [1-cyclohexyl-2-nitro-propylester]
  6 IV 130

- cyclohexyloxymethylester
  6 II 10 f
- [1-cyclohexyloxymethyl-
  propylester] **6** III 20 g
- [4-cyclohexyl-phenylester]
  6 II 549 e, III 2507 d
- [cyclohexyl-phenyl-methylester]
  6 IV 3932
- [1-cyclohexyl-1-phenyl-prop-
  2-inylester] **6** IV 4376
- [1-cyclohexyl-1-propyl-butylester]
  6 I 34 a
- [1-cyclohexyl-propylester]
  6 III 109 a
- [3-cyclohexyl-propylester]
  6 I 15 e, II 34 c, III 110 a
- [1-cyclohexyl-vinylester] **6** IV 223
- [9,19-cyclo-lanostan-3-ylester]
  6 III 2732 b
- [9,19-cyclo-lanost-2-en-3-ylester]
  6 IV 4202 a
- [9,19-cyclo-lanost-24-en-3-ylester]
  6 III 2908 b, IV 4202 c
- [21,24-cyclo-lanost-8-en-3-ylester]
  6 III 2887 a
- cyclononadecylester **6** III 198 d
- cyclonon-1-enylester **6** IV 233
- cyclononylester **6** III 104 b
- [2,6-cyclo-norbornan-3-ylester]
  6 IV 348
- [9,19-cyclo-31-nor-lanostan-
  3-ylester] **6** IV 4046
- cyclooctadecylester **6** III 196 g
- [2-cyclooctatetraenyl-äthylester]
  6 IV 3831
- cyclooct-1-enylester **6** IV 217
- cyclooct-2-enylester **6** IV 218
- cyclooct-4-enylester **6** IV 219
- cyclooctylester **6** III 83 b,
  IV 113
- [2-cyclooctyl-phenylester]
  6 IV 3945
- [13,27-cyclo-olean-9(11)-en-
  3-ylester] **6** IV 4424
- [18,28-cyclo-olean-12-en-3-ylester]
  6 IV 4424
- cyclopentadec-1-enylester
  6 IV 329
- cyclopentadecylester **6** III 191 f
- [1-cyclopentadienyliden-äthylester]
  6 IV 2805
- [2-cyclopent-2-enyl-äthylester]
  6 III 216 f

Essigsäure (Fortsetzung)

- [1,2-dibrom-cyclohexylmethylester]
  6 III 78 g
- [2,4-dibrom-6-cyclohexyl-
  phenylester] **6** IV 3903
- [24,25-dibrom-9,19-cyclo-lanostan-
  3-ylester] **6** IV 4060
- [2,6-dibrom-4-dibrommethyl-
  3,5-dimethyl-phenylester]
  6 II 481 f
- [2,4-dibrom-6-dibrommethyl-
  phenylester] **6** II 337 c
- [2,6-dibrom-4-dibrommethyl-
  phenylester] **6** II 386 h
- [2,6-dibrom-4-dichlorjodanyl-
  phenylester] **6** I 111 i
- [2,6-dibrom-4-dichlormethyl-
  3,5-dimethyl-phenylester] **6** II 481 a
- [2,5-dibrom-3,6-dichlor-4-methyl-
  phenylester] **6** 407 g
- [2,6-dibrom-3,5-dimethoxy-
  phenylester] **6** IV 7370
- [3,5-dibrom-2,6-dimethoxy-
  4-propyl-phenylester] **6** 1120 f,
  II 1086 f
- [2,5-dibrom-3,6-dimethyl-
  4-nitromethyl-phenylester] **6** 517 c
- [3,5-dibrom-2,6-dimethyl-
  4-nitromethyl-phenylester] **6** 521 f
- [2,5-dibrom-3,6-dimethyl-4-nitro-
  phenylester] **6** I 247 a, III 1776 e
- [2,6-dibrom-3,5-dimethyl-4-nitro-
  phenylester] **6** III 1766 e
- [3,5-dibrom-2,4-dimethyl-6-nitro-
  phenylester] **6** 491 d
- [2,5-dibrom-3,6-dimethyl-
  4-nitryloxymethyl-phenylester]
  6 938 a
- [3,5-dibrom-2,6-dimethyl-
  4-nitryloxymethyl-phenylester]
  6 942 e
- [2,3-dibrom-5,6-dimethyl-
  phenylester] **6** I 239 h
- [2,5-dibrom-3,6-dimethyl-
  4-thiocyanatomethyl-phenylester]
  6 939 a
- [5,6-dibrom-21,21-diphenyl-
  23,24-dinor-chol-20-en-3-ylester]
  6 III 3768 b
- [2,3-dibrom-1,3-diphenyl-
  propylester] **6** II 644 d
- [22,23-dibrom-ergosta-7,9(11)-dien-
  3-ylester] **6** IV 4164

- [5,6-dibrom-ergostan-3-ylester]
  6 III 2168 a
- [22,23-dibrom-ergostan-3-ylester]
  6 III 2168 b, IV 3604
- [22,23-dibrom-ergost-5-en-
  3-ylester] **6** III 2682 d
- [22,23-dibrom-ergost-7-en-
  3-ylester] **6** IV 4030 a
- [22,23-dibrom-ergost-8(14)-en-
  3-ylester] **6** IV 4031 b
- [24,28-dibrom-ergost-5-en-
  3-ylester] **6** III 2683 a
- [24,25-dibrom-euph-8-en-3-ylester]
  6 III 2725 c
- [24,28-dibrom-euphorb-8-en-
  3-ylester] **6** III 2910 a
- [2,7-dibrom-fluoren-9-ylidenmethyl≠
  ester] **6** III 3563 b
- [2,7-dibrom-fluoren-9-ylmethyl≠
  ester] **6** III 3507 e
- [3,5-dibrom-4-hydroxy-
  benzhydrylester] **6** 999 b
- [3,5-dibrom-2-hydroxy-benzylester]
  6 894 f, III 4543 a
- [3,5-dibrom-4-hydroxy-benzylester]
  6 899 e
- [5,6-dibrom-4-hydroxy-cholestan-
  3-ylester] **6** III 4805 d
- [2,4-dibrom-6-hydroxy-
  3,5-dimethyl-benzylester] **6** 940 c
- [2,5-dibrom-3-hydroxy-
  4,6-dimethyl-benzylester] **6** 932 i
- [2,5-dibrom-4-hydroxy-
  3,6-dimethyl-benzylester] **6** 935 g,
  II 897 f
- [2,5-dibrom-6-hydroxy-
  3,4-dimethyl-benzylester] **6** 939 f
- [2,6-dibrom-4-hydroxy-
  3,5-dimethyl-benzylester] **6** 941 d
- [3,5-dibrom-4-hydroxy-
  2,6-dimethyl-benzylester] **6** 931 c
- [2,5-dibrom-4-hydroxy-
  3,6-dimethyl-phenylester] **6** 916 f
- [2,5-dibrom-4-hydroxy-
  6-methoxymethyl-3-methyl-benzylester]
  6 1125 d
- [2,5-dibrom-4-hydroxymethyl-
  3,6-dimethyl-phenylester] **6** 935 f
- [3,5-dibrom-4-hydroxymethyl-
  2,6-dimethyl-phenylester] **6** 941 c
- [2,5-dibrom-4-hydroxy-
  3-methylmercapto-benzylester]
  6 I 551 l

Essigsäure (Fortsetzung)

- [2,6-dibrom-4-hydroxymethyl-
  phenylester] **6** 899 d
- [2,4-dibrom-3-hydroxy-
  [1]naphthylester] **6** III 5257 e
- [2,6-dibrom-5-hydroxy-
  [1]naphthylester] **6** III 5271 b
- [4,8-dibrom-5-hydroxy-
  [1]naphthylester] **6** III 5271 i
- [6,8-dibrom-5-hydroxy-
  [1]naphthylester] **6** III 5270 c
- [2,4-dibrom-6-isopropyl-3-methyl-
  phenylester] **6** 541 f
- [2,5-dibrom-3-jodmethyl-
  4,6-dimethyl-phenylester] **6** 516 g
- [2,5-dibrom-4-jodmethyl-
  3,6-dimethyl-phenylester] **6** 516 j
- [3,5-dibrom-4-jodmethyl-
  2,6-dimethyl-phenylester] **6** 521 c
- [2,4-dibrom-6-jodmethyl-
  phenylester] **6** 364 d
- [2,6-dibrom-4-jodmethyl-
  phenylester] **6** 411 d
- [2,6-dibrom-4-jod-phenylester] **6** I 111 h
- [24,25-dibrom-lanosta-7,9(11)-dien-
  3-ylester] **6** IV 4187
- [24,25-dibrom-lanost-8-en-
  3-ylester] **6** III 2725 a
- [20,29-dibrom-lupan-3-ylester]
  6 III 2904 a
- [4,8-dibrom-*p*-menthan-1-ylester] **6** 26 d
- [α,α'-dibrom-2'-methoxy-bibenzyl-
  4-ylester] **6** I 490 b
- [2,5-dibrom-3-methoxymethyl-
  4,6-dimethyl-phenylester] **6** 932 j
- [2,5-dibrom-4-methoxymethyl-
  3,6-dimethyl-phenylester] **6** 935 h
- [3,5-dibrom-4-methoxymethyl-
  2,6-dimethyl-phenylester] **6** 941 e
- [2,6-dibrom-3-methoxy-4-methyl-
  phenylester] **6** II 860 f
- [2,8-dibrom-5-methoxy-
  [1]naphthylester] **6** III 5271 f
- [6,8-dibrom-5-methoxy-
  [1]naphthylester] **6** III 5270 d
- [2,4-dibrom-6-methoxy-3-nitro-
  phenylester] **6** III 4273 b
- [4,5-dibrom-2-methoxy-3-nitro-
  phenylester] **6** III 4272 h
- [2,5-dibrom-4-methoxy-phenylester]
  6 III 4439 e

- [4,5-dibrom-2-methoxy-phenylester]
  6 II 788 d (vgl. IV 5622 f),
  III 4259 g
- [3,6-dibrom-2-methoxy-4-propenyl-
  phenylester] **6** 959 m
- [2,3-dibrom-1-methyl-inden-
  1-ylester] **6** I 300 g
- [1,5-dibrom-6-methylmercapto-
  [2]naphthylester] **6** I 482 d
- [2,6-dibrom-4-methylmercapto-
  phenylester] **6** 865 b
- [3,6-dibrom-4-methyl-
  2-methylmercapto-phenylester]
  6 I 436 d
- [3,6-dibrom-1-methyl-
  [2]naphthylester] **6** III 3021 c
- [4,6-dibrom-1-methyl-
  [2]naphthylester] **6** III 3021 e
- [2-dibrommethyl-5-nitro-
  phenylester] **6** III 1276 c
- [3,4-dibrom-2-methyl-6-nitro-
  phenylester] **6** I 180 b
- [2,4-dibrom-1-methyl-19-nor-
  cholesta-1,3,5(10),6-tetraen-3-ylester]
  6 IV 4837
- [2,3-dibrom-6-methyl-phenylester]
  6 I 176 i
- [2,4-dibrom-6-methyl-phenylester]
  6 361 a, II 334 h
- [2,6-dibrom-4-methyl-phenylester]
  6 407 b
- [3-dibrommethyl-phenylester]
  6 383 c, IV 2074
- [4-dibrommethyl-phenylester]
  6 407 c
- [1,3-dibrom-[2]naphthylester]
  6 III 2998 b
- [1,6-dibrom-[2]naphthylester]
  6 652 g
- [3,6-dibrom-[2]naphthylester]
  6 III 2999 e
- [4,6-dibrom-[2]naphthylester]
  6 II 606 g
- [1,2-dibrom-2-nitro-indan-
  1-ylester] **6** I 286 h
- [2,4-dibrom-6-nitromethyl-
  phenylester] **6** 368 f
- [2,4-dibrom-6-nitro-phenylester]
  6 246 e, I 123 h
- [2,6-dibrom-4-nitro-phenylester]
  6 247 d, I 124 a
- [22,23-dibrom-19-nor-ergosta-
  5,7,9-trien-3-ylester] **6** III 3082 d

Essigsäure (Fortsetzung)

- [12,18-dibrom-olean-12-en-
  3-ylester] **6** IV 4196
- [3,10-dibrom-[9]phenanthrylester]
  6 I 341 e
- [6,10-dibrom-[9]phenanthrylester]
  6 I 341 e
- [2,4-dibrom-6-phenoxymethyl-
  phenylester] **6** III 4543 b
- [2,3-dibrom-1-phenyl-allylester]
  6 IV 3820
- [2,4-dibrom-phenylester]
  6 I 106 l, III 754 e
- [2,6-dibrom-phenylester]
  6 IV 1064
- [3,5-dibrom-phenylester]
  6 II 189 h
- [2,3-dibrom-1-phenyl-inden-
  1-ylester] **6** I 342 a
- [2,3-dibrom-3-phenyl-propylester]
  6 504 e, IV 3205
- [22,23-dibrom-stigmasta-
  7,9(11)-dien-3-ylester] **6** IV 4175
- [5,6-dibrom-stigmastan-3-ylester]
  6 III 2178, IV 3609 b
- [5,6-dibrom-stigmast-22-en-
  3-ylester] **6** III 2713 c
- [22,23-dibrom-stigmast-5-en-
  3-ylester] **6** III 2706 a
- [3,5-dibrom-stilben-4-ylester]
  6 693 l
- [1,3-dibrom-5,6,7,8-tetrahydro-
  [2]naphthylester] **6** II 539 a,
  IV 3857
- [2,4-dibrom-6-thiocyanatomethyl-
  phenylester] **6** 896 d
- [24,25-dibrom-tirucall-8-en-
  3-ylester] **6** IV 4054
- [2,3-dibrom-2,6,6-trimethyl-
  cyclohexylmethylester] **6** III 170 b
- [2,5-dibrom-3,4,6-trimethyl-
  phenylester] **6** 512 d
- [3,5-dibrom-2,4,6-trimethyl-
  phenylester] **6** 519 e
- [2,6-dibrom-4-trityl-phenylester]
  6 731 j
- [2,4-dibrom-6-vinyl-phenylester]
  6 I 277 g
- [2,6-dibrom-4-vinyl-phenylester]
  6 562 c
- [2,4-di-*tert*-butyl-6-chlor-
  phenylester] **6** IV 3494

- [3,6-di-*tert*-butyl-2,4-diphenyl-
  phenylester] **6** IV 5079
- [2,6-di-*tert*-butyl-4-methyl-
  phenylester] **6** IV 3512
- [1,3-dichlor-[9]anthrylester]
  6 III 3555 e
- [1,4-dichlor-[9]anthrylester]
  6 II 671 f
- [1,5-dichlor-[9]anthrylester]
  6 II 672 b, IV 4932
- [1,8-dichlor-[9]anthrylester]
  6 II 672 c
- [2,3-dichlor-[9]anthrylester]
  6 II 672 d
- [2,4-dichlor-[9]anthrylester]
  6 III 3555 i
- [4,5-dichlor-[9]anthrylester]
  6 II 672 e
- [9,10-dichlor-[2]anthrylester]
  6 IV 4930
- [1,5-dichlor-[9]anthrylmethylester]
  6 II 679 b
- [4,5-dichlor-[9]anthrylmethylester]
  6 III 3564 g
- [2,2'-dichlor-benzhydrylester]
  6 III 3377 c
- [2,6-dichlor-benzhydrylester]
  6 I 327 h
- [4,4'-dichlor-benzhydrylester]
  6 680 h
- [3,4-dichlor-benzylester] **6** 445 k
- [3,4'-dichlor-biphenyl-4-ylester]
  6 III 3333 e
- [3,5-dichlor-biphenyl-4-ylester]
  6 III 3333 a
- [3,5-dichlor-cholestan-6-ylester]
  6 IV 3598
- [5,6-dichlor-cholestan-3-ylester]
  6 III 2147 c, IV 3585
- [2,4-dichlor-5-dichlorjodanyl-
  phenylester] **6** III 782 f
- [2,6-dichlor-4-dichlorjodanyl-
  phenylester] **6** I 110 f
- [3,8-dichlor-1,2-dihydro-cyclopent≈
  [*a*]inden-1-ylester] **6** IV 4622
- [3,8-dichlor-1,2-dihydro-cyclopent≈
  [*a*]inden-2-ylester] **6** IV 4622
- [5,8-dichlor-4,9-dihydroxy-
  [1]anthrylester] **8** III 2801 a
- [2,5-dichlor-3,6-dimethoxy-
  phenylester] **6** III 6284 d
- [2,6-dichlor-3,5-dimethoxy-
  phenylester] **6** IV 7369

Essigsäure (Fortsetzung)

- [1,4-dichlor-5,8-dimethyl-
  [9]anthrylester] **6** III 3574 g
- [2,3-dichlor-6,7-dimethyl-
  [9]anthrylester] **6** III 3575 b
- [α,α'-dichlor-2',4'-dinitro-bibenzyl-
  4-ylester] **6** I 329 c
- [2,2-dichlor-1,1-diphenyl-
  äthylester] **6** IV 4718
- [22,23-dichlor-ergosta-7,9(11)-dien-
  3-ylester] **6** IV 4164
- [22,23-dichlor-ergosta-7,14-dien-
  3-ylester] **6** IV 4165
- [2,2-dichlor-2-fluor-1,1-diphenyl-
  äthylester] **6** IV 4719
- [3,5-dichlor-2-hydroxy-benzylester]
  6 III 4541 c
- [2,4-dichlor-6-hydroxymethyl-
  phenylester] **6** III 4541 c
- [4,8-dichlor-5-hydroxy-
  [1]naphthylester] **6** III 5269 d
- [2,5-dichlor-4-hydroxy-phenylester]
  6 IV 5773
- [2,9-dichlor-7-isopropyl-1-methyl-
  [3]phenanthrylester] **6** III 3586 c
- [2-dichlorjodanyl-4,6-dijod-
  phenylester] **6** I 112 i
- [4-dicblorjodanyl-2,6-dijod-
  phenylester] **6** I 112 i
- [2-dichlorjodanyl-4-jod-phenylester]
  6 I 111 m
- [4-dichlorjodanyl-2-jod-phenylester]
  6 I 111 m
- [2-dichlorjodanyl-phenylester]
  6 III 771 c, IV 1071 g
- [3-dichlorjodanyl-phenylester]
  6 II5 773 b
- [4-dichlorjodanyl-phenylester]
  6 I 109 k, IV 1077 g
- [2,4-dichlor-5-jod-phenylester]
  6 III 782 e
- [2,4-dichlor-6-jod-phenylester]
  6 II 201 a, III 782 a
- [2,6-dichlor-4-jod-phenylester]
  6 I 110 e
- [4,5-dichlor-10-methoxy-
  [9]anthrylester] **6** III 5686 b
- [6,8-dichlor-5-methoxy-
  [1]naphthylester] **6** III 5268 e,
  III 5268 f
- [1,8-dichlor-10-methyl-
  [9]anthrylester] **6** II 678 d

- [4-dichlormethyl-1,4-dimethyl-
  cyclohexylester] **6** I 17 a
- [4-dichlormethyl-2-methoxy-
  phenylester] **6** II 867 e
- [3,4-dichlor-1-methyl-
  [2]naphthylester] **6** 666 c
- [3,4-dichlor-6-methyl-2-nitro-
  phenylester] **6** I 179 h
- [3,6-dichlor-2-methyl-4-nitro-
  phenylester] **6** I 179 j
- [2,4-dichlor-6-methyl-phenylester]
  6 II 332 j, IV 2002
- [2,6-dichlor-4-methyl-phenylester]
  6 404 c
- [1,3-dichlor-[2]naphthylester]
  6 650 a
- [1,4-dichlor-[2]naphthylester]
  6 650 c
- [1,5-dichlor-[2]naphthylester]
  6 IV 4297
- [1,6-dichlor-[2]naphthylester]
  6 IV 4298
- [1,7-dichlor-[2]naphthylester]
  6 IV 4298
- [1,8-dichlor-[2]naphthylester]
  6 IV 4298
- [2,4-dichlor-[1]naphthylester]
  6 612 j
- [3,4-dichlor-[2]naphthylester]
  6 IV 4299
- [3,6-dichlor-[2]naphthylester]
  6 IV 4300
- [5,6-dichlor-[2]naphthylester]
  6 IV 4300
- [5,7-dichlor-[1]naphthylester]
  6 613 a
- [5,8-dichlor-[1]naphthylester]
  6 613 c
- [6,7-dichlor-[1]naphthylester]
  6 613 e
- [7,8-dichlor-[1]naphthylester]
  6 613 g
- [1,3-dichlor-10-nitro-[9]anthrylester]
  6 III 3556 f
- [2,3-dichlor-10-nitro-[9]anthrylester]
  6 III 3556 g
- [2,3-dichlor-10-nitro-9,10-dihydro-
  [9]anthrylester] **6** II 660 i
- [1,5-dichlor-10-nitro-9-phenyl-
  9,10-dihydro-[9]anthrylester]
  6 II 706 e
- [2,4-dichlor-6-nitro-phenylester]
  6 241 e, IV 1358

Essigsäure (Fortsetzung)

- [2,5-dichlor-4-nitro-phenylester]
  6 II 231 d, IV 1361
- [2,6-dichlor-4-nitro-phenylester]
  6 IV 1362
- [3,5-dichlor-4-nitro-phenylester]
  6 II 231 i
- [2,3-dichlor-4-nitroso-2,3-dihydro-
  [1]naphthylester] **6** II 559 d
- [2,4-dichlor-6-[9]phenanthrylmethyl-
  phenylester] **6** III 3788 b
- [2,4-dichlor-phenoxymethylester]
  6 IV 897
- [1,4-dichlor-10-phenyl-
  [9]anthrylester] **6** III 3779 e
- [1,5-dichlor-10-phenyl-
  [9]anthrylester] **6** II 711 e
- [1,8-dichlor-10-phenyl-
  [9]anthrylester] **6** III 3780 a
- [2,3-dichlor-10-phenyl-
  [9]anthrylester] **6** III 3779 f
- [2,4-dichlor-phenylester]
  6 189 d, III 704 d
- [2,5-dichlor-phenylester] **6** IV 943
- [2,6-dichlor-phenylester]
  6 III 713 d
- [3,5-dichlor-phenylester] **6** II 179 g
- [3,16-dichlor-pregnan-20-ylester]
  6 III 2114 f
- [5,6-dichlor-stigmast-22-en-
  3-ylester] **6** III 2712 d
- [2,6-dichlor-4-trityl-phenylester]
  6 731 h
- [1,2-dicyclohexyl-2-hydroxy-
  äthylester] **6** III 4157 a
- [2,4-dicyclohexyl-5-methyl-
  phenylester] **6** III 2782 f
- [2,6-dicyclohexyl-4-methyl-
  phenylester] **6** III 2783 a
- [1,2-dicyclopentyliden-2-phenyl-
  äthylester] **6** IV 4822
- [1,2-dicyclopentyl-2-phenyl-
  äthylester] **6** IV 4124
- [2,2-difluor-1,1-diphenyl-
  äthylester] **6** IV 4716
- [2,2-difluor-1-phenyl-äthylester]
  6 IV 3043
- [9,10-dihydro-9,10-äthano-
  anthracen-11-ylester] **6** III 3579 c
- [9,10-dihydro-9,10-äthano-
  anthracen-11-ylmethylester]
  6 III 3581 d

- [9,10-dihydro-[1]anthrylester]
  6 696 f, II 660 d
- [9,10-dihydro-[2]anthrylester]
  6 697 b
- [9,10-dihydro-[9]anthrylmethylester]
  6 IV 4880
- [4,5-dihydro-benz[*k*]acephenanthryl≠
  en-7-ylester] **6** III 3782 b
- [5,6-dihydro-4*H*-benz[*de*]anthracen-
  7-ylester] **6** III 3613 d
- [5,6-dihydro-benz[*a*]anthracen-
  7-ylester] **6** III 3634 g
- [8,9-dihydro-7*H*-benzocyclohepten-
  5-ylester] **6** IV 4083
- [7,8-dihydro-benzocycloocten-
  7-ylester] **6** IV 4344
- [11,12-dihydro-chrysen-6-ylester]
  6 III 3635 b
- [2,3-dihydro-1*H*-cyclopenta≠
  [*l*]phenanthren-2-ylester] **6** IV 4992
- [16,17-dihydro-15*H*-cyclopenta≠
  [*a*]phenanthren-15-ylester] **6** IV 4992
- [10,11-dihydro-5*H*-dibenzo≠
  [*a,d*]cyclohepten-5-ylester] **6** IV 4879
- [5,17a-dihydro-*D*-homo-androstan-
  3-ylester] **6** III 6391 a
- [10,12-dihydro-indeno[2,1-*b*]≠
  fluoren-11-ylester] **6** IV 5119
- [3,4-dihydro-[1]naphthylester]
  6 IV 4077
- [5,6-dihydro-[1]naphthylester]
  6 IV 4077
- [5,8-dihydro-[1]naphthylester]
  6 IV 4078
- [9,10-dihydro-[2]phenanthrylester]
  6 III 3505 b
- [5,6-dihydro-picen-13-ylester]
  6 III 3815 c
- [13,14-dihydro-picen-5-ylester]
  6 III 3815 b
- [7,12-dihydro-pleiaden-1-ylester]
  6 III 3635 f
- [5,17-dihydroxy-androstan-
  3-ylester] **6** III 6386 d
- [6,17-dihydroxy-androstan-
  3-ylester] **6** III 6387 a
- [11,17-dihydroxy-androstan-
  3-ylester] **6** III 6388 b
- [12,17-dihydroxy-androstan-
  3-ylester] **6** III 6388 e
- [16,17-dihydroxy-androst-5-en-
  3-ylester] **6** III 6457 c

Essigsäure (Fortsetzung)
- [1,10-dihydroxy-[2]anthrylester]
  8 III 2805 a
- [4,9-dihydroxy-[1]anthrylester]
  6 IV 7602, **8** III 2800 c
- [8,10-dihydroxy-[1]anthrylester]
  8 III 2806 f
- [2,5-dihydroxy-benzylester]
  6 III 6323 c
- [3,5-dihydroxy-cholestan-6-ylester]
  6 III 6425 b
- [3,6-dihydroxy-cholestan-5-ylester]
  6 III 6425 a
- [3,26-dihydroxy-cholestan-
  16-ylester] **6** III 6432 b
- [5,6-dihydroxy-cholestan-3-ylester]
  6 III 6424 d
- [9,10-dihydroxy-1,4-dihydro-
  [1]anthrylester] **6** IV 7594
- [9,10-dihydroxy-5,8-dihydro-
  [1]anthrylester] **6** IV 7593
- [5,8-dihydroxy-6,7-dimethoxy-
  1,4-dihydro-[1]naphthylester]
  6 IV 7896
- [2,5-dihydroxy-3,6-dimethoxy-
  phenylester] **6** III 6882 a
- [20,24-dihydroxy-24,24-dimethyl-
  cholan-3-ylester] **6** III 6420 c
- [20,24-dihydroxy-24,24-dimethyl-
  chol-5-en-3-ylester] **6** III 6472 a
- [2,3-dihydroxy-4,6-dinitro-
  phenylester] **6** II 1071 a
- [17,20-dihydroxy-23,24-dinor-
  cholan-3-ylester] **6** III 6412 a
- [20,24-dihydroxy-24,24-diphenyl-
  cholan-3-ylester] **6** III 6605 a
- [20,24-dihydroxy-24,24-diphenyl-
  chol-5-en-3-ylester] **6** III 6614 a
- [17,21-dihydroxy-21,21-diphenyl-
  pregn-5-en-3-ylester] **6** III 6612 d
- [5,8-dihydroxy-ergosta-6,22-dien-
  3-ylester] **6** III 6493 a
- [14,15-dihydroxy-D-friedo-oleanan-
  3-ylester] **6** III 6482 c
- [1,4-dihydroxy-4b,5,6,7,8,10-
  hexahydro-[9]phenanthrylester]
  6 IV 7545
- [5,8-dihydroxy-1,2,3,4,4a,9-
  hexahydro-[9]phenanthrylester]
  6 IV 7545
- [2′,5′-dihydroxy-2,4,6,3′,4′,6′-
  hexamethyl-stilben-α-ylester]
  6 III 6557 a

- [24,25-dihydroxy-lanost-8-en-
  3-ylester] **6** III 6481 a
- [5,6-dihydroxy-lumista-7,22-dien-
  3-ylester] **6** III 6495 d
- [20,29-dihydroxy-lupan-3-ylester]
  6 III 6483 b
- [4,17-dihydroxy-17-methyl-androst-
  5-en-3-ylester] **6** III 6459 c
- [3,4-dihydroxy-4-methyl-
  cyclohexylester] **6** IV 7312
- [9,10-dihydroxy-2-methyl-
  1,4-dihydro-[1]anthrylester]
  6 IV 7596
- [17,22-dihydroxy-22-methyl-
  21,24-dinor-chol-5-en-3-ylester]
  6 III 6470 b
- [17,17a-dihydroxy-17a-methyl-
  D-homo-androstan-3-ylester]
  6 III 6395 b
- [13,14-dihydroxy-17-methyl-18-nor-
  androst-5-en-3-ylester] **6** III 6459 a
- [3,16-dihydroxy-19-methyl-18-nor-
  kauran-17-ylester] **6** III 6392 c
- [1,4-dihydroxy-[2]naphthylester]
  6 IV 7532
- [2,4-dihydroxy-[1]naphthylester]
  6 III 6504 f
- [5,8-dihydroxy-[1]naphthylester]
  6 IV 7536
- [3,23-dihydroxy-24-nor-cholan-
  12-ylester] **6** III 6414 a
- [3,28-dihydroxy-olean-12-en-
  19-ylester] **6** III 6497 e
- [2,3-dihydroxy-phenylester]
  6 1082 d, II 1066 d, III 6268 e,
  IV 7332
- [3,16-dihydroxy-pregnan-
  20-ylester] **6** III 6402 c
- [11,20-dihydroxy-pregnan-
  3-ylester] **6** III 6398 a
- [5,6-dihydroxy-stigmastan-
  3-ylester] **6** III 6436 c
- [4,4′-dihydroxy-3,5,3′,5′-
  tetramethyl-benzhydrylester]
  6 III 6543 a
- [7,8a-dihydroxy-4,4,7-trimethyl-
  octahydro-[1]naphthylester]
  6 IV 7320
- [2,5-diisopropyl-2,5-dipropyl-
  cyclopentylester] **6** III 196 e
- [1,3-diisopropyl-4-methyl-
  bicyclo[3.1.0]hex-3-ylester]
  6 III 347 c

Essigsäure (Fortsetzung)

- [3,5'-dimethoxy-6-propenyl-2'-vinyl-biphenyl-2-ylester] **6** III 6566 a
- [2,6-dimethoxy-4-propyl-phenylester] **6** 1120 c, II 1086 e, III 6343 b
- [4,4'-dimethoxy-stilben-α-ylester] **6** III 6553 c
- [2,3-dimethoxy-8,9,10,11-tetrahydro-7*H*-cyclohepta≠[*a*]naphthalin-6-ylester] **6** IV 7578
- [2,3-dimethoxy-5,6,7,8-tetrahydro-[9]phenanthrylester] **6** IV 7575
- [2,5-dimethoxy-3,4,6-trimethyl-benzylester] **6** II 1089 e, III 6363 f
- [1,3-dimethyl-[9]anthrylester] **6** III 3574 c
- [1,4-dimethyl-[9]anthrylester] **6** III 3574 f
- [2,3-dimethyl-[9]anthrylester] **6** III 3575 a
- [2,4-dimethyl-[9]anthrylester] **6** III 3574 e
- [3,4-dimethyl-[9]anthrylester] **6** III 3574 a
- [1,7-dimethyl-benz[*a*]anthracen-12-ylester] **6** III 3748 a
- [2,4-dimethyl-benzhydrylester] **6** III 3421 c
- [2,3-dimethyl-benzylester] **6** IV 3246
- [2,4-dimethyl-benzylester] **6** 518 h, I 256 e, IV 3250
- [2,5-dimethyl-benzylester] **6** 518 j, I 256 g
- [3,4-dimethyl-benzylester] **6** I 256 i
- [3,5-dimethyl-benzylester] **6** 521 l
- [4,4-dimethyl-bicyclo[3.2.1]oct-2-en-2-ylester] **6** III 384 d
- [2,2-dimethyl-bicyclo[3.2.1]oct-3-ylester] **6** IV 276
- [4,4-dimethyl-bicyclo[3.2.1]oct-2-ylester] **6** II 76 d
- [2,2'-dimethyl-biphenyl-4-ylester] **6** III 3406 c
- [2,3'-dimethyl-biphenyl-4-ylester] **6** III 3407 c
- [2,4'-dimethyl-biphenyl-4-ylester] **6** III 3408 e
- [3,2'-dimethyl-biphenyl-2-ylester] **6** III 3407 e
- [3,2'-dimethyl-biphenyl-4-ylester] **6** III 3407 h
- [3,3'-dimethyl-biphenyl-4-ylester] **6** III 3408 h
- [3,4'-dimethyl-biphenyl-4-ylester] **6** III 3409 d
- [5,2'-dimethyl-biphenyl-2-ylester] **6** III 3408 b
- [5,3'-dimethyl-biphenyl-2-ylester] **6** III 3409 a
- [5,4'-dimethyl-biphenyl-2-ylester] **6** III 3409 g
- [24,24-dimethyl-chola-5,23-dien-3-ylester] **6** III 2809 c
- [24,24-dimethyl-cholan-3-ylester] **6** III 2124 c
- [24,24-dimethyl-chol-23-en-3-ylester] **6** III 2601 a
- [2,2-dimethyl-cholestan-3-ylester] **6** IV 3611
- [4,4-dimethyl-cholestan-3-ylester] **6** IV 3612
- [2,4-dimethyl-cinnamylester] **6** III 2477 a
- [2,5-dimethyl-cinnamylester] **6** III 2476 f
- [5,5-dimethyl-cyclohepta-1,3,6-trienylmethylester] **6** IV 3266
- [6,6-dimethyl-cyclohex-2-enylmethylester] **6** IV 238
- [1,2-dimethyl-cyclohexylester] **6** IV 121
- [2,4-dimethyl-cyclohexylester] **6** 18 c
- [3,3-dimethyl-cyclohexylester] **6** 17 d, III 90 a
- [3,5-dimethyl-cyclohexylester] **6** 18 e
- [5,5-dimethyl-cyclononylester] **6** IV 169
- [2,3-dimethyl-2,6-cyclo-norbornan-3-ylmethylester] **6** 101 a
- [1,2-dimethyl-cyclopentylester] **6** IV 111
- [2,2-dimethyl-cyclopentylester] **6** I 11 j
- [3,5-dimethyl-2,4-dinitro-phenylester] **6** III 1767 b
- [3,6-dimethyl-2,4-dinitro-phenylester] **6** III 1776 g

Essigsäure (Fortsetzung)
- [7,7-dimethyl-1-phenyl-
  [2]norbornylester] **6** II 565 b,
  III 2765 c
- [1,1-dimethyl-3-phenyl-prop-
  2-inylester] **6** 590 c, IV 4080
- [1,1-dimethyl-3-phenyl-propylester]
  6 I 269 j, III 1962 d, IV 3380
- [1,2-dimethyl-3-phenyl-propylester]
  6 III 1959 b
- [2,2-dimethyl-1-phenyl-propylester]
  6 III 1972 c, IV 3391
- [2,2-dimethyl-3-phenyl-propylester]
  6 I 270 f
- [8,13-dimethyl-podocarp-12-en-
  16-ylester] **6** III 2098 c
- [2,6-dimethyl-4-propyl-phenylester]
  6 III 1988 d
- [2,6-dimethyl-4-pyren-1-ylmethyl-
  phenylester] **6** IV 5147
- [1,4-dimethyl-1,2,3,4-tetrahydro-
  [9]anthrylester] **6** II 650 a
- [2,4-dimethyl-5,6,7,8-tetrahydro-
  [1]naphthylester] **6** IV 3920
- [2,3-dimethyl-1,9,10,10a-tetrahydro-
  4*H*-[4a]phenanthrylmethylester]
  6 III 3068 a
- [1,1-dimethyl-2-*m*-tolyl-äthylester]
  6 550 c
- [1,1-dimethyl-3-*p*-tolyl-propylester]
  6 IV 3430
- [3,7-dimethyl-9-(2,6,6-trimethyl-
  cyclohex-2-enyliden)-nona-
  3,5,7-trienylester] **6** IV 4131
- [1,4-dimethyl-2,3,5-triphenyl-
  norborn-2-en-7-ylester] **6** III 3824 a
- [di-[1]naphthyl-methylester]
  6 III 3789 d
- [di-[1]naphthyl-phenyl-methylester]
  6 II 735 e
- [3,5-dinitro-benzhydrylester]
  6 IV 4681
- [2,4-dinitro-benzylester] **6** 453 e
- [4′,α′-dinitro-bibenzyl-α-ylester]
  6 IV 4706
- [3,4′-dinitro-biphenyl-4-ylester]
  6 III 3340 d
- [3,5-dinitro-biphenyl-4-ylester]
  6 III 3340 c
- [10,10-dinitro-bornan-2-ylester]
  6 I 53 a
- [7,8-dinitro-cholestan-3-ylester]
  6 IV 3592

- [2,7-dinitro-fluoren-9-ylester]
  6 692 h
- [4,5-dinitro-fluoren-9-ylester]
  6 692 j
- [1,6-dinitro-[2]naphthylester]
  6 IV 4311
- [2,4-dinitro-[1]naphthylester]
  6 II 587 c
- [4,7-dinitro-[2]naphthylester]
  6 IV 4311
- [4,8-dinitro-[2]naphthylester]
  6 IV 4312
- [3,10-dinitro-[9]phenanthrylester]
  6 I 341 f
- [6,10-dinitro-[9]phenanthrylester]
  6 I 341 f
- [2,4-dinitro-phenylester]
  6 255 m, I 127 a, III 866 b,
  IV 1380
- [3,5-dinitro-phenylester] **6** 258 e
- [2-(2,4-dinitro-phenylmercapto)-
  äthylamid] **6** IV 1763
- [2,6-dinitro-4-propyl-phenylester]
  6 I 249 l
- [2′,4′-dinitro-stilben-4-ylester]
  6 I 336 a, II 659 b
- [1,3-dinitro-5,6,7,8-tetrahydro-
  [2]naphthylester] **6** II 540 b
- [21,24-dinor-chola-17(20),22-dien-
  3-ylester] **6** III 2805 b
- [23,24-dinor-chola-5,17(20)-dien-
  3-ylester] **6** III 2805 d
- [23,24-dinor-chola-5,20-dien-
  3-ylester] **6** IV 4145
- [23,24-dinor-cholan-3-ylester]
  6 III 2118 b
- [21,24-dinor-chola-5,17(20),22-
  trien-3-ylester] **6** III 3078 d
- [23,24-dinor-chola-5,16,20-trien-
  3-ylester] **6** IV 4398
- [23,24-dinor-chol-17(20)-en-
  3-ylester] **6** III 2594 c
- [23,24-dinor-chol-20-en-3-ylester]
  6 III 2595 b
- [di-[9]phenanthryl-methylester]
  6 III 3883 b
- [di-[9]phenanthryl-phenyl-
  methylester] **6** III 3906 c
- [1,5-diphenoxy-[9]anthrylester]
  6 III 6560 a
- [β,β′-diphenoxy-isopropylester]
  6 149 e, III 583 c

Essigsäure (Fortsetzung)

- [2,2-diphenyl-äthylester]
  6 IV 4724
- [1,3-diphenyl-allylester]
  6 II 663 a
- [2,3-diphenyl-allylester]
  6 IV 4873
- [3,3-diphenyl-allylester]
  6 II 664 a
- [9,10-diphenyl-[1]anthrylester]
  6 IV 5158
- [9,10-diphenyl-[2]anthrylester]
  6 III 3859 d, IV 5159
- [4,4-diphenyl-but-3-enylester]
  6 IV 4886
- [1,2-diphenyl-butylester]
  6 III 3430 b
- [1,3-diphenyl-butylester]
  6 IV 4780
- [24,24-diphenyl-chola-5,23-dien-
  3-ylester] **6** III 3802 a, IV 5129
- [24,24-diphenyl-chola-6,23-dien-
  3-ylester] **6** IV 5129
- [24,24-diphenyl-chola-9(11),23-dien-
  3-ylester] **6** IV 5129
- [24,24-diphenyl-chola-11,23-dien-
  3-ylester] **6** III 3802 b
- [24,24-diphenyl-chola-20(22),23-
  dien-3-ylester] **6** III 3803 c
- [24,24-diphenyl-chola-5,20(22),23-
  trien-3-ylester] **6** III 3825 b,
  IV 5138
- [24,24-diphenyl-chol-5-en-3-ylester]
  6 III 3770 b
- [24,24-diphenyl-chol-23-en-
  3-ylester] **6** IV 5108
- [5,5-diphenyl-cyclononylester]
  6 IV 4920
- [2,2-diphenyl-cyclopropylmethyl⹀
  ester] **6** IV 4889
- [21,21-diphenyl-23,24-dinor-chola-
  5,20-dien-3-ylester] **6** III 3799 c
- [21,21-diphenyl-23,24-dinor-chol-
  20-en-3-ylester] **6** III 3767 a
- [20,20-diphenyl-29,30-dinor-lup-
  19-en-3-ylester] **6** IV 5132
- [1,2-diphenyl-inden-1-ylester]
  6 IV 5120
- [2,3-diphenyl-inden-1-ylester]
  6 I 360 a, III 3785 c, IV 5120
- [2-diphenylmethansulfonyl-
  äthylester] **6** III 3380 d

- [6,12-diphenyl-naphthacen-
  5-ylester] **6** IV 5171
- [1,4-diphenyl-[2]naphthylester]
  6 III 3814 f
- [2,3-diphenyl-[1]naphthylester]
  6 II 719 g
- [3,4-diphenyl-[1]naphthylester]
  6 II 719 e, III 3813 f, IV 5133
- [1,4-diphenyl-[2]naphthylmethyl⹀
  ester] **6** III 3820 c
- [23,23-diphenyl-24-nor-chola-
  5,16,22-trien-3-ylester] **6** IV 5137
- [23,23-diphenyl-24-nor-chol-22-en-
  3-ylester] **6** III 3768 c
- [1,1-diphenyl-penta-2,4-diinylester]
  6 IV 5006
- [21,21-diphenyl-pregna-
  5,16,20-trien-3-ylester] **6** III 3824 c
- [21,21-diphenyl-pregn-20-en-
  3-ylester] **6** III 3766 b
- [1,1-diphenyl-prop-2-inylester]
  6 IV 4941
- [1,2-diphenyl-propylester]
  6 III 3416 a, IV 4753
- [1,3-diphenyl-propylester]
  6 II 643 g
- [2,2-diphenyl-propylester] **6** I 331 f
- [3,3-diphenyl-propylester]
  6 III 3418 f
- [21,21-diphenyl-19,23,24-trinor-
  chola-5,7,9-trien-3-ylester] **6** III 3845 b
- [24,24-diphenyl-25,26,27-trinor-
  dammara-20(22),23-dien-3-ylester]
  6 IV 5129
- [24,24-diphenyl-25,26,27-trinor-
  lanosta-20(22),23-dien-3-ylester]
  6 IV 5130
- [24,24-diphenyl-25,26,27-trinor-
  lanost-23-en-3-ylester] **6** IV 5109
- [2,2-diphenyl-vinylester]
  6 I 336 g, II 660 b, III 3504 a,
  IV 4865
- [2,3-dipropyl-cyclopropylmethyl⹀
  ester] **6** 45 c
- [β,β'-di-p-tolyloxy-isopropylester]
  6 III 1362 g
- [4-dodecyl-2,6-dimethyl-
  phenylester] **6** III 2103 b
- [4-dodecyloxy-2,3,5,6-tetramethyl-
  phenylester] **6** III 4688 d
- [4-dodecyloxy-2,3,6-trimethyl-
  phenylester] **6** III 4648 b
- driman-11-ylester **6** III 359 a

Essigsäure (Fortsetzung)

- eburica-8,24(28)-dien-3-ylester
  6 IV 4205
- eburic-8-en-3-ylester **6** IV 4062
- eburic-8-en-21-ylester
  6 IV 4062 c
- eburic-9(11)-en-3-ylester
  6 IV 4062
- epibornylester **6** II 92 a, III 318 b
- epiisobornylester **6** III 318 d
- ergosta-5,7-dien-3-ylester
  6 III 2837 b
- ergosta-5,22-dien-3-ylester
  6 III 2838 a, IV 4163 b
- ergosta-5,24(28)-dien-3-ylester
  6 III 2839 b, IV 4163
- ergosta-7,9(11)-dien-3-ylester
  6 III 2840 c
- ergosta-7,22-dien-3-ylester
  6 III 2846 c, IV 4165
- ergosta-7,24(28)-dien-3-ylester
  6 III 2848 c, IV 4166
- ergosta-8,14-dien-3-ylester
  6 III 2849, IV 4166
- ergosta-8(14),22-dien-3-ylester
  6 III 2852 a, IV 4167
- ergosta-8,22-dien-3-ylester
  6 IV 4166
- ergosta-8,24(28)-dien-3-ylester
  6 III 2851 b, IV 4167 a
- ergosta-9(11),22-dien-3-ylester
  6 IV 4168
- ergostan-3-ylester **6** III 2165 b,
  IV 3603
- ergosta-3,5,7,9(11),22-pentaen-
  3-ylester **6** III 3548 a, IV 4925
- ergosta-2,4,6,22-tetraen-3-ylester
  6 III 3478 a
- ergosta-3,5,7,22-tetraen-3-ylester
  6 III 3478 c, IV 4838
- ergosta-5,7,9(11),22-tetraen-
  3-ylester **6** III 3481 b, IV 4838
- ergosta-5,7,14,22-tetraen-3-ylester
  6 IV 4839
- ergosta-5,7,22,24(28)-tetraen-
  3-ylester **6** IV 4839
- ergosta-6,8(14),9(11),22-tetraen-
  3-ylester **6** IV 4840
- ergosta-6,8(14),15,22-tetraen-
  3-ylester **6** IV 4840
- ergosta-7,9(11),14,22-tetraen-
  3-ylester **6** IV 4840

- ergosta-4,6,22-trien-3-ylester
  6 III 3095 c
- ergosta-4,7,22-trien-3-ylester
  6 III 3096 c
- ergosta-5,7,9(11)-trien-3-ylester
  6 III 3097 a
- ergosta-5,7,22-trien-3-ylester
  6 III 3111 c, IV 4408
- ergosta-6,8(14),22-trien-3-ylester
  6 III 3119 d
- ergosta-7,9(11),14-trien-3-ylester
  6 IV 4411
- ergosta-7,9(11),22-trien-3-ylester
  6 III 3122 a, IV 4411
- ergosta-7,14,22-trien-3-ylester
  6 III 3123, IV 4412
- ergosta-8,14,22-trien-3-ylester
  6 III 3125 c, IV 4412
- ergost-5-en-3-ylester **6** III 2682 a
- ergost-7-en-3-ylester **6** III 2684 a,
  IV 4030
- ergost-8-en-3-ylester **6** III 2685 b
- ergost-8(14)-en-3-ylester
  6 III 2687 d, IV 4031 a
- ergost-9(11)-en-3-ylester
  6 IV 4032
- ergost-11-en-3-ylester **6** IV 4032
- ergost-14-en-3-ylester **6** III 2691 b,
  IV 4033 a
- ergost-22-en-3-ylester **6** III 2692 d,
  IV 4033 b
- ergosterylester **6** III 3112,
  IV 4408
- eudesman-11-ylester **6** I 59 c;
  vgl. III 357 d
- eupha-7,9(11)-dien-3-ylester
  6 IV 4186
- eupha-7,24-dien-3-ylester
  6 III 2880 a
- eupha-8,24-dien-3-ylester
  6 III 2884 b, IV 4188
- eupha-8,25-dien-3-ylester
  6 IV 4189
- euph-7-en-3-ylester **6** III 2719 b,
  IV 4051
- euph-8-en-3-ylester **6** III 2723 c,
  IV 4052
- euphorba-7,9(11)-dien-3-ylester
  6 IV 4204
- euphorba-8,24(28)-dien-3-ylester
  6 III 2910 a
- euphorb-8-en-3-ylester **6** III 2733 b,
  IV 4062

Essigsäure (Fortsetzung)

— fluoranthen-3-ylester **6** IV 5005

— [4-fluor-benzylester] **6** III 1554 c

— [2-fluor-cyclohexylester]
  6 III 39 e

— fluoren-1-ylester **6** IV 4845

— fluoren-2-ylester **6** III 3487 e,
  IV 4846

— fluoren-9-ylester **6** 692 b, I 334 h,
  II 655 g, IV 4851

— [1-fluoren-9-yliden-äthylester]
  6 IV 4946

— fluoren-9-ylidenmethylester
  6 707 g, I 341 g,
  III 3562 i

— [1-fluoren-9-yl-1-methyl-äthylester]
  6 III 3519 g

— fluoren-9-ylmethylester
  6 III 3507 c, IV 4870

— [4-fluoren-9-yl-2-methyl-
  phenylester] **6** I 358 i

— [4-fluoren-9-yl-phenylester]
  6 I 358 b

— [2-fluor-phenylester] **6** IV 771

— [4-fluor-phenylester] **6** III 670 f,
  IV 775

— [6-fluor-9-trifluormethyl-fluoren-
  3-ylester] **6** IV 4869

— friedelan-3-ylester **6** III 2728 a,
  IV 4058

— friedelan-21-ylester **6** IV 4057 b

— friedelan-25-ylester **6** IV 4058 b

— [*D*:*C*-friedo-*B*′:*A*′-neo-gammacer-
  7-en-3-ylester] **6** IV 4201 b

— [*D*:*B*-friedo-oleana-1(10),5-dien-
  3-ylester] **6** IV 4422

— [*D*:*B*-friedo-oleana-2,5-dien-
  3-ylester] **6** IV 4421

— [*D*:*B*-friedo-oleanan-3-ylester]
  6 IV 4059 a

— [*D*:*B*-friedo-oleana-1(10),2,5-trien-
  3-ylester] **6** IV 4842

— [*D*:*B*-friedo-olean-5-en-3-ylester]
  6 IV 4198

— [*D*:*B*-friedo-olean-5(10)-en-
  3-ylester] **6** IV 4198 b

— [*D*-friedo-olean-14-en-3-ylester]
  6 III 2901 a, IV 4199 b

— [*D*:*A*-friedo-18,19-seco-lupan-3-ylester]
  6 IV 3613 a

— [*D*:*A*-friedo-18,19-seco-lup-19-en-
  3-ylester] **6** IV 4046 a

— [*D*-friedo-ursa-9(11),14-dien-
  3-ylester] **6** IV 4419

— [*D*-friedo-ursa-11,14-dien-3-ylester]
  6 IV 4419

— [*D*:*C*-friedo-urs-7-en-3-ylester]
  6 IV 4194

— [*D*:*C*-friedo-urs-8-en-3-ylester]
  6 IV 4194 a

— gorgost-5-en-3-ylester
  6 IV 4189 b

— [1,4,5,6,7,8,8-heptachlor-3-fluor-
  2,3,3a,4,7,7a-hexahydro-4,7-methano-
  inden-2-ylester] **6** IV 3367

— [1,4,5,6,7,8,8-heptachlor-2,3,3a,4,7,≠
  7a-hexahydro-4,7-methano-inden-
  2-ylester] **6** IV 3367

— [2-heptyl-4,6-dimethyl-phenylester]
  6 III 2071 d

— [4-heptyl-2,6-dimethyl-phenylester]
  6 III 2071 b

— [2,4,6,2′,4′,6′-hexaäthyl-
  benzhydrylester] **6** III 3473 a

— [2,3,5,2′,3′,5′-hexabrom-
  4,4′-dihydroxy-benzhydrylester]
  6 1137 b

— [1,1,3,4,6,7-hexabrom-
  1,4,6,7-tetrahydro-[2]naphthylester]
  6 III 2463 d

— [1,4,5,6,7,7-hexachlor-norborn-
  5-en-2-ylester] **6** IV 344

— [1,4,5,6,7,7-hexachlor-norborn-
  5-en-2-ylmethylester] **6** IV 359

— [5,6,7,8,9,9-hexachlor-1,2,3,4,4a,5,8,≠
  8a-octahydro-1,4;5,8-dimethano-
  naphthalin-2-ylester] **6** IV 3924

— [5,6,7,8,9,9-hexachlor-1,2,3,4,4a,5,8,≠
  8a-octahydro-1,4;5,8-dimethano-
  naphthalin-2-ylmethylester] **6** IV 3941

— [4-hexadecyloxy-2,5-dimethyl-
  phenylester] **6** IV 5967

— [4-hexadecyloxy-2,3,6-trimethyl-
  phenylester] **6** IV 5998

— [2,3,8,9,10,11-hexahydro-
  1*H*-benz[*de*]anthracen-7-ylester]
  6 II 667 f

— [1,2,3,3a,4,5-hexahydro-benzo≠
  [*def*]chrysen-6-ylester] **6** III 3691 d

— [4,5,7,8,9,10-hexahydro-benzo≠
  [*def*]chrysen-6-ylester] **6** III 3691 a

— [7,8,9,10,11,12-hexahydro-
  benzo[*def*]chrysen-6-ylester]
  6 III 3691 a

Essigsäure (Fortsetzung)

- [10-hydroxy-2,4-dimethyl-[9]anthrylester] **8** III 1498 b
- [4-hydroxy-3,5-dimethyl-benzylester] **6** III 4656 b, IV 6002
- [17-hydroxy-24,24-dimethyl-cholan-3-ylester] **6** III 6420 b
- [20-hydroxy-24,24-dimethyl-cholan-3-ylester] **6** III 4800 b
- [24-hydroxy-24,24-dimethyl-cholan-3-ylester] **6** III 4801 a, 6420 b
- [2-hydroxy-1,2-dimethyl-cyclohexylester] **6** I 371 e
- [5-hydroxy-3,3-dimethyl-cyclohexylester] **6** III 4097 c
- [4-hydroxy-1,4-dimethyl-3,3-diphenyl-pentylester] **6** IV 6777 c
- [2-hydroxy-3,5-dimethyl-phenylester] **6** IV 5961
- [2-hydroxy-4,5-dimethyl-phenylester] **6** IV 5950
- [2-hydroxy-4,6-dimethyl-phenylester] **6** IV 5961
- [4-hydroxy-2,5-dimethyl-phenylester] **6** III 4603 f
- [4-hydroxy-2,6-dimethyl-phenylester] **6** III 4589 e
- [6-hydroxy-3,7-dimethyl-9-phenyl-nona-2,4,7-trienylester] **6** IV 6605
- [α'-hydroxy-2',4'-dinitro-bibenzyl-α-ylester] **6** II 970 g
- [5-hydroxy-6,8-dinitro-[1]naphthylester] **6** III 5273 f
- [8-hydroxy-2,7-dinitro-[1]naphthylester] **6** III 5285 c
- [8-hydroxy-5,7-dinitro-[1]naphthylester] **6** III 5284 f
- [2-hydroxy-3,5-dinitro-phenylester] **6** II 794 d
- [4-hydroxy-3,5-dinitro-phenylester] **6** I 418 k, II 851 c, III 4445 c
- [17-hydroxy-21,24-dinor-cholan-3-ylester] **6** III 4789 a
- [20-hydroxy-23,24-dinor-cholan-3-ylester] **6** III 4790 d
- [2-hydroxy-1,1-diphenyl-äthylester] **6** III 5441 c
- [4-hydroxy-9,10-diphenyl-[1]anthrylester] **6** IV 7076
- [2-hydroxy-1,2-diphenyl-pent-4-enylester] **6** II 995 b

- [2-hydroxy-1,3-diphenyl-propylester] **6** II 976 e
- [1-hydroxy-4-hydroxymethyl-[2]naphthylester] **6** I 559 b, II 1097 e
- [4-hydroxy-3-hydroxymethyl-phenylester] **6** III 6323 b
- [1-hydroxy-indan-2-ylester] **6** IV 6343
- [6-hydroxy-indan-4-ylester] **6** IV 6346
- [7-hydroxy-indan-4-ylester] **6** IV 6346
- [3-hydroxy-5-isopropyl-2-methyl-phenylester] **6** III 4677 a
- [3-hydroxy-2-jod-3-phenyl-propylester] **6** III 4630 e, IV 5987
- [8-hydroxy-p-menth-1-en-9-ylester] **6** IV 5293 b
- [10-hydroxy-7-methoxy-[2]anthrylester] **8** III 2806 a
- [5-hydroxy-3-methoxy-cholestan-6-ylester] **6** III 6426 a
- [5-hydroxy-6-methoxy-cholestan-3-ylester] **6** III 6425 c
- [8-hydroxy-5-methoxy-4a-methyl-1,2,3,4,4a,9,10,10a-octahydro-[2]phenanthrylester] **6** IV 7515
- [2-hydroxy-5-methoxy-phenylester] **6** IV 7342
- [4-hydroxy-2-methoxy-phenylester] **6** IV 7342
- [5-hydroxy-2-methoxy-phenylester] **6** IV 7342
- [5-hydroxy-6-methyl-androstan-3-ylester] **6** III 4768 b
- [17-hydroxymethyl-androstan-3-ylester] **6** III 4769 e
- [17-hydroxy-17-methyl-androstan-3-ylester] **6** III 4769 b
- [17-hydroxymethyl-androst-5-en-3-ylester] **6** III 5096 b
- [10-hydroxy-3-methyl-[9]anthrylester] **8** III 1484 c
- [4-hydroxy-3-methyl-benzylester] **6** IV 5964
- [23-hydroxy-23-methyl-cholan-3-ylester] **6** III 4798 a
- [24-hydroxy-24-methyl-cholan-3-ylester] **6** III 4797 c
- [5-hydroxy-6-methyl-cholestan-3-ylester] **6** III 4823 b
- [4-hydroxy-4-methyl-cyclohexyl-ester] **6** IV 5218

Essigsäure (Fortsetzung)

- [2-hydroxy-2-methyl-cyclohexyl≠
  methylester] **6** IV 5234
- [4-hydroxy-2-methyl-3,5-dinitro-
  phenylester] **6** 877 j
- [2-hydroxy-3-methyl-1,2-diphenyl-
  butylester] **6** II 982 d
- [17a-hydroxy-17a-methyl-*D*-homo-
  androstan-3-ylester] **6** III 4773 d
- [4-hydroxymethyl-2-methoxy-
  phenylester] **6** I 551 a
- [4-hydroxy-5-methyl-
  6-methylmercapto-1,2,3,4,4a,5,8,8a-
  octahydro-[1]naphthylester]
  6 IV 7322
- [1-hydroxy-4-methyl-[2]naphthyl≠
  ester] **6** IV 6575
- [4-hydroxy-2-methyl-[1]naphthyl≠
  ester] **6** III 5302 b
- [4-hydroxy-3-methyl-[1]naphthyl≠
  ester] **6** IV 6581
- [2-hydroxy-5-methyl-3-nitro-
  phenylester] **6** II 869 c
- [8-hydroxy-4a-methyl-1,2,3,4,4a,9,≠
  10,10a-octahydro-[2]phenanthrylester]
  6 III 5177 d
- [2-hydroxy-2-methyl-1-pentyl-
  4-phenyl-but-3-inylester] **6** III 5178 b
- [2-hydroxymethyl-phenylester]
  6 II 879 f
- [3-hydroxy-2-methyl-phenylester]
  6 IV 5877
- [4-hydroxy-2-methyl-phenylester]
  6 I 429 d
- [4-hydroxy-3-methyl-phenylester]
  6 I 429 d, IV 5868
- [5-hydroxy-2-methyl-phenylester]
  6 IV 5865
- [3-hydroxy-4-methyl-1-phenyl-
  pentylester] **6** III 4718 c
- [2-hydroxy-1-methyl-1-phenyl-
  propylester] **6** IV 6008
- [7-hydroxy-[2]naphthylester]
  6 II 957 b
- [2-hydroxy-5-nitro-benzylester]
  6 896 a
- [2-hydroxy-3-nitro-phenylester]
  6 IV 5626
- [2-hydroxy-5-nitro-phenylester]
  6 IV 5628
- [4-hydroxy-3-nitro-phenylester]
  6 II 850 e

- [8a-hydroxy-octahydro-
  [4a]naphthylester] **6** III 4143 a
- [10-hydroxy-1,2,3,4,5,6,7,8-
  octahydro-[9]phenanthrylester]
  6 IV 6477
- [*β*-hydroxy-phenäthylester]
  6 III 4575 e, IV 5941
- [2-hydroxy-phenäthylester]
  6 906 j
- [4-hydroxy-phenäthylester]
  6 I 443 h
- [10-hydroxy-[9]phenanthrylester]
  6 1036 a, II 1003 d, III 5691 d
- [2-hydroxy-3-phenoxy-propylester]
  6 III 583 b, IV 591
- [3-hydroxy-3-phenyl-butylester]
  6 III 4666 f
- [2-hydroxy-2-phenyl-cyclohexyl≠
  ester] **6** I 467 c, II 930 a, IV 6371
- [2-hydroxy-1-phenyl-2,2-di-*o*-tolyl-
  äthylester] **6** III 5810 d
- [2-hydroxy-1-phenyl-2,2-di-*p*-tolyl-
  äthylester] **6** II 1021 b
- [2-hydroxy-phenylester]
  6 II 783 h, III 4227 e, IV 5581
- [3-hydroxy-phenylester]
  6 816 c, I 402 e, II 817 b,
  III 4319 h, IV 5672
- [4-hydroxy-phenylester]
  6 III 4414 b
- [3-hydroxy-1-phenyl-hexylester]
  6 III 4715 h
- [3-hydroxy-1-phenyl-pentylester]
  6 III 4698 c
- [2-hydroxy-2-phenyl-propylester]
  6 IV 5993
- [3-hydroxy-3-phenyl-propylester]
  6 IV 5985
- [3-hydroxy-pregnan-20-ylester]
  6 III 4783 d, IV 6114 b
- [17-hydroxy-pregnan-3-ylester]
  6 III 4777 b, IV 6111 b
- [20-hydroxy-pregnan-3-ylester]
  6 III 4783 b, IV 6113 c
- [2-hydroxy-5-propenyl-phenylester]
  6 III 5007 c, IV 6330
- [5-hydroxy-stigmastan-3-ylester]
  6 III 4825 c
- [7-hydroxy-stigmastan-3-ylester]
  6 III 4827 b
- [5a-hydroxy-4,5,5a,6-tetrahydro-
  benz[*k*]acephenanthrylen-6-ylester]
  6 III 5846 e

Essigsäure (Fortsetzung)

- [2-isopropyl-6-methoxy-phenylester] **6** III 4631 f
- [1'-isopropyl-4'-methyl-bicyclohexyl-4-ylester] **6** IV 335
- [5-isopropyl-2-methyl-cinnamyl≠ester] **6** III 2526 a
- [2-isopropyl-5-methyl-cyclopentyl≠ester] **6** 23 f
- [2-isopropyl-5-methyl-cyclopentyl≠methylester] **6** IV 168
- [3-isopropyl-1-methyl-cyclopentyl≠methylester] **6** 44 f
- [7-isopropyl-1-methyl-9,10-dihydro-[2]phenanthrylester] **6** III 3531 d
- [7-isopropyl-1-methyl-4,9-dinitro-[3]phenanthrylester] **6** III 3589 a
- [3-isopropyl-6-methyl-2,4-dinitro-phenylester] **6** 531 m, III 1892 e
- [5-isopropyl-2-methyl-3,4-dinitro-phenylester] **6** III 1892 g
- [6-isopropyl-3-methyl-2,4-dinitro-phenylester] **6** 543 d
- [7-isopropyl-1-methyl-fluoren-9-ylester] **6** 701 d
- [2-isopropyl-4a-methyl-8-methylen-decahydro-[2]naphthylester] **6** I 66 g
- [7-isopropyl-1-methyl-4-nitro-[3]phenanthrylester] **6** IV 4966
- [7-isopropyl-1-methyl-9-nitro-[3]phenanthrylester] **6** III 3588 c
- [2-isopropyl-8-methyl-[3]phenanthrylester] **6** III 3590 b
- [7-isopropyl-1-methyl-[2]phenanthrylester] **6** III 3583 f
- [7-isopropyl-1-methyl-[3]phenanthrylester] **6** III 3586 a
- [7-isopropyl-1-methyl-[9]phenanthrylester] **6** III 3591 d
- [7-isopropyl-1-methyl-[2]phenanthrylmethylester] **6** IV 4972
- [1-isopropyl-3-methyl-2-phenyl-butylester] **6** IV 3482
- [2-isopropyl-5-methyl-phenylester] **6** 537 f, II 499 a, III 1901 e, IV 3337
- [4-isopropyl-3-methyl-phenylester] **6** IV 3326
- [5-isopropyl-2-methyl-phenylester] **6** 529 f, II 494 c
- [6-isopropyl-3-methyl-2-propyl-cyclohexylester] **6** I 34 d

- [4-isopropyl-[1]naphthylmethyl≠ester] **6** IV 4369
- [26-isopropyl-27-nor-cholest-5-en-3-ylester] **6** IV 4037 b
- [7-isopropyl-1,2,3,4,4a,9,10,10a-octahydro-[1]phenanthrylester] **6** IV 4125 c
- [4-isopropyl-phenäthylester] **6** II 508 e, IV 3405
- [3-isopropyl-phenylester] **6** IV 3214
- [4-isopropyl-phenylester] **6** 506 d
- [14-isopropyl-podocarpa-8,11,13-trien-13-ylester] **6** III 2800 c, IV 4140
- [4-isopropyl-1-vinyl-cyclohexyl≠ester] **6** IV 294
- [3-jod-androst-5-en-17-ylester] **6** IV 3980
- [17-jod-androst-5-en-3-ylester] **6** IV 3978
- [2-jod-benzylester] **6** IV 2605
- [3-jod-benzylester] **6** III 1563 b
- [4-jod-benzylester] **6** III 1563 d
- [2'-jod-biphenyl-2-ylester] **6** IV 4590
- [4'-jod-biphenyl-4-ylester] **6** III 3338 c
- [5-jod-biphenyl-2-ylester] **6** III 3306 e
- [2-jod-cholestan-3-ylester] **6** IV 3592
- [3-jod-cholestan-1-ylester] **6** IV 3574
- [3-jod-cholestan-2-ylester] **6** IV 3576
- [6-jod-cholest-5-en-3-ylester] **6** III 2664 b
- [7-jod-cholest-5-en-3-ylester] **6** III 2664 c
- [2-jod-cyclohexylester] **6** 7 j, III 45 d
- [2-jod-3,4-dimethoxy-5-methyl-phenylester] **6** III 6315 b
- [2-jod-3,6-dimethoxy-5-methyl-phenylester] **6** III 6315 b
- [4-jod-2,5-dimethyl-phenylester] **6** III 1775 b
- [4-jod-2,6-dimethyl-phenylester] **6** III 1740 c
- [2-jod-4,6-dinitro-phenylester] **6** III 872 j

Essigsäure (Fortsetzung)

- *p*-menth-1-en-8-ylester
  6 57 b, 60 c, I 42 a, II 66 d, 67 c,
  69 d, III 250 g, IV 252
- *p*-menth-2-en-2-ylester **6** II 69 e
- *p*-menth-3-en-3-ylester
  6 61 a, III 253 d
- *p*-menth-4-en-3-ylester
  6 III 254 d
- *p*-menth-4(8)-en-1-ylester **6** 62 a
- *p*-menth-8-en-1-ylester **6** IV 255
- *p*-menth-8-en-2-ylester **6** 64 a
- *p*-menth-8-en-3-ylester **6** 65 d,
  II 70 c, 71 i, III 258 c, IV 255
- menthylester **6** 32 f, I 21 d,
  II 42 b, 50 a, III 142 h, IV 153
- [2-mercapto-cyclohexylester]
  6 III 4073 c, IV 5205
- [2-mercapto-cyclopentylester]
  6 IV 5190
- [1-mercapto-[2]naphthylester]
  6 III 5249 d
- [4-mercapto-phenylester]
  6 862 d
- [1-mesityl-äthylester] **6** 551 a
- [1-mesityl-butylester] **6** 554 j
- [2-mesityl-1,2-diphenyl-äthylester]
  6 III 3707 d
- [2-mesityl-1,2-diphenyl-vinylester]
  6 III 3761 a
- mesitylester **6** II 484 b, III 1837 e
- [2-mesityl-1-methyl-2-phenyl-
  vinylester] **6** III 3528 c
- [2-mesityl-2-phenyl-vinylester]
  6 III 3522 a, IV 4902
- [2-methallyl-4-methyl-phenylester]
  6 III 2475 d
- [2-methallyl-5-methyl-phenylester]
  6 III 2476 b
- [2-methallyl-6-methyl-phenylester]
  6 III 2475 a
- [2-methallyl-phenylester]
  6 III 2444 e
- [4-methansulfinyl-2,6-dinitro-
  phenylester] **6** 867 f
- [4-methansulfinyl-phenylester]
  6 I 421 d, III 4461 c
- [1-methansulfonylmethyl-3-phenyl-
  allylester] **6** IV 6348
- [6-methansulfonyl-[2]naphthylester]
  6 I 481 e
- [2-methansulfonyl-phenylester]
  6 IV 5639

- [3-methansulfonyl-phenylester]
  6 IV 5703
- [4-methansulfonyl-phenylester]
  6 IV 5814
- [12-methoxy-abieta-8,11,13-trien-
  3-ylester] **6** III 5195 c
- [2-methoxy-[1]anthrylester]
  6 IV 6890
- [2-methoxy-[9]anthrylester]
  6 III 5684 g
- [3-methoxy-[9]anthrylester]
  6 III 5685 a
- [4-methoxy-[9]anthrylester]
  6 III 5684 b
- [10-methoxy-[9]anthrylester]
  6 I 504 h
- [5-methoxy-benz[*a*]anthracen-
  7-ylester] **6** II 1023 c, III 5835 c
- [4-methoxy-benzhydrylester]
  6 III 5419 a, IV 6669
- [2-methoxy-benzylester]
  6 I 439 h, IV 5899
- [3-methoxy-benzylester]
  6 IV 5908
- [4-methoxy-benzylester]
  6 I 440 g, III 4549 f, IV 5914
- [α'-methoxy-bibenzyl-α-ylester]
  6 IV 6683
- [4-methoxy-bibenzyl-α-ylester]
  6 II 967 g
- [4'-methoxy-bibenzyl-α-ylester]
  6 IV 6681
- [4'-methoxy-biphenyl-4-ylester]
  6 III 5394 a, IV 6652
- [4-methoxy-cinnamylester]
  6 IV 6333
- [2-methoxy-cyclohexylester]
  6 III 4066 c, IV 5197
- [4-methoxy-cyclohexylester]
  6 II 749 f
- [5-methoxy-2,6-cyclo-norbornan-
  3-ylester] **6** IV 5528
- [8-methoxy-2,3,4,4a,4b,5,6,10b,11,≠
  12-decahydro-chrysen-1-ylester]
  6 IV 6773
- [8-methoxy-3,4,4a,4b,5,6,10b,11,12,≠
  12a-decahydro-chrysen-1-ylester]
  6 IV 6773
- [3-methoxy-7,8,9,11,12,13,14,15,16,≠
  17-decahydro-6*H*-cyclopenta≠
  [*a*]phenanthren-12-ylester] **6** III 5331 a
- [4-methoxy-dibenz[*a,h*]anthracen-
  7-ylester] **6** IV 7046

Essigsäure (Fortsetzung)

- [6-methoxy-dibenz[*a,h*]anthracen-14-ylester] **6** IV 7047
- [2-methoxy-9,10-dihydro-[3]phenanthrylester] **6** III 5595 e
- [10-methoxy-1,3-dimethyl-[9]anthrylester] **6** III 5701 a
- [10-methoxy-2,3-dimethyl-[9]anthrylester] **6** III 5701 f
- [10-methoxy-2,4-dimethyl-[9]anthrylester] **6** III 5701 b
- [2'-methoxy-5,5'-dimethyl-biphenyl-3-ylester] **6** III 5447 a
- [2'-methoxy-6,5'-dimethyl-biphenyl-3-ylester] **6** IV 6704
- [3-methoxy-6,7-dimethyl-[2]naphthylester] **6** I 483 h
- [7-methoxy-8,10a-dimethyl-1,2,3,4,4a,9,10,10a-octahydro-[3]phenanthrylester] **6** IV 6484
- [2'-methoxy-3,5'-dinitro-biphenyl-2-ylester] **6** III 5379 c
- [2'-methoxy-4,4'-dinitro-biphenyl-2-ylester] **6** III 5380 c
- [2'-methoxy-5,5'-dinitro-biphenyl-2-ylester] **6** III 5381 b
- [5-methoxy-2,4-dinitro-[1]naphthylester] **6** III 5274 a
- [5-methoxy-6,8-dinitro-[1]naphthylester] **6** III 5274 b
- [8-methoxy-2,7-dinitro-[1]naphthylester] **6** III 5285 d
- [8-methoxy-5,7-dinitro-[1]naphthylester] **6** III 5284 g
- [2-methoxy-3,4-dinitro-phenylester] **6** II 793 i
- [2-methoxy-3,6-dinitro-phenylester] **6** II 794 h
- [2-methoxy-4,5-dinitro-phenylester] **6** I 395 b
- [2-methoxy-4,6-dinitro-phenylester] **6** 792 a
- [4-methoxy-3,5-dinitro-phenylester] **6** II 851 d, IV 5789
- [6-methoxy-2,3-dinitro-phenylester] **6** I 394 a
- [3-methoxy-9,10-diphenyl-[2]anthrylester] **6** IV 7077
- [3-methoxy-1,2-diphenyl-propylester] **6** IV 6713
- [2-methoxy-4b,5,6,6a,7,8,9,10,10a,≠10b,11,12-dodecahydro-chrysen-6-ylester] **6** III 5331 e

- [2-methoxy-fluoren-9-ylester] **6** IV 6820 e
- [3-methoxy-fluoren-9-ylester] **6** IV 6820 f
- [2-methoxymethoxy-4-propenyl-phenylester] **6** IV 6330
- [2-methoxymethoxy-5-propenyl-phenylester] **6** III 5008 e, IV 6327
- [2-methoxy-5-methyl-benzylester] **6** III 4599 c
- [4-methoxymethyl-benzylester] **6** III 4609 h
- [7-methoxy-4a-methyl-1,2,3,4,4a,5,≠6,11,12,12a-decahydro-chrysen-2-ylester] **6** IV 6781 d
- [4-methoxy-5-methyl-7,8-dihydro-[1]naphthylester] **6** IV 6462
- [2-methoxy-4-methyl-3,5-dinitro-phenylester] **6** II 871 g
- [2-methoxy-4-methyl-3,6-dinitro-phenylester] **6** II 871 a
- [2-methoxy-5-methyl-3,4-dinitro-phenylester] **6** II 872 d
- [2-methoxy-5-methyl-3,6-dinitro-phenylester] **6** II 871 f
- [6-methoxy-4-methyl-2,3-dinitro-phenylester] **6** II 872 e
- [7-methoxy-4a-methyl-3,4,4a,5,6,11-hexahydro-chrysen-2-ylester] **6** IV 6928
- [1-methoxymethyl-[2]naphthylester] **6** IV 6578
- [4-methoxy-2-methyl-[1]naphthylester] **6** III 5302 e
- [6-methoxy-5-methyl-[1]naphthylester] **6** IV 6575
- [4-methoxy-1-methyl-[2]naphthylmethylester] **6** IV 6589
- [2-methoxy-4-methyl-5-nitro-phenylester] **6** I 433 g, II 870 d
- [2-methoxy-4-methyl-6-nitro-phenylester] **6** II 869 e
- [2-methoxy-5-methyl-3-nitro-phenylester] **6** II 869 d
- [2-methoxy-5-methyl-4-nitro-phenylester] **6** II 870 c
- [2-methoxy-6-methyl-4-nitro-phenylester] **6** IV 5863
- [7-methoxy-4b-methyl-4b,5,6,7,8,≠8a,9,10-octahydro-[1]phenanthrylester] **6** IV 6481

Essigsäure (Fortsetzung)

- [8-methoxy-4a-methyl-1,2,3,4,4a,9,‚ 10,10a-octahydro-[2]phenanthrylester] **6** IV 6480
- [2-methoxy-4-methyl-phenylester] **6** 880 b, II 866 h, III 4518 g
- [2-methoxy-5-methyl-phenylester] **6** II 866 g, III 4519 f
- [2-methoxy-6-methyl-phenylester] **6** II 859 c
- [3-methoxy-5-methyl-phenylester] **6** III 4534 d
- [4-methoxy-2-methyl-phenylester] **6** IV 5868
- [2-methoxy-4-methyl-3,5,6-trinitro-phenylester] **6** II 872 i
- [1-methoxy-[2]naphthylester] **6** IV 6538
- [2-methoxy-[1]naphthylester] **6** IV 6538
- [4-methoxy-[1]naphthylester] **6** IV 6546
- [5-methoxy-[1]naphthylester] **6** I 478 c, III 5267 d
- [7-methoxy-[2]naphthylester] **6** I 482 h
- [4-methoxy-[1]naphthylmethylester] **6** IV 6580
- [6-methoxy-[1]naphthylmethylester] **6** III 5299 c
- [2-methoxy-5-nitro-benzylester] **6** III 4544 b
- [4-methoxy-3-nitro-benzylester] **6** III 4552 b
- [4-methoxy-α'-nitro-bibenzyl-α-ylester] **6** IV 6681
- [4'-methoxy-3'-nitro-biphenyl-4-ylester] **6** III 5397 d
- [5-methoxy-8-nitro-[1]naphthyl‚ ester] **6** III 5273 a
- [2-methoxy-3-nitro-phenylester] **6** II 790 b, III 4263 d
- [2-methoxy-4-nitro-phenylester] **6** 789 e, I 392 c
- [2-methoxy-5-nitro-phenylester] **6** 789 f, II 793 a, III 4268 d
- [2-methoxy-6-nitro-phenylester] **6** I 391 f
- [4-methoxy-3-nitro-phenylester] **6** I 418 f
- [5-methoxy-2-nitro-phenylester] **6** IV 5692

- [2-methoxy-6-nitro-4-propenyl-phenylester] **6** 960 j
- [6-methoxy-3-nitro-2-propyl-phenylester] **6** IV 5975
- [2-methoxy-6-pentadecyl-phenylester] **6** II 911 f
- [β-methoxy-phenäthylester] **6** III 4576 b, IV 5941
- [4-methoxy-phenäthylester] **6** 907 a, III 4571 d, IV 5937
- [2-methoxy-[3]phenanthrylester] **6** III 5688 g
- [3-methoxy-[2]phenanthrylester] **6** III 5688 f
- [3-methoxy-[4]phenanthrylester] **6** 1035 c, IV 6894
- [4-methoxy-[3]phenanthrylester] **6** 1035 b
- [7-methoxy-[3]phenanthrylester] **6** IV 6894
- [9-methoxy-[1]phenanthrylester] **6** III 5687 h
- [10-methoxy-[9]phenanthrylester] **6** IV 6895
- [2-methoxy-1-phenyl-äthylester] **6** III 4576 a
- [4-methoxy-9-phenyl-[1]anthryl‚ ester] **6** IV 7019
- [3-methoxy-1-phenyl-butylester] **6** IV 6006
- [2-methoxy-phenylester] **6** 774 d, II 783 j, III 4227 f, IV 5581
- [3-methoxy-phenylester] **6** 816 e, III 4320 a, IV 5672
- [4-methoxy-phenylester] **6** I 416 f, III 4414 c, IV 5740
- [3-methoxy-5-phenyl-pent-4-inylester] **6** III 5161 f
- [3-methoxy-2-phenylselanyl-phenylester] **6** III 6275 g
- [13-methoxy-podocarpa-8,12-dien-3-ylester] **6** IV 6389 d
- [2-methoxy-4-propenyl-phenylester] **6** 958 g, I 460 e, II 919 d, III 5007 e, IV 6330
- [2-methoxy-5-propenyl-phenylester] **6** III 5007 d
- [2-methoxy-4-propenyl-6-trityl-phenylester] **6** III 5968 b
- [6-methoxy-3-propenyl-2-trityl-phenylester] **6** III 5966 c

Essigsäure (Fortsetzung)

- [2-methoxy-4-propyl-phenylester]
  6 920 g, III 4616 b
- [2-methoxy-6-propyl-phenylester]
  6 III 4611 d, IV 5975
- [α′-methoxy-stilben-α-ylester]
  6 III 5584 d
- [2′-methoxy-stilben-4-ylester]
  6 I 498 j, **17** 130 e
- [4-methoxy-stilben-α-ylester]
  6 III 5583 c
- [4′-methoxy-stilben-α-ylester]
  6 III 5583 e
- [4′-methoxy-stilben-4-ylester]
  6 IV 6824
- [4-methoxy-styrylester] **6** IV 6319
- [6-methoxy-1,2,3,4-tetrahydro-
  [1]naphthylester] **6** III 5046 b
- [7-methoxy-1,2,3,4-tetrahydro-
  [4]phenanthrylester] **6** III 5449 e
- [2′-methoxy-4,6,4′,6′-tetranitro-
  biphenyl-2-ylester] **6** III 5386 f
- [7-methoxy-1,1,4a-trimethyl-
  1,2,3,4,4a,9,10,10a-octahydro-
  [2]phenanthrylester] **6** IV 6485
- [2′-methoxy-3,5,5′-trinitro-
  biphenyl-2-ylester] **6** III 5384 d
- [4′-methoxy-3,5,3′-trinitro-
  biphenyl-4-ylester] **6** III 5398 g
- [5-methoxy-2,6,8-trinitro-
  [1]naphthylester] **6** III 5275 d
- [2-methoxy-4-vinyl-phenylester]
  6 III 4982 c
- [4-methoxy-2-vinyl-phenylester]
  6 IV 6315
- [17-methyl-androsta-5,16-dien-
  3-ylester] **6** IV 4141
- [14-methyl-androstan-3-ylester]
  6 IV 3553
- [17-methyl-androstan-3-ylester]
  6 IV 3554
- [17-methyl-androst-5-en-3-ylester]
  6 IV 3985 a
- [2-methyl-[9]anthrylester]
  6 II 677 i, III 3564 c
- [3-methyl-[9]anthrylester]
  6 II 678 a
- [4-methyl-[9]anthrylester]
  6 III 3564 b
- [10-methyl-[9]anthrylester]
  6 II 678 c, III 3564 d
- [10-methyl-[9]anthrylmethylester]
  6 IV 4952

- [1-methyl-benz[*a*]anthracen-
  12-ylester] **6** III 3735 a
- [5-methyl-benz[*a*]anthracen-
  7-ylester] **6** III 3735 b
- [7-methyl-benz[*a*]anthracen-
  5-ylester] **6** III 3736 a
- [7-methyl-benz[*a*]anthracen-
  12-ylester] **6** III 3736 d
- [9-methyl-benz[*a*]anthracen-
  7-ylester] **6** III 3738 d
- [12-methyl-benz[*a*]anthracen-
  7-ylester] **6** III 3739 a, IV 5089
- [9-methyl-benz[*a*]anthracen-
  7-ylmethylester] **6** III 3748 c
- [4-methyl-benzhydrylester]
  6 IV 4737
- [8-methyl-11*H*-benzo[*a*]fluoren-
  5-ylester] **6** IV 5011
- [9-methyl-11*H*-benzo[*a*]fluoren-
  5-ylester] **6** IV 5011
- [10-methyl-11*H*-benzo[*a*]fluoren-
  5-ylester] **6** IV 5011
- [4-methyl-benzo[*c*]phenanthren-
  1-ylester] **6** IV 5089
- [4-methyl-benzo[*c*]phenanthren-
  2-ylester] **6** IV 5089
- [2-methyl-benzylester] **6** 484 j,
  II 457 c, IV 3111
- [3-methyl-benzylester] **6** 494 c,
  II 465 j, III 1768 i
- [4-methyl-benzylester] **6** 498 j,
  I 248 e, II 469 b, III 1781 b,
  IV 3173
- [4-methyl-bicyclo[3.2.1]oct-
  2-ylester] **6** 51 j
- [2-methyl-biphenyl-4-ylester]
  6 III 3382 e
- [3-methyl-biphenyl-4-ylester]
  6 III 3383 f
- [5-methyl-biphenyl-2-ylester]
  6 III 3384 b
- [24-methyl-chola-5,7-dien-3-ylester]
  6 IV 4145
- [24-methyl-chola-5,20(22)-dien-
  3-ylester] **6** IV 4146
- [3-methyl-cholanthren-1-ylester]
  6 III 3790 d
- [3-methyl-cholanthren-8-ylester]
  6 III 3791 b
- [3-methyl-cholanthren-9-ylester]
  6 III 3791 e
- [23-methyl-cholan-3-ylester]
  6 III 2123 b

Essigsäure (Fortsetzung)

- [4-methyl-5,6-dihydro-benzo≠
  [c]phenanthren-2-ylester] **6** IV 5057
- [1-methyl-11,12-dihydro-chrysen-
  3-ylester] **6** III 3679 c
- [2-methyl-11,12-dihydro-chrysen-
  3-ylester] **6** III 3679 e
- [4-methyl-5,6-dihydro-
  [2]naphthylester] **6** IV 4083
- [2-methyl-4,6-dinitro-phenylester]
  6 369 b, II 341 f, III 1278 c
- [4-methyl-2,3-dinitro-phenylester]
  6 IV 2152
- [4-methyl-2,6-dinitro-phenylester]
  6 III 1391 c, IV 2152
- [22-methyl-19,24-dinor-chola-
  5,7,9,22-tetraen-3-ylester] **6** III 3471 b
- [22-methyl-21,24-dinor-chola-
  5,16,20-trien-3-ylester] **6** III 6470 a
- [22-methyl-21,24-dinor-chola-
  5,17(20),22-trien-3-ylester] **6** III 6470 a
- [17-methyl-23,24-dinor-chol-20-en-
  3-ylester] **6** III 2597 b
- [1-methyl-2,2-diphenyl-äthylester]
  6 II 646 d, IV 4759
- [2-methyl-1,2-diphenyl-butylester]
  6 IV 4803
- [24-methyl-25,25-diphenyl-
  9,19-cyclo-26,27-dinor-lanost-24-en-
  3-ylester] **6** IV 5132
- [2-methyl-3,4-diphenyl-
  [1]naphthylester] **6** III 3820 a
- [2-methyl-1,2-diphenyl-propylester]
  6 II 648 b
- [17-methylen-androst-5-en-
  3-ylester] **6** IV 4141
- [3-methylen-bicyclo[2.2.2]oct-
  2-ylmethylester] **6** IV 389
- [7-methylen-cholest-5-en-3-ylester]
  6 III 2853 a
- [2-methylen-cyclobutylmethylester]
  6 IV 201
- [2-methylen-cyclohexylester]
  6 III 215 e, IV 208
- [2-methylen-cyclohexylmethylester]
  6 IV 225
- [3-methylen-cyclohexylmethylester]
  6 IV 226
- [24-methylen-9,19-cyclo-31-nor-
  lanostan-3-ylester] **6** IV 4202
- [2-methylen-cyclopentylmethylester]
  6 IV 210

- [17a-methylen-D-homo-androst-
  5-en-3-ylester] **6** IV 4142
- [3-methylen-[2]norbornylmethyl≠
  ester] **6** IV 369
- [24-methylen-31-nor-lanost-8-en-
  3-ylester] **6** IV 4183 c
- [11-methylen-olean-12-en-3-ylester]
  6 III 3142
- [10-methylen-9-phenyl-
  9,10-dihydro-[9]anthrylester]
  6 728 b
- [11-methylen-urs-13-en-3-ylester]
  6 III 3141 c
- [2-methyl-fluoren-9-ylester]
  6 IV 4868
- [3-methyl-fluoren-9-ylester]
  6 IV 4868
- [8-methyl-fluoren-2-ylester]
  6 IV 4868
- [9-methyl-fluoren-9-ylester]
  6 II 661 f
- [13-methyl-12,13,14,15,16,17-
  hexahydro-11H-cyclopenta≠
  [a]phenanthren-17-ylester] **6** IV 4913
- [3-methyl-hexahydro-indan-
  1-ylester] **6** III 277 e
- [4a-methyl-3,4,4a,5,6,7-hexahydro-
  [2]naphthylester] **6** IV 3414
- [5-methyl-4,5,5a,6,7,8-hexahydro-
  pyren-4-ylester] **6** IV 4907
- [17a-methyl-D-homo-androsta-
  5,17-dien-3-ylester] **6** III 2802 c,
  IV 4142
- [17a-methyl-D-homo-androstan-
  3-ylester] **6** III 2111 b
- [17-methyl-D-homo-androstan-17a-
  ylester] **6** III 2111 d
- [17a-methyl-D-homo-androst-5-en-
  3-ylester] **6** IV 3987
- [18a-methyl-D(18a)-homo-
  C,27-dinor-oleana-11,18(18a)-dien-
  3-ylester] **6** IV 4417
- [18a-methyl-D(18a)-homo-
  C,27-dinor-oleana-9(11),13(18a),14-
  trien-3-ylester] **6** IV 4841
- [18a-methyl-D(18a)-homo-
  C,27-dinor-olean-13-en-3-ylester]
  6 IV 4189
- [2-methyl-indan-1-ylester]
  6 IV 3866
- [4-methylmercapto-benzhydrylester]
  6 IV 6671

Essigsäure (Fortsetzung)
- [4a-methyl-octadecahydro-chrysen-2-ylester] **6** IV 3543
- [4a-methyl-1,2,3,4,4a,5,8,8a-octahydro-[2]naphthylester] **6** IV 397
- [4-methyl-östra-1,3,5(10)-trien-17-ylester] **6** IV 4390 f
- [3-methyl-phenäthylester] **6** 508 g, I 255 b
- [4-methyl-phenäthylester] **6** III 1829 c, IV 3244
- [1-methyl-[9]phenanthrylester] **6** III 3568 c
- [2-methyl-[4]phenanthrylester] **6** I 342 d
- [8-methyl-[2]phenanthrylester] **6** III 3567 g
- [8-methyl-[3]phenanthrylester] **6** III 3567 a
- [10-methyl-[9]phenanthrylester] **6** IV 4946
- [6-methyl-2-phenyl-acenaphthylen-1-ylester] **6** III 3734 c
- [4-methyl-3-phenyläthinyl-phenylester] **6** IV 4940
- [1-methyl-1-phenyl-äthylester] **6** III 1814 d, IV 3221
- [1-methyl-2-phenyl-äthylester] **6** I 251 e, II 474 c, IV 3193
- [1-methyl-3-phenyl-allylester] **6** II 532 j, III 2434 d
- [6-methyl-5-phenyl-7H-benzo[c]fluoren-7-ylester] **6** IV 5144
- [1-methyl-2-phenyl-but-2-enylester] **6** III 2471 f
- [1-methyl-2-phenyl-butylester] **6** IV 3382
- [2-methyl-1-phenyl-butylester] **6** I 269 e
- [3-methyl-1-phenyl-butylester] **6** 548 d
- [3-methyl-2-phenyl-butylester] **6** 549 j, IV 3390
- [3-methyl-5-phenyl-cyclohexylester] **6** 584 g
- [24-methyl-25-phenyl-9,19-cyclo-27-nor-lanost-25-en-3-ylester] **6** IV 4980
- [2-methyl-3-phenyl-inden-1-ylester] **6** III 3572 f
- [4-methyl-2-phenylmethansulfonyl-phenylester] **6** I 435 b
- [4-methyl-3-phenyl-[1]naphthyl-ester] **6** III 3610 b
- [2-methyl-1-phenyl-pentylester] **6** I 271 h
- [4-methyl-1-phenyl-pentylester] **6** 552 a
- [1-methyl-3-phenyl-propenylester] **6** IV 3836
- [1-methyl-1-phenyl-prop-2-inylester] **6** IV 4073
- [1-methyl-3-phenyl-prop-2-inylester] **6** III 2739 a
- [1-methyl-1-phenyl-propylester] **6** IV 3283
- [1-methyl-2-phenyl-propylester] **6** IV 3285
- [1-methyl-3-phenyl-propylester] **6** I 258 b, II 487 b, IV 3276
- [2-methyl-1-phenyl-propylester] **6** 523 g, I 259 b, IV 3289
- [2-methyl-2-phenyl-propylester] **6** II 490 c, IV 3319
- [2-methyl-3-phenyl-propylester] **6** 524 b
- [1-methyl-2-phenyl-vinylester] **6** III 2401 a, IV 3798
- [13-methyl-podocarpa-8,11,13-trien-12-ylester] **6** IV 4125
- [2-methyl-1-propyl-cyclohexylester] **6** 24 f
- [3-methyl-1-propyl-cyclohexylester] **6** I 18 k
- [5-methyl-2-propyl-cyclohexylester] **6** 24 i
- [2-methyl-4-propyl-phenylester] **6** III 1879 d
- [2-methyl-6-propyl-phenylester] **6** III 1878 g
- [5-methyl-2-propyl-phenylester] **6** II 491 d
- [4-methyl-stigmasta-7,24(28)-dien-3-ylester] **6** III 2876, 2877 a, IV 4183
- [4-methyl-stigmastan-3-ylester] **6** III 2181 a, IV 3614
- [4-methyl-stigmast-8(14)-en-3-ylester] **6** IV 4047
- [6-methyl-1,2,3,4-tetrahydro-benz[a]anthracen-12-ylester] **6** III 3619 a
- [1-methyl-1,2,3,4-tetrahydro-[2]naphthylester] **6** III 2480 f

Essigsäure (Fortsetzung)

- [1-methyl-5,6,7,8-tetrahydro-
  [2]naphthylester] **6** III 2480 b
- [2-methyl-1,2,3,4-tetrahydro-
  [1]naphthylester] **6** IV 3892
- [4-methyl-5,6,7,8-tetrahydro-
  [1]naphthylester] **6** IV 3888
- [4-methyl-2,2,6,6-tetrapropyl-
  cyclohexylester] **6** III 199 d
- [1-methyl-2-*m*-tolyl-äthylester]
  6 525 l
- [3-methyl-2,4,6-trinitro-phenylester]
  6 388 c, III 1332 c
- [2-methyl-4-trityl-phenylester]
  6 II 727 a
- [3-methyl-urs-12-en-3-ylester]
  6 III 2911 a
- [4-methyl-3-vinyl-cyclohex-
  3-enylester] **6** IV 366
- [4-methyl-1-vinyl-cyclohex-
  3-enylmethylester] **6** IV 377
- [2-methyl-1-vinyl-cyclohexylester]
  6 IV 237
- naphthacen-5-ylester **6** III 3725 a
- [1-[1]naphthyl-äthylester]
  6 I 321 b, III 3035 c
- [1-[2]naphthyl-äthylester]
  6 III 3041 f
- [2-[1]naphthyl-äthylester]
  6 668 e, III 3037 b, IV 4347
- [3-[1]naphthyl-allylester]
  6 III 3385 b
- [[1]naphthyl-diphenyl-methylester]
  6 II 721 e
- [1]naphthylester **6** 608 h, I 307 h,
  II 580 d, III 2928 c, IV 4217
- [2]naphthylester **6** 644 b, I 313 h,
  II 600 m, III 2982 f, IV 4267
- [1-[1]naphthyl-heptylester]
  6 I 322 g
- [1]naphthylmethylester
  6 II 617 e, III 3025 e, IV 4333
- [2]naphthylmethylester **6** III 3031 b
- [1-[1]naphthyloxy-äthylester]
  6 IV 4217
- [1-[2]naphthyloxy-äthylester]
  6 IV 4265
- [1-[2]naphthyloxy-[2]naphthylester]
  6 I 469 a
- [[1]naphthyl-phenyl-methylester]
  6 IV 4990
- [1-[2]naphthyl-1-phenyl-prop-
  2-inylester] **6** IV 5086

- [1-[2]naphthylselanyl-
  [2]naphthylester] **6** IV 6543
- [4-[2]naphthylselanyl-phenylester]
  6 IV 5853
- [*A'*-neo-gammacera-15,17(21)-dien-
  6-ylester] **6** III 3140 b, IV 4423 b
- [*A'*-neo-gammaceran-6-ylester]
  6 III 2731 b
- [*A'*-neo-gammacer-17(21)-en-
  6-ylester] **6** III 2906 a
- [*A'*-neo-gammacer-22(29)-en-
  6-ylester] **6** III 2907 a
- neoisomenthylester **6** III 142 f
- neomenthylester **6** II 50 d, 51 a,
  III 143 d
- [10-nitro-[9]anthrylester]
  6 I 339 g, II 672 g
- [2-nitro-benzhydrylester]
  6 IV 4678
- [3-nitro-benzhydrylester]
  6 IV 4679
- [4-nitro-benzhydrylester]
  6 IV 4680
- [1-nitro-benzo[*def*]chrysen-
  6-ylester] **6** III 3810 d
- [2-nitro-benzylester] **6** 449 d,
  III 1564 i, IV 2609
- [3-nitro-benzylester] **6** III 1566 e,
  IV 2610
- [4-nitro-benzylester] **6** 451 k,
  I 223 f, II 426 b, III 1568 h,
  IV 2613
- [α'-nitro-bibenzyl-α-ylester]
  6 II 638 g, IV 4706
- [2'-nitro-biphenyl-2-ylester]
  6 III 3307 g
- [2-nitro-biphenyl-3-ylester]
  6 III 3317 a
- [2-nitro-biphenyl-4-ylester]
  6 IV 4612
- [2'-nitro-biphenyl-4-ylester]
  6 IV 4613
- [3-nitro-biphenyl-4-ylester]
  6 III 3339 b
- [4'-nitro-biphenyl-2-ylester]
  6 III 3308 c
- [4'-nitro-biphenyl-4-ylester]
  6 III 3339 c
- [6-nitro-cholest-5-en-3-ylester]
  6 III 2665 a, IV 4017
- [β-nitro-cinnamylester] **6** IV 3804
- [2-nitro-cyclohexylester]
  6 III 46 c

Essigsäure (Fortsetzung)

- [11-nitro-9,10-dihydro-9,10-äthano-
  anthracen-11-ylmethylester] **6** IV 4963 e
- [10-nitro-9,10-dihydro-
  [9]anthrylester] **6** 698 d, II 660 h,
  IV 4867
- [12-nitro-5,12-dihydro-naphthacen-
  5-ylester] **6** IV 5011
- [2-nitro-1,3-diphenyl-propylester]
  6 IV 4749
- [2-nitro-fluoren-9-ylester]
  6 692 e, IV 4853
- [3-nitro-fluoren-9-ylester]
  6 IV 4853
- [4-nitro-fluoren-9-ylester]
  6 692 f
- [7-nitro-fluoren-2-ylester]
  6 IV 4848
- [2-nitro-fluoren-9-ylmethylester]
  6 IV 4870
- [6-nitro-indan-1-ylester]
  6 III 2427 a
- [2-nitro-inden-1-ylester]
  6 IV 4068
- [2-nitro-inden-3-ylester]
  6 IV 4069
- [1-nitromethyl-cyclohexylester]
  6 IV 99
- [1-nitromethyl-cyclopentylester]
  6 IV 91
- [1-nitromethyl-2-phenyl-äthylester]
  6 III 1798 i
- [1-nitro-[2]naphthylester] **6** 654 d
- [2-nitro-[1]naphthylester] **6** 615 d
- [3-nitro-[1]naphthylester]
  6 IV 4237
- [3-nitro-[2]naphthylester]
  6 IV 4308
- [5-nitro-[1]naphthylester]
  6 616 f
- [5-nitro-[2]naphthylester]
  6 IV 4308
- [6-nitro-[1]naphthylester]
  6 III 2939 h
- [6-nitro-[2]naphthylester]
  6 III 3004 d
- [7-nitro-[2]naphthylester]
  6 III 3004 g
- [8-nitro-[2]naphthylester]
  6 655 c
- [5-nitro-[1]naphthylmethylester]
  6 IV 4336

- [4-nitro-phenäthylester]
  6 I 238 i, III 1715 a
- [9-nitro-[3]phenanthrylester]
  6 III 3559 h
- [4-nitro-2-phenoxy-phenylester]
  6 III 4268 e
- [2-nitro-phenylester] **6** 219 h,
  I 115 d, II 210 i, III 803 g, IV 1256
- [3-nitro-phenylester] **6** I 117 c,
  II 214 j, III 810 f, IV 1273
- [4-nitro-phenylester] **6** 233 f,
  I 120 d, II 223 f, III 825 g, IV 1298
- [2-nitro-1-phenyl-propylester]
  6 IV 3189
- [2-nitro-2-phenyl-1-trichlormethyl-
  äthylester] **6** III 1799 c
- [6-nitro-pregn-5-en-3-ylester]
  6 IV 3988
- [4-nitroso-[1]naphthylester]
  6 II 584 d, IV 4236
- [2-nitroso-tritylester] **6** II 694 i
- [6-nitro-stigmasta-5,22-dien-
  3-ylester] **6** III 2864 b, IV 4173
- [6-nitro-stigmast-5-en-3-ylester]
  6 III 2706 c
- [4'-nitro-stilben-α-ylester]
  6 III 3502 a
- [4'-nitro-stilben-2-ylester]
  6 II 656 k, IV 4854
- [4'-nitro-stilben-4-ylester]
  6 II 658 f
- [4-nitro-styrylester] **6** IV 3784
- [3-nitro-5,6,7,8-tetrahydro-
  [2]naphthylester] **6** II 539 c,
  IV 3858
- [8-nitro-1,2,3,4-tetrahydro-
  [2]naphthylester] **6** III 2463 b
- [2-nitro-4-trityl-phenylester]
  6 732 b
- [3-nonadecyl-phenylester]
  6 IV 3569
- [1-norborn-5-en-2-yl-äthylester]
  6 IV 368
- norborn-2-en-7-ylester **6** IV 347
- norborn-5-en-2-ylester
  6 III 371 c, IV 343
- norborn-5-en-2-ylmethylester
  6 IV 358
- [2]norbornylester **6** III 219 b,
  IV 214
- [2]norbornylidenmethylester
  6 II 100 f, III 374 g

Essigsäure (Fortsetzung)

- [2]norbornylmethylester
  6 II 62 d, III 226 a
- norcaran-7-ylester **6** IV 211
- [24-nor-chola-5,20-dien-22-in-
  3-ylester] **6** IV 4835
- [24-nor-chola-2,22-dien-12-ylester]
  6 III 2806 d
- [24-nor-cholan-3-ylester]
  6 III 2119 d
- [24-nor-cholan-12-ylester]
  6 III 2119 e
- [24-nor-chol-22-en-3-ylester]
  6 III 2596 c
- [24-nor-chol-22-en-12-ylester]
  6 III 2596 e
- [19-nor-cholesta-3,5-dien-3-ylester]
  6 IV 4146
- [27-nor-cholesta-4,6-dien-3-ylester]
  6 III 2808 e
- [27-nor-cholesta-5,7-dien-3-ylester]
  6 III 2809 b
- [27-nor-cholesta-5,20(22)-dien-
  3-ylester] **6** IV 4146
- [*A*-nor-cholestan-2-ylester]
  6 III 2126 a, IV 3571
- [*B*-nor-cholestan-3-ylester]
  6 III 2126 d, IV 3572
- [19-nor-cholesta-1,3,5(10),6-tetraen-
  3-ylester] **6** IV 4835
- [19-nor-cholesta-1,3,5(10)-trien-
  3-ylester] **6** IV 4399 a
- [19-nor-cholesta-3,5,7-trien-
  3-ylester] **6** IV 4399
- [*B*-nor-cholest-5-en-3-ylester]
  6 III 2601 c, IV 3993
- [27-nor-cholest-5-en-3-ylester]
  6 III 2600 a, IV 3993
- [21-nor-dammaran-3-ylester]
  6 IV 3612
- [19-nor-ergosta-1,3,5,7,9,22-hexaen-
  3-ylester] **6** III 3599 b
- [19-nor-ergosta-1,3,5,7,9-pentaen-
  3-ylester] **6** III 3546 d
- [19-nor-ergosta-5,7,9,11,22-pentaen-
  3-ylester] **6** III 3547 b
- [19-nor-ergosta-5,7,9,22-tetraen-
  3-ylester] **6** III 3476 c, IV 4836
- [19-nor-ergosta-5,7,9-trien-
  3-ylester] **6** III 3082 a
- [32-nor-lanosta-5,7-dien-3-ylester]
  6 IV 4178

- [32-nor-lanosta-7,14-dien-3-ylester]
  6 IV 4179
- [32-nor-lanosta-8,14-dien-3-ylester]
  6 IV 4179
- [31-nor-lanost-9(11)-en-3-ylester]
  6 IV 4045
- [32-nor-lanost-5-en-3-ylester]
  6 IV 4044 a
- [32-nor-lanost-7-en-3-ylester]
  6 IV 4044 b
- [32-nor-lanost-8-en-3-ylester]
  6 IV 4044 c
- [32-nor-lanost-8(14)-en-3-ylester]
  6 IV 4044 d
- [28-nor-lupan-3-ylester]
  6 III 2714 c
- [30-nor-lupan-20-ylester]
  6 III 2715 b
- [28-nor-oleana-11,17-dien-
  3-ylester] **6** III 3133 d
- [28-nor-oleana-12,17-dien-
  3-ylester] **6** III 3134 b
- [28-nor-oleana-16,18-dien-
  3-ylester] **6** IV 4415
- [30-nor-oleana-12,20(29)-dien-
  3-ylester] **6** IV 4416 a
- [23-nor-olean-12-en-3-ylester]
  6 III 2873 b
- [24-nor-olean-12-en-3-ylester]
  6 III 2873 b
- [28-nor-olean-12-en-3-ylester]
  6 III 2875 a
- [28-nor-olean-12-en-16-ylester]
  6 III 2874 c
- [28-nor-olean-17-en-3-ylester]
  6 III 2873 d
- [27-nor-stigmasta-5,23-dien-
  3-ylester] **6** III 2835 b
- [27-nor-stigmastan-3-ylester]
  6 III 2158 c
- [27-nor-stigmast-5-en-3-ylester]
  6 III 2680 b
- [21-nor-tirucalla-7,20(22)-dien-
  3-ylester] **6** IV 4179
- [21-nor-tirucalla-8,20(22)-dien-
  3-ylester] **6** IV 4179
- [27-nor-ursa-11,13(18)-dien-
  3-ylester] **6** III 3132 c
- [27-nor-ursa-12,14-dien-3-ylester]
  6 III 3132 a
- [23-nor-urs-12-en-3-ylester]
  6 III 2871 d

Essigsäure (Fortsetzung)

- [4,5,5,8,8-pentamethyl-
  5,6,7,8-tetrahydro-[2]naphthylester]
  6 III 2564 c
- pentaphenylallylester **6** III 3895 b
- [2,3,4,5,6-pentaphenyl-benzylester]
  6 IV 5180
- [pentaphenyl-cyclopenta-
  2,4-dienylester] **6** III 3902 c
- [2-pentyl-phenylester] **6** IV 3369
- [4-*tert*-pentyl-phenylester]
  6 549 c, IV 3384
- [1-phenäthyl-butylester]
  6 II 510 f
- phenäthylester **6** 479 d, I 238 c,
  II 451 c, III 1709 c, IV 3073
- [2-phenäthyloxy-äthylester]
  6 III 1707 g
- [phenäthyloxy-methylester]
  6 II 450 m
- [4-phenäthyl-phenäthylester]
  6 IV 4782
- [1-phenäthyl-4-phenyl-butylester]
  6 II 652 c
- [1-phenäthyl-3-phenyl-prop-
  2-inylester] **6** III 3579 e
- [1-[2]phenanthryl-äthylester]
  6 IV 4954
- [1-[9]phenanthryl-äthylester]
  6 709 d, III 3577 a
- [2-[3]phenanthryl-äthylester]
  6 IV 4954
- [2-[9]phenanthryl-äthylester]
  6 IV 4955
- [1-[9]phenanthryl-2,2-diphenyl-
  äthylester] **6** III 3868 f
- [1]phenanthrylester **6** II 674 d,
  III 3557 e
- [2]phenanthrylester **6** 705 b,
  III 3558 c
- [3]phenanthrylester **6** 705 j,
  III 3559 b
- [4]phenanthrylester **6** 706 g,
  I 340 g, III 3560 b
- [9]phenanthrylester **6** 707 c,
  I 340 i, III 3561 c, IV 4938
- [4-[9]phenanthryl-phenylester]
  6 IV 5114
- [1-phenoxy-äthylester]
  6 III 586 d, IV 599
- [2-phenoxy-äthylester]
  6 147 a, III 571 f, IV 575

- [4-phenoxy-benzhydrylester]
  6 III 5419 b
- [4-phenoxy-but-2-inylester]
  6 IV 589
- [phenoxy-*tert*-butylester]
  6 IV 586
- [2-phenoxy-phenylester] **6** 774 f
- [18-phenyl-abieta-8,11,13-trien-
  18-ylester] **6** IV 4978
- [2-phenyl-acenaphthen-1-ylester]
  6 IV 5011
- [2-phenyl-acenaphthylen-1-ylester]
  6 IV 5082
- [1-phenyläthinyl-cyclohexylester]
  6 IV 4363
- [1-phenyl-äthylester] **6** 476 a,
  I 236 d, II 446 d, III 1679,
  IV 3037
- [1-phenyl-allylester] **6** III 2419 a,
  IV 3819
- [2-phenyl-allylester] **6** IV 3822
- [2-phenyl-[9]anthrylester]
  6 III 3778 c
- [10-phenyl-[9]anthrylester]
  6 727 b, II 711 c, III 3779 d
- [5-phenyl-7*H*-benzo[*c*]fluoren-
  7-ylester] **6** IV 5140
- [2-phenyl-benzylester] **6** 682 a
- [4-phenyl-buta-1,3-dienylester]
  6 III 2739 f
- [1-phenyl-but-1-enylester]
  6 575 i
- [1-phenyl-but-2-enylester]
  6 III 2439 a
- [1-phenyl-but-3-enylester]
  6 576 g
- [3-phenyl-but-2-enylester]
  6 III 2441 e, IV 3839
- [3-phenyl-but-3-enylester]
  6 III 2442 d
- [4-phenyl-but-2-enylester]
  6 IV 3837
- [4-phenyl-but-3-enylester]
  6 III 2436 b
- [1-phenyl-but-3-inylester]
  6 IV 4070
- [1-phenyl-butylester] **6** 522 f,
  III 1847 b, IV 3272
- [2-phenyl-butylester] **6** IV 3286
- [3-phenyl-butylester] **6** IV 3286
- [4-phenyl-butylester] **6** IV 3276
- [24-phenyl-chola-5,23-dien-
  3-ylester] **6** III 3601 c

Essigsäure (Fortsetzung)

- [6-phenyl-cholest-5-en-3-ylester]
  6 III 3550 b, IV 4927
- [2-phenyl-cyclohex-2-enylester]
  6 IV 4090
- [2-phenyl-cyclohexylester]
  6 IV 3910
- [3-phenyl-cyclohexylester] **6** II 548 c
- [4-phenyl-cyclohexylmethylester]
  6 III 2535 a
- [3-phenyl-cyclopentylester]
  6 582 h
- [21-phenyl-23,24-dinor-chola-
  5,20-dien-3-ylester] **6** III 3600 c,
  IV 4978
- [23-phenyl-21,24-dinor-chola-
  5,17(20),22-trien-3-ylester] **6** III 3624 b
- [2-phenyl-1,2-di-*p*-tolyl-äthylester]
  6 IV 5070
- [1-phenyl-2,2-di-*o*-tolyl-vinylester]
  6 III 3759 d
- phenylester **6** 152 h, I 87 c,
  II 153 c, III 595 e, IV 611
- [9-phenyl-fluoren-9-ylester]
  6 725 h, III 3732 f
- [7-phenyl-hept-2-en-4,6-diinylester]
  6 IV 4845
- [7-phenyl-heptylester] **6** I 272 k
- [6-phenyl-hexylester] **6** I 271 e
- [3-phenyl-indan-1-ylester]
  6 IV 4878
- [13-phenyl-13*H*-indeno[1,2-*l*]≠
  phenanthren-13-ylester] **6** III 3872 d
- [2-phenyl-inden-3-ylester]
  6 III 3563 e
- [1-phenylmercapto-äthylester]
  6 IV 1509
- [2-phenylmercapto-äthylester]
  6 IV 1492
- [5-phenylmercapto-biphenyl-
  2-ylester] **6** IV 6644
- [phenylmercapto-methylester]
  6 I 144 e, IV 1504
- [α'-phenylmercapto-stilben-
  α-ylester] **6** III 5585 b
- [5-phenylmethansulfonyl-
  [1]naphthylester] **6** I 479 b
- [6-phenyl-naphthacen-5-ylester]
  6 IV 5152
- [11-phenyl-naphthacen-5-ylester]
  7 III 2931 c
- [1-phenyl-[2]norbornylester]
  6 III 2755 a

- [25-phenyl-27-nor-cholesta-
  5,24-dien-3-ylester] **6** IV 4980
- [1-phenyl-octadecylester]
  6 I 277 b, IV 3566 f
- [1-phenyl-pent-2-enylester]
  6 IV 3873
- [5-phenyl-pent-4-enylester]
  6 III 2466 b
- [1-phenyl-pentylester] **6** III 1952 f,
  IV 3371
- [2-phenyl-pentylester] **6** IV 3376
- [5-phenyl-pentylester] **6** I 268 m,
  III 1955 a
- [10-phenyl-[9]phenanthrylester]
  6 III 3781 a
- [20-phenyl-pregna-5,20-dien-
  3-ylester] **6** IV 4978
- [20-phenyl-pregn-5-en-3-ylester]
  6 IV 4925
- [1-phenyl-propenylester]
  6 III 2400 d
- [2-phenyl-propenylester]
  6 I 285 j
- [3-phenyl-propenylester]
  6 II 530 c
- [1-phenyl-prop-2-inylester]
  6 III 2737 c
- [3-phenyl-prop-2-inylester]
  6 588 d, III 2736 f
- [1-phenyl-1-propyl-butylester]
  6 I 273 g
- [1-phenyl-propylester] **6** 502 e,
  II 471 c, III 1794 d, IV 3184
- [2-phenyl-propylester] **6** I 254 f,
  IV 3230
- [3-phenyl-propylester]
  6 504 c, III 1804 h, IV 3201
- [3-phenyl-1-propyl-prop-
  2-inylester] **6** III 2745 c
- [4-phenylselanyl-[1]naphthylester]
  6 III 5265 e
- [2-phenylselanyl-phenylester]
  6 III 4291 f
- [3-phenylselanyl-phenylester]
  6 III 4373 g
- [4-phenylselanyl-phenylester]
  6 III 4486 e
- [1-phenyl-3-*p*-tolyl-allylester]
  6 II 665 g
- [3-phenyl-1-*p*-tolyl-allylester]
  6 II 665 g
- [4-phenyl-3-*p*-tolyl-[1]naphthylester]
  6 III 3819 f

Essigsäure (Fortsetzung)

- [2,3,5,6-tetrachlor-4-hydroxy-
benzylester] **6** 898 f
- [2,3,4,5-tetrachlor-6-hydroxy-
phenylester] **6** IV 5621
- [2,3,4,6-tetrachlor-5-jod-
phenylester] **6** I 110 m, III 784 a
- [2,3,5,6-tetrachlor-4-jod-
phenylester] **6** I 110 o
- [2,3,4,5-tetrachlor-6-methyl-
phenylester] **6** I 176 b
- [2,3,4,6-tetrachlor-5-methyl-
phenylester] **6** I 190 a
- [2,3,5,6-tetrachlor-4-methyl-
phenylester] **6** 405 b, IV 2143
- [2,3,5,6-tetrachlor-4-nitro-
phenylester] **6** III 842 g
- [2,3,4,6-tetrachlor-phenylester]
6 193 g, III 730 g
- [$\Delta^{1\,(oder\,2)}$-tetradecahydro-4,11;5,10;6,9-
trimethano-cyclopent[b]anthracen-7-ylester]
6 III 3467
- [2,2,3,3-tetrafluor-cyclobutylester]
6 III 4 e, IV 4
- [1,2,3,4-tetrahydro-[2]anthrylester]
6 II 642 a
- [1,2,3,4-tetrahydro-[9]anthrylester]
6 II 642 d
- [1,2,3,4-tetrahydro-benz≠
[a]anthracen-7-ylester] **6** III 3615 f
- [8,9,10,11-tetrahydro-benz≠
[a]anthracen-7-ylester] **6** III 3615 b
- [8,9,10,11-tetrahydro-benz≠
[a]anthracen-8-ylester] **6** III 3615 e
- [1,2,3,5-tetrahydro-benzo≠
[def]chrysen-6-ylester] **6** III 3750 d
- [7,8,9,10-tetrahydro-benzo≠
[def]chrysen-6-ylester] **6** III 3749 f
- [7,8,9,10-tetrahydro-benzo≠
[def]chrysen-10-ylester] **6** III 3750 c
- [6,7,8,9-tetrahydro-
5H-benzocyclohepten-2-ylester]
6 IV 3885
- [6,7,8,9-tetrahydro-
5H-benzocyclohepten-5-ylester]
6 III 2479 d
- [1,2,3,4-tetrahydro-chrysen-
4-ylester] **6** III 3616 c
- [7,8,9,10-tetrahydro-chrysen-
5-ylester] **6** IV 4998
- [8,9,10,11-tetrahydro-
7H-cyclohepta[a]naphthalin-5-ylester]
6 IV 4776

- [3a,4,7,7a-tetrahydro-4,7-methano-
inden-1-ylester] **6** IV 3870
- [3a,4,7,7a-tetrahydro-4,7-methano-
inden-8-ylester] **6** IV 3871
- [7,8,9,10-tetrahydro-naphthacen-
5-ylester] **6** III 3615 a
- [1,2,3,4-tetrahydro-[1]naphthylester]
6 III 2458 a, IV 3860
- [1,2,3,4-tetrahydro-[2]naphthylester]
6 579 d, I 292 b, III 2462 a
- [5,6,7,8-tetrahydro-[1]naphthylester]
6 III 2452 d
- [5,6,7,8-tetrahydro-[2]naphthylester]
6 II 538 f, III 2456 a
- [1,2,3,4-tetrahydro-[1]naphthyl≠
methylester] **6** III 2481 a
- [1,2,3,4-tetrahydro-[2]naphthyl≠
methylester] **6** III 2483 a, IV 3893
- [5,6,7,8-tetrahydro-[1]naphthyl≠
methylester] **6** IV 3888
- [1,2,3,4-tetrahydro-[1]phenanthryl≠
ester] **6** III 3412 a
- [1,2,3,4-tetrahydro-[9]phenanthryl≠
ester] **6** IV 4744
- [5,6,7,8-tetrahydro-[2]phenanthryl≠
ester] **6** III 3411 a
- [17,20,22,23-tetrahydroxy-
21,24-dinor-cholan-3-ylester] **6** III 6889 c
- [2,3,5,6-tetramethoxy-
[9]anthrylester] **6** II 1155 e
- [2,3,6,7-tetramethyl-[9]anthrylester]
6 III 3582 e
- [2,3,4,6-tetramethyl-benzhydryl≠
ester] **6** 690 j
- [2,3,4,6-tetramethyl-benzylester]
6 IV 3413
- [1,2,2,3-tetramethyl-cyclopentyl≠
methylester] **6** II 54 e
- [1,1,3a,7-tetramethyl-decahydro-
cyclopropa[a]naphthalin-7-ylester]
6 IV 426 f
- [2,5,5,8a-tetramethyl-decahydro-
1,6-methano-naphthalin-4a-ylester]
6 IV 429 b
- [4,4,8,14-tetramethyl-18-nor-
androst-16-en-3-ylester] **6** IV 3989
- [1,4,5,5-tetramethyl-[2]norbornyl≠
ester] **6** III 331 d
- [1,4,6,7-tetramethyl-[2]norbornyl≠
ester] **6** III 332 b
- [1,4,7,7-tetramethyl-[2]norbornyl≠
ester] **6** I 56 e, III 334 c
- [4,4,8,14-tetramethyl-18-nor-
pregnan-3-ylester] **6** IV 3569

Essigsäure (Fortsetzung)

- [3,6,8,8-tetramethyl-octahydro-
  3a,7-methano-azulen-6-ylester]
  6 104 c; vgl. III 424 c
- [2,3,4,5-tetramethyl-phenylester]
  6 546 c
- [2,3,4,6-tetramethyl-phenylester]
  6 IV 3361
- [2,3,5,6-tetramethyl-phenylester]
  6 IV 3363
- [2,4,5,7-tetranitro-[1]naphthylester]
  6 II 587 h
- [1,2,2,2-tetraphenyl-äthylester]
  6 732 k, III 3838 c
- [2,3,4,5-tetraphenyl-cyclopenta-
  1,4-dienylester] **6** 736 c, III 7179
- [1,2,3,5-tetraphenyl-cyclopent-
  2-enylester] **6** 736 c
- [2,3,4,5-tetraphenyl-cyclopent-
  2-enylester] **6** 736 c
- [2,2,6,6-tetrapropyl-cyclohexylester]
  6 III 197 f
- thuj-4(10)-en-3-ylester
  6 99 a, I 62 d, III 384 a
- tirucalla-7,9(11)-dien-3-ylester
  6 IV 4186
- tirucalla-8,24-dien-3-ylester
  6 III 2884 a, IV 4188
- tirucall-7-en-3-ylester **6** IV 4050
- tirucall-8-en-3-ylester **6** III 2723 b,
  IV 4052
- [toluol-4-sulfonylmethylester]
  6 IV 2184, **11** 12
- [1-p-tolyl-äthylester] **6** III 1826 e
- [10-p-tolyl-[9]anthrylester]
  6 II 718 d
- [3-p-tolyl-but-3-enylester]
  6 III 2474 b
- [3-p-tolyl-butylester] **6** IV 3394
- [6-p-tolyl-cholest-5-en-3-ylester]
  6 IV 4927
- [2-m-tolyl-cyclohexylester]
  6 III 2532 b
- [1-o-tolyl-3,4-dihydro-
  [2]naphthylester] **6** IV 4960
- m-tolylester **6** 379 b, I 187 a,
  II 352 f, III 1305 f, IV 2047
- o-tolylester **6** 355 h, I 172 a,
  II 330 c, III 1253 h, IV 1960
- p-tolylester **6** 397 b, I 201 e,
  II 378 g, III 1363 g, IV 2112
- [9-o-tolyl-fluoren-9-ylester]
  6 III 3746 e

- [2-p-tolylmercapto-cyclohexylester]
  6 IV 5205
- [p-tolylmercapto-methylester]
  6 IV 2181
- [1-p-tolyloxy-äthylester]
  6 IV 2110
- [4-p-tolyloxymethyl-phenylester]
  6 II 883 e
- [4-p-tolyloxy-phenylester]
  6 IV 5741
- [5-p-tolyl-pentylester] **6** II 511 j
- [1-p-tolyl-propylester] **6** 525 o
- [2-p-tolyl-propylester] **6** 544 i
- [3-m-tolyl-propylester] **6** I 260 d
- [2,4,6-triäthyl-phenylester]
  6 II 512 d
- [2,3,5-tribrom-4,6-bis-brommethyl-
  phenylester] **6** 490 c
- [2,3,6-tribrom-4,5-bis-brommethyl-
  phenylester] **6** 483 f
- [2,4,5-tribrom-3,6-bis-brommethyl-
  phenylester] **6** 497 a
- [2,3,6-tribrom-4,5-bis-
  dibrommethyl-phenylester] **6** 483 h
- [2,3,6-tribrom-4,5-bis-jodmethyl-
  phenylester] **6** 484 a
- [2,3,5-tribrom-4,6-bis-
  methoxymethyl-phenylester]
  6 1118 c
- [2,3,5-tribrom-4-brommethoxy-
  6-brommethyl-phenylester] **6** 876 i
- [2,3,5-tribrom-6-brommethyl-
  4-hydroxy-benzylester] **6** 909 i
- [2,3,6-tribrom-5-brommethyl-
  4-hydroxy-benzylester] **6** 914 c
- [2,3,6-tribrom-5-brommethyl-
  4-methoxymethyl-phenylester]
  6 909 j
- [2,3,6-tribrom-4-brommethyl-
  5-methyl-phenylester] **6** 483 a
- [2,3,6-tribrom-5-brommethyl-
  4-methyl-phenylester] **6** 483 c
- [2,3,4-tribrom-6-brommethyl-
  phenylester] **6** 363 e
- [2,3,6-tribrom-4-brommethyl-
  phenylester] **6** 410 a
- [2,4,6-tribrom-3-brommethyl-
  phenylester] **6** 384 e
- [3,4,6-tribrom-2-brommethyl-
  phenylester] **6** 363 e
- [2,4,6-tribrom-3,5-dihydroxy-
  phenylester] **6** 1105 f

Essigsäure (Fortsetzung)

- [2,3,5-trichlor-4,6-dimethyl-
  phenylester] **6** II 460 g
- [2,4,5-trichlor-3,6-dimethyl-
  phenylester] **6** II 468 b
- [2,2,2-trichlor-1,1-diphenyl-
  äthylester] **6** IV 4719
- [2,3,6-trichlor-4-jod-phenylester]
  6 I 110 j
- [2,4,6-trichlor-3-jod-phenylester]
  6 I 110 h, III 783 j
- [2,3,4-trichlor-5-methoxy-
  phenylester] **6** IV 5686
- [2,3,4-trichlor-6-methyl-phenylester]
  6 I 175 c
- [2,3,6-trichlor-4-methyl-phenylester]
  6 404 f
- [2,4,6-trichlor-3-methyl-phenylester]
  6 I 189 g, II 356 m, IV 2070
- [1,3,4-trichlor-[2]naphthylester]
  6 650 f
- [1,3,6-trichlor-[2]naphthylester]
  6 IV 4301
- [2,3,4-trichlor-[1]naphthylester]
  6 613 i
- [2,3,4-trichlor-5-nitro-
  [1]naphthylester] **6** II 586 b
- [1,4,9-trichlor-[3]phenanthrylester]
  6 III 3559 d
- [2,4,9-trichlor-[3]phenanthrylester]
  6 IV 4936
- [2,2,2-trichlor-1-phenyl-äthylester]
  6 476 d, III 1686 b, IV 3049
- [2,3,6-trichlor-phenylester]
  6 190 h; vgl. II 180 c, III 717 b
- [2,4,5-trichlor-phenylester]
  6 III 719 f
- [2,4,6-trichlor-phenylester]
  6 192 c, II 181 c, III 726 g
- [2,2,2-trichlor-1-phenylmercapto-
  äthylester] **6** IV 1509
- [2,2,2-trichlor-1-phenylmethansulfonyl-
  äthylester] **6** IV 2659
- [2,2,2-trichlor-1-*m*-tolyl-äthylester]
  6 IV 3238
- [2,2,2-trichlor-1-*o*-tolyl-äthylester]
  6 I 254 i, IV 3233
- [2,2,2-trichlor-1-*p*-tolyl-äthylester]
  6 509 a, III 1827 h, IV 3243
- [4-trideuteriomethyl-phenylester]
  6 IV 2112
- [2,2,2-trifluor-1,1-diphenyl-
  äthylester] **6** IV 4716

- [2,2,2-trifluor-1,1-di-*p*-tolyl-
  äthylester] **6** IV 4790
- [3-trifluormethyl-cyclohexylester]
  6 II 22 e
- [1,3,9-trihydroxy-[2]anthrylester]
  8 II 477 b, III 3704 c
- [5,9,10-trihydroxy-1,4-dihydro-
  [1]anthrylester] **6** IV 7789
- [8,9,10-trihydroxy-1,4-dihydro-
  [1]anthrylester] **6** IV 7789
- [1,3,4-trihydroxy-*p*-menthan-
  2-ylester] **6** III 6647 a
- [3,5,20-trihydroxy-6-methyl-
  pregnan-21-ylester] **6** III 6683 a
- [5,14,20-trihydroxy-pregnan-
  3-ylester] **6** III 6677 b
- [17,20,21-trihydroxy-pregnan-
  3-ylester] **6** III 6680 b
- [2,4,6-triisopropyl-benzylester]
  6 III 2089 c
- [2,4,6-trijod-3,5-dimethyl-
  phenylester] **6** III 1764 c
- [2,4,6-trijod-3-nitro-phenylester]
  6 III 854 c
- [2,3,5-trijod-phenylester]
  6 211 m
- [2,4,6-trijod-phenylester]
  6 212 e, I 112 h
- trimesitylvinylester **6** III 3765 c
- [3,4,6-trimethoxy-[9]anthrylester]
  6 II 1133 f
- [2,4,6-trimethoxy-benzhydrylester]
  6 IV 7749
- [2,5,6-trimethoxy-1-methyl-
  [9]anthrylester] **6** II 1135 b
- [2,5,6-trimethoxy-3-methyl-
  [9]anthrylester] **6** II 1135 d
- [1,5,6-trimethoxy-[3]phenanthryl⸗
  ester] **6** IV 7805
- [2,4,5-trimethoxy-phenylester]
  6 IV 7688
- [3,4,5-trimethoxy-phenylester]
  6 II 1119 e, III 6654 a
- [2,4,6-trimethyl-benzhydrylester]
  6 690 c
- [2,3,6-trimethyl-benzylester]
  6 III 1918 g
- [2,4,5-trimethyl-benzylester]
  6 III 1921 a
- [2,4,6-trimethyl-benzylester]
  6 III 1919 g, IV 3362
- [2,4,6-trimethyl-biphenyl-3-ylester]
  6 IV 4775

Essigsäure (Fortsetzung)

–, [4-Äthoxy-2-brom-phenoxy]-
   6 IV 5781
   – amid **6** IV 5782

–, [4-Äthoxy-3-brom-phenylmercapto]-
   6 IV 5834

–, Äthoxycarbonylamino-benzyloxy≠
   carbonylamino-,
   – äthylester **6** IV 2425

–, [4-Äthoxy-6-chlor-[2]naphthyl≠
   mercapto]- **6** III 5260 b

–, [7-Äthoxy-6-chlor-[2]naphthyl≠
   mercapto]- **6** III 5295 e

–, [4-Äthoxy-2-chlor-phenoxy]-
   6 IV 5770
   – amid **6** IV 5770

–, [4-Äthoxy-3-chlor-phenylmercapto]-
   6 IV 5832

–, [5-Äthoxy-2-chlor-phenylmercapto]-
   6 III 4366 a

–, [2-Äthoxy-4,5-dibrom-phenoxy]-
   6 IV 5624

–, [2-Äthoxy-4,5-dichlor-phenoxy]-
   6 IV 5619

–, [5-Äthoxy-2,4-dichlor-phenyl≠
   mercapto]- **6** III 4366 b

–, Äthoxy-diphenoxy-,
   – amid **6** IV 622
   – dimethylamid **6** IV 622

–, [2-Äthoxy-5-methyl-phenoxy]-
   6 IV 5880

–, [4-Äthoxy-[1]naphthylmercapto]-
   6 III 5264 b

–, [4-Äthoxy-[2]naphthylmercapto]-
   6 III 5259 d

–, [6-Äthoxy-[2]naphthylmercapto]-
   6 III 5290 e

–, [2-Äthoxy-phenoxy]- **6** IV 5586
   – amid **6** IV 5586

–, [3-Äthoxy-phenoxy]- **6** IV 5675
   – amid **6** IV 5675

–, [4-Äthoxy-phenoxy]- **6** IV 5745
   – amid **6** IV 5745

–, [2-Äthoxy-*m*-phenylendioxy]-di-
   6 1084 d

–, [3-Äthoxy-*o*-phenylendioxy]-di-
   6 1084 d

–, [2-Äthoxy-phenylmercapto]-
   6 III 4279 b

–, [4-Äthoxy-phenylmercapto]-
   6 IV 5816

–, [4-Äthoxythiocarbonylmercapto-
   phenylmercapto]- **6** II 855 b

–, [Äthyl-benzyl-sulfonio]- **6** 463 b

–, [5-Äthyl-2-(6-brom-cyclohex-1-enyl)-
   phenoxy]- **6** III 2757 d

–, [4-Äthyl-2-brom-phenoxy]-
   6 IV 3025
   – amid **6** IV 3025

–, [2-Äthyl-4-brom-phenylmercapto]-
   6 IV 3016

–, [2-(1-Äthyl-but-2-enyl)-phenoxy]-
   6 III 2488 a

–, [4-(1-Äthyl-but-2-enyl)-phenoxy]-
   6 III 2488 b

–, [2-(1-Äthyl-butyl)-phenoxy]-
   6 III 1999 c

–, [2-Äthyl-5-butyl-phenoxy]-
   6 IV 3432

–, [4-(1-Äthyl-butyl)-phenoxy]-
   6 III 1999 f

–, [4-Äthyl-3-butyl-phenoxy]-
   6 IV 3432

–, [4'-Äthyl-3-chlor-biphenyl-4-yloxy]-
   6 IV 4740

–, [2-Äthyl-4-chlor-phenoxy]-
   6 III 1658 c, IV 3013
   – äthylester **6** IV 3014
   – amid **6** IV 3014

–, [4-Äthyl-2-chlor-phenoxy]-
   6 IV 3023
   – amid **6** IV 3024

–, [5-Äthyl-2-cyclohex-1-enyl-phenoxy]-
   6 III 2757 d

–, [4-Äthyl-2,6-dimethoxy-phenoxy]-
   6 IV 7388

–, [Äthyl-dimethyl-ammonio]-,
   – [2,2-diphenyl-propylester]
     6 IV 4764

–, [4-Äthyl-3,5-dimethyl-phenoxy]-
   6 IV 3356

–, [2-Äthyl-4-fluor-phenoxy]-
   6 III 1658 a, IV 3013

–, {4-[1-Äthyl-2-(4-hydroxy-phenyl)-
   butyl]-phenoxy}- **6** IV 6763

–, [4-Äthyl-2-isopropyl-phenoxy]-
   6 IV 3404

–, [4-Äthyl-2-methoxy-phenoxy]-
   6 III 4561 f, IV 5927

–, [5-Äthyl-2-methoxy-phenoxy]-
   6 III 4561 e

–, {4-[1-Äthyl-2-(4-methoxy-phenyl)-
   butyl]-phenoxy}- **6** IV 6763

–, [2-Äthyl-3-methyl-phenoxy]-
   6 III 1818 a

Essigsäure (Fortsetzung)

−, [2-Äthyl-4-methyl-phenoxy]-
6 III 1821 e, IV 3235

−, [2-Äthyl-5-methyl-phenoxy]-
6 IV 3241

−, [3-Äthyl-2-methyl-phenoxy]-
6 IV 3232

−, [3-Äthyl-4-methyl-phenoxy]-
6 IV 3232

−, [3-Äthyl-5-methyl-phenoxy]-
6 III 1822 f, IV 3237

−, [4-Äthyl-2-methyl-phenoxy]-
6 III 1823 e, IV 3238

−, [4-Äthyl-3-methyl-phenoxy]-
6 III 1819 a

−, [5-Äthyl-2-methyl-phenoxy]-
6 III 1825 a, IV 3241

−, [4-(1-Äthyl-1-methyl-propyl)-
phenoxy]- 6 IV 3427

−, [Äthyl-methyl-sulfonio]-,
− menthylester 6 38 b

−, [2-Äthyl-phenoxy]- 6 II 442 g,
III 1657 g, IV 3012
− äthylester 6 IV 3012
− amid 6 IV 3012

−, [3-Äthyl-phenoxy]- 6 II 443 h,
III 1662 e

−, [4-Äthyl-phenoxy]- 6 II 444 c,
III 1666 m

−, [4-Äthyl-*m*-phenylendimercapto]-di-
6 I 441 j

−, [4-Äthyl-*m*-phenylendioxy]-di-
6 III 4556 d

−, [2-Äthyl-phenylmercapto]-
6 IV 3015

−, [4-Äthyl-phenylmercapto]-
6 I 235 g, IV 3028

−, [2-Äthyl-5-propyl-phenoxy]-
6 III 1986 c, IV 3404

−, [2-Allyl-4-*tert*-butyl-phenoxy]-
6 IV 3930

−, [2-Allyl-4-chlor-phenoxy]-
6 III 2413 d

−, [2-Allyl-4,6-dibrom-phenoxy]-
6 III 2414 h

−, [5-Allyl-2-hydroxy-phenoxy]-
6 IV 6339
− diäthylamid 6 IV 6339

−, [4-Allyl-2-methoxy-6-nitro-phenoxy]-
6 968 j

−, [2-Allyl-4-methoxy-phenoxy]-
6 IV 6336
− diäthylamid 6 IV 6336

−, [2-Allyl-5-methoxy-phenoxy]-
6 IV 6335
− diäthylamid 6 IV 6335

−, [2-Allyl-6-methoxy-phenoxy]-
6 IV 6334
− diäthylamid 6 IV 6334

−, [4-Allyl-2-methoxy-phenoxy]-
6 966 i, II 924 a, III 5029 g
− äthylester 6 967 b
− amid 6 967 c
− [bis-hydroxymethyl-amid]
6 967 e
− [hydroxymethyl-amid] 6 967 d
− methylester 6 967 a

−, [5-Allyl-2-methoxy-phenoxy]-
6 III 5029 f, IV 6339

−, [2-Allyl-4-methyl-phenoxy]-
6 III 2447 c

−, [2-Allyloxy-phenoxy]- 6 IV 5587
− amid 6 IV 5587

−, [3-Allyloxy-phenoxy]- 6 IV 5676
− amid 6 IV 5676

−, [4-Allyloxy-phenoxy]- 6 IV 5746
− amid 6 IV 5746

−, [2-Allyl-4-*tert*-pentyl-phenoxy]-
6 IV 3943

−, [2-Allyl-phenoxy]- 6 III 2412 f,
IV 3809

−, [2-Allyl-5-propyl-phenoxy]-
6 III 2490 a

−, Amino-cyan-,
− benzylester 6 III 1543 b

−, Amino-hydroxyimino-,
− cyclohexylester 6 IV 40

−, [2]Anthrylmercapto- 6 II 669 h

−, [9]Anthrylmercapto- 6 II 672 k
− amid 6 II 673 a
− methylester 6 II 672 l

−, Benz[*a*]anthracen-5-yloxy-
6 III 3727 a

−, Benzen-1,3,5-triyltrimercapto-tri-
6 I 548 b
− triäthylester 6 I 548 c

−, Benzen-1,2,3-triyltrioxy-tri-
6 1084 e

−, Benzhydrylmercapto- 6 III 3381 a,
IV 4686
− äthylester 6 III 3381 b
− amid 6 III 3381 d
− [2-diäthylamino-äthylester]
6 III 3381 c

−, Benzhydrylmercaptocarbonyl⚹
mercapto- 6 681 g

Essigsäure (Fortsetzung)

−, Brom-[4-nitro-benzolsulfonyl]-,
  − methylester **6** IV 1713

−, [2-Brom-4-nitro-phenoxy]-
  6 IV 1364
  − äthylester **6** IV 1365
  − hydrazid **6** IV 1365

−, Brom-[2-nitro-phenylmercapto]-
  6 IV 1670

−, Brom-[4-nitro-phenylmercapto]-
  6 IV 1713

−, [4-Brom-2-nitro-phenylmercapto]-
  6 IV 1732

−, [2-Brom-phenoxy]- **6** 198 b, III 737 g,
  IV 1040
  − äthylester **6** 198 c
  − amid **6** 198 d
  − [2-diäthylamino-äthylamid]
    6 IV 1040

−, [3-Brom-phenoxy]- **6** III 739 d

−, [4-Brom-phenoxy]- **6** 200 j, III 747 k,
  IV 1052
  − äthylester **6** 201 a, II 186 d
  − amid **6** II 186 e
  − [2-hydroxy-äthylamid]
    6 III 747 m
  − methylester **6** III 747 l
  − phenylester **6** 201 b

−, [4-Brom-*o*-phenylendimercapto]-di-
  6 II 801 b

−, Brom-phenylmercapto- **6** IV 1548

−, [2-Brom-phenylmercapto]-
  6 IV 1647

−, [3-Brom-phenylmercapto]-
  6 IV 1649

−, [4-Brom-phenylmercapto]-
  6 331 l, IV 1655
  − [2-hydroxy-äthylamid] **6** III 1051 i
  − methylester **6** III 1051 h

−, [4-Brom-phenylselanyl]- **6** II 320 i

−, [2-Brom-4-propoxy-phenoxy]-
  6 IV 5782
  − amid **6** IV 5782

−, [4-(2-Brom-propyl)-2-hydroxy-
  phenoxy]- **6** 921 c

−, [4-(3-Brom-propyl)-2-hydroxy-
  phenoxy]- **6** 921 c

−, Brom-[toluol-4-sulfonyl]-,
  − amid **6** III 1426 g
  − bromamid **6** III 1427 a

−, Brom-*p*-tolylmercapto- **6** IV 2203

−, [4-But-2-enyl-2-methyl-phenoxy]-
  6 III 2473 b

−, [2-But-1-enyl-phenoxy]- **6** IV 3832

−, [2-But-2-enyl-phenoxy]- **6** III 2436 d,
  IV 3834

−, [4-But-1-enyl-phenoxy]- **6** IV 3832

−, [4-But-2-enyl-phenoxy]- **6** IV 3835

−, Butoxy-,
  − biphenyl-4-ylester **6** IV 4604
  − menthylester **6** II 47 e

−, [4-Butoxy-2-chlor-phenoxy]-
  6 IV 5770
  − amid **6** IV 5770

−, [2-Butoxy-4,5-dichlor-phenoxy]-
  6 IV 5619

−, Butoxy-diphenoxy-,
  − amid **6** IV 622
  − dimethylamid **6** IV 622

−, [2-Butoxy-phenoxy]- **6** IV 5587
  − amid **6** IV 5587

−, [3-Butoxy-phenoxy]- **6** IV 5675
  − amid **6** IV 5675

−, [4-Butoxy-phenoxy]- **6** IV 5745
  − amid **6** IV 5746

−, [2-*tert*-Butyl-4-carboxymethyl⹀
  mercapto-6-methyl-phenoxy]- **6** IV 6042

−, [2-*tert*-Butyl-6-carboxymethyl⹀
  mercapto-4-methyl-phenoxy]- **6** IV 6042

−, [2-Butyl-4-chlor-phenoxy]-
  6 IV 3268
  − äthylester **6** IV 3268
  − amid **6** IV 3268

−, [2-*sec*-Butyl-4-chlor-phenoxy]-
  6 III 1852 e
  − äthylester **6** III 1852 f

−, [4-Butyl-2-chlor-phenoxy]-
  6 IV 3271
  − amid **6** IV 3271

−, [4-*sec*-Butyl-2,6-dichlor-phenoxy]-
  6 IV 3282

−, [4-*tert*-Butyl-2,6-dijod-phenoxy]-
  6 IV 3315

−, [2-Butyl-4-fluor-phenoxy]-
  6 III 1843 f

−, [2-Butyl-4-methyl-phenoxy]-
  6 IV 3392

−, [2-*sec*-Butyl-4-methyl-phenoxy]-
  6 III 1975 d, IV 3393

−, [2-*sec*-Butyl-5-methyl-phenoxy]-
  6 III 1976 b

−, [2-*tert*-Butyl-4-methyl-phenoxy]-
  6 IV 3398

−, [2-*tert*-Butyl-5-methyl-phenoxy]-
  6 IV 3401

Essigsäure (Fortsetzung)

–, [4-*sec*-Butyl-2-methyl-phenoxy]-
　6 IV 3394

–, [4-*tert*-Butyl-2-methyl-phenoxy]-
　6 IV 3399

–, [4-*tert*-Butyl-2-nitro-phenylmercapto]-
　6 IV 3318

–, [2-Butyl-phenoxy]- 6 III 1843 c,
　IV 3268
　– äthylester 6 IV 3268

–, [2-*sec*-Butyl-phenoxy]- 6 IV 3278

–, [2-*tert*-Butyl-phenoxy]- 6 III 1861 e,
　IV 3292

–, [3-Butyl-phenoxy]- 6 IV 3269

–, [3-*tert*-Butyl-phenoxy]- 6 IV 3295

–, [4-Butyl-phenoxy]- 6 III 1845 a,
　IV 3270
　– amid 6 IV 3271

–, [4-*sec*-Butyl-phenoxy]- 6 IV 3281

–, [4-*tert*-Butyl-phenoxy]- 6 524 h,
　III 1869 f
　– amid 6 524 i, IV 3306

–, [2-*tert*-Butyl-phenylmercapto]-
　6 IV 3294

–, [4-*tert*-Butyl-phenylmercapto]-
　6 IV 3317

–, [4-*tert*-Butyl-2-propenyl-phenoxy]-
　6 IV 3929

–, [2-Butyl-5-propyl-phenoxy]-
　6 III 2035 f

–, Butyltellanyl-,
　– menthylester 6 III 158 g

–, [4-Carboxy-2,6-dihydroxy-phenyl]-
　6 III 6801 c

–, [2-Carboxymethylmercapto-
　4,6-dimethyl-phenoxy]- 6 IV 5963

–, [4-Carboxymethylmercapto-
　2,6-dimethyl-phenoxy]- 6 IV 5960

–, [5-Carboxymethylmercapto-
　2,4-dimethyl-phenoxy]- 6 III 4596 c

–, [1-Carboxymethylmercapto-
　[2]naphthyloxy]- 6 III 5251 d

–, [4-Carboxymethylmercapto-
　[1]naphthyloxy]- 6 III 5264 c

–, [5-Carboxymethylmercapto-
　[2]naphthyloxy]- 6 III 5281 d

–, [2-Carboxymethylmercapto-phenoxy]-
　6 IV 5640

–, Chlor-,
　– [4-äthyl-2,6-dimethyl-phenylester]
　　6 II 503 c
　– [2-äthyl-2-phenyl-butylester]
　　6 IV 3427

–　[3-äthyl-phenylester] 6 IV 3017

–　[2-äthyl-2-phenyl-hexylester]
　6 IV 3478

–　[2-äthyl-2-phenyl-pentylester]
　6 IV 3460

–　[4-allyl-2-methoxy-phenylester]
　6 I 463 h

–　benzhydrylester 6 IV 4655

–　benzylester 6 435 f, III 1479 b,
　IV 2264

–　[*β*-benzyloxy-isopropylamid]
　6 IV 2484

–　[benzyloxymethyl-amid]
　6 III 1475 h

–　biphenyl-2-ylester 6 II 623 e

–　biphenyl-4-ylester 6 III 3327 a

–　bornylester 6 79 a, 82 d, II 84 a,
　IV 283

–　[3-brom-biphenyl-4-ylester]
　6 III 3334 e

–　[4'-brom-biphenyl-4-ylester]
　6 III 3335 c

–　[2-brom-4-butyl-phenylester]
　6 IV 3271

–　[2-brom-4-methyl-phenylester]
　6 IV 2144

–　[2-brom-phenylester] 6 IV 1040

–　[4-brom-phenylester] 6 IV 1051

–　[4-*tert*-butyl-2-chlor-phenylester]
　6 IV 3312

–　[4-*tert*-butyl-cyclohexylester] 6 III 127 c

–　[2-*tert*-butyl-5-methyl-phenylester]
　6 IV 3401

–　[4-*tert*-butyl-phenylester]
　6 IV 3305

–　[2-butyl-2-phenyl-hexylester]
　6 IV 3524

–　[2-chlor-6-methyl-phenylester]
　6 II 332 b

–　[2-chlor-phenylester] 6 III 677 g

–　[3-chlor-phenylester] 6 IV 814

–　[4-chlor-phenylester] 6 I 101 i

–　cholestan-3-ylester 6 III 2140 a

–　cholesterylester 6 III 2633 c, IV 4006

–　[2-cyclohexyl-4,6-dinitro-
　phenylester] 6 III 2500 f

–　[3-cyclohexyl-1-methyl-propylester]
　6 III 123 e

–　[11-cyclopent-2-enyl-undecylester]
　6 III 360 e

–　[3,5-dibrom-biphenyl-4-ylester]
　6 III 3336 e

Essigsäure

—, [4-Chlor-2-methyl-phenoxy]-, (Fortsetzung)
  — hydroxyamid **6** IV 1995
  — [2-hydroxy-1-methyl-äthylamid]
    6 III 1266 h
  — [2-hydroxy-propylester] **6** IV 1992
  — isopropylester **6** III 1266 e
  — [β-nitro-isobutylester] **6** III 1266 f
  — propylester **6** III 1266 d
  — [2-o-tolyloxy-äthylamid]
    6 IV 1993
  — [2,2,2-trichlor-äthylester]
    6 III 1266 b
—, [4-Chlor-3-methyl-phenoxy]-
    6 I 188 j, III 1317 f, IV 2065
  — äthylester **6** I 189 b
  — amid **6** III 1317 g
  — methylester **6** I 189 a
—, [5-Chlor-2-methyl-phenoxy]-
    6 IV 1986
  — amid **6** IV 1986
—, [3-Chlor-2-methyl-phenylmercapto]-
    6 II 343 c
—, [3-Chlor-4-methyl-phenylmercapto]-
    6 III 1434 g
—, [3-Chlor-5-methyl-phenylmercapto]-
    6 II 366 f
—, [4-Chlor-2-methyl-phenylmercapto]-
    6 I 181 n, II 343 b, III 1283 d,
    IV 2030
—, [4-Chlor-3-methyl-phenylmercapto]-
    6 I 195 d, III 1336 g
—, [5-Chlor-2-methyl-phenylmercapto]-
    6 II 343 a
—, [8-Chlor-naphthalin-1,6-diyl=
    dimercapto]-di- **6** II 952 h
—, [1-Chlor-[2]naphthylmercapto]-
    6 II 612 i
  — amid **6** II 613 a
—, [2-Chlor-[1]naphthylmercapto]-
    6 III 2947 e, IV 4246
—, [4-Chlor-[1]naphthylmercapto]-
    6 IV 4246
—, [5-Chlor-[1]naphthylmercapto]-
    6 IV 4247
—, [7-Chlor-[1]naphthylmercapto]-
    6 IV 4247
—, [8-Chlor-[1]naphthylmercapto]-
    6 IV 4248
—, [1-Chlor-[2]naphthyloxy]- **6** III 2991 f,
    IV 4291
  — amid **6** III 2991 g
—, [2-Chlor-[1]naphthyloxy]- **6** III 2933 d

—, [3-Chlor-[2]naphthyloxy]- **6** IV 4292
—, [4-Chlor-[1]naphthyloxy]- **6** III 2934 a
—, [4-Chlor-[2]naphthyloxy]- **6** IV 4294
—, [5-Chlor-[2]naphthyloxy]- **6** IV 4294
—, [6-Chlor-[2]naphthyloxy]- **6** IV 4295
—, [7-Chlor-[1]naphthyloxy]- **6** III 2934 d
—, [7-Chlor-[2]naphthyloxy]- **6** IV 4295
—, [8-Chlor-[2]naphthyloxy]- **6** IV 4295
—, Chlor-nitro-,
  — phenylester **6** IV 614
—, [4-Chlor-2-nitro-benzolsulfonyl]-
    6 II 313 d, III 1080 g
—, [2-Chlor-4-nitro-[1]naphthyloxy]-
    6 IV 4240
  — äthylester **6** IV 4240
  — amid **6** IV 4240
  — methylester **6** IV 4240
—, [2-Chlor-4-nitro-phenoxy]-
    6 IV 1355
  — methylester **6** IV 1355
—, [4-Chlor-2-nitro-phenoxy]-
    6 IV 1350
  — dimethylamid **6** IV 1350
—, [4-Chlor-3-nitro-phenoxy]-
    6 III 838 e
—, [4-Chlor-2-nitro-phenylmercapto]-
    6 II 313 c, III 1080 f
—, [5-Chlor-2-nitro-phenylmercapto]-
    6 III 1082 i
—, [4-Chlor-2-pentyl-phenoxy]-
    6 III 1950 d, IV 3369
  — äthylester **6** IV 3369
—, [2-Chlor-phenoxy]- **6** II 172 g,
    III 678 f, IV 796
  — [2-äthoxy-äthylester] **6** III 678 h
  — äthylester **6** II 172 i, IV 796
  — amid **6** II 172 k, IV 796
  — hydrazid **6** IV 797
  — hydroxyamid **6** IV 797
  — methylester **6** II 172 h
  — pentylamid **6** IV 796
  — phenylester **6** III 678 g
—, [3-Chlor-phenoxy]- **6** III 683 e,
    IV 816
  — äthylester **6** IV 816
  — amid **6** IV 816
  — hydroxyamid **6** IV 816
—, [4-Chlor-phenoxy]- **6** 187 g, II 177 e,
    III 694 e, IV 845
  — äthylester **6** II 177 g, III 694 g,
    IV 845
  — allylester **6** III 695 b

Essigsäure

—, [4-Chlor-phenoxy]-, (Fortsetzung)
- amid **6** II 177 i, III 695 g,
  IV 846
- [2-brom-äthylester] **6** III 694 i
- but-2-enylester **6** III 695 c
- [2-chlor-äthylester] **6** III 694 h
- [3-chlor-but-2-enylester] **6** IV 845
- [4-chlor-phenylester] **6** III 695 j
- [2,3-dichlor-propylester] **6** III 694 j
- [2-dimethylamino-äthylester] **6** IV 846
- [2-(6,6-dimethyl-norpinan-2-yl)-
  äthylester] **6** IV 845
- [2-(6,6-dimethyl-norpin-2-en-2-yl)-
  äthylester] **6** IV 846
- hydrazid **6** IV 849
- [2-hydroxy-äthylamid]
  6 III 695 h
- [2-hydroxy-äthylester]
  6 III 695 e
- hydroxyamid **6** IV 848
- [2-(p-menth-1-en-8-yloxy)-
  äthylester] **6** IV 846
- methylester **6** II 177 f, III 694 f
- [5-(4-nitro-phenoxy)-pentylamid]
  6 IV 1311
- phenylester **6** III 695 d
- vinylester **6** III 695 a
—, [2-(2-Chlor-phenoxy)-äthoxy]- **6** IV 787
- äthylester **6** IV 787
- amid **6** IV 788
—, [2-(4-Chlor-phenoxy)-äthoxy]-
  6 IV 827
- äthylester **6** IV 827
- amid **6** IV 827
—, [4-Chlor-8-phenoxy-[1]naphthyl≠
  mercapto]- **6** IV 6562
—, [5-Chlor-8-phenoxy-[1]naphthyl≠
  mercapto]- **6** IV 6562
—, [8-(4-Chlor-phenoxy)-[1]naphthyl≠
  mercapto]- **6** IV 6561
—, [2-Chlor-4-phenoxy-phenoxy]-
  6 III 4433 e
—, [4-Chlor-m-phenylendimercapto]-di-
  6 I 410 h, III 4369 a
—, [4-Chlor-m-phenylendioxy]-di-
  6 IV 5684
- dimethylester **6** IV 5684
—, Chlor-phenylmercapto- **6** 319 g
- äthylester **6** 319 h
—, [2-Chlor-phenylmercapto]-
  6 326 c, II 296 g, III 1033 i

—, [3-Chlor-phenylmercapto]-
  6 326 h, II 297 b
—, [4-Chlor-phenylmercapto]-
  6 328 h, I 150 c, II 298 c, III 1038 j,
  IV 1601
- äthylester **6** IV 1602
—, Chlor-phenylmethansulfonyl-,
- methylester **6** IV 2714
—, [4-Chlor-phenylmethansulfonyl]-
  6 III 1641 a
—, [2-Chlor-phenylselanyl]- **6** II 320 a
—, [4-Chlor-phenylselanyl]- **6** II 320 d,
  IV 1783
—, [2-Chlor-4-propoxy-phenoxy]-
  6 IV 5770
- amid **6** IV 5770
—, [3-Chlor-4'-propyl-biphenyl-4-yloxy]-
  6 IV 4774
—, [4-(2-Chlor-propyl)-2-hydroxy-
  phenoxy]- **6** 921 a
—, [4-(3-Chlor-propyl)-2-hydroxy-
  phenoxy]- **6** 921 a
—, [4-Chlor-2-propyl-phenoxy]-
  6 III 1785 h, IV 3178
- äthylester **6** III 1785 i, IV 3178
- amid **6** IV 3178
- [2-chlor-äthylester] **6** III 1785 j
- isopropylester **6** III 1786 a
—, [4-Chlor-stilben-α,α'-diyldimercapto]-
  di- **6** IV 6827
—, Chlor-[toluol-4-sulfonyl]-,
- amid **6** III 1426 e
- chloramid **6** III 1426 f
—, [2-Chlor-3-trifluormethyl-phenoxy]-
  6 IV 2068
—, [2-Chlor-5-trifluormethyl-phenoxy]-
  6 IV 2068
—, [4-Chlor-3-trifluormethyl-phenoxy]-
  6 IV 2069
—, Cholesterylmercapto- **6** III 2668 b
—, Cholesteryloxy- **6** III 2654 c
—, Cinnamylmercapto- **6** 571 f,
  III 2410 c, IV 3807
—, [4-Cinnamyl-2-methyl-phenoxy]-
  6 III 3515 e
—, Cyan-,
- benzylester **6** III 1483 b,
  IV 2270
- [4-brom-benzylester] **6** III 1562 f
- cholesterylester **6** IV 4008
- cinnamylester **6** III 2407 a
- cyclohexylester **6** III 26 f

Essigsäure

−, Cyan-, (Fortsetzung)

− menthylester **6** 35 c, I 23 k,
II 44 e, IV 155

− [5-(4-nitro-phenoxy)-pentylamid]
6 IV 1310

− phenäthylester **6** IV 3074

− phenylester **6** IV 624

−, Cyan-hexanoylamino-,

− benzylester **6** III 1543 c

−, Cyan-hydroxyimino-,

− benzylester **6** III 1538 e

−, Cyan-[toluol-4-sulfonyl]-,

− methylester **6** III 1425 c

−, Cyclohexansulfinyl- **6** IV 77

−, Cyclohexansulfonyl- **6** III 51 b,
IV 77

−, [2-Cyclohex-1-enyl-5-methyl-phenoxy]-
6 III 2752 c

−, Cyclohex-1-enyloxy-,

− äthylester **6** IV 195

−, [2-Cyclohex-2-enyl-phenoxy]-
6 III 2748 a

−, [2-Cyclohex-2-enyl-phenylmercapto]-
6 IV 4090

−, Cyclohexylmercapto- **6** III 50 d

− äthylester **6** III 50 f

− amid **6** III 51 a

− methylester **6** III 50 e

−, Cyclohexylmethoxy- **6** III 77 h

−, [4-Cyclohexylmethyl-cyclohexyloxy]-
6 III 346 b

−, [2-Cyclohexyl-4-methyl-phenoxy]-
6 IV 3935

−, [4-Cyclohexyl-2-methyl-phenoxy]-
6 IV 3935

−, [Cyclohexyl-methyl-sulfonio]- **6** IV 77

−, Cyclohexyloxy- **6** III 31 c

− amid **6** III 31 h

− anhydrid **6** III 31 f

− [2-chlor-äthylamid] **6** IV 46

− cyclohexylester **6** IV 46

− [2-diäthylamino-äthylester]
6 IV 46

− isopentylamid **6** IV 46

− methylester **6** II 11 m, III 31 d

− octadec-9-enylester **6** III 31 e

−, Cyclohexyloxythiocarbonylmercapto-
6 III 31 a

− amid **6** III 31 b

−, [2-Cyclohexyl-phenoxy]- **6** III 2496 h

−, [4-Cyclohexyl-phenoxy]- **6** III 2507 i

− äthylester **6** III 2508 b

− amid **6** III 2508 c

− methylester **6** III 2508 a

−, Cyclohexylselanyl- **6** III 53 f

−, [2,6-Cyclo-norbornan-3-ylmercapto]-
6 IV 348

−, [2-Cyclooctyl-phenoxy]- **6** IV 3945

−, [4-Cyclooctyl-phenoxy]- **6** IV 3945

−, Cyclopentylmercapto- **6** III 8 e

−, Cyclopentyloxy- **6** III 7 b

− amid **6** III 7 f

− anhydrid **6** III 7 d

− methylester **6** III 7 c

−, [2-Cyclopentyl-phenoxy]- **6** IV 3884

−, [4-Cyclopentyl-phenoxy]- **6** III 5613 a,
IV 3884

−, [3a,4,4a,5,6,7,8,8a,9,9a-Decahydro-
1*H*-4,9;5,8-dimethano-cyclopenta=
[*b*]naphthalin-6(*oder* 7)-ylmercapto]-
6 III 2770 a

−, Decahydro[2]naphthyloxy-
6 III 274 g

− amid **6** III 275 b

− methylester **6** 274 h

−, [2-Decyl-phenoxy]- **6** IV 3522

−, [4-Decyl-phenoxy]- **6** IV 3523

−, Deuterio-,

− benzylester **6** IV 2263

−, [1,4-Diacetoxy-[2]naphthylmercapto]-
6 IV 7535

−, Diäthoxy-,

− phenylester **6** III 634 h

−, [4,6-Diäthoxy-[2]naphthylmercapto]-
6 III 6508 b

−, [2,6-Diäthoxy-phenoxy]- **6** 1084 b

−, Diäthoxyphosphoryl-,

− [4-chlor-phenylester] **6** IV 864

− phenylester **6** III 649 g, IV 688

− [2,4,5-trichlor-phenylester]
6 IV 992

−, Diäthoxyphosphorylmercapto-,

− [4-chlor-phenylester] **6** IV 849

− cyclohexylester **6** IV 46

− [2,4-dichlor-phenylester] **6** IV 922

− [3-nitro-phenylester] **6** IV 1274

− [4-nitro-phenylester] **6** IV 1305

−, Diäthoxythiophosphorylmercapto-,

− [4-chlor-phenylester] **6** IV 850

− [3-nitro-phenylester] **6** IV 1275

− [4-nitro-phenylester] **6** IV 1305

− [(phenylmercapto-methyl)-amid]
6 IV 1505

−, Diäthoxythiophosphoryloxy-,

− [4-chlor-phenylester] **6** IV 849

Essigsäure (Fortsetzung)

—, [3,5-Dichlor-biphenyl-4-yloxy]-
    6 III 3333 b
    — amid **6** III 3333 c

—, Dichlor-[4-chlor-phenoxy]-,
    — trichlorphosphoranylidenamid
      6 IV 841

—, [2,4-Dichlor-3,5-dimethyl-phenoxy]-
    6 III 1761 g, IV 3157

—, [2,6-Dichlor-3,5-dimethyl-phenoxy]-
    6 IV 3157

—, [2,3-Dichlor-4,5-dimethyl-
    phenylmercapto]- **6** III 1732 f

—, [2,4-Dichlor-3,5-dimethyl-
    phenylmercapto]- **6** III 1768 e

—, [3,4-Dichlor-2,5-dimethyl-
    phenylmercapto]- **6** III 1778 e

—, [4,6-Dichlor-2,3-dinitro-phenoxy]-
    6 IV 1386
    — äthylester **6** IV 1386

—, [2,4-Dichlor-3-fluor-phenoxy]-
    6 IV 959

—, [2,4-Dichlor-5-fluor-phenoxy]-
    6 IV 959

—, [2,4-Dichlor-6-fluor-phenoxy]-
    6 IV 959

—, [2,5-Dichlor-4-fluor-phenoxy]-
    6 IV 959

—, [2,6-Dichlor-4-fluor-phenoxy]-
    6 IV 960

—, [3,5-Dichlor-4-fluor-phenoxy]-
    6 IV 960

—, [4,5-Dichlor-2-fluor-phenoxy]-
    6 IV 960

—, [2,4-Dichlor-5-hydroxy-phenoxy]-
    6 IV 5685
    — äthylester **6** IV 5685
    — amid **6** IV 5685

—, [2,4-Dichlor-6-hydroxy-phenoxy]-
    6 IV 5617
    — methylester **6** IV 5617

—, [3,5-Dichlor-2-hydroxy-phenoxy]-
    6 IV 5617

—, [2,4-Dichlor-5-jod-phenoxy]-
    6 III 782 g, IV 1081
    — äthylester **6** III 783 b
    — amid **6** III 783 f
    — butylester **6** III 783 d
    — isopropylester **6** III 783 c
    — methylester **6** III 783 a

—, [2,4-Dichlor-6-jod-phenoxy]-
    6 IV 1081

—, [2,4-Dichlor-5-methoxy-phenoxy]-
    6 IV 5685

—, [2,4-Dichlor-6-methoxy-phenoxy]-
    6 IV 5617

—, [3,5-Dichlor-2-methoxy-phenoxy]-
    6 IV 5617

—, [4,5-Dichlor-2-methoxy-phenoxy]-
    6 IV 5619

—, [2,3-Dichlor-4-methoxy-phenyl≠
    mercapto]- **6** III 4468 b

—, [2,5-Dichlor-4-methoxy-phenyl≠
    mercapto]- **6** III 4468 d

—, [4,5-Dichlor-2-methoxy-phenyl≠
    mercapto]- **6** III 4283 d

—, [2,3-Dichlor-6-methyl-phenoxy]-
    6 IV 2001

—, [2,4-Dichlor-5-methyl-phenoxy]-
    6 IV 2069
    — isopropylester **6** IV 2069

—, [2,4-Dichlor-6-methyl-phenoxy]-
    6 III 1268 b, IV 2002
    — äthylester **6** IV 2003
    — [2,4-dichlor-6-methyl-phenoxymethyl≠
      ester] **6** IV 2003
    — hydroxyamid **6** IV 2003

—, [2,5-Dichlor-4-methyl-phenoxy]-
    6 IV 2140

—, [2,6-Dichlor-4-methyl-phenoxy]-
    6 IV 2142

—, [4,5-Dichlor-2-methyl-phenoxy]-
    6 IV 2004

—, [2,3-Dichlor-4-methyl-phenyl≠
    mercapto]- **6** III 1435 b

—, [2,4-Dichlor-3-methyl-phenyl≠
    mercapto]- **6** III 1337 a

—, [2,4-Dichlor-5-methyl-phenyl≠
    mercapto]- **6** I 195 e, II 366 g,
    III 1337 c

—, [2,5-Dichlor-4-methyl-phenyl≠
    mercapto]- **6** III 1435 c

—, [4,5-Dichlor-2-methyl-phenyl≠
    mercapto]- **6** III 1283 f

—, [1,5-Dichlor-[2]naphthylmercapto]-
    6 III 3014 c

—, [1,6-Dichlor-[2]naphthylmercapto]-
    6 III 3014 d

—, [1,8-Dichlor-[2]naphthylmercapto]-
    6 III 3014 e

—, [4,8-Dichlor-[2]naphthylmercapto]-
    6 III 3014 f

—, [5,8-Dichlor-[1]naphthylmercapto]-
    6 III 2949 d

Essigsäure (Fortsetzung)

—, [5,8-Dichlor-[2]naphthylmercapto]-
6 III 3015 a

—, [1,3-Dichlor-[2]naphthyloxy]-
6 IV 4296

—, [1,4-Dichlor-[2]naphthyloxy]-
6 III 2993 e

—, [1,5-Dichlor-[2]naphthyloxy]-
6 IV 4297

—, [1,6-Dichlor-[2]naphthyloxy]-
6 III 2994 a

—, [1,7-Dichlor-[2]naphthyloxy]-
6 IV 4298

—, [1,8-Dichlor-[2]naphthyloxy]-
6 IV 4298

—, [2,4-Dichlor-[1]naphthyloxy]-
6 III 2934 g

— äthylester 6 III 2934 h

—, [3,4-Dichlor-[2]naphthyloxy]-
6 IV 4299

—, [3,6-Dichlor-[2]naphthyloxy]-
6 IV 4300

—, [5,6-Dichlor-[2]naphthyloxy]-
6 IV 4300

—, [2,4-Dichlor-5-nitro-phenoxy]-
6 III 841 e, IV 1359

— äthylester 6 IV 1359

— [2,4-dichlor-5-nitro-phenoxymethyl≈
ester] 6 IV 1360

— hydroxyamid 6 IV 1360

—, [2,4-Dichlor-6-nitro-phenoxy]-
6 IV 1359

— butylester 6 IV 1359

—, [2,5-Dichlor-4-nitro-phenoxy]-,

— [2,5-dichlor-4-nitro-phenoxymethyl≈
ester] 6 IV 1361

—, Dichlor-phenoxy- 6 IV 621

— dimethylamid 6 IV 623

—, [2,3-Dichlor-phenoxy]- 6 IV 883

— amid 6 IV 883

—, [2,4-Dichlor-phenoxy]- 6 III 705 b,
IV 908

— [2-(2-äthoxy-äthoxy)-äthylester]
6 IV 912

— [2-äthoxy-äthylester] 6 IV 911

— äthylester 6 III 705 d, IV 909

— [2-äthyl-hexylester] 6 III 706 j

— allylester 6 III 706 k

— [4-allyl-2-methoxy-phenylester]
6 IV 6339

— amid 6 III 707 c, IV 915

— anhydrid 6 IV 914

— benzylester 6 IV 2471

— biphenyl-2-ylester 6 IV 4583

— bornylester 6 IV 910

— [2-brom-äthylamid] 6 IV 915

— [2-brom-äthylester] 6 III 706 a

— [3-brom-propylamid] 6 IV 915

— [2-(2-butoxy-äthoxy)-äthylester]
6 IV 912

— [2-butoxy-äthylester] 6 IV 911

— [β-butoxy-isopropylester]
6 IV 913

— butylester 6 III 706 d

— sec-butylester 6 IV 910

— [β-(2-sec-butyl-phenoxy)-
isopropylester] 6 IV 3278

— [β-(4-tert-butyl-phenoxy)-
isopropylester] 6 IV 3301

— [2-chlor-äthylester] 6 III 705 e

— [5-chlor-biphenyl-2-ylester]
6 IV 4589

— [3-chlor-but-2-enylester] 6 IV 910

— [4-chlor-3-methyl-2-nitro-
phenylester] 6 IV 2076

— [4-chlor-2-methyl-phenylester]
6 IV 1992

— [4-chlor-3-methyl-phenylester]
6 IV 2066

— [β-(2-chlor-phenoxy)-isopropyl≈
ester] 6 IV 913

— cholesterylester 6 IV 4012

— [2-diäthylamino-äthylester]
6 IV 914

— [2-(diäthyl-methyl-ammonio)-
äthylester] 6 IV 915

— [2,4-dibrom-6-methyl-phenylester]
6 IV 2008

— [2-(2,4-dichlor-phenoxy)-
äthylamid] 6 IV 937

— [2-(2,5-dichlor-phenoxy)-
äthylamid] 6 IV 947

— [2-(2,4-dichlor-phenoxy)-äthylester]
6 IV 911

— [β-(2,4-dichlor-phenoxy)-
isopropylester] 6 IV 913

— [2,4-dichlor-phenoxymethylester]
6 IV 913

— [2,4-dichlor-phenylester]
6 III 707 i, IV 922

— [2,3-dichlor-propylester]
6 III 706 b

— [1,1-dimethyl-allylester]
6 III 706 l

— [2-dimethylamino-äthylester]
6 IV 914

Essigsäure (Fortsetzung)

—, [4,6-Dichlor-*m*-phenylendimercapto]-
di- **6** I 411 g

—, [2,5-Dichlor-*p*-phenylendioxy]-di-
6 IV 5774

— diäthylester **6** IV 5774

— dimethylester **6** IV 5774

—, [3,5-Dichlor-*o*-phenylendioxy]-di-
6 IV 5617

—, [4,5-Dichlor-*o*-phenylendioxy]-di-
6 IV 5619

— diäthylester **6** IV 5619

— diamid **6** IV 5619

—, [4,6-Dichlor-*m*-phenylendioxy]-di-
6 IV 5686

— diäthylester **6** IV 5686

— dimethylester **6** IV 5686

—, [2,3-Dichlor-phenylmercapto]-
6 IV 1610

—, [2,4-Dichlor-phenylmercapto]-
6 I 150 j, III 1042 e, IV 1615

— amid **6** IV 1615

—, [2,5-Dichlor-phenylmercapto]-
6 330 e, II 299 e

— amid **6** IV 1622

—, [2,6-Dichlor-phenylmercapto]-
6 IV 1623

—, [3,4-Dichlor-phenylmercapto]-
6 I 150 k, IV 1629

— amid **6** IV 1629

—, [3,5-Dichlor-phenylmercapto]-
6 IV 1633

— amid **6** IV 1633

—, [2,4-Dichlor-phenylmethansulfonyl]-
6 III 1641 h

—, [4,5-Dichlor-2-propoxy-phenoxy]-
6 IV 5619

—, Dichlor-[toluol-4-sulfonyl]-,

— amid **6** III 1420 b

—, Dideuterio-,

— benzylester **6** IV 2263

—, Difluor-fluorsulfonyl-,

— phenylester **6** IV 621

—, [2,4-Difluor-phenoxy]- **6** IV 779

— amid **6** IV 779

— anhydrid **6** IV 779

—, [2,5-Difluor-phenoxy]- **6** IV 780

—, [2,6-Difluor-phenoxy]- **6** IV 780

—, [3,4-Difluor-phenoxy]- **6** IV 780

—, [3,5-Difluor-phenoxy]- **6** IV 780

—, [8,9-Dihydro-7*H*-benzocyclohepten-
5-yloxy]-,

— äthylester **6** IV 4083

— amid **6** IV 4083

—, [3,6-Dihydroxy-benzen-
1,2,4,5-tetrayltetramercapto]-tetra-
6 III 6940 i

—, [2,5-Dihydroxy-3,6-dimethyl-
p-phenylendimercapto]-di- **6** IV 7701

—, [2,5-Dihydroxy-4,6-dimethyl-
m-phenylendimercapto]-di- **6** IV 7701

—, [3,6-Dihydroxy-4,5-dimethyl-
o-phenylendimercapto]-di- **6** IV 7700

—, [4-(1,2-Dihydroxy-2-methyl-
cyclohexyl)-2-methyl-phenoxy]-
6 III 6451 d

—, [4-(1,2-Dihydroxy-2-methyl-
cyclohexyl)-phenoxy]- **6** III 6450 c

—, [2,5-Dihydroxy-4-methyl-phenyl-
mercapto]- **6** IV 7376

—, [2,3-Dihydroxy-phenoxy]-
6 1084 a, II 1066 j

— methylester **6** II 1067 a

—, [4,6-Dihydroxy-*m*-phenylendimercapto]-
di- **6** II 1121 l

—, [2,5-Dihydroxy-3,4,6-trimethyl-
phenylmercapto]- **6** III 6355 d

—, [3,4-Diisopropyl-phenoxy]- **6** IV 3435

—, [1-(3,5-Diisopropyl-phenyl)-1-methyl-
äthylmercapto]- **6** IV 3515

—, [2,4-Dijod-6-methyl-phenoxy]-
6 IV 2009

— äthylester **6** IV 2009

— amid **6** IV 2009

— hydrazid **6** IV 2009

—, [2,6-Dijod-4-methyl-phenoxy]-
6 IV 2148

—, [2,6-Dijod-4-nitro-phenylmercapto]-
6 IV 1733

—, [2,3-Dijod-phenoxy]- **6** IV 1082

—, [2,4-Dijod-phenoxy]- **6** III 786 g,
IV 1082

—, [2,5-Dijod-phenoxy]- **6** IV 1083

—, [2,6-Dijod-phenoxy]- **6** IV 1083

—, [3,4-Dijod-phenoxy]- **6** IV 1084

—, [3,5-Dijod-phenoxy]- **6** IV 1084

—, [4-(2,3-Dijod-propyl)-2-methoxy-
phenoxy]- **6** 924 f

—, [2,4-Dijod-6-propyl-phenoxy]-,

— äthylester **6** IV 3180

—, [2,3-Dimethoxy-benzylmercapto]-
6 IV 7380

—, [2′,3′-Dimethoxy-bibenzyl-
α-ylmercapto]- **6** IV 7570

—, [2′,3′-Dimethoxy-5-methyl-biphenyl-
3-yloxy]- **6** III 6532 b

Essigsäure (Fortsetzung)

–, [3,3′-Dinitro-biphenyl-4,4′-diyldioxy]-di-,
  – diäthylester **6** III 5398 e
–, [4,8-Dinitro-naphthalin-
  1,5-disulfonyl]-di- **6** III 5279 e
–, [4,8-Dinitro-naphthalin-
  1,5-diyldimercapto]-di- **6** III 5279 b
  – diäthylester **6** III 5279 d
  – dimethylester **6** III 5279 c
–, [2,4-Dinitro-[1]naphthylmercapto]-
  6 III 2954 d
–, [2,4-Dinitro-phenoxy]- **6** 256 b,
  I 127 b, II 244 g
  – äthylester **6** 256 d, IV 1381
  – amid **6** 256 e
  – methylester **6** 256 c, II 244 h
–, [3,5-Dinitro-phenoxy]- **6** 259 a
–, [2,4-Dinitro-phenyldisulfanyl]-
  6 IV 1771
–, [4,6-Dinitro-*m*-phenylendimercapto]-
  di- **6** IV 5711
  – diäthylester **6** IV 5711
  – diamid **6** IV 5711
  – dimethylester **6** IV 5711
–, [2,4-Dinitro-phenylmercapto]-
  6 343 m, I 163 e, III 1099 i, IV 1760
  – amid **6** IV 1760
  – methylester **6** 344 a, IV 1760
–, [3-(2,4-Dinitro-phenylmercapto)-
  phenylmercapto]- **6** II 830 g
–, [2,4-Dinitro-phenylselanyl]-
  6 II 322 e
–, [2,4-Di-*tert*-pentyl-phenoxy]-
  6 IV 3527
–, Diphenoxy- **6** 170 c, II 161 b,
  III 633 f, IV 659
  – äthylester **6** 170 d, II 161 c,
    III 633 g
  – amid **6** 170 e, IV 659
  – diäthylamid **6** III 634 f
  – [2-diäthylamino-äthylester]
    6 III 634 b
  – [3-diäthylamino-propylamid]
    6 III 634 g
  – [3-diäthylamino-propylester] **6** III 634 c
  – dimethylamid **6** III 634 e
  – [2-dimethylamino-äthylester]
    6 III 634 a
  – hydrazid **6** IV 659
  – isopropylidenhydrazid **6** IV 660
  – phenylester **6** III 634 i
  – tritylester **6** III 3668 b

–, [β,β′-Diphenoxy-isopropoxy]-,
  – äthylester **6** IV 591
–, Diphenoxythiophosphorylmercapto-,
  – amid **6** IV 760
  – ureid **6** IV 760
–, Diphenyltellurio- **6** I 167 a
  – äthylester **6** I 167 c
  – methylester **6** I 167 b
–, [2,5-Dipropyl-phenoxy]- **6** III 2014 c
–, Disulfandiyldi-,
  – bis-[3-hydroxy-östra-1,3,5(10)-trien-
    17-ylester] **6** IV 6615
  – dicyclohexylester **6** III 32 e,
    IV 46 f
  – di-[2]naphthylester **6** IV 4277
–, Di-*p*-tolyltellurio-,
  – äthylester **6** I 217 e
  – methylester **6** I 217 d
–, [2-Dodecyl-phenoxy]- **6** IV 3535
–, [4-Dodecyl-phenoxy]- **6** III 2091 b
  – [bis-carboxymethyl-amid]
    6 III 2091 c
–, [(4-Dodecyl-phenoxy)-acetylimino]-di-
  6 III 2091 c
–, [2-(4-Dodecyl-phenoxy)-äthylimino]-
  di- **6** III 2091 g
–, Fluor-,
  – benzylester **6** IV 2264
  – [4-brom-benzylester] **6** IV 2602
  – [4-brom-phenylester] **6** IV 1051
  – [4-chlor-phenylester] **6** IV 839
  – cholesterylester **6** III 2633 b
  – cyclohexylester **6** IV 36
  – [4-fluor-phenylester] **6** IV 775
  – [4-nitro-benzylester] **6** III 1569 a
  – pentachlorphenylester **6** IV 1031
  – phenylester **6** III 598 d, IV 613
–, [4-Fluor-benzolsulfonyl]- **6** III 1032 f
–, [2-(4-Fluor-benzyl)-phenoxy]-,
  – äthylester **6** IV 4635
–, [4-Fluor-2,5-dimethyl-phenoxy]-
  6 IV 3169
–, [2-Fluor-4,6-dinitro-phenoxy]-
  6 IV 1385
–, [4-Fluor-2,6-dinitro-phenoxy]-
  6 IV 1385
–, [5-Fluor-2,4-dinitro-phenoxy]-
  6 IV 1385
–, Fluoren-2,7-diyldimercapto-di-
  6 IV 6820
–, Fluoren-2-ylmercapto- **6** IV 4849
–, [4-Fluor-2-isopropyl-5-methyl-
  phenoxy]- **6** IV 3343

Essigsäure (Fortsetzung)

–, [2-Fluor-4-jod-phenoxy]- **6** IV 1080

–, [4-Fluor-2-jod-phenoxy]- **6** IV 1080

–, [2-Fluor-4-methyl-phenoxy]-
6 IV 2134

–, [4-Fluor-2-methyl-phenoxy]-
6 III 1263 b

–, [4-Fluor-3-methyl-phenoxy]-
6 IV 2060

–, [1-Fluor-[2]naphthylmercapto]-
6 III 3014 a

–, [2-Fluor-[1]naphthylmercapto]-
6 III 2947 c

–, [3-Fluor-[2]naphthyloxy]- **6** IV 4289

–, [2-Fluor-4-nitro-phenoxy]-
6 IV 1347

–, [4-Fluor-2-nitro-phenoxy]-
6 IV 1347

–, [5-Fluor-2-nitro-phenoxy]-
6 IV 1347

–, [4-Fluor-2-pentyl-phenoxy]-
6 III 1950 b

–, [2-Fluor-phenoxy]- **6** III 668 a,
IV 772

–, [3-Fluor-phenoxy]- **6** III 669 b,
IV 773

–, [4-Fluor-phenoxy]- **6** III 671 e,
IV 776

– äthylester **6** IV 776

– amid **6** IV 777

– anhydrid **6** IV 777

– butylester **6** IV 776

– [2-diäthylamino-äthylester]
6 IV 777

– [2-(diäthyl-methyl-ammonio)-
äthylester] **6** IV 777

– [2-dimethylamino-äthylester]
6 IV 777

– octylester **6** IV 777

–, [4-Fluor-phenylmercapto]-
6 III 1032 e

–, [4-Fluor-2-propyl-phenoxy]-
6 III 1785 f

–, [4-Hept-2-enyl-*m*-phenylendioxy]-di-
6 III 5061 e

–, Heptyloxy-,
– menthylester **6** II 47 h

–, [2-Heptyl-phenoxy]- **6** III 2026 c

–, [4-Heptyl-phenoxy]- **6** III 2027 b

–, [1,2,6,7,8,8a-Hexahydro-acenaphthyl≈
en-3-yloxy]- **6** III 2748 e

–, [1,2,3,4,4a,9a-Hexahydro-
1,4-methano-fluoren-2(*oder* 3)-yloxy]-,
– äthylester **6** III 3061 c

–, [3a,4,5,6,7,7a-Hexahydro-
4,7-methano-inden-5(*oder* 6)-ylmercapto]-
6 III 1949 c

–, [3a,4,5,6,7,7a-Hexahydro-
4,7-methano-inden-5(*oder* 6)-yloxy]-
6 III 1944 c

– äthylester **6** III 1944 d

– [3a,4,5,6,7,7a-hexahydro-
4,7-methano-inden-5(*oder* 6)-ylester]
6 III 1945 a

–, [4-Hex-2-enyl-*m*-phenylendioxy]-di-
6 III 5054 d

–, [4-Hexyl-3-hydroxy-phenoxy]-
6 IV 6048

–, [3-Hexyl-5-methyl-phenoxy]-
6 III 2034 d

–, Hexyloxy-,
– menthylester **6** II 47 g

–, [2-Hexyl-phenoxy]- **6** III 1993 c,
IV 3415
– äthylester **6** IV 3415

–, [4-Hexyl-*m*-phenylendioxy]-di-
6 IV 6049

–, [4-(4-Hydroxy-benzyl)-phenoxy]-
6 IV 6665
– methylester **6** IV 6665

–, [2-(2-Hydroxy-cyclohexyl)-phenoxy]-
6 IV 6369

–, [4-Hydroxy-2,6-dimethyl-
m-phenylendimercapto]-di- **6** III 6335 d

–, [5-Hydroxy-2,4-dimethyl-phenyl≈
mercapto]- **6** III 4596 b

–, Hydroxyimino-[4-jod-benzolsulfonyl]-,
– amid **6** 335 h

–, [3-Hydroxy-indan-5-yloxy]-
6 III 5036 c

–, [2-Hydroxy-3-methoxy-benzyl≈
mercapto]- **6** IV 7379

–, [2′-Hydroxy-3′-methoxy-bibenzyl-
α-ylmercapto]- **6** IV 7570

–, [4-Hydroxy-3-methoxy-phenoxy]-
6 III 6282 c

–, [1-(4-Hydroxy-3-methoxy-phenyl)-
2-(2-hydroxy-3-methoxy-5-propyl-phenyl)-
propylmercapto]- **6** IV 7903

–, [2-(4-Hydroxy-3-methoxy-phenyl)-
1-methyl-äthylmercapto]- **6** IV 7404

–, [1-(4-Hydroxy-3-methoxy-phenyl)-
propylmercapto]- **6** IV 7403

Essigsäure (Fortsetzung)

—, [3-(4-Hydroxy-3-methoxy-phenyl)-
propylmercapto]- **6** IV 7405

—, [2-Hydroxy-5-methyl-benzolsulfonyl]-
6 II 874 d

—, [4-(3-Hydroxy-3-methyl-butyl)-
phenoxy]- **6** IV 6036

—, [2-Hydroxymethyl-4,6-dimethyl-
phenoxy]- **6** IV 6001

—, [3-Hydroxy-7-methyl-indan-4-yloxy]-
6 III 5049 e

—, [4-Hydroxymethyl-2-isopropyl-
5-methyl-phenoxy]- **6** IV 6046

—, [2-Hydroxymethyl-phenoxy]-
6 893 g

—, [2-Hydroxy-5-methyl-*m*-phenyl≠
endimercapto]-di- **6** II 1082 e

—, [2-Hydroxy-[1]naphthylmercapto]-
6 III 5251 b

—, [4-Hydroxy-[1]naphthylmercapto]-
6 III 5264 a

—, [4-Hydroxy-[2]naphthylmercapto]-
6 III 5259 c

—, [5-Hydroxy-[1]naphthylmercapto]-
6 III 5276 b, IV 6556

—, [6-Hydroxy-[1]naphthylmercapto]-
6 III 5281 c

—, [6-Hydroxy-[2]naphthylmercapto]-
6 III 5290 d

—, [7-Hydroxy-[1]naphthylmercapto]-
6 III 5283 c

—, [7-Hydroxy-[2]naphthylmercapto]-
6 III 5295 a

—, [3-Hydroxy-[2]naphthyloxy]-
6 III 5287 e, IV 6565
— methylester **6** IV 6565

—, [6-Hydroxy-[2]naphthyloxy]-
6 IV 6566
— methylester **6** IV 6566

—, [4-(4-Hydroxy-3-nitro-benzyl)-2-nitro-
phenoxy]- **6** IV 6667
— methylester **6** IV 6667

—, [2-Hydroxy-4-nitro-phenoxy]-
6 IV 5629
— äthylester **6** IV 5629
— phenäthylester **6** IV 5629

—, [2-Hydroxy-5-nitro-phenoxy]-
6 IV 5629

—, [17-Hydroxy-östra-1,3,5(10)-trien-
3-yloxy]- **6** III 5351 a
— methylester **6** III 5351 b

—, [3-Hydroxy-5-pentyloxy-phenoxy]-
6 IV 7367

—, [2-Hydroxy-phenoxy]- **6** 777 n,
I 387 a, II 784 h, IV 5586
— äthylester **6** 778 b, I 387 b
— amid **6** 778 c
— methylester **6** 778 a

—, [3-Hydroxy-phenoxy]- **6** 817 h
— äthylester **6** 817 i
— methylester **6** IV 5674

—, [4-Hydroxy-phenoxy]- **6** 847 f,
IV 5744
— äthylester **6** IV 5744

—, [2-Hydroxy-*m*-phenylendioxy]-di-
6 1084 c

—, [3-Hydroxy-*o*-phenylendioxy]-di-
6 1084 c

—, [2-Hydroxy-phenylmercapto]-
6 794 i

—, [4-Hydroxy-phenylmercapto]-
6 IV 5816

—, [2-Hydroxy-4-propenyl-phenoxy]-
6 III 5009 d

—, [2-Hydroxy-4-propyl-phenoxy]-
6 III 4617 a

—, Iminodi-,
— dimenthylester **6** I 28 a, II 48 l

—, Indan-5-ylmercapto- **6** IV 3831

—, Indan-4-yloxy- **6** III 2428 c,
IV 3827

—, Indan-5-yloxy- **6** III 2429 c,
IV 3830

—, Inden-5-yloxy- **6** III 2738 b
— äthylester **6** III 2738 c

—, Inden-6-yloxy- **6** III 2738 d

—, Isobornyloxy- **6** III 310 c

—, Isobutoxy-,
— benzylester **6** III 1532 k
— cinnamylester **6** III 2407 e
— phenäthylester **6** III 1712 b

—, Isobutoxy-diphenoxy-,
— amid **6** IV 622
— dimethylamid **6** IV 623

—, {2-[2-(4-Isobutyl-cyclohexyloxy)-
äthoxy]-äthoxy}- **6** III 125 b

—, [2-Isobutyl-4-methyl-phenoxy]-
6 III 1976 h, IV 3395

—, [2-Isobutyl-phenoxy]- **6** IV 3287

—, [3-Isobutyl-phenoxy]- **6** IV 3288

—, [4-Isobutyl-phenoxy]- **6** III 1859 c,
IV 3289

—, [2-Isopentyloxy-phenoxy]-
6 IV 5587
— amid **6** IV 5587

Essigsäure (Fortsetzung)

—, [3-Isopentyloxy-phenoxy]-
6 IV 5676
 — amid 6 IV 5676

—, [4-Isopentyloxy-phenoxy]-
6 IV 5746
 — amid 6 IV 5746

—, [4-Isopentyl-phenoxy]- 6 IV 3378

—, [2-Isopropenyl-4-methyl-phenoxy]-
6 I 288 h

—, [2-Isopropenyl-5-methyl-phenoxy]-
6 I 289 i

—, [4-Isopropenyl-2-methyl-phenoxy]-
6 III 2448 e

—, [3-Isopropenyl-phenoxy]- 6 I 285 c,
IV 3821

—, Isopropoxy-,
 — benzylester 6 III 1532 j
 — phenäthylester 6 III 1712 a
 — [3-phenyl-propylester] 6 III 1805 e

—, [4-Isopropyl-benzylmercapto]-
6 III 1912 e

—, [3-Isopropyl-1,1-dimethyl-indan-
5-yloxy]- 6 III 2557 e

—, [2-Isopropyl-4,5-dimethyl-phenoxy]-
6 IV 3408
 — äthylester 6 IV 3408
 — hydrazid 6 IV 3408

—, [5-Isopropyl-2,4-dimethyl-phenoxy]-
6 III 1989 f

—, [2-Isopropyl-4-jod-5-methyl-phenoxy]-
6 II 500 c

—, [2-Isopropyl-4-methoxy-5-methyl-
phenoxy]- 6 IV 6020

—, [5-Isopropyl-4-methoxy-2-methyl-
phenoxy]- 6 IV 6020

—, {2-Isopropyl-4-[1-(4-methoxy-phenyl)-
propyl]-5-methyl-phenoxy}- 6 IV 6778

—, [7-Isopropyl-1-methyl-[3]phenanthryl‑
mercapto]- 6 III 3589 d

—, [2-Isopropyl-3-methyl-phenoxy]-
6 III 1880 f, IV 3324

—, [2-Isopropyl-4-methyl-phenoxy]-
6 I 261 a, III 1883 b, IV 3329

—, [2-Isopropyl-5-methyl-phenoxy]-
6 538 e, I 265 m, II 499 h, III 1902 c
 — äthylester 6 538 f
 — amid 6 538 g, III 1902 e
 — [2-brom-äthylamid] 6 IV 3339
 — [3-brom-propylamid] 6 IV 3339
 — [2-hydroxy-äthylamid] 6 III 1902 f
 — methylester 6 III 1902 d

—, [2-Isopropyl-6-methyl-phenoxy]-
6 I 260 i

—, [3-Isopropyl-2-methyl-phenoxy]-
6 III 1882 b

—, [3-Isopropyl-4-methyl-phenoxy]-
6 IV 3325

—, [4-Isopropyl-2-methyl-phenoxy]-
6 III 1884 d

—, [4-Isopropyl-3-methyl-phenoxy]-
6 III 1882 a, IV 3327
 — äthylester 6 IV 3327
 — hydrazid 6 IV 3327

—, [5-Isopropyl-2-methyl-phenoxy]-
6 530 i, III 1888 c
 — äthylester 6 530 j
 — amid 6 530 k, III 1888 d
 — [2-brom-äthylamid] 6 IV 3333
 — [3-brom-propylamid]
6 IV 3333

—, [4-(2-Isopropyl-5-methyl-phenoxy)-
phenoxy]- 6 III 4420 d

—, [5-Isopropyl-2-methyl-phenyl‑
mercapto]- 6 III 1892 i

—, [2-Isopropyl-phenoxy]- 6 504 i,
III 1809 b, IV 3212
 — amid 6 III 1809 c

—, [3-Isopropyl-phenoxy]- 6 IV 3215

—, [4-Isopropyl-phenoxy]- 6 506 e

—, [2-Isopropyl-phenylmercapto]-
6 IV 3214

—, [4-Isopropyl-phenylmercapto]-
6 IV 3219

—, Isovaleryloxy-,
 — bornylester 6 I 51 e
 — isobornylester 6 I 52 e
 — [2-isopropyl-5-methyl-phenylester]
6 I 266 a
 — menthylester 6 I 26 d

—, Jod-,
 — benzylester 6 III 1479 d
 — biphenyl-4-ylester 6 III 3327 c
 — bornylester 6 II 84 c, 85 g
 — cholesterylester 6 IV 4006
 — ergosterylester 6 IV 4409
 — [2-isopropyl-5-methyl-phenylester]
6 I 265 h
 — lanosta-7,9(11)-dien-3-ylester
6 IV 4187
 — lanost-8-en-3-ylester 6 IV 4052
 — lup-20(29)-en-3-ylester
6 IV 4201
 — menthylester 6 33 d, I 22 b

Essigsäure

—, Jod-, (Fortsetzung)
 — [2-methoxy-phenylester]
  6 I 385 i
 — olean-12-en-3-ylester **6** IV 4196
 — phenylester **6** I 87 g, III 599 h
 — urs-12-en-3-ylester **6** IV 4192
—, [4-Jod-benzolsulfonyl]-,
 — amid **6** 335 l
—, [4-Jod-2,5-dinitro-phenoxy]-
  6 263 h
—, [4-Jod-2-methoxy-phenoxy]-
  6 II 789 c
—, [5-Jod-2-methoxy-phenoxy]-
  6 II 789 d
—, [4-Jod-2-methyl-phenylmercapto]-
  6 IV 2032
—, [1-Jod-[2]naphthyloxy]- **6** II 608 a,
  IV 4306
—, [3-Jod-[2]naphthyloxy]- **6** IV 4306
—, [2-Jod-3-nitro-phenoxy]- **6** IV 1367
—, [2-Jod-phenoxy]- **6** III 771 g
—, [3-Jod-phenoxy]- **6** III 774 c, IV 1074
—, [4-Jod-phenoxy]- **6** II 199 g,
  III 778 f, IV 1078
 — äthylester **6** II 199 h
 — amid **6** II 199 i
—, [4-Jod-phenylmercapto]- **6** IV 1660
—, *p*-Menth-1-en-8-yloxy- **6** III 251 e
—, Menthyloxy- **6** I 25 i, III 155 d,
  IV 157
 — allylamid **6** I 26 a
 — allylester **6** I 25 k
 — amid **6** III 156 e
 — carvomenthylester **6** III 156 b
 — [3,4-diphenyl-cyclopentylester]
  6 IV 4903
 — [1,2-diphenyl-propylester]
  6 IV 4754
 — [2-hydroxy-äthylamid]
  6 III 156 f
 — [2-hydroxy-cyclohexylester]
  6 III 4067 a, IV 5198
 — isomenthylester **6** III 158 c
 — menthylester **6** I 26 c, III 157 g
 — methylester **6** III 156 a
 — [2]naphthylester **6** III 2986 i
 — neoisomenthylester **6** III 157 e
 — neomenthylester **6** III 158 e
 — propylamid **6** I 25 m
 — propylester **6** I 25 j
 — [1,2,2,2-tetraphenyl-äthylester]
  6 IV 5149

—, Mercapto-,
 — benzylester **6** III 1533 b
 — cyclohexylester **6** III 32 b,
  IV 46
 — [2]naphthylester **6** IV 4277
 — phenäthylester **6** III 1712 c
—, [4-Mercapto-3,5-dimethyl-phenoxy]-
  6 IV 5959
 — äthylester **6** IV 5959
—, [2-Mercapto-phenylmercapto]-
  6 III 4286 d, IV 5654
—, [4-Mercapto-phenylmercapto]-
  6 II 854 k, III 4475 d
—, Mesitylmercapto- **6** III 1841 c
—, Mesityloxy- **6** II 484 c, IV 3256
—, [2-Methallyl-4-methyl-phenoxy]-
  6 III 2475 e
—, [2-Methallyl-5-methyl-phenoxy]-
  6 III 2476 c
—, Methantetrayl-tetra- s. *Glutarsäure,*
  3,3-Bis-carboxymethyl-
—, Methoxy-,
 — benzylester **6** III 1532 h
 — menthylester **6** 37 g, II 47 b,
  III 157 d
 — [2-methoxy-phenylester] **6** 779 f
 — phenäthylester **6** III 1711 h
 — [2-phenoxy-äthylester]
  6 III 573 e
—, [4-(2-Methoxy-äthoxy)-phenyl≠
  mercapto]- **6** III 4464 c
—, [2-Methoxy-benzolsulfonyl]-
  6 794 j
 — äthylester **6** 794 k
—, [4-Methoxy-benzylmercapto]-
  6 IV 5923
—, [2-Methoxy-benzyloxy]- **6** IV 5899
 — äthylester **6** IV 5899
—, [4-Methoxy-benzyloxy]- **6** IV 5915
 — äthylester **6** IV 5915
 — amid **6** IV 5915
—, Methoxy-bis-[4-nitro-phenoxy]-,
 — dimethylamid **6** IV 1300
—, [4-(4-Methoxy-but-2-enyl)-
  m-phenylendioxy]-di- **6** III 6445 e
—, [4-(4-Methoxycarbonylmethoxy-
  benzolsulfonyl)-phenoxy]- **6** IV 5817
—, [4-Methoxy-2,3-dimethyl-
  phenylmercapto]- **6** III 4584 c
—, [5-Methoxy-2,4-dinitro-phenoxy]-
  6 III 4353 d
 — methylester **6** III 4353 e

Essigsäure (Fortsetzung)

—, Methoxy-diphenoxy-,

  — amid **6** IV 622

  — dimethylamid **6** IV 622

—, [2-Methoxymethoxy-4-propenyl-phenoxy]- **6** III 5010 a

—, [2-Methoxymethoxy-4-propyl-phenoxy]- **6** III 4617 c

—, [2-Methoxy-5-methyl-benzolsulfonyl]-**6** II 874 f

—, [2′-Methoxy-5-methyl-biphenyl-3-yloxy]- **6** III 5421 c

—, [2-Methoxy-4-(2-methyl-cyclohex-1-enyl)-phenoxy]- **6** III 5172 b

—, [2-Methoxy-4-methyl-phenoxy]-**6** 880 j, III 4519 d, IV 5880

  — amid **6** IV 5880

  — methylester **6** IV 5880

—, [2-Methoxy-5-methyl-phenylmercapto]-**6** II 874 e

—, [4-Methoxy-2-methyl-phenylmercapto]-**6** III 4506 e

—, [2-Methoxy-[1]naphthylmercapto]-**6** III 5251 c

—, [4-Methoxy-[1]naphthylmercapto]-**6** IV 6551

—, [5-Methoxy-[1]naphthylmercapto]-**6** IV 6556

—, [7-Methoxy-[1]naphthylmercapto]-**6** III 5283 d

—, [7-Methoxy-[2]naphthylmercapto]-**6** III 5295 b

—, [8-Methoxy-[1]naphthylmercapto]-**6** IV 6561

—, [3-Methoxy-[2]naphthyloxy]-**6** IV 6565

—, [2-Methoxy-4-nitro-phenoxy]-,

  — äthylester **6** IV 5629

—, [2-Methoxy-5-nitro-phenoxy]-**6** I 392 e, IV 5629

  — äthylester **6** I 392 f

—, [2-Methoxy-3-nitro-4-propenyl-phenoxy]- **6** 960 k

—, [2-Methoxy-5-nitro-4-propenyl-phenoxy]- **6** 960 k

—, [2-Methoxy-6-nitro-4-propenyl-phenoxy]- **6** 960 k

—, [2-Methoxy-phenoxy]- **6** 778 d,
II 784 i, III 4234 h

  — äthylester **6** 778 e

  — amid **6** 778 f, IV 5586

  — [hydroxymethyl-amid] **6** 778 g

  — [2-methoxy-phenylester]
6 779 k, IV 5586

—, [3-Methoxy-phenoxy]- **6** 817 j,
III 4323 c, IV 5674

  — äthylester **6** 817 k, II 817 i,
III 4323 d

  — amid **6** III 4323 e, IV 5674

  — hydrazid **6** III 4324 d

—, [4-Methoxy-phenoxy]- **6** III 4419 c,
IV 5745

  — äthylester **6** III 4419 e

  — amid **6** IV 5745

  — [2-hydroxy-äthylamid] **6** III 4419 f

  — methylester **6** III 4419 d

—, [4-Methoxy-*m*-phenylendimercapto]-di- **6** II 1074 i

—, [3-Methoxy-9-phenyl-fluoren-9-ylmercapto]- **6** III 5837 b

—, [2-Methoxy-phenylmercapto]-**6** II 797 l

—, [3-Methoxy-phenylmercapto]-**6** III 4365 f

—, [4-Methoxy-phenylmercapto]-**6** II 854 c, III 4463 f

  — [2-hydroxy-äthylamid] **6** III 4463 h

  — methylester **6** III 4463 g

—, [2-Methoxy-phenylselanyl]-**6** II 801 e

—, [4-Methoxy-phenylselanyl]-**6** II 856 b

—, [2-Methoxy-4-propenyl-phenoxy]-**6** 958 m, III 5009 e

  — amid **6** 959 b

  — [bis-hydroxymethyl-amid] **6** 959 c

  — [diäthylaminomethyl-amid]
6 959 d

  — methylester **6** 959 a

—, [2-Methoxy-4-propyl-phenoxy]-**6** III 4617 b, IV 5977

—, [4-Methoxy-stilben-α,α′-diyl=dimercapto]-di- **6** IV 7593

—, [2-Methoxy-4-vinyl-phenoxy]-**6** III 4982 f

—, [4-Methyl-acenaphthen-5-yloxy]-**6** IV 4696

—, [2-(1-Methyl-allyl)-phenoxy]-**6** III 2441 g

—, [2-Methyl-benzen-1,3,5-triyl=trimercapto]-tri- **6** I 550 b

  — triäthylester **6** I 550 c

—, [6-Methyl-biphenyl-3-yloxy]-**6** IV 4690

Essigsäure (Fortsetzung)

−, [2-(1-Methyl-but-2-enyl)-phenoxy]-
6 III 2468 e

−, [4-(3-Methyl-but-2-enyl)-phenoxy]-
6 IV 3877

−, [4-(1-Methyl-butyl)-phenoxy]-
6 III 1956 c

−, [1-Methyl-cyclohexansulfonyl]- 6 III 61 e

−, [2-Methyl-cyclohexansulfonyl]- 6 III 67 d

−, [4-(2-Methyl-cyclohex-1-enyl)-
phenoxy]- 6 III 2750 g

−, [4-(4-Methyl-cyclohex-1-enyl)-
phenoxy]- 6 III 2752 f

−, [1-Methyl-cyclohexylmercapto]-
6 III 61 d

−, [2-Methyl-cyclohexylmercapto]-
6 III 67 c

−, [4-Methyl-cyclohexylmercapto]-
6 III 76 b

−, [4-Methyl-cyclohexylmethoxy]-
6 III 100 e

−, [1-Methyl-cyclohexyloxy]-
6 III 59 d

−, [2-Methyl-cyclohexyloxy]- 6 III 65 f
− methylester 6 III 65 g

−, [3-Methyl-cyclohexyloxy]-
6 III 71 h
− methylester 6 III 71 j

−, [4-Methyl-cyclohexyloxy]-
6 III 75 e
− methylester 6 III 75 f

−, [4-(3-Methyl-cyclohexyl)-phenoxy]-
6 III 2532 e

−, [5-Methyl-2,4-dinitro-benzolsulfonyl]-
6 IV 2090
− äthylester 6 IV 2090

−, [2-Methyl-4,6-dinitro-phenoxy]-
6 IV 2014
− äthylester 6 IV 2014

−, [5-Methyl-2,4-dinitro-phenylmercapto]-
6 IV 2090
− äthylester 6 IV 2090

−, [4-(1-Methyl-heptyl)-phenoxy]-
6 III 2047 b

−, [3-Methyl-indan-4-yloxy]- 6 IV 3865

−, [5-Methyl-indan-4-yloxy]- 6 IV 3868

−, [6-Methyl-indan-4-yloxy]- 6 IV 3868

−, [6-Methyl-indan-5-yloxy]- 6 IV 3868

−, [7-Methyl-indan-4-yloxy]- 6 III 2463 g,
IV 3867

−, [7-Methyl-indan-5-yloxy]- 6 IV 3867

−, Methylmercapto-,
− benzhydrylester 6 IV 4657

−, [4-Methylmercapto-*m*-phenyl⸗
endimercapto]-di- 6 I 545 c

−, [2-Methylmercapto-phenylmercapto]-
6 II 800 b

−, [4-Methylmercapto-phenylmercapto]-
6 II 855 a

−, [4-Methylmercapto-phenylselanyl]-
6 II 856 g

−, [5-Methyl-2-(1-methyl-butyl)-
phenoxy]- 6 III 2007 a

−, [2-Methyl-4-(2-methyl-cyclohex-
1-enyl)-phenoxy]- 6 III 2758 b

−, [4-Methyl-2-(2-methyl-propenyl)-
phenoxy]- 6 I 293 e, III 2474 e

−, [2-Methyl-naphthalin-1,4-diyldioxy]-
di- 6 III 5306 a
− diäthylester 6 III 5306 b

−, [1-Methyl-[2]naphthylmercapto]-
6 III 3021 h

−, [3-Methyl-[2]naphthyloxy]-
6 IV 4339

−, [2-Methyl-4-nitro-phenoxy]-
6 I 178 h

−, [2-Methyl-5-nitro-phenoxy]-
6 I 178 d

−, [2-Methyl-6-nitro-phenoxy]-
6 II 338 h
− äthylester 6 II 339 b
− amid 6 II 339 d
− methylester 6 II 339 a

−, [3-Methyl-2-nitro-phenoxy]-
6 IV 2075

−, [3-Methyl-4-nitro-phenoxy]- 6 I 192 c

−, [4-Methyl-2-nitro-phenoxy]-
6 II 389 b
− äthylester 6 II 389 d
− amid 6 II 389 f
− methylester 6 II 389 c

−, [4-Methyl-3-nitro-phenoxy]-
6 I 205 l, II 387 i
− äthylester 6 II 387 k
− amid 6 II 388 b
− methylester 6 II 387 j

−, [5-Methyl-2-nitro-phenoxy]-
6 II 360 e
− äthylester 6 II 360 g
− amid 6 II 360 i
− methylester 6 II 360 f

−, [4-Methyl-2-nitro-phenylmercapto]-
6 IV 2213

−, [2-Methyl-4-pent-2-enyl-phenoxy]-
6 III 2489 e

Essigsäure (Fortsetzung)

−, [1]Naphthylmercapto- **6** 623 l,
  II 588 h, III 2945 j, IV 4244
  − amid **6** III 2946 b
  − [2-hydroxy-äthylamid] **6** III 2946 c
  − methylester **6** III 2946 a
−, [2]Naphthylmercapto- **6** I 317 e,
  II 611 k, III 3012 b, IV 4318
  − äthylester **6** III 3012 d
  − amid **6** III 3012 e
  − [2-hydroxy-äthylamid] **6** III 3012 f
  − methylester **6** III 3012 c
−, [1]Naphthylmethylmercapto-
  6 IV 4337
−, [2]Naphthylmethylmercapto-
  6 IV 4341
−, [1]Naphthyloxy- **6** 609 g, II 580 h,
  III 2930 d, IV 4220
  − acetoxyamid **6** IV 4221
  − äthylester **6** 609 h, III 2930 e,
    IV 4220
  − amid **6** 609 i, IV 4220
  − [3-chlor-but-2-enylester]
    6 IV 4220
  − [2-dimethylamino-äthylester]
    6 IV 4220
  − [2-hydroxy-äthylamid] **6** III 2931 a
  − hydroxyamid **6** IV 4221
−, [2]Naphthyloxy- **6** 645 g, II 602 b,
  III 2985 f, IV 4274
  − acetoxyamid **6** IV 4276
  − äthylester **6** 645 h, IV 4274
  − amid **6** 645 j, IV 4275
  − [β-butylamino-isobutylester]
    6 IV 4275
  − butylester **6** III 2985 j, IV 4274
  − [3-chlor-but-2-enylester]
    6 IV 4275
  − cyclohexylester **6** III 2986 b
  − [2-diäthylamino-äthylester]
    6 IV 4275
  − [2-dimethylamino-äthylester]
    6 IV 4275
  − hydrazid **6** IV 4276
  − hydroxyamid **6** IV 4276
  − isobutylester **6** III 2986 a,
    IV 4274
  − isopentylester **6** IV 4274
  − isopropylester **6** III 2985 i,
    IV 4274
  − methylester **6** III 2985 g,
    IV 4274

  − [β-pentylamino-isobutylester]
    6 IV 4275
  − pentylester **6** IV 4274
  − propylester **6** III 2985 h,
    IV 4274
  − *m*-tolylester **6** 645 i
  − vinylester **6** IV 4275
−, [1]Naphthyloxysulfonyl-,
  − [1]naphthylester **6** III 2932 c
−, [2]Naphthyloxysulfonyl-,
  − [2]naphthylester **6** III 2988 c
−, [1]Naphthylselanyl- **6** II 591 b,
  IV 4251
−, [2]Naphthylselanyl- **6** IV 4323
−, Nitrilotri-,
  − tricyclohexylester **6** IV 52
  − trimenthylester **6** I 28 b, II 48 m
−, Nitro-,
  − benzylester **6** IV 2265
  − cyclohexylester **6** IV 37
  − menthylester **6** I 22 c
  − phenylester **6** IV 614
−, [4-Nitro-benzhydrylmercapto]-
  6 IV 4689
−, [4-Nitro-benzol-1,3-disulfinyl]-di-
  6 II 831 g
−, [4-Nitro-benzol-1,3-disulfonyl]-di-
  6 I 412 h, II 831 h
−, [2-Nitro-benzolsulfinyl]- **6** I 156 b
  − äthylester **6** I 156 c
−, [4-Nitro-benzolsulfinyl]- **6** IV 1710
−, [2-Nitro-benzolsulfonyl]- **6** I 156 d,
  III 1060 h
  − äthylester **6** I 156 e
  − amid **6** III 1061 a
−, [3-Nitro-benzolsulfonyl]- **6** 339 a,
  II 309 d
−, [4-Nitro-benzolsulfonyl]- **6** IV 1710
  − methylester **6** IV 1710
−, [2-Nitro-benzylmercapto]-
  6 IV 2796
−, [3-Nitro-benzylmercapto]-
  6 IV 2796
−, [4-Nitro-benzylmercapto]-
  6 III 1649 e
−, [2′-Nitro-biphenyl-4-yloxy]-
  6 IV 4613
−, [4-(2-Nitro-but-1-enyl)-phenoxy]-
  6 IV 3832
  − äthylester **6** IV 3832
−, [1-Nitro-[2]naphthyloxy]-
  6 654 e, III 3003 f
  − äthylester **6** 654 f

Essigsäure (Fortsetzung)

–, Phenyldisulfanyl- **6** IV 1562

  – äthylester **6** IV 1562

–, *m*-Phenylendimercaptodi-
  6 835 k, I 409 i, III 4368 c

–, *o*-Phenylendimercaptodi-
  6 I 397 m, III 4287 a

–, *p*-Phenylendimercaptodi- **6** I 423 e,
  II 855 c, III 4475 e

–, *m*-Phenylendioxydi- **6** 817 l, II 817 k,
  III 4324 g

  – bis-hydroxyamid **6** III 4324 h

  – bis-[hydroxymethyl-amid]
    6 818 e

  – diäthylester **6** 818 a

  – diamid **6** 818 d

  – dimethylester **6** IV 5676

–, *o*-Phenylendioxydi- **6** 779 a

  – bis-[hydroxymethyl-amid]
    6 779 e

  – diäthylester **6** 779 b

  – diamid **6** 779 d

–, *p*-Phenylendioxydi- **6** 847 g, II 844 e,
  IV 5746

  – bis-[2-hydroxy-äthylamid]
    6 III 4420 g

  – diäthylester **6** 847 h, III 4420 f

  – dimethylester **6** III 4420 e, IV 5747

–, [9-Phenyl-fluoren-9-ylmercapto]-
  6 III 3733 b

–, [4-Phenyljodonio-phenoxy]-
  6 IV 1078

–, Phenylmercapto- **6** 313 h, I 146 j,
  II 293 b, III 1013 f, IV 1538

  – äthylester **6** 314 a, I 146 k,
    III 1013 g

  – amid **6** 314 c

  – dodecylester **6** III 1014 a

  – undecylamid **6** III 1014 c

–, [2-Phenylmercapto-äthylmercapto]-
  6 III 996 e

–, Phenylmercaptosulfinyl- **6** IV 1562

–, Phenylmethansulfinyl- **6** III 1610 g

–, Phenylmethansulfonyl- **6** II 436 d,
  III 1611 a

  – äthylester **6** III 1611 b

  – amid **6** II 436 f, III 1611 c

  – hydrazid **6** II 436 g

–, [3-Phenyl-propan-1-sulfinyl]-
  6 III 1807 g

–, [3-Phenyl-prop-2-en-1-sulfinyl]-
  6 III 2410 d

–, [3-Phenyl-propoxy]- **6** III 1805 a

  – äthylester **6** III 1805 c

  – methylester **6** III 1805 b

–, [3-Phenyl-propylmercapto]-
  6 II 476 h, III 1807 d, IV 3207

  – amid **6** IV 3208

  – [2-hydroxy-äthylamid]
    6 III 1807 f

  – methylester **6** III 1807 e

–, [2-(3-Phenyl-propyl)-phenoxy]-
  6 IV 4747

–, [4-(3-Phenyl-propyl)-phenoxy]-
  6 III 3413 f

–, Phenylselanyl- **6** II 319 b

  – [2-hydroxy-äthylamid]
    6 III 1109 d

–, Picryloxy-,
  – äthylester **6** 291 i, III 972 d

–, [2-Propenyl-phenoxy]- **6** IV 3794

–, [2-Prop-1-inyl-phenoxy]- **6** IV 4065

–, Propoxy-,
  – menthylester **6** II 47 d

  – [2-phenoxy-äthylester]
    6 III 573 g

–, [4-Propoxy-benzylmercapto]-
  6 IV 5923

–, [2-Propoxy-phenoxy]- **6** IV 5587

  – amid **6** IV 5587

–, [3-Propoxy-phenoxy]- **6** IV 5675

  – amid **6** IV 5675

–, [4-Propoxy-phenoxy]- **6** IV 5745

  – amid **6** IV 5745

–, [2-Propyl-phenoxy]- **6** IV 3177

  – äthylester **6** IV 3177

–, [3-Propyl-phenoxy]- **6** III 1788 a,
  IV 3181

–, [4-Propyl-phenoxy]- **6** III 1790 a,
  IV 3182

–, [$2\lambda^5$-[2,2′]Spirobi[benzo[1,3,2]dioxarsol]-
  2-yl]- **6** II 776 a

  – methylester **6** II 776 a

–, Stearoyloxy-,
  – [1-phenyl-propylester] **6** IV 3185

–, Stilben-α,α′-diyldimercapto-di-
  6 III 5586 a, IV 6827

  – dimethylester **6** III 5586 b

–, Stilben-2-yloxy- **6** 693 d

–, Stilben-4-yloxy- **6** IV 4856

–, Styrylmercapto- **6** IV 3787

–, Sulfandiyldi-,
  – dibenzylester **6** III 1533 d

  – dicyclohexylester **6** III 32 d

  – monobenzylester **6** III 1533 c

Essigsäure (Fortsetzung)

−, *m*-Tolyloxy- **6** 379 n, II 353 n,
  III 1308 b, IV 2051
  − äthylester **6** I 187 e, II 353 o
  − amid **6** 380 b, II 354 a,
    III 1308 d
  − [2-brom-äthylamid] **6** IV 2051
  − [3-brom-propylamid] **6** IV 2051
  − hydroxyamid **6** IV 2051
  − methylester **6** 380 a, III 1308 c,
    IV 2051
  − *m*-tolylester **6** IV 2052
  − *o*-tolylester **6** IV 2051
  − *p*-tolylester **6** IV 2120
−, *o*-Tolyloxy- **6** 356 g, I 172 f,
  II 331 a, III 1256 e, IV 1964
  − äthylester **6** I 172 g, IV 1964
  − amid **6** 356 i, II 331 c,
    III 1256 g, IV 1964
  − [3-chlor-but-2-enylester]
    6 IV 1964
  − [2-diäthylamino-äthylamid]
    6 IV 1965
  − hydrazid **6** IV 1965
  − hydroxyamid **6** IV 1965
  − [2-methoxy-phenylester] **6** 779 i
  − methylester **6** 356 h, III 1256 f
  − *m*-tolylester **6** IV 2051
  − *o*-tolylester **6** 356 j
  − *p*-tolylester **6** IV 2120
−, *p*-Tolyloxy- **6** 398 k, I 201 n,
  II 380 g, III 1367 d, IV 2119
  − äthylester **6** I 202 a, II 380 h,
    IV 2119
  − amid **6** 399 b, I 202 c, II 380 j,
    III 1367 f
  − hydrazid **6** IV 2120
  − [2-hydroxy-äthylamid] **6** III 1367 g
  − hydroxyamid **6** IV 2120
  − [2-methoxy-phenylester] **6** 779 j
  − methylester **6** 399 a, III 1367 e,
    IV 2119
  − *m*-tolylester **6** IV 2119
  − *o*-tolylester **6** IV 2119
  − *p*-tolylester **6** IV 2121
−, [2-*m*-Tolyloxy-äthoxy]- **6** IV 2043
  − äthylester **6** IV 2043
  − amid **6** IV 2043
−, [2-*o*-Tolyloxy-äthoxy]- **6** IV 1949
  − äthylester **6** IV 1949
  − amid **6** IV 1949
−, [2-*p*-Tolyloxy-äthoxy]- **6** IV 2104
  − äthylester **6** IV 2104

  − amid **6** IV 2104
−, [8-*p*-Tolyloxy-[1]naphthylmercapto]-
  6 IV 6561
−, *o*-Tolylselanyl- **6** II 343 k
−, *p*-Tolylselanyl- **6** II 402 e
−, Triäthylammonio-,
  − benzhydrylester **6** IV 4669
  − benzylester **6** III 1540 i
  − [2,2-diphenyl-butylester]
    6 IV 4787
  − [2,2-diphenyl-propylester]
    6 IV 4764
  − [2-methyl-2-phenyl-propylester]
    6 IV 3320
  − [2-phenyl-2-propyl-hexylester]
    6 IV 3505
−, Tribrom-,
  − bornylester **6** 82 h
  − [des-*A*-friedelan-10-ylester]
    6 III 2122 c
  − [*D*:*B*-friedo-olean-5-en-3-ylester]
    6 IV 4198 a
  − [*D*-friedo-olean-14-en-3-ylester]
    6 IV 4199 b
  − lanost-8-en-3-ylester **6** IV 4052
  − lup-20(29)-en-3-ylester **6** III 2904 b
  − [28-nor-lupan-3-ylester]
    6 III 2714 d
−, [3,5,4'-Tribrom-biphenyl-2-yloxy]-
  6 III 3306 b
  − amid **6** III 3306 c
−, [3,5,4'-Tribrom-biphenyl-4-yloxy]-
  6 III 3337 h
  − amid **6** III 3337 i
−, [2,4,5-Tribrom-phenoxy]- **6** IV 1067
−, [2,4,6-Tribrom-phenoxy]-
  6 205 h, III 764 d, IV 1068
  − äthylester **6** 205 i
  − amid **6** 205 j
−, Trichlor-,
  − [4-äthinyl-1,7,7-trimethyl-
    [2]norbornylester] **6** IV 3452
  − [4-äthoxy-phenylester] **6** II 843 j
  − benzhydrylester **6** III 3369 e, IV 4655
  − benzylester **6** 436 a, III 1479 c,
    IV 2265
  − bornylester **6** 82 f, II 84 b
  − [7-brom-bornan-2-ylester]
    6 II 90 f
  − [4-chlor-benzhydrylester]
    6 IV 4674
  − [4-chlor-bornan-2-ylester]
    6 III 314 e